Drogisten-Lexikon

Ein Lehr- und Nachschlagebuch

für Drogisten und verwandte Berufe, Chemotechniker
Laboranten, Großhandel und Industrie

Herausgegeben von

Apotheker **Hans Irion**

ehem. Direktor der Staatl. anerk. Drogisten-Akademie Braunschweig
öffentlich bestellter und vereidigter Sachverständiger in Berlin

Zweiter Band

Chemikalien, Drogen, wichtige physikalische Begriffe in lexikalischer Ordnung

Mit 346 Abbildungen

A–K

1955

Springer-Verlag Berlin Heidelberg GmbH

ISBN 978-3-642-49508-3   ISBN 978-3-642-49796-4 (eBook)
DOI 10.1007/978-3-642-49796-4

Inhaltsverzeichnis.

Zweiter Band.

Von Apotheker H. IRION, Berlin.

		Seite
Erster Teil: Stichwörter A—K		1—788
Zweiter Teil: Stichwörter L—Z		789—1452
	Nachtrag	1453
	Literaturverzeichnis	1460
	Sachverzeichnis für Band I und II	1469

Inhalt des ersten Bandes.

	Seite
Die Drogerie-Medizinische Zubereitungen. Von Apotheker H. IRION	1
Botanik. Von Dr. phil. EVA POTZTAL	60
Chemie. Von Dr. phil. J. DAHMLOS	175
Desinfektion und Desinfektionsmittel. Von Apotheker H. IRION	374
Drogenkunde-Pharmakognosie. Von Apotheker H. IRION	384
Farbwarenkunde. Von Dr.-Ing. O. HEFTER	426
Gesetzeskunde. Von Studienrat Dipl.-Hdl. O. ENGWICHT	514
Gesundheitslehre-Hygiene. Von Apotheker H. IRION	636
Giftlehre-Toxikologie. Von Apotheker H. IRION	688
Krankenpflege und Artikel zur Krankenpflege. Von Apotheker H. IRION	703
Medizinische Fachausdrücke. Von Apotheker H. IRION	729
Mikroskopie. Von Dr. phil. EVA POTZTAL	743
Photographie. Von Redakteur H. REUTER	784
Schädlinge und Schädlingsbekämpfungsmittel. Von Dr. phil. habil. W. MADEL und Dr. phil. G. GEISTHARDT	829
Verbandstoffe. Von Apotheker H. IRION	1039
Tabellen. Von Apotheker H. IRION	1050

Abbeizen.

Unter Abbeizen versteht man das Erweichen bzw. Auflösen von alten Anstrichen bzw. Lacküberzügen unter Verwendung flüssiger oder pastenartiger Abbeizmittel. Dies sind Ätzmittel (Laugen), Wasserglas, Soda, Trinatriumphosphat usw. oder organische Lösungsmittel. Häufig bestehen die Abbeizmittel aus beiden (s. Bd. III).

Abelmoschus.

Abelmoschus moschatus *Medicus*.
Malvaceae.

In den meisten Tropengebieten kultiviert, in Afrika, besonders in Ägypten, Ostindien, Westindien, auf Martinique.

Moschuskörner. Semen Abelmoschi.
Bisamkörner. Abelmoschuskörner. Ambrettekörner.

Harte, nierenförmige, 3 bis 3,5 mm lange und 2,5 bis 2,7 mm breite, graubraune bis grauschwarze Samen, die an der Oberfläche hellere, erhabene, unterbrochene Längsstreifen zeigen. *Geruch* moschusartig, *Geschmack* gewürzhaft.

Inhaltsstoffe. Schleim, fettes und ätherisches Öl.

Verwendung. Anregungsmittel, in der Parfümerie- und Likörherstellung.

Moschuskörneröl. Oleum Abelmoschi seminis.

Durch Destillation der zerkleinerten Moschuskörner mit Wasserdampf gewonnene feste, fettartige Masse, D. (40°) 0,891.

Inhaltsstoffe. Palmitinsäure und ein Alkohol, *Farnesol.*

Verwendung. In der Parfümerie und Likörherstellung.

Verf. Cedernöl und Copaivabalsamöl.

Aberration.

Mit Aberration (lat. aberratio, Abirrung) bezeichnet man die bei der Brechung von Licht durch Linsen entstehenden Abweichungen, bei denen sich die parallel zur optischen Achse einfallenden Lichtstrahlen nicht alle in einem Punkt vereinigen.

Chromatische Aberration (g. chroma, die Farbe) beruht auf der Tatsache, daß der Brechungsindex von langwelligen (roten) Lichtstrahlen kleiner ist als der von kurzwelligen (blauen). Dadurch besitzen auch Linsen die Fähigkeit, weißes Licht wie ein Prisma in Farben zu zerlegen. Die ch. A. ist ein Linsenfehler und bedingt auf Bildern farbige Ränder und Unschärfe. Dieser Nachteil wird in der Photographie durch Zusammenbauen von verschiedenen Glassorten, z. B. Kron- und Flintglas, zu Linsensystemen, *Achromaten*, beseitigt.

Sphärische Aberration beruht auf der Tatsache, daß große Linsen nicht mehr alle Strahlen in einem einzigen Punkt vereinigen. Der Brennpunkt der achsennahen Zentralstrahlen ist weiter von der Linse entfernt als der Brennpunkt der Randstrahlen. Dadurch werden die Bilder am Rande undeutlich. Dieser Linsenfehler kann entweder durch Abblenden der Randstrahlen oder durch *Aplanate* behoben werden. Diese besitzen statt einer großen starkgewölbten mehrere weniger stark gewölbte Linsen.

Abietinsäure.

Abietinsäure, $C_{20}H_{30}O_2$, ist die Carbonsäure eines Diterpens, welche den Hauptbestandteil des Kolophoniums bildet und aus diesem oder aus Tallöl durch Destillation gewonnen wird. Gelbe Massen, Schmp. 163°, unlösl. in Wasser, lösl. in Alkohol und Äther. *Äthylabietinat* ist eine wohlriechende, nicht flüchtige Flüssigkeit, die als Weichmacher bei der Lackherstellung Verwendung findet.

Abracol.

Sammelname für wachsartige in USA hergestellte Produkte. *Abracol GMS.* selbstemulgierendes Glycerinmonostearat, *Abracol PGS.* selbstemulgierendes Propylenglykolmonostearat, *Abracol GSP.* Glycerylester mit Sapaminzusatz (wie *Tegacid*). Die genannten Abracole sind gute Ölemulgatoren (Ö/W), während die Sorten VCH., VPX., VPY. und VPZ. W/Ö-Emulsionen geben. Abracole finden für kosmetische Zwecke und zur Salbenherstellung Verwendung.

Absorption.

Absorption (lat. absorbere, verschlucken) eines Stoffes in einem anderen ist der Zustand, wenn jener in homogener Verteilung in dessen Innerem aufgenommen wird. Unter Absorption einer *Strahlung* versteht man die Abnahme ihrer Intensität beim Durchgang durch einen Stoff infolge Energieabgabe an diesen. Bei der Absorption von Gasen erfolgt das Eindringen in eine Flüssigkeit und die Auflösung von Gasen in dieser oder in einem festen Stoff. So wird z. B. Sauerstoff, Luft oder Kohlendioxyd von Wasser aufgelöst, *absorbiert*. Die Menge des absorbierten Gases hängt von der Natur des Gases und der Flüssigkeit, vom Gasdruck und von der Temperatur ab. Vom Wasser absorbierte Luft scheidet sich beim Erwärmen in Form kleiner Bläschen ab.

Absorptionsgrundlagen, *Absorptionsbasen* sind fertige oder halbfertige Salbengrundlagen, bestehend aus Bienenwachs, Ceresin, Paraffin, Paraffinöl, Vaseline, Wachsen, Walrat usw., die Wollfett, Wollfettalkohole, Lecithin, Cholesterinester, Cetylalkohol und andere hochmolekulare Alkohole als Emulgatoren enthalten. Hellfarbige, geruchlose Erzeugnisse mit hohem Wasseraufnahmevermögen (bis 200%), die stabile Emulsionen Typ W/Ö ergeben. Absorptionsbasen sind z. B. → Almecerin, → Aquaphil, → Boerocerin, → Protegin usw.

Verwendung. Oxycholesteringrundlagen zur Herstellung von Cremes.

Acetaldehyd.

Acetaldehyd. Äthylaldehyd. Äthanal. Aldehyd. $CH_3CHO.$ Mol.-Gew. 44.

Vorkommen. Als Zwischenprodukt bei der alkoholischen Gärung, gelegentlich im Harn. Wichtiges Zwischenprodukt der Essigsäurefabrikation.

Darstellung. Aus Acetylen und Wasser unter Verwendung von Quecksilbersulfat als Katalysator oder durch Oxydation von Äthylalkohol mit Kaliumdichromat und Schwefelsäure.

Eigenschaften, Farblose, leicht bewegliche Flüssigkeit von eigenartigem betäubend-erstickendem Geruch, in Wasser leicht löslich. D. (13°) 0,7883; Sdp. 21°. Acetaldehyd besitzt große Neigung zur Polymerisation. Bei Zusatz von 1 Tr. konz. Schwefelsäure zu wasserfreiem A. entsteht die polymere Verbindung Paraldehyd. Die Schleimhäute der Augen und der Atemwege werden durch A. bis zur starken Entzündung gereizt. Längere Einatmung bewirkt Schädigung der Gefäße.

Aufbewahrung. Am besten in zugeschmolzenen Glasröhren, sonst in sehr dicht schließenden Gefäßen (s. auch PVbF.).

Verwendung. Zur Herstellung von synthetischer Essigsäure, Alkohol, Chloroform und Kunstharzen.

☠ 2. Acetanilid. Acetanilidum, DAB. 6. Stoff B.

Phenylacetanid. Antifebrin. $C_6H_5 \cdot NH(CO \cdot CH_3)$. Mol.-Gew. 135,08.

Darstellung. Durch Erhitzen von Anilin und Essigsäure und folgende Destillation oder Umkristallisieren aus Wasser.

$$C_6H_5NH_2 + CH_3COOH \rightarrow H_2O + C_6H_5NH \cdot OCCH_3$$

Anilin　　　　Essigsäure　　　Wasser　　　Acetanilid

Eigenschaften. Weiße, glänzende, *geruchlose* Kristallblättchen, *Geschmack* scharf brennend, löslich in etwa 230 T. Wasser (20°), in 22 T. siedendem, in 4 T. Weingeist, 50 T. Äther, 8 T. Chloroform. Schmp. 113° bis 114°. Acetanilid führt in Grammdosen zu tödlicher Vergiftung.

Erkennung. Beim Erhitzen von A. mit Kalilauge entsteht der Geruch nach Anilin. Nach Zusatz einiger Tropfen Chloroform zu dieser Mischung entsteht bei erneutem Erhitzen der widerliche Geruch nach Isonitril.

Verwendung. Als Fieber senkendes Mittel (E. bis 0,5 g).

Acetessigester. Aether acetico-aceticus, Erg.-B. 6.

Azetessigester. $CH_3 \cdot CO \cdot CH_2 \cdot COO \cdot C_2H_5$. Mol.-Gew. 130,1.

Farblose, leicht in Weingeist und Äther, wenig in Wasser lösliche Flüssigkeit mit obstartigem *Geruch*. D. (20°) 1,022 bis 1,024. Sdp. 180° bis 182°.

Prüfung. Eisenchloridlösung färbt die wäßrige A.-Lösung violettrot. Wäßrige oder weingeistige A.-Lösung dürfen Lackmuspapier nur ganz schwach röten.

Verwendung. In der organischen Synthese von Arzneimitteln (Antipyrin, Pyramidon u. a.), Farb- und Riechstoffen.

Acetin.

Acetylglycerin. Glycerinmonoacetat. $CH_2OH \cdot CHOH \cdot CH_2O \cdot OC \cdot CH_3$.

Farblose, ölige, hygroskopische Flüssigkeit in Wasser und Weingeist leicht löslich.

Verwendung. Als Lösungsmittel für basische Farbstoffe, Tannin in Stoffdruckereien und Färbereien. Lösungsmittel für Farbstoffe der Hektographentinten, in der Parfümerie als Fixiermittel von Riechstoffen.

Acetoform.

Acetoform (Kalle) ist eine feste Verbindung von Aluminiumacetocitrat mit Hexamethylentetramin, fester Ersatz für essigsaure Tonerde.

Aceton. Acetonum, DAB. 6.

Azeton. Dimethylketon. Ketopropan. Propanon. Essiggeist. Spiritus pyroaceticus.
$CH_3 \cdot CO \cdot CH_3$. Mol.-Gew. 58,05.

Vorkommen. Aceton ist das einfachste und wichtigste Keton und findet sich in Spuren im normalen Harn und im Blut, vermehrt als pathologischer Bestandteil des Harns bei Zuckerkrankheit. Es bildet sich reichlich bei der Zersetzungsdestillation von Holz und findet sich daher zusammen mit Methylalkohol im rohen Holzessig. Da seine Trennung aus diesem durch fraktionierte Destillation schwierig ist, ist dieses Verfahren technisch unbedeutend.

Darstellung. Aus Rohaceton, das bei der Zersetzungsdestillation von Calcium-acetat, sog. *Graukalk*, erhalten wird:

$$(CH_3COO)_2Ca \rightarrow CH_3 \cdot CO \cdot CH_3 + CaCO_3$$

Calciumacetat, Graukalk   Aceton   Calciumcarbonat

Den Graukalk erhält man aus der Essigsäure des rohen Holzessigs durch Neutralisieren mit Kalk. Auch durch Dehydrierung von Isopropylalkohol mit Messingstücken als Katalysator und durch bakterielle Zersetzung von Kohlenhydraten wird A. gewonnen.

Eigenschaften. Technisches A., D. (20°) 0,800 bis 0,805, Sdp. 56° bis 75°, kommt in verschiedenen Reinheits- und Stärkegraden in den Handel. *A.,* DAB. 6, ist eine klare, farblose, angenehm aromatisch riechende, brennend schmeckende Flüssigkeit, die leicht beweglich und *sehr feuergefährlich* ist und mit leuchtender Flamme verbrennt. Mit Wasser, Alkohol, Äther, Chloroform, Fetten und ätherischen Ölen in jedem Verhältnis mischbar. D. (20°) 0,790 bis 0,793; Sdp. 55° bis 56°. A. löst Harze, Fette, Kautschuk, Acetyl- und Nitrocellulose, Kumaronharze, Carnaubawachs, Montanwachs und Asphalt. A.-Dämpfe wirken mäßig reizend, die narkotische Wirkung ist ähnlich wie die des Äthylalkohols.

Prüfung des DAB. 6. *Erkennung.* 10 ccm der wäßrigen A.-Lösung (1 + 199) färben sich nach Zusatz von 1 ccm Natronlauge durch 5 ccm frische, ohne Erwärmen bereitete Nitroprussidnatriumlösung rot, nach Zusatz von überschüssiger Essigsäure karminrot.

Beim Erwärmen der wäßrigen A.-Lösung mit Kalilauge und Jod entsteht Jodoform.

Prüfung auf: *Höhere Homologe, Säuren:* Die Mischung von 5 ccm A. mit 5 ccm Wasser muß klar sein und darf Lackmuspapier nicht röten. Trübung der Lösung zeigt höhere Homologe, Rötung des Lackmuspapiers Säuren an.

Aldehyde: Die Mischung von 10 ccm A. und 10 ccm Wasser in einem Glasstöpsel-zylinder darf nach Zusatz von 2 ccm ammoniakalischer Silberlösung beim Stehen im Dunkeln innerhalb einer halben Stunde höchstens schwach bräunlich gefärbt werden.

Fremde organische Stoffe: Beim Versetzen von 10 ccm A. mit 1 Tr. Kaliumpermanganat-lösung darf die Rotfärbung der Mischung innerhalb einer Viertelstunde nicht vollständig verschwinden. Rascheres Verschwinden der Rotfärbung zeigt fremde organische Stoffe an.

Methylalkohol: 1 ccm A. wird in einem weiten Probierrohr mit 5 ccm Wasser gemischt, 2,5 ccm Kaliumpermanganatlösung (1 + 49) und 0,2 ccm Schwefelsäure zugesetzt und 3 Min. geschüttelt. Dann werden 0,5 ccm gesättigte Oxalsäurelösung, 1 ccm Schwefelsäure und 5 ccm Schiffs Reagens zugefügt; innerhalb von 3 Stunden darf weder Blau- noch Violettfärbung eintreten.

Ester: 20 ccm A., 30 ccm Wasser, 10 ccm n-Kalilauge werden vermischt und im Rückflußkühler 1 Stunde lang erhitzt. Nach Zusatz von Phenolphthaleinlösung wird mit n-Salzsäure bis zum Verschwinden der Rotfärbung titriert. Werden hierbei weniger als 10 ccm n-Salzsäure verbraucht, ist die Anwesenheit von Estern erwiesen.

Nicht flüchtige Verunreinigungen: 10 ccm A. werden in einem gewogenen Schälchen verdampft. Der Rückstand muß unter 1 mg bleiben.

Aufbewahrung. Da durch Einwirkung von Tageslicht gelbe Verfärbung eintritt, vor Licht geschützt aufbewahren (s. auch PVbF.).

Verwendung. Wichtiges Lösungs- und Extraktionsmittel in der Lack- und Acetatseidenherstellung. Lösungsmittel für Fette, Harze, Gerbsäuren, zum Entfetten von Rohwolle. Von Acetylen löst es das 100fache Volumen (→ Dissousgas); in der chemischen Technik zur Herstellung von Bromaceton, Chloroform, Jodoform, Sulfonal u. a.; zur Herstellung von → Abbeizmitteln; zum Denaturieren von Spiritus und zur Herstellung von Lederkitt; zum Kitten von Celluloidgegenständen. Als Fettlösungsmittel bietet es infolge seiner Vermischbarkeit mit Wasser den Vorteil, die Fette ohne Destillation durch einfache Verdünnung mit Wasser wieder abzuscheiden. Bei der Herstellung rauchlosen Pulvers als Quellmittel für Nitrocellulose; bei der Herstellung von Tinct. Cantharidum, DAB. 6, in Nagellacken und Nagellackentfernern als Lösungsmittel (neuerdings wird A. für den letzten Zweck abgelehnt); in der Mikroskopie zur Entwässerung mikroskopischer Präparate.

Acetonresorcin.

Kleine, in Wasser unlösliche, in Alkohol, Äther, Chloroform und Alkalien lösl. Kristalle.

Verwendung. Statt Resorcin als keratoplastisches Mittel in Haarwässern.

Acetophenon. Acetophenonum.

Phenylmethylketon. Acetylbenzol. Hypnon. $C_6H_5 \cdot CO \cdot CH_3$.

Darstellung. Durch Erhitzen von Benzol mit Acetylchlorid und Aluminiumchlorid, Destillieren und Rektifikation des Destillats.

Vorkommen. Acetophenon ist ein Bestandteil des Steinkohlenteers und fand früher Verwendung als Schlafmittel.

Eigenschaften. Farblose bis gelbliche Flüssigkeit, die schon bei $+18°$ bis $+19°$ kristallin zu Blättchen erstarrt und daher in der kalten Jahreszeit fest ist. Der *Geruch* ist stark aromatisch und erinnert in der Verdünnung an Heu. Absolut seifenecht, auch für kaltgerührte Seifen geeignet, verfärbt weiße Seifen nicht. D. 1,032; Schmp. 19,7° bis 20,5°; Sdp. 202°. Unlöslich in Wasser, leicht löslich in Alkohol, Äther und fetten Ölen.

Verwendung. In der Parfümerie zur Herstellung von Kompositionen wie Flieder, Akazie, Mimose, Heu (5 bis 10%), zur Seifenparfümierung, erfordert aber wegen seines starken Geruches vorsichtige Dosierung.

Acetylanisol.

Weiße bis gelbliche Kristallbrocken. Schmp. 37°, mit kräftigem an Weißdorn erinnernden und stark haftendem *Geruch.* Seifenbeständig.

Acetylcellulose.

Celluloseacetat. Zelluloseacetat.

Darstellung. Durch Einwirkung von Eisessig oder Essigsäureanhydrid auf Cellulose, wenig Schwefelsäure als Katalysator. Unter Abspaltung von Wasser entsteht hierbei Cellulosetriacetat, das in Chloroform löslich ist und zur Isolierung von Kabeln Verwendung findet. Das früher notwendige Umspinnen der Kabel wird hierdurch entbehrlich.

Acetylen. Acetylenum.

Azetylen. Äthin.

$$\begin{matrix} C-H \\ \| \\ C-H \end{matrix}$$ Acetylen ist das erste und wichtigste Glied der Acetylenreihe. Es bildet sich bei Zersetzungsreaktionen organischer Substanzen, die durch Hitze vor sich gehen, und ist deshalb auch in kleinen Mengen im Leuchtgas (0,06%) enthalten. Auch bei der unvollständigen Verbrennung von Leuchtgas in einem zurückgeschlagenen Bunsenbrenner entstehen beträchtliche Mengen des Gases:

$$4\ CH_4 \quad + \quad 3\ O_2 \quad \rightarrow \quad 6\ H_2O \quad + \quad 2\ C_2H_2$$

Methan · Sauerstoff · Wasser · Acetylen

Darstellung. Die technische Darstellung von A. erfolgt durch die schon von WÖHLER entdeckte Zersetzung von Calciumcarbid mit Wasser, die stürmisch vor sich geht:

$$CaC_2 \quad + \quad 2\ H_2O \quad \rightarrow \quad Ca(OH)_2 \quad + \quad C_2H_2$$

Calciumcarbid · Wasser · Calciumhydroxyd · Acetylen

Eigenschaften. A. ist etwas leichter als Luft. Das technische Gas ist durch Ammoniak, Schwefelwasserstoff, Phosphorwasserstoff und organische Schwefel- und Phosphorverbindungen verunreinigt und riecht daher widerlich, während reines A. ein farbloses, fast geruchloses, betäubendes Gas ist. A.-Luftgemische explodieren außerordentlich heftig, und zwar noch bei sehr niederem A.-Gehalt. Die Explosionsgrenzen liegen mit Luft gemischt zwischen 2,8 und 65% und mit Sauerstoff gemischt zwischen 2,8 und 93%. Das Gas verbrennt an der Luft mit stark leuchtender, sehr heißer (1900°) rußender Flamme, während das A.- Sauerstoffgemisch Temperaturen bis 2700° erreicht. Bei starker Luftzufuhr in besonders konstruierten Brennern verbrennt es mit hell leuchtender, weißer Flamme, ohne zu rußen, mit einer Leuchtkraft, die 6mal größer als die des Glühlichtes ist. Eingeatmet wirkt technisches A. *betäubend* und *giftig* und kann durch den in ihm enthaltenen äußerst giftigen Phosphorwasserstoff zu *tödlichen Vergiftungen* führen. Chemisch ist das Gas als ungesättigte Verbindung sehr reaktionsfähig, die leicht Additions- und Polymerisationsreaktionen eingeht.

Verwendung. Zu Beleuchtungszwecken (für den Betrieb von A.-Anlagen ist eine besondere Verordnung erlassen (s. Bd. I), zur Acetylengasentwicklung verwendete Apparate unterstehen der Polizeiaufsicht); in der chemischen Technik als Ausgangsstoff zahlreicher Erzeugnisse (s. dort), so zur Herstellung von künstlichem Kautschuk, Aceton, Essigsäure, Essigsäureanhydrid und deren zahlreichen Derivaten. Die Bedeutung von A. als Ausgangsstoff für Verbindungen, die dann zu Harzen kondensiert werden, ist ständig im Wachsen. Zum autogenen Schweißen und Schneiden von Metallen. Dabei wird es mit Sauerstoff in einem besonderen Brenner verbrannt und kommt hierzu bei Anwesenheit von Kieselgur zur Verminderung der Explosionsgefahr und unter Druck in Aceton gepreßt in Stahlflaschen mit gelbem Anstrich unter der Bezeichnung *Dissousgas* in den Handel. 1 Liter Aceton von 15° nimmt bei 12 Atmosphären gegen 300 Liter A. auf.

Acetylenruß wird durch unvollständige Verbrennung des A. erhalten. *Reines A.*, das kaum giftig ist, findet unter der Bezeichnung *Narcylen* zur Narkose Verwendung.

Acetylenchloride.

Das ungesättigte Acetylen hat die Fähigkeit, Additionsreaktionen einzugehen. Dabei sind zur Absättigung der dreifachen Kohlenstoffbindung 4 einwertige Atome oder Atomgruppen nötig. Die Addition erfolgt in zwei Phasen. Während die erste zu einem Äthylenderivat führt, gibt die zweite ein gesättigtes Paraffinderivat. Bei der Anlagerung von Chlor entsteht zunächst Dichloräthylen:

$$CH{\equiv}CH \ + \ Cl_2 \ \rightarrow \ CHCl{=}CHCl$$

Acetylen   Chlor   Dichloräthylen

das durch weitere Chloraufnahme in Tetrachloräthan übergeht:

$$CHCl{=}CHCl \ + \ Cl_2 \ \rightarrow \ CHCl_2{-}CHCl_2$$

Dichloräthylen   Chlor   Tetrachloräthan

Siedepunkte der Acetylenchloride.

Dichloräthylen	55°	Acetylentetrachlorid	147°
Trichloräthylen	87°—88°	Pentachloräthan	159°
Tetrachloräthylen	121°	Hexachloräthan sublimiert bei	185°

Wie bei anderen Chlorkohlenwasserstoffen ist bei dauernder Verwendung der Acetylenchloride Vorsicht geboten. In Bezug auf gute Absaugung der Lösungsmitteldämpfe aus der Arbeitsluft sind deshalb die behördlichen Vorschriften zu beachten. Insbesondere in geschlossenen Räumen ist für die Verwendung besonderer technischer Schutzvorschriften Sorge zu tragen.

Relative Giftigkeit der Chlorkohlenwasserstoffe bei Einatmung, bezogen auf die relative Giftigkeit von Tetrachlorkohlenstoff = 1 [1].

Chlorkohlenwasserstoffe	Relative Giftigkeit (gemittelte Werte)	Chlorkohlenwasserstoffe	Relative Giftigkeit (gemittelte Werte)
Äthylchlorid	0,14	Trichloräthan	1,7
Tetrachlorkohlenstoff	1,0	Chlorform	1,8
Äthylenchlorid	0,5	Perchloräthan	6,2
Perchloräthylen	1,6	Tetrachloräthan	7,0
Dichloräthylen	1,6	Pentachloräthan	7,0

☠ 2. Tetrachloräthan. Stoff B.

Acetosol. Tetrachloräther. Acetylentetrachlorid. $CHCl_2{-}CHCl_2$. Mol.-Gew. 167,8.

Darstellung. Durch direkte Vereinigung von Acetylen mit Chlor unter Verwendung von Antimonpentachlorid als Katalysator.

Eigenschaften. Farblose, stark lichtbrechende, im *Geruch* an Chloroform erinnernde, nicht brennbare Flüssigkeit. Ausgezeichnetes Lösungsmittel für Fette, Öle, Harze, Celluloseacetat. Trotz seiner Eignung zur Lackherstellung ist es *als Lackverdünner* wegen seiner besonderen Giftigkeit und Gefährlichkeit *verboten*. Kennzahlen nach GNAMM: D. (15°) 1,602; Sdp. 147°; Verdunst.-Zahl 33.

---

[1] Nach R. FREITAG: Z. f. ärztl. Fortbildg. 1942, S. 187.

Toxikologie. Schon kurzes Einatmen der Dämpfe erzeugt Schleimhautreizung, bewirkt Kopfschmerzen, Übelkeit und Herzklopfen. Bei längerer Einwirkung erfolgt Erbrechen (u. U. mit Blut), Koliken, Leberschwellung, Gelbsucht und Nierenschädigung, in schweren Fällen tritt der Tod ein.

Verwendung. Als Lösungsmittel für Schwefel, Phosphor, Chlor, Brom, Jod und organische Stoffe; zum Entfernen von alten Ölfarbenanstrichen; zur Darstellung von Trichloräthylen und anderen Chlorverbindungen.

☠ 2. Trichloräthylen. Stoff B.

Äthylentrichlorid. Tri. Trielin. Westrosol. $CHCl{=}CCl_2$. Mol.-Gew. 131,40.

Darstellung. Durch Kochen von Acetylentetrachlorid mit festem Kalkhydrat in Rührkesseln und Abdestillieren des entstehenden Tri.

Eigenschaften. Farblose, schwere, leicht bewegliche, nicht brennbare Flüssigkeit; *Geruch* chloroformähnlich; in Wasser nur in Spuren löslich. Die Stabilität von T. hängt vom Säuregehalt ab, der durch Titration von n/100-Natronlauge und Phenolphthalein als Indikator bestimmt wird. Im Licht zersetzt es sich in Gegenwart von Sauerstoff, im Dunkeln aufbewahrt bleibt es unzersetzt; mit Benzol, Benzin und Schwefelkohlenstoff, Methyl- und Äthylalkohol und fast allen organischen Flüssigkeiten in jedem Verhältnis mischbar. Die Angriffsfähigkeit selbst bei Gegenwart von Wasser ist geringer als die von Tetrachlorkohlenstoff. D. (20°) 1,46 bis 1,47; Brechungsexponent (20°) 1,480; Sdp. 87° bis 88°; Verdunstungszahl 3,8.

Toxikologie. Beim häufigen Einatmen von T. kann „Tri-Sucht" entstehen. Die *chronische Vergiftung* in industriellen Betrieben zeigt neben Störungen in den Verdauungsorganen, Lähmungen, Sehstörungen, Delirien und Tobsuchtsanfälle. Die chronische Vergiftung kann sich vom Rausch bis zur Bewußtlosigkeit und tödlichen Narkose des Atemzentrums erstrecken. Häufig bleiben nervöse Nachkrankheiten zurück, Schädigung des Sehnervs bis zur Erblindung und Aufhebung der Geruchs- und Geschmacksempfindung. Auch Ausfallen der Zähne, Zungen- und Lippenkrampf können Folgeerscheinungen sein.

Verwendung. Ausgezeichnetes Lösungsmittel für viele Natur- und Kunstharze, Fette, Öle, Wachse, Asphalte, Chlorkautschuk, Kautschuk, Bienenwachs, Paraffin, Ceresin usw.; in der chemischen Wäscherei vielfach an Stelle von Benzin auch in Verbindung mit Seife und anderen Lösungsmitteln benutzt; zum Entfetten von Metallen, Leder usw.; zur Extraktion von Fetten und Ölen, zur Herstellung von Lösungsmittelseifen, Reinigungsmitteln und Gummilösung; zur Aufbereitung von Gasreinigungs- und anderen schwefel- oder phosphorhaltigen Massen; als Ausgangsprodukt für wichtige organische Synthesen. Seifenlösungen und Seifen, die T. enthalten, sind unter der Bezeichnung *Triol, Tripur, Westrol* u. a. im Handel. Die Ausgabe von Klebstoffen, die als Lösungsmittel T. enthalten, an Heimarbeiter ist verboten. Beim Arbeiten mit T. ist für beste Entlüftung der Räume zu sorgen. Mit T. hergestellte Lacke dürfen nur im Freien oder in sehr gut gelüfteten Räumen verarbeitet werden. Dies gilt auch für damit hergestellte Abbeizmittel. T. verarbeitende Betriebe müssen sich mit dem amtlichen Merkblatt über die Verwendung von T. bekannt machen (Näheres durch das zuständige Arbeitsschutzamt). *Chlorylen* (Schering) ist reines T., das auf Watte gebracht und eingeatmet bei Trigeminusneuralgien verwendet wird.

Ein nach besonderem Verfahren dargestelltes, stabilisiertes T. reinster Beschaffenheit ist *Trichloran* (Merck), das als Inhalations-Analgeticum in der Geburtshilfe, der Zahnheilkunde und der kleinen Chirurgie Verwendung findet.

☠ 2. Pentachloräthan. Stoff B.

Pentalin. CCl_3-CHCl_2. Mol.-Gew. 202.

Pentachloräthen wird durch Einleiten von Chlor in Trichloräthylen gewonnen, durch Waschen mit Wasser unter Zusatz von Kalk und anschließende Destillation mit Wasserdampf gereinigt.

Eigenschaften. Farblose Flüssigkeit mit weniger aufdringlichem *Geruch* und geringerer Giftigkeit als Tetrachloräthan. D. (15°) 1,709; Brechungsexponent (20°) 1,503; Sdp. 159°.

Toxikologie. P. gilt neben Tetrachloräthan als der *giftigste* und *gefährlichste* Chlorkohlenwasserstoff, mit besonders ausgeprägter Stoffwechselwirkung und großer Giftigkeit für die Leber.

Verwendung. Zum Entfetten von Metallen, in kleinen Mengen zur Erhöhung der Lösungsfähigkeit anderer Lösungsmittel, als Lösungsmittel für Acetylcellulose und einige Harze. Zur Metallentfettung muß P. wasserfrei sein, da es wasserhaltig Metalle angreift.

☠ 2. Tetrachloräthylen. Stoff B.

Perchloräthylen. Perarin. Carboneum dichloratum. $CCl_2=CCl_2$. Mol.-Gew. 166

Tetrachloräthylen wird durch Kochen von Pentachloräthan mit Kalkschlamm dargestellt.

Eigenschaften. Farblose, schwere, dem Tri ähnliche Flüssigkeit mit kennzeichnendem, jedoch milderem *Geruch* und geringerer Flüchtigkeit. D. (15°) 1,620; Sdp. 121°. Ausgezeichnetes Lösungsmittel und der am wenigsten giftige Chlorkohlenwasserstoff.

Verwendung. Als Detachiermittel in der Wäschereitechnik, als Bestandteil vieler Waschmittel in der Textilindustrie, zum Ent- und Befetten von Metallen, zur Lederentfettung, Knochenextraktion und zur Herstellung von Fleckenwasser, Gummilösungen und Lösungsmittelseifen; ausgezeichnetes Lösungsmittel für viele Harze, Wachse und Asphalte.

Hexachloräthan.

Perchloräthan. Carboneum trichloratum (sesquichloratum). CCl_3-CCl_3. Mol.-Gew. 236,76.

Darstellung. Durch Chlorierung von Acetylentetrachlorid bzw. aus Tetrachloräthylen durch Anlagerung von Chlor.

Eigenschaften. Farblose, kampferartig riechende Kristalle, die bei 185° sublimieren und in Alkohol, Äther, Chloroform, Tetrachlorkohlenstoff und Benzol löslich sind, unlöslich in Wasser. D. etwa 2,0.

Verwendung. Als Mottenmittel mit umstrittener Wirkung („Der praktische Desinfektor" 1952, 12, 137/38), in Explosivstoffen, *rein* medizinisch in der Dermatologie in Ölen und Salben.

☠ 2. Dichloräthylen. Stoff B.

Acetylendichlorid. $CHCl=CHCl$. Mol.-Gew. 96,95.

Dichloräthylen wird durch Behandeln von Acetylentetrachlorid mit Wasser und Zinkstaub im Rückflußkühler gewonnen.

Eigenschaften. Farblose, schwer entzündliche Flüssigkeit. Sdp. 55°; D. 1,278. Gutes Lösungsmittel für Öle, Fette, Acetylcellulose und Kautschuk; gegenüber anderen Acetylenchloriden weniger giftig, mit weniger schädlichem Einfluß auf Kreislauf und Stoffwechsel. Seine Dämpfe zersetzen sich an offener Flamme unter Phosgenbildung, heiß sind sie entzündlich. Gegen Metalle ist es indifferent.

Verwendung. Als Lösungsmittel statt Äther und Aceton. Nach einem patentierten Verfahren zur Wühlmausbekämpfung.

Acetylsalicylsäure.

Acidum acetylosalicylicum, DAB. 6. Stoff B.

$C_6H_4 \cdot (OCOCH_3) \cdot COOH$. Mol.-Gew. 180,06. Geschützter Name: *Aspirin*.

Darstellung. Durch Einwirkung von Essigsäureanhydrid oder Acetylchlorid auf Salicylsäure. Die Reinigung erfolgt durch Umkristallisieren aus Chloroform oder anderen nicht wasserhaltigen Lösungsmitteln.

Eigenschaften. Weiße Kristalle, Nadeln oder Blättchen von schwach säuerlichem *Geruch* und *Geschmack*. Schmp. 135°. In Wasser schwer, leicht in Alkohol und Äther löslich. A. wirkt im Organismus ähnlich wie Salicylsäure schmerzstillend und fiebersenkend, jedoch ohne deren unangenehme Nebenwirkung auf Magen und Darm. Übermäßig hohe Dosen rufen Kopfschmerzen, Sodbrennen und Erbrechen hervor. Bei sehr hohen Dosen sind schon tödliche Vergiftungen erfolgt.

Erkennung. 1. durch Feststellung des Schmelzpunktes. 2. Beim Kochen von 0,5 g mit 5 ccm Natronlauge 3 Min. lang, erkalten lassen und Zusatz von 10 ccm verd. Schwefelsäure scheidet sich ein weißer, kristalliner Niederschlag ab, der vorübergehend schwach violett gefärbt ist.

Prüfung des DAB. 6 auf: *Salicylsäure*. 0,1 g werden in 5 ccm Weingeist kalt gelöst, 20 ccm Wasser und 1 Tr. verd. Eisen(III)-chloridlösung (1 + 24) zugesetzt. Es darf keine violette Färbung entstehen. (Schwache violette Färbung tritt fast immer auf.)

Schütteln von 2 g mit 5 ccm einer Mischung aus gleichen Raumteilen Äther und Petroläther, filtrieren und freiwilliges Verdunstenlassen des Lösungsmittels. Rückstand mit 5 ccm in ein Reagensglas spülen, schütteln und filtrieren. Dem Filtrat 1 Tr. Eisen(III)-chloridlösung (1 + 24) zusetzen. Hierbei darf nur eine schwache violette Färbung auftreten.

1 g mit 20 ccm Wasser 5 Min. lang schütteln, filtrieren.

Je 5 ccm des Filtrats zeigen an:
Schwermetallsalze durch eine Fällung beim Versetzen mit 3 Tr. Natriumsulfidlösung,
Salzsäure durch eine weiße Trübung mit Silbernitratlösung,
Schwefelsäure durch eine weiße Trübung mit Bariumnitratlösung.
Die Reagentien dürfen keine Veränderungen erzeugen.
Anorganische Beimengungen durch einen Rückstand von 0,001 g oder mehr beim Verbrennen von 0,2 g in einem tarierten Tiegel.

Verwendung. Bei fieberhaften Erkältungskrankheiten, Kopfschmerzen, Neuralgien, Muskel- und Gelenkrheumatismus. E. 0,5 bis 1,0 g dreimal täglich (nicht mit kohlensäurehaltigem Wasser, Essigsäureabspaltung).

Achse, optische.

Optische Achse heißt die gemeinsame Achse von Linsen. Sie ist die Gerade durch den Mittelpunkt derselben.

Acivet-Melkfett.

Quartäre Ammoniumverbindung in Polyäthylenglykol-Grundlage, die sich infolge der Wasserlöslichkeit der letzten leicht abwaschen läßt. *Acivet* ist auch flüssig erhältlich, von schwach saurer Reaktion ($p_H = 6,0$) und findet als gut benetzende, schmutzlösende und keimtötende Flüssigkeit in 1%iger Lösung u. a. auch zur Keimfreimachung der Hände und der Unterarme der Melker und Euter und der anliegenden Körperteile des Milchviehs Verwendung. A. ist hitzebeständig, unempfindlich gegen hartes Wasser und wirkt weder reizend noch quellend auf die Haut.

Erkennung. Beim Erwärmen von A. mit p-Dimethylaminobenzaldehyd-Salzsäure entsteht eine lachsrote Färbung (Zephirol gibt dabei eine schwach violette Färbung).

Beim Erwärmen mit Vanillin-Salzsäure gibt A. eine violette Färbung (Zephirol dagegen eine grüne).

Ackerskabiose.

Knautia arvensis *Coulter.*

(Scabiosa arvensis L.). Dipsacaceae. Krätzkraut.

Auf trockenen Wiesen, an Rainen, Wald- und Ackerrändern vorkommende, ausdauernde, 30 bis 60 cm hohe Pflanze. Stengel durch kurze Haare grau, durch längere meist steifhaarig, wenig beblättert. Blätter gegenständig, graugrün, matt, die unteren meist ungeteilt, die mittleren meist fiederspaltig mit lanzettlichen Zipfeln, selten ungeteilt. Blütenköpfe langgestielt, halbkugelförmig, Blütenboden ohne Spreublättchen, mit Haaren besetzt, Randblüten strahlend. Kelchsaum mit Borsten, Krone vierspaltig, meist bläulich, selten rosa oder weiß.

Skabiosenkraut. Herba Scabiosae.

Schnittdroge. Blattstückchen graugrün, glanzlos, beiderseits mit bis 3 mm langen Borstenhaaren. Blüten stark geschrumpft, bläulich bis rotviolett, mit vierspaltiger Krone. Stengelstückchen derb, rund oder längsgefurcht, grün, teilweise blauviolett punktiert, dicht mit nach rückwärts gerichteten Borsten besetzt.

Inhaltsstoffe. Bitterstoff, Gerbstoff, Saccharose.

Aufbewahrung. Vor Licht geschützt.

Verwendung. 2 Teelöffel auf 1 Tasse Aufguß als Blutreinigungsmittel bei chronischen Hautkrankheiten, Ekzemen, zu Teemischungen.

Acrawax.

Unter dieser Bezeichnung sind verschiedene in Alkohol, Terpentinöl, Toluol usw. lösliche und mit Paraffin und anderen Wachsen mischbare Wachse im Handel: Acrawax A, Schmp. 95° bis 97°; Acrawax B, Schmp. 86° bis 90°; Acrawax C, Schmp. 140° bis 142°. Sie finden Verwendung an Stelle von Carnaubawachs.

Acridinfarbstoffe.

Acridinfarbstoffe sind Farbstoffe, die sich von Acridin ableiten (s. Bd. I, Chemie), aber nicht aus diesen hergestellt werden.

Einige A. sind besonders wichtige Desinfektionsmittel. → *Trypaflavin,* 3,6-Diaminoacridinchlormethylat, eine in Wasser mit gelber Farbe und stark grüner Fluoreszenz lösl. Verbindung mit sehr starker baktericider Wirkung, die zur Wundbehandlung (1 : 1000) und mit Kakaopulver und Milchzucker zu Tabletten mit je 0,003 g unter der Bezeichnung *Panflavin* als Mund- und Rachendesinfektionsmittel in den Handel kommt. → *Rivanol* (Hoechst), 7-Äthoxy-3,9-diaminoacridin, hellgelbes, kristallines, in kaltem und heißem Wasser lösl. Pulver, besitzt ebenfalls starke baktericide Wirkung und findet zur Wunddesinfektion (1 : 5 000) bei eiternden Wunden und gegen Amöbenruhr Verwendung. Rivanolflecke entfernt man aus der Wäsche mit starker Essigsäurelösung.

☠ Acrolein.

Acrylaldehyd. $CH_2=CH\cdot CHO$. Mol.-Gew. 56,06.

Acrolein (lat. acer, scharf; lat. oleum, Öl) ist der einfachste ungesättigte Aldehyd, der bei der Zersetzung des Glycerins durch Erhitzen mit Kaliumbisulfat unter Abspalten von 2 Mol. Wasser entsteht und auf diese Weise dargestellt wird. A. neigt stark zur Polymerisation, kann aber in Lösung durch kleine Mengen oxydierbarer Stoffe (Hydrochinon u. a.) stabilisiert werden. Wasserhelle, leicht bewegliche Flüssigkeit von unerträglichem *Geruch*, die stark die Haut und Schleimhäute reizt und Tränen erregt und schon in geringen Mengen stark giftig ist. D. (20°) 0,8391; Sdp. 52°. A. findet in der Synthese Verwendung.

Acrylharze.

Acrylharze sind Polymerisationsprodukte, die unter dem Namen → *Plexigum* (Polyacrylsäureester) und → *Plexiglas* (Polymetacrylsäureester) weich bis hartgummiartig und glasähnlich zur Herstellung von Lacken, Kunstleder, Klebstoffen, Schläuchen, Sicherheitsglas usw. Verwendung finden können.

Acrylsäure.

Propensäure. $CH_2=CH\cdot COOH$. Mol.-Gew. 72,06.

Darstellung. Durch Oxydation von Acrolein bzw. durch Bromierung von Allylalkohol und Umsetzung des entstandenen Bromids mit Zink. Farblose, stechend riechende Flüssigkeit, D. (16°) 1,062, Sdp. 140°, mischbar mit Wasser. Neigt zur Polymerisation und findet daher als Ausgangsmaterial für viele Kunststoffe, synthetische Lacke usw. Verwendung.

Adalin (E. W.), DAB. 6.

Bromdiäthylacetylcarbamid. Mol.-Gew. 237,04.

NH_2
|
CO
|
$NH[CO\cdot CBr(C_2H_5)_2]$

Eigenschaften. Weißes, fast geruch- und geschmackloses kristallines Pulver, mit Wasserdämpfen flüchtig. Es sublimiert bereits beim Erhitzen auf 60° bis 80° in geringem Maße. In kaltem Wasser und in Petroläther sehr wenig, leichter in heißem Wasser, leicht in Weingeist, Aceton oder Benzol löslich. Schmp. 116° bis 118°.

Erkennung. Beim Erhitzen von 0,2 g Adalin mit 3 ccm Natronlauge entwickelt sich Ammoniak.

Beim Kochen von 0,2 g A. mit 10 Tr. Natronlauge und 5 ccm Wasser bis zur Lösung, Filtrieren nach dem Erkalten und Versetzen des Filtrats mit einigen Tropfen Chloraminlösung, etwas Chloroform und verd. Essigsäure bis zur sauren Reaktion, wird das Chloroform beim Durchschütteln durch Abscheidung von freiem Brom gelbbraun gefärbt.

DAB. 6 läßt ferner prüfen auf Schwefelsäure und anorganische Beimengungen.

Verwendung. *Med. innerl.* als gutes Schlafmittel ohne Nachwirkung mit geringer Gewöhnungsgefahr (E. 0,5 g).

Adhäsion.

Adhäsion (lat. adhaerere, anhängen) ist das Anziehungsbestreben von Teilchen verschiedener Körper infolge zwischenmolekularer Anziehungskräfte, z. B. das Anhaften einer Flüssigkeit an einem festen Körper (Benetzung) oder auf anderen mit der Flüssigkeit nicht oder nur im geringen Maße mischbaren Flüssigkeiten (Ausbreitung von Flüssigkeiten). Die A. wirkt zwischen flüssigen und festen Körpern am stärksten. Ihre Größe ist abhängig von der Natur der Körper. Auf Adhäsion beruht das Schreiben (Tinte bleibt durch A. am Papier kleben), Zeichnen, Malen, Drucken sowie die Technik, Körper durch Leimen, Löten und Schweißen zu verbinden. Auch die Tatsache, daß eine mit Wasser benetzte Scheibe an einer anderen haften bleibt, beruht auf Adhäsion.

Adherol.

Adherol (Givaudan) ist eine pulverförmige, blendend weiße, praktisch geruchlose, giftfreie Pudergrundlage von äußerster Feinheit mit hervorragendem Haftvermögen und großer Geschmeidigkeit.

Adherol A mit großem Haftvermögen, ergibt glatten und samtweichen Effekt.

Adherol B, geschmeidig und matt mit hohem Deckvermögen, verleiht Pudern und Trockenschminken besondere Tiefenwirkung.

Verwendung. Zur Herstellung von Gesichtspudern, Kompaktpudern und Trockenschminken mit erhöhter trocknender Wirkung und Verbesserung der Beschaffenheit rauher Puderbestandteile. A. erzielt vollkommene Bindung der aus verschiedenen Körpern bestehenden Pudermasse. Je nach der Zusammensetzung werden 5 bis 10% zugesetzt.

Adipinsäure.

Butandicarbonsäure. Hexandisäure. Mol.-Gew. 146,14.

$$CH_2 \cdot CH_2 \cdot COOH$$
$$CH_2 \cdot CH_2 \cdot COOH$$

Die Säure führt ihren Namen, weil sie zuerst durch Oxydation von Fett (lat. adeps) hergestellt wurde.

Darstellung. Durch Oxydation von Cyclohexanol mit 65%iger Salpetersäure bei 20° bis 30°:

$$\begin{array}{ccc}
& CH_2{-}CH_2 & \\
CH_2 & & CO \\
& CH_2{-}CH_2 &
\end{array}$$
Cyclohexanol

$$\begin{array}{c}
CH_2{-}CH_2{-}COOH \\
CH_2 \\
CH_2COOH
\end{array}$$
Adipinsäure

Eigenschaften. Weiße, nicht hygroskopische, angenehm sauer schmeckende, in Wasser und Weingeist lösl. monoklin prismatische Kristalle, Schmp. 151°; SZ. 767. Physiologisch völlig unschädlich. Die Säure macht aus Natriumhydrogencarbonat wesentlich mehr Kohlensäure frei als Weinstein.

Erkennung. Mit 10%iger Lösung von Quecksilber(II)-acetat, der zur besseren Haltbarkeit einige Tropfen Essigsäure zugefügt werden, entsteht schon bei Anwesenheit von 0,05% A. eine kristalline Fällung. Wird Weinsäure in dem zu untersuchenden Erzeugnis vermutet, wird diese als Calciumbitartrat oder Calciumtartrat zunächst ausgefällt und das Filtrat auf A. geprüft..

Verwendung. An Stelle von Citronen- oder Milchsäure zum Ansäuern von Kuhmilch für Säuglinge in Tablettenform als *Adilactetten* (1 Tablette auf 100 g Milch), zum Ansäuern nicht alkalisch reagierender Kopfwaschmittel, zu Haarglanzmitteln nach erfolgter Haarwäsche, zur Herstellung von brausenden Badetabletten und Backpulvern, zur Herstellung der außerordentlich reißfesten und elastischen Faser „Nylon"-Seide, die durch Zusammenschmelzen von Hexamethylendiamin und Adipinsäure hergestellt wird. *Ester* der A. finden unter der Bezeichnung *Sipaline*, in Amerika unter der Bezeichnung *Adipole*, als Weichmacher Verwendung.

Adonis.

Adonis vernalis *L.*

Ranunculaceae.

Frühlings-Adonisröschen. Sonnenröschen. Teufelsauge.

10 bis 30 cm hohe, ausdauernde Pflanze an sonnigen Hügeln und Abhängen, auf trockenen Heidewiesen und an felsigen Stellen.

☠ 2. Adoniskraut. Herba Adonidis vernalis, Erg.-B. 6. Stoff B.

Das während der Blütezeit (April/Mai) gesammelte und sofort getrocknete ober-irdische Kraut, dessen Wirksamkeit in hohem Maße von der richtigen Trocknung abhängt. Zweckmäßig wird bei 30° vorgetrocknet, dann 30 Minuten bei 55° bis 60° nachgetrocknet. Stengel bis 30 cm lang, stielrund, markig, kahl, krautartig grün, teilweise blau, rotviolett oder schwarzbraun verfärbt, einfach oder verzweigt, Blätter zerstreut, die grundständigen mit Niederblättern schwarz beschuppt, sitzend, mit kurzer Scheide, hellgrün, knäuelig ineinandergerollt, fiederschnittig oder bandförmig schnittig, mit fast fadenähnlichen, ganzrandigen, spitzen Zipfeln. Große Blüten an den Stengelspitzen, Kelch 5blättrig, außen behaart, leicht abfallend, 10 bis 20 leuchtend citronengelbe Kronblätter, bis 2 cm lang, länglich-spitz oder fast spatelförmig, mit deutlichen Nerven. Zahlreiche Staubgefäße, grüne, samtig be-haarte Fruchtknoten mit zurückgekrümmtem Griffel. *Geruchlos, Geschmack* scharf bitter. Aschehöchstgehalt 10%.

Inhaltsstoffe. Etwa 1% Glykoside mit digitalisähnlicher Wirkung *Adonidosid* und *Adonivernosid*, Saponine (?) ein fünfwertiger Zucker-Alkohol Adonit, Aconit-säure, Harz, Fett, Phytosterin, Cholin u. a.

Verwendung. Als Herzmittel mit digitalisähnlicher Wirkung ohne Kumulations-gefahr mit rasch eintretender und schnell abklingender Wirkung, harntreibend, krampflösend, beruhigend, bei Wassersucht, Arteriosklerose u. a. Zur Herstellung von Tinctura Adonidis und Extractum Adonidis fluidum, je Erg.-B. 6.

Aufbewahrung. Vor Licht geschützt.

Verw. u. Verf. *Adonis aestivalis* mit hellen Stengeln, kleinen roten Blüten mit unbehaarten Kelchen.

☠ Adrenalin.

Adrenalin ist das Hormon der Nebennieren und wurde bereits um die Jahr-hundertwende synthetisch unter der Bezeichnung *Suprarenin* hergestellt. A. ist ein Derivat des Brenzcatechins und als basisches zweiwertiges Phenol leicht durch Luftsauerstoff und Oxydationsmittel zersetzlich, wobei es sich rot verfärbt. Es wirkt stark verengend auf die Blutgefäße und wird daher meist zusammen mit örtlich schmerzstillenden Mitteln bei Operationen verwendet. Da es *stark giftig* ist und Blutdrucksteigerung und Pupillenerweiterung bewirkt und ursprünglich öfters tödliche Vergiftungen vorkamen, kommt es zwecks bequemerer Dosierbarkeit in Lösungen 1 : 1000 in den Handel. Auch unter der Bezeichnung *Epinephrin, Paranephrin* u. a. ist es im Handel.

Verwendung. Als gefäßverengender, blutstillender Zusatz für Injektionen zur Lokalanästhesie.

Adsorbentien.

Adsorbentien sind poröse Stoffe mit außerordentlich großer Oberflächen-entwicklung, welche die Fähigkeit haben, durch Adsorption verhältnismäßig große

Mengen anderer Stoffe aufzunehmen. Adsorbentien für Gase sind → Aktivkohle
und → Silikagel. Als Adsorbentien bei Lösungen finden Aktivkohle, Bleicherden,
als ionenaustauschende A. → Permutite und → Wofatite Verwendung.

Adsorption.

Unter Adsorption (lat. adsorbere, ansaugen) versteht man die Erscheinung, daß
feste Körper an ihrer Oberfläche Gasmoleküle festhalten, verdichten. Zur A. größerer
Mengen von Gasen ist eine vergrößerte Oberfläche Voraussetzung. Sie wirkt deshalb
am stärksten an porösen Körpern, z. B. ausgeglühter Holzkohle. Von ihr werden
z. B. gelöste organische Farbstoffe und Riechstoffe adsorbiert, die betreffenden
Lösungen werden dabei entfärbt bzw. geruchlos. In der Gasmaske findet aktive
Kohle als A.-Mittel Verwendung. Je größer die Oberfläche des A.-Mittels ist, um
so mehr Gas kann adsorbiert werden und um so rascher erfolgt dessen A. Dabei
kann sich das adsorbierte Gas bei Benutzung von Platinschwamm, der besonders
porös ist, entzünden. Außer Kohle finden als A.-Mittel weißer Ton und Heilerde,
auch in der Heilkunde bei Vergiftungen mit Alkaloiden, Schwermetallsalzen und
Toxinen und bei ruhrartigen Erkrankungen, Verwendung. A.-Erscheinungen spielen
auch bei allen Lebensvorgängen eine bedeutende Rolle. Auch die Wirkung von
Katalysatoren in der Chemie beruht auf A.

Adulsion.

Adulsion (Kalle) ist die Bezeichnung für wasserlösliche Methylcellulose oder
Celluloseglykolate oder Mischungen von beiden, grießig-faserige Substanzen von
schwach gelblicher Farbe, die bei trockener Lagerung unbegrenzt haltbar sind. Ihre
besonderen Vorteile beruhen in ihrer einfachen Auflösungsweise in kaltem Wasser, der
neutralen Reaktion der Lösungen und ihrer hohen Beständigkeit gegen Zersetzungserscheinungen sowie gegen Alkali und Säure. Dadurch unterscheiden sie sich von
den natürlichen Schleimmitteln vorteilhaft.

Handelssorten. Adulsion SL 25 und SL. 400 (Methylcellulosen).
Adulsion KN 25 und KN 2000 (Natriumsalze der Celluloseglykolsäure).
Adulsion O (Mischung von Methylcellulose mit einem Celluloseglykolat).
Adulsion ST (Mischung von Methylcellulose mit einem Celluloseglykolat und
einem geringen Zusatz von Saponin pur. alb.).

Alle diese Marken, mit Ausnahme derjenigen mit der Zahlbezeichnung 25, sind
hochviscose Produkte, d. h. sie ergeben schon in sehr geringen Konzentrationen
dicke, schleimige Lösungen.

Verwendung. Als Verdickungs- und Bindemittel, Dispergier-, Suspendier- und
Emulgiermittel für medizinische und kosmetische Zwecke, zur Herstellung von
Salben, Cremes, Pasten, flüssigen Emulsionen, Linimenten und als Gleitmittel für
zahlreiche andere Zwecke.

Adurol.

Chlorohydrochinon. $C_6H_3(OH)_2Cl.$

Eigenschaften. Farblose Nadeln oder weiße Blättchen, leicht in Wasser, Weingeist und Äther, schwer in Benzol lösl., l. lösl. in heißem Chloroform. Schmp. 103°
bis 104°.

Erkennung. Konz. Schwefelsäure fällt Adurol aus konz. wäßrigen Lösungen in Prismen
und verzweigten Nadeln aus. Durch Oxydationsmittel wird A. in Chlorchinon, Schmp. 57°,
verwandelt.

Verwendung. Präparat von HAUFF. Zu klararbeitenden, gegen Temperatur-unterschiede wenig empfindlichen photographischen Entwicklern für sich oder mit Metol zusammen; s. Bd. III.

Aerosil.

Aerosil (Degussa) ist nahezu chemisch reine Kieselsäure von fast unvorstell-barer kleiner Teilchengröße (15 bis 25 mμ, Schüttgewicht im ungepreßten Zustand 40 g/l), p_H etwa 5, also hautfreundlich. Chemisch indifferent, neutral, farblos. Vorzüglicher Träger für Medikamente, deren Wirkung durch A. erhöht wird.

Verwendung. Als starkes Verdickungsmittel für Flüssigkeiten aller Art. Mit Wasser, wäßrigen Lösungen, Säuren, fetten und ätherischen Ölen, organischen Lösungsmitteln lassen sich gleichmäßige Pasten von beliebiger Konsistenz her-stellen, die gegen normale Temperatureinflüsse unempfindlich sind. So ergibt Wasser mit einem A.-Zusatz von 12%, Terpentinöl mit einem solchen von 8% ein nicht mehr flüssiges Präparat, während eine feste Salbe mit Wasser schon bei Zusatz von 17%, mit Terpentinöl bei Zusatz von 9,5% entsteht. Gute Grundlage zur Herstellung von fettfreien Salben, Cremes, Suppositorien. Wenige Prozente machen Öle zu dünnen oder dicken, homogenen und haltbaren Pasten. Fettfreie Cremes, selbst bei einem Wassergehalt bis zu 80%, verändern sich in normal ge-schlossenen Gefäßen auch bei langer Lagerzeit nicht. Als verdickender Zusatz zu Zahnpasten mit absorbierender, desodorisierender und den Zahnschmelz polierender Wirkung, ohne ihn anzugreifen; gleichzeitig wird die Wirkung verwendeter Schaum-mittel erhöht. Mit A. hergestellte Zahnpasten sind angenehm, locker und stabil, es ist auch für saure Zahnpasten verwendbar. Puder erhalten durch A.-Zusatz gute Streufähigkeit, Haftfestigkeit und Aufsaugvermögen für große Flüssigkeitsmengen. Als Zusatz zu pulverförmigen Trockenshampoos. Mit A. vermischten Pudern lassen sich flüssige Wirkstoffe einverleiben, die infolge der Strukturfeinheit von A. völlig gleichmäßig verteilt werden. Die feinpulvrige Konsistenz jedes Puders bleibt durch A. erhalten. In kleinsten Mengen Lacken und Farben zugesetzt, dient A. dazu, schwere Pigmente und Substrate in Schwebe zu halten und ihr Absetzen zu verhindern. Durch die besonders große Oberfläche wird vollständige Durchdringung der Farbpigmente erreicht. Im bestimmten Zusatz dient es als Mattierungsmittel. Öllacke mit A.-Zusatz bleiben auf porösen Unterlagen länger stehen und trocknen gleichmäßiger durch. Als Zusatz zu Trockenfarben wird Klumpenbildung verhindert, die Feuchtigkeit hygro-skopischer Substanzen aufgesaugt und diese pulverförmig erhalten. Es werden fol-gende Zusätze verwendet: Sedimentationshinderung 0,2% bis 1%, Mattierung 3% bis 6%, Verdickung 5% bis 10%, Trockenhaltung 0,5% bis 2%. Dieselben Zahlen gelten für Karbolineumfarben. Probeansätze sind zu empfehlen, um den A.-Zusatz auf das zur Anwendung kommende Rezept abzustimmen.

Die folgenden Beispiele zeigen, in welchem Verhältnis Aerosil als Verdickungs-mittel von Flüssigkeiten bei der Herstellung von Pasten diesen beigegeben werden muß.

Flüssigkeit	Aerosil-Zusatz	Aerosil-Zusatz
Wasser	12%	17%
Butylalkohol . . .	9%	12%
Benzol	7%	10%
Glykol	11%	15%
Terpentinöl	8%	9,5%
	Nicht mehr flüssig	Feste Salbe

Afridol-Seife.

Afridol-Seife (Curta) enthält 4% Oxymercuri-o-toluylsaures Natrium. Stark antiseptisch wirkende, die Haut nicht reizende Seife, mit hoher, dem Sublimat gleichwertiger Desinfektionskraft. A. ist im Seifenkörper dauernd und ohne Verlust seines hohen Desinfektionswertes haltbar. A.-Seife greift weder die Haut noch Gegenstände an, auch metallische Instrumente werden nicht amalgamiert.

Verwendung. Bei Haut- und Haarkrankheiten, besonders bei Hautgrind, Haarbalgentzündung, Mitessern, Bartflechten, Haarausfall infolge von Schuppenbildung usw. Zur Behandlung von krankhaft gesteigerter Absonderung der Schweiß- und Talgdrüsen. Als Schutz der anliegenden Hautpartien bei Furunkulose. Morgens und abends wird mit Wasser ein fester Schaum bereitet und dieser auf die betreffenden Hautstellen aufgetragen. Je nach den Umständen läßt man den Schaum eine Viertel- bis eine halbe bis eine Stunde zur Einwirkung liegen und spült dann mit Wasser gründlich ab. Vor dem Abspülen des Schaums soll die Haut der Sonne nicht ausgesetzt werden.

Agar-Agar.

Agar-Agar stammt von verschiedenen Rotalgen der Gattungen *Gracilaria*, *Eucheuma* und *Gelidium, Lamouroux, Rhodophyceae*, aus denen in Ost- und Südostasien eine Gallerte hergestellt wird, die unter dem Namen Agar-Agar in den Handel kommt. Andere Bezeichnungen: *Vegetabilischer Fischleim. Japanischer Fischleim. Japanische, chinesische* oder *ostindische Hausenblase.* Wichtigstes Erzeugerland ist Japan ($1\frac{1}{2}$ Millionen kg jährlich), wobei hauptsächlich Gelidium amansii, eine zierlich verzweigte Rotalge, verarbeitet wird, während auf Java und Makassar Eucheuma spinosum zur Verarbeitung kommt. In neuerer Zeit wird A. auch in Kalifornien hergestellt. Je nach der Wassertiefe wird die Algenfischerei hauptsächlich im Juli und August mit Haken, Netzen oder durch Taucher betrieben. Die gereinigten Algen werden an der Sonne gebleicht, dabei mit Süßwasser begossen, anschließend mehrere Stunden gekocht, durch Zusatz von Säure neutralisiert und zur Entfernung fester Verunreinigungen durch Tücher gepreßt. Den Schleim bringt man in Behältern zum Erstarren, läßt bei Winterkälte das Wasser ausfrieren, trocknet und zerschneidet in breite Fäden.

Agar-Agar, DAB. 6.

Japanische Gelatine. Gelatina japonica.

Nach obigem Verfahren hergestellte und getrocknete Gallerte von Gelidium amansii. 20 bis 50 cm lange, etwa 5 mm dicke, der Seele eines Federkieles ähnliche Stränge oder etwa 20 bis 30 cm lange und 3 bis 4 cm breite und ebenso dicke, leichte, vierkantige Stäbe von häutig-blättrigem Gefüge. Farbe sehr schwach gelblich, *geruch-* und *geschmacklos.* A. quillt in kaltem Wasser auf, löst sich in 200 T. siedendem Wasser fast völlig zu einer fast farblosen, geruch- und geschmacklosen Flüssigkeit auf, die nach dem Erkalten gallertig erstarrt, durch Jodlösung weinrot bis schwach rot-violett gefärbt wird und Lackmuspapier nicht verändert.

Inhaltsstoffe. Bis 70% Kohlenhydrate, darunter *Gelose,* etwa 20% Wasser, 4% Aschenbestandteile mit wenig Bor. Die Schleimstoffe (JARETZKY) bestehen aus an Calcium gebundenen Polysaccharidschwefelsäureestern.

Handelssorten. Agar-Agar, DAB. 6, Federkielform; Agar-Agar, grob pulv.; Agar-Agar, fein pulv.

Verwendung. *Med.* E. 10,0 g als mildes Abführmittel zum Auflockern und Erweichen des Darminhalts. Bestandteil der Arzneifertigwaren Agarol, Regulin u. a. Pulv. zur Herstellung fettfreier Suppositorien und Vaginalkugeln, als Zerfallsbeschleuniger als Zusatz zu Tabletten; in der Bakteriologie und Biologie als Nährboden für Mikroorganismen; in der Marmeladen- und Zuckerwarenherstellung zu Fruchtgallerten usw.; als Gelatinierungsmittel für Speisen; *techn.* in der Textilindustrie zu Appreturen für feine Gewebe, Seide u. a.; in der Papier-, Photo- und Bierindustrie und zur Herstellung von andauernden Stempelkissen.

Prüfung des DAB. 6. *Erkennung.* Gelindes Kochen von 1 g A. mit 100 g Wasser und 5 g Schwefelsäure 1 Stunde lang. Nach 12stündigem ruhigem Stehen Abgießen der klaren Flüssigkeit vom Bodensatz. Letzter zeigt unter dem Mikroskop Reste der benutzten Algenarten, teilweise von Fadenpilzen und Schalen verschiedener Diatomeen-Arten befallen. 2 g A. ohne Sand werden verascht, der Rückstand in verd. Salzsäure gelöst und filtriert. Der Filterrückstand zeigt unter dem Mikroskop kleinste Gesteinstrümmer, Diatomeen-Schalen und Spongillennadeln.

Verfälschungen mit Stärke und Traganth. Man prüft A. in Pulverform, indem man einer Probe einer Lösung (1 + 199) 1 Tr. Jodtinktur hinzufügt, positiv bei Blaufärbung.

Verfälschung mit Gummi arabicum. 1 g A. wird mit 100 ccm Wasser geschüttelt und einige Tropfen frisch bereiteter Guajaktinktur zugefügt. Bei Anwesenheit von Gummi arabicum tritt Blaufärbung ein. Eine 1%ige heiße Agar-Agar-Lösung muß beim Erkalten gallertig erstarren.

Aggregatzustand.

Mit Aggregatzustand bezeichnet man die äußere Form (Erscheinungsform), in der ein Stoff auftritt. Je nach seinen Dichtigkeitszuständen ist er fest (Stein, Holz), flüssig (Wasser, Alkohol)oder gasförmig (Luft, Kohlendioxyd). Feste Körper besitzen einen bestimmten Rauminhalt und eine bestimmte Gestalt. Sie setzen der Trennung ihrer Teilchen häufig beträchtlichen Widerstand entgegen. Flüssige Körper haben ebenfalls einen bestimmten Rauminhalt, ihre Gestalt ist jedoch veränderlich. Man kann sie von einem Gefäß in ein anderes gießen, wobei der Rauminhalt gleich bleibt, ihre Gestalt sich aber dem Gefäß anpaßt. Gasförmige Stoffe haben weder einen bestimmten Rauminhalt noch eine bestimmte Gestalt, man kann sie nur in geschlossenen Gefäßen aufbewahren. Beim Öffnen des Gefäßes breiten sich die Gase rasch über jeden dargebotenen Raum aus (Beispiel: Beim Öffnen des Ventils am Fahrradschlauch entweicht die Luft sofort). Dieses Ausdehnungsbestreben bezeichnet man mit *Expansion* (lat. expandere, ausbreiten).

Agrumen.

Italienischer Sammelname (agrumi) für die säuerlichen Früchte der Citrusgewächse: Apfelsine, Citrone, Mandarine, Pomeranze.

Agrumenöle sind die ätherischen Öle der Citrusfrüchte.

Agrumenaldehyd.

Agrumenaldehyd (Präparat von Haarmann & Reimer) ist ein zum Verstärken von Orangenöl, Citronenöl, Mandarinenöl, Cedratöl und anderen Ölen geeigneter Körper, der außer der frischen, leicht grünen Note auch die kennzeichnende, etwas „bittere" Nuance der Agrumenöle naturgetreu wiedergibt.

Verwendung. Zu Portugal- und Kölnisch-Wasser-Kompositionen (3% bis 6%), zu Phantasieparfümen, zur Belebung von synthetischen Neroli- und Orangenblütenölen (1% bis 2%) mit Fettaldehyden (C_8 bis C_{12}) nimmt es diesen die Schärfe und verleiht ihnen eine blumige Note.

In Erzeugnissen, die Isopropylalkohol enthalten, kann mit A. die unerwünschte acetonige Geruchsspitze weitgehend abgedeckt werden. Auch in Erzeugnissen, die mit Fettalkoholsulfaten aufgebaut sind, kann A. vorteilhafte Verwendung finden, seine Verwendung in Seifen setzt jedoch eine neutrale Grundmasse voraus.

Air-wick.

„air-wick" (A. AST, Gießen). Grünliche Flüssigkeit, die beim Verdunsten sämtliche Hausgerüche neutralisieren und frische belebende Luft erzeugen soll. Neben zahlreichen Inhaltsstoffen soll das Präparat Chlorophyll enthalten.

Ajowanöl. Oleum Ajowan.

Ajowanöl ist das durch Destillation mit Wasserdampf von zerkleinerten Ajowanfrüchten (Carum ajowan in Ostindien heimisch) gewonnene ätherische Öl.

Eigenschaften. Farbloses bis bräunliches Öl mit starkem Thymian*geruch* und brennend scharfem *Geschmack*, bei dessen Aufbewahrung sich Kristalle von Thymol ausscheiden. D. (15°) 0,910 bis 0,930. Löslich in 1 bis 2 Raumt. und mehr Weingeist (80 Vol.-%).

Inhaltsstoffe. 45% bis 57% Thymol, p-Cymol, Pinen, Dipenten, Terpinen.

Verwendung. Zur Gewinnung von Thymol, das dabei als Nebenprodukt anfallende *Thymen* zur Parfümierung von Seifen.

Akaroidharz.

Die Xanthorrhoea-Arten sind baumartige Gewächse Australiens.

Xanthorrhoea australis.

Xanthorrhoea australis R. BROWN und andere Xanthorrhoea-Arten, *Liliaceae,* liefern *Rotes Akaroidharz, Resina Acaroidis, Resina Xanthorrhoeae rubra,* dunkelbraunrote, bestäubte, in Splittern durchsichtige, glänzende Stücke, sog. *Nuttharz,* in Weingeist löslich, schmilzt beim Erhitzen nicht, sondern bläht sich auf und verbrennt dann mit stark rußender Flamme.

Inhaltsstoffe. 85% *Erythroresinotannol,* hauptsächlich als Paracumarsäureester, ein im Geruch an Peru- und Tolubalsam erinnerndes ätherisches Öl u. a.

Xanthorrhoea hastilis.

Xanthorrhoea hastilis R. BROWN liefert *Gelbes Akaroidharz, Resina Xanthorrhoeae flava,* sog. *Botanybayharz, Gelbharz, Erdschellack,* gelbe, bestäubte Masse von würzigbalsamischem *Geruch,* in Weingeist und Äther löslich.

Inhaltsstoffe. 80% Xanthoresinotannolparacumarsäureester, 4% freie Paracumarsäure, Zimtsäure, Benzoesäure, Styracin, ätherisches Öl.

Verwendung. Beide Harze in der Parfümerie zur Erreichung balsamischer Noten, zu gefärbten Spirituslacken, zum Leimen von Papier.

Akkomodation.

Unter Akkomodation des Auges (lat. accomodare, anpassen) versteht man seine Fähigkeit, sich auf ferne und nahe Gegenstände einzustellen. Sie beruht darauf, daß das Auge die Fähigkeit hat, die Brennweite ihrer Kristallinse der Entfernung eines

2 *

Gegenstandes anzupassen. Dadurch entsteht immer ein scharfes Bild auf der Netzhaut. Die Fähigkeit des Auges zu akkomodieren, ist beschränkt. Die Entfernung beim Lesen ist für ein normales Auge 25 cm. Das kurzsichtige Auge ist etwas langgestreckt, während das weitsichtige zu kurz ist. Beim ersten liegt daher der Fernpunkt (der fernste Punkt, auf den man akkomodieren kann) zu nahe am Auge, beim weitsichtigen liegt der Fernpunkt hinter dem Auge. Beide Fehler werden durch geeignete Brillen behoben. Durch sie werden die Bilder an der Netzhaut auf die richtige Stelle gebracht.

Akkumulator.

Der Akkumulator (lat. accumulare, anhäufen), Kurzform der *Akku*, ist in seiner bekanntesten Form der Bleiakkumulator, ein Gerät zum Speichern von elektrischem Strom. Die Speicherung erfolgt in Form von chemischer Energie, die wieder in elektrischen Strom zurückverwandelt werden kann. Der übliche fabrikmäßig hergestellte Bleiakkumulator besteht aus zwei gitterartig durchbrochenen Bleiplatten, die in ein mit verdünnter (20 bis 30%iger) Schwefelsäure gefülltes Gefäß eintauchen. Dabei überziehen sich die Bleiplatten sofort mit einer Schicht von Bleisulfat. Wird nun zur Ladung des Akkus Gleichstrom durch ihn gesandt, wandern die H^+-Ionen der dissoziierten Schwefelsäure zur Kathode der einen Bleiplatte, die SO_4^{--}-Ionen zur Anode der anderen Bleiplatte. Beide Ionenarten geben dabei ihre elektrischen Ladungen ab, reagieren mit dem Bleisulfat, das an der Anode zu Bleidioxyd, PbO_2, oxydiert wird, während es an der Kathode zu metallischem Blei reduziert wird. Da hierbei an beiden Elektroden Schwefelsäure entsteht, steigt dabei die Konzentration und Dichte der Lösung. Die Beendigung des Ladungsvorganges erkennt man durch kräftige Gasentwicklung an beiden Elektroden. Dabei entsteht an der Anode Sauerstoff, an der Kathode Wasserstoff, eine Erscheinung, die darauf beruht, daß der durchgeleitete elektrische Strom lediglich zur Zersetzung des Wassers verbraucht wird. Der so geladene Akkumulator besitzt etwa eine Spannung von 2 V. Bei der Entnahme von Strom aus dem Akkumulator fließt der Strom in der umgekehrten Richtung des Ladestroms. Die bei der Aufladung stattfindende Polarisierung geht nach folgenden Gleichungen vor sich:

$$\text{Kathode:} \quad PbSO_4 \;+\; H_2 \;\underset{\text{Entladen}}{\overset{\text{Laden}}{\rightleftarrows}}\; Pb \;+\; H_2SO_4$$

$$\text{Anode:} \quad PbSO_4 \;+\; SO_4 \;+\; 2\,H_2O \rightleftarrows PbO_2 \;+\; 2\,H_2SO_4$$

Durch den Ladevorgang ist also ein Element mit einer Blei- und Bleidioxyd-Elektrode entstanden. Werden nun nach beendeter Ladung beide Elektroden leitend miteinander verbunden, so fließt ein dem Ladestrom entgegengesetzter Strom, wodurch an den Elektroden die erwähnten chemischen Reaktionen in umgekehrter Richtung verlaufen. Dadurch wird an beiden Platten wieder Bleisulfat gebildet. Der Akku ist entladen, wenn alles Blei bzw. Bleidioxyd zu Bleisulfat zurückverwandelt ist.

Bei der Einstellung der Akku-Schwefelsäure ist folgendes besonders zu beachten:

1. Zur Herstellung ist ausschließlich die reine DAB. 6-Säure des Handels zu verwenden.

2. Diese ist beim Verdünnen in *dünnem Strahle* unter Umrühren mit einem Glasstab *langsam* in das Wasser zu gießen, nicht umgekehrt!

3. Nach völligem Abkühlen der Mischung auf 15° wird mittels des Aräometers der Säuregehalt festgestellt.

Nachstehende Tabelle diene zur Herstellung von Akkusäure:

Grad Bé	Spez. Gew. (15°)	% H_2SO_4	zu 100 g Akkusäure werden benötigt: Schwefelsäure DAB. 6	Aqu. dest.
21°	1,171	23,60	26 g	74 g
24°	1,200	27,32	30 g	70 g
28°	1,241	32,40	35 g	65 g

Der Bleiakku ist äußerst empfindlich und bedarf dauernder Pflege. Aus diesem Grund hat sich der viel weniger empfindliche Nickel-Eisen-Akku durchgesetzt. Bei diesem besteht die Kathode aus Eisen, die Anode aus Nickel. Als Elektrolyt findet verdünnte Kalilauge Verwendung.

Aktivkohlen.

Infolge ihrer Porosität ist die Holzkohle und im noch höheren Maße die gleichfalls durch trockenes Erhitzen gewonnene Knochenkohle sowie Blutkohle, die durch Eindampfen von Blut mit Kaliumcarbonat und Glühen hergestellt wird, befähigt, Gase, Dämpfe sowie höhermolekulare gelöste Stoffe zu adsorbieren. Das Adsorptionsvermögen einer Kohle hängt von der Beschaffenheit ihrer Oberfläche und ihrer Porosität, beide im hohen Maße von der Art des Verfahrens bei der Gewinnung ab. Zur Erreichung einer guten Adsorptionskraft muß die Kohle einer genügenden Reinigung unterzogen werden. Bei der Herstellung von Aktivkohlen unterscheidet man 2 Phasen:

1. Die Herstellung der amorphen und porösen Rohkohle,
2. die Förderung der Porosität und die Extraktion der adsorbierten Kohlenwasserstoffe und Teere.

Die *Aktivierung* (Oberflächenvergrößerung) erfolgt durch Imprägnierung mit gewissen anorganischen Stoffen (Zinkchlorid, Ammoniumsalze) mit nachfolgender Erhitzung auf hohe Temperatur und anschließender Auslaugung. Dann wird in von außen heizbaren Retorten erhitzt, trockenes CO_2 zur Vergrößerung der Oberfläche durchgeleitet, mit Salzsäure gekocht, mit Wasser bis zum Verschwinden der Salzsäurereaktion gewaschen, dann bei 100° getrocknet und pulverisiert.

Eigenschaften. Aktivkohlen (A.-Kohlen) sind je nach dem Verwendungszweck stückige, geformte oder pulverisierte Kohlen.

Prüfung. Die Adsorptionskraft verschiedener Kohlen ist sehr schwankend. Je 1 g der folgenden Kohlen adsorbieren mg-Methylenblau:
Pappelkohle   13,8   Aktivkohle „Merck"   78,3
Weidenkohle   78,3   Ultrakohle „Merck"   611,5.
Zur Prüfung auf hinreichende Adsorptionsfähigkeit ist die Methylenblau-Probe die geeignetste: 0,1 g A. werden bei 120° getrocknet, fein gesiebt, mit 35 ccm Methylenblau-Lösung (0,15 : 100) in einem mit Glasstopfen verschlossenen Glaszylinder geschüttelt. Dabei muß Entfärbung der Methylenblau-Lösung innerhalb 5 Min. eintreten.

Wichtige Aktivkohlen des Handels. *A.-Kohlen* zur industriellen Gewinnung von Gasen und Dämpfen, z. B. der Rückgewinnung von Schwefelkohlenstoff in Kunstseide- und Zellwollfabriken, der Benzolgewinnung aus Leuchtgas usw. A.-Kohlen kommen unter den Bezeichnungen *Benzorbon, Supersorbon, Desorex* in den Handel;

G-Kohlen mit hohem Adsorptionsvermögen für Giftgase, finden unter der Bezeichnung *Carbotex* zur Füllung von Gasmasken und Luftschutzraumfiltern Verwendung;

E-Kohlen finden zur Entfärbung von Zuckerlösungen, Ölen und Fetten, Lacken, Harzlösungen, organischen Säuren, chemischen, med. und kosmetischen Präparaten Verwendung und kommen unter den Bezeichnungen *Carboraffin, Eponit, Esbit, Norit, Polycarbon, Purit, Unolit* (Hersteller: Lurgi, Gesellschaft für Wärmetechnik

m. b. H. / Abt. Aktiv-Kohle, Frankfurt a. M.) u. a. in den Handel. *Ecolit* dient der Entfernung von Fuselgeschmack im Branntwein und der Entfernung von Fehlgeruch und Fehlgeschmack, *Norit* zur Geschmacksabrundung von Spirituosen.

Aufbewahrung. Gut verschlossen.

Akustik.

Akustik (g. akuein, hören) ist die Lehre vom Schall, dessen Empfindung durch Schwingungen im Gehörgang verursacht wird. Die A. behandelt die Entstehung, Übertragung, Messung und Umwandlung des Schalles in andere Energieformen. Auch der nicht hörbare, dem gewöhnlichen Schall jedoch völlig gleichartige Ultraschall gehört zur Akustik.

Alant.

Echter Alant. Inula helenium. *L.*

Compositae.

An Waldwegen und -rändern, in Dorfgärten, Hecken und Ufergebüschen vorkommende, bis $1^{1}/_{2}$ m hohe, ausdauernde Pflanze, in Thüringen kultiviert. Stengel aufrecht, gefurcht, oberwärts zottig-filzig. Grundständige Blätter bis 1 m lang, langgestielt. Stengelblätter herz-eiförmig oder breit-lanzettlich, spitz, sitzend, oberseits kurzhaarig, unterseits graufilzig, Rand stumpf gezähnt oder gekerbt. Große gelbe Köpfe, Blütenboden fast flach, einzeln oder in endständigen Doldentrauben (Abb. 1).

Alantwurzelstock. Rhizoma Helenii, Erg.-B. 6.

Radix Enulae. Altwurzel. Donnerwurzel.

Zerkleinerter und getrockneter Wurzelstock mit Wurzeln von im Herbst gesammelten 2- bis 3jährigen kultivierten Pflanzen. In der Hauptsache Nebenwurzeln, darunter Längsstücke und Querscheiben des gespaltenen Wurzelstockes, der bis 10 cm lang und 5 cm dick, längsrunzelig, mehrköpfig und oben geringelt ist. Außen gelblich bis graubraun, innen bräunlich; gut trocken hart, hornartig; feucht zähe. *Geruch* eigenartig aromatisch. *Geschmack* würzig-bitter. Wasserverlust beim Trocknen 75% (Abb. 1, 4),

Lupenansicht. Im Zentrum zusammenhängendes, durch Sekretbehälter harzig glitzerndes, punktiertes Gewebe; Cambium dunkelbraun, zart.

Inhaltsstoffe. Ätherisches Öl 1 bis 3% (Mindestgehalt nach Erg.-B. 6 1,8%), Hauptbestandteil *Alantolakton* und andere Laktone, *Alantolsäure, Alantol* (Kampfer isomer); bis 44% *Inulin*, Bitterstoffe, Zucker, keine Stärke. *Helenin* oder *Alantkampfer*, als Expectorans im Handel, ist ein Gemisch der Alantlaktone.

Verwendung. *Innerl.* 1 Teelöffel zum Aufguß oder zur Abkochung bzw. zum kalten Auszug, bis 2 Tassen tägl. (Zu große Gaben sind zu vermeiden!). Expectorans und Antisepticum bei Erkrankungen der Luftwege, Katarrhen der Bronchien und Lungen, Husten, Keuchhusten, Asthma, Diureticum bei Wassersucht, Stomachicum auch in Bitterlikören, bei Stockungen in den weiblichen Genitalien und dadurch bedingten gichtischen und rheumatischen Beschwerden, als Witterung für Bienen; *äußerl.* bei trockenen Flechten und krätzeartigen Ausschlägen zum Umschlag.

Aufbewahrung. Vor Licht geschützt.

Verw. u. Verf. Tollkirschenwurzel, die im Gegensatz zur Alantwurzel Stärke enthält.

Abb. 1. Alant. Inula helenium. *1* oberer Teil der blühenden Pflanze; — *2* Randblüte, vergrößert; — *3* Frucht mit Pappus, vergrößert; — *4* getrocknete Wurzelstücke.

☠ *3.* Albumosesilber. Argentum proteinicum, DAB. 6. Stoff B.

Protargol (E. W.).

Eigenschaften. Feines, gelbes bis braunes, in Wasser l. lösl. Pulver mit schwach metallischem Geschmack. Lösungen von Albumosesilber müssen zur Abgabe frisch und ohne Erwärmen zubereitet werden.

Prüfung des DAB. 6. *Erkennung.* Beim Erhitzen im Porzellantiegel verkohlt es unter Verbreitung des Geruches nach verbrannten Haaren und Hinterlassung eines grauweißen Rückstandes, hauptsächlich von metallischem Silber. Beim Auflösen des Rückstandes in Salpetersäure gibt das Filtrat auf Zusatz von verd. Salzsäure einen weißen, käsigen, in überschüssiger Ammoniakflüssigkeit lösl. Niederschlag von Silberchlorid.

Beim Versetzen von 5 ccm der wäßrigen Lösung (1 + 49) mit 5 ccm Natronlauge, 10 ccm Wasser und dann mit 2 ccm Kupfersulfatlösung tritt nach wenigen Minuten eine violette Färbung auf (Biuretreaktion).

Auf Zusatz von Eisenchloridlösung zur wäßrigen Lösung entsteht durch Ausflockung von Albumosesilber ein Niederschlag. Beim tropfenweisen Zusatz von Salzsäure zu 2 ccm der wäßrigen Lösung entsteht ein Niederschlag, der sich auf sofortigen Zusatz von weiteren 7 ccm Salzsäure bei Zimmertemperatur oder beim Erwärmen im Wasserbad wieder löst.

DAB. 6 läßt ferner prüfen auf zu hohen Alkaligehalt, Silbersalze, und den vorgeschriebenen Gehalt von mindestens 8% Silber.

Aufbewahrung. *Vorsichtig,* vor Licht geschützt.

Verwendung. *Med. äußerl.* zur Einspritzung in die Harnröhre, zu Wundpulvern, Wundsalben, Wundstäbchen und Augentropfen.

Aldehyde, höhere. Fettaldehyde.

In zahlreichen ätherischen Ölen, z. B. im Citronenöl, Lemongrasöl, Rosenöl, Mandarinenöl, Iriswurzelöl, Neroliöl und Cassiablütenöl und anderen sind Aldehyde gefunden worden, die für den Geruch der Öle von ausschlaggebender Bedeutung sind. Sie besitzen einen ausgeprägten Eigengeruch, der besonders in starker Verdünnung in alkoholischer Lösung zum Ausdruck kommt. Diese *Fettaldehyde* spielen in der Parfümerie eine bedeutende Rolle. Ihre *Aufbewahrung* erfolgt am besten in 5- bis 10%iger weingeistiger Lösung in vollkommen gefüllten, dunklen Flaschen bei einer Temperatur von 15° bis 20°. Zu hohe oder zu niedrige Temperatur ist für ihre Lagerung nachteilig. Zur Verwendung dürfen nur sehr geringe Mengen kommen, bei der Übung und Geschicklichkeit Voraussetzung für gute Resultate sind. Jedes Zuviel ist sorgfältig zu vermeiden, bei vielen Fettaldehyden kommt nur *spurenweise Verwendung* in Frage. Die wichtigsten Fettaldehyde sind:

Hexylaldehyd. *Aldehyd* C_6. *Capronaldehyd.* Fruchtartig-fettiger Geruch. Findet in kleinsten Mengen für neuartige Wirkungen Verwendung.

Heptylaldehyd. *Aldehyd* C_7. *Önanthol.* Anhaftender, schwerer, fettiger Obstgeruch, zu Phantasienoten (bis 0,1%).

Octylaldehyd. *Aldehyd* C_8. *Caprylaldehyd* mit an Wachs erinnernden Rosengeruch zu Rosen-Kompositionen und Phantasienoten.

Nonylaldehyd. *Aldehyd* C_9. *Pelargonaldehyd* mit an Rosen und Orangen erinnerndem Geruch zu Orangenblüte, Neroli, Kölnisch Wasser, Reseda und Phantasienoten.

Decylaldehyd. *Aldehyd* C_{10}. *Caprinaldehyd.* Rosenartiger Geruch mit frischer Orangennote. Zu Kölnisch Wasser, Orangenblüte, Rose, Jasmin, Neroli, Veilchen und Phantasienoten.

Undecylaldehyd. *Aldehyd* C_{11}. Ähnlich wie Decylaldehyd, doch milder.

Undecylenaldehyd. *Aldehyd* C_{11}. An Orangen, Rosen und Weihrauch erinnernder Geruch, zu Cyclamen, Rose, Maiglöckchen, Lilie u. a. mit moderner Note.

Duodecylaldehyd. *Aldehyd* C_{12}. *Laurinaldehyd.* Kennzeichnend krautig-fettige Note, verdünnt zu reizvollen Wirkungen in „grünen" Noten, Fougère, Chypre, usw. zu Blumen- und Phantasienoten. Sehr ausgiebiger Fixateur.

Tridecylaldehyd. *Aldehyd* C_{13}. Ambraartiger Geißblattgeruch zu Ambra, Blumen- und Phantasienoten.

Tetradecylaldehyd. *Aldehyd* C_{14}. *Myristinaldehyd.* An Ambra und Weihrauch erinnernder Geruch, mit leicht fruchtartigem Unterton. Als Abrundungsmittel und Fixateur für feine Kompositionen.

Heptadecylaldehyd. *Aldehyd* C_{16}.*Palmitinaldehyd.* Wachsartig, fruchtiger Geruch von eigenartiger Wirkung zu modernen Moos- und Blumennoten.

Sogenannte Aldehyde, *Pseudoaldehyde*, ist die Bezeichnung für im Handel befindlichen lakton- bzw. esterartigen Verbindungen, vor allem mit fruchtartigen Noten:

Sog. Aldehyd C_{14}. *Undecyllakton. Pfirsichaldehyd. Persicol.* Starker und anhaltender Pfirsichgeruch und -geschmack. Zu Blumennoten mit orientalischem Einschlag, zum Aufbau von Pfirsicharomen zu Genußzwecken.

Sog. Aldehyd C_{15}. *Aprikosenaldehyd.* Verwendung wie C_{14}.

Sog. Aldehyd C_{16}. *Erdbeeraldehyd. Methylphenylglycidsäureäthylester.* Duft erinnert an frische Erdbeeren, stark haftend. Zu Blumennoten, zum Aufbau von Aromen zu Genußzwecken.

Sog. Aldehyd C_{17}. *Kirschenaldehyd.* Mit fruchtigem Geruch.

Sog. Aldehyd C_{18}. *Cocosaldehyd. Prunolid. Geruch* nach Cocosnüssen und Pflaumen. Zu Phantasienoten mit besonderer Wirkung.

Sog. Aldehyd C_{19}. *Ananasaldehyd.* Zu Ananas- und Himbeeraromen.

Sog. Aldehyd C_{20}. *Himbeeraldehyd. Geruch* an frische Himbeeren erinnernd, stark haftend. Zu Blütennoten, zur Herstellung von Himbeeraromen zu Genußzwecken.

Alginsäure.

$$C_{76}H_{80}N_2O_{22}.[1]$$

Alginsäure ist der kennzeichnende Bestandteil von Algen („*Algensäure*") und Tangen, ein kolloider Pflanzenstoff, der in diesen bis zu 40% ihres Trockengewichts enthalten ist. Die an A. reichsten Algen- und Tangarten wachsen besonders üppig an den atlantischen Küsten Irlands, Schottlands und Norwegens. Die Säure ist ein Polymeres der d-Mannuronsäure, ihre Struktur ist nicht endgültig geklärt, ebenso ihr Mol.-Gew. Ihre Stärke entspricht etwa derjenigen der Essigsäure, sie ist stark genug, um ihren eigenen Abbau zu katalysieren. Aus diesem Grunde ist A. als freie Säure nicht im Handel, sondern stets in ihren viel beständigeren Salzen, *Alginaten*, meistens in Form von löslichem, ungiftigem und völlig unschädlichem Calcium- oder Natrium-Alginat, die hochviscose Lösungen bilden. Sie wirken wasserbindend, stabilisierend, die Viscosität erhöhend und finden deshalb als ausgezeichnete Verdickungsmittel und Emulgatoren Verwendung. Dabei ist sorgfältig auf das Vorhandensein störender Erdalkali- und Schwermetallsalze zu achten.

Darstellung. Von der Verarbeitung der Algen und Tange auf Alginsäure werden sie zum Entzug des Jods mit Calciumbisulfitlösung erhitzt, das dann als Kupferjodür gefällt wird. Durch wiederholtes Umfällen mit verd. Schwefelsäure wird dann die Säure gewonnen.

Die Viscosität einer Natriumalginatlösung ist 14mal stärker als eine entsprechende Stärkelösung und 37mal stärker als eine Gummi-arabicum-Lösung. Die Adsorptionskraft für Wasser ist bei Natriumalginat 90%. Diese viscosen Alginatlösungen sind die stärksten und wirksamsten Bindemittel unter den bisher bekannten Hilfsstoffen dieser Art.

---

[1] Nach STANDFORD.

Das Natriumalginat, das unter der Bezeichnung *Cohäsal* bzw. *Protanal* (engl. Erzeugnis *Manucol*) im Handel ist, stellt ein rein weißes, geruchloses, flockiges Pulver dar, das in kaltem und warmem Wasser löslich ist. A.-Lösungen werden von Mikroben leicht befallen und müssen deshalb mit Nipagin konserviert werden.

Verwendung. Als sehr ergiebiger Emulgator an Stelle von Agar-Agar, Gummi arabicum, Traganth und anderen Schleimdrogen zur Herstellung med. und kosmetischer Präparate (Cremes, Emulsionen, Gallerten, Gesichtsmasken, Haarfixiermitteln, Zahnpasten usw.), in der Lebensmittelindustrie zum Dicken von Marmeladen, Fruchtgelees, Speiseeis, Saucen usw., zum Klären und Schönen von Fruchtsäften und Bier, in der Seifenindustrie als Füllmittel für Seifen. Ferner zur Herstellung von Textilfasern und Appreturmitteln, von Nähfäden für die Chirurgie, zu Kesselsteinverhütungsmitteln, zu plastischen Massen für Zahnabdrücke usw., in der Lack- und Farbenherstellung, als Binde- und Dickungsmittel, zur Herstellung von Klebemitteln, das Calciumalginat zu Kunststoffen.

Aufbewahrung. Während der Lagerung des Natriumalginats erfolgt ein Abbau der Moleküle, was eine niedrige Viscosität zur Folge hat. M. soll deshalb bei längerer Lagerung trocken und kühl aufbewahrt werden.

Alizarin.

1,2-Dioxyanthrachinon.

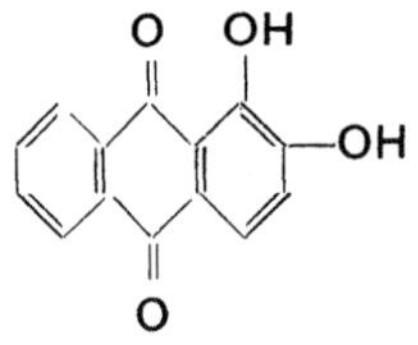

Die Bezeichnung stammt vom Arabischen *alizari*, mit der im Orient die rohe Krappwurzel (Rubia tinctorum und andere Rubia-Arten) bezeichnet wird, in der das Alizarin als Glykosid enthalten ist. Schon im Altertum wurde mit Krappwurzeln gefärbt. Vom 16. Jahrhundert an wurden Krappwurzeln auch in Frankreich, Holland und im Elsaß auf ausgedehnten Bodenflächen angebaut, bis im Jahre 1868 die synth. Darstellung von Alizarin ermöglicht und dadurch das natürliche Produkt vollkommen vom Markt verdrängt wurde. Durch die synth. Darstellung von A. wurden auch andere wichtige Naturfarbstoffe der Synthese zugeführt.

Darstellung. Durch Verschmelzen von Anthrachinonsulfonsäure mit Ätznatron unter Zusatz von Kaliumchlorat oder Salpeter.

Eigenschaften. Gelbliche oder goldgelbe in Wasser unlösl., in Alkalilauge mit veilchenblauer Farbe lösl. Nadeln. Durch Säuren wird es aus seinen Lösungen in gelben Flocken wieder gefällt. A. eignet sich nicht unmittelbar als Farbstoff, hat aber die Eigenschaft mit Metallsalzen gefärbte unlösl. Verbindungen zu bilden, welche den Namen *Krapplacke* führen. Das Färben von Geweben mit A. wird so durchgeführt, daß diese nach einer Vorbehandlung mit Türkischrotöl und anschließendem Trocknen mit geeigneten Metallsalzen gebeizt und dann in einem A.-Bad erhitzt werden. Dabei werden auf den gebeizten Fasern die unlösl. gefärbten *Farblacke* niedergeschlagen. Man erhält mit

Aluminiumsalzen	rote	
Eisensalzen	braune bis schwarze	} Krapplacke.
Zinnsalzen	violette	

A. ist das wichtigste Oxyanthrachinon, das *Alizarinblau*, das man aus A. bei der Hydrierung mit Salpetersäure erhält, einer der wichtigsten Beizenfarbstoffe. *Alizarinrot*, das schönste und echteste Rot für Baumwolle, ist heute wegen des komplizierten Färbeverfahrens, das bei ihm nötig ist, durch andere Farben ersetzt.

Verwendung. Alizarin kommt als teigige Masse (20% A.) und trocken, Alizarin siccum, in Alkohol und Äther mit gelber, in Alkalien mit violetter Farbe lösl. kristallin. Pulver in den Handel.

In beiden Formen findet es in der Färberei und Kattundruckerei, zur Herstellung von Holzbeizen, in der mikroskopischen Technik und als Reagens Verwendung.

1,8-Dioxyanthrachinon. Dioxyanthrachinonum, DAB. 6.

$$\textit{Istizin.}\quad (HO)C_6H_3 \overset{CO}{\underset{CO}{\diagdown\diagup}} C_6H_3(OH)\quad 1,8\ \text{Mol.-Gew. }240,1.$$

Orangegelbes, kristallines, geruch- und geschmackloses Pulver, das beim vorsichtigen Erhitzen sublimiert. In Wasser und kalten organischen Lösungsmitteln sehr schwer, leichter in heißer Essigsäure, heißem Benzol und heißem Xylol löslich. Schmp. 190° bis 192°.

Prüfung des DAB. 6. *Erkennung.* Beim Lösen von 0,1 g D. in 1 ccm Schwefelsäure entsteht eine kirschrote Färbung, aus der beim Verdünnen mit Wasser eigelbe Flocken ausfallen.

Beim Kochen von 0,01 g D. mit 10 ccm einer Kaliumhydroxydlösung (1 + 99), färbt das mit Salzsäure schwach übersättigte Filtrat sofort, mit 10 ccm Äther ausgeschüttelt, diesen gelb. Beim Schütteln des abgehobenen Äthers mit 5 ccm Ammoniakflüssigkeit färbt sich die wäßrige Schicht kirschrot, der Äther bleibt gelb gefärbt.

DAB. 6 läßt prüfen auf Salzsäure, Schwefelsäure und anorganische Beimengungen.

0,2 g D. dürfen nach dem Verbrennen keinen wägbaren Rückstand hinterlassen.

Verwendung. Als Abführmittel (E. 0,3 g) in Tabletten und Bonbonform unter der geschützten Bezeichnung *Istizin* „Bayer". Dabei wird der Harn durch einen harmlosen Farbstoff rot gefärbt.

Alkalimetalle.

Die Bezeichnung Alkali bzw. Alkalien ist darauf zurückzuführen, daß sie zuerst aus Pflanzenasche gewonnen wurden, die arabisch mit *al Kalja* bezeichnet wird. Unter Alkalimetallen faßt man die Elemente der 1. Hauptgruppe des periodischen Systems, nämlich Lithium, Natrium, Kalium, Rubidium und Caesium zusammen. Da sie alle leicht oxydierbar sind, kommen sie nie frei, sondern nur in ihren Verbindungen vor. Hauptsächlich die Natrium- und Kaliumverbindungen sind in der Natur sehr verbreitet. Die Alkalimetalle sind alle einwertig, sehr weich, leicht schmelzbar, von niedrigem spez. Gew. (0,6 bis 1,88) und haben niedrige Siedepunkte. Auf Wasser gebracht, zersetzen sie sich lebhaft unter Bildung stark basischer Hydroxyde. Weil Alkalihydroxyde und ihre Lösungen die Haut stark ätzen, nennt man sie auch *Ätzalkalien*. Alkalien im engeren Sinne des Wortes sind die Hydroxyde und Carbonate von Natrium und Kalium. Wegen der großen Affinität der Alkalimetalle zum Sauerstoff verändern sie sich an feuchter Luft sofort und überziehen sich mit einer Hydroxydschicht; sie müssen deshalb unter sauerstofffreien Flüssigkeiten (Petroleum- oder Paraffinöl) aufbewahrt werden. Die Alkalimetalle sind ausgesprochene *Leichtmetalle*, Kalium und Natrium sind sogar leichter als Wasser. Sowohl die Metalle selbst als auch ihre Salze geben in der nicht leuchtenden Bunsenflamme verdampft, kennzeichnende Färbungen. Beim Betrachten der durch Alkalimetalle gefärbten Flammen durch das Spektroskop beobachtet man bei den Elementen eigentümliche Linien. Die meisten Salze der Alkalimetalle, vor allem ihre Carbonate, sind leicht löslich. Ihre Salze mit schwachen Säuren, z. B. der Kohlensäure, reagieren infolge hydrolytischer Spaltung alkalisch. Die Darstellung der Alkalimetalle erfolgt durch Schmelzelektrolyse ihrer Chloride.

Vergleichende Übersicht der Alkalimetalle.

| | *Physikalische Eigenschaften* | | | | *Chemische Eigenschaften* | | | |
Symbole	Atomgew.	D.	Schmp.	Färbt die Flamme	Metalle gegen Luft	Metalle gegen Wasser	Hydroxyde	Löslichkeit der Alaune
Li	6,94	0,53	180°	karmoisinrot				
Na	22,997	0,97	97,7°	gelb	↓ Abnahme der Beständigkeit	↓ Zunahme der Reaktionsfähigkeit	↓ Zunahme der Löslichkeit ↓ Zunahme der basischen Eigenschaften	↓ Abnahme der Löslichkeit
K	39,096	0,86	63,6°	violett				
Rb	85,48	1,52	39°	rotviolett				
Cs	132,91	1,87	28,5°	blauviolett				

Alkalimineralien.

In der mitteldeutschen Tiefebene bei Staßfurt-Leopoldshall, Braunschweig, Hannover sowie an anderen Teilen von Anhalt, der Provinz Sachsen und Thüringen finden sich Salzlager mit reichem Gehalt an Kalium- und Natriumsalzen. Ihre wichtigsten sind:

Carnallit	$KCl \cdot MgCl_2 \cdot 6\ H_2O$	Synginit	$K_2SO_4 \cdot CaSO_4 \cdot 2\ H_2O$
Sylvin	KCl	Polyhalit	$K_2SO_4 \cdot MgSO_4 \cdot CaSO_4 \cdot 2\ H_2O$
Kainit	$KCl \cdot MgSO_4 \cdot 3\ H_2O$	Steinsalz	$NaCl$
Schönit	$K_2SO_4\ MgSO_4 \cdot 6\ H_2O$		

Die Salzlager in den genannten Gebieten sind durch Abschnürung vorzeitlicher Meeresteile und Verdunstung des Meerwassers entstanden. Dabei sammelte sich vor allem das leichter lösliche Kaliumchlorid in der bis zuletzt noch flüssig gebliebenen Mutterlauge über dem bereits auskristallisierten Steinsalz an und bildete dann beim völligen Eintrocknen die oberste Schicht dieser Lager. Bei den meisten Salzlagern fehlt die leichtlösliche, kaliumführende Salzschicht, die wahrscheinlich durch Auflösung und Auswaschen durch Niederschläge im Laufe der Jahre entfernt worden ist. In den Staßfurter Kalilagern sind sie durch darübergelagerte wasserdichte Tonschichten dem Wassereinfluß durch Niederschläge entzogen und dadurch noch in den sog. *Abraumsalzen* enthalten.

Diese Bezeichnung stammt daher, daß die Kalisalze über dem Steinsalz eine nur wenige Meter hohe Schicht ausmachen, die man abräumen muß, um zum Kochsalz zu gelangen.

Alkalisilikate.

Als „Wassergläser" faßt man eine große Anzahl handelsüblicher Alkalisilikate[1] zusammen, die ein veränderliches Verhältnis von Alkalioxyd zu Kieselsäure besitzen. Dabei kann das Verhältnis von Alkalioxyd zu Kieselsäure von 1 : 4 bis 1 : 1 verändert werden. Im gleichen Maße können auch die Konzentration und der Wassergehalt der Lösungen verändert werden. Man kann auf diese Weise eine große Anzahl von Alkalisilikaten erhalten, die verschiedene physikalische und chemische Eigenschaften besitzen und in der Industrie vielseitige Verwendung finden.

Feste Alkalisilikate werden durch Zusammenschmelzen von Alkalicarbonaten oder -sulfaten und Sand unter Zusatz von Kohle dargestellt. Man erhält dabei wasserfreie Alkaligläser, die im Handel als „Wassergläser in Stücken" bezeichnet werden. Diese sind nur unter Druck in Wasser löslich und ergeben dabei die flüssigen Wassergläser.

---

[1] Nach der Jubiläumsschrift der Chemischen Fabrik van Baerle & Co., Gernsheim a. Rh.

Wird der Alkalioxydgehalt erhöht, erhält man Metasilikate, die kristallisiert oder granuliert in den Handel kommen. Infolge ihrer emulgierenden Eigenschaften bei hohem, gepuffertem Alkaligehalt und dadurch bedingter hoher Reinigungskraft, finden sie als wertvolle Reinigungs- und Waschmittel Verwendung. Mit anderen Wasch- und Reinigungsmitteln zusammen werden sie als sehr wirtschaftliche und wirkungsvolle Wasch- und Reinigungsmittel in Wäschereien, Molkereien und in der Metallindustrie gebraucht.

Wassergläser mit hohem Kieselsäuregehalt ergeben viscose Lösungen, die zu glasigen, festen Produkten auftrocknen. Sie finden Verwendung bei der Herstellung und zum Kleben von Papieren und Pappen, als Füllmittel in der Seifenindustrie, als Korrosionsschutzmittel für Eisenleitungen und Eisenbehälter, gemischt mit anderen Alkalien als Korrosionsschutz von Zinn und Aluminium. Sie finden ferner vielseitige Verwendung in der Baustoffindustrie und Anstrichtechnik.

Nachstehende Alkalisilikate sind handelsüblich:

I. Feste, wasserfreie Alkalisilikate.

1. Natronwasserglas in Stücken — neutral. Etwa 22,5% Na_2O und etwa 74,9% SiO_2; Gewichtsverhältnis $Na_2O : SiO_2 = 1 : 3,3$.
Verwendung. Zur Herstellung von Natronwasserglaslösungen, pulverisiert als Zusatz in der keramischen Industrie.

2. Natronwasserglas in Stücken — alkalisch. Etwa 32,0% Na_2O; etwa 67,0% SiO_2; Gewichtsverhältnis $Na_2O : SiO_2 = 1 : 2,1$.
Verwendung. Zur Herstellung von alkalischen Wasserglaslösungen, pulverisiert als Zusatz in der Schleifmittelindustrie.

3. Kaliwasserglas in Stücken. 28,1% K_2O; 69,8% SiO_2; Gewichtsverhältnis $K_2O : SiO_2 = 1 : 2,45$.
Verwendung. Zur Herstellung von Kaliwasserglaslösungen in verschiedener Grädigkeit, pulverisiert in der keramischen, Schleifmittel- und Baustoffindustrie.

II. Alkalisilikatlösungen — flüssige Wassergläser.

1. Natronwasserglas 37/40° Bé — neutrales Natronwasserglas. D. 1,34 bis 1,38; etwa 8,15% Na_2O; 27,2% SiO_2; 64;65% H_2O; Trockensubstanz 33.35%; Gewichtsverhältnis $Na_2O : SiO_2 = 1 : 3,3$. Klare, viscose Lösungen. → Natronwasserglaslösung.
Verwendung. In der Pappen- und Papierindustrie, in der Seifen-, Waschmittel-, chemischen und Petroleumindustrie, zur Herstellung von Kieselsäure und Erdalkalisilikaten, in der Baustoffindustrie, zur Herstellung von Hartfaser- und Leichtbauplatten, Zementkörpern, in den Asbest- und Elektroindustrie, zur Herstellung von Isoliermaterialien, in der Textilindustrie zum Schutze von Wasserleitungssystemen, in der Metallindustrie zur Herstellung säure- und feuerfester Kitte und Ausmauerungen, zur Darstellung von Kieselsäurepräparaten, zu Imprägnierungen, als Frischhaltungsmittel von Eiern. → Natronwasserglas.

2. Natronwasserglas 40/42° Bé. D. 1,38 bis 1,41; 9,4% Na_2O; 31,3% SiO_2; 59,3% H_2O; Trockensubstanz 40,7%; Gewichtsverhältnis $Na_2O : SiO_2 = 1 : 3,3$. Klare, viscose Lösungen.
Verwendung. Besonders zur Herstellung von Wellpappen und anderen schweren Pappen mit besonders hochwertigen Klebeeigenschaften.

3. Natronwasserglas 48/50° Bé. D. 1,49 bis 1,53; 13,5% Na_2O; 35,0% SiO_2; 51,5% H_2O; Trockensubstanz 48,5%; Gewichtsverhältnis $Na_2O : SiO_2 = 1 : 2,6$. Klare, hochviscose Lösungen.

Verwendung. In der Schleifmittelindustrie, zur Herstellung von Schmirgel, zum Füllen von Seifen, zur Herstellung von Waschmitteln.

4. Natronwasserglas 58/60° Bé. D. 1,67 bis 1,71; etwa 18,2% Na_2O; etwa 38,2% SiO_2; etwa 43,6% H_2O; Festsubstanz etwa 56,4%; Gewichtsverhältnis $Na_2O : SiO_2$ = 1 : 2,1. Klare, hochviscose Lösungen.

Verwendung. In der Schleifmittelindustrie, der Seifen- und Waschmittelindustrie.

5. Natronwasserglas H und HF. Spezialwassergläser in vorgeschriebener Zusammensetzung nach den Anweisungen der Farbwerke Hoechst.

Verwendung. Zur Herstellung säure- und feuerfester Auskleidungen.

6. Kaliwassergläser. Klare, viscose Lösungen. →Kaliwasserglas.

Grädigkeit	D.	K_2O %	SiO_2 %	Gew.-Verhältnis $K_2O : SiO_2$
28—30° Bé	1,24—1,26	8,7	21,3	1 : 2,45
32° Bé	1,28	10,1	23,2	1 : 2,3
35° Bé	1,32	10,8	23,7	1 : 2,2

Verwendung. In der Bau- und Bautenschutzindustrie, in der Anstrichtechnik, in der Schweißelektrodenindustrie, in der keramischen Industrie, zur Herstellung von Flammschutzmitteln, in der Textilindustrie, zu Imprägnierungen.

III. Hydratisierte Natronwassergläser.

1. Natronwasserglas, neutral, pulverisiert, leicht löslich — Trisilikat. Etwa 18,3% Na_2O; etwa 60,9% SiO_2; 20,8% H_2O; Trockensubstanz 79,2%. Weißes, nicht backendes Pulver, l. lösl. in warmem Wasser.

Verwendung. Zur Herstellung von Natronwasserglaslösungen gewünschter Grädigkeit und zur Bereitung von alkalisilikathaltigen Gemengen mit geringem Wassergehalt.

2. Natronwasserglas, alkalisch, pulverisiert, leicht löslich — Disilikat. Etwa 26,7% Na_2O; etwa 54,7% SiO_2; etwa 18,6% H_2O; Trockensubstanz etwa 81,4. Weißes, in warmem Wasser l. lösl. Pulver.

Verwendung. Zur Herstellung von alkalischen Natronwasserglaslösungen gewünschter Grädigkeit, zur Herstellung von alkalisilikathaltigen Gemengen mit geringem Wassergehalt.

3. Kaliwasserglas, pulverisiert, leicht löslich. Etwa 22,9% K_2O; etwa 56,1% SiO_2; etwa 21,0% H_2O; Trockensubstanz 79,0%. Weißes, in warmem Wasser l. lösl. Pulver.

Verwendung. Zur Herstellung von Kaliwasserglaslösungen gewünschter Grädigkeit, zur Bereitung kalisilikathaltiger Gemenge mit geringem Wassergehalt.

IV. Pulverisierte und granulierte Natriummetasilikate.

1. Natriummetasilikat 5 H_2O, pulverisiert und granuliert. Etwa 29,2% Na_2O; etwa 28,3% SiO_2; 42,5% H_2O; Trockensubstanz etwa 57,5%; Gewichtsverhältnis $Na_2O : SiO_2$ = 1 : 0,97; Schmp. 72°. Weißes, granuliertes Erzeugnis von guter Wasserlöslichkeit, hohem p_H-Wert und guter Pufferwirkung.

Verwendung. In Wäschereien, Molkereien, Restaurants, in der Textil-, Metall- und Elektroindustrie, zur Herstellung von Wasch- und Reinigungsmitteln und von Putzwolle.

2. Natriummetasilikat 9 H_2O, pulverisiert und granuliert. Etwa 21,8% Na_2O; etwa 21,1% SiO_2; etwa 57,1% H_2O; Trockensubstanz etwa 42,9%; Gewichtsverhältnis Na_2O : SiO_2 = 1 : 0,97; Schmp. etwa 48°. Weißes, granuliertes, gut wasserlösliches Erzeugnis mit hohem p_H-Wert und wirkungsvoller Pufferung durch den Kieselsäuregehalt.

Verwendung wie Natriummetasilikat 5 H_2O.

Außer den vorgenannten handelsüblichen Qualitäten sind noch Spezialwasserglaslösungen mit verschiedenen Gewichtsverhältnissen und Konzentrationen nach Angabe lieferbar.

Alkalysol.

Alkalysol (Schülke & Mayr) ist ein Desinfektionsmittel für tuberkulösen Auswurf und Wäsche, eine Lösung von Kresol in reiner Fettseife mit bestimmtem Gehalt an freiem Alkali. Dunkelbraune klare, in Wasser ohne Rückstand leicht lösliche Flüssigkeit.

Verwendung. Zur Desinfektion von tuberkulösem Auswurf (5%), zur Desinfektion der Wäsche Schwindsüchtiger (2%).

Alkohole.

Das Wort Alkohol entstammt der arabischen Sprache und bedeutete ursprünglich ein sehr feines Pulver. Paracelsus übertrug den Namen auf den Weingeist und wollte damit zum Ausdruck bringen, daß dieser ein sehr feiner Bestandteil des Weines sei. Alkohole sind Kohlenwasserstoffe, bei denen ein (einwertige Alkohole) oder mehrere (mehrwertige Alkohole) Wasserstoffatome durch die OH-Gruppe ersetzt sind. → Bd. I, S. 246/47ff.

Man unterscheidet nach der Stellung der Hydroxylgruppe im Molekül: *primäre Alkohole*, welche die mit *einem* Radikal verbundene Gruppe $-CH_2 \cdot OH$ enthalten und bei der Oxydation zunächst in Aldehyde und bei längerer Oxydation in Carbonsäuren übergehen, *sekundäre Alkohole*, welche die mit *zwei* Radikalen verbundene Gruppe $= CH \cdot OH$ enthalten und bei der Oxydation zu Ketonen umgewandelt werden, bei weiterer Oxydation in zwei Carbonsäuren mit niederem Kohlenstoffgehalt zerfallen, *tertiäre Alkohole*, welche die mit *drei* Radikalen verbundene Gruppe $\equiv C \cdot OH$ enthalten und bei der Oxydation zunächst nicht angegriffen werden, bei starker Oxydation aber in mehrere Carbonsäuren mit niederem C-Gehalt zerfallen.

Ferner unterscheidet man bei den Alkoholen *gesättigte* einwertige Alkohole, die sich von den gesättigten Kohlenwasserstoffen der Paraffinreihe mit nur einfachen Bindungen ableiten, z. B. Methylalkohol und seine Homologen und *ungesättigte* einwertige Alkohole, die sich von ungesättigten Kohlenwasserstoffen durch Ersatz eines H-Atomes durch die OH-Gruppe ableiten, z. B. Vinyl- und Allylalkohol. Zweiwertige gesättigte Alkohole, *Alkandiole*, sind die → *Glykole*, ein dreiwertiger Alkohol, *Alkantriol*, ist das Glycerin.

Einwertige Alkohole.

Vorkommen. Einwertige Alkohole sind an Säuren gebunden als Ester in vielen ätherischen Ölen gewisser Pflanzen enthalten. Ester höherer Alkohole bilden den Hauptbestandteil der Wachse. Methyl- und Äthylalkohol sind auch im freien Zustand in Pflanzen festgestellt worden.

Physikalische Eigenschaften. Die ersten Glieder der homologen Reihe sind farblose, neutrale Flüssigkeiten mit brennendem Geschmack. Ihre Löslichkeit in Wasser nimmt mit steigendem C-Gehalt rasch ab. Methyl-, Äthyl- und die beiden Propyl-alkohole sind mit Wasser noch in jedem Verhältnis mischbar, während die Butyl-alkohole in Wasser ziemlich schwer, die Amylalkohole sich noch kaum in Wasser lösen und die höheren in Wasser fast unlöslich sind.

Allylalkohol. Alcohol allylicus.

Propenol. $CH_2 = CH \cdot CH_2OH$. Mol.-Gew. 58,08.

Allylalkohol entsteht in reichlicher Menge beim Erhitzen von Glycerin mit Oxalsäure oder Ameisensäure.

Eigenschaften. Farblose, stechend wie Senföl riechende, leicht bewegliche, die Augen zu Tränen und die Schleimhäute reizende *giftige* Flüssigkeit, mit Wasser, Alkohol und Äther mischbar. D. (20°) 0,854; Sdp. 97,1°.

Verwendung. In der mikroskopischen Technik zum Fixieren, als Lösungsmittel in der analytischen Chemie.

Amylalkohole.

Von den Amylalkoholen sind 8 Isomere möglich. Von diesen ist der optisch aktive und der optisch inaktive Gärungsamylalkohol in den bei der alkoholischen Gärung entstehenden *Fuselölen* als Hauptbestandteil enthalten. Beide sind hierbei aus Amino-säuren entstanden.

Toxikologie. Nicht nur konzentriert sind Amylalkohole stark giftig, sondern auch ihre Dämpfe bewirken beim Einatmen Kopfschmerz, Hustenreiz, Schwindel, bei längerer Einwirkung Atemnot und Herzbeschwerden.

Von den Amylalkoholen kommen als Handelssorten vor:

Rohes Fuselöl. Alcohol amylicus crudus (technicus).

Nebenprodukt der alkoholischen Gärung von Getreide oder Kartoffeln.

Eigenschaften. Gelbliche bis bräunliche Flüssigkeit von unangenehmem, Husten erregendem *Geruch*, die neben Isomaylalkohol noch andere Alkohole, Pyridin und Furfurol als Verunreinigung enthält. D. etwa 0,830 (s. oben Toxikologie).

Verwendung. Zur Gewinnung von reinem Amylalkohol und anderen Amyl-verbindungen, zur Darstellung von technischem Amylacetat, als Ungeziefermittel, als Lösungsmittel für Harze, Fette und Öle in der Lackherstellung.

Amylalkohol. Alcohol amylicus, Erg.-B. 6.

Gärungsamylalkohol. Pentanol. $C_5H_{11}OH$. Mol.-Gew. 88,1.

Hauptsächlich inaktiver Iso-Amylalkohol $(CH_3)_2CH \cdot CH_2 \cdot CH_2OH$ mit wechseln-den Mengen des isomeren Methyläthyl-Äthylalkohols.

Eigenschaften. Klare, farblose, ölige, stark lichtbrechende Flüssigkeit. *Geruch* unangenehm durchdringend, betäubend, zu Husten reizend, *Geschmack* brennend. A. verbrennt angezündet mit leuchtender, wenig rußender Flamme; lösl. in etwa 40 T. Wasser. Mit Weingeist, Äther, Essigsäure, Fetten und ätherischen Ölen in jedem Verhältnis mischbar. D. (20°) 0,810 bis 0,812; Sdp. 129° bis 131°; $n_D^{20°}$ 1,408 bis 1,410 (s. oben Toxikologie).

Prüfung des Erg.-B. 6. Beim vorsichtigen Erhitzen zum Sieden im Reagensglas von 2 ccm A. mit 2 ccm Essigsäure und 5 Tr. Schwefelsäure entwickelt sich ein himbeerartiger Geruch.

Fremde organische Stoffe. Eine Mischung von 2 ccm A. mit 2 ccm Schwefelsäure muß klar sein und darf sich höchstens schwach gelb färben.

Furfurol. Beim Schütteln von 5 ccm A. mit 5 ccm Kalilauge (D. 1,3) darf keine Färbung eintreten.

Beim Verdampfen von 5 ccm A. auf dem Wasserbad darf kein wägbarer Rückstand verbleiben.

Verwendung. Zur Herstellung von Amylnitrit und Fruchtäthern, als Lösungsmittel zur Lackherstellung, zur Darstellung von rauchlosem Pulver, als Leuchtmaterial, zum Reinigen von Mineralölen und Erdwachs, bei der mikroskopischen Technik, in Käsereien zur Milchuntersuchung, in der Riechstoffindustrie.

Äthylalkohol. Alcohol aethylicus.

Äthanol. Methylcarbinol. Alkohol. Weingeist. Branntwein. Spiritus. C_2H_5OH.
Mol.-Gew. 46,05.

Äthylalkohol kommt in kleinen Mengen in Form von Estern in einigen ätherischen Ölen, in kleinen Mengen als normaler Bestandteil des Blutes, vor allem im Wein, vor, daher der Name *Weingeist.* Aus dem Wein kann er durch Destillation gewonnen werden (Weinbrand).

Gewinnung. Ä. entsteht durch weingeistige (alkoholische) Gärung verschiedener Zuckerarten, besonders aus Traubenzucker, Fruchtzucker und Maltose. Rohzucker ist erst nach Invertierung, Stärke und Cellulose sind erst nach ihrer Umwandlung in Traubenzucker, bzw. Maltose gärungsfähig. Die gärungsfähigen Zucker werden durch verschiedene Rassen von Hefen, *Saccharomyces,* in Alkohol und Kohlensäure zerlegt:

$$C_6H_{12}O_6 \;\rightarrow\; 2\,C_2H_5OH \;+\; 2\,CO_2$$
Traubenzucker   Äthylalkohol   Kohlendioxyd

Als Nebenprodukte entstehen dabei Bernsteinsäure, Glycerin und höhere Alkohole (Fuselöle), besonders Amylalkohol.

Bei der alkoholischen Gärung werden von der Hefe verschiedene Fermente gebildet, insbesondere *Zymase* (g. zyman, gärenlassen). Weitere Hefefermente sind *Invertase, Maltase, Katalase, Carboxylase.* Die Zerlegung des Zuckers durch diese Fermente verläuft in mehreren Phasen und ist ein äußerst komplizierter Prozeß.

Technische Gewinnung von Weingeist. Bei der technischen Gewinnung des Äthylalkohols ist die Kostenfrage des Ausgangsmaterials ausschlaggebend. Man verwendet deshalb nicht die verhältnismäßig teuren in der Natur vorkommenden Zuckerarten, sondern die billigeren Polysaccharide, Stärke oder Cellulose, die beide aber erst verzuckert werden müssen. Bei Stärke erfolgt dies fermentativ, bei der Cellulose durch Behandlung mit Mineralsäure. Vor allem Kartoffeln, teilweise auch Getreidearten sowie Mais und Reis finden zur Herstellung von Alkohol Verwendung. Die Hauptmenge des in Deutschland hergestellten Weingeistes wird aus Kartoffeln gewonnen. Diese werden nach dem Waschen unter Druck auf etwa 140° bis 150° erhitzt und mit Wasser zu einem Brei vermengt. Nach der Abkühlung in Maischbottichen setzt man diesem keimende Gerste, *Malz,* zu und läßt einige Stunden bei 60° bis 65° stehen.

Unter Einwirkung der *Diastase* des Malzes nimmt die Stärke Wasser auf und wird in gärungsfähigen Malzzucker, *Maltose,* umgewandelt. Nach der Verzuckerung setzt man der abgekühlten *Maische* eine Hefereinkultur zu, die sich in der Zuckerlösung bei etwa 15° bis 20° rasch vermehrt. Dabei wird durch die *Maltase* der Malzzucker in Traubenzucker übergeführt:

$$C_{12}H_{22}O_{11} \quad \xrightarrow[+\,H_2O]{\text{Maltase}} \quad 2\,C_6H_{12}O_6$$
Maltose   Traubenzucker

Nun tritt die *Zymase* in Tätigkeit und vergärt den entstandenen Traubenzucker zu Alkohol und Kohlensäure (s. oben). Nach Aufhören der Kohlendioxydentwicklung in den Gärbottichen unterwirft man die vergorene Maische der *fraktionierten Destillation in Kolonnenapparaten*, Apparaten mit auf der Destillationsblase angebrachten Aufsätzen, an deren Wandungen sich das Wasser verdichtet und wieder in die Blase zurückfließt. Auf diese Weise ist es möglich, aus der Maische einen Rohspiritus mit bis über 90% C_2H_5OH zu gewinnen.

Als Rückstand in der Destillationsblase verbleibt die *Schlempe*, die Eiweiß, Fett, Glycerin, Bernsteinsäure usw. enthält und als hochwertiges Viehfutter verwendet wird. Der *Rohspiritus* wird nun zur Reinigung der fraktionierten Destillation unterworfen, im Vorlauf finden sich Acetaldehyd und Acetale in der Hauptfraktion 90- bis 95%iger Äthylalkohol, während die Fuselöle, bestehend aus Amylalkoholen, Isobutyl- und wenig n-Propylakohol, im Nachlauf enthalten sind. Nach der Reinigung des aus Kartoffeln erhaltenen Rohspiritus wird dieser durch Kohle filtriert und durch nochmalige Destillation *rektifiziert*. Man erhält so den *Feinsprit, Primasprit* oder *rektifizierten Weingeist* mit 95 bis 96 Vol.-%, entsprechend 93 bis 94 Gew.-%. Dieser hat alle Eigenschaften des reinen Äthalalkohols, abgesehen von dem durch Wassergehalt bedingten erhöhten spez. Gewicht.

Aus *Melasse*, die bei der Rübenzuckerherstellung anfällt, kann nach Vergärung mit Hefe ebenfalls Weingeist, *Melassesprit*, hergestellt werden. Dieser ist weniger rein als Kartoffelsprit, besitzt einen eigenartigen Geruch und ist durch Stoffe verunreinigt, die bei seinem Vermischen mit konz. Schwefelsäure durch rötlichbraune Verfärbungen zu erkennen sind. Aus der *Sulfitlauge* der Zellstoffabriker, die reichlich Kohlenhydrate, Zuckerarten und Pentosen enthält, wird ebenfalls Weingeist für technische Zwecke gewonnen. Dieser enthält jedoch kleine Mengen von Methanol. Dabei geht die Umwandlung der in der Sulfitlauge enthaltenen Cellulose in gärungsfähigen Zucker durch Kochen mit Säure vor sich, ebenso wie bei der Verwendung von Holz oder Torf zur Alkoholherstellung, während der Gärungsprozeß auch hierbei jeweils durch Hefe bewerkstelligt wird.

Synthetischer Weingeist kann aus Acetylen hergestellt werden. Dabei wird dieses zunächst durch Anlagerung von Wasser in Acetaldehyd übergeführt und dann mit Wasserstoff zu Äthylalkohol reduziert. Als Katalysator dient fein verteiltes Nickel. Schematisch kann der Vorgang wie folgt dargestellt werden:

$$
\begin{array}{ccccccc}
\mathrm{C{-}H} & & \mathrm{H_2} & & \mathrm{C{\equiv}H_3} & & \mathrm{CH_3} \\
\mathrm{\;\;|||} & + & \mathrm{\;\;||} & \rightarrow & \mathrm{|\;\;\;H} & + \quad \mathrm{H_2} & \mathrm{|\!/\!/H_2} \\
\mathrm{C{-}H} & & \mathrm{O} & & \mathrm{C{=}O} & & \mathrm{C{-}OH} \\
\text{Acetylen} & & \text{Wasser} & & \text{Acetaldehyd} & \text{Wasserstoff} & \text{Äthylalkohol}
\end{array}
$$

Eigenschaften. Farblose Flüssigkeit von eigenartigem *Geruch* und brennendem *Geschmack*, leicht entzündlich, verbrennt angezündet mit bläulicher, schwach leuchtender Flamme zu Kohlendioxyd und Wasser. Mit Wasser, Äther, Chloroform u. a. in jedem Verhältnis mischbar. Beim Mischen mit Wasser tritt eine Erwärmung und Volumenverminderung (Kontraktion, lat. contrahere, zusammenziehen) ein. D. (20°) 0,789; Sdp. 78,3°. Aus der Luft zieht Alkohol Wasser an.

Alkoholwirkung und Toxikologie. In nicht zu starker Konzentration ist Alkohol ein wichtiges Stomachicum, das appetitanregend wirkt und den Magensaftfluß verstärkt. Örtlich wirkt er leicht gerbend, reizend durch Wasserentziehung und desinfizierend durch Eiweißfällung. Hierauf beruht seine Anwendung bei Brandwunden: Durch sofortiges Eintauchen derselben in absoluten Alkohol nach der Verbrennung werden Brandblasen vermieden. Auf der Haut wird durch A. das Gefühl von Kühle infolge seiner Verdampfung ausgelöst. Die Hautdurchblutung wird gebessert, die Hauternährung durch Alkohol angeregt. Die Desinfektionswirkung von Spiritus dilutus wird weit überschätzt, da dieser gegen Bakteriensporen unwirksam ist. Neben den günstigen Alkoholwirkungen muß man durch A.-Einwirkung auch mit schweren akuten und chronischen Schädigungen rechnen. So wirkt z. B. A. in Kombination mit Schlafmitteln oder gewerblichen Giften (Anilin, Schwefelkohlenstoff, Arsen, Blei, Quecksilber) besonders auffallend und gefährlich. Die Giftigkeit des Anilins steigt dabei auf das Siebenfache, die des Cyanamids auf das Dreißigfache. Dabei ist die resorptionsfördernde Wirkung des Alkohols beteiligt. Die Auffassung, daß Alkohol die biologischen Abwehrreaktionen bei Infektionskrankheiten begünstige, ist irrig. Diese können sogar durch A. beeinträchtigt werden. *Akute Alkoholvergiftung* äußert sich durch Gesichtsrötung, allgemeines Wärmegefühl, durch ausgesprochene Enthemmung am Zentralnervensystem, die sich durch Zwanglosigkeit, Redseligkeit und Fröhlichkeit äußert. Gesteigertes Selbstgefühl und Selbstüberhebung sind typisch. Nach ursprünglichem, erhöhtem Bewegungsdrang folgt Ermüdung und Muskelerschlaffung, erschwertes Sprechen, Unsicherheit im Gehen und Stehen, der kennzeichnende *Alkoholrausch*. Durch die vermehrte Wärmeabgabe bei Betrunkenen infolge Erweiterung der Hautgefäße treten Untertemperaturen bis unter 30° auf. Dadurch entsteht das leichte Erfrieren Betrunkener schon bei geringen Kältegraden. Als Nachwirkung der akuten Alkoholvergiftung tritt der „Katzenjammer" mit Kopfschmerz, Übelkeit, Erbrechen auf. *Dauernder Alkoholmißbrauch* führt zu Trunksucht und chronischer Vergiftung, bei der fast alle Organe und Funktionen Schaden leiden. Dabei wird die Leistungsfähigkeit des Gehirns herabgesetzt, Stumpfheit, Gedächtnisschwäche, Zittern, Lähmungen treten als Folge ein. Durch die örtliche reizende Alkoholwirkung entstehen Katarrhe im Rachen und Magen mit Appetitlosigkeit, unregelmäßigem Stuhl, Magenkatarrh und schlechter Ernährung. Die Widerstandsfähigkeit von Trinkern gegen Infektionskrankheiten ist herabgesetzt.

Gefäße, Nieren und Herz erfahren Veränderungen, bei Kindern wirkt sich chronischer Alkoholgebrauch durch Zurückbleiben des körperlichen Wachstums und der geistigen Entwicklung aus mit der Folge von Neurasthenie und Epilepsie. Durch chronischen Alkoholismus tritt Delirium tremens, eine akute Geisteskrankheit, auf.

Vielfach wird die Veranlagung zur Trunksucht auf die Nachkommen vererbt, die meist an unternormaler Intelligenz leiden.

Der physiologische Alkoholgehalt des Blutes beträgt 0,003 bis 0,004%. Eine Alkoholmenge von etwa 250 g muß als tödliche Gabe der meisten Menschen angesehen werden. Bei Frauen und Kindern kann die Grenze bedeutend tiefer liegen, ebenso bei empfindlichen Personen, bei denen schon bei der Hälfte dieser Menge und weit weniger dieselbe Wirkung eintreten kann. Alkohol geht in die Muttermilch über, durch Alkoholgenuß stillender Mütter ist eine Gesundheitsschädigung des Säuglings durchaus möglich.

Erkennung. Durch schwaches Erwärmen einer alkoholhaltigen Flüssigkeit mit Natriumcarbonatlösung und Jodlösung entsteht Jodoform, das sich in Form gelber Kriställchen ausscheidet und durch seinen kennzeichnenden Geruch wahrnehmbar ist (Jodoformprobe). — Beim Erhitzen von Kaliumdichromatlösung mit verd. Schwefelsäure tritt bei Gegenwart von Alkohol der Geruch des Acetaldehyds auf, die Flüssigkeit färbt sich infolge der Reduktion des Kaliumdichromats zu Chromisulfat grün. — Die Anwesenheit von *Wasser* läßt sich durch folgende Proben nachweisen: Bei Zugabe von einigen Stückchen Carbid entsteht bei Wasseranwesenheit Acetylen, das in Gasblasen aufsteigt. — Beim Schütteln von je 2 ccm Ä. und Benzol im Reagensglas entsteht bei einem Wassergehalt von über 3% infolge Emulsionsbildung eine Trübung. — Entwässertes Kupfersulfat, Cuprum sulfuricum siccum, färbt sich beim Umschütteln mit wasserhaltigem Ä. allmählich durch Wasseraufnahme blau.

Verwendung. Zur Darstellung zahlreicher chemischer Verbindungen als Lösungsmittel und als Extraktionsmittel, auch im Laboratorium, zu medizinischen, kosmetischen und technischen Präparaten, zur Herstellung von Riechstoffen, als Brennstoff und Zusatz zu Motorbetriebsstoffen, zur Herstellung von Polituren und Lacken, Firnissen, Farbstoffen. *Innerlich* in Form von alkoholischen Getränken als Anregungsmittel und gegen Fieber, *äußerlich* in verschiedenen Stärken zu desinfizierenden Verbänden, Einreibungen, Haarwässern usw. Die größte Menge Ä. wird in Form von alkoholischen Getränken verbraucht.

Absoluter Alkohol. Alcohol absolutus, DAB. 6.

Spiritus absolutus. Aethanol. C_2H_5OH. Mol.-Gew. 46,05.

Darstellung. Durch Erhitzen von Feinsprit mit frischgebranntem Kalk und anschließende Destillation. Ein neueres Verfahren beruht auf dem Zusatz von Benzol zu 95%igem Alkohol und Destillation. Dabei geht zunächst ein Gemisch von Wasser, Alkohol und Benzol, dann eines aus Alkohol und Benzol und bei 78,3° reiner Alkohol über. Die *Selbstherstellung* von a. A. ohne Genehmigung der Monopolverwaltung ist *verboten.*

Eigenschaften. Klare, farblose, flüchtige und leicht entzündliche Flüssigkeit, die mit schwach leuchtender Flamme verbrennt und aus der Luft Wasser anzieht. *Geruch* eigenartig, *Geschmack* brennend. Verändert Lackmus nicht. A. A. hat alle Eigenschaften des reinen Äthylalkohols. D. (20°) 0,791 bis 0,792. Sdp. 78° bis 79°. Gehalt 99,66 bis 99,46 Vol.-% oder 99,44 bis 99,11 Gew.-%.

Prüfung des DAB. 6. Das DAB. 6 läßt prüfen auf: Essigsäure, Melassespiritus, Methylalkohol, Aceton, frühere Verwendung des Alkohols zu anderen Zwecken, Schwermetallsalze, Extraktivstoffe, Gerbsäure, Fuselöl und Aldehyd.

Aufbewahrung. A. A. zieht leicht aus der Luft Wasser an und ist deshalb in kleinen, sorgfältig getrockneten und gut verschlossenen Gefäßen aufzubewahren.

Verwendung. Zu wissenschaftlichen Zwecken in der Chemie und Mikroskopie, zum Verdünnen ätherischer Öle, in der Photographie zur Schnelltrocknung von Platten.

Weingeist. Spiritus, DAB. 6.

Klare, farblose, flüchtige und leicht entzündliche Flüssigkeit, die angezündet mit schwach leuchtender Flamme verbrennt. *Geruch* eigenartig, *Geschmack* brennend. Verändert Lackmuspapier nicht. D. (20°) 0,824 bis 0,828. W. enthält 91,29 bis 90,09 Vol.-% (nach TRALLE) oder 87,35 bis 85,80 Gew.-% (nach RICHTER). C_2H_5OH, Mol.-Gew. 46,05. Alkohol ist selbst 96%ig nicht steril; um ihn keimfrei zu erhalten, bedient man sich der Filtration durch ein Bakterienfilter.

Prüfung des DAB. 6 auf: *Fuselöle.* W. darf nicht fremdartig riechen und muß sich mit Wasser ohne Trübung mischen.

Beim Verdunsten einer Mischung von 10 ccm W. und 0,2 ccm Kalilauge bis auf 1 ccm und Übersättigen des Rückstandes mit verd. Schwefelsäure darf kein Geruch nach Fuselöl auftreten.

Melassespiritus. Beim Überschichten von 5 ccm Schwefelsäure in einem mit dem zu prüfenden Weingeist zuvor ausgespülten Reagensglas mit 5 ccm Weingeist darf sich zwischen den beiden Flüssigkeiten innerhalb einer Viertelstunde keine rosenrote Zone bilden; nach vorsichtigem Mischen der Flüssigkeit muß diese auch nach weiterem viertelstündigem Stehen farblos bleiben.

Aldehyd. Beim Vermischen von 10 ccm W. mit 1 ccm Kaliumpermanganatlösung darf nach 20 Min. langem Stehenlassen die rote Farbe nicht in Gelb übergehen.

Beim Vermischen von 10 ccm W., 10 ccm Wasser und 1 ccm Silbernitratlösung mit 5 Tr. Ammoniakflüssigkeit und Erwärmen während 5 Min. auf etwa 85° darf innerhalb 5 Min. höchstens eine gelbliche Färbung, aber keine dunkle Ausscheidung eintreten.

Schwermetallsalze werden durch Versetzen von 5 ccm W. mit 3 Tr. Natriumsulfidlösung durch eine dunkle Färbung oder Fällung nachgewiesen.

Vorherige Verwendung (zur Darstellung von Extrakten, Gerbsäure) wird durch eine gelbliche bis bräunliche Färbung beim Versetzen von 5 ccm W. mit Ammoniakflüssigkeit nachgewiesen.

Methylalkohol. Vorsichtiges Erhitzen mit kleiner Flamme von 20 ccm W. in einem etwa 100 ccm fassenden Kölbchen, das mit einem zweimal rechtwinklig gebogenen, ungefähr 75 cm langen Glasrohr verbunden ist, welches in einen kleinen Meßzylinder mündet. Nach dem Abdestillieren von etwa 2 ccm wird 1 ccm des Destillats mit 4 ccm verd. Schwefelsäure gemischt und unter guter Kühlung und stetem Umschütteln nach und nach 1 g fein zerriebenes Kaliumpermanganat zugegeben. Sobald die Violettfärbung verschwunden ist, wird durch ein kleines trockenes Filter filtriert und das meist schwach rötlich gefärbte Filtrat einige Sekunden lang gelinde erwärmt, bis es farblos geworden ist. Nach dem Erkalten gibt man mit einer Pipette 3 bis 5 Tr. dieser Flüssigkeit zu 0,5 ccm einer frisch bereiteten und gut gekühlten Lösung von 0,02 g Guajakol in 10 ccm Schwefelsäure, die sich auf einem auf weißer Unterlage ruhenden Uhrglas befindet, indem man dabei die Ausflußöffnung der Pipette der Oberfläche der Guajakol-Lösung soweit wie möglich nähert. Dabei darf innerhalb 2 Min. keine rosarote Färbung eintreten.

Aceton. Der andere ccm des Destillats wird mit 1 ccm Natronlauge und 5 Tr. Nitroprussidnatriumlösung versetzt. Es darf keine Rotfärbung auftreten, die nach sofortigem Zusatz von 1,5 ccm verd. Essigsäure in Violett übergeht.

Verwendung. In der chemischen Industrie als Rohstoff, als Lösungs- und Extraktionsmittel, zur Herstellung von arzneilichen Spirituosen und Tinkturen, Riechstoffen (Kölnisch Wasser), Lacken. Zur Stabilisierung von Drogen, als Konservierungsmittel (10%).

Verdünnter Weingeist. Spiritus dilutus, DAB. 6.

Mischung von 7 T. Weingeist, DAB. 6, mit 3 T. destilliertem Wasser. D. (20°) 0,887 bis 0,891, entsprechend 69 bis 68 Vol.-% und 61 bis 60 Gew.-%. Klare, farblose Flüssigkeit.

Verwendung. Zur Herstellung von Tinkturen und kosmetischen Präparaten, zur Hautreinigung, Händedesinfektion, zu juckreizlindernden und kühlenden Umschlägen und Einreibungen, zu erfrischenden Frottierungen bei Fieber und Schweißen.

Vergällter Branntwein. Brennspiritus (Spiritus denaturatus). Denaturierter Branntwein.

Weingeist, der als Brennstoff verwendet werden soll, muß durch *Vergällen* zum Genuß untauglich gemacht werden. Vergällungsmittel ist eine Mischung von 4 T. rohem Holzgeist, der wenigstens 30% Aceton enthalten muß, und 1 T. Pyridinbasen (aus Tieröl). Auf 100 l Weingeist werden 2,5 l dieser Mischung zugesetzt. Die Vergällung wird in den Herstellerbetrieben unter Aufsicht der Steuerbehörde durchgeführt. Nach dem Branntweinsteuergesetz ist es *verboten*, aus vergälltem Branntwein das Vergällungsmittel ganz oder teilweise zu entfernen. Über die unvollständige Vergällung von Branntwein s. Gesetzeskunde.

Bestimmung des Alkoholgehalts im Weingeist. Der Gehalt des Weingeistes und weingeisthaltiger Flüssigkeiten an reinem Äthylalkohol wird praktisch mit Senkwaagen, besser noch mit eigens dafür geschaffenen *Alkoholometern* vorgenommen. Dies sind besonders lange Senkwaagen, die ein Thermometer enthalten, das die Temperatur der zu messenden Flüssigkeit angibt. Die auf ihnen angebrachten Teilstriche geben nicht das spez. Gewicht, sondern direkt die Alkoholhundertteile an. Das gesetzlich vorgeschriebene Alkoholometer, das Gewichtshundertteile angibt, ist das nach RICHTER. Das Alkoholometer nach TRALLES gibt Raumhundertteile an.

Das Verdünnen von hochprozentigem Alkohol mit Wasser auf niedrigere Alkoholgehalte ist mit umständlichen und zeitraubenden Berechnungen verknüpft. Die von Dr.-Ing. KRUTZSCH, München-Solln, entworfenen Kurvenblätter (Abb. 2) haben gegenüber den sonst üblichen Tabellen den Vorteil, daß man beliebige Alkoholgehalte herstellen kann und nicht nur die in den Tabellen üblichen von bestimmtem Gehalt. Man kann auf den Kurvenblättern die zu mischenden Mengen von Alkohol und Wasser ohne jede Berechnung diesen entnehmen. —> Alkrumeter und Krutzschmeter.

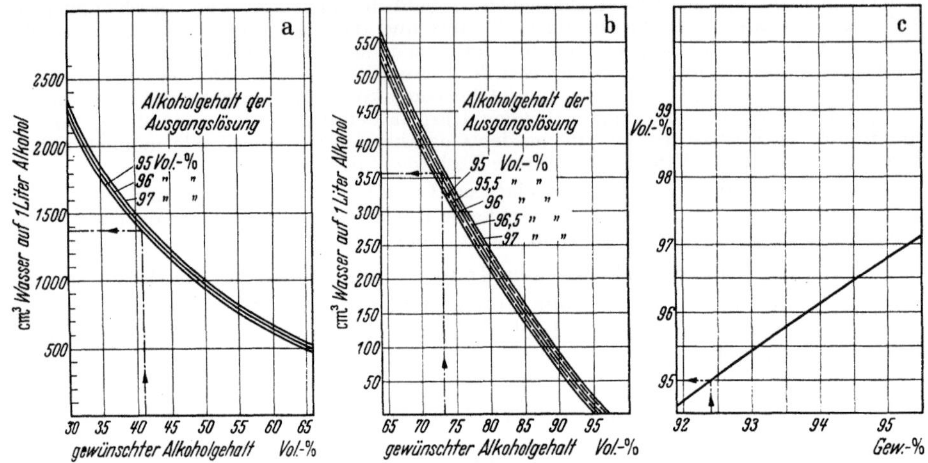

Abb. 2. Kurvenblätter nach *Krutzsch*.

Anweisung zur Benutzung der Alkohol-Verdünnungstabelle nach H. ESSER[1].
In der linken Randspalte ist die gewünschte Menge eines Alkohol-Wasser-Gemisches aufzusuchen und, wenn nötig, als Summe mehrerer Summanden auf einem Blatt Papier untereinander zu schreiben. Die für die Herstellung der Mischung erforderliche Menge eines Primasprits mit 96,5 Vol.-%, wie er von der Monopolverwaltung geliefert wird, ist dann in der waagerechten Reihe in der Spalte abzulesen, die die Bezeichnung der gewünschten Konzentration trägt, z. B. gewünscht sind 9650 g eines 80%igen Vol.-% Weingeist-Gemisches. In der Tabelle findet man und schreibt jeweils untereinander:

für 9000 g (= 9 kg) Mischung erforderlich	7000 g Sprit	
„ 600 g „ „	467 g	„
„ 50 g „ „	39 g	„
für 9650 g Mischung somit erforderlich	7506 g Sprit	

Die aus 9650 und 7506 g sich ergebende Differenz 2144 g entspricht dem erforderlichen Wasserzusatz. Die dabei erzielbare Genauigkeit entspricht durchaus der in der Praxis notwendigen und üblichen.

Alkohol, vorfixierter.

Man versteht darunter einen Alkohol, der einen Zusatz von Riechstofftinkturen oder -infusionen enthält. Je nach der Geruchsnote können die Zusätze aus Benzoe-, Tolu-, Ambra-, Zibetinfusion oder Perubalsam bestehen, also aus Riechstoffauszügen, die erst im Verlaufe von Monaten ihre endgültige Note erhalten.

---

[1] Nach DDZ. 1952, 6.

Alkohol-Verdünnungstabelle (zur Verdünnung von 96,5 Vol.-% Alkohol) nach H. ESSER[1].

Gewünscht Vol.-%	95	90,7	90	85	80	77	75	70	68,5	67,5	65	60	55	52,5	50	45	40
Gew.-%	92,41	86,58 = Spir. DAB.	85,71	79,42	73,54	70	67,92	62,46	60,50 = Spir.dilut. DAB. 6	60	57,23	52,13	47,27	45	42,51	37,86	33,37
Menge:	Die unten angegebene Menge 96,5 Vol. % Alkohol abwiegen (in Gramm) und mit Wasser auf die gewünschte Gewichtsmenge verdünnen.																
kg	g	g	g	g	g	g	g	g	g	g	g	g	g	g	g	g	g
10	9774	9165	9065	8400	7778	7395	7184	6606	6440	6330	6053	5513	5000	4748	4496	4004	3530
9	8797	8249	8159	7560	7000	6656	6466	5945	5796	5697	5448	4962	4500	4273	4046	3604	3177
8	7819	7332	7252	6720	6222	5916	5747	5285	5152	5064	4842	4410	4000	3798	3597	3203	2824
7	6842	6416	6346	5880	5445	5177	5029	4624	4508	4431	4237	3859	3500	3323	3147	2803	2471
6	5865	5499	5439	5040	4667	4437	4310	3964	3864	3798	3632	3308	3000	2849	2698	2402	2118
5	4887	4583	4533	4200	3889	3698	3592	3303	3220	3165	3027	2757	2500	2374	2248	2002	1765
4	3910	3666	3626	3360	3111	2958	2874	2642	2576	2532	2421	2205	2000	1899	1798	1602	1412
3	2932	2750	2720	2520	2333	2219	2155	1982	1932	1899	1816	1654	1500	1424	1349	1201	1059
2	1955	1833	1813	1680	1556	1479	1437	1321	1288	1266	1211	1103	1000	950	899	801	706
1	977	916,5	906,5	840	778	739,5	718,5	660,5	644	633	605,5	551,5	500	475	450	400,5	353
g																	
900	879,5	825	816	756	700	665,5	646,5	594,5	580	569,5	545	496	450	427	405	360,5	317,5
800	782	733	725	672	622	591,5	574,5	528,5	515	506,5	484	441	400	380	360	320,5	282,5
750	733	687,5	680	630	584	554,5	539	495,5	483	475	454	413,5	375	356	337,5	300,5	264,5
700	684	641,5	634,5	588	545	517,5	503	462,5	451	443	423,5	386	350	332	315	280,5	247
600	586,5	550	544	504	467	443,5	431	396,5	386,5	380	363	331	300	285	270	240	212
500	488,5	458,5	453,5	420	389	370	359	330,5	322	317	302,5	276	250	237	225	200	176,5
400	391	366,5	362,5	336	311	296	287,5	264	257,5	253	242	221	200	190	180	160	141
300	293	275	272	252	233	222	215,5	198	193	190	181,5	165	150	142	135	120	106
250	244,5	229,5	226,5	210	195	185	179,5	165	161	158	151,5	138	125	119	112,5	100	88
200	195,5	183,5	181,5	168	156	148	143,5	132	129	126,5	121	110,5	100	95	90	80	70,5
100	97,7	91,7	90,7	84	78	74	71,9	66	64,4	63,3	60,6	55,2	50	47,5	45	40	35,3
90	88	82,5	81,6	75,6	70	66,6	64,7	59,5	58	57	54,5	49,6	45	42,7	40,5	36	31,8
80	78,2	73,3	72,5	67,2	62	59,2	57,5	52,9	51,5	50,7	48,4	44,1	40	38	36	32	28,3
70	68,4	64,2	63,5	58,8	54,5	51,8	50,3	46,3	45,1	44,3	42,4	38,6	35	33,2	31,5	28	24,7
60	58,7	55	54,5	50,4	47	44,4	43,1	39,7	38,7	38	36,3	33,1	30	28,5	27	24	21,2
50	48,9	45,9	45,4	42	39	37	35,9	33	32,2	31,7	30,3	27,6	25	23,7	22,5	20	17,7
40	39,1	36,7	36,3	33,6	31	29,6	28,8	26,4	25,8	25,3	24,2	22,1	20	19	18	16	14,1
30	29,3	27,5	27,2	25,2	23	22,2	21,6	19,8	19,3	19	18,2	16,5	15	14,2	13,5	12	10,6
20	19,6	18,4	18,2	16,8	15,6	14,8	14,4	13,2	12,9	12,7	12,1	11,1	10	9,5	9	8	7
10	9,8	9,2	9,1	8,4	7,8	7,4	7,2	6,6	6,5	6,4	6,1	5,5	5	4,8	4,5	4	3,5

[1] Aus DDZ 1952, 6.

Benzylalkohol. Alcohol benzylicus, Erg.-B. 6.

$$C_6H_5 \cdot CH_2OH. \quad \text{Mol.-Gew. 108,1.}$$

Benzylalkohol ist der einfachste aromatische Alkohol und kommt in Peru- und Tolubalsam, frei und mit Essigsäure, Benzoesäure und Zimtsäure verestert in ätherischen Ölen (Hyazinthe, Jasmin, Tuberose) vor.

Darstellung. 1. Durch Kochen von Benzylchlorid mit Kaliumcarbonatlösung:

$$2\,C_6H_5 \cdot CH_2Cl + K_2CO_3 + 2\,H_2O \rightarrow 2\,C_6H_5 \cdot CH_2OH + 2\,KCl + H_2O + CO_2$$

Benzylchlorid   Kaliumcarbonat   Wasser   Benzylalkohol   Kaliumchlorid   Wasser   Kohlendioxyd

2. Durch Disproportionierung von Benzaldehyd mit starker Kalilauge:

$$2\,C_6H_5 \cdot CHO + KOH \rightarrow C_6H_5COOK + C_6H_5 \cdot CH_2OH$$

Benzaldehyd   Kalilauge   Kaliumbenzoat   Benzylalkohol

Eigenschaften. Klare, farblose, ölige, schwach nach Bittermandeln riechende, lichtbrechende Flüssigkeit, die mit stark rußender Flamme verbrennt. In etwa 30 T. Wasser mit schwacher Trübung, in Alkohol, Äther, Chloroform, Fetten (auch Ricinusöl) und ätherischen Ölen in jedem Verhältnis löslich, mit Benzin nicht mischbar. Die wäßrige Lösung verändert Lackmuspapier nicht. D. $(20°)$ 1,043 bis 1,048. Sdp. $204°$ bis $207°$. $n_D^{20°}$ 1,538 bis 1,541.

Prüfung des Erg.-B. 6. 2 ccm B. mit 2 ccm Essigsäure und 5 Tr. Schwefelsäure im Reagensglas vorsichtig zum Sieden erhitzt, entwickeln einen fruchtartigen Geruch, der nach dem Verdünnen mit Wasser noch deutlicher wird.

Schwermetallsalze werden in der wäßrigen Lösung $(1 + 30)$ mit 3 Tr. Natriumsulfidlösung nachgewiesen, eine Veränderung darf nicht eintreten.

Chlorverbindungen. Ein zusammengefaltetes, mit 5 Tr. B. getränktes Stückchen Filtrierpapier wird in einer Porzellanschale verbrannt. Die dabei entstehenden rußenden Dämpfe läßt man in ein vorher mehrmals mit Wasser ausgespültes Gefäß von 1000 ccm Inhalt eintreten. Dann wird das Gefäß mit 10 ccm Wasser ausgespült, die Flüssigkeit filtriert, je einige Tropfen Salpetersäure und Silbernitratlösung zugesetzt, es darf höchstens opalisierende Trübung eintreten.

Aufbewahrung. Bestverschlossen, da B. aus der Luft O_2 aufnimmt und sich allmählich zu Benzaldehyd oxydiert.

Verwendung. Infolge seiner anästhesierenden Wirkung als örtliches Betäubungsmittel bei Zahnschmerzen, als Zusatz zu Zahnreinigungsmitteln, als Einschlußmittel in der Mikroskopie, als Verdünnungs- und Lösungsmittel in der Parfümerie und Kosmetik, zur Herstellung von schwach riechenden Lösungsmittelseifen, als Verfälschungsmittel ätherischer Öle. Als gutes Lösungsmittel für Farbstoffe findet B. zur Herstellung von Kohle- und Durchschreibepapier Verwendung.

Butylalkohle.

Von den 4 möglichen strukturisomeren Butylalkoholen wird verwendet

n-Butylalkohol. Alcohol butylicus.

n-Butanol, $CH_3 \cdot CH_2 \cdot CH_2 \cdot CH_2 \cdot OH.$ Mol.-Gew. 74.

Darstellung. Aus Stärke und stärkehaltigen Abfallstoffen durch einen Gärungsprozeß, der durch Bacterium acetobutylicum bewirkt wird.

Eigenschaften. Farblose, eigenartig riechende, in Wasser zu etwa 8% lösl., mit organischen Lösungsmitteln mischbare Flüssigkeit. D. $(20°)$ 0,810 bis 0,814. Sdp. $114°$ bis $118°$. Flammpunkt $34°$. Gutes Lösungsmittel für Öle, Fette und viele Harze.

Verwendung. In der Kosmetik zur Herstellung von Nagellacken, in der Lackindustrie als vorzügliches Lösungsmittel für Nitrocelluloselacke, zur Herstellung von Metallacken und Lederdeckfarben. Bei geringem Esterzusatz als Lösungsmittel für Collodiumwolle, zur Herstellung von Collodiumlacken und Spritlacken. B. gibt Lacken guten Fluß und verhindert das Anlaufen der trocknenden Filmschicht. In der mikroskopischen Technik teilweise als Ersatz für Methylalkohol.

Methylalkohol. Alcohol methylicus, Erg. B. 6. Methanol. Giftig!

Holzgeist. Carbinol. CH_3OH. Mol.-Gew. 32.

Vorkommen. In der Natur nur in Spuren in ätherischen Ölen, verbreitet als Ester in ätherischen Pflanzenölen, besonders als Salicylsäuremethylester, $C_6H_4(OH)$ $\cdot COOCH_3$, im Gaultheriaöl, als Anthranilsäuremethylester, $C_6H_4(NH_2)\cdot COOCH_3$, im Jasminöl.

Darstellung. 1. Früher ausschließlich durch Zersetzungsdestillation von Holz, wobei sich im flüssigen Destillat neben Holzessig Aceton, Acetaldehyd, Allylalkohol, Methylacetat, Ammoniak und Aminen 1,5 bis 3% Methylalkohol abscheiden. Durch Einleiten des Destillats in heiße Kalkmilch wird die Essigsäure als essigsaurer Kalk gebunden. Das Acton wird vom Methylakohol durch Rektifikation in Kolonnenapparaten getrennt. 2. Kohlenoxyd wird durch Wasserstoff, Zink- und Chromoxyd als Katalysatoren bei etwa 450° und 200 Atm. Druck zu Methylalkohol reduziert:

$$CO \;+\; 2\,H_2 \;\rightarrow\; CH_3OH$$
Kohlenoxyd   Wasserstoff   Methylalkohol

Mit diesem Verfahren wird heute der größte Teil von M. gewonnen, die Darstellung aus Holz ist dadurch stark zurückgegangen.

Eigenschaften. Klare, leicht bewegliche, farblose, flüchtige, leicht entzündliche Flüssigkeit, die mit nicht leuchtender, blaßblauer Flamme verbrennt. *Geruch* schwach eigenartig, *Geschmack* weingeistähnlich, brennend. M. verändert Lackmuspapier nicht und ist mit Wasser, Weingeist, Äther und Chloroform in jedem Verhältnis mischbar. D. (20°) 0,791 bis 0,794. Sdp. 65° bis 67°.

Toxikologie. M. wirkt berauschend und ist ein heftiges Gift. Schon beim Einatmen seiner leicht flüchtigen Dämpfe, z. B. beim Lackieren, der Verwendung als Extraktionsmittel, ja sogar bei der Verwendung als Hände- und Kopfwaschmittel von Brennspiritus, kann es zu Vergiftungen kommen. Die Giftigkeit von M. ist weitaus größer als die des Äthylalkohols, da er nicht wie dieser vollständig zu Kohlendioxyd und Wasser verbrennt, sondern zu Formaldehyd und Ameisensäure oxydiert wird. Aus diesem Grunde tritt die Giftwirkung erst nach Stunden oder Tagen deutlich auf. 30 bis 100 ccm wirken tödlich, jedoch sind schon bei wesentlich geringeren Dosen Todesfälle vorgekommen, schon nach wenigen Kubikzentimetern können Sehstörungen bzw. Erblindungen eintreten. Besonders empfindlich sind unterernährte Menschen. Auch durch Einatmen der Dämpfe bzw. infolge Resorption durch die Haut kann die tödliche Menge aufgenommen werden.

Erste Hilfe. Vorhandenen M. durch Magenspülungen und Zusatz med. Kohle entfernen. Natriumbicarbonat.

Prüfung des Erg.-B. 6. Beim Erhitzen zum Sieden von 1 ccm M. mit 0,5 g Salicylsäure und 5 Tr. Schwefelsäure erfolgt nach einigen Minuten Abscheidung ölartiger Tropfen mit dem Geruch nach Methylsalicylat.

Beim Erhitzen eines linsengroßen Körnchens Kupferoxyd zum Glühen und Einbringen in ein Reagensglas, das wenige Tropfen M. enthält, entwickeln sich Formaldehyddämpfe, und die Oberfläche des Kupferoxydkorns überzieht sich mit metallischem Kupfer.

Fremde organische Stoffe. Beim Eintropfen von 2 ccm Schwefelsäure unter Abkühlung in 2 ccm M. darf sich die Mischung höchstens schwachgelb färben. 1 ccm M. muß sich mit 10 ccm Wasser ohne Trübung mischen.

Aldehyde. Die Mischung aus 1 ccm Silbernitratlösung, 5 Tr. Ammoniakflüssigkeit und 10 ccm Methylalkohol darf sich beim Stehen im Dunkeln innerhalb 10 Min. nicht verändern.

Aldehyde und andere reduzierende Stoffe. Versetzt man 10 ccm M. mit 1 ccm Kaliumpermanganatlösung, so darf die rote Farbe der Flüssigkeit nicht vor Ablauf von 10 Min. in Gelb übergehen.

Verwendung. Roher Methylalkohol, der acetonhaltig ist, findet zum Vergällen von Weingeist (Brennspiritus), roher und reiner M. ferner zur Herstellung von Lacken, Firnissen und Polituren Verwendung. In der Technik zur Methylierung, zur Herstellung von Formaldehyd, als Lösungsmittel für Fette, ätherische Öle, Harze, als Zusatz zu Motorkraftstoffeu, Frostschutzmitteln in Autokühlern, als Brennstoff für Taschenfeuerzeuge. Auch reiner Methylalkohol darf weder zur Herstellung von Nahrungs- und Genußmitteln, insbesondere von Trinkbranntweinen und sonstigen alkoholischen Getränken, noch zu Heil-, Vorbeugungs- und Kräftigungsmitteln einschließlich kosmetischen Mitteln und Riechmitteln Verwendung finden (s. Bd. I, Gesetzeskunde).

Nachweis von Methanol in weingeistigen Flüssigkeiten. Die zu untersuchende Flüssigkeit wird der Destillation unterworfen. Der zuerst übergehende Anteil enthält Methanol und wird durch Kaliumpermanganat zu Formaldehyd oxydiert. Dieser gibt mit einer Lösung von Guajakol in Schwefelsäure eine hellrote bis violette Färbung.

Propylalkohole.

Es gibt zwei strukturisomere Propylalkohole, den *primären* und den *sekundären* oder *Isopropylalkohol.*

Propylalkohol. Alcohol propylicus.

Primärer Propylalkohol, n-Propanol. Äthylcarbinol. $CH_3CH_2CH_2OH$. Mol.-Gew. 60,09.

P. wird aus dem Nachlauf des Destillates der alkoholischen Gärung gewonnen. Farblose, weingeistähnliche und schwach betäubend riechende, mit Wasser, Alkohol und Äther in jedem Verhältnis mischbare, sehr hygroskopische, *giftige* Flüssigkeit. D. (20°) 0,804. Sdp. 97,2°.

Verwendung. Äußerl. zur Hautdesinfektion (25- bis 50%ig), zur Behandlung von Wunden und Hautkrankheiten, als Lösungsmittel in der Cellulose-, Film-, Lack- und Wachsindustrie.

Isopropylalkohol. Alcohol isopropylicus, Erg.-B. 6.

Sekundärer Propylalkohol. Isopropanol. Dimethylcarbinol. Propol. Persprit. $CH_3CH(OH)CH_3$. Mol.-Gew. 60,1.

Darstellung. Durch Reduktion von Aceton durch Wasserstoff in statu nascendi:

$$CH_3 \cdot CO \cdot CH_3 \; + \; H_2 \; \rightarrow \; CH_3 \cdot CH(OH) \cdot CH_3$$

Aceton　　　Wasserstoff　　　Isopropylalkohol

Eigenschaften. Klare, farblose, flüchtige, leicht entzündliche Flüssigkeit. *Geruch* eigenartig, schwach an Aceton erinnernd. *Geschmack* brennend. Mit Wasser, Alkohol, Äther, Glycerin usw. in jedem Verhältnis mischbar. D. (20°) 0,786 bis 0,790. Sdp. 81° bis 84°. $n_D^{20°}$ 1,377 bis 1,378. Gutes Lösungsmittel (besser als Äthanol) für Öle, Fette, Harze, Kampfer, Cholesterin und Wachse. I. kann an Stelle von Äthylalkohol teilweise bei der Prüfung von Arzneimitteln verwendet werden. Seine Giftigkeit entspricht etwa der des Äthylalkohols, jedoch darf er nicht an Stelle des letzten zu Arzneizubereitungen verwendet werden. Mit I. hergestellte Jodtinktur, die zunächst völlig reizlos war, hat infolge Bildung von Jodacetonverbindungen starke Bindehautreizung hervorgerufen. I.-Dämpfe längere Zeit eingeatmet, können zu *schwerer Bewußtlosigkeit* führen.

Prüfung des Erg.-B. 6 auf: *Methylalkohol.* 20 ccm I. werden in ein Kölbchen von etwa 100 ccm Inhalt gegeben, das mit einem zweimal rechtwinklig gebogenen, ungefähr 75 cm langen Glasrohr verbunden ist. Das Glasrohr mündet in einen kleinen Meßzylinder. Bei vorsichtigem Erhitzen mit kleiner Flamme werden 2 ccm abdestilliert. 1 ccm des Destillats wird mit 4 ccm verd. Schwefelsäure gemischt und unter guter Kühlung (Eis) und stetem Umschütteln nach und nach mit 1 g feinzerriebenem Kaliumpermanganat versetzt. Sobald die Violettfärbung verschwunden ist, wird durch ein kleines, trockenes Filter filtriert und das meist schwach rötlich gefärbte Filtrat einige Sekunden lang gelinde erwärmt, bis es farblos geworden ist. Nach dem Erkalten gibt man aus einer Pipette 3 bis 5 Tr. dieser Flüssigkeit zu 0,5 ccm einer frisch bereiteten und gut gekühlten Lösung von 0,02 g Guajakol in 10 ccm Schwefelsäure (nach Pharm. Ztg. 1926, 1508, kann statt Guajakol 0,04 g guajakol-sulfosaures Kalium Verwendung finden), die sich auf einem auf weißer Unterlage ruhenden Uhrglas befindet, indem man die Ausflußöffnung der Pipette der Oberfläche der Guajakol-lösung soweit wie möglich nähert. Hierbei darf innerhalb 2 Min. keine rosarote Färbung auftreten.

Aceton. Der andere Kubikzentimeter des Destillats wird mit 1 ccm Natronlauge und 5 Tr. Nitroprussidnatriumlösung versetzt. Hierbei darf keine Rotfärbung eintreten, die nach sofortigem Zusatz von 1,5 ccm verd. Essigsäure in Violett übergeht.

Aldehyd, fremde organische Stoffe. Siehe Prüfung von Methylalkohol.

Schwermetalle. Eine Mischung gleicher Teile I. und Wasser darf durch 3 Tr. Natrium-sulfidlösung nicht verändert werden.

Nachweis von Isopropylalkohol in alkoholischen Zubereitungen. Unterschichtet man 2 ccm der zu prüfenden Flüssigkeit mit einer Lösung von n-Nitrobenzaldehyd (1%) in Schwefelsäure, so entsteht an der Berührungszone bei Anwesenheit von I. ein roter Ring, der allmählich die ganze Schwefelsäureschicht durchdringt.

Aufbewahrung. In gut verschlossenen Gefäßen, kühl.

Verwendung. Zur Händedesinfektion (50%), zu Waschungen (80%), zur Haar-tinktur (80%), zur Herstellung billiger kosmetischer Erzeugnisse (20% bis 30%), für feinere wegen seines Eigengeruchs nicht verwendbar, zur Herstellung von Farblösungen, als Extraktionsmittel für Blumendüfte, zur Herstellung von Seifen, Polituren, Spritlacken, in der mikroskopischen Technik, als Konservierungs- und Einbettungsmittel für anatomische Präparate. Zur Herstellung von Kölnisch Wasser ist I. verboten (Urteil des OL. Köln vom 9. 2. 1951), auch die Herstellung von Franzbranntwein mit I. ist nicht statthaft.

Lutosol (BASF) ist ein besonders gereinigter Isopropylalkohol. Sdp. 82°. D. (20°) 0,790. Flammpunkt 18°. Verdunstungszeit (Äther = 1) 21.

Verwendung. Wie Isopropylalkohol, besonders für die med. Präpariertechnik, zur Aufbewahrung, Fixierung und Härtung von anatomischen und pathologischen Präparaten, zum Entwässern mikroskopischer Schnitte, zur Herstellung von Farblösungen.

Der Präsident des Reichsgesundheitsamtes hat sich am 15. 8. 1936 (F 3655) über die Verwendung von Isopropylalkohol wie folgt geäußert:

„Für die Verwendung von Isopropylalkohol bei der Herstellung von kosmetischen Mitteln, Arzneimitteln und Lebensmitteln ist nach wie vor die Stellungnahme des Reichs-gesundheitsamtes vom 22. März 1929 (Reichsgesundheitsblatt 1929, S. 549) maßgebend, wonach vom gesundheitlichen Standpunkt gegen die Verwendung des Isopropylalkohols zu Duftstoffen, zu Riechmitteln, zu kosmetischen Mitteln wie Mund- und Zahnwässern, Nagelpolituren, Brillantinen, Haarwässern, zu Bayrum und Massagemitteln — ausgenommen Franzbranntwein — und als Händedesinfektionsmittel Bedenken nicht zu äußern sind, der Isopropylalkohol dagegen zur Herstellung von Arzneimitteln — einschließlich Franz-branntwein — ganz allgemein, sowohl für innerliche als auch für äußerliche Zwecke, ebenso wie für Lebensmittel auszuschließen ist.

In diesem Zusammenhang sei der Erlaß des Preußischen Ministers für Volkswohlfahrt vom 17. Juni 1926 (Reichsgesundheitsblatt 1926, S. 810) sowie der von diesem Minister erteilte im Erlaß genannte Bescheid erwähnt (Apotheker-Zeitung 1926, S. 499 und 690), in dem auf die Unzulässigkeit der Verwendung von Propylalkohol und Isopropylalkohol als Ersatz des Äthylalkohols zur Herstellung von Arzneimitteln, insbesondere von Mitteln des Deutschen Arzneibuches, aufmerksam gemacht wird, die ausschließlich mit Äthylalkohol bereitet werden dürfen.

Eine unterschiedliche Behandlung der Arzneimittel je nach ihrer Verwendung am Menschen oder am Tier erscheint dem Reichsgesundheitsamt nicht vertretbar."

Höhere Alkohole.

Die höheren gesättigten Alkohole von C_6 ab finden sich in der Natur als Ester, die mittleren in ätherischen Ölen, die höchsten als Wachsalkohole in den Wachsen. So findet sich im Walrat der Palmitinsäureester des *Cetylalkohols*, $C_{16}H_{33}OH$, als Hauptbestandteil, während der *Cerylalkohol* (als Cerotinsäurecerylester, $C_{26}H_{53}OH$) den Hauptbestandteil des chinesischen Pflanzenwachses bildet. Auch im Wollschweiß der Schafe, im Bienen-, Carnauba- und Flachswachs ist Cerylalkohol als Ester enthalten. *Myricylalkohol* oder *Melissylalkohol*, $C_{31}H_{63}OH$, finden sich hauptsächlich als Palmitinsäuremelissylester auch im Bienen- und Carnaubawachs. Bei gewöhnlicher Temperatur sind die höheren Alkohole fest.

Alkohole, höhere. Fettalkohole.

Die Fettalkohole finden ähnliche Verwendung wie die entsprechenden Fettaldehyde. Ihr Geruch ist weniger stark und fettig, ein Umstand, der sie für bestimmte Zwecke geeigneter macht.

Heptylalkohol. *Alkohol* C_7. *Önanthalkohol,* Kräftig blumiger Geruch zu herben Kompositionen.

Octylalkohol. *Alkohol* C_8. *Caprylalkohol.* An Wachs und Harz erinnernder Rosengeruch. Zu Rosenkompositionen und Phantasienoten. Sdp. 91° bis 94°.

Nonylalkohol. *Alkohol* C_9. *Pelargonalkohol.* Rosenartiger, an Orangen erinnernder Geruch. Zu Rosen- und Orangenblütenkompositionen, Reseda, Iris u. a. Sdp. 102° bis 104°.

Decylalkohol. *Alkohol* C_{10}. *Caprinalkohol.* Rosen- und orangeartiger Geruch, dem Decylaldehyd ähnlich, jedoch diskreter. Zu Rosenkompositionen, Blumennoten und Phantasiegerüchen mit fixierender Wirkung. Sdp. 120° bis 121°.

Undecylalkohol. *Alkohol* C_{11}. Mit kräftigem, eigenartigem Blumengeruch zu Phantasienoten. Sdp. 128° bis 130°.

Undecylenalkohol. *Alkohol* C_{11}. Mit wachsiger, frischer Rosennote zu Phantasiekompositionen. Sdp. 132° bis 133°.

Duodecylalkohol. *Alkohol* C_{12}. *Laurinalkohol.* Zarte, blumige, an Orangenblüten und Neroliöl erinnernder Geruch, zu blumigen Noten. Sdp. 143° bis 145°; Schmp. 23° bis 24°.

Sdp. und Schmp. nach FIRMENICH-LISTE.

Alkoholentwöhnungsmittel.

Die in den letzten Jahren bekanntgewordenen Alkoholentwöhnungsmittel „Antabus", „Abstinyl", „Aversan", „Anaethan", „Exhorran" usw. enthalten als Wirkstoff Tetraäthylthiuramiddisulfid:

$$\begin{array}{ccccc}
H_5C_2\!\!\diagdown & & & & \diagup C_2H_5 \\
& N-C-S-S-C-N & & \\
H_5C_2\!\!\diagup & \ \| \qquad\quad \| & & \diagdown C_2H_5 \\
& \ S \qquad\quad\ S & &
\end{array}$$

Diese Präparate kommen in Tablettenform mit 0,5 g Wirkstoff in den Verkehr. Die Anwendung von Alkoholentwöhnungsmitteln ohne oder gegen den Willen von Trinkern ist *gesetzlich verboten,* zumal auf ihre Verabreichung hin auch Todesfälle bekannt wurden. Sie dürfen deshalb nur unter *Aufsicht eines Arztes* Verwendung finden.

Alkoholometer.

Alkoholometer dienen der Stärkebestimmung von Alkohol und sind mit einem Thermometer versehene Aräometer. Man unterscheidet das RICHTERsche Alkoholometer, das nach Gewichtsprozenten (R%), und dasjenige nach TRALLES, das nach Volumprozenten (T%) geeicht ist. In Deutschland ist amtlich das Gewichtsalkoholometer nach RICHTER vorgeschrieben. Mit ihm ist ohne weiteres festzustellen, wieviel Gramm reinen Alkohols in 100 g der zu messenden Flüssigkeit vorhanden sind.

Alkrumeter (Alkoholometer nach KRUTZSCH)[1].

Das Alkrumeter ist ein Alkoholgehaltmesser, der folgende Vorteile bietet: Einfache und schnelle Messung, Ablesegenauigkeit ca. 0,1% Alkohol, geringer Einfluß von Extrakten und Zucker (deshalb ist in sehr vielen Fällen keine Destillation nötig), praktisch kein Einfluß der Zimmertemperatur, im Gegensatz zur Destillation kann die verwendete Flüssigkeit nach der Messung unverändert weiterverwendet werden. Infolge seiner Einfachheit und sonstigen Eigenschaften ermöglicht das Alkrumeter, den Alkoholgehalt fertiger Branntweine, Liköre, Tinkturen usw. einfach und schnell zu kontrollieren.

Alkydharze.

Alkydharze sind wichtige Lackrohstoffe, die durch Veresterung mehrwertiger Alkohole mit mehrbasischen aromatischen Säuren, z. B. Phthalsäure oder aliphatischen Säuren (Adipinsäure, Citronensäure, Oxalsäure, Sebacinsäure usw.) entstehen. Meist enthalten sie noch mit Glycerin veresterte Fettsäuren. Soweit sie durch Veresterung von Glycerin mit Phthalsäure entstehen, bezeichnet man sie als *Glyptale.* A. sind helle, zähe bis harte, lichtechte Massen, die für sich oder mit Cellulosederivaten kombiniert zur Herstellung von Lacken Verwendung finden.

Allotrope Modifikationen.

Die Tatsache, daß gewisse Elemente in verschiedenen Formen auftreten, bezeichnet man als *Allotropie* (g. allotropos, anders beschaffen). Die verschiedenen Formen bezeichnet man als *allotrope Formen, Modifikationen.* Damit soll zum Ausdruck kommen, daß die Elemente bei gleicher chemischer Zusammensetzung verschiedene Eigenschaften haben. In allotropen Formen kommen z. B. die folgenden Elemente vor: *Kohlenstoff* als Diamant, Graphit, Ruß; *Schwefel* als rhombischer und monokliner Schwefel; *Phosphor* als roter und weißer Phosphor; *Sauerstoff,* der auch in der energiereicheren Form Ozon vorkommt. Die Ursache der Verschiedenartigkeit der allotropen Formen ist durch die Verschiedenartigkeit der Aneinanderlagerung der Atome im Molekül oder wie beim Ozon durch die Verschiedenheit der Molekülgröße bedingt.

---

[1] Hersteller Dr.-Ing. Johannes Krutzsch, München-Solln, Buchauerstraße 14.

Alloxan.

Mesoxallylharnstoff.

NH—CO
CO CO
NH—CO

Darstellung. Durch Umsetzung von Mesoxallylchlorid mit Harnstoff.

Eigenschaften. Gelbe, in Wasser und Alkohol lösl., in Äther unlösl. Kristalle, deren wäßrige Lösung die Haut allmählich rot färbt.

Verwendung. Zu Schminkcremes und Lippenstiften, der Farbeffekt ist jedoch nicht sehr ausgeprägt, während die Haut einen unangenehmen Geruch annimmt. Die Wirkung „selbstbräunender" Hautcremes beruht teilweise auf Alloxan, das auf der Haut verrieben zu rotbraunem Alloxanthin reduziert wird. In schwach alkalischer Lösung gibt Alloxan mit Fe-Salzen eine blaue Färbung.

Almecerin.

Almecerin (Tempelhof). Grundlage zur Herstellung fetter Salben mit hoher Wasserbindefähigkeit und energischer Emulgierkraft. Als Emulgator enthält A. Cholesterin-Derivate, als Grundlage Paraffinkohlenwasserstoffe, Wachsalkohole und Fettsäureester. A. kann kalt oder warm verarbeitet werden. Entgegenwirkende Emulgatoren müssen vermieden werden. Die haltbare elfenbeinfarbene Grundlage ergibt bei Emulgierung mit kaltem Wasser einen weißen Cremekörper des W/Ö-Typs. Ohne Wasserzugabe ist A. auch als Salbenkörper für med. Zwecke verwendbar. Der Zusatz von Konservierungsmitteln zu A.-Cremes ist nur dann erforderlich, wenn Zusätze gemacht werden, die für sich bereits eine Konservierung bedingen. Verarbeitungsweise und Vorschriften s. Bd. III.

Aloe.

Aloe ist der eingedickte Saft der bis 50 cm langen und etwa 5 cm dicken, an den Rändern mit Stacheln versehenen fleischigen Blätter verschiedener afrikanischer Arten der Gattung *Aloe*, *Liliaceae*. Man unterscheidet verschiedene Aloe-Sorten:

Abb. 3. Aloe. *Oben:* Concisdroge, zweifach vergrößert. *Unten:* Ganzdroge, natürliche Größe. Größere Bruchstücke mit muscheligen Bruchflächen (nach *Schlemmer-Hörhammer*).

Aloe ferox Miller, die in Kapland vorkommt, liefert *Kap-Aloe* und *Uganda-Aloe*.

Die in Natal, Transvaal und Rhodesien vorkommende *Aloe succotrina Lam.* liefert die *Natal-Aloe*.

Die auf den Kanarischen Inseln und in den Mittelmeerländern wild wachsende *Aloe vera L.*, die dort und in Westindien kultiviert wird, und *Aloe spicata* liefern *Barbados-* und *Curaçao-Aloe*.

Die auf der ostafrikanischen Insel Sokotra wachsende *Aloe Perryi Baker* liefert *Sokotra-Aloe*.

Die Bastfasern und Gefäßbündel der Aloeblätter kommen als *Aloe-Hanf* für gewerbliche Zwecke in den Handel.

Man gewinnt den Saft aus den abgeschnittenen Blättern durch freiwilliges Ausfließen oder indem man die Blätter zerschneidet, zerstampft und den Saft auspreßt. Durch Eindampfen bei erhöhter Temperatur erhält man *glänzende Aloe, Aloe lucida*, bei mäßiger Temperatur *matte Aloe, Aloe hepatica*. Das DAB. 6 schreibt Kap-Aloe lucida vor.

Aloe. Aloe, DAB. 6.

Der eingekochte Saft der Blätter von Aloe ferox. Dunkelbraune, grünlich bestäubte Massen oder ein grünlichgelbes Pulver. Die Stücke lassen sich leicht in glasglänzende Teile mit muscheligen Bruchflächen und scharfkantige, rötliche bis hellbraune Splitter zerbrechen. *Geruch* eigenartig, *Geschmack* bitter; in kaltem Wasser unlöslich, in 12 T. kochendem Wasser trübe, in 5 T. Weingeist klar löslich.

Inhaltsstoffe. Anthraglykoside, die sehr bitter schmecken und bei der Hydrolyse *Aloe-Emodin* und andere Anthrachinonderivate bilden, besonders *Aloin* 5%, Aloetin, wenig freies Aloe-Emodin; 60 bis 70% Harz, Zimtsäure, ätherisches Öl.

Handelssorten. Kap-Aloe, glänzend, hart. Kap-Aloe, glänzend, fein pulv.
Kap-Aloe, glänzend, ganz. Kap-Aloe, Speciesform.
Kap-Aloe, glänzend, grob pulv.

Verwendung. *Med.* (E. 0,1 g) als dickdarmwirksames Abführmittel. Große Gaben wirken abortiv. In kleinen Dosen 0,01 bis 0,05 g als Stomachicum; *vet.* E. 5,0 bis 10,0 g für Pferde, 8,0 bis 15,0 g für Rinder, 0,1 bis 0,25 g für Hunde; zu Bitterlikören; *techn.* in der Zeugfärberei und zu Holzbeizen (Mahagonibeize).

Aloe-Tinktur gilt als gutes Mittel zum Bepinseln von Bienenstichen.

Verf. Curaçao-Aloe, Barbados-Aloe, von Aloe vera bzw. chinensis stammend.

Erkennung. Beim Betrachten von Aloe-Pulver unter dem Mikroskop sind gelbliche bis bräunliche, scharfkantige, glasartig durchsichtige Stollen erkennbar, die nach Wasserzusatz zu feinblasigen, grünlichbraunen Tröpfchen zusammenlaufen. Das Glycerinpräparat zeigt bei matten Aloe-Sorten zahlreiche, teilweise strahlig angeordnete Kristalle.

Prüfung des DAB. 6. *Reinheit.* Beim Auflösen von 5 g A. in 60 g siedendem Wasser darf nur eine geringe Trübung eintreten. Nach dem Erkalten das ausgeschiedene Harz abfiltrieren, trocknen und wägen; es müssen etwa 3 g Harz abgeschieden sein.

Gummiartige Stoffe, Dextrin, mineralische Stoffe. Diese sind beim Auflösen unter Erwärmen von 1 g A. in 5 g Weingeist nach dem Erkalten der Lösung durch Trübung oder stärkere Abscheidungen erkenntlich.

Fremde Beimengungen. Erkenntlich durch eine dunklere Färbung des Lösungsmittels beim Erhitzen zum Kochen von je 0,5 g A. mit 10 ccm Äther oder Chloroform, ferner

Harz, Pech, ätherunlösliche Stoffe durch einen größeren als 0,005 g verbleibenden Rückstand beim Verdunsten des durch Aloe gefärbten Äthers in einem gewogenen Schälchen.

Natal-Aloe zeigt keine Fluoreszenz beim Kochen von 0,1 g A. mit 10 ccm Wasser und Versetzen der etwas trüben Lösung mit 0,1 g Borax. Die klare Lösung zeigt grünliche Fluoreszenz.

Fremde Aloe-Sorten geben eine rote Zone beim Übergießen von Aloe-Splittern mit Salpetersäure; innerhalb 3 Min. darf nur eine schwach grünliche Zone entstehen. Eine rote Zone zeigt fremde Aloe-Sorten an.

Anorganische Beimengungen. Beim Verbrennen von 1 g A. darf höchstens ein 0,075 g schwerer Rückstand bleiben.

Alpenrose.

Alpenrose, rostblättrige. Rhododendron ferrugineum. *L.*

Ericaceae.

In den Alpen beheimateter Strauch mit roten, selten weißen Blüten.

Alpenrosenblätter. Folia Rhododendri.

Ovale, längliche, derb lederartige, in den kurzen Stiel verschmälerte Blätter mit stumpfer, knorpeliger Spitze, kahlem Rand, meist nach der Unterseite etwas umgebogen, unterseits rostbraun matt, mit dichter, drüsiger Punktierung und stark hervortretendem Mittelnerv.

Inhaltsstoffe. Arbutin, Gerbstoff, ätherisches Öl.

Verwendung. 1 Teelöffel voll zur Abkochung bei Gicht, Rheumatismus und Steinleiden als wasser- und schweißtreibendes Mittel. Übermäßiger Gebrauch ist wegen *Giftwirkung* zu vermeiden.

Alpenrose, rauhhaarige. Rhododendron hirsutum. *L.*

Almrausch. Steinrost.

Ericaceae.

Wintergrüne, unterseits hellgrüne, drüsig punktierte Kalkpflanze der Alpen. Blätter steifhaarig gewimpert.

Verwendung. Volkstümlich ·als wasser- und schweißtreibendes Mittel, bei Rheumatismus, Gicht. Übermäßiger Gebrauch wirkt *giftig* und ruft Erbrechen, Durchfall und Betäubung hervor.

Alsol.

Alsol (ATHENSTAEDT) ist eine etwa 50%ige Aluminiumacetotartratlösung, die als entzündungswidriges Adstringens und Desodorans in $^{1}/_{2}$ bis 2%igen wäßrigen Lösungen Verwendung findet.

Alsol-Creme

ist eine kühlende antiseptische Wundsalbe, wirksamer Bestandteil Alsol.

Alterung.

Die Alterung von kosmetischen Spirituspräparaten wie Kölnisch Wasser und Spirituosen, die früher durch längere Lagerung erzielt wurde, spielt neuerdings durch die erschwerte Wirtschaftslage der einschlägigen Industrien eine große Rolle. Durch lange Lagerung treten bedeutende Material- und Zinsverluste ein, die man neuerdings durch künstliche Alterung ausschaltet. Die einzelnen Methoden beim Alterungsverfahren sind teilweise umstritten und gehen über den Rahmen dieses Werkes hinaus. Zur genauen Orientierung muß deshalb auf die Spezialliteratur verwiesen werden. Die wichtigsten Alterungsverfahren[1], die häufig miteinander kombiniert werden, sind die Alterung durch:

Wärmeeinwirkung,   Lichtstrahlen,
Sauerstoff, Ozon und andere chemische Einflüsse,   Elektrizität,
starke Bewegung, Zerstäubung, Destillation usw.,   Katalysatoren,
     Ultraschall.

Um durch diese Alterungsverfahren eine Qualitätsverbesserung der Erzeugnisse herbeizuführen, ist große Erfahrung und sorgfältige Arbeit nötig. Das ganze Problem scheint sich noch im Stadium der Entwicklung zu befinden, was durch das Wiederverschwinden zahlreicher Apparate für diesen Zweck bestätigt wird.

---

[1] Nach WÜSTENFELDT-HAESELER: Trinkbranntweine und Liköre, 1953.

Aluminate.

Aluminate sind Salze des Aluminiumhydroxyds mit Alkalilaugen, bei denen ersteres als Säure wirkt. Über die Konstitution der Aluminate ist noch nichts Sicheres bekannt.

Aluminium. Aluminium. Al.

Atom-Gew. 26,97. — Wertigkeit 3 (1).

Aluminium ist das wichtigste Element der dritten Hauptgruppe des periodischen Systems und kommt in der Natur nur in seinen Verbindungen vor. Der Name stammt vom Lateinischen alumen, Alaun. Es wurde 1828 von WÖHLER bei der Einwirkung von Natrium auf Aluminiumchlorid als graues Pulver gefunden, aber erst 1845 in Form glänzender Metallkügelchen als Element erkannt. Sein Oxyd wird von jeher als Tonerde bezeichnet, deshalb faßt man die Metalle dieser Gruppe des periodischen Systems als *Erdmetalle* zusammen.

A. ist in Form seiner oxydischen Verbindungen eines der häufigsten in der Erdrinde vorkommenden Metalle (7,5%). Es findet sich hauptsächlich an Kieselsäure gebunden in Form von Doppelsilikaten, die einen wichtigen Bestandteil der Silikatgesteine *Feldspat*, $K[Si_3AlO_8]$, und *Glimmer* ausmachen. Das Verwitterungsprodukt des Feldspats ist der *Kaolin* oder *Porzellanton*, $Al_2(OH)_4[Si_2O_5]$, und andere Tone. Ein technisch wichtiges Aluminiummineral ist der *Bauxit*, $AlO(OH)$, benannt nach dem ersten französischen Fundort „Les Beaux", Südfrankreich.

Zahlreiche Edelsteine bestehen aus kristallisiertem Aluminiumoxyd, Al_2O_3, das durch kleine Beimengungen anderer Metalloxyde gefärbt ist, so *Rubin* durch Chromoxyd rot, *Saphir* durch Titan und Eisen blau, ferner in den Halbedelsteinen *Granat*, *Türkis*, *Korund* und *Topas*, ein fluorhaltiges Aluminiumsilikat. Korund zeichnet sich durch große Härte aus und findet daher zu Poliersteinen, -scheiben und -leinen Verwendung. Stark mit Eisenoxyd verunreinigter Korund ist → Schmirgel.

Darstellung. Die Darstellung von metallischem Aluminium wird erschwert durch die große Neigung des Metalls, sich mit anderen Elementen, besonders mit Sauerstoff, zu verbinden. Aluminiumoxyd läßt sich durch Wasserstoff und Kohle unter gewöhnlichen Bedingungen nicht reduzieren. Bei der sehr hohen Temperatur, die bei der Reduktion mit Kohle entsteht, würde sich statt des Metalls *Aluminiumcarbid*, Al_4C_3, bilden. Das letzte findet Verwendung zur Darstellung von Methan, da es sich mit warmem Wasser zersetzt:

$$Al_4C_3 \;+\; 12\,H_2O \;\rightarrow\; 4\,Al(OH)_3 \;+\; 3\,CH_4$$

Aluminiumcarbid   Wasser   Aluminiumhydroxyd   Methan

Früher erfolgte die Darstellung durch Reduktion des Chlorids mit Natriummetall:

$$AlCl_3 \;+\; 3\,Na \;\rightarrow\; 3\,NaCl \;+\; Al$$

Aluminiumchlorid   Natrium   Natriumchlorid   Aluminium

Technisch wird heute A. in größtem Maßstabe durch Schmelzelektrolyse reinster Tonerde, Al_2O_3, dargestellt. Als Ausgangsmaterial dient der Bauxit, aus dem das reine Aluminiumoxyd gewonnen wird, indem man ihn mit Soda erhitzt, das entstandene Natriumaluminat mit Wasser auslaugt und mit Kohlendioxyd Oxydhydrat fällt, das zu Al_2O_3 entwässert wird. Die Tonerde wird im geschmolzenen Kryolith, Na_3AlF_6, dem in Grönland vorkommenden *Eisstein*, dem zur Erniedrigung des Schmelzpunktes und der Dichte Calciumfluorid und Natriumchlorid zugesetzt werden, in besonders konstruierten Öfen der Elektrolyse unterworfen, wobei das elektrolytisch abgeschiedene metallische Aluminium durch den entstandenen

Schmelzfluß an der Oberfläche gegen Luftsauerstoff geschützt wird. Bei Berührung mit Luftsauerstoff würde das A. bei der entstandenen hohen Temperatur sofort verbrennen. Die Darstellung nach der beschriebenen Weise ist nur lohnend, wo billige Wasserkräfte die billige Erzeugung elektrischer Energie gewährleisten. Die bedeutendsten Aluminiumwerke befinden sich daher in Europa am Rheinfall bei Schaffhausen, in Amerika am Niagarafall.

Eigenschaften. Leichtes, silberweißes, glänzendes, sehr zähes und äußerst dehnbares Leichtmetall. Spez. Gew. (20°) 2,7. Schmp. 659°. Sdp. etwa 2500°. A. kann beinahe so dünn wie Blattgold zu *Aluminiumfolien* von nur 0,004 mm Dicke verarbeitet und zu sehr feinem Draht ausgezogen werden. Guter Leiter für Wärme und Elektrizität. Durch atmosphärische Luft verliert A. seinen Metallglanz und überzieht sich mit einer dünnen Oxydschicht, die einen Schutz gegen weitere Einwirkung von Sauerstoff und Wasser bildet.

In Salzsäure sowie in Natron- oder Kalilauge ist Aluminium unter Wasserstoffentwicklung löslich. Aus diesem Grunde dürfen diese Chemikalien niemals in Aluminiumgefäßen abgegeben werden (Explosionsgefahr). Auch die Mischung von Aluminiumpulver und Tetrachlorkohlenstoff kann heftig explodieren, während festes Aluminium durch Tetrachlorkohlenstoff nicht angegriffen wird.

Von verd. alkalischen Lösungen wird A. stark angegriffen. Aus diesem Grunde ist das Putzen von Aluminiumgeräten mit Soda, Pottasche, Trinatriumphosphat usw. zu vermeiden. Auch Salzsäure und verd. organische Säuren (Essigsäure usw.) lösen A. bei 100° auf. Bei neuzeitlichen Aluminiumgeräten ist die Oberfläche durch Oxydation im *Eloxalverfahren* („elektrisch oxydiertes Aluminium") gegen Korrosion geschützt. Durch seine große Verwandtschaft zum Sauerstoff verdrängt A. alle Metalle mit Ausnahme von Magnesium aus ihren Oxyden. Bei etwa 600° läßt sich A. zu Körnern, *Aluminiumgrieß* und *Aluminiumpulver* zerstampfen.

Aluminiumlegierungen haben besondere technische Bedeutung. *Duraluminium,* eine Aluminiumlegierung mit etwa 4% Kupfer, 1% Magnesium, 0,5% Mangan und 1% Silicium, findet besonders im Flugzeugbau Verwendung.

Hydronalium, eine A.-Legierung mit etwa 7% Magnesium, teilweise mit geringen Zusätzen von Silicium, findet wegen seiner Beständigkeit gegen Seewasser besonders beim Schiffsbau, infolge seiner guten Polierfähigkeit, für Metallbeschläge Verwendung.

Aluminiumbronzen (nicht zu verwechseln mit Aluminiumpulver) sind Kupferlegierungen mit 5 bis 8% Aluminium, die infolge ihrer Elastizität und ihrer großen stahlähnlichen Festigkeit für Waagebalken Verwendung finden.

Silumin ist eine A.-Legierung mit etwa 14% Silicium, die sich besonders gut gießen läßt und bei geringem Natriumgehalt äußerst fest ist.

Verwendung. Metallisches A. in Puderform oder als Salbe findet unter der Bezeichnung *Medargal* bei schlecht heilenden und infizierten Wunden Verwendung. A. findet außerdem Verwendung zur Herstellung der verschiedensten Gebrauchsgegenstände wie Kochgeschirren, Feldflaschen, Milchkannen, Trinkbechern, Süßmostapparaturen, Tuben, zu elektrischen Leitungsdrähten, zu Legierungen für den Flugzeugbau, die Kraftfahrzeug- und Fahrradindustrie, zur Anfertigung von Geräten und Apparaten, die besonders leicht sein müssen, zu Flaschenkapseln, Aluminiumfolien als Ersatz für Stanniol, als Verpackungen für Arzneimittel, Lebensmittel und Genußmittel sowie zur Herstellung von Lametta. Besonders dünne A.-Folien finden in sauerstoffgefüllten Glasbirnen im Osram-Vacu-Blitz, feines Aluminiumpulver zu Blitzlichtpulver-Mischungen und Wunderkerzen, zu Öl- und Lackanstrichen als Rostschutzmittel, als Anstrichmittel für Benzinwagen (75% des auffallenden Lichts wird reflektiert und deshalb die Erwärmung durch Sonnenbestrahlung verringert) Verwendung. Weltverbrauch 1950: 1 500 000 t Aluminium.

Aluminiumverbindungen.

Die Aluminiumsalze, die häufig auch als *Tonerdesalze* bezeichnet werden, sind farblos und werden durch Auflösen des Metalls oder Hydroxyds in Säuren gewonnen.

Alaune.

Mit Alaunen bezeichnet man eine Reihe meist gut kristallisierter Doppelsulfate, in denen an Stelle des Kaliums im Kaliumaluminiumsulfat auch Natrium, Ammonium, Rubidium und Cäsium ohne Änderung der regulären Kristallform und unter Beibehaltung des Wassergehaltes treten können. An Stelle des Aluminiums können in den Alaunen auch andere dreiwertige Metalle, Chrom, Eisen, Vanadin und Thallium treten. Die Alaune kristallisieren alle regulär und mit 12 Molekülen Wasser. Allgemeine Formel: $[Me^{III}Me^{I}(SO_4)_2 \cdot 12\,H_2O]$.

Alaun. Alumen, DAB. 6.

Kalium-Aluminium-Alaun. Kalium-Aluminiumsulfat. $KAl(SO_4)_2 \cdot 12\,H_2O$.
Mol.-Gew. 474,40.

Vorkommen. In geringer Menge in vulkanischen Gegenden als Auswitterung mancher Lavasorten, als Ausblühung auf Alaunschiefer. Längst bekanntes und schon im alten Ägypten verwendetes Salz.

Darstellung. Gesättigte Lösungen von Aluminiumsulfat und Kaliumsulfat werden durch Zugabe eines Alaunkriställchens zur Kristallisation angeregt, wodurch sich Alaun als Kristallpulver ausscheidet. Durch allmähliches Erkaltenlassen warmgesättigter Lösungen kristallisiert A. in sehr großen, regulären, farblosen, durchsichtigen Oktaedern.

Eigenschaften. Farblose, durchscheinende, harte oktaëdrische, an der Luft verwitternde Kristalle, die in ihrem Kristallwasser bei etwa 92° schmelzen und so zu Alaunsteinen ausgegossen werden können, oder weißes kristallines Pulver. Bei weiterem Erhitzen verliert Alaun sein Kristallwasser vollständig unter Hinterlassen von gebranntem Alaun. A. ist lösl. in etwa 9 T. Wasser, fast unlösl. in Weingeist. Die wäßrige Lösung reagiert infolge Hydrolyse sauer und schmeckt stark zusammenziehend. Unverträglich mit A. sind alle Gerbstoff enthaltenden Substanzen.

Prüfung des DAB. 6. *Erkennung.* Die wäßrige A.-Lösung (1 + 19) gibt mit wenig Natronlauge einen weißen, gallertigen Niederschlag von Aluminiumhydroxyd, der sich im Überschuß des Fällungsmittels als Natriumaluminat löst, sich aber auf genügenden Zusatz von Ammoniumchloridlösung wieder ausscheidet.

In der gesättigten wäßrigen Lösung erzeugt Weinsäurelösung im Überschuß innerhalb einer halben Stunde bei zeitweiligem, kräftigem Umschütteln einen kristallinen Niederschlag von saurem Kaliumtartrat. Mit Bariumnitratlösung gibt die gesättigte wäßrige Lösung einen weißen, in verd. Säuren unlösl. Niederschlag von Bariumsulfat. Beim Erhitzen auf einem Platinblech schmilzt A., bläht sich dann stark auf und hinterläßt eine schaumige Masse von gebranntem Alaun.

Je 15 cm der wäßrigen Lösung (1 + 19) zeigen an:
Schwermetallsalze durch eine dunkle Färbung oder Fällung bei Zusatz von je 3 Tr. verd. Essigsäure und Natriumsulfidlösung;
Eisensalze durch eine sofort eintretende stärkere blaue Färbung nach Zusatz von einigen Tr. Salzsäure und 0,5 ccm Kaliumferrocyanidlösung.
Arsenverbindungen durch eine auftretende dunklere Färbung beim Versetzen von 3 ccm Natriumhypophosphitlösung mit 1 g A. und viertelstündigem Erhitzen im siedenden Wasserbad. Es darf keine dunklere Färbung auftreten.
Ammoniumsalze. Erhitzt man 1 g gepulverten A. mit 1 ccm Wasser und 3 ccm Natronlauge, so darf sich kein Ammoniak entwickeln, das durch Annähern eines mit Salzsäure befeuchteten Glasstabs festgestellt wird.

4 *

Verwendung. *Innerl.* (E. 0,3 g) wegen starker Darmreizung bei Diarrhöe nur selten. *Äußerl.* zur Mundspülung, Gurgelwässern, Inhalationen (1%), als Mittel gegen übermäßigen Schweiß, zu Wundsalben (5%) und Pudern (20%) mit adstringierender Wirkung auf Wundflächen und Schleimhäute. Technisch in der Weißgerberei (zusammen mit Natriumchlorid), als Beize in der Färberei und Zeugdruckerei, zur Herstellung von Rasiersteinen, zum Leimen von Papier, zum Wasserdichtmachen von Geweben, zum Härten von Gips. Mit A.-Lösung getränkte Textilien sind schwer entzündbar und schwer verbrennlich.

Alaun, gebrannter. Alumen ustum, DAB. 6.

Entwässerter Alaun. $KAl(SO_4)_2$. Mol.-Gew. 258,21.

Darstellung. Gepulverter A. wird bei 50° vorgetrocknet, bis er etwa 30% Wasser verloren hat. Dann wird unter Umrühren mit einem Porzellanspatel in einer Porzellanschale auf dem Sandbad bis auf etwa 200° erhitzt bis zum vollständigen Verschwinden des Kristallwassers.

Eigenschaften. Weiße Krusten oder weißes Pulver, lösl. innerhalb 48 Stunden in 30 T. Wasser zu einer schwach getrübten Flüssigkeit.

Prüfung des DAB. 6. Hinsichtlich seiner Reinheit muß gebrannter Alaun den an den Alaun DAB. 6, gestellten Anforderungen genügen. Für die Prüfungen sind die dort angegebenen Gewichtsmengen Alaun auf die Hälfte herabzusetzen.

Unzulässiger Wassergehalt. 1 g darf beim Erhitzen höchstens 0,1 g an Gewicht verlieren. Das Erhitzen wird in einem Porzellantiegel vorgenommen, der in einem größeren Porzellantiegel in der Weise eingehängt ist, daß der Abstand zwischen den beiden Tiegelwandungen ungefähr 1 cm beträgt. Der Boden des äußeren Tiegels ist bis zur schwachen Rotglut zu erhitzen.

Aufbewahrung. Wegen seiner hygroskopischen Eigenschaften in gut verschlossenen Gefäßen.

Verwendung. *Äußerl.* zu adstringierenden Pudern (10%), als keimtötendes und blutstillendes Mittel, zum Klären nicht gefärbter trüber Liköre.

Aluminiumacetatlösung. Liquor Aluminii acetici, DAB. 6.

Essigsaure Tonerdelösung.

Gehalt mindestens 8,5% basisches Aluminiumacetat von der Zusammensetzung $(CH_3COO)_2AlOH$. Mol.-Gew. 162,03.

Darstellung. Aluminiumsulfatlösung wird mit Calciumcarbonat zu Calciumsulfat und Aluminiumhydroxyd umgesetzt und das letzte mit Essigsäure in Aluminium-2/3-Acetat übergeführt.

Eigenschaften. Klare, farblose, Lackmuspapier rötende Flüssigkeit. *Geruch* schwach nach Essigsäure, *Geschmack* süßlich zusammenziehend. D. (20°) mindestens 1,042. Seine antiseptische Wirkung wird auf die schwach saure Reaktion zurückgeführt, während die adstringierende nach HEUBNER auf dem Gehalt von kolloidem Aluminiumhydroxyd beruhen soll. Auch durch die besondere Art der Eiweißfällung wird die adstringierende Wirkung erklärt. Nach EICHHOLTZ entsteht durch A. eine Gelatinierung des Gewebes, wodurch die Bakterien „eingemauert", nicht getötet werden.

Prüfung des DAB. 6. *Erkennung.* Beim Erhitzen von 10 ccm A. im siedenden Wasserbad mit einer Lösung von 0,2 g Kaliumsulfat in 10 ccm Wasser gerinnt die Mischung und wird nach dem Erkalten in kurzer Zeit wieder flüssig und klar.

Arsenverbindungen. Beim Mischen von 1 ccm A. mit 3 ccm Natriumhypophosphitlösung und Erhitzen während einer Viertelstunde im siedenden Wasserbad darf keine dunklere Färbung entstehen.

Eisensalze. Die Mischung von 6 ccm A. und 14 ccm Wasser darf nach Zusatz von 0,5 ccm Kaliumferrocyanidlösung höchstens schwach gebläut werden.

Schwermetallsalze. Beim Versetzen von 5 ccm A. mit 1 ccm verd. Essigsäure und 3 Tr. Natriumsulfidlösung darf keine dunkle Färbung oder Fällung eintreten.

Magnesiumsulfat, unzulässige Mengen von *Aluminiumsulfat* und *Calciumsulfat.* Die Mischung von 2 ccm A. mit 4 ccm Weingeist darf sofort höchstens opalisierend getrübt werden, aber keinen Niederschlag ergeben.

Vorschriftsmäßige Zusammensetzung. 1 g Ammoniumchlorid wird in 5 g A. gelöst, dann mit 2,5 ccm Ammoniakflüssigkeit unter Umschütteln versetzt. Nach Zusatz von 250 g heißem Wasser wird die Mischung zum Sieden erhitzt und 1 Min. lang im Sieden erhalten. Nach dem Absetzen des Niederschlags wird die über diesem stehende Flüssigkeit durch ein Filter abgegossen und der Niederschlag durch fünfmaliges Dekantieren mit heißem Wasser ausgewaschen und auf ein Filter gebracht. Niederschlag und Filter werden bei 100° getrocknet, im gewogenen Tiegel verascht, stark geglüht und im Exsiccator erkalten gelassen. Der sich ergebende Glührückstand muß mindestens 0,118 g betragen entsprechend einem Mindestgehalt von 7,5% basischem Aluminiumacetat.

Aufbewahrung. Aluminiumacetatlösung ist nur beschränkt haltbar. Bei längerer Aufbewahrung ist die Ausscheidung gelatinöser Stoffe üblich. Diese kann durch Zusatz von 0,5% Borsäure wieder behoben und dadurch die Lösung geklärt werden. Für DAB. 6-Ware ist dieses nicht zulässig.

Verwendung. *Äußerl.* als mild antiseptisches und adstringierendes Mittel zu Umschlägen und Mundspülungen, zu Fußbädern gegen Fußschweiß (1 Eßlöffel auf $^1/_4$ l Wasser). Bei Umschlägen darf ein wasserdichter Stoff nicht mitverwendet werden, da unter diesem A.-Umschläge stark ätzend wirken und u. U. Nekrosen hervorrufen können. Außerdem sollen durch A. die Verbandstoffe imprägniert und dadurch die normale Verdunstung behindert und Sekretstauungen ermöglicht werden. Die Wundränder sterben ab, die Granulationsbildung wird vermindert, die Abwehr- und Regenerationsvorgänge im Gewebe werden gehemmt. A.-Lösung wird daher zu Wundverbänden vielfach abgelehnt. Vor allem ist die zu konzentrierte Verwendung von A. zu vermeiden. *Technisch* findet A. Verwendung als Beize in der Färberei, im Zeugdruck, zum Wasserdichtmachen von Textilien sollen nach einem neuesten Gutachten beim Bügeln Gewebsschäden entstehen.

Alacetan.

Essigsaures-milchsaures Aluminium.

Trockenes, farbloses Kristallpulver. *Geruch* schwach nach Essigsäure, *Geschmack* süßlich zusammenziehend. In 2 T. Wasser mit saurer Reaktion lösl.

Verwendung. In wäßrigen Lösungen (0,2 bis 0,3%) oder in Salben als adstringierendes und entzündungswidriges Mittel.

Aluminiumacetotartrat. Aluminium acetico-tartaricum, Erg.-B. 6. Stoff B.

Darstellung. (Siehe Bd. III.)

Eigenschaften. Farblose oder schwach gelblich gefärbte Blättchen oder Körner. *Geruch* schwach nach Essigsäure. *Geschmack* säuerlich zusammenziehend. Lösl. in der gleichen Menge Wasser. Die Lösung rötet Lackmuspapier. Beim Erhitzen entsteht der Geruch nach Essigsäure und Caramel unter Verkohlung.

Prüfung des Erg.-B. 6. Die mit 8 T. Wasser verdünnte wäßrige Lösung (1 + 1) gibt nach Zusatz von Ammoniakflüssigkeit einen weißen, gallertigen, in Natronlauge l.lösl. Niederschlag. Beim Erwärmen mit Schwefelsäure entsteht braunschwarze Färbung.

Schwermetallsalze. Die aus der wäßrigen Lösung (1 + 1) hergestellte wäßrige Lösung (1 + 9) darf nach Zusatz von 3 Tr. verd. Essigsäure durch 3 Tr. Natriumsulfidlösung nicht verändert werden und nach dem Ansäuern mit Salpetersäure durch Silbernitratlösung nicht sofort getrübt werden. Eine Trübung würde die Anwesenheit von *Salzsäure* ergeben.

Richtige Zusammensetzung. 0,5 g A. in 1 g Wasser durch Erwärmen im Wasserbad gelöst, mit 20 g kaltem Wasser verdünnt, dürfen nach Zusatz von einigen Tropfen Phenolphthaleïnlösung zur Rötung nicht weniger als 2,5 ccm und nicht mehr als 4,1 ccm n-Kalilauge erfordern.

Verwendung. *Äußerl.* in Wasser gelöst zur Mund- und Wundspülung und zu Umschlägen (0,75%).

Aluminiumacetotartratlösung. Liquor Aluminii acetico-tartarici, DAB. 6.

Essigweinsaure Tonerdelösung.

[Gehalt annähernd 45% Aluminiumacetotartrat.]

Darstellung. (Siehe Bd. III.)

Eigenschaften. Klare, farblose oder bis schwach gelblich gefärbte Flüssigkeit von sirupartiger Beschaffenheit, die Lackmuspapier rötet. *Geruch* nach Essigsäure, *Geschmack* süßlich zusammenziehend. D. (20°) 1,258 bis 1,262.

Prüfung des DAB. 6. Erkennung. Beim Erwärmen von 6 ccm A. mit 3 ccm Kaliumpermanganatlösung im Wasserbad muß eine klare, farblose Mischung entstehen (Aluminiumacetatlösung bleibt rot gefärbt).

Mit 4 T. Wasser verd. A. gibt nach Zusatz von Ammoniakflüssigkeit einen weißen, gallertartigen, in Natronlauge l.lösl. Niederschlag. Beim Erhitzen einer Mischung von 2 ccm A. mit 8 ccm Wasser und 1 ccm einer gesättigten weingeistigen Zinkacetatlösung im Wasserbad bis nahe zum Sieden bildet sich ein dichter, weißer Niederschlag, der sich beim Erkalten allmählich wieder löst (Aluminiumacetatlösung gibt diesen Niederschlag nicht).

Schwermetalle zeigen eine dunkle Färbung oder Fällung an beim Verdünnen von 2 g A. mit 8 g Wasser und Zusatz von einigen Tropfen Natriumsulfidlösung.

Vorschriftsmäßige Beschaffenheit. Beim Eindampfen von 5 g A. im Wasserbad und nach dem Trocknen des Rückstandes bei 100° muß das Gewicht desselben wenigstens 2,24 g betragen, entsprechend annähernd 45% Aluminiumacetotartrat.

Verwendung. *Äußerl.* wie Aluminiumacetatlösung, zu kühlenden, juckreizlindernden Salben (bis 10%), in wäßrigen Lösungen ($^1/_2$ bis 5%). → Alsol.

Aluminiumborat. Aluminium boricum.

$Al_2(B_4O_7)_3$. Mol.-Gew. 522.

Darstellung. 115 T. kristallisierter Borax werden in wäßriger Lösung mit einer Lösung von 67 T. kristallisiertem Aluminiumsulfat gefällt, der Niederschlag bis eben zum Verschwinden der Schwefelsäurereaktion gewaschen und getrocknet.

Eigenschaften. Weißes, in Wasser unlösl., in Säuren, Kali- oder Natronlauge lösl. Pulver.

Verwendung. *Äußerl.* als Wundantisepticum, zu Fußschweißpudern (10%).

Unter der Bezeichnung *Boral* ist bor-weinsaures Aluminium im Handel, farbloses, kristallines, in Wasser l.lösl. Pulver, das wie Aluminiumacetatlösung besonders zur Herstellung von Antischweißmitteln, Gesichts- und Rasierwässern Verwendung findet. *Cutol* ist ein Gemisch von Aluminiumborat und Aluminiumtannat. Hellbraunes, in Wasser unlösl. Pulver, das als Wundantisepticum und Adstringens bei Hautkrankheiten, kosmetisch zu Fußpudern, Verwendung findet. *Cutol löslich* ist durch Weinsäurezusatz wasserlösl. gemachtes Cutol. Herstellungsvorschriften s. Bd. III.

Aluminiumboroformiat. Aluminium boro-formicicum.

Bor-ameisensaures Aluminium.

Darstellung. In eine erwärmte Lösung von 2 T. Ameisensäure und 1 T. Borsäure in 6 bis 7 T. Wasser trägt man so viel frisch gefälltes und gut ausgewaschenes Aluminiumhydroxyd ein, wie gelöst wird. Nach dem Absetzen filtriert man und bringt die Lösung durch Abdampfen zur Kristallisation. Auf porösen Tontellern wird getrocknet und pulverisiert.

Eigenschaften. Perlmutterglänzende, in Wasser und Alkohol lösl. Schuppen. Die wäßrige Lösung reagiert sauer und wird durch Alkali nicht gefällt. *Geschmack* süßlich adstringierend.

Verwendung. *Med.* als Desinficiens bei Kehlkopferkrankungen, in der Kosmetik als Zusatz zu Gesichtswässern, Rasierwässern, Fußpudern mit schweißabsonderungshemmender Wirkung.

Aluminiumchlorat. Aluminium chloricum.

Chlorsaures Aluminium. $Al(ClO_3)_3 \cdot 9\ H_2O$.

Darstellung. Durch Umsetzen von Aluminiumsulfat mit Bariumchlorat in wäßriger Lösung und Eindampfen der Lösung durch Kristallisation.

Eigenschaften. Farblose, hygroskopische, in Wasser l.lösl. Kristalle mit den Reaktionen der Aluminiumsalze und der Chlorate. *Geschmack* unangenehm, adstringierend.

Verwendung. *Äußerl.* in wäßriger Lösung (25%), als Desinfektionsmittel für die oberen Luftwege, zu Spülungen, zur Wundbehandlung (5 bis 30 Tr. auf 1 Glas Wasser). Zur Reinigung von Rohwolle in der Färberei und Druckerei, zur Synthese organischer Verbindungen.

Mallebrin ,,Krewel" ist eine 25%ige Lösung von Aluminiumchlorat.

Aluminiumchlorid. Aluminium chloratum.

Wasserhaltiges Aluminiumchlorid. $AlCl_3 \cdot 6\ H_2O$. Mol.-Gew. 241,5.

Darstellung. Durch Auflösen von Aluminiumhydroxyd in verd. Salzsäure. Aus der konzentrierten, etwas Salzsäure im Überschuß enthaltenden Lösung scheidet sich das Salz ab.

Eigenschaften. Farblose, leicht zerfließliche Kristalle, in Wasser und Alkohol l.lösl. Die wäßrige Lösung reagiert sauer und wirkt adstringierend und desodorisierend.

Erkennung. Die wäßrige Lösung (1 + 10) rötet Lackmuspapier, gibt mit Ammoniak einen Niederschlag von $Al(OH)_3$, mit Silbernitrat einen solchen von $AgCl$.

Verwendung. *Äußerl.* zu Schweißbekämpfungsmitteln (Hauptbestandteil des Odor-o-no), als Zusatz zu Rasierwässern, 0,5%.

Aluminiumcitrat.

Adstringierendes und desodorisierendes Mittel zu Fußpudern mit besonders milder Wirkung.

Aluminiumfluorid. Aluminium fluoratum.

Fluorwasserstoffsaures Aluminium. AlF_3. Mol.-Gew. 83,97.

Aluminiumfluorid erhält man wasserfrei aus Fluorwasserstoffgas und Aluminium oder Tonerde bei Rotglut.

Weißes, in Wasser, Säuren und Alkalien unlösl. Pulver.

Verwendung. Zur Herstellung von weißem Email, als Flußmittel in der Aluminiumherstellung.

Aluminiumformiat. Aluminium formicicum.

Ameisensaures Aluminium. Ameisensaure Tonerde. $Al(HCOO)_3$.

Darstellung. Nach einem DRP. durch Eindampfen einer mit Ameisensäure im Überschuß versetzten wäßrigen Lösung von Aluminiumformiat bis zur Hautbildung und Stehenlassen bei 25° bis 30°.

Eigenschaften. Farblose, luftbeständige, in Wasser l.lösl. Kristalle, die als Antisepticum Verwendung finden.

Alformin ist eine Lösung von basischem Aluminiumformiat, die neben 3% freier Ameisensäure etwa 14% $Al(OH)(OOCH)_2$ enthält. A. findet wie essigsaure Tonerdelösung *äußerl.* Verwendung.

Ormicet ist Aluminiumformiat in 8%iger stabilisierter Lösung, das als Adstringens, Desodorans und Desinficiens (1 Eßlöffel auf $\frac{1}{2}$ l Wasser) *äußerl.* Verwendung findet.

Ormicetten sind schaumbildende Tabletten aus Aluminiumformiat zur intimen Toilette der Frau.

Aluminiumgallat, basisches. Aluminium subgallicum.

Basisch gallussaures Aluminium. Gallal (EW.). $Al(OH)_2OOC \cdot C_6H_2(OH)_3$.
Mol.-Gew. 230.

Darstellung. In einer Lösung von 29 T. reinem Natriumcarbonat in 500 T. Wasser werden 38 T. Gallussäure gelöst. Dann wird eine Lösung von 67 T. kristallisiertem Aluminiumsulfat (eisenfrei) in 500 T. Wasser unter Umrühren in die Natriumgallatlösung eingetragen, der Niederschlag erst durch Abgießen, dann auf dem Filtertuch gewaschen, abgepreßt und getrocknet.

Eigenschaften. Bräunliches, fast *geschmackloses* Pulver, in Ammoniakflüssigkeit mit gelbbrauner, in Natronlauge mit rötlichbrauner Farbe lösl., in Wasser und Alkohol unlösl.

Verwendung. Als Adstringens und Desinficiens.

Aluminiumhexamethylentetraminsulfat.

Pastenförmige hygroskopische Masse mit zusammenziehender und gerbender Wirkung.

Verwendung. Gegen Fußschweiß, Bromhidrosis.

Aluminiumhydroxyd.

Aluminiumhydroxyd fällt beim Versetzen von Aluminiumsalzlösungen mit Ammoniak als weißliche, gallertige Masse aus, die beim Trocknen in ein weißes Pulver übergeht. Frisch gefälltes Aluminiumhydroxyd ist *amphoter* und löst sich daher sowohl in Säuren als auch in Laugen. Bei seiner Lösung in Säuren bilden sich Salze:

$$Al(OH)_3 \;+\; 3\,HCL \;\rightarrow\; AlCl_3 \;+\; 3\,H_2O$$

Aluminiumhydroxyd	Salzsäure	Aluminiumchlorid	Wasser

Bei seiner Lösung in Laugen zeigt es die Eigenschaft einer Säure und bildet sog. *Aluminate,* z. B. *Natriumaluminat,* deren Konstitution nicht sicher ist.

Aluminiumhydroxyd, wasserhaltiges. Tonerdehydrat. Alumina hydrata, Erg.-B. 6.

Aluminium hydroxydatum.

Darstellung. Eine filtrierte, erwärmte Lösung von 100 T. Aluminiumsulfat in 200 T. Wasser wird unter Umrühren in eine Mischung von 170 T. Ammoniakflüssigkeit (10% NH_3) und 500 T. Wasser eingegossen. Nach dem Absetzen des Niederschlags wird die Flüssigkeit abgegossen, der Niederschlag wiederholt mit heißem Wasser durch Abgießen ausgewaschen, bis eine Probe des Waschwassers mit Bariumchloridlösung keine Fällung mehr ergibt. Dann wird der Niederschlag auf einem Leinentuch gesammelt, nach dem Abtropfen vorsichtig abgepreßt und erst bei 40°, schließlich bei 100° getrocknet und verrieben.

Eigenschaften. Weißes, leichtes, amorphes, *geschmack-* und *geruchloses* Pulver. In Wasser und Weingeist unlösl., frisch bereitet in verd. Säuren, Kali- und Natronlauge unter Bildung von Aluminaten lösl. Die alkalische Lösung wird durch Ammoniumchloridlösung als Gallerte gefällt.

Prüfung des Erg.-B. 6. 1 g A. in 30 g Wasser zum Sieden erhitzt, darf nach dem Filtrieren Lackmuspapier nicht verändern und nach dem Verdampfen keinen wägbaren Rückstand hinterlassen.

Wird 1 g A. mit 30 g verd. Salzsäure geschüttelt, so soll das Filtrat weder durch Kaliumferrocyanidlösung gebläut (*Eisensalze*) noch durch Bariumnitratlösung sofort getrübt werden (*Schwefelsäure*).

Schwermetalle. Beim Schütteln von 1 g A. mit 10 ccm Natronlauge darf die filtrierte Lösung durch 3 Tr. Natriumsulfidlösung höchstens grünlich gefärbt werden.

100 T. A. sollen nach dem Glühen 56 bis 64 T. Rückstand hinterlassen.

Verwendung. *Innerl.* (E. 0,5 g) als adstringierendes Mittel, *äußerl.* unverd. zu austrocknenden Pudern.

Alutan (Siegfried) ist *kolloides* Aluminiumhydroxyd, das durch Fällen von Aluminiumsalzlösungen mit Ammoniak bei Gegenwart von Schutzkolloiden entsteht. Sehr feines, adstringierendes Pulver, das bei Durchfällen und anderen Darmerkrankungen *innerl.* Verwendung findet.

Curtaform (Curta). In Wasser l.lösl. Pulver, dessen 6%ige wäßrige Lösung den Anforderungen des DAB. 6 an essigsaure Tonerdelösung entspricht, p_H 4,4.

Verwendung. Wie essigsaure Tonerdelösungen zum Gurgeln, zur Wundbehandlung und zu Umschlägen.

Hydronal (Bayer) ist ein nach einem besonderen Verfahren hergestelltes Aluminiumhydroxyd, das Säureüberschuß im Magen durch Adsorption behebt. Es findet Verwendung gegen Magenübersäuerung und sekretorische Reizzustände des Magens.

Palliacol (Wander) ist ein kolloides Aluminiumhydroxyd, das in Pulver- und Tablettenform in den Handel kommt und bei Magenübersäuerung und anderen Magenerkrankungen Verwendung findet.

Palliacolpuder rein mit Talkum und Kieselerde findet gegen Schrunden zur Brust- und Nabelpflege und gegen übermäßige Schweiße Verwendung.

Aluminiumlactat. Aluminium lacticum. Stoff B.

Milchsaures Aluminium. $[CH_3 \cdot CH(OH)COO]_3Al.$ Mol.-Gew. 294.

Darstellung. 1. Durch Umsetzen von Calciumlactat mit Aluminiumsulfat.

2. Durch Lösen von frisch gefälltem Aluminiumhydroxyd in Milchsäure und nachfolgende Reinigung durch Umkristallisieren.

Eigenschaften. Weißes bis schwach gelb gefärbtes, feinkörniges Pulver. *Geschmack* mild sauer. Lösl. in Wasser mit leicht saurer Reaktion. Die heiß hergestellte 8%ige Lösung bleibt beim Erkalten klar. Stärkere Lösungen geben Ausscheidungen.

Erkennung. Aus der wäßrigen Lösung (0,5 + 10) scheidet Ammoniakflüssigkeit Aluminiumhydroxyd ab. — Beim Erwärmen der wäßrigen Lösung mit Kaliumpermanganatlösung entsteht der Geruch nach Aldehyd.

Prüfung. Die wäßrige Lösung (0,5 : 10) wird geprüft auf:

Schwermetallsalze durch Zusatz von je 3 Tr. verd. Essigsäure und Natriumsulfidlösung;

Chloride nach Zusatz von etwas Salpetersäure durch Silbernitratlösung;

Sulfate nach Zusatz von etwas Salpetersäure durch Bariumchloridlösung.

Bei allen drei Proben darf eine Veränderung nicht eintreten.

A. muß beim Glühen 0,17 g Rückstand (Al_2O_3) hinterlassen.

Verwendung. *Äußerl.* als Zahnpflegemittel, in 7%iger Lösung an Stelle von Aluminiumacetatlösung.

Lacalut-Mundpulver (Boehringer Sohn). Hauptbestandteil Aluminiumlactat, gutes Vorbeugungsmittel bei der täglichen Zahnpflege gegen Paradentose und andere Zahn- und Zahnfleischerkrankungen und Erkrankungen der Mundschleimhaut, auch Soor.

Aluminiumnaphthosulfonat. Aluminium naphthodisulfonicum.

β-naphtholdisulfonsaures Aluminium. *Alumnol* (Hoechst). $[C_{10}H_5(OH)(SO_3)_2]_3Al_2$.
Mol.-Gew. 960,7.

Eigenschaften. Weißes oder schwach rötliches, in Wasser und Glycerin l.lösl. Pulver, wenig lösl. in Alkohol, lösl. in Äther.

Erkennung. Die wäßrige Lösung (0,3 : 10) fluoresziert blau und gibt mit Eisenchloridlösung eine blaue Färbung, mit überschüssiger Ammoniakflüssigkeit einen weißen, gallertigen Niederschlag. Auch die davon abfiltrierte Flüssigkeit fluoresziert blau.

Verwendung. *Äußerl.* als Antisepticum und Adstringens, als Zusatz zu Gesichts- und Rasierwässern, zu Mitteln gegen übermäßigen Schweiß (0,5 bis 2%).

Aluminiumnitrat. Aluminium nitricum.

Salpetersaures Aluminium. Salpetersaure Tonerde. $Al(NO_3)_2 \cdot 9\,H_2O$. Mol.-Gew. 375,13.

Darstellung. Durch Auflösen von Tonerde in Salpetersäure.

Eigenschaften. Weiße, hygroskopische, in Wasser und Weingeist l.lösl. Kristalle.

Verwendung. Zum Härten von Glasglühkörpern, in der Glasindustrie, als Beize bei der Alizarin-Rotfärbung.

Aluminiumoleat. Aluminium oleinicum.

Ölsaures Aluminium. Tonerdeseife.

Darstellung. Siehe Bd. III.

Eigenschaften. Helle, rein weiße, durchscheinende, firnisartige, gallertige, in Terpentinöl und anderen organischen Lösungsmitteln lösl. Masse.

Verwendung. *Äußerl.* als leicht adstringierendes Mittel, mit Fetten (nicht Vaseline!) verschmolzen zu desinfizierenden Salben. Zum Verdicken von Schmierölen, zum Überziehen von Metallgegenständen, zum Wasserdichtmachen von Geweben, zur Herstellung von Hartpetroleum.

Aluminiumlinoleat und **Aluminiumpalmitat** sind ebenfalls körnige, gelbliche, schmelzbare, harzähnliche Massen, die zum Verdicken von Schmierölen, zum Wasserdichtmachen von Geweben, zur Herstellung von Mattlacken und zum Leimen von Papier Verwendung finden.

Aluminiumoxyd. Tonerde. Aluminium oxydatum.

Al_2O_3. Mol.-Gew. 101,94.

Vorkommen. Aluminiumoxyd kommt in der Natur in grau gefärbten Kristallmassen als *Schmirgel*, farblos bis schwarz gefärbt als *Korund*, in rhomboedrischen Kristallen mit Titan und Eisen blau gefärbt als *Saphir*, mit Chrom rot gefärbt als *Rubin* vor. Diese Edelsteine waren früher sehr kostbar, werden aber neuerdings in vollendeter Reinheit und Größe künstlich hergestellt, die den natürlichen Steinen in nichts nachstehen. Künstliche Rubine finden wegen ihrer Härte und Zähigkeit als Lagersteine für Uhren Verwendung.

Darstellung. 1. In amorpher Form durch Glühen von Aluminiumhydroxyd.

2. In kristalliner Form durch rasches Erkaltenlassen von geschmolzenem Aluminiumoxyd. Dieses Verfahren findet bei der synthetischen Herstellung von Rubinen und Saphiren Verwendung.

3. *Technisch* in größerem Umfange aus *Bauxit,* einer wasserhaltigen Tonerde, die in Deutschland bei Offenbach am Main, im Rheinland und Westfalen vorkommt. Französische und ungarische Bauxite sind durch viel Eisenoxyd und wenig Kieselsäure verunreinigt, während die deutschen Bauxite wenig Eisenoxyd, aber viel Kieselsäure enthalten und deshalb schwer zu verarbeiten sind. Die weißen Bauxite werden durch Aufschließen mit Säure von der Kieselsäure befreit und das Eisen durch Hydrolyse abgeschieden, die roten Bauxite werden alkalisch durch Sintern mit Soda oder Erhitzen mit Natronlauge unter Druck aufgeschlossen. Bauxit dient in erster Linie zur Herstellung reinster Tonerde, dem Ausgangsstoff für die Aluminiumgewinnung und ist deshalb ein äußerst wichtiges Mineral.

Eigenschaften. Aluminiumoxyd in kristalliner Form ist äußerst hart und steht in bezug auf die Härte nach Diamant und Bor an dritter Stelle. Die durch Schmelzen im Knallgasgebläse oder durch Sintern von Tonerde im elektrischen Bogen erhaltene amorphe Modifikation ist äußerst widerstandsfähig, auch gegen Flußsäure und Ätzalkalien, und erträgt Temperaturen bis 1700°. Aluminiumoxyd ist unlöslich in Säuren und kann nur durch Zusammenschmelzen mit Alkalibisulfat oder Alkalihydroxyd in lösl. Verbindungen übergeführt werden.

Beim Befeuchten mit Kobaltnitritlösung und Erhitzen auf 800° bis 900° entsteht Kobaltaluminat, $CoO \cdot Al_2O_3$, das man mit *Thénards Blau* bezeichnet und das auch als Malerfarbe Verwendung findet.

Verwendung. Die Verwendung von Aluminiumoxyd ergibt sich aus seinen Modifikationen. Die amorphe Modifikation findet zur Herstellung feuerfester Gefäße, Tiegel und Rohre Verwendung, chemisch rein werden besondere Sorten zum Polieren von Glas und Stahl und zur Herstellung von Glasuren in der Keramik verwendet. Die kristalline Form findet als Metallpoliermittel Verwendung.

Schmirgel. Lapis smiridis, ist ein in der Natur (Naxos, Samos, Portugal, Sachsen) vorkommendes kristallines Aluminiumoxyd, das mit Eisen und Siliciumdioxyd verunreinigt ist. Schmirgel ist härter als Quarz und kommt gekörnt bis leicht gepulvert, als Schleif- und Poliermittel für Glas und Metalle, als *Schmirgelpapier, Schmirgelleinen* und *Schmirgelstein* in den Handel. Die beste Schmirgelsorte ist die auf der griechischen Insel Naxos vorkommende, die etwa 60% Korund enthält.

Aluminiumphosphat. Aluminium phosphoricum.

Phosphorsaures Aluminium. Phosphorsaure Tonerde.

Eigenschaften. Aluminiumphosphat wechselnder Zusammensetzung erhält man aus Aluminiumsalzlösungen beim Versetzen mit Natriumphosphat als amorphen, farblosen Niederschlag, lösl. in Säuren und Alkalien. Beim Glühen verliert das Salz das Kristallwasser und hinterläßt eine porzellanartige Masse, die pulverisiert farblos, unlöslich in Wasser, leicht löslich in Mineralsäuren ist.

Türkis ist ein durch Kupferoxyd und etwas Eisenphosphat blau bis blaugrün gefärbtes basisches Aluminiumphosphat, $Al_2(OH)_3PO_4 \cdot H_2O$, und wird auch synthetisch hergestellt.

Verwendung. Mit Gips und Wasserglasgel zu Klebstoffen, in der Keramik, in der Glasindustrie zur Herstellung von UV-durchlässigen Gläsern, als Zusatz für künstliche Zähne.

☠ *1.* Aluminiumphosphid. AlP.

Aluminiumphosphid erhält man durch Erhitzen von Aluminium mit Phosphor. Schwarze kugelige Kristalle oder dunkles Pulver, die sich mit Wasser unter Bildung von Aluminiumhydroxyd und Phosphorwasserstoff zersetzen.

Aufbewahrung. *Sehr vorsichtig, im Giftschrank!*

Verwendung. In Aluminiummetall gelöst zur Erhöhung der Zähigkeit, nach einem DRP als Schädlingsbekämpfungsmittel (Kornkäfer, Nagetiere usw.), dessen Wirksamkeit auf dem entstehenden giftigen Phosphorwasserstoff beruht.

Aluminiumresinat.

Aluminiumresinat dient zur Herstellung von Ölmattlacken und findet in der Porzellanmalerei Verwendung.

Aluminiumrhodanid. Aluminium rhodanatum.

Aluminiumsulfocyanid. Aluminium thiocyanatum oder *sulfocyanatum.*
Thiocyansaures Aluminium. Rhodantonerde. Al(SCN)$_3$.

Weißgelbes, kristallines Pulver, das in wäßriger Lösung (19° bis 22° Bé) in den Handel kommt und in der Gerberei und als Beize in der Färberei und im Alizarindruck Verwendung findet.

Aluminiumsilikate.

Die Aluminiumsilikate sind zur Herstellung von Tonwaren, Ziegelsteinen, Steingut, Porzellan und Ultramarin von größter Bedeutung. Ihre Zusammensetzung ist sehr wechselnd. Die wichtigsten Aluminiumsilikate sind:

Bentonit.

Bentonit ist die Bezeichnung für stark quellenden, fein pulverisierten Ton (Aluminiumsilikate), dessen beste Qualitäten das Fünf- bis Sechsfache ihres Gewichts an Wasser aufnehmen und dabei ihren Rauminhalt verzehnfachen können. *Tixoton* ist ein durch besondere Behandlung mit Soda aktivierter natürlicher Ton, dessen wirksamer Bestandteil der *Montmorillonit*, Al$_2$O$_3 \cdot$ 4 SiO$_2 \cdot$ nH$_2$O, die Fähigkeit hat, mit Wasser zu einem Sol aufzuquellen, das in der Ruhe in den Gelzustand übergeht.

Verwendung. *Med.* finden eisenfreie, besonders gereinigte bzw. windgesichtete Sorten als Trägersubstanz für Schüttelmixturen, zur Erhöhung der Stabilität von Emulsionen, *techn.* zum Strecken von Seifen, als Füllmittel und Wärmeisolator, zur Reinigung von Altöl von teerigen Verunreinigungen, zur Herstellung von Trockenbatterien, zum Verdicken von Wasserfarben, als Trägersubstanz für Schädlingsbekämpfungsmittel. In der Kosmetik als Zusatzmittel für Zahnpasten, Handwaschpasten, Pudern, Depilatorien, Gesichtsmasken. Nach Mitteilung der Deutschen Bentonit G. m. b. H. sollen Aufschlämmungen von 8 bis 10 T. Bentonit in neutralem oder enthärtetem Wasser nach 48stündiger Ausquellzeit stabil sein.

Bimsstein. Lapis Pumicis.

Bimsstein ist ein Gestein, das aus den gleichen Gemengteilen wie Granit besteht und vor allem in den vulkanischen Gegenden des Rheinlandes vorkommt. Hauptbestandteil Aluminium-Alkalisilikat mit kleineren Mengen Silikaten von Calcium, Magnesium, Eisen und Mangan. Mitunter finden sich im B. auch noch kleine Mengen von Chloriden und Spuren von Ammoniumsalzen.

Eigenschaften. Spröde, sich scharf und rauh anfühlende, poröse und löcherige Stücke, je nach ihrer Verunreinigung weißlich, grau, gelblich bzw. bläulich bis dunkel gefärbt. Teilweise mit langgebundenen, fadenähnlichen, verworrenen Lagen durchzogen. Mehr oder weniger seifenartig glänzend, Bruch kleinmuschelig, glasglänzend. B. schwimmt auf Wasser, sinkt aber darin unter, sobald sich seine Poren mit Wasser gefüllt haben. D. 2,0 bis 2,5.

Verwendung. In natürlichen oder besonders zugerichteten Stücken zum Abreiben von Hautverdickungen und Hühneraugen. Zu Zahnpulvermischungen und Zahnpasten auch als feinstes Pulver völlig ungeeignet, da auch noch so fein pulverisiert, der Zahnschmelz durch B. geritzt wird. Technisch zur Verarbeitung von Holz, Horn, Steinen (Marmor), Metallen usw., als austrocknendes Mittel für Flüssigkeiten in Trockenröhren, als Träger für Kontaktsubstanzen.

Kaolin.

Kaolin oder *Porzellanerde, Chinaclay,* ist ein fast reines, rein weißes, wasserhaltiges Aluminiumsilikat.

Keimfreier weißer Ton. Bolus alba sterilisata.

Keimfreier weißer Ton („Merck") ist bei 100° sterilisierter weißer Ton, DAB. 6, von besonderer Feinheit und besonders guter adsorbierender Wirkung, er eignet sich vorzüglich zu Gesichtsmasken, Haut-, Körper- und Wundpudern.

Verwendung. *Innerl.* 2 Eßlöffel und mehr mit Wasser verrührt, bei infektiösen Darmerkrankungen mit sauren Vorgängen, auch zum Klistier, *äußerl.* als austrocknendes Mittel bei nässenden Wunden und Schleimhautkatarrhen unverdünnt. Sterilisierter B. „Merck" wird auch als einfaches und zweckmäßiges Zahnpulver empfohlen.

Roter Ton. Bolus rubra.

Roter Bolus.

Natürlich vorkommender, durch Eisenoxyd rot gefärbter Ton, der zur Herstellung von Kitten, als Anstrichfarbe, zu Tierarzneimitteln und zur Herstellung der im Bauhandwerk und von Steinmetzen unter der Bezeichnung *Rötel* oder *Rote Kreide* zum Anzeichnen von Stein und Holz benutzten Stifte. *Armenischer Bolus. Bolus Armenia* ist ein in Armenien, stellenweise auch in Deutschland vorkommender eisenoxydhaltiger Ton, der lebhaft rot gefärbt ist und sich fettig anfühlt.

Ton, mit Kalk, Sand, Eisenoxyd bzw. Eisenhydroxyd mehr oder weniger verunreinigtes Aluminiumsilikat, grau, gelb, grünlich bis bläulich gefärbt. *Lehm,* unreiner, stark mit Sand vermischter Ton, *Mergel,* ein calciumcarbonathaltiger Ton, *Löß,* ein kalkhaltiger Ton. → Heilerde.

Weißer Ton. Bolus alba, DAB. 6.

Argilla. Kaolin.

Gewinnung. Die natürliche eisenfreie Porzellanerde wird durch Ausziehen mit verd. Salzsäure vom Calciumcarbonat und durch Schlämmen von Sand befreit. Nach dem Auswaschen und Absetzenlassen wird einige Zeit auf 100° erhitzt, dann getrocknet, verrieben und gesiebt. Das Erhitzen des stark bakterienhaltigen natürlichen Tons ist notwendig, da man in ihm sogar Starrkrampferreger gefunden hat. Aus diesem Grunde muß weißer Ton, der zur Wundbehandlung Verwendung findet, besonders entkeimt werden.

Eigenschaften. Weißliche, zerreibliche, leicht abfärbende erdige Masse oder weißliches Pulver, das im wesentlichen aus wasserhaltigem Aluminiumsilikat wechselnder Zusammensetzung besteht. Mit wenig Wasser befeuchtet, liefert er eine bildsame Masse von eigenartigem *Geruch,* die sich auch in viel Wasser und in verd. Säuren nicht auflöst.

Erkennung. 1 g Substanz wird im Reagensglas mit 1 ccm konz. Schwefelsäure abgeraucht, nach dem Abkühlen mit 10 ccm destilliertem Wasser verdünnt und filtriert. Dann wird dem Filtrat unter Umschütteln 15%ige Natronlauge zugefügt. Es entsteht ein reichlicher Niederschlag, der sich im Überschuß des Fällungsmittels löst (nach DAZ.).

Prüfung des DAB. 6. *Carbonate.* Beim Übergießen mit Salzsäure darf kein Aufbrausen stattfinden.

Sand. Beim Schlämmen mit Wasser darf kein sandiger Rückstand verbleiben.

Ausreichendes Adsorptionsvermögen. Beim kräftigen Schütteln von 7 g w. T. mit 65 ccm Methylenblaulösung und 35 ccm Wasser während 2 Min. muß die nach einiger Zeit über dem blau gefärbten Bodensatze stehende, klare Flüssigkeit farblos sein.

Genügend feine Vermahlung. Beim Verreiben von 5 g w. T. mit 7,5 ccm Wasser darf die entstehende Masse nicht gießbar sein.

Verwendung. *Innerl.* als adsorbierendes Hausmittel bei Durchfall mit antiseptischer Wirkung (E. 30,0 g = 2 Eßlöffel), als Konstituens für Pillen mit leicht zersetzlichen Substanzen (Silbernitrat, Kaliumpermanganat), in der *Tierheilkunde* bei Darmerkrankungen (Kälbern 300 bis 400 g, Rindern 2 bis $2^1/_2$ kg innerhalb 6 Std.). Bei der Verfütterung von Rübenblättern an Rinder tritt Durchfall auf. Dieser läßt sich durch Zugabe von 600 g Bolus alba verhindern, bei gleichzeitiger Zufütterung von Stroh genügen 400 g. *Technisch* zum Entfernen von Fettflecken aus Holz und Geweben, zum Klären von Wein, Bier, Zuckersäften, Honig (auf 1 l Flüssigkeit 5 bis 10 g mit einem Teil der Flüssigkeit fein angerieben nach häufigem Durchschütteln während eines Tages läßt man absetzen und filtriert), zur Herstellung von Kitten.

Ultramarin.

Ultramarin wurde früher aus dem *Lasurstein,* Lapis Lazuli, hergestellt und war deshalb eine sehr teure blaue Malerfarbe. Heute wird Ultramarin in bedeutenden Mengen durch Glühen eines innigen Gemisches von Ton, calcinierter Soda, Schwefel und Holzkohle bei nicht völligem Luftabschluß gewonnen. Dabei bildet sich erst eine grüne Masse, *grünes Ultramarin.* Nach dem Trocknen wird weiterer Schwefel dazugemischt und dann erneut bei Luftzutritt geglüht, bis die gewünschte blaue Farbe erzielt ist. Von der Dauer des Brennens hängt die Farbabstufung des U. ab.

Verwendung. Blaues Ultramarin findet zum Bläuen von Zucker und Wäsche, im Zeug- und Tapetendruck, als Anstrichfarbe für Wasser- und Ölfarbe Verwendung.

Kolloid-Kaolin.

Osmo-Kaolin.

Durch Elektro-Osmose von gröberen Teilchen befreites, wasserhaltiges Aluminiumsilikat.

Sehr voluminöses, sich fettig anfühlendes, in Wasser sehr wenig lösliches Pulver mit gutem Saugvermögen. Mittlere Korngröße 0,5 bis 3 μ und darunter.

Verwendung. Vorzügliche Grundlage für Gesichts- und Körperpuder, gibt dem Puder samtigen Charakter, besonders zu Kompaktpudern. Zu Pudern werden 10 bis 60%, zu Reispudern 20 bis 35%, zu Kompaktpudern 50% verwendet, zu Gesichtspackungen, Schminkcremes, Lippenstiften, Farblacken und als Seifenstreckungsmittel.

Kaolin-Suspensif.

Kaolin-Suspensif (Gignoux). „Kolloides Kaolin", reinweiß bis elfenbeinweiß, von außerordentlicher Feinheit (0,1 bis 1 μ), guter Haftfähigkeit und gut reinigender Wirkung, neutral, absorbiert die 5- bis 6fache Gewichtsmenge an Wasser. Emulgator und Dispersionsmittel für Fette, Öle, Wachse, Paraffine usw., mit denen es stabile Emulsionen (W/Ö) gibt. Nach JANISTYN ergibt die 5%ige Suspension in Wasser eine cremige Masse, die 8- bis 10%ige ein weiches Gel, die 17- bis 18%ige eine gelatinöseMasse von fettartiger Konsistenz. Schon 2 bis 3% K.-S. emulgieren 30% bis 35% Paraffinöl.

Verwendung. Zu Zahnpasten als Stabilisator, der auch Salze und Säuren verträgt, zur Herstellung von Salben, Cremes, flüssigen Emulsionen, Badeessenzen, Gesichtspackungen, Kataplasmen, Pudern, Trockenschampoos.

Andere Aluminiumsilikate.

Aluminiumsilikate, die in der Kosmetik als wichtige Farberden zum Färben von Pudern und Schminkcremes Verwendung finden, sind

Ocker. *Gelberde. Steinocker.* Verwitterungsprodukte vom Feldspat und Eisenerzen mit oder ohne Kalkgehalt. Infolge ihres hohen Eisengehaltes (als Oxyd, Hydroxyd und basisches Sulfat) nehmen sie beim Brennen unterschiedliche Farbtöne an von Hellgelb bis Dunkelbraun. Nach dem Farbton unterscheidet man *Gelbocker* (Französischer), *Goldocker, Satinocker* und *Dunkelocker.*

Terra di Siena. *Siena-Erde. Gebrannte Siena.* Durch Eisenoxyde gefärbte, ockerähnliche Farberde, die bei Toscana (Italien) vorkommt.
Verwendung. Als Malerfarbe in der Kunstmalerei, als Druckfarbe im graphischen Gewerbe, zum Färben von Pudern und Schminkcremes.

Umbra. *Sepiabraun. Gebrannte Umbra.* Braune, feinpulvrige Malerfarbe aus eisen- und manganhaltigem Ton, entstanden durch Verwitterung von Brauneisenstein, Spateisenstein und Manganerzen, welche auch die Braunfärbung bedingen. Umbra kommt in Thüringen, im Harz, am Rhein, in Bayern und Elsaß, in Belgien, Holland, Kleinasien und auf Sizilien vor. Teilweise werden sie nach dem Schlämmen, Malen und Trocknen noch geglüht, *gebrannte Umbra* mit tiefrotbrauner Farbe.
Verwendung. Als Malerfarbe (s. Farbwarenkunde, Bd. I), als Färbemittel für Puder und Schminkcremes.

Aluminiumstearat. Aluminium stearinicum.

Aluminiumstearat ist ein feines, weißes, plastisches Pulver ohne einheitliche chemische Zusammensetzung (Gemisch von Stearat und Palmitat), unlösl. in Alkohol, lösl. in Fetten, Vaseline, Mineralölen, die durch Viskositätserhöhung stark verdickt werden. Bei erhöhtem Zusatz erhält man Produkte von salben- oder pastenförmiger Konsistenz. A. quillt in der Kälte mit organischen Lösungsmitteln auf, durch Erwärmen in Paraffin oder Xylol erhält man völlig klare Lösungen.

Verwendung. *Med.* und kosmetisch als Adstringens und leichtes Desinfiziens, zu wasserhaltigen, alkalifreien Cremes (3%), als Zusatz zu Hautölen mit entkeimender Wirkung (3%), zu Streupudern gegen Fußschweiß (10%). *Techn.* in der Lack-, Farben- und Ölindustrie zur Verhinderung des Absetzens der Pigmente, zur Erhöhung der Viscosität von Lösungsmitteln, zur Herstellung von Ölmattlacken, Schuhcremes, konsistenten Fetten, in der Textilindustrie und im Baugewerbe als wasserabweisendes und wasserdichtmachendes Mittel.

Aluminiumsulfat. Aluminium sulfuricum, DAB. 6.

Schwefelsaures Aluminium. Schwefelsaure Tonerde. Tonerdesulfat. Konzentrierter Alaun. $Al_2(SO_4)_3 \cdot 18\ H_2O$. Mol.-Gew. 666,4.

Darstellung. Durch Auflösen von Aluminiumhydroxyd in mäßig verd. Schwefelsäure.

Eigenschaften. Weiße, kristalline, in etwa 1,2 T. Wasser lösl., in Weingeist fast unlösl. Stücke. Die wäßrige Lösung reagiert sauer und schmeckt zusammenziehend sauer. Mit den Sulfaten der einwertigen Metalle und des Ammoniums bildet A. Doppelsalze, die → Alaune.

Prüfung des DAB. 6. Erkennung. Je 5 ccm der wäßrigen Lösung (1 + 9) geben mit Bariumnitratlösung einen weißen, in verd. Säuren unlösl. Niederschlag, mit wenig Natronlauge einen weißen, gallertigen Niederschlag, der sich im Überschuß des Fällungsmittels löst, auf genügenden Zusatz von Ammoniumchloridlösung sich aber wieder ausscheidet.

Beim Versetzen von je 5 ccm der filtrierten, *farblosen*, wäßrigen Lösung werden nachgewiesen:

Schwermetallsalze (Cu, Pb), durch eine dunkle Färbung oder Fällung bei Zusatz von je 3 Tr. verd. Essigsäure und Natriumsulfidlösung;

freie Schwefelsäure, durch eine undurchsichtige Trübung innerhalb 5 Min. mit 5 ccm $^1/_{10}$-n-Natriumthiosulfatlösung;

Calciumsalze, durch eine weiße Trübung nach Zusatz von Ammoniumoxalatlösung;

Eisensalze, durch eine sofort eintretende blaue Färbung zur mit weiteren 5 ccm Wasser verd. Lösung nach Zusatz einiger Tropfen Salzsäure und 0,5 ccm Kalumferrocyanidlösung. Es darf sofort höchstens eine schwach blaue Färbung eintreten.

Arsenverbindungen. Durch eine dunklere Färbung beim Erhitzen einer Mischung von 1 g zerriebenem A. mit 3 ccm Natriumhypophosphitlösung eine Viertelstunde lang im siedenden Wasserbad.

Verwendung. Zur Herstellung von Aluminiumacetatlösung DAB. 6, zum Leimen von Papier, als Konservierungsmittel für Klebemittel, in der Weißgerberei, als Beize in der Färberei, zum Wasserdichtmachen von Geweben, zum Imprägnieren von Holz, als Ausgangspunkt zur Herstellung anderer Aluminiumverbindungen.

Aluminiumsulfocarbolat. Aluminium sulfocarbolicum.

$$Al(C_6H_4 \cdot H_2SO_4)_3 \cdot 9\ H_2O.$$

Wird in Amerika[1] in Salben (10%) als schweißhemmendes, gut verträgliches Mittel verwendet. Nicht verträglich mit Alkali, Oxydantien und Eisensalzen.

Aluminiumtannat, basisches. Aluminium tannicum.

Gerbsaures Aluminium. Gerbsaure Tonerde. Basisch gerbsaures Aluminium. Tannal.

Aluminiumtannat (Riedel de Haën) ist ein bräunliches, leichtes, in Wasser unlösliches, in Natronlauge beim Erwärmen mit brauner Farbe lösliches Pulver.

Verwendung. *Äußerl.* als adstringierendes Mittel bei chronischen Katarrhen der Atmungswege, zu Fußstreupulvern.

Erkennung der Aluminiumverbindungen.

Aluminiumsalze sind weiß, ihre Lösungen farblos.

Lötrohrprobe. Wird Aluminiumhydroxyd auf Kohle mit der oxydierenden Lötrohrflamme erhitzt, geht es in weiße, wasserfreie Tonerde, Al_2O_3, über. Wird diese nach dem Erkalten mit etwas Kobaltnitratlösung 1:10 befeuchtet und kräftig

---

[1] v. CZETSCH-LINDENWALD / SCHMIDT-LA BAUME: Salben, Puder, Externa, 3. Aufl., Berlin/Göttingen/Heidelberg: Springer 1950.

durchgeglüht, entsteht eine schöne blaue Färbung durch Bildung von THÉNARDS Blau: $CoO + Al_2O_3$.

Reaktionen auf nassem Wege.

1. Aluminiumsalzlösungen geben besonders nach Zusatz von Ammoniumchlorid mit Ammoniakflüssigkeit einen weißen, gallertigen, stark wasserhaltigen Niederschlag von Aluminiumhydroxyd (Tonerdehydrat):

$$Al_2(SO_4)_3 + 6\,NH_4OH \rightarrow 3\,(NH_4)_2SO_4 + 2\,Al(OH)_3, \downarrow$$

der in der Hitze filtrierbar wird.

2. Mit Natronlauge tritt dieselbe Reaktion ein, der Niederschlag löst sich aber im Überschuß des Fällungsmittels wieder auf:

$$Al_2(SO_4)_3 + 6\,NaOH \rightarrow 3\,Na_2SO_4 + 2\,Al(OH)_3 \cdot \downarrow$$

Mehr Natronlauge löst das Aluminiumhydroxyd zu Natriumaluminat, Na_3AlO_3, auf:

$$Al(OH)_3 + 3\,NaOH \rightarrow Na_3AlO_3 + 3\,H_2O.$$

(Das Aluminiumhydroxyd spielt hier die Rolle einer Säure.)

Auf Zusatz von festem Ammoniumchlorid zu dieser Lösung entsteht der Niederschlag erneut.

3. Natriumcarbonat fällt ebenfalls Aluminiumhydroxyd, da sich das zunächst entstehende Aluminiumcarbonat sofort unter Entwicklung von Kohlensäure zersetzt:

$$Al_2(CO_3)_3 + 3\,H_2O \rightarrow 2\,Al(OH)_3 + 3\,CO_2.$$

4. Mit Morinlösung[1] bilden Al-Salze schön grün fluoreszierende Verbindungen (empfindliche Mikroreaktion).

5. Essigsaure Salzlösungen geben beim Versetzen mit 0,1%iger wäßriger Lösung von alizarinsulfosaurem Natrium beim Erwärmen eine Fällung, die beim Filtrieren der Lösung als pupurrote Flocken auf dem Filter zurückbleiben. (Anwendung der Al-Salze in der Färbereitechnik.)

Aluminothermie.

Mit Aluminothermie bezeichnet man das im Jahre 1894 von HANS GOLD-SCHMIDT erfundene Verfahren, das auch als *Thermitverfahren* (g. thermos, warm) bezeichnet wird und beim *Thermitschweißverfahren* zum Schweißen von Schienen oder zum Verbinden von Eisenteilen angewandt wird. Auch bei der Darstellung gewisser Metalle ist das Thermitverfahren von Bedeutung. Metalle, deren Oxyde schwer reduzierbar sind oder bei der Reduzierung mit Kohle Carbide bilden, wie Chrom, Mangan, Titan, Uran, Nickel, Kobalt, Niob, werden durch das GOLDSCHMIDTsche Verfahren kohlenstoff- und carbidfrei gewonnen. Dieser Umstand spielt bei der Stahlveredlung eine besonders wichtige Rolle.

Das Verfahren beruht auf dem starken Vereinigungsbestreben des Aluminiums mit Sauerstoff, bei dessen Verbrennung zu dem festen Al_2O_3 eine größere Hitze entwickelt wird als bei der Verbrennung von Kohlenstoff zu dem gasförmigen CO. *Thermit* ist eine Mischung von 54 g Aluminiumgrieß und 160 g Hammerschlag, Fe_3O_4, das mit einer *Zündkirsche* (Gemisch von Magnesiumpulver und Bariumperoxyd) entzündet wird. Dabei entsteht in wenigen Sekunden eine Temperatur von 2400°, das Fe_3O_4 wird zu weißglühend-flüssigem Eisen reduziert, während die flüssige Schlacke, Al_2O_3, darauf schwimmt und das Eisen vor der Oxydation durch Luftsauerstoff schützt.

$$\underset{\text{Aluminium}}{2\,Al} + \underset{\text{Eisen(III)-oxyd}}{Fe_2O_3} \rightarrow \underset{\text{Aluminiumoxyd}}{Al_2O_3} + \underset{\text{Eisen}}{2\,Fe} + 205\ \text{kcal}$$

---

[1] Morin ist der Farbstoff des Gelbholzes.

Das hierbei als Nebenprodukt anfallende Aluminiumoxyd erstarrt beim Erkalten mit blättrig-kristalliner Struktur und ist von ungewöhnlicher Härte. Es findet als *künstlicher Korund, Alundum* oder *Corubin* für Schleif- und Polierzwecke, nach einem Sinterungsprozeß im elektrischen Lichtbogen auch zur Herstellung von feuerfesten Tiegeln und anderen Geräten für die Chemie Verwendung. Thermit findet auch zur Herstellung von *Brandbomben* Verwendung, die außerdem Paraffin enthalten, das durch die entstehende große Hitze verdampft und mit außerordentlich starker Flamme verbrennt. Beim Löschen von Brandbomben ist von der Verwendung von Wasser abzusehen, da dieses durch das glühende, flüssige Eisen zu Wasserstoff reduziert wird und somit Explosionsgefahr durch Knallgas besteht.

Alypinhydrochlorid. Alypin hydrochloricum, DAB. 6.

Benzoyläthyl-tetramethyldiamino-isopropanol-hydrochlorid. Alypin (E. W.).
Mol.-Gew. 314,7.

$$CH_2N(CH_3)_2$$
$$C_2H_5 \cdot CO(CO \cdot C_6H_5)$$
$$CH_3N(CH_3)_2HCl$$

Eigenschaften. Weißes, kristallines, *geruchloses* Pulver, von bitterem *Geschmack*, das auf der Zunge eine vorübergehende Unempfindlichkeit hervorruft. In Wasser sehr leicht, leicht in Weingeist oder Chloroform, schwer in Äther löslich. Die wäßrige Lösung verändert Lackmuspapier nicht oder bläut es nur schwach. Schmp. 196°.

Prüfung des DAB. 6. Erkennung. Beim Erhitzen von 0,1 g A. mit 1 ccm Schwefelsäure und 3 Tr. Weingeist 2 bis 3 Min. lang auf 100° und vorsichtigem Zusatz von 5 ccm Wasser tritt der Geruch des Benzoesäureäthylesters auf. Beim Erkalten scheiden sich Kristalle ab, die nach Zusatz von Weingeist wieder in Lösung gehen.

In der mit Salpetersäure angesäuerten wäßrigen Lösung (1 + 99) erzeugt Silbernitratlösung einen weißen Niederschlag.

DAB. 6 läßt ferner prüfen auf fremde organische Stoffe, Kokain und anorganische Beimengungen.

Aufbewahrung. *Vorsichtig!*

Verwendung. Als örtlich betäubendes Mittel zu subkutanen Einspritzungen (1%), zur Schleimhautpinselung (5%). Für dieselben Zwecke wird *Alypinnitrat, Alypin nitricum, DAB. 6*, mit dem Schmp. 163° verwendet.

Amalgame.

Mit Amalgamen (g. malagma, das Weiche) bezeichnet man Legierungen des Quecksilbers mit anderen Metallen. Natriumamalgam verwendet man als Reduktionsmittel in der organischen Chemie. Zur Gewinnung von Gold und Silber werden die betreffenden Erze mit Quecksilber behandelt, dadurch entsteht Gold- bzw. Silberamalgam. Durch Verdampfen des Quecksilbers aus der Legierung erhält man dann die betreffenden Metalle in reiner Form. Auch zur Feuervergoldung bzw. -versilberung finden Gold- und Silberamalgame Verwendung. Amalgame von Cadmium, Zinn sowie Zinn-Silberamalgam finden zu Zahnplomben Verwendung.

Amber.

Ambra, Erg.-B. 6.

Ambragrieß. Graue Ambra. Ambra grisea. Walfischdreck.

Ambra findet sich in Klumpen bis zu 10 kg, meist jedoch in Stücken von mehreren 100 g Gewicht auf dem Meere schwimmend und am Strande oder im Darm getöteter Pottwale (Physeter macrocephalus) des Atlantischen und Stillen Ozeans. Vermutlich ist es ein Stoffwechselprodukt.

Graue bis schwarze, mit weißlichen, hellgelben bis grauen Streifen oder Punkten durchsetzte, undurchsichtige, wachsartige, zähe Masse, die auf Wasser schwimmen muß und, längere Zeit in der Hand geknetet, erweicht, beim Erhitzen schmilzt und mit heller Flamme verbrennt. Unlöslich in Wasser, gut in Alkohol und Äther löslich, unter Hinterlassung eines Rückstandes bei grauer Ambra von 5 bis 6%. *Geruch* eigenartig an Meerwasser, frischen, sonnengetrockneten Tang, Moschus mit leicht fäkalartiger Beinote, auch an Holz erinnernd. Helle, spröde Sorten sind die besten, weiche, dunkle Sorten riechen unangenehm, scharf, dumpf. Der Verbrennungsrückstand von 0,1 g darf höchstens 2% betragen.

Inhaltsstoffe. (Nach LEDERER) 25 bis 45% Ambrein (Triterpenalkohol), 30 bis 40% Epikoprosterin, Kohlenwasserstoff, Koprosterin, Ketone, freie und veresterte Säuren, etwas Cholesterin. An flüchtigen Bestandteilen sind 1,5 bis 3$^0/_{00}$, davon $^1/_3$ als *Dihydro-Jonon* mit typischem Ambrageruch isoliert worden.

Verwendung. *Med.* obsolet. Im Orient als Aphrodisiacum. Äußerst wertvolles Hilfsmittel in der Parfümerie; als alkoholische *Ambratinktur* (3% in Weingeist, 95%). Der Geruch derselben verfeinert und verstärkt sich beim Lagern wesentlich, sie soll daher vor Gebrauch wenigstens 1 Jahr lang lagern. Die Haftbarkeit echter grauer Ambra ist derjenigen einer gleich gleichstarken echten Moschus-Infusion überlegen.

Graue Ambra ist sehr kostspielig. Das Naturprodukt kostet pro kg 3000,— bis 4000,— DM. Deshalb wird Ambra künstlich flüssig und Ambra künstlich konkret vielfach als Ersatz der echten Ambra-Tinktur verwendet.

Aufbewahrung. Sehr gut verschlossen.

Verf. Ambraähnlich riechendes Harz, vermutlich Labdanum-Harz von Cistus polymorphus Willd., Cistaceae und andere Cistusarten.

Ambra, künstlich, konkret.

Ambra, künstlich, konkret ist ein dunkelgrünes, dickflüssiges Produkt mit wirkungsvoll abgerundeter kennzeichnender Ambranote und angenehmem Unterton.

Verwendung. Als Fixateur für balsamisch-orientalische Düfte.

Amberkraut.

Teucrium marum. *L.*

Labiatae.

Kleiner, bis 20 cm hoher, dicht beblätterter, ästiger Strauch mit rosaroten Blüten und zottig behaarten Kelchen.

Amberkraut. Herba Mari veri.

Moschuskraut. Katzen- oder Mastichkraut.

Kleine, spitzeiförmige Blättchen, oberseits hellgrau bis dunkelgrün, schwach, unterseits dichter, kurzfilzig grauweiß behaart. Junge Blätter mit eingerollter Blattfläche, ausgewachsene am Rand zur Unterseite umgebogen. Zahlreiche glockige und bauchig aufgetriebene, grauweiß filzige Blütenkelche mit 5 spitzen Zähnen. *Geruch* durchdringend, besonders beim Zerreiben scharf würzig, *Geschmack* brennend gewürzhaft.

Inhaltsstoffe. Ätherisches Öl, Bitterstoff, Gerbstoff, ein Saponin.

Verwendung. 1 Teelöffel voll auf 1 Tasse Aufguß für sich oder in Mischungen bei Gallen-, Magen-, Leber-, Nerven-, Nieren- und Blasenleiden; als Bestandteil

5 *

von Schnupfpulvern, zu Gewürzkräutern für eingelegte Fische (Anchovis); als Witterung für Marder und Füchse.

Verf. Häufig mit Marienkraut, Kopfgamander, Poleigamander, Teucrium polium var. capitatum mit beiderseits samtartig behaarten Blättern und Bergrosmarin, Bergpolei, Berggamander, Teucrium montanum, mit länglich-lanzettlichen, unterseits dickfilzig behaarten Blättern.

Ameisen.

Waldameise. Formica rufa *L.*

Zu den Hautflüglern gehöriges Insekt, besonders in Nadelwaldungen lebend, früher hauptsächlich aus Finnland importiert und zur Herstellung einer Tinktur von Ameisenspiritus und zu Bädern verwandt (s. Bd. I, S. 830).

„Ameiseneier". Ova Formicarum.

Die fälschlicherweise so benannten getrockneten *Puppen* der Waldameisen. Ovale, gelblich bis bräunliche Gebilde, die das bereits entwickelte Insekt enthalten. Sammelzeit Mai bis August.

Verwendung. Zum Füttern von Stubenvögeln und Aquarienfischen.

Ameisensäure. Acidum formicicum.

Hydrocarbonsäure. Methansäure. Formylsäure. HCOOH. Mol.-Gew. 46,03.

Ameisensäure ist das erste Glied der Fettsäurereihe und deren stärkste Säure. Ihren Namen hat die Säure von der roten Ameise, Formica rufa, in der ihr Vorkommen schon im 17. Jahrh. festgestellt wurde.

Vorkommen. Im Pflanzenreich ziemlich verbreitet in Brennesseln, Tannennadeln und Früchten (Tamarindus indica) u. a. Im Tierreich findet sich die freie Säure im Sekret gewisser Drüsen, so in den Haaren der Prozessionsraupe (Gastropaca prozessionea) und in den Stechapparaten von Ameisen und Bienen, in den Muskeln, im Blut. Im Bienenhonig ist sie zu dessen Konservierung enthalten. Bei der Methylalkoholvergiftung entsteht sie neben Formaldehyd durch Oxydation des Alkohols im Körper.

Darstellung. Durch Erhitzen von Kohlenoxyd oder Generatorgas mit gepulvertem Natriumhydroxyd bei 6 bis 8 Atm. Druck im Autoklaven auf 120 bis 150°. Das Natrium wird hierbei quantitativ in Natriumformiat umgesetzt:

$$\text{NaOH} + \text{CO} \rightarrow \text{HCOONa}$$

Natriumhydroxyd   Kohlendioxyd   Natriumformiat

Die Ameisensäure wird durch Schwefelsäure aus dem Salz freigemacht.

Eigenschaften. Wasserfrei eine klare, leicht bewegliche, schwach rauchende Flüssigkeit mit stechendem *Geruch*, welche die Haut stark ätzt, D. (15°) 1,226, in jedem Verhältnis mit Wasser und Weingeist mischbar, bei 0° zu einer eisähnlichen Kristallmasse erstarrt, bei +8,5° schmilzt und bei 100,6° siedet. Dämpfe der Säure reizen die Schleimhäute stärker als Essigsäuredämpfe. Die Säure durchdringt auch die äußere Haut und führt zu *Entzündungen* und *Blasenbildung* im Unterhautbindegewebe. Die antiseptische Wirkung beruht vor allem auf ihrer erheblichen Wasserstoffionenkonzentration, sie übertrifft darin eine äquimolare Menge Essigsäure um das Dreifache. A. wirkt vornehmlich wachstumshemmend auf Schimmelpilze und Hefen, bei genügender Konzentration auch auf Coli-, Typhus- und gewisse andere

Bakterien. Im Körper wird sie rasch und vollständig oxydiert. D. der wasserfreien Säure (15°) 1,22.

Eisen, Magnesium und Zink lösen sich in Ameisensäure unter Wasserstoffentwicklung. Durch den Gehalt an einer Aldehydgruppe wirkt sie als einzige Fettsäure wie die Aldehyde stark reizend. Ihre Salze, die *Formiate*, werden schon durch trockenes Erhitzen zerlegt (s. Oxalsäuredarstellung). Sie sind alle in Wasser löslich, schwerlöslich ist das Bleisalz. Mit Äthylalkohol und konz. Schwefelsäure erhitzt, geben die Formiate den arrakähnlich riechenden → Ameisensäureäthylester.

Ameisensäure. Acidum formicicum, DAB. 6.

Synonyma s. S. 68.

Eigenschaften. Klare, farblose, flüchtige Flüssigkeit mit stechendem, nicht brenzligem *Geruch*, die auch in Verdünnung stark *sauer schmeckt* und 24 bis 25% wasserfreie A. enthält. D. (20°) 1,057 bis 1,060.

Prüfung des DAB. 6. Erkennung. 1. Mit Bleiessig geben A.-Lösungen einen weißen, kristallinen Niederschlag von Bleiformiat.

2. Beim Erhitzen von 1 ccm A. mit 5 ccm Wasser nach Zugabe von 1,5 g gelbem Quecksilberoxyd unter Umschwenken im siedenden Wasserbad muß sich unter Gasentwicklung (CO und CO_2) metallisches Quecksilber abscheiden.

Essigsäure. Beim Weitererhitzen des unter 2. genannten Gemisches bis zum Aufhören der Gasentwicklung, Filtrieren und Eintauchen von Lackmuspapier darf dieses nicht gerötet werden.

Je 6 ccm der Mischung (1 + 5) zeigen an:

Schwefelsäure, durch eine weiße Trübung nach Zusatz einiger Tropfen Salpetersäure beim Versetzen mit Bariumnitratlösung;

Salzsäure, durch eine weiße Trübung nach Ansäuern mit Salpetersäure und Zusatz von Silbernitratlösung;

Oxalsäure, durch eine weiße Trübung nach annähernder Neutralisation mit Ammoniakflüssigkeit und Zusatz verd. Calciumchloridlösung;

Schwermetallsalze, durch eine dunkle Trübung nach Zusatz von 3 Tr. Natriumsulfidlösung.

Vorgeschriebener Gehalt. (Vereinfachtes Verfahren nach HAGER, Erg.-Bd.) Man wägt auf der Tarierwaage in einem Meßkolben von 100 ccm 23,00 g Ameisensäure, füllt mit Wasser bis zur Marke auf und titriert 20 ccm der Mischung. Anzahl ccm n-Lauge = % HCOOH. 1 ccm n-Lauge = 46,02 mg $HCOOH$. Werden z. B. 24,6 ccm n-Lauge verbraucht, so ist die Rechnung:

$$\frac{24,6 \times 0,04602 \times 100}{0,2 \times 23} = 24,6\% \ HCOOH.$$

Handelssorten.		Gehalt	Dichte	Bé-Grade
	Ameisensäure, DAB. 6	25%	1,057—1,060	8,5
	Ameisensäure rein	50%	1,124	15,5
	Ameisensäure rein	80%	1,180	22
	Ameisensäure techn.	85%	1,169	24

Auch 90-, 80-, 75-, 65-, 50- und 25%ig ist die technische Säure im Handel.

Aufbewahrung und Abgabe. In Glasgefäßen, nicht in Gefäßen aus Eisen oder Zink!

Verwendung. *Med.* zu Einreibungen und Waschungen (5%) in Form von Ameisenspiritus, bei dessen längerem Lagern ein Teil der Säure zu Äthylformiat verestert. In bedeutenden Mengen zu Beizen in der Textilindustrie, zum Färben von Wolle und Baumwolle aus saurem Bad, in der Lederfabrikation zum Entkalken des Leders, zur Konservierung von Fruchtsäften, Pulpen und anderen Obstzubereitungen, zum Desinfizieren von Bier- und Weinfässern. *Amasil* und *Fructol* sind ameisensäurehaltige Konservierungsmittel der Industrie.

Gehalt wässeriger Ameisensäurelösungen an HCOOH *bei 15° (Wasser 15°).*

%	Spez. Gew.	%	Spez. Gew.	%	Spez. Gew.	%	Spez. Gew.
40	1,1004	32	1,0764	24	1,0592	16	1,0392
39	1,0968	31	1,0736	23	1,0570	15	1,0366
38	1,0934	30	1,0710	22	1,0548	14	1,0342
37	1,0902	29	1,0689	21	1,0524	13	1,0319
36	1,0871	28	1,0670	20	1,0500	12	1,0297
35	1,0849	27	1,0650	19	1,0471	11	1,0275
34	1,0820	26	1,0630	18	1,0445	10	1,0253
33	1,0792	25	1,0612	17	1,0419		

Amidol.

Chlorhydrat des 2,4-Diaminophenols, $(NH_2)_2C_6H_3OH$, bzw. dessen Sulfat.

Eigenschaften. Farblose, in Wasser leicht, in Weingeist und Äther schwerlösl. Nadeln, die sich beim Erhitzen, ohne zu schmelzen, zersetzen.

Erkennung. Durch konz. Salzsäure wird A. aus der wäßrigen Lösung gefällt. Die wäßrige Lösung wird durch Eisenchlorid intensiv rot gefärbt, Ferrosulfat färbt sie rosenrot, Ferricyankalium rot, allmählich in Braun übergehend.

Verwendung. Als photographischer Rapidentwickler mit geringer Haltbarkeit (bei Gebrauch stets frisch zubereiten!).

Aminobenzoesäure.

Bei den Aminobenzoesäuren unterscheidet man die o-, m- und p-Aminobenzoesäure.

Die o-Aminobenzoesäure *oder* **Anthranilsäure,** $C_6H_4(NH_2)COOH$ [1,2] ist die wichtigste Aminobenzoesäure und wurde bei der Behandlung des Indigos mit Alkali als Abbauprodukt beobachtet. Die Säure ist ein wichtiges Ausgangsmaterial für die Indigosynthese. Mol.-Gew. 137,13; D. 1,412; Schmp. 145°; sublimiert bei stärkerem Erhitzen.

Eigenschaften. Weiße, in Wasser mäßig lösliche Blättchen mit süßem *Geschmack*, deren Lösung blau fluoreszieren. Bei der Destillation zerfällt sie in Anilin und Kohlensäure. Schmp. 145°. A. bildet mit Säuren und Basen Salze, *Anthranilate.*

Verwendung. Zur Indigosynthese und zur Herstellung von Azofarbstoffen Thiosalicylsäure und Anthranylsäuremethylester. Die Ester der p-Aminobenzoesäure → Anaesthesin und → Novocain sind als Lokalanästhetica wichtig.

o-Aminobenzoesäuremethylester. Methylium orthoaminobenzoicum.

Anthranilsäuremethylester. Methylanthranilat. $C_6H_4(NH_2)COOCH_3$ [1,2]
Mol.-Gew. 151.

Der Ester kommt natürlich in ätherischen Ölen besonder im Neroli- und Jasminblütenöl vor.

Eigenschaften. Weiße Kristallbrocken, in Wasser, leichter in Alkohol löslich, Schmp. 24° bis 25°; Sdp. 135° (15 mm Druck). Die alkoholische Lösung fluoresziert schön blau.

Aufbewahrung. Vor Licht geschützt.

Verwendung. Verdünnt mit kennzeichnendem *Geruch* nach Orangenblüten, stark haftend, in der feinen Parfümerie, zur Verstärkung von Jasmingeruch, zur Seifenparfümierung.

Aminophenole.

Oxyaniline.

Aminophenole haben basischen Charakter und entstehen durch Ersatz eines H-Atoms durch die OH-Gruppe, eines zweiten durch die NH_2-Gruppe. Sie bilden mit Mineralsäuren kristalline, gegen Luftsauerstoff weniger empfindliche Salze. Die Salzbildung erfolgt durch Addition der Säuremoleküle zur NH_2-Gruppe. In kaustischen Alkalien sind A. lösl.

Verwendung. Als starke Reduktionsmittel in alkalischer Lösung, als photographische Entwickler.

p-Aminophenol.

$C_6H_4(OH)(NH_2)$ [1,4]. Mol.-Gew. 109,12.

Eigenschaften. Gelbe bis rötliche Kristalle oder Pulver, die sich beim längeren Stehen durch Lichteinfluß violett färben. Lösl. in Wasser und Weingeist. Schmp. 186°.

Verwendung. Zu Haarfärbemitteln, die nach Oxydation mit Wasserstoffperoxyd braune bis rotbraune Töne erzeugen, stabilisiert mit Natriumsulfit unter der Bezeichnung *Rodinal* (Agfa) als photographischer Entwickler.

Aminoplaste.

Aminoplaste sind aus einem Mol Harnstoff und zwei bis drei Molen Formaldehyd durch Kondensation erhaltene Kunstharze. Sie finden oft mit Füllstoffen (Pollopas, Resopal u. a.) zu Preßmassen, Formstücken, Gebrauchsgegenständen, zu Lacken (Plastopal, Resamin), Leimen (Kauritleim), Isoliermaterial (Iporit), zum Knitterfestmachen von Geweben und anderen Zwecken Verwendung. → Kunststoffe.

p-Aminosalicylsäure.

„*PAS*". $NH_3 \cdot C_6H_3 \cdot (OH)COOH$. Mol.-Gew. 153,13.

Weißes, in Wasser sch. lösl., in Natronlauge lösl. Pulver, Schmp. 140°.

Verwendung. *Med. innerl.* als das Wachstum von Tuberkelbazillen hemmendes Mittel bei Lungentuberkulose 12 bis 18 g täglich, auch in Form des Natriumsalzes.

Aminosäuren.

Das Eiweißmolekül besteht aus einer großen Anzahl unter Wasseraustritt peptidartig

$$\begin{array}{ccc} O & & H \\ \| & & | \\ -C- & \boxed{OH \;\; H} & -N- \end{array}$$

aneinander gebundener Aminosäuren, von denen heute 25 bekannt sind.

Diese sind aliphatische, aromatische oder heterocyclische Säuren, die ein (Monoaminosäuren) oder zwei (Diaminosäuren) Aminogruppen, NH_2-, enthalten.

Monoaminosäuren sind → Glykokoll (Aminoessigsäure), Alanin (Aminopropionsäure), Serin (Oxyaminopropionsäure), Threonin (Aminooxybuttersäure), Valin (Aminoisovaleriansäure), Leucin (Aminoisocapronsäure), Isoleucin (Aminomethyläthylpropionsäure), Asparaginsäure (Aminobernsteinsäure), → Glutaminsäure (Aminoglutarsäure).

Diaminosäuren sind Ornithin (Diaminovaleriansäure), Citrullin (Carbaminoornithin), Arginin (Guanidinoaminovaleriansäure), Lysin (Diaminocapronsäure).

Schwefelhaltige Aminosäuren sind Cystein (Aminothiomilchsäure), Cystin (Dithioaminomilchsäure), Methionin (Aminomethylthiobuttersäure).

Aromatische Aminosäuren sind Phenylalanin (Phenylaminopropionsäure), Tyrosin (Oxyphenylaminopropionsäure).

Heterocyclische Aminosäuren sind Tryptophan (Indolaminopropionsäure), Histidin (Imidazolylaminopropionsäure), Prolin (α-Pyrrolidincarbonsäure).

Während die Aminosäuren Glykokoll, Alanin, Serin, Asparaginsäure, Glutaminsäure u. a. für den Eiweißstoffwechsel nicht unbedingt erforderlich sind, sind Leucin, Isoleucin, Valin, Arginin, Lysin, Phenylalanin, Tryptophan, Histidin, Methionin, Threonin, Cystin lebenswichtig, da sie der menschliche Körper selbst nicht bilden kann, sie aber zum Aufbau der Zellen, des Blutes, der Fermente und Hormone benötigt.

Vorkommen. Die Aminosäuren finden sich in allen eiweißhaltigen Lebensmitteln in wechselnden Mengen. Man unterscheidet biologisch vollwertige Eiweißstoffe, welche die lebensnotwendigen Aminosäuren in einem dem menschlichen Körper zuträglichen Verhältnis enthalten und biologisch geringwertige Eiweißstoffe. Die lebenswichtigen Aminsosäuren sind in ausreichender Menge im Eiweiß von Eiern, Fisch, Fleisch, Milch und Soja enthalten, dagegen enthält das Eiweiß von Getreidearten, Kartoffeln und Hefe nicht alle lebensnotwendigen Aminosäuren.

Darstellung. Die Aminosäuren stellt man hauptsächlich aus Milcheiweiß (Kasein), Horn (Keratin), Blut-, Fisch-, Maiseiweiß und dem Weizenkleber durch Hydrolyse mit verdünnter Salz- oder Schwefelsäure her. Dabei entsteht ein Gemisch verschiedener Aminosäuren, die durch ihre verschiedene Löslichkeit, Fällbarkeit, Kristallisierbarkeit usw. getrennt werden.

Eigenschaften. Aminosäuren lösen sich in Wasser mehr oder weniger leicht, ebenso in Säuren und Alkalien (amphoter) unter Bildung von Salzen. Während die wäßrigen Lösungen der Monoaminosäuren annähernd neutral reagieren, reagieren diejenigen der Diaminosäuren alkalisch, fällen daher Schwermetalle aus ihren Lösungen. Mit Kupfersalzlösungen geben Lösungen von Aminosäuren tiefblaue Färbungen.

Verwendung. Aminosäuren finden zur Herstellung von diätetischen, medizinischen und kosmetischen Mitteln weitgehende Verwendung. Bei Blutarmut, Eiweißmangel, zur Steigerung der Abwehrkräfte des Körpers gegen Infektionskrankheiten, bei Salzsäuremangel oder -überschuß des Magens, bei Lebererkrankungen, einige zur Wachstumsförderung, der Knochenbildung, vet. als Zusatz zu Futterkalk und Eierlegepulvern. Ein DBP. schützt die Verwendung von Aminosäuren zur Herstellung von Backpulvern. Das Mononatriumsalz der Glutaminsäure mit schwach salzig-fleischextraktartigem Geschmack verstärkt in Gegenwart von Kochsalz den Eigengeschmack von Suppen, Fleisch- und Gemüsegerichten und erhält auch ihren Wohlgeschmack beim Kochen. Kochsalzfreie Diätsalze enthalten teilweise Natrium- und Calciumglutamat, das erste findet auch als Zusatz zu Pökelsalzen Verwendung. Methyonin und Cystin finden kosmetische Verwendung zu Haarwässern und Haarkurpackungen. Cystin ist für den Haarwuchs unerläßlich, bei seinem Mangel entstehen außerdem Hautschäden. Auch zu Hautcremes und Gesichtswässern ist die Verwendung von Aminosäuren angezeigt. Als Puffer alkalischen Dauerwellwässern zugesetzt (0,5 bis 2%), wirken die Aminosäuren Schädigungen durch Alkali entgegen.

Aminostearin.

Weißer, wachsartiger Körper, der sich mit der Zeit rötlich verfärbt. Schmp. 56°.
Aminostearin findet als Emulgator zur Herstellung sehr haltbarer Emulsionen
und von Cremes Verwendung.

Ammoniak.

NH_3. Mol.-Gew. 17,03.

Von den Wasserstoffverbindungen des Stickstoffs ist das Ammoniak die wichtigste. Es führt seinen Namen vom Salmiak, lat Sal ammoniacum. Es wurde im
Jahre 1774 von PRIESTLEY dargestellt, der es als „flüchtiges Alkali" bezeichnete.

Vorkommen. Ammoniak kommt frei und in Form von Ammoniumsalzen in der
Natur vor und entsteht bei der Zersetzung stickstoffhaltiger, organischer Stoffe
(Harn, Eiweiß usw.) durch Bakterien (Fäulnis) bei mangelhaftem Luftzutritt,
während sich bei dieser Zersetzung bei reichlichem Luftzutritt und Gegenwart basischer Stoffe salpetersaure Salze bilden. Meerwasser enthält geringe Mengen von
Ammoniumsalzen. Ebenso findet sich Ammoniak in vulkanischen Exhalationen und
in Spuren in der Luft.

Darstellung. 1. Ammoniak wird als Nebenprodukt bei der Zersetzungsdestillation der Steinkohle, die stickstoffhaltig ist, in den Leuchtgasfabriken und Kokereien
gewonnen. Das hierbei entstehende Gasgemisch wird zur Reinigung durch Wasser,
das *„Gaswasser"*, geleitet, in dem sich der größte Teil des Ammoniaks löst. Das
Gaswasser wird mit Kalkmilch versetzt und durch Erhitzen das Ammoniak ausgetrieben. Dieses wird entweder auf → Salmiakgeist oder durch Einleiten in
Schwefelsäure auf → Ammoniumsulfat verarbeitet.

2. Das technisch wichtigste Herstellungsverfahren von Ammoniak ist das Verfahren von HABER-BOSCH. Dabei werden *Generatorgas*, $CO + N_2$, und *Wassergas*,
$CO + H_2$, bei 500° und unter 200 Atm. Druck unter Verwendung eines Eisen-
oxydkatalysators zur Reaktion gebracht:

$$CO + H_2O \rightarrow CO_2 + H_2$$

Kohlenoxyd   Wasser   Kohlendioxyd   Wasserstoff

Das Kohlendioxyd wird unter Druck mit Wasser herausgewaschen, restliches
Kohlenmonoxyd mit ammoniakalischer Kupfersalzlösung entfernt. Die Verbindung
von Wasserstoff und Stickstoff erfolgt nach der Gleichung:

$$3\,H_2 + N_2 \rightarrow 2\,NH_3$$

Wasserstoff   Stickstoff   Ammoniak

Außerdem kann man Ammoniak erhalten durch Einwirkung von Wasser auf
Metallnitride (Aluminiumnitrid, Magnesiumnitrid):

$$2\,AlN + 6\,H_2O \rightarrow 2\,Al(OH)_3 + 2\,NH_3$$

Aluminiumnitrid   Wasser   Aluminiumhydroxyd   Ammoniak

oder durch Einwirkung von überhitztem Wasserdampf auf Calciumcyanamid:

$$CaCN_2 + 3\,H_2O \rightarrow CaCO_3 + 2\,NH_3$$

Calciumcyanamid   Wasser   Calciumcarbonat   Ammoniak

Eigenschaften. Farbloses, an der Luft nicht brennbares Gas von eigenartig
stechendem *Geruch*, das, in größeren Mengen eingeatmet, auf die Schleimhäute und
Lunge stark ätzend wirkt. A. ist leichter als Luft, 1 l wiegt bei 0°, 760 mm Druck
0,7714 g. Unter Druck (7 Atm.) oder Abkühlung (—40°) läßt es sich verflüssigen.
Beim Verdampfen von flüssigem Ammoniak, das in Stahlflaschen in den Handel

kommt, wird Wärme verbraucht, also Kälte erzeugt, es findet daher in Kühlschränken und Kühlanlagen zur Kälteerzeugung Verwendung. Seine Löslichkeit in Wasser ist beträchtlich, 1 Raumteil Wasser nimmt bei 0° und 760 mm Druck 1050 Raumteile Ammoniakgas auf. In wäßriger Lösung bildet Ammoniak Ammoniumionen NH_4^+:

$$NH_3 \;+\; HO_2 \;\rightarrow\; NH_4^+ \;+\; OH^-$$

Durch die OH^--Ionen reagiert die wäßrige Lösung alkalisch. Der größte Teil des Ammoniaks ist jedoch in Wasser einfach gelöst und wird beim Erwärmen wieder ausgetrieben. Mit Chlor darf Ammoniak wegen der Gefahr des dabei sich bildenden, *höchst explosiven* Chlorstickstoffs, NCl_3, nie zusammengebracht werden. Ammoniak, auch gasförmiges, ist eine schwache Base, die durch unmittelbare Anlagerung von Säuren Salze bilden kann:

$$NH_3 \;+\; HCl \;\rightarrow\; NH_4Cl$$

Ammoniak   Salzsäure   Ammoniumchlorid

Die frühere Auffassung, daß das Ammoniak in wäßriger Lösung als NH_4OH vorliege, hat sich nicht bestätigt, ebenso ist der Stickstoff in den Ammoniumsalzen nicht fünfwertig, sondern dreiwertig (s. a. Bd. I, S. 219).

Toxikologie. Ammoniak, in größeren Mengen eingeatmet, wirkt auf Lunge und Schleimhäute ätzend. Innerlich wirken Mengen von 20 bis 30 ccm Salmiakgeist tödlich unter Magenentzündung mit heftigem Schmerz, blutigem Erbrechen und Kollaps. Daß Ammoniakvergiftungen durch Einatmen selten vorkommen, beruht auf der Unerträglichkeit des Gases.

Erste Hilfe. Nach Einatmung großer Mengen: Völlige Ruhe, liegender Transport von der Unglücksstelle, den Betroffenen nicht gehen und nicht tief atmen lassen. Wenn möglich, Einatmung von Wasserdämpfen. Zur Neutralisation bei innerl. Vergiftung verd. Essig, Wein- oder Citronensäurelösung, schleimige Getränke, Milch. Sind die Augen betroffen, *sofortige Kühlung mit reichlich Wasser* während mehrerer Minuten, Borsäurelösung.

Erkennung von Ammoniak. 1. Angefeuchtetes, rotes Lackmuspapier wird durch Ammoniakgas blau, feuchtes Kurkumapapier braun gefärbt.

2. Mit Chlorwasserstoff bildet Ammoniak dichte weiße Nebel von Ammoniumchlorid, NH_4Cl.

3. → *Neßlers* Reagens gibt mit Ammoniak in wäßriger Lösung je nach der Verdünnung eine gelbe Färbung bzw. einen gelbroten Niederschlag von Oxyquecksilberammoniumjodid:

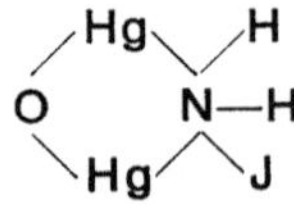

Schon 1 Tr. Ammoniakflüssigkeit in 1 l Wasser gibt bei Zusatz von 5 ccm Neßlers Reagens eine orange bis rötlichbraune Trübung.

Verwendung. In der Industrie großtechnisch zur Darstellung der Salpetersäure, zur Herstellung von Ammoniumverbindungen, Harnstoff. In Kühlanlagen sowie in Eismaschinen findet verflüssigtes Ammoniak weitgehende Verwendung zur Herstellung von Kunsteis.

Ammoniakflüssigkeit. Liquor Ammonii caustici.

Salmiakgeist. Ätzammoniak. Hirschhorngeist.

Ammoniakflüssigkeit ist eine wäßrige Lösung von Ammoniak. Das spez. Gew. von Ammoniaklösungen ist stets kleiner als das von reinem Wasser, weil sich durch die Gasaufnahme das Volumen der wäßrigen Lösung stark ausdehnt. Infolge ihrer vielseitigen Verwendung kommt Ammoniakflüssigkeit mit verschiedenen Gehalten an Ammoniak in den Handel:

Handelssorten. 0,960 = 16° Bé, DAB. 6, 10% Ammoniakgehalt
0,925 = 22° Bé
0,910 = 24° Bé   25% Ammoniakgehalt (fälschlich als triplex,
0,900 = 26° Bé   dreifach bezeichnet)
0,890 = 28° Bé
0,885 = 29° Bé

Alle Sorten sind rein und für technische Zwecke lieferbar.

Darstellung. Als Nebenprodukt der Leuchtgasfabriken und Kokereien aus dem Ammoniakwasser, das neben einer Reihe von Verunreinigungen wie CO_2, H_2S, HCN und teerartigen Bestandteilen etwa 1% NH_3 enthält. Um daraus den Salmiakgeist des Handels zu bereiten, erwärmt man unter Zusatz von Kalkmilch und absorbiert das entweichende gasförmige Ammoniak in Wasser. *Technischer* Salmiakgeist riecht je nach seiner Reinheit mehr oder weniger brenzlig.

Verdünnung von technischem Salmiakgeist. Hierzu darf nur entkalktes Wasser verwendet werden, da man sonst ein trübes Präparat erhält. Man verwendet hierzu Wasser, dessen Kalk man erst durch Zusatz von 2% Salmiakgeist 0,910 ausgefällt hat, nachdem sich der Kalkniederschlag abgesetzt hat. Der im Handwerk auch für technische Zwecke abzugebende Salmiakgeist hat 10% Ammoniakgehalt, D. 0,960.

Ammoniakflüssigkeit. Liquor Ammonii caustici, DAB. 6.

Salmiakgeist. Gehalt 9,94 bis 10% NH_3, Mol.-Gew. 17,032.

Darstellung. Durch Einleiten von reinem Ammoniakgas in destilliertes Wasser, die DAB. 6-Ware erhält man durch entsprechende Verdünnung der 25%igen reinen Ammoniakflüssigkeit, 0,910 mit destilliertem Wasser.

Eigenschaften. Klare, farblose, durchdringend stechend riechende, flüchtige Flüssigkeit, die Lackmuspapier stark bläut. D. (20°) 0,957 bis 0,958.

Toxikologie s. Ammoniak.

Erkennung. Bei der Annäherung eines mit Salzsäure benetzten Glasstabes bilden sich dichte weiße Nebel von Ammoniumchlorid.

Prüfung des DAB. 6. *Kohlensäure, Ammoniumcarbaminat.* Die Mischung von 5 ccm A. mit 20 ccm Kalkwasser darf sich bei einstündigem Stehen in einer verschlossenen Flasche höchstens schwach trüben.

20 ccm A. werden auf 10 ccm eingedampft und dann mit 20 ccm Wasser versetzt. Je 5 ccm dieser Flüssigkeit werden geprüft auf:

Schwermetallsalze, mit 3 Tr. Natriumsulfidlösung darf höchstens eine grünliche Färbung entstehen;

Calciumsalze, durch Ammoniumoxalatlösung darf keine weiße Trübung entstehen;

Schwefelsäure, nach dem Ansäuern mit Salpetersäure darf mit Bariumnitratlösung keine weiße Trübung eintreten;

Salzsäure, mit Salpetersäure bis zur sauren Reaktion und Silbernitratlösung darf höchstens eine Trübung entstehen.

Arsenverbindungen. 5 ccm A. werden in einer Porzellanschale auf dem Wasserbad nahezu zur Trockne verdampft. Der Rückstand wird mit 3 ccm Natriumhypophosphitlösung in ein Probierrohr gespült und 15 Min. im siedenden Wasserbade erhitzt. Dabei darf keine dunkle Färbung entstehen.

Teerbestandteile. Bei schwachem Übersättigen mit Salpetersäure muß A. farb- und geruchlos sein und zur Trockne verdampft eine weiße Salzmasse liefern, die bei stärkerem Erhitzen ohne Rückstand flüchtig ist.

Pyridin. Beim Schütteln von 5 ccm A. mit 3 g gepulverter Weinsäure darf höchstens ein schwacher Geruch nach Pyridin entstehen.

Gehaltsbestimmung. 4 g A. werden in einem Kölbchen mit eingeriebenem Glasstopfen, der 30 ccm n-Salzsäure enthält, genau gewogen und die Mischung mit n-Kalilauge neutralisiert. Je 4 g A. müssen hierbei 23,35 bis 23,49 ccm n-Salzsäure verbrauchen, so daß zum Zurücktitrieren des Säureüberschusses nicht mehr als 6,65 und nicht weniger als 6,51 ccm n-Kalilauge erforderlich sind, entsprechend einem Gehalt von 9,94 bis 10% NH_3 (1 ccm n-Salzsäure = 0,017032 g Ammoniak, Methylorange als Indikator).

Verwendung. *Med. innerl.* 5 bis 10 Tr. in Wasser bewirken häufig sofortiges Aufhören beim Schlucker. *Äußerl.* als Riechmittel bei Ohnmachten, wobei durch Reizung der Nasenschleimhaut reflektorisch Atembewegungen und Blutdrucksteigerung ausgelöst werden, verd. Lösungen als Waschwasser gegen Hautjucken, unverdünnt als Pinselung bei Insektenstichen, zu antirheumatischen Einreibungen (10%ig), zur Herstellung von *Linimentum ammoniatum*, DAB. 6, und Restitutionsfluid. *Technischer* Salmiakgeist als Abbeizmittel, verdünnt als Waschmittel und Fleckenentfernungsmittel zum Waschen und Reinigen von Wolle und Seide, zu Putz- und Reinigungsmitteln, zum Verseifen von Ölen und Fetten.

Spezifisches Gewicht und Gehalt von Ammoniaklösungen bei 15° (Wasser 15°).
Nach LUNGE und WIERNIK.

Spez. Gew. bei 15°	Proz. NH_3	Spez. Gew. bei 15°	Proz. NH_3	Spez. Gew. bei 15°	Proz. NH_3	Spez. Gew. bei 15°	Proz. NH_3
1,000	0,00	0,970	7,31	0,940	15,63	0,910	24,99
0,998	0,45	0,968	7,82	0,938	16,22	0,908	25,65
0,996	0,91	0,966	8,33	0,936	16,82	0,906	26,31
0,994	1,37	0,964	8,84	0,934	17,42	0,904	26,98
0,992	1,84	0,962	9,35	0,932	18,03	0,902	27,65
0,990	2,31	0,960	9,91	0,930	18,64	0,900	28,33
0,988	2,80	0,958	10,47	0,928	19,25	0,898	29,01
0,986	3,30	0,956	11,03	0,926	19,87	0,896	29,69
0,984	3,80	0,954	11,60	0,924	20,49	0,894	30,37
0,982	4,30	0,952	12,17	0,922	21,12	0,892	31,05
0,980	4,80	0,950	12,74	0,920	21,75	0,890	31,75
0,978	5,30	0,948	13,31	0,918	22,39	0,888	32,50
0,976	5,80	0,946	13,88	0,916	23,03	0,886	33,25
0,974	6,30	0,944	14,46	0,914	23,68	0,884	34,10
0,972	6,80	0,942	15,04	0,912	24,33	0,882	34,95

Ammoniakflüssigkeit, weingeistige. Liquor Ammonii caustici spirituosus, Erg.-B. 6.

Spiritus Dzondii.

Weingeistige Ammoniakflüssigkeit ist eine weingeistige Lösung von 10% Ammoniak in Weingeist DAB. 6.

Eigenschaften. Klare, farblose, durchdringend stechend riechende, brennbare Flüssigkeit, die Lackmuspapier stark bläut und beim Annähern eines mit Salzsäure benetzten Glasstabes dichte, weiße Nebel von Ammoniumchlorid bildet. D. (20°) 0,803 bis 0,809.

Erg.-B. 6 läßt prüfen auf Schwermetallsalze, Calciumsalze, Schwefelsäure, Salzsäure, Arsenverbindungen, Teerbestandteile, Pyridin und den vorgeschriebenen Gehalt von Ammoniak.

Verwendung. Wie Ammoniakflüssigkeit, wirkt äußerlich jedoch stärker als Salmiakgeist, unverdünnt zur Pinselung bei Insektenstichen und als Riechmittel, zur Herstellung von Vasoliment, Erg.-B. 6.

Ammoniumacetat. Ammonium aceticum.

Essigsaures Ammonium. CH_3COONH_4. Mol.-Gew. 77.

Weiße, hygroskopische, an der Luft zerfließliche Kristallmasse von salzigem *Geschmack*, in Wasser leicht löslich.

Verwendung. *Med. äußerl.* zu Umschlägen wie Essigsaure Tonerde, in der Textilfärberei als Beize, nach einem USA-Patent entfernt man durch Bürsten mit der weingeistigen Lösung von A. blanke Stellen aus Kleidungsstücken. Für *technische* Zwecke wird das Salz in wäßriger Lösung 20- bis 60%ig geliefert.

Ammoniumbenzoat. Ammonium benzoicum, Erg. B. 6.

$$C_6H_5 \cdot COONH_4. \text{ Mol.-Gew. } 139,1.$$

Darstellung. Durch Übergießen von 100 g Benzoesäure mit 80 g Ammoniakflüssigkeit (0,925) und Erwärmen unter Umschwenken bis zur vollständigen Auflösung. Beim Erkalten scheidet sich das Salz in Blättchen ab, das auf Filtrierpapier an der Luft getrocknet wird.

Eigenschaften. Weiße, dünne, tafelförmige Kristalle oder ein kristallines Pulver. *Geschmack* salzig, nachher scharf; *Geruch* schwach nach Benzoesäure. Lösl. in 5 T. Wasser, in etwa 30 T. Weingeist.

Erkennung. Bei Erwärmung der wäßrigen Lösung mit Natronlauge entwickelt sich Ammoniak. Versetzt man sie mit Eisen(III)-chloridlösung, so scheidet sich ein rötlichbräunlicher Niederschlag ab. Salzsäure fällt aus der wäßrigen Lösung (1 + 19) die Benzoesäure als voluminösen, in Äther lösl. Niederschlag.

Erg.-B. 6 läßt prüfen auf Schwermetalle, Schwefelsäure, Salzsäure. 0,2 g A. dürfen beim Verbrennen einen wägbaren Rückstand nicht hinterlassen.

Verwendung. *Innerl.* bei Katarrhen E. 0,5 g.

Ammoniumbicarbonat. Ammonium bicarbonicum.

Ammoniumhydrogencarbonat. Saures kohlensaures Ammonium. Doppeltkohlensaures Ammonium. Saures Ammoniumcarbonat. $(NH_4)HCO_3$. Mol.-Gew. 79,06.

Darstellung. Durch Einleiten von Kohlendioxyd im Überschuß in konz. Ammoniaklösung.

Eigenschaften. Weißes, kristallines, in Wasser lösliches, in Weingeist unlösliches, geruchloses Pulver, das beim Erwärmen auf 60° in Ammoniak, Kohlendioxyd und Wasser zerfällt.

Verwendung. Als Backpulver, „ABC-Trieb".

Ammoniumbiphosphat. Ammonium biphosphoricum.

Ammoniumdihydrogenphosphat. Monoammoniumphosphat. Primäres Ammoniumphosphat. $(NH_4)H_2PO_4$. Mol.-Gew. 115,03.

Darstellung. Durch Neutralisation von Phosphorsäure mit Ammoniak:

$$H_3PO_4 \quad + \quad NH_3 \quad \rightarrow \quad (NH_4)H_2PO_4$$
$$\text{Phosphorsäure} \quad\quad \text{Ammoniak} \quad\quad \text{Ammoniumbiphosphat}$$

Eigenschaften. Farbloses, in Wasser mit saurer Reaktion l. lösl. Salz.

Verwendung. Im Gärungsgewebe als Nährstoff für Hefen (1%), zur Essigherstellung, als Säureträger in Backpulvern (50 bis 53%), als Flammschutzmittel für Holz, Pappe usw., zum Imprägnieren von Kerzendochten, zur Herstellung von Pflanzennährsalzen, als Flußmittel zum Hartlöten, zum Unschädlichmachen von Härtebildnern im Kesselspeisewasser.

Ammoniumbromid. Ammonium bromatum, DAB. 6.

Bromammonium. NH_4Br. Mol.-Gew. 97,96.

Darstellung. Durch Sättigung von Bromwasserstoffsäure mit Salmiakgeist und Eindampfen der Lösung:

$$NH_3 \quad + \quad HBr \quad \rightarrow \quad NH_4Br$$

Ammoniak Bromwasserstoffsäure Ammoniumbromid

In der Technik erhält man die Bromwasserstoffsäure aus Bariumsulfid und Brom:

$$BaS \quad + \quad 4\,Br_2 \quad + \quad 4\,H_2O \quad \rightarrow \quad BaSO_4 \quad + \quad 8\,HBr$$

Bariumsulfid Brom Wasser Bariumsulfat Bromwasserstoffsäure

Eigenschaften. Weißes, kristallines, in Wasser leicht, in Weingeist fast unlösl. Pulver, das sich beim Erhitzen ohne Rückstand verflüchtigt.

Prüfung des DAB. 6. Erkennung. Die wäßrige Lösung rötet Lackmuspapier schwach und entwickelt beim Erhitzen mit Natronlauge Ammoniak. Nach Zusatz von 2 ccm verd. Salzsäure und 5 Tr. Chloraminlösung färbt sich beim Schütteln mit Chloroform dieses durch ausgeschiedenes Brom rotbraun.

Je 5 ccm der wäßrigen Lösung (1 + 19) werden geprüft auf:

Schwermetallsalze, mit je 3 Tr. verd. Essigsäure und Natriumsulfidlösung darf keine dunkle Färbung eintreten;

Eisensalze, mit einigen Tr. Salzsäure und 0,5 ccm Kaliumferrocyanidlösung darf keine sofortige blaue Färbung entstehen;

Schwefelsäure, mit Bariumnitratlösung darf keine weiße Trübung oder Fällung eintreten;

Jodwasserstoffsäure, 10 ccm der wäßrigen Lösung dürfen nach Zusatz von 3 Tr. Eisenchloridlösung und etwas Stärkelösung sich innerhalb 10 Min. nicht blau färben;

Arsenverbindungen, das Gemisch von 1 g A. mit 3 ccm Natriumhypophosphitlösung, $^{1}/_{4}$ Std. lang im siedenden Wasserbade erhitzt, darf keine dunkle Färbung zeigen;

unzulässiger Wassergehalt, fremde Beimengungen. 1 g A., bei 100° getrocknet, darf höchstens 0,01 g an Gewicht verlieren und muß sich beim Erhitzen verflüchtigen, ohne einen wägbaren Rückstand zu hinterlassen;

Gehaltsbestimmung, 0,4 g A. (genau gewogen) des bei 100° getrockneten Salzes werden in 20 ccm Wasser gelöst, einige Tr. Kaliumchromatlösung zugesetzt und mit $^{1}/_{10}$-n-Silbernitratlösung titriert, bis eine bleibend rote Färbung eintritt. Hierbei dürfen für je 0,4 g trockenes A. nicht weniger als 40,0 ccm und nicht mehr als 41,2 ccm $^{1}/_{10}$-n-Silbernitratlösung verbraucht werden, entsprechend einem Mindestgehalt von 98,8% Ammoniumbromid und einem Höchstgehalt von 1,2% Ammoniumchlorid (1 ccm $^{1}/_{10}$-n-Silbernitratlösung = 0,009796 g Ammoniumbromid oder 0,00535 g Ammoniumchlorid). Ein zu hoher Gehalt an Ammoniumchlorid liegt vor, wenn bis zur bleibenden Rotfärbung bei der Titration mehr als 41,2 ccm $^{1}/_{10}$-n-Silbernitratlösung verbraucht werden, während ein geringerer Verbrauch als 40,8 ccm der Silbernitratlösung das Vorhandensein fremder Salze anzeigt.

Verwendung. *Innerl.* als beruhigendes Mittel (E. 0,5 g), zur Herstellung künstlicher Mineralwässer, in bedeutenden Mengen in der photographischen Industrie.

Ammoniumcarbonat. Ammonium carbonicum, DAB. 6.

Kohlensaures Ammonium. Hirschhornsalz.

Die letzte Bezeichnung rührt daher, daß man das Salz früher durch trockene Destillation stickstoffhaltiger Substanzen wie Horn, Hirschgeweihe, usw. erhalten hat.

Darstellung. Durch Sublimation eines Gemisches von Ammoniumsulfat und Calciumcarbonat oder Ammoniumchlorid. Hierbei entsteht kein einheitliches Produkt, sondern ein Gemisch von Ammoniumbicarbonat, $(NH_4)HCO_3$, *Ammoniumcarbaminat*, $NH_2 \cdot COONH_4$, die in wechselnden Mengen enthalten sind:

$$4\,NH_4Cl \quad + \quad 2\,CaCO_3 \quad \rightarrow \quad NH_4HCO_3 + NH_2 \cdot COONH_4 \quad + \quad NH_3 \quad + \quad H_2O \quad + \quad 2CaCl_2$$

Ammonium- Calcium- Hirschhornsalz Ammoniak Wasser Calciumchlorid carbonat chlorid

Das DAB. 6 läßt auch reines Ammoniumbicarbonat zu. Die *Carbamidsäure*, *Carbaminsäure* oder *Aminokohlensäure*, das Monamid der Kohlensäure, ist frei nicht bekannt, dagegen ihre Salze, Ester und Amide.

$$O=C\begin{smallmatrix}\diagup NH_2 \\ \diagdown OH\end{smallmatrix}$$

Eigenschaften. Durchscheinende, kristalline, weiße Massen von strahligem Gefüge oder weißes, kristallines Pulver, die stark nach Ammoniak riechen. An der Luft verflüchtigt sich das Ammoniumcarbaminat vollständig, der Rückstand besteht aus Ammoniumbicarbonat als lockeres, fast geruchloses Pulver. A. löst sich in Wasser langsam, aber vollständig und braust beim Übergießen mit Säure unter Zerfall in Ammoniak und Kohlendioxyd auf. Beim Auflösen in Wasser und Erwärmen geht das Ammoniumcarbaminat in das neutrale Salz über. Beim Backprozeß zerfällt die Salzmischung unter Entwicklung reichlicher Gasmengen.

DAB. 6 läßt prüfen auf Schwermetallsalze, Schwefelsäure, Calciumsalz, Rhodanwasserstoffsäure, Thioschwefelsäure, Salzsäure, Arsenverbindungen, empyreumatische Stoffe und den Gehalt von Ammoniak von etwa 21 bis 33%, der durch Titration mit n-Salzsäure bestimmt wird.

Aufbewahrung. In gut verschlossenen Gefäßen.

Verwendung. *Med.* als Riechmittel bei Ohnmachten unverdünnt, *innerl.* (E. 0,3 g in Lösung) als Anregungsmittel bei Herzschwäche, als wertvolles Gegengift bei Methanolvergiftungen, wobei es mit dem entstandenen Formaldehyd Hexamethylentetramin bildet. In der Parfümerie zur Herstellung von Riechsalzen, als Triebmittel für leichtes Gebäck, schweres nimmt Ammoniakgeruch an, in der Färberei und Wollwäscherei.

Ammoniumchlorid. Ammonium chloratum.

Chlorammonium. Salmiak. $NH_4Cl.$

Darstellung. Als Nebenprodukt bei der Sodaherstellung nach SOLVAY. Durch Sublimation von Ammoniumsulfat mit Kochsalz:

$$(NH_4)_2SO_4 \quad + \quad 2\,NaCl \quad \rightarrow \quad 2\,NH_4Cl \quad + \quad Na_2SO_4$$

Ammoniumsulfat Natriumchlorid Ammoniumchlorid Natriumsulfat

Handelssorten. Ammoniumchlorid ist in drei Handelssorten gebräuchlich:

Ammoniumchlorid für Lötzwecke, Sublimierter Salmiak, Ammonium chloratum sublimatum.

Löt-Salmiak, Salmiakstein, farblose, durchscheinende, harte, nadelig-kristalline Stücke, die durch Schmelzen von technischem Salmiakpulver unter erhöhtem Druck gewonnen werden.

Verwendung. Zum Löten. Dabei entsteht infolge thermischer Dissoziation beim Berühren des Salmiakstückes mit dem heißen Lötkolben Salzsäure und Ammoniak:

$$NH_4Cl \quad \rightarrow \quad NH_3 \quad + \quad HCl$$

Ammoniumchlorid Ammoniak Salzsäure

Die Salzsäure löst dabei den aus Oxyden bestehenden Metallüberzug auf und verwandelt in der Lötkolbenhitze die Metalle in flüchtige Chloride. Dadurch entsteht eine blanke Metalloberfläche und eine innige Verbindung des Lötzinns mit dem Metall.

Ammoniumchlorid, gereinigt. Ammonium chloratum depuratum, 98 bis 100%.

Weißes, kristallines, in Wasser sehr leicht lösliches, auch in Weingeist lösl. Pulver.

Verwendung. Zum Verzinken und Verzinnen von Eisenblech, zum Löten, zur Füllung elektrischer LECLANCHÉ-Elemente (100 g auf 1 Element, nicht im Glasgefäß lösen wegen der Gefahr des Abspringens des Bodens infolge starker Abkühlung!), zur Herstellung von Eisenkitt, in der Färberei und Druckerei, zu Kältemischungen. In der Landwirtschaft findet A. als Düngemittel, auch in Mischung mit Kalk „*Kalkammon*", ferner in der Galvanoplastik, Gerberei, Keramik und als Flammschutzmittel Verwendung.

Ammoniumchlorid. Ammonium chloratum, DAB. 6.

Salmiak rein. NH_4Cl. Mol.-Gew. 53,50.

Eigenschaften. Weißes, kristallines, luftbeständiges Pulver mit bitter salzigem *Geschmack*, in etwa 3 T. Wasser (20°) unter starker Abkühlung, in etwa 1,3 T. siedendem Wasser, in etwa 50 T. Weingeist löslich. Die wäßrige Lösung rötet Lackmuspapier infolge Hydrolyse schwach.

Prüfung des DAB. 6. Erkennung. Die wäßrige Lösung gibt mit Silbernitratlösung einen weißen, käsigen, in Ammoniakflüssigkeit l. lösl. Niederschlag von Silberchlorid, $AgCl$, beim Erhitzen mit Natronlauge wird Ammoniak frei.

Je 5 ccm der wäßrigen Lösung (1 + 19) mit 3 Tr. verd. Essigsäure werden geprüft auf:

Schwermetallsalze (*Blei*, *Kupfer*), mit 3 Tr. Natriumsulfidlösung darf keine dunkle Färbung oder Fällung eintreten;

Schwefelsäure, mit Bariumnitratlösung darf keine weiße Trübung entstehen;

Calciumsalze, Ammoniumoxalatlösung darf keine weiße Trübung hervorrufen.

Nach dem Versetzen mit einigen Tr. Salzsäure wird die wäßrige Lösung (1 + 19) weiter geprüft auf:

Rhodansalze, mit Eisenchloridlösung darf keine Rötung eintreten;

Eisensalze, mit 0,5 ccm Kaliumferrocyanidlösung darf keine sofortige blaue Färbung entstehen.

Arsenverbindungen. Beim Erhitzen von 1 g A. mit 3 ccm Natriumhypophosphitlösung $^1/_4$ Std. lang, im siedenden Wasserbad darf keine dunkle Färbung auftreten.

Enpyreumatische Stoffe. Beim Abdampfen von 1 g A. mit 1 ccm Salpetersäure auf dem Wasserbad zur Trockne muß ein weißer Rückstand hinterbleiben, der höchstens am Rande einen gelben Anflug zeigen darf.

Nicht flüchtige Salze. Beim stärkeren Erhitzen des Rückstandes muß er sich ohne Hinterlassung eines wägbaren Rückstandes verflüchtigen.

Verwendung. *Med. innerl.* als Expectorans (E. 0,5 g) mit die Sekrete verflüssigender Wirkung, zur Inhalation (2%), zur Herstellung von *Salmiakpastillen*, *Pastilli Ammonii chlorati*, **Erg.-B.** 6 (s. Bd. III). *Äußerl.* in wäßriger Lösung (20%) gegen Handschweiß, als Zusatz zu Gesichtwässern, Dauerwellwässern.

Ammoniumcitrat. Ammonium citricum.

Citronensaures Ammonium. $C_3H_4(OH)(COONH_4)_3$.

Eigenschaften. Weißes, kristallines, in Wasser l. lösl. Pulver.

Verwendung. *Innerl.* gegen Katzenjammer (mehrmals tägl. 1 bis 3 g), in der Analyse zur Bestimmung der citratlöslichen Phosphorsäure, in der Farbdruckerei.

Ammoniumdichromat. Ammonium dichromicum.

Doppeltchromsaures Ammonium. Dichromsaures Ammonium. Ammoniumpyrochromat. $(NH_4)_2Cr_2O_7$. Mol.-Gew. 252,10.

Darstellung. Aus wäßriger Chromsäurelösung und Ammoniakflüssigkeit durch Erwärmen im stöchiometrischen Verhältnis und Erwärmen der Mischung bis zur Kristallisation.

Eigenschaften. Kleine, gelbrote, luftbeständige Kristalle oder Pulver, mit gelbroter Farbe in Wasser leicht löslich. Beim Erhitzen zersetzt sich das Salz unter Feuererscheinung und Hinterlassung einer grünlich aufgeblähten Masse von Chromoxyd, Cr_2O_3.

Verwendung. Wie Kaliumchromat, in der Färberei, als Beize, zu lithographischen Arbeiten, in der Feuerwerkerei zu Kraterschlangen, zur Herstellung von Leder, Tinten, Glas, raucharmem Jagdpulver, in der Photographie als Sensibilisierungsmittel.

☠ 2. Ammoniumfluorid. Ammonium fluoratum.

Fluorwasserstoffsaures Ammonium. Ammonium hydrofluoricum. Fluorammonium.
NH_4F. Mol.-Gew. 37,04.

Darstellung. Durch Sublimation von Ammoniumchlorid mit Natriumfluorid oder durch Sättigen von Flußsäure mit Ammoniakflüssigkeit und Eindampfen in Platinschalen.

Eigenschaften. Farblose, in Wasser sehr leicht lösliche, in Weingeist wenig lösliche Kristalle, die Glas ätzen, infolge des meist vorhandenen Gehaltes an Ammoniumhydrogenfluorid mit saurer Reaktion.

Toxikologie s. Flußsäure.

Aufbewahrung. *Vorsichtig*, in Guttapercha- oder Bleiflaschen.

Verwendung. Zum Ätzen und Mattieren von Glas, in der Galvanotechnik, als Desinfektionsmittel in der Zucker-, Bier- und Weingeistherstellung, zum Reinigen von Bier-Pressionen und Schlauchleitungen, zum Aufschließen von Mineralien (Silikaten), zur Holzkonservierung, als Beize in der Textilfärberei.

☠ 2. Ammoniumbifluorid. Ammoniumhydrogenfluorid. Ammonium bifluoratum.

Mattsalz. Saures fluorwasserstoffsaures Ammonium. Saures Fluorammonium.
$(NH_4)HF_2$. Mol.-Gew. 57,05.

Darstellung. Durch Einleiten von Flußsäure in Salmiakgeist und Eindampfen bei 40° bis zur Kristallisation in Platinschalen.

Eigenschaften. Farbloses, in Wasser leicht lösliches, kristallines, zerfließliches Pulver, das Glas ätzt.

Aufbewahrung und **Verwendung** wie Ammoniumfluorid, zu Desinfektions- und Schädlingsbekämpfungsmitteln.

Ammoniumformiat. Ammonium formicicum.

Ameisensaures Ammonium. $HCOONH_4$.

Eigenschaften. Weiße, hygroskopische, in Wasser sehr leicht lösliche Kristalle.

Verwendung. In der Analyse als Reduktionsmittel, *technisch* (in Lösung 15° Bé) zum Beizen in der Textilindustrie.

☠ 3. Ammoniumjodid. Ammonium jodatum, Erg.-B. 6.

Ammoniumjodid. Jodammonium. NH_4J. Mol.-Gew. 145,0.

Eigenschaften. Trockenes, weißes, hygroskopisches, an der Luft bald gelb werdendes, kristallines Pulver, geruchsfrei oder schwach nach Ammoniak riechend. *Geschmack* salzig. Sublimiert beim Erhitzen ohne vorher zu schmelzen. Lösl. in 1 T. Wasser, 9 T. Weingeist.

Erkennung. Beim Erhitzen mit Natronlauge entwickelt das Salz Ammoniak. — Bei Zusatz je einiger Tropfen Salzsäure und Chloraminlösung zur wäßrigen Lösung (1 + 49) färbt sich beim Ausschütteln mit Chloroform dieses violett.

Erg.-B. 6 läßt prüfen auf Schwermetallsalze, Schwefelsäure, Eisensalze, Salzsäure und Bromwasserstoffsäure.

Aufbewahrung. *Vorsichtig!* Vor Licht und Feuchtigkeit geschützt.

Verwendung. In der Photographie.

Ammoniumlinoleat.

Linolsaures Ammonium. Leinölsaures Ammonium.

Salbenförmige (ähnlich Vaseline), gelbbraune Masse mit dem *Geruch* nach Leinöl und Ammoniak, löslich in Wasser, Alkohol, Kohlenwasserstoffen. Ausgezeichneter Emulgator für Fette, Öle, Wachse, Kohlenwasserstoffe usw., mit denen es beständige Emulsionen gibt. A. muß stets mit destilliertem, keineswegs mit Brunnen- oder Leitungswasser verarbeitet werden. *Reines* Ammoniumlinoleat findet in der Kosmetik Verwendung zur Herstellung von Badeessenzen usw.

Ammoniummolybdat. Ammonium molybdaenicum, Erg.-B. 6.

Ammoniummolybdaenat. Molybdaensaures Ammonium. $(NH_4)_6Mo_7O_{24} \cdot 4\,H_2O$.
Mol.-Gew. 1236.

Darstellung. Durch Auflösen von Molybdaentrioxyd in Ammoniakflüssigkeit (20% NH_3) unter Erwärmen und Eindampfen der Flüssigkeit zur Kristallisation.

Eigenschaften. Farblose bis schwach grünliche, große, in Wasser l. lösl. harte Kristalle.

Prüfung des Erg.-B. 6. 10 g A. sollen in einer Mischung von 25 ccm Wasser und 20 ccm Ammoniakflüssigkeit (20% NH_3) vollständig und klar löslich sein. — Wird die Lösung zu 150 ccm Salpetersäure (32,5%) unter Umschwenken allmählich hinzugefügt, so darf eine Probe der Mischung, 3 Stunden lang auf etwa 40° erhitzt, keinen gelben Niederschlag geben (Phosphorsäure). — Die Lösung von 1 g A. in 10 ccm Wasser und 5 ccm Salpetersäure darf durch Bariumnitratlösung nicht verändert werden (Schwefelsäure) und nach Zusatz von Silbernitratlösung höchstens opalisierend getrübt werden (Salzsäure, Chloride). — Die Lösung von 2 g A. in 5 ccm Wasser und 5 ccm Ammoniakflüssigkeit darf beim Versetzen mit 3 Tr. Schwefelammoniumlösung weder eine grüne Färbung noch einen Niederschlag bilden (Schwermetallsalze).

Verwendung. Zum Nachweis und zur Bestimmung von Phosphorsäure, in der Keramik zu Glasuren, zur Brünierung von Aluminium, zur Herstellung von Patina auf Zink und von Metallfadenlampen (Molybdändraht), für farbige Pigmente in der Keramik und Photographie.

Ammoniumnitrat. Ammonium nitricum, Erg.-B. 6.

Salpetersaures Ammonium. Ammon- oder Ammoniaksalpeter. NH_4NO_3.
Mol.-Gew. 80,1.

Darstellung. Durch Einleiten von Ammoniakdämpfen in verd. Salpetersäure und Eindampfen der Lösung bis zur Kristallisation oder aus Kalksalpeter mit Ammoniakwasser und Kohlensäure.

Eigenschaften. Weiße, kristalline, hygroskopische Kristalle oder Salzmasse, mit kühlend salzigem *Geschmack*, löslich in 0,5 T. Wasser unter starker Temperaturerniedrigung, in 20 T. Weingeist. Schmp. 169,5°. Bei stärkerem Erhitzen zersetzt es sich:

$$NH_4NO_3 \quad \rightarrow \quad N_2O \quad + \quad 2\,H_2O$$

Ammoniumnitrat   Stickoxydul   Wasser

Beim Aufstreuen auf glühende Kohlen verursacht es lebhaftes Funkensprühen und verbrennt mit gelber Flamme; mit Zinkstaub gemischt genügt 1 Tr. Wasser zur Entflammung.

Erkennung. Mit Natronlauge erwärmt, entwickelt es Ammoniak. Die Lösung von etwa 0,01 g A. in einigen Tr. Wasser mit 2 ccm konz. Schwefelsäure gemischt und 1 ccm Ferrosulfatlösung überschichtet, färbt die Berührungsstelle braunschwarz.

Erg.-B. 6 läßt prüfen auf Schwermetallsalze, Calcium- und Magnesiumsalze, Schwefelsäure, Salzsäure und Eisensalze.

Aufbewahrung. In dicht schließenden Glasstopfengläsern.

Verwendung. Als harntreibendes Mittel obsolet. Als Düngemittel, wegen Explosionsgefahr gewöhnlich nicht rein, sondern in Mischung mit Kaliumchlorid als *Kaliumammoniumsalpeter*, mit Ammoniumsulfat, als *Ammoniumsulfatsalpeter*, „*Leuna-Salpeter*", mit Calciumcarbonat als *Kalkammonsalpeter* (s. Düngemittel) zu Kältemischungen, zur Herstellung von Sicherheitssprengstoffen für Kohlenbergwerke, zur Darstellung von Stickoxydul (Lachgas), zur Imprägnierung von Tabak und Zigarettenpapier zur Verbesserung der Verbrennung und Erzielung einer rein weißen Asche.

Infolge seines hohen Stickstoffgehaltes ist Ammoniumnitrat ein gefährlicher Sprengstoff, der bei der Explosion zerfällt:

$$2\,NH_4NO_3 \quad \rightarrow \quad 4\,H_2O \quad + \quad 2\,N_2 \quad + \quad O_2$$

$$\text{Ammoniumnitrat} \qquad \text{Wasser} \qquad \text{Stickstoff} \qquad \text{Sauerstoff}$$

Ammoniumoxalat. Ammonium oxalicum, Erg.-B. 6.

Oxalsaures Ammonium. $(COONH_4)_2 \cdot H_2O$. Mol.-Gew. 142,1.

Darstellung. Durch Lösen von 10 T. Oxalsäure in 70 bis 80 T. heißem Wasser und Versetzen mit 27 bis 28 T. Ammoniakflüssigkeit (10% NH_3) bis zur alkalischen Reaktion, Erhitzen zum Sieden und Filtrieren. Die nach dem Erkalten ausgeschiedenen Kristalle werden gesammelt und die Mutterlauge zur weiteren Kristallisation eingedampft.

Eigenschaften. Farblose, glänzende, nadelförmige Kristalle, die beim Erhitzen ihr Kristallwasser verlieren und sich dann unter vollständiger Zersetzung verflüchtigen. Lösl. in 24 T. Wasser.

Prüfung des Erg.-B. 6. *Erkennung.* Mit Kalkwasser gibt die wäßrige Lösung von A. einen weißen, kristallinen, in Salz- und Salpetersäure lösl., in Essigsäure und Ammoniakflüssigkeit unlösl. Niederschlag von Calciumoxalat. Beim Erwärmen mit Natronlauge entwickelt es Ammoniak.

Je 10 ccm der wäßrigen Lösung (1 + 49) dürfen
1. nach Zusatz von 3 Tr. verd. Essigsäure durch 3 Tr. Natriumsulfidlösung nicht verändert werden (Schwermetallsalze);
2. nach dem Ansäuern mit Salpetersäure weder durch Bariumnitratlösung (Sulfate) noch durch Silbernitratlösung (Salzsäure, Chloride) getrübt werden.
0,2 g A. dürfen nach dem Verbrennen keinen wägbaren Rückstand hinterlassen.

Verwendung. Als Reagens, als Metallputzmittel, bei der elektrolytischen Entzinnung von Weißblech, in der Färberei und Galvanotechnik, in der Sprengstofftechnik.

Ammoniumperchlorat. Ammonium perchloricum.

Überchlorsaures Ammonium. NH_4ClO_4. Mol.-Gew. 117,5.

Farblose, in Wasser l. lösl. Kristalle, bei gewöhnlicher Temperatur beständig, über 200° zerfallen sie unter Feuererscheinung:

$$NH_4ClO_4 \quad \rightarrow \quad \tfrac{1}{2}\,Cl_2 \quad + \quad O_2 \quad + \quad \tfrac{1}{2}\,N_2 \quad + \quad 2\,H_2O$$

$$\text{Ammoniumperchlorat} \quad \text{Chlor} \qquad \text{Sauerstoff} \qquad \text{Stickstoff} \qquad \text{Wasser}$$

A. ist auch gegen Schlag ziemlich unempfindlich und wird bei seiner Verwendung zu Sprengstoffen durch Initialzündung zur Explosion gebracht.

Ammoniumpersulfat. Ammonium persulfuricum, Erg.-B. 6.

Überschwefelsaures Ammonium. $(NH_4)_2S_2O_8$. Mol.-Gew. 228,2.

$$O = S—ONH_4 \quad NH_4O = S = O$$
$$O = S = O \text{————} O = S = O$$

Gehalt mindestens 95% Ammoniumpersulfat.

Eigenschaften. Farblose, hygroskopische, in Wasser l. lösl., trocken beständige Kristalle, feucht zersetzen sie sich bei Zimmertemperatur unter Sauerstoffabgabe. Die wäßrige Lösung rötet Lackmuspapier.

Prüfung des Erg.-B. 6. Die wäßrige Lösung (1 + 9) entwickelt beim Erwärmen mit Natronlauge Ammoniak, gibt mit Bariumnitratlösung einen weißen, in Salzsäure unlösl. Niederschlag.

Mit einer Lösung von Kaliumcarbonat (2 + 8) gibt sie nach wenigen Sekunden eine kristallisierte Ausscheidung,

Auf Zusatz von 3 bis 5 Tr. Silbernitratlösung darf die wäßrige Lösung (1 + 19) höchstens opalisierend getrübt werden (Salzsäure).

Beim Glühen dürfen 3 g A. nicht mehr als 0,006 g Rückstand hinterlassen. Beim Lösen dieses Rückstandes in wenig verd. Salzsäure darf nach dem Verdünnen mit 10 ccm Wasser durch 3 Tr. Natriumsulfidlösung höchstens eine schwache Färbung eintreten (Schwermetallsalze).

Aufbewahrung. In gut verschlossenen Gefäßen, trocken, vor Hitzeeinwirkung schützen!

Verwendung. Als Oxydationsmittel, Bleichmittel und Desodorans. Zu desinfizierenden Mundwässern (0,5 bis 2%), zur Entfernung des Fixiernatrons aus Photographien und als Abschwächer für photographische Zwecke, zur Mehlveredlung und Verbesserung der Backfähigkeit, als Depolarisator in galvanischen Elementen, in der Färberei, bei der Synthese von Wasserstoffsuperoxyd.

Ammoniumphosphat. Ammonium phosphoricum, Erg.-B. 6.

Sekundäres Ammoniumphosphat. Diammoniumphosphat. Phosphorsaures Ammonium. $(NH_4)_2HPO_4$. Mol.-Gew. 132,1.

Darstellung. Durch Einleiten von Ammoniakdämpfen in Phosphorsäure unter Druck bis zur stark alkalischen Reaktion und Eindampfen der Lösung:

$$H_3PO_4 \quad + \quad 2\,NH_3 \quad \rightarrow \quad (NH_4)_2HPO_4$$
Phosphorsäure $\qquad$ Ammoniak $\qquad$ Diammoniumphosphat

Eigenschaften. Farblose, säulenfärmige Kristalle oder weißes, kristallines, geruchloses Pulver, *Geschmack* kühlend salzig. Lösl. in 4 T. Wasser (20°), in 0,5 T. siedendem, unlösl. in Weingeist. Mit Wasser befeuchtetes Lackmuspapier wird nicht oder- nur schwach gebläut. An der Luft verliert A. allmählich an Ammoniak und nimmt dann saure Reaktion an. Beim Erhitzen auf dem Platinblech schmilzt es, als Rückstand hinterbleibt Metaphosphorsäure.

Erkennung. Mit Natronlauge erwärmt, entwickelt A. Ammoniak, die wäßrige Lösung gibt mit Silbernitrat einen gelben, in Salpetersäure und Ammoniakflüssigkeit lösl. Niederschlag.

Erg.-B. 6 läßt prüfen auf: Phosphorige Säure, Arsenverbindungen, Schwermetallsalze, Kohlensäure, Schwefelsäure und Salzsäure.

Aufbewahrung. In dicht schließenden Glasstopfengläsern.

Verwendung. Als Nährstoff für Hefelösungen, zu feuerfesten Appreturen, um Holz und Gewebe schwer verbrennlich und schwer entzündbar zu machen, zur Imprägnierung von Kerzendochten und Zündhölzern zur Verhinderung des Nachglimmens, als Flußmittel beim Löten von Zinn, Kupfer, Messing und Zink, als Düngemittel, hauptsächlich in Mischdüngern und als Bestandteil von Volldüngern der Industrie.

Ammoniumrhodanid. Ammonium rhodanatum, Erg.-B. 6.

*Ammoniumsulfocyanid. Ammoniumthiocyanat. Rhodanammonium. Schwefel-
cyanammonium.* $NCSNH_4$. Mol.-Gew. 76,1.

Ammoniumrhodanid erhält man durch Einleiten von Ammoniakgas in ein Gemisch von Schwefelkohlenstoff und Alkohol:

$$CS_2 \quad + \quad 4\,NH_3 \quad \rightarrow \quad NCSNH_4 \quad + \quad (NH_4)_2S$$

Schwefelkohlenstoff   Ammoniak   Ammoniumrhodanid   Ammoniumsulfid

Eigenschaften. Farblose, lange, prismatische Kristalle, in Wasser und Weingeist
leicht löslich.

Erkennung. 1. Durch wenig Eisenchloridlösung färbt sich die wäßrige Lösung infolge
Bildung von Ferrirhodanid blutrot.
2. Beim Erwärmen mit Natronlauge entsteht Ammoniak.

Erg.-B. 6 läßt prüfen auf fremde Salze, Schwefelsäure, Schwermetallsalze und den
Glührückstand, der nicht wägbar sein darf.

Aufbewahrung. In dicht schließenden Gläsern.

Verwendung. Als Reagens auf Fe^{+++}-Ionen, in der Maßanalyse zur Bestimmung
von Silber und Quecksilber.

Ammoniumsalicylat. Ammonium salicylicum, Erg.-B. 6.

Salicylsaures Ammonium. Mol.-Gew. 155,1.

$$C_6H_4\,[1,2] \begin{cases} OH \\ COONH_4 \end{cases}$$

Eigenschaften. Weiße, geruchlose, in Wasser leicht, in Weingeist
weniger leicht lösliche Kristalle von salzig-süßem *Geschmack*, die
beim Erhitzen unter Zersetzung und Entwicklung von Phenolgeruch
schmelzen und bei weiterem Erhitzen ohne Rückstand verbrennen.
Beim Erwärmen mit Natronlauge entwickelt sich Ammoniak. Die wäßrige Lösung
wird durch Eisenchloridlösung violett gefärbt.

Erg.-B. 6 läßt prüfen auf Schwermetallsalze, Schwefelsäure, Salzsäure.

Verwendung. *Med. innerl.* (E. 1,0 g) an Stelle von Natriumsalicylat.

Ammoniumstearat. Ammonium stearinicum.

Stearinsaures Ammonium.

Ammoniumstearat ist keine einheitliche Verbindung, sondern ein Gemisch von
Ammoniumstearat und Ammoniumpalmitat in wechselnden Mengen.

Es entsteht durch Verseifen von Stearinsäure mit Ammoniak und kommt in
Pulverform und als seifenähnliche, weiße Masse in den Handel, l. lösl. in heißem
Wasser, 10%ige Lösung p_H 9,6.

Verwendung. Als Emulgator.

Ammoniumsulfat. Ammonium sulfuricum.

Schwefelsaures Ammonium. $(NH_4)_2SO_4$.

Ammoniumsulfat ist das technisch wichtigste Ammoniumsalz.

Rohes Ammoniumsulfat. Ammonium sulfuricum crudum.

Rohes Ammoniumsulfat, das als künstliches Düngemittel weitgehende Verwendung findet, erhält man als Nebenprodukt in Leuchtgasfabriken und Kokereien

durch Neutralisieren des Gaswassers mit verd. Schwefelsäure oder durch Umsetzung von Ammoniumcarbonat mit Gips:

$$(NH_4)_2CO_3 \quad + \quad CaSO_4 \quad \rightarrow \quad (NH_4)_2SO_4 \quad + \quad CaCO_3$$
Ammoniumcarbonat $\quad$ Gips $\quad$ Ammoniumsulfat $\quad$ Calciumcarbonat

Dieses Verfahren hat besondere Bedeutung, weil es die natürlich vorkommende Schwefelsäure im Gips ausnützt.

Ammoniumsulfat, reines. Ammonium sulfuricum purum.
$$(NH_4)_2SO_4. \text{ Mol.-Gew. } 132{,}14.$$

Das reine Ammoniumsulfat wird durch Umkristallisieren des rohen Salzes gewonnen.

Eigenschaften. Farblose Prismen oder geruchloses Kristallmehl mit scharf salzigem *Geschmack*, lösl. in 2 T. kaltem, 1 T. siedendem Wasser mit neutraler Reaktion, unlöslich in Weingeist. Beim starken Erhitzen verflüchtigt sich das Salz unter Zerfall in Ammoniak und Schwefelsäure:

$$(NH_4)_2SO_4 \quad \rightarrow \quad 2\,NH_3 \quad + \quad H_2SO_4$$
Ammoniumsulfat $\quad$ Ammoniak $\quad$ Schwefelsäure

Erkennung. Die wäßrige Lösung gibt mit Bariumnitratlösung einen weißen Niederschlag von Bariumsulfat, unlösl. in Salzsäure. Beim Erhitzen mit Natronlauge entsteht Ammoniak.

Verwendung. Als Flammschutzmittel für Textilien, Pappe, Holz, mit Ammoniumnitrat zur Herstellung des Stickstoffdüngers *Leuna-Salpeter (Ammoniumsulfatsalpeter)*, zur Herstellung von Salmiak und anderen Ammoniumsalzen, als Gärsalz für Hefe im Gärungsgewebe, als Unkrautvertilgungsmittel (25%), zu Kältemischungen, zur Imprägnierung von Kerzendochten, chemisch rein zur Herstellung von Silberspiegelbelägen.

Ammoniumsulfid. Ammonium sulfuratum.
Schwefelammonium. $(NH_4)_2S.$

Darstellung. Beim Einleiten von Schwefelwasserstoff in wäßrige Ammoniaklösung bis zur Sättigung erhält man das primäre oder saure Ammoniumsalz des Schwefelwasserstoffs *Ammoniumhydrogensulfid, Ammoniumhydrosulfid* oder *Ammoniumsulfhydrat*:

$$NH_3 \quad + \quad H_2S \quad \rightarrow \quad (NH_4)HS$$
Ammoniak $\quad$ Schwefelwasserstoff $\quad$ Ammoniumhydrogensulfid

Auf Zusatz der gleichen Menge Ammoniaklösung oder durch Einleiten von Ammoniakgas in Ammoniumhydrogensulfidlösung erhält man das *neutrale Ammoniumsulfid*:

$$(NH_4)HS \quad + \quad NH_3 \quad \rightarrow \quad (NH_4)_2S$$

als eine farblose Flüssigkeit mit unangenehmem Geruch, die in der Analyse als Gruppenreagens dient. Ammoniumsulfid löst Schwefel unter Bildung gelber, schwefelreicher Polysulfide, z. B.:

$$(NH_4)_2S \quad + \quad 2\,S \quad \rightarrow \quad (NH_4)_2S_2$$
Ammoniumsulfid $\quad$ Schwefel $\quad$ Ammoniumsulfid,
gelbes Schwefelammonium

Gelbes Schwefelammonium ist eine unangenehm riechende, gelbe Flüssigkeit und findet in der qualitativen chemischen Analyse Verwendung.

Ammoniumtartrat. Ammonium tartaricum.

$$NH_4OOC \cdot CHOH \cdot CHOH \cdot COONH_4.$$

Darstellung. Durch Neutralisieren von Weinsäurelösung mit Ammoniak.

Das saure Salz *Ammoniumbitartrat, Ammoniumhydrogentartrat, saures, weinsaures Ammonium,* $NH_4OOC \cdot CHOH \cdot CHOH \cdot COOH$, findet in der Wolldruckerei und als Kohlensäure austreibender Bestandteil von Backpulvern Verwendung.

Ammoniumthiosulfat. Ammonium thiosulfuricum.

Thioschwefelsaures Ammonium. $(NH_4)_2S_2O_3$. Mol.-Gew. 148,20.

Farblose, monokline Kristalle, in Wasser leicht löslich.

Verwendung. Als Reagens, in der Photographie als Fixiersalz.

Ammonium, tumenolsulfonsaures. Ammonium tumenolicum.

Tumenolammonium. $C_{41}H_{51}O_2 \cdot SO_3NH_4$.

Eigenschaften. Dunkelbraune, sirupdicke Flüssigkeit, mischbar mit Wasser, Glycerin und Weingeist in jedem Verhältnis. Natriumchlorid und verd. Säuren fällen aus der wäßrigen Lösung (1 : 10) eine schwarze, harzartige Masse. Beim Erwärmen mit Natronlauge entsteht der Geruch nach Ammoniak.

Verwendung. Wie Ichthyol unverdünnt zu entzündungswidrigen Pinselungen, zu kosmetischen Salben gegen Hautentzündungen und Hautjucken.

Ammoniumuranat. Ammonium uranicum.

Uransaures Ammonium. $(NH_4)_2U_2O_7$.

Ammoniumuranat wird (früher unter der Bezeichnung Uranoxyd) in der Porzellanmalerei verwendet. Findet es unter der Glasur Verwendung, färbt es schwarz, auf der Glasur gelb. Beim Glühen geht es in grünes Uranoxyduloxyd über.

Ammoniumvalerianat. Ammonium valerianicum.

Baldriansaures Ammonium. $C_4H_9 \cdot COONH_4$. Mol.-Gew. 119.

Farblose, hygroskopische Kristalle mit baldrianartigem Geruch und scharfem, süßlichem Geschmack. L.lösl. in Wasser und Weingeist.

Aufbewahrung. In kleinen Gefäßen, zweckmäßig mit paraffinierten Korken.

Verwendung. *Innerl.* als beruhigendes Mittel (E. 0,2 g).

Ammoniumvanadat. Ammonium vanadinicum, meta-.

Vanadinsaures Ammonium. NH_4VO_3. Mol.-Gew. 116,99.

Eigenschaften. Weißes oder schwach gelbliches, kristallines, in Wasser l.lösl. Pulver.

Verwendung. In der mikroskopischen Technik zur Hämatoxylinfärbung, zur Erzeugung von Vanadinschwarz auf Wolle, zur Herstellung von schwarzen Tinten, zum Schwarzfärben von Holz (Klaviertasten), in der Keramik (Vanadinlüster), in der Baumwollfärberei, zum Grünfärben von Glas.

Erkennung der Ammoniumverbindungen.

Ammoniumsalze sind weiß, ihre Lösungen farblos.

Reaktionen auf trockenem Wege. 1. Ammoniumsalze flüchtiger Säuren sind beim Erhitzen im Tiegel bis zu schwacher Rotglut unter teilweiser Zersetzung flüchtig. Von dieser Eigenschaft macht man Gebrauch bei der Verwendung von Salmiak beim Löten:

$$NH_4Cl \quad \rightarrow \quad NH_3 + HCl$$

und bei der Verwendung von Ammoniumcarbonat als Triebmittel in der Bäckerei:

$$(NH_4)_2CO_3 \quad \rightarrow \quad 2\,NH_3 + H_2O + CO_2$$

2. Die Ammoniumsalze nicht flüchtiger Säuren verlieren beim Erhitzen ebenfalls Ammoniak, z. B. das Phosphorsalz, Natrium-Ammoniumphosphat, $NaNH_4HPO_4 \cdot 4\,H_2O$:

$$NaNH_4HPO_4 \rightarrow \quad NaPO_3 + H_2O\uparrow + NH_3\uparrow$$

Diese Tatsache wird in der Analyse bei der *Phosphorsalzperle* praktisch verwertet. Man erhitzt dabei das Ende eines Magnesiastäbchens in der Flamme und nimmt mit ihm einige auf einem Uhrglas befindliche Phosphorsalzkristalle auf, die daran haften bleiben. Zunächst wird vorsichtig, dann kräftig im Saum der Bunsenflamme erhitzt, wobei Wasser und Ammoniak verdampfen und eine durchscheinende, glasige Masse von Natriummetaphosphat, $NaPO_3$, zurückbleibt. Diese löst, ähnlich wie die Boraxperle, Metallsalze unter Bildung kennzeichnend gefärbter Gläser.

Reaktionen auf nassem Wege. 1. Aus allen Ammoniumsalzen wird beim Erhitzen mit Alkalilauge Ammoniak frei:

$$NH_4Cl + NaOH \quad \rightarrow \quad NaCl + NH_3\uparrow + H_2O$$

Das Ammoniak erkennt man am Geruch oder durch die Bläuung von feuchtem rotem Lackmuspapier, während Kurkumapapier braun und Mercuronitratpapier schwarz gefärbt wird. Beim Annähern eines mit Salzsäure benetzten Glasstabes bilden sich dichte weiße Nebel von NH_4Cl.

2. Kleinste Mengen von Ammoniak und Ammoniumverbindungen werden mit Nesslers Reagens (s. Bd. III) nachgewiesen, das eine gelbrote Färbung bzw. Fällung erzeugt. Erkennung von Ammoniak s. a. S. 74.

Ammoniakgummi. Ammoniacum, DAB. 6.

Gummiresina Ammoniacum. Ammoniakgummiharz.

Von **Dorema ammoniacum** Don und anderen Arten der Gattung Dorema, *Umbelliferae* hauptsächlich in Persien und angrenzenden nordöstlichen Gebieten vorkommend.

Der in der Pflanze enthaltene Milchsaft fließt freiwillig oder infolge von Insektenstichen aus und erhärtet an der Luft. Lose oder zusammenhängende Körner von bräunlicher, auf dem frischen, muscheligen Bruch weißlicher Farbe. In der Kälte spröde, erweichen sie in der Wärme, ohne klar zu schmelzen. *Geruch* eigenartig, *Geschmack* bitter, scharf und würzig. Über gebranntem Kalk getrocknet, kann die Droge bei starker Kälte gepulvert werden.

Inhaltsstoffe. 70% Harz, 11 bis 20% Gummi, wenig angelikaartig riechendes Öl. Kein freies Umbelliferon.

Handelssorten. Ammoniakgummi in Tränen, ausges., DAB. 6,
Ammoniakgummi extrafein, pulv.,
Ammoniakgummi in Massen.

Verwendung. *Innerl.* (E. 0,5 g) bei Keuchhusten und chronischen Katarrhen, gegen Krämpfe und Rheuma, *äußerl.* zu Pflastern; *vet.* als Expectorans und Diureticum, zu Hufkitt; *techn.* als Zusatz zu Porzellankitt.

Erkennung. Beim Zerreiben von 1 g A. mit 3 g Wasser entsteht eine weiße Emulsion, die auf Zusatz von Natronlauge erst gelb, dann braun gefärbt wird.

Prüfung des DAB. 6. *Galbanum, afrikanischer Ammoniakgummi, Asant.* 5 g A., fein zerrieben, mit 15 ccm Salzsäure 2 bis 3 Min. lang gekocht, dürfen weder blau noch violett gefärbt werden. Nach dem Erkalten durch angefeuchtetes Filter filtrieren und mit Ammoniakflüssigkeit vorsichtig übersättigen. Im auffallenden Licht darf keine blaue Fluoreszenz entstehen.

Fremde, in Weingeist unlösliche Beimengungen. 3 g A. werden mit siedendem Weingeist ausgezogen, filtriert und der Rückstand bei 100° getrocknet, er darf nicht mehr als 1 bis 2 g betragen.

Anorganische Beimengungen. 1 g A. im tarierten Tiegel verbrannt, darf höchstens 0,075 g Rückstand hinterlassen.

Amorph.

Amorpher (g. amorphos, formlos) Zustand ist der formlose, gestaltlose Zustand fester Körper, bei dem im Gegensatz zu den Kristallen die physikalischen Eigenschaften nach allen Richtungen hin gleich sind.

Ampere.

Ampere, abgekürzt A, ist die Einheit der Stromstärke. Sie entspricht der Stärke eines elektrischen Stromes, der beim Durchgang durch eine Silbernitratlösung in einer Sekunde 1,18 mg Silber ausscheidet.

Ampfer. Rumex *L.*

Polygonaceae.

Verschiedene Ampfer- (Rumex-) Arten wurden früher gegen Hautkrankheiten volkstümlich gebraucht. Die Wurzeln von Rumex crispus, Rumex acetosa und Rumex patientia finden in der Homöopathie Verwendung.

Amphisol.

Präparat der Firma Givaudan. Anionaktiver Emulgator für Emulsionen Typ Ö/W, die innerhalb weiter p_H-Grenzen (2 bis 12) stabil bleiben, also saure und alkalische Substanzen enthalten können.

Verwendung. Allein oder in Verbindung mit anderen Emulgatoren (Seifen, Alkalisalze von Fettalkohol-Schwefelsäure-Estern usw.), zu Wachs- und Borax-Cremes (0,5%), sonst je nach Natur und Zusammensetzung der zu emulgierenden Körper 0,5 bis 2%.

Amphocerin E.

Präparat der DEHYDAG. Von der Wollfett- bzw. Wollfett-Alkohol-Basis unabhängiger Grundstoff, völlig frei von Vaseline und sonstigen Kohlenwasserstoffen. In seinem Aussehen ähnelt es den Ö/W-Salbengrundlagen Lanette O und Lanette N.

Weiße, durchscheinende Masse von wachsartiger Konsistenz, die in Schuppenform in den Handel kommt. Mit A. E hergestellte Salben, Cremes und Emulsionen haben den Vorteil leichten Ausschmelzens auf der Haut und dadurch bedingte beschleunigte und erhöhte Tiefenwirkung. Der Grundstoff ist neutral, praktisch geruchfrei und reizlos hautverträglich, frei von ionogenen Bestandteilen und gut lagerfähig.

Verwendung. Zur Herstellung von Salben, Cremes und Emulsionen vom Typ W/Ö, als emulgierender und konsistenzgebender Stoff mit praktisch allen Fetten, Ölen, flüssigen und festen Kohlenwasserstoffen und anderen bei der Salbenherstellung üblichen Zutaten. A. E kommt in Papptrommeln mit 5 und 25 kg Inhalt in den Handel.

Amphocerin K.

Amphocerin K (DEHYDAG) ist eine Kombination von emulgierenden und konsistenzgebenden Fettstoffen, frei von der sonst üblichen Wollfett- bzw. Wollfettalkohol-Basis. Es enthält nur untergeordnete Mengen weißer Vaseline.

Farblose, durchscheinende Masse, die sich äußerlich nur wenig von den üblichen W/Ö-Salbengrundlagen unterscheidet. Amphocerin K besitzt erhöhte Temperaturbeständigkeit und gestattet nach der üblichen Technik die Einarbeitung von 200 bis 250% Wasser. Damit hergestellte Cremes und Emulsionen schmelzen besonders leicht auf der Haut und bedingen dadurch erhöhte und beschleunigte Tiefenwirkung der hautfreundlichen Grundstoffe. Die Zubereitungen haften vorzüglich auf der Haut, ohne einen klebenden Eindruck zu hinterlassen. D. (20°) 0,86; Schmp. 30° bis 45°; Tropfpunkt 35°; Wassergehalt unter 1%. Amphocerin K ist reizlos, hautverträglich, praktisch geruchfrei, neutral, frei von ionogenen Bestandteilen und gut lagerfähig. Vorzügliche Cremegrundlage vom Typ W/Ö.

Amphocerin P.

Präparat der DEHYDAG. Emulgator Typ W/Ö für medizinische und kosmetische Erzeugnisse. Neuartige Kombination von emulgierenden und konsistenzgebenden Fettstoffen, deren Wirkungsprinzip auf einer biologischen Mischung von Phyto- und Zoosterinen beruht, besonders in Form der auch vom Hautorgan physiologisch gebildeten Wachsester.

Eigenschaften. Hellbraune, durchscheinende Masse, die nur untergeordnete Mengen Vaselin enthält. D. (20°) etwa 0,9; Schmp. 35° bis 50°; Tropfp. etwa 45°; Wassergehalt unter 1%. Amphocerin P gestattet die Einarbeitung von 150 bis 200% Wasser und besitzt erhöhte Temperaturbeständigkeit. Amphocerinzubereitungen schmelzen auf der Haut besonders leicht und bedingen dadurch erhöhte und beschleunigte Tiefenwirkung der Grundstoffe und der darin enthaltenen Wirkstoffe. Amphocerincremes haften vorzüglich, ohne zu kleben. Amphocerin P ist reizlos hautverträglich, von schwachem Geruch, neutral, frei von ionogenen Bestandteilen, gut lagerfähig und eine vorzügliche Grundlage für kosmetische W/Ö-Cremes.

Verwendung. Amphocerin P wird bei etwa 50° geschmolzen und sonstige Fette und fettlösliche Wirkstoffe beigemischt. Wasser und wäßrige Wirkstofflösungen werden mit einer Temperatur von etwa 45° bis 50° portionweise eingearbeitet. Neuer Wasserzusatz darf immer erst dann erfolgen, wenn die restlose Bindung der vorgehenden durch Emulsionsbildung sichtbar geworden ist. Hierauf ist besonders am Schluß des Arbeitsganges und bei wasserreichen Salben zu achten. Der bei der ersten Wasserzugabe einsetzende Rührvorgang darf nicht unterbrochen werden, bis die gesamte Charge hergestellt ist. Die fertige Salbe wird unmittelbar im Anschluß an den Rührvorgang durch Walzen geschickt. Bei Salben und Cremes mit hohem Wassergehalt kann dieses zweimal notwendig sein. Der Walzvorgang soll bei möglichst feiner Einstellung und möglichst niedriger Umdrehungszahl der Walzen vorgenommen werden. Dadurch bekommen die Salben ihre endgültige feste Konsistenz und glatte Struktur. Spalt-Homogenisier-Apparate oder Turbo-Mischer mit hohen Umdrehungszahlen eignen sich nicht für das W/Ö-System, da sie das eingearbeitete Wasser aus der Emulsion wieder herausdrücken können. Für den Rührvorgang eignet sich am besten ein Planetenrührwerk oder eine Knetmaschine mit regulierbarem Lauf. Abgefüllt wird vor dem völligen Erkalten bei etwa 30°. Amphocerin P kommt in Weißblechkanistern mit 5, 10 und 25 kg Inhalt in den Handel.

Ampholytseifen.

Ampholytseifen sind keine Seifen im eigentlichen Sinne, da sie keine fettsauren Alkalien enthalten. Ihre Bezeichnung beruht einerseits auf ihrer seifenähnlichen Beschaffenheit, andererseits auf ihrer amphoteren Eigenschaft. Diese ergibt sich aus dem gleichzeitigen Vorkommen der basischen NH_2-Gruppe und der Carboxylgruppe in den Ampholytseifen, die Abkömmlinge höhermolekularer Aminosäuren sind. A. stellen wechselnde Gemische von Di-(octylaminoäthyl)-glycinlactat und Alkylaminoäthylglycinhydrochlorid dar, von denen die erste Verbindung in wäßriger Lösung keimtötend, die letzte benetzend und reinigend wirkt. Ihre keimtötende und waschaktive Wirkung wird durch das Kation bedingt, während diese Wirkung bei den Seifen und den modernen Waschmitteln (Fettalkoholsulfonate, Alkylsulfonate, Alkylarylsulfonate) durch das Anion bedingt ist. A. sind geruchlose, gelbliche bis gelbbraune Flüssigkeiten, ähnlich den flüssigen Seifen. Ihre wesentlichen Vorzüge sind Ungiftigkeit, unbegrenzte Haltbarkeit, Hitzebeständigkeit und Unempfindlichkeit gegen Kalk und Magnesiasalze des Wassers. Bei ihrer Verwendung ist ihre Unverträglichkeit mit anionaktiven Emulgatoren und Waschmitteln zu beachten, die mit Ampholytseifen Fällungen ergeben. Auch alkalische Stoffe wirken zersetzend und heben ihre Wirkung ganz oder teilweise auf. Nach BENK[1] sind mit A. unverträglich: Hühnereiweiß, Gelatine, Carrageen, Agar-Agar, Traganth, Pektin, arabisches Gummi, Ultraamylopektin, Alginate, celluloseglykolsaures Natrium, polyacrylsaures Natrium und Polyäthylenoxyde (Polyäthylenglykole). Dagegen sind Stärke, Dextrin, Johannisbrotkernmehl, Hausenblase, Methylcellulose, Polyvinylalkohol und Polyvinylpyrrolidon (Kollidon) mit Ampholytseifen verträglich. Auch einige der in der Kosmetik gebräuchlichen Säuren, wie Gerbsäure, Gallussäure, Trichloressigsäure und Chromsäure, wirken fällend auf Ampholytseifen. Gegenüber den meisten der in Betracht kommenden Säuren sind Ampholytseifen dagegen beständig, beispielsweise gegen Bor-, Ameisen-, Essig-, Wein-, Milch- und Citronensäure, desgleichen gegen Aminosäuren. Auch Äthyl- und Isopropylalkohol, einfache Glykole und Glycerin sind mit Ampholytseifen verträglich. → Tego 103 G und Tego 103 S.

Amylium-Verbindungen.

Amylacetat. Amylium aceticum, Erg.-B. 6.

Essigsäureamylester. Birnenöl. $CH_3COOC_5H_{11}$. Mol.-Gew. 130,1.

Eigenschaften. Neutrale, farblose, leicht bewegliche und entzündliche, angenehm obstartig nach Birnen riechende Flüssigkeit, deren Dämpfe zum Husten reizen. D. (20°) 0,869 bis 0,872; Sdp. 137° bis 141°; $n_D^{20°}$ 1,40 bis 1,41. In Wasser fast unlöslich. Mit Weingeist, Äther und den meisten organischen Lösungsmitteln mischbar, reagiert nach längerer Aufbewahrung sauer und kann nach Entsäuerung mit Natriumhydrogencarbonat rektifiziert werden.

---

[1] Journal für Medizinische Kosmetik, 1953, 12.

Aufbewahrung. Kühl lagern!

Verwendung. *Techn.* als Lösungsmittel in Abbeizmitteln für alte Ölfarben und Lackanstriche und in Lacken sowie für Celluloid; Chlorkautschuklacken verleiht A. gute Streichfähigkeit; zum Verdecken unangenehmer Gerüche, zum Parfümieren, zu Schuhcremen usw. *Rein* in der Photometrie zur Speisung der Hefner-Lampe. Die alkoholische Lösung als „*Birnenäther*" zur Bereitung von Fruchtessenzen, in der Süßwaren- und Likörindustrie. Als Zusatz zu Fleckenwässern ungeeignet, da u. U. schon kleine Mengen auf gewisse Arten von Kunstfasern lösend wirken.

Amylbenzoat. Benzoesäureamylester. Amylium benzoicum.

Benzoesäureamylester. $C_6H_5COO \cdot C_5H_{11}$.

Amylbenzoat besitzt einen kleeartigen, an Ambra erinnernden Geruch mit angenehmer balsamischer Beinote, ist ein guter Fixateur und ein gutes Lösungsmittel für Moschus. Der Ester findet hauptsächlich zu Phantasiekompositionen (Klee, Heu, orientalische Parfüme) Verwendung.

Amylformiat. Amylium formicicum.

Ameisensäureamylester. $HCOOC_5H_{11}$.

Gereinigt D. (20°) 0,800 bis 0,870, techn. rein D. (20°) 0,880; Sdp. 120° bis 124°. Wasserhelle, in Wasser unlösliche Flüssigkeit mit kennzeichnendem scharfem Geruch. Mit Leinöl, Ricinusöl und Kohlenwasserstoffen mischbar, Lösungsmittel für Nitrocellulose, Celluloid, Chlorkautschuk, Kolophonium, Harzester und einige Kunstharze. *Isoamylformiat* ist eine angenehm obstartig riechende Flüssigkeit zur Herstellung von Fruchtsäften.

Amylmetakresol.

In Wasser sehr schwer, in organischen Lösungsmitteln lösl. Konservierungs- und Desinfektionsmittel mit angenehmem Geruch. Phenolkoeffizient 240 (Staphylococcus aureus).

☠ 2. Amylnitrit. Amylium nitrosum, DAB. 6. Stoff B.

Salpetrigsäureamylester. $(CH_3)_2CH \cdot CH_2 \cdot CH_2(ONO)$. Mol.-Gew. 117,10.

Darstellung. Durch Einleiten von Salpetrigsäureanhydriddämpfen in Amylalkohol:

$$2\,C_5H_{11}OH \quad + \quad N_2O_3 \quad \rightarrow \quad 2\,C_5H_{11} \cdot O \cdot NO \quad + \quad H_2O$$

Amylalkohol — Salpetrigsäureanhydrid — Amylnitirit — Wasser

Eigenschaften. Klare, gelbliche, flüchtige Flüssigkeit von fruchtartigem *Geruch* und brennend würzigem *Geschmack*. In Wasser kaum, in absolutem Alkohol und in Äther in jedem Verhältnis lösl. Verbrennt angezündet mit leuchtender, rußender Flamme. D. (20°) 0,872 bis 0,882; Sdp. 95° bis 97°.

Toxikologie. Amylnitrit kann bei Überdosierung zur Vergiftung führen, dabei entstehen Kopfschmerzen, Schwindel, Rötung des Gesichts und Herzklopfen.

Prüfung des DAB. 6. DAB. 6 läßt prüfen auf unzulässige Menge freie Säure, Valeraldehyd und Wasser.

Aufbewahrung. *Vorsichtig*, vor Licht geschützt.

Verwendung. Als gefäßerweiterndes Mittel nur nach ärztlicher Anordnung durch Einatmen.

Amylsalicylat. Amylium salicylicum, Erg.-B. 6.

Salicylsäureisoamylester. $C_6H_4(OH)COOC_5H_{11}$. Mol.-Gew. 208,13.

Farblose bis gelbliche, angenehm riechende Flüssigkeit; *Geruch* an Salol erinnernd, unlösl. in Wasser, lösl. in 3 T. Weingeist, in Chloroform und Äther sehr leicht lösl. D. (20°) 1,044 bis 1,051; Sdp. 277° bis 283°.

Erkennung. Die weingeistige Lösung (1 + 9) wird durch verd. Eisen(III)-chlorid-Lösung (1 + 19) violett gefärbt.

Aufbewahrung. Vorsichtig vor Licht geschützt.

Verwendung. Wie Methylsalicylat.

Amylvalerianat. Amylium valerianicum.

Baldriansäureamylester. *Äpfelöl.* $C_4H_9 \cdot COO \cdot C_5H_{11}$.

Angenehm riechende Flüssigkeit, die in weingeistiger Lösung in der Süßwaren- und Likörindustrie und zur Herstellung von Fruchtäthern Verwendung findet.

☠ 2. Amylenhydrat. Amylenum hydratum, DAB. 6. Stoff B.

Dimethyläthylcarbinol. Tertiärer Amylalkohol. Mol.-Gew. 88,10.

$$CH_3 \diagdown \diagup CH_2 \cdot CH_3$$
$$C$$
$$CH_3 \diagup \diagdown OH$$

Darstellung. Aus Amylen durch Schütteln mit einer abgekühlten Mischung von konz. Schwefelsäure mit Wasser. Die dabei entstandene Amylschwefelsäure, $SO_4HC_5H_{11}$, wird mit Natronlauge übersättigt und destilliert:

$$SO_4HC_5H_{11} \;+\; 2\,NaOH \;\rightarrow\; Na_2SO_4 \;+\; C_5H_{11}OH \;+\; H_2O$$

Amylschwefelsäure   Natronlauge   Natriumsulfat   Amylenhydrat   Wasser

Das Amylenhydrat wird vom Wasser getrennt, mit frisch geglühtem Kaliumcarbonat entwässert, dann erneut destilliert und die bei zwischen 99° und 100° übergehenden Anteile aufgefangen.

Eigenschaften. Klare, farblose, flüchtige Flüssigkeit mit eigenartigem *Geruch* und brennendem *Geschmack.* Mit Wasser angefeuchtetes Lackmuspapier wird durch A. nicht verändert. Lösl. in 8 T. Wasser, in jedem Verhältnis in Weingeist, Äther, Chloroform, Glycerin und fetten Ölen lösl. Es verbrennt mit leuchtender und rußender Flamme. D. (20°) 0,810 bis 0,815; Sdp. 97° bis 103°.

DAB. 6 läßt prüfen auf Amylen und Aldehyde.

Aufbewahrung. *Vorsichtig*, vor Licht geschützt.

Verwendung. *Med. innerl.* als Hypnoticum.

Analyse.

Mit Analyse (g. analysis, Auflösung) bezeichnet man die Zerlegung eines Stoffes in seine Bestandteile. Im Gegensatz zu der Analyse steht die Synthese (g. synthesis, Zusammenfügung), bei der die Stoffe nicht zerlegt, sondern zusammengesetzt werden.

Man teilt die Analyse in die *qualitative* (lat. qualis, wie beschaffen) *Analyse,* welche die Stoffe in den Verbindungen der Art nach feststellt und die Gruppen in Anionen und Kationen einteilt, und in die *quantitative* (lat. quantus, wieviel) *Analyse,* welche die Stoffe nach der Menge feststellt. Die quantitative Analyse wird wieder eingeteilt in *Gewichtsanalyse* oder *gravimetrische Analyse*, die *Gravimetrie* und die *Maßanalys* oder *Volumetrie.*

Ananas.

Rotgelber, von grünem Blattschopf gekrönter Fruchtzapfen einer aus Mittelamerika kommenden, im tropischen Asien und Afrika kultivierten Staude, *Ananas sativus Schultes, Bromeliaceae.* Wichtiges Tropenobst bis zur Größe eines Kinderkopfes, saftreich und durch *Ananasäther* erdbeerähnlich würzig. *Geruch* und *Geschmack* angenehm aromatisch, säuerlich-süß.

Inhaltsstoffe. Bis 5,2% freie Citronensäure und 58 bis 66% Zucker, Enzyme, welche die Fähigkeit haben, Eiweiß zu verdauen und Milch zu koagulieren. Frischer Ananassaft verdaut in vitro Askariden.

Verwendung. Die Frucht der wilden Ananas als Diureticum und wurmwidriges Mittel, der vergorene weinartige Saft der Kulturformen gegen Magenkatarrh und andere Schleimhautkatarrhe.

Anaestheform.

Anaestheform ist das dijodparaphenolsulfonsaure Salz des p-Aminobenzoesäureäthylesters (Anaesthesin), $C_6H_2J_2(OH)SO_3H \cdot NH_2C_6H_4COOC_2H_5$.

Eigenschaften. Weißes, geruchloses Pulver mit schwach bitterem Geschmack. Schmp. 225°. A. ist in Wasser, Äther und fetten Ölen fast unlösl., l.lösl. in Weingeist und in 50 T. Glycerin. Auf der Zunge und den Lippen erzeugt es Gefühllosigkeit. Beim Erhitzen im Reagensglas entwickeln sich Joddämpfe.

Verwendung. Als antiseptisches und schmerzstillendes Mittel in Pudern, Streupulvern, Salben.

Anästhesin, DAB 6.

p-Aminobenzoesäureäthylester. $C_6H_4(NH_2)COOC_2H_5$ [1,4]. Mol.-Gew. 165,10.

Eigenschaften. Weißes, fein kristallines, schwach bitter schmeckendes Pulver. Schmp. 90° bis 91°. Schwerlöslich in kaltem, leichter in siedendem Wasser, auch in Alkohol, Äther, Chloroform, in 50 T. Olivenöl. Auf der Zunge bewirkt es vorübergehende Unempfindlichkeit.

Prüfung des DAB. 6. *Erkennung.* Beim Versetzen einer Lösung von 0,1 g A. in 2 ccm Wasser mit 3 Tr. verd. Salzsäure, Zugabe von 3 Tr. Natriumnitritlösung (1 + 9) und dann von 2 Tr. einer Lösung von 0,01 g β-Naphthol in 5 ccm verd. Natronlauge (1 + 2) entsteht eine dunkelorange-rote Färbung (Diazo-Reaktion).

Anorganische Beimengungen werden beim Verbrennen von 1 g A. in tariertem Tiegel festgestellt, der Rückstand darf höchstens 0,001 g betragen.

Aufbewahrung. Vor Licht geschützt.

Verwendung. *Innerl.* bei Husten und Schlingbeschwerden, E. 0,3 g, *äußerlich* in Streupulvern und Salben (10%) als örtliches Betäubungsmittel.

Anastigmate.

Anastigmate sind vollscharfe, unsymmetrisch zusammengesetzte Linsensysteme, welche das Bildfeld bis zum Rande ohne Verzerrung — *Astigmatismus* — und andere Abbildungsfehler wiedergeben. Einige bekannte Anastigmate sind Heliar, Protar, Tessar, Triotar.

Andorn.

Andornkraut, weißes. Marrubium vulgare *L.*

Helfkraut. Weißes Orantkraut.

Labiatae.

Heimat Südeuropa; in Mittel- und Nordeuropa verbreitete, auf Schutt, trockenen Weiden und Magerwiesen wachsende, bis 60 cm hohe Pflanze. Stengel hohl, vierkantig, filzig behaart, mit kreuzgegenständigen, bis 3,5 cm langen, herz- oder eiförmigen, zu Knäueln verschrumpften, zusammenhaftenden, dunkelgrünen Blättern, oberseits spärlich behaart, unterseits grau- bis weißfilzig, die unteren langgestielt, die oberen kürzer. Kleine, weiße, zweilippige Blüten in dichten Halbquirlen, Kelch weißfilzig, röhrenförmig, mit hakenförmig nach auswärts geschweiften Zähnen.

Andornkraut. Herba Marrubii, Erg.-B. 6.

Die während der Blütezeit, Juni—August, gesammelten, getrockneten oberirdischen Teile (Wasserverlust beim Trocknen 71 bis 75%). *Geruch* schwach aromatisch, *Geschmack* bitter, etwas scharf.

Die Asche darf nicht mehr als 15% betragen.

Inhaltsstoffe. Etwa 7% Gerbstoff, das sehr bittere *Marrubiin* und andere Bitterstoffe, ätherisches Öl, Harze, Wachs, Fett, Schleim.

Verwendung. *Innerl.* 1 Teelöffel auf 1 Tasse Aufguß 1- bis 2mal täglich gegen Durchfall und Hämorrhoiden, bei Erkrankungen der Luftwege, Bronchialkatarrh, Keuchhusten, Asthma, Leberleiden, Gelbsucht und Harnverhaltung; *äußerl.* gegen chronische Hautausschläge und schlecht heilende Wunden.

Anethol. Anetholum. Erg.-B. 6.

p-Propenylanisol. Mol.-Gew. 148,1.

$$C_6H_4 \begin{cases} CH{=}CH \cdot CH_3 \ [1] \\ OCH_3 \qquad [4] \end{cases}$$

Vorkommen. Zu 80 bis 90% im Anisöl und Sternanisöl, zu etwa 50 bis 60% im Fenchelöl. Aus diesen Ölen wird A. durch Abkühlung und Abpressen gewonnen.

Eigenschaften. Weiße, kristalline Masse, die bei 22,5° bis 23° zu einer farblosen, stark lichtbrechenden Flüssigkeit schmilzt. *Geruch* nach Anisöl, *Geschmack* deutlich süß. D. (25°) 0,983 bis 0,985; EP. 21° bis 22°; Sdp. 232° bis 234°; $n_D^{25°}$ 1,559 bis 1,561. Lösl. in 2 bis 3 Raumt. Weingeist (90%).

A. geht durch Oxydation in Anisaldehyd, $CH_3O \cdot C_6H_4 \cdot CHO$, und dann in Anissäure, $CH_3O \cdot C_6H_4 \cdot COOH$, über. Auch an der Luft oxydiert es sich allmählich, sein Geschmack wird dabei bitter.

Aufbewahrung. In bestverschlossenen Glasstopfenflaschen, vor Licht geschützt.

Verwendung. Wie Anisöl, scheidet jedoch in Arzneizubereitungen leicht kristallin aus.

Angelika.

Engelwurz. Archangelica officinalis *Hoffmann.*

Neue Nomenklatur **Angelica archangelica** *L.*

Umbelliferae.

Auf feuchten Wiesen im Mittel- und Hochgebirge in Schluchten, an Flußufern vorkommende, bis 2 m hohe zwei- bis vierjährige Pflanze. Stengel hohl, durch einen Wachsüberzug bläulich bereift, nach oben ästig verzweigt und häufig purpurrot angelaufen. Untere Blätter langgestielt, sehr groß, 2- bis 3fach fiederteilig, obere Blätter kleiner, einfach fiederteilig. Alle Blätter auf großen, bauchigen Blattscheiben sitzend. Fiederblättchen herzeiförmig, spitz, ungleich gesägt. Blüten (Juli/August)

Abb. 4. Engelwurz. Archangelica officinalis. *1* blühende Spitze; — *2* Teil des Blattes; — *3* Wurzelstock; — *4* Wurzelstockquerschnitt (natürliche Größe).

klein, 5blättrig, grünlichweiß, nach Honig duftend, in großen, 20- bis 40strahligen Dolden ohne Hülle, ohne oder mit kurzen, borstigen Hüllblättchen, Döldchen mit vielen Hüllchenblättern. Spaltfrüchte breit-elliptisch, zusammengedrückt, 6 bis 7 mm lang, 4 bis 5 mm breit, mit 3 Rippen auf der Rückseite und geflügelten Rändern (Abb. 4).

Angelikawurzel. Engelwurzel. Radix Angelicae, DAB. 6.

Brustwurzel. Heiligenwurzel. Theriakwurzel.

Zweijährige, im Herbst gesammelte und getrocknete (Wasserverlust 75 bis 80%) Wurzelstöcke, Nebenwurzel oft zopfartig geflochten. Wurzelstock in der Regel längs durchgeschnitten, bis 5 cm dick, fein geringelt und mit Blattresten beschopft. Wurzeln bis 1 cm dick und 30 cm lang, längsfurchig, querhöckerig. Bruch bei trockener Ware glatt. Farbe von Wurzelstock und Wurzeln braungrau bis rötlich; *Geruch* kräftig-würzig, *Geschmack* scharf-würzig, bitter. Die *Schnittdroge* besteht in der Hauptsache aus schwarzbraunen, dünnen, tieflängsfurchigen Wurzelstückchen, der Querschnitt älterer Wurzelstücke zeigt breite, weißliche, zerklüftete Rinde mit radial angeordneten braunen Sekretbehältern. Holzkörper gelb, von dem dunkelbraunen Kambium umschlossen (Abb. 5).

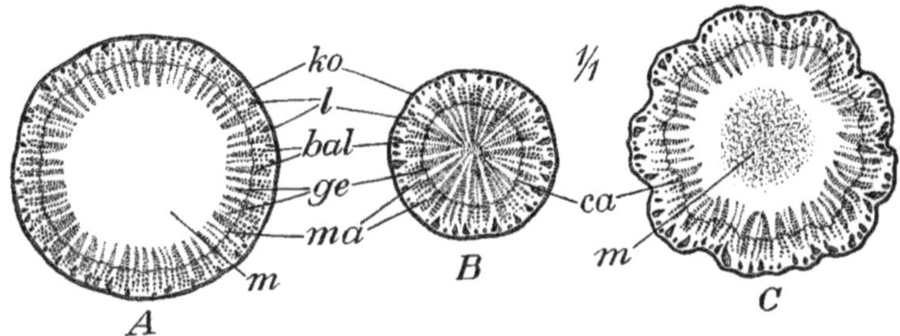

Abb. 5. Engelwurz. Radix Angelicae, Lupenbild. *A* Querschnitt durch ein frisches Rhizom; — *B* Querschnitt durch eine frische Wurzel; — *C* Querschnitt durch ein trockenes Rhizom; — *ko* Kork; — *l* Luftlücken; — *bal* Sekretgänge; — *ge* Holzpartien; — *ma* Markstrahlen; — *m* Mark; — *ca* Kambium.

Inhaltsstoffe. 0,5 bis 1% *ätherisches Öl* (s. Angelikaöl, DAB. 6), Bitterstoffe, Gerbstoff, das Lacton *Angelicin, Angelikasäure*, etwa 6% Harz, Phytosterin, Pektin, viel Stärke und bis zu 23% Rohrzucker.

Handelssorten. Angelikawurzel, ganz, DAB. 6,   Angelikawurzel, grob pulv., Angelikawurzel, geschn.,   Angelikawurzel, fein pulv.

Verwendung. *Innerl.* 1 Teelöffel auf 1 Tasse kalt ansetzen, aufkochen, bis 2 Tassen tägl., E. 1,0 g 2- bis 3mal tägl. bei Gastritis und Magengeschwüren, regt die Magensaft-, Pepsin- und Salzsäurebildung an, appetitanregend, gegen Kolik, Blähungen, Darmkatarrhe, verbessert die Funktionen des Nervensystems, bessert den Allgemeinzustand; gegen chronische Magen-, Darm- und Gallestörungen, akute und chronische neuralgische und rheumatische Erkrankungen; *äußerl.* zu Bädern (150 g als Abkochung zum Vollbad), Packungen und Einreibungen, wobei die periphere Durchblutung durch Hautreizung gefördert wird; *vet.* zu Viehfreßpulvern. Zur Herstellung von Tinctura Angelicae und Species carminativae; in der Likörherstellung besonders zu magenerwärmenden und -stärkenden Likören ähnl. Chartreuse und Benediktiner, deren wesentlicher Bestandteil sie ist.

Aufbewahrung. A. unterliegt sehr leicht dem Insektenfraß und muß deshalb sorgfältig aufbewahrt werden; zerfressene Stücke sind wertlos.

Verw. u. Verf. Wurzeln von *Angelica silvestris* sind weniger angenehm im Geruch und führen nur wenige Sekretbehälter.

Prüfung des DAB. 6. Neben der mikroskopischen Prüfung darf 1 g A. beim Verbrennen höchstens 0,14 g Rückstand hinterlassen.

Angelika(wurzel)öl. Qleum Angęlicae, DAB. 6.

Aus den Wurzeln durch Destillation mit Wasserdampf gewonnenes ätherisches Öl.

Eigenschaften. Anfangs farblos, später bräunlich werdend, fein aromatisch, pfefferartig riechend mit Moschusnote, *Geschmack* würzig. D. (15°) 0,848 bis 0,913; $a_D^{20°}$ +16° bis +41°.

Inhaltsstoffe. Die Terpene d-Phellandren, Pinen, das Sesquiterpen Cymol, Baldriansäure, Alkohole, ein moschusartig riechendes Lacton.

Verwendung. *Äußerl.* zu hautreizenden Einreibungen; zur Herstellung von Spiritus Angelicae compositus, DAB. 6; in der Parfümerie zu Chypre und anderen Luxusparfümen, wirkt fixierend, in der Kosmetik zu Mundwässern; in der Likörherstellung.

Prüfung des DAB. 6. 1 ccm A. muß sich in 6 ccm Alkohol (90%) klar oder mit nur geringer Trübung lösen.

Angelikasamenöl. Qleum Angęlicae fructus.

Durch Wasserdampfdestillation aus den Samen gewonnenes, dem Wurzelöl sehr ähnliches Öl. In Alkohol weniger leicht als das Wurzelöl lösl.

Angostura.

Galipęa officinąlis *Hancock*.

Rutąceae.

Im Norden Südamerikas (Venezuela) vorkommender Baum.

Angosturarinde (echte). Cortex Angostųrae, Erg.-B. 6.

Getrocknete Zweigrinde oder die von jungen Stämmen; röhren- oder rinnenförmige, seltener flache, bis 15 cm lange, 4 cm breite und 1 bis 3 mm dicke Stücke, außen lockerer, gelblich-brauner Kork, mitunter mit hellockerfarbenem, mehligem Überzug bedeckt; innen bräunlich-gelb bis rotbraun, anhaftendes Holz gelb. Bruch glatt, *Geruch* aromatisch, *Geschmack* gewürzhaft und stark bitter.

Inhaltsstoffe. Etwa 3% Alkaloide, besonders *Cusparin* und *Galipin* und zahlreiche Nebenalkaloide, Bitterstoff *Angosturin*, ein Glykosid und 1 bis 1,9% ätherisches Öl.

Verwendung. E. 0,5 g als Magenmittel und als Mittel gegen Fieber. Große Gaben rufen Übelkeit und Erbrechen hervor. Als Zusatz zu Bitterschnäpsen und Bitterlikören, *Angosturabitter;* zur Herstellung von Tinctura Angosturae, Erg.-B. 6.

Aufbewahrung. Vor Licht geschützt.

Verw. u. Verf. Rinde von *Croton pseudochina* mit grobsplittrigem Bruch, Geruch und Geschmack nach Anis; Rinde von *Strychnos nux vomica,* innen graubraun bis grauschwarz, außen rotgelb, giftig.

ÅNGSTRÖM-Einheit.

Die Ångström-Einheit, abgekürzt Å, ist die von dem schwedischen Physiker ANDERS JONAS ÅNGSTRÖM (1814 bis 1874) eingeführte Maßeinheit für die Länge von Lichtwellen, 1 Å = der zehnmillionste Teil eines Millimeters.

Anilin. Anilinum, Erg.-B. 6.

Phenylamin. Aminobenzol. $C_6H_5NH_2$. Mol.-Gew. 93,1.

Anilin findet sich in geringen Mengen im Steinkohlenteer.

Darstellung. Durch Reduktion von Nitrobenzol mit Wasserstoff, den man aus Eisen und verd. Salzsäure herstellt:

$$C_6H_5NO_2 \; + \; 3\,Fe \; + \; 6\,HCl \; \rightarrow \; C_6H_5NH_2 \; + \; 3\,FeCl_2 \; + \; 2\,H_2O$$

Nitrobenzol   Eisen   Salzsäure   Anilin   Eisen(II)-chlorid   Wasser

Die notwendige Salzsäure beträgt nur etwa $^1/_{40}$ der dem Eisen äquivalenten Menge. Wahrscheinlich wirkt das Eisen(II)-chlorid bei der weiteren Reduktion mit.

Eigenschaften. Farblose, in Wasser schwer lösl., ölige Flüssigkeit, die bei Luftzutritt gelb, dann rot, dann braun gefärbt wird. *Geruch* eigentümlich, schwach aromatisch, *Geschmack* brennend. In Weingeist, Äther, Schwefelkohlenstoff, Fetten und ätherischen Ölen in jedem Verhältnis lösl. Die wäßrige Lösung bläut Lackmuspapier. D. (20°) 1,020 bis 1,021; Sdp. 182° bis 183°.

Beim Einatmen größerer Mengen von A.-Dampf können Vergiftungserscheinungen mit Schwindel und Erregungszuständen auftreten.

Erkennung. Die wäßrige A.-Lösung wird durch Chlorkalklösung violett, später schmutzigrot, durch Kaliumdichromat und Schwefelsäure zunächst rot, dann blau gefärbt, mit verd. Salpetersäure färbt es Holz tiefgelb.

Aufbewahrung. Vor Licht geschützt, in möglichst vollen, nicht zu großen Gefäßen. Durch Lichteinwirkung braun gewordenes A. kann durch Destillation wieder farblos gewonnen werden.

Verwendung. Wichtiger Ausgangsstoff zur Synthese zahlreicher Teerfarbstoffe (Azofarbstoffe, Anilinschwarz, Anilinblau, Fuchsine usw.) und Arzneimittel. Zur Herstellung von Anilinfarben, die als Haarfärbemittel Verwendung finden (Entwicklungshaarfarben); als Entwickler dienen Wasserstoffsuperoxyd und Per-Salze. In der mikroskopischen Technik zum Aufhellen von Präparaten, als Anilinwasser zum Färben von Bakterien.

Anilinhydrochlorid. Anilinum hydrochloricum.

Salzsaures Anilin. Anilinsalz. $C_6H_5NH_2 \cdot HCl$. Mol.-Gew. 129,59.

Farblose bis schwach rötliche Blättchen oder Nadeln, die leicht gelb werden, leicht in Wasser und Alkohol lösl. Schmp. 199°.

Aufbewahrung. Vor Licht geschützt.

Verwendung. Zur Darstellung von Anilinschwarz, zum Schwarzfärben von Baumwolle, als Reagens auf Lignin, zur Erzielung schwarzer, wasser- und säurefester Farbtöne von Laboratoriumstischen usw.

Anis.

Pimpinella anisum *L.*

Umbelliferae.

Im östlichen Mittelmeergebiet und Ägypten heimische, heute besonders in Spanien, Rußland, Italien, Macedonien, Chile und Mexiko kultivierte einjährige, bis 0,5 m hohe Pflanze, Stengel rund, nach oben ästig, Blätter unten gestielt, ungeteilt, gezähnt, rundlich-nierenförmig, mittlere dreilappig, obere kurz gestielt oder

7 *

sitzend. 2- bis 3fach fiederschnittig. 7- bis 15strahlige Dolden mit oder ohne Hülle, Hüllchen ein- bis mehrblättrig. Nach der Fruchtreife werden die Früchte ausgedroschen (Abb. 6).

Anis. Fructus Anisi, DAB. 6.

Fructus Anisi vulgaris.

Die reifen, meist noch ganzen, seltener in die Teilfrüchte zerfallenen Spaltfrüchte mit kurzen Stielchen, verkehrt birnenförmig oder breit-eiförmig, von der Seite her zusammengedrückt, bis 5 mm lang, 2,5 bis 3 mm breit, graugrünlich, seltener graubräunlich, außen dicht und kurz anliegend behaart. Beide Teilfrüchte zusammen tragen zehn etwas hellere, gerade Rippen, an der fast flachen Fugenseite der Teilfrüchte ist eine helle Mittellinie, zu deren beiden Seiten je ein dunkler Sekretgang erkenntlich ist (Abb. 6). *Geruch* angenehm, kräftig, würzig, *Geschmack* stark würzig, süß.

Inhaltsstoffe. Ätherisches Öl, nach verschiedenen Autoren 1,2 bis 6%, Mindestgehalt nach DAB. 6 1,5%. Hauptbestandteile 80 bis 90% *Anethol* und sein isomeres Methylchavicol, Anisaldehyd, Anissäure, 10 bis 30% fettes Öl, etwa 20% Eiweiß, Zucker.

Verwendung. *Innerl.* aromatisches Magenmittel bei Magen- und Darmstörungen, Blähungen, Krämpfen; schleimlösendes Mittel bei Bronchialkatarrh, Husten und Asthma; Beruhigungsmittel für kleine Kinder; zur Anregung der Milchsekretion; häufig Bestandteil von Abführ-, Husten- und Magentee, auch Geruchs- und Geschmackskorrigens, Gewürz für Backwaren; in der Likörbereitung; *äußerl.* gegen Ungeziefer. Als Witterung für Taubenschläge.

Verw. u. Verf. Die Umbelliferenfrüchte des giftigen, gefleckten Schierlings, *Conium maculatum L.*, kleiner als A., mit zehn gekerbten Rippen, kahl, ohne merklichen Geruch und Geschmack. Beim Befeuchten mit Kalilauge entsteht der unangenehm durchdringende Geruch nach *Mäuseharn* durch das enthaltene Coniin.

Abb. 6. Anis. Pimpinella anisum. *1* blühende und fruchtende Pflanze; — *2* vergrößerte Blüte; — *3* vergrößerte Frucht; — *4* Fruchtquerschnitt, vergrößert.

Die giftigen Samen von Bilsenkraut *Hyoscyamus niger L.* 1 bis 2 mm groß, flach, nierenförmig und grau- bis gelbbräunlich.

Die kahlen Umbelliferenfrüchte der Hundspetersilie, *Aethusa cynapium L.*, mit blaugrünen, stark eingeschnittenen Tälchen und hellen, starken Rippen.

Des ätherischen Öles beraubte Anisfrüchte.

Prüfung des DAB. 6. *Früchte von Conium maculatum.* 5 g gequetschter oder pulv. A. werden mit 75 ccm Wasser und 2 ccm Kalilauge in einem 250-ccm-Kolben mehrere Stunden stehengelassen, dann 10 ccm wäßrige Bariumchloridlösung (1 + 9) zugefügt und die Mischung der Destillation unterworfen, bis etwa 10 ccm übergegangen sind. Zusatz einiger Tr. Salzsäure zum Destillat, Ausschütteln mit Äther und Verdampfen der wäßrigen Flüssigkeit in einer Glasschale auf dem Wasserbad. Nach Zusatz einiger Tr. Kalilauge und Auflegen eines Uhrglases auf die Glasschale wird bei 1 cm hoher Flamme mit Drahtnetz eine Mikrodestillation durchgeführt. Das sich am Uhrglas sammelnde Destillat darf mit Jodlösung weder Trübung noch Fällung geben.

Minderwertige Qualität. 1 g A. darf beim Verbrennen höchstens 0,1 g Rückstand hinterlassen. Ein höherer Rückstand deutet auf minderwertige Qualität hin.

Einwandfreie Qualität. Durch Bestimmung von mindestens 0,15 g ätherischem Öl in 10 g A.

Anisöl. Oleum Anisi, DAB. 6.

Das ätherische Öl der reifen Anisfrüchte (Pimpinella anisum) und der reifen Sternanisfrüchte (Illicium verum), die sich beide sehr ähnlich sind und aus denen das Öl durch Wasserdampfdestillation gewonnen wird. Farblose bis blaßgelbe, stark lichtbrechende Flüssigkeit, optisch aktiv ($\alpha_D^{20°} = +0,6°$ bis $-2°$), erstarrt zwischen 15° und 19° zu einer weißen, kristallinen Masse; D. (20°) 0,979 bis 0,989; *Geruch* würzig, *Geschmack* süßlich.

Inhaltsstoffe. 80 bis 90% *Anethol*, das durch Ausfrieren aus dem Anisöl gewonnen wird, Anisaldehyd, Anisketon, Anissäure, Methylchavicol.

Handelssorten. Anisöl, DAB. 6, Anisöl techn.

Verwendung. *Med. innerl.* E. 0,1 g (4 Tr.) als schleim- und krampflösendes Mittel bei Bronchialkatarrhen, als Geschmackskorrigens auch in Salmiakpastillen, Stomachicum und Carminativum; zur Aromatisierung von Zahn- und Mundpflegemitteln, in der Likörherstellung, als Gewürz in der Bäckerei, zu Bonbons; *äußerl.* in fettem Öl (1 : 20 bis 50) als Abhaltungsmittel gegen Läuse, als Raubzeugwitterung und Lockmittel für Tauben.

Aufbewahrung. In braunen, möglichst ganz gefüllten und best verschlossenen Flaschen, kühl.

Verw. u. Verf. Verfälschungsmittel wie Petroleum, fette Öle und Terpentinöl verändern die Alkohollöslichkeit, Verfälschung durch Fenchelöl bedingt stärkere Rechtsdrehung.

Prüfung des DAB. 6. *Reinheit.* Klare Lösung von 1 ccm A. in 3 ccm Weingeist 90%.
Säuren. Rötung von in die Lösung eingetauchtem Lackmuspapier.
Phenole. Violettfärbung der Lösung bei Zusatz von 7 ccm Wasser und 3 Tr. verd. Eisenchloridlösung (1 + 9).
Weingeist. Rotfärbung eines lockeren Wattebausches, mit dem ein Reagensglas verschlossen ist und der ein kleines Fuchsinkristall umschließt. Beim Erhitzen von 1 ccm A. zum Sieden mit kleiner Flamme darf das Fuchsin die Watte nicht verfärben.
Blei, Kupfer. Braunfärbung der wäßrigen Schicht beim kräftigen Schütteln von 5 ccm A. mit 5 ccm Wasser, 1 Tr. verd. Salzsäure, Absetzenlassen und Versetzen der wäßrigen Lösung mit 3 Tr. Natriumsulfidlösung.

Anisaldehyd.

p-Methoxybenzaldehyd. Aubépine. $CH_3O \cdot C_6H_4 \cdot CHO$[1,4]. Mol.-Gew. 136,14.

Anisaldehyd ist in kleinen Mengen im Anisöl enthalten und wird durch Oxydation von Anethol mit Kaliumdichromat und Schwefelsäure gewonnen.

Eigenschaften. Farbloses, ausgesprochen nach Weißdorn (kumarinähnlich) riechendes Öl, *Geschmack* brennend gewürzhaft, Sdp. 247°; spez. Gew. (13°) 1,130;

lösl. in Weingeist und Äther. Beim Abkühlen in einem Kältegemisch erstarrt es kristallin und schmilzt wieder zwischen $0°$ und $-4°$. An der Luft oxydiert es sich leicht zu Anissäure.

Aufbewahrung. In sehr gut verschlossenen, möglichst gefüllten braunen Flaschen.

Verwendung. Als wertvoller Riechstoff für zahlreiche Kompositionen mit Blumencharakter in der Parfümerie, für „grüne Gerüche" (Fougère, Heu, Klee usw.). Heugerüche erhalten durch Mitverwendung von A. besondere Natürlichkeit.

Anisaldehyd, kristallisiert.

Aubépine, kristallisiert.

Anisaldehyd kristallisiert ist ein chemisch gebundener Anisaldehyd, anisaldehydschwefligsaures Natrium, $CH_3O \cdot C_6H_4 \cdot CH(OH)OSO_2Na$, im Gemisch mit Natriumcarbonat.

Eigenschaften. Weißes, geruchloses Pulver, das auf Wasserzusatz etwa 40% Anisaldehyd entwickelt. In Wasser leicht und vollständig lösl.

Aufbewahrung. In gut verschlossenen braunen Gefäßen, kühl und besonders vor Licht geschützt.

Verwendung. Zur Parfümierung von Seifen, die es bis zum letzten Rest gleichmäßig stark parfümiert.

Anisalkohol.

$$CH_3 \cdot O \cdot C_6H_4 \cdot CH_2 \cdot OH. \quad \text{Mol.-Gew. } 138{,}16.$$

In Weingeist und Alkohol lösl. Nadeln mit mildem, süßem, sehr feinem Weißdorn- und Fliedergeruch, der an Kirschblüte erinnert. Schmp. 5,2; EP. $22°$ bis $24°$; Sdp. $258{,}8°$.

Verwendung. Als Ausgangsmaterial für Blütenöle (Flieder, Mimosa), seifenbeständig.

Anissäure. Acidum anisicum.

p-Methoxybenzoesäure. $CH_3 \cdot O \cdot C_6H_4 \cdot COOH$ [1,4]. Mol.-Gew. 152,14.

Darstellung. Durch Oxydation von Anethol oder Anisöl mit Kaliumdichromat und Schwefelsäure.

Eigenschaften. Farb- und geruchlose Nadeln oder Prismen. Schmp. $184{,}2°$; Sdp. $275°$ bis $280°$; lösl. in 2500 T. Wasser $(18°)$, in siedendem Wasser, Alkohol und Äther l. lösl. Die wäßrige Lösung reagiert sauer.

Verwendung. *Äußerl.* als Wundantisepticum, als Zusatz zu Hautcremes, Gesichts-, Haar- und Mundwässern, Zahnpasten (0,5 bis 2%). Hautunreinigkeiten werden durch anissäurehaltige Salben geheilt.

Tetramethylolacetylendiharnstoff

ANM-Pudergrundlage.

Amylum non mucilaginosum[1].

Stärkeprodukte entwickeln bekanntlich in Gegenwart von Wasser ihre kolloiden Eigenschaften, sie quellen, gehen zur Gelbildung über, es entsteht der bekannte Stärkekleister. Dieser bildet für Bakterien einen ausgezeichneten Nährboden, die Stärke wird

[1] Hersteller: Neckar-Chemie, Oberndorf/Neckar.

abgebaut, die entstehenden Abbauprodukte sind für die Haut schädlich. Die Hautporen werden verklebt oder gar verstopft, die Porenöffnungen durch die quellende Stärke immer mehr vergrößert. Es entsteht die wenig schöne, ausgesprochen großporige Haut. Als Grundlage für Wundpuder eignen sich die stets keimhaltigen Stärken nicht, da sie nicht sterilisiert werden können.

ANM-Pudergrundlage ist ein Stärkeprodukt, das nach dem DBP. 840542 durch Verätherung mittels einer polyfunktionellen Methylolverbindung (Tetramethylolacetylendiharnstoff) in einen dauerhaften, nicht quellbaren Zustand übergeführt wird. Nach diesem Verfahren wird nicht nur eine in jedem Fall nicht quellbare Pudergrundlage erzielt, sondern die dabei anfallenden Produkte zeigen gegenüber dem Ausgangsmaterial noch wesentliche Verbesserungen. Die ANM-Pudergrundlage kann aus jedem gewünschten Stärkeprodukt hergestellt werden und vereinigt praktisch alle Eigenschaften, die von einer idealen Pudergrundlage gefordert werden müssen. Sie eignet sich gleichermaßen zur Herstellung von Wundpudern, Kinderpudern und kosmetischen Pudern. Ihre Vorteile bestehen in hoher Gleitfähigkeit, guter Haftfähigkeit und Deckfähigkeit, hohem Adsorptionsvermögen für Wasser, Öl und andere Wirkstoffe (1 g ANM nimmt z. B. durchschnittlich 1500 mg Wasser auf), leichter Abgabe von inkorporierten Medikamenten oder Wirkstoffen an die Umgebung. ANM ist weitgehend indifferent, absolut reizlos, nicht nur keimfrei, sondern infolge seines chemischen Aufbaues autosteril und entspricht den physiologischen Bedürfnissen der Haut. In Wasser aufgeschwemmt, liefert es einen sauren p_H-Wert von durchschnittlich 5 bis 6. Trotz mangelnder Quellungsneigung wird ANM von Fermenten abgebaut, zeigt in Gegenwart von Wasser, selbst beim Kochen, keine Quellungserscheinungen, ist also ohne weiteres sterilisierbar. Für kosmetische Zwecke sind ganz besondere Vorteile die Glanzlosigkeit der ANM-Pudergrundlage, die sie zur Herstellung von Mattpudern besonders geeignet macht, und ihre gute Anfärbbarkeit. Im Gegensatz zu anorganischen Pudergrundlagen, die bekanntlich mit Farben nur gemischt werden können, läßt sich jedes einzelne ANM-Partikelchen selbst färben.

Annalin.

Annalin ist ein gefälltes Calciumsulfat, sehr feines Pulver, das als Füllmittel, Farbenstreckmittel und in der Papierherstellung Verwendung findet.

Darstellung durch Ausfällen von Calciumchloridlösung mit Natriumsulfat:

$$CaCl_2 \;+\; Na_2SO_4 \;\rightarrow\; CaSO_4 \;+\; 2\,NaCl$$

Calciumchlorid — Natriumsulfat — Annalin — Natriumchlorid

Anobial.

Anobial[1] ist ein chloriertes Salicyl-Anilid, $C_{13}H_8O_2NCl_3$, ein neues Antisepticum mit desodorisierender Wirkung.

Eigenschaften. Weißes Pulver mit leicht graugelblichem Stich, *Geruch* sehr leicht phenolisch, geschmacklos. Schmp. 244° bis 246°. A. läßt sich bei normalen Lagerbedingungen in trockenen Räumen, deren Temperatur 40° nicht überschreitet, sehr gut aufbewahren. Da es sich am Licht zu verfärben neigt und dann eine leicht bräunliche Färbung annimmt, ist es vor Licht geschützt aufzubewahren. Die Löslichkeit in den meisten Lösungsmitteln ist schwach, z. B. lösen je 100 ccm bei 25°

---

[1] Hersteller: Firmenich & Cie., successeurs de Chuit, Naef & Cie., Genf (Schweiz).

Ölsäure . . . . 0,07 g	Isopropylalkohol . 0,25 g	Olivenöl . . . 0,15 g
Weingeist (95%) . 0,25 g	Destill. Wasser . . 0,0015 g	Rizinusöl . . 0,315 g
Weingeist (70%) . 0,03 g	Glycerin . . . . . 0,008 g	Propylenglykol 0,08 g

Dagegen ist das Natriumsalz bei gleicher bakteriologischer Wirkung wesentlich löslicher. Von diesem lösen 100 ccm Weingeist (95%) 3,0 g, 100 ccm dest. Wasser 0,5 g. Reiz- oder Empfindlichkeitserscheinungen auf der Haut haben sich nicht gezeigt.

Verwendung. Hauptsächlich in der Seifenindustrie, wobei A. in Pulverform während des Pilierens direkt der Seifenmasse einverleibt wird. Für Toiletteseifen 1,5%, für medizinische Seifen kann der Zusatz erhöht werden. Um die desodorisierende Wirkung zu erreichen, genügen schon 0,8 bis 1%. Für kosmetische Erzeugnisse auf Basis ionogener Seifen, auch Stearatcremes, werden 0,5 bis 0,8% verwendet. Sind ionogene Seifen nicht vorhanden, genügt ein wesentlich geringerer Zusatz, so in Talkpudern und Lotionen 0,1 bis 0,3%. Das Parfüm der Produkte wird durch A. nur in unmerklicher Weise verändert.

Anthracen. Anthracenum.

$C_{14}H_{10}$. Mol.-Gew. 178,22.

Anthracen wurde 1832 von DUMAS und LAURENT im Steinkohlenteer entdeckt.

Anthracen ist der wertvollste Bestandteil des Steinkohlenteers (Grünöls und Anthracenöls) und scheidet sich wie das Naphthalin beim Abkühlen als fester Stoff ab. Anhaftendes Öl wird abgeschleudert, dann das A. in Benzol gelöst, umkristallisiert und sublimiert.

Eigenschaften. *Gereinigtes Anthracen. Anthracenum depuratum sublimatum,* stellt farblose kleine Tafeln oder ein schwach gelbliches, kristallines Pulver dar. Schmp. 217°; Sdp. 351°; in Wasser unlösl., wenig lösl. in Weingeist, Äther, Chloroform und Benzol. Bei der Oxydation geht A. in → Anthrachinon über.

Verwendung. Wichtiger Ausgangsstoff zur Herstellung von Farbstoffen (Alizarin, Indanthren), zur Herstellung von Anthrachinon, als Reagens auf Holzstoff.

Anthrachinon.

Diphenylketon. Mol.-Gew. 208,20.

Darstellung. Durch Oxydation von Anthracen mit Luftsauerstoff (Vanadinsalze als Katalysatoren) oder mit Chromsäure.

Eigenschaften. Rein farblose und geruchlose, unrein gelbe Kristallnadeln, unlösl. in Wasser, schwer lösl. in Weingeist und Äther, l.lösl. in heißem Benzol. D. 1,419; Schmp. 266°; Sdp. 377°.

Verwendung. Sehr wichtiger Ausgangsstoff zur Herstellung von Teerfarbstoffen.

Anthrachinonderivate.

Anthrachinonderivate sind die wirksamen Bestandteile abführend wirkender Drogen (Aloe, Frangula, Sennesblätter, Rhabarber u. a.), auch → Istizin ist ein Anthrachinonderivat. A. wirken auf die Dickdarmschleimhaut reizend und erhöhen dadurch reflektorisch die Darmperistaltik. Dadurch kommt es im Dickdarm zu einer mangelhaften Eindickung des Kotes, er enthält noch über 80% Wasser. Da die A. nur auf den Dickdarm wirken, ist ihre Wirkung wesentlich milder als die der dünndarmwirksamen Harzglykoside.

Anthrarobin. Anthrarobinum, Erg.-B. 6. Stoff B.

Dioxyanthranol. Dioxyanthron. Desoxyalizarin. $C_{14}H_8O(OH)_2$. Mol.-Gew. 226,1.

Darstellung. Durch Reduktion von Alizarin.

Eigenschaften. Gelbbraunes bis schokoladenfarbiges, geruch- und fast geschmackloses Pulver, sehr schwer in kaltem, leichter in heißem Wasser sowie in 10 T. Weingeist lösl.

Erkennung. Die wäßrige Lösung gibt mit Bleiessig einen rotbraunen, mit Eisenchloridlösung einen braunvioletten Niederschlag. — In Natronlauge löst es sich mit rotbrauner Farbe, die an der Luft bald in Violett übergeht.

Nach Erg.-B. 6 darf beim Verbrennen von 0,2 g A. höchstens 0,004 g Rückstand verbleiben.

Verwendung. *Äußerl.* zu Pinselungen und Hautsalben (10%) bei gewissen Hautkrankheiten.

Anthrasol.

Anthrasol (Knoll) ist ein aus Steinkohlen gewonnenes entfärbtes Teerpräparat, das durch besondere Aufarbeitung nur die dermato-therapeutisch wirksamen Bestandteile des Teers enthält.

Eigenschaften. Dünne, hellgelbe, ölige Flüssigkeit mit schwächerem Geruch als gewöhnlicher Steinkohlenteer. A. wirkt gefäßkontrahierend, keratoplastisch, juckreizstillend und antiparasitär. Bei richtiger Anwendung treten im Gegensatz zu ähnlichen Präparaten Reizerscheinungen nicht auf. Haut und Wäsche werden in keiner Weise beschmutzt.

Verwendung. *Med. äußerl.* bei juckenden, nicht entzündlichen Hauterkrankungen, chronischen Ekzemen, Schuppenbildung und Ausschlägen der Kopfhaut in Verbindung mit Haarausfall. In Hautsalben, Pasten und Streupulvern und zur Pinselung gelöst in Alkohol, Öl oder Seifenspiritus (10%), zu Haarwässern (2%). Siehe Bd. III.

Antibacterin.[1]

Natriumsalz der Chlorsulfoamidotoluylsäure. Weißes, kristallines, völlig ungiftiges, nicht hitzeempfindliches, unbegrenzt haltbares Pulver. A. ist in Wasser leicht mit neutraler Reaktion lösl., die Lösung ist unbegrenzt haltbar, ihre Desinfektionskraft nimmt nicht ab. A. greift weder Metalle noch organische Stoffe (Haut, Bekleidungsstücke, Möbel, Fußböden) noch deren Farbe und Lacke an, ätzt nicht und ist bei allen Materialien verwendbar. Die Wirkung von A. beruht auf der Abspaltung von aktivem Sauerstoff, wobei der Chlorgeruch völlig verschwindet.

Verwendung. Zur Desinfektion und Sterilisation von Gefäßen aller Art (Bottiche, Fässer, Rohrleitungen, Schläuche, Filter, Tanks in Brauereien und Nahrungsmittelbetrieben), zur Keimfreimachung von Därmen, Samen, Häuten und Borsten, zur Händedesinfektion. Billiges Desinfektionsmittel zur Tierpflege, zur Desinfektion von Ställen, Wänden, Fußböden, Futtertrögen, im Haushalt zur Reinigung und Gesunderhaltung der Wohnräume, zur Desinfektion von Geräten Kranker.

---

[1] Hersteller: Gesellschaft für Sterilisation m. b. H., Berlin-Schlachtensee.

Antibiotica.

Antibiotica sind Stoffwechselprodukte von Mikroorganismen, Bakterien und niederen Pilzen, welche die Fähigkeit haben, die Teilungsfähigkeit von Bakterien aufzuheben und deren Stoffwechsel zu blockieren. Dadurch wird das Wachstum der Bakterien gehemmt und diese abgetötet. Als erster antibiotischer Stoff wurde im Jahre 1928 von FLEMING das *Penicillin* in Kulturen von Penicillium notatum gefunden und dessen Wirksamkeit gegen Bakterien bei geringer Giftigkeit für den Wirtsorganismus erkannt. Die bekanntesten Antibiotica sind: die Penicilline, Streptomycin, Aureomycin, Chloromycetin und zahlreiche andere.

Jede unkontrollierbare Anwendung solcher Antibiotica, die der Arzt bei lebensbedrohlichen Infektionen anwendet, etwa durch Einarbeitung in freiverkäufliche Arzneimittel oder kosmetische Mittel, ist deshalb scharf abzulehnen, weil dadurch der menschliche Organismus zur Infektionsquelle von Erregern wird, die auf Antibiotica nicht mehr ansprechen.

Antimon. Stibium. Sb.

Atomgewicht 121,76; Wertigkeit 3 und 5.

Vorkommen. *Gediegen* in hexagonalen Rhomboedern als *Allemontit* (Frankreich, Borneo, Neu-Südwales). Das wichtigste Antimonerz ist der *Antimonglanz, Grauspießglanz, Antimon(III)-sulfid*, Sb_2S_3, das sich besonders in China, Mexiko und Bolivien, in kleineren Mengen auch im Harz, Ungarn und Frankreich findet. Antimonoxyd, Sb_2O_3, kommt als *Senarmontit* und *Weißspießglanzerz*, als *Antimonocker*, Sb_2O_4, zusammen mit Silber als *Rotgiltigerz*, Ag_3SbS_3 u. a., vor. Meist findet sich Antimon in Begleitung von Arsen.

Darstellung. Durch Rösten von Grauspießglanz und Umschmelzen des Rohantimons mit metallischem Eisen oder durch Glühen von Antimonsulfid mit Kohle an der Luft und Reduzierung des Oxyds mit Kohle:

$$Sb_2S_3 \; + \; 5\,O_2 \; \rightarrow \; Sb_2O_4 \; + \; 3\,SO_2$$

Antimon(III)-sulfid   Sauerstoff   Antimon(IV)-oxyd   Schwefeldioxyd

$$Sb_2O_4 \; + \; 4\,C \; \rightarrow \; 2\,Sb \; + \; 4\,CO$$

Antimon(IV)-oxyd   Kohle   Antimon   Kohlenmonoxyd

Eigenschaften. Sprödes, silberweiß glänzendes Metall von blättrigem, grobkristallinem Gefüge, das sich leicht pulverisieren läßt. Spez. Gewicht 6,7; Schmp. 630°. An der Luft verändert es sich bei gewöhnlicher Temperatur nicht, entzündet sich aber bei Weißglut und verbrennt zu weißem Antimon(III)-oxyd, Sb_2O_3. Mit den Halogenen verbindet sich pulverisiertes Antimon unmittelbar, mit Chlor sogar unter Feuererscheinung, dabei bildet sich Antimon(V)-chlorid, $SbCl_5$. Antimon ist in Salzsäure unlöslich. Salpetersäure und Schwefelsäure oxydieren es zu Antimon-(III)-oxyd und Antimon(V)-oxyd und lösen es dann zu Nitrat bzw. Sulfat.

Toxikologie. Die Giftigkeit des Antimons entspricht etwa derjenigen des Arseniks. Schon durch Staub von Letternmetall kann es zu Antimonschädigungen kommen. Praktisch ungiftig sind die Sulfide, die zu Sicherheitsstreichhölzern und zur Herstellung roter Kautschukgegenstände Verwendung finden. Dagegen hat Goldschwefel schon zu tödlicher Vergiftung geführt. Ebenso sind Brechweinstein (s. dort) und Antimonwasserstoff sehr giftig. Es entstehen Übelkeit, Erbrechen, Reiswasserstühle und Leberschwellung.

Erste Hilfe. Magenspülung mit Kohle, gebrannter Magnesia, schwarzem Kaffee, Tee, Tannin.

Verwendung. Das Antimon bzw. die Antimonpräparate spielten früher als Arzneimittel eine wichtige Rolle. Heute ist nur noch der Brechweinstein als Arzneimittel von Bedeutung und neue organische Präparate, die gegen gewisse Tropenkrankheiten Verwendung finden.

Zur Herstellung der Antimonverbindungen, Antimonfarben und wichtiger Legierungen, so zu *Hartblei* (85 Teile Blei, 15 Teile Antimon), das besonders zu Lettern und Klischees in der Buchdruckerei Verwendung findet, *Britanniametall* (Zinn mit 10% Antimon neben etwas Kupfer und Zink), *Lagermetall* oder *Weißgußmetall* (aus Zinn, Antimon, Kupfer und Blei), in der Feuerwerkerei.

☠ *3.* Antimon(III)-chlorid. Antimontrichlorid. Stibium chloratum.

Antimonchlorür. Antimonbutter. Butyrium Antimonii. Spießglanzbutter.

$SbCl_3$. Mol.-Gew. 228,13.

Darstellung. Durch Auflösen von Antimontrioxyd oder Antimontrisulfid in konzentrierter Salzsäure:

$$Sb_2S_3 \quad + \quad 6\,HCl \;\rightarrow\; 2\,SbCl_3 \quad + \quad 3\,H_2S$$

Antimon(III)-sulfid   Salzsäure   Antimon(III)-chlorid   Schwefelwasserstoff

Nach Entfernen des Schwefelwasserstoffs und der überschüssigen Salzsäure durch Erhitzen wird der Rückstand destilliert.

Eigenschaften. Weiße bis gelbliche weiche, kristalline, hygroskopische und rauchende, ätzende Masse. Schmp. 73,3°, löslich in Salzsäure. Auf Wasserzusatz fällt aus dieser Lösung eine Mischung von *Antimonoxychlorid*, $SbOCl$, und metaantimoniger Säure, $HSbO_2$, sog. *Algarotpulver*, aus, das früher als Arzneimittel verwendet wurde.

Aufbewahrung. *Vorsichtig,* in gut schließenden, weithalsigen Glasstopfengläsern.

Verwendung. In der Tierarzneikunde als Beizmittel, in Chloroform gelöst zur kolorimetrischen Bestimmung von Vitamin A, *technisch* in der Stoffärberei als Beize, zum „Brünieren" (Herstellung eines korrosionsbeständigen Antimonüberzugs auf Gewehrläufen, Säbelscheiden und anderen Eisengegenständen), zum Schwarzfärben von Zinn, Messing. Beim Eintauchen der Gegenstände in eine Lösung von Antimontrichlorid überziehen sie sich mit einem metallischen Antimonüberzug, der ihnen ein schönes, mattschwarzes Aussehen gibt und sie gegen Rost schützt.

☠ *3.* Antimonchlorürlösung. Spießglanzbutter. Liquor Stibii chlorati, Erg.-B. 6.

Darstellung. Durch Auflösen von 1 Teil gepulvertem Schwefelantimon in 5 Teilen roher Salzsäure durch Erwärmen. Nach dem Erkalten der Flüssigkeit wird durch Asbest filtriert und aus einer Retorte destilliert, bis die übergehenden Tropfen Wasser milchig trüben. Dann wird der Rückstand in der Retorte mit verdünnter Salzsäure bis zur Dichte (20°) 1,336 bis 1,356 verdünnt.

Eigenschaften. Klare, gelbliche bis braungelbe, ölartige Flüssigkeit, die bei mäßiger Hitze vollkommen flüchtig ist.

Erkennung. Beim Verdünnen mit der vier- bis fünffachen Menge Wasser gibt sie einen weißen Brei. Auf Zusatz von Natriumsulfidlösung entsteht ein orangefarbener Niederschlag.

Erg.-B. 6 läßt prüfen auf Blei- und Kupfersalze.

Aufbewahrung. *Vorsichtig,* in gut schließenden Glasstopfengläsern.

Verwendung. *Med. äußerl.* unverdünnt als Ätzmittel.

Antimon(III)-oxyd. Antimontrioxyd.

Diantimontrioxyd. Sb_2O_3 (Sb_4O_6). Mol.-Gew. 291,52.

Das Antimontrioxyd kommt meist als Sb_4O_6, als *Antimonblüte* und *Weißspießglanzerz* und *Senarmontit* natürlich vor.

Darstellung. Durch Erhitzen von Antimontrichlorid mit Natriumcarbonatlösung:

$$2\,SbCl_3 \quad + \quad 3\,Na_2CO_3 \;\rightarrow\; Sb_2O_3 \quad + \quad 6\,NaCl \quad + \quad 3\,CO_2$$

Antimon(III)-chlorid   Natriumcarbonat   Antimon(III)-oxyd   Natriumchlorid   Kohlendioxyd

Eigenschaften. Weißes, meist rhombisch kristallines, neutrales, in Wasser unlösliches Pulver, das beim Erhitzen sublimiert. Löslich in Säuren, in Alkalien zu *Antimoniten* (Salze der metaantimonigen Säure, $HSbO_2$). Mit Weinsäure verbindet es sich zu → Kaliumantimonyltartrat.

Verwendung. Zur Herstellung von Liquor Stibii chlorati, Erg.-B. 6, als Malerfarbe (Bleiweißersatz), als Trübungsmittel für weißes Email.

Antimon(III)-sulfid. Antimontrisulfid. Spießglanz. Stibium sulfuratum nigrum (crudum), DAB. 6.

Diantimontrisulfid. Schwarzes Schwefelantimon. Sb_2S_3. Mol.-Gew. 339,8.

Darstellung. Durch Aussaigern (Ausschmelzen bei niedriger Temperatur) aus dem natürlich vorkommenden Grauspießglanz.

Eigenschaften. Halbkugelige, strahlig-kristalline Massen oder ein grauschwarzes, stark abfärbendes, schweres Pulver. Schmp. 546°.

Erkennung. Die salzsaure Lösung gibt mit Schwefelwasserstoff einen gelbroten Niederschlag.

DAB. 6 läßt prüfen auf fremde Beimengungen durch Lösen von 2 g feingepulvertem Spießglanz in 20 ccm Salzsäure unter gelindem Erwärmen (Abzug, da H_2S entwickelt) und anschließendem Kochen unter Umschwenken. Der verbleibende Rückstand darf höchstens 0,02 g betragen.

Verwendung. In der Tierheilkunde als Expectorans und zur Steigerung des Milchertrags sowie zur Hebung der Freßlust (Mastpulver), bei Gänsen und Schweinen zur Erzielung von Fettlebern. Zur Darstellung von Antimon und Antimonsalzen, in der Zündholzherstellung und Feuerwerkerei (Weißfeuer). *Vorsicht* beim Mischen mit Kaliumchlorat, *Explosionsgefahr!* Zum Brünieren von Kupfer, zu Tonglasuren.

Antimontrisulfid, geschlämmtes. Geschlämmter Spießglanz. Stibium sulfuratum nigrum laevigatum, Erg.-B. 6.

Mindestgehalt 90% Antimontrisulfid.

Darstellung. Antimontrisulfid wird gepulvert, mit Wasser geschlämmt und zwecks Entfernung von Arsen mit Ammoniak digeriert. Dabei geht Arsen als Ammoniumarsenit bzw. Ammoniumsulfarsenit in Lösung.

Eigenschaften. Grauschwarzes, glänzendes, sehr feines, schweres, geruch- und geschmackloses Pulver, löslich in Salzsäure; die Lösung wird mit Natriumsulfidlösung orangerot gefällt.

Erg.-B. 6 läßt prüfen auf Arsenverbindungen und den vorgeschriebenen Gehalt.

Verwendung. Als Arzneimittel obsolet, sonst wie Antimon(III)-sulfid.

Antimon(V)-sulfid. Antimonpentasulfid. Goldschwefel. Stibium sulfuratum aurantiacum, DAB. 6.

Diantimonpentasulfid. Sb_2S_5. Mol.-Gew. 404,0.

Darstellung. Durch Zersetzung von SCHLIPPEschem Salz, Natriumthioantimoniat, mit Salzsäure:

$$2\,Na_3SbS_4 \;+\; 6\,HCl \;\rightarrow\; Sb_2S_5 \;+\; 6\,NaCl \;+\; 3\,H_2S$$

Natriumthioantimoniat,   Salzsäure   Antimon(V)-sulfid   Natriumchlorid   Schwefelwasserstoff
Natriumsulfantimoniat

Eigenschaften. Feines, orangerotes, fast geruchloses, in Wasser unlösliches Pulver. Bei seinem Erhitzen im Reagensglas sublimiert der Schwefel teilweise, während schwarzes Schwefelantimon, Sb_2S_3, zurückbleibt, das beim Erkalten zu einer schwarzen, kristallinen Masse erstarrt. Antimon(V)-sulfid unterscheidet sich vom Antimontrisulfid durch seine Löslichkeit in Ammoniakwasser beim Erwärmen. Durch Licht- und Lufteinfluß zersetzt es sich.

Erkennung. Bei mäßigem Erhitzen einer Probe von Goldschwefel in einem engen Reagensglas sublimiert Schwefel, und schwarzes Antimon(III)-sulfid, Sb_2S_3, bleibt zurück.

Ferner läßt DAB. 6 prüfen auf: *Fremde Beimengungen.* Beim Eintragen von 0,5 g Goldschwefel in eine Lösung von 1,5 g kristallisiertem Natriumsulfid in 50 ccm Wasser muß sich dieser fast klar lösen.

Arsenverbindungen. Werden 0,5 g G. in 5 ccm rohe Salpetersäure allmählich eingetragen, das Gemisch auf dem Wasserbade zur Trockne eingedampft, der Rückstand sodann mit 5 ccm verd. Salzsäure ausgezogen, so dürfen 2 ccm des Filtrats mit 4 ccm Natriumhypophosphitlösung nach viertelstündigem Erhitzen im siedenden Wasserbade keine dunklere Färbung annehmen.

Beim Schütteln von 1 g G. mit 20 ccm Wasser werden je 5 ccm des Filtrats geprüft auf:

a) Salzsäure. Mit Silbernitratlösung darf höchstens schwache Trübung eintreten;

b) Schwefelsäure. Auf die 5fache Menge mit Wasser verdünnt darf mit Bariumnitratlösung höchstens eine schwache Trübung eintreten.

Aufbewahrung. Vor Licht geschützt.

Verwendung. Als Arzneimittel *innerlich* (Expectorans, selten). *Technisch* meist im Gemisch mit rotem Antimontrisulfid zum Vulkanisieren von Kautschuk. Die Farbe des roten Kautschuks ist durch seinen Gehalt an Antimon(V)-sulfid bedingt, im Gemisch mit Kaliumchlorat in der Zündwarenindustrie (Zündholzköpfe), in der Feuerwerkerei, zum Brünieren und Färben von Metallen.

Antimonwasserstoff. Stibin. Giftig!

SbH_3. Mol.-Gew. 124,78.

Antimonwasserstoff entsteht beim Einwirken von Salzsäure auf eine Legierung von Antimon und Zink durch den dabei entstehenden Wasserstoff im Entstehungszustand:

$$Sb_2Zn_3 \;+\; 6\,HCl \;\rightarrow\; 3\,ZnCl_2 \;+\; 2\,SbH_3$$

Antimonzink   Salzsäure   Zinkchlorid   Antimonwasserstoff

Eigenschaften. Farbloses, kennzeichnend dumpfig riechendes, *sehr giftiges* Gas. Angezündet verbrennt es mit weißer Flamme und Bildung weißer Nebel zu Antimon-(III)-oxyd, Sb_2O_3.

Toxikologie. Antimonwasserstoff ist ebenso giftig wie Arsenwasserstoff, schon kleine Mengen erregen eingeatmet Kopfschmerz, Übelkeit, Schwindel. Siehe Toxikologie Antimon.

Erkennung. Beim Durchleiten durch die Reduktionsröhre des MARSHschen Apparats (s. MARSHsche Arsenprobe) wird er in seine Bestandteile zerlegt und bildet einen *Antimonspiegel.* Beim Vorhalten einer Porzellanschale vor eine Antimonwasserstoffflamme schlägt sich Antimon als samtschwarzer, rußartiger Fleck nieder, der im Gegensatz zu Arsenflecken in Natriumhypochloritlösung unlöslich ist.

Mit Silbernitratlösung gibt Antimonwasserstoff einen schwarzen Niederschlag von $SbAg_3$.

Antimonzinnober. Rotes Antimontrisulfid. Stibium sulfuratum rubrum.

$$Sb_2S_3. \text{ Mol.-Gew. } 339,70.$$

Antimonzinnober ist ein rotes Antimontrisulfid mit überschüssigem Schwefel.

Darstellung. Durch Erwärmen einer Antimontrichloridlösung mit Natriumthiosulfatlösung.

Eigenschaften. Rotes Pulver, das sich chemisch wie schwarzes Antimontrisulfid verhält.

Verwendung. Als Malerfarbe.

Erkennung der Antimonverbindungen.

1. Schwefelwasserstoff fällt aus sauren Lösungen der Antimonverbindungen gelbrotes Antimon(III)-sulfid:

$$2\,SbCl_3 + 3\,H_2S \rightarrow 6\,HCl + Sb_2S_3 \downarrow$$

Der Niederschlag ist in starker Salzsäure und Alkalisulfiden (gelbes Schwefelammonium) löslich.

2. Auf Wasserzusatz entstehen in Antimonsalzlösungen weiße Niederschläge von Antimonoxychlorid (basisches Antimonylchlorid, sogenanntes Algarotpulver):

$$SbCl_3 + H_2O \rightarrow (SbO)Cl + 2\,HCl$$

Die dabei entstandenen Niederschläge sind in Weinsäure löslich unter Bildung von saurem Antimonyltartrat, dessen Kaliumsalz der Brechweinstein ist.

3. Lösliche Antimonverbindungen geben mit Wasserstoff im Entstehungszustand $\rightarrow$ Antimonwasserstoff, SbH_3, der mit graublauer Flamme brennt und auf einer vorgehaltenen Porzellanplatte einen mattglänzenden, grauen bis sammetschwarzen Antimonspiegel abscheidet, der im Gegensatz zum Arsenspiegel in Natriumhypochloritlösung unlöslich ist.

Antimucor[1].

Klare, transparente, dicke Flüssigkeit von angenehmem, süß-säuerlichem Geschmack. A. ist gesetzlich als Oberflächen-Konservierungsmittel für Marmelade und Konfitüren, Fruchtgelees usw. zulässig und hat sich auch bei der Lagerung von Marzipan bewährt, wenn dieses in damit imprägniertem Pergamentpapier in Kisten lagert.

Antioxine.

Antioxine (Givaudan) sind Konservierungsmittel für Fettkörper und sämtliche kosmetische Präparate sowie für Seifen. Nach JANISTYN werden zur Konservierung empfohlen:

Fette, Öle, Wachse: 0,2 bis $1^o/_{oo}$.
Cremes, Schminken und dergleichen: 0,2 bis $1^o/_{oo}$.
Gelees, Schleime: 0,2 bis $0,5^o/_{oo}$.
Toiletteseifen: 0,5 bis $1^o/_{oo}$.
Alkoholische Lösungen (niedriggradig): 0,1 bis $0,3^o/_{oo}$.
$\rightarrow$ Isothymol.

---

[1] Hersteller: Gesellschaft für Sterilisation m.b.H., Berlin-Schlachtensee.

Antiparasit.

Wirkungsvolles Bekämpfungsmittel gegen Geflügelungeziefer, zum Einstreichen der Sitzstangen.

Apfel.

Die Früchte von *Pirus malus L.*, *Rosaceae*, enthalten neben Mineralstoffen Zucker, reichlich Pektin und Enzyme, Apfel-, Citronen-, Bernstein-, Milch- und Oxalsäure. Äpfel sind ein den Stoffwechsel umstimmendes Nahrungsmittel mit weitgehender Entgiftungswirkung. Bei Durchfall finden sie zur *Apfeldiät* Verwendung. Bei dieser nimmt der Patient 1 bis 2 Tage lang ausgiebig geschälte und fein zerriebene Äpfel zu sich, soviel er vermag. Nebenher ist nur Tee erlaubt. Der hohe Pektingehalt der Äpfel wirkt stopfend. Ein Präparat der Industrie ist *Aplona*. Neben der stopfenden Wirkung wirken Äpfel nervenberuhigend, leicht abführend und fieberwidrig.

Apfelschalen. Cortex Piri mali Fructus.

Rote bis gelbbraune, außen stark gerunzelte Schalenstückchen, innen mit braunen Resten von eingetrocknetem Fruchtfleisch, teilweise mit gelb glänzenden, pergamentartigen Resten des Fruchtgehäuses, Apfelkernen und Stielteilen durchsetzt.

Inhaltsstoffe. Schleim, aromatische Stoffe.

Verwendung. Als stopfender Tee gegen Durchfall, zur Nervenberuhigung, bei rheumatischen Erkrankungen, gegen Hautausschläge, als diätetisch-therapeutisches Mittel, als Ersatz für chinesischen Tee, zu Gesundheitsteemischungen.

Äpfelsäure. Acidum malicum.

Monooxybernsteinsäure. Mol.-Gew. 134,09.

$$CH(OH) \cdot COOH$$
$$|$$
$$CH_2 \cdot COOH$$

Die Äpfelsäure wurde 1785 von K. W. SCHEELE in Äpfeln entdeckt und danach benannt. In der Natur findet sich die Säure in den Stengeln und Blättern mancher Cyperaceen und Gemüsepflanzen sowie im Saft von Birke und Esche. In großer Menge ist die Äpfelsäure im Obst, vor allem in Äpfeln, Kirschen, Pflaumen und Aprikosen enthalten, ferner in den Wildfrüchten von Berberitze, Holunder, Sanddorn, Ebereschen und in Rhabarberstengeln. Der Äpfelsäuregehalt des Kernobstes (außer Birnen) liegt zwischen 0,6 und 1,4%, derjenige der Weintrauben um 0,5% und derjenige der übrigen Beerenfrüchte (Erdbeeren, Himbeeren) zwischen 0,05 und 0,2%.

Darstellung. Aus Früchten der Berberitze, Eberesche oder Vogelbeere. Der Preßsaft wird filtriert und mit einer nicht ganz ausreichenden Menge Kalkbrei gekocht. Dabei entsteht unlösliches, neutrales Calciumsalz, das man in verdünnte Salpetersäure einträgt. Beim Erkalten der Lösung scheidet sich saures Calciummalat in rhombischen Oktaedern aus. Dies wird mit einer berechneten Menge Oxalsäure zerlegt, das entstandene Calciumoxalat abfiltriert, die Lösung eingedampft und die Säure durch Umkristallisieren gereinigt. 1000 kg Vogelbeeren ergeben eine Ausbeute bis zu 10 kg Äpfelsäure.

Eigenschaften. Die Äpfelsäure der Obstfrüchte ist linksdrehend, kristallisiert nur schwierig in zerfließlichen, in Wasser und Weingeist sehr leicht löslichen, büschelförmig vereinigten Nadeln. Schmp. 100°. Unter dem Einfluß gewisser Bakterien, die im Wein enthalten sind, geht sie unter Abspaltung von Kohlendioxyd in Milchsäure über:

$$COOH \cdot CH_3 \cdot CH(OH) \cdot COOH \rightarrow CH_3CH(OH)_2 \cdot COOH + CO_2$$

Äpfelsäure   Milchsäure   Kohlendioxyd

Auf diesem Vorgang beruht zum Teil der freiwillige Säurerückgang der Weine. Die Salze der Äpfelsäure heißen *Malate*.

Verwendung. Zur Herstellung medizinischer Präparate, wie *Apfeleisenextrakt, Extractum Ferri pommati*, und *Äpfelsaure Eisentinktur, Tinctura Ferri pommati, DAB. 6*, und zu Abführmitteln, neuerdings in USA an Stelle von Weinsäure und Citronensäure in der Lebensmittelindustrie, auch zum Konservieren von Fleisch und Fisch.

Aplanate.

Aplanate sind mehrlinsige, symmetrisch zusammengesetzte photographische Objektive, deren chromatische und sphärische Abweichung korrigiert ist und die infolge ihrer Symmetrie praktisch frei von Koma sind. Das ausnutzbare Bildfeld ist ziemlich klein. Sie sind deshalb durch die Anastigmate verdrängt worden.

☠ 2. Apomorphinhydrochlorid.
Apomorphinum hydrochloricum, DAB- 6. Stoff B.

$(C_{17}H_{17}O_2N)\,HCl \cdot {}^3/_4\,H_2O.$ Mol.-Gew. 317,1.

Eigenschaften. Graue oder grauweiße, in Äther oder Chloroform fast unlösliche Kriställchen, löslich in etwa 50 Teilen Wasser, in etwa 40 Teilen Weingeist. Die Lösungen verändern Lackmuspapier nicht und färben sich beim Stehen an der Luft und am Licht durch Zersetzung allmählich grün. Auf Zusatz von wenig Salzsäure bleiben die Lösungen längere Zeit unverändert. Auf größeren Zusatz von Salzsäure scheiden sich weiße Kriställchen von Apomorphinhydrochlorid ab.

Prüfung des DAB. 6. Erkennung. 1 ccm der wäßrigen Lösung (1 + 99) mit einigen Tropfen Natriumbicarbonatlösung und einer Spur Jodtinktur versetzt, färbt beim Schütteln mit Äther die ätherische Schicht rubinrot, die wäßrige Lösung färbt sich smaragdgrün.

Beim Versetzen der wäßrigen Lösung mit 1 Tropfen Salpetersäure, dann mit 1 Tropfen Silbernitratlösung und hierauf mit Ammoniakflüssigkeit, tritt Schwarzfärbung ein (metallisches Silber).

Aufbewahrung. *Vorsichtig*, vor Licht geschützt.

Verwendung. *Med. innerl.* in kleinen Dosen als Expectorans bei Katarrhen mit zähem Schleim (0,001 g), zur subkutanen Injektion zur Erzielung von Erbrechen zwecks Entleerung des Magens bei Vergiftungen.

Appreturmittel.

Mit Appretur bezeichnet man in der Textilindustrie übliche Verschönerungsmaßnahmen von Geweben mit dem Zweck, diesen Glanz, Glätte und Griff zu geben bzw. sie zu beschweren.

Aquaphil.

Aquaphil ist eine vollkommen neutrale, reizlose Salbengrundlage zur Herstellung von wasserhaltigen Cremes und Salben aller Art, die bis zu 500% des Eigengewichts Wasser oder wäßrige Lösungen aufnehmen können. Es bildet außerordentlich beständige Emulsionen vom Typus W/Ö, die von zarter, sahniger Konsistenz sind. A. ist aus den therapeutisch wertvollen Bestandteilen von Wollfett aufgebaut und wird daher von der Haut sehr leicht resorbiert.

Verwendung. Als Grundlage zur Herstellung von flüssigen Emulsionen (Hautfunktions- und Massageölen) bei Mitverwendung von Fetten und Ölen empfiehlt sich die Konservierung mit 0,1% Nipasol, berechnet auf die Gesamtfettmenge.

Aquaphil W dient zur Herstellung wärmebeständiger Cremes, die damit hergestellten Emulsionen können längere Zeit Temperaturen von 50° bis 60° ausgesetzt werden, ohne daß Entmischung eintritt. Die Emulsion bleibt vollkommen stabil und homogen.

Aquaphil-Konzentrat ist ein hochwertiger Emulgator, der durch Zugabe von anderen Ölen und Fetten seine Emulgierkraft entwickelt. Vorschriften s. Bd. III.

Aquaphor.

Gut emulgierende Absorptionsgrundlage mit etwa 2,5% Cholesteringehalt, identisch mit Aquaphil.

Aquarellfarben.

Aquarellfarben sind mit geeigneten Bindemitteln (Gummi arabicum, Dextrin, Gelatine, Leim usw.) zu Scheiben oder Stücken geformte, in Porzellannäpfchen oder Tuben verpackte, äußerst fein pulverisierte Mineralfarben, deren einzelne Farbkörnchen einen Durchmesser von etwa 0,00025 mm haben. Bei Aquarellfarben in Tuben sind zur Feuchthaltung Glycerin oder Glykole beigemischt. Manche Aquarellfarben enthalten noch Stoffe, welche zur Erniedrigung der Oberflächenspannung dienen. Dadurch werden sie gut verstreichbar und haften auf fetthaltigem oder glattem Papier besser. Mit Wasser angerührt, geben A. eine kolloide Farblösung.

Aquasol P.

Aquasol P ist ein Lösungsmittel zur Herstellung wasserlöslicher Parfümöle. Hellfarbige, geruchlose und lichtechte Flüssigkeit, die ätherische Öle, künstliche Riechstoffe und Parfüm-Kompositionen leicht löst. Dabei werden die Geruchsnoten keineswegs verändert. Selbst feinste Düsen von Zerstäubern werden nicht verstopft.

Verwendung. Zu allen kosmetischen alkoholfreien Zubereitungen als Lösungsmittel für Parfümöle, für flüssige Seifen, deren Schaumkraft durch den Zusatz verbessert wird. Zweckmäßig wird das Mengenverhältnis von Fall zu Fall erprobt, um wasserklare Lösungen zu bekommen. Von einer Lösung, die 21% Lavendelöl Barrême und 79% Aquasol P enthielt, ergaben 3% in 79% gewöhnlichem Leitungswasser gelöst eine wasserklare, nicht nachtrübende Flüssigkeit.

Arabisches Gummi.

Die Droge stammt hauptsächlich von **Acacia senegal** *L. Willd. Mimosaceae. Akaziengummi. Kordofangummi. Senegalgummi. Gummi arabicum.*

Am oberen Nil, in Zentral- und Westafrika heimischer, in Kordofan zur Gummigewinnung kultivierter, bis 6 m hoher Strauch oder Baum. Die Bezeichnung arabisches Gummi ist falsch, da das Gummi nicht aus Arabien kommt, sondern früher ausschließlich über Arabien ausgeführt wurde.

Arabisches Gummi. Gummi arabicum, DAB. 6.

Mimosengummi. Gummi Mimosae. Akaziengummi. Gummi Acaciae.

Der aus den Stämmen und Zweigen ausgeflossene, an der Luft erhärtete Gummi. Rundliche, weißliche oder schwach gelbliche Stücke verschiedener Größe, außen matt und rissig, leicht zu eckigen, glasglänzenden Stücken mit kleinmuscheligen Bruchflächen zerbrechend. *Geruchlos, Geschmack* fade. Löslich in Kupferoxydammoniak, in der doppelten Menge Wasser zu einer schleimigen, klebrigen Flüssigkeit.

Inhaltsstoffe. Calcium-, Magnesium- und Kaliumsalze der Arabinsäure, oxydierende Enzyme.

Handelssorten. Arabisches Gummi, naturell,
Arabisches Gummi, naturell, fein pulv.,
Arabisches Gummi, weiß, I, DAB. 6,
Arabisches Gummi, weiß, DAB. 6, fein pulv.,
Arabisches Gummi, weiß, II, DAB. 6,
Arabisches Gummi, weiß, DAB. 6, fein pulv.

Verwendung. *Med.* als reizmilderndes und einhüllendes Mittel zu Katarrh- und Hustenpräparaten, als Geschmackskorrigens für schlecht schmeckende Arzneimittel, als Bindemittel für Emulsionen und Pillen; *techn.* als Klebstoff, Appreturmittel für Textilien, Bindemittel für Farben, Tinten, Tusche und zur Zündmasse von Streichhölzern. Der Verbrauch ist durch gleichwertige oder bessere Austauschstoffe stark zurückgegangen. Zur Herstellung von Mucilago Gummi arabici, DAB. 6 (1 T. Gummi arabicum + 2 T. dest. Wasser, in kleinen, ganz gefüllten Flaschen kühl aufzubewahren), zu Ölemulsionen.

Verw. u. Verf. *Kirschgummi* (von Kirsch-, Pflaumen- und Aprikosenbäumen), weicher, mehr braun oder bernsteingelb, in Wasser nur teilweise löslich; *Bdellium*, verunreinigte, dunkelgraubraune, bitter schmeckende, in Wasser unlösl. Masse; Stärke, Dextrin, Zucker, Pulvis gummosus, Pasta gummosa u. a.

Prüfung des DAB. 6. Erkennung. Beim Auflösen von 5 g A. in 10 g Wasser entsteht nach langsamer, aber vollständiger Lösung ein geruchloser, hellgelblicher, klebender Schleim, der fad schmeckt und schwach sauer reagiert.

Abb. 7. Acacia arabica.

5 ccm des Schleimes mischen sich mit Bleiacetatlösung in jedem Verhältnis ohne Trübung und geben mit Weingeist und Eisenchloridlösung je eine steife Gallerte.

DAB. 6 läßt ferner prüfen auf:

Dextrin. Weinrote Färbung der Lösung beim Versetzen der Anreibung von 1 g A. mit 10 ccm Wasser, 1 Tr. Salzsäure und 1 Tr. 1/10-n-Jodlösung.

Stärke. Blaufärbung bei Behandlung wie vorstehend.

Verkleisterte Stärke. Beim Aufkochen der Lösung ergibt sich nach dem Erkalten und Zusatz eines weiteren Tropfens 1/10-n-Jodlösung eine blaue Färbung.

Zucker. Durch einen Rückstand von mehr als 0,01 g beim Übergießen von 2 g A. mit 10 ccm verd. Weingeist, nach einer halben Stunde wiederholt umschütteln, filtrieren und abdampfen zur Trockne von 5 ccm im gewogenen Schälchen und trocknen bei 100°.

Anorganische Beimengungen. Durch einen Rückstand von mehr als 0,04 g beim Verbrennen von 1 g A. im gewogenen Tiegel.

Aräometer.

Aräometer (g. araios, dünn, leicht), auch *Senkspindel, Senkwaage* oder *Densimeter* genannt, ist ein aus Glas bestehender Hohlkörper, an dessen unterem Ende sich eine mit Blei oder Quecksilber als Ballast beschwerte Kugel befindet. Diese hat den Zweck, daß das A. aufrecht in Flüssigkeiten schwimmt. An den Hohlkörper schließt sich ein zylinderförmiges Rohr an, in dem eine Skala angebracht ist. Die Skala am Hals des A. ist so geeicht, daß der Teilstrich, bis zu dem das A. einsinkt, unmittelbar die Dichte der betreffenden Flüssigkeit angibt. Eine Marke an der Skala zeigt an, bis zu welcher Stelle das A. in dest. Wasser von 15° eintaucht. Diesen Punkt bezeichnet man mit dem Nullpunkt des A. Es sind A. für spezifisch leichtere und spezifisch schwerere Flüssigkeiten als Wasser im Gebrauch. Das A. dient zur raschen Feststellung der Dichte von Flüssigkeiten. Die Spindel sinkt in jeder Flüssigkeit so tief ein, bis das Gewicht der verdrängten Flüssigkeitsmenge gleich dem Eigengewicht des A. ist. Von spezifisch leichten Flüssigkeiten wird deshalb durch das A. mehr verdrängt, es sinkt darin tiefer ein. Das Arbeiten mit A. s. Bd. I, S. 333, und → Baumé-Grade. Für besondere technische Zwecke sind im Handel die *Öchsle-Waage* zur Zuckerbestimmung, → *Alkoholometer* zur Bestimmung des Alkoholgehaltes, *Milcharäometer* (Lactodensimeter) zur Fett- und Wasserbestimmung und solche zur Bestimmung der Baumé-Grade.

Arasol.

Arasol (Röhm & Haas) ist eine Lösung verschiedener alkohol-wasserlöslicher Kunstharze. Leicht viskose, gelbliche Flüssigkeit, die beim Aufstreichen auf die Haut einen etwa 10 Minuten lang klebfähigen Film bildet, der auch nach vollständiger Eintrocknung seine Elastizität nicht verliert.

Verwendung. Zur Fixierung von Verbandmull auf der Haut. A. ist völlig reizlos auf gesunder und kranker Haut, selbst bei Kleinstkindern. Besonders zur Herstellung von Wund-, Zug- und Streckverbänden empfohlen. Das Ablösen der Verbände und die Beseitigung von A.-Resten von der Haut erfolgt mit vergälltem Weingeist oder einer gesättigten Lösung von Natriumhydrogencarbonat. Gummihandschuhe und Kleidungsstücke werden mit Wasser und Soda gereinigt.

Arbeit.

Grundlegender Begriff der Mechanik. Man bezeichnet mit Arbeit die Kraft, die auf einen Punkt eines Körpers einwirkt, multipliziert mit dem Weg, den dieser Punkt zurücklegt. Als Arbeitseinheit im technischen Maßsystem bezeichnet man die Arbeit, die geleistet werden muß, um 1 kg 1 m hoch zu heben, als *Meterkilogramm* (mkg).

Areka.

Betelnußpalme. Areca catechu *L.*

Palmae.

Auf den Sundainseln heimische, in Vorder- und Hinterindien, im südöstlichen China, den Philippinen und anderen Tropengebieten kultivierte Palmenart.

8*

Arekanuß. Semen Arecae, DAB. 6.

Reife, von Fruchtwandresten möglichst befreite, sehr harte, bis 3 cm lange und 2 cm dicke, stumpfe, kegelförmige, mitunter kugelige, am Grunde abgeflachte oder etwas eingedrückte Samen. Außenseite hell- bis zimtbraun, von helleren, vertieften Adern durchzogen, die vom Nabel ausgehen; im Längsschnitt marmoriert. *Geruchlos, Geschmack* schwach zusammenziehend.

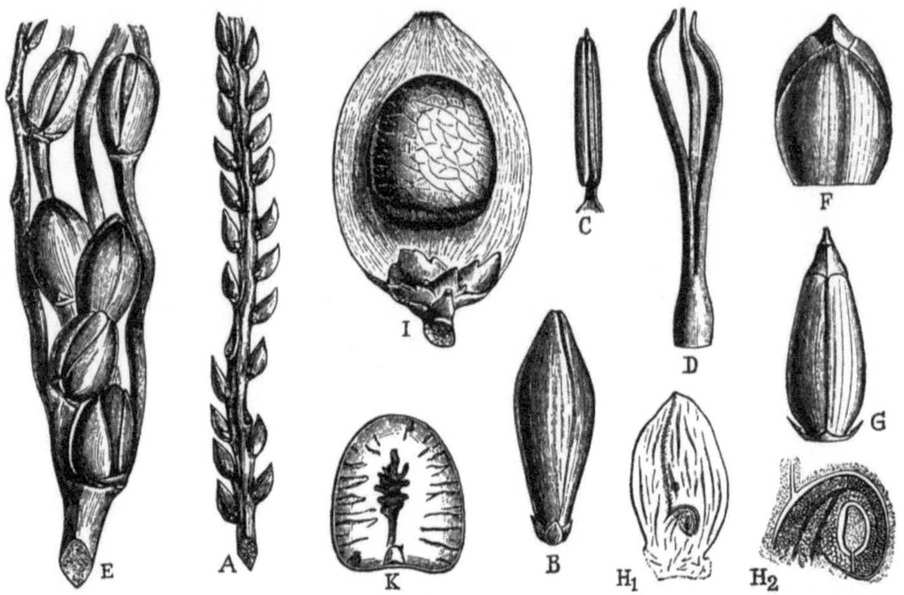

Abb. 8. Areca catechu. A oberer Teil eines männlichen Blütenstandszweiges; — B einzelne männliche Blüte, vergrößert; — C Staubblatt; — D Rudiment des unfruchtbaren Fruchtknotens; — E untere Kolbenverzweigung mit vier, unten weibliche Blüten tragenden Zweigen. Das übrige zeigt Verhältnisse der weiblichen Blüte, der Frucht und des Samens.

Inhaltsstoffe. Alkaloide (Mindestgehalt des DAB. 6 0,4%), 0,1 bis 0,4% des wurmabtreibenden *Arecolin* (Hauptalkaloid, ölige Flüssigkeit, sehr giftig!) und *Arecaidin, Guvacin, Guvacolin, Arecolidin* und andere Nebenalkaloide, etwa 15% fettes Öl, reichlich Gerbstoffe, Arecarot, Harz, Schleim, Zucker.

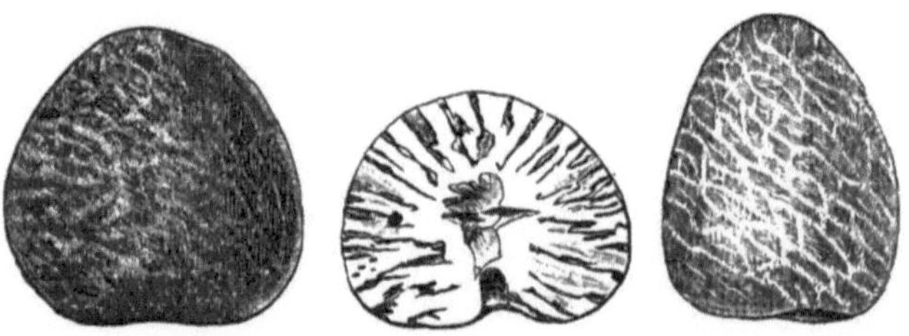

Abb. 9. Arekanuß, Arekasamen. Semen Arecae. Verschiedene Formen, die mittlere im Längsschnitt.

Handelssorten. Arekanuß, DAB. 6, Arekanuß, grob pulv., Arekanuß, fein pulv.

Verwendung. In den Tropen von Eingeborenen als Genußmittel (sog. „Betelkauen"); *vet.* als Wurmmittel, gegen Darmkolik, Durchfall, Ruhr; als Wurmmittel für Menschen sind *Vergiftungsfälle* vorgekommen. Zur Herstellung von Arecolin und seinen Salzen.

Prüfung des DAB. 6. Beim Verbrennen von 1 g A. in Sand im gewogenen Tiegel darf höchstens 0,025 g Rückstand verbleiben. Außer der mikroskopischen Prüfung ist die Gehaltsbestimmung (mindestens 0,4% Alkaloid berechnet auf Arecolin) vorgeschrieben.

Arnika.

Arnica montana *L.*
Wohlverleih.
Compositae.

Andauernde, auf feuchten, sonnigen Wald- und Gebirgswiesen, im Flachland auch auf Torfboden vorkommende, bis 75 cm hohe Pflanze mit grundständiger Blattrosette, großen Blütenköpfchen auf aufrechtem, wenig beblättertem Stengel, die außen von einem zweireihigen, kurz und zottig behaarten Hüllkelch umschlossen sind. Wurzelstock kriechend. Bei ganzen Blütenköpfchen ist der Blütenboden vielfach von Insektenlarven durchsetzt. Blütezeit Juni/August. Getrocknet finden als Drogen Verwendung Blüten, Kraut und Wurzeln.

Arnikablüten. Flores Arnicae, DAB. 6.
Sammelverbot!

Wohlverleihblüten. Johannis-, Wolfs-, Gems-, Fallkrautblüten.

Im Juni/Juli gesammelte, aus den Kelchen ausgezupfte und getrocknete (Wasserverlust 72% — mit Kelch 80%) rote Rand- und Scheibenblüten mit langen Achänen und glänzendem Pappus, 14 bis 20 weibliche, zungenförmige Randblüten, Zunge bis 2 cm lang, mit 3 Zähnchen und 8 bis 12 meist dunkler gefärbten Nerven. Scheibenblüten röhrenförmig, fünfzipfelig, etwa 0,5 cm lang, am Grunde außen behaart. Die 5 Staubgefäße mit den Staubbeuteln zu einer Röhre verwachsen. Fruchtknoten bei Rand- und Scheibenblüten behaart, undeutlich fünfkantig, am oberen Ende mit starkem Pappus. *Geruch* schwach würzig, *Geschmack* etwas bitter, der Staub reizt zum Niesen.

Inhaltsstoffe. Hautreizendes ätherisches Öl (0,04 bis 0,14%), ein scharf schmeckender Bitterstoff *Arnicin*, reichlich Gerbstoff.

Handelssorten. Arnikablüten ohne Kelche, DAB. 6, Arnikablüten mit Kelchen.

Verwendung. *Med.* 1 Teelöffel auf 1 Tasse Wasser als Aufguß *innerl.* als anregendes Mittel für Atmung, Nerven und Kreislauf, gefäßerweiternd und gefäßkrampflösend bei Angina pectoris und Arteriosklerose *unter ärztlicher Aufsicht, äußerl.* zu Umschlägen bei Muskelzerrungen, Verstauchungen, Quetschungen, als Hautreizmittel, bei Wunden. Dauernder Gebrauch (auch unverd. Tinktur) kann zu Hautschädigungen führen. Zur Herstellung von Arnikatinktur, DAB. 6 (s. Bd. III), die in Verdünnung 1 T. auf 5 bis 10 T. Wasser zu Umschlägen und zur Wundbehandlung, zum Gurgeln 10 bis 20 Tr. auf 1 Glas Wasser gegen Heiserkeit, Mandelentzündung usw. Verwendung findet, und zur Herstellung von Arnikaspiritus. Arnikablüten finden auch zur Her-

Abb. 10. Arnika. Arnica montana. *1* Habitus mit Wurzelstock; — *2* vergrößerte Randblüte.

stellung von Arnikapflaster, -haarwasser, -haaröl, -gallerte (s. Bd. III) Verwendung, in geringer Dosierung zu Kräuterlikören (Karthäuser).

Verw. u. Verf. Andere Compositenblüten: *Färberkamille*, Anthemis tinctoria, Randblüten goldgelb; *Ringelblume*, Calendula officinalis; *Gemswurz*, Doronicum pardalianches, sämtlich ohne Pappus; *Wiesenalant*, Inula britannica, mit sehr kleinen Achänen und Pappus; *kleine Schwarzwurzel*, Scorzonera humilis, mit derbem Pappus und doppelt großen Achänen.

Arnikawurzel. Rhizoma (Radix) Arnicae.

Im Frühjahr und Herbst gesammelter, gewaschener und getrockneter (Wasserverlust 67%), 10 cm langer, 0,3 bis 0,5 cm dicker, vielfach gekrümmter, höckeriger, geringelter, harter Wurzelstock, unterseits mit bis 8 cm langen und etwa 0,1 cm dicken, leicht brechenden Nebenwurzeln; Farbe gelb bis dunkelrotbraun, runzelig, mit glattem Bruch, Rinde mit Sekretgängen; *Geruch* würzig, *Geschmack* scharf, brennend, bitter.

Für die *Schnittdroge* kennzeichnend: Wurzelstockteile dunkelbraun, außen deutlich geringelt, durch Blatt- und Stengelnarben fein höckerig, Querschnitt der Wurzelstockteile mit grauer Rinde, graubraunem Mark, dazwischen zahlreiche Leitbündel, am Kambium Sekretgänge.

Inhaltsstoffe. 0,5 bis 1,5% ätherisches Öl, Bitterstoff, *Arnicin*, Harz, Gummi, Gerbstoff.

Verwendung. 1 Teelöffel auf 1 Tasse Aufguß, *innerl.* als harntreibendes und Kräftigungsmittel, gegen Durchfall, bei Magenleiden; *äußerl.* als Verbandwasser; zur Herstellung des ätherischen Arnikawurzelöles.

Arnikakraut. Herba Arnicae.

Bergwohlverleihkraut. Fallkraut. Engelskraut. Gemskraut. Stichkraut.

Vor und während der Blütezeit geschnittenes, im Schatten getrocknetes Kraut.

Inhaltsstoffe. Ätherisches Öl, Bitterstoff *Arnicin*, Harz, Fett, Gerbsäure.

Verwendung. 1 Teelöffel auf 1 Tasse Aufguß, *innerl.* gegen Fieber, *äußerl.* als Wundheilmittel.

Arrak.

Arrak ist ein hauptsächlich durch Chinesen auf den ostindischen Inseln (Java, Ceylon), ferner an der Malabarküste und besonders in Siam gewonnener Trinkbranntwein (Edelbranntwein). Als Rohstoff dient neben Zuckerrohrmelasse Reis. In Goa und auf Ceylon findet außerdem noch der zuckerhaltige Saft von den Blütenkolben der Cocospalme, *Arenga saccharifera*, sog. Toddy, nach der Vergärung Verwendung, dem mitunter noch Kajufrüchte zugesetzt werden. Das Brennen erfolgt teilweise noch in primitivster Weise, teilweise in Brennblasen mit Kühlern nach europäischem Muster, auch mit kontinuierlich arbeitenden Kolonnenapparaten. Die im ersten Verfahren gewonnenen Arraksorten müssen mehrmals rektifiziert werden, um einen fuselfreien Arrak zu bekommen.

Arraksorten.

Man unterscheidet Batavia-Arrak, Ceylon-Arrak und Arrac de Goa. Die beste Sorte ist der Batavia-Arrak. Eine weniger geschätzte der sogenannte Küstenarrak, deren Qualitäten auf der verschiedenartigen Mikroben-Flora beim Maischen beruhen. Die Einfuhr des Batavia-Arraks erfolgt über Amsterdam, Rotterdam und

Bremen, neuerdings hauptsächlich aus Indonesien. Der Alkoholgehalt der Original-
ware beträgt 58 bis 60 Vol.-% Alkohol. Als Mindestgehalt für die Handels- und
Verschnittware sind 38 Vol.-% festgesetzt. An Fabrikmarken werden unterschieden
AP., KWT. und OGL. Der Export erfolgt in Eichenholzfässern, wodurch der A. die
handelsübliche, hellgelbe Farbe annimmt. Im Gegensatz zum Rum besitzt A. einen
leichten (kreosotartigen) Rauchgeschmack und ein kennzeichnendes, zuckersack-
ähnliches Jutearoma. Die feinsten Sorten haben häufig ein juchtenartig-blumiges
Aroma.

Verwendung. Hauptsächlich zur Herstellung von Heißgetränken (Grogs, Tees,
Punschen u. a.), zur Herstellung von Schwedenpunsch (20%), in der Likör-
fabrikation zur Aromatisierung von Likören zu 0,5 bis 5% (Angostura, Boonekamp,
Ingwer usw.), im Haushalt als Zusatz zu Süßspeisen.

☠ 1. Arsen. Arsenum. As.

Atom.-Gew. 74,91. Wertigkeit 3 und 5.

Die natürlich vorkommenden Arsenverbindungen waren schon im Altertum
bekannt. Die Darstellung des Arsens wurde erstmals um das Jahr 1250 von
ALBERTUS MAGNUS beschrieben.

Vorkommen. Arsen kommt in der Natur ziemlich verbreitet vor. Gediegen
findet es sich als Mineral unter der Bezeichnung *Fliegenstein* oder *Scherbenkobalt*,
vor allem aber, in Verbindungen mit Sauerstoff, Schwefel oder Metallen, besonders
mit Eisen, Kupfer, Kobalt und Nickel. In Verbindungen mit Schwefel findet es sich
im gelben *Auripigment*, As_2S_3, und im roten *Realgar*, As_2S_2, z. B. als *Arsenkies*,
Mißpickel, $FeAsS$, *Kobaltglanz*, $CoAsS$, und *Weißnickelerz*, $NiAs_2$. Außerdem finden
sich Arsenverbindungen in vielen anderen Mineralien, vor allem in den Schwefel-
erzen. Als *Oxyd*, $As_2O_3(As_4O_6)$, *Arsenblüte*, *Arsenit* findet sich das Arsen gelöst in
Mineralwässern, z. B. Baden-Baden, Rippoldsau, Dürkheimer Maxquelle, Levico
(Tirol) usw.

Darstellung. Durch Reduktion des Arsen(III)-oxyds mit Kohle:

$$As_2O_3 \quad + \quad 3\,C \quad \rightarrow \quad 2\,As \quad + \quad 3\,CO$$
Arsen(III)-oxyd   Kohle   Arsen   Kohlenmonoxyd

Technisch durch Erhitzen von Arsenkies in Gegenwart von etwas Eisen, wobei das
Arsen sublimiert:

$$FeAsS \quad \rightarrow \quad FeS \quad + \quad As$$
Arsenkies   Eisen(II)-sulfid   Arsen

Eigenschaften. Natürlich vorkommendes Arsen ist schwarz und amorph oder
mikrokristallin, das nach den vorstehenden Methoden gewonnene ist ein graues
bis schwarzes, glänzendes Metall von kristallin-blättriger Struktur, das die Elektrizität leitet und so spröde ist, daß es sich in der Reibschale zu Pulver verreiben läßt.

Gelbes Arsen bildet sich beim schnellen Abkühlen von Arsendampf mit flüssiger
Luft. Es ist in Schwefelkohlenstoff leicht löslich und verwandelt sich durch Lichteinfluß in graues Arsen.

Braunes Arsen entsteht beim Abkühlen einer Arsenwasserstoffflamme an kalten
Gegenständen (Reduktionsrohre, Porzellan) sowie beim Ausfallen des Arsens durch
Stannochlorid in Lösungen von Arsenverbindungen.

Arsen spielt als Spurenelement im Körperhaushalt eine wichtige Rolle, es wirkt
als anregender Katalysator. Diese Tatsache machen sich die „*Arsenesser*" in der
Steiermark zu Nutze, die vor großen Strapazen arsenige Säure zu sich nehmen.

Toxikologie. Elementares Arsen ist ungiftig, wird aber durch seine leichte Oxydierbarkeit zu arseniger Säure, As_2O_3, ein gefährliches Gift. Die akuten Vergiftungserscheinungen durch arsenige Säure sind allgemeine Schwäche, schmerzhafte Muskelzuckungen und Krämpfe, der Tod tritt innerhalb weniger Stunden durch Atemstillstand ein. Eine andere Vergiftungsform tritt mit Leibschmerzen, starkem Erbrechen und Durchfällen auf. Auch sie endet nach einigen Tagen bei zunehmender Kreislaufschwäche mit dem Tode.

Erste Hilfe. Magenspülungen unter Zusatz med. Kohle und gebrannter Magnesia, Milch, Eiweiß, Schleime.

Erkennung der Arsenverbindungen nach DAB. 6. Die meisten anorganischen Verbindungen, die bei ihrer Darstellung mit Salz- oder Schwefelsäure in Berührung kommen, können Spuren von Arsen enthalten. Das DAB. 6 hat zur Prüfung der in ihm aufgeführten Chemikalien das Verfahren von THIELE eingeführt, das einfacher als die MARSHsche Arsenprobe und noch genügend empfindlich ist. Durch dieses werden die meist als Sauerstoffverbindungen vorliegenden Arsenverunreinigungen durch unterphosphorige Säure in Gegenwart von Salzsäure zu Arsen reduziert, wobei sie selbst zu phosphoriger Säure oxydiert wird. THIELEs Reagens besteht aus Natriumhypophosphitlösung und rauchender Salzsäure (s. Bd. III). Dabei setzt sich z. B. Arsen(III)-oxyd um:

$$As_2O_3 \quad + \quad 3\,H_3PO_2 \quad \rightarrow \quad 2\,As \quad + \quad 3\,H_3PO_3$$

Arsen(III)-oxyd   unterphosphorige Säure   Arsen   phosphorige Säure

Bei der Durchführung des Versuches wird die vorgeschriebene Menge des zu untersuchenden Stoffes mit der vorgeschriebenen Menge Natriumhypophosphitlösung 15 Min. lang im Wasserbad erhitzt. Dabei darf eine dunklere Färbung der Mischung nicht eintreten. Kleinste Spuren von Arsen werden noch durch eine schwache rötliche Färbung der Mischung angezeigt.

Ein weiterer Arsennachweis wird mit dem im DAB. 5 aufgeführten *BETTENDORFS Reagens* geführt (s. Bd. III und Zinn(II)-chlorid). Die Giftpolizeiverordnung schreibt den Nachweis von Arsen in Salzsäure und Schwefelsäure damit vor. Danach gelten die Säuren als arsenhaltig, wenn 1 ccm der Säure mit 3 ccm BETTENDORFS Reagens versetzt innerhalb 15 Min. eine dunkle Färbung annimmt:

$$As_2O_3 \quad + \quad 3\,SnCl_2 \quad + \quad 6\,HCl \quad \rightarrow \quad 2\,As \quad + \quad 3\,SnCl_4 \quad + \quad 3\,H_2O$$

Arsen(III)-oxyd   Zinn(II)-chlorid   Salzsäure   Arsen   Zinn(IV)-chlorid   Wasser

Verwendung. Zur Härtung von Bleischrot (0,3 bis 1%), als Zusatz zu Kupfer-Zinn-Legierungen für Spiegelmetall, in der Zahnheilkunde, zur Herstellung wertvoller Heilmittel (Salvarsan, Neosalvarsan, Arsacetin u. a.) und Schädlingsbekämpfungsmittel.

Arsenhaltige Ungeziefermittel, selbst Schweinfurter Grün, müssen mit einer wasserlöslichen, grünen Farbe vermischt sein. Bei der Abgabe arsenhaltiger Ungeziefermittel (außer Fliegenpapier) ist immer ein Erlaubnisschein notwendig (s. Bd. I, S. 541).

Oxyde und Säuren des Arsens.

Oxyde.

Arsen(III)-oxyd. Arsentrioxyd. *Diarsentrioxyd.* Arsenigsäureanhydrid. As_2O_3.

$$O{=}As{-}O{-}As{=}O$$

Arsen(V)-oxyd. Arsenpentoxyd. *Diarsenpentoxyd.* Arsensäureanhydrid. As_2O_5. Weiße, in Wasser l. lösl. Masse, die man durch Oxydation von Arsen(III)-oxyd mit Salpetersäure erhält.

$$\begin{array}{c}O\\ \diagdown\\ O\end{array}\!\!\!>As{-}O{-}As<\!\!\!\begin{array}{c}O\\ \diagup\\ O\end{array}$$

Säuren.

Arsenige Säure. Orthoarsenige Säure. Acidum arsenicosum. H_3AsO_3.

$$As\begin{cases} O\!-\!H \\ O\!-\!H \\ O\!-\!H \end{cases}$$

Die arsenigsauren Salze heißen *Arsenite.*

Im Gegensatz zur phosphorigen Säure ist die arsenige Säure dreibasig und bildet nur neutrale Salze.

Metarsenige Säure. $HAsO_2$.

$$As\begin{cases} O \\ O\!-\!H \end{cases}$$

Die metarsenigsauren Salze heißen *Metarsenite.*

Arsensäure. Orthoarsensäure. H_3AsO_4.

$$O\!=\!As\begin{cases} O\!-\!H \\ O\!-\!H \\ O\!-\!H \end{cases}$$

Die arsensauren Salze heißen *Arsenate.*

Metaarsensäure. $HAsO_3$.

$$O\!=\!As\begin{cases} O \\ O\!-\!H \end{cases}$$

Pyroarsensäure. $H_4As_2O_7$.

$$O\!=\!As\begin{cases} O\!-\!H \\ \quad \\ O \end{cases} \begin{cases} H\!-\!O \\ \quad \\ H\!-\!O \end{cases}As\!=\!O$$

Metaarsensäure und Pyroarsensäure gehen beim Lösen in Wasser sofort wieder in Orthoarsensäure über.

☠ *1.* **Arsen(III)-oxyd. Arsentrioxyd. Acidum arsenicosum, DAB. 6.**

Arsenigsäureanhydrid. Weißer Arsenik. Arsenige Säure. As_2O_3. Mol.-Gew. 197,82.

Die arsenige Säure des Arzneibuches ist reines Arsenigsäureanhydrid.

Vorkommen. Als Mineral in regulären Oktaedern. *Arsenolith* und *Claudetit.*

Darstellung. Arsen(III)-oxyd bildet sich beim Verbrennen von Arsen und beim Erhitzen unter Luftzutritt aller arsenhaltigen Erze. Man gewinnt es als Nebenprodukt beim Rösten arsenhaltiger Erze:

$$2\,FeAsS \;+\; 10\,O \;\rightarrow\; As_2O_3 \;+\; 2\,SO_2 \;+\; Fe_2O_3$$

| Arsenkies | Sauerstoff | Arsen(III)-oxyd | Schwefeldioxyd | Eisen(III)-oxyd |

Dabei sublimiert es und setzt sich als graues Pulver, *Giftmehl*, ab. Durch weitere Sublimation wird es gereinigt.

Eigenschaften. Farblose, amorphe, glasartige Stücke, die später porzellanartig kristalline Struktur annehmen, oder aus diesen bereitetes weißes Pulver. In Wasser schwer löslich, erhitzt verflüchtigt es sich zu farblosen, *sehr giftigen Dämpfen.* Beim Erhitzen mit Kohle in einem engen Glasrohr wird es zu Arsen reduziert, das sich am kalten Teil des Glasrohres als *Arsenspiegel* absetzt. Auch durch saure Zinn(II)-chloridlösungund durch unterphosphorige Säure wird es reduziert (s. S. 120).

Bei langsamer Steigerung der Dosen von Arsen(III)-oxyd ist eine weitgehende Gewöhnung möglich, allerdings treten beim Aufhören der Gaben die Anzeichen einer Arsenvergiftung auf. Arsenige Säure wirkt ätzend auf alle Gewebe, vor allem auf Schleimhäute, sie ist gleichzeitig ein Kapillar- und Protoplasmagift (s. S. 120, Toxikologie).

Prüfung des DAB. 6. Kristalline arsenige Säure verflüchtigt sich beim langsamen Erhitzen im Probierrohr, ohne vorher zu schmelzen und gibt ein in glasglänzenden Oktaedern oder Tetraedern kristallisierendes Sublimat.

Die amorphe Säure verflüchtigt sich in unmittelbarer Nähe des Schmelzpunktes, so daß man ein Beginnen des Schmelzens wahrnehmen kann. Beim Erhitzen auf Kohle verflüchtigt sie sich unter Verbreitung eines knoblauchartigen Geruchs.

DAB. 6 läßt ferner prüfen auf: *Fremde Beimengungen.* 0,1 g müssen sich in 1 g Ammoniakflüssigkeit klar lösen;

Arsensulfid, beim Versetzen dieser ammoniakalischen Lösung mit 1 ccm Wasser und überschüssiger Salzsäure darf keine gelbe Färbung oder Fällung entstehen, und den *vorgeschriebenen Gehalt* von mindestens 99% As_4O_6.

Aufbewahrung. *Sehr vorsichtig, im Giftschrank!*

Verwendung. Die therapeutische Verwendung beruht auf folgenden Wirkungen: Körpergewichtszunahme infolge Stoffwechseldrosselung, Entwicklung des subcutanen Fettpolsters, günstige Wirkung auf die Nerven und Bildung von roten Blutkörperchen. *Med. innerl.* in kleinsten Gaben gegen Bleichsucht, Hautausschläge, in der Zahnheilkunde zum Abtöten des Nervs kranker Zähne, in der Tierheilkunde als Mastmittel, *technisch* zur Herstellung von → Schweinfurter Grün und von Arsenikseife, die zum Präparieren von Tierbälgen dient, als Zusatz zu Glasflüssen, zu galvanischen Messingbädern, zum Graubeizen von Messing, als Schädlingsbekämpfungsmittel, wegen der häufigen Haustiervergiftungen und Zweitvergiftungen von Raubvögeln und Eulen als Rattenvertilgungsmittel nicht mehr gebräuchlich, zu Schiffsbodenfarben. Durch Erhitzen mit Kaliumcarbonat zur Herstellung der *Fowlerschen* Lösung, Liquor Kalii arsenicosi, DAB. 6, das metaarsenigsaures Kalium, $KAsO_2$, enthält.

Gegenmittel der arsenigen Säure. Antidotum Arsenici, Erg.-B. 6.

(Herstellungsvorschrift Bd. III) ist die Mischung einer Ferrisulfatlösung mit einer wäßrigen Anreibung von gebrannter Magnesia.

$$Fe(SO_4)_3 \; + \; 3\,MgO \; + \; 3\,H_2O \; \rightarrow \; 2\,Fe(OH)_3 \; + \; 3\,MgSO_4$$

Eisen(III)-sulfat	Magnesiumoxyd	Wasser	Eisen(III)-hydroxyd	Magnesiumsulfat

Das hierbei entstandene Eisen(III)-hydroxyd bildet mit arseniger Säure unlösl. Ferriarsenit, AsO_3Fe.

Die Mischung ist vor Abgabe jeweils frisch zu bereiten.

Verwendung. Als Gegenmittel bei Arsenikvergiftung (E. 120 ccm, eßlöffelweise, halbstündlich).

Arsensulfide.

Von den Schwefelverbindungen des Arsens kommen das Diarsendisulfid, As_2S_2, und das Diarsentrisulfid, As_2S_3, natürlich vor, außerdem wird Arsensulfid, As_2S_3, beim Einleiten von Schwefelwasserstoff in eine Lösung von Arsentrioxyd als schwefel gelber Niederschlag ausgeschieden, während Arsenpentasulfid, As_2S_5, beim Einleiten von Schwefelwasserstoff in eine Lösung von Arsensäure in Salzsäure ausfällt. Alle drei Sulfide sind in Wasser und Säuren unlöslich, lösen sich aber in Alkalisulfiden unter Bildung von Salzen der Arsensulfosäuren, wovon man in der Analyse zur Abtrennung des Arsensulfids Gebrauch macht.

☠ 1. Diarsendisulfid.

Realgar. Sandarach. Rauschrot. Rotes Arsenikglas. As_2S_2. Mol.-Gew. 213,96.

Diarsendisulfid kommt natürlich in roten, monoklinen Kristallen in Schlesien und Sachsen vor und ist kaum giftig. Das künstlich hergestellte Präparat wird durch Zusammenschmelzen von Arsen und Schwefel gewonnen, ist infolge seines Gehaltes an lösl. Arsenverbindungen giftig.

Verwendung. Als Malerfarbe in der Feuerwerkerei zu weißen Signalfeuern, in der Gerberei als Enthaarungsmittel.

☠ 1. Arsen(III)-sulfid. Diarsentrisulfid. Gelbes Schwefelarsen.
Arsenum sulfuratum flavum, Erg.-B. 6.

Reines Auripigment. As_2S_3. Mol.-Gew. 246,03.

Vorkommen. Arsen(III)-sulfid kommt in der Natur monoklin, kristallisiert als Auripigment oder *Operment* in goldgelben Kristallmassen vor.

Darstellung. Durch Einleiten von Schwefelwasserstoff in eine erwärmte Lösung von Arsentrioxyd mit Salzsäure bis zur Sättigung:

$$As_2O_3 \quad + \quad 3\,H_2S \quad \rightarrow \quad As_2S_3 \quad + \quad 3\,H_2O$$

Arsen(III)-oxyd Schwefelwasserstoff Arsen(III)-sulfid Wasser

Der gewonnene Niederschlag wird durch Filtration getrennt. Nach dem Auswaschen mit Wasser wird bei 60° bis 70° auf Tontellern getrocknet.

Eigenschaften. Gelbe Stücke oder gelbes, amorphes Pulver, unlöslich in Wasser und Salzsäure, löslich in Alkalien, Alkalicarbonaten, Alkalisulfiden, Ammoniakflüssigkeit, Ammoniumcarbonatlösungen und Ammoniumsulfidlösungen. Aus diesen Lösungen wird es durch Säuren wieder ausgefällt. An der Luft erhitzt, färbt es sich dunkel und verbrennt zu Arsen(III)-oxyd und Schwefeldioxyd. Mit trockenem Natriumcarbonat und Kohle im Glühröhrchen erhitzt, entsteht ein Arsenspiegel. *Technisches* Diarsentrisulfid enthält stets Arsen(III)-oxyd und wird durch Sublimation von Arsentrioxyd und Schwefel gewonnen.

Prüfung des Erg.-B. 6. Beim Kochen von 1 g A. mit 20 ccm Wasser, Ansäuern des Filtrates mit Salzsäure und Zusatz von 3 Tr. Natriumsulfidlösung darf das Filtrat weder gelb gefärbt noch gelb gefällt werden (arsenige Säure und Arsensäure). — Beim Verbrennen dürfen 0,2 g A. höchstens 0,002 g Rückstand hinterlassen.

Aufbewahrung. *Sehr vorsichtig, im Giftschrank.*

Verwendung. Als Arzneimittel obsolet, die technische Ware, die als natürliches Mineral vorkommt, findet unter den Bezeichnungen *Operment, Chinagelb, Rauschgelb, Königsgelb, gelber Arsenik*, als Malerfarbe, als Enthaarungsmittel, zusammen mit Kalkmilch in der Weißgerberei, in der Feuerwerkerei zur Herstellung blauer Flammen und als Ungeziefermittel Verwendung.

☠ 1. Arsen(V)-sulfid. Diarsenpentasulfid.
As_2S_5. Mol.-Gew. 310,16.

Arsen(V)-sulfid wird durch Zusammenschmelzen der Elemente im stöchiometrischen Verhältnis unter 500° erhalten und stellt eine braungelbe, glasige, amorphe, stark lichtbrechende Masse dar, die in dünner Schicht als Lichtfilter Verwendung findet. Als gelbes, in Wasser und Säuren unlösl. Pulver erhält man Diarsenpentasulfid durch rasches Einleiten von Schwefelwasserstoff in eine stark saure Lösung von Arsensäure:

$$2\,H_3AsO_4 \quad + \quad 5\,H_2S \quad \rightarrow \quad As_2S_5 \quad + \quad 8\,H_2O$$

Arsensäure Schwefelwasserstoff Arsen(V)-sulfid Wasser

Arsenwasserstoff. Giftig!

Arsin. Gasförmiger Arsenwasserstoff. AsH_3. Mol.-Gew. 77,93.

Toxikologie. Arsenwasserstoff ist ein farbloses, äußerst giftiges (10- bis 20mal giftiger als Kohlenoxyd), unangenehm nach Knoblauch riechendes Gas. Es entsteht auch bei der Einwirkung arsenhaltiger Säuren auf Metalle (Zink, Eisen, Blei) oder arsenfreier Säuren auf unreine, arsenhaltige Metalle, sowie bei der Bildung von Acetylen aus unreinem Calciumcarbid. Aus diesem Grunde ist bei der Behandlung von Metallen mit Mineralsäuren sehr vorsichtig zu verfahren, vor allem dabei arsenfreie Säuren zu verwenden und die dabei entstehenden Gase *nicht einzuatmen*. Auch in den Gasen von Akkumulatoren befindet sich Arsenwasserstoff. Vergiftungserscheinungen mit Arsenwasserstoff treten häufig erst nach längerer Zeit auf. Auch der Schimmelpilz, *Penicillium brevicaule*, vermag aus manchen Arsenverbindungen (Tapetenfarben) das stark nach Knoblauch riechende und sehr giftige *Äthylarsin*, $AsH_2C_2H_5$, zu bilden, das zum biologischen Nachweis von Arsen dient.

Erste Hilfe. Sauerstoffeinatmung.

Darstellung. Durch Wasserstoff im Entstehungszustand aus As-Verbindungen, z. B. aus Arsen(III)-oxyd:

$$As_2O_3 \quad + \quad 6\,H_2 \quad \rightarrow \quad 2\,AsH_3 \quad + \quad 3\,H_2O$$

Arsen(III)-oxyd   Wasserstoff   Arsenwasserstoff   Wasser

oder durch Einwirkung von Salzsäure oder verd. Schwefelsäure auf Zinkarsenid:

$$Zn_3As_2 \quad + \quad 6\,HCl \quad \rightarrow \quad 2\,AsH_3 \quad + \quad 3\,ZnCl_2$$

Zinkarsenid   Salzsäure   Arsenwasserstoff   Zinkchlorid

Eigenschaften. Ganz rein ist Arsenwasserstoff geruchlos, der knoblauchartige Geruch beruht auf beigemengten Verunreinigungen. Erhitzt zerfällt er in Arsen und Wasserstoff und verbrennt angezündet mit bläulicher Flamme:

$$2\,AsH_3 \quad + \quad 3\,O_2 \quad \rightarrow \quad As_2O_3 \quad + \quad 3\,H_2O$$

Arsenwasserstoff   Sauerstoff   Arsen(III)-oxyd   Wasser

Leitet man Arsenwasserstoff durch ein Glasrohr, so zerfällt er schon bei mäßigem Erwärmen in seine Elemente:

$$2\,AsH_3 \quad \rightarrow \quad 2\,As \quad + \quad 3\,H_2$$

Arsenwasserstoff   Arsen   Wasserstoff

Diese Tatsache findet praktische Anwendung bei der Arsenprobe nach MARSH, mittels der Spuren von 0,01 mg Arsen noch sehr deutlich nachweisbar sind.

Prüfung auf Arsen nach MARSH. In eine mit Trichterrohr versehene Entwicklungsflasche bringt man arsenfreies Zink und reine, verd. Schwefelsäure. Weil die Wasserstoffentwicklung bei Verwendung von chemisch reinem Zink nicht genügend stark ist, fügt man eine Spur Kupfersulfatlösung zu. Nach längerer Gasentwicklung, um den Apparat *völlig luftfrei* zu machen, und einer Probe hierauf durch Auffangen des Gases in einem Reagensglas mit der Öffnung nach unten und Entzündung des Gases, entzündet man den an der Spitze der *Reduktionsröhre* entweichenden Wasserstoff. Durch

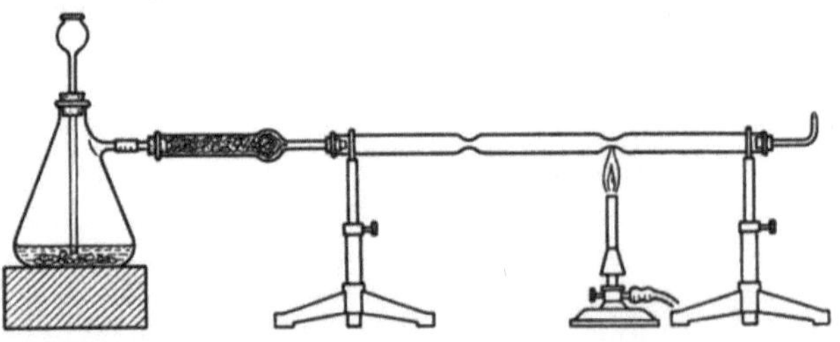

Abb. 11. Arsennachweis mit dem *Marsh*schen Apparat

Vorhalten eines kalten Porzellanschälchens in die Flamme wird zunächst festgestellt, ob die verwendeten Reagentien völlig arsenfrei waren. Es darf sich dabei kein Arsenfleck bilden. Auch an der verengten Stelle der Reduktionsröhre darf sich keine Veränderung zeigen. Nun wird die zu untersuchende Flüssigkeit durch das Trichterrohr zugegeben (Abb. 11). Bei Anwesenheit von Arsen färbt sich die Wasserstoffflamme fahlblau. Erhitzt man den durchströmenden Arsenwasserstoff vor einer verengten Stelle der Reduktionsröhre längere Zeit, so zerfällt er durch thermische Dissoziation, und Arsen scheidet sich in der Verjüngung der Röhre als glänzender *Arsenspiegel* ab. Der verbrennende Arsenwasserstoff an der Spitze scheidet an einer kalten Porzellanplatte einen braunen, glänzenden Fleck von Arsen ab, der zum Unterschied vom Antimonspiegel in Liquor Natrii hypochlorosi oder Chlorkalklösung löslich ist und sich beim Erhitzen an der Bunsenflamme verflüchtigt:

$$2\,As \quad + \quad 5\,NaOCl \quad + \quad 3\,H_2O \quad \rightarrow \quad 5\,NaCl \quad + \quad 2\,H_3AsO_4$$

Arsen   Natriumhypochlorit   Wasser   Natriumchlorid   Arsensäure

Die Arsenprobe nach GUTZEIT beruht darauf, daß der wie bei der MARSHschen Probe freigemachte Arsenwasserstoff auf ein mit 50%iger Silbernitratlösung befeuchtetes Filtrierpapier einwirkt. Dabei bildet sich eine kennzeichnend gelb gefärbte Verbindung, die auf dem Filtrierpapier einen gelben Fleck einer komplexen Silberarsenverbindung, $AsAg_3 \cdot 3\,AgNO_3$, erzeugt, der auf Zusatz von Wasser schwärzlichbraun wird.

Erkennung der Arsenverbindungen.

Reaktionen auf trockenem Wege. 1. Beim Erhitzen im Glühröhrchen oder in einem schwer schmelzbaren Reagensglas sublimieren feste Arsenverbindungen. Entsteht dabei durch Reduktion metallisches Arsen, tritt der kennzeichnende Geruch nach Knoblauch auf.

2. Beim Erhitzen auf dieselbe Weise mit Kohle oder einem Kohle-Soda-Gemisch scheidet sich unter Auftreten von Knoblauchgeruch am kälteren Teil des Röhrchens ein glänzender, braunschwarzer Beschlag von metallischem Arsen ab, lösl. in Natriumhypochloritlösung. Der Vorgang verläuft z. B. bei Arsentrioxyd nach der Gleichung:

$$As_2O_3 \quad + \quad 3\,C \quad \rightarrow \quad 2\,As \quad + \quad 3\,CO \uparrow$$

Reaktionen auf nassem Wege. 1. Schwefelwasserstoff oder Sulfide fällen aus saurer Lösung gelbes Arsen(III)-sulfid, As_2S_3, lösl. in Ammoniak, Ammoniumcarbonat und Ammoniumsulfid, unlösl. in Salzsäure.

2. Eine sehr empfindliche Arsenprobe ist die mit → BETTENDORFS Reagens.

3. Silbernitrat fällt aus neutraler oder eben saurer Lösung in Arsen(III)-verbindungen Silberarsenit, Ag_3AsO_3, als gelber Niederschlag, in Arsen(V)-verbindungen Silberarsenat, Ag_3AsO_4, als braunroter Niederschlag.

4. Das DAB. 6 läßt auf Verunreinigung der Arzneimittel durch Arsenverbindungen mit Natriumhypophosphitlösung prüfen, wobei der zu untersuchende Stoff oder seine Lösung mit einigen ccm des Reagens $^1/_4$ Stunde lang auf dem Wasserbad erhitzt wird. Bei Arsenverunreinigung in Spuren tritt eine braune bis schwarze Färbung, sonst eine Fällung von Arsen in schwarzen Flocken auf:

$$As_2O_3 \quad + \quad 3\,NaH_2PO_2 \quad \rightarrow \quad As_2 \quad + \quad 3\,NaH_2PO_3$$

5. Zur Feststellung, ob 5wertiges Arsen vorliegt, dient eine salpetersaure Ammoniummolybdatlösung, die, mit einigen Tropfen Arsenatlösung auf 40° erhitzt, einen gelben Niederschlag von Ammoniumarsenmolybdat gibt. 3wertiges Arsen gibt hierbei keinen Niederschlag.

6. Arsennachweis nach MARSH und GUTZEIT s. Arsenwasserstoff.

Arzneibücher.

Die ursprünglichen Arzneibücher entwickelten sich aus den Vorschriftenbüchern der Klöster und waren in griechischer oder lateinischer Sprache abgefaßt. Später wurden zuerst von den Städten (z. B. Nürnberg, Augsburg, Köln) amtliche Arzneibücher eingeführt. Heute sind in allen Kulturstaaten Arzneibücher eingeführt.

Deutsches Arzneibuch. Das erste deutsche Arzneibuch erschien 1865 unter der Bezeichnung *Pharmacopoea Germanica*. Das z. Z. gültige Deutsche Arzneibuch 6. Ausgabe (DAB. 6) ist durch Bekanntmachung des Reichsministers des Innern vom 2. August 1926 mit Wirkung vom 1. Januar 1927 eingeführt worden. Das DAB. 6 ist das *amtliche Vorschriftenbuch für die Apotheken* in bezug auf Zubereitung, Beschaffenheit und Aufbewahrung bestimmter Arzneimittel. Die darin aufgeführten Arzneimittel bezeichnet man als „*offizinell*". Im Jahre 1931 trat der erste Nachtrag, im Jahre 1934 der zweite Nachtrag in Kraft, während 1931 der Abschnitt „*Oleum Jecoris Aselli*" geändert wurde. Ein erster Neudruck nach dem Kriege ist im Jahre 1948 erschienen, ein Neudruck 1951 mit eingearbeiteten Nachträgen ist bei R. v. Deckers Verlag, G. Schenck, Hamburg-Berlin, erschienen und am 22. März 1952 das Gesetz über das Deutsche Arzneibuch (BG. Bl. I S. 145) für die Bundesrepublik und das Land Berlin (für das letzte nach Beschluß der Anwendung des Gesetzes) erlassen worden. § 1 des Gesetzes lautet:

Für die Eigenschaften, Herstellung, Prüfung, Wertbestimmung und Aufbewahrung der gebräuchlichen Arzneistoffe, Arzneien und Arzneimittel, soweit sie durch Apotheken abgegeben werden, sind die Bestimmungen des Deutschen Arzneibuches, 6. Ausgabe 1926, in der Fassung des ersten und zweiten Nachtrages zum Deutschen Arzneibuch vom 9. Dezember 1933 — Deutscher Reichsanzeiger und Preußischer Staatsanzeiger Nr. 289 — samt den Änderungen gemäß Runderlaß vom 6. Oktober 1936 — Ministerialblatt des Reichs- und Preußischen Ministeriums des Innern S. 1348 — und vom 10. Februar 1939 — Ministerialblatt des Reichs- und Preußischen Ministeriums des Innern S. 295 — maßgebend.

Im Jahre 1928 ist ein zweibändiger *Kommentar zum Deutschen Arzneibuch 6. Ausgabe 1926* von ANSELMINO u. GILG im Springer-Verlag, Berlin, erschienen.

Das Ergänzungsbuch zum Deutschen Arzneibuch, 6. Ausgabe (Erg.-B. 6) wurde von der Deutschen Apothekerschaft im Jahre 1941 herausgebracht und als verbindlich für die deutschen Apotheken erklärt. Dieses Buch enthält weniger allgemeine, aber doch häufig gebrauchte Arzneimittel und Vorschriften für deren Zubereitung, Beschaffenheit und Aufbewahrung.

Das Homöopathische Arzneibuch (HAB.) ist am 1. Januar 1934 von Dr. WILLMAR SCHWABE, Leipzig, in 2. Auflage erschienen und hat in allen deutschen Ländern Gesetzeskraft erlangt.

Arzneigaben-Maße.

1 Wasserglas	100 bis 150 ccm	1 Kinderlöffel	10 ccm
1 Eßlöffel	15 ccm	1 Teelöffel	5 ccm

1 Messerspitze (das ungenaueste Maß) $^1/_2$ bis 1 g

Von wäßrigen Flüssigkeiten wiegt 1 ccm etwa 1 g, Tinkturen und Fette sind um etwa 10% leichter, Sirupe und konzentrierte Salzlösungen um etwa 25% schwerer als Wasser. 1 Teelöffel Pflanzenpulver (gestrichen voll) wiegt etwa 0,5 bis 1 g, 1 Teelöffel Salze, Zucker usw. (gestrichen voll) 2 bis 3 g; ein gehäufter Teelöffel voll wiegt das Zwei- bis Dreifache.

Arzneitaxe.

Die Deutsche Arzneitaxe enthält die für die Arzneimittel und Abgabegefäße sowie für die Berechnung der Arbeitspreise für die Apotheken verbindlichen Einzelpreise. Außerdem enthält sie die Nachttaxe und die Sonntagstaxe für allein arbeitende Apotheken an Orten mit nur einer Apotheke, die Preisaufschläge bei Abgabe von Industriefertigwaren (Spezialitäten) und die Vorschriften zur Berechnung der Arzneimittelpreise, auch derjenigen, die in der Preisliste der Arzneitaxe nicht aufgeführt sind. Für Drogisten können die Preise der Arzneitaxe als Richtpreise für freiverkäufliche Chemikalien, Drogen und medizinische Zubereitungen dienen.

Asant.

Ferula-Arten, *Ferula assa foetida* L., *Ferula narthex* Boissier, *Ferula foetida* Regel, *Umbelliferae*, in den Steppen Persiens und Afghanistans, mächtige, bis 3 m hohe Pflanzen, liefern die Droge.

Asant. Asa foetida, DAB. 6.

Teufelsdreck. Stinkasant.

Das Gummiharz der großen, rübenförmigen Wurzeln. In diesen findet sich ein Milchsaft, der bei der Verletzung der Wurzeln austritt, an der Luft erhärtet und sich dabei gelbbraun färbt. Lose oder verklebte Körner oder größere Klumpen, Bruch weiß, bald rot anlaufend, allmählich braun werdend. *Geruch* durchdringend knoblauchartig, *Geschmack* bitter, scharf. Zur Herstellung des Pulvers wird A. über gebranntem Kalk getrocknet und dann zerrieben.

Inhaltsstoffe. Etwa 62% Harz, *Asaresin*, Ester eines Harzalkohols mit Ferula-Säure, 25% Gummi, 4 bis 8% schwefelhaltiges ätherisches Öl, das den unangenehmen Geruch bedingt, Ferula-Säure, Spuren von Vanillin.

Handelssorten. Asant in Körnern, DAB. 6.
Asant in Massen.

Verwendung. *Innerl.* E. (0,2 g) als beruhigendes und krampflösendes Mittel bei nervösen Leiden, Krämpfen, Blähungen, Koliken; *äußerl.* zu Klistieren gegen Würmer; *vet.* als Viehwaschmittel gegen Ungeziefer (nur örtlich anzuwenden, nicht das ganze Tier damit behandeln!); zur Herstellung des ätherischen Öles und der Tinktur; im Orient wie Knoblauch als die Verdauung begünstigendes Gewürz.

Prüfung des DAB. 6. *Erkennung.* Beim Zerreiben von 1 g A. mit 3 g Wasser entsteht eine weißliche Emulsion, die auf Zusatz von Ammoniak gelb wird.

DAB. 6 läßt ferner prüfen auf: *Galbanum.* Beim Kochen von 0,5 g zerkleinertem A. mit einigen ccm Salzsäure während 2 bis 3 Minuten darf sich der ungelöst bleibende Teil nicht blau oder violett färben. Filtriert man nach dem Erkalten durch ein mit Wasser angefeuchtetes Filter und übersättigt das klare Filtrat vorsichtig mit Ammoniakflüssigkeit, so zeigt die Mischung besonders beim reichlichen Verdünnen mit Wasser eine blaue Fluoreszenz.

Fremde Beimengungen. Der bei vollkommenem Ausziehen von 1 g A. mit siedendem Weingeist hinterbleibende Rückstand darf nach dem Trocknen bei 100° höchstens 0,5 g wiegen.

Erdige Beimengungen. 1 g A. darf beim Verbrennen höchstens 0,16 g Rückstand hinterlassen.

Asbest. Alumen plumosum.

Federalaun. Bergwolle. Federweiß.

Asbest stellt verfilzte, faserige Abarten von Serpentin, Chrysotilasbest, $Mg_6(OH)_6[Si_4O_{11}] \cdot H_2O$ oder von Hornblenden dar. Sie unterscheiden sich durch ihre Farbe, *Serpentinasbest* ist weiß, Schmp. 1500°, und *Hornblendenasbest* bläulich, Schmp. 1100°. Infolge seiner faserigen Struktur läßt sich Asbest zu einer lockeren, weißen Masse verarbeiten, die sich verweben und verspinnen läßt. Asbest ist ein schlechter Wärmeleiter, unverbrennbar und auch gegen starke Säuren unempfindlich.

Verwendung. Zum Filtrieren auch von stark sauren Lösungen, als Isoliermittel in Form von Asbestpappe, Asbesteinsätzen für Drahtnetze, Asbestunterlagen, zur Herstellung feuerfester Gewebe, als Träger für Katalysatoren, z. B. Platinasbest, zu hitzebeständigen Dichtungen an Maschinenteilen, als Verpackungsmaterial für feuergefährliche und ätzende Stoffe.

Asculin. Aesculinum.

Äsculinsäure. Anallochrom. Polichrom. Bicolorin. $C_{15}H_{16}O_9 \cdot 1^1/_2\,H_2O$.

Äsculin ist ein Glykosid der Roßkastanienrinde, aus der es durch Auskochen der im März gesammelten Rinde mit Wasser und Versetzen des Auszuges mit Bleiacetatlösung bis kein Niederschlag mehr entsteht, gewonnen wird. Die filtrierte Flüssigkeit wird vom Bleiüberschuß durch Einleiten von Schwefelwasserstoff befreit, filtriert und zu einer viscosen Flüssigkeit eingedampft. Das nach einigen Tagen ausgeschiedene Äsculin wird abgesogen, mit Wasser gewaschen und dann durch Umkristallisieren aus siedendem Alkohol zuletzt aus siedendem Wasser gereinigt.

Eigenschaften. Weiße, voluminöse, bitter schmeckende Nadeln, Schmp. etwa 200°, schwer löslich in Wasser (0,15%) und kaltem Alkohol, leichter in heißem Wasser (1 : 12,5), leicht löslich in alkalischem Wasser, Glycerin, Äthylenglykol usw. Die wäßrige Lösung rötet Lackmuspapier und zeigt blaue Fluoreszenz, die durch Säurezusatz aufgehoben, durch Alkalizusatz verstärkt wird. Äsculin-Lösungen absorbieren den ultravioletten Teil des Sonnenspektrums.

Erkennung. Chlorwasser färbt die wäßrige Lösung rosenrot. Beim Schütteln von Äsculin mit wenig Salpetersäure entsteht eine gelbe Lösung, die sich auf Zusatz von Ammoniak blutrot färbt.

Verwendung. Äsculin und seine leichter löslichen o-Oxyderivate finden als Lichtschutzmittel gegen Sonnen- und Gletscherbrand, die letzten z. B. unter dem Namen *Zeozon* und *Ultra-Zeozon*, Verwendung.

Askorbinsäure. Acidum ascorbicum, Erg.-B. 6.

1-Ascorbinsäure. Vitamin C. Mol.-Gew. 176,1.

```
  CH₂OH
    |
H—C—OH
    |
O—CH
    |
   COH
    ‖
   COH
    |
  —C═O
```

Fehlt in der menschlichen Ernährung frisches Obst und Gemüse, so tritt als kennzeichnende C-Avitaminose der *Skorbut* ein. Bei dieser Erkrankung werden die Kapillaren und Knochen spröd, die Zähne gelockert, das Zahnfleisch schmerzt und blutet. Außerdem können Blutergüsse im Gewebe, sogar Knochenbrüche eintreten. Die Abwehrkräfte des Körpers gegen Infektionskrankheiten sind stark herabgesetzt. Bei der nach modernen Ernährungsgesichtspunkten durchgeführten Ernährung mit genügender pflanzlicher Kost erhält der Körper genügend Vitamin C, es sei denn, daß der Bedarf des Körpers jahreszeitlich, durch besondere Beanspruchung usw., ein erhöhter ist. In diesem Fall muß das Vitamin-C-Defizit durch zusätzliche Gaben geeigneter Präparate unterstützt werden. SZENT-GYÖRGYI hat im Jahre 1928 das Vitamin als erster rein isoliert, anschließend wurde seine Konstitution ermittelt, so daß heute Vitamin C hauptsächlich synthetisch dargestellt wird.

Vorkommen. In allen assimilierenden Pflanzen, besonders reichlich in Früchten. Durch hohen Vitamingehalt zeichnen sich aus: Apfelsinen, Citronen, Mandarinen, Paprikaschoten, Hagebutten, Sanddornbeeren, schwarze Johannisbeeren. Auch andere Obstarten sind vitamin-C-haltig und für die normale Ernährung ausreichend. Beim Kochen *geschälter* Kartoffeln verringert sich der Vitamin-C-Gehalt beträchtlich, Salzkartoffeln sind deshalb vitaminarm.

Gewinnung. Aus vitamin-C-reichen Früchten und Blättern, wie Paprika, Citronen, Gladiolenblättern, Hagebutten. Aus 1 l Citronensaft werden 100 bis 150 mg Askorbinsäure gewonnen. Die synthetische Darstellung erfolgt von Hexosen und Pentosen aus.

Eigenschaften. Weißes, kristallines Pulver, lösl. in 4 T. Wasser, in etwa 20 T. Weingeist. Die wäßrige Lösung rötet Lackmuspapier. Schmp. 188° bis 190° unter Zersetzung. Wäßrige A.-Lösung dreht den polarisierten Lichtstrahl nach rechts. Für eine wäßrige Lösung (0,2 g in 10 ccm) ist $[\alpha]_D^{20°} + 21°$ bis 24°.

Verwendung. *Vorbeugend* bei erhöhter Infektionsgefahr, in der Schwangerschaft, bei schwerer körperlicher Beanspruchung (Sport, Arbeit), in der Rekonvaleszenz, bei Infektionskrankheiten und Blutungszuständen, auch des Zahnfleisches, als unterstützende Maßnahme bei Paradentose. (Täglich 1 bis 2 Tabletten zu 0,05 g.) Bei beginnender Infektion 3 bis 5 Tabletten täglich zu 200 mg (Cebionstoß). *Therapeutisch:* Bei Skorbut, Blutungszuständen und Blutkrankheiten, Infektionskrankheiten, Schwäche- und Erschöpfungszuständen, Magen- und Darmkrankheiten, Ödemen und Herzinsuffizienz.

Präparate. *Cantan* (Hoechst) mit je 0,05 g Vitamin C, *Cebion* (Merck) mit je 0,05 g Vitamin C, *Cebion forte* (Merck) mit je 200 mg Vitamin C, *Redoxon* (Hoffmann-La Roche) mit je 0,05 g Vitamin C.

Asphalt und Bitumen.

Asphalte sind natürliche oder künstliche Gemische von Bitumen mit Mineralstoffen. *Bitumen* ist der in Schwefelkohlenstoff lösliche Anteil der Naturasphalte und Asphaltgesteine bzw. ein Rückstand der Erdöldestillation. Chemisch sind Bitumina Gemische hochmolekularer Kohlenwasserstoffe, vornehmlich der Paraffinreihe. Sie können Sauerstoffverbindungen und Schwefel enthalten. Natürlich vorkommendes Bitumen dürfte mit großer Wahrscheinlichkeit aus Erdöl entstanden sein.

Vorkommen. Asphalt findet sich über die ganze Erde verbreitet. Er wechselt an den einzelnen Fundorten zwischen ziemlich reinem, nur mit geringen Mengen von Mineralstoffen vermischtem Bitumen bis zu felsartigem Asphaltgestein mit nur geringem Bitumengehalt.

Naturasphalte mit hohem Bitumengehalt finden sich auf der Insel Trinidad, in Venezuela (Bermudaz-Asphaltsee), Albanien (Selenizza) und Kuba. Der syrische Asphalt vom Toten Meer hat nur noch historische Bedeutung.

Wirtschaftlich ausgenutzte Vorkommen von Asphaltgestein finden sich in Deutschland bei Vorwohle bei Hannover, in der Schweiz im Val de Travers im Kanton Neuchâtel, in Frankreich bei Seyssel an der Rhone und bei Lobsann im Unterelsaß, in Italien bei San Valentino in den Abruzzen und bei Ragusa auf Sizilien.

Verwendung. Zur Herstellung von Straßendecken und anderen bituminösen Belägen, Feuchtigkeitsabdichtungen, Asphaltplatten, Vergußmassen, Dachpappe, Anstrichmitteln usw.

Asplit-Kitte „Hoechst"[1].

Asplit-Kitte sind auf organischer Basis aufgebaute Kunstharzkitte in Form selbsterhärtender Säurekitte, die als Verlege- und Fugenmörtel zusammen mit chemisch beständigen keramischen Platten verarbeitet werden. Sie finden vor allem Verwendung für säurefeste Beläge, Auskleidungen von Behältern, Gruben, Kanälen usw. Ihre weitgehende chemische Beständigkeit wird vorteilhaft ergänzt durch hervorragende mechanische Eigenschaften: Kittungen aus Asplit sind praktisch

---

[1] Nach einer Druckschrift der Farbwerke Hoechst, Frankfurt (M)-Höchst.

flüssigkeitsdicht und spülfest, die Druckfestigkeit der abgebundenen und völlig erhärteten Kittungen ist beträchtlich. Ihre Temperaturbeständigkeit reicht bis zu 180°. Die Asplit-Kitte werden in 2 Komponenten geliefert, dem Kittmehl und der dazugehörigen Lösung, z. B. Asplit N mit Asplit-Lösung N, Asplit A mit Asplit-Lösung A. Diese werden an der Arbeitsstelle zu einer Kittmasse angemischt und verarbeitet. Die Verarbeitung darf nur nach den Vorschriften des Herstellers erfolgen. Es sind folgende Sorten im Handel:

Asplit N beständig gegen nicht oxydierende anorganische und organische Säuren, z. B. gegen Salzsäure und Schwefelsäure (bis zu einem Gehalt von 70%), schweflige Säure, Phosphorsäure, Oxalsäure, Essigsäure und andere organische Säuren, ferner gegen saure und neutrale Salzlösungen sowie Wasser und Dampf. Auch bei bis zu 10%iger Sodalösung und bei Ammoniak ist Asplit N anwendbar. Dagegen ist es nicht beständig gegen Salpetersäure, Alkalilaugen, Alkalihypochlorit, Anilin und andere organische Basen bzw. Lösungsmittel. Während es gegen Alkohol und Aceton nicht beständig ist, ist es gegen Benzin und Benzol beständig. Die Beständigkeit hängt von den Stoffen ab, mit denen das Lösungsmittel gemischt ist, die Verwendbarkeit von Asplit N ist daher von Fall zu Fall zu prüfen.

Asplit A ist ein weitgehend säure- und alkalibeständiger Kitt mit ähnlichen mechanischen Festigkeiten der Kittungen wie die aus Asplit N. Kittungen mit Asplit A sind jedoch gegen Angriffe durch Alkalilaugen und Lösungsmittel wie Alkohol und Aceton beständig. Asplit A verträgt also wechselnde Angriffe durch Säuren und Alkalien. Außerdem ist die Beständigkeit gegen organische Basen erhöht.

Asplit F ist auch gegen Flußsäure mit bis zu 50% Gehalt an HF sowie gegen kalte hochprozentige Flußsäure-Schwefelsäure-Mischungen beständig. Asplit F wird unter Verwendung von Asplit-Lösung A angemischt.

Asplit CN eignet sich besonders für vielfach wechselnde chemische Beanspruchung, also durch Säuren, Alkalien, Lösungsmittel aller Art und oxydierende Chemikalien, z. B. Hypochlorite oder Chloritbleichlaugen, alkalisch und sauer. Auch gegenüber Salpetersäure ist die Widerstandsfähigkeit gegenüber anderen Asplitsorten verbessert.

Lagerung von Asplit. Asplit N, A und CN müssen trocken und kühl aufbewahrt werden. Die Lagergefäße sind gut verschlossen zu halten. Nach jeder Entnahme sind die Gefäße wieder gut abzudecken. Asplit A und CN sollten höchstens 1 Jahr gelagert werden. Die Asplit-Lösungen N, A und CN dürfen bei Normaltemperatur höchstens 6 Monate gelagert werden. Nur in Kühlkellern (5°) kann die Lagerzeit auf 1 Jahr ausgedehnt werden. Die Lagergefäße sind gut verschlossen zu halten. Das beim langen Stehen sich oben abscheidende Wasser ist vor der Verwendung der Asplit-Lösung sorgfältig abzugießen, sonst erreichen die Kittungen nicht ihre volle chemische und mechanische Widerstandsfähigkeit.

Vorsichtsmaßregeln bei der Verarbeitung von Asplit-Kitten. Bei der Verarbeitung und Anwendung von Asplit-Kitten muß streng darauf geachtet werden, daß sauber und nur mit Werkzeugen gearbeitet wird. Die Berührung der Kittsubstanz mit den Händen ist zu vermeiden, da sonst bei überempfindlicher Haut Ausschläge auftreten können. Hautkranke dürfen nicht mit Asplit-Kittarbeiten beschäftigt werden. Vor der Arbeit müssen die Hautflächen mit Vaseline eingerieben werden. Diese Schutzmaßnahme ist u. U. öfter zu wiederholen. Die Anmischung der Asplit-Kittmasse ist bei der Ausmauerung von Behältern stets außerhalb der Behälter durchzuführen. Bei der Verarbeitung sind Schutzhandschuhe zu tragen. Arbeitsstellen in Behältern müssen künstlich entlüftet werden. Zur Reinigung dürfen auf keinen Fall Lösungsmittel, sondern nur Seife und Sand verwendet und unmittelbar darauf die Haut wieder mit Vaseline eingerieben werden.

Astrolatum.

Astrolatum ist ein wachsartiges, zähes, geruchloses Gemenge hochsiedender Kohlenwasserstoffe, das als Astrolatum *weiß*, Schmp. 61°, und Astrolatum *gelb*, Schmp. 59,5°, in den Handel kommt.

Verwendung. Mit Paraffinöl (25 bis 30%) zur Herstellung einer völlig reizlosen Salbengrundlage, als Rohstoff für Brillantinen, Cremes, Lippenstifte, Schminken, Salben usw., zur Verbesserung amerikanischer Vaseline.

Ata.

Ata extra fein (Henkel). Putz- und Poliermittel zum Reinigen von Gegenständen aus Email, Marmor, Glas, Porzellan, Metall usw. Da das als Schleifmittel dienende Quarzmehl in besonders feiner Vermahlung vorliegt und mit einer waschaktiven Substanz kombiniert ist, eignet es sich hierfür vorzüglich. Sehr gerne wird es auch zum Reinigen von stark beschmutzten Händen benutzt.

Ata grob (Henkel). Scheuerpulver mit Soda, Salmiak und Netzmittel. Zum Scheuern von Herden, Öfen und Fußböden sowie zum Reinigen von Gerätschaften in Küche und Werkstatt.

Äthanolamine.

Wird in Ammoniak an Stelle der H-Atome die Oxyäthylgruppe, $-CH_2OH$, eingeführt, so erhält man *Aminoalkohole*, die den Namen *Äthanolamine* oder *Alkanolamine* führen. Je nachdem, ob ein, zwei oder drei H-Atome durch die Oxyäthylgruppe ersetzt sind, unterscheidet man Monoäthanolamin, Diäthanolamin oder Triäthanolamin,

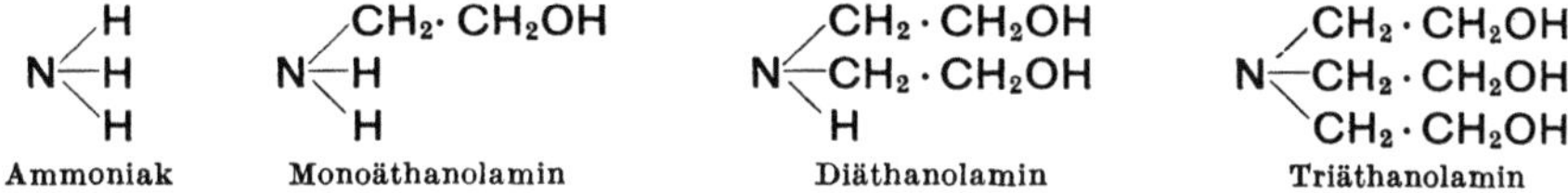

Monoäthanolamin.

β-Aminoäthylalkohol. 2-Aminoäthanol (1). *β-Oxyäthylamin. Äthylolamin. Colamin.*
$C_2H_7ON.$ (Struktur s. oben!)

Eigenschaften. Ölartige, dicke, stark basische und sehr hygroskopische Flüssigkeit, mit schwachem *Geruch* nach Ammoniak, D. (20°) 1,022, mit Wasser und Weingeist leicht mischbar, nur wenig löslich in Benzol und Schwerbenzin. Monoäthanolamin wirkt etwa gleich stark ätzend wie Ammoniak und gibt mit Fettsäuren das entsprechende Amin, Seifen, die sich als Emulgatoren bewährt haben.

Diäthanolamin.

β-β'-Dioxydiäthylamin. Dicolamin. $C_4H_{11}O_2N.$ (Struktur s. oben!)

Eigenschaften. Farblose, hygroskopische Prismen, die an feuchter Luft rauchen, D. (20°) 1,096. Schmp. 28°. Sdp. (748 mm) 270°. Diäthanolamin ist mit Wasser und Weingeist in jedem Verhältnis mischbar, wenig jedoch mit Schwerbenzin, Benzol, Äther. Mit Wasserdämpfen ist es nicht flüchtig. Konzentrierte wäßrige Lösungen wirken ätzend.

Das technisch wichtigste Äthanolamin ist das → Triäthanolamin. Von anderen Aminoalkoholen ist das → Triisopropanolamin noch von Wichtigkeit.

Äther. Aether, DAB. 6.

$(C_2H_5)_2O$. Mol.-Gew. 74,08.

Der Äther des Arzneibuches ist der Diäthyläther. Er wird fälschlicherweise auch als Schwefeläther bezeichnet und war schon im 13. Jahrhundert bekannt.

Darstellung. Durch Destillation von Äthylalkohol mit konz. Schwefelsäure, dabei bildet sich als Zwischenprodukt Äthylschwefelsäure, eine Schwefelsäure, deren Hydroxylwasserstoff durch Alkyl, C_2H_5, ersetzt ist:

$$SO_2\Big\langle{OH\atop OH} \quad + \quad C_2H_5OH \quad \rightarrow \quad SO_2\Big\langle{OC_2H_5\atop OH} \quad + \quad H_2O$$

Schwefelsäure   Äthylalkohol   Äthylschwefelsäure   Wasser

Zu dem Gemisch läßt man weiteren Äthylalkohol zufließen, dabei bildet sich dieser mit der Äthylschwefelsäure um:

$$SO_2\Big\langle{OC_2H_5\atop OH} \quad + \quad C_2H_5OH \quad \rightarrow \quad {C_2H_5\atop C_2H_5}\Big\rangle O \quad + \quad SO_2\Big\langle{OH\atop OH}$$

Äthylschwefelsäure   Alkohol   Äthyläther   Schwefelsäure

Eigenschaften. Klare, farblose, leicht bewegliche, eigenartig riechende und schmeckende, leicht flüchtige und sehr leicht entzündliche Flüssigkeit, in jedem Verhältnis mit Weingeist, fetten und ätherischen Ölen mischbar, auch feste Fette lösen sich leicht in Äther. Beim Verdunsten erzeugt Ä. starke Abkühlung (Verdunstungskälte) und findet deshalb auch für Eismaschinen Verwendung, in Wasser nur wenig löslich, Sdp. 34,5, D. (20°) 0,713 (s. a. Bd. I, S. 570).

Ätherdampf- und Luftgemische explodieren bei der Entzündung heftig. Ätherdämpfe sind schwerer als Luft und sinken zu Boden. (Gefahr der Explosion von Ätherdämpfen in Räumen mit Ofenfeuerung.) Durch Einwirkung von Licht und Luft entstehen sauerstoffhaltige Verbindungen, Peroxyde, die beim Destillieren des Äthers hinterbleiben und zu Explosionen mit äußerster Gewalt führen können.

Bei den sich bildenden Peroxyden, z. B. Dioxäthylperoxyd, $CH_3 \cdot CH(OH) \cdot O_2 \cdot CH(OH) \cdot CH_3$, polymeres Äthylidenperoxyd, $(CH_3 \cdot CHO_2)_x$ können ohne vorhergehende Entzündung schon beim Erhitzen des Äthers furchtbare Explosionen entstehen. Solche Unfälle sind zwar selten, mahnen aber zur äußersten Vorsicht. Besonders im aldehydhaltigen Äther, der dem Sonnenlicht ausgesetzt wird oder mit Luft in Berührung kommt, und beim Vermischen mit Terpentinöl können solche Peroxyde entstehen. Zweckmäßig wird deshalb Äther vor jedem Destillieren auf Reinheit geprüft. Sind Peroxyde vorhanden, färbt sich der Äther mit schwefelsaurer Dichromatlösung beim Schütteln im Reagensglas blau, aus angesäuerter Kaliumjodidlösung wird Jod frei, während Titanisulfat durch Peroxyd gelb gefärbt wird. Durch Stehenlassen mit angesäuerter Ferrosulfatlösung (12 g $FeSO_4 \cdot 7 H_2O$, 22 ccm H_2O und 1 ccm konz. H_2SO_4 auf 100 ccm Äther), bis die Titanisulfat-Reaktion negativ verläuft, und Aufbewahrung des Äthers im Dunkeln über Natronkalk erhält man peroxydfreien Äther. Ein kleiner Zusatz von Hydrochinon und Pyrogallol (1 : 5000) verzögert die Peroxydbildung, färbt aber den Äther dunkel. → Nipagalline.

Toxikologie. Beim Einatmen von Ätherdämpfen oder nach dem Trinken der stark reizenden Flüssigkeit zeigt sich nach Erregung zunächst Rausch und Narkose, die durch Lähmung des Atemzentrums zum Tode führen kann. Sowohl durch Einatmen als auch durch Trinken von Äther kann *Äthersucht* eintreten, die zur chronischen Äthervergiftung, *Ätherismus*, führt.

Prüfung des DAB. 6. *Weinöl, Fuselöl.* Beim Befeuchten von Filtrierpapier mit Ä. und Verdunstenlassen des letzten muß das Papier geruchlos sein.

Freie Säuren (Essigsäure, Schwefelsäure). Beim Verdunstenlassen von 5 ccm Äther in einer Glasschale bei Zimmertemperatur darf der verbleibende feuchte Beschlag Lackmuspapier weder röten noch bleichen. Das Bleichen würde die Anwesenheit von *schwefliger Säure* beweisen.

Aldehyd, Vinylalkohol. Beim sofortigen Übergießen von in erbsengroße Stücke zerstoßenem Kaliumhydroxyd in einer mit Glasstopfen verschlossenen Flasche mit 20 ccm Ä. und Stehenlassen eine Stunde lang vor Licht geschützt darf sich weder der Äther noch das Kaliumhydroxyd gelblich färben. Eine solche Färbung würde auf der Bildung von Aldehydharz beruhen.

Narkoseäther, Aether pro narcosi, muß den an Äther gestellten Anforderungen genügen; jedoch darf bei der Prüfung mit Kaliumhydroxyd innerhalb 6 Std. keine Färbung auftreten.

Wasserstoffperoxyd, Äthylperoxyd. Beim häufigen Schütteln von 10 ccm Narkoseäther mit 1 ccm einer frisch bereiteten Kaliumjodidlösung in einem völlig gefüllten, verschlossenen weißen Glasstopfenglas unter Lichtabschluß darf der Äther innerhalb 3 Std. keine Färbung annehmen. Eine solche würde auf der Ausscheidung von elementarem Jod beruhen.

Wasserstoffperoxyd, Äthylperoxyd. Beim Schütteln von 10 ccm Narkoseäther mit 2 ccm Vanadinschwefelsäure (0,1 g Vanadinsäureanhydrid, V_2O_5, wird in 2 ccm Schwefelsäure gelöst und die Lösung mit Wasser auf 50 ccm verdünnt) darf weder eine rosa noch eine blutrote Färbung auftreten.

Aldehyd, Vinylalkohol. Beim wiederholten Schütteln von 10 ccm Narkoseäther mit 1 ccm Neßlerschem Reagens darf weder eine Färbung noch Trübung und höchstens eine schwache weiße Opaleszenz auftreten.

Aceton. Kräftiges Schütteln von 20 ccm Narkoseäther mit 5 ccm Wasser, Abtrennen der wäßrigen Schicht, Zugabe von 1 ccm Natronlauge und 5 Tr. Nitroprussidnatrium und sofortiger Zusatz von 1,5 ccm verd. Essigsäure. Es darf weder rötliche noch violette Färbung auftreten.

Aufbewahrung und Abgabe. Der leicht flüchtige Äther dehnt sich schon bei geringer Temperaturerhöhung stark aus, deshalb dürfen Ätherflaschen *höchstens bis zu $^9/_{10}$ ihres Rauminhaltes gefüllt* werden. Beim Umfüllen ist die Gefahr des Verschüttens wegen seiner leichten Flüchtigkeit besonders groß, es ist deshalb ein kurzstieliger, nicht zu enger Glastrichter zu verwenden, der beim Umfüllen größerer Mengen wegen der Bildungsmöglichkeit von statischer Elektrizität stets zu erden ist. Wird eine größere Menge Äther verschüttet, so ist durch Gegenzug für seine rasche Verdunstung Sorge zu tragen. Keinesfalls darf der Raum mit offenem Licht betreten werden und auch die elektrische Lichtleitung nicht eingeschaltet werden. Wegen der Einwirkung von Licht und Luft ist Äther stets kühl und sorgfältig verschlossen in braunen Gefäßen aufzubewahren. Die Abgabe von Äther, auch in kleinen Mengen, hat stets in braunen Flaschen mit der Bezeichnung „*Feuergefährlich*" zu erfolgen. Der Höchstgehalt von Glasgefäßen darf 2 l nicht übersteigen. Für den Transport (Versand) dürfen nur unbrennbare und nicht zerbrechliche Behälter verwendet werden.

Narkoseäther muß nach dem Arzneibuch in braunen, trockenen, fast ganz gefüllten und gut verschlossenen Flaschen von höchstens 150 ccm Inhalt aufbewahrt werden. Die zum Verschließen der Flaschen verwendeten Korke sind mit Zinnfolie zu unterlegen, die vorher mit absolutem Alkohol gereinigt worden ist. Auch Narkoseäther muß kühl und vor Licht geschützt aufbewahrt werden.

Verwendung. *Med. innerl.* hauptsächlich in Form von *Ätherweingeist, Spiritus aethereus,* DAB. 6, *Hoffmannstropfen* (E. 0,5 = 30 Tr.), der auch unverdünnt als Riechmittel Verwendung findet, als belebendes Mittel mit reflektorisch bedingter Erregung des Zentralnervensystems, unverdünnt für denselben Zweck, *med. innerl.* (E. 0,1 g = 8 Tr.) zur Vertiefung der Atmung und Erholung des Kreislaufs; Narkoseäther zur Herbeiführung von Narkosen bei Operationen. *Äußerl.* zur Entfettung der Haut vor Operationen und zur örtlichen Betäubung, mit Weingeist gemischt zur Lösung von Kollodiumwolle (→ Kollodium), zum Verdünnen von eingetrocknetem Hühneraugen-Kollodium, *techn.* als ausgezeichnetes Lösungsmittel für Fette, Öle, Harze, in der organischen Analyse (als Trennungsmittel „Ausäthern"), zu Kältemischungen mit Kohlensäureschnee, mit denen Temperaturen bis —80° erreicht werden, zur Tötung von Insekten.

Ätherische Öle. Olea aetherea.

Ätherische oder flüchtige Öle sind Ausscheidungsprodukte des pflanzlichen Stoffwechsels und kommen daher nur im Pflanzenreich vor. Sie geben der Pflanze oder dem Pflanzenteil, in dem sie enthalten sind, den kennzeichnenden Geruch, zum Teil auch den Geschmack. Biologisch dienen sie dem Zweck, durch ihren Geruch Insekten anzulocken, teilweise auch abzuschrecken. Meist finden sie sich im Pflanzenkörper fertig gebildet vor, in seltenen Fällen jedoch als Glykoside, aus denen sie erst durch hydrolytische Spaltung entstehen (z. B. Bittermandelöl, Senföl). Ätherische Öle finden sich in den Pflanzen in besonderen Öl- oder Sekretzellen bzw. in Öldrüsen der Epidermis, Drüsenhaaren (Labiatae, Compositae, Geraniaceae), Drüsenschuppen (Humulus lupulus) und Drüsenzotten (Cannabis sativa), aber auch im Parenchym in Form von Sekretzellen und Sekretbehältern und in anderen Geweben des Pflanzenkörpers kommen sie vor. Teilweise führen die Pflanzen ätherisches Öl nur in bestimmten Organen, Blüten, Blättern, Früchten, Wurzeln usw., teils führen sie es in allen Pflanzenteilen. (S. a. Bd. I, S. 388.)

Der Gehalt an ätherischem Öl wird stark durch photochemische Vorgänge beeinflußt, Sonnenlicht, Witterungseinflüsse und Düngung beeinflussen die Entwicklung und die Eigenschaften der ätherischen Öle stark.

Vorkommen. Ätherische Öle finden sich in Blüten, Blättern, Früchten, Samen, Hölzern, Rinden, Wurzeln bzw. Wurzelstöcken. Ihre Hauptmenge stammt von Pflanzen, die ätherisches Öl führen und in den Tropen und Subtropen vorkommen. Sie übersteigt die Menge der aus Pflanzen der gemäßigten Zone stammenden ätherischen Öle bedeutend. Pflanzenfamilien, die besonders reich an Pflanzen mit ätherischen Ölen sind: Pinaceae, Labiatae, Rutaceae, Myrtaceae und Umbelliferae. Die Mengen, welche die Pflanzen jeweils enthalten, sind nur gering, entsprechend auch die Ausbeuten. Aus diesem Grunde sind einzelne ätherische Öle sehr teuer, so das Rosenöl, von dem 36 kg Rosenblüten nur 7 bis 8 g flüchtiges Öl ergeben.

Gewinnung. Die Gewinnung der ätherischen Öle erfolgt aus den vorgenannten Pflanzenorganen, aber auch aus Harzölen und Balsamölen. Die Gewinnungsart hängt ab von der Natur des zur Verarbeitung kommenden Pflanzenmaterials, teilweise auch von den Eigenschaften, die an das zu gewinnende Erzeugnis gestellt werden. Je nachdem finden dabei Anwendung: 1. die Destillation mit Wasser oder Wasserdampf, 2. Enfleurage, 3. Maceration, 4. Extraktion, 5. Auspressen. Das am meisten angewandte Verfahren ist die Wasserdampf-Destillation. Durch Auspressen werden nur die Agrumen-Öle gewonnen, während die Enfleurage, Maceration und Extraktion vor allem der Gewinnung feiner Blütenöle dient.

1. Die Wasser- und Wasserdampf-Destillation. Die Wasser- und Wasserdampf-Destillation wird mit frischen oder getrockneten Pflanzenteilen durchgeführt. Meist erfolgt die Destillation mit gespanntem Wasserdampf, welche die größte Ausbeute und ein sehr feines Produkt ergibt. Liegt das ätherische Öl in der Droge in glykosidischer Bindung vor, muß das zerkleinerte Material erst mit Wasser bestimmter Temperatur angerührt werden und stehenbleiben, bis die hydrolytische Spaltung erfolgt ist. Nach der Kondensation der Dämpfe wird das Destillat in einer *Florentiner Flasche* (Abb. 12) aufgefangen und das so gewonnene ätherische Öl durch nochmalige Destillation mit Wasserdampf rektifiziert. Die bei diesem Verfahren anfallenden

Destillationswässer sind wegen ihres Gehaltes an ätherischen Ölen geschätzte Handelswaren, so das Orangenblütenwasser, Rosenwasser u. a.

2. Enfleurage. Die Enfleurage spielt vor allem in Südfrankreich (Grasse) eine große Rolle und dient der Gewinnung empfindlicher Blütenöle aus frisch gepflückten Blüten (Jasmin, Maiglöckchen, Tuberose, Reseda). Man erhält dabei ein dem Geruch der lebenden Blüte sehr nahekommendes Konzentrat. Dabei werden die Geruchsstoffe der Drogen durch Fette adsorbiert. Zu diesem Zweck werden die Blüten auf mit einer Fettschicht bestrichenen Glasplatten, die durch Holzrahmen abgeschlossen sind, dick nebeneinander aufgestreut, die Rahmen aufeinandergestellt und einen bis mehrere Tage in abgeschlossenen Kammern aufbewahrt. Dann werden frische Blüten aufgelegt und der Vorgang so oft wiederholt, bis das Fett mit dem Riechstoff gesättigt ist. Das entstehende Produkt ist durch den Gehalt der Blüten an Fetten und Wachsen butterartig und wird mit „*pommade*" bezeichnet. Durch Extraktion mit Alkohol erhält man aus „*pommade*" „*extrait*". Soweit dieser nicht selbst zur Verarbeitung kommt, kann aus ihm das ätherische Öl durch Vakuum-Destillation getrennt

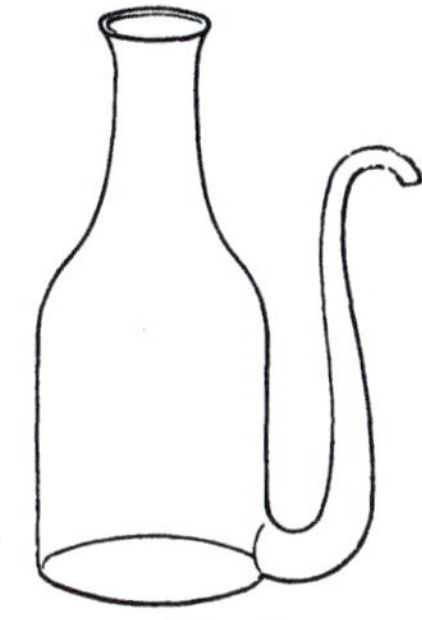

Abb. 12.
Florentiner Flasche.

werden. Durch Enfleurage werden die feinsten Öle erhalten, sie spielen in der feinen Parfümerie eine große Rolle.

3. Maceration. Im Gegensatz zur Enfleurage wird bei der Maceration bestes Olivenöl oder feinstes Paraffinöl bei 50° bis 70° zum Ausziehen der Duftstoffe verwendet. Nach dem Abpressen oder Abschleudern des Auszugmittels werden die Riechstoffe mit Weingeist herausgelöst und mittels Natriumchloridlösung aus der weingeistigen Lösung abgeschieden. Das mit dem Blumenduft gesättigte Öl wird mit „*Huile antique*" bezeichnet und mit Weingeist auf „Extrait" verarbeitet bzw. direkt zur Verarbeitung auf Haarpflegemittel verwendet.

4. Extraktion. Bei der Extraktion dient vor allem Petroläther als Lösungsmittel. Auch sie findet Anwendung bei besonders feinen Blütenriechstoffen, die durch Wasserdampf-Destillation nicht oder nicht ohne Schädigung gewonnen werden können (Jasmin, Orangenblüten, Veilchen). Der Petroläther-Auszug wird im Vakuum vom Lösungsmittel getrennt, dabei verbleibt ein Extrakt von butterähnlicher Konsistenz, das sog. *konkrete Öl, Essence concrète*, das bedeutende Fixierkraft besitzt. Durch Ausziehen mit Alkohol wird Fett und Wachs entfernt, das Endprodukt ist wieder ein Extrait.

5. Auspressung. Die Gewinnung durch kalte Pressung spielt bei den Agrumen-Früchten (Apfelsine, Bergamotte, Citrone, Mandarine, Pomeranze) eine Rolle, weil die Öle dieser Früchte bei der Destillation an Feinheit verlieren. Teilweise wird die Pressung primitiv mit der Hand, teilweise mit besonderen Einrichtungen durchgeführt, jedoch werden auch Agrumenöle teilweise durch Wasserdampf-Destillation im Vakuum gewonnen.

Physikalische Eigenschaften. Ätherische Öle sind bei gewöhnlicher Temperatur meist flüssig und leicht beweglich, seltener dickflüssig oder fest (Rosenöl). Im Gegensatz zu den fetten Ölen geben sie auf Papier einen vorübergehenden Fettfleck, da sie sich an der Luft verflüchtigen. Viele ätherische Öle sind nach der Herstellung farblos, nehmen dann aber, leicht durch Luft- und Lichteinfluß durch Oxydation verändert, dunklere Färbung (gelb, braun, rot) an, nehmen dabei oft sauren Charakter an und werden dickflüssig, sie „*verharzen*". Mit dieser Veränderung leidet ihr Geruch, der dabei meist terpentinartig wird. Andere ätherische Öle sind schon frisch gelb, grün oder blau gefärbt. Die meisten sind leichter als Wasser, einige (Bittermandel-, Nelken-, Senf- und Zimtöl) haben ein spez. Gew. über 1 und sind optisch aktiv, haben deshalb ein bestimmtes Drehungsvermögen. Mit Wasserdämpfen sind sie flüchtig, jedoch in Wasser nur im geringen Umfange löslich, während sie in Alkohol, Äther, Petroläther, Chloroform und anderen organischen Lösungsmitteln, Fetten und anderen ätherischen Ölen l.lösl. sind. Ihre Löslichkeit in 90- bzw. 70%igem Weingeist in bestimmten Mengenverhältnissen dient zu ihrer Prüfung. Der Siedepunkt liegt bei allen über 100°, bei einigen zwischen 200° und 300°. Manche ätherische Öle scheiden schon bei gewöhnlicher Temperatur, andere bei starker Abkühlung (Anisöl) feste, kristalline Bestandteile aus, die man mit *Stearopten* bezeichnet (z. B. Kampfer, Menthol, Thymol), der flüssig bleibende Anteil wird mit *Elaeopten* bezeichnet. Alle ätherischen Öle besitzen einen kennzeichnenden Geruch, ihr Geschmack ist brennend scharf.

Chemische Natur der ätherischen Öle. Die Ausnahme, daß das Bittermandelöl nur aus Benzaldehyd besteht, bestätigt die Regel, daß die meisten ätherischen Öle komplizierte Gemische zahlreicher Verbindungen sind. Die wichtigsten dieser Verbindungen sind die *Terpene*, zusammengesetzte, flüchtige Kohlenwasserstoffe, $C_{10}H_{16}$. Einige ätherische Öle (Kiefernadelöl, Latschenkiefernöl, Terpentinöl und Wacholderöl) bestehen nur aus Terpenen. In den Terpenen sind häufig oxydierte aromatische Verbindungen gelöst, die u. U. auskristallisieren und denen die Öle ihren kennzeichnenden Geruch verdanken (Borneol, Kampfer, Menthol und Thymol). Die wichtigsten Terpene sind: Pinen, Sabinen, Camphen, Fenchen, Limonen, Dipenten, Terpinol, Sylvestren, Terpinen, Phellandren. *Sesquiterpene* sind: Cadinen, Caryophyllen, Santalen, Cedren u. a. Die Terpene sind der Hauptbestandteil der meisten ätherischen Öle. Dagegen sind die eigentlichen Träger des Geruchs meist sauerstoffhaltige Körper verschiedener chemischer Zusammensetzungen. Fast immer sind sie sauerstoffhaltig. Die wichtigsten sind:

Alkohole. Borneol, Citronellol, Geraniol, Linalool, Menthol, Santalol, Terpineol.

Ester. Methylanthranilat, Methylbenzoat, Methylsalicylat, Bornylacetat, Geranylacetat, Linalylacetat.

Aldehyde. Benzaldehyd, Citral, Citronellal, Zimtaldehyd.

Ketone. Carvon, Cineol, Fenchon, Menthon, Kampfer, Thujon, Pulegon.

Phenole. Chavicol, Carvacrol, Eugenol, Menthol, Thymol.

Phenoläther. Anethol, Safrol.

Knoblauchöl und Senföl enthalten außerdem Schwefel- und Stickstoffverbindungen.

Physiologische Wirkung und therapeutische Anwendung. Die Wirkung der ätherischen Öle ist entsprechend ihrer verschiedenartig chemischen Zusammensetzung sehr mannigfaltig. *Äußerl.* üben sie infolge ihrer Lipoidlöslichkeit und Flüchtigkeit auf Haut und Schleimhäute einen örtlichen Reiz aus, erwärmen die Haut und bedingen ihre stärkere Durchblutung. Die Lipoidlöslichkeit unterstützt auch die Resorption anderer Wirkstoffe, von dieser Tatsache wird in der Medizin und Kosmetik reichlich Gebrauch gemacht. Bei längerer Einwirkung oder zu starker Dosierung (Terpentinöl, Senföl) können durch sie schmerzhafte Entzündungen, selbst Blasenbildung und Zerstörung der Haut eintreten. Alle ätherischen Öle wirken antiseptisch und desinfizierend und werden deshalb zu entsprechenden Präparaten verwendet. *Innerl.* wirken die meisten ätherischen Öle in den arzneilich verwendeten Mengen appetitanregend und verdauungsfördernd, wahrscheinlich durch reflektorische Wirkung auf die Sekretion des Magensaftes, außerdem wirken sie abnormen Gärungen entgegen. Dabei wird die Magenperistaltik begünstigt, die Herzarbeit angeregt, die Atmung beschleunigt. Auf dieser Wirkung beruht auch der Gebrauch von Gewürzen bei reichlichen Mahlzeiten und von aromatischen Drogen bei

Störungen der Verdauung. Die als blähungstreibende Mittel zur Anwendnng kommenden ätherischen Öle (Pfefferminz, Fenchel, Kümmel, Kamillen) lösen krampfhafte Zustände im Darm, begünstigen die Fortbewegung der Darmgase und wirken dadurch schmerzlindernd.

> Größere Dosen können die Enzymwirkung des Pepsins verzögern, während große Dosen Erbrechen, Durchfälle und andere Erkrankungen auslösen. Dabei können die Beckenorgane so geschädigt werden, daß Blutungen (Abort) eintreten. Bei sehr großen Dosen kommt es zu schweren Vergiftungserscheinungen, die über Lähmungen, vor allem des Atemzentrums, zum Tode führen. Bei chronischer Vergiftung durch manche ätherischen Öle kann Degeneration der Leber eintreten.

Die *Verabreichung* der ätherischen Öle erfolgt durch direktes Einatmen oder mit dem Inhalierapparat, Einreiben in die Haut in einem geeigneten Lösungsmittel, Baden in ölhaltigem Wasser, innerlichem Einnehmen oder Injizieren. Schon beim Riechen an ätherischen Ölen wird der Geruchsnerv, der Trigeminus, gereizt. Durch alle diese Maßnahmen können gesundheitsfördernde oder -schädigende Wirkungen auf den Organismus eintreten. Die Wirkung hängt von der richtigen Konzentration der zur Anwendung kommenden ätherischen Öle ab.

Die *Ausscheidung* resorbierter ätherischer Öle erfolgt nur zum kleinsten Teil durch die Haut (Knoblauchöl). Viele werden hauptsächlich durch die Lungen ausgeschieden, wirken dabei antiseptisch auf die Bronchien und sekretionssteigernd (z. B. Anis, Thymian) oder sekretionshemmend (Eucalyptus). Der Hauptausscheidungsweg der ätherischen Öle sind jedoch die Nieren, die sie teilweise unverändert, teilweise an Glucuronsäure gebunden passieren. Einige ätherische Öle, wie Wacholderöl, steigern durch Erweiterung der Nierengefäße die Harnabscheidung, wobei bei Überdosierung schwere Nierenschädigungen eintreten können. Dies kann auch beim Kauen von Wacholderbeeren nach KNEIPP bei zu hoher Dosierung eintreten.

Prüfung. Ätherische Öle sind wegen ihres hohen Preises und des oft schwer zu führenden Nachweises fremder Zusätze häufigen Verfälschungen ausgesetzt. Besonders die teuren Öle werden häufig verfälscht. Die sorgfältige Prüfung der ätherischen Öle ist deshalb unerläßlich. Die am meisten vorkommenden Verfälschungsmittel sind: billigere ätherische Öle, besonders Terpentinöl, Alkohol, fettes Öl, Mineralöl und synthetische Ester. Auch durch Entzug ihrer wertvollsten Bestandteile können ätherische Öle verfälscht werden, so z. B. das Kümmelöl durch Entzug von Carvon. Zur Prüfung ätherischer Öle wird neben der Reinheit und Feinheit des Geruchs und Geschmacks festgestellt, ob die physikalischen Konstanten den Vorschriften entsprechen (spez. Gew., Siedepunkt, Löslichkeit im Alkohol, optisches Drehungsvermögen, bei manchen auch der Erstarrungspunkt). Zur chemischen Untersuchung ist die Bestimmung der Säure- und Esterzahl zur Berechnung des Gehaltes an Säuren und Estern unerläßlich. Einzelne wichtige Bestandteile sind durch besondere Verfahren festzustellen.

Geruchs- und Geschmacksprüfungen. Der Geruch wird geprüft durch Aufträufeln einiger Tropfen auf Filtrierpapier. Während des Verdunstens ist der Geruch des verdunstenden Öles immer wieder zu prüfen, weil bei den einzelnen Phasen des Verdunstungsvorganges häufig Verfälschungen mit billigen ätherischen Ölen erkannt werden können. Dies ist ganz besonders gegen den Schluß des Verdunstens der Fall. Zur Geschmacksprüfung wird ein Ölzucker hergestellt und dieser in viel Wasser gelöst. Dadurch treten der Geschmack und etwaige Verfälschungen deutlich in Erscheinung.

Fette Öle. Beim Verdunsten auf Filtrierpapier darf ein bleibender Fettfleck nicht zurückbleiben. In Weingeist (90%) müssen sie sich klar lösen, sonst besteht der Verdacht auf fettes Öl.

Weingeist. Ein größerer Weingeistzusatz drückt sich durch die Erniedrigung des spez. Gew. aus. Alkoholhaltige ätherische Öle ergeben beim Eintropfen in Wasser eine milchige Trübung. Mengenmäßig kann eine Verfälschung durch Weingeist annähernd bestimmt werden durch Schütteln des ätherischen Öls in einem graduierten Reagensglas mit dem gleichen Raumteil Wasser, besser noch mit Kochsalzlösung oder Glycerin. Nach dem Absetzen entspricht die Abnahme der Ölschicht ungefähr dem vorhandenen Alkohol.

Billige ätherische Öle lassen sich nur durch eingehende chemische Untersuchung feststellen. Als Verfälschungsmittel dienen hier meist Terpentinöl, Cedernholzöl, Copaivabalsamöl, Kampferöl und Gurjunbalsamöl u. a.

Harze bleiben bei der Destillation im Rückstand.

Kolophonium ergibt eine hohe Säurezahl (151 bis 180).

Phthalsäurediäthylester. Beim Erhitzen von 1 ccm ätherischen Öls mit 3 ccm einer mit absolutem Alkohol frisch hergestellten und filtrierten Lösung von Kaliumhydroxyd (1 + 9) 2 Min. lang im siedenden Wasserbad darf nach dem Abkühlen innerhalb $^1/_2$ Std. keine kristalline Ausscheidung erfolgen. Bei Vorhandensein von Ph. entsteht das in Alkohol unlösliche kristalline Kaliumphthalat, $C_6H_4(COOK)_2$. Bei Rosen- und Nelkenöl entstehen hierbei kristalline Abscheidungen, die sich beim Erhitzen wieder klar auflösen müssen, während sich Kaliumphthalat beim Erhitzen nicht löst. Bei der Prüfung des Lavendelöls schreibt das DAB. 6 eine besondere Probe auf Phthalsäureester vor.

Organische Halogenverbindungen (Chloroform, Tetrachlorkohlenstoff usw.). Ein Stückchen Filtrierpapier, mit einigen Tropfen ätherischen Öls befeuchtet, wird in einem Porzellanschälchen verbrannt und die rußenden Dämpfe in einem mehrmals mit Wasser ausgespülten Becherglas (1000 ccm) aufgefangen. Dann wird das Becherglas durch Umschwenken mit 10 ccm Wasser ausgespült, filtriert und einige Tr. Salpetersäure und Silbernitratlösung zugesetzt. Auch nach 5 Min. darf eine Opaleszenz nicht auftreten.

Aufbewahrung. Da alle ätherischen Öle die zum Verharzen besonders neigenden Terpene enthalten, müssen sie *kühl* und *vor Licht geschützt* in sorgfältig getrockneten braunen, möglichst ganz gefüllten und bestschließenden Flaschen aufbewahrt werden. Etwaigen Leerraum der Vorratsflaschen kann man durch Glasperlen ausfüllen, um damit den über der Flüssigkeit stehenden Luftraum auf ein Mindestmaß zu verringern. *Frische ätherische Öle dürfen niemals mit alten Resten vermischt werden.* Ätherische Öle leiden durch den Einfluß von Luft, Licht und Wärme infolge chemischer Veränderungen sehr in ihrer Güte, sie verharzen, wobei Aldehyde und Ketone zu Säuren oxydiert werden. Zur Erhöhung ihrer Haltbarkeit während der Lagerung kann etwas Weingeist zugesetzt werden. Als reine Öle sind sie dann jedoch nicht mehr verkäuflich, auch lassen sie sich mit fetten Ölen dann nicht mehr klar mischen und sind zu DAB.6-Präparaten nicht zu verwenden. Trübungen beim Lagern treten häufig infolge Ausscheidung von Wasser ein. Auch ihr kann durch Weingeistzusatz (10%) vorgebeugt werden, da die Entfernung der Trübung, selbst mit wasserentziehenden Salzen und durch Filtration, meist nicht ganz möglich ist. Ist die Verdünnung mit Alkohol nicht durchführbar, schüttelt man öfter mit Natrium sulfuricum siccum durch und filtriert nach erfolgter Klärung. Trübungen in Agrumen-Ölen können auf Ausscheidung von Pflanzenwachs beruhen und sind durch Filtration nicht zu entfernen. Eine Trübung tritt um so leichter auf, wenn die ätherischen Öle schroffem Temperaturwechsel unterworfen werden.

Verwendung. *Medizinisch* als innerliches und äußerliches Heilmittel bzw. als Geruchs- und Geschmackskorrigens. In der Parfümerie und zur Herstellung kosmetischer Präparate, zur Parfümierung von Seifen, zur Aromatisierung von Genußmitteln und Likören, das Terpentinöl in der Lack- und Farbenindustrie, einige zur Schädlingsbekämpfung.

Terpenfreie ätherische Öle sind durch fraktionierte Destillation unter vermindertem Druck teilweise oder ganz von Terpenen und Sesquiterpenen befreite ätherische Öle. Ihr Vorteil beruht auf der leichteren Löslichkeit in niedrigprozentigem Weingeist, wodurch sie für viele Zwecke unentbehrlich sind, ihrer Ergiebigkeit und besseren Haltbarkeit. Die Löslichkeit bei terpenfreien Ölen ist wesentlich besser als bei gewöhnlichen ätherischen Ölen, bei sesquiterpenfreien die überhaupt erreichbare. Ihr Nachteil beruht darauf, daß sie durch die Abtrennungen der Terpene an ihrem natürlichen Charakter und ihrer Frische verlieren, was sich besonders bei den Agrumen-Ölen (Bergamott-, Citronen-, Pomeranzenöl) auswirkt. Sie finden besonders zur Herstellung von Haarwässern, Kölnisch Wasser, Lavendelwasser, Lotionen usw. Verwendung.

Äthylen. Aethylenum.

Äthen. $CH_2=CH_2$. Mol.-Gew. 28,05.

Äthylen ist der erste ungesättigte Kohlenwasserstoff der Äthylen- oder Olefinreihe und kommt zu 3 bis 5% im Leuchtgas, reichlicher im Kokereigas und amerikanischen Erdölgasen, die bis zu 20% Äthylen enthalten, vor. Diesen kann es durch konz. Schwefelsäure entzogen werden, wobei die zuerst sich bildende Äthylschwefelsäure in Schwefelsäure und Äthylen zerfällt:

$$C_2H_5HSO_4 \rightarrow C_2H_4 + H_2SO_4$$

Äthylschwefelsäure   Äthylen   Schwefelsäure

Darstellung. Durch Überleiten von Alkoholdampf bei etwa 400° über erhitztes Aluminiumoxyd oder durch teilweise Reduktion des Acetylens.

Eigenschaften. Farbloses, fast geruchloses, mit leuchtender Flamme brennendes Gas, das schon bei 0° und 50 Atm. Druck verflüssigt werden kann. In Wasser wenig, in Alkohol, Äther und Öl besser lösl.; bildet mit Luft und Sauerstoff explosive Gasgemische. Unter hohen Drucken und bestimmten Bedingungen kann Äthylen in ein Gemisch von festen Polymeren verwandelt werden, *Polythene*. Ein solches ist *Alcathen*, das in der Elektrotechnik wegen seiner Widerstandsfähigkeit gegen Wasser als Isoliermaterial besonders für Kabel Verwendung findet.

Verwendung. Zur Herstellung synthetischer Schmieröle durch Polymerisation in Anwesenheit eines Katalysators. Ein Gemisch von 80 bis 90% Äthylen und 10 bis 20% Sauerstoff dient in der Medizin, besonders in USA, als Inhalationsnarkoticum. Zur künstlichen Reifung grün geernteter Bananen, Orangen und Citronen nach einem USA-Patent.

☠ 2. Äthylenbromid. Aethylenum bromatum. Stoff B.

1,2-Dibromäthan. $CH_2Br \cdot CH_2Br$. Mol.-Gew. 187,8.

Darstellung. Aus Äthylen und Brom:

$$C_2H_4 + Br_2 \rightarrow CH_2Br \cdot CH_2Br$$

Äthylen   Brom   Äthylenbromid

Eigenschaften. Farblose bis schwach gelbliche, chloroformähnlich riechende, leicht flüchtige Flüssigkeit. D. (20°) 2,180; Sdp. 131,6°. Unlösl. in Wasser, mit Alkohol und Äther mischbar.

Aufbewahrung. *Vorsichtig!* Vor Licht geschützt.

Verwendung. Zur Herstellung von Glykokoll, im Gemisch mit Tetraäthylblei als Antiklopfmittel.

☠ 2. Äthylenchlorid. Aethylenum chloratum, Erg.-B. 6. Stoff B.

Dichloräthan. Dichloräthylen. $CH_2Cl \cdot CH_2Cl$. Mol.-Gew. 98,97.

Darstellung. Durch Zusammenbringen gleicher Vol.-Teile getrockneten Äthylens und Chlorgases in einer besonderen Apparatur:

Eigenschaften. Farblose, chloroformartig riechende, süßlich-brennend schmekkende Flüssigkeit. D. (17°) 1,258; Sdp. 83,7°. Unlösl. in Wasser, l.lösl. in Alkohol und Äther, verbrennt mit rußender, grün umsäumter Flamme unter Bildung von Chlorwasserstoff.

Erkennung. Beim Kochen mit alkoholischer Kalilauge entsteht Vinylchlorid, $CH_2=CHCl$, ein knoblauchartig riechendes farbloses Gas. Mit Anilin und alkoholischer Kalilauge erhitzt, tritt der widerliche Geruch nach *Isonitril* auf.

Aufbewahrung. *Vorsichtig!* Vor Licht geschützt.

Verwendung. *Medizinisch* als Inhalationsnarkoticum, als Extraktionsmittel für Fette und Öle, Lösungsmittel für Harze und Kautschuk, als Abbeizmittel, mit Tetraäthylblei gemischt als Antiklopfmittel.

Äthylenglykol.

Glykol. $CH_2OH \cdot CH_2OH$. ($\rightarrow$ *Glykole.*)

Darstellung. Äthylenglykol erhält man durch Kochen von Äthylenbromid mit Kaliumcarbonatlösung:

$$CH_2Br \cdot CH_2Br \; + \; K_2CO_3 \; + \; H_2O \; \rightarrow \; CH_2OH \cdot CH_2OH \; + \; CO_2 \; + \; KBr$$

Äthylenbromid   Kaliumcarbonat   Wasser   Äthylenglykol   Kohlendioxyd   Kaliumbromid

Eigenschaften. Farblose und geruchlose, süß schmeckende Flüssigkeit, Sdp. bei 197°. In Wasser und Weingeist in jedem Verhältnis lösl., unlösl. in Ölen, fast unlösl. in Äther.

Verwendung. An Stelle von Glycerin als Gefrierschutzmittel (Glysantin), als Feuchte (3%) zu Rauchtabak (zu Kau- und Schnupftabak darf nur $\rightarrow$ 1,2-Propylenglykol verwendet werden). Für Arzneistoffe und kosmetische Präparate nicht zulässig, da es zu Oxalsäure oxydiert, durch die Nieren wieder ausgeschieden wird und deshalb *Vergiftungen* möglich sind.

Äthylenoxyd. Sehr giftig!

Mol.-Gew. 44,05.

Äthylenoxyd kann als Anhydrid des Äthylenglykols betrachtet werden, da es schon durch ganz verd. Schwefelsäure in der Kälte Wasser aufnimmt und damit Äthylenglykol bildet.

Darstellung. Aus Glykolchlorhydrin durch Abspaltung von Salzsäure:

$$\begin{matrix} CH_2OH & & CH_2 \\ | & \rightarrow & \quad\;\; \rangle O \; + \; HCl \\ CH_2Cl & & CH_2 \end{matrix}$$

Glykolchlorhydrin   Äthylenoxyd   Salzsäure

Eigenschaften. Farblose, neutrale, ätherisch riechende, leicht bewegliche und leicht flüchtige Flüssigkeit, Sdp. 12,5° (daher bei Zimmertemperatur gasförmig), mit Wasser mischbar bzw. darin sehr leicht löslich. „*T-Gas*" *Äthox, Etox*, als Schädlingsbekämpfungsmittel gegen Ratten, Mäuse, Wanzen, ist ein in Stahlflaschen in den Handel kommendes Gemisch aus 9 T. Äthylenoxyd und 1 T. Kohlensäure, das nur von behördlich konzessionierten Firmen zur Ungeziefer- und Schädlingsbekämpfung verwendet werden darf. Wegen seiner *Giftigkeit* ist *größte Vorsicht* geboten. *Cartox (Carboxyd)*, ein unbrennbares Gemisch aus 1 T. Äthylenoxyd und 9 T. Kohlensäure, in Stahlflaschen, findet zur Vernichtung von Kornkäfern Verwendung. In derselben Zusammensetzung kommt es auch in fester Form mit Trockeneis (festes CO_2) in den Handel.

Toxikologie. Eingeatmet in höherer Konzentration wirkt es narkotisch mit tödlicher Nachwirkung; es zeigen sich Kopfschmerzen, Übelkeit, Erbrechen und krankhafte Vermehrung der weißen Blutkörperchen. Nahrungsmittel werden durch T-Gas geschädigt und im Geschmack verändert.

Athylester.

Äthylacetat. Essigäther. Aether aceticus, DAB. 6.

Essigsäureäthylester. Essigester. $CH_3COOC_2H_5$. Mol.-Gew. 88,06.

Darstellung. Durch Erhitzen von Alkohol mit Essigsäure und Schwefelsäure und anschließende Destillation:

$$C_2H_5OH \; + \; H_2SO_4 \; \rightarrow \; SO_2H \cdot C_2H_5 \; + \; H_2O$$

Alkohol   Schwefelsäure   Äthylschwefelsäure   Wasser

Die Äthylschwefelsäure setzt sich dann mit der Essigsäure um:

$$SO_4H \cdot C_2H_5 \quad + \quad CH_3COOH \quad \rightarrow \quad CH_3COOC_2H_5 \quad + \quad H_2SO_4$$

Äthylschwefelsäure   Essigsäure   Äthylacetat   Schwefelsäure

Eigenschaften. Klare, farblose, flüchtige, leicht entzündbare Flüssigkeit von angenehm erfrischendem Geruch. D. (20°) 0,896 bis 0,900; Sdp. 74° bis 77°; in Wasser wenig, in Alkohol, Äther, Kohlenwasserstoffen, fetten und ätherischen Ölen l. lösl. Durch Luft- und Lichteinwirkung zerfällt er allmählich in Alkohol und Essigsäure und reagiert dann sauer.

Prüfung des DAB. 6 auf: *Freie Essigsäure* durch *sofortige* Rötung von mit Wasser angefeuchtetem und eingetauchtem blauem Lackmuspapier.

Fremde Ätherarten durch einen am Ende der Verdunstung wahrnehmbaren Geruch (Buttersäure- und Amylverbindungen) beim Befeuchten von Filtrierpapier.

Weingeist, unzulässige Mengen von Wasser. 10 ccm E. werden mit 10 ccm Wasser in einem graduierten, mit Glasstopfen verschlossenen Zylinder kräftig geschüttelt. Dabei darf die Wassermenge um höchstens 1 ccm zunehmen.

Amylacetat. Durch eine innerhalb einer Viertelstunde entstehende gefärbte Zone beim Überschichten von 5 ccm Schwefelsäure mit 5 ccm E.

Aufbewahrung. In gut verschlossenen Gefäßen (s. Bd. I, S. 570).

Techn. Handelssorten werden nach GANN nach der Dichte (20°) unterschieden:

gereinigte Ware   0,870—0,880   absoluter Essigäther   0,900
doppelt gereinigte Ware 0,890

Verwendung. *Med.* als anregendes, belebendes Riechmittel bei Ohnmachten und krampfartigen Zuständen, als Zusatz zu erfrischenden Einreibungen; gegen rheumatische und neuralgische Schmerzen (2%); zur Erhöhung der erfrischenden Wirkung von Pfefferminzplätzchen (4°/₀₀), konz. als Mittel gegen Kopfläuse mit gut schließender Kopfhaube; *techn.* als schnell flüchtiges Lösungsmittel bei der Herstellung von Nagellacken, Nitrocelluloselacken, rasch trocknenden Chlorkautschuklacken, in Kitt- und Klebemitteln, als Extraktions- und Reinigungsmittel. In der Kosmetik als erfrischendes Zusatzmittel zu Toilette-Essigen, Flüssigkeiten zur Luftverbesserung und Räucheressenzen.

Äthylbenzoat. Aethylium benzoicum.

Benzoesäureäthylester. Aether benzoicus. $C_6H_5COOC_2H_5$. Mol.-Gew. 150.

Darstellung. 50 T. Benzoesäure werden mit 200 T. Äthylalkohol und 10 T. konz. Schwefelsäure gekocht, mit Wasser ausgewaschen und destilliert.

Eigenschaften. Farblose, sehr angenehm riechende, an Ylang-Ylang und Nelken erinnernde Flüssigkeit. Sdp. 203°. Unlöslich in Wasser, l. lösl. in Weingeist, Äther und fetten Ölen. D. (15°) 1,051 bis 1,054.

Verwendung. Als Geschmacksstoff für Himbeeraromen, in der Parfümerie zur Herstellung von Blütengerüchen.

Äthylbutyrat. Aether butyricus. Aethylium butyricum.

Buttersäure-Äthylester. Ananasäther. $C_3H_7COOC_2H_5$. Mol.-Gew. 116.

Äthylbutyrat ist der Äthylester der normalen Buttersäure, $CH_3CH_2CH_2COOH$.

Darstellung. Aus Buttersäure, Weingeist und konz. Schwefelsäure, Erhitzen der Mischung auf 80° während einiger Stunden und Stehenlassen der Mischung während eines Tages in der Kälte. Beim Eingießen der Flüssigkeit in 2 Raumteile kaltes Wasser scheidet sich der Rest als ölige Flüssigkeit ab. Nach dem Waschen mit verd. Natriumcarbonatlösung und anschließend mit Wasser wird er mit Calciumchlorid entwässert und destilliert.

Eigenschaften. Rein farblose, leicht bewegliche, in Wasser wenig lösliche, mit Weingeist in jedem Verhältnis mischbare, leicht entzündliche Flüssigkeit mit brennendem *Geschmack*, in verd. Zustand von ananasartigem *Geruch*. D. (15°) 0,900; Sdp. 121°.

Aufbewahrung. In gut verschlossenen braunen Flaschen, kühl.

Verwendung. Mit Weingeist (8- bis 10fach verdünnt) als Ananasessenz in der Süßwarenindustrie, zur Herstellung von künstlichem Rum und von Fruchtessenzen.

Äthylformiat. Aethylium formicicum.

Ameisensäureäthylester. Ameisenäther. Aether formicicus. Rumäther. $HCOOC_2H_5$.
Mol.-Gew. 74.

Äthylformiat ist eine farblose, neutrale Flüssigkeit, leicht flüchtig und entzündlich, von angenehm erfrischendem und durchdringendem *Geruch*. D. des reinen Esters (16°) 0,923, des technischen (15°) 0,925 bis 0,930. Sdp. 54,4°. 1 T. in 10 T. Wasser lösl., mit organischen Lösungsmitteln in allen Verhältnissen mischbar.

Verwendung. Lösungsmittel für Öle und Fette, bei der Herstellung von Acetylcelluloselacken zur Herabsetzung der Verdunstungszeit. Rein zur Herstellung von Fruchtäthern und künstlichen Allasch- und Rumessenzen.

Beim längeren Aufbewahren von Ameisenspiritus bildet sich der Ester ebenfalls.

Äthyllactat.

Milchsäureäthylester. $CH_3 \cdot CH(OH)COO \cdot C_2H_5$. Mol.-Gew. 118,13.

Äthyllactat ist eine farblose Flüssigkeit mit schwach esterartigem *Geruch*, die mit Wasser in jedem Verhältnis mischbar ist. D. (19°) 1,031; Sdp. 154,5°; Flammp. +48°; Verdunstungszahl 80 (Äther = 1).

Verwendung. Als gutes Lösungsmittel für Acetylcellulose, Celluloseäther, Celluloid, Chlorkautschuk, Nitrocellulose, Polyvinylester, für fast alle Natur- und Kunstharze, mit anderen Verschnittmitteln weitgehend verträglich.

Äthylnitrit. Aethylium nitricum.

Salpetrigsäureäthylester. $C_2H_5 \cdot O \cdot NO$. Mol.-Gew. 75,07.

Darstellung. Durch Destillation von Äthylalkohol mit Salpetersäure. Dabei wird die Salpetersäure zu salpetriger Säure reduziert und mit dem Alkohol verestert:

$$C_2H_5OH \;+\; HNO_3 \;\rightarrow\; HNO_2 \;+\; CH_3CHO \;+\; H_2O$$

Äthylalkohol   Salpetersäure   salpetrige Säure   Acetaldehyd   Wasser

$$HNO_2 \;+\; C_2H_5OH \;\rightarrow\; C_2H_5 \cdot O \cdot NO \;+\; H_2O$$

salpetrige Säure   Äthylalkohol   Äthylnitrit   Wasser

Eigenschaften. Äthylnitrit hat obstartigen *Geruch*, D. (16°) 0,900, und ist der wirksame Bestandteil von *versüßtem Salpetergeist, Spiritus Aetheris nitrosi (Spiritus Nitri dulcis), DAB. 6.* Dieser stellt ein Gemisch von Äthylnitrit, Acetaldehyd und Alkohol dar und ist eine klare, farblose bis gelbliche Flüssigkeit mit ätherischem Geruch und süßlich brennendem Geschmack. D. (20°) 0,835 bis 0,845. Er ist völlig flüchtig und löst sich in jedem Verhältnis in Wasser.

Aufbewahrung. In kleinen (25 bis 50 ccm) mit Korkstopfen und tierischer Blase dicht verschlossenen Gläsern, vor Licht geschützt, kühl. Zur Konservierung werden in jedes Fläschchen 2 bis 4 Kristalle neutrales Kaliumtartrat gegeben, wodurch die Flüssigkeit bei neutraler Reaktion haltbar ist. Bei saurer Reaktion kann die neutrale durch Schütteln mit einigen zerriebenen Kaliumtartratkristallen wiederhergestellt werden.

Verwendung. Als anregendes und harntreibendes Mittel (E. 0,5 g = 30 Tr.), als Riechmittel unverdünnt, als Geschmackskorrigens. In kleinen Mengen als Zusatz zu Liköressenzen, Branntwein, Franzbranntwein, Rum.

Äthylphthalat. Aethylium phthalicum.

Phthalsäurediäthylester. $C_6H_4(COOC_2H_5)_2$.

Eigenschaften. Farb- und geruchlose, bitter schmeckende Flüssigkeit, D. (20°) 1,17; Sdp. 295°.

Verwendung. Als Alkoholvergällungsmittel, Lösungs- und Streckungsmittel zur Herstellung von äußerl. anzuwendenden Arzneizubereitungen, in der Parfümerie als Verdünnungsmittel, Lösungs- und Fixiermittel für Riechstoffe (der Geruch wird in keiner Weise beeinträchtigt). Bei der Verwendung zu Kopf- und Toilettewässern soll empfindliche Haut durch den Ester gereizt werden. Zur Weingeistvergällung kommen auf 100 l Weingeist 1 l Phthalsäurediäthylester. Der Ester findet auch zur Verfälschung ätherischer Öle Verwendung.

Platinole sind technisch verwendete Phthalsäureester, die zur Herstellung von Lacken und Kunststoffen in den Handel kommen. Diisobutylphthalat, Diamyl-phthalat, Diacetylphthalat und Hydrophthalsäureester finden als Lösungsmittel und Weichmacher weitgehende Verwendung.

Äthylsalicylat. Aethylium salicylicum, Erg.-B. 6.

Aether salicylicus. Salicylsäureäthylester. $C_6H_4(OH)COOC_2H_5$. Mol.-Gew. 166,1.

Eigenschaften. Farblose bis schwach gelbliche, lichtbrechende, angenehm, ähnlich wie Wintergrünöl, jedoch milder und weniger aufdringlich riechende Flüssigkeit. Licht und Luft färbt sie allmählich gelbbraun. In Wasser wenig, leicht in Alkohol und Äther lösl. D. (20°) 1,130 bis 1,135; Sdp. 232° bis 235°; $n_D^{20°}$ 1,523. Vor Licht geschützt in dicht schließenden Flaschen aufbewahren.

Verwendung. *Medizinisch* wie Methylsalicylat in Salben (20%); in der Parfümerie.

Äthylvalerianat. Aethylium valerianicum.

Baldriansäureäthylester. Baldrianäther. $C_4H_9 \cdot COO \cdot C_2H_5$.

Verdünnt angenehm apfelartig riechende Flüssigkeit, die in weingeistiger Lösung in der Süßwaren- und Likörindustrie und zur Herstellung von Fruchtäthern dient.

Äthylhalogenide.

☠ 2. Äthylbromid. Aether bromatus. Aethylium bromatum, DAB. 6. Stoff B.

Monobromäthan. Bromäthyl. C_2H_5Br. Mol.-Gew. 108,96.

Darstellung. Eine möglichst tief abgekühlte Mischung von Weingeist mit konz. Schwefelsäure wird mit kaltem Wasser und gepulvertem Kaliumbromid versetzt und unter sehr guter Kühlung im Sandbad destilliert (s. Bd. III).

Eigenschaften. Klare, farblose, neutrale, leicht flüchtige, stark lichtbrechende, ätherisch riechende Flüssigkeit, unlösl. in Wasser, in Weingeist und Äther lösl. D. (20°) 1,458; Sdp. 36° bis 38,5°.

DAB. 6 läßt prüfen auf die vorgeschriebene Dichte und den Siedepunkt wegen möglicher Verwechslung mit Äthylenbromid, dessen Dichte 2,179, dessen Sdp. 1,29° beträgt.

Ferner auf fremde organische Verbindungen, Phosphorverbindungen, Bromwasserstoff-säure und freies Brom.

Aufbewahrung. *Vorsichtig*, in völlig trockenen, braunen, fast ganz gefüllten und gut verschlossenen Flaschen (höchstens 100 ccm Inhalt), kühl und vor Licht geschützt.

Verwendung. Unverdünnt als Inhalationsnarkoticum. Auf eine Verwechslungsmöglichkeit mit dem viel giftiger wirkenden Äthylenbromid, $CH_2Br \cdot CH_2Br$, sei hingewiesen.

Äthylchlorid. Aether chloratus. Aethylium chloratum, DAB. 6. Stoff B.

Monochloräthan. Chloräthyl. C_2H_5Cl. Mol.-Gew. 64,50.

Darstellung. Durch Einwirkung von Chlorwasserstoff auf Weingeist unter Druck und Erhitzen:

$$C_2H_5OH \quad + \quad HCl \quad \rightarrow \quad C_2H_5Cl \quad + \quad H_2O$$

Weingeist   Chlorwasserstoff   Äthylenchlorid   Wasser

Eigenschaften. Klare, farblose, sehr leicht flüchtige und leicht bewegliche Flüssigkeit. D. (0°) 0,921; Sdp. 12° bis 12,5°. *Geruch* eigenartig, ätherisch. In Wasser wenig lösl., mit Weingeist oder Äther in jedem Verhältnis mischbar. Angezündet verbrennt es mit grün gesäumter Flamme.

DAB. 6 läßt prüfen auf Salzsäure und Phosphorverbindungen.

Aufbewahrung. *Vorsichtig*, in zugeschmolzenen, mit besonderem Verschluß versehenen Glasröhren, kühl und vor Licht geschützt.

Verwendung. Unverdünnt als örtliches Kälteanaestheticum zur Durchführung kleinerer und kurz dauernder chirurgischer Eingriffe und als Inhalationsnarkoticum unverdünnt zur Herbeiführung eines Rauschzustandes für kleine Eingriffe.

☠ 3. Äthyljodid. Aether jodatus. Aethylium jodatum, Erg.-B. 6. Stoff B.

Monojodäthan. Jodäthyl. $CH_3 \cdot CH_2J$. Mol.-Gew. 156.

Darstellung. Aus Äthylalkohol, rotem Phosphor und allmählichem Zusatz von kleinen Mengen von zerriebenem Jod. Nach 24 Std. destilliert man unter Anwendung eines LIEBIGschen Kühlers auf dem Wasserbad. Nach dem Waschen des gelb gefärbten Destillats mit Natriumbisulfit und Wasser wird das Äthyljodid mit gekörntem Calciumchlorid getrocknet, filtriert und nochmals destilliert und mit 1% absolutem Alkohol versetzt.

Eigenschaften. Klare, anfangs farblose, ätherisch riechende Flüssigkeit, die sich beim Aufbewahren allmählich bräunt, sehr wenig in Wasser, leicht in Weingeist und Äther lösl. D. (20°) 1,916 bis 1,926; Sdp. 70° bis 72°.

Erkennung. Beim Schütteln von 2 ccm Ä. mit 2 ccm Wasser und 1 ccm rauchender Salpetersäure tritt infolge Ausscheidung von Jod eine rotbraune Färbung ein.

Erg.-B. 6 läßt prüfen auf Jodwasserstoff.

Aufbewahrung. *Vorsichtig* und besonders vor Licht geschützt in *kleinen*, braunen, *fast völlig gefüllten* und dicht schließenden Glasstopfengläsern, die sorgfältig verbunden werden.

Verwendung. *Med. äußerl.* zur perkutanen Jodtherapie, zur Herstellung von *Vasolimentum jodaethylatum*, Erg.-B. 6.

Atmosphäre.

Atmosphäre (g. atmos, Dunst; g. sphaira, Kugel) ist die Lufthülle der Erde. Infolge ihrer Schwere übt die Luft nach allen Seiten einen Druck aus. Mit Luftdruck bezeichnet man den Druck, den eine Luftsäule auf eine Unterlage ausübt (→ Luftdruck). *Atmosphärilien* ist die Bezeichnung für alle Kräfte, die in Verbindung mit der Atmosphäre die Erdoberfläche umgestalten oder vernichten, z. B. Wind, Wasser usw.

Atmosphärische Luft.

Früher hielt man die Luft für ein Element, die Arbeiten des französischen Chemikers LAVOISIER, welche die Unrichtigkeit der Phlogiston-Lehre bewiesen haben, ermöglichten auch die Erforschung der atmosphärischen (die Erde umgebenden) Luft. In Räumen, in welchen viele Menschen atmen (Kino, Eisenbahnabteil), wird die Luft verbraucht. Dies beruht darauf, daß ihr Sauerstoffanteil durch die Atmung verbraucht wird. Der andere wesentliche Bestandteil der atmosphärischen Luft ist der Stickstoff.

Trockene atmosphärische Luft enthält:

	Raum %	Gewichts-%
Stickstoff, N_2	78,08	75,46
Sauerstoff, O_2	20,95	23,19
Edelgase	0,94	1,32
Kohlendioxyd, CO_2	0,03	0,03

Die → Edelgase sind Argon, Helium, Krypton, Neon, Xenon, außerdem enthält das Gasgemenge noch Spuren von Wasserstoff, Stickoxyden, Ammoniumcarbonat, Ammoniumnitrit und Ozon sowie wechselnde Mengen von Wasserdampf. In den unteren Schichten ist die atmosphärische Luft durch anorganische und organische Beimengungen, *Staub*, verunreinigt.

Eigenschaften. Atmosphärische Luft ist ein farb- und geruchloses Gasgemisch, das wegen seiner Schwere einen Druck, den *Luftdruck*, ausübt. Dieser wird durch die Höhe der Quecksilbersäule mittels des Barometers gemessen. Die Einheit des Luftdrucks ist die „*Atmosphäre*", die in Meereshöhe gemessen bei 0° durchschnittlich 760 mm Höhe auf eine Grundfläche von 1 qcm ausmacht.

Wichtige biologische Vorgänge, wie die Atmung und Verbrennung, sind vom Sauerstoffgehalt der Luft abhängig. Dabei tritt jedoch nur der Sauerstoff in chemische Reaktion, während der Stickstoff als Verdünnungsmittel dient. Daß der Sauerstoffgehalt der Luft durch diese Vorgänge nicht aufgebraucht wird, beruht auf der Tatsache, daß die Pflanzen bei der Assimilation wohl Kohlendioxyd aus der Luft aufnehmen und zu den organischen Assimilationsprodukten verarbeiten, dessen Sauerstoff aber wieder an die Luft abgeben. Auf diese Weise ist der Kreislauf von Kohlenstoff und Sauerstoff gesichert.

Eigenschaften. Nach einem Verfahren von LINDE kann Luft verflüssigt werden. Bei diesem kann sie schon durch verhältnismäßig niedrigen Druck verflüssigt werden und stellt dann eine farblose, in dicker Schicht bläuliche Flüssigkeit, *flüssige Luft*, dar. Sie wird in besonderen *Dewar-* oder *Weinhold-Gefäßen*, mit doppelten Wandungen, deren Zwischenraum evakuiert werden kann, so daß eine Wärmeleitung ausgeschlossen ist, aufbewahrt.

Verwendung. In der Technik zur Kälteerzeugung und zur Gewinnung von Sauerstoff und Stickstoff.

☙ *1.* Atropin. Atropinum, Erg.-B. 6. Stoff B.

$C_{17}H_{23}O_3N$. Mol.-Gew. 289,2.

In verschiedenen Solanaceen, besonders in der Tollkirsche, Atropa belladonna, dem Bilsenkraut, Hyoscyamus niger, und im Stechapfel, Datura stramonium, und anderen, sind mehrere, ihrer Zusammensetzung nach verwandte Alkaloide enthalten, vor allem das *Atropin*, *Hyoscyamin* und *Scopolamin*, die Hauptalkaloide der drei offizinellen Solanaceendrogen. Während man früher die Auffassung vertrat, daß das einzige Alkaloid von Atropa belladonna, das Atropin, der d-l-Tropasäure-Tropinester sei, hat man festgestellt, daß das Atropin nur 2 bis 5% der Gesamtalkaloide der Tollkirsche ausmacht, das wahre Hauptalkaloid jedoch das Hyoscyamin, der l-Tropasäure-Tropinester, ist und als drittes wichtiges Alkaloid das Scopolamin, der l-Tropasäure-Scopinester, enthalten ist. Das Scopolamin ist aber nicht regelmäßig, immer jedoch in nur geringen Mengen vorhanden.

Eigenschaften von Atropin. Farblose, durchscheinende, glänzende, geruchlose Nadeln oder weißes, kristallines Pulver. *Geschmack* widerlich bitter, anhaltend scharf und kratzend (Vorsicht!). In Wasser nur wenig, leicht in Weingeist, Äther, Chloroform und verd. Säuren lösl. Schmp. 115° bis 117°. Die weingeistige Lösung reagiert alkalisch.

Erkennung. Beim Eintrocknen von 0,01 g A. mit 5 Tr. rauchender Salpetersäure in einem Porzellanschälchen auf dem Wasserbad verbleibt ein leicht gelblich gefärbter Rückstand, der nach dem Erkalten beim Übergießen mit weingeistiger Kalilauge sich violett färbt.

Das Alkaloid Atropin findet selten med. Anwendung, vielmehr kommt es hauptsächlich als Atropinsulfat und in anderen Verbindungen zur med. Anwendung. Vor allem in der Augenheilkunde spielt es wegen seiner die Pupille erweiternden Wirkung eine große Rolle. Alle Atropinverbindungen sind starkwirkend und dürfen nur auf ärztliche Verordnung abgegeben werden.

Attich.

Sambucus ebulus *L.*

Zwergholunder.

Caprifoliaceae.

In Hecken, an Wegrändern und Hohlwegen, auf feuchten Äckern, an Waldstellen und Zäunen, mitunter angepflanzte, 0,5 bis 2 m hohe Pflanze mit krautigem Stengel und blattartigen, gesägten, lanzettlichen Nebenblättern; flache Dolden mit weißen, außen rötlichen Blüten, roten Staubbeuteln und schwarzer Frucht.

Attichbeeren. Fructus Ebuli.

Zwergholunderbeeren. Ackerholderbeeren.

Matte, dunkelbraune bis schwarze Steinbeeren, die ätherisches Öl, Baldriansäure, Weinsäure, Äpfelsäure, Bitterstoff, Gerbstoff, Zucker und Anthocyan enthalten.

Verwendung. Gelindes Abführmittel, große Dosen wirken drastisch und können Erbrechen hervorrufen; zur Herstellung von *Succus Ebuli.*

Attichblätter. Folia Ebuli.

Zwergholunderblätter.

Gefiederte Blätter mit eiförmig-lanzettlichen, scharf gesägten und zugespitzten Blättchen, kahl oder rückwärts flaumhaarig. Am Blattstielgrund je 2 eiförmige oder lanzettliche Nebenblättchen.

Inhaltsstoffe. Ätherisches Öl, Bitterstoff, Zucker, Emulsin.

Verwendung. Harntreibendes und schwach abführendes Mittel.

Attichwurzel. Radix Ebuli, Erg.-B. 6.

Im Frühjahr und Herbst gesammelte ästige Wurzeln, gelblichbraun, 10 bis 15 mm dick, mit groben Längsrunzeln an der Oberfläche. *Geschmack* bitter, herb.

Lupenansicht. Teilweise abgefallene, bis zu 1 mm dicke Rinde, Holzkörper sehr porös mit vielen weiten Gefäßen und deutlichen radialen Markstrahlen, Mark meist eingetrocknet, dunkelbraun, dadurch in der Mitte entstandener Hohlraum.

Inhaltsstoffe. Bitterstoff, Zucker, Saponin.

Verwendung. *Innerl.* 1 Eßlöffel auf 2 Tassen Abkochung, kalter Auszug $1/_2$ Teelöffel auf 1 Tasse als schweiß- und harntreibendes Mittel bei Wassersucht, als Abführ- und Blutreinigungsmittel.

Aufbewahrung. Vor Licht geschützt.

Auftrieb.

Auftrieb ist die Kraft, mit der eine Flüssigkeit einen eingetauchten Körper emportreibt. Der A. ist der Schwerkraft entgegengesetzt, daher verliert ein in eine Flüssigkeit eingetauchter Körper scheinbar an Gewicht. Die Auftriebskraft entspricht dem Gewicht der Flüssigkeit, die durch den untergetauchten Körper verdrängt wird. Der A. eines in kaltes Wasser untergetauchten Körpers entspricht also dem Rauminhalt des Körpers umgerechnet in Gramm. Dies wurde schon von ARCHIMEDES (212 v. Chr.) erkannt: *Ein vollständig in eine Flüssigkeit eingetauchter Körper verliert so viel an Gewicht, wie die von ihm verdrängte Flüssigkeitsmenge wiegt.* Beim Einbringen eines Körpers in eine Flüssigkeit bestehen drei Möglichkeiten: Ist sein Gewicht größer als das der verdrängten Flüssigkeitsmenge, sinkt er unter; ist sein Gewicht gleich dem Gewicht der verdrängten Flüssigkeitsmenge, so schwebt er in dieser; ist er leichter, so schwimmt der Körper in der Flüssigkeit. Dabei ist das Gewicht der von ihm verdrängten Flüssigkeit seinem eigenen Gewicht gleich. Körper, die spezifisch schwerer sind als eine Flüssigkeit, schwimmen auf dieser nur, wenn sie hohl sind. Ein schwimmender Körper taucht so tief in eine Flüssigkeit ein, bis die verdrängte Flüssigkeit seinem eigenen Gewicht entspricht.

Augentrost.

Euphrasia officinalis *L.*, Euphrasia stricta *Host.* Euphrasia rostkoviana *Hayne*.

Weißer Augentrost.

Scrophulariaceae.

Einjähriger, meist bis 10, je nach Standort auch bis 25 cm hoher Halbschmarotzer in lichten, sonnigen Wäldern, auf Wiesen und Weiden.

Augentrostkraut. Herba Euphrasiae, Erg.-B. 6.

Hirn-, Wegeleuchte-, Zahntrostkraut.

Während der Blütezeit (Mai/Oktober) getrocknete (Wasserverlust 60%) oberirdische Teile mit leicht behaartem, blauviolettem, dünnem, rundem Stengel,

Abb. 13. Augentrost. Euphrasia officinalis.
1 Habitus; — *2* Blüte; — *3* Kelch mit Kapsel.

10*

sitzenden, rund-eiförmigen, wellig-runzeligen Blättern mit 7 bis 10 langen, spitzen und scharf gesägten Blattrandzähnen, kurzgestielten, bis 1 cm langen Blüten, weiß (in der Droge braun gefärbt), mit purpurroten Strichen und gelbem Fleck am Schlunde; Kelch kahl oder mit kleinen Borsten besetzt, röhrig, spitz, vierzähnig, Blumenkrone zweilippig, nach oben trichterförmig erweitert (Abb. 13). *Geruch* schwach aromatisch, *Geschmack* leicht bitter. In der *Schnittdroge* vielfach hellbraune, zweifächrige Fruchtkapseln bis 0,5 cm lang (Abb. 13, *3*).

Inhaltsstoffe. Ätherisches Öl, Gerbstoff, Bitterstoff, fettes Öl, Harz, blauer Farbstoff, Glykoside.

Verwendung. 1 Teelöffel auf 1 Tasse Aufguß, *innerl.* bei Katarrhen der Schleimhäute von Nase, Augen, Magen und Darm, als Abführmittel, gegen Hautkrankheiten; *äußerl.* zu Augenumschlägen und Bädern bei Entzündungen und Sekretbildung, Augenschwäche, Gerstenkorn.

Aufbewahrung. Vor Licht geschützt.

Ausdehnung.

Ausdehnung der Stoffe durch Wärmeeinwirkung. Alle Körper dehnen sich beim Erwärmen aus und ziehen sich bei Abkühlung zusammen. Dabei ist die Ausdehnung fester Körper gering, bei Gasen dagegen größer. Durch die Ausdehnung beim Erwärmen nimmt der Raum eines Körpers zu, ohne daß sich seine Masse ändert. Seine Dichte wird mit steigender Temperatur kleiner, mit sinkender Temperatur größer. Kalte Luft ist spezifisch schwerer als warme, die aus diesem Grunde nach oben steigt. Wasser zeigt bei der Ausdehnung ein unregelmäßiges Verhalten. Bei der Erwärmung von $0°$ bis $4°$ zieht es sich zunächst zusammen, erst von $4°$ an dehnt es sich aus. Es hat also bei $4°$ seinen kleinsten Rauminhalt und sein größtes spez. Gewicht. *Ausdehnungskoeffizient* ist die Größe, welche angibt, um welchen Bruchteil seiner Länge oder seines Volumens sich ein fester, flüssiger oder gasförmiger Körper bei Erwärmung um $1°$ bei gleichbleibendem Druck ausdehnt.

Austernschalen.

Schalen der eßbaren *Auster, Ostrea edulis L.*, die an den Küsten der Nord- und Ostsee und des Atlantischen Ozeans gesammelt werden. Nach der Entfernung anhaftender Unreinigkeiten und der äußeren gefärbten Schicht werden sie fein gepulvert, geschlämmt und getrocknet.

Eigenschaften. Weiße, kleine Kegel, etwa 1 cm hoch, oder feines, weißes, glanzloses Pulver, das sich in Salzsäure unter Aufbrausen bis auf wenige Flöckchen löst. Beim Übersättigen mit Ammoniak scheidet sich nur wenig Calciumphosphat ab, im Gegensatz zu Knochenasche, die hierbei einen reichlichen Niederschlag erzeugt. Mikroskopisch sind scharfkantige Splitter zu erkennen, die auch auf der Zunge fühlbar sind (s. Abb. 48 unter Calciumcarbonat, gefälltes, S. 248).

Inhaltsstoffe. 95% *Calciumcarbonat*, Calciumphosphat, Silikate, Spuren von Jod, Brom, Fluor.

Verwendung. *Innerl.* als knochenbildendes Mittel; in der Homöopathie als geschlämmte Austernschalen, Conchae praeparatae, Testae Ostreae laevigatae. Zu Zahnpulvern, wozu es früher häufig verwendet wurde, wegen des Gehalts an scharfkantigen Teilen völlig ungeeignet. *Techn.* als Metallputzmittel.

Autan.

Autan („Bayer") ist Paraformaldehyd, das, durch Einwirkung von Bariumsuperoxyd und Wasserdampf entpolymerisiert, Formaldehyd entwickelt und zur

Raumdesinfektion Verwendung findet. Das Präparat hat den Vorteil, daß bei seiner Anwendung Wärmequelle und Desinfektionsgeräte, die zum Vergasen von Formaldehydlösung nötig sind, wegfallen.

Autoklaven.

Autoklaven sind auf hohen Überdruck geprüfte Druckkessel, in denen man Stoffe unter erhöhtem Druck und über ihren normalen Siedepunkt hinaus erhitzen kann. Sie sind mit Thermometer, Manometer und Sicherheitsventil, vielfach auch mit einem Rührwerk ausgerüstet. A. finden sowohl im Laboratorium als auch in der chemischen Industrie bis zu den größten Dimensionen Verwendung, so bei der Herstellung von Stärkezucker aus Kartoffelstärke, in der Zellstoffindustrie, bei der Ölhydrierung usw.

Avocadoöl.

Avocadoöl ist ein schwer ranzig werdendes und deshalb lange haltbares, nichttrocknendes Öl aus Früchten von *Persea gratissima, Lauraceae* bzw. einer in Kalifornien angebauten Pflanze *Calavo-avocado*, deren Öl besser und besonders vitaminreich ist. In der Aufsicht ist A. ein tiefrot gefärbtes, im durchfallenden Licht ein dunkelgrün fluoreszierendes Öl, das neben Lecithinen und Phytosterinen die Vitamine A, B, C, D und E enthält. D. (20°) 0,9132 bis 0,9210; $n_D^{20°}$ 1,4700; VZ. 192,6; JZ. 94,4; SZ. 2,5 bis 2,8. Raffinierte Öle sind farblos, aber weniger haltbar.

Verwendung. Als linderndes und leicht eindringendes Hautpflegemittel, zu Hautölen, Haarölen, Massageölen, zur Herstellung von Cremes und Salben. Mit A. hergestellte Emulsionen sind besonders fein verteilt, weil das Öl die Oberflächenspannung der Flüssigkeiten herabsetzt.

Azulen.

Azulen kann aus dem ätherischen Öl von Kamille und Schafgarbe oder auch synthetisch gewonnen werden. *Guaj-Azulen* (aus Kamille) ist chemisch das Dimethylisopropyl-Derivat des A. Therapeutisch finden die Azulene hauptsächlich wegen ihrer entzündungswidrigen Wirkung Verwendung. Da der Kamillenwirkstoff jedoch teuer ist, werden neuerdings synthetische Azulene verwendet, z. B. unter der Bezeichnung *Azulon* (1-Isopropyl-5-methylazulen). Der Wirkstoff ist in der *Kamillocreme* (Homburg) mit Arnika und Myrrhe in schwach überfetteter Grundlage enthalten.

Azulen (Dragoco) ist synthetisches Chamazulen, von dem 1 g dem Wirkungswert von etwa 10 kg Kamillenblüten entspricht. Das Präparat stellt also den Wirkstoff der Kamille in höchster Konzentration und Reinheit dar.

Verwendung. 0,5 g bis 2 g auf 10 kg Fertigpräparat als entzündungsverhütendes Mittel, zu Hautcremes, Hautölen, Körperpudern, Sonnenschutzcremes usw.

Bablah.

Die Früchte von *Acacia bambola* und einigen anderen Mimosenarten Ostindiens, *Mimosaceae*, glatt, dreigliedrig, eingeschnürt, fein und kurz, grau behaart; Samen schwarzbraun mit gelbem Rand, hart und spröde, zeigen im Bruch eine rote, gelbbraune oder braunschwarze, glänzende, harzartige Schicht, die hauptsächlich aus Gerbstoff besteht, der eisenbläuend ist. Die Schicht löst sich in Wasser, leichter in Kalilauge. Gerbstoffgehalt je nach Herkunft 11 bis 16%.

Verwendung. Zum Gerben und Schwarzfärben, als Gerbmaterial für Schaffelle, zur Herstellung von Glacéleder, die gleichzeitig damit schwarz gefärbt werden.

Backpulver.

Backpulver dient der ausreichenden Lockerung der Teige zur Herstellung einwandfreier Backwaren. Ist diese Voraussetzung nicht erfüllt, entsteht ein nasses, schweres Gebäck, das wenig schmackhaft und bekömmlich ist und bei der Verdauung schlecht ausgenützt wird. Die Lockerung der Teige beruht auf der Bildung von Kohlendioxyd in Form von Gasbläschen, die von dem elastischen Teig umhüllt werden. Die notwendige Kohlendioxydentwicklung kann entweder durch *Gärung* (Hefe) oder auf chemischem Wege erfolgen. Die Gasbläschen vergrößern das Teigvolumen, der Teig dehnt sich dabei aus. Bei Erreichung der Gerinnungstemperatur des Klebers im Ofen erstarrt der Teig, während die durch die Gasbläschen geschaffenen Hohlräume erhalten bleiben und der Krume die gewünschte lockere Beschaffenheit verleihen. Backpulver ist ein Gemisch aus dem *Kohlensäureträger*: Natriumhydrogencarbonat, *sauren Bestandteilen* zur Austreibung der Kohlensäure, deren Reaktion mit dem Natriumhydrogencarbonat erst in wäßriger Lösung erfolgt, einen *Trennmittel*, das einerseits vorzeitiges Zersetzen des Backpulvers durch Luftfeuchtigkeit verhindern soll und auch etwaige Feuchtigkeit der Pulvermischung bindet.

Die Verwendung von Natriumhydrogencarbonat allein als „Backpulver" ist unzweckmäßig, weil die sauer reagierenden Stoffe des Mehls und der sonstigen Zutaten zur Neutralisation der sich bei der Zersetzung in der Wärme bildenden Soda nicht ausreichen:

$$2\,NaHCO_3 \quad \rightarrow \quad Na_2CO_3 \quad + \quad H_2O \quad + \quad CO_2$$

Natriumhydrogencarbonat   Natriumcarbonat, Soda   Wasser   Kohlendioxyd

Der übrigbleibende Sodarest gibt aber dem Gebäck einen laugigen Geschmack und verfärbt unter Umständen die Krume.

Backpulver findet zweckmäßige Anwendung in *schweren Teigen* bei der Herstellung von Feinbackwaren. In diesen ist die Entwicklungsfähigkeit der Hefe stark herabgesetzt, während Backpulver darin die beste Wirkung entfaltet. Durch die Verlangsamung der Kohlendioxydentwicklung aus den Backpulverbestandteilen setzt ein für den Backprozeß besonders wertvoller *Nachtrieb* ein. Der *Gesamttrieb* von Backpulvern setzt sich aus Vor- und Nachtrieb zusammen. Bei der Verwendung von Backpulver ist seine gute Verteilung im Mehl sehr wichtig, es empfiehlt sich daher das Absieben der Backpulver-Mehlmischung vor dem Anteigen. Im Gegensatz zu Hefeteigen sollen Backpulverteige sofort nach Fertigstellung gebacken werden. Der *Kohlensäureträger* Natriumhydrogencarbonat ist für Backpulver nicht ersetzbar und findet allgemeine Verwendung. 5 g des Salzes geben bei völliger Umsetzung 2,62 g Kohlendioxyd ab. Um Misch- und Lagerverluste auszugleichen, erhöht man den Anteil an Natriumhydrogencarbonat auf 5,5 g, die bei vollständiger Umsetzung 2,88 g Kohlendioxyd abgeben. Diese Kohlendioxydmenge ist ausreichend für den für 0,5 kg Mehl erforderlichen Trieb. Zur Herstellung eines wirksamen Backpulvers ist wichtig, daß man bei der Reinheitsprüfung des Säureträgers auch den Titrationswert und bei Natriumhydrogencarbonat den Gehalt an $NaHCO_3$ bestimmt. Näheres über Zusammensetzung und Herstellung von Backpulvern s. Bd. III.

Bakelit.

Nach dem Erfinder, dem flämischen Chemiker BAEKELAND, benanntes, durch Kondensation von Formaldehyd und Phenolen erhaltenes sandsteinfarbiges Kunstharz, das in verschiedenen Formen hergestellt wird. Neuerdings werden die Bakelite in der Kunstharzgruppe „*Phenoplaste*" zusammengefaßt. Die Bezeichnung Bakelit beschränkt sich auf die Erzeugnisse der Bakelite G. m. b. H. München. → Kunststoffe.

Verwendung. Bakelite finden Verwendung als Isolierstoffe in der Elektrotechnik, als Imprägniermittel, Hornersatz, zur Herstellung von Gebrauchsgegenständen aller Art.

Balata.

Balata wird aus dem Milchsaft durch Anzapfen der Rinden von 35 m hohen, bis 75 cm dicken Bäumen in Nordbrasilien, Guajana, Venezuela, Trinidad und Jamaica der Gattung „*Mimusops*", *Sapotaceae*, gewonnen. Ein Baum liefert 3,6 Liter Milchsaft, die $1^1/_2$ bis 2 kg Balata ergeben. Der Milchsaft wird einige Tage der Gärung unterworfen, dann an der Luft getrocknet, wobei sich jeweils nach einigen Tagen an der Oberfläche eine etwa 2,5 cm dicke Schicht, das *Balatafell*, bildet. Die Balatafelle werden im Schatten getrocknet und kommen dann als „*Sheet-Balata*" in den Handel. „*Block-Balata*" wird durch Kochen ausgefällt und kommt in rechteckigen, 80 cm langen und 40 cm breiten Blöcken in den Handel.

Eigenschaften. Balata kommt als lederartige, elastische, braune, innen häufig grauweiß erscheinende Platten in den Handel, wird bei 49° bis 50° weich und plastisch; Schmp. 149° bis 150°. Bei niederen Temperaturen bleibt B. weich, biegsam und etwas elastisch.

Inhaltsstoffe. 34,6 bis 43,5% Harze, 41,5 bis 49,5% Reinbalata (ein Kohlenwasserstoff).

Verwendung. Zur Herstellung von Treibriemen, besonders von Dynamomaschinen in kühlen Räumen, zu Gebrauchsartikeln (Gummisohlen, Schweißblättern, Matrizen), zu den Gaumenplatten für Gebisse, als Zusatz zu Kautschuk und Guttapercha.

Baldrian.

Valeriana officinalis *L.*

Valerianaceae.

1 bis $1^1/_2$, mitunter auch 2 m hohe, ausdauernde Pflanze. Kurzes, dickes Rhizom mit zahlreichen Wurzeln; aufrechter, runder, gefurchter Stengel, Blätter gekreuzt gegenständig, groß, unpaarig gefiedert, mit 5 bis 10 Blättchenpaaren. Blütenstand Trugdolde mit zahlreichen weißen bis hellroten Blüten, Frucht mit Pappus. Blütezeit Juni bis August.

Baldrianwurzel. Radix Valerianae, DAB. 6.

Katzenwurzel. Augenwurzel.

Im September/Oktober mit Nebenwurzeln und Ausläufern gesammelter und getrockneter (Wasserverlust 68 bis 80%) Wurzelstock, bei einigen Variationen mit Ausläufern samt Nebenwurzeln. Hauptwurzelstock bis 5 cm lang, 2 bis 3 cm dick, verkehrt eiförmig, undeutlich geringelt, meist halbiert, Nebenwurzelstock kleiner, Farbe graubraun bis grünlichgelb, oben häufig mit Stengelresten, ringsum mit zahlreichen, 2 bis 3 mm dicken, bis 20 cm langen, brüchigen, fein längsstreifigen Nebenwurzeln besetzt (Abb. 14). *Geruch*, der sich erst beim Trocknen entwickelt, stark kennzeichnend. Ganz frische Droge riecht kaum merklich und anders als ältere. *Geschmack* bittersüß, würzig. Die *Schnittdroge* besteht fast ausschließlich aus den stielrunden Wurzelstückchen, unter denen nur vereinzelt Wurzelstockstückchen sowie Stengel und Blattbasenreste zu entdecken sind.

Die *Lupenansicht* des Wurzelstockes zeigt großes, von einem Kreis von Leitbündeln umschlossenes Mark und schmale sekundäre Rinde von breiter primärer

Rinde umschlossen. Der Querschnitt der Wurzelstückchen zeigt in der Mitte den Zentralzylinder als braunen Fleck, außen eine weiße Rinde.

Inhaltsstoffe. 0,5 bis 1,7% *ätherisches Öl*, davon etwa 10% *Bornylester der Iso-valeriansäure* und anderer niederer Fettsäuren, wie Ameisen-, Essig-, Buttersäure

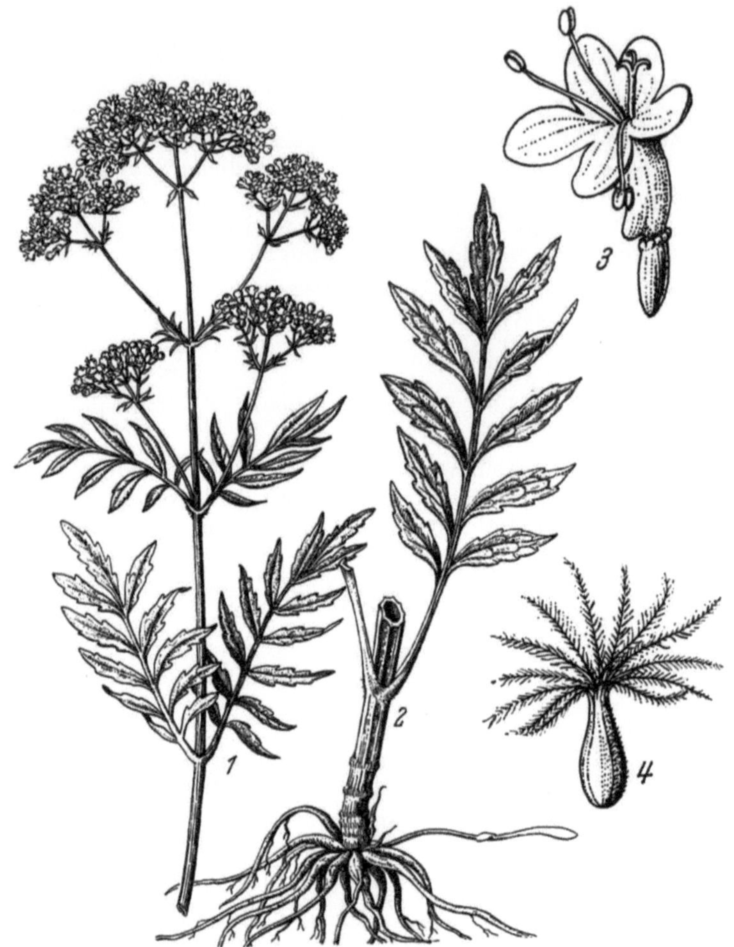

Abb. 14. Baldrian. Valeriana officinalis. *1* blühender Zweig; — *2* Wurzelstock; — *3* vergrößerte Blüte; — *4* vergrößerte Frucht.

u. a., etwa 20% l-Camphen und l-Pinen, freie Isovaleriansäure, ein Sesquiterpen und Azulene; in der frischen Droge zwei Alkaloide: *Valerin* und *Chatinin*, Schleim, Zucker, Gummi, Harz.

Handelssorten. Baldrianwurzel „Harzer“, DAB. 6; ganz; geschnitten; grob pulv. zur Tinktur; fein pulv. zur Tinktur; grob pulv. für Tierarzneizwecke; Baldrianwurzel „Thüringer“, gereinigt und geschnitten.

Verwendung. *Innerl.* 1 Teelöffel auf 1 Tasse Aufguß (das Kaltwassermazerat soll noch wirksamer sein, weil wirksame Substanzen durch höhere Temperatur zerstört werden) als beruhigendes, krampflösendes und schlafförderndes Mittel bei nervösen Erregungszuständen, nervöser Schlaflosigkeit, bei Kolik, Blähungen und

Krämpfen von Magen und Darm, bei nervösen Beschwerden der Wechseljahre usw.; zur Herstellung von *Baldriantinktur* (s. Bd. III), die wie Radix Valerianae (20 bis 25 Tr. in Wasser, F. WEISS empfiehlt als Einzeldosis $^1/_2$ bis 1 Teelöffel) verwendet wird, zur Herstellung von *ätherischer Baldriantinktur* (s. Bd. III), die als Anregungsmittel und Beruhigungsmittel bei Schwächezuständen, Ohnmacht und Collaps (30 Tr. in Wasser) Verwendung findet.

Verw. u. Verf. Wurzeln bzw. Rhizom von *Vincetoxicum officinale* mit gelben, 1 mm dicken Nebenwurzeln; *Veratrum album*, gelbliche oder hellgelblichbraune, grob querrunzelige Wurzeln; *Valeriana dioica* mit sehr dünnen, hellfarbigen Nebenwurzeln und schwachem Geruch; ferner von *Arnica montana*, *Scabiosa arvensis*, *Ranunculus* und *Helleborus*-Arten sowie von *Geum urbanum* mit dünner, braunroter Rinde und gelblichem Holzkörper.

Prüfung des DAB. 6. Außer der mikroskopischen Prüfung darf der Aschengehalt von 1 g B. höchstens 0,15 g betragen.

Baldrianöl. Oleum Valerianae, DAB. 6.

Das ätherische Öl der Wurzeln von Valeriana officinalis.

Eigenschaften. Gelbliche bis bräunliche, ziemlich bewegliche, optisch aktive ($_D^{20°} = -20°$ bis $-35°$) Flüssigkeit von nicht unangenehmem, baldrianartigem *Geruch* und bitterem *Geschmack*. D. (20°) 0,955 bis 0,999. SZ. nicht über 19,6; Esterzahl 92,6 bis 137,5.

Prüfung des DAB. 1 ccm B. muß sich in 2,5 ccm einer Mischung von 4 ccm absolutem Alkohol und 1 ccm Wasser klar lösen oder darf nur Opaleszenz zeigen.

Zur Säurezahlbestimmung wird eine Lösung von 1 g B. in 10 ccm Weingeist mit einigen Tr. Phenolphthaleinlösung und mit weingeistiger $^1/_2$-n-Kalilauge bis zur Rötung versetzt. Hierzu dürfen höchstens 0,7 ccm verbraucht werden.

Zur Bestimmung der Esterzahl wird die Mischung mit weiteren 20 ccm weingeistiger $^1/_2$-n-Kalilauge $^1/_2$ Std. am Rückflußkühler auf dem Wasserbad erhitzt und nach dem Erkalten nach Zusatz von 1 ccm Phenolphthaleinlösung mit $^1/_2$-n-Salzsäure bis zum Verschwinden der Rotfärbung titriert. Hierzu dürfen nicht mehr als 16,7 ccm und nicht weniger als 15,1 ccm $^1/_2$-n-Salzsäure verbraucht werden.

Baldriansäure. Acidum valerianicum, Erg.-B. 6. Stoff B.

Isovaleriansäure. $C_4H_9 \cdot COOH$. Mol.-Gew. 102,1.

Im Handel unterscheidet man Baldriansäure aus Baldrianwurzel und künstliche, aus Amylalkohol hergestellte Säure.

$$\begin{array}{c} CH_3 \\ \diagdown \\ \diagup \\ CH_3 \end{array} CH \cdot CH_2 \cdot COOH$$

Isovaleriansäure

Vorkommen. B. kommt frei und als Iso-Baldriansäurebornylester in der Baldrianwurzel, der Angelikawurzel und im Johannisbrot und in verschiedenen ätherischen Ölen als Ester vor.

Eigenschaften. Klare, farblose, ölige Flüssigkeit, Hauptbestandteil *Isovaleriansäure*. *Geruch* unangenehm baldrianartig, *Geschmack* brennend scharf. Lösl. in 25 bis 30 T. Wasser, mit Weingeist, Äther, Chloroform in jedem Verhältnis mischbar. Konz. Kochsalzlösung scheidet aus der gesättigten wäßrigen Lösung B. in öligen Tröpfchen ab. D. (20°) 0,928 bis 0,932.

Erkennung. Beim Erwärmen von B. mit einer Mischung von 3 T. konz. Schwefelsäure in 1 T. Alkohol tritt der angenehme, fruchtige Geruch des Baldriansäureäthylesters auf.

Aufbewahrung. In dicht schließenden Glasstopfengläsern, kühl, getrennt von anderen Arzneimitteln (Geruchsaufnahme).

Verwendung. Zur Herstellung von Baldriansäureestern, die als Heilmittel (Bornyval, Validol u. a.) verwendet werden, und in der Süßwaren- und Likörindustrie zur Herstellung von Fruchtäthern.

Balingol.

Balingol ist ein durch Schwelung von Ölschiefern der Schwäbischen Alb gewonnenes Präparat, das in der Konsistenz Ichthyol ähnelt, jedoch an dessen Schwefelgehalt nicht heranreicht.

Verwendung wie Ichthyol.

Ballit.

Plastisches Holz zum Ausfüllen von Löchern und Rissen, zum Reparieren vernagelter und schadhafter Schuhleisten, zu Formveränderungen und zum Ansetzen von fehlenden Stücken.

Balsame.

Balsame sind dickflüssige Lösungen oder Emulsionen von Harzen in ätherischen Ölen oder Estern. An der Luft gehen sie durch Verdunsten des Lösungsmittels bzw. Verharzen des ätherischen Öles in glasartig amorphe Massen, *Hartharz*, über. An ihrer Zusammensetzung sind die verschiedensten chemischen Körperklassen beteiligt: Aromatische und aliphatische Säuren, Harzalkohole, einfache Alkohole, Ester, Phenole, hochmolekulare Kohlenwasserstoffe usw. Sie sind in Wasser unlösl., jedoch in Alkohol, Äther und anderen organischen Lösungsmitteln löslich. Mit Ausnahme von Terpentin kommen sie alle aus der warmen Zone. Pflanzenphysiologisch sind sie als Stoffwechselprodukte der Pflanzen anzusehen, in denen sie in den *Balsamgängen* abgeschieden werden, die auf dem Querschnitt vielfach schon mit bloßem Auge oder der Lupe erkennbar sind. Der Geruch der Balsame ist durch das in ihnen enthaltene ätherische Öl bedingt, ihr Geschmack meist kratzend streng. Balsame sind sowohl medizinisch, kosmetisch und technisch wichtig.

Bärenlauch.

Allium ursinum *L.*

Waldknoblauch. Wilder Knoblauch. Bärlauch.

Liliaceae.

Ausdauernde, bis 30 cm hohe Pflanze schattiger, feuchter Laubwälder, besonders der Gebirge, deren Standort sich schon durch den starken Knoblauch*geruch* verrät. 2 eiförmig-lanzettliche, glänzende, frischgrüne, langgestielte Blätter, zierliche, zahlreiche langgestielte weiße Blüten in Dolden auf blattlosem Stengel; Kapselfrüchte klein, 3fächerig mit vielen schwarzen Samen.

Bärenlauchkraut. Herba Allii ursini.

Das getrocknete Kraut.

Inhaltsstoffe. In allen Pflanzenteilen schwefelhaltiges ätherisches Öl mit Vinylsulfid und Vinylpolsulfiden sowie Spuren eines Merkaptans.

Verwendung. Wie Knoblauch, wird diesem vielfach vorgezogen. *Innerl.* 1 Teelöffel auf 1 Tasse Aufguß bei Magen- und Darmstörungen mit Durchfällen und Verstopfungen, wirkt allgemein umstimmend, blutreinigend, beruhigend, krampflösend und blutdrucksenkend; gegen Arterienverkalkung, zur allgemeinen Entgiftung des Organismus, bei chronischen Hautausschlägen, Furunkulose, bei Lungenblähung mit Bronchitis zur Erleichterung des Aushustens.

Bärentraube.

Arctostaphylos uva-ursi *(Linné) Sprengel.*
Wilder Buchsbaum.
Ericaceae.

Kleiner, immergrüner, niederliegender Strauch der Nadelwälder und Heiden Norddeutschlands und der Alpen und Mittelgebirge Süd- und Mitteldeutschlands. Krautige Sprosse mit weißen oder rötlichen, glockenförmigen, am Rande kurz gezähnten Blüten in endständigen Trauben. Frucht mehlige, rote Beere. Blütezeit Mai/Juni (Abb. 15).

Abb. 15. Bärentraube. Arctostaphylos Uva ursi. *1* Zweig mit Blüten; — *2* Zweig mit Früchten; — *3* getrocknetes Blatt, Oberseite, vergrößert; — *4* getrocknetes Blatt, Unterseite, vergrößert.

Bärentraubenblätter. Folia Uvae ursi, DAB. 6.
Sand-, Stein-, Moos-, Mehlbeerenblätter.

Die im April bis Juni gesammelten, getrockneten Laubblätter, 1,2 bis 2,5 cm lang, 0,8 bis 1,2 cm breit, kurz gestielt, spatelförmig, mitunter verkehrt eiförmig, ganzrandig, kahl, lederig und brüchig, oberes Blattende abgerundet oder in ein kurzes, zurückgebogenes Spitzchen auslaufend. Oberseits dunkelgrün glänzend mit vertieftem Nervennetz, Unterseite matter, blaßgrün, mit schwach hervortretender Nervatur, *geruchlos, Geschmack* zusammenziehend, schwach bitter, dann süßlich.

Lupenansicht. Auf dem Querschnitt sind Haupt- und Nebennerven als Streifen deutlich erkennbar.

Inhaltsstoffe. 5 bis 11% des Glykosids *Arbutin*, das bei der Spaltung in Glykose und *Hydrochinon* zerfällt; Alpenware enthält neben Arbutin auch Methylarbutin, das bei der Hydrolyse zum Methyläther des Hydrochinons zerfällt; 10 bis 15% *Gerbstoff*, Ursolsäure, Gallussäure, Ellagsäure, Flavonfarbstoffe, Harz und wenig ätherisches Öl.

Verwendung. *Innerl.* 1 Teelöffel (ganz) oder $^1/_2$ Teelöffel (grob pulv.) auf 1 Tasse. Der hohe Gerbstoffgehalt ruft bei empfindlichen Personen und Kindern mitunter

Magenreizung und Erbrechen hervor. JARETZKI empfiehlt daher Kaltwassermazerate mit geschnittener Droge während 2 Stunden. Diese enthalten annähernd so viel Arbutin wie das Infus oder Dekokt, aber $^2/_3$ weniger Gerbstoffe, nach 10stündiger Mazerationsdauer etwa 20 bis 25% mehr Arbutin und etwa 20 bis 25% weniger Gerbstoffe als die heiß hergestellten Zubereitungen. Als Desinfektionsmittel des Harns und der abführenden Harnwege, besonders bei Katarrhen von Nierenbecken, Harnleiter, Blase und Harnröhre. Die Spaltung der Glykoside erfolgt hauptsächlich in den Nieren unter Bildung von Hydrochinon und Methylhydrochinon, die in den Harnwegen eine stark antiseptische und desinfizierende ohne die sonst giftige Wirkung des Hydrochinons ausüben. Zunächst tritt Braunfärbung des Harns ein, die bald wieder der normalen Farbe weicht.

Verw. u. Verf. (Abb. 16). *Alpenbärentraube,* Arctostaphylos alpina, mit gesägten, am Stiel gewimperten Blättern; *Trunkelbeere,* Vaccinium uliginosum, mit nicht lederartigen, unten graugrünen Blättern; *Buchsbaum,* Buxus sempervirens, mit eirunden, an der Spitze ausgerandeten Blättern, die leicht in zwei Hälften spaltbar sind; *Heidelbeere,* Vaccinium myrtillus, mit eiförmigen, am Grunde schwach herzförmigen oder abgerundeten Blättern mit kleinkerbig gesägtem Blattrand; *Preiselbeere,* Vaccinium vitis-idaea, mit an der Spitze leicht eingekerbten, weniger lederartigen Blättern mit stark nach unten umgebogenem Rand, der mit kleinen Zähnchen besetzt ist.

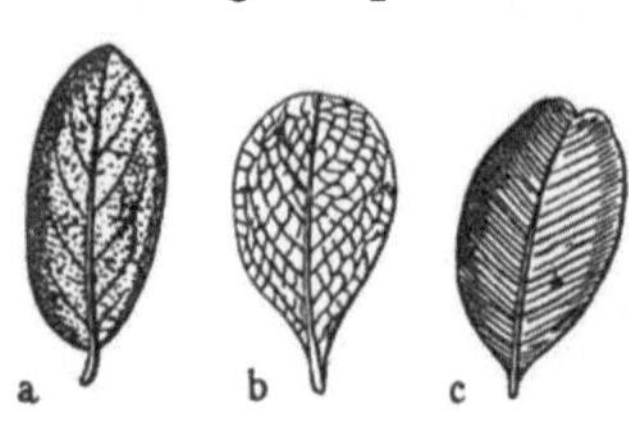

Abb. 16. Verwechslungen bzw. Verfälschungen von Bärentraubenblättern. *a* Blatt von Buxus sempervirens; — *b* Blatt von Vaccinium uliginosum; — *c* Blatt von Vaccinium vitis idaea.

Prüfung des DAB. 6. Neben der mikroskopischen Prüfung Erkennung durch violette Färbung oder violetten Niederschlag beim Kochen von 0,1 g geschnittener Ware oder Pulver mit 5 ccm Wasser und Zusatz von wenig Ferrosulfat zum Filtrat. Der Aschenrückstand darf höchstens 4% betragen.

Barium. Barium. Ba.

Atom-Gew. 137,36. Wertigkeit 2.

Das Element Barium hat seinen Namen von seinem Hauptmineral *Schwerspat,* $BaSO_4$ (g. barys, schwer). Das Mineral Schwerspat führt den Namen *Baryt.*

Vorkommen. Barium kommt in der Natur nur gebunden, sehr häufig als *Schwerspat, Baryt,* $BaSO_4$, seltener als *Witherit,* Bariumcarbonat, $BaCO_3$, vor. Beide Mineralien finden zur Darstellung der übrigen Bariumsalze Verwendung.

Darstellung. Durch Schmelzelektrolyse von Bariumchlorid oder durch Reduktion von Bariumoxyd durch Erhitzen mit Aluminium bei 1100° bis 1200° im Vakuum.

Eigenschaften. Silberweißes, glänzendes, wie Blei weiches Leichtmetall, spez. Gew. 3,5, das sich an der Luft sehr schnell oxydiert und Wasser schon bei gewöhnlicher Temperatur sehr energisch zersetzt. Es reagiert mit Wasserstoff bei 180° unter Bildung von Bariumhydrid, BaH_2. Lösliche und flüchtige Bariumsalze färben die nicht leuchtende Bunsenflamme grün.

Alle in Wasser oder Säuren löslichen Bariumverbindungen sind giftig!

Toxikologie der Bariumverbindungen. Von den Bariumverbindungen ist *reines Bariumsulfat* ungiftig, während die übrigen Bariumverbindungen giftig sind (Gift 3); das in Wasser unlösl. Bariumcarbonat, das durch die Magensalzsäure in lösl. Bariumchlorid verwandelt wird, ist ebenfalls giftig. Von Bariumchlorid und Bariumcarbonat wirken schon Gaben von Zehntelgrammen giftig, solche von 2 bis 4 g tödlich. Bei der akuten Bariumvergiftung entstehen Magenschmerzen, Übelkeit,

Erbrechen, Brechdurchfälle, es tritt der Tod durch Atemstillstand ein. Die Vergiftung beruht auf der durch die betr. Bariumverbindung verursachte Störung des Schwefel- und Sulfatstoffwechsels im Organismus durch Entziehung von Sulfaten.

Erste Hilfe. Reichlich Natriumsulfat, 10 bis 30 g in viel Wasser, das unlösl. Bariumsulfat bildet.

Verwendung. Zu Legierungen mit Blei, deren Härte es schon bei geringem Zusatz steigert.

☠ 3. Bariumacetat. Barium aceticum.

Essigsaures Barium. $(CH_3COO)_2Ba \cdot H_2O$. Mol.-Gew. 273.

Darstellung. Durch Eintragen von verd. Essigsäure in Bariumcarbonatlösung unter Erwärmen.

Eigenschaften. Weißes, kristallines, sehr leicht in Wasser, weniger leicht in Weingeist lösl. Pulver oder farblose Prismen.

Erkennung. Am Magnesiastäbchen wird die nicht leuchtende Bunsenflamme grün gefärbt. Die wäßrige Lösung gibt mit verd. Schwefelsäure eine weiße Fällung von Bariumsulfat, mit Eisenchloridlösung eine tiefrote Färbung.

Aufbewahrung. *Vorsichtig!*

Verwendung. Als Reagens, in der Kattundruckerei als Beize.

☠ 3. Bariumcarbonat. Barium carbonicum.

Kohlensaures Barium. $BaCO_3$. Mol.-Gew. 197,30.

Bariumcarbonat kommt natürlich als *Witherit* in glänzenden, rhombischen Kristallen vor.

Darstellung. Durch Fällung von Bariumsalzlösungen mit Natriumcarbonat oder Ammoniumcarbonat:

$$BaCl_2 \quad + \quad Na_2CO_3 \quad \rightarrow \quad BaCO_3 \quad + \quad 2\,NaCl$$

Bariumchlorid · Natriumcarbonat · Bariumcarbonat · Natriumchlorid

oder durch Reduktion von Bariumsulfat mit Kohle:

$$BaSO_4 \quad + \quad 2\,C \quad \rightarrow \quad BaS \quad + \quad 2\,CO_2$$

Bariumsulfat · Kohle · Bariumsulfid · Kohlendioxyd

In der wäßrigen Aufschwemmung von Bariumsulfid entsteht beim Einleiten von Kohlendioxyd gefälltes Bariumcarbonat:

$$BaS \quad + \quad CO_2 \quad + \quad H_2O \quad \rightarrow \quad BaCO_3 \quad + \quad H_2S$$

Bariumsulfid · Kohlendioxyd · Wasser · Bariumcarbonat · Schwefelwasserstoff

Eigenschaften. Schweres, weißes, geschmackloses, in Wasser unlösl. Pulver, lösl. unter Kohlendioxydentwicklung in verd. Säuren. Bei Temperaturen zwischen 1300° und 1400° wird das Salz in Kohlendioxyd und Bariumoxyd zerlegt.

Erkennung. B. löst sich in Salzsäure unter Aufbrausen. Die Lösung färbt die nicht leuchtende Bunsenflamme grün und gibt mit verd. Schwefelsäure einen weißen Niederschlag von Bariumsulfat.

Aufbewahrung. *Vorsichtig!*

Verwendung. Zu Schädlingsbekämpfungsmitteln (Ratten) veraltet, in der Keramik- und der Glasfabrikation zu stark lichtbrechenden Gläsern, zur Herstellung reinfarbiger Ziegel, Terrakotten und von Marmorersatz, zur Darstellung anderer Bariumsalze, in der Feuerwerkerei zu Grünfeuer, in der Textilindustrie zum Beschweren der Gewebe.

☠ *3*. **Bariumchlorat. Barium chloricum.**

Chlorsaures Barium. $Ba(ClO_3)_2 \cdot H_2O$. Mol.-Gew. 322,29.

Darstellung. Durch Elektrolyse von Bariumchloridlösung.

Eigenschaften. Farblose Kristalle oder weißes, kristallines Pulver, lösl. in 4 T. kaltem und 1 T. siedendem Wasser.

Erkennung. B. färbt die nicht leuchtende Bunsenflamme grün und entwickelt beim Erwärmen mit Salzsäure Chlor. Mit verd. Schwefelsäure gibt die wäßrige Lösung einen weißen Niederschlag von Bariumsulfat.

Aufbewahrung. *Vorsichtig!*

Verwendung. In der Feuerwerkerei zu Grünfeuer.

☠ *3*. **Bariumchlorid. Barium chloratum, DAB. 6.**

Chlorbarium. $BaCl_2 \cdot 2 H_2O$. Mol.-Gew. 244,35.

Darstellung. Aus Bariumsulfid durch Umsetzung mit Salzsäure oder Magnesiumchloridlösung.

Eigenschaften. Farblose, tafelförmige, an der Luft beständige Kristalle, lösl. in 2,5 T. Wasser (20°), in 1,5 T. siedendem Wasser, in Weingeist fast unlösl.

Prüfung des DAB. 6. Je 5 ccm der Lösung (1 + 19) werden geprüft auf:

Identität, beim Versetzen mit verd. Schwefelsäure entsteht ein weißer, in verd. Säuren unlösl. Niederschlag von Bariumsulfat;

mit Silbernitratlösung ein weißer, käsiger, in Ammoniakflüssigkeit lösl. Niederschlag von Silberchlorid;

Schwermetallsalze, mit 3 Tr. verd. Essigsäure und Natriumsulfidlösung darf keine dunkle Fällung oder Färbung entstehen;

Eisensalze, mit einigen Tr. Salzsäure und 0,5 ccm Kaliumferrocyanidlösung darf nicht sofort eine blaue Färbung eintreten;

freie Salzsäure, die Lösung darf blaues Lackmuspapier nicht röten.

Alkalisalze, Kalk. Beim Erhitzen von 1 g B. in 20 ccm Wasser und Versetzen der Lösung in der Siedehitze mit 4 ccm heißer, verd. Schwefelsäure und Filtrieren nach dem Erkalten darf das klare Filtrat nach dem Verdunsten und schwachem Glühen keinen wägbaren Rückstand hinterlassen.

Aufbewahrung. *Vorsichtig!*

Verwendung. Als Reagens auf Schwefelsäure und Sulfate, zum Härten von Stahl, besonders für Werkzeuge, zum Enthärten von gipshaltigem Kesselwasser, zur Darstellung anderer Bariumverbindungen, besonders zur Herstellung von Permanentweiß, in der Keramik, um das Ausblühen von Tonwaren zu verhindern, in der Textilindustrie zum Beschweren und Beizen in der Stoffdruckerei und zum Weißen von wollenen Geweben. Dabei wird nach Tränkung der Faser mit Glaubersalz durch ein Bariumchloridbad Bariumsulfat in der Faser niedergeschlagen.

☠ *3*. **Bariumchromat. Barium chromicum.**

Chromsaures Barium. $BaCrO_4$. Mol.-Gew. 253,37.

Darstellung. Durch Fällung von Bariumchloridlösung mit einer Lösung von gelbem Kaliumchromat.

Eigenschaften. Gelbes, in Wasser unlösl., in Säuren lösl. kristallines Pulver.

Aufbewahrung. *Vorsichtig!*

Verwendung. Als gelbe Malerfarbe unter der Bezeichnung *Barytgelb, Ultramaringelb*, in der Zündholzherstellung als Zündmasse und zum Färben der Köpfe von Sicherheitszündhölzern, als Beize in der Stoffdruckerei, als Wasserfarbe mit Leim oder Kalk (nicht Öl!), als Streckungsmittel für Chromgelb.

Bariumhydroxyd. Barium oxydatum hydricum, Erg.-B. 6.

Barythydrat. Bariumhydrat. Bariumoxydhydrat. $Ba(OH)_2 \cdot 8\,H_2O$. Mol.-Gew. 315,5.
Mindestgehalt 99,4%.

Darstellung. Durch Auflösen von Bariumoxyd in Wasser, das man technisch
aus Bariumoxyd durch Glühen von Bariumcarbonat mit Kohle bei hoher Temperatur erhält.

Eigenschaften. Weiße, blättrige Kristalle, lösl. in 20 T. Wasser (20°), in 3 T.
siedendem. Die wäßrige Lösung reagiert stark alkalisch, gibt mit verd. Schwefelsäure einen weißen, in verd. Säuren unlösl. Niederschlag von Bariumsulfat und
trübt sich an der Luft durch Ausscheidung von Bariumcarbonat.

Erkennung. Am Magnesiastäbchen färbt B. die Flamme grün.

Erg.-B. 6 läßt prüfen auf Ätzalkalien und Calciumhydroxyd, Schwermetallsalze,
Bariumsulfid und Salzsäure.

Gehaltsbestimmung. 1 g B., genau gewogen, wird in 100 ccm Wasser gelöst und
mit n-Salzsäure bis zum Farbumschlag titriert. Hierbei müssen mindestens 6,3 ccm
n-Salzsäure verbraucht werden entsprechend einem Mindestgehalt von 99,4%
Bariumhydroxyd (1 ccm n-Salzsäure = 0,1578 g Bariumhydroxyd, Indikator:
Methylorange).

Aufbewahrung. *Vorsichtig!* In absolut dicht schließenden Gefäßen, vor Kohlensäure geschützt.

Verwendung. Als *Ätzbaryt* oder *Barytwasser (Aqua Barytae)*, in Lösung als
Reagens auf Kohlensäure. Dabei vereinigt es mit der starken Basennatur den
Vorteil, daß der Überschuß des Reagens durch Kohlensäure oder Ammoniumcarbonat sowie durch Schwefelsäure als unlösl. Bariumcarbonat oder -sulfat wieder
beseitigt werden kann, zur Herstellung von Bariumsuperoxyd.

Bariumoleat. Barium oleinicum.

Ölsäures Barium. $(C_{17}H_{33}COO)_2Ba$.

Körnige, gelblich weiße Masse, unlösl. in Wasser, schwer lösl. in siedendem
Weingeist, die als Rattengift Verwendung findet (veraltet).

☠ 3. Bariumoxyd. Barium oxydatum.

Ätzbaryt. BaO. Mol.-Gew. 153,36.

Darstellung. Aus Bariumcarbonat durch Glühen mit Kohlepulver:

$$BaCO_3 \; + \; C \; \rightarrow \; BaO \; + \; 2\,CO$$

Bariumcarbonat   Kohle   Bariumoxyd   Kohlenmonoxyd

Beim starken Glühen von Bariumnitrat erhält man reines, kristallines Bariumoxyd,
das in Würfeln kristallisiert.

Eigenschaften. Grauweiße Masse oder weißgraue poröse Stücke, D. 5,72, die beim
Befeuchten mit wenig Wasser unter starker Wärmeentwicklung und Bildung von
Bariumhydroxyd, $Ba(OH)_2$, zu Pulver zerfallen.

Aufbewahrung. *Vorsichtig,* in dicht schließenden Gläsern.

Verwendung. In der Glasherstellung zu Spezialgläsern, zur Herstellung von
Bariumhydroxyd und Bariumperoxyd, in der Zuckerherstellung statt Strontiumoxyd zur Melasseentzuckerung.

☠ *3.* Bariumnitrat. Barium nitricum, Erg.-B. 6.

Salpetersaures Barium. $Ba(NO_3)_2$. Mol.-Gew. 261,4.

Darstellung. Durch Auflösen von Bariumcarbonat in verd. Salpetersäure:

$$BaCO_3 \quad + \quad 2\,HNO_3 \quad \rightarrow \quad Ba(NO_3)_2 \quad + \quad H_2O \quad + \quad CO_2$$

Bariumcarbonat — Salpetersäure — Bariumnitrat — Wasser — Kohlendioxyd

oder durch Umsetzung von Bariumsulfid mit verd. Salpetersäure.

Eigenschaften. Farblose, harte, oktaedrische, an der Luft beständige Kristalle, lösl. in 12,5 T. Wasser (20°), in 2,3 T. Wasser (100°). Unlösl. in Weingeist. Schmp. 593°.

Erkennung. Beim Erhitzen am Magnesiastäbchen färbt B. die Flamme grün. Auf glühender Kohle verpufft es. Mit verd. Schwefelsäure gibt die wäßrige Lösung einen weißen, in verd. Säuren unlösl. Niederschlag von Bariumsulfat. Beim Überschichten einer erkalteten Mischung von 1 ccm der wäßrigen B.-Lösung (1 + 19) mit 1 ccm Schwefelsäure mit Ferrosulfatlösung bildet sich zwischen den zwei Flüssigkeiten eine braunschwarz gefärbte Zone.

Erg.-B. 6 läßt prüfen auf Salzsäure, Schwermetallsalze, Alkalisalze, Eisensalze, Strontium- und Calciumsalze.

Verwendung. Wie Bariumchlorid als Reagens auf Schwefelsäure und Sulfate, in der Feuerwerkerei zur Herstellung von Grünfeuer, zur Darstellung von reinem Bariumoxyd und Bariumperoxyd.

☠ *3.* Bariumperoxyd. Barium peroxydatum.

Bariumsuperoxyd. *Barium superoxydatum.* BaO_2. Mol.-Gew. 169,36.

Darstellung. Durch Erhitzen von Bariumoxyd im Sauerstoffstrom unter Druck:

$$2\,BaO \quad + \quad O_2 \quad \rightarrow \quad 2\,BaO_2$$

Bariumoxyd — Sauerstoff — Bariumperoxyd

Eigenschaften. Reinweißes Pulver oder poröse Stücke, *technisch gelbliches* oder grauweißes Pulver, lösl. in Salzsäure oder Salpetersäure.

Erkennung. Bariumperoxyd entwickelt beim Erhitzen mit Salzsäure Chlor. Die Lösung färbt die nicht leuchtende Bunsenflamme grün und gibt, nach dem Verdünnen mit Wasser mit verd. Schwefelsäure, einen weißen Niederschlag von Bariumsulfat. Wird gepulvertes B. in verd. Schwefelsäure eingetragen, so entsteht Wasserstoffperoxyd, und das Filtrat gibt dessen Reaktionen:

$$BaO_2 \quad + \quad H_2SO_4 \quad \rightarrow \quad H_2O_2 \quad + \quad BaSO_4$$

Bariumoxyd — Schwefelsäure — Wasserstoffperoxyd — Bariumsulfat

Aufbewahrung. *Vorsichtig,* in dicht schließenden Gläsern. Verstreutes Bariumperoxyd kann organische Stoffe zur Entzündung bringen.

Verwendung. Als Reagens, zur Darstellung von Wasserstoffperoxyd, zu Zündkirschen beim Thermitverfahren, zum Bleichen von Stroh, Seide usw., zur Entfärbung von Bleigläsern, als Oxydations-, Reinigungs- und Entfärbungsmittel. Das Desinfektionsmittel Autan ist eine Mischung von B. und Paraformaldehyd.

Bariumsulfat. Barium sulfuricum.

Schwefelsaures Barium. Baryt. Barytweiß. Permanentweiß. $BaSO_4$.

Vorkommen. Das natürlich vorkommende Bariumsulfat bezeichnet man als *Schwerspat.* Er kommt in Deutschland in mächtigen Lagern im Harz, Odenwald, Süd-Schwarzwald, Spessart, in Thüringen und Westfalen vor und wird dort als sog. *Weißspat* bergmännisch gewonnen. Gemahlene reinste Sorten werden mit *Blütenspat* oder *Floraspat* bezeichnet, gelb- und rotstichige Sorten durch Ultramarinzusatz verbessert.

Das aus Bariumsalzlösungen gefällte Bariumsulfat wird als *Permanentweiß, Blanc-fixe* bezeichnet und ist ein Nebenprodukt bei der Darstellung von Wasserstoffperoxyd.

Verwendung. Zum Verschneiden von Farben, zur Herstellung anderer Bariumverbindungen, in bedeutenden Mengen zur Farblackherstellung, in Mischung mit anderen Farben. in der Ölmalerei, zu Kunstmassen, Elfenbeinnachahmungen, Füllmaterial in der Kautschukindustrie, in der Papierherstellung, Glanz-, Kunstdruckpapier und photographischen Papieren, zur Herstellung von Aquarell-, Druck- und Tapetenfarben, zur Herstellung von → Lithopone.

Bariumsulfat. Barium sulfuricum, DAB. 6.

$$BaSO_4. \text{ Mol.-Gew. } 233,5.$$

Darstellung. Durch Fällung einer Bariumchloridlösung mit verd. Schwefelsäure oder Natriumsulfatlösung:

$$BaCl_2 \; + \; H_2SO_4 \; \rightarrow \; BaSO_4 \; + \; 2\,HCl$$

Bariumchlorid   Schwefelsäure   Bariumsulfat   Salzsäure

Eigenschaften. Im Gegensatz zu anderen Bariumverbindungen ungiftig. Weißes, geschmack- und geruchloses, sehr schweres, amorphes oder kristallines Pulver, das frei von lösl. Bariumsalzen und anderen giftigen oder schädlichen Substanzen ist. In Wasser und verd. Säuren unlösl. In konz. Salzsäure, Salpetersäure und Schwefelsäure etwas lösl.

Prüfung des DAB. 6. *Erkennung.* Beim Kochen von B. mit Natriumcarbonatlösung während einiger Minuten, Filtrieren nach Übersättigen mit Salzsäure und Zusatz von Bariumnitratlösung entsteht ein weißer Niederschlag von Bariumsulfat.

Der auf dem Filter verbliebene Rest wird dreimal mit wenig Wasser ausgewaschen, mit verd. Salzsäure übergossen; das erhaltene Filtrat gibt mit verd. Schwefelsäure einen weißen Niederschlag von Bariumsulfat.

DAB. 6 läßt ferner prüfen auf: *Lösliche Bariumsalze, Bariumcarbonat.* 5 g B. werden mit 5 ccm Essigsäure und 45 ccm Wasser zum Sieden erhitzt, nach dem Absetzen wird filtriert. 25 ccm des völlig klaren Filtrats werden mit einigen Tr. verd. Schwefelsäure versetzt, dabei darf innerhalb einer Stunde keine Trübung eintreten.

Schwefelbarium. 10 g B. werden mit 30 ccm Wasser und 20 ccm Salzsäure in einem Kölbchen erhitzt, dessen Öffnung mit einem mit Bleiacetatlösung angefeuchteten Filtrierpapierstreifen bedeckt ist, und allmählich zum Sieden erhitzt; das Filtrierpapier darf nicht dunkel gefärbt werden.

Schwermetallsalze. Nach dem Filtrieren der so erhaltenen Flüssigkeit, Zusatz einiger Tr. Salpetersäure, Erhitzen zum Sieden und Versetzen mit Ammoniakflüssigkeit bis zur alkalischen Reaktion und, falls eine Abscheidung eingetreten ist, Filtrieren der Flüssigkeit. Auf Zusatz von 3 Tr. Natriumsulfidlösung darf keine Dunkelfärbung, Trübung oder Ausscheidung eines Niederschlags eintreten.

Phosphorsäure. 2 g B. werden mit 10 ccm Salpetersäure zum Sieden erhitzt. Das nach dem Erkalten erhaltene Filtrat darf nach Zusatz von 10 ccm Ammoniummolybdatlösung innerhalb 1 Std. keinen gelben Niederschlag abscheiden.

Salzsäure. Nach dem Verdünnen mit dem gleichen Raumteil Wasser und Zusatz von Silbernitratlösung darf die obige Mischung nicht mehr als opalisierend getrübt werden.

Schweflige Säure. 1 g B. wird mit 10 ccm Wasser, 1 ccm verd. Schwefelsäure und 2 Tr. Kaliumpermanganatlösung gemischt. Die Mischung darf innerhalb 10 Min. nicht farblos werden.

Arsenverbindungen. 2 g B. dürfen nach viertelstündigem Erhitzen auf dem siedenden Wasserbad mit 5 ccm Natriumhypophosphitlösung keine dunkle Färbung annehmen.

Vorgeschriebene feine Verteilung. 5 g feingesiebtes B. werden in einem mit Teilung versehenen Glasstöpselzylinder von 50 ccm Inhalt, dessen Gradteilung 14 cm lang ist nach Hinzufügen von Wasser bis zum Teilstrich 50 ccm 1 Min. lang geschüttelt und dann der Ruhe überlassen. Die Bariumsulfataufschwemmung darf innerhalb $^1/_4$ Std. nicht unter den Teilstrich 15 cm herabsinken.

Verwendung. Als Röntgenkontrastmittel für Magen und Darm darf *nur* DAB. 6-Ware abgegeben werden. *Vorsicht* wegen Verwechslungsgefahr mit dem giftigen Bariumsulfid, Barium sulfuratum (s. dort). In der Kosmetik für leicht preßbare Kompaktpuder, als Substrat für Lackfarben. Die technische Sorte zur Herstellung von Buntsatinpapier und -karton und für photographische Papiere, zum Weißpigmentieren mancher Tuchsorten.

Citobaryum „Merck" ist Barium sulfuricum purissimum, das die Anwendung des Bariumsulfats als Röntgenkontrastmittel vereinfacht und erleichtert. Es kommt in zwei Handelssorten zum Verkauf: 1. als Citobaryum für innerliche Verabreichung, bräunlich weißes, aromatisch riechendes, ziemlich schweres Pulver, das mit Wasser verrührt eine Mischung von angenehmem Geruch und Geschmack gibt; 2. als Citobaryum für rektale Verabreichung, grauweißes, fast geruchloses schweres Pulver. Die Präparate geben mit Wasser gleichmäßige, beständige Mischungen, aus denen sich selbst bei langem Stehen das Kontrastmittel nicht abscheidet.

☠ *3.* Bariumsulfid. Barium sulfuratum, Erg.-B. 6.

Schwefelbarium. Gehalt mindestens 80% Bariumsulfid, BaS. Mol.-Gew. 169,5.

Darstellung. Durch Reduktion von Schwerspat, $BaSO_4$, mit Kohle:

$$BaSO_4 \; + \; 2\,C \; \rightarrow \; BaS \; + \; 2\,CO_2$$

Bariumsulfat   Kohle   Bariumsulfid   Kohlendioxyd

Eigenschaften. Hellbraunes, graues oder gelbes Pulver, das sich in Wasser bis auf die Verunreinigungen mit Kohle und Bariumsulfat unter Bildung von Bariumhydroxyd und Bariumsulfhydrat löst:

$$2\,BaS \; + \; 2\,H_2O \; \rightarrow \; Ba(SH)_2 \; + \; Ba(OH)_2$$

Bariumsulfid   Wasser   Bariumsulfhydrat   Bariumhydroxyd

Erkennung. Mit verd. Salzsäure entwickelt B. Schwefelwasserstoff. Das Filtrat hiervon färbt die Flamme grün und gibt mit verd. Schwefelsäure einen weißen, in verd. Säuren unlöslichen Niederschlag von Bariumsulfat.

Gehaltsbestimmung nach Erg.-B. 6. Eintragen von 1 g B. in eine Mischung von 16,7 ccm Kupfersulfatlösung nach FEHLING, DAB. 6, und 30 ccm Wasser, sehr langsames Zutropfen unter ständigem Umschwenken von 5 ccm Salzsäure, Stehenlassen unter häufigem Umschütteln während $^1/_2$ Std., dann nach viertelstündigem Erhitzen auf dem Wasserbad filtrieren. Nach dem Vertreiben etwa vorhandenen Schwefelwasserstoffs durch Erhitzen darf das Filtrat auf Zusatz von überschüssiger Ammoniakflüssigkeit keine blaue Farbe annehmen, was einem Mindestgehalt von 80% Bariumsulfid entspricht (1 ccm Kupfersulfatlösung nach FEHLING, DAB. 6 = 0,0475 g BaS).

Aufbewahrung. *Vorsichtig!* In dicht schließenden Gefäßen, vor Kohlensäure geschützt.

Verwendung. Als Enthaarungsmittel für kosmetische Zwecke nach § 3 des Gesetzes über die Verwendung gesundheitsschädigender Farben vom 5. Juli 1887 verboten. Die technische Sorte als Enthaarungsmittel für Häute, in der Photographie zur Schwefeltonung, zum Braunfärben von Messing, rein in der Analyse zur Entwicklung von arsenfreiem Schwefelwasserstoff, zur Darstellung anderer Bariumverbindungen und von Lithopone.

Erkennung der Bariumverbindungen.

Bariumsalze sind weiß, ihre Lösungen farblos.

Flammenfärbung. Lösliche und flüchtige Bariumverbindungen färben die nicht leuchtende Bunsenflamme schön olivgrün. Da sie schwerer flüchtig sind als die entsprechenden Salze von Calcium und Strontium, ist die Färbung sehr lang anhaltend.

Bariumsulfat muß hierbei erst mit einem Sauerstoffspender, z. B. Kaliumchlorat, gemischt bzw. vorher mit Kohle zu BaS reduziert werden.

Reaktionen auf nassem Wege. 1. Verdünnte Schwefelsäure und lösl. Sulfate fällen aus Bariumsalzlösungen weißes, auch in Säuren und Alkalien unlösl. Bariumsulfat:

$$BaCl_2 + H_2SO_4 \;\to\; BaSO_4 \downarrow + 2\,HCl$$

2. Alkalicarbonate fällen aus Bariumsalzlösungen weißes, in verd. Mineralsäuren lösl. Bariumcarbonat:

$$BaCl_2 + Na_2CO_3 \;\to\; 2\,NaCl + BaCO_3 \downarrow$$
$$BaCO_3 + 2\,HCl \;\to\; BaCl_2 + CO_2 + H_2O$$

3. Kaliumchromat fällt aus Bariumsalzlösungen gelbes Bariumchromat:

$$BaCl_2 + K_2CrO_4 \;\to\; 2\,KCl + BaCrO_4 \downarrow$$

4. Kaliumdichromat gibt mit essigsaurem Natrium und Bariumsalzlösungen einen citronengelben Niederschlag von Bariumchromat:

$$2\,BaCl_2 + K_2Cr_2O_7 + 2\,CH_3COONa \to 2\,BaCrO_4 + 2\,KCl + 2\,NaCl + 2\,CH_3COOH$$

Bariumchromat ist im Gegensatz zum Bleichromat in Natronlauge unlösl.

Bärlapp.

Lycopodium clavatum *L.* Sammelverbot!

Gürtelkraut. Hexenkraut. Teufelsklaue.

Lycopodiaceae.

Ausdauerndes, auf Gebirgswiesen und in Nadelwäldern, trockenen Heiden und Mooren vorkommendes Kraut mit kriechendem, bis 2 m langem Stengel, kleinen, pfriemenförmigen Blättchen, die eine farblose, haarähnliche Spitze tragen, von moosartig zottigem Aussehen, die aufsteigenden Zweige wenig beblättert, am Ende meist mit je zwei 2 bis 6 cm langen, walzenartig-ährenähnlichen Sporangienständen. Bei der Reife öffnen sich die Sporangien durch einen Riß, und der Wind verstäubt die darin enthaltenen gelblichen Sporen (Abb. 17).

Bärlappkraut. Herba Lycopodii, Erg.-B.6.

Das im Mai/Juni gesammelte und getrocknete Kraut der ganzen Pflanze, *geruchlos, Geschmack* süßlich-bitter.

Inhaltsstoffe. Bitterstoff, Harz, ein Alkaloid Clavatin.

Verwendung. Als harntreibendes Mittel.

Aufbewahrung. Vor Licht geschützt.

Bärlappsporen. Lycopodium, DAB. 6. Sammelverbot!

Reife Sporen der im August/September gesammelten, fast reifen Spor-

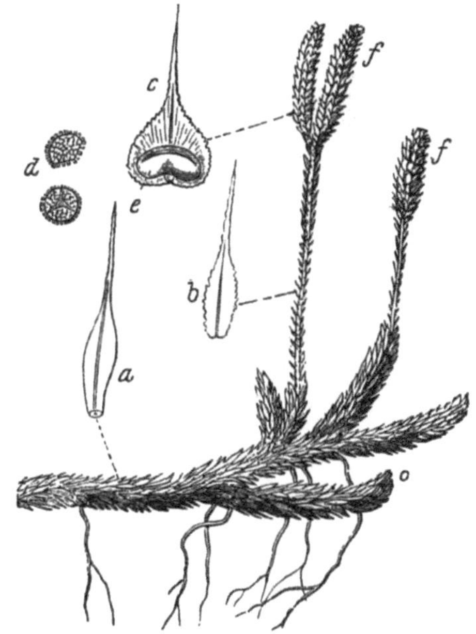

Abb. 17. Bärlapp. Lycopodium. *o* ein Stück des Stengels mit den Sporangienähren (*f*); — *a* und *b* Blätter des Stengels; — *c* Sporangiendeckblatt mit dem ansitzenden Sporangium (*e*); — *d* Sporen (*a-d* vergrößert).

angienstände von Lycopodium clavatum und anderen Lycopodium-Arten. Feines, sich samtartig anfühlendes, blaßgelbes, leicht haftendes, sehr bewegliches Pulver, schwimmt, ohne sich zu benetzen, auf Wasser, sinkt aber nach dem Kochen darin unter, in eine Flamme geblasen verpufft es. Nahezu gleich groß, meist 30 bis 35 μ, seltener bis 40 μ Ø, von drei ziemlich flachen, seltener mäßig gewölbten und einer stärker gewölbten Fläche begrenzt (Abb. 18). *Geruch-* und *geschmacklos.*

Inhaltsstoffe. Etwa 50% *fettes Öl*, Glyceride, mehrere Fettsäuren, *Sporonin*, ein polymeres Terpen, Cellulose, Zucker, in der Asche reichlich Aluminium.

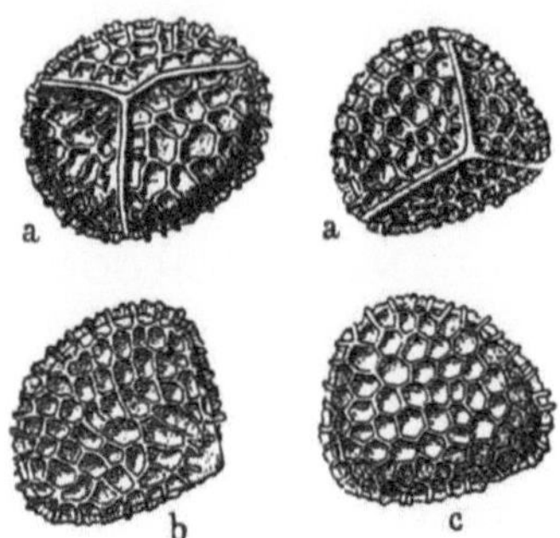

Abb. 18. Bärlappsporen. Lycopodium. *a* Sporen von oben; — *b* von einer flachen Seite; — *c* von der konvexen Basis aus gesehen (566/1).

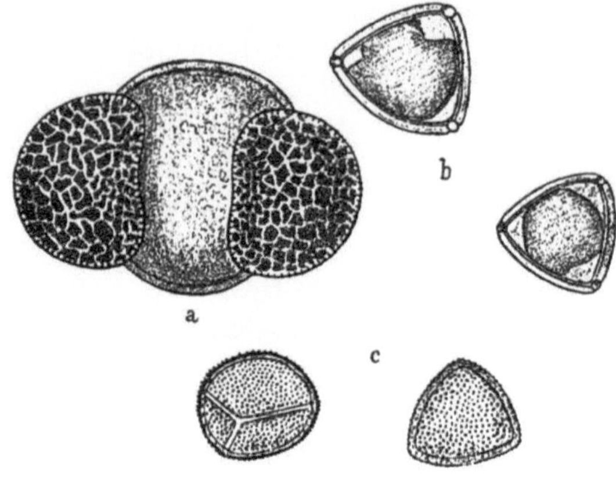

Abb. 19. Verfälschungen von Lycopodium. Pollen von *a* Pinus silvestris; — *b* Corylus avellana; — *c* Typha latifolia, deren Einzelpollen mit fein netzartiger Exine versehen sind (566/1).

Verwendung. Zum Verhindern des Zusammenbackens von Pillen (nicht für Suppositorien!), als Zusatz zu Streupulvern bei fettarmer Haut und Wundsein, gut kühlend, reizlindernd, austrocknend; in der Metallgießerei zum Einstreuen von Gußformen; zu Feuerwerkskörpern.

Prüfung des DAB. 6. Mikroskopische Prüfung auf Größe und Verfälschung durch Teile von *Corylus, Pinus* und *Typha* (Abb. 19), *Dextrin, Talk, Gips, Schwefel, Colophonium* und andere Harze. Beim Veraschen dürfen nur 3% Rückstand bleiben.

Barometer.

Barometer (g. baros, Schwere) sind Meßinstrumente zur Bestimmung des Luftdrucks. Man unterscheidet Quecksilberbarometer und Aneroidbarometer (g. aneros, nichtflüssig). Das Quecksilberbarometer besteht aus einer oben geschlossenen, luftleeren Glasröhre (TORRICELLIsche Röhre), die in einem teilweise mit Quecksilber gefülltem Gefäß steht. Der Stand der Quecksilbersäule entspricht der Größe des Luftdrucks, der an einem Ort zu verschiedenen Zeiten verschieden groß ist, ebenso zu gleicher Zeit an verschiedenen Orten. Er ist abhängig von der Schwere der auf dem Barometer stehenden Luftsäule, wird aber auch durch die Temperatur und den Feuchtigkeitsgehalt der Luft beeinflußt. Außer diesem Gefäßbarometer sind auch noch Heberbarometer im Gebrauch. Zum bequemen Ablesen des Barometerstandes ist am oberen Ende der Röhre eine Skala angebracht. Das *Aneroid*barometer, auch *Metall*barometer genannt, besteht aus einer nahezu luftleer gemachten dünnen Metallkapsel, die durch den Luftdruck mehr oder weniger zusammengedrückt wird. Die dabei eintretende Bewegung wird mittels eines Hebels auf einen Zeiger übertragen, dessen Bewegungen an einer Skala abzulesen sind. Die Skala wird durch Vergleich mit einem Quecksilberbarometer geeicht.

Den Barometerstand von 760 mm nennt man den *normalen Barometerstand*, da das Gewicht einer Quecksilbersäule von 760 mm Länge in 0 m Meereshöhe, also am Meeresspiegel, dem äußeren Luftdruck das Gleichgewicht hält. Da der Luftdruck merklichen Einfluß auf die in wissenschaftlichen Werken angegebenen Konstanten (Schmelzpunkt, Siedepunkt, Löslichkeit usw.) hat, sind diese Angaben für physikalische Werte stets für einen normalen Luftdruck (760 mm Quecksilbersäule) geltend.

Basaltwolle.

Basaltwolle wird neuerdings in Deutschland als seidiges und sich zart anfühlendes Erzeugnis hergestellt, ·das chemisch kaum angegriffen wird und bis zu 1100° beständig ist. Basaltwolle findet als gutes Wärme-Isolierungsmittel Verwendung.

BASF-Wachse.

Unter der Bezeichnung BASF-Wachse bringt die Badische Anilin- & Soda-Fabrik Hartwachse in den Handel, die für zahlreiche chemisch-technische Zwecke, besonders zur Herstellung von Putz- und Glanzmitteln, Verwendung finden.

OP-Wachs BASF und O-Wachs BASF. Hellfarbige, feste Substanzen von hohem Schmelzpunkt, muscheligem Bruch und großer Härte. Beide Wachse besitzen ausgesprochen kolloidales Verhalten gegenüber organischen Lösungsmitteln, wodurch sie befähigt sind, große Mengen dieser Lösungsmittel aufzunehmen und gebunden zu halten. Sie übertreffen in dieser Hinsicht sämtliche Naturwachse. Sie zeichnen sich außerdem durch sehr hohe Glanzwirkung aus.

Verwendung. Zu hochwertigen Schuhputz- und Schuhhausputzmitteln, Lederpflegemitteln, Bohnermassen und anderen einschlägigen Artikeln.

SPO-Wachs BASF. Für sich oder zusammen mit anderen Hartwachsen in Verbindung mit Paraffin, Ozokerit, Ceresin und dergl. zur Herstellung von dunkelfarbigen Pasten geeignetes Hartwachs, lösl. in den üblichen Lösungsmitteln (Testbenzin, Terpentinöl u. a.) in der Wärme, und bildet beim Abkühlen mit diesen Lösungsmitteln gut gebundene Pasten, die vorzügliche Glanzwirkung aufweisen.

Verwendung. Zur Herstellung von schwarzer und dunkelfarbiger Schuhcreme, stark angefärbten Bohnermassen, Schuhhausputzwachsen und ähnlichen Erzeugnissen.

E-Wachs BASF. Hellgelbes, sehr reines, kristallines Wachs, das besonders leicht verseifbar und emulgierbar ist.

Verwendung. Zur Herstellung verseifter und gemischt verseifter Produkte.

S-Wachs BASF. Ausgesprochen kristallines Wachs von sehr heller Farbe, großer Härte und höchster Glanzgebung., das auf weichere Wachse und wachsähnliche Körper (Paraffin, Ozokerit, usw.) eine außerordentlich härtende Wirkung ausübt. Im Gegensatz zu den üblichen Wachsen ist dieses Wachs nicht nur in Lösungsmitteln (Terpentinöl, Testbenzin, Estern), sondern auch in Alkoholen (Methyl-, Äthyl-, Propylalkohol usw.) löslich.

Es vermag große Mengen dieser Lösungsmittel zu einheitlichen Pasten von kristalliner Struktur zu binden. Infolge seiner großen Härte ermöglicht es die Erzielung hochglänzender, schleierfreier Polituren. Mit alkalischen Stoffen gibt es seifenartige Verbindungen.

Verwendung. Zur Herstellung von konsistenten Fetten und von Emulsionen, zum Aufschließen von Farbbasen in der Schuhcreme-Industrie und für die Herstellung von Kohlepapier.

V-Wachs BASF. Mäßig hartes, etwas sprödes, chemisch indifferentes Wachs von gedeckter weißer Farbe mit guten Glanzeigenschaften. Mit anderen Wachsen, Paraffin, Ozokerit, Ceresin ist es in jedem Verhältnis verträglich. Schon bei gewöhnlicher Temperatur in den üblichen Lösungsmitteln für Wachse, vor allem Terpentinöl, Testbenzin, chlorierten aliphatischen Kohlenwasserstoffen, Aromaten usw., in hohem Maße lösl. Außerdem übt es auf Kompositionen aus Hartwachsen (OP- oder O-Wachs BASF, Ozokerit und Paraffin) eine verflüssigende Wirkung aus, die auch bei kühler Temperatur anhält. Man erhält milchig trübe, flüssige Wachssuspensionen.

Verwendung. Zur Herstellung flüssiger Bohnermassen, zur Nachbehandlung von Metalloberflächen, besonders von eloxiertem Aluminium, phosphatiertem Eisen, zur Imprägnierung von Leder und den Oberflächen von Gegenständen aus Natur- und Kunststeinen.

Chemisch-physikalische Kennzahlen.

	OP-Wachs BASF	O-Wachs BASF	SPO-Wachs BASF
Farbe	schwach gelblich	schwach gelblich	dunkelbraun bis schwarz
Tropfpunkt	ca. 100° C	ca. 100° C	—
Schmelzpunkt	—	—	92° bis 98° C
Säurezahl	10 bis 15	10 bis 15	14 bis 22
Verseifungszahl. . . .	110 bis 132	111 bis 133	67 bis 72
Unverseifbares	5 bis 8%	5 bis 8%	15 bis 20%
Spez. Gew. bei 20° C .	1,03 bis 1,04	1,03 bis 1,04	1,01

	E-Wachs BASF	S-Wachs BASF	V-Wachs BASF
Farbe	schwach gelblich	schwach gelblich	fast weiß
Schmelzpunkt	79° bis 82° C	80° bis 83° C	48° bis 50° C
Säurezahl	17 bis 25	142 bis 157	0
Verseifungszahl. . . .	158 bis 178	160 bis 175	0
Unverseifbares	5 bis 8%	7 bis 10%	100%
Spez. Gew. bei 20° C .	1,01 bis 1,02	1,01 bis 1,02	0,93 bis 0,94

Verwendungsvorschriften der BASF-Wachse s. unter den betreffenden Stichworten Bd. III.

Basilienkraut.

Basilikumkraut. Ocimum basilicum *L.*

Königskraut.

Labiatae.

20 bis 40 cm hohe, angebaute Garten- und Topfpflanze mit ästigem, weißhaarigem, vierkantigem Stengel und eiförmig-länglichen, gestielten, gegenständigen, 4 bis 5 cm langen Blättern, am Rande schwach gesägt; gelblichweiße bis rötliche, mittelgroße Blüten in Scheinquirlen, Unterlippe der Blütte ungeteilt, Oberlippe vierspaltig, Kelche behaart, zweilippig, glockenförmig.

Basilienkraut. Basilikumkraut. Herba Basilici. (Herba Ocimi citrati.)

Bei der *Schnittdroge* ist die durch reichlich eingesenkte Öldrüsen bedingte, starke drüsige Punktierung an der Unterseite der graugrünen Blattstücke kennzeichnend, ferner die vorgenannten Kelche und vierkantige, graugrüne, weißbehaarte Stengelteile.

Inhaltsstoffe. Ätherisches Öl, Gerbstoff, saures Saponin.

Verwendung. 1 Teelöffel auf 1 Tasse Aufguß bei chronischer Verstopfung, Blähungen und Krämpfen, besonders nervösen Magenkrämpfen, zur Anregung der Milchsekretion; zu Likören, frisch getrocknet als Speisegewürz.

Basilikumöl. Oleum Basilici.

Durch Wasserdampfdestillation von Basilikumkraut gewonnenes, gelbliches Öl mit estragonähnlichem *Geruch*, D. (15°) 0,896 bis 0,930; *Basilikumöl Réunion* mit mehr kampferähnlichem *Geruch*, D. (15°) 0,945 bis 0,987.

Inhaltsstoffe. Deutsche Sorte: Methylchavicol, Cineol, Linalool, Sorte Réunion: d-α-Pinen, Cineol, d-Kampfer, Methylchavicol.

Verwendung. In der Parfümerie.

Batate.

Süßkartoffel. Batate. Batatas edulis Choisy.

(Ipomoea batatas Lamarck.)

Convolvulaceae.

Aus dem tropischen Amerika stammende, einjährige, krautige, windenartige Pflanze mit 15 cm großen, langgestielten Blättern und kriechendem Sproß, der an seinen unterirdischen Ausläufern spindel- oder walzenförmige, spitz zulaufende, durchschnittlich 1,5 kg (bis 5 kg) schwere Sproßknollen bildet. Die Knollen sind purpurrot, gelblichweiß oder gelb (die letzten gelten als die stärkereichsten) und sind ein wichtiges Nahrungsmittel in den Tropen und Subtropen, sie werden daher in allen Tropengebieten angebaut.

Batatenstärke. Amylum Batatae.

Brasilianisches Arrowroot.

Die Stärke kommt je nach der Gewinnungsart, teils als nicht sehr feines, leicht graugelbliches Pulver, in den Handel. Zwei- bis sechsfach und mehrfach zusammengesetzte Körner, in der Handelsware häufig in die Teilkörner zerfallend. Bei zweifach zusammengesetzten Körnern kegel- bis glockenförmig, bei höher zusammengesetzten scharfkantig mit gerundeter Außenfläche. Fast stets mit Kernspalten. Teilkörnergröße zwischen 5 und 40 μ (Abb. 20).

Abb. 20.
Batatenstärke, mikroskopisches Bild.

Baumé-Grade.

Mit Baumé-Graden, abgekürzt Bé, bezeichnet man die Gradeinteilung zur Dichtebestimmung von technischen Laugen, Säuren und Salzlösungen mit einem besonderen Aräometer. Dabei entspricht die Dichte von reinem Wasser dem Nullpunkt der Baumé-Skala. Eine 10%ige Kochsalzlösung entspricht 10° Bé. Die Umrechnung von n Grad Baumé auf das spez. Gew. erfolgt bei Flüssigkeiten, die leichter als Wasser sind, nach der Formel $D = \dfrac{144,3}{144,3 + n}$, die Umrechnung bei Flüssigkeiten, die schwerer als Wasser sind, nach der Formel $D = \dfrac{144,3}{144,3 - n}$.

Baumé, Vergleich mit spez. Gewicht.

Bé°	Spez. Gewicht bei einem spez. Gewicht über 1	unter 1	Bé°	Spez. Gewicht bei einem spez. Gewicht über 1	unter 1	Bé°	Spez. Gewicht bei einem spez. Gewicht über 1	unter 1
0	1,000	—	24	1,200	0,909	48	1,498	0,786
1	1,007	—	25	1,210	0,903	49	1,515	0,782
2	1,014	—	26	1,220	0,897	50	1,530	0,778
3	1,022	—	27	1,235	0,892	51	1,546	0,773
4	1,029	—	28	1,241	0,886	52	1,563	0,769
5	1,037	—	29	1,252	0,880	53	1,580	0,765
6	1,045	—	30	1,263	0,875	54	1,597	0,761
7	1,052	—	31	1,274	0,869	55	1,615	0,757
8	1,060	—	32	1,285	0,864	56	1,635	0,752
9	1,067	—	33	1,297	0,859	57	1,652	0,748
10	1,075	1,000	34	1,308	0,853	58	1,671	0,744
11	1,083	0,993	35	1,320	0,848	59	1,691	0,741
12	1,091	0,986	36	1,332	0,843	60	1,710	0,737
13	1,100	0,979	37	1,345	0,838	61	1,732	0,732
14	1,108	0,972	38	1,357	0,833	62	1,753	0,729
15	1,116	0,965	39	1,370	0,828	63	1,775	0,725
16	1,125	0,959	40	1,383	0,823	64	1,795	0,721
17	1,134	0,952	41	1,397	0,819	65	1,830	0,718
18	1,142	0,946	42	1,410	0,814	66	1,842	0,714
19	1,152	0,940	43	1,424	0,809	67	1,865	0,710
20	1,162	0,933	44	1,438	0,804	68	—	0,707
21	1,171	0,927	45	1,453	0,800	69	—	0,703
22	1,180	0,921	46	1,468	0,795	70	—	0,700
23	1,190	0,915	47	1,483	0,791			

Baumwolle.

Gossypium herbaceum *L.* (Heimat Ostindien). **Gossypium barbadense** *L.* (Heimat Westindien). **Gossypium hirsutum** *L.* (Heimat Mexiko). **Gossypium peruvianum** *Cva.* (Heimat Südamerika). **Gossypium arboreum** *L.* (Heimat wahrscheinlich Afrika) *und andere Gossypiumarten.*

Malvaceae

In tropischen und subtropischen Ländern kultivierte Sträucher mit gelben Blüten liefern in ihren Samenhaaren einen der wichtigsten vegetabilischen Rohstoffe und die meist versponnene Faser, Baumwolle (Abb. 21). Die Handelssorten unterscheiden sich teilweise beträchtlich in der Stapellänge und der Dicke der Faser. Es sind im Handel nord-, mittel- und südamerikanische, asiatische und afrikanische, levantinische und europäische Sorten, die letzten aus Spanien und Italien. Die Beurteilung des Wertes der Baumwolle geschieht heute noch vielfach nach Griffigkeit, Geruch usw.

Abb. 21. Baumwolle. Gossypium, herbaceum. Aufgesprungene Frucht mit der hervorquellenden Baumwolle.

Verwendung. Wichtigstes Spinn- und Webematerial zu Garnen, Zwirnen, Stoffen. Baumwollgarne werden für sich allein zu Baumwollstoffen oder zusammen mit Garnen aus anderen Fasern (Leinengarn, Kunstfaser) zu Mischgeweben verwoben (Abb. 22). Entfettet findet sie zur Herstellung von Verbandwatte, Verbandmull und Binden (s. Bd. I, Verbandstoffe), zur Herstellung von Kollodium und „merzerisierter" Baumwolle Verwendung, letzte wird auch als „Seidenbaumwolle" oder „Natronbaumwolle" bezeichnet und durch Einwirkung von starken Alkalien für kurze Zeit auf Baumwollgarne oder -gewebe in gespanntem Zustand gewonnen. Die Garne und Gewebe erhalten dadurch einen seidigen Glanz, besseres Färbevermögen und größere Festigkeit. Durch die Einwirkung des Alkalis wird die korkzieherartige Drehung der Einzelfaser aufgehoben und das Baumwollhaar stabartig gerade. Baumwollabfälle finden in der Kunstseiden- und Papierfabrikation in großen Mengen Verwendung.

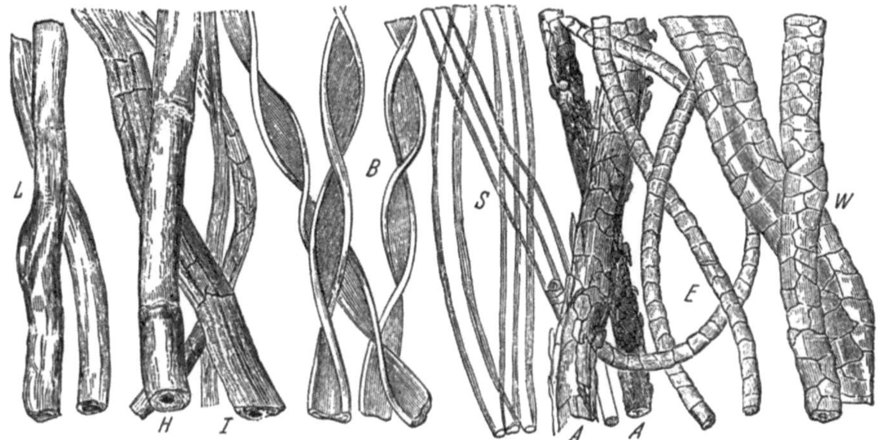

Abb. 22. Technisch verwendete wichtigste Fasern. Der Unterschied zwischen Baumwolle *B* und den übrigen Fasern tritt sehr deutlich hervor; — *L* Leinfaser; — *H* Hanffaser; — *J* Jutefaser; — *S* Seide; — *A* Alpakkawolle; — *E* Electoralwolle; — *W* Schafwolle.

Baumwolle, gereinigte. Gossypium depuratum, DAB. 6.

Eigenschaften. Die weißen, entfetteten, bis 4 cm langen, einzelligen, bandartig abgeflachten, bis über 40 μ breiten und häufig um ihre Achse gedrehten Haare der Samen von Gossypiumarten (s. Abb. 22*B*). Gereinigte Baumwolle muß frei von schwarzen Flocken und braunen Samenteilen sein.

Prüfung des DAB. 6. Beim Durchfeuchten mit Wasser darf sie Lackmuspapier nicht verändern.

Von einem Auszug von 5 g B. mit 50 g siedendem Wasser werden je 5 ccm geprüft auf:

Salzsäure, mit Silbernitratlösung darf höchstens opalisierende Trübung eintreten;

Schwefelsäure, mit Bariumnitratlösung darf nicht sofort eine weiße Trübung entstehen;

Calciumsalze, die Lösung darf mit Ammoniumoxalatlösung nicht sofort weiß getrübt werden;

reduzierende Stoffe, beim Versetzen von 10 ccm des Auszugs mit einigen Tr. verd. Schwefelsäure und 3 Tr. Kaliumpermanganatlösung darf die entstehende Rötung innerhalb 5 Min. nicht verschwinden.

Ungenügende Entfettung. Beim Werfen einer Baumwollprobe auf ausgekochtes und unter Luftabschluß abgekühltes Wasser muß sich dieses sofort mit Wasser benetzen, vollsaugen und untersinken.

Anorganische Beimengungen. Beim Verbrennen von 1 g B. darf höchstens ein Rückstand von 0,003 g verbleiben.

Baumwollsamenöl. Oleum Gossypii.

Baumwollsaatöl. Cottonöl. Kottonöl.

Das durch Pressen gewonnene, gereinigte, fette Öl der Samen verschiedener Gossypiumarten. Diese enthalten 20 bis 25% fettes Öl, das durch Kalt- oder Warmpressen oder durch Extraktion gewonnen wird. Das rohe Öl ist durch Farbstoff dunkelbraun, schwarz oder tiefrot, raffiniertes farblos bis hellgelb. D. 0,922 bis 0,930.

Geruch und *Geschmack* frisch mild, wird aber leicht ranzig und riecht dann unangenehm scharf.

Inhaltsstoffe. Hauptbestandteil *Glyceride* der *Öl-* und *Linolsäure,* daneben Palmitinsäure- und Stearinsäureglyceride.

Verwendung. Raffiniert als wichtiges Speiseöl (Back-, Brat-, Salatöl), für sich oder mit Oliven-, Sesam- und Erdnußöl gemischt. Raffiniert oder gehärtet in der Margarineherstellung, der Seifenindustrie, zu Schmierölen. Der bei der Raffination von B. anfallende *„Soapstock"* zur Herstellung geringwertiger Seifen, von Olein und *Cottonstearin,* das hauptsächlich aus Palmitin besteht und bei der Herstellung von Margarine, Seifen und Kerzen Verwendung findet.

Baumwollwurzelrinde. Cortex Gossypii Radicis, Erg.-B. 6.

Getrocknete Rinde der Wurzel, etwa 1 cm breite, bis 1 mm dicke gelbe Streifen, außen gelbrot, innen weißlich, mit leicht zu entfernendem Kork; Außenfläche netzartig gerunzelt, mit vielen Korkwarzen und oft durch Pilzlager schwarz punktiert; Bruch faserig, *Geschmack* stark zusammenziehend, etwas scharf.

Lupenansicht. Innere Rinde flammenartig gezeichnet; die nach außen sich erweiternden Markstrahlen sind hell und wechseln mit dunklen, deutlich gestrichelten Rindenstrahlen ab.

Inhaltsstoffe. Harze.

Verwendung. *Med.* an Stelle von Mutterkorn. Mißbräuchlich als Abortivum.

„Bayer" Süßstoff.

Für den gesunden und kranken Organismus völlig unschädlicher Süßstoff von angenehmer Süße mit 100fach stärkerer Süßkraft als Zucker. Er ist hitzebeständig, also koch- und backfest, und verliert nichts von seiner Süßkraft. Da er nicht gärt, leistet er bei der Bereitung von Beerenweinen wertvolle Dienste. Diesen gibt er, nach der Gärung zugesetzt, volle Süße.

Bayöl. Oleum Bay, Erg.-B. 6.

Oleum Myrciae. Oleum Pimentae acris.

In Westindien, Venezuela, Ostafrika und Kamerun durch Wasserdampfdestillation der Blätter und jungen Zweigspitzen von *Pimenta acris Weight, Myrtaceae,* gewonnenes ätherisches Öl, gelb, an der Luft sich bald braun färbend, optisch aktiv, ($\alpha_D^{20°}$ bis —3°); D. (20°) 0,955 bis 0,980; $n_D^{20°}$ 1,506 bis 1,520; in gleichen Raumteilen Weingeist (90%) trübe löslich, mit Chloroform und Äther in jedem Verhältnis mischbar. Die Löslichkeit in Weingeist (70%) nimmt beim Lagern durch Polymerisation rasch ab.

Inhaltsstoffe. *Eugenol, Chavicol,* Methyleugenol, Methylchavicol, 1-Phellandren, Myrcen, Citral.

Verwendung. In der Parfümerie zur Herstellung von Haarwässern 1% (Bay-Rum), Parfümen, zur Parfümierung von Seifen, zu Likören und Gewürzessenzen. Da nur frisches Öl in Weingeist (70%) lösl. ist, empfiehlt es sich, terpenfreies Öl zu verwenden, das sich schon bei schwächerem Weingeistgehalt löst.

Aufbewahrung. Vor Licht geschützt.

Prüfung nach Erg.-B. 6. 2 Tr. verdünnter Eisenchloridlösung (1 + 9) rufen in einer Lösung von 5 Tr. B. in 5 ccm Isopropylalkohol eine blaue Färbung hervor.

Phenole. Schüttelt man 0,5 ccm B. mit 10 ccm Wasser, das auf etwa 50° erwärmt ist, so darf die Lösung Lackmuspapier nicht röten. Die nach dem Abkühlen filtrierte Lösung darf sich nach Zusatz von 2 Tr. verdünnter Eisenchloridlösung (1 + 9) höchstens vorübergehend graugrün, aber nicht blauviolett färben.

Mindestgehalt an Gesamt-Eugenol und -Chavicol 50 bis 70 Raum-T.

Beerenbranntweine.

Beerenbranntweine können aus allen zuckerhaltigen Beeren, wie Hagebutten, Heidelbeeren, Holunderbeeren, Johannisbeeren, Stachelbeeren, Vogelbeeren, Wacholderbeeren, erhalten werden. Von größerer Bedeutung ist jedoch eine Verarbeitungsart der Beeren, bei denen die Vergärung fortfällt, ihr Zuckergehalt also nicht ausgenützt wird. Dabei erhält man die *Beerengeiste.* Diese werden hauptsächlich in Gegenden mit großem Ernteanfall von Beeren hergestellt, die zu Genußzwecken nicht absetzbar sind. Zu Beerengeisten werden verarbeitet Brombeeren, Heidelbeeren, Himbeeren und schwarze Johannisbeeren. Zu ihrer Herstellung werden die reifen, frischen Früchte mit feinfiltriertem, unverdünntem Sprit einige Tage stehengelassen und dann der Destillation unterworfen (s. Brombeergeist, Cassisgeist, Himbeergeist).

Heidelbeergeist wird nur in geringen Mengen hergestellt und ist daher nur von örtlicher Bedeutung.

Brombeergeist findet vor allem zur Herstellung von Blackberrybrandy (10 bis 15%) Verwendung.

Behenöl. Oleum Moringae.

Moringaöl.

Das hauptsächlich aus den Samen von

Moringa pterygosperma *Gaertner, Moringaceae,*

einem in Ostindien heimischen und im westlichen Asien, in Ost- und Westindien, Ägypten usw. kultivierten Baum, dessen Samen etwa 36% fettes Öl enthalten, und

Moringa aptera *Gaertner* (**M. oleifera** *Lamarck*), *Moringaceae,*

einem im arabisch-afrikanischen Wüstengebiet heimischen und wegen seiner Samen vielfach kultivierten großen Baum, durch kalte Pressung gewonnene fette, gelbliche, fast *geruchlose Öl.* Das Öl wird schwer ranzig und trocknet auch nicht leicht; D. 0,912; SZ. 13,5 (entsprechend 6,8% freie Ölsäure); VZ. 187; JZ. 72,4. Bei 10′ bis 12° wird es zum Teil, bei 0° völlig fest. Schmp. 76°.

Inhaltsstoffe. Glyceride der Öl-, Palmitin-, Stearin- und *Behensäure,* $C_{21}H_{43}COOH$.

Verwendung. Das kalt gepreßte Öl als Speiseöl; in der Kosmetik zur Herstellung von Salben und Pomaden. Warm gepreßtes Öl als Schmieröl.

Beifuß.

Artemisia vulgaris *L.*

Echter, gemeiner Beifuß.

Compositae.

An Dämmen, Hecken, Wegen, auf Schutthaufen, besonders an feuchten Stellen wie Flußufern vorkommende, häufig angepflanzte, 1 bis $1^1/_2$ m hohe Pflanze mit aufrechtem, violettrot angelaufenem, krautigem, längsgerilltem und markhaltigem Stengel und oberseits unbehaarten, dunkelgrünen, unterseits weißfilzigen, doppelt fiederspaltigen, halbstengelumfassenden Blättern. Blütenköpfchen zahlreich in endständigen Rispen mit rötlichen, mitunter gelblichen Blüten (Abb. 23).

Beifußkraut. Herba Artemisiae, Erg.-B. 6.

Fliegen-, Gänse-, Weiber-, Wildes Wermutkraut.

Die während der Blütezeit (Juli bis September) gesammelten, sorgfältig (Verfärbung!) getrockneten (Wasserverlust 75%) Zweigspitzen. Als *Schnittdroge* durch die filzige Behaarung oft zusammengeballt, mit zahlreichen wollig, grauweiß behaarten Blütenköpfchen; Blütenboden kahl, Blattzipfel und Blattstückchen unterseits weißfilzig behaart, oberseits kahl, dunkel- bis schwarzgrün; Stengelteile markig, längsgerillt, rotviolett. *Geruch* angenehm würzig, *Geschmack* würzig, leicht bitter.

Inhaltsstoffe. Ein Cineol und Thujon enthaltendes ätherisches Öl, Bitterstoffe.

Verwendung. *Innerl.* 1 Teelöffel auf 1 Tasse Aufguß, ähnlich Wermut, appetitanregend, verdauungsfördernd, gegen allgemeine Schwäche, Krämpfe, Durchfall, Nervenleiden, zur Förderung der Menstruation; als Gewürz besonders zu Gänsebraten, zur Likörherstellung.

Aufbewahrung. Vor Licht geschützt.

Verwechslung. Wermut, Artemisia absinthium mit beiderseits matt- bis silbergrau behaarten Blättern.

Abb. 23. Beifuß. Artemisia vulgaris. *1* Habitus; — *2* vergrößerte Blüte; — *3* getrockneter Wurzelstock.

Beifußwurzel. Radix Artemisiae.

Die getrocknete Wurzel, dunkelgraubraune, innen weiße, 1 bis 2 mm dicke, stielrunde, tief längsfurchige Wurzelstückchen.

Inhaltsstoffe. *Inulin*, ätherisches Öl, Gerbstoff, Harz.

Verwendung. Gegen Blähungen, Krämpfe und Epilepsie, bei Zuckerkrankheit.

Beinwell.

Symphytum officinale *L.*

Boraginaceae.

Ausdauernde, rauhharige Pflanze auf feuchten Wiesen und an Gräben mit meterhohem, rauhhaarigem, von unten an ästigem Stengel und violetten, glockigen (selten weißen), in Wickeln angeordneten Blüten, obere Blätter bis zum folgenden Blatt herablaufend.

Beinwellwurzel. Radix Consolidae.

Radix Symphyti. Schwarzwurzel. Große Wallwurzel.

Die im Frühjahr (März/April) oder Herbst (September/Oktober) gesammelte, getrocknete Wurzel. Mehrköpfig, spindelförmig, bis 30 cm lang und bis 2,5 cm dick, hart, außen schwarz, innen gelblich, *geruchlos, Geschmack* schleimig, süßlich, zusammenziehend; Bruch wachsartig, nicht faserig.

Lupenansicht. Im Querschnitt Rinde dünn, Holzgefäße dreieckig sternförmig angeordnet, als weißlicher Kern erkennbar, Markstrahlen sternförmig.

Inhaltsstoffe. Gerbstoff, viel Schleim, Symphytocynoglossin, die Glykoside Consolidin, Allantoin, Asparagin, Harz, Gummi, wenig ätherisches Öl.

Verwendung. *Innerl.* 1 Teelöffel auf 1 Tasse Aufguß, 2 Tassen tägl. als Hustenmittel mit Honig, *äußerl.* zu Umschlägen bei schlecht heilenden Wunden und Geschwüren, bei Quetschungen.

Beizen.

Unter Beizen versteht man wäßrige oder weingeistige Lösungen bestimmter Stoffe, mit denen Gewebe, Holz, Metalle oder Saatgut durch Bestreichen bzw. Eintauchen oberflächlich behandelt werden. Je nachdem verfolgen sie den Zweck, den behandelten Stoff zu färben, Rost usw. zu entfernen, oder ihn zu desinfizieren. Die *Gewebebeizen* spielen bei der Färbung von Textilien eine Rolle. Bei *Holzbeizen* (s. Bd. III) unterscheidet man Wasserbeizen, Terpentinbeizen, Wachsbeizen und Emulsionsbeizen. Bei den chemischen Beizen (Niederschlagsbeizen) wird das Holz zunächst mit der *Grundierbeize* behandelt und anschließend die *Entwicklungsbeize* aufgetragen (s. Bd. III). *Saatbeizen* haben den Zweck, Saatgut, besonders des Getreides, von Mikroorganismen, die beim Keimen der Saat auswachsen und dadurch den Ernteertrag schädigen, zu befreien. Solche Mikroorganismen sind beim Weizen Stein- und Flugbrand, beim Roggen der Schneeschimmel, bei der Gerste die Streifenkrankheit, beim Hafer der Haferflugbrand. Beim Beizen von Saatgut werden die Mikroorganismen abgetötet, während das Getreidekorn nicht geschädigt wird. Zwei Verfahren finden Anwendung: Beim *Naßbeizverfahren* wird das Saatgut bei gleichzeitigem, mehrmaligem Umschaufeln mittels einer Gießkanne mit einer Lösung des Beizmittels benetzt (*Benetzungsverfahren*) oder man schlägt einen Weidenkorb mit Sackleinwand aus und taucht diesen mit dem Saatgut gefüllt in einen mit der Beizmittellösung gefüllten Bottich (*Tauchverfahren*). Einen Vorteil bietet das *Trockenbeizverfahren*, bei dem das Trocknen des Saatgutes wegfällt. Hierbei wird das Saatgut durch Behandlung in einen besonderen Apparat oder durch Umschütten in einen Behälter oberflächlich mit der Trockenbeize behandelt (s. Bd. I, S. 1005).

Beleuchtungsstärke.

Die Beleuchtungsstärke wird gemessen durch die auf die Flächeneinheit einer beleuchteten Fläche auffallende Lichtmenge. Die Einheit der Beleuchtungsstärke ist das *Lux*, abgekürzt lx (l. lux, Licht). Ein Lux entspricht der Beleuchtungsstärke auf einer senkrecht beleuchteten Fläche von 1 qm in 1 m Entfernung von einer Normalkerze (NK).

Benzaldehyd. Künstliches Bittermandelöl.
Oleum Amygdalarum aethereum artificiale, DAB 6.

C_6H_5CHO. Mol.-Gew. 106.

Benzaldehyd bildet sich aus dem in den bitteren Mandeln und den Kernen vieler Früchte (Aprikosen, Pfirsiche usw.) enthaltenen Glykosid Amygdalin unter Einwirkung von Wasser und dem Enzym Emulsin neben Glucose und Blausäure.

Darstellung. Durch Oxydation von Toluol mit Braunstein und Schwefelsäure, Kupfersulfat als Katalysator, bzw. durch Oxydation von Toluol mit Chromylchlorid, CrO_2Cl_2.

Eigenschaften. Farblose bis schwach gelbliche, stark lichtbrechende, ölige Flüssigkeit, die deutlich nach Bittermandelöl riecht und schmeckt, in 300 T. Wasser und in jedem Verhältnis in Weingeist und Äther lösl.; D. (20°) 1,046 bis 1,050; Sdp. 178° bis 182°. Besonders nicht ganz reiner Benzaldehyd wird durch Lufteinfluß rasch zu Benzoesäure oxydiert, die sich bei nicht gut schließenden Standgefäßen kristallin am Boden ausscheidet. Die Entfernung dieser Ausscheidung hat also mit Lauge zu erfolgen.

Prüfung des DAB. 6 auf: *Chlorverbindungen.* Tränken eines zusammengefalteten Stückchens Filtrierpapier mit 0,2 g B., Verbrennen in einer Porzellanschale unter einem Becherglas von 1 l Inhalt, dessen Innenwände mit Wasser angefeuchtet sind. Nach der Verbrennung Spülen des Inhalts mit 10 ccm Wasser auf ein Filter, Ansäuern des Filtrats mit Salpetersäure und Zusatz von Silbernitratlösung. Es darf höchstens opalisierende Trübung eintreten.

Cyanwasserstoff. Schütteln von 0,2 g B. mit 10 ccm Wasser und einigen Tr. Natronlauge, Zugabe eines Körnchens Ferrosulfat und eines Tr. Eisenchloridlösung und gelindes Erwärmen mit 2 ccm Salzsäure. Es darf innerhalb mehrerer Stunden weder ein blauer Niederschlag noch eine grünliche Färbung entstehen.

Nitrobenzol. Auflösen von 1 g B. in 25 ccm Weingeist, Verdünnen mit 25 g Wasser, Zusatz von 3 g Zinkfeile und 10 ccm verd. Schwefelsäure, Erwärmen auf dem Wasserbad bis zum Verschwinden des Benzaldehydgeruchs, Filtrieren, Erhitzen des Filtrats, bis der Alkohol verdampft ist und anschließendes Kochen mit einigen Tr. Chlorkalklösung. Es darf keine rote oder purpurviolette Färbung entstehen.

Aufbewahrung. In dicht schließenden Gefäßen, vor Licht geschützt.

Verwendung. Zur Geschmacks- und Geruchsverbesserung von Arzneimitteln, Lebertranemulsion (0,01%), zur Aromatisierung von Likören und Branntweinen, in weingeistiger Lösung als „Bittermandelessenz" im Haushalt und der Feinbäckerei, in der Parfümerie. *Technisch* hauptsächlich zur Herstellung von Fuchsinen und Malachitgrünfarbstoffen. Ferner zur Darstellung von Benzoesäure und Zimtsäure.

Benzidin. Benzidinum, Erg.-B. 6.

p-Diaminodiphenyl. $NH_2 \cdot C_6H_4 \cdot C_6H_4 \cdot NH_2$. Mol.-Gew. 184,1.

Darstellung. Durch Umlagerung („Benzidinumlagerung") von Hydrazobenzol in der Wärme bei Anwesenheit von Säuren.

Eigenschaften. Weißes oder schwach rötliches, kristallines Pulver, in Wasser (20°) schwer, leicht in kochendem, Weingeist und Äther löslich. Schmp. 127° bis 128°.

Prüfung des Erg.-B. 6. *Schwefelsäure.* 0,4 g B. in 20 ccm Wasser gelöst, dürfen nach Zusatz von 2 ccm Salzsäure durch Kaliumnitratlösung nicht verändert werden. — 0,2 g B. dürfen nach dem Verbrennen einen wägbaren Rückstand nicht hinterlassen.

Verwendung. In der Analyse zur titrimetrischen Bestimmung von Schwefelsäure in Salzen, als Reagens zum Phosgen-Nachweis in Narkose-Chloroform, zum Nachweis von Gummi arabicum im Traganth, als Reagens auf Chlorate, Blausäure, Holzstoff, ungekochte Milch, zur Darstellung von Farbstoffen.

Benzin.

Früher bezeichnete man mit Benzin im engeren Sinne nur die aus Erdöl durch Destillation gewonnenen Benzine und die aus Naturgas abgeschiedenen Gasbenzine. Heute findet die Bezeichnung Benzin ohne Rücksicht auf Herkommen und Gewinnungsart für alle bis 220° siedenden, bei gewöhnlicher Temperatur flüssigen, benzinartigen Gemische von Kohlenwasserstoffen Verwendung. Der gewaltige Bedarf an Benzin für Automobile und Flugzeuge hat dazu geführt, daß die aus der Destillation des Rohöles anfallenden Benzinmengen bei weitem nicht mehr zur Deckung desselben ausreichen. Gewöhnliches Erdöl gibt bei der Destillation durchschnittlich nur 15 bis 20% Leichtbenzin. Aus diesen Gründen wurden verschiedene Verfahren ausgearbeitet, um die Benzingewinnung zu rationalisieren bzw. auf neuen Wegen durch katalytische Hochdruckhydrierung und andere Verfahren Benzin herzustellen. Die wichtigsten sind:

1. Crack-Verfahren. Als Rohstoff bei diesem Verfahren dienen Rohöle, deren leichteste Fraktionen durch Destillation entfernt sind. Dabei werden die großmolekularen, höher siedenden Rohölbestandteile durch thermische Zersetzung unter mäßigem Druck bei etwa 470 bis 500° in kleinmolekulare Benzinkohlenwasserstoffe übergeführt und dadurch die Benzinausbeute aus Rohöl auf 40 bis 60% erhöht. Das Crack-Verfahren, das schon heute mehr als die Hälfte der Weltproduktion an Benzin liefert, wird vor allem in den ölreichen USA durchgeführt.

2. Katalytische Hochdruckhydrierung. Dieses auch mit „Kohleverflüssigung" bezeichnete Verfahren ist im Jahre 1913 von BERGIUS (Bergin-Verfahren) entdeckt und patentiert worden. Es beruht auf der direkten Einwirkung von Wasserstoff unter hohem Druck (200 bis 700 Atm.) bei etwa 400° bis 500° auf Braun- oder jüngere Steinkohlen, aber auch auf Torf, Kohlenextrakte, Braunkohlenschwelteer und Schieferöle. Zur Herstellung von einer Tonne Benzin werden dabei 4 Tonnen Kohle benötigt. Seit 1925 werden nach dem Verfahren von BERGIUS unter Verwendung von Molybdänverbindungen als Katalysatoren große Mengen synthetischen Benzins hergestellt und sind als sog. *Leunabenzin* im Handel.

3. Benzinsynthese nach FISCHER-TROPSCH. Bei diesem sog. Kogasinverfahren (zusammengezogen aus *Koks* und *Gas*), das von FISCHER und TROPSCH in Mülheim (Ruhr) ausgearbeitet wurde, werden Kohle, Koks, Rohbraunkohle oder Braunkohlenbriketts mit Wasserdampf zunächst in Wassergas, CO und H_2, übergeführt. In Kontaktöfen bei gewöhnlichem oder wenig erhöhtem Druck entsteht dann bei etwa 200° unter Verwendung von Eisen, Nickel oder Kobalt als Katalysatoren ein Kohlenwasserstoffgemisch von Benzin, Dieselöl und Paraffin, aus dem man durch Destillation, Crack-Verfahren und Polymerisation bis zu 80% eines besonders reinen Handelsbenzins erhält. Als Nebenprodukte ergibt das FISCHER-TROPSCHsche Verfahren wertvolle Dieselöle,. Schmieröle und Paraffine. Die Paraffine bilden das

Ausgangsmaterial für die Synthese von Fettsäuren, die sich mit Glycerin zu Speisefetten verestern lassen bzw. zur Seifenherstellung Verwendung finden.

Nach ZERBE teilt man die Benzine ein:

Nach der Gewinnung
I. Erdölbenzine
  1. Destillatbenzin
  2. Gasbenzin
  3. Crackbenzin (einschl. Benzin aus der Erdölhydrierung)
  4. Synthesebenzine aus Natur- und Spaltgasen (einschließl. der durch chemische Umwandlung verbesserten Benzine)
II. Kohlenbenzine
  1. Aus Braunkohlenteer
  2. Aus Steinkohlenteer
  3. Wassergasbenzin
  4. Hydrierbenzine aus Kohlen und Teeren

Nach der Verwendung
I. Kraftstoffe für Otto-Motoren
  1. Autokraftstoffe
  2. Hochleistungskraftstoffe (Flugbenzine, Rennkraftstoffe)
II. Spezial- und Testbenzine

Petroleumbenzin. Benzinum Petrolei, DAB. 6. Gruppe A, Gef.-Kl. I PVbF.

Petroleumbenzin wird bei der fraktionierten Destillation des Erdöls aus niedrig siedenden Anteilen gewonnen und besteht aus Pentanen bis Oktanen.

Eigenschaften. Farblose, nicht fluoreszierende, leicht bewegliche, sehr flüchtige und leicht empfindliche Flüssigkeit von eigenartigem *Geruch*. Löslich in Äther und absolutem Alkohol in jedem Verhältnis, in Wasser unlösl. D. (20°) 0,661 bis 0,681. Zum Unterschied von Benzol erstarrt Petroleumbenzin auch bei starker Abkühlung nicht. Auf die Haut wirkt es reizend. Besonders auf der Haut des Hodensackes entsteht durch Benzin stundenlanges schmerzhaftes Brennen und starke Hautentzündung. Ebenso ist der äußere Gehörgang äußerst benzinempfindlich.

Benzindämpfe sind schwerer als Luft, brennbar und mit Luft gemischt explosiv. Deshalb ist das Arbeiten mit Benzin in der Nähe von offenen Flammen *streng verboten*. Beim Umfüllen und Verarbeiten müssen Gefäße und Apparate geerdet werden und sind *weithalsige, kurzstielige* Trichter zu verwenden, um die Bildung von Reibungselektrizität möglichst auszuschalten. Auch beim Reinigen im Haushalt mit Benzin entstehen immer wieder Explosionen, oft mit Todesfolge für Personen. Derartige Explosionen sind nicht immer an das Vorhandensein von offenem Feuer gebunden, sondern können auch durch Reibungselektrizität entstehen, soweit diese nicht abgeleitet wird.

R. BÜRSTENBINDER empfiehlt deshalb bei der Abgabe von Waschbenzin einen Zusatz von 2% Alkohol (96%), um dadurch das Benzin leitend zu machen und Unglücksfälle zu vermeiden. Die Käufer sind entsprechend aufzuklären. Bei der Benzinwäsche im Haushalt spielt die Luftfeuchtigkeit eine entscheidende Rolle. Je trockener die Luft ist, desto mehr Reibungselektrizität entsteht, die Explosionsgefahr ist um so größer. Soweit möglich werden an Stelle von Benzin geeignete chlorierte Kohlenwasserstoffe abgegeben.

Die Brennbarkeit von Leichtbenzin kann durch Zusatz von Tetrachlorkohlenstoff aufgehoben werden. Ein solches Gemisch darf jedoch nicht mehr als 15 Gew.-% Leichtbenzin oder 20 Gew.-% Waschbenzin enthalten, wenn die Gefahr der Entzündung ausgeschaltet sein soll.

Toxikologie. Benzin ist ein Nervengift und Narkoticum, dem sonstige ausgesprochene Giftwirkungen jedoch fehlen. Seine Giftigkeit beruht auf seiner Affinität zu den Fetten und Lipoiden. Innerlich werden die Magen- und Darmschleimhäute schwer gereizt, der dabei entstehende *Benzinrausch* ist schwerer als der Alkoholrausch. Da er im Gegensatz zum Alkoholrausch angenehm und lustbetont empfunden wird, gibt es *benzinsüchtige Personen*.

Benzinvergiftungen entstehen meist durch Einwirkung von Benzindämpfen, die in größerer Konzentration berauschend, bei längerer Einwirkung betäubend und ohne Hinzutreten frischer Luft in geschlossenen Behältern oder Räumen tödlich wirken. Häufig entstehen Benzinvergiftungen auch durch versehentliches Trinken aus unvorschriftsmäßig in Bierflaschen abgegebenem Benzin. Narkosen mit tödlichem Ausgang sind beim Arbeiten in Benzinkesseln und bei starker Benetzung der Kleider durch Benzin vorgekommen. S. Eigenschaften.

Prüfung des DAB. 6. Bei der Destillation von 50 ccm Petroleumbenzin müssen zwischen 50 und 75° mindestens 40 ccm übergehen.

Schwefelverbindungen dürfen darin nicht enthalten sein, sie werden beim Schütteln von 2 ccm ammoniakalischer Silberlösung mit 10 ccm Petroleumbenzin durch eine Schwärzung des Gemisches infolge Bildung von Silbersulfid, **AgS**, erkannt.

Aufbewahrung. Die Aufbewahrung von Benzin muß den Bestimmungen der PVbF. entsprechen. Benzinstandgefäße in der Drogerie sind sorgfältig vor *Licht* und *Wärme* zu *schützen* und nur zu $^3/_4$ zu füllen, um bei Temperaturschwankungen eine Ausdehnungsmöglichkeit zu bieten. Sie müssen mit der dauerhaften Aufschrift „feuergefährlich" versehen sein.

Verwendung. Unverdünnt zur Reinigung der Haut von Pflasterresten (s. Eigenschaften), zur Herstellung von Jodbenzin, das zur Hautentfettung und Hautdesinfektion vor Operationen dient. Bei der Abgabe von Petroleumbenzin müssen die Abgabegefäße mit der dauerhaften Aufschrift „feuergefährlich" versehen sein.

Die wichtigsten Spezial- und Testbenzine.

Die Spezial- und Siedegrenzenbenzine werden wie die Motorkraftstoffe aus der Erdöl-Leichtöl-Fraktion durch Destillation und entsprechende Raffination gewonnen. Sie dienen den aus nachstehender Tabelle ersichtlichen Verwendungszwecken. Benzine im Siedebereich 130 bis 200° (Flammpunkt *Abel* über 21°) bezeichnet man als *Testbenzine*. Je nach ihrem Verwendungszweck werden verschiedene Anforderungen an diese gestellt. Sie sollen möglichst rückstandsfrei verdunsten, angenehm riechen, wasserhelle Farbe besitzen und frei von Verunreinigungen und sauren Bestandteilen sein.

Die in Deutschland in technischem Umfang hergestellten Qualitäten sind nach ZERBE:

Nr.	Qualität	Verwendungszweck	Spez. Gew. (15°)	Flammpunkt	Siedegrenzen (760 Torr)
1	Petroläther DAB. 6.	mildes Lokalanästheticum, Wundbenzin, in der Analyse	0,645—0,655	unter 0°	40—60°
2	Gasolin	sanitäre und Beleuchtungszwecke	0,665—0,670	unter 0°	30—35°
3	Extraktionsbenzin 65—95°	Extraktion	0,695—0,705	unter 0°	62—95°
4	Löt- und Wetterlampenbenzin	Gruben- und Lötlampen, Heizöfen	0,710—0,725	unter 0°	60—140°
5	Extraktionsbenzin 80—110°	Extraktion, Gummiauflösung	0,710—0,725	unter 0°	78—110°

Nr.	Qualität	Verwendungszweck	Spez. Gew. (15°)	Flammpunkt	Siedegrenzen (760 Torr)
6	Extraktionsbenzin 80—125°	Extraktion, Gummiauflösung	0,720—0,730	unter 0°	78—125°
7	Lösungsbenzin 100 bis unter 125°	i. d. Spezial- und Elektro-Isolier-industrie	0,730—0,740	unter 0°	98—125°
8	Lösungsbenzin 100 bis über 125°	Extraktion, i. d. Gummi-industrie			
9	Waschbenzin 100 bis unter 140°	i. Wäschereien u. der Industrie	0,738—0,749	etwa 0°	95—140°
10	Waschbenzin 100 bis über 140°	i. d. Gummi- und Elektro-Isolier-industrie, Tiefdruck usw.			
11	Lösungsbenzin 120—160°	Wachstuch- und Lackherstellung	0,760—0,775	mindestens 21° AP[1]	130—180°
12	Testbenzin	Lackherstellung	0,780—0,790	mind. 30°, AP	130—200°
13	Terapin	Schuhcremes, Bohnermassen	0,775—0,785	mind. 35°, AP	150—195°
14	Sangajol	zu Anstrichen statt Terpentinöl	0,780—0,790	mind. 30°, AP	140—200°
15	Mineralterpentinöl	Lackherstellung	0,780—0,795	mind. 21°, AP	140—225°

Außer den in der vorstehenden Tabelle angegebenen Verwendungszwecken findet Benzin noch Verwendung in der Lederherstellung, als Extraktionsmittel für Fette, fette Öle, Harze, Phosphor, Schwefel u. a., zur Korkimprägnierung und bei der Herstellung von Paraffin und Vaselin.

Spezialbenzine und ihre Verwendung.

Gasolin findet in der Textilindustrie in besonderen Apparaten zum Abbrennen der feinsten Härchen von Textilwaren Verwendung. Bei Transport von Gasolin im Eisenfaß muß dieses vor Sonne und Wärme geschützt werden. Die Faßspunde werden zweckmäßig vergipst. Lagerverluste sind erheblich.

Benzine mit Siedebereich zwischen 50 und 100° sind die handelsüblichen Spezialbenzine 55/90, 60/90, 60/95, 65/95 usw. D. (15°) etwa 0,690 bis 0,710.

Benzin mit Siedebereich zwischen 60 und 140°. Benzin 80/120 (handelsübliche Abarten 80/110, 80/125 usw.) D. (15°) etwa 0,730 bis 0,760 findet als langsam verdunstendes und daher weniger leicht Ränder gebendes Fleckwasser, als Lösungsmittel für Gummi und Harze und als Extraktionsmittel für Knochen Verwendung. *Benzin* 100/125 findet für Feuerzeuge und besonders zu Kabellacken in der Elektroindustrie Verwendung. *Benzin* 100/140 findet als Waschbenzin für Reinigungsanstalten und als Lösungsmittel für Gummi und Harze Verwendung. *Benzin* 60/140 ist billiger als niedrig siedendes Benzin, soll zur Verminderung des Rußens arm an Aromaten sein und findet als Wetterlampen- und Lötlampenbenzin Verwendung.

---

[1] Prüfung nach ABEL-PENSKY.

Benzin mit Siedebereich zwischen 130 und 200°, *Testbenzine,* Flammpunkt ABEL, nicht unter 21°, die meist zwischen 21 und 24° entflammen, D. (15°) etwa 0,755 bis 0,805 finden als Lackbenzine meist mit Siedepunkt zwischen 140 und 190° Verwendung.

Benzine 130/180, 140/200, 150/200, 150/210 dienen hautsächlich als Terpentinersatz in der Lackherstellung, zu Schuhcremes, Bohnermassen usw. Bei ihnen wird aus Sicherheitsgründen ein Flammpunkt nach ABEL entsprechend den jeweiligen Landesgesetzen gefordert.

Benznatriumformiat „Merck“.

Zur Konservierung von Gemüsedauerwaren (sterilisierte Frischgurken, rote Beete), verhindert im Anbruch Schimmel- und Kahmhefebildung und gewährleistet knackfeste Gurken.

Verwendung. 250 bis 300 g auf 100 kg Aufgußflüssigkeit.

Benzochloramin.

Benzochloramin („Bayer“) ist ein Desinfektionsmittel, bestehend aus Benzolsulfonchloramid-Natrium mit 25% aktivem Chlor, lösl. in Wasser.

Starkes Oxydationsmittel, das unverdünnt Alkohol und andere brennbare Stoffe entzündet.

Verwendung. Als Desinfektionsmittel (1%ige wäßrige Lösung) zur Desinfektion von Räumen, Geräten und Gefäßen, Möbeln usw., zur Entkeimung von Trink- und Badewasser ($3^0/_{00}$), zur Bekämpfung des Wachstums von Algen in zementierten Wasserbehältern ($3^0/_{00}$) usw.

Benzoe.

Asa dulcis.

Benzoe ist das Harz von in Ostindien vorkommenden Bäumen *Styrax tonkinense* (Pierre) Craib, *Styrax benzoides* Craib und anderer Styracaceae. Die Rinde der Bäume enthält kein Harz. Dieses entsteht erst als pathologisches Produkt durch der Rinde beigebrachte Schnittwunden. Dabei werden Stoffe, die normalerweise zur Verholzung der Zellwände verwendet werden, im Übermaß gebildet und als Benzoe abgeschieden. Das gebildete Harz tritt als weißer Balsam aus den Sekretgängen aus und erhärtet allmählich an der Luft mit gelblicher Außenschicht.

Benzoe. Benzoe, DAB. 6.

Siambenzoe.

Das aus Siam kommende Harz mehrerer Styraxarten, besonders von Styrax tokinense und Styrax benzoides, das über Cochin-China und Tonking nach Europa kommt. Flache oder abgerundete, gelblichweiße, braunrote oder gelbbraune, innen weißliche Stücke, *Geruch* beim Erwärmen auf dem Wasserbad angenehm vanilleartig, bei stärkerem Erhitzen entstehen stechend riechende Dämpfe. Beim Kauen haftet das Harz an den Zähnen.

Inhaltsstoffe. 70 bis 80% *Coniferylbenzoat,* Ester der Benzoesäure mit Coniferylalkohol, 10 bis 15% *freie Benzoesäure* (im Gegensatz zur Sumatra-Benzoe *keine* freie Zimtsäure!), 6% freie Siaresinolsäure, Spuren von Vanillin, das sich erst durch Oxydation des Coniferylalkohols bildet.

12 *

Verwendung. *Med.* E. 0,5 g als auswurfbeförderndes Hustenmittel; in der Kosmetik als Zusatz zu Salben und Cremes, Mundwässern, Zahnpasten, Hautlotionen (als Tinktur 2%), Räuchermitteln (20%), Nagellacken und Haarentfernungsmitteln; in der Parfümerie als Fixiermittel, das Resinoid zur Herstellung feinster Parfümerien, zur Herstellung bester Feinseifen; zu Räucherzwecken; zu Schokoladenlacken, als Konservierungsmittel für Fette (2%); *techn.* zu wohlriechenden Ofenlacken. Zur Herstellung von *Benzoetinktur*, Tinctura Benzoes, DAB. 6 (s. Bd. III), *Benzoeschmalz*, Adeps benzoatus, DAB. 6 (s. Bd. III).

Prüfung des DAB. 6. *Erkennung.* Durch eine milchige, Lackmuspapier rötende Flüssigkeit beim Ausziehen von 1 g B. mit siedendem Weingeist, Filtrieren durch ein gewogenes Filter und Mischen des Filtrats mit Wasser.

Beim Erwärmen von 1 g B. mit 10 ccm Schwefelkohlenstoff erweicht das Harz; beim Erkalten kristallisiert aus der farblosen Flüssigkeit Benzoesäure aus.

Fremde Beimengungen. Durch einen größeren als 0,02 g hinterbleibenden Rückstand beim Trocknen bei 100° des unter 1. verwendeten Filters mit Inhalt und Wägen.

Zimtsäurehaltige Benzoe. Durch Geruch nach Bittermandelöl beim Erwärmen im Reagensglas von 1 g pulv. B. mit 0,1 g Kaliumpermanganat und 10 ccm Wasser.

Anorganische Beimengungen. Beim Verbrennen darf 1 g B. höchstens 0,01 g Rückstand hinterlassen.

Sumatrabenzoe. Benzoe Sumatra.

Stammt von dem auf Sumatra und im ganzen indisch-malaiischen Archipel kultivierten Baum *Styrax benzoin* Dryander. Styracaceae. Rötlichbraunes oder braunes Harz mit außen rötlichen, innen weißen Einschlüssen, sog. „Mandeln". *Geruch* an Siambenzoe erinnernd, aber weniger fein.

Inhaltsstoffe. *Freie Benzoesäure, freie Zimtsäure* auch als Ester, Sumaresinolsäure. Die Zimtsäure kann beim vorsichtigen Erwärmen aus dem Harz durch Mikrosublimation gewonnen werden. Beim Befeuchten mit Kaliumpermanganatlösung entsteht der Geruch nach Benzaldehyd.

Verwendung. Wie Siam-Benzoe, jedoch nicht für med. Zwecke; *techn.* zu Strohhutlacken, in der Photographie zu Negativlacken.

Handelssorten.   Benzoeharz „Siam", in Tränen, ausgelesen, DAB. 6,
Benzoeharz „Siam", in Körnern,
Benzoeharz „Siam", fein pulv.,
Benzoeharz „Sumatra", naturell,
Benzoeharz „Sumatra", naturell, fein pulv.,
Benzoeharz „Sumatra", bestes, mandoliert.

Benzoesäure. Acidum benzoicum.

Die Benzoesäure ist die einfachste und eine der am längsten bekannten aromatischen Säuren. Schon um 1600 wurde sie aus dem Benzoeharz, in dem sie enthalten ist, durch Sublimation gewonnen. 1833 hat MITSCHERLICH bei der Destillation von benzoesaurem Calcium mit Ätzkali Benzoesäure erhalten.

Vorkommen. In freiem Zustand und als Ester in vielen tropischen Harzen, besonders der Benzoe (10 bis 19%), in geringen Mengen im Perubalsam, Tolubalsam, Drachenblut, Storax und Castoreum. Auch in den Preiselbeeren und den ätherischen Ölen von Zimt, Bergamotte, Majoran und Sternanis sowie in der Vanille, der Kalmuswurzel und anderen Wurzeln kommt B. vor. Mit Glykokoll gepaart, ist sie als *Hippursäure* als Ausscheidungsprodukt des tierischen Organismus, besonders im Harn von Pferden (g. hippos, das Pferd, daher der Name), reichlich enthalten.

Benzoesäure, DAB. 6. Acidum benzoicum, DAB. 6.

C_6H_5COOH. Mol.-Gew. 122,05.

Darstellung. Durch Oxydation von Benzolderivaten mit einer Seitenkette wie Toluol, Äthylbenzol, Benzylalkohol u. a. oder aus Benzonitril durch Verseifen mit Säure oder Alkalien.

Eigenschaften. Blättchen oder Nadeln, die in Wasser schwer (0,2% bei 20°, 2,2% bei 75°), in Alkohol und Äther, Fetten, Ölen, Wachsen und Lösungsmitteln l.lösl. sind. Schmp. 122°. Die Säure ist mit Wasserdämpfen leicht flüchtig und darf daher bei der Lebensmittelkonservierung erst *nach dem Kochen* zugesetzt werden. Beim Erhitzen schmilzt sie im Reagensglas zu einer fast farblosen Flüssigkeit, die bei weiterem Erhitzen sublimiert. Ihre Dämpfe reizen die Schleimhäute besonders der Luftwege stark und rufen Niesen und Husten hervor. Im Gegensatz zur Salicylsäure hat die Benzoesäure infolge ihrer geringen Giftigkeit in den üblichen Mengen keine toxikologische Wirkung. Sie wirkt aber, besonders in sauren Produkten, antiseptisch, verhindert Schimmelbildung, Gärung und Fäulnis, ist gesundheitlich unschädlich und geschmacklich neutral und findet daher zum Konservieren von Nahrungsmitteln Verwendung. Die Salze der Benzoesäure, die *Benzoate*, sind meist l.lösl.

Erkennung. 1. Aus Lösungen von Benzoaten wird durch verd. Salz- oder Schwefelsäure Benzoesäure in weißen Kristallen abgeschieden.

2. Kupfersulfat fällt aus Alkalibenzoaten hellbraunes Kupferbenzoat.

3. Verd. Eisen(III)-chloridlösung fällt aus konz. Benzoatlösungen zimtfarbenes, basisches Eisen(III)-benzoat.

Prüfung des DAB. 6. Neben dem kennzeichnenden Schmelzpunkt und der Sublimation beim Erhitzen läßt DAB. 6 prüfen auf:

Zimtsäure. Durch sofortige Entfärbung (Reduktion) beim Versetzen einer wieder erkalteten Lösung von 0,1 g B. in 10 ccm Wasser durch Erwärmen mit 0,1 ccm Kaliumpermanganatlösung.

Chlorbenzoesäuren. Unzulässiger Gehalt durch eine Trübung oder einen Niederschlag von Chlorsilber: 0,1 g B. wird mit 0,5 g gelbem Quecksilberoxyd mit einem Glasstab in einem trockenen Probierrohr gleichmäßig zusammengerieben, das Gemisch unter ständigem Drehen des Probierrohres über kleiner Flamme erhitzt. Nach Beendigung der auftretenden Gasentwicklung und des Verglimmens werden nach dem Erkalten 10 ccm verd. Salpetersäure zugefügt, bis nahe zum Sieden erwärmt und filtriert. Nach Zusatz von Silbernitratlösung darf höchstens opalisierende Trübung des Filtrates eintreten.

Anorganische Beimengungen. Beim Verbrennen von 0,2 g Benzoesäure in einem tarierten Tiegel muß der Rückstand weniger als 0,001 g betragen.

Aufbewahrung. Vor Licht geschützt.

Verwendung. Med. *innerl.* synthetische und sublimierte Benzoesäure als Expectorans (E. 0,1 g), *äußerl.* in spirituösen Lösungen zu Pinselungen und Hautsalben (je 1%), zu Waschwässern und Mundwässern (1%); in der Farbstoffindustrie, zur Konservierung von Nahrungsmitteln, besonders für Margarine, Früchte, Fruchtsäfte, zur Herstellung zahlreicher Benzoederivate.

Benzoesäure und benzoesaures Natrium sind gute Mittel zur Bekämpfung von Schimmelbildung, Gärung und Fäulnis und spielen in der Konservierungstechnik eine besondere Rolle. Sie wirken zuverlässig, sind gesundheitlich unschädlich, geschmacklich neutral und einfach anwendbar. Nach dem Lebensmittelgesetz können sie innerhalb der zulässigen Grenzen ohne Deklaration verwendet werden. Zweckmäßig wird sie jeweils in der Wärme in dem zu konservierenden Material gelöst.

Benzoesäure aus Harz sublimiert. Acidum benzoicum e Resina sublimatum. Stoff B.

Die aus dem Benzoeharz sublimierte Säure war früher offizinell. Sie bildet farblose bis gelbliche oder bräunlichgelb gefärbte Nadeln oder Blättchen und hat benzoeartigen, etwas brenzligen Geruch. Die brenzligen Bestandteile sollen die expectorierende Wirkung erhöhen.

Benzoepräparate.

Benzoepräparat T „Merck" findet zur Konservierung von Obstpülpe, Obstmark, ganzen und geteilten Früchten, Obstpektin und Obstgeliersäften, 150 bis 170 g auf 100 kg Konservierungsgut, Verwendung.

Benzoepräparat Ic öllöslich zur Konservierung von Seelachs.

Benzohexa (Riedel-de Haën). Eine Mischung von *Benzotron* (Spezialnatriumsalz der Benzoesäure) und Hexamethylentetramin wird in der Fischindustrie als Konservierungsmittel für Fischkonserven, Kaviar und Rogen verwendet. B. schützt nicht nur die Fische vor dem Verderben, sondern erhält das Fleisch in der natürlichen zarten Beschaffenheit.

Benzol. Benzolum.

C_6H_6. Mol.-Gew. 78,11.

Benzol ist der Grundkörper aller aromatischen Verbindungen und wurde 1925 von FARADAY entdeckt. Den Namen Benzol führt die Verbindung, weil sie erstmals synthetisch aus Benzoesäure hergestellt wurde.

B. kommt in beträchtlichen Mengen im Steinkohlenteer vor, aus dem es noch heute technisch gewonnen wird.

Darstellung. B. ist ein Produkt der trockenen Destillation der Steinkohle und wird aus dem Leichtöl des Steinkohlenteers durch fraktionierte Destillation gewonnen. Es geht dabei zuerst über. Aus dem Rohbenzol der Kokereien wird dann das Benzol gewonnen.

Eigenschaften. Farblose, leicht bewegliche, stark lichtbrechende Flüssigkeit mit kennzeichnendem *Geruch* und brennendem *Geschmack*. Seine Dämpfe sind schwerer als Luft, brennbar und im Gemisch mit Luft *äußerst explosiv*. D. (20°) 0,879; Sdp. 80,12. Beim Abkühlen auf etwa 0° erstarrt B. zu einer eisähnlichen Kristallmasse, die bei +5° wieder schmilzt. Angezündet verbrennt es mit leuchtender, rußender Flamme, ist in Wasser unlösl., dagegen in Weingeist, Äther, Aceton, Toluol usw. lösl.

Beim Umfüllen von B. ist größte Vorsicht und sorgfältige Erdung von Trichtern und Hebern notwendig. Bei der Lagerung der äußerst feuergefährlichen Flüssigkeit sind die Vorschriften der Polizeiverordnung über den Verkehr mit brennbaren Flüssigkeiten (s. dort) zu beachten. Auch leere B.-Fässer sind wegen des darin befindlichen explosiven Dampfes mit größter Vorsicht zu behandeln.

Toxikologie. Da B. schon bei gewöhnlicher Temperatur verdampft, erfolgt seine Aufnahme meist in Dampfform durch die Atmungswege. B.-Dämpfe wirken in größerer Konzentration berauschend, bei längerer Einwirkung betäubend und ohne Hinzutreten frischer Luft in abgeschlossenen Behältern und Räumen tödlich. Häufiges und dauerndes Einatmen auch geringer Mengen kann, oft erst nach Wochen und Monaten, die Gesundheit schädigen und zu chronischen Vergiftungen führen. B. wird jedoch auch durch die Haut resorbiert, besonders Handelsbenzole verursachen Hautkrankheiten (große, prall gefüllte Blasen), daher ist das Waschen der

Hände mit Benzol verboten. Es wirkt durch seine Verunreinigungen Cyclopentadien und Schwefelkohlenstoff (Med. Woschr. **1947**, 712) lokal stark reizend, narkotisch, als Nerven- und Blutgift. Benzoldämpfe schädigen die blutbildenden Organe, bedingen vor allem ein Zurückgehen der weißen Blutkörperchen und fettige Entartung der Blutgefäße. Durch diese Gefäßschädigungen können Blutungen entstehen. Konzentrierte Dämpfe können schnell zu tödlicher Narkose führen, der meist ein Rausch- und Krampfzustand vorangeht. Geringere Mengen bewirken eingeatmet Schwindelgefühl, Kopfschmerzen, Brechreiz, Rausch usw., 30 g B. haben bei versehentlichem Trinken zum Tode geführt. Bei der akuten Vergiftung sind das Gesicht und die Schleimhäute gerötet, gegen chronische B.-Vergiftung ist Vitamin C von guter Wirkung.

Erste Hilfe. Entfernung des Giftes durch Sauerstoffatmung mit Kohlensäurezusatz (5%), sofortige ärztliche Hilfe.

Erkennung. Bei Zusatz einiger Tropfen Benzol zu 1 bis 2 ccm rauchender Salpetersäure entsteht unter Selbsterwärmung Nitrobenzol neben Stickoxyden. Nach dem Verdünnen des Gemisches mit Wasser ist der bittermandelartige Geruch des Nitrobenzols leicht wahrnehmbar. — Beim Schütteln und Erwärmen mit konz. Schwefelsäure löst sich B. allmählich unter Bildung von Benzolsulfonsäure, $C_6H_5SO_3H$, auf.

Benzol, technisch (90%).

Verwendung. In gewaltigen Ausmaßen als Zusatz zu Motorentreibstoff (BV-Benzol), als Lösungsmittel für Fette, Gummi, Harze, Kautschuk, Guttapercha, Wachse, ätherische Öle, zur Herstellung von Nitrobenzol und Anilin, Ausgangsstoff für viele Farbstoffe, Riechstoffe, Sprengstoffe, Arzneimittel und Kunstharze.

Benzol. Benzolum, Erg.-B. 6.

C_6H_6. Mol.-Gew. 78,1.

Flüssigkeit mit den vorgenannten Eigenschaften, die Lackmuspapier nicht verändert, mit etwa $^1/_3$ ihres Volumens Weingeist eine trübe Mischung ergibt und sich nach weiterem Zusatz von Weingeist klärt. Mischbar in jedem Verhältnis mit absolutem Alkohol, Äther, Schwefelkohlenstoff, fetten und ätherischen Ölen. D. (20°) 0,874 bis 0,884; Sdp. 79° bis 82°; $n_D^{20°}$ 1,501 bis 1,502.

Prüfung des Erg.-B. 6. *Erkennung* siehe oben.
Fremde organische Stoffe. Beim Schütteln von 2 ccm B. mit 2 ccm Schwefelsäure während 1 Min. darf sich die Säure nur schwach bräunlich färben. — Beim Verdunsten von 5 ccm B. auf dem Wasserbad darf ein wägbarer Rückstand nicht verbleiben.

Aufbewahrung. Vorsichtig unter Berücksichtigung der Bestimmungen der Gefahrenklasse 1 PVbF, das Benzoldampf-Luft-Gemisch ist *äußerst explosiv!*

Verwendung. Als Lösungsmittel bei der Feststellung der Löslichkeit von Arzneistoffen, bei Gehaltsbestimmungen. Vet. *innerl.* gegen Eingeweidewürmer.

Benzonaphthol. Benzonaphtholum, Erg.-B. 6.

Benzoyl-β-Naphthol. β-Naphthylbenzoat. Benzoesäure-β-Naphthylester.
$C_6H_5 \cdot COO \cdot C_{10}H_7$. Mol.-Gew. 248,1.

Darstellung. Durch Erhitzen von β-Naphthol mit Benzoylchlorid. Das Reaktionsprodukt wird mit Natronlauge gewaschen und aus siedendem Weingeist umkristallisiert.

Eigenschaften. Weißes, leichtes, kristallines Pulver, in Wasser fast unlösl., l.lösl. in Weingeist und Chloroform. Schmp. 108° bis 110°.

Erkennung. Beim Erhitzen von 0,5 g B. mit 10 ccm weingeistiger Kalilauge und Verdünnung der Mischung mit Wasser entsteht eine klare Lösung mit dem Geruch von Benzoesäureäthylester, die beim Ansäuern einen Niederschlag von Benzoesäure und β-Naphthol gibt. Der Niederschlag ist in Ammoniakflüssigkeit löslich, wobei die Flüssigkeit violette Fluoreszenz annimmt.

Prüfung des Erg.-B. 6. B. muß sich in 10 T. siedendem Weingeist vollständig klar lösen.

Salzsäure. Beim Schütteln von 1 g B. mit 10 ccm Wasser darf das Filtrat nach Zusatz von Salpetersäure durch Silbernitratlösung nicht verändert werden.

Benzoesäure, β-Naphthol. Beim Schütteln von 1 g B. mit einer Mischung von 4 ccm n-Kalilauge und 6 ccm Wasser darf das sofort hergestellte Filtrat nach dem Übersättigen mit n-Salzsäure nicht verändert werden. — 0,2 g B. dürfen nach dem Verbrennen keinen wägbaren Rückstand hinterlassen.

Verwendung. *Innerl.* gegen Oxyuren (E. 0,25 g), zu desodorisierenden Pudern (0,1 %).

Benzophenon.

Diphenylketon. Diphenylmethanon. $C_6H_5 \cdot CO \cdot C_6H_5$. Mol.-Gew. 182,21.

Farblose, große, in Wasser unlösl., in Weingeist, Äther und Chloroform l. lösl. Kristalle. Schmp. 47° bis 48°; Sdp. 306°; *Geruch* schwach blumig, rosig, lange haftend.

Verwendung. In der Parfümerie zu Kompositionen wie Chypre, Farn, Flieder, Klee, Rose u. a., als Fixateur, zur Parfümierung von Seifen.

Benzoylchlorid. Benzoylum chloratum.

Benzoesäurechlorid. Chlorbenzoyl. $C_6H_5 \cdot COCl$. Mol.-Gew. 140,57.

Farblose, ölige, an der Luft rauchende Flüssigkeit mit stechendem *Geruch*, lösl. in Äther, Benzol und Schwefelkohlenstoff. D. (15°) 1,218; Sdp. 197°. Benzoylchlorid wird durch Wasser und Weingeist zersetzt. Es findet Verwendung in der chemischen Technik zur Einführung der Benzoylgruppe in organische Verbindungen, als Konservierungsmittel und Reagens.

Benzoylsuperoxyd. Benzoylum peroxydatum.

Benzoylperoxyd. $C_6H_5CO \cdot O \cdot O \cdot CO \cdot C_6O_5$.

Weißes, kristallines Pulver, *Geruch* eigenartig, fast unlösl. in Wasser, lösl. in Alkohol, Äther, Chloroform. Schmp. 105°. Benzoylsuperoxyd ist ein starkes Oxydationsmittel.

Verwendung. Zur Herstellung von Benzoepersäure, zur Behandlung von eiternden Wunden und Hautkrankheiten, in der Kosmetik zu Pudern, Cremes, als Fixierungsmittel in der Mikroskopie, zum Bleichen von Ölen, Fetten, Wachsen und Mehlen.

Benzylester.

Benzylacetat. Benzylum aceticum.

Essigsäurebenzylester. $CH_3COOCH_2C_6H_5$. Mol.-Gew. 150.

Vorkommen. Zu 65 % im Jasmin-, auch im Ylang-Ylang-, Gardenia- und anderen Blütenölen.

Eigenschaften. Farblose Flüssigkeit mit angenehm fruchtartigem *Geruch*, jedoch leicht flüchtig. D. (15°) 1,060 bis 1,062; Sdp. 215° bis 216°. Gute Ware muß chlorfrei sein, die I a-Sorte einen Estergehalt von 98 bis 100 % haben.

Verwendung. Zur Herstellung künstlicher Blütenöle und Fruchtäther, wegen seiner ungewöhnlich guten Löslichkeit auch in verd. Alkohol besonders zur Herstellung billiger Parfüme mit geringem Spritgehalt.

Techn. Ware. Zur Parfümierung techn. Bedarfsartikel, zur Milderung des unangenehmen Geruches von Schwerbenzin.

Benzylbenzoat. Benzylum benzoicum, Erg.-B. 6.

Benzoesäurebenzylester.

$C_6H_5 \cdot CH_2 \cdot COO \cdot C_6H_5$. Mol.-Gew. 212,1.

Eigenschaften. Farblose, ölige, stark lichtbrechende Flüssigkeit oder farblose Kristallmasse. *Geruch* schwach aromatisch. Unlösl. in Wasser, mit Weingeist, Äther, Chloroform und fetten Ölen mischbar. D. (21°) 1,115 bis 1,119; $n_D^{20°}$ 1,568 bis 1,570.

Verwendung. *Innerl.* als krampflösendes Mittel, E. 0,2 g. *Äußerl.* in alkoholischer oder Öllösung (20%) gegen Krätze, in der Kosmetik als Lösungsmittel und zu Nagelpflegemitteln.

Benzylformiat. Benzylum formicicum.

Ameisensäurebenzylester. $HCOOCH_2C_6H_5$.

Benzylformiat dient zur Herstellung moderner Parfümkompositionen zur Erzielung einer gewissen „Schwüle". Süßlicher *Geruch*, der entfernt an Zimtaldehyd erinnert.

Benzylsalicylat. Benzylum salicylicum.

Salicylsäure-Benzylester. $C_6H_4(OH)COO \cdot C_6H_5 \cdot CH_2$.

Eigenschaften. Farblose, geruchschwache Masse. D. (15°) 1,1784 bis 1,1806; Schmp. 22°. Lösl. in 7 bis 9 Raumteilen Weingeist (90%).

Verwendung. Ausgezeichnetes Lösungsmittel (auch für künstliche Moschustypen) mit beachtlichen fixativen Eigenschaften. Sonnenschutzmittel mit mäßiger Wirkung. Bei Anwendung von 10 bis 12% B. bleibt das Parfüm in Pudern, Cremes oder Parfümen länger erhalten.

Bepanthen.

Bepanthen enthält den Alkohol „Panthenol", welcher der Pantothensäure (wasserlösliches B-Vitamin) entspricht, und kommt in 5%iger Lösung zur Behandlung von Erkrankungen der haarbildenden Organe in den Handel. Die Wirkung bei Haarwuchsstörungen beruht auf einer physiologischen Beeinflussung des Zellstoffwechsels in der Kopfhaut und im Haarbalg. B. hat sich zur äußerl. Anwendung bei Haarausfall, Pigmentverlust und beginnender Glatzenbildung bewährt und ist auch Bestandteil des Haarwassers *Panteen.*

Berberitze.

Berberis vulgaris *L.*

Sauerdorn. Dreidorn.

Berberidaceae.

Weitverbreiteter, bis 2 m hoher Strauch als Zierpflanze in Anlagen, in Hecken, Gebüschen, an Rainen, in lichten Wäldern, oft verwildert. Am Rande der dornig gewimperten Blätter beherbergt sie als Zwischenwirt den Getreiderost, Puccinia graminis, und muß deshalb nach behördlicher Anordnung in der Umgebung von

Getreidefeldern ausgerottet werden. Kennzeichnend die zu dreiteiligen Dornen umgewandelten, gebüschelten Blätter; endständige, herabhängende Blütentrauben
mit gelben Blüten. Blütezeit Mai/Juni, Frucht scharlachrote Beere. (Abb. 24.)

Abb. 24. Sauerdorn. Berberitze. Berberis vulgaris. *1* Zweig mit Blüten; — *2* Zweig mit Früchten; — *3* vergrößerte
Blüten; *4* Rindenstückchen.

Sauerdornbeeren. Fructus Berberidis, Erg.-B. 6.

Baccae Berberidis vulgaris. Berberitzenbeeren. Saurachbeeren. Essigbeeren.

Die getrocknete Beere, scharlach- bis schwarzrot, länglich-oval, bis 10 mm lang,
bis 5 mm breit, weich, stark geschrumpft, meist mit 1 bis 2 Samen. Oben mit breiter,
wulstiger Narbenscheibe, unten ist die Abbruchstelle des Stieles erkenntlich. *Ge-*
schmack säuerlich.

Inhaltsstoffe. Fruchtsäuren, Dextrose und Lävulose, Pektose, Gummi, reichlich
Vitamin C.

Verwendung. Zur Herstellung von Saft oder Sirup gegen Stuhlträgheit, bei
Gallenstauungen, Leberschwellung, Skrofulose und Tuberkulose.

Berberitzenwurzel. Radix Berberidis.

Sauerdornwurzel.

Stark verästelte, holzige Wurzel mit außen gelblich-grauer, dünner, innen gelber
Rinde und citronengelbem Holz mit deutlichen Markstrahlen.

Inhaltsstoffe. → Berberitzenwurzelrinde.

Verwendung. *Innerl.* ¹/₂ bis 1 Teelöffel auf 1 Tasse Abkochung als magenstärkendes Mittel, bei Leber- und Gallenleiden, als harntreibendes Mittel, löst Krampfzustände der ableitenden Harnwege, bei Nieren- und Blasensteinen (darf bei akuter Nierenentzündung nicht angewendet werden!), bei Hautleiden.

Berberitzenwurzelrinde. Cortex Berberidis radicis.

Sauerdornwurzelrinde.

Rinde oder die ganze Wurzel, Rindenstückchen, außen graugelb bis hellbraun, glatt, rissig-borkig oder längsrunzelig; Innenfläche grüngelb gestreift, Bruch locker, blätterig. *Geschmack* stark bitter, der Speichel wird beim Kauen gelb gefärbt. Sammelzeit März/April oder September/Oktober.

Inhaltsstoffe. Alkaloide, *Berberin*, als Nebenalkaloide Oxycanthin, Venetin u. a., Gerbstoffe, Harze.

Verwendung. *Innerl.* ¹/₂ bis 1 Teelöffel auf 1 Tasse Abkochung als magenstärkendes, appetit- und verdauungsförderndes Kräftigungsmittel, gegen Stuhlträgheit, die durch Gallensekretion bedingt ist, bei Gelbsucht, Leberschwellung und Steinbildung; *techn.* in der Lederfärberei und als Fischgift.

Bernstein. Succinum.

Agtstein. Gelbe Ambra. Bernstein ist ein fossiles Harz der Bernsteinkiefer, *Pinus succinifera* Conwentz, *Coniferae*, der Tertiärzeit.

Vorkommen. Vornehmlich an den Küsten der Ostsee, im Nordwesten des Samlandes in seltener Anhäufung in der sog. „blauen Erde", die mit dicken Tonschichten überlagert ist. Diese wird im Tagebau abgebaut, die Harzstücke in Wäschereien gewonnen und gereinigt. Teilweise wird das Harz von den Seegras- und Tangwiesen des Meeresgrundes durch Stürme bzw. bei der Seegrasernte an den Strand geschwemmt. In Bezug auf Herkunft, Zusammensetzung und Farbe bestehen große Unterschiede.

Nach ihrem chemischen und physikalischen Verhalten unterscheidet man *Gedanit, Glessit, Succinit* u. a. Der hier besprochene Bernstein ist Succinit.

Eigenschaften. Durchsichtige, klare, durchscheinende oder trübe und milchige, nur kantendurchscheinende, verschieden große, *geruch-* und *geschmacklose* Stücke, rundlich oder abgeplattet, mitunter mit Insekteneinschlüssen, Farbe hellgelb bis dunkelbraun, mitunter mit rötlichem, violettem oder grünem Stich. Bruch muschelig, fettglänzend, teilweise opalähnlich. Härte 2 bis 2,5, läßt sich polieren, bohren, schleifen und drehen. D. 1,05 bis 1,1, verbrennt mit heller Flamme unter Verbreitung von Dämpfen, die Mund- und Nasenschleimhäute reizen, und wird beim Reiben negativ elektrisch.

Inhaltsstoffe. Freie Succino-Abietin-Säure, Borneol-Ester dieser Säure, Bernsteinsäureester des Succinoresinols, der im Gegensatz zu den vorgenannten Stoffen in Alkohol unlösl. ist, Schwefel. Unlösl. in Wasser, in den Lösungsmitteln Alkohol, Äther, Chloroform, Schwefelkohlenstoff nur sehr wenig lösl. Beim Erhitzen auf 290° entweichen *Bernsteinsäure* und *Bernsteinöl.* Der entstehende Rückstand *Bernsteinkolophonium* wird dabei lösl. und zu Bernsteinlacken verarbeitet.

Handelssorten. Bernstein, geraspelt,
Bernstein, fein pulv.

Verwendung. *Med.* als Räuchermittel. Ausgesuchte Stücke zu Schmuckwaren, kunstgewerblichen Gegenständen, Zigarren- und Zigarettenspitzen; schlechte Sorten und Abfälle zur Gewinnung von Bernsteinsäure und Bernsteinöl durch trockene Destillation; *techn.* zu Fußbodenlacken (Bernsteinkolophonium in Terpentinöl und Leinölfirnis und anderen Lösungsmitteln gelöst). Die Bezeichnung „Bernsteinlacke" ist eine Qualitätsbezeichnung und muß nicht bedeuten, daß der Lack unter Verwendung von Bernstein bereitet wurde. Harte Kopale und Kunstharze haben den Bernstein in der Lackherstellung vielfach verdrängt.

Erkennung. Beim Erhitzen von Bernstein im Reagensglas wird angefeuchtetes Bleiacetatpapier durch den aus dem Schwefel des Harzes gebildeten und entweichenden Schwefelwasserstoff geschwärzt.

Verw. u. Verf. Kopale und Mischungen aus Kopalen mit anderen Harzen, Celluloid, gefärbtes Glas u. a.

Bernsteinöl, gereinigtes. Oleum Succini rectificatum, Erg.-B. 6.

Gereinigtes Bernsteinöl wird aus dem rohen Bernsteinöl, Oleum Succini crudum, durch Destillation mit Wasserdampf gewonnen. Hellgelbes, bräunlichgelbes oder olivgrünes Öl mit brenzligem, unangenehmem *Geruch* und scharfem *Geschmack*. D. (20°) 0,915 bis 0,945.

Verwendung. Zum Verdecken unangenehmer Gerüche.

Bernsteinsäure. Acidum succinicum, Erg.-B. 6.

Äthylenbernsteinsäure. CH$_2$COOH·CH$_2$COOH. Mol.-Gew. 118,1.

Vorkommen. In dem fossilen Harz Bernstein, aus dem sie 1546 von AGRICOLA durch Zersetzungsdestillation von Bernstein gewonnen wurde. Bernsteinsäure bildet sich reichlich bei gewissen bakteriellen Zersetzungen von Äpfelsäure und Weinsäure und bei der Gärung von Eiweißstoffen, in kleinen Mengen bei der alkoholischen Gärung, daher auch im Wein. Im Pflanzenreich sehr verbreitet in unreifen Stachelbeeren, Weintrauben, im Rübensaft, in den Stielen von Rhabarber. Bei vielen biologischen Vorgängen als physiologisch höchst wichtige Substanz und ständiges Zwischenprodukt des Zellstoffwechsels. Als Aminobernsteinsäureamid in Spargeln, Süßholz, Eibischwurzeln, *Asparagin*.

Darstellung. Durch Spaltpilzgärungen von weinsaurem Ammonium und bei der Destillation von Bernsteinabfällen.

Eigenschaften. Weiße, *geruchlose*, monokline Säulen oder Blättchen von stark saurem *Geschmack*. 1 T. in 20 T. (20°), leichter in siedendem Wasser und in 10 T. Weingeist lösl. B. sublimiert bei etwa 120°. Schmp. 184° bis 185°. Als zweibasige Säure bildet sie saure und neutrale Salze, *Succinate*, diejenigen der Alkalien und des Magnesiums sind in Wasser l. lösl.

Erkennung. Die wäßrige Lösung (0,5 g + 10 ccm) gibt nach dem Neutralisieren mit Ammoniak auf Zusatz von Eisenchloridlösung einen zimtbraunen Niederschlag von Ferrisuccinat.

Handelssorten. Bernsteinsäure, chem. rein, weiß krist., Erg.-B. 6,
Bernsteinsäure, sublimiert, roh,
Bernsteinsäure, wasserfrei.

Verwendung. In der Farbstoffindustrie, als Zusatz zu künstlichen Fruchtäthern.

Bertramwurzel.

Hier sind zwei Sorten zu unterscheiden:

Deutsche Bertramwurzel, Radix Pyrethri germanici.

Zahnwurzel. Speichelwurzel.

Von *Anacyclus officinarum* Hayne, Compositae.

Im Vogtland und bei Magdeburg angebaut. Leicht zerbrechliche, bis 30 cm lange, bis 5 mm dicke, längsrunzelige Wurzeln, außen graubraun, innen heller mit fadenförmigen Nebenwurzeln. *Geruchlos*, erzeugt beim Kauen Brennen auf der Mundschleimhaut und starke Speichelabsonderung.

Inhaltsstoffe siehe römische Bertramwurzel.

Römische Bertramwurzel, Radix Pyrethri (romani), Erg.-B. 6.

Von *Anacyclus pyrethrum* De Candolle, Compositae. In Nordafrika, Arabien, Syrien, Österreich und Italien angebaut. Harte, spröde, zerbrechliche, spindelförmige, oft gebogene, 6 bis 12 cm lange, etwa 1 cm dicke, graubraune Wurzeln mit tiefen Längsrunzeln. *Geruchlos, Geschmack* scharf brennend, erzeugt beim Kauen Brennen auf der Mundschleimhaut und starke Speichelabsonderung.

Inhaltsstoffe. Scharf schmeckendes Harz *Pyrethrin*, ätherisches Öl, etwa 50% *Inulin*, Gerbstoff.

Verwendung. Als Kaumittel zur Steigerung der Speichelsekretion, gegen Zahnschmerzen, zu Mund- und Zahnwässern, zur Mundspülung als Abkochung (1%), zur Herstellung

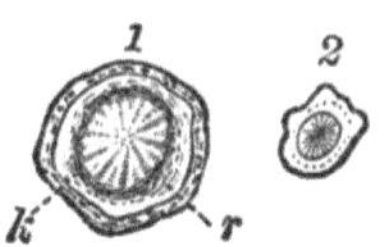

Abb. 25.
Bertramwurzel,
deutsche. Radix
Pyrethri germanici.

Abb. 26. Querschnitt von Radix
Pyrethri germanici. *1* oberer,
2 unterer Teil der Wurzel.

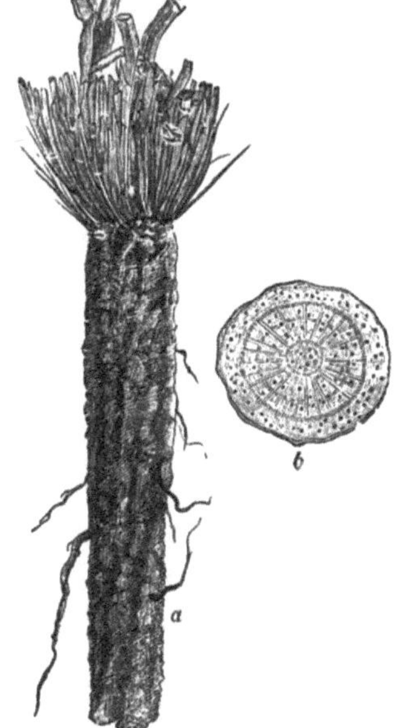

Abb. 27. Bertramwurzel, römische.
Radix Pyrethri romani.

von Tinctura Pyrethri, Erg.-B. 6, die zu Mundwässern (2%) Verwendung findet.

Aufbewahrung. Vor Licht geschützt.

Verw. u. Verf. Die nur etwa halb so dicke *deutsche Bertramwurzel*.

Beryll. Beryllium. Be.

Atom-Gew. 9,02. Wertigkeit 2.

Vorkommen. Als wesentlicher Bestandteil einiger Edelsteine, besonders von *Beryll*, $Be_3Al_2[Si_6O_{18}]$, der schon im Altertum bekannt war, von dem wohl der Name des Metalls stammt und der sich im Ural, in Deutschland im Bayerischen Wald bei Bodenmais findet. *Smaragd* ist durch etwa 0,3% Chromoxyd grün gefärbter Beryll (wird aber auch synthetisch hergestellt), *Aquamarin* ist ein hellbläulichgrün gefärbter Beryll. *Chrysoberyll*, $Al_2[BeO_4]$, eine von Grün nach Rot schillernde Berylliumaluminiumverbindung.

Darstellung. Durch Elektrolyse einer Schmelze von Natrium-Berylliumfluorid.

Eigenschaften. Silberweißes, sprödes Leichtmetall, das beim Hämmern zerfällt, spez. Gew. (20°) 1,84. Härte 6 bis 7.

Verwendung. Berylliumverbindungen sind in der Kosmetik von JANISTYN empfohlen worden, *technisch* findet B. zu Legierungen, bei denen schon wenige Prozente die Härte und Festigkeit, z. B. von Kupfer, sehr bedeutend erhöhen, Verwendung.

Berylliumacetat. Beryllium aceticum.

Essigsaures Beryllium. $(CH_3COO)_2Be.$

Berylliumacetat wirkt desodorisierend ohne die adstringierende Wirkung des Aluminiumacetats.

Berylliumcarbonat, basisches. Beryllium subcarbonicum.

Basisches kohlensaures Beryllium. $5\,Be(OH)_2 \cdot BeCO_3 \cdot 3\,H_2O.$

Sehr lockeres, leichtes, weißes Pulver, das schon beim geringsten Luftzug verstäubt, jedoch auf der Haut gut haftet und deckt.

Verwendung. Als Weißpigment zu Pudern, zur Herstellung künstlicher Zähne.

Beryllnitrat. Beryllium nitricum.

Salpetersaures Beryllium. $Be(NO_3)_2 \cdot 3\,H_2O.$ Mol.-Gew. 187,08.

Weiße bis schwach gelbliche, zerfließliche Masse, l. lösl. in Wasser und Weingeist.

Verwendung. Zum Härten von Gasglühstrümpfen.

Berylliumoxyd. Beryllium oxydatum.

Beryllerde. BeO. Mol.-Gew. 25,02.

Leichtes, weißes, in Wasser unlösl., in Säuren und Alkalien schw. lösl. Pulver, spez. Gew. 3,02.

Verwendung. Als gute, jedoch teure Pudergrundlage, zur Herstellung von Beryllmetall und von künstlichen Edelsteinen.

Berylliumstearat. Beryllium stearinicum.

Stearinsaures Beryllium.

Dem Magnesiumstearat ähnliches Produkt, jedoch feiner und besser adhärierend.

Verwendung. Zu Pudergrundlagen.

Besenginster.

Sarothamnus scoparius *(Linné) Wimmer.*

Pfriemenginster.

Papilionaceae.

Auf trockenen, sandigen Wiesen und Triften, in Wäldern vorkommender, 1 bis 2 m hoher Strauch mit fünfkantigen Ästen und Zweigen und kräftigen, verzweigten, tief in die Erde eindringenden Wurzeln. Wenig, am Grunde der Triebe gestielte, dreizählige, an der Spitze einfache und sitzende, weich behaarte Blätter. Goldgelbe, sehr große, ausgesprochene Schmetterlingsblüten in den Blattachseln am Ende der Zweige in Trauben. Frucht mehrsamige, seitlich zusammengesetzte Hülse, reif schwarz oder braunschwarz gefärbt, mit braunem Samen.

Besenginsterblüten. Flores Genistae.

Flores Spartii (Sarothamni) scoparii. Ginsterblüten. Rasenginsterblüten. Pfriemenblüten.

Im Mai und Juni gesammelte und schnell und sorgfältig getrocknete, goldgelbe, bis 2,5 cm lange Blüten mit bitterem *Geschmack*. Die größeren, hellbraunen Blumenblattstückchen der *Schnittdroge* zeigen den stark gekrümmten Kiel der Schmetterlingsblüten, die teilweise noch dem glockenförmigen, kurzen, zweilippigen Kelch ansitzen. *Geruch* honigartig.

Inhaltsstoffe. *Oxytyramin, Spartein,* die Nebenalkaloide Genistein, Sarothamnin, Flavonfarbstoff *Scoparin,* ätherisches Öl, Bitterstoff u. a.

Verwendung. Als harntreibendes Mittel bei Herzrhythmusstörungen, gegen Gicht, Rheumatismus, zur Blutreinigung. Zur Herstellung von Spartein.

Aufbewahrung. Vor Licht geschützt.

Besenginsterkraut. Herba Sarothamni scoparii, Erg.-B. 6.

Herba Spartii scoparii.

Getrocknete oberirdische Teile. Die im Februar bis März oder im Oktober gesammelten Zweigspitzen haben den höchsten Alkaloidgehalt. In der *Schnittdroge* sind schwarzbraune, rutenförmige Zweigstückchen mit 5 deutlichen Längskanten und ebenfalls fünfkantigen dickeren, verholzten Sproßstückchen erkennbar. Seidig behaarte Laubblätter und gelbbraune Blütenknospen nur vereinzelt.

Inhaltsstoffe. *Oxytyramin,* 1 bis 3% des Alkaloids *Spartein* (flüssig), Genistein, Sarothamnin, *Scoparin,* Bitterstoff, wenig ätherisches Öl.

Verwendung. 1 Teelöffel auf 1 Tasse Aufguß, bis 2 Tassen täglich als harntreibendes und abführendes Mittel, Herzberuhigungsmittel, gegen Gicht und Rheumatismus (Vorsicht! Stark wirkend!); zur Gewinnung des Sparteins.

Aufbewahrung. Vor Licht geschützt.

Betain. Trimethylglykokoll.

$$(CH_3)_3 \equiv N-CH_2$$
$$\quad\quad\quad | \quad\quad |$$
$$\quad\quad\quad O-C=O \quad\quad \text{Mol.-Gew. 117,14.}$$

Große beständige Kristalle, Schmp. 293°, l. lösl. in Wasser, sch. lösl. in Weingeist.

Verwendung. Als Butteraroma, das Chlorhydrat *med. innerl.* als Acidol-Pepsin „Bayer" an Stelle von Salzsäure bei Hypo- und Anacidität.

Betonie.

Stachys officinalis *L.*

Heilziest. Zehrkraut.

Labiatae.

30 bis 80 cm hohe, in Wäldern und auf Wiesen vorkommende Pflanze mit aufrechtem, einfachem, vierkantigem, rauhbehaartem Stengel; unterste Blätter sehr

langgestielt, Blattstiel rotviolett. Stengelblätter spärlich, kurzgestielt, gegenständig, die oberen fast sitzend, oberseits dunkelgrün, unterseits hellgrün, rauhhaarig, eiförmig-lanzettlich, am Grunde herzförmig gebuchtet. Zweilippige, purpurrote Blüten (selten weiß) in gedrängten Ähren. Oberlippe ganz, Unterlippe zweispaltig, fünfzähniger Kelch.

Betonienkraut. Herba Betonicae.

Im Juli bis August gesammeltes, blühendes und getrocknetes Kraut, *geruchlos*, *Geschmack* bitter, kratzend, widerlich. In der *Schnittdroge* vielfach hellgrüne Blattstielteile und blauviolette, stark behaarte Stengelstücke; mitunter Blattstückchen mit deutlich grobgesägten Randzähnen.

Inhaltsstoffe. Bitterstoff, Gerbstoff, ätherisches Öl, mehrere Alkaloide.

Verwendung. *Innerl.* 1 bis 2 Teelöffel auf 1 Tasse Aufguß, bis 2 Tassen tägl. gegen übermäßige Schweiße, bei Erkältungskrankheiten, gegen Blähungen, Kolik, bei Gicht, Blasen- und Nierenleiden; *äußerl.* zur Behandlung von Wunden mit starker Sekretion, bei Krampfadergeschwüren.

BETTENDORFsches Reagens. Solutio Stanni chlorati.

BETTENDORFsches Reagens oder *Zinnchlorürlösung* ist eine gesättigte Lösung von Zinn(II)-chlorid in reiner Salzsäure (38%) und dient nach dem DAB. 5 zur Arsenprobe. Das DAB. 6 läßt die Arsenprüfung mit Natriumhypophosphitlösung (s. dort) durchführen. Durch BETTENDORFsches Reagens werden drei- und fünfwertige Arsenverbindungen zu elementarem Arsen reduziert, z. B.:

$$As_2O_3 \quad + \quad 3\,SnCl_2 \quad + \quad 6\,HCl \quad \rightarrow \quad 2\,As \quad + \quad 3\,SnCl_4 \quad + \quad 3\,H_2O$$

Arsen(III)-oxyd　　　Zinn(II)-chlorid　　　Salzsäure　　　Arsen　　　Zinn(IV)-chlorid　　　Wasser

Bibergeil.

Castoreum, Erg.-B. 6. Stoff B.

Die zwischen After und Geschlechtsteilen liegenden Drüsensäcke männlicher und weiblicher Biber, *Castor fiber L.*, eines an den Flüssen Jenessei und Lena (Sibirien), und *Castor fiber L. var. canadensis Kuhl* in Kanada und der Hudsonbay vorkommenden Nagetieres. Nach Tötung der Tiere werden die Drüsensäcke ausgeschnitten und im Rauch getrocknet.

Kanadischer Bibergeil. Castoreum canadense.

8 bis 10 cm lange und bis 3 cm breite, keulenförmige, an der Oberfläche braunschwarze, mehr oder weniger runzelige, flachgedrückte Beutel, Gewicht 25 bis 100 g, meist zwei zusammenhängend, Inhalt rotbraun bis schwarzbraun, harzartig glänzend. *Geruch* durchdringend, an Baldrian erinnernd, *Geschmack* aromatisch, bitter, scharf (Abb. 28).

Sibirischer Bibergeil. Castoreum sibiricum.

Meist einzelne rundliche oder ovale, 6 bis 12 cm lange, $2^1/_2$ bis $6^1/_2$ cm breite, 2 bis 4 cm dicke, *nicht* runzelige Beutel, Gewicht 50 bis 250 g, hellbraune, leicht spaltbare Hülle. Beutelinhalt gelblich-braun, harzartig glänzend, *Geruch* und *Geschmack* scharf, im Schlunde kratzend.

Abb. 28. Bibergeil.
Castoreum canadense.
Stark verkleinert.

Inhaltsstoffe. Ätherisches Öl, kanadische Sorte 1%, sibirische Sorte 2%, bitterschmeckendes Harz, Fett, organische Säuren. Die Asche darf 4% nicht übersteigen.

Verwendung. *Med.* als Nervenmittel bei Hysterie, gegen Koliken, Krämpfe, zur Herstellung der Tinktur, in der Parfümerie als Fixiermittel für Riechstoffkompositionen, da es in starker Verdünnung angenehm riecht.

Aufbewahrung. Nicht ganz, sondern gepulvert in gut geschlossenen Gefäßen, vor Licht geschützt.

Verw. u. Verf. Durch teilweise Entleerung der Beutel und Füllung mit wertlosen Stoffen (Sand, Sägespäne, getrocknetes Blut usw.).

Bibernelle.

Zur Gewinnung der Droge finden die *Steinbibernelle*, kleine Bibernelle, **Pimpinella saxifraga** L., und die *große Bibernelle*, **Pimpinella magna** L., *Umbelliferae*, Verwendung, die auf trockenen, sonnigen Wiesen, Hügeln, an Rainen und Waldrändern vorkommen. Die Pflanze wird bis 50 cm hoch, Blätter einfach gefiedert, weiße Blüten ohne Hüllen in Dolden. Bei Pimpinella saxifraga Stengel stielrund, eingerillt, nach oben fast blattlos, Fiederblättchen der grundständigen Blätter sitzend; bei Pimpinella magna (Abb. 29) Stengel kantig, gefurcht, auch oben beblättert. Fiederblättchen kurz gestielt. Blütezeit Juni bis September. Sammelzeit Frühjahr bis Herbst, Sammelgut der getrocknete Wurzelstock mit Wurzeln.

Bibernellwurzel.
Radix Pimpinellae, DAB. 6.

Pimpinell-, Steinbrech-, Steinpetersilien-, Pfeffer-, Bockspetersilienwurzel, weiße deutsche Theriakwurzel.

Wurzelstock derb, mehrköpfig, gelblichgrau, fein geringelt, grobwarzig, oben vielfach mit oberirdischen Achsenresten, nach unten in die bis 20 cm lange, 1,5 cm dicke, hellgraugelbe, wenig oder unverzweigte Hauptwurzel übergehend. Hauptwurzeln nur

Abb. 29. Bibernelle. Pimpinella magna. *1* blühende Spitze; —*2* vergrößerte Blüte; — *3* Wurzelstockquerschnitt leicht vergrößert).

oben fein geringelt, sonst grob-längsrunzelig, spärlich mit Warzen besät. *Geruch* eigenartig würzig, *Geschmack* anfangs würzig, dann scharf brennend.

Lupenansicht. Gelbes Holz strahlenförmig gestreift, nicht dicker als die weiße Rinde, in der Lücken und braungelbe Sekretgänge sichtbar sind.

13 Irion, Bd. II.

Inhaltsstoffe. 0,4% *ätherisches Öl,* ein brennend schmeckendes Lacton *Pimpinellin,* Isopimpinellin, Isobergapten, Gerbstoff, Harz, Stärke, Zucker.

Verwendung. *Innerl.* 1 bis 2 Teelöffel auf 1 Tasse, kalt ansetzen, 6 bis 8 Std. ziehenlassen, die Hälfte abgießen, Rest aufkochen und mit kaltem Auszug vereinigt, 1- bis 2mal tägl. 1 Tasse gegen Husten und Heiserkeit, als harntreibendes, magenstärkendes, appetit- und verdauungsförderndes Mittel. *Äußerl.* zu Mund- und Gurgelwasser bei Mund- und Rachenentzündungen, zur Herstellung von Tinctura Pimpinellae, DAB. 6.

Aufbewahrung. In gut verschlossenen Behältern, vor Insektenfraß geschützt.

Verw. u. Verf. Hauptsächlich Wurzelstückchen von *Heracleum sphondylium,* mit breiterer, zerklüfteter Rinde, wenigen und größeren Sekretbehältern, wesentlich schwächerem Geruch und beißend scharfem und bitterem Geschmack, und *Pastinaca sativa,* ohne würzigen Geruch, süßlich schmeckend.

Bierbrauerei.

Bier ist das am meisten genossene alkoholische Getränk und stellt ein gegorenes oder noch in schwacher Nachgärung befindliches Getränk dar, das meist aus Gerstenmalz oder Weizenmalz und Hopfen unter Mitverwendung von Wasser und Hefe hergestellt wird. Neben Alkohol und Kohlensäure, welche die wertbestimmenden Bestandteile des Biers sind, enthält es noch unvergorene Extraktstoffe wie Zucker und Eiweiß. Die Bierbrauerei stellt heute eine volkswirtschaftlich wichtige und bedeutende Industrie dar, die dabei vor sich gehenden chemischen Vorgänge sind höchst interessant.

I. Als Rohstoff dient Gerste, die in *Malz* umgewandelt wird. Dies erfolgt durch Anfeuchten mit Wasser, worauf sie so lange bei Zimmertemperatur dem Keimen überlassen wird, bis die Keimwürzelchen halb bzw. zwei Drittel so lang sind wie das Korn. Das so erhaltene *Grünmalz* wird an der Luft getrocknet, sog. *Darren.*

Darrtemperaturen von 70° bis 80° geben helles Malz,
,, ,, 80° ,, 100° ,, dunkles Malz,
,, ,, 100° ,, 110° ,, Farbmalz.

Das so erhaltene Malz ist das *Darrmalz.*

II. Beim Keimen entstehen zahlreiche Enzyme (Amylasen, Cytasen, Maltasen, Proteasen, Oxydasen), besonders die als *Diastase* bezeichneten, welche die Stärke teilweise zu Malzzucker, *Maltose* und *Dextrinen* abbaut. Das Malz, das Maltose und noch reichlich Stärke, aber auch Diastase enthält, wird zerkleinert und mit Wasser von 60° bis 70° stehengelassen. Bei diesem Vorgang, dem sog. *Maischen,* wird die Stärke durch die Diastase in Maltose übergeführt, verzuckert. Darauf wird filtriert. Das Filtrat heißt *Sud,* der Rückstand *Treber.*

III. Der Sud enthält außer Maltose ebenfalls vom Malz kommende Geschmacks- und Farbstoffe und das beim Abbau der Stärke entstandene Dextrin. Er wird mit Hopfen gekocht, wobei die Bitterstoffe (Hopfenöl, Humulon und Lupulon) und andere Gewürzstoffe in Lösung gehen.

IV. Den abgekochten Sud überläßt man nach Zusatz von Reinhefe (Saccharomyces cerevisiae) der Gärung. Dabei zerfällt die Maltose durch das Ferment *Maltase* in 2 Moleküle Traubenzucker und dieser durch das Ferment *Zymase* in Alkohol, C_2H_5OH, und Kohlendioxyd, CO_2:

$$C_6H_{12}O_6 \;\rightarrow\; 2\,C_2H_5OH \;+\; 2\,CO_2$$

Traubenzucker $\qquad$ Äthylalkohol $\qquad$ Kohlendioxyd

Man unterscheidet zwei Arten der Gärung, die Ober- und die Untergärung. Die erste geht bei höherer Temperatur und daher stürmischer vor sich. Dabei reißt die sich bildende Kohlensäure die Hefe nach oben.

Obergärung.
1. Obergärige Hefe schwimmt oben
2. Temperatur 12° bis 25°
3. Gärdauer 1 bis 2 Tage
4. Obergärung ergibt obergäriges Bier, wie Berliner Weiße, Lichtenhainer, die leichter und weniger haltbar sind, und ähnl.

Untergärung.
1. Untergärige Hefe sammelt sich am Boden an
2. Temperatur 4° bis 10°
3. Gärdauer 14 Tage
4. Untergärung ergibt Biere, die noch mehrere Monate bei 0° bis 2° in Lagerfässern nachgären und aus diesen in kleinere Versandfässer oder auf Flaschen abgefüllt werden, sog. Lagerbier.

<h3 style="text-align:center">Zusammensetzung einiger Biere[1].</h3>

Ausgeführte Bestimmungen	Lagerbier	Pilsener Bier	Münchner Bier	Kulmbacher Bier
Alkohol	3,30—3,50	3,20—3,80	3,50—4,00	4,50—5,00
Extrakt	4,50—5,50	4,50—5,50	6,50—7,50	7,00—8,50
Mineralstoffe . .	0,15—0,20	0,1ɔ—0,20	0,20—0,25	0,25—0,28
Milchsäure. . .	0,06—0,12	0,10—0,15	0,10—0,15	0,15—0,25
Maltose	1,00—1,30	0,80—1,00	1,50—2,50	1,80—2,60
Eiweißstoffe . .	0,35—0,50	0,35—0,50	0,40—0,55	0,60—0,75
Stammwürze . .	11,50—13,50	11,00—12,00	13,50—15,00	15,50—17,00
Vergärungsgrad	54°—59°	58°—62°	50°—53°	55°—58°

Die hochwertigen Biere *Märzen-*, *Bock-* und *Doppelbier* enthalten 4 bis 5% Alkohol, 8 bis 9% Extrakt und 17 bis 18% Stammwürze.

Bilsenkraut.

Hyoscyamus niger *L.*

Totenblumenkraut. Hexenkraut. Schafkraut.

Solanaceae.

Auf Schutthaufen, Ödland, an Hecken, Zäunen, zerfallenen Mauern, im Gebirge auf abgeholzten Waldkulturen vorkommendes und kultiviertes, ein- oder zweijähriges, klebriges, zottig behaartes, bis 60 cm hohes Kraut. Die zweijährige Form mit grundständiger Blattrosette aus großen, bis 40 cm langen, gestielten Blättern, die einjährige Form ohne diese. Blüten mit grünem, blätterförmigem Kelch, fünflappiger, trichterförmiger Blumenkrone von schmutziggelber Farbe, zart violett geadert, Schlund dunkelviolett, bei einigen Abarten gelb; Frucht zweifächerige Deckelkapsel, deren Deckel sich bei der Reife abhebt. Blütezeit Juni bis Oktober (Abb. 30).

☠ 2. Bilsenkrautblätter. Folia Hyoscyami, DAB. 6. Stoff B.

Die im Juli/August gesammelten und getrockneten (Wasserverlust 80 bis 85%) Laubblätter, matt graugrün, beiderseits reichlich behaart, fiedernervig mit heller, breiter Mittelrippe. Gestielte Blätter meist groß, bis 30 cm lang und 10 cm breit, länglich bis eiförmig, in den Blattstiel verschmälert, am Rande tief oder flach gezähnt, selten ganzrandig oder fast buchtig-fiederspaltig, ungestielte Blätter kleiner, Spreite etwa 5 bis 15 cm lang, beiderseits mit 1 bis 4 spitzen, zahnförmigen Lappen, im Umriß eiförmig, buchtig, fiederspaltig. *Geruch* betäubend, *Geschmack* etwas bitter und scharf.

---

[1] Nach A. BEYTHIEN: Reichsgesundheitsblatt 1926, 1, 828.

Inhaltsstoffe. 0,017 bis 0,29% Alkaloide, vor allem *Hyoscyamin*, Mindestgehalt des DAB. 6 0,07% Hyoscyamin, die Anwesenheit von Scopolamin ist nicht erwiesen; Gerbstoffe, wenig ätherisches Öl, ein Glykosid Hyoscypikrin. Die Blätter wild wachsender Pflanzen sind gehaltreicher als die kultivierter.

Verwendung. Die Droge wirkt krampflindernd, sekretionsbeschränkend sowie reizlindernd.

☠ **2. Bilsenkrautsamen. Semen Hyoscyami. Stoff B.**

Graubraune, etwa stecknadelkopfgroße, nierenförmig zusammengedrückte Samen ohne *Geruch* mit widerlich scharfem und öligem *Geschmack* (Abb. 31).

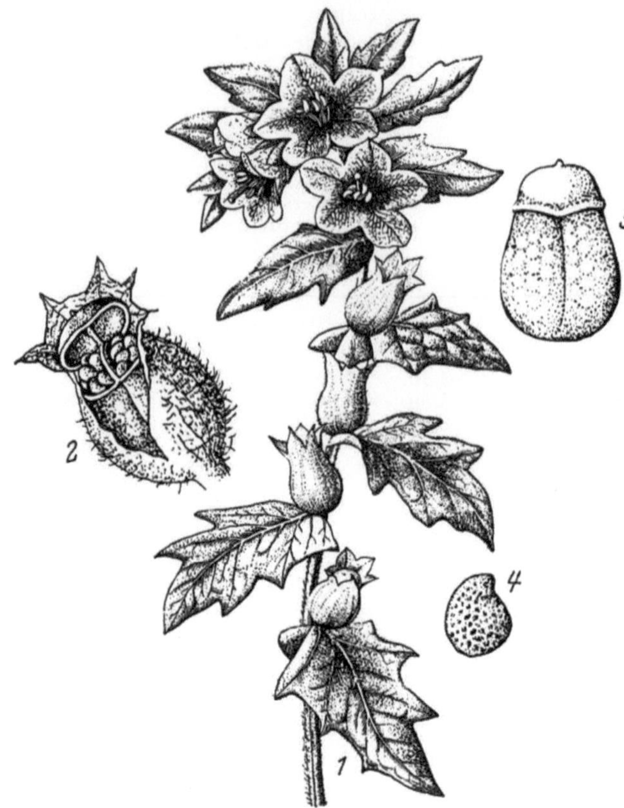

Abb. 30. Bilsenkraut. Hyoscyamus niger. *1* Zweig mit Blüten; — *2* vom Kelch umschlossene, geöffnete Kapselfrucht; — *3* Kapselfrucht; — *4* Same.

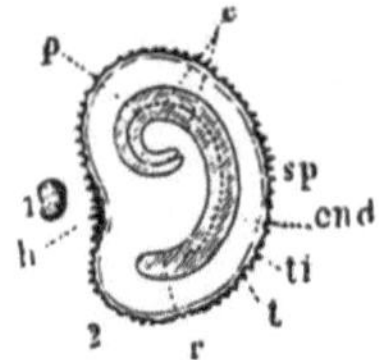

Abb. 31. Bilsenkrautsamen. Semen Hyoscyami. — *1* natürl. Größe; — *2* Längsschnitt, 10 fach vergrößert; — *t* Samenschale; — *end* Endosperm; — *p* Keimling; — *c* Keimblätter; — *r* Würzelchen.

Inhaltsstoffe. Hyoscyamin und Scopolamin, etwa 25% fettes Öl.

Verwendung. Wie die Blätter, jedoch stärker wirkend.

Bilsenkrautwurzel. Radix Hyoscyami. Giftig!

Enthält ebenfalls Hyoscyamin und andere Alkaloide und findet neben der medizinischen Anwendung gegen Schmerz- und Erregungszustände wie die Blätter Verwendung zur Herstellung der darin enthaltenen Alkaloide.

Bingelkraut.

Bingelkraut. Mercurialis annua *L.*

Schweißkraut. Böser Heinrich. Schuttbingelkraut. Hundskohl. Wintergrün.
Euphorbiaceae.

Einjähriges, an Zäunen, auf Schutt, Äckern, an Wegen und im Gartenland vorkommendes ästiges, lebhaft grünes Unkraut, 20 bis 40 cm hoch, mit vierkantigem, gefurchtem, gegliedertem, an den Gliedern aufgetriebenem, kahlem Stengel; gegenständige, gestielte, bis 6 cm lange, länglich-eiförmige bis länglich-lanzettliche, zugespitzte, am Grunde stumpfe Blätter mit starker Aderung; Blüten achselständig, zweihäusig, klein, blaßgelblich-grün, die männlichen in achselständigen Ähren der Blätter, die weiblichen auf kurzen Blütenstielen, fast sitzend. Frucht kleine 2- bis 3fächerige Kapsel. Blütezeit Juni bis Oktober.

Bingelkraut. Herba Mercurialis.

Blattstückchen der *Schnittdroge* oberseits dunkelgrün, unterseits hellgrün mit deutlicher Nervatur, gerunzelt, Stengelstücke hellgrün; *Geschmack* leicht salzig.

Ausdauerndes Bingelkraut. Mercurialis perennis *L.*

Kräftiger wirkend, hat einfachen Stengel und dunkelgrüne, mit kurzen Haaren besetzte Blätter, langgestielte weibliche Blüten, Blütezeit April bis Mai, und kommt in schattigen Wäldern der Gebirge vor.

Inhaltsstoffe. Ätherisches Öl, Saponine, Bitterstoff, Methylamin und Trimethylamin, Salze.

Verwendung. 2 Teelöffel auf 1 Tasse Aufguß, bis 2 Tassen tägl. bei Appetitmangel, Magen-Darmstörungen, Verstopfung, Leberstauungen, Wassersucht, Bronchialkatarrh, bei allgemeiner Erschöpfung; gegen Durchfälle, die auf Orts- und Klimawechsel beruhen, besonders wirksam; zur Wundbehandlung gegen Entzündungen und Eiterungen.

Binse.

Flatter-Binse, Juncus effusus, und *Knäuel-Binse, Juncus conglomeratus. Juncaceae.* An Gräben und feuchten Orten bis 75 cm und höher werdende, ausdauernde und Rasen bildende Pflanze, deren Wurzelstock im Frühjahr gesammelt wird; liefern *Binsenwurzel, Radix Junci.*

Inhaltsstoffe. Schleim, Kieselsäure, Salze.

Verwendung. 1 Teelöffel auf 1 Tasse Abkochung als harntreibendes Mittel, gegen Hämorrhoiden, bei Gicht und Steinleiden.

Biochemie.

Unter Biochemie versteht man im allgemeinen Sprachgebrauch die Erforschung der Baustoffe der Lebewesen und den Ablauf der chemischen Vorgänge im Körper (Ernährung, Stoffwechsel usw.).

Im Jahre 1874 hat der homöopathische Arzt Dr. WILHELM HEINRICH SCHÜSSLER unter der Bezeichnung „Biochemie" eine Heilmethode eingeführt, die auf der von der wissenschaftlichen Heilkunde abgelehnten Annahme beruht, Krankheiten seien die Folge eines Mangels an 12 notwendigen anorganischen Bestandteilen des Körpers, nämlich schwefelsauren, salzsauren, flußsauren und phosphorsauren Salzen des Calciums, Kaliums, Natriums, Magnesiums, Eisens sowie von Kieselsäure, sog. *Funktionsmitteln,* die man durch Zufuhr dieser Stoffe in homöopathischen Mengen heilen könne. Die biochemische Heilmethode hat auch heute noch in der Volksheilkunde zahlreiche ernste Anhänger. Um die Anerkennung der biochemischen Mittel in Verbindung mit Heilkräutern als therapeutische Maßnahme führt Dr. KARL KIRCHMANN, Hamburg, seit Jahren einen erbitterten Kampf. Die biochemische Heilmethode nach SCHÜSSLER verwendet nachstehende 11 Mittel:

<table>
<tr><td>1. Calcium fluoratum</td><td>6. Kalium sulfuricum</td></tr>
<tr><td>2. Calcium phosphoricum</td><td>7. Magnesium phosphoricum</td></tr>
<tr><td>3. Ferrum phosphoricum</td><td>8. Natrium chloratum</td></tr>
<tr><td>4. Kalium chloratum</td><td>9. Natrium phosphoricum</td></tr>
<tr><td>5. Kalium phosphoricum</td><td>10. Natrium sulfuricum</td></tr>
</table>

11. Silicea

Birke.

Weißbirke. **Bętula vęrrucǫsa** Ehrhart. **Bętula pęndula** Roth. Betulaceae.

Bis über 20 m hoher Baum mit herabhängenden Zweigen, auf trockenem Boden, in Wäldern, Gebüschen, vielfach angepflanzt; wegen der Harzdrüsen auf jüngeren Zweigen auch *Harzbirke* genannt.

Moorbirke. **Bętula pubęscęns** Ehrhart. Betulaceae.

In feuchten Wäldern und auf Moorboden vorkommend, wegen der flaumigen Behaarung junger Zweige auch *Haarbirke* genannt.

Birkenblätter. Folia Bętulae, Erg.-B. 6.

Die im Frühjahr nach voller Entwicklung gesammelten und im Dunkeln getrockneten Laubblätter, zugespitzt, langgestielt, oberseits dunkelgrün, unterseits hellgrün, netzadrig, 3 bis 7 cm lang und 1,5 bis 4 cm breit.

Blätter von Betula pendula unbehaart, drüsig punktiert, doppelt und scharf gesägt, dreieckig-rhombisch, ohne abgerundete Seitenecken.

Blätter von Betula pubescens schwach oder nur in den Winkeln der Adern stärker behaart, fast ohne Drüsen, dreieckig-eiförmig, mit abgerundeten Ecken, grob gesägt (Abb. 32, 33).

Geruch eigenartig, schwach aromatisch, *Geschmack* schwach bitter.

Abb. 32. Birkenblätter. Folia Betulae. Ganzdroge, natürliche Größe. Mitte Bruchstück eines Blütenkätzchens; — Mitte unten Aststück. (Nach *Schlemmer-Hörhammer.*)

Inhaltsstoffe. Saponine, 5 bis 9% *Gerbstoffe*, Harz, wenig ätherisches Öl, Spuren von Nicotinsäure bzw. Nicotinsäureamid.

Verwendung. *Innerl.* 2 Teelöffel auf 1 Tasse Aufguß, bis 2 Tassen tägl. als reizloses, harn- und schweißtreibendes Mittel, gegen Rheumatismus, Gicht, Steinleiden, Blasenkatarrh, als Bestandteil von Frühjahrstees; *äußerl.* gegen Hautausschläge.

Birkenrinde. Cortex Betulae.

Außen glatte, teilweise noch von weißem Kork bedeckte Rindenstückchen von rotgelber Farbe. Der Kork soll entfernt sein. *Geruchlos, Geschmack* bitter, zusammenziehend.

Inhaltsstoffe. Gerbstoff und Bitterstoff.

Verwendung. Wie die Blätter, außerdem zu Haarwässern; *techn.* zur Herstellung von Juchtenleder und von Birkenteer.

Birkenknospen. Gemmae Betulae.

Inhaltsstoffe. Ätherisches Öl, Harz, Bitterstoff.

Verwendung. *Med.* als harntreibendes Mittel; *techn.* zur Herstellung von ätherischem *Birkenknospenöl, Oleum Betulae,* welches aus den harzigen Blattknospen der Weißbirke durch Wasserdampfdestillation gewonnen wird. Dicke, gelbliche, balsamisch riechende, an Rosenöl erinnernde Flüssigkeit, D. 0,96 bis 0,98. Die gewöhnliche Sorte scheidet beim Lösen in Weingeist reichlich Paraffin ab, weshalb die leicht lösliche, von Paraffin befreite Sorte vorzuziehen ist. Es dient zur Herstellung von Birkenhaarwässern und Phantasiegerüchen, besonders solchen mit farnkrautartiger Note (Fougère).

Abb. 33. Birkenblätter. Folia Betulae. Schnittdroge, 2 fach vergrößert. Die mit Randzähnen versehenen Blatteile zeigen deutlich die drüsige Punktierung. (Nach *Schlemmer-Hörhammer*.)

Birkenteer. Pix betulina, DAB. 6.

Oleum Rusci.

Durch trockene Destillation von Rinden und Zweigen der obengenannten Birken gewonnener Teer.

Eigenschaften. Dickliche, rotbraune bis schwarzbraune, in dünner Schicht durchsichtige Flüssigkeit, in absolutem Alkohol völlig, in Chloroform fast völlig, in Äther nur teilweise lösl. *Geruch* eigenartig durchdringend.

Inhaltsstoffe. Guajakol, Kreosol, Kresole, Xylenol, Phenol.

Verwendung. *Med.* zu Einreibungen und Salben, bei Hautkrankheiten (10 bis 20%); *vet. innerl.* gegen Würmer und Kolik der Haustiere, *äußerl.* bei Klauenleiden, Hauterkrankungen, Räude u. a.; wirksames Mittel gegen Ungeziefer; *techn.* zur Herstellung von Juchtenleder.

Prüfung des DAB. 6. Beim kräftigen Schütteln von 2 g B. mit 25 ccm Wasser 5 Min. lang muß das gelbliche Filtrat Lackmuspapier röten, ammoniakalische Silberlösung in der Kälte sofort reduzieren und beim Versetzen von 10 ccm des Filtrats

1. mit 3 Tr. verd. Eisenchloridlösung (1 + 9) eine rötlichbraune,

2. mit 10 Tr. Kaliumdichromatlösung eine braune Färbung ergeben, die sich bald undurchsichtig trübt.

Birkenteeröl. Oleum Betulae empyreumaticum rectificatum.

Ein durch trockene Destillation aus Rinden der Weißbirke gewonnenes ätherisches Öl, reich an Phenolen, *Geruch* durchdringend.

Verwendung. *Med.* zu Pinselungen der Haut bei Ekzemen; in der Parfümerie als Grundlage für Juchtenparfüme. Das Öl kommt roh, rektifiziert, entfärbt und sesquiterpenfrei in den Handel. → Birkenknospenöl, S. 199.

Birkensaft.

Der durch 2 bis 5 cm tiefes Anbohren im Monat April vor dem Ausschlagen der Blätter junger, kräftiger Birken gewonnene Blutungs- oder Frühjahrssaft. Den ausfließenden Kambialsaft sammelt man mit Hilfe eines in das Bohrloch eingeführten Glasrohres und läßt ihn in ein untergehängtes Gefäß laufen. Die täglich auslaufende Saftmenge schwankt zwischen 1 und 5 Litern und dauert normal aus einem Bohrloch 6 bis 14 Tage.

Eigenschaften. Klare, farblose Flüssigkeit, durch ihren Gehalt an Fruchtzucker (Lävulose) optisch aktiv, linksdrehend. Nach kurzer Zeit bildet sich durch Abscheidung von Eiweiß und gummiartigen Stoffen ein weißgrauer Niederschlag, während sich beim Vermischen mit Weingeist in der Kälte langsam ein Niederschlag von Calciummmalat und Calciumphosphat ausscheidet. Proben aus der Tübinger Gegend ergaben nach E. BENK: D. (15°) zwischen 1,0053 und 1,0058. $n_D^{20°}$ 1,3358 bis 1,3362. Extraktgehalt 1,36% bis 1,49%, dessen Hauptmenge auf Frucht- und Traubenzucker entfällt. p_H-Wert 5,4 bis 5,5. Als Äpfelsäure berechnete Gesamtsäure 0,016 bis 0,018. Die Haltbarmachung erfolgt zweckmäßig durch Pasteurisieren oder Kaltentkeimung mittels E.K.-Filter nach SEITZ oder SCHENK.

Inhaltsstoffe. Invertzucker, freie Äpfelsäure, Calciummmalat, Calciumphosphat und andere Salze von K, Mg, Fe, Mn.

Verwendung. Als harntreibendes, die Harnsäureausscheidung förderndes, diätetisches, in der Naturheilkunde angewandtes Mittel bei Nieren- und Blasenleiden, Rheumatismus, Gicht, Ischias, als blutreinigendes Mittel, bei chronischen Hautausschlägen, zur Herstellung von Haarwuchsmitteln (Wirkung umstritten), in nordischen Ländern zur Herstellung von *Birkenwein*.

Birkenelixier „Weleda".

Hochkonzentrierter Extrakt aus Birkenblättern, die im ersten Frühling gesammelt worden sind, in haltbarer, wohlschmeckender Form mit einem Zusatz von reinem Citronensaft. Bewährtes Vorbeugungsmittel gegen die in der zweiten Lebenshälfte beginnenden Altersprozesse und dadurch bedingte Abbauvorgänge (leichte Ermüdbarkeit, Nachlassen des Gedächtnisses, Ablagerungskrankheiten, Adernverkalkung).

Bitterklee.

Bitterklee. Menyanthes trifoliata *L.*

Fieberklee. Dreiblatt. Wasserklee.

Gentianaceae.

In Wiesengräben, Sümpfen, an Teich- und Seeufern, auf Torfwiesen vorkommende Pflanze mit knotigem, bis 1 m langem und 15 mm dickem, in Schlamm oder Bodengewässer kriechendem Wurzelstock, langgestielten Blättern, fünfzähligen Blüten mit trichterförmiger Blumenkrone und fünf rötlichweißen, nach rückwärts gerollten Blättern. Blütezeit Mai bis Juni (Abb. 34).

Bitterkleeblätter. Folia Trifolii fibrini, DAB. 6.

Die im Mai bis Juni gesammelten, getrockneten Laubblätter, hellgrün, dreizählig (daher der Name), mit bis 10 cm langem, 0,5 cm dickem, rundem Stiel; Blättchen kahl, sitzend oder fast ungestielt, verkehrt eiförmig, verkehrt lanzettlich oder elliptisch, am Grunde keilförmig, schwach ausgeschweift, in den Buchten mit verdickten Stellen. Mittelnerv der Blättchen nur unterseits hervortretend, rasch an Breite zunehmend; *geruchlos, Geschmack* stark bitter.

Inhaltsstoffe. Glykosidischer Bitterstoff *Menyanthin*, das Glykosid *Meliatin*, Cholin 7% Gerbstoff, Wachs, Phytosterin, Pektin Polysaccharide, Protocatechusäure, Vitamin A[1] und Saponin.

Verwendung. 1 Teelöffel auf 1 Tasse Aufguß, bis 2 Tassen tägl. tagsüber schluckweise oder vor dem Essen; bewährtes Bittermittel zur Anregung von Magen-, Darm- und Bauchspeicheldrüsen, gegen Appetitlosigkeit, Sodbrennen, Magenübersäuerung, beruhigend bei nervösen Beschwerden, bei Gallen- und Leberleiden, Gelbsucht, Rheumatismus.

Bittersüß.

Bittersüß. Solanum dulcamara L.

Solanaceae.

An feuchten Bach- und Flußufern, in feuchten Gebüschen, im Schatten vorkommender, kletternder oder niederliegender Halbstrauch mit bis 2 m langen, unten verholzten, oben krautartigen Stengeln, gestielten, länglich-eiförmigen, zugespitzten dreizähligen Blättern, ganzrandig, die obersten oft spießförmig; langgestielte, violette Blüten in rispenartigen Wickeln; Frucht glänzende rote Beeren.

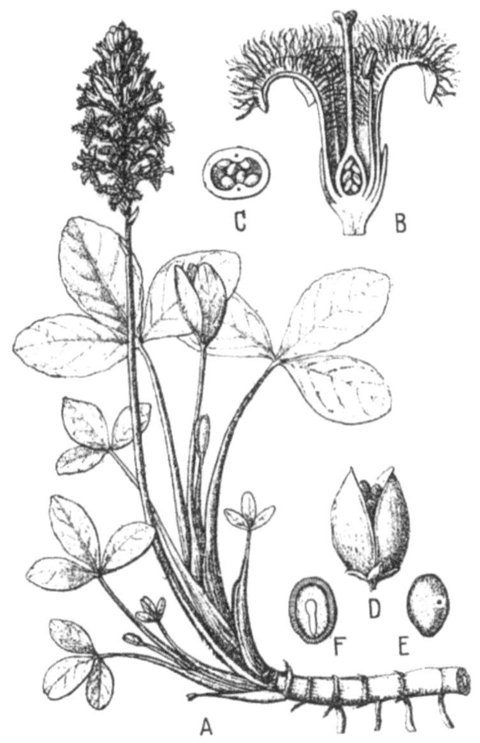

Abb. 34. Bitterklee. Menyanthes trifoliata. A blühende Pflanze; — B Blüte im Längsschnitt; — C Fruchtknoten im Querschnitt; — D Kapsel mit Samen; — E Samen; — F Samen im Längsschnitt.

Bittersüß-Stengel. Stipites (Caules) Dulcamarae, Erg.-B. 6. Stoff B.

Alpenranken. Heiligenbitter. Jelängerjelieber. Mäuseholz.

Im Januar bis April oder Oktober bis Dezember gesammelte und getrocknete (Wasserverlust 67 bis 68%) zwei- bis dreijährige blattlose Triebe, rundliche oder undeutlich fünfkantige Stengelstückchen verschiedener Länge, 4 bis 8 mm dick, oft gedreht, mit vereinzelten abwechselnden Blattnarben und punktierten Korkwarzen. *Schnittdroge:* 4 bis 8 mm dicke, zylindrische längsgefurchte, hellbraune oder grünlichbraune Stengelstückchen, innen meist hohl, Kork mit Lentizellen leicht abblätternd; *geruchlos, Geschmack* erst bitter, dann süß, daher der Name. Durch Essen

---

[1] Laut BAUER in „Planta medica" **2**, 46 (1954).

der roten *Beeren* von Bittersüß sind *Vergiftungen* bei Kindern vorgekommen (Abb. 35).

Lupenansicht. Holzkörper blaßgelb, porös strahlig, mit ein oder zwei erkennbaren Jahresringen.

Inhaltsstoffe. Glykosidischer Bitterstoff *Dulcamarin*, ein süß schmeckender, glycyrrhizinartiger Stoff *Dulcarin*, Spuren eines giftigen Glyko-Alkaloids *Solanin* (?), reichlich Gerbstoff.

Verwendung. Gegen Hautkrankheiten, zur Blutreinigung, gegen Katarrhe der Atmungsorgane, gegen Gicht und Rheumatismus.

Aufbewahrung. Vor Licht geschützt.

Verw. u. Verf. *Lonicera caprifolium, Humulus lupulus*, beide mit gegenständigen Blattnarben.

Blankit.

Blankit (Hoechst) ist eine geschützte Bezeichnung für → Natriumdithionit.

Verwendung. Als Bleichmittel von Stroh, Wolle, Kernseifen, Zuckersäften, zum Ätzdruck, in der Küpenfärberei. Die 10%ige wäßrige Lösung als Entfärbungsmittel.

Blasentang.

Blasentang. Fucus vesiculosus *L.*, Erg.·B. 6.

Fucaceae, Klasse *Phaeophyceae*.

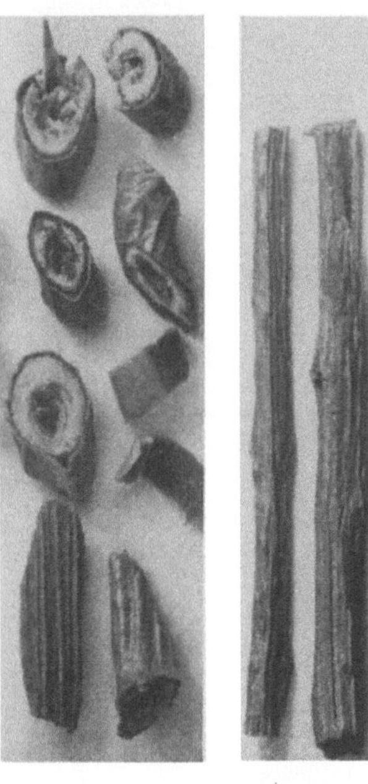

Abb. 35. Bittersüß. Stipites Dulcamarae. Links: Schnittdroge, 2 fach vergrößert. Stengelstückchen in Querschnitts- und Außenansicht. Rechts: Ganzdroge, natürliche Größe, zwei längsgefurchte, mit wachsigen Lentizellen besetzte Stengelstückchen. (Nach *Schlemmer-Hörhammer*.)

Der sorgfältig getrocknete (Wasserverlust 75%) Thallus einer Braunalge, die im Sommer durch Stürme an der deutschen Nord- und Ostseeküste und der französischen Kanalküste an den Strand geworfen wird; frisch olivbraun, schleimig, schlüpfrig, bis über 1 m lang, 1 bis 2 cm breit, flach, bandartig, wiederholt gabelig verzweigt, Verzweigungen von einer Mittelrippe durchzogen; beiderseits dieser paarweise einander gegenüberliegende ovale, etwa 1 cm lange, mit Luft gefüllte Schwimmblasen. Getrocknete Droge braunschwarz bis grünlichschwarz, hart, knorpelig, brüchig, meist in gewundenen Knäueln, Zweige an den Enden keulenförmig verdickt und häufig durch krugförmige Einsenkungen uneben. *Geruch* seeartig, nach Fischen, *Geschmack* unangenehm schleimig-salzig. Kennzeichnend für die *Schnittdroge* sind die auf der Innenseite feinbehaarten Schwimmblasen (Abb. 36).

Inhaltsstoffe. In der Nordseedroge etwa 0,1% Jod, in der Ostseedroge etwa 0,03% Jod als Jodid bzw. in organischer Bindung (?). Französische Ware hat den höchsten Jodgehalt, Schleime, *Algin, Fucin* als Calciumsalze der Algin- und Fucinsäure, *Fucoidin;* ferner Brom, Farbstoffe, Mannit und Zucker.

Handelssorten. Blasentang, Blasentang, grob pulv.,
Blasentang, geschn., Blasentang, fein pulv.

Verwendung. $^1/_2$ Teelöffel auf 1 Tasse Aufguß, 1 Tasse tägl. gegen Kropf, bei Arterienverkalkung, zu Entfettungstees. Lösl. Alkalisalze der Alginsäure finden in der Technik als Appretur- und Schlichtemittel Verwendung (→ Algin-säure).

Aufbewahrung. Vor Licht geschützt.

Blauholz.

Campechebaum.
Haematoxylon campe-chianum *L*.

Leguminosae.
Caesalpiniaceae.

Ein in Niederländisch-Indien kultivierter, bis 16 m hoher und 20 bis 50 cm dicker Baum, im tropischen Amerika (Mexiko, Antillen, nördliches Südamerika) und West-indien heimisch.

Campecheholz. Blauholz.
Lignum Campechianum, Erg.-B. 6.

Abb. 36. Blasentang. Fucus vesiculosus. Schnittdroge, 2 fach vergrößert, mit bandartig und stielartig abgeflachten Thallusstückchen. Am unteren Bildrand Thallusenden mit warzigen Verdickungen. (Nach *Schlemmer-Hörhammer*.)

Das von der Rinde und dem hellen Splint befreite Kernholz kommt in 1 bis 3 m langen Blöcken in den Handel. Der Name Campecheholz stammt von der Campechebay in Mexiko, von wo das Holz früher nach Europa versandt wurde. Jetzt kommt es aus Jamaika in den Handel. Spezi-fisch schwer, hart, leicht spaltbar, jedoch in der Querrichtung schwer schneidbar, mit grobfaseriger und lebhaft glänzender Spaltfläche, dunkelrot-braun, die dünnen Späne und Splitter auf der Außenseite mit blauschwarzem, grün-goldigem Glanz. *Geruch* schwach veilchenartig, *Geschmack* süßlich-zusammenziehend. Der Speichel wird beim Kauen violett gefärbt (Abb. 37).

Lupenansicht. Einzelne Gefäßquerschnitte bilden hellere, unregelmäßige, konzentrische Bänder, die von den hellen Linien der Markstrahlen recht-winkelig geschnitten werden.

Inhaltsstoffe. Etwa 10% eisengrünender Gerb-stoff; ein farbloses Glykosid, das sich in Zucker und *Haematoxylin* spaltet, letzteres wird seiner-seits zu einem kristallisierenden roten Pulver mit grünlichem Metallglanz, *Haematein*, dehydriert. (Holz, in dem die Haemateinbildung schon erfolgt, das „*fermentiert*" ist, ist für medizinische Zwecke unbrauchbar.)

Abb. 37. Blauholz. Campecheholz. Lignum Campechianum. Schnittdroge, 2 fach vergrößert. Grobfaserige, braun-rote Holzstückchen. (Nach *Schlemmer-Hörhammer*.)

Verwendung. *Unfermentiert: Med.* $^1/_2$ bis 1 Teelöffel auf 1 Tasse Abkochung gegen Durchfall in der Kinderpraxis (der Harn wird rot gefärbt),

fermentiert: Techn. in der Färberei von Textilien, besonders Seide, Wolle, Baumwolle und im Kattundruck, zur Herstellung von Blauholztinte, zum Färben von Wein, als Farbe in der Druckerei (Graphik, Leder, Tapeten), zum Brünieren von Stahl; in der Färberei auch in Form von *Blauholzextrakt*, Extractum Ligni bampechiani, der mit Eisen-, Chrom- und Aluminiumverbindungen auf Wolle und Baumwolle Farblacke erzeugt; zur Herstellung von Haematoxylin, Farbstoff in der Mikroskopie, Indikator in der chemischen Analyse; in der Kosmetik als Zusatz zu Haarfarben bes. trockene Blauholzextrakte.

Erkennung und Prüfung nach Erg.-B. 6. Die pulverisierte Droge färbt sich mit verd. Schwefel- und Salzsäure kirschrot, mit Ammoniak violett, mit Kalilauge blau bis blauviolett. Mit Kalilauge darf sie sich nicht blutrot bis schwärzlich färben, die Asche 3% nicht übersteigen.

Blei. Plumbum. Pb.

Atom-Gew. 207,21. — Wertigkeit 2 und 4.

Das Blei war schon im Altertum bekannt und wurde von den Römern zum Bau von Wasserleitungen verwendet.

Vorkommen. Das Metall kommt in der Natur hauptsächlich als *Bleisulfid*, PbS, in dem Mineral *Bleiglanz* oder *Galenit* vor, das sich im Schiefer, aber auch im Kalkstein, Sandstein und Dolomit findet. Das Mineral ist wegen seines Gehaltes an Silber (0,01 bis 0,1%) für die Silbergewinnung wichtig und kommt im Oberharz (Clausthal, Goslar), im Sächsischen Erzgebirge, in der Rheinprovinz (Stolberg), im Siegener Land in Westfalen, Kärnten, Andalusien, USA, Mexiko und Australien vor. Weitere, seltener vorkommende Bleimineralien sind *Weißbleierz* oder *Cerussit*, $PbCO_3$, *Bleivitriol* oder *Anglesit*, $PbSO_4$, *Rotbleierz*, $PbCrO_4$, *Gelbbleierz*, $PbMoO_4$, u. a.

Darstellung. Hauptsächlich aus Bleiglanz durch „reduzierendes Rösten". Dabei wird das Erz nur teilweise geröstet und Bleioxyd und Bleisulfat gebildet. Auf diese Verbindungen wirkt bei dem folgenden Erhitzen unter Luftabschluß das noch unveränderte Bleisulfid unter Bildung von metallischem Blei reduzierend:

$$PbS \ + \ 2\,PbO \ \rightarrow \ 3\,Pb \ + \ SO_2$$
Bleisulfid — Bleioxyd — Blei — Schwefeldioxyd

$$PbS \ + \ PbSO_4 \ \rightarrow \ 2\,Pb \ + \ 2\,SO_2$$
Bleisulfid — Bleisulfat — Blei — Schwefeldioxyd

Ein anderer Weg ist das Rösten auf Oxyd, das mit Kohle reduziert wird:

$$PbS \ + \ {}^3/_2\,O_2 \ \rightarrow \ PbO \ + \ SO_2$$
Bleisulfid — Sauerstoff — Bleioxyd — Schwefeldioxyd

$$PbO \ + \ C \ \rightarrow \ Pb \ + \ CO$$
Bleioxyd — Kohle — Blei — Kohlenmonoxyd

Das auf diese Weise erhaltene sog. *Werkblei* ist noch unrein und wird infolge seines Silbergehalts noch weiter auf Silber verarbeitet. Das von fremden Metallen möglichst befreite Blei ist das *Weichblei* des Handels.

Eigenschaften. Bläulichgraues, sehr weiches, leicht dehnbares und schmelzbares Schwermetall, spez. Gew. (20°) 11,34; Schmp. 327°; Sdp. 1750°. Das Metall hat auf frischer Schnittfläche einen silbrigen Metallglanz, der an der Luft infolge Oxydation rasch verschwindet. An feuchter Luft oxydiert es sich unter Bildung von Bleihydroxyd, das aus der Luft Kohlendioxyd aufnimmt und damit basisches Bleicarbonat mit der ungefähren Zusammensetzung $2PbCO_3 \cdot Pb(OH)_2$ bildet. An der Luft längere Zeit erhitzt, verbrennt das Metall zu gelbem Bleioxyd, PbO, *Bleiglätte*, das bei starkem Erhitzen in Bleitetroxyd, Pb_3O_4, *Mennige*, übergeht. Salzsäure und Schwefelsäure greifen das Metall nur oberflächlich an unter Bildung von Blei(II)-chlorid bzw. Blei(II)-sulfat. Dieser Überzug schützt das Metall vor weiterer Einwirkung der Säure („Bleikammern" der Schwefelsäuredarstellung). In Salpetersäure ist Blei leicht lösl. unter Bildung von Blei(II)-nitrat, $Pb(NO_3)_2$ Blei bildet zweiwertig die beständigen *Blei(II)-verbindungen*, vierwertig die wenig beständigen *Blei(IV)-verbindungen*. Das Bleidioxyd bildet auch mit Basen Salze, die *Plumbate*.

Aus Bleisalzlösungen scheidet sich beim Eintauchen eines Zinkstabes Blei in langen, nadelförmigen Kristallen in Form eines baumartigen Gebildes, als sog. *Bleibaum*, aus. Dieser Vorgang beruht darauf, daß das Blei edler ist als Zink. Seine elektropositiven Ionen entziehen dem metallischen Zink Elektronen. Dadurch werden sie zu Bleiatomen entladen, die Zinkatome in Zinkionen verwandelt und als solche gelöst, z. B. mit Bleinitrat:

$$Zn \; + \; Pb^{++} \; + \; 2\,NO_3{'} \; \rightarrow \; Zn^{++} \; + \; Pb \; + \; 2\,NO_3{'}$$

Toxikologie. Blei und alle Bleiverbindungen sind giftig. Nach den Bestimmungen über den Handel mit Giften sind Bleiessig und Bleizucker ☠ *3*, nach der Pflanzenschutzmittelverordnung gehören sämtliche Bleiverbindungen zur Abtl. I dieser Verordnung.

> Deshalb müssen nach dem Arbeiten mit Blei oder Bleiverbindungen vor jeder Nahrungsaufnahme die Hände sorgfältig gereinigt und der Mund gespült werden. Beim Arbeiten mit größeren Mengen pulverförmiger Bleiverbindungen muß eine Staubmaske Verwendung finden.

Bleivergiftungen treten akut und chronisch auf, daher unterliegt das Blei im Lebensmittelverkehr besonderen gesetzlichen Bestimmungen. Bleivergiftungen durch Arzneimittel können entstehen durch Verwendung von Bleisalben, Bleipudern oder Bleipflastern, besonders auf Wunden, durch Bleiwasserumschläge, am kranken Auge können Hornhauttrübungen entstehen. Die regelmäßige Aufnahme von Spuren von Blei führt zur *chronischen Bleivergiftung, Saturnismus,* der wichtigsten gewerblichen Vergiftung, die sich durch nachstehende Erscheinungen bemerkbar macht: *Bleisaum,* eine kennzeichnende graublaue Verfärbung des Zahnfleisches, *Bleikolorit,* fahle, aschgraue Gesichtsfarbe des Vergifteten, kennzeichnende Veränderung im Blutbild, steigender Blutdruck, häufiges Erbrechen, schmerzhafte Bleikoliken usw. Bei der *akuten Bleivergiftung* sind kennzeichnende Erscheinungen: Süßlich metallischer Geschmack bzw. Geruch aus dem Munde, Speichelfluß, Erbrechen und Leibschmerzen.

> **Erste Hilfe** bei der akuten Bleivergiftung: 20 g Natriumsulfat in Wasser gelöst, in der Lösung wird Tierkohle aufgeschwemmt.

Verwendung. Bedeutende Mengen von reinem Blei zur Herstellung von Akkumulatorenplatten, zur Herstellung von Bleiblechen als Bedachungsmittel und von Bleirohren, infolge seiner Beständigkeit gegen Schwefelsäure zu Gefäßen für die chemische Industrie, zur Auskleidung der Bleikammern bei der Schwefelsäurefabrikation, zur Herstellung von Bleifarben und Wasserleitungsrohren, die sich infolge des Gehaltes des Wassers an Calciumbicarbonat und Calciumsulfat rasch mit einer Schicht von Bleicarbonat und Bleisulfat überziehen und somit eine Auflösung von Blei im Wasser verhindern, zur Herstellung von Geschossen, zur Bekleidung elektrischer Kabel, mit Antimon legiert (14 bis 23%) zur Herstellung von *Hartblei*, Lettern- und Lagermetall, mit 0,3 bis 1% Arsen zu Flintenschrot, Bleilegierungen mit Zinn werden zum Löten verwendet. Da Blei auch in verd. organischen Säuren, z. B. auch in sauren Pflanzensäften, lösl. ist, wenn Luftsauerstoff mitwirkt, darf das Metall zur Herstellung von Eß- und Küchengeräten nur im beschränkten Umfang Verwendung finden, sie dürfen höchstens 10% Blei enthalten, bei verzinnten Kochgeschirren darf der Bleigehalt des Zinnüberzuges nur 1% betragen.

☠ *3*. Bleiacetat. Plumbum acęticum, DAB. 6.

Neutrales essigsaures Blei. $(CH_3COO)_2Pb \cdot 3 H_2O$. Mol.-Gew. 379,3.

Darstellung. Durch Auflösen von Bleiglätte unter Erwärmen in verd. Essigsäure, Filtrieren und Eindampfen der Lösung.

Eigenschaften. Farblose, durchscheinende, weiße, kristalline Stücke oder Kristalle, die an der Luft leicht verwittern und sich dabei mit einer Schicht von basischem Bleicarbonat bedecken, schwach nach Essigsäure riechen, lösl. in 2,3 T. Wasser.

Prüfung des DAB. 6. *Erkennung.* Die kaltgesättigte wäßrige Lösung schmeckt süßlich zusammenziehend, bläut rotes Lackmuspapier, gibt mit Natriumsulfidlösung einen schwarzen Niederschlag von Bleisulfid, PbS, mit verd. Schwefelsäure einen weißen Niederschlag von Bleisulfat, $PbSO_4$, mit Kaliumjodidlösung einen gelben Niederschlag von Bleijodid, PbJ_2, mit Eisenchloridlösung ein rötlichgelbes Gemisch, das sich beim Stehen in einen weißen Niederschlag und eine tiefrot gefärbte Flüssigkeit trennt.

DAB. 6 läßt ferner prüfen auf: *Bleicarbonat.* Beim Auflösen von 1 g B. in 5 ccm frisch ausgekochtem Wasser darf die Lösung höchstens opalisieren.

Kupfersalze. Nach Zusatz von 10 ccm verd. Schwefelsäure zu dieser Lösung darf das Filtrat beim Übersättigen mit Ammoniakflüssigkeit nicht gefärbt sein und keinen rotgelben Niederschlag, *Eisensalze*, geben.

Aufbewahrung. *Vorsichtig!*

Verwendung. *Äußerl.* zu Augentropfen und Umschlägen (0,5%), als Reagens zum Nachweis von Sulfiden u. a., *technisch* als Trockenmittel für Firnis, in der Baumwollfärberei und -druckerei, zur Herstellung von Farben (Chromgelb, Chromorange), zur Holzbeizenherstellung.

☠ *3*. Bleiacetat, rohes. Plumbum acęticum crudum, Erg.-B. 6.

Roher Bleizucker. $(CH_3COO)_2Pb \cdot 3 H_2O$.

Eigenschaften. Grobe Kristallmassen, meist oberflächlich verwittert und mit basischem Bleiacetat bedeckt, mit schwachem *Geruch* nach Essigsäure, lösl. in etwa 5 T. Wasser mit schwacher Trübung.

Prüfung des Erg.-B. 6. *Eisensalze, Kupfersalze.* 1 T. r. B. in 10 T. frisch ausgekochtem Wasser muß mit Kaliumferrocyanidlösung einen rein weißen Niederschlag geben.

Erkennung. → Bleiacetat.

Aufbewahrung. *Vorsichtig!*

Verwendung. Zur Herstellung von Sikkativen, Firnissen, zur Herstellung anderer Bleiverbindungen.

☠ *1*. Bleiarsenat. Plumbum arsenįcicum.

Arsensaures Blei. $Pb_3(AsO_4)_2$. Mol.-Gew. 899.

Darstellung. Durch Fällen von Bleiacetatlösung mit Natriumarsenat.

Eigenschaften. Weißes, in Wasser unlösl. Pulver.

Aufbewahrung. *Vorsichtig, im Giftschrank!*

Verwendung. Als Schädlingsbekämpfungsmittel (Fraßgift), wirksamstes Mittel gegen den Kartoffelkäfer, im *Weinbau gesetzlich verboten*, im Obstbau finden bleiarsenathaltige Mittel, die vom Deutschen Pflanzenschutzdienst empfohlen sind, gegen fressende Insekten Verwendung (s. Schädlingsbekämpfung).

Bleiborat. Plumbum bǫricum.

Borsaures Blei. Bleisikkativ. $Pb(BO_2)_2 \cdot 2 H_2O$.

Darstellung. Aus Bleinitrat und Boraxlösung.

Eigenschaften. Weißes, in Wasser schw. lösl. Pulver.

Verwendung. Als Trockenmittel zu Firnissen und Ölfarben, zur Herstellung stark lichtbrechender Gläser (Blei- und Kristallgläser), als Flußmittel in der Keramik.

Bleichlorid. Plumbum chloratum. Blei(II)-chlorid. Giftig!

Chlorblei. $PbCl_2$. Mol.-Gew. 278,12.

Blei(II)-chlorid kommt natürlich als *Hornblei* vor.

Darstellung. Durch Fällen konz. Bleisalzlösungen mit Salzsäure oder Chloriden.

Eigenschaften. Weißes, kristallines Pulver, in kaltem Wasser wenig, leichter in heißem Wasser lösl. Schmp. 498°.

Verwendung. Als Reagens, als Zusatz zu Silbernitrat (2 bis 5%) zur Herstellung harter Höllensteinstifte, zur Herstellung von Bleichromat, zur Holzkonservierung gemischt mit Quecksilber und Zinkchlorid.

☠ 3. Bleichromat. Plumbum chromicum.

Chromsaures Blei. Chromgelb. $PbCrO_4$. Mol.-Gew. 323,22.

Bleichromat kommt natürlich als Mineral, *Rotbleierz*, vor.

Darstellung. Durch Fällen von Bleisalzlösungen mit Kaliumchromat bzw. Kaliumdichromat:

$$Pb(NO_3)_2 \;+\; K_2CrO_4 \;\rightarrow\; PbCrO_4 \;+\; 2\,KNO_3$$

Bleinitrat   Kaliumchromat   Bleichromat   Kaliumnitrat

Eigenschaften. Schweres, gelbes, in Wasser und verd. Essigsäure unlösl. Pulver, l. lösl. in Kali- und Natronlauge.

Aufbewahrung. *Vorsichtig!*

Verwendung. Rein oder mit Zusätzen als Malerfarbe, auch unter den Bezeichnungen *Citronengelb, Kölner Gelb, Königsgelb, Leipziger Gelb, Pariser Gelb*, zu Holzbeizen, als Druckfarbe.

☠ 3. Bleichromat, basisches. Plumbum chromicum basicum.

Chromrot. Chromzinnober. Derbyrot. Persisch Rot. Wiener Rot. $PbCrO_4 \cdot PbO$. Mol.-Gew. 546,43.

Darstellung. Durch Kochen von Kaliumchromatlösung mit Bleichromat oder durch Behandlung von Bleichromat mit kalter, verd. Natronlauge.

Eigenschaften. Schweres, rotes, in Wasser unlösl. Pulver.

Verwendung. Als Malerfarbe.

Bleicyanamid.

Bleicyanamid ($PbCN_2$) ist unter der Bezeichnung Bleicyanamid DK 825[1], als sehr wirtschaftliches Rostschutzpigment von hoher Wirksamkeit, im Handel. Streichfertige Farben auf der Grundlage von Bleicyanamid DK 825 sind durch die auf dem Rostschutzgebiet spezialisierten Lack- und Farbenfabriken zu beziehen.

Bleicyanamid wird durch Fällung eines Bleisalzes mit Cyanamidlösung erhalten und hat daher die dem Kalkstickstoff entsprechende Formel (s. oben).

Eigenschaften. Gelbe, nadelige Kristalle, Durchmesser 0,5 bis 1,0 μ, Länge 1 bis 5 μ. Die streichfertige Farbe hat ein Volumen von etwa 0,5 l, setzt kaum ab und läßt sich auch nach längerer Lagerzeit wieder leicht aufrühren.

---

[1] Duisburger Kupferhütte, Duisburg.

Bleicyanamidfarben zeichnen sich aus durch geringes spezifisches Gewicht, große Lagerfähigkeit, leichte Verstreichbarkeit und hohe Ergiebigkeit bei normaler Schichtdicke. Die Kennzeichen der Bleicyanamidanstriche sind rasche und intensive Bleiseifenbildung, langanhaltende alkalische Passivierung infolge seines hohen p_H-Wertes, hohe Elastizität und Haftfestigkeit, schnelle Überstreichbarkeit und Wirtschaftlichkeit. Bleicyanamidfarben dicken auch bei längerer Lagerung nicht ein, wenn die angeriebene Farbe im *verschlossenen* Hobbock gehalten wird. Die Bleiseifenbildung tritt dagegen beim Bleicyanamidfilm unter der Einwirkung von Luftsauerstoff sehr schnell ein.

Bleicyanamid DK 825 wird normalerweise im Leinöl-Grundanstrich verwendet, läßt sich aber auch mit anderen gebräuchlichen Bindemitteln kombinieren. Eine sorgfältige Entrostung des Untergrundes ist in jedem Falle erforderlich. Bei der Herstellung und Verarbeitung von Bleicyanamidfarben gelten die bei Bleifarben *gesetzlich vorgeschriebenen Schutzmaßnahmen.*

Verwendung. Im Stahlhochbau, Brückenbau, in der Berg- und Hüttenindustrie, in Energieversorgungsanlagen der chemischen Industrie, im Fahrzeug- und Schiffsbau.

Bleidioxyd. Blei(IV)-oxyd.

PbO_2. Mol.-Gew. 239.

Strukturformel: $O=Pb=O$. Die alten Bezeichnungen Bleisuperoxyd usw. sind daher irreführend, da Bleidioxyd kein Peroxyd ist.

Darstellung. Durch Behandlung von Mennige, Pb_3O_4, mit verd. Salpetersäure:

$$Pb_3O_4 \;+\; 4\,HNO_3 \;\rightarrow\; PbO_2 \;+\; 2\,Pb(NO_3)_2 \;+\; 2\,H_2O$$

Mennige   Salpetersäure   Bleidioxyd   Blei(II)-nitrat   Wasser

Eigenschaften. Dunkelbraunes, schweres, in Wasser und Salpetersäure unlösl. Pulver.

Erkennung. B. löst sich beim Erwärmen unter Zusatz von Zucker, Oxalsäure, Wasserstoffperoxydlösung oder anderen Reduktionsmitteln in Salpetersäure.

Mit Salzsäure entwickelt es Chlor unter Bildung von Bleichlorid:

$$PbO_2 \;+\; 4\,HCl \;\rightarrow\; Cl_2 \;+\; PbCl_2 \;+\; 2\,H_2O$$

Bleidioxyd   Salzsäure   Chlor   Blei(II)-chlorid   Wasser

Beim Zusammenreiben mit Schwefel entzündet sich dieser.

Aufbewahrung. *Vorsichtig!*

Verwendung. Zu Reibflächen für phosphorfreie Zündhölzer, in der Feuerwerkerei, als Zusatz zu Knallquecksilberzündsätzen, zur Herstellung von Elektroden in Akkumulatoren, zum Überziehen von Kohle-Elektroden, in der Farbenherstellung, als Oxydationsmittel für organische Substanzen.

☪ 3. Bleiessig. Liquor Plumbi subacetici, DAB. 6.

Basische Bleiacetatlösung. Bleisubacetatlösung.

Darstellung. Durch Mischen von Bleiacetat mit Bleiglätte und Eintragen des Gemisches in destilliertes Wasser. (Herstellungsvorschrift s. Bd. III).

Eigenschaften. Klare, farblose, süß und zusammenziehend schmeckende Flüssigkeit, die Lackmuspapier bläut, Phenolphthaleinlösung aber nicht rötet. D. (20°) 1,232 bis 1,237.

Prüfung des DAB. 6. Außer den vorgenannten Erkennungseigenschaften: *Erkennung.* Beim Versetzen von B. mit Eisenchloridlösung im Überschuß entsteht eine gelbrote Mischung, aus der sich beim Stehen ein weißer Niederschlag, Bleichlorid, $PbCl_2$, und eine durch basisches Ferriacetat dunkelrot gefärbte Flüssigkeit abscheiden.

Aufbewahrung. Bleiessig nimmt aus der Luft Kohlendioxyd auf und wird dabei durch das gebildete basische Bleicarbonat getrübt. Er ist deshalb in kleinen, gut verschlossenen und mit feuchtem, jedoch abgetrocknetem Pergamentpapier gedichteten Flaschen aufzubewahren.

Verwendung. *Äußerl.* zu Umschlägen (1 Eßlöffel auf 1 l Wasser), als mild adstringierendes Mittel bei Quetschungen, zur Herstellung von *Bleiwasser, Aqua Plumbi, DAB. 6* (s. Bd. III), das bei der Abgabe vor Gebrauch umzuschütteln ist. Bei der Verwendung von Bleiwasser am Auge sind schon bei kleinen Hornhautverletzungen dauernde Trübungen der Hornhaut aufgetreten. Zur Herstellung von *Bleisalbe, Unguentum Plumbi, DAB, 6* (s. Bd. III), und *Goulardsches Bleiwasser, Aqua Plumbi „Goulard“, Erg.-B. 6,* das ebenfalls vor der Abgabe umzuschütteln ist (s. Bd. III). Die feine weiße Trübung durch basisches Bleicarbonat entsteht durch den Gehalt an Calciumcarbonat bei Verwendung von Brunnenwasser. Als Reagens zum Nachweis von Sulfiden und Ameisensäure, zur Herstellung von Bleiweiß nach dem englischen Verfahren.

☠ 3. Bleijodid. Blei(II)-jodid. Plumbum jodatum, Erg.-B. 6. Stoff B.

Jodblei. PbJ_2. Mol.-Gew. 461,0.

Darstellung. Durch Versetzen siedend heißer Lösungen von Kaliumjodid und Bleinitrat.

Eigenschaften. Gelbes, schweres, kristallines, geschmackloses Pulver, in Wasser fast unlösl., leichter in siedendem Wasser, leicht lösl. in heißer Ammoniumchloridlösung. Beim Erkalten der heißen wäßrigen Lösung scheidet es sich in goldgelben, glänzenden Blättchen ab.

Prüfung des Erg.-B. 6. *Erkennung.* Beim Erhitzen färbt sich B. dunkler und schmilzt zu einer blauschwarzen Flüssigkeit unter Entwicklung violetter Joddämpfe. Mit Natriumsulfidlösung gibt die wäßrige Lösung einen schwarzen Niederschlag von Bleisulfid, PbS.
Erg.-B. 6 läßt ferner prüfen auf Alkalisalze.

Aufbewahrung. *Vorsichtig!*

Verwendung. *Med. äußerl.* zu Wundsalben (5%), *technisch* als Ersatz für Goldbronze.

☠ 3. Bleimennige. Mennige. Minium, DAB. 6.

Rotes Bleioxyd. Plumbum oxydatum rubrum. Pb_3O_4. Mol.-Gew. 685,6.

Mennige ist das Bleisalz der *Orthobleisäure,* H_4PbO_4, *Blei(II)-orthoplumbat,* $Pb_2(PbO_4)$.

$$\overset{II}{Pb}\diagdown\!\!\!\overset{O}{}\!\!\!\diagup\overset{IV}{Pb}\diagdown\!\!\!\overset{O}{}\!\!\!\diagup\overset{II}{Pb}$$

Strukturformel

Darstellung. Durch Erhitzen von Bleioxyd an der Luft in Tonmuffeln auf etwa 500°:

$$6\,PbO \;+\; O_2 \;\rightarrow\; 2\,Pb_2O_4$$

Bleioxyd — Sauerstoff — Mennige

Eigenschaften. Scharlachrotes, schweres, in Wasser unlösl. Pulver. Spez. Gew. 9. Die auffallende Farbe hängt wahrscheinlich mit den verschiedenen Oxydationsstufen, in denen das Blei vorhanden ist, zusammen.

Prüfung des DAB. 6. Beim Übergießen mit Salzsäure entweicht Chlor, und es entsteht ein weißer, kristalliner Niederschlag von Bleichlorid, $PbCl_2$.
Fremde Beimengungen. 2,5 g M. werden in ein Gemisch von 10 ccm Salpetersäure und 10 ccm Wasser eingetragen. Der hierbei entstehende braune Niederschlag von Bleidioxyd, PbO_2, muß sich auf Zusatz einer Mischung von 1 ccm konz. Wasserstoffperoxydlösung und 9 ccm Wasser lösen bis auf einen Rückstand von höchstens 0,035 g (es entsteht dabei Blei(II)-nitrat).

Aufbewahrung. *Vorsichtig*, in gut verschlossenen Gefäßen, da M. Kohlensäure und Feuchtigkeit aus der Luft aufnimmt.

Verwendung. *Med.* zur Herstellung von *Emplastrum fuscum camphoratum*, *DAB. 6*, s. Bd. III. *Technisch* mit Leinöl angerührt als Rostschutzfarbe für Eisen, das es passiviert und gleichzeitig ein rasches Erhärten des Öles bewirkt, in der Keramik zu Glasuren, in der Glasfabrikation zu Bleigläsern, zur Herstellung von Kitten, Firnissen, in der Porzellanmalerei.

Bleinitrat. Blei(II)-nitrat. Plumbum nitricum.

Salpetersaures Blei. Bleisalpeter. $Pb(NO_3)_2$. Mol.-Gew. 331,23.

Darstellung. Durch Auflösen von Bleiglätte (PbO) in Salpetersäure.

Eigenschaften. Farblose, luftbeständige, in Wasser l. lösl., durchscheinende Kristalle oder weißes, kristallines Pulver; B. zerfällt beim Erhitzen auf 350° in Bleioxyd, Sauerstoff und Stickstoffdioxyd und verpufft auf glühender Kohle.

Aufbewahrung. *Vorsichtig!*

Verwendung. Als Sauerstoffträger zu Zündmischungen und Explosivstoffen, in der Zündholzindustrie, zum Imprägnieren der Lunten von Feuerzeugen mit Cerstahl, zu Beizen in der Färberei, zur Herstellung von Bleichlorid, Bleichromaten und Farblacken, als Perlmutterbeize für Horn.

☠ 3. Bleioxyd. Blei(II)-oxyd. Plumbum oxydatum, DAB. 6. Bleiglätte. Lithargyrum.

Silberglätte. Goldglätte. PbO. Mol.-Gew. 223,2.

Darstellung. Bei der Gewinnung von Silber durch Oxydation von geschmolzenem Blei an der Luft und anschließendem raschen Abkühlen.

Eigenschaften. Gelbes oder rotgelbes, in Wasser fast unlösl., in verd. Salpetersäure unter Bildung von Bleinitrat ($PbNO_3$) lösl. Pulver.

Prüfung des DAB. 6. *Erkennung.* Die salpetersaure Lösung gibt mit Natriumsulfidlösung einen schwarzen Niederschlag von PbS, in verd. Schwefelsäure einen weißen Niederschlag von Bleisulfat, das sich in überschüssiger Natronlauge löst. Beim Erhitzen auf etwa 500° geht Bleiglätte in die rote Mennige, Pb_3O_4, über. B. ist amphoter, löst sich daher in Säuren zu den entsprechenden Salzen, in Laugen zu *Plumbiten*, Fette werden durch Bildung von fettsauren Salzen, Bleisalzen, verseift.

DAB. 6 läßt ferner prüfen auf Kupfersalze, Eisensalze, metallisches Blei, unlösliche Verunreinigungen, Feuchtigkeit und basische Bleicarbonate.

Aufbewahrung. *Vorsichtig*, in gut verschlossenen Gläsern.

Verwendung. *Med.* zur Herstellung von Bleiessig und Bleipflaster, *Emplastrum Lithargyri, DAB. 6*, und gelbem *Zugpflaster, Emplastrum Lithargyri compositum, DAB. 6; technisch* zu Kitten für Glas und Metall, in der Keramik-, Porzellan- und Glasmalerei, zu stark lichtbrechenden Gläsern (s. Flintglas), zur Herstellung von Kristallglas, zur Tonglasierung, zum Färben von Bronzen und Messing sowie von Horn, Haaren und Wolle.

Massicot, das als Anstrichfarbe Verwendung findet, ist ein hellgelbes Pulver, das beim Erhitzen von Bleicarbonat oder Bleinitrat nicht über 890° erhalten wird.

Bleistearat. Plumbum stearinicum, Erg.-B. 6.

Stearinsaures Blei. $(C_{17}H_{35}COO)_2Pb$.

Darstellung. Durch Fällung einer Lösung von Stearinseife mit Bleiacetat.

Eigenschaften. Weißes bis weißgelbliches, mit einem Stich ins Rötliche, feines, sich fettig anfühlendes, in Wasser unlösl., in heißem Weingeist lösl. Pulver.

Erg.-B. 6 läßt prüfen auf Schwermetallsalze und Essigsäure.

Aufbewahrung. *Vorsichtig!*

Verwendung. *Med. äußerl.* als Streupulver, zu Wundsalben (5%), *technisch* als Trockenmittel für Lacke, zur Verdickung von Ölen, als Zusatz zu Gummimischungen, bei der Verarbeitung von Kunststoffen.

☠ *3.* Bleisulfat. Blei(II)-sulfat. Plumbum sulfuricum.

Schwefelsaures Blei. Bleivitriol. $PbSO_4$. Mol.-Gew. 303,27.

Bleisulfat kommt natürlich als *Vitriolbleierz, Anglesit,* vor und bildet sich auch beim Entladen von Bleiakkumulatoren an beiden Elektroden.

Darstellung. Durch Fällen von Blei(II)-salzlösungen mit Schwefelsäure oder Sulfatlösungen:

$$Pb(NO_3)_2 \;+\; Na_2SO_4 \;\rightarrow\; PbSO_4 \;+\; 2\,NaNO_3$$

Blei(II)-nitrat Natriumsulfat Blei(II)-sulfat Natriumnitrat

Eigenschaften. Weißes, kristallines, schweres, in Wasser sehr schw. lösl. Pulver, lösl. in Alkalien und Ammoniumtartratlösung, die freies Ammoniak enthält. In konz. Schwefelsäure löst es sich, fällt aber beim Verdünnen der Lösung mit Wasser wieder aus.

Verwendung. Als weiße Malerfarbe (für Innenanstriche verboten!), als Beschwerungsmittel, zur Darstellung von Mennige, als Streckmittel für Farben und lithographische Farblacke, in der Zeugdruckerei. Bei seiner Verwendung als Malerfarbe dunkelt Bleisulfat durch Schwefelwasserstoff unter PbS-Bildung nach ($\rightarrow$ Bleisulfid).

Bleisulfid. Blei(II)-sulfid. Plumbum sulfuratum.

Bleimonosulfid. Schwefelblei. PbS. Mol.-Gew. 239,27.

Bleisulfid kommt natürlich als *Bleiglanz* oder *Galenit* vor, und ist das wichtigste Bleimineral. Hauptfundorte: Erzgebirge, Oberschlesien, Harz, Siegerland, Westfalen, Schweden, USA (Mississippigebiet). Auf seiner Bildung beruht das Nachdunkeln bleihaltiger Farben in Gemälden und Ölanstrichen. Diese können durch Wasserstoffperoxyd aufgehellt werden, wobei sich das schwarze Bleisulfid zu weißem Bleisulfat oxydiert.

Eigenschaften. Schwarzes, amorphes Pulver, unlösl. in verd. Säuren, das sich beim Erhitzen mit starker Salzsäure unter Bildung von Schwefelwasserstoff und Bleichlorid zersetzt.

Verwendung. Als Entfärbungsmittel für Pflanzenstoffe und gefärbte Verbindungen, das Mineral in der Keramik zu Glasuren.

Bleitannat. Plumbum tannicum, Erg.-B. 6. Stoff B.

Gerbsaures Blei.

Darstellung. Durch Eintragen von Bleiessig in eine Gerbsäurelösung.

Eigenschaften. Feines, gelblichgraues, in Wasser unlösl., geschmackloses Pulver, das beim Erhitzen verkohlt und Bleioxyd hinterläßt.

Aufbewahrung. *Vorsichtig!*

Verwendung. *Med. äußerl.* in Puder- oder Salbenform (5%).

Bleitannat, feuchtes. Plumbum tannicum pultiforme, Erg.-B. 6.

Verwendung. *Med. äußerl.* zu Wundsalben (10%), Herstellungsvorschrift s. Bd. III.

14 *

Bleitetraäthyl. Tetraäthylblei. Giftig!

$$Pb(C_2H_5)_4.$$

Darstellung. Durch Einwirkung von Äthylbromid oder Diäthylsulfat auf Bleinatrium und nachfolgende Destillation mit Wasserdampf.

Eigenschaften. Farblose, schwere, brennbare, ölige und giftige Flüssigkeit, die schon bei Zimmertemperatur mit Benzin flüchtig ist, und angezündet mit orange gefärbter, blaßgrün gesäumter Flamme verbrennt. D. (18°) 1,659; Sdp. 200°.

Toxikologie. B. ist lipoidlöslich, dringt also durch die Haut hindurch und kann auf diesem Wege, aber auch schon beim Einatmen der Dämpfe, Blutdrucksenkung und schwere Nervenschädigungen verursachen und zu akuten und chronischen Bleivergiftungen führen. Wird B.-haltiger Motortreibstoff vernebelt, ruft er Haarausfall hervor.

Erkennung von „verbleitem" Benzin. Beim Überschichten von 0,2 g Kaliumchlorat mit 5 ccm Benzin und Zusatz, ohne umzuschütteln, von 3 bis 5 Tr. konz. Salzsäure, sinkt diese im Benzin unter und entwickelt mit dem Kaliumchlorat Chlor, das nach einigen Min. das Bleitetraäthyl zu weißem Bleichlorid, $PbCl_2$, umsetzt. Die Probe ist sehr empfindlich und erzeugt noch in einer Verdünnung von etwa 1 : 5000 deutliche Trübung. Bleibt die Lösung klar, ist das geprüfte Benzin nicht „verbleit".

Verwendung. Als Antiklopfmittel für Treibstoffe (Motorenbenzin), in Mischung mit Äthylenbromid unter der Bezeichnung *Ethylfluid*. Mit B. versetztes Blei, das als Autobenzin Verwendung findet, muß durch Anilinfarbstoff deutlich gefärbt sein. Zur Händereinigung, ebenso zur Reinigung von Kleidungsstücken, Motorenteilen, zur Beheizung von Feuerzeugen, Kochern, Lötlampen usw., ist die Verwendung von „verbleitem" Benzin *verboten*.

Bleithiosulfat. Plumbum thiosulfuricum.

Thioschwefelsaures Blei. PbS_2O_3. Mol.-Gew. 319.

Darstellung. Durch Fällen einer Bleisalzlösung mit Natriumthiosulfatlösung.

Eigenschaften. Weißes, sehr wenig in Wasser, leichter in Lösungen von Thiosulfaten lösl. Salz.

Verwendung. Zur Herstellung von Zündmassen, zum Vulkanisieren von Guttapercha und Kautschuk.

Bleitrockenmittel.

Als Trockenmittel für Leinöl und Leinöllacke finden Verwendung:
Bleioleat, *Bleilinoleat,* *Bleimanganat,* *Bleimanganlinoleat* und *Bleiresinat.*
(→ Sikkative Farbwarenkunde Bd. I.)

☠ 3. Bleiweiß. Cerussa, DAB. 6.

Basisches Bleicarbonat. Plumbum subcarbonicum.

Zusammensetzung annähernd $(PbCO_3)_2 \cdot Pb(OH)_2$. Gehalt mindestens 78,9% Blei.

Darstellung. Durch Einwirkung von Kohlendioxyd auf basisches Bleiacetat.
Dabei werden 3 Verfahren unterschieden:
1. Holländisches Verfahren. Dieses Verfahren ist umständlich und beansprucht 4 Wochen Zeit, es ergibt aber ein sehr feines Bleiweiß mit sehr guter Deckkraft. In glasierte Tongefäße, die am Boden eine Schicht Essig enthalten, werden aufgerollte Bleibleche gestellt und dann die Töpfe mit Pferdemist und Gerberlohe bedeckt. Durch Gärung entsteht eine Temperaturerhöhung und infolge der Einwirkung von Essigdämpfen und Luftsauerstoff basisches Bleiacetat, das durch die

Gärungskohlensäure allmählich in basisches Bleicarbonat umgewandelt wird. Nach Wochen werden die Bleirollen herausgenommen, das Bleiweiß abgeklopft und dann die Bleirollen erneut verwendet.

2. Englisches Verfahren. Bei diesem läßt man Kohlendioxyd auf eine Lösung von basischem Bleiacetat einwirken.

3. Deutsches Verfahren. Durch gleichzeitige Einwirkung von Luft, Kohlendioxyd und Essigsäuredämpfen in geheizten Räumen und Sammeln des gebildeten Bleiweißes. Das gebildete Bleiweiß wird von den Platten abgeklopft und durch Waschen und Schlämmen gereinigt. Das erhaltene Bleiweiß soll dem nach dem holländischen Verfahren gewonnenen ebenbürtig sein.

Eigenschaften. Weißes, schweres Pulver oder leicht zerreibliche Stücke, unlösl. in Wasser, das beim Erhitzen in Bleioxyd, Kohlendioxyd und Wasser zerfällt.

Prüfung des DAB. 6. *Erkennung.* In verd. Salpetersäure und verd. Essigsäure ist B. unter Aufbrausen und Entwicklung von Kohlendioxyd löslich. Fremde Beimengungen, wie Schwerspat, Gips, Bleisulfat, werden durch einen unlösl. Rückstand erkennbar. Versetzen der salpetersauren Lösung mit Natriumsulfidlösung ergibt eine schwarze Fällung von Bleisulfid, PbS; mit verd. Schwefelsäure eine weiße Fällung von Bleisulfat, $PbSO_4$.

DAB. 6 läßt ferner prüfen auf wasserlösliche Bleisalze, Alkalisalze, Erdalkalisalze, Bariumsalze, Zink-, Kupfer- und Eisensalze und den vorgeschriebenen Gehalt.

Aufbewahrung. *Vorsichtig!*

Verwendung. *Med.* zur Herstellung mehrerer offizinellen Zubereitungen, wie *Bleiweißsalbe, Unguentum Cerussae, DAB. 6* (s. Bd. III), *Kampferhaltige Bleiweißsalbe, Unguentum Cerussae camphoratum, DAB. 6* (s. Bd. III) und des obsoleten *Bleiweißpflasters, Emplastrum Cerussae, DAB. 6 Technisch* spielt Bleiweiß als Anstrichfarbe eine große Rolle, da es wegen der mit Öl sich bildenden schwerlösl. Bleiseife eine besonders haltbare Grundlage für Anstrichfarben gibt; es wird aber neuerdings vielfach durch Lithopone, Titanweiß u. a. ersetzt. Zu Glasuren in der Tonwarenindustrie, zur Herstellung von Bleiweißkitt (s. Bd. III); seine Verwendung für kosmetische Zwecke ist wegen seiner Giftigkeit gesetzlich verboten.

Erkennung der Bleiverbindungen.

Bleisalze sind weiß, ihre Lösungen farblos.

Lötrohrprobe. Bleiverbindungen liefern mit Soda gemischt und auf Kohle in der reduzierenden Lötrohrflamme erhitzt, weiche Kügelchen von metallischem Blei, die heiß meist dunkelgelb, kalt hellgelb durch Bleioxyd beschlagen sind.

Reaktionen auf nassem Wege. 1. Verd. Schwefelsäure scheidet aus Bleisalzlösungen weißes Blei(II)-sulfat als feinkristallines Pulver ab:

$$Pb(NO_3)_2 \;+\; H_2SO_4 \;\rightarrow\; 2\,HNO_3 \;+\; PbSO_4\downarrow$$

2. Verd. Salzsäure und lösl. Chloride fällen aus Bleisalzlösungen in der Kälte weißes Blei(II)-chlorid, lösl. in heißem Wasser:

$$Pb(NO_3)_2 \;+\; 2\,HCl \;\rightarrow\; 2\,HNO_3 \;+\; PbCl_2\downarrow$$

3. Natriumsulfid oder Ammonsulfid fällen schwarzglänzendes Bleisulfid, PbS, lösl. in Salpetersäure.

4. Kaliumchromat oder Kaliumdichromat geben in neutraler oder essigsaurer Lösung gelbes, in Essigsäure unlösl. Bleichromat, das aber in Mineralsäuren und Natronlauge lösl. ist:

$$Pb(NO_3)_2 \;+\; K_2CrO_4 \;\rightarrow\; 2\,KNO_3 \;+\; PbCrO_4\downarrow$$

5. Kaliumjodid gibt gelbes Bleijodid, das sich in heißem Wasser farblos löst:

$$Pb(NO_3)_2 \;+\; 2\,KJ \;\rightarrow\; PbJ_2\downarrow \;+\; 2\,KNO_3$$

Bleichen.

Chlor in Gegenwart von Wasser, besonders in alkalischer Lösung, ebenso die unterchlorige Säure und ihre Salze, die Hypochlorite, sind vorzügliche Oxydationsmittel. Diese Tatsache wird beim Bleichprozeß praktisch verwertet. Die unterchlorige Säure vermag gleichermaßen die farbigen organischen Kohlenstoffverbindungen der Pflanzen, wie die künstlichen Farbstoffe, zu bleichen, d. h. diese zu entfärben. Auch die Wirkung des Chlorwassers und der Natriumhypochloritlösung hängt mit derjenigen der unterchlorigen Säure zusammen. Chlor reagiert mit Wasser unter Bildung von unterchloriger Säure:

$$Cl_2 \; + \; H_2O \; \rightarrow \; HCl \; + \; HOCl$$

$$\text{Chlor} \qquad \text{Wasser} \qquad \text{Chlorwasserstoff} \quad \text{unterchlorige Säure}$$

Die unterchlorige Säure zerfällt im Sonnenlicht:

$$2\,HOCl \; \rightarrow \; 2\,HCl \; + \; O_2$$

$$\text{unterchlorige Säure} \qquad \text{Chlorwasserstoff} \qquad \text{Sauerstoff}$$

Dieser Sauerstoff im Entstehungszustand bewirkt dann den Bleichprozeß. Unterchlorige Säure und ihre Salze kann man zum Bleichen von Baumwolle, Leinen und Zellstoff verwenden, wenn sie in nicht zu starker Lösung angewandt und nach dem Bleichen sofort und vollständig wieder entfernt werden. Wolle, Seide und Federn dagegen, werden zu stark von unterchloriger Säure und ihren Salzen angegriffen und werden deshalb unter Verwendung von Schwefeldioxyd, Wasserstoffperoxyd oder anderen Peroxyden gebleicht.

Andere Stoffe, wie fette Öle, dunkle Mineralöle, Paraffine, Erdwachse, Zuckersäfte usw., werden durch besonders fein verteilte oberflächenaktive Stoffe, wie Aktivkohlen, Bleicherden, Silikagel usw., entfärbt, gebleicht. Diese Bleichmittel adsorbieren die enthaltenen färbenden Begleitstoffe.

Bleicherde.

Unter Bleicherden versteht man hauptsächlich tonähnliche Aluminiumhydrosilikate mit wechselnden Beimengungen von Calcium und Eisen. Infolge ihrer Oberflächenbeschaffenheit haben sie die Fähigkeit, durch ein Zusammenspiel von chemischen und physikalischen Vorgängen besonders polare und kolloide Stoffe wie Harze, asphaltähnliche Verbindungen und färbende Bestandteile zu adsorbieren. Sie finden daher Verwendung zur Entfärbung oder Aufhellung von mineralischen, pflanzlichen und tierischen Fetten. Deutsche Bleicherden sind unter nachstehenden Markennamen im Handel:

Tonsil, Terrana, Clarit (Südchemie Moosburg und Neufeld),
Frankonit (Pfirschinger Mineralwerke, Kitzingen),
Nordal (Norddeutsche Chemische Fabriken, Harburg),
Montana (Gewerkschaft Tannenberg, Staßfurt).

Verwendung. Zum Entfärben von Mineralölen, pflanzlichen und tierischen Ölen und Fetten, zum Entfärben von Fettsäuren, in neuerer Zeit als Kontaktsubstanz oder Kontaktträger bei Kontaktspaltverfahren in der Erdölindustrie.

Bleichmittel, optische.

Die Waschmittelindustrie bedient sich neuerdings optischer Bleichmittel oder Weißtöner. Ihre Wirkung beruht auf der Fluorescenz. Im Gegensatz zu den früher üblichen Bläuungsmitteln tritt bei den modernen optischen Bleichmitteln keine

Verminderung des Lichteffektes ein, sondern eine Vermehrung desselben. Die optischen Bleichungsmittel leiten sich z. T. von Amino- und Oxynaphthalinsulfosäuren ab oder stellen Thiazol-Abkömmlinge dar. Andere sind Derivate des Diaminostilbens. Die wichtigsten optischen Bleichmittel sind die *Blankophore* (Bayer, BASF), die *Tinopal-Marken* (Geigy), die *Leucophore* (Sandoz) und die *Uvitex-Produkte* (Ciba).

Blutegel.

Blutegel. Hirudo, Erg.-B. 6.

Zu den Ringelwürmern, *Annelides*, gehörige Tiere, *Sanguisuga medicinalis Savigny*, deutscher Blutegel, und *Sanguisuga officinalis Savigny*, ungarischer Blutegel. 3 bis 5 g schwere, bis 20 cm lange Tiere mit gewölbtem, grünlichgrauem Rücken, mit 6 rötlichen, schwarz gefleckten Längsstreifen, Bauch glatt, nach vorne und hinten verschmälert, grünlichgelb, teils gefleckt, teils ungefleckt; Körper in 90 bis 100 Ringe gegliedert, die 4 vordersten Ringe sind zu einem Körper, der als Haftscheibe dient, ausgebildet. Das Saugen bewerkstelligt der Blutegel durch Andrücken des Kopfes gegen die betreffende Stelle, wo er durch wiederholte Bewegungen seiner Kiefer eine Wunde verursacht. Ein Blutegel kann die 6fache Menge seines Eigengewichtes an Blut aufnehmen. Die für arzneiliche Zwecke verwendeten Blutegel werden gezüchtet (Abb. 38).

Verwendung. Die Wirkung des Blutegelbisses ist krampflösend, lymphstrombeschleunigend, vorbeugend gegen Thrombose und gerinnungshemmend. Bei Erkrankungen der Venen, bei Blutüberfüllung gewisser Körperteile, Stauungszuständen, akuten und chronischen Entzündungen, auch bei Hautkrankheiten, bei Quetschungen, Hämorrhoiden.

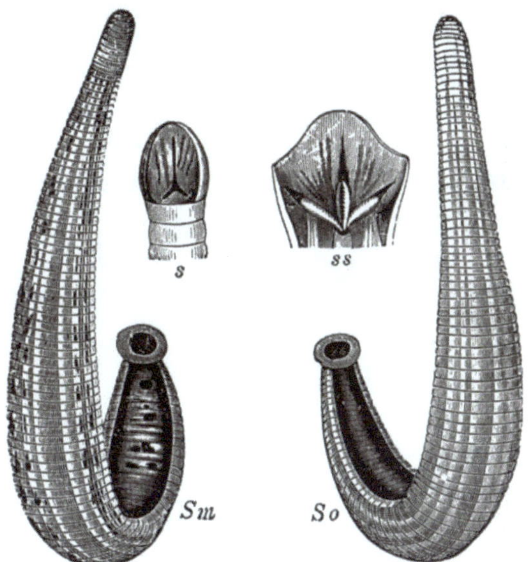

Abb. 38. Blutegel. Hirudines. *Sm* Sanguisuga medicinalis; — *So* Sanguisuga officinalis; — *s* der Mundnapf; — *ss* derselbe aufgeschlitzt.

Aufbewahrung. Zweckmäßig in besonderen, eigens für diesen Zweck hergestellten Steinguttöpfen, vor Sonnenlicht geschützt, an einem gleichmäßig kühlen Ort, zweckmäßig im Keller. Um sie vor dem Verenden zu schützen, müssen die Tiere im Winter jeden zweiten, im Sommer jeden Tag gewaschen, von anhaftendem Schleim befreit und mit frischem Wasser versorgt werden. Reinigungs- und Frischwasser sollen dieselbe Temperatur haben wie das Wasser im Aufbewahrungsgefäß.

Bockshornklee.

Bockshornklee. Trigonella foenum graecum *L.*

Papilionaceae. Griechisches Heu. Kuhhornklee.

20 bis 60 cm hohes, einjähriges, kleeähnliches Kraut, in Thüringen und Sachsen (Vogtland) feldmäßig angebaut, teilweise verwildert. Blätter dreizählig, Blüten

gelblichweiß, fast ungestielt, einzeln, mitunter zwei in den Blattachseln, Hülsen sichel- oder hornförmig gebogen, bis 25 cm lang (Abb. 39).

Bockshornsamen. Semen Foenugraeci, DAB. 6.

Griechischer Heusamen. Ziegenhornsamen. Siebenzeitensamen.

Die ausgedroschenen, reifen Samen der im Herbst geschnittenen Pflanze. Sehr hart, in der Gestalt wechselnd, gewöhnlich flach rautenförmig oder unregelmäßig gerundet, 3 bis 5 mm lang, 2 bis 3 mm breit und dick, von hellbrauner oder gelblichgrauer bis rötlicher Farbe. *Geruch* stark eigenartig, *Geschmack* bitter, beim Kauen schleimig (Abb. 39,4).

Lupenansicht. Oberflächlich feinkörnig punktiert; etwa in der Mitte der einen langen Schmalseite findet sich der etwas vertiefte, helle Nabel; ein durch eine flache, vom Nabel ausgehende diagonale Furche gekennzeichneter kleinerer Abschnitt birgt das Würzelchen des Keimlings in sich, während in dem anderen größeren Abschnitt des Samens die flachkonvexen Keimblätter des hakig gekrümmten Keimlings liegen.

Inhaltsstoffe. Reichlich Schleim (etwa 30%) und Eiweißstoffe (27%), 6 bis 10% fettes Öl mit Lecithin und Phytosterin, ein für Säugetiere ungiftiges Alkaloid *Trigonellin*, das Betain der Nicotinsäure, ein stark riechendes ätherisches Öl, Cholin, Saponin, Harze, Gerbstoffe.

Abb. 39. Bockshornklee. Trigonella foenum graecum. *1* blühender Habitus; — *2* vergrößerte Blüte; — *3* Fruchtstand; — *4* vergrößerter Same.

Verwendung. *Innerl.* 1 Teelöffel auf 1 Tasse kalt ansetzen, mehrere Stunden ziehen lassen, kurz aufkochen, 1 bis 3 Tassen mit Honig gesüßt tagsüber, Stärkungsmittel und Ersatz für Lebertran, schleimlösendes Mittel, zur Kräftigung und Appetitanregung bei Rachitis, Scrofulose, Hämorrhoiden, *äußerl.* zu Kataplasmen pulv. 3 bis 4 Eßlöffel mit Wasser zu Brei verkocht, als erweichender und verteilender Umschlag bei Entzündungen, Geschwülsten, Geschwüren, offenen, eitrigen Wunden. Die Abkochung 1 Teelöffel auf 1 Tasse zum Gurgeln bei Mandel-, Hals- und Rachenentzündungen; *vet.* zu Freß- und Viehmastpulvern und gegen Verschleimung; als Käsegewürz (Kräuterkäse); *techn.* zur Appretur von Textilien.

Prüfung des DAB. 6. Neben der Sinnesprüfung und der mikroskopischen Untersuchung darf beim Verbrennen von 1 g Bockshornsamen im gewogenen Tiegel in Sand höchstens 0,05 g Rückstand verbleiben.

Boerocerin.

Boerocerin „Ingelheim" ist eine halbkristalline, wenig gefärbte Masse, ein Emulgator mit besonders hohem Cholesteringehalt (60% und mehr), der für die Ernährung und Regeneration der Haut sehr wichtig ist. B. vereint größte Emulgierfähigkeit und ausgezeichnete Hautnahrung. Mit B. hergestellte Cremes sind auf der Haut fast glanzlos und zeigen einen ausgesprochen sahnigen Cremecharakter nach dem Typ der amerikanischen Cremes. B.-Cremes sind als Tages- und Nachtcremes hervorragend geeignet, sind durchweg blendend weiß und bilden eine vorzügliche Puderunterlage. B. läßt sich gleichzeitig mit → Hydrocerin „Ingelheim" als Emulgator verwenden (s. Bd. III).

Bohne.

Garten- oder Schnittbohne. Phaseolus vulgaris *L.*

Papilionaceae.

In Amerika heimisches, einjähriges, in mehreren Abarten bei uns angebautes Kraut mit bis 4 m langem, windendem (*subspecies communis*) oder niedrig aufrechtem, bis etwa 50 cm hohem Stengel (*subspecies manus*), dreizähligen Blättern mit Nebenblättern und meist weißen Blüten in Trauben, die kürzer als das Blatt sind, Hülsen glatt.

Bohnenmehl. Farina Fabarum.

Fabae albae pulveratae.

Pulverisierte, reife, weiße Bohnen, gelblichweißes Pulver von eigentümlichem *Geruch* und öligem *Geschmack.*

Inhaltsstoffe. Amylin, Legumin.

Verwendung. *Äußerl.* Zu Kataplasmen, in der Kosmetik statt Mandelkleie, angeteigt zu Gesichtsmasken.

Bohnenschalen. Fructus Phaseoli sine Semine, Erg.-B. 6.

Bohnenschalentee. Bohnentee.

Von den Samen befreite, getrocknete (Wasserverlust 80%) Hülsen, gelblichweiß, matt, meist in die Fruchtklappen getrennt, vereinzelt noch zusammenhängend, bis 20 cm lang und 2 cm breit, an den Enden schnabelartig zugespitzt. Oberfläche oft leicht gerunzelt und leicht spiralig gedreht. Innen weiß glänzend, mit sich leicht ablösendem Häutchen, *geruchlos*, mit schwach schleimigem *Geschmack* (Abb. 40).

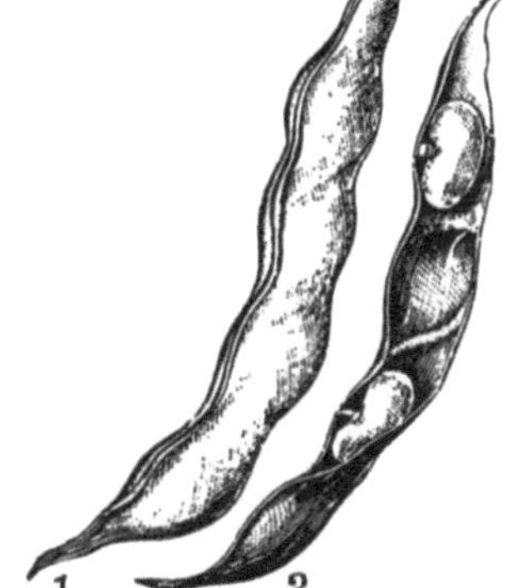

Abb. 40. Bohne. Phaseolus vulgaris.
1 geschlossen; — *2* geöffnet.

Inhaltsstoffe. Reichlich *Arginin* mit ausgesprochener Wirkung gegen Zuckerkrankheit, Asparagin, Tyrosin, reichlich Haemicellulosen, Kieselsäure, Phosphorsäure, Vitamin C u. a.

Verwendung. *Innerl.* 1 Eßlöffel auf 1 Tasse Abkochung bzw. Kaltmazerat während 6 Stunden und nachfolgendem Aufkochen, bis 3 Tassen tägl. gegen Zuckerkrankheit und Gicht, als Kieselsäuredroge gegen Tuberkulose, als harntreibendes Mittel, bei Nieren- und Herzkrankheiten. Besonders wirksam sollen unreife, grüne Bohnenschalen sein.

Bohnenkraut.

Satureja hortensis *L.*

Labiatae.

Im östlichen Mittelmeergebiet heimisches, bei uns in Gärten in Anhalt und der Provinz Sachsen feldmäßig angebautes, zuweilen auch auf Schutt vorkommendes, einjähriges, bis 30 cm hohes Kraut. Kleine, weißliche, blaßblaue bis rötliche Lippenblüten, 2 bis 5 in den Blattwinkeln sitzend.

Bohnenkraut. Herba Saturejae, Erg.-B. 6.

Pfefferkraut. Wurstkraut.

Die während der Blütezeit (Juli/September) gesammelten und getrockneten (Wasserverlust 67 bis 80%) oberirdischen Teile. Stengel rundlich, buschig-ästig, kurz, rauhhaarig, mit gegenständigen, dunkelgrünen, ganzrandigen, lineal-lanzettlichen, 3 bis 4 cm langen, in den Blattstiel verschmälerten Blättern, am Rande fein bewimpert, leicht behaart und beiderseits drüsig punktiert, Mittelnerv deutlich. *Geruch* angenehm, stark würzig, *Geschmack* brennend, scharf.

Inhaltsstoffe. 0,16 bis 2% *ätherisches Öl* (Mindestgehalt nach Erg.-B. 6 0,4%), besonders Carvacrol, Cymol, Terpen u. a., 4 bis 8% *Gerbstoff.*

Handelssorten. Bohnenkraut, Erg.-B. 6, in Bündeln,
Bohnenkraut, Erg.-B. 6, in Blättern, gerebelt.

Verwendung. *Innerl.* 1 Teelöffel auf 1 Tasse Aufguß, bis 3 Tassen tägl. als krampfstillendes, beruhigendes, blähungs-, harn- und schweißtreibendes Mittel, als stopfendes Mittel gegen Durchfall; *äußerl.* 2 Teelöffel auf 1 Tasse Aufguß zur Mundspülung; als Küchengewürz.

Aufbewahrung. Vor Licht geschützt.

Boldo.

Boldo. Peumus boldus *Molina. Monimiaceae.*

Immergrüner, im mittleren Chile häufig vorkommender kleiner Baum.

Boldoblätter. Folia Boldo, Erg.-B. 6.

Getrocknete, am Rande nach unten umgebogene Laubblätter, eiförmig, kurzstielig, bis 6 cm lang und 4 cm breit, steif, lederig und brüchig, grau bis braungrün; Oberseite mit vielen hellen Höckerchen, Unterseite fast glatt mit

Abb. 41. Boldoblätter. Folia Boldo. Schnittdroge, 2fach vergrößert. 1. und 2. Reihe Blattstückchen in Oberansicht mit Höckerchen; — darunter Blattstückchen ohne Höcker und mit Nervatur in Unteransicht; — rechts unten Samen und Zweigstückchen. (Nach *Schlemmer-Hörhammer.*)

stark hervortretendem Haupt- und zum Rande hin bogenförmig verlaufenden Seitennerven. *Geruch* kampferähnlich, *Geschmack* stark würzig (Abb. 41).

Inhaltsstoffe. *Ätherisches Öl* (Erg.-B. 6 verlangt mindestens 2%), darunter besonders viel *Ascaridol* und *Cymol*, ferner Cineol, ein Alkaloid *Boldin*, ein Glykosid *Boldiglucin*.

Verwendung. *Innerl.* 1 schwacher Teelöffel auf 1 Tasse Aufguß (große Dosen sind zu vermeiden!) als magenstärkendes, appetit- und verdauungsförderndes Mittel, als harntreibendes und Wurmmittel, zur Anregung der Gallen- und Magensekretion bei Gallensteinkolik,, bei Blasen- und Leberleiden.

Aufbewahrung. Vor Licht geschützt.

Verw. u. Verf. Blätter von *Cryptocarya peumus*, ähnlich riechende, jedoch am Rande wellig gebogene Blätter ohne Höckerchen.

Bor. Borum. B.

Atom-Gew. 10,82. — Wertigkeit 3.

Während die Borsäure etwa schon 100 Jahre früher bekannt war, ist das Nichtmetall Bor erst 1808 von DAVY und kurz darauf von GAY LUSSAC und THÉNARD gewonnen worden.

Vorkommen. Bor kommt nicht frei, sondern nur gebunden vor. In vulkanischen Gegenden (Toskana, Sasso, Siena) als freie Borsäure, enthalten in Wasserdämpfen, die dem Boden entströmen und außer Borsäure noch Schwefelverbindungen und Ammoniak enthalten. Als Borate mit Natrium, Kalium und Magnesium, besonders als *Borax* in sog. Boraxseen Asiens und Amerikas, im Meerwasser, in Tibet unter der Bezeichnung *Tinkal*, $Na_2B_4O_7 \cdot 10\,H_2O$, im *Boracit*, $[2\,Mg_3B_8O_{15} + MgCl_2]$, der Staßfurter Kainitlager, in Peru, in besonders bedeutenden Lagern in Kalifornien als *Kernit*, $Na_2B_4O_7 \cdot 4\,H_2O$, das die Hauptmenge von Borax liefert. Sehr geringe Mengen Borsäure bzw. Borsalze finden sich auch in vielen Pflanzen. Für diese ist das Bor lebensnotwendig; fehlt es im Ackerbau, so treten bei den Früchten und darauf gebauten Pflanzen Mangelkrankheiten auf, z. B. bei Zuckerrüben, Saubohnen usw. (s. Borsäure). → Spurenelemente.

Darstellung. Durch Reduktion von Bortrioxyd durch Schmelzen mit Magnesium:

$$B_2O_3 \quad + \quad 3\,Mg \quad \rightarrow \quad 3\,MgO \quad + \quad 2\,B$$

Bortrioxyd   Magnesium   Magnesiumoxyd   Bor

Eigenschaften. Amorphes, braunes bis schwarzes, abfärbendes Pulver, D. (18°) 1,73, das, an der Luft erhitzt, sich bei 700° entzündet und mit glänzendem Licht und grüner Flamme verbrennt. Durch starke Salpetersäure wird Bor unter Feuererscheinung oxydiert.

Verwendung. Elementares Bor findet zu Legierungen mit Eisen, Kupfer, Chrom, Silicium Verwendung, ferner als Zusatz zu Zündmetallen, Wolframdrähten, Bleibronzen.

Borcarbid. B_4C.

Darstellung. Durch Erhitzen von Borsäureanhydrid, B_2O_3, im elektrischen Ofen auf 2500°.

Eigenschaften. Schwarze, sehr harte, glänzende Kristalle, die chemisch äußerst widerstandsfähig sind und durch Chlor, Sauerstoff und Säuren bei gewöhnlicher Temperatur nicht angegriffen werden.

Verwendung. Wegen seiner großen Härte (ritzt Diamant) zur Herstellung von Schleifmaterial und Schleifsteinen zum Polieren von Hartmetall und Diamanten.

Boretsch.

Boretsch. Borago officinalis *L*.
Boraginaceae.

Als Küchengewürz angebautes, auf Schutt verwildert vorkommendes, bis 60 cm hohes, borstig behaartes Kraut mit wechselständigen, bis 12 cm und mehr langen und oft über 6 cm breiten, eirunden, länglich-herzförmigen oder verkehrt eiförmigen Blättern, die grundständigen in den langen Blattstiel verschmälert; obere Blätter sitzend, halbstengelumfassend, beiderseits steif- oder borstenhaarig, Stengel bis 1 cm dick, gefurcht, stark rauhhaarig, hohl oder saftig. Langgestielte blaue, mitunter weiße, nickende Blüten in Trauben. Blütezeit Juni bis August.

Boretschblüten. Flores Boraginis.

Die während der Blütezeit gesammelten und getrockneten Blüten, die Harz und Schleim enthalten.

Verwendung. *Innerl.* 1 Teelöffel auf 1 Tasse Aufguß als Blutreinigungs- und harntreibendes Mittel.

Boretschkraut. Gurkenkraut. Herba Boraginis.

Frisch gesammeltes und getrocknetes (Wasserverlust 89 bis 90%) Kraut. Die blauen Blüten der Schnittdroge haben 5 teiligen, dicht behaarten Kelch, blaue Blumenblätter und große braune, kegelförmig zusammengeneigte Antheren. Oberseite von Blattspreitenteilen dunkel- bis graugrün, Unterseite heller, mit deutlich hervortretenden Haupt- und Nebennerven. *Geruch* und *Geschmack* eigenartig.

Inhaltsstoffe. Schleim, Saponin, Gerbstoff, viel Mineralstoffe (Salpeter, Calciummalat).

Verwendung. *Innerl.* 1 Eßlöffel auf 1 Tasse Aufguß, als erweichendes, einhüllendes und entzündungswidriges Mittel. Als Küchengewürz zu Salaten u. a.

Borneol. Borneolum.

$C_{10}H_{18}O$. Mol.-Gew. 154.

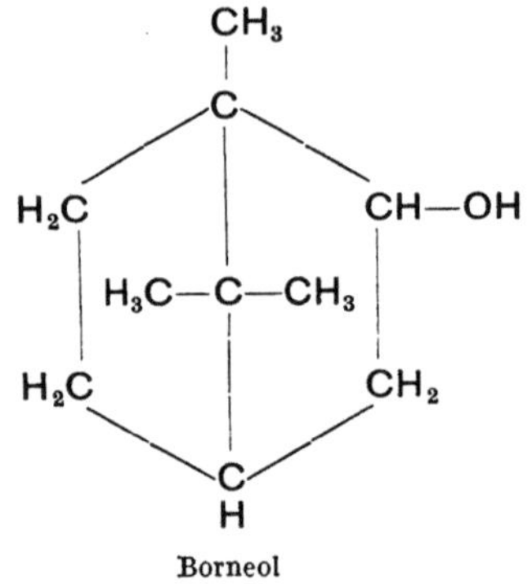

Der auf Borneo und Sumatra heimische Baum *Dryobalanops camphora Colebrooke, Dipterocarpaceae,* führt in Höhlungen und Rissen und unter der Rinde älterer Stämme *Borneokampfer,* Sumatrakampfer, der nur noch selten nach Europa gelangt, da er von den Eingeborenen für rituelle Zwecke zu Räucherungen und zur Einbalsamierung von Leichen Verwendung findet. Im Gegensatz zum Japankampfer ist er schwerer als Wasser. Er besteht hauptsächlich aus rechtsdrehendem (d)-Borneol, das durch Umkristallisieren aus Petroläther oder durch Sublimation rein erhalten werden kann.

Kampferartig riechende, farblose, tafelförmige Kristalle, unlösl. in Wasser, leicht lösl. in Weingeist, Äther, Chloroform, fetten und ätherischen Ölen. Schmp. 303°.

Auch synthetisch wird Borneol aus dem im Terpentinöl enthaltenen *Pinen* dargestellt und als Zwischenprodukt bei der Darstellung von synthetischem Kampfer erhalten.

Verwendung. Als Fixateur für rosmarin- und lavendelartig riechende billige Seifen.

Bornylacetat. Bornylum aceticum.

Essigsäurebornylester. Künstliches Fichtennadelöl. $CH_3COOC_{10}H_{17}$.

Bornylacetat wird dargestellt aus Borneol und Essigsäureanhydrid und ist der Hauptträger des Geruches der ätherischen Coniferenöle, z. B. der Fichtennadelöle, gibt aber deren Duft nur unvollkommen wieder.

Eigenschaften. Farblose, rhombische Säulen, mit kräftigem, frischem Tannenduft, leicht lösl. in Weingeist und Äther, D. (15°) 0,990 bis 0,991; Schmp. etwa 29°.

Verwendung. Zur Herstellung von Badeessenzen und Badetabletten, Zerstäuberflüssigkeiten, Luftreinigern, Luftreinigungsessenzen usw., vor seiner Verwendung zu Badepräparaten wird jedoch gewarnt, da es in diesen B. zum Husten reizt.

Bornylsalicylat. Bornylum salicylicum, Erg.-B. 6.

Salit. Mol.-Gew. 274,2.

$C_6H_4\begin{cases} OH & [1] \\ COOC_{10}H_{17} & [2] \end{cases}$

Gehalt etwa 70% Bornylsalicylat.

Rötlichbraune, in Wasser unlösl., mit absolutem Alkohol, Äther und fetten Ölen in jedem Verhältnis mischbare Flüssigkeit. Die Lösung in Isopropylalkohol (1 + 19) färbt sich durch verd. Eisenchloridlösung (1 + 19) bordeauxrot.

Erg.-B. 6 läßt prüfen auf Salicylsäure, 0,2 g dürfen nach dem Verbrennen keinen wägbaren Rückstand hinterlassen.

Verwendung. *Äußerl.* Als Einreibung (30%) gegen Nervenschmerzen, Muskel- und Gelenkrheumatismus usw., als Fixateur in Coniferenölen, als Lichtschutzsubstanz. S. ist der wirksame Bestandteil von *Salit* (Heyden) und *Salitcreme.*

Borsäure. Acidum boricum.

Acidum boracicum. Sedativsalz. Sal sedativum. Orthoborsäure, H_3BO_3.
Mol.-Gew. 61,84.

Vorkommen. In vulkanischen Gegenden in Wasserdämpfen, die dem Erdboden entströmen, sog. *Fumarolen,* gelöst (Italien, Toskana, Kalifornien).

Darstellung. Die Dämpfe werden in terassenförmig übereinanderliegende Teiche, sog. *Lagoni,* geleitet, in denen sich die Borsäure löst. Durch Eindampfen wird sie daraus gewonnen und mit Soda zu Borax verarbeitet:

$$\underset{\text{Borax}}{Na_2B_4O_7} + \underset{\text{Salzsäure}}{2\,HCl} + \underset{\text{Wasser}}{5\,H_2O} \rightarrow \underset{\text{Natriumchlorid}}{2\,NaCl} + \underset{\text{Borsäure}}{4\,H_3BO_3}$$

Die Borsäure kristallisiert aus, während Natriumchlorid in Lösung bleibt.

Eigenschaften. Borsäure bildet farblose, seidenglänzende, sich wie Seife anfühlende, schuppige Kristalle oder ein weißes Pulver. Sie ist schwer in kaltem (1 T. in 25 T.), leicht in heißem (1 T. in 3 T.) Wasser mit sehr schwach saurer Reaktion, die auf Glycerinzusatz deutlich wird, lösl. und mit Wasserdämpfen flüchtig. Auch in Weingeist und Glycerin ist Borsäure lösl. Borsäurelösung färbt die nicht leuchtende Bunsenflamme grün und rötet Lackmuspapier nur schwach. Sie ist eine sehr schwache Säure. Die natürlich vorkommenden und künstlich dargestellten Salze leiten sich von der Pyroborsäure, $H_2B_4O_7$, ab. Beim Erhitzen auf

$100°$ schmilzt die Borsäure unter Aufbläuen, verliert Wasser und geht in Metaborsäure über:

$$B{\displaystyle{—OH \atop —OH \atop —OH}} \quad\rightarrow\quad H_2O \quad+\quad B{\displaystyle{O \atop OH}}$$

Borsäure (dreibasig)   Wasser   Metaborsäure (einbasig)

Erhitzt man Metaborsäure weiter auf $160°$, so entsteht die *Pyroborsäure* oder *Tetraborsäure:*

$$4\,HBO_2 \quad\rightarrow\quad H_2O \quad+\quad H_2B_4O_7$$

Metaborsäure   Wasser   Pyro- oder Tetraborsäure
(zweibasig)

Beim Glühen bläht sich die Masse auf, verliert allmählich ihr gesamtes Wasser und geht in Borsäureanhydrid, B_2O_3, über. Von der Tetraborsäure leiten sich die meisten borsauren Salze, die *Borate*, ab. Die Alkaliborate sind in Wasser leicht lösl.

Strukturformeln der Borsäuren:

Orthoborsäure   Metaborsäure   Perborsäure   Pyro- oder Tetraborsäure

H_3BO_3 HBO_2 HBO_3 $H_2B_4O_7$

Perborate. Die sog. *Perborate* sind *Peroxydhydrate* und entstehen, wenn man auf Borsäure oder Borate Natriumperoxyd, Na_2O_2, oder Wasserstoffperoxyd, H_2O_2, einwirken läßt. Das Natriumperborat ist also kein Borat im Sinne des Wortes, sondern eine Mischung von Natriummetaborat mit Wasserstoffperoxyd unter gleichzeitiger Aufnahme von Kristallwasser, *Natriumboratperoxydhydrat*, $NaBO_2$ $\cdot H_2O_2 \cdot 3\,H_2O$. Daß diese Peroxydhydrate keine Peroxysäure enthalten, ist daran erkenntlich, daß sie aus neutraler Kaliumjodidlösung kein Jod abscheiden, sondern nur reinen Sauerstoff abgeben.

Toxikologie. Mit Borsäure konservierte Nahrungsmittel und Entfettungsmittel mit Borsäure oder Borax haben chronische Schädigungen gezeigt. Auch beim Aufstreuen von Borsäurepulver auf Wunden sind Vergiftungen aufgetreten; besonders beim Vorliegen großer Wunden wird Borsäure leicht resorbiert und muß deshalb mit größter Vorsicht angewandt werden. Borsäure und ihre Verbindungen reichern sich wegen ihrer langsamen Ausscheidung im Körper an und sind deshalb keinesfalls gefahrlos, sofern sie in Mengen von mehr als einigen Bruchteilen eines Gramms aufgenommen werden. Abmagerungsmittel, die Borsäure frei oder gebunden enthalten, dürfen daher ohne ärztliche Überwachung nicht angewendet werden.

Erkennung. 1. Flüchtige Borverbindungen färben die nicht leuchtende Bunsenflamme grün.

2. Kurkumapapier wird durch mit Salzsäure versetzte Borsäurelösung braunrot gefärbt. Die Farbe geht nach dem Betupfen mit Ammoniakflüssigkeit in Grünschwarz über.

2. Alkoholische Borsäurelösungen verbrennen mit sattgrüner Flamme infolge Bildung von flüchtigem Borsäureäthylester, $B(OC_2H_5)_3$.

Prüfung des DAB. 6. Je 5 ccm der wäßrigen Lösung $(1 + 49)$ werden geprüft auf:

Schwermetallsalze, mit 3 Tr. Natriumsulfidlösung darf weder eine Fällung noch Färbung eintreten;

Schwefelsäure, durch Bariumnitrat darf weder eine weiße Trübung noch Fällung entstehen;

Salzsäure, mit Silbernitratlösung darf weder eine weiße Trübung noch Fällung eintreten;

Calcium- und Magnesiumverbindungen, auf Zusatz von Ammoniakflüssigkeit darf durch Natriumphosphatlösung keine weiße Fällung entstehen;

Eisen, nach Zusatz einiger Tr. Salzsäure darf die Lösung durch 0,5 ccm Kaliumferrocyanidlösung (1 + 49) nicht sofort gebläut werden;

Salpetersäure, salpetrige Säure. Beim Übergießen von 0,5 g B. mit 2 ccm Schwefelsäure und Überschichten der Mischung mit 1 ccm Ferrosulfatlösung darf zwischen den Schichten keine braune Zone entstehen.

Bestimmung des Gehaltes an Borsäure in Borsalben[1]. Freie Borsäure läßt sich infolge starker hydrolytischer Spaltung nicht titrieren. Durch Zugabe von Glycerin bildet sich

$$\text{Glycerinborsäure, } C_3H_5(OH) \underset{O}{\overset{O}{\diamondsuit}} B-OH,$$ die mit Natronlauge eine einwandfreie Titration

ergibt. 10 g Salbe werden mit 10 g Glycerin und 100 ccm Wasser auf dem Wasserbad geschmolzen und nach Zugabe von Phenolphthaleinlösung mit n-Natronlauge titriert. 1 ccm entspricht 0,061884 g Borsäure.

Verwendung. Borsäure ist ein mildes und reizloses, auch für Schleimhäute (Nase, Augen, Rachen) verwendbares Antisepticum und Desinfiziens, verhindert aber Schimmelbildung nicht. Borsäure wird zu desinfizierenden kosmetischen Pulvermischungen (10%), Borsalbe, DAB. 6, und kosmetischen Salben (3 bis 10%), in wäßriger Lösung (3%) als mildes Desinfiziens verwendet. Zur Bekämpfung der Blinddarmkokzidiose der Hühnerküken gibt man 2% Borsäure zum Futter oder 0,3% zum Trinkwasser. *Technisch* findet die Borsäure zur Herstellung von Boraten, Glasuren, Email und Jenaer Glas, in der Gerberei zum Entkalken der Häute, zum Steifen der Dochte in der Kerzenindustrie, in der mikroskopischen Technik Verwendung. Zur Nahrungsmittelkonservierung ist sie verboten mit Ausnahme der → Marinaden. Borbedürftige Pflanzen sind Tomaten, Kartoffeln, Zuckerrüben und Tabak. Ohne Bor zeigen sie Wachstumsstörungen und Schädigungen der Blätter.

Botulismus.

Mit Botulismus bezeichnet man eine durch Würste, Büchsenfleisch, Schinken, Pökelfleisch oder durch nicht genügend gesalzene oder genügend saure Fischkonserven entstandene Vergiftung, hervorgerufen durch anaerobes Auskeimen der überall in der Erde vorkommenden kochbeständigen Sporen des Botulinus-Bazillus, Clostridium botulinum, das durch alkalische Reaktion begünstigt wird. Das sich bildende *Botulinustoxin* ist *hochgiftig* und ruft 12 bis 24 Std. nach der Einnahme, teilweise auch schon früher, Kopfschmerzen, Übelkeit, Erbrechen und Lähmungserscheinungen hervor. Durch derartige Vergiftungen traten früher bis zu 90% Todesfälle ein, die durch rechtzeitige Einspritzung vom Botulismus-Serum beträchtlich gesenkt werden konnten. Die mit Botulinus-Bazillus infizierten Konserven fallen nicht etwa durch Fäulnisgeruch auf, sondern riechen höchstens ranzig. Bei Anwesenheit von 10% Kochsalz oder 2% Essigsäure wird das Wachstum des Botulinus-Bazillus und des Botulinus-Toxins verhindert.

Bourbonal. Vanillal. Quatrovanill.

$$C_6H_3(OH)(O \cdot C_2H_5)CHO$$

Dies sind Handelsbezeichnungen für den 3-Äthyläther des Protocatechualdehyds. Teilweise werden sie völlig unzutreffend auch als *Äthylvanillin* bezeichnet, welches

---

[1] DAZ. 1942, 87/88, 341.

das 3-Methyl-4-äthyl-protocatechualdehyd, $C_6H_3(O \cdot C_2H_5)(O \cdot CH_3)CHO$, ist. B. besitzt einen feineren und vor allem einen kräftigeren Vanillegeruch und -geschmack als Vanillin und soll 3- bis 4mal ausgiebiger sein als dieses. Auch das Äthylvanillin hat kräftigen Vanillegeruch und ist etwa 2mal ausgiebiger als das gewöhnliche Vanillin.

Braunkohlen.

Braunkohlen stammen vorwiegend von untergegangenen Bäumen (Sumpfzypressen) und aus einer Zeit, die viele hunderttausend Jahre zurückliegt. Im Gegensatz zum Torf ist die Braunkohle der Steinkohle schon bedeutend ähnlicher. Wie schon der Name sagt, läßt sie sich von der Steinkohle wegen ihrer braunen Farbe leicht unterscheiden, außerdem kann man mit Alkali aus ihr die braunen, lösl. *Huminsäuren* herauslösen. In Deutschland befinden sich bedeutende Braunkohlenlager in Mitteldeutschland (Sachsen, Brandenburg, Thüringen), Braunschweig, Rheinprovinz, und werden dort vielfach im Tagebau gewonnen. Eine besonders gute Braunkohle findet sich im Waldenburger Gebiet (Schlesien). 1 kg guter Braunkohle liefert 4000 bis 5000 kcal. Im Gegensatz zur Steinkohle, die bei der trockenen Destillation Benzolderivate liefert, liefert die Braunkohle hierbei hauptsächlich gesättigte Kohlenwasserstoffe, Paraffine.

Chemische Erkennungsmerkmale für Braunkohle sind:
Sie färbt beim Kochen Kalilauge dunkelbraun, verd. Salpetersäure färbt sich rötlich bis rot, ihr Destillat reagiert durch einen Gehalt an Essigsäure sauer.

Verwendung. Als Brennmaterial, *Braunkohlen, Briketts* (Heizwert 4500 bis 5000 kcal), die bei 100° bis 1500 at ohne Bindemittel in Formen gepreßt werden, in bedeutendem Umfang bei der bei 600° durchgeführten *Braunkohlenschwelung.* Aus dem hierbei anfallenden *Braunkohlenteer* erhält man *Brennöle, Solaröl,* Kreosotöl, Paraffinöl, Paraffin und Asphalt, der zurückbleibende Braunkohlenschwelkoks findet unter der Bezeichnung *Grudekoks* als Brennstoff im Haushalt und zur Heizung von Kraftmaschinen Verwendung. Nach dem BERGIN-Verfahren (Erhitzen mit Wasserstoff bei 100 Atm. Druck auf 450° bis 500°) zur Herstellung von Benzin, Brenn- und Schmierölen.

Braunkohlen-Verschwelung.

Unter *Verschwelung* versteht man eine Zersetzungsdestillation bei 500°. Dabei ergeben Braunkohlen, die noch organische Beimengungen enthalten, den *Braunkohlenteer.* Aus diesem erhält man bei der fraktionierten Destillation Kohlenwasserstoffe der Paraffinreihe. Bei 50° bis 110° gehen *Braunkohlenbenzin,* bei 160° bis 200° *Solaröl* über, das wie Erdöl zur Beleuchtung und als *Putz-* und *Motoröl* Verwendung findet. Auch Hart- und Weichparaffin erhält man aus dem Braunkohlenteer. Der krümelige Rückstand bei der Verschwelung von Braunkohle ist der *Grudekoks.*

Braunwurz.

Braunwurz, knotige, Scrophularia nodosa *L.*

Scrophulariaceae.

In Gebüschen, an Gräben und Ufern häufig vorkommende Pflanze mit scharf vierkantigem Stengel, grünbraunen, seltener gelbgrünen, bauchig-kugeligen Blüten in lockeren Rispen, Kelchzipfel schmalhäutig berandet. Blütezeit Juni bis August. Blätter gegenständig, kurzgestielt, eiförmig, länglich bzw. herz-eiförmig, glatt, dunkelgrün, bis 12 cm lang, Frucht aufspringende Kapsel mit vielen kleinen Samen.

Braunwurzkraut. Herba Scrophulariae.

Das während der Blütezeit gesammelte, getrocknete Kraut.

Inhaltsstoffe. Lecithin, Kaffeegerbsäure und andere organische Säuren, Hesperidin, Harz, Zucker, Mangan und Saponine.

Verwendung. *Innerl.* 1 Teelöffel auf 1 Tasse Aufguß gegen Ausschläge, Ekzeme, Hämorrhoiden, Skrofulose.

Brechnuß.

Brechnuß. Strychnos nux vomica *L.*

Loganiaceae.

In Vorder- und Hinterindien und Nordaustralien heimischer Baum, dessen derbschalige, 4 bis 5 cm lange Frucht eine glatte Beere ist, die in einem weißen, gallertigen Mus 1 bis 5 aufrecht gestellte Samen birgt (Abb. 42).

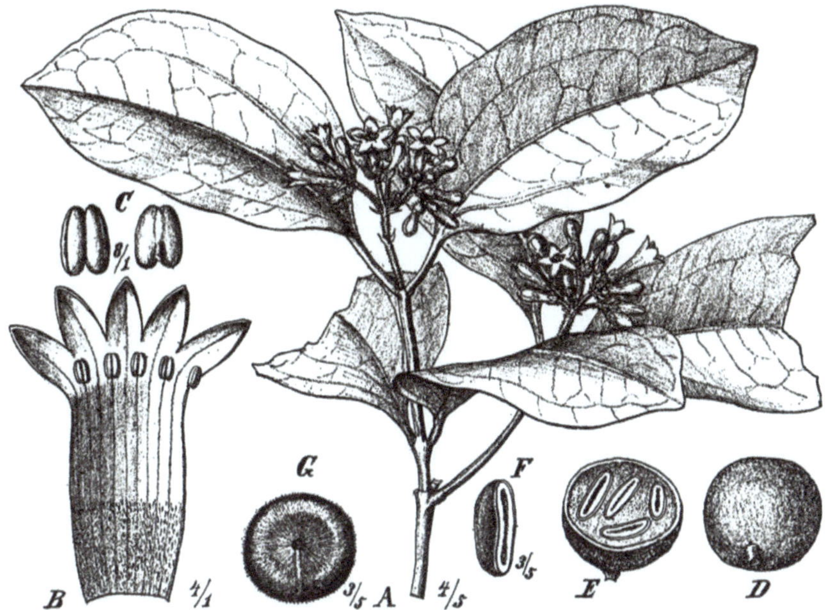

Abb. 42. Brechnuß. Strychnos nux vomica. *A* blühender Zweig; — *B* Blüte aufgeschnitten und ausgebreitet; — *C* Antheren; — *D* Frucht; — *E* Frucht im Querschnitt; — *F* Samenquerschnitt; — *G* Samen.

☠ *2.* Brechnuß. Semen Strychni, DAB. 6, Stoff B.

Krähenaugen.

Reife Samen, scheibenförmig, annähernd kreisrund, oft etwas verbogen, etwa 2 bis 2,5 cm breit, 3 bis 5 mm dick, graugelb oder grünlichgrau, durch strahlig nach außen gerichtete, dicht anliegende Haare seidenglänzend, sehr hart, jedoch nach dem Aufweichen in warmem Wasser leicht spaltbar. In der Mitte der einen Flachseite erkennt man den Nabel, von dem eine wenig erhabene Haarleiste zu einer am Rand gelegenen warzenförmigen Erhöhung läuft. Unter dieser Erhöhung endet das Würzelchen des etwa 7 mm langen Keimlings, während die beiden herzförmigen Keimblätter in die spaltenartige, kreisrunde Höhlung des weißlichgrauen, hornartigen, etwas durchscheinenden Endosperms, das die Hauptmasse des Samens ausmacht, hineinragen. *Geruchlos, Geschmack* sehr bitter (Abb. 43).

Inhaltsstoffe. 2 bis 5% Alkaloide (Mindestgehalt des DAB. 6 2,5%), besonders etwa 1% *Strychnin* und etwa 1,5% *Brucin* u. a., ein Glykosid *Loganin*, Cholin, Fett, Zucker, freie Chlorogensäure u. a.

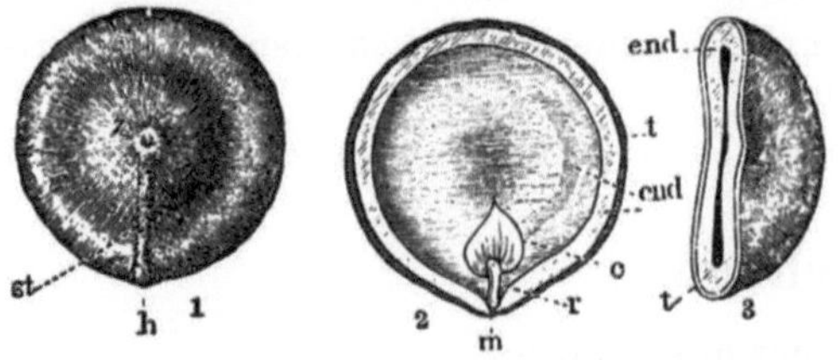

Verwendung. In Form von Extrakt oder Tinktur bei Schwäche- und Ermüdungszuständen zur allgemeinen Anregung und Kräftigung nur gegen ärztliche Verordnung; zur Darstellung der Alkaloide Strychnin und Brucin.

Prüfung des DAB. 6. Mindestalkaloidgehalt 2,5%, berechnet auf Strychnin und Brucin. Neben der mikroskopischen Prüfung darf beim Verbrennen von 1 g B. ein Rückstand von höchstens 0,03 g verbleiben.

Abb. 43. Brechnuß. Semen Strychni. *1* von der Außenseite; — *2* im Längsschnitt; — *3* Samen im Querschnitt, das klaffende Endosperm zeigend; — *t* Samenschale; — *end* Endosperm; — *c* Kotyledonen; — *r* Radicula des Embryo; — *h* in *1* und *m* in *2* die Mikropyle; — *st* die Mikropyle und Hilum verbindende Linie.

Brechung des Lichtstrahls.

Die Lichtbrechung oder *Refraktion* (lat. refractus, wiedergebrochen) beruht auf der Tatsache, daß ein Lichtstrahl an der Grenzfläche verschieden dichter Medien, etwa Luft und Wasser, in zwei Teile zerlegt wird. Der eine wird zurückgeworfen, *reflektiert*, der andere dringt in das zweite Medium ein, verändert aber dabei seine Richtung, er wird *gebrochen*. Dabei liegen der einfallende und der gebrochene Strahl mit dem Einfallslot in einer Ebene. Der Winkel zwischen Einfallsstrahl und Einfallslot ist der *Einfallswinkel*, der Winkel zwischen dem gebrochenen Strahl und dem Einfallslot der *Brechungswinkel*. Wird dabei der Strahl dem Einfallslot zu gebrochen, so heißt der zweite Stoff *optisch dichter*, wird der Strahl vom Einfallslot fort gebrochen, heißt er *optisch dünner*. Beim Eintauchen eines Stabes in Wasser erscheint dieser am Wasserspiegel infolge Refraktion geknickt. Der Sinus des Einfallswinkels steht dabei zum Sinus des Brechungswinkels stets in einem festen Verhältnis, das von der Natur der angrenzenden Medien abhängt und *Brechungsindex* genannt wird.

Brechwurzel.

Uragoga ipecacuanha *(Wildenow) Baillon.*

Rubiaceae.

In Brasilien, Columbien, Ecuador und Ostindien kultivierter Strauch.

☠ 3. Brechwurzel. Radix Ipecacuanhae, DAB. 6, Stoff B.

Speiwurzel. Ruhrwurzel.

Die getrockneten, verdickten Wurzeln, die überwiegend über Rio de Janeiro als *Rio-Ipecacuanha* in den Handel kommen. Wurmartig gekrümmte, an den Enden verjüngte, meist unverzweigte, bis 20 cm lange, gewöhnlich in 5 bis 7 cm lange Stücke zerbrochene, nicht über 5 mm dicke Wurzelstücke. Wülste bilden auf der Rinde Ringe, die sie mehr oder weniger umfassen. Rinde graubraun, fein längsgefurcht, löst sich leicht vom Holzkörper und bricht glatt, innen weißlich bis hellgraubraun, gleich dick oder dicker als der hellgelbe, harte, zähe und marklose Holzkörper. *Geruch* schwach eigenartig, *Geschmack* widerlich, schwach bitter (Abb. 44).

Inhaltsstoffe. 2 bis 3% *Alkaloide* (DAB. 6 verlangt Mindestgehalt von 1,99%, berechnet auf Emetin), besonders *Emetin* und *Cephaelin* und Nebenalkaloide, etwa 2,5% *Saponin*, ein Glykosid Ipecacuanhin, Ipecacuanhasäure, 30 bis 40% *Stärke*, wenig Fett und Harz.

Handelssorten. Brechwurzel „Rio“, ausges., ganz, DAB. 6
„   „   in Grießform, DAB. 6
„   „   in Scheiben, DAB. 6
„   „   fein pulv., DAB. 6

Verwendung. Als schleimsekretion- und auswurfförderndes Hustenmittel, in tropischen Ländern gegen Amöbenruhr. Brechwurzelpulver wirkt örtlich stark reizend und entzündungs-erregend. Bei der Verar-beitung sind deshalb Augen- und Nasenschleim-häute zu schützen (Staub-maske). Schon Spuren des Wurzelstaubes haben aus-gesprochene Idiosynkrasie ausgelöst.

Verw. u. Verf. Wurzeln von *Uragoga acuminata* (Cartagena ipecacuanha) mit wenig ausgeprägten Wülsten, *Psychotria eme-tica* (Radix Ipecacuanha nigra), graubraun, dick, in größeren Abständen ein-geschnürt u. a.

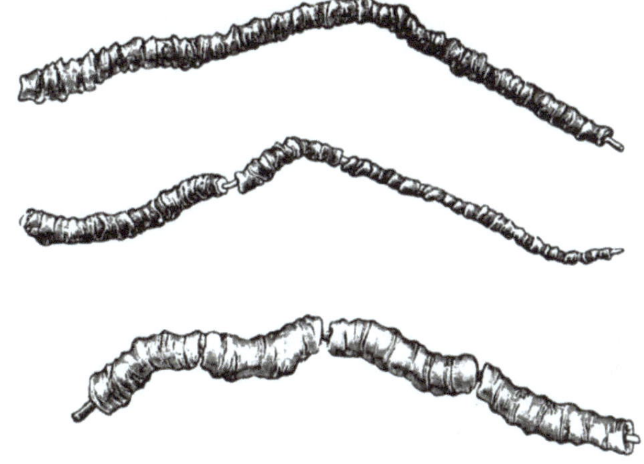

Abb. 44. Brechwurzel. Radix Ipecacuanhae. Die beiden oberen Rio-Ipecacuanha, die untere Cartagena-Ipecacuanha.

Prüfung des DAB. 6.
Neben der mikroskopischen Prüfung darf beim Verbrennen von 1 g B. ein Rückstand von höchstens 0,05 g verbleiben. Der Alkaloidgehalt muß mindestens 1,99%, auf Emetin be-rechnet, betragen. 5 ccm der bei der Gehaltsbestimmung verwendeten titrierten Flüssigkeit geben beim vorsichtigen Erwärmen mit 'einigen Kristallen Kaliumchlorat eine gelbrote Färbung.

Brennessel.

Brennessel, große. Urtica dioica *L.* Brennessel, kleine. Urtica urens *L.*

Urticaceae.

30 bis 150 cm hohe, weit verbreitete Pflanze mit Brennhaaren, die ein harz-haltiges, hautreizendes und quaddelbildendes Sekret mit Histamin und Acetyl-cholin enthalten. Blütezeit Juni bis September.

Brennesselkraut. Herba Urticae, Erg.-B. 6.

Während der Blütezeit gesammelte und getrocknete (Wasserverlust 78%) ober-irdische Teile. Vierkantiger Stengel mit gegenständigen, gestielten, stark ge-schrumpften, bis 10 cm langen und 5 cm breiten Blättern, eiförmig bis länglich, lang zugespitzt, am Rande herzförmig oder abgerundet mit groß gesägtem Rand. Blattoberseite schwarzgrün, die Unterseite hellgrün mit deutlicher Nervatur; Nebenblätter lineal-lanzettlich, frei, spitz. Unscheinbare grüne männliche und weib-liche Blüten in langen Rispen der oberen Blattachseln. *Geruchlos, Geschmack* etwas bitter.

Lupenansicht. Blätter und Stengel mit steifen Brennhaaren mit säulenförmigem Sockel, die bei der Berührung leicht abbrechen.

Inhaltsstoffe. Gerbstoffe, Vitamin C, reichlich Chlorophyll, in den Brennhaaren *Sekretin*, das die Quaddelbildung auf der Haut verursacht. Die Reizwirkung entsteht hierbei durch Histamin und Acetylcholin, von dem das erste in einer Konzentration von 0,1% in den Brennhaaren vorhanden ist und die Hauterscheinungen verursacht, während die Schmerzauslösung durch gleichzeitige Einwirkung von Histamin und Acetylcholin erfolgt. Ferner sind enthalten: Ameisen-, Essig-, Buttersäure, Phytosterin, Glukokinine (wirken senkend auf den Blutzuckerspiegel).

Verwendung. *Innerl.* 1 Teelöffel auf 1 Tasse Aufguß (zu starke Dosierung kann Magen- und Nierenreizungen bzw. Hautentzündungen hervorrufen) als blutbildendes, harntreibendes, verdauungsförderndes Mittel bei Nieren- und Blasensteinen, Wassersucht, Gicht, Rheumatismus, zu Blutreinigungstees, als Blutstillungsmittel bei Ruhr und Hämorrhoiden, auch bei Durchfall; als Haarwuchsmittel; zur Herstellung von Chlorophyll. Die Bastfasern finden als Textilfasern Verwendung.

Aufbewahrung. Vor Licht geschützt.

Brennpunkt.

Brennpunkt oder *Focus* (lat. focus, Herd) ist der mit F bezeichnete Punkt, in dem sich ursprünglich parallele Strahlen beim Durchgang durch eine Linse oder ein optisches System bzw. nach der Reflexion auf dem Hohlspiegel vereinigen. Der Abstand zwischen der Linse oder dem Hohlspiegel und dem Brennpunkt heißt → *Brennweite*.

Brennweite.

Brennweite, abgekürzt f, ist praktisch der Abstand des Brennpunktes einer Linse oder eines optischen Systems von der Blende. Sie muß jeweils dem Bildformat angepaßt sein, damit das Bild ohne Fehler und gleichmäßig hell gezeichnet wird.

Brenzcatechin. Pyrocatechinum.

Brenzkatechin. o-Dioxybenzol. Pyrokatechin. $C_6H_4(OH)_2[1,2]$. Mol.-Gew. 110,11.

Brenzcatechin kommt in Harzen und im Buchenholzteer vor und wurde erstmals von REINSCH 1839 beim trockenen Erhitzen von Catechuarten (daher der Name) erhalten. Es entstehen dabei aus den darin enthaltenen Catechinen gerbstoffartige Verbindungen.

Darstellung. Durch Alkalischmelzen mit Orthochlorphenol.

Eigenschaften. Farblose, beim Lagern an der Luft sich bräunende Nädelchen oder weiße Kristalle, mit Wasserdämpfen flüchtig, lösl. in Weingeist und Äther, Schmp. 105°; Sdp. 240°.

Erkennung. Die wäßrige Lösung gibt mit Eisenchlorid Grünfärbung und mit Bleiacetat einen weißen Niederschlag. Ammoniakalische Silbernitratlösung wird durch B. schon in der Kälte, FEHLINGsche Lösung beim Erwärmen reduziert.

Aufbewahrung. Vor Licht und Ammoniak geschützt.

Verwendung. Als photographische Entwicklersubstanz, als Reagens, zum Färben von Pelzen und Haaren, zur Spiegelherstellung, zur Holzbeizenherstellung für rötlichbraune Töne.

Brindi-Harz.

Brindi-Harz (Boehringer, Mannheim) verhindert nach einem DRP. den Angriff von Säuren auf Metalle und findet beim Brindi-Verfahren, das gleichermaßen der Verhütung und Beseitigung von Kesselsteinansatz dient, Verwendung.

Brindi-Säure ist eine aus 77 Gew.-Teilen roher Salzsäure (30 bis 37%, 19/23° Bé) und 1 Gew.-Teil Brindi-Harz unter Umrühren hergestellte Lösung, dabei ergibt beim Brindi-Verfahren das Brindi-Harz eine hohe Schutzwirkung für Metalle, indem es den Angriff der Säure auf das Metall so gut wie vollständig unterbindet, während die lösende Wirkung auf den Kesselsteinansatz und Rostbelage in keiner Weise beeinträchtigt wird.

☠ 2. Brom. Bromum, DAB. 6. Br.

Atom-Gew. 79,916. — Wertigkeit 1 und 5.

Brom (g. bromos, Gestank), ein nicht metallisches und das einzige flüssige Element, führt seinen Namen wegen seines unangenehmen Geruchs. Es wurde 1826 von BALARD in den Mutterlaugen vom Mittelmeerwasser gefunden und von ihm so benannt.

Vorkommen. Brom kommt nicht frei, sondern an Kalium, Natrium und Magnesium gebunden in den Salzen der Bromwasserstoffsäure, den *Bromiden*, vor und ist auch ein Bestandteil einiger Solen (Kreuznach, Kissingen, Friedrichshall, Ems). In den Staßfurter Abraumsalzen findet sich Brom an Alkalien bzw. Magnesium gebunden.

Darstellung. Aus dem in den Staßfurter Salzen vorkommenden Bromkarnallit, $MgBr_2 \cdot KBr \cdot 6\,H_2O$, das in den Staßfurter Mutterlaugen enthalten ist, durch Einwirkung von Chlorgas:

$$MgBr_2 \quad + \quad Cl_2 \quad \rightarrow \quad MgCl_2 \quad + \quad Br_2$$

Magnesiumbromid — Chlor — Magnesiumchlorid — Brom

Das Brom wird durch Destillation getrennt.

Eigenschaften. Dunkelbraunrote, sehr schwere Flüssigkeit, D. (0°) 3,19, die schon bei gewöhnlicher Temperatur schwere, braunrote, erstickende Dämpfe entwickelt, welche die Schleimhäute *stark reizen* und unter Blasenbildung *verätzen*. Sdp. etwa 63°. Auf die Haut gebracht, verursacht das Brom schmerzhafte Wunden. In Wasser ist es nur wenig, etwa zu 3% löslich. In seinem chemischen Verhalten ist das Brom dem Chlor sehr ähnlich und verbindet sich wie dieses unmittelbar mit den Elementen, teilweise unter Feuererscheinung, z. B. mit Phosphor, Arsen, Antimon, Wismut und Zinn, mit Kalium sogar unter Explosion. In organischen Verbindungen kann Brom wie Chlor eingeführt werden. Mit Wasserstoff bildet Brom den *Bromwasserstoff* oder die *Bromwasserstoffsäure, Acidum hydrobromicum*, HBr., deren Salze die *Bromide* sind.

Toxikologie. Die Bromide führen bei Überdosierung oder Überempfindlichkeit zu einer chronischen Bromvergiftung, *Bromismus*, die sich auf der Haut und den Schleimhäuten, u. U. auch als Bromschnupfen oder Bromhusten, äußert.

Verwendung. Brom findet zur Darstellung der Bromsalze (Bromide) und organischer Bromverbindungen, die als Sedativa angewandt werden, technisch zur Darstellung bromhaltiger Farbstoffe wie Purpur (Brom-Indigo) und Eosin Verwendung.

Bromwasser. Aqua bromata.

Bromwasser ist eine gesättigte wäßrige Lösung von Brom und findet als Reagens vielfache Verwendung. In Weingeist, Äther, Schwefelkohlenstoff und Chloroform ist B. mit rotbrauner Farbe l.lösl.

Prüfung des DAB. 6. *Organische Bromverbindung.* Beim Auflösen von 20 Tr. B. in 10 ccm Natronlauge muß eine dauernd klar bleibende Flüssigkeit entstehen.

Jod. Beim Schütteln von 0,3 g B. mit 10 ccm Wasser und 1 g pulverisiertem Eisen, Filtrieren, Zusatz von Eisenchloridlösung und Stärkelösung zum Filtrat darf die Flüssigkeit nicht gebläut werden.

Aufbewahrung. *Vorsichtig,* in bestverschlossenen Glasstopfenflaschen mit gut schließender Glasüberkappe.

Verwendung. Für analytische Zwecke.

Erkennung von Brom und Bromiden.

1. Brom löst sich in Chloroform und Schwefelkohlenstoff mit gelbbrauner Farbe.

2. Phenol fällt freies Brom noch in sehr großer Verdünnung mit gelber Farbe als Tribromphenol:

$$C_6H_5OH \; + \; 3\,Br_2 \; \rightarrow \; C_6H_2Br_3OH \downarrow \; + \; 3\,HBr$$

3. Brom färbt Stärke gelb, macht aber aus Kaliumjodidstärkelösung Jod frei und färbt daher die Lösung blau.

4. Aus Bromiden macht Chlorwasser oder Chloraminlösung nach dem Ansäuern mit verd. Salzsäure Brom frei, das sich dann beim Schütteln mit Chloroform oder Schwefelkohlenstoff darin mit gelbbrauner Farbe löst:

$$2\,KBr \; + \; Cl_2 \; \rightarrow \; 2\,KCl \; + \; Br_2$$

5. Bromide geben mit Silbernitrat einen gelben, käsigen Niederschlag von Silberbromid, AgBr, der in Ammoniak schw.lösl. ist:

$$KBr \; + \; AgNO_3 \; \rightarrow \; AgBr \downarrow \; + \; KNO_3$$

Bromaceton.

$$CH_3 \cdot CO \cdot CH_2Br. \quad \text{Mol.-Gew. } 136{,}99.$$

Wasserhelle, flüchtige Flüssigkeit, deren Dämpfe die Augenschleimhäute noch in starker Verdünnung zu Tränen reizen. Bei der Berührung der Flüssigkeit mit der Haut oder den Augen werden diese verätzt.

Verwendung. Als Tränengas in Bomben, in Tränengaspistolen. Trotz der Unerträglichkeit des Gases verliert sich die Einwirkung auf das Auge schon nach kurzer Zeit beim Aufenthalt in frischer Luft und ohne schädliche Nachwirkungen.

Brombeere.

Brombeere. Rubus fruticosus *L.*

Rosaceae.

An Waldrändern und Gebüschen weitverbreitete, strauchartige, mit Stacheln besetzte Pflanze.

Brombeerblätter. Folia Rubi fruticosi, Erg.-B. 6.

Die während der Blütezeit (Juni/Juli) gesammelten und getrockneten Blätter, gestielt, handförmig auf 5 eiförmigen Blättchen zusammengesetzt, die am Rande scharf gesägt und bis 7 cm lang sind, Endblättchen lang gestielt. Oberseite dunkelgrün, nur wenig behaart, Unterseite hellgrün, weißfilzig behaart. Blattstiel und Blattunterseite am Mittelnerv mit zurückgebogenen Stacheln, mitunter auch Stengelteile damit besetzt. *Geruchlos, Geschmack* zusammenziehend.

Inhaltsstoffe. Reichlich Gerbstoff, Vitamin C, organische Säuren, Inosit.

Verwendung. *Innerl.* 1 Eßlöffel auf 1 Tasse Aufguß bei Durchfall, Ruhr und chronischen Hautausschlägen, als harntreibendes und Blutreinigungsmittel, in Ver-

bindung mit anderen Waldkräutern, als wohlschmeckender Frühstückstee, zweckmäßig „fermentiert"; *äußerl.* zum Gurgeln bei Entzündungen des Zahnfleisches, der
Mandeln und des Halses.

Verw. u. Verf. Blätter von *Rubus idaeus*, unterseits dicht weißfilzig behaart
mit peitschenförmigen Haaren, keine Stacheln.

Bromocoll.

Dibromtanninleim.

Bromocoll wird durch Fällen einer Lösung von weißem Leim mit einer Lösung
von Bromtannin gewonnen.

Gelbliches, geruch- und geschmackloses, in Wasser unlösliches, in alkalischen
Flüssigkeiten lösl. Pulver, das *äußerl.* in Salben- und Seifenform (20%) bei Hautjucken und Frostschäden Anwendung findet.

♃ *2.* Bromoform. Bromoformium, DAB. 6. Stoff B.

Tribrommethan. Formylum tribromatum. $CHBr_3$. Mol.-Gew. 252,7.

Darstellung. Durch Vermischen von Kalkmilch, Brom und Aceton und Destillation im Wasserdampfstrom.

Eigenschaften. Farblose, chloroformähnlich riechende, schwere Flüssigkeit
von süßlichem *Geschmack*, die sehr wenig in Wasser, leicht in Weingeist und Äther
lösl. ist. D. (20°) 2,814 bis 2,818; EP. 5° bis 6°. Bei 148° bis 150° müssen 90 Raum-
prozente des Bromoforms überdestillieren.

DAB. 6 läßt prüfen auf Bromwasserstoffsäure, Brom, Bromkohlenoxyd und fremde
organische Stoffe.

Aufbewahrung. *Vorsichtig,* in kleinen, trockenen, gut verschlossenen Flaschen,
vor Licht geschützt. Feuchtigkeit, Luft und Licht zersetzen B. unter Bildung von
Bromkohlenoxyd, $COBr_2$, und Bromwasserstoff.

Verwendung. *Innerl.* (E. 4 Tropfen) als Mittel gegen Keuchhusten und andere
krampfartige Hustenanfälle, zur Herstellung von *Bromoformsirup, Sirupus Bromo-
formii compositus, Erg.-B. 6,* s. Bd. III.

Bromstyrol.

α-Hyazinthin. $C_6H_5 \cdot CH{=}CHBr$. Mol.-Gew. 183,05.

Wichtiger Riechstoff, verdünnt mit dem Geruch nach Hyazinthen.

Gelbe, in Wasser unlösl., in Weingeist und Äther l. lösl. Flüssigkeit. D.
1,41 bis 1,43; EP. etwa —1° bis —3°; Sdp. bei 219° bis 221°.

Verwendung. Als seifenbeständiger Riechstoff für Seifen mit Hyazinthen-,
Rosengeruch und ähnlichen Feinseifen.

Bromural, DAB. 6

α-Bromisovalerianylharnstoff. Gehalt 33,3 bis 35,7% Brom. Mol.-Gew. 223,02.

NH_2
|
CO
|
$NH[CO{\cdot}CHBr{\cdot}CH(CH_3)_2]$

Eigenschaften. Weißes, leicht bitter schmeckendes,
kristallines Pulver, in Äther und Weingeist leicht, in
Wasser (20°) nur wenig, in siedendem Wasser unter
Zersetzung lösl. Schmp. 147° bis 149°.

Verwendung. *Innerl.* (E. 0,5 g) als nervenberuhigendes Mittel und Schlafmittel mit geringer Giftigkeit und Gewöhnungsgefahr. Bei längerer Anwendung besteht die Gefahr einer Bromakne.

Brot.

Brot wird aus Getreidefrüchten, hauptsächlich aus Roggen und Weizen hergestellt mit dem Zweck, die im rohen Zustande schwer verdaulichen Getreidemehle durch den Herstellungsprozeß in eine Form überzuführen, die von den Verdauungssäften des Magens und Darms besser verdaut werden kann.

Herstellung. Das Getreidemehl wird mit Wasser erwärmt, dabei quillt die Stärke und verkleistert unter teilweisem Übergang in Dextrin und Zucker. Als Lockerungsmittel finden Sauerteig und Hefe Verwendung, die Zucker in Alkohol und Kohlensäure zerlegen und beim Backprozeß die Lockerung des Brotteiges bedingen. Die beim Backprozeß entstehenden aromatischen Röstprodukte, welche die Verdauung anregen, bedingen den angenehmen Geschmack und die Bekömmlichkeit des Brotes.

Bei der Lagerung von Brot entsteht aus dem elastischen, verkleisterten Brot eine amorphe, bröckelige Masse, das Brot wird „altbacken".

Brotarten. Man unterscheidet *Vollkornbrot*, wie Steinmetz-, Schlüter-, Simonsbrot, die aus Roggen hergestellt sind, und Grahambrot aus Weizenschrot. Vollkornbrot ist ein besserer „Säurewecker" für den Magen als Weißbrot und ein guter Beförderer der Ausscheidungen der Verdauungssäfte im Darm. Die im Vollkornbrot noch vorhandene Kleie enthält fast alle B-Vitamine und Vitamin E. Als Mineralbestandteile enthält die Kleie Phosphorsäure, Calcium, Magnesium und Eisen, die sämtlich für den Aufbau und die Gesundheit unbedingt erforderlich sind. Das trockene, krümelige Vollkornbrot reinigt die Epithelbelege der Mundhöhle und die Zähne.

Schwarzbrot wird aus grobem, *Grau-* und *Feinbrot* werden aus feingemahlenem Roggenmehl hergestellt, während Brötchen und Semmeln usw. aus Weinzenmehl mit oder ohne Vollmilch und Magermilch hergestellt werden. Im Vollkornbrot wird — wie der Name sagt — das ganze Korn einschließlich der Kleie verbacken, Vollkornbrot ist also eiweißreicher (6 bis 7%) und reicher an Fett, Mineralstoffen, Vitaminen, besonders Vitamin B 1. *Knäckebrot* ist ein mit Hefe gebackenes, knuspriges und wohlschmeckendes Brot, das aus Schweden stammt und ursprünglich nur aus Roggen hergestellt wurde. In neuerer Zeit werden auch andere Getreidesorten verwendet.

Wassergehalt. Der Wassergehalt bei Schwarzbrot liegt zwischen 35 und 46%, bei Weißbrot bei etwa 38%. Außerdem enthält Brot nach BEYTHIEN 6 bis 7% Stickstoffsubstanz, 0,3 bis 1% Fett, 2 bis 3% Zucker, 0,3 bis 1,5% Rohfaser, 45 bis 56% andere Kohlenhydrate, 0,1 bis 1,5% Mineralstoffe, geringe Mengen Alkohol und Essig- und Milchsäure.

Bruchkraut.

Bruchkraut, kahles. Herniaria glabra *L.*, **Bruchkraut, haariges. Herniaria hirsuta** *L.*
Caryophyllaceae.

Auf Heiden, Triften und trockenen Sandfeldern, an Wegrändern verbreitetes einjähriges und ausdauerndes Kraut, das kreisförmig am Erdboden anliegt. Blütezeit Juli/August.

Bruchkraut. Herba Herniariae, Erg.-B. 6.

Tausendkorn. Harnkraut. Christenschweißkraut. Passionsblümchenkraut.

Die während der Blütezeit (Juli/August) gesammelten und getrockneten oberirdischen Pflanzenteile mit stielrundem, etwa 2 mm dickem, stark verzweigtem Stengel mit fast sitzenden, gegenständigen Blättern, bis 0,7 cm lang, verkehrt eiförmig, am Rande spärlich gewimpert, Nebenblätter trockenhäutig, sehr klein. Blüten sehr klein, gelblichgrün, 5zählig, zu 5 bis 10 in den Blattachseln stehenden Knäueln, 5 Kelchblätter im unteren Drittel verwachsen. Frucht vom Kelch umgebene einsamige Schließfrucht. In der *Schnittdroge* sind die Stengelstücke mit Blütenknäueln und dünnen runden Stengelstückchen leicht erkenntlich. Stengelblätter und Blüten von Herniaria glabra sind kahl und hellgrün, die von Herniaria hirsuta dicht behaart und graugrün. *Geruch* (erst beim Trocknen wahrnehmbar) angenehm, schwach nach Cumarin, *Geschmack* leicht kratzend.

Inhaltsstoffe. *Saponine*, etwa 3% eines neutralen — *Herniarin* — und 4% eines sauren — *Herniariasäure* — Saponins, Umbelliferonmethyläther, ätherisches Öl, ein Alkaloid (?).

Verwendung. *Innerl.* 2 Teelöffel auf 1 Tasse Abkochung oder Kaltmazerat, als harntreibendes Mittel bei Wassersucht, Blasenkatarrh und Blasenkrämpfen, bei Nierensteinen, Nierenentzündung, Nierenkolik, als lösendes Mittel bei Bronchialkatarrh; *äußerl.* zur Wundbehandlung.

Aufbewahrung. Vor Licht geschützt. Die Droge verliert beim Lagern beträchtlich an Wirksamkeit.

Brunnenkresse.

Nasturtium officinale *R. Brown.* Rorippa nasturtium-aquaticum *(Linné) Hayne.*
Cruciferae.

In klaren, fließenden Quellen, Bächen und Flüssen und an Grabenufern teilweise angepflanzt vorkommende, ausdauernde, kahle, 30 bis 90 cm lange Pflanze mit hohlen, gekrümmten Stengeln und weißen Blüten mit gelben Staubbeuteln in Doldentrauben. Blätter dunkelgrün, fleischig, wechselständig, unpaarig, gefiedert; während des ganzen Jahres bis zu 2 m Tiefe vegetierend.

Brunnenkressenkraut. Herba Nasturtii, Erg.-B. 6.

Bachkressenkraut. Wasserkressenkraut. Wiesenkressenkraut.

Während der Blütezeit (Mai/August) gesammelte und getrocknete oberirdische Teile. Blätter stark geschrumpft, eingerollt und häufig gelbbraun gefärbt; kennzeichnend sind die kleinen weißen Cruciferenblüten mit tiefschwarzen Antheren. Vielfach sind derbe, grüne Stengelteile untermischt. *Geruch* beim frischen Kraut würzig, getrocknet geruchlos, *Geschmack* scharf, etwas bitter.

Inhaltsstoffe. Das Senfölglykosid *Gluconasturtiin*, das bei der fermentativen Spaltung *Phenyläthylsenföl* liefert (besonders in der frischen Pflanze enthalten), die *Vitamine* A und C, wenig Vitamin D, Eisen, Jod, Mineralsalze.

Verwendung. *Innerl.* 1 Eßlöffel auf 1 Tasse Aufguß, bis 4 Tassen tägl. als blutreinigendes, harntreibendes und stoffwechselanregendes Mittel; zu Blutreinigungs- und Frühjahrstees, gegen Skorbut, Hautausschläge, bei Blutarmut, bei Katarrhen, als schleimlösendes und auswurfförderndes Mittel. *Zu hohe Dosen* sind wegen möglicher Reizung der Magenschleimhaut (besonders bei Personen mit Gastritis) und der Nieren zu *vermeiden.*

Aufbewahrung. Vor Licht geschützt.

Buche.

Buche. Fagus silvatica *L.*

Fagaceae.

25 bis 30 m hohe Bäume mit meist glatter grauer Rinde, kahlen, glänzenden, eiförmigen, ganzrandigen oder schwach gezähnten, am Rande gewimperten Blättern, oberseits lebhaft grün, unterseits heller. Männliche Blüten in gestielten Knäueln, weibliche Blüten in zweiblütigen, gestielten Kätzchen. Blütezeit April/Mai.

Buchenblätter. Folia Fagi.

Die getrockneten Blätter, 5 bis 7 cm lang, 4 bis 5 cm breit, dünn, brüchig.

Verwendung. Fermentiert als Haustee.

Bucheckern. Fructus Fagi.

Die dreikantigen, glänzenden, braunen Schließfrüchte, zu zweien von einer stacheligen Fruchthülle (Cupula) ganz umschlossen, die bei der Reife aufreißt.

Inhaltsstoffe. Etwa 23% Fett, stickstoffhaltige Stoffe, Oxalsäure, Cholin, wahrscheinlich ein *giftiges* Saponin.

Mehr als 25 Stück Bucheckern (etwa 16 g) bewirkten bei Versuchen Magenbeschwerden, Übelkeit und Brechreiz, bei der Gabe von 100 Kernen traten auch Frostgefühl und Ohnmachtsanwandlungen auf. Bucheckern dürfen also zur Ernährung nur in kleinen Mengen (bis zu 25 Stück) Verwendung finden. Erhitzen oder Abkochen der Bucheckern ohne Entfernung des Kochwassers beseitigt den Giftstoff nicht.

Bucheckernöl. Oleum Fagi silvaticae.

Das durch Pressen aus den Bucheckern gewonnene fette Öl, hellgelb, *geruchlos, Geschmack* mild. D. (15°) 0,920 bis 0,922; EP. —17,5°; JZ. 104; VZ. 196.

Verwendung. Als Speiseöl (nach einer Schweizer med. Zeitschrift besser nur für *techn.* Zwecke zu verwenden!), als Brennöl; die *Preßkuchen* als Viehfutter, nicht für Pferde, da sie bei Einhufern giftig wirken sollen, für Schweine höchstens tägl. 0,5 kg pro Tier.

Buchenteer. Pix Fagi, Erg.-B. 6.

Oleum Fagi empyreumaticum.

Der durch trockene Destillation vom Holz der Buche gewonnene Teer, schwarzbraune, dicke Flüssigkeit, in dünner Schicht klar, schwerer als Wasser und darin untersinkend. *Geruch* brenzlig, kreosotähnlich, *Geschmack* unangenehm bitter, brennend. In Anilin klar lösl., unvollständig in Chloroform und Äther, wenig in Terpentinöl.

Inhaltsstoffe. Kohlenwasserstoffe, Essigsäure und andere organische Säuren, Phenol, Kresole, Monomethyläther 2wertiger Phenole.

Verwendung. Gegen Hauterkrankungen, Gicht und Rheuma, zu Einreibungen (10%), zu Salben (20%), auch unverdünnt zu Pinselungen; zur Herstellung von Buchenteerwein.

Buchsbaum. Giftig!

Buchsbaum. Buxus sempervirens *L.*

Buxaceae.

Buschiger Strauch bis zu 8 m Höhe, mitunter baumartig. Verbreitete Zier- und Heckenpflanze in Gärten und Anlagen.

Buchsbaumblätter. Folia Buxi.

Immergrüne, lederartige, bis 2 cm lange, eiförmige oder elliptische Blätter mit eingebuchteter Spitze, oberseits dunkelgrün, glänzend, unterseits mit deutlichen Seitennerven (s. S. 156, Abb. 16). *Geruch und Geschmack* unangenehm.

Inhaltsstoffe. Verschiedene Alkaloide: *Buxin* (mit Krampfwirkung!), *Parabuxin, Buxinidin* u. a., wenig ätherisches Öl.

Verwendung. *Innerl.* ¹/₂ Teelöffel auf 1 Tasse Aufguß bei Gicht, Rheumatismus, als Abführmittel. Die Alkaloide rufen bei zu *hoher Dosierung* Krämpfe, *unter Umständen Tod* durch Atemlähmung hervor. *Keineswegs bei Kindern* anzuwenden!

Bukko.

Bukko. Barosma betulinum *Bartling.*

Rutaceae.

Im Kapland wild wachsender, kleiner Strauch.

Bukkoblätter. Folia Bucco, Erg.-B. 6. Stoff B.

Buchublätter.

Die getrockneten Laubblätter, kurzgestielt, 1 bis 2 cm lang, verkehrt eiförmig oder rhombisch, glänzendgelblichgrün, steif und brüchig. Oberseits mit kleinen Höckerchen, unterseits drüsig punktiert, schwach gerunzelt; am Rande klein gesägt, häufig zur Oberseite hingebogen, Spitze meist zurückgekrümmt. *Geruch* beim Zerreiben schwach kampferartig, *Geschmack* scharf, bitterwürzig (Abb. 45).

Inhaltsstoffe. 1,3 bis 2,5% ätherisches Öl (nach Erg.-B. 6 Mindestgehalt 0,8%), davon bis 50% *l-Menthon* und *Diosphenol* (sog. *Bukkokampfer*), ein Glykosid Diosnim, Schleim, Harz, Bitterstoffe.

Verwendung. *Innerl.* 1,0 g auf 1 Tasse Aufguß, bei Erkrankungen der ableitenden Harnorgane, als harntreibendes und entzündungswidriges Mittel.

Abb. 45. Bukkoblätter. Folia Bucco. Schnittdroge, 2 fach vergrößert. Blattbruchstücke mit Höckern und Drüsen auf der Blattfläche und dem kleingesägten Blattrand; — unten als Verfälschung Stengelreste. (Nach *Schlemmer-Hörhammer.*)

Verw. u. Verf. Blätter anderer Barosmaarten, die kein oder nur wenig Diosphenol enthalten: *Barosma serratifolia* mit am Rande scharf gesägten Blättern; *Barosma crenulata* mit an der Spitze stumpfen und nicht zurückgekrümmten Blättern; *Barosma venusta* mit kleineren Blättern.

Bunsenbrenner[1].

Nach BUNSEN genannter Gasbrenner, der auch in verschiedenen Abwandlungen als *Teclu-* und *Heintzebrenner* im Gebrauch ist (Abb. 46). Im B. ist die Gaszufuhr durch eine Düse stark verengt. Dadurch tritt das Gas mit großer Geschwindigkeit in das Brennrohr ein und übt dadurch eine Saugwirkung aus. Durch die in der Nähe der Düse befindlichen Luftöffnungen, die mit einer verschiebbaren Hülse ganz oder teilweise verschlossen werden können, wird bei deren Öffnung viel Luft angesaugt. Vor dem Entzünden des B. ist die Luftregulierung stets zu öffnen. Durch die entstandene Saugwirkung wird viel Luft angesaugt, so daß das Gas luftgemischt in schneller Folge infolge kleiner Explosionen verbrennt. Dadurch entsteht das „Rauschen" der Flamme. Durch die Luftzufuhr wird erreicht, daß der Kohlenstoff auch im Innern der Bunsenflamme rasch verbrennt. Die Flamme verliert dadurch allerdings an Leuchtkraft, wird aber heißer. Wird die Luftregulierung geschlossen, so brennt die Bunsenflamme mit leuchtender, nicht rauschender, weniger heißer, aber großer Flamme. Der äußere heiße Mantel der Flamme heißt *Oxydationsflamme*, weil er geeignet ist, in ihn eingeführte Körper zu oxydieren, der innere Teil heißt dagegen *Reduktionsflamme*, weil er hocherhitzte Stoffe enthält, die sich mit Sauerstoff leicht verbinden. Viele in diesen Flammenteil eingeführte sauerstoffhaltige Stoffe geben Sauerstoff ab, sie werden reduziert. Es kommt vor, daß die Flamme des Bunsenbrenners *zurückschlägt*. Dieser Zustand tritt dann ein, wenn die Explosionsgeschwindigkeit des Gas-Luft-Gemisches größer ist als die Geschwindigkeit des zuströmenden Gases. Der Fall erfolgt, wenn durch die Luftregulierung zuviel Sauerstoff eintreten kann, dann verbrennt der gesamte Inhalt des Brennrohres explosionsartig mit dumpfem Knall. Die Flamme schlägt zurück, die Verbrennung erfolgt dann unmittelbar über der Düse. In diesem Fall ist der Gashahn sofort zu schließen und der B. wieder neu anzuzünden. Unterbleibt dies, erhitzt sich der B. so stark, daß er ins Glühen kommen kann. Dadurch entstehen zwei Gefahren: 1. Die Tischplatte kann sich entzünden, 2. der Gasschlauch schmilzt, austretendes Leuchtgas kann explodieren.

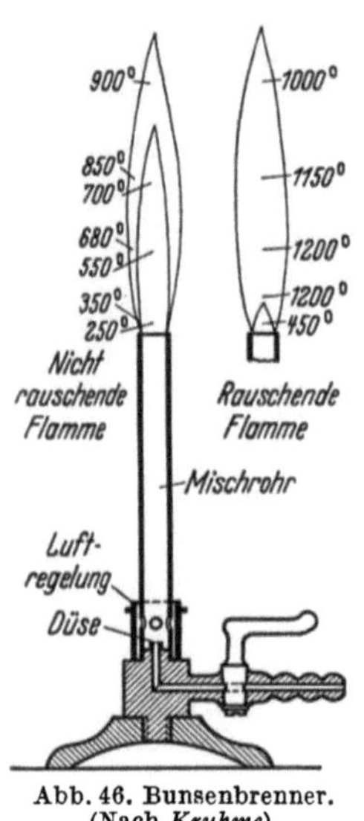

Abb. 46. Bunsenbrenner. (Nach *Kruhme*).

1,2,4-Butantriol, rein.

Trioxybutan. $CH_2OH \cdot CHOH \cdot CH_2 \cdot CH_2OH$.

1,2,4-Butantriol (BASF) ist eine wasserklare, ölige Flüssigkeit, deren Viscosität etwas höher als die von Glycerin liegt. In Wasser und niederen Alkoholen lösl. und mit anderen organischen Lösungsmitteln mischbar. D. (20°) etwa 1,19. Erstarrungs-

---

[1] ROBERT WILHELM BUNSEN, 1811—1899, Professor der Chemie in Marburg, Breslau und Heidelberg.

punkt unter — 40°. Seine Mischungen mit Wasser weisen einen tieferen Erstarrungspunkt auf als die entsprechenden Mischungen des Glycerins.

Verwendung. In der Kosmetik an Stelle von Glycerin, als Feuchthaltemittel zu Tabak (1,5%).

Triol 124, rein.

Triol 124, rein (BASF) ist eine klare, farblose Flüssigkeit von mittlerer Viscosität und schwachem Eigengeruch, stark hygroskopisch, wenig flüchtig, unbegrenzt haltbar. p_H 5 bis 6. D. (20°) 1,19.

Verwendung. Als wasserlösliches Weichmachungsmittel in der Textilindustrie zu Appreturen und im Textildruck, in der Papier- und Zellglasindustrie, in der Leder- und Lackindustrie und 'zur Herstellung von Bürobedarf wie Gummidruckfarben und Stempelfarben.

Butter. Butyrum.

Butter erhält man durch Schütteln, Stoßen, Quirlen, Schlagen oder Rühren von Kuhmilch oder deren Rahm, bis sich die darin enthaltenen Fetttröpfchen zu einer knet- und formbaren Masse vereinigt haben. Dieser Vorgang ist wissenschaftlich noch nicht vollkommen geklärt.

Butterbereitung. Durch Zentrifugen wird aus der Milch der etwa 20% Fett enthaltende Rahm abgeschieden. Um Bakterien, Hefen und Schimmelpilze unschädlich zu machen, wird der Rahm pasteurisiert und anschließend rasch auf 8° bis 10° abgekühlt. Es folgt eine Reifung, zu deren Förderung saure Milch oder Reinkulturen von Milchsäurebakterien, Streptococcus lactis, zugegeben werden, bis zu einem p_H von etwa 4,6.

Im Butterfertiger wird der so vorbereitete Rahm bei 9° bis 12° ausgebuttert. Dabei findet keine völlige Entfernung der Buttermilch und des Wassers statt, weil dadurch der Wohlgeschmack der Butter leiden würde. Als Nebenprodukt der Butterbereitung erhält man die *Buttermilch*, die von der Hauptmenge des Butterfetts befreit ist, aber noch wertvolle Inhaltsstoffe enthält: 3,1 bis 3,2% Protein, 0,5 bis 0,6% Fett, 4,3% Lactose, 0,13 bis 0,14% Milchsäure, 0,6 bis 0,7% Mineralstoffe. Je nach der zu erzielenden Buttersorte wird die Butter dann unter Zusatz von Kochsalz geknetet und auf dem Knetteller bis zur Erzielung der gewünschten Gleichmäßigkeit und Festigkeit bearbeitet. Im Durchschnitt erhält man bei der Verarbeitung von 33 bis 35 l guter Kuhmilch etwa 1 kg Butter.

Zusammensetzung. Durchschnittlich enthält Butter nach BEYTHIEN 84,5% Butterfett, 14% Wasser, 0,8% Stickstoffsubstanz, 0,5% Lactose, 0,1% Milchsäure, 0,2% Mineralstoffe, die fettlöslichen Vitamine A und D und deren Provitamine Carotin und Ergosterin. Der Vitamingehalt hängt in hohem Maße von der Art des Futters ab und ist bei Weidevieh am größten. Als Glyceride sind in der Butter folgende Fettsäuren enthalten (BEYTHIEN): 2,6 bis 4,7% Buttersäure, 1,3 bis 2,1% Capronsäure, 0,7 bis 1,6% Caprylsäure, 1,1 bis 3,6% Caprinsäure, 2,3 bis 7,1% Laurinsäure, 5,8 bis 21,4% Myristinsäure, 13,2 bis 31,5% Palmitinsäure, 3,6 bis 15% Stearinsäure, 0,4 bis 1,5% Arachinsäure, 29,5 bis 41,9% Ölsäure, 3,6 bis 5,8% Linolsäure und geringe Mengen anderer ungesättigter Säuren.

Farbe der Butter. Die natürliche Farbe der Butter ist durch Carotin bedingt, das durch das Vieh mit dem Futter aufgenommen wird. Die Butterfarbe schwankt zwischen hellem und dunklem Gelb, so ist z. B. die Butter von Weidetieren besonders schön gelb, sog. „Grasbutter", während nach Stallfütterung gewonnene Butter meist fast weiß ist. Die künstliche Färbung mit unschädlichen Farbstoffen, wie mit unschädlichen Teerfarben, Orlean, wird nicht beanstandet, jedoch darf gefärbte Butter nicht irreführend mit „Grasbutter" bezeichnet werden.

Durch die Tätigkeit von Milchsäurebakterien, die reichlich in der Butter vorkommen und gesundheitlich unbedenklich sind, entsteht das Butteraroma, das auf einem Gehalt von *Diacetyl*, $CH_3 \cdot CO \cdot CO \cdot CH_3$, beruht. Eine *künstliche Aromatisierung* der Butter mit Diacetyl ist gesetzlich *verboten*.

Verfälschungen. Verfälschungen der Butter können auf der Einverleibung von höheren Wassermengen, Fremdfetten, Kartoffelbrei usw. beruhen und werden durch chemische Untersuchungen nachgewiesen.

Verdorbene Butter erkennt man durch Veränderungen der Farbe, des Geruchs und Geschmacks. Ihre Ursachen können sein ungeeignete Futtermittel, mangelhafte oder unsaubere Verarbeitung, die Einwirkungen von Mikroorganismen, Fermenten, Luft, Licht, Wärme, die Berührung mit Metallen usw.

Ranziger Geschmack der Butter tritt als Folge ihrer Autooxydation auf. Man unterscheidet Aldehydranzigkeit, Ketonranzigkeit oder Parfümranzigkeit und Fischigkeit, Trangeschmack. Der letzte wird vor allem durch Metalle, Eisen und Kupfer begünstigt.

Verhinderung der Ranzigkeit von Butter wird am besten erreicht durch Fernhalten von Kleinlebewesen, Licht, Wärme und Katalysatoren. Butter wird daher zweckmäßig im dunklen, kühlen Keller aufbewahrt.

„Buttergelb".

Dimethylamino-azobenzol. $C_{14}H_{15}N_3$.

„Buttergelb" ist ein Azofarbstoff mit ausgesprochen krebserregender (cancerogener) Wirkung. Nach den Bestimmungen des Reichsgesundheitsamtes ist seine Verwendung zum Färben von Lebensmitteln (Butter und sonstigen Fetten) schon seit 1939 verboten.

Als Indikator in der Alkalimetrie findet Dimethylamino-azobenzol Verwendung. Der dem „Buttergelb" isomere Azofarbstoff 2,4-Dimethylaminoazobenzol ist kein Krebserreger und findet in der Therapie unter dem Namen „Azohel" als Schleimhautdesinfektionsmittel Verwendung.

Buttersäure. Acidum butyricum.

Normal-Buttersäure. Gärungs-Buttersäure. Butancarbonsäure. $CH_3 \cdot CH_2 \cdot CH_2 \cdot COOH$.
Mol.-Gew. 88,10.

Normal- und Isobuttersäure kommen wie Glycerin verestert (3 bis 4%) in der Butter vor, werden beim Ranzigwerden derselben frei und verursachen dann teilweise den schlechten Geruch. Als Hexyl- und Oxylester findet sich Buttersäure in pflanzlichen und tierischen Ölen. Die Isobuttersäure, die noch schlechter riecht als die n-Buttersäure, kommt im Johannisbrot (daher der widerliche Geruch beim Trocknen der Droge in der Wärme), ferner im tierischen und menschlichen Schweiß vor.

Darstellung. Durch Buttersäuregärung mit Reinkulturen von Buttersäurebakterien, von Stärke, Zucker, Glycerin und Lactaten.

Eigenschaften. Farblose bis schwach gelbliche Flüssigkeit mit unangenehm ranzigem und essigsäureähnlichem *Geruch* und scharf saurem *Geschmack*. D. (19°) 0,959; Sdp. 162,5°; mischbar mit Wasser, Weingeist und Äther, verbrennt angezündet mit blauer Flamme.

Erkennung. 1. Gut getrocknete Butyrate entwickeln beim Erhitzen mit konz. Schwefelsäure und Alkohol im Wasserbad Buttersäureäthylester mit angenehmem, ananasähnlichem Geruch.

2. Aus neutralen Butyratlösungen wird durch Eisen(III)-chlorid beim Erwärmen rotes Eisenbutyrat gefällt.

3. Silbernitrat fällt weißes, in kochendem Wasser lösl. Silberbutyrat.

Verwendung. Zur Herstellung der technisch wichtigen Buttersäureester und der buttersauren Salze, *Butyrate*, die wegen ihres fruchtartigen Geruchs in der Parfümerie Verwendung finden, zur Erzeugung des Buttergeschmacks in der Margarine, die *technische* Ware als Entkalkungsmittel in der Gerberei.

1,3-Butylenglykol. 1,3-Butandiol[1].

Darstellung. Als Zwischenprodukt bei der Bunaherstellung aus Acetylen über Acetaldehyd und Aldol:

$$2\,CH_3CHO \;\rightarrow\; CH_3\cdot CHOH\cdot CH_2\cdot CHO \;\xrightarrow{H_2}\; \underset{\displaystyle OH}{CH_2}\cdot CH_2\cdot \underset{\displaystyle OH}{CH}\cdot CH_3$$

Acetaldehyd   Aldol   1,3-Butylenglykol

Eigenschaften. Klare, farblose, sirupartige, viscose, *geruchlose* Flüssigkeit mit herb-süßem *Geschmack*, die beim Stehen an der Luft Feuchtigkeit anzieht. D. (20°) 1,0046; $n_D^{20°}$ bei 1,441; Sdp. (760 mm) 208° bis 209°. Mischbar mit Wasser und ein- sowie mehrwertigen aliphatischen Alkoholen in jedem Verhältnis, ebenso in Aceton, Essigsäure, Methyläthylketon und niedrigmolekularen Estern (Methyl- und Äthylacetat) löslich, unlösl. in Äther, Benzin- und Benzolkohlenwasserstoffen, Chlorkohlenwasserstoffen (außer Methylenchlorid und Chloroform), ferner in Schwefelkohlenstoff, fetten und mineralischen Ölen.

1,3-B. wird sowohl von der Haut als auch von den Schleimhäuten reizlos vertragen und ist auch bei der innerl. Verabreichung praktisch ungiftig und unschädlich.

Erkennung. 1. 1,5 ccm der wäßrigen Lösung werden mit 0,5 ccm konz. Schwefelsäure zum Sieden erhitzt, mit 5 ccm Kaliumpermanganatlösung (1%) 1 Min. geschüttelt, durch tropfenweisen Zusatz von Oxalsäurelösung (8%) entfärbt und abgekühlt. Nach Zusatz von 2 ccm frisch bereiteter alkoholischer β-Naphthollösung (5%) läßt man langsam 4 ccm konz. Schwefelsäure zulaufen und mischt vorsichtig. Es entsteht eine beständige, ei- bis goldgelbe Färbung (Unterschied von Äthylenglykol, das eine himbeerrote Farbe ergibt).

2. Auf Zusatz von 0,02 g Codein (Base) zu 2 Tr. 1,3-Butylenglykol und 4 Tr. konz. Schwefelsäure entsteht eine goldgelbe Farbe, die beim vorsichtigen Erwärmen in Rotbraun übergeht. (Glycerin gibt eine grüne bzw. grünblaue, Äthylenglykol eine schwach rötliche Färbung.)

3. 0,1 ccm 1,3-B. werden mit 10 ccm frisch bereitetem Bromwasser in einem verschlossenen Kölbchen 20 Min. auf dem siedenden Wasserbad erhitzt. Nach dem Verjagen des überschüssigen Broms werden 0,4 ccm der erhaltenen Lösung mit 0,1 ccm Kaliumbromidlösung (4%) und 2 ccm konz. Schwefelsäure versetzt. Es entsteht deutliche Gelbfärbung. Nach dem Abkühlen und Zugabe von 1 ccm alkoholischer Guajakollösung (5%) und Umschütteln nimmt die Stärke der Gelbfärbung allmählich zu. (Äthylenglykol gibt hierbei eine schwach rosaviolette, 1,4-Butylenglykol eine violette Färbung.)

4. Versetzen von 0,5 ccm 1,3-B. mit 1 ccm Äthylalkohol und 0,5 ccm alkoholischer Vanillinlösung (10%) und Zugabe unter Umschütteln von 0,5 ccm konz. Schwefelsäure. Es entsteht eine tiefblaue Färbung. (Äthylenglykol und 1,4-Butylenglykol geben hierbei rotviolette Färbungen.)

Verwendung. An Stelle von Glycerin zu zahlreichen med. und kosmetischen Erzeugnissen, wie Schüttelmixturen, fettfreie Salben, Haarwässer, Kopfwasch-

---

[1] Nach E. BENK: SÖFW, 1953, 5, 108.

cremes, Haarfixiermittel, Hand- und Hautcremes, Zahnpasten. *Techn.* als Feuchthaltemittel für Tabak (Ausnahmegenehmigung erforderlich), als Feuchthaltungs-,
Weichmachungs- und Gleitmittel.

Butylester.

Butylacetat.

n-Butylacetat. Essigsäure-n-Butylester. Butanolacetat. $CH_3COOC_4H_9$.

Farblose, eigenartig esterartig riechende Flüssigkeit, in Wasser wenig (0,5%)
lösl., mit allen organischen Lösungsmitteln mischbar. B. reizt die Schleimhäute,
bei längerer Einwirkung können Magenschmerzen, Übelkeit, Erbrechen und
Schwindelgefühl bis zur Ohnmacht eintreten. Sehr gutes Lösungsmittel für Nitrocellulose, Celluloid, Celluloseäther, Chlorkautschuk, Cumaronharze und andere
Harze, Wachse, Polystyrole usw.

Verwendung. In der Celluloidindustrie als Lösungsmittel, zur Herstellung von
Celluloselacken und Leder-Deckfarben, Metallacken, Nitro- und Acetylcelluloselacken, zu Überzugslacken für Perlen, in der Kosmetik als Lösungsmittel für Nagel-
lacke.

Butylstearat.

Stearinsäure-Butylester. $C_{17}H_{35} \cdot COO \cdot C_4H_9$.

Technisch rein Schmp. 10,5°; Sdp. 160° bis 210°. Gelbliche Flüssigkeit, in der
Kälte beständig, auch gegen verdünnte Säuren und Alkalien. Mit pflanzlichen,
tierischen und mineralischen Ölen und Fetten mischbar, wird nicht ranzig.

Verwendung. Als Lösungsmittel für Farben zu Lippenstiften, als Weichmacher
zu Nagellacken. Als Zusatz zu Cremes erhöht es deren Geschmeidigkeit und erzeugt
auf der Haut ein weiches und glattes Gefühl. In fettreichen Cremes wirkt es mattierend. Durch die ausgezeichnete Lösungs- und Homogenisierungsfähigkeit für
Fette, Öle und Wachse wird die Eindringungsfähigkeit bzw. das Verschwinden der
Cremes auf der Haut verbessert. Als teilweiser Ersatz für Glycerin.

☠ 3. Cadmium. Cadmium. Cd.

Atomgewicht 112,41. Wertigkeit 2.

1817 von F. R. STROMEYER im Zinkoxyd entdeckt.

Vorkommen. Als Begleiter von Zink, in dessen Erzen besonders als Zinkblende
und anderen Cadmiummineralien (Böhmen, Siebenbürgen, Schottland, Pennsylvanien).

Darstellung. Aus den Zinkerzen durch fraktionierte Destillation, bei der Cadmium
vor Zink übergeht.

Eigenschaften. Silberweißes, glänzendes Metall mit hackigem Bruch, mit dem
Messer schneidbar, weicher und dehnbarer als Zink, das sich nach einiger Zeit an der
Luft mit einer dünnen Oxydschicht überzieht. Schmp. 320,9°, Sdp. 767°. D. (20°)
8,64. Erhitzt verbrennt es zu einem braunen Rauch von Cadmiumoxyd, CdO.

Verwendung. Zur Herstellung leicht schmelzbarer Legierungen (Lagermetall),
zu WOODschem Metall, Schmp. etwa 75°, das zur Anfertigung von Abgüssen Verwendung findet, und eine Legierung von 12,5% Zinn, 25% Blei, 50% Wismut und
12,5% Cadmium ist. Als Lot für Aluminium und Zink, für automatische Verschlüsse
von Feuerlöschapparaten, als Korrosionsschutz für Eisen, zu Normalelementen und
Cadmiumakkumulatoren.

☠ *3.* Cadmium gepulvert. Cadmium metallicum pulv.

Braunschwarzes, körniges Pulver, das beim Verreiben mit Quecksilber (1 : 4) auf der Hand von diesem völlig aufgenommen wird und als *Cadmiumamalgam* zu Zahnplomben Verwendung findet.

Toxikologie. *Vorsicht mit Cadmium.* Cadmiumverbindungen sind giftig, im Umgang mit ihnen ist besondere Vorsicht nötig. Selbst Legierungen mit geringem Cadmiumgehalt haben beim Schmelzen zu langandauernden Vergiftungserscheinungen mit nachfolgender wiederholter Gelbsucht geführt.

☠ *3.* Cadmiumbromid. Cadmium bromatum.

Bromcadmium. $CdBr_2 \cdot 4\,H_2O$. Mol.-Gew. 344.

Darstellung. Aus Cadmium und Brom in Gegenwart von Wasser.

Eigenschaften. Farblose, in Wasser und Weingeist sehr l. lösl. Kristallnadeln.

Verwendung. In der Photographie.

☠ *3.* Cadmiumchlorid. Cadmium chloratum.

Chlorcadmium. $CdCl_2 \cdot 2\,H_2O$. Mol.-Gew. 219.

Darstellung. Durch Auflösen von Cadmiumoxyd in verd. Salzsäure und Eindampfen der Lösung zur Kristallisation.

Eigenschaften. Feines, weißes, leicht verwitterndes, sehr leicht in Wasser, leicht in Weingeist lösl. Pulver.

Verwendung. In der Färberei, Zeugdruckerei, in der Photographie, zur galvanischen Verzinnung, in der mikroskopischen Technik, in der Analyse als Absorptionsmittel für Schwefelwasserstoff.

☠ *3.* Cadmiumjodid. Cadmium jodatum.

Jodcadmium. CdJ_2. Mol.-Gew. 366.

Darstellung. Durch Einwirkung von Jod auf Cadmium bei Gegenwart von Wasser.

Eigenschaften. Farblose, luftbeständige, sechsseitige, seidenglänzende Tafeln, sehr l. lösl. in Wasser und Weingeist.

Verwendung. Als Arzneimittel obsolet, als Reagens auf Alkaloide und salpetrige Säure, in der Photographie.

☠ *3.* Cadmiumnitrat. Cadmium nitricum.

Salpetersaures Cadmium. $Cd(NO_3)_2 \cdot 4\,H_2O$. Mol.-Gew. 308,49.

Darstellung. Durch Auflösen von Cadmium in Salpetersäure und Eindampfen der Lösung zur Kristallisation.

Eigenschaften. Farblose, zerfließliche Kristalle oder Kristallmassen, sehr l. lösl. in Wasser, die beim Erhitzen im eigenen Kristallwasser schmelzen, bei weiterem Erhitzen das Kristallwasser verlieren und dabei weiße, blasige Massen geben unter Abgabe von braunen Dämpfen und unter Bildung von braunschwarzem Cadmiumoxyd. Schmp. 59,5.

Verwendung. In der Glas- und Porzellanmalerei für rötliche Lüsterfarben.

☠ 3. Cadmiumsulfat. Cadmium sulfuricum, Erg.-B. 6.

Schwefelsaures Cadmium. 3 $CdSO_4 \cdot 8 H_2O$. Mol.-Gew. 769,5.

Darstellung. Auflösen von Cadmium in einem Gemisch von verd. Schwefel- und Salpetersäure und Eindampfen der Lösung bis zur Kristallisation.

Eigenschaften. Farblose, durchsichtige, an der Luft verwitternde Kristalle, lösl. in 2 T. Wasser, unlösl. in Weingeist.

Erkennung. Die wäßrige Lösung reagiert schwach sauer, gibt mit Natriumsulfidlösung einen gelben, in Ammoniakflüssigkeit unlösl. Niederschlag von Cadmiumsulfid, mit Bariumnitratlösung einen weißen, in verd. Salpetersäure unlösl. Niederschlag von Bariumsulfat.
Erg.-B. 6 läßt prüfen auf Zinksalze, Alkalisalze, Erdalkalisalze und Arsenverbindungen.

Verwendung. Als Heilmittel obsolet, zur Herstellung von Normalelementen nach WESTON.

☠ 3. Cadmiumsulfid. Cadmium sulfuratum.

Schwefelcadmium. Cadmiumgelb. Postgelb. CdS. Mol.-Gew. 144,47.

Darstellung. Durch Fällen verd. Calciumsalzlösungen mit Schwefelwasserstoff oder Natriumsulfid. Bei Fällung aus neutraler oder schwach saurer Lösung erhält man citronengelbes, aus saurer Lösung, rotgelbes Cadmiumsulfid.

Eigenschaften. Citronengelbes bis mennigerotes, in Wasser und Salmiakgeist unlösl. Pulver.

Erkennung. Beim Erhitzen mit Salzsäure entweicht Schwefelwasserstoff, Natronlauge fällt aus der Lösung weißes, im Überschuß unlösl. Cadmiumhydroxyd.

Verwendung. Als Malerfarbe, hauptsächlich in der Kunstmalerei (lichtbeständig und gegen H_2S unempfindlich), zu Feuerwerkskörpern, zum Gelbfärben in der Glas-, Email- und Gummi-Industrie, in Verbindung mit Selen zu Herstellung roter Gläser, zu lithographischen Druckfarben, im Albumin-Stoffdruck; kosmetisch, *nur selenfrei,* als Farbstoff zu Pudern.

Cadmopone.

Durch Wechselwirkung von Cadmiumsulfat und Bariumsulfid (analog Lithopone) hergestellte gelbe Malerfarbe.

$$CdSO_4 \; + \; BaS \; \rightarrow \; \underline{BaSO_4 + CdS}$$

Cadmiumsulfat Bariumsulfid Cadmopone

Erkennung der Cadmiumverbindungen.

Lötrohrprobe. Auf Kohle vor dem Lötrohr erhitzt, ergeben Cadmiumverbindungen einen braunen, mitunter in bunten Oberflächenfarben schillernden Beschlag.

Reaktionen auf nassem Wege. 1. Schwefelwasserstoff oder Natriumsulfidlösung fällen aus schwach saurer und alkalischer Lösung gelbes, in Ammoniumsulfid unlösl. Cadmiumsulfid, CdS, aus.

2. Alkalilaugen und Ammoniak erzeugen einen weißen, amorphen Niederschlag von Cadmiumhydroxyd, der sich zum Unterschied von Zinkhydroxyd im Überschuß der Lauge nicht löst, jedoch im Überschuß von Ammoniak unter Bildung einer komplexen Verbindung:

$$CdCl_2 \; + \; 2\,KOH \; \rightarrow \; Cd(OH)_2 \downarrow \; + \; 2\,KCl$$
$$CdCl_2 \; + \; 6\,NH_4OH \; \rightarrow \; [Cd(NH_3)_6]Cl_2 \; + \; 6\,H_2O$$

Cajeputöl.

Cajeputöl, rektifiziertes. Oleum Cajeputi rectificatum, Erg.-B. 6.

Auf den Molukkeninseln Buru und Ceram, auf Celebes vorkommende verschiedene *Melaleuca-Arten*, *Myrtaceae*, liefern bei der Destillation ihrer frischen Blätter und Zweigspitzen das grüne bis blaugrüne ätherische Cajeputöl. Rektifiziert ist es farblos bis gelblich, optisch aktiv ($a_{\mathrm{D}}^{20°} = $ bis $- 4°$), mit eigentümlich kampferartigem, an Eucalyptusöl erinnerndem *Geruch* und *Geschmack*. D. (20°) 0,910 bis 0,925; Brechungsindex 1,466 bis 1,472.

Inhaltsstoffe. 60 bis 70% *Cineol*, Terpineol, Pynen, Limonen, Dipenten, Sesquiterpene, verschiedene Aldehyde u. a.

Verwendung. *Innerl.* (E. 0,1 g) bei Erkrankungen von Nase, Hals und Bronchien wie Eucalyptusöl, wirkt außerdem anregend und wurmwidrig; *äußerl.* zu Einreibungen (10%).

Calcipot.

Calcipot enthält 28% Calciumcitrat und 8% Calciumphosphat. Es ist in Tabletten und Pulver, mit l-Ascorbinsäure auch als *Calcipot C* und mit Vitamin D als *Calcipot D_3*, als *Calcipot F* mit Fluor im Handel. Sie finden zur Kalktherapie, Calcipot C auch als Prophylacticum gegen Infektionskrankheiten, Caries und Paradentose, Calcipot D als Prophylacticum gegen Caries und Rachitis sowie als Zusatznahrung für werdende und stillende Mütter, Calcipot F zur Cariesprophylaxe Verwendung.

Calcium. Ca.

Atomgew. 40,07, Wertigkeit 2.

Calcium wurde 1808 von DAVY bei der Elektrolyse von Calciumoxyd entdeckt.

Vorkommen. Nur gebunden, vor allem als *Calciumcarbonat*, $CaCO_3$, *Kalkstein*, *Marmor, Kreide, Kalkspat, Doppelspat, Aragonit;* als *Calciumsulfat*, $CaSO_4$, wasserfrei, *Anhydrit*, wasserhaltig, $CaSO_4 . H_2O$, Gips und Alabaster, als *Calciumphosphat*, $Ca_3(PO_4)_2$, im *Phosphorit* und *Apatit*, als *Calciumfluorid*, CaF_2, *Flußspat*. Außerdem findet sich Calcium als wesentlicher Bestandteil des tierischen Knochengerüsts und der Zähne, *Calciumchlorid* gelöst in Meer- und Flußwasser.

Darstellung. Durch Elektrolyse einer Schmelze von Calciumchlorid und Calciumfluorid.

Eigenschaften. Hartes, sehr zähes, silberweißes Metall, das sich wie die Alkalimetalle an der Luft mit einer grauen Hydroxydschicht überzieht und Wasser schon bei gewöhnlicher Temperatur zersetzt. Calciumspäne verbrennen an der Luft unter heller Lichtentwicklung.

Aufbewahrung. In dicht schließenden Gefäßen oder unter Petroleum.

Verwendung. Zum Entwässern organischer Verbindungen und als Reduktionsmittel in der organischen Chemie, in Form einer Calcium-Lithium-Blei-Legierung als Lagermetall.

Physiologische Bedeutung der Calciumsalze. Die Calciumsalze sind für die Lebensvorgänge im menschlichen Körper von großer Bedeutung und lebenswichtig. Sie sind ein notwendiger Bestandteil aller Gewebesäfte und Zellen. Calcium ist im Körper notwendig zum normalen Aufbau der Knochen und zur normalen Erregbarkeit der Muskeln. Fehlt Calcium, wird die Erregbarkeit gesteigert, es können Zukkungen und Krämpfe auftreten, während es bei der Erhöhung des Calciumgehalts

16 *

zu Lähmungserscheinungen kommen kann. Außerdem ist ein genügender Kalkgehalt im Blut und Körper notwendig zur Regelung der Herzarbeit, für den richtigen Eintritt der Blutgerinnung und zur Abdichtung der Gefäßwände. Aus diesen Tatsachen ergibt sich auch die therapeutische Anwendung der Calciumsalze. Das Blut enthält 11 mg% Calcium. Die Symptome, die bei Kalkmangel im Körper auftreten, sind Appetitlosigkeit, Durchfälle, Abnahme des Körpergewichts, Veränderungen am Skelett usw. Der Kreislauf des Kalkes in der Natur ist aus Abb. 47 ersichtlich.

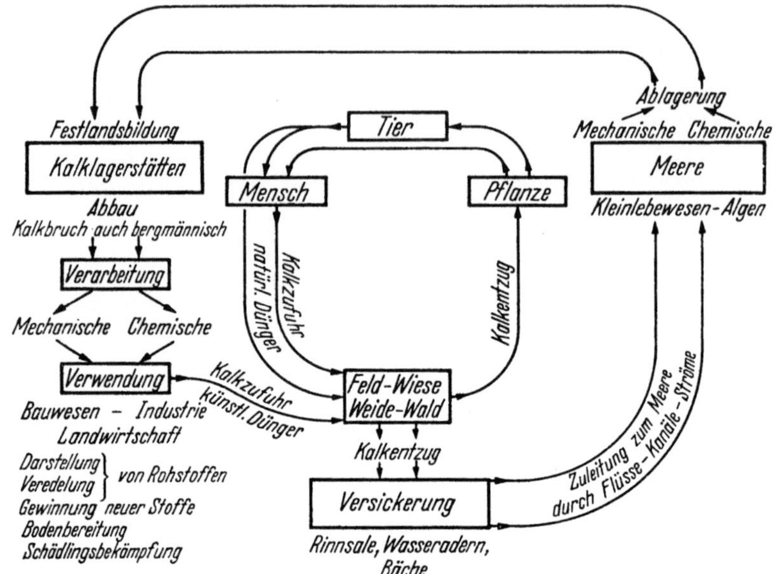

Abb. 47. Kreislauf des Kalkes in der Natur. (Aus *W. Meißner:* Chemischer Grundatlas, Leipzig 1931.)

Calciumacetat. Calcium aceticum.

Essigsaures Calcium. $(CH_3COO)_2Ca \cdot H_2O$. Mol.-Gew. 170.

Darstellung Durch Neutralisation von verd. Essigsäure mit gefälltem Calciumcarbonat im Überschuß, Filtrieren der Lösung und Eindampfen zur Kristallisation.

Eigenschaften. Farblose, in Wasser sehr l. lösl. Prismen, auch in Weingeist löslich.

Verwendung. Als Reagens auf Oxalsäure.

Calciumacetat, rohes. Calcium aceticum crudum.

Graukalk.

Darstellung. Durch Neutralisation von rohem Holzessig mit gelöschtem Kalk und Eindampfen der Lösung. Der Rückstand wird auf 300° erhitzt, um fremde, organische Stoffe zu zerstören.

Eigenschaften. Je nach Reinheit weiße *(Weißkalk)* bis graue *(Graukalk)* Masse, die beim Erhitzen in Aceton und Calciumcarbonat zerfällt:

$$(CH_3COO)_2Ca \quad \rightarrow \quad CH_3 \cdot CO \cdot CH_3 \quad + \quad CaCO_3$$

Calciumacetat, Graukalk   Aceton   Calciumcarbonat

Verwendung. Zur Darstellung von Natriumacetat, Essigsäure und Aceton.

Calciumacetylosalicylat und Magnesiumacetylosalicylat.

Calcium acetylosalicylicum

$(CH_3COOC_6H_4COO)_2Ca \cdot 2\,H_2O$

Magnesium acetylosalicylicum

$(CH_3COOC_6H_4COO)_2Mg$

sind als schmerzstillende und Fiebermittel freiverkäufliche Salze, die unter den verschiedensten Namen im Handel sind. Den Salzen haftet jedoch der Nachteil an, daß sie beim Lagern zur Zersetzung durch Einwirkung von Kohlensäure und Feuchtigkeit, vielleicht auch durch Katalyse, neigen derart, daß neben freier Essigsäure, Salicylsäure, Acetylsalicylsäure, Calcium- bzw. Magnesiumcarbonat gebildet werden. In diesem Falle handelt es sich nicht mehr um eine einheitliche chemische Verbindung, sondern um ein Gemisch verschiedener Stoffe, wodurch die Salze apothekenpflichtig werden. Beim Einkauf muß man sich also überzeugen, ob es sich um ein unzersetztes und haltbares, nicht nach Essigsäure riechendes Salz handelt. Bei angestellten Untersuchungen hat sich das Magnesiumsalz als haltbarer erwiesen als das Calciumsalz. Beide Salze sind farblose, in Wasser l.lösl. Pulver, die sorgfältig vor Feuchtigkeit geschützt aufbewahrt werden müssen (Wachskapseln!).

☠ 1. Calciumarsenat. Calcium arsenicicum.

Tricalciumorthoarsenat. $Ca_3(AsO_4)_2 \cdot 3\,H_2O$. Mol.-Gew. 452, 51.

Darstellung. Durch Fällung einer mit Ammoniakflüssigkeit im Überschuß versetzten Arsensäurelösung mit Calciumchloridlösung.

Eigenschaften. Weißes, in Wasser kaum lösl., leichter in Säuren lösl. Pulver.

Aufbewahrung. *Sehr vorsichtig, im Giftschrank!*

Verwendung. Zur Herstellung arsenhaltiger künstlicher Mineralwässer und Mineralwassersalze, in der Schädlingsbekämpfung (gegen Raupen in Kiefernwäldern und Kartoffelkäfer), als Bestandteil von Spritz- und Stäubemitteln unter Zusatz der 2- bis 3fachen Menge Kalk. Bestandteil zahlreicher Industriefertigwaren zur Schädlingsbekämpfung, als Calciumarsenat-Kupferkalkbrühe gegen Peronospora und schädliche Insekten (s. Schädlinge und Schädlingsbekämpfung, Bd. I).

Calciumbenzoat. Calcium benzoicum.

Benzoesaures Calcium. $(C_6H_5COO)_2Ca \cdot 4\,H_2O$. Mol.-Gew. 354.

Darstellung. Durch äquivalente Mengen Calciumoxyd und Benzoesäure in wäßriger Lösung durch Erhitzen.

Eigenschaften. Farblose, an trockener Luft verwitternde Nadeln oder weißes Pulver, lösl. in Wasser.

Erkennung. Ammoniumoxalat gibt mit der wäßrigen Lösung eine weiße, Eisenchlorid eine rehbraune Fällung.

Verwendung. *Äußerl.* als erweichendes Mittel bei Hornhautbildungen, zu antiseptischen Streupulvern bei übermäßigem Schweiß (5%), die 10% wäßrige Lösung als Zusatz zu Antischweißsalben.

Calciumbisulfit. Calcium bisulfurosum.

Doppeltschwefligsaures Calcium. Calciumhydrogensulfit. $Ca(HSO_3)_2$.

Calciumbisulfit ist nur in wäßriger Lösung bekannt.

Calciumbisulfitlösung. Solutio Calcii bisulfurosi.

Darstellung. Durch Einleiten von Schwefeldioxyd in Kalkmilch bis zur Lösung des Kalkes und Übersättigung der Flüssigkeit mit schwefliger Säure.

Eigenschaften. Farblose, nach Schwefeldioxyd riechende Flüssigkeit.

Verwendung. Als Desinfektionsmittel in der Gärungsindustrie, zur Seuchendesinfektion in Ställen, unter der Bezeichnung *Sulfitlauge*, zur Herstellung von Sulfitcellulose, wobei Lignin, Harze und andere wertlose Stoffe zerstört werden, zum Bleichen von Schwämmen, zum Desinfizieren von Fässern, zum Härten von Erdbeeren in der Konservenherstellung.

Calciumborat. Calcium pyroboricum.

$$CaB_4O_7 \cdot 6\,H_2O. \quad \text{Mol.-Gew. 304.}$$

Darstellung. Durch Vermischen von Calciumchloridlösung mit Boraxlösung und Erwärmen. Der entstandene Niederschlag wird getrocknet.

Eigenschaften. Weißes, in Wasser fast unlösl., in Glycerin unter Erwärmung l.lösl., geschmackloses Pulver.

Verwendung. *Äußerl.* in Streupulvern und Salben (5 bis 10%) gegen übermäßigen Schweiß, nässende Ekzeme, Verbrennungen usw.

Calciumbromid. Calcium bromatum, Erg.-B. 6.

Bromcalcium. $CaBr_2$. Mol-.Gew. 200.

Darstellung. Durch Erwärmen von Bromwasserstoffsäure mit Calciumcarbonat, Filtrieren der Lösungen und Eindampfen zur Trockne.

Eigenschaften. Farblose Stückchen oder weißes hygroskopisches Pulver. *Geruchlos, Geschmack* salzig. Sehr l.lösl. in Wasser und Weingeist, unlösl. in Äther und Chloroform. Die wäßrige Lösung darf Lackmuspapier nicht verändern.

Erkennung. Die wäßrige Lösung gibt mit Ammoniumoxalatlösung einen weißen Niederschlag von Calciumoxalat, unlösl. in Essigsäure, mit Chlorwasser versetzt färbt sich die Lösung durch freies Brom gelb, das sich beim Schütteln mit Chloroform in diesem mit rotgelber Farbe löst. Silbernitratlösung gibt mit C.-Lösung einen geblichweißen, in Ammoniakflüssigkeit schw.lösl. Niederschlag von Silberbromid.

Erg.-B. 6 läßt prüfen auf Jodwasserstoffsäure, Schwermetallsalze, Barium- und Strontiumsalze, Bromsäure, Arsenverbindungen und den vorgeschriebenen Gehalt von mindestens 84% wasserfreiem $CaBr_2$.

Aufbewahrung. In gut verschlossenen Gefäßen.

Verwendung. *Innerl.* als nervenberuhigendes, entzündungs- und krampfwidriges Mittel (E. 1,0 g), besonders bei Kindern, in der Photographie zur Herstellung von Negativ- und Positivmaterial

Calciumcarbid. Calciumkarbid.

$$CaC_2. \quad \text{Mol.-Gew. 64,1.}$$

Darstellung. Calciumcarbid, kurz auch Carbid genannt, wurde 1862 von WÖHLER aus Kohle und einer Zinkcalciumlegierung erhalten und daraus mit Wasser ein brennbares Gas hergestellt. Erst 1891/92 wurde die Darstellung im elektrischen Ofen aus Kalk und Kohle entdeckt:

$$CaO \quad + \quad 3\,C \quad \rightarrow \quad CaC_2 \quad + \quad CO$$

Calciumoxyd	Kohle	Calciumcarbid	Kohlenoxyd

Eigenschaften. Chemisch rein, farblose Kristalle, die ohne technische Bedeutung sind. Die *technische* Ware stellt eine graue bis schwarzgraue Masse dar, die schon an feuchter Luft → Acetylen entwickelt. Mit Wasser zersetzt es sich unter Bildung von Acetylen:

$$CaC_2 \quad + \quad 2\,H_2O \quad → \quad Ca(OH)_2 \quad + \quad C_2H_2$$

Calciumcarbid   Wasser   Calciumhydroxyd   Acetylen

Daneben entsteht durch Phosphorverunreinigung (Calciumphosphid) auch Phosphorwasserstoff, der dem Acetylengas den unangenehmen Geruch verleiht.

Aufbewahrung. Sorgfältig vor Feuchtigkeit geschützt in dicht schließenden Blechbüchsen. Über die Herstellung, Aufbewahrung und Verwendung von Acetylen sowie über die Lagerung von Calciumcarbid besteht eine Polizeiverordnung (s. Bd. I, S. 571) lt. der die Lagerung von Calciumcarbid und die Herstellung von Acetylen anzeigepflichtig ist.

Verwendung. In gewaltigen Mengen zur Darstellung von Acetylen, das als Ausgangsmaterial für organische Synthesen (Acetaldehyd, Essigsäure, Kautschuk, Kunststoffe, Kunstfasern, s. Bd. I, S. 242) zu Beleuchtungszwecken und zum Schweißen von Metallen Verwendung findet; zum letzten Zweck kommt es im Gebläse mit Sauerstoff gemischt an Stelle von Wasserstoff zur Anwendung. Etwa 60% der Produktion von Calciumcarbid wird zu Kalkstickstoff, → Calciumcyanamid weiterverarbeitet.

Calciumcarbonat. Calcium carbonicum.

Kohlensaures Calcium. $CaCO_3$.

Vorkommen. Calciumcarbonat findet sich in der Natur sehr verbreitet als *Kalkstein, Marmor* (körnig-kristallin), *Kreide* (amorph), *Kalkspat*, isländischer Doppelspat und Aragonit, als Calcium-Magnesiumcarbonat im *Dolomit*, $MgCa(CO_3)_2$. Ferner ist es in Austernschalen, Eierschalen, Schneckengehäusen, Sepiaknochen, Krebssteinen, im Quellwasser gelöst als Calciumbicarbonat, $Ca(HCO_3)_2$, enthalten, das sich beim Kochen unter Kohlendioxydabgabe zersetzt, wobei sich $CaCO_3$ als Kesselstein absetzt:

$$Ca(HCO_3)_2 \quad → \quad CaCO_3 \quad + \quad CO_2 \quad + \quad H_2O$$

Calciumhydrogencarbonat   Calciumcarbonat   Kohlendioxyd   Wasser

Von Calciumcarbonat finden 3 Handelssorten Verwendung:
Gefälltes Calciumcarbonat, DAB. 6, gefälltes Calciumcarbonat für den äußeren Gebrauch, DAB. 6, und Schlämmkreide.

Calciumcarbonat, gefälltes. Calcium carbonicum praecipitatum, DAB. 6.

$CaCO_3$. Mol.-Gew. 100,07.

Darstellung. Eine aus Calciumcarbonat, Marmor und Salzsäure hergestellte Calciumchloridlösung

$$CaCO_3 \quad + \quad 2\,HCl \quad → \quad CaCl_2 \quad + \quad H_2O \quad + \quad CO_2$$

Calciumcarbonat   Salzsäure   Calciumchlorid   Wasser   Kohlendioxyd

wird mit Natruimcarbonatlösung zersetzt, dabei fällt Calciumcarbonat aus:

$$CaCl_2 \quad + \quad Na_2CO_3 \quad → \quad CaCO_3 \quad + \quad 2\,NaCl$$

Calciumchlorid   Natriumcarbonat   Calciumcarbonat   Natriumchlorid

Der Niederschlag wird ausgewaschen und getrocknet. Die Kristallform des erhaltenen Produktes ist durch die Temperatur der Lösung beeinflußbar.

Eigenschaften. Sehr weißes und voluminöses, trockenes, zartes, mikrokristallines, *geruch-* und *geschmackloses* Pulver, das an der Zunge haftet (Abb. 48).

Prüfung des DAB. 6. *Erkennung.* Beim Auflösen in verd. Essigsäure braust das Salz infolge Kohlendioxydentwicklung auf. Auf Zusatz von Ammoniumoxalatlösung entsteht ein weißer Niederschlag von Calciumoxalat.

DAB. 6 läßt ferner prüfen auf:

Alkalicarbonate, Calciumhydroxyd. Beim Schütteln von 3 g Calciumcarbonat mit 50 ccm ausgekochtem Wasser, Abfiltrieren und Eintauchen von Lackmuspapier darf sich dieses nicht bläuen.

Wasserlösliche Salze. Beim Verdunsten des obigen Filtrats in einem tarierten Schälchen darf höchstens ein Rückstand von 0,01 g verbleiben.

Auflösen von 1 g C. in 6 ccm verd. Essigsäure und 14 ccm Wasser in der Siedehitze, Verdünnen der Lösung mit 30 ccm Wasser. Je 5 ccm der Lösung werden geprüft auf:

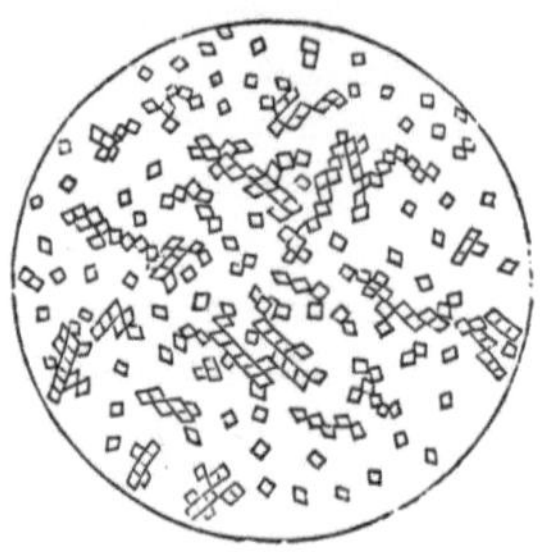

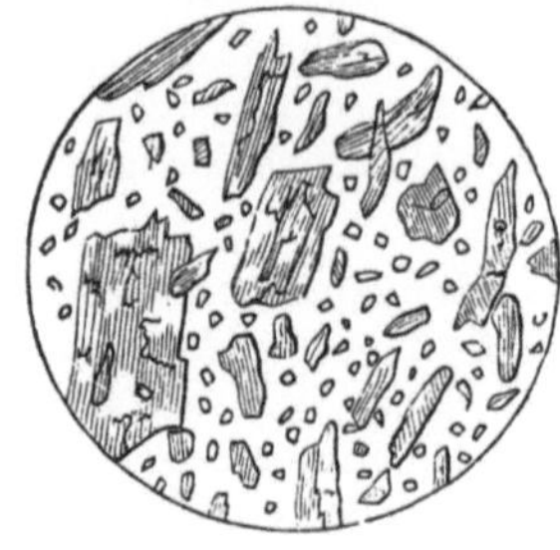

Präzipitiertes Calciumcarbonat.   Präparierte Austernschalen.
Abb. 48. (Je 300- bis 400 fache Vergrößerung.)

Schwefelsäure, mit Bariumnitratlösung darf nicht sofort eine weiße Trübung eintreten;

Salzsäure, mit Silbernitratlösung darf die Mischung innerhalb 5 Min. nur opalisierend getrübt werden;

Aluminiumsalze, Calciumphosphat, mit überschüssiger Ammoniakflüssigkeit darf keine weiße gallertige Ausscheidung erfolgen;

Magnesiumsalze, mit überschüssigem Kalkwasser darf keine weiße Fällung erfolgen.

Eisensalze. Beim Auflösen von 1 g C. in 5 ccm Salzsäure, Verdünnen mit Wasser bis zu 50 ccm und Versetzen mit 0,5 ccm Kaliumferrocyanidlösung darf keine sofortige Bläuung der Lösung eintreten.

Verwendung. *Innerl.* als neutralisierendes Mittel (E. 1,0 g), *äußerl.* zu Pudern und Pasten (50%), unverdünnt zu Zahnpulvern, ferner zu Zahnpasten, Zahnseifen, in der Tierheilkunde gegen Darmkatarrhe und Durchfälle.

Calciumcarbonat, gefälltes, für den äußeren Gebrauch. Calcium carbonicum praecipitatum pro usu externo, DAB. 6.

Hat im wesentlichen die gleichen Eigenschaften wie das vorgenannte Präparat. Es findet hauptsächlich zu Zahnputzmitteln Verwendung. Mit Ausnahme der Prüfung auf Schwefelsäure sind die Prüfungsvorschriften des DAB. 6 dieselben.

Schlämmkreide. Calcium carbonicum praeparatum naturale.

Creta alba praeparata. Präparierte Kreide.

Die natürlich vorkommende Kreide (Rügen, Skandinavien, Südengland, Frankreich, Spanien) enthält neben dem Hauptbestandteil Calciumcarbonat

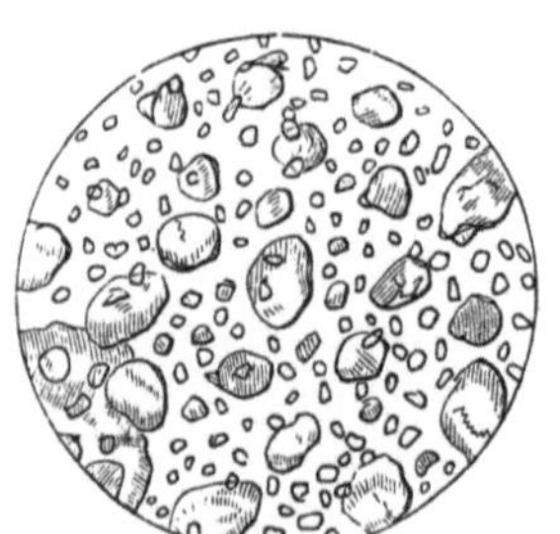

Abb. 49. Schlämmkreide.
(300- bis 400 fache Vergrößerung.)

Calciumphosphat, Magnesiumcarbonat, Magnesiumphosphat, Aluminiumsilikat, organische Substanzen und Spuren von Eisenoxyd (Abb. 49).

Gewinnung. Rohe Kreidestücke überläßt man im Freien den Witterungseinflüssen, dann werden sie mit Wasser fein gemahlen, *geschlämmt* und nach der Befreiung von Wasser getrocknet.

Verwendung. Zu Zahnpulvern und Zahnpasten ungeeignet, *technisch* als Malerfarbe und, meist zusammen mit Gips, zur Herstellung von Schreibkreide, als Düngemittel für saure Böden.

Schreibkreiden bestehen meist aus Kreide, Gips, Leichtspat, Kaolin, Talkum, kohlensaurem Magnesia u. a., die gefärbten mit geeigneten Farbstoffzusätzen. Die Grundstoffe werden mit Leim- oder Dextrinlösung angeteigt, mittels Strangpresse geformt und dann getrocknet.

Calciumchlorid. Calcium chloratum.

Chlorcalcium. $CaCl_2$. Mol.-Gew. 110,99.

Darstellung. Calciumchlorid wird in großen Mengen als Nebenprodukt bei verschiedenen chemischen Prozessen, besonders bei der Wiedergewinnung von Ammoniak aus den Filtraten des Solvay-Prozesses gewonnen:

$$2\,NH_4Cl \;+\; Ca(OH)_2 \;\rightarrow\; 2\,NH_3 \;+\; CaCl_2 \;+\; 2\,H_2O$$

Ammoniumchlorid   Calciumhydroxyd   Ammoniak   Calciumchlorid   Wasser

Es kommt als kristallisiertes Calciumchlorid — Calcium chloratum, getrocknetes Calciumchlorid — Calcium chloratum siccatum, geschmolzenes Calciumchlorid — Calcium chloratum fusum, rohes Calciumchlorid — Calcium chloratum crudum in den Handel; das letzte findet zum Auftauen von Glatteis und als Staubbindemittel Verwendung.

Das kristallisierte Salz schmilzt schon beim Erwärmen auf 29° und gibt bei 200° einen Teil des Kristallwassers ab. Bei längerem Erhitzen auf 200° geht es in $CaCl_2 \cdot 2\,H_2O$ über. Bei weiterem Erhitzen auf Rotglut erhält man das wasserfreie Salz, $CaCl_2$, eine nach dem Erkalten weiße kristalline Masse, Calcium chloratum fusum, die begierig Wasser anzieht und zum Trocknen von Gasen, organischen flüssigen Verbindungen und als Trockenmittel für Exsiccatoren verwendet wird. Als unvollständig entwässertes Salz mit der ungefähren Zusammensetzung $CaCl_2 \cdot H_2O$ kommt granuliertes Calciumchlorid — Calcium chloratum siccatum granulatum — in den Handel.

Calciumchlorid. Calcium chloratum, Erg.-B. 6.

Kristallisiertes Calciumchlorid. Kristallisiertes Chlorcalcium. $CaCl_2 \cdot 6\,H_2O$.
Mol.-Gew. 219,1.

Eigenschaften. Farblose, hygroskopische, säulenförmige Kristalle, sehr l.lösl. in Wasser und Weingeist. Schmp. 29°. *Geschmack* salzig, bitter und scharf.

Erkennung. Die wäßrige Lösung gibt mit Ammoniumoxalatlösung einen weißen, in Essigsäure unlösl. Niederschlag von Calciumoxalat, mit Silbernitratlösung einen weißen, käsigen Niederschlag von Silberchlorid, lösl. in Ammoniakflüssigkeit, unlösl. in Salpetersäure.

Erg.B. 6 läßt prüfen auf Natriumchlorid, Schwermetallsalze, Schwefelsäure, Bariumsalze, Ammoniumsalze, Arsenverbindungen, Magnesium- und Alkalisalze. 100 T. C. sollen nach längerer Zeit auf Rotglut erhitzt, ungefähr 50 T. an Gewicht verlieren.

Aufbewahrung. In gut verschlossenen Gefäßen.

Verwendung. *Innerl.* als entzündungswidriges und blutstillendes Mittel bei Krämpfen, Hautkrankheiten, Allergien, zur Kalktherapie (E. 1,0 g), *äußerl.* zu verteilenden Salben (2%), in der mikroskopischen Technik als Einschlußmittel.

Calciumchlorid, getrocknetes. Calcium chloratum siccatum, Erg.-B. 6.

Getrocknetes Chlorcalcium. Mit der ungefähren Zusammensetzung: $CaCl_2 \cdot H_2O$.

Eigenschaften. Körniges, weißes Pulver oder Stücke, *Geschmack* bitter, salzig, an der Luft zerfließlich, l.lösl. in Wasser.

Prüfung des Erg.-B. 6. Das Salz muß den Anforderungen an Calcium chloratum entsprechen. 100 T., längere Zeit auf Rotglut erhitzt, sollen nicht mehr als 25 und nicht weniger als 20 T. an Gewicht verlieren.

Aufbewahrung. In gut verschlossenen Gefäßen.

Verwendung. Wie Calciumchlorid, Erg.-B. 6 (E. 0,5 g).

Calciumchlorid, rohes, entwässertes. Calcium chloratum siccum crudum.

Das Salz wird auch *Calcium chloratum granulatum* genannt und stellt das gekörnte Präparat dar. Man erhält es aus dem kristallisierten Calciumchlorid durch Erhitzen. Je nach dem Reinheitsgrad stellt es eine graue, gelbe bis rein weiße, körnige, sehr hygroskopische Masse dar.

Verwendung. Trocknen von Gasen, Füllen von Exsiccatoren, Herstellung von Staubbindemitteln usw. nach ULLMANN in Lösung (28 bis 30%) als Frostschutzmittel (Erstarrungstemperatur —40° bis —45°), als Korrosionsschutz eine geringe Menge Natriumdichromat zugeben und p_H-Wert der Lösung auf 7,5 einstellen, ferner zur Verhinderung von Glatteisbildung, zu welchem Zweck es Kochsalz weit überlegen ist.

Calciumcitrat. Calcium citricum, Erg.-B. 6.

Citronensaures Calcium. Citronensaurer Kalk. $Ca_3(C_6H_5O_7)_2 \cdot 4\,H_2O$.
Mol.-Gew. 570,4.

Eigenschaften. Weißes, in Wasser und verd. Essigsäure schwer, in Salzsäure oder Salpetersäure l. lösl. Pulver.

Erkennung. Beim Kochen von C. mit verd. Essigsäure gibt das Filtrat mit Ammonium-oxalatlösung einen weißen Niederschlag. Die mit Hilfe von Salpetersäure hergestellte wäßrige Lösung gibt mit 1 ccm Quecksilbersulfatlösung beim Erhitzen bis kurz zum Sieden und Zugabe von 1 Tr. Kaliumpermanganatlösung (1 + 49) einen weißen Niederschlag unter Entfärbung.

Erg.-B. 6 läßt prüfen auf Salzsäure, Schwefelsäure, Schwermetallsalze, Weinsäure, Zucker und Arsenverbindungen.

Verwendung. Bei der Kalktherapie, *innerl.* (E. 1,0 g). Hauptbestandteil von → Calcipot.

Calciumcyanamid. Kalkstickstoff.

$CaCN_2$. Mol.-Gew. 80,11. Struktur: $Ca=N-C\equiv N$

Darstellung. Durch Erhitzen von Calciumcarbid in einem Strom von trockenem Stickstoff auf etwa 1100°:

$$CaC_2 \quad + \quad N_2 \quad \rightarrow \quad CaCN_2 \quad + \quad C$$

Calciumcarbid   Stickstoff   Calciumcyanamid   Kohle

Eigenschaften. Dunkelgraues bis schwarzes Pulver, das neben Calciumcyanamid Kohle und Calciumoxyd enthält. Äußerst wichtiges Düngemittel, dessen Stickstoff im Ackerboden in Ammoniak verwandelt wird. Auch Wasserdampf macht aus der Verbindung Ammoniak frei:

$$CaCN_2 \quad + \quad 3\,H_2O \quad \rightarrow \quad CaCO_3 \quad + \quad 2\,NH_3$$

Calciumcyanamid   Wasser   Calciumcarbonat   Ammoniak

Kalkstickstoff des Handels, der als Düngemittel Verwendung findet, ist zur Verminderung des Stäubens mit 1,5 bis 2% Teerölen vermengt und kommt auch gekörnt in den Handel.

Toxikologie. Kalkstickstoff kann zu Verätzungen von Haut- und Schleimhäuten und zur „Kalkstickstoffkrankheit", einer Vergiftung mit Cyanamid, führen. Empfindliche Personen können schon beim Einatmen des Staubes von Kalkstickstoff vergiftet werden. Personen, die mit K. arbeiten, müssen Alkohol, auch in kleinen Mengen, unbedingt vermeiden. Vor dem Ausstreuen sind Gesicht und Hände einzufetten, die Augen mittels Schutzbrille zu schützen. An den Händen dürfen sich offene Wunden nicht befinden. Mit Kalkstickstoff gedüngte Wiesen dürfen nicht unmittelbar nachher zur Weide freigegeben werden.

Verwendung. Als Düngemittel, zur Hederichbekämpfung und gegen andere Unkräuter, gegen krankheitserregende Pilze und Bodenschädlinge, lt. Chemiker-

Ztg., 1953, 365 als Kopfdünger angewandt zur Vertilgung des Kartoffelkäfers und seiner Larven, 30—40 kg auf 1 Hektar, zur Herstellung von Natriumcyanid.

Calciumfluorid. Fluorcalcium. Calcium fluoratum, Erg.-B. 6.
Flußspat. Fluorit. CaF_2. Mol.-Gew. 78,1.

Das Mineral Flußspat (Schwarzwald, Thüringer Wald, Harz, Erzgebirge, Oberpfalz) besteht aus Calciumfluorid und bildet derbe Massen oder würfelige Kristalle, die teils farblos bzw. grün oder rot gefärbt sind.

Darstellung. Durch Fällen von Calciumchloridlösung mit einer Lösung von Ammonium- oder Natriumfluorid und längerem Erhitzen des Niederschlages mit verd. Salzsäure.

Eigenschaften. Weißes, schweres, *geruch-* und *geschmackloses* Pulver, unlösl. in Wasser, kalter Salzsäure und Salpetersäure.

Erkennung. Beim Erhitzen mit konz. Schwefelsäure entsteht Fluorwasserstoff, der Glas ätzt.

Erg.-B. 6 läßt prüfen auf Salzsäure und Arsenverbindungen.

Verwendung. *Innerl.* in sehr kleinen Dosen (0,0025 g) in Verbindung mit anderen Kalksalzen zur Förderung der Zahnentwicklung. *Technisch* zur Darstellung von Flußsäure und Fluor, zum Ätzen von Glas, in der Email-Industrie.

Calciumgluconat. Calcium gluconicum, Erg.-B. 6.
Gluconsaures Calcium. $[CH_2OH(CHOH)_4COO]_2Ca \cdot H_2O$. Mol.-Gew. 448,3.

Calciumgluconat ist das Calciumsalz der Gluconsäure, die man aus Traubenzucker (Glykose) durch Oxydation mit Brom erhält. Dabei wird die Aldehydgruppe des Traubenzuckers zur Carboxylgruppe oxydiert.

Eigenschaften. Weißes, *geruch-* und *geschmackloses*, körniges Pulver, 1 T. in etwa 30 T. Wasser (15°) und in etwa 3,5 T. siedendem Wasser lösl., unlösl. in Weingeist und Äther.

Prüfung des Erg.-B. 6. Mit Ammoniumoxalatlösung gibt die wäßrige Lösung (1 + 19) einen weißen, in Essigsäure und Ammoniakflüssigkeit unlösl. Niederschlag. — Beim Versetzen von 20 ccm der wäßrigen Lösung (1 + 19) mit 2 g Phenylhydrazinhydrochlorid und 3 g wasserfreiem Natriumacetat und Erhitzen dieser Mischung in einem Becherglas (100 ccm) $1^1/_2$ Std. lang auf dem Wasserbad, scheiden sich nach längerem Stehen gelbe Kristalle ab. Diese schmelzen nach dem Auswaschen mit Wasser, Umkristallisieren aus heißem, verd. Weingeist und nach dem Trocknen im Trockenschrank unter Zersetzung bei 198° bis 200°.

Erg.-B. 6 läßt weiter prüfen auf Schwermetallsalze, Schwefelsäure, Eisensalze, Salzsäure, Arsenverbindungen, Invertzucker und andere reduzierende Stoffe, Citronensäure.

Verwendung. Zur Kalktherapie, *innerl.* (E. 3,0 g), zu instramuskulären und intravenösen Einspritzungen. C. ist der wirksame Bestandteil zahlreicher Fertigpräparate der Arzneimittelindustrie.

Calciumglycerophosphat. Calcium glycerino-phosphoricum, DAB. 6.
Glycerinphosphorsaures Calcium. $CH_2(OH) \cdot CH(OH) \cdot CH_2(OPO_3Ca) \cdot 2 H_2O$.
Mol.-Gew. 246,20.

Gehalt mindestens 84% wasserfreies Calciumglycerophosphat.

Eigenschaften. Weißes, kristallines, *geruchloses* Pulver mit schwach bitterem *Geschmack*, lösl. in etwa 40 T. Wasser mit alkalischer Reaktion.

Erkennung. Beim Erhitzen zum Sieden scheidet die wäßrige Lösung einen weißen Niederschlag ab, der sich beim Erkalten wieder löst. Mit Ammoniumoxalatlösung gibt die wäßrige Lösung einen weißen Niederschlag von Calciumoxalat, der nach Zusatz von verd. Essigsäure nicht verschwindet. Bleiacetatlösung gibt einen weißen, in Salpetersäure lösl. Niederschlag.

DAB. 6 läßt prüfen auf: Phosphorsäure, Salzsäure, Schwefelsäure, Schwermetallsalze und den vorgeschriebenen Gehalt.

1 g G. muß nach dem Glühen einen Rückstand von 0,51 bis 0,53 g hinterlassen.

Aufbewahrung. In gut verschlossenen Gefäßen.

Verwendung. *Med. innerl.* zur Entwicklungsförderung zurückgebliebener Kinder, bei Rachitis und anderen Knochenerkrankungen (E. 0,3 g), als unschädliches und wirksames Nerventonicum in Nähr- und Kräftigungsmitteln, tonischen Weinen usw., *technisch* zur Imprägnierung von Leinwand, welche sie feuersicher und transparent macht.

Calciumglycerophosphat, löslich „Merck".

Neutrales Salz, das zur Erhöhung der Löslichkeit einen geringen Zusatz von Citronensäure hat. Löslichkeit in kaltem Wasser 1 : 20.

Calciumglycerophosphat, flüssig 50%ig „Merck".

Farblose, sirupöse, sauer reagierende Flüssigkeit, die mit Wasser in jedem Verhältnis mischbar ist.

Aufbewahrung. In gut verschlossenen Gefäßen.

Verwendung. *Innerl.* als Nervenberuhigungsmittel (E. 1,0 g) mit geringerer Wirkung auf das Herz als Bromkalium, in der Photographie.

Calciumhydrid. Calciumwasserstoff. CaH_2.

Calciumhydrid wird gewonnen durch Erhitzen von Calcium im trockenen Wasserstoffstrom auf 300° bis 400°. Dabei bildet sich unter heller Feuererscheinung das Hydrid. Mol.-Gew. 42,10.

Eigenschaften. Weiße, salzähnliche, kristalline Masse, die sich mit Wasser zersetzt:

$$CaH_2 \;+\; 2\,H_2O \;\rightarrow\; Ca(OH)_2 \;+\; 2\,H_2$$

Calciumhydrid   Wasser   Calciumhydroxyd   Wasserstoff

Aufbewahrung. Vorsichtig, in gut verschlossenen Gefäßen.

Verwendung. Zur Herstellung von Wasserstoff (1 kg gibt etwa 1 cbm Wasserstoff), zum Füllen von Luftballons, als Reduktionsmittel in der anorganischen und organischen Chemie, als sehr wirksames Trockenmittel.

Calciumhydroxyd. Calcium oxydatum hydricum.

Gelöschter Kalk. Kalkhydrat. $Ca(OH)_2$. Mol.-Gew. 74,10.

Darstellung. Wird gebrannter Kalk mit der Hälfte seines Gewichts befeuchtet, saugt er das Wasser begierig ein und vereinigt sich mit dem Wasser:

$$CaO \;+\; H_2O \;\rightarrow\; Ca(OH)_2$$

Calciumoxyd   Wasser   Calciumhydroxyd

Dabei erhitzt sich die Masse bis etwa 450° unter Dampfentwicklung. Diesen Vorgang bezeichnet man mit „*Löschen* des Kalkes". Zur *technischen* Herstellung von *gelöschtem Kalk* wird etwa 2,5- bis 3fache Raummenge Wasser verwendet, wobei ein steifer Kalkbrei entsteht. Bei der Verwendung von reinerem, gebranntem Kalk nimmt dieser dabei eine speckige Beschaffenheit an, *Fettkalk*, während geringere Sorten mehr den pulverig-schlammigen *Magerkalk* ergeben.

Eigenschaften. Weißes, in Wasser schw.lösl. Pulver (600 T. lösen etwa 1 T.). Die Lösung reagiert stark alkalisch, ist daher ätzend und besonders gefährlich für die Augen. *Gegenmittel:* Borsäure- und Zuckerlösungen. Mit Wasser zu einem dünnen Brei angerührtes Calciumhydroxyd bezeichnet man als *Kalkmilch*.

Verwendung. Als billigste Base vielseitig in der chemischen Industrie, in bedeutenden Mengen zur Herstellung von Chlorkalk und bei anderen chemischen Vorgängen, im Baugewerbe dient er zur Herstellung von → Mörtel, zur Keimfreimachung von Fäkalien (Auswurfstoffen, Kot) und Aborten (s. auch Kalkwasser). Seine Verwendung zum Einlagern von Eiern ist nicht zu empfehlen (s. Kalkeier). → Wiener Kalk.

Kalkwasser. Aqua Calcariae, DAB. 6.

Kalkwasser ist eine gesättigte Lösung von Calciumhydroxyd, $Ca(OH)_2$, in Wasser und stellt eine klare, farblose Flüssigkeit mit laugenhaftem *Geschmack* und alkalischer Reaktion dar, die sich durch Aufnahme von Kohlendioxyd unter Bildung von Calciumcarbonat trübt. Herstellung s. Bd. III.

Prüfung des DAB. 6 auf Verunreinigung durch Ätzalkali und den vorgeschriebenen Gehalt an Calciumhydroxyd, 0,15 bis 0,17% durch Titration von 100 ccm mit n-Salzsäure (4 bis 4,5 ccm).

Aufbewahrung. In gut verschlossenen Gefäßen.

Verwendung. *Innerl.* als Säuren neutralisierendes Mittel, eßlöffelweise bei Sodbrennen, zum Lösen von übermäßig abgesondertem Schleim, bei Darmkatarrhen der Kinder zur Neutralisierung entstandener Säuren (1 Eßlöffel auf 1 Tasse Milch), als Gegenmittel bei Säurevergiftungen, *äußerl.* unverdünnt zu Schleimhautspülungen, mit gleichen Teilen Leinöl vermischt zur Herstellung von Brandliniment, Linimentum Calcariae, DAB. 6, gegen Verbrennungen (von Fall zu Fall *frisch* herzustellen!), als Reagens auf freies Kohlendioxyd und Carbonate, auf Weinsäure und Pyrogallol.

Calciumhypochlorit. Calcium hypochlorosum.

Unterchlorigsaures Calcium. $Ca(OCl)_2$.

Darstellung. Durch Entwässerung unter vermindertem Druck des wasserhaltigen Salzes $[Ca(OCl)_2 \cdot 4 H_2O]$.

Eigenschaften. Weißes, nach Chlor riechendes Pulver, mit starker bleichender, oxydierender und desifizierender Wirkung. Die *technische* Ware ist unter der Bezeichnung *Para-Caporit* (Bayer) mit 35% bis 38% Aktivchlor im Handel und entwickelt nach Zugabe von Salzsäure reichlich Chlor:

$$Ca(OCl)_2 \;+\; 4\,HCl \;\rightarrow\; CaCl_2 \;+\; 2\,H_2O \;+\; 2\,Cl_2$$

Calciumhypochlorit — Salzsäure — Calciumchlorid — Wasser — Chlor

Aufbewahrung. In bestverschlossenen Blechdosen, vor Licht-, Luft- und Wärmeeinwirkung geschützt.

Wichtig! Para-Caporit ist ein starkes Oxydans und darf deshalb mit leicht brennbaren Stoffen (Holz, Sägespänen, Papierresten, Kehricht usw.) nicht zusammengebracht werden. Bei Anwesenheit von Feuchtigkeit kann starke Wärmeentwicklung und sogar Entzündung eintreten. Deshalb ist bei Entnahme von Para-Caporit aus der Trommel sorgfältig darauf zu achten, daß es nicht verstreut wird. Keinesfalls darf vom Fußboden zusammengefegtes P.-C. in die Trommel zurückgeschüttet werden. Das Öffnen festverschlossener Trommeln muß mit Vorsicht geschehen, da infolge Hitzeeinwirkung sich ein Überdruck gebildet haben kann und dann der Trommelinhalt herauspufft. (Augenschutz!)

Verwendung. Zur Trinkwasserentkeimung (1 g auf 1 cbm), zur Badewasserentkeimung (1 bis 2 g auf 1 cbm), zur Beseitigung von Algenbewuchs in Badebecken, Wasserbehältern (0,5%), zur Desinfektion von Räumen (Krankenhäuser, Behördenbüros, Schulen, Industriebetriebe der Lebensmittel-, Genußmittel- und Getränkeindustrie), zur Desinfektion von Holzgegenständen, Flaschen, Leitungen,

Apparaturen, Behältern (0,5%), ferner zur Entkeimung und Geruchsbeseitigung von Senkschächten, Kanälen, Abflüssen, Latrinen, Fäkalien- und Jauchegruben. P.-C. wird in Dosen mit 1 kg und Trommeln mit 5, 10, 25 und 150 kg geliefert.

Calciumhypophosphit. Calcium hypophosphorosum, DAB. 6.

Unterphosphorigsaures Calcium. $Ca(H_2PO_2)_2$. Mol.-Gew. 117,18.

Calciumhypophosphit ist das Calciumsalz der einbasigen unterphosphorigen Säure, H_3PO_2 (s. Phosphorsäuren).

Darstellung. Durch Kochen von Kalkmilch mit Phosphor:

$$3\,Ca(OH)_2 \;+\; 6\,H_2O \;+\; 8\,P \;\rightarrow\; 3\,Ca(H_2PO_2)_2 \;+\; 2\,PH_3$$

Kalkmilch   Wasser   Phosphor   Calciumhypophosphit   Phosphorwasserstoff

Eigenschaften. Farblose, glänzende, luftbeständige Kristalle oder weißes, kristallines Pulver, *geruchlos, Geschmack* schwach laugenartig. Lösl. in 8 T. Wasser.

Prüfung des DAB. 6. *Erkennung.* Beim Erhitzen im Reagensglas verknistert das Salz und zersetzt sich bei höherer Temperatur unter Entwicklung von selbstentzündlichem Phosphorwasserstoffgas, das mit helleuchtender Flamme verbrennt. Dabei schlägt sich am kälteren Teil des Reagensglases gelber und roter Phosphor nieder. Der weißliche Glührückstand wird beim Erkalten rötlichbraun. Die wäßrige Lösung (1 + 19) verändert Lackmuspapier nicht und gibt mit Silbernitratlösung beim Erwärmen eine schwarze Ausscheidung von metallischem Silber, mit Ammoniumoxalatlösung einen weißen, in Essigsäure fast unlösl., in verd. Salzsäure l.lösl. Niederschlag von Ammoniumhypophosphit.

DAB. 6 läßt prüfen auf Kohlensäure, Bariumsalze, Schwefelsäure, Phosphorsäure, phosphorige Säure, Schwermetallsalze, Eisensalze und Arsenverbindungen.

Verwendung. *Med. innerl.* (E. 0,5 g), als Sirupus Calcii hypophosphorosi Erg.-B. 6 bei Stoffwechselerkrankungen.

☠ 3. Calciumjodid. Calcium jodatum, Erg.-B. 6.

Jodcalcium. CaJ_2. Mol.-Gew. 293,9.

Darstellung. Durch Neutralisieren von Jodwasserstoffsäure mit reinem Calciumcarbonat.

Eigenschaften. Weißes oder gelblich-weißes, sehr hygroskopisches Pulver, l.lösl. in Wasser und Weingeist, das an der Luft durch Abscheidung von Jod schnell gelbliche Farbe annimmt. *Geschmack* herb bitter.

Erg.-B. 6 läßt prüfen auf Thioschwefelsäure, Salzsäure, Bromwasserstoffsäure.

Aufbewahrung. *Vorsichtig!* In kleinen, gut verschlossenen Gefäßen, vor Licht geschützt.

Verwendung. Zur Kalktherapie mit gleichzeitiger Jodwirkung (E. 0,25 g), *technisch* in der Photographie wie Kaliumjodid.

Calciumlactat. Calcium lacticum, DAB. 6. Stoff B.

Milchsaures Calcium. $(CH_3 \cdot CHOH \cdot COO)_2Ca \cdot 5\,H_2O$. Mol.-Gew. 308, 23.

Gehalt 70,5 bis 73% wasserfreies Calciumlactat.

Darstellung. Als Zwischenprodukt bei der Darstellung von Milchsäure.

Eigenschaften. Weißes, in 20 T. Wasser langsam, in heißem Wasser leichter lösl. Pulver, fast ohne Geruch und Geschmack.

Prüfung des DAB. 6. *Erkennung.* Die wäßrige Lösung gibt mit Ammoniumoxalatlösung einen weißen, in Essigsäure und Ammoniakflüssigkeit unlösl. Niederschlag von Calciumoxalat.

Wird die wäßrige Lösung nach Zusatz von verd. Schwefelsäure und Kaliumpermanganatlösung erhitzt, tritt der Geruch des Acetaldehyds auf, die rote Farbe der Lösung verschwindet.

DAB. 6 läßt prüfen auf Calciumoxyd, unzulässige Menge freier Säure, Schwermetall-salze, Schwefelsäure, Eisensalze, Salzsäure, Arsenverbindungen, den vorgeschriebenen Gehalt und unzulässigen Wassergehalt.

Verwendung. Gut wirkendes Kalkpräparat für Schwangere und Kleinkinder (Schwangere 3 mal täglich 0,5 g, Kleinkinder 3 mal täglich 0,3 g), Bestandteil von *Kalzan.*

Calcium-Natriumpyrophosphat. Calcium-Natrium pyrophosphoricum.

$$CaNa_2P_2O_7 \cdot H_2O.$$

Eigenschaften. Weißes, leichtes Pulver, 1 T. in 50 T. Wasser, in heißem Wasser l. lösl., p_H der wäßrigen Lösung 9,3.

Verwendung. Als mildes Gleitmittel zu Zahnpulvern, Zahnpasten usw.

Calciumnitrat. Calcium nitricum.

Salpetersaures Calcium. Kalksalpeter. $Ca(NO_3)_2 \cdot 4\,H_2O.$ Mol.-Gew. 136,16.

Vorkommen. Als „*Mauersalpeter*" durch freiwerdendes Ammoniak aus Harn-stoff und faulenden Eiweißstoffen an Kalkwänden gebildet. Dabei wird das Ammo-niak durch Nitrit- und Nitratbakterien zu Salpetersäure oxydiert:

$$CaCO_3 \quad + \quad 2\,HNO_3 \quad \rightarrow \quad Ca(NO_3)_2 \quad + \quad H_2O \quad + \quad CO_2$$

Calciumcarbonat   Salpetersäure   Calciumnitrat   Wasser   Kohlendioxyd

Darstellung. Aus überschüssigem Kalkpulver mit verd. Salpetersäure. Das Filtrat wird sorgfältig eingedampft.

Eigenschaften. Weiße, zerfließliche, in Wasser und Weingeist sehr l. lösl. Masse, Schmp. 42,5°. Beim längeren Erhitzen auf 130° verliert das Salz sein Kristallwasser.

Erkennung. Das Salz färbt die Bunsenflamme am Magnesiastäbchen ziegelrot und gibt die Reaktionen der Nitrate.

Aufbewahrung. In gut verschlossenen Gefäßen.

Verwendung. Als Düngemittel, Kopfdünger. *Kalksalpeter* BASF ist eine Mischung von Calciumnitrat mit 1% Ammoniumnitrat.

Calciumoleat. Calcium oleinicum.

Ölsaures Calcium.

Darstellung. Durch Vermischen heißer wäßriger Lösungen von 1 T. Calcium-chlorid mit 6 T. Ölseife. Nach dem Waschen wird getrocknet.

Eigenschaften. Lanolinartige Masse oder gelbes, körniges Pulver, lösl. in Wein-geist und Äther, mit kennzeichnendem *Geruch.*

Verwendung. Als Emulgator für Salben und für technische Zwecke.

Calciumoxyd. Gebrannter Kalk. Ätzkalk. Calcium oxydatum. CaO.

Mol.-Gew. 56,08.

Darstellung. Durch Glühen sog. *Brennen* von Kalkstein (Muschelkalk, Marmor) in *Kalköfen* bei einer Temperatur von 900°, wobei das Carbonat zerfällt:

$$CaCO_3 \quad \rightarrow \quad CaO \quad + \quad CO_2$$

Calciumcarbonat   Calciumoxyd   Kohlendioxyd

Das hierbei entstehende Kohlendioxyd wird abgesaugt, verflüssigt oder zur Sodaherstellung benützt. Dadurch wird der Zerfall des Calciumcarbonats beschleu-nigt. Beim Brennen von tonhaltigem Kalkstein darf dabei eine bestimmte Höchsttemperatur nicht überschritten werden, weil sonst der Ätzkalk „totgebrannt" wird und dann nicht mehr fähig ist, Wasser aufzunehmen. Durch Brennen von Kalkstein gewonnener Ätzkalk enthält als Verunreinigung Kalium-, Natrium-, Magnesium-verbindungen sowie Eisen, Tonerde, Silikate u. a.

Eigenschaften. Weiße bis graue, amorphe, poröse Stücke, spez. Gew. 3,2 bis 3,3, die aus der Luft Feuchtigkeit und Kohlendioxyd aufnehmen. Beim Befeuchten mit Wasser, *Löschen des Kalks* (s. Calciumhydroxyd), zerfällt gebrannter Kalk unter starker Hitzeentwicklung und Raumvergrößerung zu einem weißen, staubigen Pulver, *gelöschter Kalk*

$$\underset{\text{Calciumoxyd}}{CaO} \;+\; \underset{\text{Wasser}}{H_2O} \;\rightarrow\; \underset{\text{Calciumhydroxyd}}{Ca(OH)_2}$$

der beim Verdünnen mit mehr Wasser eine milchig weiße Flüssigkeit, *Kalkmilch*, gibt.

Gebrannter Kalk. Calcaria usta, DAB. 6.

Ätzkalk. CaO. Mol.-Gew. 56,07.

Gebrannter Kalk ist reines Calciumoxyd, das durch Glühen von weißem Marmor gewonnen wird.

Eigenschaften. Dicke, weißliche Massen, die sich beim Befeuchten mit der Hälfte ihres Gewichts Wasser stark erhitzen und dabei zu einem weißen Pulver, dem Calciumhydroxyd, zerfallen. Mit 3 bis 4 T. Wasser gibt der gelöschte Kalk einen dicken, gleichmäßigen *Kalkbrei*, mit 10 oder mehr T. Wasser eine milchige, weiße Flüssigkeit, die *Kalkmilch.*

Prüfung des DAB. 6. *Calciumcarbonat.* Eine Probe muß sich in verd. Salzsäure ohne Aufbrausen bis auf einen geringen Rückstand lösen.

Nach dem Verdünnen dieser Lösung mit Wasser und Zusatz von Natriumacetatlösung zur Bindung der überschüssigen Salzsäure muß mit Ammoniumoxalatlösung ein weißer Niederschlag von Calciumoxalat entstehen.

Aufbewahrung. In gut verschlossenen Gefäßen, *trocken!*

Verwendung. *Med. äußerl.* als Ätzmittel (50%), gebrannter Kalk in Stücken als wasseranziehendes Mittel zum Trocknen von Gasen und wasseranziehenden Heil-kräutern (Flores Verbasci u. a.). Mit Wasser zur Herstellung von Kalkmilch und Kalkwasser, *technische* Ware als billiges Mittel zur Massendesinfektion, Cholera- und Typhusbazillen werden durch Ätzkalklösungen (1:4000) im Laufe einiger Stunden getötet, zur Herstellung feuerfester Tiegel (die erst bei 3000° schmelzen), pulveri-siert als Düngemittel, das die organischen Bodensäuren neutralisiert.

Calciumperborat. Calcium perboricum.

Calciumsuperborat. Überborsaures Calcium. $Ca(BO_3)_2 \cdot x\,H_2O$.

Darstellung. Calciumperborat wird gewonnen aus Calciumoxyd und Wasser-stoffperoxyd.

Eigenschaften. Weißes, in Wasser schw.lösl. Pulver, das sich allmählich unter Abgabe von Sauerstoff zersetzt. Die Handelsware enthält neben Perborat Spuren von Hydrat $Ca(OH)_2$ und Calciumcarbonat.

Aufbewahrung. In gut verschlossenen Gefäßen, vor Licht, Wärme und Feuchtig-keit geschützt.

Verwendung. Zu Zahnpflegemitteln, als Zusatz zu antiseptischen Pudern mit Talcum u. a.

Calciumpermanganat. Calcium permanganicum.

Übermangansaures Calcium. $Ca(MnO_4)_2 \cdot 5\,H_2O$. Mol.-Gew. 368,02.

Eigenschaften. Dunkelviolettes, hygroskopisches, kristallines Pulver, das seinen Sauerstoff viel leichter abgibt als Kaliumpermanganat. Schon beim Auftropfen von Alkohol entzündet sich C., Papier oder Watte können durch pulverisiertes C. zur Entzündung gebracht werden.

Aufbewahrung. In gut verschlossenen Flaschen, vor Licht geschützt.

Verwendung. *Äußerl.* als Desinfektionsmittel, wie Kaliumpermanganat (0,4 bis $0,5^0/_{00}$), jedoch mit wesentlich stärkerer Wirkung, zu Mund- und Gurgelwässern und in der Zahnheilkunde, zu Waschungen und Spülungen; *techn.* zur Reinigung und Entkeimung vom Trinkwasser.

Calciumperoxyd. Calcium peroxydatum.

Calciumsuperoxyd. Bicalcit. CaO_2. Mol.-Gew. 72,8.

Calciumperoxyd wird aus Calciumoxyd und Wasserstoffsuperoxyd dargestellt.

Eigenschaften. Schwach gelbliches, feines Pulver, 50%ig mit 11,1% aktivem Sauerstoff, in Wasser unlösl., in verd. Säuren lösl.

Aufbewahrung. Trocken, vor direkter Sonnenbestrahlung und Hitzeeinwirkung geschützt. Sauerstoffverlust bei vorschriftsmäßiger Lagerung monatlich 0,5 bis 1%, Rückgang des aktiven Sauerstoffs nach dieser Zeit von 11,1 auf 11%.

Verwendung. Zu Mitteln zur Mehlverbesserung und der Backfähigkeit, zur Herstellung von Desinfektionsmitteln, Zahnpasten, Hautbleichmitteln, als Bleich- und Desodorisierungsmittel für ranziges Öl, als Bleichmittel in der Zuckerindustrie, als Konservierungsmittel in der Lebensmittelindustrie, als Oxydationsmittel.

Calciumphosphate.

Von der dreibasigen Phosphorsäure leiten sich 3 Calciumsalze ab; je nachdem 1, 2 oder alle 3 Wasserstoffatome durch Metall ersetzt sind, unterscheidet man:

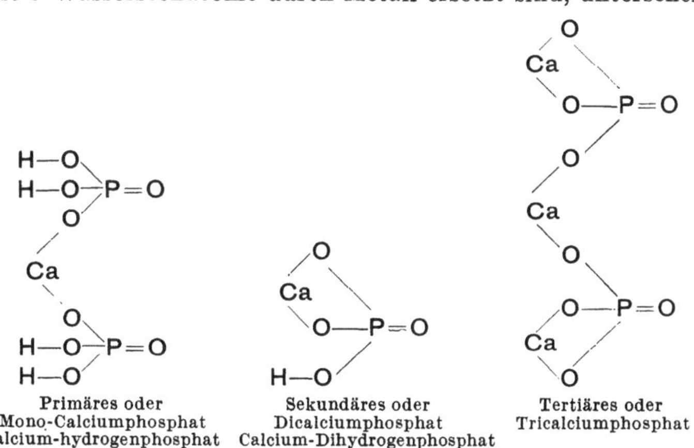

1. Primäres Calciumphosphat, Monocalciumphosphat, Calciumdihydrogenphosphat, $Ca(H_2PO_4)_2$, l.lösl. in Wasser.

2. Sekundäres Calciumphosphat, Dicalciumphosphat, Calciummonohydrogenphosphat, $CaHPO_4$, schw.lösl. in Wasser.

3. Tertiäres Calciumphosphat, Tricalciumphosphat, $Ca_3(PO_4)_2$, unlösl. in Wasser.

Calciumphosphat, rohes. Calcium phosphoricum crudum, Erg.-B. 6.

Futterkalk. Gehalt mindestens 36% Gesamtphosphorsäure, berechnet auf P_2O_5.

Eigenschaften. Weißes bis grauweißes, feines Pulver, in Wasser sehr wenig, in verd. Essigsäure schwer, in Salzsäure und Salpetersäure fast klar lösl.

Erkennung. Beim Kochen mit verd. Essigsäure gibt das Filtrat mit Ammoniumoxalatlösung einen weißen Niederschlag. — Beim Befeuchten mit Silbernitratlösung wird rohes Calciumphosphat gelb gefärbt.

Erg.-B. 6 läßt prüfen auf Arsenverbindungen: Das Gemisch von 1 g mit 0,5 g kristallisiertem Zinnchlorür und 3 ccm Natriumhypophosphitlösung darf nach viertelstündigem Erhitzen im siedenden Wasserbad keine bräunliche Färbung annehmen.

Verwendung. Zweckmäßig in kleinen Zugaben für das allgemeine Gedeihen der Haustiere, besonders bei trächtigen und säugenden Tieren, therapeutisch bei Rachitis, Knochenerweichung, Knochenbrüchen, als Mittel gegen Lecksucht und andere chronische Ernährungsstörungen, bei entzündlichen Prozessen der Haut und der Schleimhäute, bei krampfartigen Erkrankungen und mangelhafter Gerinnungsfähigkeit des Blutes, als Zusatz zu kalkarmem Futter des Geflügels (für Pferd und Rind E. 10,0 bis 50,0 g, für Schafe, Ziegen, Kälber, Schweine E. 2 bis 5 g, für Hunde 1 bis 2 g, für Katzen und Geflügel 0,5 bis 1 g).

Nach FRÖHNER-REINHARDT ist das rohe Calciumphosphat, das durch Behandlung des Triphosphats mit Schwefelsäure primäres Calciumphosphat enthält und schnell vom Verdauungsapparat resorbiert wird, vorzuziehen. Die darin enthaltenen Spuren von Arsenik (0,02 bis 0,2%) können nicht schädlich wirken.

Calciumphosphat. Calcium phosphoricum, DAB. 6.

Calciumhydrogenphosphat. Sekundäres Calciumphosphat. Dicalciumphosphat.
Zweibasisches Calciumphosphat. Phosphorsaures Calcium. $CaHPO_4 \cdot 2\,H_2O$.
Mol.-Gew. 172,15.

Darstellung. Durch Fällen einer Lösung von Calciumchlorid mit Dinatriumphosphat:

$$CaCl_2 \ + \ Na_2HPO_4 \ + \ 2\,H_2O \ \rightarrow \ CaHPO_4 \cdot 2\,H_2O \ + \ 2\,NaCl$$

Calciumchlorid   Dinatriumphosphat   Wasser   Calciumhydrogenphosphat   Natriumchlorid

Eigenschaften. Leichtes, weißes, kristallines, in Wasser sehr schw. lösl. Pulver, das sich in verd. Essigsäure schwer, in Salzsäure oder Salpetersäure leicht und ohne Aufbrausen löst. Das Salz reagiert schwach sauer, p_H-Wert der gesättigten Lösung 6,65.

Prüfung des DAB. 6. *Erkennung.* Beim Kochen von C. mit verd. Essigsäure gibt das Filtrat mit Ammoniumoxalatlösung einen weißen Niederschlag von Calciumoxalat. Beim Befeuchten mit Silbernitratlösung färbt sich das Salz durch entstandenes Silberphosphat gelb.

DAB. 6 läßt prüfen auf: Arsenverbindungen, Salzsäure, Schwefelsäure und Schwermetallsalze. 1 g C. muß durch Glühen 0,250 g bis 0,262 g an Gewicht verlieren. Dabei entstehen unter Abgabe von Wasser aus 5 Molekülen Calciummonohydrogenphosphat 2 Moleküle Calciumpyrophosphat.

Verwendung. *Innerl.* als knochenbildendes Mittel bei Rachitis, Tuberkulose, Knochenbrüchen (E. 1,0 g), als Säureträger zu Backpulvern, als Zusatz zu Nährmitteln, Zwieback usw., in großen Mengen zur Herstellung von Mischdüngern (Blumendüngern), zur Herstellung von brausenden Badesalzen und -tabletten.

Calciumphosphat, primäres Calcium phosphoricum acidum.

Calciumdihydrogenphosphat. Monocalciumphosphat. Calciumbiphosphat.
$Ca(H_2PO_4)_2 \cdot 2\,H_2O$. Mol.-Gew. 272.

Primäres Calciumphosphat kommt im pflanzlichen und tierischen Organismus gelöst vor.

Darstellung. Durch Umsetzung von tertiärem Calciumphosphat mit Orthophosphorsäure:

$$Ca_3(PO_4)_2 \quad + \quad 4\,H_3PO_4 \quad \rightarrow \quad 3\,Ca(H_2PO_4)_2$$

Tertiäres Calciumphosphat   Phosphorsäure   Calciumdihydrogenphosphat

Eigenschaften. Weißes, kristallines, hygroskopisches Pulver oder Blättchen, in Wasser mit stark saurer Reaktion lösl. p_H der 1%igen Lösung = 3,34. Die wäßrige Lösung gibt mit Silbernitratlösung einen gelben Niederschlag von Silberphosphat, Ag_3PO_4.

Verwendung. Als saurer Bestandteil in Backpulvern, brausenden Badepulvern und -tabletten. Monocalciumphosphat ist der Hauptbestandteil des Düngemittels Superphosphat.

Calciumphosphat, tertiäres. Calcium phosphoricum tribasicum, Erg.-B. 6.

Dreibasisches Calciumphosphat. Dreibasisch phosphorsaurer Kalk. $Ca_3(PO_4)_2$.
Mol.-Gew. 310,3.

Tertiäres Calciumphosphat kommt in der Natur stets mit Calciumfluorid oder Calciumhydroxyd verbunden in den Mineralien *Phosphorit* und *Apatit* und als Hauptbestandteil des Knochengerüstes vor, außerdem ist es in der → Thomasschlacke enthalten.

Darstellung. Aus Knochenasche oder durch Fällung einer Lösung eines tertiären Phosphats mit Calciumchlorid.

Eigenschaften. Weißes, amorphes Pulver, unlösl. in Wasser (20°), l.lösl. in Salzsäure und Salpetersäure.

Erkennung. Beim Erhitzen mit verd. Essigsäure gibt das Filtrat mit Ammoniumoxalatlösung einen weißen Niederschlag von Calciumoxalat. Beim Befeuchten mit Silbernitratlösung wird es infolge Bildung von Silberphosphat gelb gefärbt.

Erg.-B. 6 läßt prüfen auf Arsenverbindungen, Salzsäure, Schwefelsäure und Schwermetallsalze.

Gehaltsbestimmung. 1 g t. C. wird in 30 ccm n-Salzsäure gelöst, die Lösung in 200 ccm Wasser verdünnt, 2 Tr. Methylorangelösung zugesetzt und mit n-Kalilauge titriert. Dabei dürfen höchstens 17,5 ccm verbraucht werden, entsprechend dem Mindestgehalt von 97% t. C. (1 ccm n-Salzsäure = 0,07757 g t. C., Methylorange als Indikator).

Verwendung. *Innerl.* (E. 1,0 g) zur Kalktherapie, als Zusatz zu Pulvern und Pulvermischungen (1%), um das Zusammenbacken zu verhindern, zu Zahnpulvern und Zahnpasten. *Technisch* zur Herstellung von Phosphor, Milchglas, Email, zu Putzpulvern.

☠ 1. Calciumphosphid. Calcium phosphoratum.

Phosphorcalcium. Ca_3P_2. Mol.-Gew. 182,20.

Darstellung. Durch Glühen von Kalk im Phosphordampf oder durch Reduktion von Calciumphosphat mit Kohle im elektrischen Ofen.

Eigenschaften. Rotbraune Stücke oder kristallines, rotbraunes Pulver, das mit Wasser selbstentzündlichen, übelriechenden und äußerst giftigen Phosphorwasserstoff, *Phosphin*, PH_3, neben flüssigem Phosphorwasserstoff, *Diphosphin*, P_2H_4, entwickelt:

$$Ca_3P_2 \quad + \quad 6\,H_2O \quad \rightarrow \quad 3\,Ca(OH)_2 \quad + \quad 2\,PH_3$$

Calciumphosphid   Wasser   Calciumhydroxyd   Phosphorwasserstoff

Aufbewahrung. *Sehr vorsichtig, im Giftschrank!*

Verwendung. Als Schädlingsbekämpfungsmittel gegen Ratten, zu Signalfeuern und Leuchtbojen an der See.

17*

Calciumphospholactat (löslich). Calcium phospholacticum solubile, Erg.-B. 6. Stoff B.

Phosphormilchsaures Calcium. Calcium lactophosphoricum. Milchphosphorsaures Calcium.

Gemisch vom primären Calciumphosphat, Calciumlactat bzw. saurem Calciumlactat mit wechselnden Mengenverhältnissen.

Eigenschaften. Weiße kristalline Massen oder weißes Pulver, teilweise in Wasser mit saurer Reaktion lösl. (rötet Lackmuspapier).

Prüfung des Erg.-B. 6. Die wäßrige Lösung gibt mit Ammoniumoxalatlösung einen weißen, in Essigsäure fast unlösl. Niederschlag, mit Silbernitratlösung einen gelblichen Niederschlag, der sich in Salpetersäure vollständig oder bis auf eine geringe Opaleszenz löst. Mit einigen ccm Kaliumpermanganatlösung und einigen Tr. verd. Schwefelsäure entsteht beim gelinden Erwärmen der wäßrigen Lösung unter Entfärbung der Geruch nach Acetaldehyd. Weiter läßt Erg.-B. 6 prüfen auf Schwermetallsalze, Arsenverbindungen und unzulässigen Gehalt an Säuren.

Verwendung. Zur Kalktherapie, besonders in der Kinderpraxis (E. 1,0 g).

Calciumstearat. Calcium stearinicum.

Stearinsaures Calcium. $(C_{17}H_{35}COO)_2Ca$.

Eigenschaften. Weißes, in Wasser unlösl., in Weingeist lösl. Pulver, das sich fettig anfühlt.

Verwendung. Zum Wasserdichtmachen von Geweben, gelöst in Tetrachlorkohlenstoff, und von Zement, in der Bleistiftfabrikation, zur Kunstoffherstellung.

Calciumsulfat. Calcium sulfuricum.

Schwefelsaures Calcium. Gips. $CaSO_4$.

Vorkommen. In der Natur sehr verbreitet, wasserfrei als *Anhydrit*, meist jedoch als Gips, Marienglas, Alabaster, Fasergips, Gipsstein, $CaSO_4 \cdot 2\,H_2O$, im Meerwasser und häufig im Quellwasser gelöst. Im letzten macht der Gipsgehalt die sog. „bleibende Härte" aus (s. Wasser). Diese ist durch Kochen im Gegensatz zu Calciumhydrogencarbonat nicht zu entfernen. Beim Erhitzen von kristallwasserhaltigem Calciumsulfat auf 150° verliert es $^3/_4$ des Kristallwassers, man erhält gebrannten Gips. In der chemischen Technik entstehen bedeutende Mengen Gips, z. B. aus den Calciumbisulfitlaugen der Zellstoffindustrie durch nachträgliche Oxydation.

Gebrannter Gips. Calcium sulfuricum ustum, DAB. 6. $2\,CaSO_4 \cdot H_2O$.

Eigenschaften. Weißes Pulver, das sich beim Anrühren mit Wasser teilweise löst, dabei unter Wärmeentwicklung wieder Wasser aufnimmt und zu langen Nadeln auskristallisiert, durch die beim Erhärten eine zusammenhängende Masse entsteht. Durch Zusatz von Alaun oder Wasserglas wird das Erhärten beschleunigt. Der Vorgang vollzieht sich unter geringer Ausdehnung der Masse. Gips, der beim Brennen längere Zeit über 200° erhitzt wurde, erhärtet beim Anrühren mit Wasser schlecht, man bezeichnet ihn als „totgebrannt". Beim Erhitzen auf Rotglut (400° bis 500°) erhält totgebrannter Gips die Fähigkeit, Wasser wieder langsam aufzunehmen und zu erhärten. Bei der starken Erhitzung zerfällt ein Teil des Calciumsulfats in Schwefeltrioxyd und Calciumoxyd, das letzte nimmt Wasser auf. Dieser Gips wird mit *Estrichgips* oder *hydraulischer Gips* bezeichnet.

DAB. 6 läßt prüfen auf *vorschriftsmäßige Zusammensetzung*. 10 g g. G. werden mit 5 g Wasser gemischt und müssen nach 10 Min. erhärtet sein.

Aufbewahrung. In gut verschlossenen Gefäßen, trocken!

Verwendung. *Med. äußerl.* mit Wasser zu Gipsverbänden, die in 10 bis 20 Min. erhärten. (Das Aufschneiden von Gipsverbänden wird erleichtert durch Tränken des Gipsverbandes mit Bariumchloridlösung. Dabei werden die langen Kristallnadeln des Gipses in kristallines $BaSO_4$ übergeführt), zur Herstellung von Gipsbinden, *technisch* zu Abdrücken in der Zahnheilkunde und anderen Gipsabgüssen und Gipsfiguren, zur Herstellung von Kitten, Schulkreide unter Zusatz von Schlämmkreide und einem Bindemittel, farbige Kreiden sind durch Pigmentfarben gefärbt. Im Baugewerbe zur Herstellung von Gipsdielen und leichten Wänden, zu Stuckarbeiten, als Malerfarbe, in der Kosmetik früher zur Herstellung von Pudersteinen, als Düngemittel, wobei es sich mit dem im Boden gebildeten Ammoniumcarbonat umsetzt:

$$CaSO_4 + (NH_4)_2CO_3 \rightarrow CaCO_3 + (NH_4)_2SO_4$$

Calciumsulfat — Ammoniumcarbonat — Calciumcarbonat — Ammoniumsulfat

Calciumsulfat, gefälltes. Calcium sulfuricum praecipitatum, $CaSO_4 \cdot 2\,H_2O$.

Darstellung. Durch Fällung von Calciumchlorid mit Schwefelsäure oder durch Umsetzen von Calciumchloridlösung mit Natirumsulfatlösung:

$$CaCl_2 + H_2SO_4 \rightarrow CaSO_4 + 2\,HCl$$

Calciumchlorid — Schwefelsäure — Calciumsulfat — Salzsäure

$$CaCl_2 + Na_2SO_4 \rightarrow CaSO_4 + 2\,NaCl$$

Calciumchlorid — Natriumsulfat — Calciumsulfat — Natriumchlorid

Eigenschaften. Feines, weißes, kristallines, in Wasser schw.lösl. Pulver.

Verwendung. In gesättigter wäßriger Lösung, *Gipswasser*, als Reagens auf Strontium- und Bariumsalze sowie Oxalsäure, zur Herstellung künstlicher Mineralwässer, *technisch* als *Annalin* in der Papierfabrikation zum Glätten des Papiers.

Calciumsulfid. Calcium sulfuratum, Erg.-B. 6.

Schwefelcalcium. CaS.

Gehalt mindestens 60% CaS. Mol.-Gew. 72,1.

Darstellung. Durch Glühen von Calciumsulfat im Wasserstoffstrom; die technische Ware durch Glühen von Gips mit Kohle.

Eigenschaften. Graugelbes oder rötliches, in Wasser fast unlösl. Pulver, das mit Wasser angefeuchtet Lackmuspapier bläut und mit verd. Essigsäure Schwefelwasserstoff entwickelt. Das Filtrat der essigsauren Lösung gibt mit Ammoniumoxalatlösung einen weißen, in Salzsäure lösl. Niederschlag von Calciumoxalat.

Gehaltsbestimmung des Erg.-B. 6. In eine Mischung von 29,8 ccm Kupfersulfatlösung nach FEHLING DAB. 6 und 20 ccm Wasser trägt man 1 g gepulvertes C. ein, läßt unter dauerndem Umschwenken sehr langsam 10 ccm Salzsäure zutropfen, dann unter häufigem Umschütteln $^1/_2$ Std. lang stehen und filtriert nach viertelstündigem Erhitzen auf dem Wasserbad. Das Filtrat darf, nachdem etwa vorhandener Schwefelwasserstoff durch Erhitzen entfernt wurde, nach Zusatz von überschüssiger Ammoniakflüssigkeit keine blaue Färbung annehmen, entsprechend einem Mindestgehalt von 60% Calciumsulfid (1 ccm Kupfersulfatlösung nach FEHLING DAB. 6 = 0,0200 g CaS).

Aufbewahrung. In dicht schließenden Gläsern, sorgfältig vor Feuchtigkeit und Kohlendioxyd geschützt.

Verwendung. Als Enthaarungsmittel in Ö/W-Emulsionen oder Gallerten (50%), zu Leuchtfarben; die technische Ware, *Calcium sulfuratum crudum*, zur Enthaarung von Häuten.

Calciumhydrogensulfid Calcium sulfuratum hydratum.

Calciumhydrosulfid. Calciumsulfhydrat. $Ca(SH)_2$.

Darstellung. Durch Einleiten von Schwefelwasserstoff in Kalkmilch:

$$Ca(OH)_2 \quad + \quad 2\,H_2S \quad \rightarrow \quad Ca(SH)_2 \quad + \quad 2\,H_2O$$

Calciumhydroxyd   Schwefelwasserstoff   Calciumhydrogensulfid   Wasser

Eigenschaften. Durch Eisensulfid grüngrau gefärbte, breiige Masse mit dem *Geruch* nach Schwefelwasserstoff, die unter der Bezeichnung *Grünkalk* in der Gerberei Verwendung findet. Die Fellhaare quellen auf und erweichen, so daß sie mit einem stumpfen Holzschaber leicht von der Haut entfernt werden können. In der Kosmetik findet *reines Calciumhydrogensulfid* in Haarentfernungsmitteln Verwendung.

Calciumsulfit. Calcium sulfurosum.

Schwefligsaures Calcium. $CaSO_3 \cdot 2\,H_2O$. Mol.-Gew. 156,17.

Darstellung. Durch Einleiten von Schwefeldioxyd in wäßrige Calciumcarbonataufschwemmung bis zur Lösung. Beim Stehen an der Luft entweicht Schwefeldioxyd, und das neutrale Calciumsulfit kristallisiert aus.

Eigenschaften. Weißes, in Wasser sehr wenig lösl., in wäßriger schwefliger Säure unter Bildung von Calciumbisulfit leicht lösl. Pulver, das mit Säuren Schwefeldioxyd entwickelt.

Aufbewahrung. In gut verschlossenen Gefäßen.

Verwendung. Als gärungshemmendes Mittel zur Verhütung zu schneller Gärung in Weinkellereien und Brauereien, in der Zuckerfabrikation, zum Konservieren von Wein, Hopfen usw.

Calciumthioglycolat.

Thioglycolsaures Calcium $(HS \cdot CH_2 \cdot COO)_2Ca$.

Feines, weißes Pulver, in Wasser löslich (7%), das zu Enthaarungsmitteln (Puder und Creme) Verwendung findet, zweckmäßig zusammen mit Cetylalkohol, Fettalkoholsulfonat als Emulgator. Als Füllmittel für Enthaarungs-Cremes: Magnesiumhydroxyd, zu Enthaarungs-Pulvern: Kaoline, Kreide. Metalle (Blei, Eisen, Kupfer, Mangan) dürfen nicht vorhanden sein.

Calciumthiosulfat. Calcium thiosulfuricum.

$$CaS_2O_3 \cdot 6\,H_2O. \quad \text{Mol.-Gew. } 260,29.$$

Große, farblose, in Wasser l. lösl. Kristalle, deren Lösung beim Erhitzen über 60° sich zersetzt.

Verwendung. *Med.* intravenös bei allergischen Erkrankungen, Infektionskrankheiten und gewissen Vergiftungen.

Erkennung der Calciumverbindungen.

Calciumsalze sind weiß, ihre Lösungen farblos.

Flammenfärbung. Am Magnesiastäbchen erhitzt, färben mit verd. Salzsäure befeuchtete Calciumsalze die nicht leuchtende Bunsenflamme gelbrot. Die Färbung wird leicht überdeckt.

Reaktionen auf nassem Wege. 1. Verd. Schwefelsäure oder lösl. Sulfate (nicht Gipswasser!) fällen aus nicht zu starken Lösungen weißes, kristallines Calciumsulfat:

$$Ca(OH)_2 \quad + \quad H_2SO_4 \quad \rightarrow \quad CaSO_4\downarrow \quad + \quad H_2O$$

2. Ammoniumoxalat, $(COO)_2(NH_4)_2$, und Oxalsäure, $(COOH)_2$, geben in mit Ammoniak versetzten Calciumsalzlösungen einen weißen, in Salz- und Salpetersäure l.lösl., in Essigsäure unlösl. Niederschlag von Calciumoxalat, $(COO)_2Ca$:

$$\begin{matrix} COONH_4 \\ | \\ COONH_4 \end{matrix} \;+\; CaCl_2 \;\rightarrow\; \begin{matrix} COO \\ | \quad \rangle Ca\downarrow \\ COO \end{matrix} \;+\; 2\,NH_4Cl$$

3. Alkalicarbonate und Ammoniumcarbonat bilden in neutraler oder schwach alkalischer Lösung weißes, feinkristallines Calciumcarbonat, lösl. in Essigsäure. Die Fällung erfolgt am besten beim Erhitzen:

$$CaCl_2 \;+\; (NH_4)_2CO_3 \;\rightarrow\; 2\,NH_4Cl \;+\; CaCO_3\downarrow$$

CALGON.

CALGON (= CALcium GONe) (Benckiser) ist ein hochmolekulares Polyphosphat, dessen $Na_2O : P_2O_5$-Verhältnis über 1 : 1 liegt. Neben der Fähigkeit, mit Ionen der Erd-, Erdalkali- und Schwermetalle im Wasser klar lösl. Komplexe zu bilden oder nach neuerer Anschauung Ionenaustauschreaktionen einzugehen, übt CALGON bei seiner Anwendung auch eine Reihe physikalisch-chemischer Einflüsse aus (Dispergiervermögen, emulsions- und suspensionsstabilisierende Eigenschaften, quellungsfördernde Wirkung auf Eiweißstoffe, günstige Beeinflussung (Intensivierung der Oberflächenaktivität von Seifen- und WAS-Lösungen u. ä.). Seine Hauptanwendungsgebiete sind die Wäscherei, die Textilbearbeitung und Seifenausrüstung, die Seifen- und Waschmittelindustrie. Für die einzelnen Anwendungszwecke sind verschiedene CALGON-Typen geschaffen worden, die Ausschnitte bestimmter Kettenlängen mit optimalen Eigenschaften aus der langen Reihe hochmolekularer Polyphosphate darstellen.

Der Höchstzusatz, um Wasser auch gegenüber Seife vollkommen weich zu machen, d. h. die Härtebildner (Ca- und Mg-Ionen) in einem löslichen, stabilen Komplex zu binden, beträgt 0,125 g CALGON pro Grad d. H. und pro Liter Wasser. In der Praxis genügen oft weitaus geringere CALGON-Mengen, die zwar die Bildung der Kalkseifen nicht restlos verhindern, aber eine weitgehende Dispergierung (dank der neugebildeten Na-Seifen) bewirken, so daß eine Ablagerungsgefahr kaum noch besteht.

CALGON löst frisch ausgefällte und selbst gealterte Kalkseifen wieder auf. Ein einfacher Versuch zeigt augenfällig seine Wirkung: Man setzt CALGON heißem Wasser zu und schüttelt — keine Schaumbildung. Legt man nun ein sauber gewaschenes Taschentuch in die Lösung und schüttelt — Schaumbildung. Das heißt, daß CALGON die im Gewebe eingekrusteten Kalkseifen in Natronseifen umgewandelt hat — das Wäschestück war bei weitem nicht sauber. Durch CALGON wird die Wäsche ohne Bleiche weiß, rein, griffig, saugfähig, weich und zeichnet sich durch frischen Geruch aus.

Für die Textilindustrie ist CALGON ein Sicherheits- und Rentabilitätsfaktor (Ausschaltung störender Metallionen, die die Katalytbleiche, Farblackbildung und ähnliches mehr hervorrufen, Einsparen von Spülgängen, Reaktivieren alter Seifenbäder usw.) bei fast allen Arbeitsgängen: Weichen, Netzen, Abkochen und Beuchen, Waschen, Bleichen, Schlichten und Entschlichten, Appretieren, Schmälzen, Mercerisieren und Karbonisieren, Färben und Drucken, Nachwaschen von Bleich-, Farbund Druckwaren, Ausrüsten, besonders bei Wollwaren in der Walke und Stückwäsche, beim Avivieren, Mattieren, Abziehen von Imprägnierungen und Avivagen bei Regenerat- und synthetischen Fasern.

Seifen, Rasierseifen und Seifenflocken setzt man während des Pilierens der Grundseifenspäne im Kneter 4 bis 10% (berechnet auf den Fettsäureansatz) der entsprechenden CALGON-Type zu. In Waschpulver und Shampoos wird CALGON beim Mischen eingearbeitet. Nach vielstündiger Kochzeit wandelt sich CALGON allmählich in Phosphate geringerer Wirkung um.

Aus dem CALGON wurden

→ DULGON zur Heilung und Vorbeugung von Hauterkrankungen,

CORIAGEN zur Beschleunigung der Gerbung und Verbesserung der Lederqualität,

CALGON-Foto für Entwickler und Fixierpräparate,

MIKROPHOS und IMPFPHOSPHAT zur Wasseraufbereitung in der Großindustrie, in Kraftanlagen, bei der städtischen Trinkwasserversorgung u. a. m. entwickelt.

CALGONIT.

Die CALGONITE (Benckiser) sind Reiniger für die Getränkeindustrie, die Milchwirtschaft und das Hotelgewerbe, die auf → CALGON, einem hochmolekularen Polyphosphat, aufgebaut sind und deren Zusammensetzungen ihren jeweiligen Anwendungszwecken angepaßt sind.

CALGONIT kommt in folgenden Einstellungen in den Handel:

CALGONIT HG zur halbautomatischen und manuellen Flaschenreinigung (Anwendungskonzentration bei normal verschmutzten Flaschen 0,3 bis 1%).

CALGONIT G zur Flaschenreinigung in vollautomatischen bürstenlosen Spülmaschinen bei hartem Betriebswasser

CALGONIT GW zur vollautomatischen Flaschenreinigung bei weichem Betriebswasser

werden üblicherweise in 0,5- bis 1%iger Lösung angewendet.

CALGONIT-Lösungen bewirken einen hohen Reinigungseffekt, geben auch bei hartem Gebrauchswasser keine Kalkausfällungen und verhindern die Kalkschleierbildung auf den Flaschen, selbst beim Weichen über Nacht. Die Etiketten lösen sich leicht, die gereinigten Flaschen sind kristallklar und trocknen schnell und tropfenfrei ab. Ohne den Geschmack oder den Geruch des Getränkes zu beeinflussen, gewährleisten CALGONIT-Lösungen jene Keimfreiheit, die für die Haltbarkeit des Flascheninhaltes ausreichend ist.

CALGONIT I. Ohne Abwischen oder Nachpolieren erzielt dieses Geschirrspülmittel sauberes, glänzendes Geschirr. Die Spülmaschinen — insbesondere die Spritzdüsen — bleiben steinfrei.

CALGONIT K und HK sind speziell zur vollautomatischen Kannenwäsche und Kannenreinigung von Hand entwickelt worden. Bei bester Reinigung und Keimfreimachung bieten sie weitgehenden Korrosionsschutz für amphotere Metalle wie Aluminium, Zinn u. ä.

CALGONIT D reinigt und desinfiziert Melkmaschinen und -geräte in einem Arbeitsgang, verhindert bei dauerndem Gebrauch den Milchsteinansatz, greift Metall- und Gummiteile nicht an.

CALGONIT MF zur Reinigung von Melkmaschinen und Geräten, Käseformen aus Metall u. ä. m.

CALGONIT R und S sind ein alkalisches und ein saures Milchsteinlösemittel.

CALGONIT FF pflegt und reinigt Fässer, Gefäße und Geräte aus Holz in Weinkellereien, Süßmostereien, der Milchwirtschaft u. a. Es entfernt Verunreinigungen, Schimmel, eingekrustete Hefe- und Tresterrückstände, ohne dabei das Holz weich, schwammig oder rissig zu machen. Will man zusätzliche Keimfreiheit erzielen, setzt man dem Nachspülwasser SPOREX zu. Bei Fässern, die täglich gebraucht werden, reicht eine 0,5- bis 1%ige CALGONIT FF-Lösung — möglichst heiß — aus, während bei „grünen" Fässern eine Reinigung mit 2%iger Lösung zweckmäßig ist.

Camphersäure. Acidum camphoricum, Erg.-B. 6. Stoff B.

Rechtskampfersäure. d-Camphersäure. $C_8H_{14}(COOH)_2$. Mol.-Gew. 200,1.

Darstellung. Durch Oxydation von natürlichem Kampfer mit Salpetersäure im Rückflußkühler.

Eigenschaften. Farb- und geruchlose Kristallblättchen, lösl. in 150 T. Wasser (20°), in 20 T. siedendem; l.lösl. in Weingeist und Äther, schw.lösl. in Chloroform. Wäßrige und weingeistige Lösungen röten Lackmuspapier. 1,5 g Kampfersäure in 10 ccm Isopropylalkohol gelöst dreht den Strahl des polarisierten Lichtes nach rechts $[\alpha]_D^{20°} = +47,35°$; Schmp. 186°.

Erkennung. Eine Lösung von 0,1 g Kampfersäure in 9,5 bis 10 ccm $^1/_{10}$-n-Kalilauge gibt mit Kupfersulfatlösung einen hellgrünlichblauen, gallertigen Niederschlag von kampfersaurem Kupfer, mit Eisen(III)-chloridlösung einen rötlichbräunlichen Niederschlag von kampfersaurem Eisenoxyd. Bleiacetatlösung gibt einen weißen Niederschlag von kampfersaurem Blei.

Prüfung des Erg.-B. 6 auf:
Schwefelsäure mit Bariumnitratlösung,
Salzsäure mit Silbernitratlösung.
Die kalt gesättigten Lösungen dürfen nicht verändert werden.
Salpetersäure. Die Mischung von 2 ccm der wäßrigen Lösung mit 2 ccm Schwefelsäure darf nach dem Erkalten beim Überschichten mit 1 ccm Eisen(II)-sulfatlösung an der Berührungsstelle der Flüssigkeiten keine gefärbte Zone bilden.
0,2 g Kampfersäure verflüchtigen sich beim Erhitzen unter Entwicklung weißer, stechend riechender Dämpfe und dürfen keinen wägbaren Rückstand hinterlassen.

Gehaltsbestimmung. Zur Bestimmung des Mindestgehaltes von 99% Kampfersäure werden etwa 2 g bei 80° getrockneter Kampfersäure genau gewogen, in 20 ccm Isopropylalkohol gelöst und mit n-Kalilauge, Phenolphthalein als Indikator, bis zum Farbumschlag titriert. Für je 2 g müssen mindestens 19,8 ccm n-Kalilauge verbraucht werden (1 ccm n-Kalilauge = 0,1 g Kampfersäure).

Verwendung. *Med.* gegen Nachtschweiße der Phthisiker. E. 0,5 g, zur Schleimhautspülung 1%.

Candelillawachs.

Durch Auskochen der zerkleinerten, fleischigen Blätter von **Pedilanthes pavonis** oder **Euphorbia antisyphilitica**, *Euphorbiaceae*, gewonnenes Wachs.

Eigenschaften. Gelbes bis dunkelbraunes Hartwachs, dem Carnaubawachs ähnlich. D. (20°) 0,936 bis 0,987; Schmp. 67° bis 70°. Lösl. in Alkohol, Äther, Chloroform, Aceton, Schwefelkohlenstoff, Terpentinöl u. a. *Geruchlos*, beim Erwärmen riecht es angenehm aromatisch.

Inhaltsstoffe. 18 bis 20% Harz, 5 bis 6% Oxylacton, viel Kohlenwasserstoff.

Verwendung. Wegen des hohen Gehaltes an unverseifbaren Anteilen ist die Verwendungsmöglichkeit begrenzt. Als Ersatz für Carnaubawachs, zur Herstellung von Schuhglanzmitteln, Bohnermassen, in der Kerzenbereitung, als Zusatz zu Seifenemulsionen.

☠ *1.* Cantharidin. Stoff B.

Derivat einer Cyclohexandicarbonsäure, ein in → spanischen Fliegen und verschiedenen anderen Käfern vorkommendes Gift, das neuerdings auch synthetisch hergestellt wird. Auch durch Haarwuchsmittel, die Cantharidentinktur enthalten, können toxische und tödliche Mengen des Giftes von der Haut resorbiert werden.

Aufbewahrung. *Vorsichtig, im Giftschrank!*

Caprinsäure. Acidum caprinicum.

Decylsäure. $CH_3(CH_2)_8COOH$. Mol.-Gew. 172,26.

Vorkommen. Als Glycerinester im Milchfett, besonders in der Ziegenbutter (lat. capra, die Ziege, daher der Name von ihrem bockartigen *Geruch*, im Kokosnußöl, im Limburger Käse, als Ester im Wein.

Bei 315° schmelzende Nadeln, sch. lösl. in Wasser, l. lösl. in Weingeist und Äther.

Verwendung s. Caprylsäure. Caprinsäureäthyl- und Caprinsäureisoamylester zum Aromatisieren von künstl. Weinbrand.

Capronsäure. Acidum caproieum.

n-Hexylsäure. Butylessigsäure. $CH_3(CH_2)_4COOH$. Mol.-Gew. 116,15.

Vorkommen. Im Schweiß als Glycerinester und im Kokosfett, im Fett der Ziegenmilch, entsteht auch bei der Buttersäuregärung des Zuckers.

Eigenschaften. Farblose bis schwach gelbliche, ölige Flüssigkeit mit unangenehm schweißartigem und ranzigem *Geruch*. D. (20°) 0,93; Sdp. 205°, unlösl. in Wasser, lösl. in Weingeist und Äther.

Verwendung s. Caprylsäure.

Caprylsäure. Acidum caprylicum.

Octylsäure. Oktansäure. $CH_3(CH_2)_6COOH$. Mol.-Gew. 144,20.

Vorkommen. Als Glycerinester in der Ziegenbutter, im Kokosöl, als Ester in Weinen.

Eigenschaften. Farbloses Öl, das bei 16° erstarrt, mit schwachem, unangenehm ranzigem *Geruch, Geschmack* brennend. Die Dämpfe reizen zum Husten. D. (20°) 0,91; Sdp. 237,3°. Unlösl. in Wasser, lösl. in Weingeist, Äther, Chloroform, Petroläther, Schwefelkohlenstoff und Benzol.

Verwendung. In wäßrigen Emulsionen (1:1000) als Mittel gegen Blattläuse, der Äthylester zur Herstellung von Fruchtäthern.

Capsaicin.

Capsaicin (Capsicin) ist der wirksame Bestandteil des spanischen Pfeffers, Capsicum annuum, von dem es seinen Namen führt. C. wird auch synthetisch hergestellt und stellt farblose, in Wasser und Petroläther schwer, in Weingeist, Äther, Chloroform und Ätzalkalien l. lösl. Kristalle dar.

Verwendung. In alkoholischer Lösung zu hautreizenden Einreibungen, als hautreizendes Mittel in Capsicumpflastern, *Capsiplast*, u. a.

Carbamid-Peroxyd.

Harnstoff-Wasserstoffsuperoxyd. $CO(NH_2)_2 \cdot H_2O_2$. Mol.-Gew. 94,053.

Eigenschaften. Weißes, kristallines, etwas hygroskopisches Pulver mit 34,5 bis 35,0% H_2O_2 (entsprechend 16,2 bis 16,4% aktivem Sauerstoff), lösl. in Wasser bei 10° 44%, bei 50° 65%. Bei höherer Wassertemperatur erfolgt Zersetzung.

Aufbewahrung. Trocken, vor Feuchtigkeit, direkter Sonnenbestrahlung und Hitzeeinwirkung geschützt. Bei richtiger Lagerung haltbar.

Verwendung. Zur Mundpflege und als Körperdesinfektionsmittel, Bleichmittel für lebendes Haar, Oxydationsmittel für Haarfärbungen, Fixiermittel für Kaltwelle, Desinfektions-, Entfleckungs- und Bleichmittel für Wäsche. Die Industriepräparate Ortizon, Perhydrit, Hyperol usw. sind Carbamid-Peroxyd-Präparate.

Carbamidsäure. Carbaminsäure.

Kohlensäuremonamid. H_2NCOOH.

Strukturformel:

$$O=C<\begin{matrix} NH_2 \\ OH \end{matrix}$$

Monamid der Kohlensäure

Die Carbamidsäure oder Carbaminsäure ist frei nicht bekannt, dagegen ihre Salze, Ester und Amide. Besonders wichtig sind die Carbamidsäureester, → Urethane, die als Beruhigungs- und Schlafmittel Verwendung finden. Das wichtigste Carbaminsäurederivat ist der → Harnstoff.

Carbide. Karbide.

Der Kohlenstoff hat die Fähigkeit, mit vielen Metallen und metallähnlichen Elementen sich zu Verbindungen zu vereinigen, die man *Carbide* nennt. Diese entstehen beim Zusammenschmelzen von Kohle mit den betreffenden Stoffen oder ihren Oxyden im elektrischen Ofen bei Temperaturen von mehreren 1000°. Einige Carbide haben besondere technische Bedeutung, so → *Borcarbid* und → *Siliciumcarbid.* Die Carbide sind teils durch Wasser oder verd. Säuren zersetzbar und bilden dabei Gase (Acetylen wie das → Calciumcarbid oder Methan wie das → Aluminiumcarbid). Die durch Wasser oder verd. Säuren nicht zersetzbaren Carbide zeichnen sich durch besondere Härte, Sprödigkeit und kristalline Struktur aus.

Carbolineum. Karbolineum.

Braunrotes, nach Teer riechendes, öliges, in Wasser unlösl. Gemisch, gewonnen aus dem Anthracenöl des Steinkohlenteers, nachdem die kristallisierenden Verbindungen aus diesem entfernt sind. C. enthält Steinkohlenteerbestandteile, die über 270° sieden. Hauptbestandteile sind: Anthracen, Phenanthren, Phenole, Kresol, Naphthalin u. a., C. wirkt daher desinfizierend und fäulnishemmend.

Verwendung. Konservierendes Anstrichmittel für Holz, das mit der Erde in Berührung kommt oder Atmospherilien ausgesetzt ist, zum Imprägnieren von Pfählen, Telegraphenstangen, Eisenbahnschwellen usw. (s. a. Bd. I, Schädlinge und Schädlingsbekämpfungsmittel).

Obstbaumcarbolineum.

Man unterscheidet Obstbaumcarbolineum aus Mittelöl und Obstbaumcarbolineum aus Schweröl. Sie müssen so bezeichnet sein, daß ersichtlich ist, welche Sorte vorliegt. Bezeichnungen wie doppelstark, konzentriert oder ähnlich sind unzulässig. Obstbaumcarbolineum muß eine gleichmäßige Flüssigkeit darstellen ohne Schichten und Ausscheidungen. Eine 5%ige und 10%ige Emulsion mit destilliertem Wasser darf bei ruhigem Stehen in einer gefüllten und geschlossenen Flasche eine Entmischung unter Ölabscheidung nicht zeigen. Obstbaumcarbolineum darf nicht mehr als 10% Phenole enthalten.

Obstbaumcarbolineum, emulgiert.

Emulgiertes Obstbaumcarbolineum stellt eine wäßrige Kohlenteeremulsion von sahniger bis breiartiger Beschaffenheit dar, die mit kalkhaltigen Brühen mischbar ist. Sie muß nach dem Umschütten gleichmäßig flüssig bleiben und darf weder feste noch ölige Ausscheidungen zeigen. 5%ig und 10%ig mit Wasser verdünnt, darf selbst nach 48stündigem ruhigem Stehen eine Abscheidung von Öl nicht stattfinden.

Obstbaumcarbolineum, emulgiert, darf nicht mehr als 6 % Phenole enthalten.

Verwendung. Zur Bekämpfung von Obstbaumschädlingen, zur Winterspritzung für *unbelaubte* Bäume, mit Wasser verdünnt nach der jeweiligen Sorte.

Carmin. Carminum, Erg.-B. 6.

Carminrot.

Carmin ist der Farbstoff der Cochenille-Schildlaus, Coccus cacti, und wird nach verschiedenen Verfahren gewonnen. Als beste Handelssorte gilt *Nacarat*-Carmin.

Darstellung. 1. Durch Kochen von Cochenille mit Wasser und Zersetzen des Filtrates mit Alaunlösung. Die Lösung wird in flachen Gefäßen der Luft ausgesetzt, wobei sich der Farbstoff allmählich niederschlägt. Die zuerst abscheidenden Anteile sind die wertvollsten.

2. Durch Kochen von Cochenille mit natriumcarbonathaltigem Wasser, Zusatz von Leimlösung (Hausenblase, Gelatine) und Zugabe von verd. Schwefelsäure.

Eigenschaften. Feurigrote, zerreibliche Stücke, unlösl. in Wasser und verd. Säuren, in ammoniakhaltigem Wasser fast vollständig lösl. Chemisch ist C. eine Verbindung der glykosidisch kristallisierbaren Carminsäure mit Aluminium und Kalk und einem nicht näher bekannten Eiweißstoff. Beim Verbrennen von 0,2 g C. dürfen höchstens 0,018 g Rückstand hinterbleiben.

Verwendung. Zur Herstellung roter Tinte, als Färbemittel in der Mikroskopie, zum Färben von Nahrungs- und Genußmitteln, in der Kosmetik zu Schminken, zum Färben von Pudern, Haarwässern, Mundwässern.

Carnaubawachs.

In Brasilien vorkommende und auch sonst in Südamerika angebaute Wachspalme **Copernicia cerifera** *Martius, Palmae,* 10 bis 15 m hoch, mit bis 1,5 m langen Blättern, die beiderseits mit einer 5 mm dicken Wachsschicht überzogen sind.

Carnaubawachs. Cera Palmarum.

Cera Carnauba.

Carnaubawachs wird aus den eben entfalteten, geschnittenen und getrockneten Blättern gewonnen und ist das wichtigste Pflanzenwachs. Durch das Zusammenschrumpfen der Blätter löst sich die Wachsschicht von der Epidermis. Zurückbleibendes Wachs wird nach Zerkleinerung der Blätter durch Schlagen abgelöst. Das so in kleinen Schuppen oder Pulver gewonnene Wachs wird geschmolzen, längere Zeit erwärmt, wobei schwere Verunreinigungen sich absetzen, die leichteren sich an der Oberfläche sammeln. Das flüssige Wachs wird dann zur Reinigung durch ein Sieb gegossen. Besonders in Brasilien ist es ein bedeutender Ausfuhrartikel.

Eigenschaften. Rohes Carnaubawachs ist von dunkler Farbe, enthält noch gewisse Schmutzbestandteile und hat besonders beim Schmelzen einen kennzeichnenden, an Heu erinnernden Geruch. Gereinigt stellt es große, unregelmäßige Stücke in den verschiedensten Farben dar: Hellgelb, gelb oder gelblichgrün, durch Bleichen oder Ultramarinzusatz in Spuren fast weiß, von großer Härte und Sprödigkeit und besonders hoher Polierfähigkeit. D. (15°) 0,99; Schmp. 80° bis 90°; SZ. 4 bis 8; EZ. 76 bis 86; JZ. 13,5. Es schmilzt unter Entwicklung eines eigentümlichen *Geruchs* zu einer fast wasserklaren, dünnen Flüssigkeit. Das Schmelzen darf nicht über freiem Feuer vorgenommen werden, da C. leicht anbrennt. Lösl. in Äther, heißem Weingeist und Terpentinöl, Benzin, Benzol, Xylol und anderen organischen Lösungsmitteln, kaum in Wasser. Das Wachs ist schwer verseifbar und gibt beim Kochen mit Laugen Emulsionen (keine Seifen). Es kommt häufig verfälscht und mit vom Bleichen herrührenden Schwefel- und Salpetersäureresten in den Handel.

Inhaltsstoffe. *Cerotinsäure-Melissylester,* freie Cerotinsäure, Carnaubasäure, Cerylalkohol und Kohlenwasserstoffe.

Verwendung. Früher der weitaus größte Teil zur Herstellung von Schallplatten, neuerdings durch synthetische Erzeugnisse mehr und mehr verdrängt. Wegen seiner Härte und guten Glanzbildung zur Herstellung von Bohnerwachs, Möbelpolituren, Schuhcremen, als Zusatz zu anderen Wachsen, um deren Schmelzpunkt zu erhöhen, in der Kerzen- und Pflasterherstellung, wegen seines guten Ölbindevermögens in kleinen Mengen als Zusatz zu Salbengrundlagen, Pomaden usw., zu Wachszünd-hölzern, zum Wasserdichtmachen von Papier, Pappe und Textilien (Wachstuch), in der Sprengstoffherstellung, als Verfälschung von Bienenwachs, zur Früchte-konservierung.

Carotinoid-Farbstoffe.

Carotinoid-Farbstoffe sind stark ungesättigte Kohlenwasserstoffe mit Terpen-charakter, gelbe Pflanzenfarbstoffe, die nach dem Mohrrübenfarbstoff *Carotin* mit *Carotinoide* bezeichnet werden. Da sie fettlöslich sind und in tierischen und pflanz-lichen Fetten vorkommen, nennt man sie auch *Lipochrom-Farbstoffe.* Zu ihnen ge-hören der Pflanzenfarbstoff *Lycopin,* der die rote Farbe von Tomaten, Hagebutten und vielen anderen Früchten bedingt, und das *Carotin,* einem der verbreitetsten natürlichen Farbstoffe, das neben Chlorophyll und Xanthophyll in allen grünen Blättern, vielen Blüten und Früchten und im tierischen Organismus im Fett, Blut-serum, Milch usw. enthalten ist. Der Farbstoff tritt in 3 Isomeren, α-, β- und γ-Carotin auf. Das Handelspräparat ist eine Mischung von α- und β-Carotin, an der Luft sich leicht oxydierende Kristalle mit an Veilchen und Crocus erinnerndem Geruch. Das β-Carotin zeigt in Mengen, die nur Bruchteile von Milligrammen betragen, deutliche Vitamin-A-Aktivität, es ist das *Provitamin A.* Die Hygiene-Kommission des Völker-bundes hat 1934 in London das kristallisierte, reine β-Carotin als die alleinige Prüf-substanz für sämtliche Vitamin-A-Präparate festgesetzt. Eine internationale Einheit Vitamin A entspricht der physiologischen Wirkung von 0,6 Gamma β-Carotin. Das Provitamin A wird durch die Leberfunktion im menschlichen und tierischen Orga-nismus in das Vitamin A umgewandelt, eine Überdosierung ist daher unmöglich. Es spielt als Epithel-Schutzfaktor und bei der Wundheilung eine wichtige Rolle. Kosmetisch wirkt es der Erschlaffung der Haut entgegen und regt den Blutkreislauf in der Haut an, wirkt also hautverjüngend und -verschönernd. Nach GATTEFOSÉ ist Carotin der von der Haut am leichtesten zu absorbierende Vitaminkörper.

Karottenöl (RICHTER) ist ein kosmetisch wichtiges Erzeugnis, das im Kilogramm 4,5 Millionen Provitamin-A-Einheiten enthält. Es ist nicht zu verwechseln mit dem vitaminunwirksamen Karotten*samen*öl. Karottenöl ist licht- und sauerstoffemp-findlich und färbt buttergelb.

Verwendung. Zu Hautnährcremes ($10^0/_{00}$), zu Hautaufbaucremes ($30^0/_{00}$), zu Haarwuchsmitteln ($50^0/_{00}$), zu Gesichtsmasken zur Teintverschönerung ($50^0/_{00}$).

Carvacrol.

CH₃

Carvacrol unterscheidet sich vom Thymol lediglich durch die Stellung des Hydroxyls am zweiten C-Atom des Benzolkerns. Es ist Bestandteil vieler ätherischer Öle und Hauptbestandteil von Origanum- und Thymianölen.

Eigenschaften. Farblose, wenig in Wasser, leicht in Weingeist und Äther lösl. Flüssigkeit mit starkem, anhaftendem, thymolartigem *Geruch* und kräftig desinfizierender Wirkung. Sdp. 237°.

Verwendung. Zu Mundwässern, zur Parfümierung von Seifen, zur Herstellung von Carvacrolphthalein (Abführmittel) und zu jodiertem Carvacrol, das als Jodoformersatz Verwendung findet.

Carvon. Carvonum.

Carvol.

Carvon ist ein doppelt ungesättigtes Keton und kommt zu 50 bis 60% im Kümmelöl als dessen wichtigster Bestandteil und im Dillöl vor.

Eigenschaften. Farbloses Öl mit besonders reinem und starkem Kümmelgeschmack und -geruch, D. (15°) 0,963 bis 0,966; Sdp. 230° bis 231°; $[\alpha D] = +62$; $n_D^{20°}$ 1,497 bis 1,500. Mit Schwefelwasserstoff gibt C. eine kristalline Verbindung, mit Natriumbisulfit eine in Wasser unlösl., lösl. in 1,5 bis 2 Raum-T. Weingeist (70%). 1 ccm C. muß sich in 16 bis 20 ccm Weingeist (50%) lösen.

Verwendung. Wegen seiner großen Löslichkeit gegenüber Kümmelöl in der Kosmetik zum Aromatisieren von Mundwässern, in der Parfümerie zu Fougère- und Chypre-Noten, zur Herstellung von Kümmellikören und -schnäpsen.

Caesium. Cs.

Atom-Gew. 132,91, Wertigkeit 1.

Das Alkalimetall Caesium wurde 1861 von BUNSEN und KIRCHOFF durch die Spektralanalyse im Dürkheimer Mineralwasser entdeckt und erhielt wegen der blauen Doppellinie, das es im Spektrum erzeugt, seinen Namen (lat. caesius, himmelblau).

Vorkommen. Mit Rubidium zusammen als Begleiter des Kaliums, stets in sehr geringen Mengen. In größerer Menge findet es sich in dem Mineral *Pollucit* (Insel Elba).

Darstellung. Durch Reduktion von Caesiumhydroxyd oder Caesiumcarbonat mit Magnesium im Wasserstoffstrom.

Eigenschaften. Stärkstes Alkalimetall. D. 1,90; Schmp. 28,5°; Sdp. 690°; C. färbt die nicht leuchtende Bunsenflamme blauviolett und oxydiert sich an der Luft sofort.

Verwendung. Zum Bau von Photozellen, Caesiumsalze in der Analyse als Reagens, in der Radiotechnik.

Cassisgeist.

Cassisgeist wird in Frankreich aus schwarzen Johannisbeeren gebrannt und ist ein dort begehrter Beerengeist. Er findet zur Herstellung von Cassis-Likör (10 bis 15%), als aromatischer Zusatz zu Blackberrybrandy, Cherrybrandy, Kirschlikör u. a. (1 bis 2%) Verwendung.

Cayennepfeffer.

Die in den Tropen heimischen, vielfach kultivierten Capsicum-Arten, **Capsicum fastigiatum** *Blume,* **Capsicum fructescens** *L.* und **Capsicum baccatum** *L., Solanaceae.* Sämtlich kleine Sträucher mit orangeroten, aufrechten Früchten.

Cayennepfeffer. Fructus Capsici minoris. Piper Cayennense.

Chillies.

Die getrockneten Früchte der oben genannten Capsicum-Arten, hauptsächlich aus Sansibar (Afrika), Madras (Ostindien) und Java. Dem spanischen Pfeffer ähnliche, jedoch nur 1 bis 3 cm lange, gelbrote Früchte. *Geruch* schwach aromatisch. *Geschmack* durch bis 20mal höheren Gehalt an Capsaicin schärfer und brennender als der von spanischem Pfeffer.

Inhaltsstoffe. *Capsaicin,* ätherisches Öl, Fettsäuren, roter, dem Carotin verwandter Farbstoff, *Capsicumrot;* in den Samen fettes Öl.

Verwendung. Für sich oder in Mischungen als Gewürz, besonders für Gurken. Cayennepfefferpulver des Handels ist meist mehlhaltig, weil die Früchte, um sie leichter pulverisieren zu können, mit Mehl verbacken werden. Meist ist auch Kochsalz zugesetzt.

Ceder.

Ceder. Juniperus virginiana ·L.

Pinaceae.

Aus Nordamerika stammender Strauch oder bis 30 m hoher Baum mit bräunlichsilbergrauer Rinde und kleinen, 1 bis 2 mm langen, rhombisch-eiförmigen bis lanzettlichen, gegenständigen Kuppenblättern. Frucht kleiner, bräunlich-violetter Beerenzapfen. In der Gegend von Nürnberg für die Bleistiftherstellung viel angepflanzt.

Cedernholzöl. Oleum Ligni Cedri.

Das durch Wasserdampfdestillation aus dem Abfall von Juniperus virginiana bei der Bleistift- und Zigarrenkisten-Herstellung gewonnene ätherische Öl, farblos, etwas dickflüssig, mitunter von Kristallen (Cedernkampfer) durchsetzt und von mildem, lang anhaftendem *Geruch.* D. (15°) 0,943 bis 0,964: α_D —18° bis —42°; $n_D^{20°}$ 1,504; SZ. bis 1; EZ. bis 12; in 7 Vol.-T. Weingeist (95%) lösl.

Inhaltsstoffe. *Cedrol* (Cedernkampfer), *Cedren* (Sesquiterpengemisch), *Cedrenol, Cedrenketosäure.*

Verwendung. Als Fixiermittel in der Parfümerie, zu „grünen" Parfümtypen (Farnkraut, Klee, Heu).

Cedernöl, verdicktes.

Für optische Zwecke, $n_D^{20°}$ nicht unter 1,515, dient in der Mikroskopie zu Ölimersion (Eintauchverfahren), verbindet die Frontlinse des Objektivs und das Präparat zur Vermeidung eines Lichtverlustes. Verdicktes Cedernholzöl hat ähnlichen Brechungsexponenten wie die Linsengläser des Mikroskops, erhöht also dessen Lichtstärke und dadurch die Deutlichkeit des mikroskopischen Bildes (s. Mikroskopie).

Cefatin.

Cefatin (Tempelhof) ist ein Gemisch von Fettalkoholen, Fettsäuren, Polyaminoalkoholen, wachsartiges Erzeugnis zur Herstellung von Ö/W-Emulsionen. Die

Verarbeitung erfolgt auf warmem Wege. C. wird geschmolzen und dann in flüssigem Zustand emulgiert. C.-, besonders Ricinusöl-C.-Salben, sind cremeartig. Die haltbare, helle Grundlage ergibt mit der 2- bis 4fachen Menge Wasser einen weißen Salbenkörper und ist besonders für Tagescremes geeignet. Zur Konservierung wird zweckmäßig 0,15% Nipagin zugesetzt.

Verarbeitungsweise und Vorschriften s. Bd. III.

Cellit.

Cellit besteht aus Mischestern der Cellulose, die außer dem Essigsäurerest noch höhere Fettsäurereste, besonders der Buttersäure, enthalten. Weiße lockere Pulver, die in Aceton, Methyl- und Äthylacetat, Methanol und anderen organischen Lösungsmitteln lösl. sind und mit Weichmachern zur Herstellung von Isolier- und Kabellacken, Kapsellacken usw. Verwendung finden.

Celloidin.

Zelloidin.

Celloidin (Schering) wird durch Abdestillieren des Äthers vom Collodium hergestellt und die verbleibende Masse in Tafeln zu 40 g in den Handel gebracht.

Verwendung. Durch Auflösen in dem vorgeschriebenen Äther-Weingeist-Gemisch zur Herstellung von Collodium DAB. 6 und Collodium elasticum, DAB. 6, in der mikroskopischen Technik zum Einbetten von Präparaten, in der Photographie zur Herstellung von Celloidinpapier.

Cellon. Zellon.

Cellon ist ein Gemisch von hochmolekularen acetonlösl. Acetylcellulosen mit Zusatz von Kampfer und Gelatinierungsmitteln (Kresylphosphat), weniger feuergefährlich als Celluloid.

Verwendung. Als UV-durchlässiger, nichtsplitternder Glasersatz zu Schutzbrillen, Gasmasken, Automobilen, Zeltfenstern, zur Herstellung von Cellonlacken (Auflösung von C. in Aceton).

Celluloid. Zelluloid. Zellhorn.

Celluloid ist einer der ältesten Kunststoffe, wurde zuerst von dem Amerikaner HYATT 1869 fabrikmäßig hergestellt und stellt eine feste Lösung von Kampfer und Nitrocellulose dar.

Darstellung. Aus niedrig nitrierter Nitrocellulose (10 bis 12% Stickstoffgehalt) durch Verkneten mit 20 bis 40% Kampfer in konz. alkoholischer Lösung als Weichmacher unter Zusatz von Stabilisatoren. Die knetbare Masse wird durch Walzen zu Platten ausgezogen oder zu Blöcken gepreßt und kann dann verformt werden.

Eigenschaften. Rein glasartige, durchsichtige, feste und elastische Masse, die schon bei 80° erweicht und sich beliebig färben läßt. *Äußerst feuergefährlich* und sehr leicht brennbar. Dabei *verpufft* es *explosionsartig* unter heftiger Stichflammenbildung und *Entwicklung giftiger Gase.*

Toxikologie. Beim Verbrennen von Celluloid und aus diesem hergestellten Filmen oder Gebrauchsgegenständen entstehen neben Kohlenoxyd und nitrosen Gasen auch Cyan bzw. Blausäure.

Verwendung. Früher zur Herstellung von photographischen Filmen, die heute wegen der Feuergefährlichkeit von C. meist aus Zellon hergestellt werden. Ungefärbt als Glasscheibenersatz, zu Schutzhüllen für Ausweise usw., zur Herstellung zahlreicher Gebrauchsgegenstände (Bälle, Bürsten, Dosen, Kämme, Knöpfe, Spielwaren usw.), als Ersatz für Elfenbein, Schildpatt, Perlmutt und Horn, zur Imitation von Bernstein, zur Herstellung von Nagellacken.

Cellulose. Zellulose. Zellstoff.

$(C_6H_{10}O_5)_x$. Mol.-Gew. $(162,14)_x$.

Mit Cellulose bezeichnet man den in den Pflanzenzellen sehr verbreitet vorkommenden Gerüststoff, *Gerüstcellulose*, ein Kohlenhydrat, das bei der Hydrolyse vollkommen in Glucose zerfällt. Cellulose ist die am häufigsten vorkommende organische Verbindung und das Polysaccharid mit den höchsten Molekülgewichten und den größten Molekülen. Diese bestehen aus sehr vielen (bis 3000) aneinanderhängenden Glucoseresten, die durch natürliche Zersetzungsprozesse in ihre ursprünglichen Bestandteile, Kohlendioxyd und Wasser, zurückverwandelt werden (Kreislauf des Kohlenstoffs). Dadurch wird einer Verarmung der Atmosphäre an Kohlensäure vorgebeugt. Hauptsächlich Mikroorganismen, Bakterien und Pilze bewerkstelligen beim Vermodern und Verwesen abgestorbener Pflanzen oder Pflanzenteile diesen natürlichen Abbau. Durch Verbrennung und auf andere Weise wird nur ein kleiner Teil Cellulose aufgelöst. Das nachstehende Formelbild zeigt die gleichartige glucosidische Verkettung zahlreicher Traubenzuckerreste im Cellulosemolekül durch Vernüpfung der Sauerstoffatome.

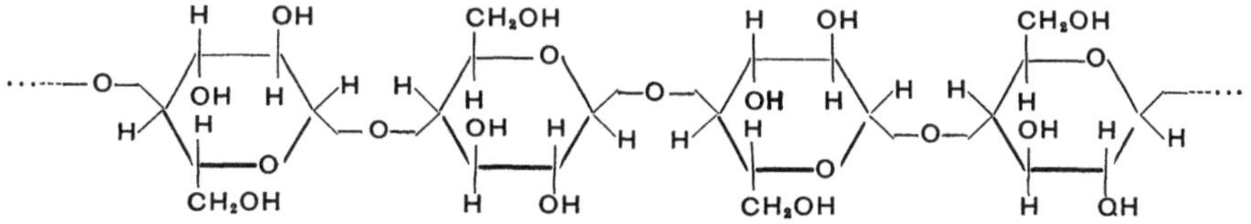

Vorkommen. Cellulose kommt in der Natur vor allem als Produkt der Assimilation in den Zellwänden der Pflanzen, besonders reichlich in den Samenhaaren der Baumwolle, in den Fasern von Flachs, Hanf, Jute, Ramie und im Holz mit Lignin verkrustet, im Stroh, Kartoffelkraut usw. vor.

Darstellung. Die Darstellung von Cellulose aus Holz, Schilf, Stroh, Kartoffelkraut, Mais- und Sonnenblumenstengeln erfordert zunächst die Zerstörung von Lignin und Hemicellulosen durch bestimmte Chemikalien. Dabei finden zwei Verfahren Anwendung, bei denen man Sulfit- bzw. Natronzellstoff erhält:

1. Sulfitzellstoff. Durch Aufschließen von Holz mit Calciumbisulfit unter Druck und Erhitzen. Dabei geht das Lignin allmählich in die wasserlösl. Ligninsulfonsäure über und wird entfernt. Man erhält den Zellstoff mit einem Trockengehalt von etwa 90%. Zur Herstellung von 1000 kg Sulfitzellstoff werden 5 Festmeter Holz, hauptsächlich Fichtenholz, benötigt. Sulfitzellstoff findet hauptsächlich in der Papierfabrikation Verwendung. Aus der reichlich abfallenden Sulfitlauge, die viel Zucker enthält, wird durch Vergärung Alkohol gewonnen. Teilweise werden Sulfitlaugen auch eingedickt und die Rückstände als Pech, Teer und Harz verwendet.

2. Natron- und Sulfatzellstoff. Hierbei wird das zerkleinerte Holz mit einer alkalischen Lauge, bestehend aus Natriumhydroxyd, Natriumsulfid, Natriumcarbonat und Natriumsulfat, unter Druck erhitzt. Auch hier wird die entstehende Ligninsulfonsäure von dem Zellstoff abgepreßt. Die mit der vorstehenden Lösung erhaltene

Cellulose ist die *Sulfatcellulose*, die nur beim Kochen mit Natronlauge erhaltene die *Natroncellulose*. Bei der ersten entstehen als Nebenprodukt übelriechende Mercaptane, die nach Verbesserung des Verfahrens ausgeschaltet wurden, daher wird neuerdings das Sulfatcelluloseverfahren mehr und mehr angewandt.

Eigenschaften. Weißer, in Wasser, Weingeist und anderen organischen Lösungsmitteln unlösl. Stoff, der FEHLINGsche Lösung nur im geringen Maße reduziert, von wäßriger Jodchlorzinklösung blau gefärbt wird und in Kupferoxydammoniak (SCHWEITZERs Reagens) reichlich lösl. ist, durch Säuren aber wieder daraus ausgefällt wird. Beim Kochen mit Schwefel- oder Salzsäure wird Cellulose fast quantitativ in d-Glucose übergeführt (Holzverzuckerung). Cellulose enthält auf je 6 Kohlenstoffatome 3 freie Hydroxylgruppen, die sich methylieren und verestern lassen, → Celluloseäther.

Verwendung. Wichtigster Rohstoff der Papierindustrie, zur Herstellung von Filtrierpapier und anderen feinen Papiersorten, zur Herstellung von Verbandstoffen und Textilien, ferner als Rohstoff zu zahlreichen chemisch umgewandelten Produkten, wie Celluloid, Celluloseäther, Kollodium, Nitrocellulose, Kunstseide, Zellglas und Zellwolle.

Ester der Cellulose mit Salpetersäure sind die Cellulosenitrate, → „Nitrocellulosen", wie Schießbaumwolle und Kollodiumwolle, aus denen Kollodium, Nitrocelluloselacke und Kollodiumseide hergestellt werden.

Ester der Cellulose mit Essigsäure sind die → Celluloseacetate, die zur Herstellung schwer entflammbarer Schmalfilme, von Acetatlacken, Acetatseide und → Cellon verwendet werden.

Celluloseacetat.

Zelluloseacetat. Acetylcellulose.

Celluloseacetate sind Essigsäureester der Cellulose, die unter Abspaltung von Wasser entstehen, wenn Essigsäureanhydrid bei Gegenwart von Schwefelsäure als Katalysator auf Cellulose einwirkt. C. besitzen je nach Herstellung und Veresterungsgrad verschiedene Löslichkeit. Das Triacetat $[C_6H_7O_5(COCH_3)_3]$ ist nur in Chloroform lösl., während die niedrigeren C. in Aceton lösl. sind. Diese finden hauptsächlich zur Herstellung celluloidähnlicher plastischer Massen unter der Bezeichnung → *Cellit* und → *Cellon* zur Herstellung schwer entflammbarer Filme, die gegenüber Celluloid den Vorteil geringerer Entzündlichkeit haben und zur Herstellung von → Kunstseide, *Acetatseide*, Verwendung.

Celluloseäther.

Die wasserlöslichen Celluloseäther „Tylose" und „Adulsion".

Durch die Verätherung von Cellulose entstehen Produkte, in denen ein Teil der ursprünglich vorhandenen OH-Gruppen durch Alkoholreste ersetzt sind. Neben diesen chemischen Umsetzungen findet eine Verkürzung der Hauptvalenzketten statt.

Unter der Bezeichnung „Tylose"[1] kommen folgende beiden chemisch voneinander verschiedenen Gruppen von Celluloseäthern in den Handel:

1. Methylcellulose,
2. Carboxymethylcellulose.

---

[1] Eingetragenes Warenzeichen der Firma Kalle & Co. Aktiengesellschaft, Wiesbaden-Biebrich.

Die Konstitution ist aus den nachstehenden Formeln ersichtlich:

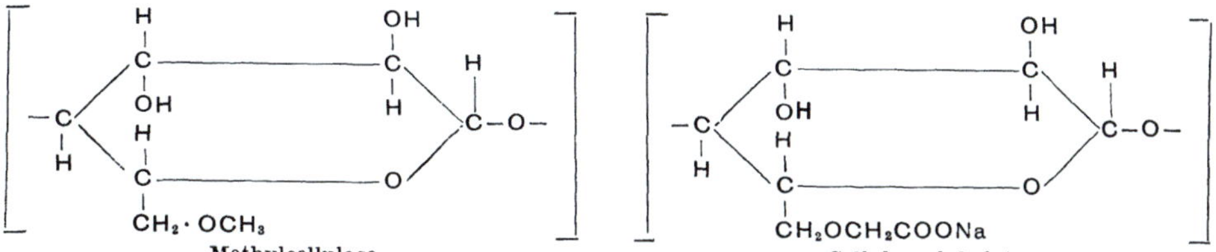

Methylcellulose   Celluloseglykolat

Je nach dem Verätherungsgrad sind diese Celluloseäther lösl. in Alkali, Wasser oder im Falle der hochverätherten Methylcellulose auch in gewissen organischen Lösungsmitteln. Diejenigen der mittleren Verätherungsstufen sind wasserlöslich und deshalb besonders wichtig.

Eigenschaften von „Tylose". Methylcellulose und Carboxymethylcellulose sind granulatartige, flockige oder pulverförmige Substanzen von weißer bis schwachgelblicher Farbe. Trocken gelagert sind sie unbegrenzt haltbar. Beim trocknen Erhitzen tritt oberhalb 170° C mit der Zeit Braunfärbung ein. Höhere Temperaturen führen zur Verkohlung, Veraschung oder restlosen Verbrennung.

Beide Celluloseäther quellen beim Eintragen in kaltes Wasser, wobei sich um die einzelnen Teilchen Schichten von hoher Konzentration bilden, so daß das weitere Auflösen durch kräftiges Rühren stark beschleunigt wird. Man erhält auf diese Art schleimige, transparente Lösungen, deren an sich sehr geringer Fasergehalt praktisch ohne Bedeutung ist, durch kurzes Abkühlen der Lösungen aber weitgehend beseitigt wird.

Methylcellulose, für die die OCH_3-Gruppe charkteristisch ist, zeigt in wäßriger Lösung reversible Hitzekoagulation, d. h. sie flockt bei etwa 80° aus und löst sich beim Abkühlen wieder auf. Infolgedessen kann man Methylcellulose nicht in heißem Wasser lösen.

Carboxymethylcellulose dagegen stellt das Natriumsalz der Celluloseglykolsäure, einer Äthercarbonsäure, dar und wird deshalb auch als *Natriumcelluloseglykolat* bezeichnet. Dieser Celluloseäther ist nicht nur in kaltem, sondern auch in heißem Wasser lösl. Die Lösungen koagulieren beim Erhitzen nicht.

Als Natriumsalz hinterläßt die Carboxymethylcellulose beim Glühen eine alkalische Asche. Dies kann zu ihrer Unterscheidung von Methylcellulose benutzt werden, die praktisch aschefrei verbrennt. Ein weiterer Unterschied ergibt sich daraus, daß Carboxymethylcellulose ein Kolloidelektrolyt ist. Das Natriumion wird bei Zusatz von Aluminium- und Schwermetallsalzen ausgetauscht, wobei die entsprechenden Salze der Carboxymethylcellulose in unlöslicher Form ausfallen. Methylcelullose dagegen ergibt mit Tannin eine Fällung. Die meisten Niederschläge der Celluloseäther sind alkalilöslich. Methylcellulose ist zu einer echten Ionenreaktion nicht fähig, neigt aber zur Aussalzung durch viele Elektrolyte in höherer Konzentration.

Methylcellulose und Carboxymethylcellulose werden in verschiedenen Viscositätsstufen hergestellt, das bedeutet, daß gleichkonzentrierte Lösungen verschiedenviscoser Marken ein unterschiedliches Verdickungsvermögen haben. Diese Vielfalt ermöglicht es, bestimmte Effekte mit einem größeren oder geringeren Anteil an Celluloseäthern zu erzielen und dabei weitgehend unabhängig von der Viscosität zu bleiben.

Beide „Tylose"-Arten sind in reiner Form, d. h. praktisch frei von fremden Bestandteilen und nur mit einem von der relativen Luftfeuchtigkeit abhängigen Wassergehalt von etwa 10% im Handel. Ihre wäßrigen Lösungen sind bei einem p_H von 7 bis 7,5 praktisch neutral, ohne wesentlichen eigenen *Geruch* oder *Geschmack* und innerhalb enger Grenzen gleichbleibend in Viscosität und Bindekraft. Gegen

18*

Alkali, schwache Säuren, bakterielle Einwirkung und Temperatureinflüsse sind sie entsprechend ihrer Natur als Cellulosederivate weitgehend beständig. Trotzdem empfiehlt sich für längere Aufbewahrung die Konservierung von „Tylose"-Lösungen mit Nipaestern. Für den menschlichen und tierischen Organismus ist „Tylose" völlig unschädlich, wie zahlreiche wissenschaftliche Untersuchungen bestätigen.

Durch Säure- oder Alkalizusatz können „Tylose"-Lösungen auf ein gewünschtes p_H eingestellt werden, ohne daß sich die Eingenschaften der Lösungen wesentlich verändern. Mit anderen Kolloidlösungen, z. B. mit solchen von Stärke oder Traganth, sind sie fast in jedem Fall verträglich.

Die anwendungstechnisch wichtigsten Eigenschaften von „Tylose", von denen die Verdickungswirkung bereits erwähnt wurde, sind sehr mannigfaltiger Natur. Besonders augenfällig ist ihr ausgeprägtes Emulgiervermögen, so daß sie als ausgezeichneter Emulgator für die Herstellung von Emulsionen vom Typ Ö/W, immer aber unter Verwendung einer Hochdruckhomogenisiermaschine, angesehen wird. Dies gilt besonders für die Methylcellulose in Übereinstimmung mit ihrer Eigenschaft, die Oberflächenspannung des Wassers gegenüber Luft zu erniedrigen. In vielen anderen Fällen macht man Gebrauch von ihrer Eigenschaft als Binde-, Suspendier- und Stabilisierungsmittel, als Schutzkolloid und filmbildende Substanz.

Außer den bisher besprochenen reinen „Tylose"-Marken stehen, soweit es sich um Carboxymethylcellulose handelt, mehr oder weniger stark salzhaltige Rohprodukte zur Verfügung, die in Lösung neutral oder sodaalkalisch sind und ihre Anwendung in besonderen Industriezweigen finden.

Erkennung von Methylcellulosen und Celluloseglykolaten. Bei der Veraschungsprobe unterscheiden sich die Methylcellulosen von den Celluloseglykolaten. Die ersten geben einen Lösungsmittelgeruch, leicht brennbare Zersetzungsdämpfe und nur spurenweise Asche, während sich die Celluloseglykolate beim Erhitzen aufblähen, Holzkohlegeruch verbreiten und eine Asche liefern, die beim Lösen in Wasser mit Phenolphthalein alkalisch reagiert. Methylcelluloselösungen geben mit Tannin, Celluloseglykolatlösungen mit Kupfersulfat, Bleiacetat und Silbernitrat Fällungen, während Trypaflavinlösung (0,25%) einen deutlichen Niederschlag gibt. Beide Cellulosederivate sind durch ihre perlschnurähnliche Struktur nach Anfärbung mit Methylenblaulösung mikroskopisch erkennbar (Abb. 50).

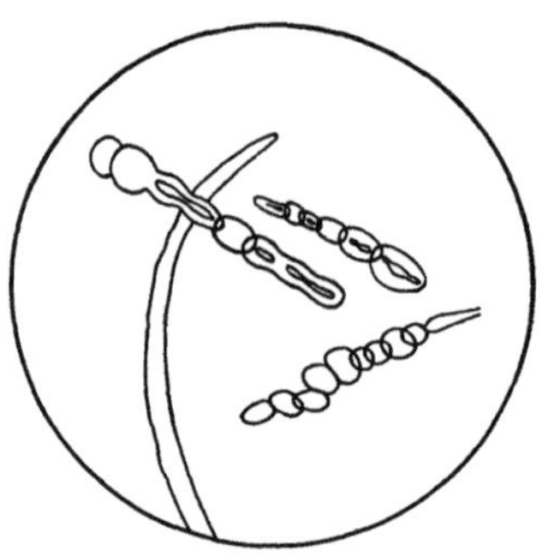

Abb. 50. Perlschnurstruktur von Cellulosederivaten (Mikroskopisches Bild). (Nach *Lindner, K:* Textilhilfsmittel und Waschstoffe. Stuttgart 1954.)

Verwendung. Auf dem medizinischen Gebiet zur Herstellung von Salben und Pasten, von Emulsionen fetter, mineralischer oder ätherischer Öle oder chlorierter Produkte, Linimenten, Schüttelmixturen, als Bindemittel für Pillen und Pasten, zum Granulieren und zur Herstellung von Katheter-Gleitmitteln. In der Kosmetik macht man von den Celluloseäthern Gebrauch bei der Herstellung flüssiger Emulsionen vom Typ Ö/W, die auch mit Wein-, Citronen-, Bor- und Essigsäure bis zu einem p_H von 3,0 und mit Glycerin oder Sorbit verträglich sind. „Tylose" dient als Bindemittel für Zahnpasten, flüssigen Zahnpolituren, Zahncremegranulaten, flüssigen Hautölen, Kieselsäurecremes, Arbeitsschutzsalben, ferner bei der Herstellung von fettfreien und fetthaltigen Haarfixativen, Haarwaschmitteln, kosmetischen Seifen, Handwaschpasten, Depilatorien, Rasiercremes, Gesichtsmasken (mit Traubenzuckerlösung angerührter Tyloseschleim als hautschonende Gesichtspackung), Gesichtspackungen, Haarpackungen, Wimpernschminken, Pudersteinen,

Bademilch, Badetabletten, kosmetischen Stiften, Massagemitteln, halbfesten Parfüms, Nagelweiß usw. Weitere Anwendungsgebiete finden sich in der Waschmittel-, Textil-, Nahrungsmittel- und Genußmittelindustrie, bei der Herstellung von Veterinärlebertranemulsion, von Bleistiften, Schädlingsbekämpfungsmitteln, Abbeizmitteln und Schuhweiß. Wertvoll ist der Einsatz in der keramischen und der Lederindustrie sowie bei der Papierherstellung und -veredlung, außerdem unerläßlich in der Erdölbohrung.

Die einzelnen „Tylose"-Marken werden durch Buchstaben und Zahlen unterschieden, wobei höhere Zahlen einen Hinweis für höhere Viscosität geben. Seite 278 79 sind die wichtigsten aufgeführt.

Unter der Bezeichnung „Adulsion" kommen wasserlösliche Methyl- und Carboxymethylcellulose der Firma Kalle & Co. über den pharmazeutischen Großhandel zum Verkauf, und zwar ausschließlich in Kleinpackungen, die dem Gebrauch in der Apotheke vorbehalten sind. Alle ihre Eigenschaften sind die gleichen wie die der entsprechenden „Tylose"-Sorten. Im Handel ist „Adulsion" SL 25 und SL 400 (niedrigviscose und hochviscose Methylcellulose) und „Adulsion" KN 25 und KN 2000 (niedrigviscose und hochviscose Carboxymethylcellulose). Die Anwendung ist sinngemäß wie weiter oben unter „Tylose" bereits beschrieben. Wo es von Vorteil erscheint, können

70,0 „Adulsion" SL 400

mit   30,0 „Adulsion" KN 2000

gemischt werden.

Zum Zwecke des Emulgierens wird empfohlen,

70,0 „Adulsion" SL 400

27,0 „Adulsion" KN 2000

3,0 Saponinum purum album

gemeinsam zu verarbeiten.

Cer. Cerium. Ce.

Atom-Gew. 140,13, Wertigkeit 3 und 4.

Das Element Cer wurde 1803 von KLAPROTH, BERZELIUS und HISINGER entdeckt und nach dem Planeten Ceres, der zur gleichen Zeit entdeckt wurde, benannt.

Vorkommen. Im *Monazit* und *Cerit*, aus denen es gewonnen wird.

Eigenschaften. Weißes, an der Luft sich leicht oxydierendes Metall. D. 6,8; Schmp. 815°. Das Metall ähnelt in Farbe und Glanz dem Eisen, entspricht in der Härte und Dehnbarkeit dem Zinn. Cerdraht erzeugt beim Anzünden ein noch helleres Licht als Magnesium. Mit Eisen legiert, *Cereisen*, entstehen beim Reiben an gerauhtem Metall Funken, die brennbare Gase (Methanol, Benzin, Weingeist, Leuchtgas) entzünden. Feuersteine aus Cereisen finden deshalb zur Herstellung von Gasanzündern und in Feuerzeugen Verwendung.

Cernitrat. Cerium nitricum.

Salpetersaures Cer. $Ce(NO_3)_3 \cdot 6\,H_2O$.

Farblose, zerfließliche, in Wasser und Weingeist sehr l.lösl. Masse, die als Zusatz zu Thoriumnitrat zur Herstellung von Gasglühstrümpfen Verwendung findet.

Ceroxyduloxalat. Cerium oxalicum, Erg.-Bd. 6. Stoff B.

Zeroxyduloxalat. $(C_2O_4)Ce \cdot 9\,H_2O$. Mol.-Gew. 706,05.

Eigenschaften. Fast weißes, kristallines, in Wasser und Weingeist unlösl., in Salzsäure lösl. Pulver, ohne Geruch und Geschmack.

Tylose-

Bezeichnung	Zusammensetzung	Äußere Form	pH-Wert der Lösungen
Tylose SL 25 Tylose SL 100 Tylose SL 400 Tylose SL 600	Oxyäthyl-Methyl-cellulosen	feinkörnig, schwach gelblich	7 bis 8
Tylose SAP 25 Tylose SAP 1000	Oxyäthyl-Methyl-cellulosen	feinkörnig, schwach gelblich	7 bis 8
Tylose A 400	Reine Methylcellulose	watteähnlich, schwach gelblich	—
Tylose LXM	Oxyäthyl-Methyl-cellulose in höchst gereinigter Form	feinkörnig, weiß	—
Tylose KN 25 Tylose KN 600 Tylose KN 2000 Tylose KN 2000 (Pulver)	Natrium-Carboxy-methylcellulosen (Na-Salze der Cellu-lose-Glykolsäure)	feinkörnig, schwach gelblich feines, fast weißes Pulver	etwa 7,5
Tylose HB 25 Tylose HB 600 Tylose HB 2000 Tylose HB 2000 (Pulver)	Natrium-Carboxy-methylcellulosen (Na-Salze der Cellu-lose-Glykolsäure)	feinkörnig, schwach gelblich feines, fast weißes Pulver	7 bis 8
Tylose HBR Tylose HBR Granulat Tylose HBR Pulver	Ungereinigte Natrium-Carboxymethylcellu-losen (Na-Salze der Cellulose-Glykolsäure)	feucht, flockig, Granulat unter 1,5 mm Korn-größe, feines Pulver	9 bis 10
Tylose KZ	Natrium-Carboxy-methylcellulosen (Na-Salze der Cellu-lose-Glykolsäure) niedrig viscos, schwach salzhaltig	grießig	etwa 7,5
Tylose LXC	Natrium-Carboxy-methylcellulose in höchst gereinigter Form	feinkörnig, weiß	—

Prüfung des Erg.-B. 6. *Erkennung.* Versetzt man die salzsaure Lösung von C. mit Ammo-niakflüssigkeit im Überschuß, entsteht beim Schütteln mit Wasserstoffsuperoxydlösung ein orangefarbener Niederschlag.

Nach dem Erhitzen des Salzes mit Natronlauge und Übersättigen des Filtrats mit Essig-säure gibt Calciumchloridlösung einen weißen, in Salzsäure lösl. Niederschlag.

Erg.-B. 6 läßt weiter prüfen auf Kohlensäure, Schwermetallsalze, Aluminiumsalze und Zinksalze.

Marken.

Wirkung	Verwendung
Verdickung und Bindung (Klebewirkung), Dispergierung (Emulgierung, Suspendierung, Stabilisierung, Schutzkolloid), Filmbildung (Filme härtbar durch Formalin), schwaches Netz- und Schaumwirkung	in allen Industrien für zahlreiche technische Zwecke, auch für Lebensmittel und medizinische Präparate
Verbesserung des Aussehens, der Struktur, der Konsistenz und der Schaumwirkung	für pilierte Toiletteseifen und Schmierseifen
in Methylenchlorid-Alkohol: Verdickung, Bindung (Filmbildung) in Wasser: Verdickung und Bindung (Klebewirkung), Dispergierung (Emulgierung, Suspendierung, Stabilisierung, Schutzkolloid), Filmbildung, schwache Netz- und Schaumwirkung	in Methylenchlorid-Alkohol, zu Abbeizmitteln, Gipsbinden usw. In Wasser werden meist Tylose-SL-Marken bevorzugt
Verdickung und Bindung, Dispergierung (Emulgierung, Suspendierung)	für medizinische Präparate, besonders zur Stuhlregulierung
Verdickung und Bindung (Klebewirkung), Dispergierung (Emulgierung, Suspendierung, Stabilisierung, Schutzkolloid), Filmbildung (Filme härtbar durch nachträgliche Behandlung mit Aluminium- oder Schwermetallsalzlösungen oder Säuren, keine Netz- und Schaumwirkung	für zahlreiche Zwecke in vielen Industrien, auch zur Herstellung von medizinischen, kosmetischen Präparaten, in der Lebensmittelindustrie
wie bei Tylose-KN-Sorten	für zahlreiche Zwecke in verschiedenen Industrien, hauptsächlich in der Papier- und Seifenindustrie
Verdickung und Bindung (Klebewirkung), Stabilisierung, Schutzkolloid, Filmbildung (Filme härtbar durch nachträgliche Behandlung mit Aluminium- oder Schwermetallsalzlösungen oder Säuren), keine Netz- und Schaumwirkung speziell in Waschmitteln, Verbesserung der Waschwirkung (Schmutzträger, Schaumverbesserung, Faser- und Hautschutz)	für zahlreiche technische Zwecke, besonders zur Herstellung pulverförmiger Waschmittel
Verdickung und Bindung (Klebewirkung), Stabilisierung, Schutzkolloid, Dispergierung (Suspendierung), Filmbildung (Filme härtbar durch nachträgliche Behandlung mit Aluminium- oder Schwermetallsalz-Lösungen oder Säuren), keine Netz- und Schaumwirkung	für verschiedene chemisch-technische Zwecke, für leichte Appreturen, für Kunstseidenschlichte
Verdickung und Bindung, Dispergierung und Suspendierung	zu medizinischen Präpataren, insbesondere zur Stuhlregulierung

1 g C. soll nach dem Glühen 0,47 bis 0,48 g Rückstand hinterlassen, der nach dem Erkalten gelblichrot bis braunrot gefärbt ist.

Verwendung. *Med. innerl.* (E. 0,1 g) als Mittel gegen Erbrechen, bei Magen- und Darmkatarrhen. *Peremesin* ist eine kolloide Ceroxalat-Komplexverbindung, die 50 mg Ceroxalat enthält. Rechtzeitig eingenommen, verhindert es Erbrechen und Übelkeit und die damit einhergehenden Auto-, Eisenbahn-, Luft- und Seekrankheiten.

Cerebos-Salz.

Cerebos-Salz ist ein Speisesalz, das sich an feuchter Luft nicht zusammenballt. Herstellung durch Vermahlen von 98% Natriumchlorid mit 2% Natriumphosphat. Durch den Zusatz des letzten werden im Kochsalz enthaltene Calcium- und Magnesiumchloride in ihre unlösl. Phosphate verwandelt.

Cetiol.

Cetiol (DEHYDAG) ist ein Gemisch ungesättigter Wachsester tierischer Herkunft, vorwiegend Ölsäureoleylester. Fettgehalt 99 bis 100%, D. (20°) 0,86 bis 0,88; Viscosität 23 bis 25 cP/20°; Trübungspunkt unter 10°; Stockpunkt unter 5°; SZ. unter 1; VZ. 110 bis 115; JZ. 75 bis 90; OHZ 5 bis 15.

Cetiol steht den biologischen Hautfetten nahe und ist reizlos verträglich. Durch seine Tiefenwirkung und gute Lösungsfähigkeit findet es häufig als Gleitschiene für lipoidlösliche Wirkstoffe Verwendung.

Verwendung. Als auffettender Ölkörper in Salben, Cremes und flüssigen Emulsionen vorwiegend in solchen auf Lanette-Basis. C. ist mit den sonst üblichen Fetten und mineralischen Ölen leicht mischbar und besonders lagerfähig. Es kommt in Weißblechkanistern mit 5 und 10 kg und Aluminiumfässern mit etwa 200 kg Inhalt in den Handel.

Cetiol V (DEHYDAG). Wachsester (C_9 bis C_{11}) auf Ölsäurebasis ist weniger viscos. D. (20°) 0,855 bis 0,870; Viscosität 15 bis 20 cP/20°; Trübungspunkt unter 10; Stockpunkt unter 10; SZ. unter 1; VZ. 130 bis 140; JZ. 55 bis 65; OHZ. unter 2.

Verwendung. Rein oder verschnitten mit anderen Ölen zur Herstellung kosmetischer Hautöle, zusammen mit Lanette und Emulgade als auffettender Bestandteil für Cremes und flüssige Emulsion. C. V. dient infolge seiner hohen Lösungsfähigkeit und guten Tiefenwirkung wie Cetiol als Gleitschiene für viele lipoidlösliche Wirkstoffe.

Cetylalkohol. Alcohol cetylicus, Erg.-B. 6.

Hexadecanol. $C_{16}H_{33}OH$. Mol.-Gew. 242,3.

Darstellung. Durch Erhitzen von Walrat mit weingeistiger Kalilauge, wobei sich der Cetylalkohol auf Zusatz von Wasser ausscheidet, während palmitinsaures Kalium in Lösung bleibt. Durch Umkristallisieren aus Weingeist wird der Alkohol gereinigt.

Eigenschaften. Farblose, glänzende Blättchen oder weiße, kristalline, sich fettig anfühlende Masse, die nicht ranzig wird und nicht eintrocknet. Unlösl. in Wasser, lösl. in Weingeist, Chloroform, Äther. Schmp. 49° bis 50°. Rein fast geschmack- und geruchlos. C. wird von der Haut gut resorbiert, macht sie glatt und geschmeidig, ohne sie zu reizen. Schmelzen mit Vaseline, Ölen und Fetten beigemischt, erteilt er die Eigenschaft, erhebliche Mengen Wasser aufzunehmen und W/Ö-Emulsionen zu bilden, während er mit Seifen, Fettalkoholsulfaten, Lecithin usw., Ö/W-Emulsionen bildet. Auch Öl vermag C. nennenswert zu binden (→ Lanette).

Prüfung des Erg.-B. 6. 0,5 g C. müssen sich in 20 ccm Weingeist beim Erwärmen klar lösen. Auf Zusatz von 2 Tr. Phenolphthaleinlösung muß die Lösung farblos bleiben (Alkalien), nach darauffolgendem Zusatz von 0,1 ccm $^1/_{10}$-n-Kalilauge muß sie aber gerötet werden (Säuren). 0,2 g C. dürfen nach dem Verbrennen keinen wägbaren Rückstand hinterlassen.

Verwendung. Als nicht selbst emulgierender, jedoch wasserbindender und konsistenzgebender Bestandteil zur Herstellung von Cremes aller Art, zur Herstellung (Unguentum cetylicum, Erg.-B. 6, s. Bd. III) und als Zusatz zu stark wasseraufnahmefähigen Salben, Lippenstiften (3 bis 5%), Haarerweichungsmitteln (5%), Rasierseifen (5%), zur Herstellung von Massagecremes und -ölen, Brillantinen, Nagelpoliermitteln, Überfettungsmittel für Puder usw. C. ist reizlos, hautverträglich und wird nicht ranzig. *Cetylalkohol (DEHYDAG)* wird chemisch rein geliefert, Schmp. 49°; Sdp. (12 mm) 178° bis 182°; OHZ 232, mit mindestens 99% reinem Cetylalkohol in technischer Qualität mit über 90% reinem Cetylalkohol, Siedegrenzen 305° bis 320°, geliefert.

Cetylpalmitat.

Palmitinsäurecetylester. Cetin. $C_{15}H_{31}COO \cdot C_{16}H_{33}$.

Blättrig kristalline, dem Walrat ähnliche Masse, Schmp. 53,5°, lösl. in heißem Weingeist.

Verwendung. An Stelle von Walrat als Bestandteil von Brillantinen, Lippenschminken, Hautcremes.

Cetynol.

Cetynol (Givaudan) ist ein aus Rizinusöl hergestelltes, leicht gelb gefärbtes, synthetisches Wachs von pastenförmiger, teilweise kristalliner Beschaffenheit, das bei Körpertemperatur sofort schmilzt und auf der Haut eine geschmeidige, glänzende Spur hinterläßt.

Verwendung. Zur Herstellung von Lippenstiften, denen es Glanz und Geschmeidigkeit verleiht (bis 10%), zu fetten Nacht- und Reinigungscremes als glanzgebendes Mittel in festen und flüssigen Brillantinen.

Chemikalien für photographische Zwecke[1].

Bezeichnung	Chemische Formel	Anwendung	Eigenschaften
Adurol (Hauff)	Hauptbestandteil Chlorhydrochinon	Als Entwickler für Negative und Positive	Weiße, in Wasser und Weingeist sehr l.lösl. Blättchen
Alkohol, Äthylalkohol	C_2H_5OH	Zur Schnelltrocknung von Negativen, zur Entfernung von Scheuerstreifen, zum partiellen Abschwächen	Feuergefährlich
Amidol, Diamidophenol-chlorhydrat	$C_6H_3 \Big\langle \begin{matrix} OH \\ (NH_2)_2 \cdot 2\,HCl \end{matrix}$	Entwicklersubstanz	Weiße bis schwachgraue Kristallnadeln. Gibt mit Natriumsulfit ohne Alkalizusatz energisch arbeitenden Entwickler, l.lösl. in W.
p-Amidophenol (Salzsaures Salz)	$C_6H_4 \Big\langle \begin{matrix} OH \\ NH_2 \cdot HCl \end{matrix}$	Entwicklersubstanz (Rodinal)	In W. l.lösl.
Ammoniakflüssigkeit, Salmiakgeist	NH_3 gelöst in H_2O	Entwickleralkali bei Agfa-Color (Kornraster). Schwärzungsbad bei Sublimatverstärkung. Zusatz zu Bleichbädern	Gut verschlossen aufbewahren!

---

[1] Teilweise nach BECK, H., Das große Agfa-Labor-Handbuch, 7. Auflage, 1949.

Chemikalien für photographische Zwecke (Fortsetzung).

Bezeichnung	Chemische Formel	Anwendung	Eigenschaften
Ammoniumbifluorid	$(NH_4)HF_2$	Zum Ablösen von Negativschichten	Weißes, hautreizendes, *giftiges* Pulver, in paraffinierter Flasche aufzubewahren. In W. l. lösl.
Ammoniumcarbonat	$(NH_4)_2CO_3$	Zu Entwicklerzusätzen	Weißes Pulver oder Stücke, Geruch nach Ammoniak. In W. 1 : 4 lösl.
Ammoniumchlorid	NH_4Cl	Bestandteil der Schnellfixierbäder	Lösl. in W. 1 : 3
Ammoniumdichromat	$(NH_4)_2Cr_2O_7$	Sensibilierungsmittel für Pinatypie u. ä.	Lösl. in W. 1 : 10 und in Alkohol. Gelbrote, luftbeständige Kristalle
Ammoniumpersulfat	$(NH_4)_2S_2O_8$	Abschwächer	Farblose, leicht zersetzliche Kristalle, die beim Auflösen knistern. Gut verschlossen aufbewahren! Lösl. in W. 1 : 1,5
Äther, Diäthyläther	$C_2H_5 \cdot O \cdot C_2H_5$	Zur Entfernung fettiger Fingerspuren auf Negativen, zu Mattlacken	Feuergefährlich, lösl. in W. 1 : 10
Benzin		Zur Entfernung von Fettspuren auf Negativen, Entfettungsmittel für Bromöldrucke	Feuergefährlich!
Benzol	C_6H_6	Zum Ablackieren von Farbrasterplatten und Negativen	Sehr feuergefährlich! Erstarrt in der Kälte
Borax	$Na_2B_4O_7 \cdot 10\,H_2O$	Als Alkali zu manchen Entwicklern, zu Tonbädern (Goldbäder)	Lösl. in W. 1 : 16
Brenzcatechin, o-Dioxybenzol	$C_6H_4{\scriptstyle{OH \atop OH}}$	Zu Entwicklern, Bleichbädern, Tonungslösungen	Derbe, weiße Kristalle oder weiße Blättchen, l. lösl. in W.
Chromalaun, Kaliumchromsulfat	$KCr(SO_4)_2 \cdot 12\,H_2O$	Härtemittel für Gelatineschichten	Dunkelviolette Kristalle, lösl. in W. 1 : 5
Citronensäure	$C_6H_8O_7 \cdot H_2O$	Zu Silberverstärker	Farblose, in W. 1 : 0,75 lösl. Kristalle
Eisenalaun, Ferriammoniumsulfat	$NH_4Fe(SO_4)_2 \cdot 12\,H_2O$	Zu Eisentonbädern	Violette, nicht verwitternde Kristalle, lösl. in W. 1 : 5
Eisenchlorid, Ferrichlorid	$FeCl_3$	Zu Eisenblautonungen	Zerfließliche, braune Stücke, l. lösl. in W.
Essigsäure, Eisessig	CH_3COOH	Zu Unterbrechungsbädern, Zusatz zum Uranverstärker	Erstarrt bei niederer Temperatur, ätzend, Vorsicht! Mit W. in jedem Verhältnis mischbar

Chemikalien für photographische Zwecke (Fortsetzung).

Bezeichnung	Chemische Formel	Anwendung	Eigenschaften
Ferrosulfat	$FeSO_4 \cdot 7\,H_2O$	Bestandteil des Eisenoxalatentwicklers	Hellgrüne Kristalle lösl. in W. 1 : 1,5
Formaldehydlösung	$HCHO$	Als Härtungsmittel für Gelatineschichten	*Giftig*, ätzend, Dämpfe sind für lichtempfindliche Schichten schädlich. Gut verschlossen aufbewahren! Mit W. in jedem Verhältnis mischbar
Glycerin	$C_3H_5(OH)_3$	Zur Geschmeidighaltung von Schichten bei gewissen Proszessen	
Glycin, p-Oxyphenylamidoessigsäure	$C_6H_4\!\!\begin{smallmatrix}OH\\NHCH_2COOH\end{smallmatrix}$	Entwicklersubstanz	Weiße, in reinem Wasser sehr schwer lösl. Kristalle, bei Zusatz von Sulfit oder Alkali in W. l. lösl.
Goldchlorid (braunes)	$AuCl_3$	Zu Tonungslösungen	Braune, sehr hygroskopische Stücke. Vor Licht geschützt aufbewahren! L. lösl. in W.
Hydrochinon, p-Dioxybenzol	$C_6H_4\!\!\begin{smallmatrix}OH\\OH\end{smallmatrix}$	Entwicklersubstanz	Farblose, in W. 1 : 18 lösl. Kristalle
Jod	J	In der Reprotechnik im Jodcyan-Abschwächer	In W. sehr schw., l. in Alkohol und Jodkaliumlösung lösl. *Giftig!*
Kalialaun, Kaliumaluminiumsulfat	$KAl(SO_4)_2 \cdot 12\,H_2O$	Härtungsmittel für Gelatineschichten, zur Herstellung von Härtefixierbädern	Darf nur in Gegenwart von Natriumsulfit, Bisulfit oder Kaliummetabisulfit zu Fixiernatronlösungen verwendet werden, sonst Schwefelabscheidung
Kaliumcarbonat, Pottasche	K_2CO_3	Entwickleralkali	Weiße Masse bzw. Pulver, durch Lufteinfluß zerfließlich, gut verschlossen (Gummistopfen) aufbewahren. Lösl. in W. 1 : 1
Kaliumcyanid, Cyankalium	KCN	Zur Entfernung von Silberflecken aus weißer Wäsche	Durch Lufteinfluß zersetzlich. Fest verschlossen aufbewahren. *Stärkstes Gift!*
Kaliumferricyanid, rotes Blutlaugensalz	$K_3[Fe(CN)_6]$	Zu Bleich- und Tonungslösungen, zu Uranverstärker und FARMERschem Abschwächer	Dunkelrote Kristalle, lösl. in W. 1 : 2,5. Wäßrige Lösung, lichtempfindlich. Braune Flasche!
Kaliumferrocyanid, gelbes Blutlaugensalz	$K_4[Fe(CNH)_6] \cdot 3\,H_2O$	Zur Erkennung von Eisenoxydverbindungen	Gelbe, tafelförmige Kristalle, lösl. in W. 1 : 3,5

Chemikalien für photographische Zwecke (Fortsetzung)

Bezeichnung	Chemische Formel	Anwendung	Eigenschaften
Kaliumdichromat, rotes chromsaures Kali	$K_2Cr_2O_7$	Sensibilierungsmittel für Pigmentdruck, Pinatypie und ähnl. Umkehrbad für Agfa-color- (Kornraster-) Platten und -Filme	*Giftige*, orangerote, hautgerbende Kristalle, lösl. in W. 1:10
Kaliumhydroxyd, Ätzkali	KOH	Entwickleralkali	An der Luft zerfließlich, verändert sich dabei chemisch. Gut verschlossen aufbewahren! Lösl. in W. 1:0,5 unter Erwärmung. *Giftig*, stark ätzend
Kaliumjodid	KJ	Zu Quecksilberjodidverstärker in der Reproduktionstechnik	Weiße, würfelförmige Kristalle, l.löl. in W. 1:0,7
Kaliumpermanganat	$KMnO_4$	Zur Entfernung von dichroitischem Schleier, als Abschwächer, Fixiernatronzerstörer, Reagens auf Fixiernatron. Zur Entfernung von Entwicklerflecken aus weißer Wäsche	Lösl. in W. 1:16. Stärkere Lösungen hinterlassen an Händen, Wäsche usw. braune Flecke, die durch verd., saure Sulfitlauge oder Kaliummetabisulfit entfernt werden
Kaliumpyrosulfit, Kaliummetabisulfit	$K_2S_2O_5$	Zum Ansäuern von Fixierbädern. Entwicklerzusatz	Harte, farblose, schwach nach schwefliger Säure riechende Kristalle. Gut verschlossen aufbewahren! Lösl. in W. 1:3
Kaliumrhodanid, Rhodankalium	KCNS	Für Tonbäder	Farblose, zerfließliche, lichtempfindliche Kristalle. Gut verschlossen und in brauner Flasche aufbewahren. Lösl. in W. 1:0,8
Kaliumsulfid, Schwefelleber	Hauptsächlich K_2S_5	Zu Tonungszwekken. Zur Silbergewinnung aus gebrauchten Fixierbädern	Leberbraune bis gelbgrüne Masse. An der Luft nach H_2S riechend und veränderlich. Gut verschlossen aufbewahren. Lösl. in W. 1:2
Methylalkohol, Methanol	CH_3OH	Zum Schnelltrocknen von Platten und Papieren	Feuergefährlich, *giftig*. Mit W. in jedem Verhältnis mischbar
Metol	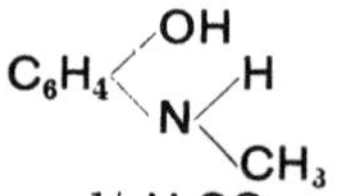 $C_6H_4\begin{smallmatrix}OH\\N\begin{smallmatrix}H\\CH_3\end{smallmatrix}\end{smallmatrix}$ · ½ H_2SO_4	Entwicklersubstanz von universeller Verwendbarkeit	Farblose Nadeln oder Prismen, in W. l.lösl.
Natriumammoniumphosphat, Phosphorsalz	$Na(NH_4)HPO_4 \cdot 4H_2O$	Als Zusatz zu Eisentonbad	Weiße, in W. 1:6 lösl. Kristalle

Chemikalien für photographische Zwecke (Fortsetzung).

Bezeichnung	Chemische Formel	Anwendung	Eigenschaften
Natriumbisulfat, Natriumhydrogensulfat	$NaHSO_4$	Bestandteil von Tonlösungen, Ersatz für Schwefelsäure in Umkehrbädern	Weiße, in W. l. lösl. Kristalle
Natriumbisulfitlösung (30 -bis 35%ig)	$NaHSO_3$ + Wasser	Zum Ansäuern der Fixierbäder	Gelbliche Flüssigkeit, mit W. in jedem Verhältnis verdünnbar
Natriumcarbonat, Soda	Wasserfrei: Na_2CO_3 kristallisiert: $Na_2CO_3 \cdot 10\,H_2O$	Entwickleralkali. Im Positivprozeß Sodabad nach dem Fixieren zur Unterstützung der Wässerung	Wasserfrei; weißes Kristallpulver, kristallisiert: farblose Kristalle, die verwittern, deshalb gut verschließen. Lösl. in W. wasserfrei 1:5, kristallisiert 1:1,6
Natriumchlorid	$NaCl$	Als Zusatz zum Quecksilberverstärker	Lösl. in W. 1:2,8
Natriumhydroxyd, Ätznatron	$NaOH$	Für Entwickler und Tonungslösungen	s. Kaliumhydroxyd. Lösl. in W. 1:1,5 unter Erwärmen. *Giftig.*
Natriumhyposulfit oder -dithionit	$Na_2S_2O_4$	Entfärbungsmittel für Anilinfarben	Nach schwefliger Säure riechendes, weißes, in W. l. lösl. Pulver. Sorgfältig (Gummistopfen) verschlossen aufbewahren!
Natriumphosphat, dreibasisch	$Na_3PO_4 \cdot 12\,H_2O$	An Stelle von Soda oder Pottasche in Entwicklern, zu Tonbädern	Weiße, an der Luft sich verändernde Kristalle. Gut verschlossen aufbewahren. Lösl. in W. 1:5
Natriumsulfantimoniat SCHLIPPEsches Salz	$Na_3SbS_4 \cdot 9\,H_2O$	Zu Tonungslösungen	Farblose bis blaßgelbliche, an der Luft braun werdende Kristalle, lösl. in W. 1:3. Gut verschlossen aufbewahren!
Natriumsulfat	$Na_2SO_4 \cdot 10\,H_2O$	Zusatz zu Tropenentwickler	In W. l. lösl.
Natriumsulfid, Schwefelnatrium	$Na_2S \cdot 9\,H_2O$	Zu Tonungszwecken	Farblose, an der Luft nach Schwefelwasserstoff riechende, zerfließliche Kristalle. Gut verschließen, braune Flasche, Gummistopfen!
Natriumsulfit	Wasserfrei: Na_2SO_3 kristallisiert: $Na_2SO_3 \cdot 7\,H_2O$	Entwicklerzusatz. Schwärzungsbad bei Sublimatverstärkung. Als Unterbrechungsbad bei Ammoniumpersulfat-Abschwächer	Wasserfrei: Farbloses Kristallpulver, kristallisiert: Farblose, leicht verwitternde und sich zersetzende Kristalle. Wasserfrei haltbarer. Gut verschlossen aufbewahren. Lösl. in W. wasserfrei 1:4, kristallisiert 1:1,5

Chemikalien für photographische Zwecke (Fortsetzung).

Bezeichnung	Chemische Formel	Anwendung	Eigenschaften
Natriumthiosulfat, fälschlich Natriumhyposulfit	$Na_2S_2O_3 \cdot 5\,H_2O$	Fixiermittel im Negativ- und Positivprozeß, meist mit Zusätzen (Saures Fixierbad). Bestandteil des FARMERschen Abschwächers	Farblose, sechseckige Kristalle, wasserfrei: Agfa-Hypo, weißes Pulver. Lösungen vertragen nur in Anwesenheit von Sulfit Säurezusatz. Lösl. in W. kristallisiert 1:0,6 unter Abkühlung, entwässert unter Erwärmung
Oxalsäure, Kleesäure	$(COOH)_2 \cdot 2\,H_2O$	Für Tonungslösungen	Farblose *giftige* Kristalle, Lösung in W. 1:11,2
p-Phenylendiamin, freie Base, 1,4-Phenylendiamin	$C_6H_4\begin{cases} NH_2 \\ NH_2 \end{cases}$	Entwicklersubstanz	Weißes Pulver bzw. Blättchen, *giftig*, wäßrige Lösung, leicht zersetzlich
Pyrogallol, 1,2,3-Trioxybenzol	$C_6H_3\begin{cases} OH \\ OH \\ OH \end{cases}$	Entwicklersubstanz	Sublimiert: Voluminöse, farblose Nadeln, kristallisiert: derbe Kristalle. Lösl. in W. 1:2,25. Lösung bräunt sich an der Luft schnell
Quecksilberchlorid, Sublimat	$HgCl_2$	Als Verstärker	Weiße, *sehr giftige*, in Wasser 1:15,5 lösl. Kristalle. Lösungen zersetzen sich im Licht. Braune Flasche!
Salzsäure	HCl	Zum Reinigen von Gefäßen	*Giftig!*
Schwefelsäure	H_2SO_4	Zum Ansäuern von Lösungen. Bestandteil des Umkehrbades für Agfacolor-Platten und -Filme	*Giftig!*
Selen	Se	Zur Tonung	Amorph: Rotes Pulver, metallisch: Grauschwarze Kristalle (Stangenform). In Natriumsulfidlösung mit brauner Farbe lösl.
Silbernitrat, Höllenstein	$AgNO_3$	Zur Verstärkung von Agfacolor-Platten und -Filmen	Lichtempfindlich, in brauner Glasstopfenflasche aufbewahren! Lösl. in W. 1:0,5. *Giftig!*
Thioharnstoff, Thiocarbamid	$CS\begin{cases} NH_2 \\ NH_2 \end{cases}$	Zu Tonungslösungen	Weiße, in W. 1. lösl. Kristalle
Urannitrat, Uranylnitrat	$UO_2(NO_3)_2 \cdot 6\,H_2O$	Uranverstärker	Gelbgrüne, *giftige*, in W. 1:0,5 lösl. Kristalle

Chemotherapie.

Unter Chemotherapie versteht man die Heilung bzw. Verhütung von Infektionskrankheiten mit chemischen Mitteln natürlichen oder synthetischen Ursprungs. Pathogene Schmarotzer in spezifischer Weise zu treffen, ohne dem befallenen Organismus einen untragbaren Schaden zuzufügen, ist ihre wesentliche Aufgabe. Im Gegensatz zu den Desinfektionsmitteln (Antiseptica), die keimtötend (baktericid) wirken, haben die Heilmittel der Chemotherapie im allgemeinen nur entwicklungs- bzw. vermehrungshemmende Wirkung auf den Krankheitserreger.

China-Rinden.

Chinarinden stammen von kultivierten Arten der Gattung **Cinchona**, *Rubiaceae*, die in den Anden Südamerikas, auf Java, Celyon u. a. beheimatet sind.

Chinarinde. Cortex Chinae, DAB. 6, Stoff B.

Getrocknete Stamm- und Zweigrinden aus Kulturen der Tropengebiete, besonders von *Java*, der **Cinchona succirubra** *Pavon, Rubiaceae*. 2 bis 5 mm dicke Röhren oder Halbröhren von 1 bis 4 cm ⌀. Außenseite graubräunlich, mit groben Längsrunzeln und feineren Querrissen, Kork stellenweise mit weißgrauen Flechten bedeckt; Innenseite rotbraun, fein längsstreifig. Bruch mürbe, im äußeren Teil ziemlich glatt, im inneren kurzfaserig. *Geruch* schwach eigenartig, *Geschmack* stark bitter, zusammenziehend (Abb. 51).

Inhaltsstoffe. *Alkaloide*, deren Gehalt äußerst schwankend ist, 2 bis 17%, gewöhnlich 2 bis 9% (Mindestgehalt des DAB. 6 6,5%, berechnet auf Chinin und Cinchonin), die wichtigsten sind: *Chinin* (bis zu 13%), das dem Chinin isomere *Chinidin* (bis 4%), ferner *Cinchonin, Cinchonidin* (dem Cinchonin isomer), ferner

Abb. 51. Chinarinde. Cortex Chinae. Schnittdroge, 2 fach vergrößert. Rotbraune Rindenstückchen mit weißgrauem Kork und Querrissen in Außenseitenansicht und feiner Längsstreifung in Innenseitenansicht. (Nach *Schlemmer-Hörhammer*.)

5 bis 8% freie *Chinasäure*, 2 bis 3,3% eisengrünende *Chinagerbsäure*, die sich beim Trocknen der Rinde zu *Chinarot* umbildet, andere Gerbstoffe, das sehr bittere Glykosid *Chinovin*; ein saponinähnlicher Bitterstoff, freie Chinovasäure, Harz, Stärke. Außer den vorgenannten enthält die Rinde auch noch 15 weitere Alkaloide.

Handelssorten. Man unterscheidet im Handel *Fabrikrinde* und *Drogistenrinde*. Die Fabrikrinde, deren Gehalt an Alkaloiden sehr verschieden ist, findet ausschließlich zur Chininherstellung Verwendung. Drogistenrinde findet für medizinische Zwecke Verwendung und stammt von kultivierten Cinchona-Arten mit bestimmtem Alkaloidgehalt. Die wichtigsten Lieferanten der Handelssorten sind die holländischen Kulturen auf Java, die englischen auf Ceylon und die im südlichen Vorderindien.

Verwendung. *Innerl.* Abkochung (10%) als appetitanregendes, allgemein- und nervenkräftigendes Mittel, hauptsächlich in Form von Elixieren und Likören; in der Kosmetik als Extrakt oder Tinktur zur Herstellung von Haarwässern, -ölen, -pomaden und Mundwässern.

Prüfung des DAB. 6. Neben der Alkaloidbestimmung und der mikroskopischen Prüfung schreibt das DAB. 6 das Vermischen von 5 ccm der titrierten Alkaloidlösung mit 1 ccm verd. Bromwasser (1 + 4) und Zusatz von Ammoniakflüssigkeit vor. Dabei soll eine grüne Färbung der Lösung entstehen. Bromüberschuß erzeugt rosa bis rote Färbung, die dann olivgrün wird und wenig beständig ist. Ist die Alkaloidmenge im Verhältnis der angewandten Brommenge zu groß, so fällt auf Ammoniakzusatz das Alkaloid als weißer Niederschlag aus. Beim Erhitzen von Chinarindenpulver im Reagensglas entstehen anfangs weiße, dann rotviolette Dämpfe, die sich am kalten Teil des Reagensglases als carminroter Teer niederschlagen.

1 g Ch. darf beim Verbrennen höchstens 0,05 g Rückstand hinterlassen.

Calisaya-Chinarinde. Cortex Chinae calisayae, Erg.-B. 6. Stoff B.

Getrocknete Rinde von **Cinchona calisaya** *Wedel, Rubiaceae,*

10 bis 20 cm lange, bis 6 mm dicke Röhren mit einem ⌀ bis 4,5 cm. Außenseite hell- bis dunkelgrau, unregelmäßig längsrunzelig, rissig, mit Kork bedeckt. Innenseite und Querschnitt gelbbraun, besonders deutlich beim Betupfen mit Kalilauge. Bruch kurz, feinsplitterig. *Geruch* eigenartig, *Geschmack* stark bitter (Abb. 52).

Inhaltsstoffe. Wie Chinarinde, DAB. 6, jedoch mit geringerem Alkaloidgehalt (Mindestgehalt des Erg.-B. 6 4,5% Alkaloide berechnet auf Chinin und Cinchonin).

Verwendung. Wie Chinarinde, DAB. 6, besonders zu Chinaelixier, Bitterlikören, in der Kosmetik wie Chinarinde.

Aufbewahrung. Vor Licht geschützt.

Ch.r.a.
Abb. 52.
Chinarinde. Cortex Chinae
calisayae. *k* Borkenrest.

Chinesischer Talg. Vegetabilischer Talg.

Von einem in China heimischen, in Nord-Indien und Süd-Carolina vorkommenden Baum **Sapium sebiferum** *Roxbourgh, Euphorbiaceae,* mit schwarzbrauner, dreifächriger walnußgroßer Kapsel mit je einem von einer Steinschale umgebenen erbsengroßen Samen. Während der Samen ölhaltig ist, lagert sich auf der Samenschale festes Fett ab. Zur Gewinnung des Talges werden die Samen von der Samenschale befreit, diese zerkleinert und zweimal warm gepreßt. Dabei schmilzt die Talgschicht und wird gesammelt. Nach dem Umschmelzen wird filtriert. Der ausgeschmolzene Talg ist weiß bis grünlich, *geruch-* und *geschmack*los, warm gepreßter grüngelb. D. 0,915 bis 0,922. Rein ist er hart und fettet Papier kaum, mit Kernöl ergibt er auf Papier Fettflecken. Chinesischer Talg ist in absolutem Alkohol vollkommen lösl., fällt aber beim Erkalten wieder vollständig aus.

Inhaltsstoffe. Glyceride der Palmitin-, Stearin- und Ölsäure.

Verwendung. In der Kerzenfabrikation.

Chinesisches Wachs. Cera chinensis.

Insektenwachs. Pe-la.

Das Wachs wird von der Wachsschildlaus, *Coccus ceriferus Fabricius* oder *Coccus Pe-la Westwood*, die auf der chinesischen Esche, **Fraxinus chinensis** *Roxbourgh*, *Oleaceae*, lebt, ausgeschieden. Die mit Wachs überzogenen Zweige werden mit Wasser ausgekocht und das abgeschiedene Wachs nach dem Erkalten in Form von Broten ausgegossen. Diese kommen hauptsächlich über Schanghai in den Handel.

Eigenschaften. Harte, weiße bis gelbliche, durchscheinende Masse, auf dem Bruch rein weiß, kristallin ähnlich dem Walrat. Schmp. 82°. *Geruch* etwas talgartig, *geschmacklos*. D. (15°) 0,970.

Inhaltsstoffe. Das Wachs besteht aus fast reinem Cerotinsäurecerylester.

Verwendung. Zur Herstellung von Glanzleder, Kerzen und Wachstuch.

Chinin. Chininum.

Die → Chinarinden enthalten eine ganze Reihe von Alkaloiden, deren wichtigste in der Therapie Verwendung finden. Es sind dies *Cinchonin*, *Cinchonidin*, *Dihydrocinchonin*, *Dihydrocinchonidin*, *Chinin* und *Chinidin*, *Dihydrochinin* und *Dihydrochinidin*. Diese Basen sind an Chinasäure $C_6H_7(OH)_4COOH$ bzw. an Gerbsäure (Chinagerbsäure) gebunden.

Chininhydrochlorid. Chininum hydrochloricum, DAB. 6. Stoff B.

Chininum muriaticum. $(C_{20}H_{24}O_2N_2)HCl \cdot 2H_2O$. Mol.-Gew. 396,7.

Gehalt mindestens 89,7% Chinin.

Darstellung. Durch Umsetzen von Chininsulfat mit Bariumchlorid.

Eigenschaften. Weiße, nadelförmige Kristalle mit bitterem *Geschmack*, die mit 3 T. Weingeist oder 32 T. Wasser farblose, neutrale, nicht fluoreszierende Lösungen geben, welche Lackmuspapier höchstens schwach bläuen.

Prüfung des DAB. 6. *Erkennung.* Beim Versetzen von 5 ccm der wäßrigen Lösung (1 + 199) mit 1 ccm verd. Bromwasser (1 + 4), färbt sich die Mischung durch Ammoniakflüssigkeit im Überschuß grün (Thalleiochinreaktion). Auf Zusatz von verd. Schwefelsäure zur wäßrigen Lösung entsteht eine starke blaue Fluoreszenz.

Beim Ansäuern dieser Lösung mit Salpetersäure und Zusatz von Silbernitratlösung entsteht ein weißer Niederschlag von Silberchlorid.

DAB. 6 läßt ferner prüfen auf Schwefelsäure, Kaliumsalze, fremde organische Stoffe oder fremde Alkaloide, unzulässige Menge fremder Chinaalkaloide, zu hohen Wassergehalt, verwittertes Salz und anorganische Beimengungen.

Aufbewahrung. Vor Licht geschützt.

Verwendung. *Med. innerl.* als Bittermittel (E. 0,1 g), als Specificum gegen Malaria (nicht bei Malaria tropica) vorbeugend (E. 0,3 g) einmal täglich, therapeutisch (E. 0,3 g) dreimal täglich. Dabei wird der Entwicklungsgang der Malariaparasiten unterbrochen. In der Kosmetik zu Chinin-Haarwässern, Haarpomaden, Lichtschutzmitteln, jedoch werden zu Haarwässern Auszüge von Chinarinde bevorzugt.

Chininsulfat. Chininum sulfuricum, DAB. 6. Stoff B.

$(C_{20}H_{24}O_2N_2)_2H_2SO_4 \cdot 8H_2O$. Mol.-Gew. 890,6.

Gehalt mindestens 72,1% Chinin.

Eigenschaften. Weiße, feine, leicht verwitternde Kristallnadeln von bitterem *Geschmack*, die mit 6 T. siedendem Weingeist, 800 T. Wasser (20°) und 25 T.

siedendem Wasser farblose, neutrale oder höchstens schwach alkalisch reagierende, nicht fluoreszierende Lösungen geben.

Prüfung des DAB. 6. *Erkennung.* → Chininhydrochlorid, jedoch statt der Prüfung mit Silbernitratlösung eine solche mit Bariumnitratlösung, bei der eine allmählich auftretende weiße Fällung von Bariumsulfat entsteht.

DAB. 6 läßt ferner prüfen auf Salzsäure, fremde organische Stoffe oder Alkaloide, fremde Alkaloide, unzulässige Menge fremder Chinaalkaloide, zu großen Wassergehalt, verwittertes Salz und anorganische Beimengungen.

Aufbewahrung. Vor Licht geschützt.

Verwendung. Wie Chininhydrochlorid.

Chinolin. Chinolinum, Erg.-B. 6.

C_9H_7N. Mol.-Gew. 129,1.

Chinolin kommt im Steinkohlenteer vor und wird aus ihm und synthetisch aus Anilin, Nitrobenzol, Glycerin usw. durch die *Skraupsche* Synthese dargestellt.

Eigenschaften. Schwache tertiäre Base, farblose oder gelbliche, stark lichtbrechende hygroskopische Flüssigkeit, die sich an der Luft bald braun färbt. Durch Schütteln mit Ätzkali oder Ätznatron und nachfolgende Destillation erhält man es wieder farblos. *Geruch* eigenartig, *Geschmack* brennend bitter. In Wasser fast unlösl., mit Weingeist, Äther, Chloroform, Schwefelkohlenstoff, Benzin, Fetten und ätherischen Ölen in jedem Verhältnis mischbar.

D. (20°) 1,088 bis 1,093; Sdp. 235° bis 237°.

Erkennung. Die Mischung von 4 Tr. Ch. mit 2 Tr. verd. Salzsäure und 1 Tr. Kaliumferrocyanidlösung gibt eine tiefrote Färbung.

Prüfung des Erg.-B. 6.
Nitrobenzol. Ch. muß sich in verd. Salzsäure klar lösen.
Anilin. Mit der 50fachen Menge Wasser geschüttelt, darf das Filtrat durch Chlorkalklösung nicht violett gefärbt werden.
5 ccm Chinolin dürfen beim Verbrennen keinen wägbaren Rückstand hinterlassen.

Aufbewahrung. Vor Licht geschützt in gut verschlossenen Gefäßen.

Verwendung. In der mikroskopischen Technik als Einschlußmittel, als Arzneimittel obsolet, zur Herstellung zahlreicher, technisch wichtiger Derivate.

Chinosol, Erg.-B. 6.

Geschützte Bezeichnung für die äquimolekulare Verbindung von Orthooxychinolinsulfat und Kaliumsulfat. $C_9H_6(OH)NH \cdot SO_4HK$. Mol.-Gew. 281,2.

Eigenschaften. Gelbes, kristallines, ungiftiges Pulver. *Geruch* schwach safranartig, *Geschmack* brennend. L. lösl. in W., schw. und unvollständig in Weingeist, unlösl. in Äther. Seine wäßrige Lösung rötet Lackmuspapier schwach. Am Magnesiastäbchen färbt Ch. die Bunsenflamme violett. Mit Eisenchloridlösung gibt die wäßrige Lösung (1 + 49) eine deutliche Grünfärbung, mit Bariumnitratlösung einen weißen, in verd. Säuren unlösl. Niederschlag, mit Natriumcarbonatlösung einen weißen kristallinen Niederschlag. Ch. fällt Eiweiß nicht und wirkt nicht ätzend. Schon in einer Verdünnung 1 : 2000 wird das Wachstum und die Entwicklung aller pathogenen Keime sicher verhindert. Zur Lösung soll abgekochtes, möglichst kalkfreies Wasser Verwendung finden, weil sonst Ausflockungen entstehen, mit eisenhaltigem Wasser entstehen Verfärbungen.

Verwendung. Als Desinfektionsmittel in wäßriger Lösung (0,1%), zu Hautsalben und -pudern (1%), in der Tiergesundheitspflege für Hunde, Ziervögel, Bienen,

Kaninchen; bei Katzen besteht bei innerl. Anwendung Überempfindlichkeit. Vorbeugend gegen ansteckenden Schnupfen der Hühner, Geflügelcholera und -diphtherie sowie weiße Ruhr (1 g auf 5 bis 10 l Trinkwasser), im Erkrankungsfall 1 g auf 1 l Wasser, nötigenfalls Einträufeln oder zur Rachenpinselung, zu biologischen Arbeiten, zur Bodendesinfektion.

Präparate: *Chinomint* enthaltend Chinosol, Citronensäure und Zucker zur Mund- und Rachendesinfektion sowie zur Desodorisierung (2 bis 3 stündl. 1 bis 2 Pastillen langsam im Munde zergehen lassen).

Chinosol-Creme zur Hautpflege mit entzündungshemmenden Mineralsalzen.

Chinosol-Gurgeltabletten zu 0,04 g, zum Mundspülen, Gurgeln, für Nasenduschen (1 Tablette auf 1 Mundglas körperwarmes Wasser).

Chinosol-Puder 0,1%ig mit hautsekretionsregulierenden Zusätzen in feinster oberflächenwirksamer Pudergrundlage als Kinder- und Körperpuder, gegen Hautschäden durch Schweißeinwirkung, zur Fußhygiene.

Chinosol-Tabletten zu 0,5 g, zu Bädern, feuchten Verbänden, Verdunstungsumschlägen (0,5 : 2000 bis 1000), zu Scheidenspülungen (0,5 : 500 bis 1000), zur Mund- und Rachendesinfektion (0,5 : 2000).

Chinosol-Vaseline mit 1% Ch. zu Salbenverbänden, zur Abdeckung der Haut bei Infektionen und Entzündungen, zur Behandlung von leichten Brand- und Frostschäden.

Chlor. Chlorum. Cl.

Atom-Gew. 35, 457, Wertigkeit 1, 3, 5, 7, seltener 4, 6.

Das Element Chlor trägt den Namen nach seiner Farbe (g. chloros, gelbgrün) und wurde im Jahre 1774 von SCHEELE bei der Behandlung von Braunstein mit Salzsäure entdeckt und von ihm mit *„dephlogistierte Salzsäure"* bezeichnet. Erst 1811 erkannte DAVY Chlor als Element und gab ihm seinen Namen.

Vorkommen. Chlor ist ein höchst reaktionsfähiges, gasförmiges, zu den Halogenen gehöriges Element und kommt deshalb nicht frei, sondern nur gebunden, hauptsächlich an die Elemente Kalium und Magnesium, im Meerwasser (etwa 3%) vor. Als Steinsalz und in Solen als Natriumchlorid, $NaCl$, und in den Staßfurter Salzlagern findet es sich als *Sylvin*, KCl, und *Carnallit*, $KCl \cdot MgCl_2 \cdot 6 H_2O$.

Darstellung. 1. Früher aus Braunstein und Salzsäure, wobei das gebildete Mangan(IV)-chlorid in Mangan(II)-chlorid und Chlor zerfällt:

$$MnO_2 \quad + \quad 4\,HCl \quad \rightarrow \quad MnCl_4 \quad + \quad 2\,H_2O$$

Mangandioxyd, Braunstein　　Salzsäure　　Mangan(IV)-chlorid　　Wasser

Das Mangan(IV)-chlorid zerfällt beim Erwärmen, dabei geht das vierwertige Mangan in zweiwertiges über:

$$MnCl_4 \quad \rightarrow \quad MnCl_2 \quad + \quad Cl_2$$

Mangan(IV)-chlorid　　Mangan(II)-chlorid　　Chlor

Nach dem WELDON-Verfahren führt man das mit Calciumhydroxyd aus Mangan(II)-chlorid erhaltene Manganhydroxyd, $Mn(OH)_2$, mit Luft wieder in Mangandioxyd über und gewinnt auf diese Weise im kontinuierlichen Betrieb Chlor.

2. Im Laboratorium wird Chlor aus gepreßtem Chlorkalk, $CaCl(OCl)$, mit Salzsäure im KIPPschen Apparat gewonnen:

$$CaCl(OCl) \quad + \quad 2\,HCl \quad \rightarrow \quad CaCl_2 \quad + \quad Cl_2 \quad + \quad H_2O$$

Chlorkalk　　Salzsäure　　Calciumchlorid　　Chlor　　Wasser

Besonders reines Chlor erhält man aus Kaliumpermanganat und Salzsäure:

$$2\,KMnO_4 \quad + \quad 16\,HCl \quad \rightarrow \quad 2\,KCl \quad + \quad 2\,MnCl_2 \quad + \quad 8\,H_2O \quad + \quad 5\,Cl_2$$

Kaliumpermanganat　　Salzsäure　　Kaliumchlorid　　Mangan(II)-chlorid　　Wasser　　Chlor

19*

3. *Technisch* wird Chlor seit 1890 in großen Mengen als Nebenprodukt bei der Elektrolyse wäßriger Lösungen von Kalium- bzw. Natriumchlorid bei der Darstellung von Ätzkali und Ätznatron an der Anode gewonnen, während sich an der Kathode die Alkalilauge sammelt und Wasserstoff entweicht.

Eigenschaften. Grünlichgelbes, *sehr giftiges Gas*, das Kleinlebewesen tötet, etwa $2^{1}/_{2}$ mal schwerer als Luft, D. 2,45 (Luft = 1), in Wasser beträchtlich löslich (bei 10° 3,1 Raumteile). Das Chlor ist nach dem Fluor das reaktionsfähigste Element und verbindet sich mit Ausnahme von Stickstoff, Sauerstoff, Kohlenstoff und den Edelgasen mit allen übrigen Elementen unmittelbar. Viele Metalle entzünden sich als Draht im Chlorgas und bilden unter Feuererscheinung Chloride. In Kohlenwasserstoffen hat Chlor die Fähigkeit, den Wasserstoff ganz oder teilweise zu ersetzen. Seine Eigenschaft, in Anwesenheit von Wasser organische Farbstoffe zu zerstören (bleichen), beruht hauptsächlich auf der Oxydation des Chlors zu unterchloriger Säure:

$$Cl_2 \quad + \quad H_2O \quad \rightleftarrows \quad HCl \quad + \quad HOCl$$

Chlor   Wasser   Chlorwasserstoff   unterchlorige Säure

Der beim Zerfall der unterchlorigen Säure freiwerdende Sauerstoff (s. S. 299) bleicht Farbstoffe.

Mit den meisten Elementen vereinigt es sich schon bei niederen Temperaturen unter starker Wärmeentwicklung, häufig mit Feuererscheinung. Ein Gemisch von Chlorgas und Wasserstoff zu gleichen Teilen im direkten Sonnenlicht (photochemische Reaktion) explodiert durch Einwirkung der ultravioletten Strahlen ziemlich heftig, man bezeichnet deshalb die Mischung gleicher Raumteile von Chlor und Wasserstoff als *Chlorknallgas*. Eisen wird von wasserfreiem Chlor erst bei hoher Temperatur angegriffen, verflüssigtes Chlor wird deshalb in eisernen Flaschen in den Handel gebracht.

Chlor ist noch immer das wichtigste Bleichmittel in der Textilindustrie, jedoch muß das Chlor sofort und restlos nach der Anwendung durch Antichlor entfernt werden:

$$Na_2S_2O_3 \quad + \quad 4\,Cl_2 \quad + \quad 5\,H_2O \quad \rightarrow \quad 2\,NaHSO_4 \quad + \quad 8\,HCl$$

Natriumthiosulfat   Chlor   Wasser   Natriumhydrogensulfat   Chlorwasserstoff

Mit Ammoniak und Ammoniumsalzen bildet Chlor den höchst explosiven **Chlorstickstoff**, *Stickstofftrichlorid*, NCl_3, ein dunkelgelbes, flüchtiges, stechend riechendes, die Augenschleimhäute reizendes Öl, das auch Kehlkopf und Bronchien stark angreift. Chlorstickstoff explodiert außerordentlich heftig:

$$2\,NCl_3 \quad \rightarrow \quad N_2 \quad + \quad 3\,Cl_2$$

Chlorstickstoff   Stickstoff   Chlor

Schon Erschütterungen oder Berührung mit Staub, Fett, Kautschuk u. a. kann die Explosion auslösen.

Chlor kommt unter Druck in Stahlflaschen in den Handel. Bei Versuchen mit Chlor dürfen keine Gummistopfen, die von Chlor angegriffen werden, Verwendung finden, man verwendet Korkstopfen, die mit Kollodiumlösung abgedichtet sind.

Toxikologie. Chlor greift die Atmungsorgane noch in einer Verdünnung mit der zweihundertfachen Menge Luft heftig an, so daß innerhalb weniger Minuten durch innere Verätzung Erstickung eintritt. Schon 0,2 mg Chlor in 1 Liter Luft sind gefährlich, solche von 2 mg tödlich. Infolge seines stechenden Geruchs sind Vergiftungen mit Chlor verhältnismäßig selten, sie erfolgen mitunter durch Undichtwerden von Chlorgasflaschen. Bei der akuten Vergiftung werden die Schleimhäute stark gereizt, es treten Husten, Schnupfen und Tränen der Augen auf. Die Atmungsorgane scheiden vermehrte Sekrete ab, die bei höherer Konzentration blutig werden. Bei starken Konzentrationen tritt Atemnot, Cyanose und Erstickung ein.

Erste Hilfe. Vollkommene Ruhe des Erkrankten, keine künstliche Atmung, vorsichtige Zufuhr von Sauerstoff, Einatmung von Alkoholdämpfen durch Vorhalten eines mit Alkohol getränkten Tuches vor Nase und Mund, Einatmung $^1/_2\%$iger Natriumbicarbonatlösung

Verwendung. *Med.* in wäßriger Lösung als → Chlorwasser, als Entseuchungsmittel, zum Keimfreimachen von Trink- und Badewasser (0,1 mg auf 1 Liter Wasser), in großen Mengen zur Herstellung anderer Chlorverbindungen, *technisch* zur Herstellung von Chlorkalk, Chlorkohlenwasserstoffen und anderen Chlorverbindungen, zum Entzinnen von Weißblechabfällen, zur Darstellung von Salzsäure durch Verbrennung eines Chlorknallgasgemisches.

Erkennung von freiem Chlor. 1. Chlor macht aus Kaliumjodid Jod frei, bläut deshalb Kaliumjodidstärkelösung bzw. Jodzinkstärkelösung.

2. Chlor macht in Jodkalium- und Bromkaliumlösung Jod bzw. Brom frei, die, je mit Chloroform oder Schwefelkohlenstoff ausgeschüttet, sich darin mit violetter bzw. brauner Farbe lösen:

$$2\,KJ \;+\; Cl_2 \;\rightarrow\; 2\,KCl \;+\; J_2$$

3. Chlor oxydiert Ferrosalze bei Gegenwart von Säure zu Ferrisalzen:

$$2\,FeSO_4 \;+\; H_2SO_4 \;+\; Cl_2 \;\rightarrow\; Fe_2(SO_4)_3 \;+\; 2\,HCl$$

4. Indigolösung wird durch Chlor schon bei gewöhnlicher Temperatur entfärbt, wobei das Indigo zu gelbem Isatin oxydiert wird.

Sauerstoffverbindungen des Chlors: Alle Chloroxyde können nicht unmittelbar, sondern nur auf Umwegen hergestellt werden. Sie sind sämtlich explosiv. Von den Sauerstoffsäuren des Chlors ist die Überchlorsäure die einzige im freien Zustand erhältliche, während die anderen nur in wäßriger Lösung bekannt sind. Dagegen kann man von allen Sauerstoffsäuren des Chlors ihre Salze kristallisiert herstellen.

Chloroxyde.

Dichloroxyd. (Chlormonoxyd.)

Unterchlorigsäureanhydrid. $Cl_2O.$ $\quad \overset{Cl}{\underset{Cl}{>}}O.$ Mol.-Gew. 86,91.

Dichloroxyd wird dargestllt durch Leiten von Chlorgas über Quecksilberoxyd:

$$HgO \;+\; 2\,Cl_2 \;\rightarrow\; HgCl_2 \;+\; Cl_2O$$
Quecksilberoxyd — Chlor — Quecksilberchlorid — Dichloroxyd

Eigenschaften. Bei gewöhnlicher Temperatur ein gelbrotes, *giftiges* Gas, das sich unter Abkühlung zu einer bei $+5°$ siedenden, rotbraunen Flüssigkeit verdichten läßt.

Chlordioxyd. Chlor(IV)-oxyd.

ClO_2 (oder Chlortetroxyd, Cl_2O_4). Strukturformel: $Cl\!\!<^O_O$ Mol.-Gew. 67,46.

Chlordioxyd entsteht beim Übergießen von chlorsaurem Kalium (Kaliumchlorat) mit konz. Schwefelsäure:

$$H_2SO_4 \;+\; 2\,KClO_3 \;\rightarrow\; K_2SO_4 \;+\; 2\,HClO_3$$
Schwefelsäure — Kaliumchlorat — Kaliumsulfat — Chlorsäure

Die entstandene Chlorsäure zerfällt in:

$$3\,HClO_3 \;\rightarrow\; 2\,ClO_2 \;+\; H_2O \;+\; HClO_4$$
Chlorsäure — Chlor(IV)-oxyd — Wasser — Überchlorsäure

Chlor(IV)-oxyd ist ein gelbes Gas, das bei der geringsten Erwärmung unter heftiger Explosion in Chlor und Sauerstoff zerfällt.

Sauerstoffsäuren des Chlors.

Chlorige Säure. Acidum chlorosum.

$HClO_2$. $Cl{<}^O_{OH}$

Die Säure ist nur in Form ihrer Salze, *Chlorite*, bekannt. Natriumchlorit z. B. entsteht durch Einleiten von Chlordioxyd in Natriumperoxydlösung:

$$2\,ClO_2 \quad + \quad Na_2O_2 \quad \rightarrow \quad 2\,NaClO_2 \quad + \quad O_2$$
Chlordioxyd　　Natriumperoxyd　　Natriumchlorit　　Sauerstoff

Chlorsäure. Acidum chloricum.

$HClO_3$. Mol.-Gew. 84,47

$Cl{<\!\!=}^O_O{\atop OH}$

Die Säure ist nur in Lösung bekannt. Man erhält sie durch Umsetzen von Chloraten mit starken Säuren, z. B.

$$Ba(ClO_3)_2 \quad + \quad H_2SO_4 \quad \rightarrow \quad 2\,HClO_3 \quad + \quad BaSO_4$$
Bariumchlorat　　Schwefelsäure　　Chlorsäure　　Bariumsulfat

Ihre Salze sind die *Chlorate.* Diese entstehen entweder beim Erhitzen von Hypochloritlösungen, z. B.

$$3\,NaOCl \quad \rightarrow \quad NaClO_3 \quad + \quad 2\,NaCl$$
Natriumhypochlorit　　Natriumchlorat　　Natriumchlorid

oder durch Einleiten von Chlorgas in heiße, konzentrierte Lauge, z. B.:

$$6\,KOH \quad + \quad 3\,Cl_2 \quad \rightarrow \quad KClO_3 \quad + \quad 5\,KCl \quad + \quad H_2O$$
Kalilauge　　Chlor　　Kaliumchlorat　　Kaliumchlorid　　Wasser

Vorsicht *mit Chloraten!* Mit brennbaren Stoffen, Schwefel, Phosphor, Kohlenstoff, auch mit Metallpulvern, z. B. Aluminium, geben Chlorate hochexplosive Mischungen, da sie das Bestreben haben, ihren gesamten Sauerstoff an diese Stoffe plötzlich abzugeben. Sie sind daher energische Oxydationsmittel und dienen bei der Herstellung von Zünd- und Sprengstoffen als Sauerstoffträger.

Überchlorsäure. Perchlorsäure. Acidum perchloricum.

$HClO_4$. Mol.-Gew. 100,46.

$H{-}O{-}Cl{=}O$ (mit zwei weiteren O)

Die Überchlorsäure ist die beständigste Sauerstoffsäure des Chlors, ihre Salze heißen *Perchlorate.* Man erhält sie durch Eindampfen der wäßrigen Lösung von Chlorsäure neben Chlor und freiem Sauerstoff oder in Form ihrer Salze beim Schmelzen von Chloraten:

$$2\,KClO_3 \quad \rightarrow \quad KClO_4 \quad + \quad KCl \quad + \quad O_2$$
Kaliumchlorat　　Kaliumperchlorat　　Kaliumchlorid　　Sauerstoff

Die Säure wird dann durch Erhitzen mit konz. Schwefelsäure freigemacht und abdestilliert.

Eigenschaften. Die reine Säure ist eine farblose, an der Luft rauchende, schon bei gewöhnlicher Temperatur zur Zersetzung und Explosion neigende Flüssigkeit von stechendem *Geruch*, die sich bei der Aufbewahrung unter Verfärbung allmählich zersetzt. D. (22°) 1,764. Die Säure verursacht auf der Haut schmerzhafte, schlecht heilende Wunden *(Vorsicht!)* und explodiert mit brennbaren Stoffen äußerst heftig. Infolge starker Dissoziation in wäßriger Lösung ist die Überchlorsäure die stärkste aller Säuren. Die wäßrige Lösung findet Verwendung als Reagens auf Kalium, da sie mit diesem schw. lösl., kristallines Kaliumperchlorat bildet, und in der Galvanoplastik.

Unterchlorige Säure. Acidum hypochlorosum.

$HOCl$. Struktur: $H\!-\!O\!-\!Cl$.

Die Säure ist nur in wäßriger Lösung bekannt und entsteht beim Einleiten von Chlorgas in eine Lösung von Natriumhydrogencarbonat:

$$NaHCO_3 \quad + \quad Cl_2 \quad \rightarrow \quad NaCl \quad + \quad HOCl \quad + \quad CO_2$$

Natriumhydrogencarbonat Chlor Natriumchlorid unterchlorige Säure Kohlendioxyd

Die Salze der unterchlorigen Säure, *Hypochlorite*, die nicht sehr beständig sind, erhält man neben Chloriden durch Einleiten von Chlor in Laugen in der Kälte:

$$2\,NaOH \quad + \quad Cl_2 \quad \rightarrow \quad NaOCl \quad + \quad NaCl \quad + \quad H_2O$$

Natriumhydroxyd Chlor Natriumhypochlorit Natriumchlorid Wasser

Großtechnisch erhält man die Säure durch Elektrolyse von Natriumchlorid in wäßriger Lösung (→ Natriumhypochloritlösung).

Erkennung. 1. Verd. Salz- oder Schwefelsäure spalten aus Hypochloriten, besonders beim Erwärmen, freies Chlor ab:

$$NaClO \quad \rightarrow \quad 2\,HCl \quad + \quad H_2O \quad + \quad Cl_2\uparrow$$

Aus Chlorkalk wird schon durch die Kohlensäure der Luft Chlor freigemacht:

$$CaCl(OCl) \quad + \quad CO_2 \quad \rightarrow \quad CaCO_3 \quad + \quad Cl_2\uparrow$$

Das entweichende Chlor wird durch feuchtes Jodkaliumstärkepapier, das gebläut wird, nachgewiesen.

2. Anilinwasser wird durch Hypochlorite violett gefärbt.

Chlorbenzol. Benzolum chloratum.

Monochlorbenzol. Benzolchlorid. C_6H_5Cl. Mol.-Gew. 112,56.

Darstellung. Durch Chlorieren von Benzol mit Chlor, Eisen als Katalysator.

Eigenschaften. Farblose Flüssigkeit mit angenehmem *Geruch*, D. (20°) 1,106; Sdp.132°; Flammp. +28,5°. Unlösl. in Wasser, lösl. in Weingeist, Äther, Chloroform, Benzol.

Verwendung. Als Lösungsmittel für Fette, Harze, Kunstharze, Matt- und Reißlacke.

☠ 2. Chloralformamid. Chloralum formamidatum, Erg.-B. 6. Stoff B.

$CCl_3\cdot CHOH\cdot NH\cdot CHO$. Mol.-Gew. 192,4.

Darstellung. Durch Vereinigung von molekularen Mengen von wasserfreiem Chloral und Formamid:

$$CCl_3CHO \quad + \quad HCONH_2 \quad \rightarrow \quad CCl_3CH(OH)NO\cdot CHO$$

Chloral Formamid Chloralformamid

Eigenschaften. Weiße, glänzende, geruchlose, schwach bitter schmeckende Kristalle. Schmp. 114° bis 115°, lösl. in 30 T. Wasser, in 2,5 T. Weingeist. Bei stärkerem Erhitzen zerfällt die Verbindung in Chloral und Formamid.

Toxikologie. → Chloralhydrat.

Erkennung. Beim Erwärmen mit Natronlauge entsteht eine trübe, sich unter Abscheidung von Chloroform klärende Flüssigkeit. Die Dämpfe der Flüssigkeit bläuen Lackmuspapier durch entweichendes Ammoniak.

Erg.-B. 6 läßt prüfen auf Salzsäure, Zersetzungsprodukte, Chloralkoholat.

Aufbewahrung. *Vorsichtig.*

Verwendung. *Med. innerl.* als Schlafmittel wegen unangenehmer Nebenwirkungen obsolet, die Wirkung ist schwächer als die von Chloralhydrat.

☠ 2. Chloralhydrat. Chloralum hydratum, DAB. 6. Stoff B.

Trichloraldehydhydrat. $CCl_3 \cdot CH(OH)_2$. Mol.-Gew. 65,4.

Chloralhydrat wurde 1832 von LIEBIG entdeckt und fand als erstes synthetisches Schlafmittel 1869 Verwendung.

Darstellung. Aus Chloral, $CCl_3(CHO)$, einer farblosen, ätzenden, erstickend riechenden Flüssigkeit, durch Zufügen in mehreren Anteilen einer bestimmten Menge Wasser. Das Chloral nimmt das Wasser unter starker Selbsterwärmung und Bildung von Chloralhydrat auf. Nach dem Ausgießen der noch warmen Flüssigkeit in dünner Schicht auf Porzellanteller läßt man erstarren. Nach dem Umkristallisieren aus Benzin erhält man Chloralhydrat.

Eigenschaften. Farblose, durchsichtige, luftbeständige, trockene Kristalle mit stechendem *Geruch* und widerlichem *Geschmack*. Leicht lösl. in Wasser, Weingeist und Äther, weniger leicht in Chloroform, Schwefelkohlenstoff und fetten Ölen. C. sintert bei 49° und ist bei 53° völlig geschmolzen.

Toxikologie. Chloralhydrat ist ziemlich giftig und hat als ältestes synthetisches Schlafmittel häufig zu akuten und chronischen Vergiftungen geführt. Schon 5 g können bei Herzkranken, 10 bis 15 g bei Herzgesunden tödlich wirken.

Prüfung des DAB. 6. *Erkennung.* Beim Auflösen in Natronlauge entsteht eine trübe Lösung, die sich unter Abscheidung von Chloroform klärt:

$$CCl_3CH(OH)_2 \; + \; NaOH \; \rightarrow \; CHCl_3 \; + \; HCOONa \; + \; H_2O$$

Chloralhydrat   Natriumhydroxyd   Chloroform   Natriumformiat   Wasser

DAB. 6 läßt prüfen auf Salzsäure, Zersetzungsprodukte, fremde organische Stoffe, Benzol, Chloralalkoholat und anorganische Beimengungen.

Aufbewahrung. *Vorsichtig,* vor Licht geschützt.

Verwendung. *Med. innerl.* als Schlafmittel wegen unangenehmer Nebenwirkungen obsolet, dagegen bei Erregungszuständen (E. 1,0 g), in der mikroskopischen Technik als Konservierungs- und Einschlußmittel. In der Kosmetik als Zusatz zu Haarwässern, auch in Form von *Captol* (Chloralhydrat mit Tannin), einer braunen Flüssigkeit, die gegen Seborrhoe (1 bis 2%) Verwendung findet. Chloralhydrat findet auch zur Herstellung von reinstem Chloroform Verwendung.

Chloramin. p-Toluolsulfonchloramidnatrium. Mianin.

Mindestgehalt 25% wirksames Chlor.

$$C_6H_4 \Big\langle {}^{CH_3}_{SO_2N \langle {}^{Na}_{Cl}} \cdot 3\,H_2O. \quad \text{Mol.-Gew. 281,64.}$$

Darstellung. Durch Überführung des bei der Saccharindarstellung als Nebenprodukt erhaltenen p-Toluolsulfonchlorids, $CH_3 \cdot C_6H_4 \cdot SO_2Cl$, mit Ammoniak in p-Toluolsulfonamid, $CH_3 \cdot C_6H_4 \cdot SO_2NH_2$, und Behandlung des letzten mit Natriumhypochlorit in alkalischer Lösung.

Eigenschaften. Weißes bis höchstens schwach gelbliches, kristallines Pulver mit schwachem chloratigem *Geruch*. Löslich in Wasser, Weingeist und Glycerin, unlösl. in Chloroform, Äther und Benzol. Mit Salzsäure entwickelt es reichlich freies Chlor und besitzt die stark bakertientötende Eigenschaft desselben. Dabei bildet sich zunächst unterchlorige Säure, die sich meist mit der Salzsäure unter Bildung von freiem Chlor umsetzt.

Prüfung des DAB. 6. *Erkennung.* Die wäßrige Lösung bläut zunächst Lackmuspapier und bleicht es dann.

Nach dem Ansäuern mit. verd. Schwefelsäure wird die wäßrige Lösung (1 + 99) durch Jodzinkstärkelösung blau gefärbt.

Beim vorsichtigen Erhitzen von 0,2 g C. im Porzellantiegel zersetzt es sich unter schwacher Verpuffung. Nach dem Veraschen und Glühen verbleibt ein die Flamme gelb färbender Rückstand. Seine wäßrige Lösung bildet mit Salzsäure angesäuert, auf Zusatz von Bariumnitratlösung, infolge des beim Veraschen entstandenen Natirumsulfats, einen weißen Niederschlag.

DAB. 6 läßt ferner prüfen auf Chloralformamid und den vorschriftsmäßigen Gehalt von mindestens 25% wirksamem Chlor, s. S. 299, Gehaltsbestimmung von Chlorkalk.

Aufbewahrung. Licht, Wärme und Kohlendioxyd der Luft zersetzen Chloramin, es muß deshalb kühl und vor Licht geschützt in gut verschlossenen Gefäßen aufbewahrt werden.

Verwendung. *Med. äußerl.* zur Wundspülung (0,25%), als Gurgelwasser (0,5%), zur Blasenspülung (0,1%), als desinfizierendes Handwaschwasser (0,5%), zu desinfizierenden Wundsalben und Wundpulvern (10%), zur Desinfektion von Fäkalien und Sputum (5%). Die Wirkung von Chloramin ist wesentlich milder als die von Chlorkalk.

Gyneclorina (Heyden) kommt in Tablettenform als desodorisierendes Desinfektionsmittel zu äußerlichen Waschungen und zur Spülung von Wund-. und Körperhöhlen (je nach dem Verwendungszweck in 0,02- bis 0,5%iger Lösung) zur Verwendung.

Rohchloramin. Chloramin crudum, Erg.-B. 6.

Paratoluolsulfonchloramidnatrium. Gehalt mindestens 20% wirksames Chlor.

Eigenschaften. Weißes bis schwach gelbliches Pulver, *Geruch* chlorartig, in Wasser bis auf einen weißen Rückstand l.lösl. Wäßrige Lösung bläut zunächst Lackmuspapier, dann bleicht es dieses. Beim Schütteln von 1 g R. mit 100 g Wasser wird die Anschüttelung beim Ansäuern mit verd. Schwefelsäure durch Jodzinkstärkelösung blau gefärbt.

Gehaltsbestimmung. Wie bei reinem Chloramin (s. dort). Für 25 ccm der wäßrigen Lösung (5 : 250) müssen mindestens 28,2 ccm $^1/_{10}$-n-Natriumthiosulfatlösung verbraucht werden: 28,2·3,546 mg Cl in 0,5 g Chloramin entsprechend 20% wirksamem Chlor.

Aufbewahrung. In gut verschlossenen Gefäßen, kühl, vor Licht geschützt.

Verwendung. Wie Chloramin zur Grobdesinfektion von Geräten, Fußböden, Räumen, Ställen. Die 3- bis 5%ige Lösung zum Abwaschen von Steinsockeln usw., um der Verunreinigung durch Hunde vorzubeugen.

Chlorcarvacrol.

Kristalline Substanz mit thymolähnlichem *Geruch*, in Wasser 1 : 5000 bis 6000, leicht in verdünntem und reinem Alkohol und Ölen lösl. Phenolkoeffizient (gegenüber Staphylokokken) in wäßriger Lösung 130. Schon Lösungen 1 : 10000 bzw. 20000 wirken stark antiseptisch. Die Giftigkeit von Ch. ist nur halb so groß wie die von Thymol. Außerdem wirkt es nicht eiweißgerinnend. Zur Herstellung dünner Lösungen wird eine alkoholische Stammlösung verwendet. Auch als Desinfektionsmittel für Zahnbürsten geeignet.

Chloressigsäuren.

☠ *2.* **Monochloressigsäure. Acidum monochloraceticum, Erg.-B. 6. Stoff B.**

$$CH_2Cl \cdot COOH. \quad Mol.-Gew. \ 94,5.$$

Darstellung. Durch Einleiten von trockenem Chlor in wasserfreie, bis annähernd zum Sieden erhitzte Essigsäure im Sonnenlicht oder unter Zusatz von Jod. Die Reaktion ist bei Zunahme des Gewichts um mehr als die Hälfte beendigt:

$$CH_3COOH \quad + \quad 2\,Cl \quad \rightarrow \quad HCl \quad + \quad CH_2ClCOOH$$

Essigsäure   Chlor   Salzsäure   Monochloressigsäure

Durch fraktionierte Destillation wird getrennt. Die bei 180° bis 188° übergehenden Teile erstarren beim Abkühlen kristallin und werden aus siedendem Benzol umkristallisiert.

Eigenschaften. Farblose, zerfließliche, schwach sauer riechende, in Wasser, Weingeist und Äther lösl. Kristalle. D. 1,62; Schmp. 62° bis 63°; Sdp. 185° bis 187°.

Prüfung des Erg.-B. 6. *Erkennung.* Eine wäßrige Lösung von M. entwickelt beim Erwärmen mit einem Stückchen Zink den Geruch nach Essigsäure.

Prüfung auf Salzsäure. Eine frisch bereitete wäßrige Lösung (1 + 9) darf durch 2 Tr. $^1/_{10}$-n-Silbernitratlösung höchstens opalisierend getrübt werden.

Aufbewahrung. *Vorsichtig!* In dicht schließenden Glasstopfengläsern.

Verwendung. *Äußerl.* in Lösung (20 bis 50%) als Ätzmittel zur Entfernung von Warzen, Hautverdickungen usw.

☠ *2.* **Trichloressigsäure. Acidum trichloraceticum, DAB. 6. Stoff B.**

$$CCl_3COOH. \quad Mol.-Gew. \ 163,39.$$

Darstellung. Durch Chlorierung von Essigsäure oder durch Oxydation von Chloralhydrat mit Salpetersäure.

Eigenschaften. Farblose, an der Luft zerfließliche, schwach stechend riechende Kristalle. Schmp. etwa 55°; Sdp. etwa 195°, in Wasser, Weingeist und Äther lösl., die wäßrige Lösung rötet Lackmuspapier.

Prüfung des DAB. 6. *Erkennung.* Beim Erhitzen von 1 g T. mit 3 ccm Kalilauge zum Sieden entsteht der Geruch nach Chloroform:

$$CCl_3COOH \quad + \quad 2\,KOH \quad \rightarrow \quad CCl_3H \quad + \quad K_2CO_3 \quad + \quad H_2O$$

Trichloressigsäure   Kalilauge   Chloroform   Kaliumcarbonat   Wasser

Prüfung auf: *Salzsäure.* Beim Auflösen von 0,5 g T. in 4,5 g Wasser und Versetzen der Lösung mit 1 T. $^1/_{10}$-n-Silbernitratlösung darf höchstens schwach opalisierende Trübung eintreten.

Fremde Beimengungen. Beim Verbrennen von 0,2 g T. im gewogenen Tiegel muß der Rückstand unter 0,001 g bleiben.

Vorschriftsmäßiger Gehalt. 0,5 g über Schwefelsäure sorgfältig getrocknete T. werden in 20 ccm Wasser gelöst, einige Tropfen Phenolphthaleinlösung zugesetzt und mit $^1/_{10}$-n-Kalilauge bis zur dauernden Rötung der Flüssigkeit titriert. Es dürfen nicht weniger als 30,4 und nicht mehr als 30,5 ccm verbraucht werden (1 ccm $^1/_{10}$-n-Kalilauge = 0,016339 g Trichloressigsäure).

Aufbewahrung. *Vorsichtig!* In Gläsern mit gut eingeschliffenem Glasstopfen.

Verwendung. *Med. äußerl.* zu Pinselungen (1%), als Ätzmittel (50%).

Chlorkalk. Calcaria chlorata.

Bleichkalk. $CaCl(OCl)$.

$Ca{<}^{Cl}_{OCl}$ Chlorkalk ist eine intramolekulare Verbindung von Calciumchlorid, $CaCl_2$, mit Calciumhypochlorit, $Ca(OCl)_2$.

Darstellung. Durch Sättigen von pulverförmigem, gelöschtem Kalk mit nicht zu konzentriertem Chlor in mit Blei ausgeschlagenen Kammern bei einer Temperatur, die 25° nicht übersteigen darf:

$$Ca(OH)_2 \;+\; Cl_2 \;\rightarrow\; CaCl(OCl) \;+\; H_2O$$

Calciumhydroxyd — Chlor — Chlorkalk — Wasser

Chlorkalk. Calcaria chlorata, DAB. 6.

Gehalt mindestens 25% wirksames Chlor. Unter *wirksamem Chlor* versteht man das auf Zusatz einer starken Säure aus dem Chlorkalk in Freiheit gesetze Chlor.

Eigenschaften. Weißes oder weißliches Pulver mit dem eigenartigen *Geruch* nach unterchloriger Säure und Chlor. Chlorkalk enthält stes überschüssiges Calciumhydroxyd; beim Auflösen in Wasser geht Calciumhypochlorit und Calciumchlorid in Lösung, während Calciumhydroxyd ungelöst bleibt. Schon die Kohlensäure der Luft oder Essig macht aus Chlorkalk unterchlorige Säure frei:

$$2\,CaCl(OCl) \;+\; CO_2 \;+\; H_2O \;\rightarrow\; CaCl_2 \;+\; CaCO_3 \;+\; 2\,HOCl$$

Chlorkalk — Kohlendioxyd — Wasser — Calciumchlorid — Calciumcarbonat — unterchlorige Säure

Die unterchlorige Säure zerfällt:

$$2\,HOCl \;\rightarrow\; 2\,HCl \;+\; O_2$$

unterchlorige Säure — Salzsäure — Sauerstoff

Diese Anwendung des Chlorkalks als Bleich- und Desinfektionsmittel beruht auf Sauerstoffwirkung. Die wäßrige Lösung bläut durch das enthaltene Calciumhydroxyd zunächst Lackmuspapier, das dann durch die Einwirkung von Kohlendioxyd der Luft frei gewordenen Sauerstoff gebleicht wird. Auf Zusatz von Salz- oder Schwefelsäure wird Chlor frei. Bei längerem Liegen an der Luft wird Chlorkalk feucht, zerfließt zu einer teigigen Masse und verliert dabei langsam unter Sauerstoffabgabe das wirksame Chlor. Feuchtigkeit, Wärme und Licht begünstigen seine Zersetzung, deshalb werden kleinere Mengen in möglichst licht-, luft- und wasserdichten Packungen in den Handel gebracht.

> *Gefährlich sind Mischungen von Chlorkalk mit brennbaren Stoffen*, z. B. mit Schwefel, da sie sich stark erhitzen und dadurch Explosionsgefahr besteht. Ebenso ist die Mischung von Chlorkalk mit Ammoniak und Ammoniumsalzen zu vermeiden wegen der Gefahr von Bildung des höchst explosiven *Chlorstickstoffs*, NCl_3, einer dunkelgelben, öligen Flüssigkeit, die schon beim Berühren oder Schütteln explodiert.

Prüfung des DAB. 6. *Erkennung.* Außer der oben angeführten Prüfung mit Lackmuspapier gibt Chlorkalk mit verd. Essigsäure eine Lösung, die reichlich Chlor entwickelt, in der nach dem Filtrieren Ammoniumoxalatlösung einen weißen Niederschlag von Calciumoxalat erzeugt.

Gehaltsbestimmung. 5 g Ch. werden in einer Reibschale mit Wasser zu einem feinen Brei angerieben und mit weiterem Wasser in einen Meßkolben von 500 ccm Inhalt gespült und bis zu 500 ccm aufgefüllt. Nach gutem Durchschütteln der trüben Flüssigkeit werden 50 ccm (= 0,5 g Chlorkalk) mit einer Lösung von 1 g Kaliumjodid in 20 ccm Wasser gemischt und mit 2,5 ccm Salzsäure angesäuert. Zur Bindung des ausgeschiedenen Jods müssen mindestens 35,2 ccm $^1/_{10}$-n-Natriumthiosulfatlösung verbraucht werden, entsprechend einem Mindestgehalt von 25% wirksamem Chlor (1 ccm $^1/_{10}$-n-Natriumthiosulfatlösung = 0,003546 g wirksames Chlor, Stärkelösung als Indikator).

Eine annähernde Wertbestimmung des wirksamen Chlors kann wie folgt durchgeführt werden: 1 g Chlorkalk (genau abgewogen) wird in einer 200 ccm fassenden Arzneiflasche mit wenig Wasser zu einem Brei angeschüttelt, dann gibt man 100 g Wasser, 10 g Jodkaliumlösung (1 : 10), 10 g verd. Salzsäure und unter Umschütteln nach und nach 71,0 g $^1/_{10}$-n-Natriumthiosulfatlösung hinzu. Nach vollkommener Lösung muß die Flüssigkeit hellgelb gefärbt sein und nach Zusatz von 1 ccm Stärkelösung eine blauschwarze Farbe annehmen. Der Gehalt an wirksamem Chlor ist dann annähernd 25%.

Aufbewahrung. Chlorkalk muß kühl und trocken und vor Licht geschützt aufbewahrt werden. Er ist nur bei genügender Abdichtung des Gefäßes (gut verschlossene Steinguttöpfe) längere Zeit haltbar. Nach jeder Entnahme müssen die Gefäße stets wieder sorgfältig verschlossen werden.

Verwendung. *Med. äußerl.* zu Wund- und Schleimhautspülungen (2%), zu Salben gegen Frostbeulen, als billiges Deinfektionsmittel für Stallungen, Abfallgruben usw. Die keimtötende Wirkung beruht auf der Chlor- und Sauerstoffabgabe. Sowohl das Gesetz betr. die Bekämpfung gemeingefährlicher Krankheiten als auch die Anweisung für das Desinfektionsverfahren bei Viehseuchen schreiben die Verwendung von *Chlorkalkmilch*, die aber frisch bereitet werden muß, vor. Zur Herstellung von Bleichflüssigkeit, als Bleichmittel in Wäschereien und im Haushalt, in der Cellulose-, Papier- und Textilindustrie. Seine Verwendung als Bleichmittel für Textilien hat jedoch durch die Einführung von Bleichmitteln, welche die Faser weniger schädigen, stark nachgelassen.

Chlorkautschuk.

$$(C_{10}H_{12}Cl_8)N.$$

Darstellung. Durch Einwirkung von Chlor auf in Tetrachlorkohlenstoff gelösten Kautschuk.

Eigenschaften. Weiße oder schwach gelbliche, geruch- und geschmacklose, unbrennbare Flocken, grießartiges Pulver oder Masse, die sich beim Erhitzen über 130° allmählich zersetzt. Chlorkautschuk ist in Benzolchlorkohlenwasserstoffen, Tetrachlorkohlenstoff, Trichloräthylen, Chloroform und Estern zum Teil lösl. bzw. quellbar in Äther und Aceton. Dagegen ist er in Wasser, Weingeist und Benzin unlösl. Infolge seiner weitgehenden Verträglichkeit mit trocknenden und nicht trocknenden Ölen, Natur- und Kunstharzen und seiner Widerstandsfähigkeit gegen Wasser, Säuren, Alkalien, Benzin, Gase, oxydierende Stoffe, Salze, Seewasser usw. findet er weitgehende Verwendung.

Verwendung. Als nicht entflammbarer, chemikalienfester Anstrich in chemischen Fabriken für Holz, Leicht- und Schwermetalle, zu Säureschutzlacken, Schiffsbodenfarben, Schutzanstrich für Beton, zur Herstellung springfester Lacke, plastischer Massen, Flaschenverschlüssen und Kunstleder, Klebstoffen u. a.

p-Chlor-m-kresol.

(Raschig). 6-Chlor-3-oxy-1-methyl-benzol.

Zur Verhütung von Schimmel, Fäulnis und Zersetzung kommt p-Chlor-m-kresol in drei Formen in den Handel: **Raschit K,** farblose Kristalle, mit nur schwachem, nicht unangenehmem Eigengeruch, der bei den geringen Konzentrationen, in denen es zur Anwendung gelangt, in den meisten Fällen nicht mehr zu bemerken ist. Es ist ungiftig und ungefährlich für Menschen und Tiere. Schmp. 65°, l.lösl. in organischen Lösungsmitteln, Alkohol, Benzol, Benzin, Ölen sowie in Seifenlösungen, dagegen in Wasser nur schwer (0,4%). Durch Zusatz von Natronlauge kann die in Wasser l.lösl. Natriumverbindung selbst hergestellt werden. **Raschit W,** wasserlösl., p-Chlor-m-kresolnatrium, von dem es 70% enthält. Es findet zur Konservierung wäßriger Lösungen oder wasserhaltiger Produkte Verwendung. **Raschit flüssig,** klare Flüssigkeit mit 50% Raschit-K-Gehalt, die beim Verdünnen mit Wasser oder wasserhaltigen Produkten eine Emulsion ergibt und so feinste Verteilung des Antiseptikums gewährleistet. p_H 6,4. p-Ch. ist völlig reizlos und wird von der Haut gut vertragen.

p-Chlor-m-xylenol.

Chlorxylenol. 2-Chlor-5-oxy-1,3-dimethyl-benzol. *Chlor-Dimethylphenol.*

Darstellung. Durch Einwirkung von Sulfurylchlorid in der Kälte auf m-Xylenol (1,3-Dimethyl-5-oxybenzol):

$$C_6H_3(OH)(CH_3)_2 \; + \; SO_2Cl_2 \; \rightarrow \; C_6H_2(OH)(CH_3)_2 \cdot Cl \; + \; SO_2 \; + \; HCl$$

m-Xylenol | Sulfurylchlorid | p-Chlor-m-xylenol | Schwefeldioxyd | Chlorwasserstoff

Eigenschaften. Farblose Kristalle mit schwach phenolartigem *Geruch* und leicht brennendem *Geschmack*, licht- und luftbeständig, sublimierbar, mit Wasserdämpfen flüchtig, Schmp. 114°, in Wasser sehr schw. lösl. (1:2500), l. lösl. in einwertigen (Methyl-, Äthyl-, Propylalkohol), zweiwertigen (Glykol) und dreiwertigen (Glycerin) Alkoholen, Äther, Aceton, Chlorkohlenwasserstoffen, Benzin, Benzol und seinen Homologen, Schwefelkohlenstoff, fetten, ätherischen und Mineralölen sowie in organischen Säuren (Ameisensäure, Essigsäure, Weinsäure). In Lösungen von Ätzalkalien und Erdalkalien ist es unter Bildung von Phenolaten schon in der Kälte lösl. Durch Säuren wird es aus diesen, auch durch Kohlensäure, wieder ausgeschieden. Phenolkoeffizient in wäßriger Lösung 256.

Erkennung[1]. Eine kleine Probe am blanken Kupferdraht, in der nicht leuchtenden Bunsenflamme erhitzt, färbt diese grün. — Beim Kochen von etwas p-Ch. mit konz. Salpetersäure und Silbernitratlösung entsteht der weiße, käsige Niederschlag von Silberchlorid. — Einige Kubikzentimeter der alkoholischen Lösung färben sich auf Zusatz von 1 Tr. Eisenchloridlösung dunkelgrün. — Mit MILLONS Reagens wird die alkoholische Lösung purpurrot gefärbt. — Mit 1 Tr. Anilin versetzt, gibt die wäßrige Lösung nach Zusatz von einigen Tr. Natriumhypochloritlösung eine stahlblaue Färbung (Indophenol-Reaktion). — Jod-Jodkaliumlösung erzeugt in heißer, sodaalkalischer Lösung einen hellbraunen Niederschlag. (Unterschied von p-Chlor-m-Kresol, das einen blaugrünen Niederschlag gibt.)

Verwendung. Zur Herstellung von Feindesinfektionsmitteln, zu Spülmitteln zur intimen Hygiene, in der Kosmetik zur Konservierung von Cremes, Emulsionen, Haarpflegemitteln, als technisches Konservierungsmittel für Klebstoffe, Leime, Appreturen, Farbbindemitteln, Tinten, Farben, Fette und Öle (0,05 bis 0,2%), in den Industrieerzeugnissen Sagrotan und Desintan ist p-Chlor-m-Xylenol neben p-Chlor-m-Kresol enthalten.

☠ 2. Chloroform. Chloroformium, DAB. 6. Stoff B.

Trichlormethan. $CHCl_3$. Mol.-Gew. 119,39.

Von den Trihalogenderivaten des Methans hat das Chloroform als Narkose- und Lösungsmittel Bedeutung.

Darstellung. Ausgangspunkt zur Chloroformdarstellung sind Weingeist und Aceton. Die von LIEBIG 1831 entdeckte Darstellung: Äthylalkohol wird mit Chlorkalk erhitzt und dabei der Alkohol zu Acetaldehyd oxydiert:

$$CH_3 \cdot CH_2OH \; + \; Ca \Big\langle {}^{Cl}_{OCl} \; \rightarrow \; CaCl_2 \; + \; H_2O \; + \; CH_3 \cdot CHO$$

Äthylalkohol | Chlorkalk | Calciumchlorid | Wasser | Acetaldehyd

---

[1] Nach E. BENK: SÖFW. 1952, 585.

Durch weitere Einwirkung von Chlorkalk wird der Acetaldehyd zu Trichloraldehyd chloriert:

$$2\,CH_3 \cdot CHO \quad + \quad 6\,Ca\begin{matrix}Cl\\ \diagup \\ \diagdown \\ OCl\end{matrix} \quad \rightarrow \quad 2\,CCl_3 \cdot CHO \quad + \quad 3\,CaCl_2 \quad + \quad 3\,Ca(OH)_2$$

Acetaldehyd — Chlorkalk — Trichloraldehyd-Chloral — Calciumchlorid — Calciumhydroxyd

Das Chloral wird durch das Calciumhydroxyd zerlegt:

$$2\,CCl_3 \cdot CHO \quad + \quad Ca(OH)_2 \quad \rightarrow \quad 2\,CHCl_3 \quad + \quad (HCOO)_2Ca$$

Chloral — Calciumhydroxyd — Chloroform — Ameisensaures Calcium, Calciumformiat

Eigenschaften. Klare, farblose, schwere, flüchtige, nicht brennbare Flüssigkeit, mit eigenartig süßlichem *Geruch* und *Geschmack*, die 99 bis 99,4% Chloroform und 1 bis 0,6% absoluten Alkohol enthält. In Wasser sehr wenig lösl., in jedem Verhältnis lösl. in absolutem Alkohol, Äther, fetten und ätherischen Ölen. D. (20°) 1,474 bis 1,478; Sdp. 60° bis 62°. Unter Lichteinfluß zersetzt sich Cholroform an feuchter Luft langsam, nimmt Sauerstoff auf und bildet Phosgen:

$$CHCl_3 \quad + \quad O \quad \rightarrow \quad \begin{matrix}Cl\diagdown\\ \quad CO\\ Cl\diagup\end{matrix} \quad + \quad HCl$$

Chloroform — Sauerstoff — Phosgen — Salzsäure

Da sich Äthylalkohol mit Phosgen zu neutralem Kohlensäureäthylester verbindet, wird dem für med. Zwecke verwendeten Chloroform 1% Äthylalkohol zugesetzt:

$$COCl_2 \quad + \quad 2\,C_2H_5OH \quad \rightarrow \quad CO(OC_2H_5)_2 \quad + \quad 2\,HCl$$

Phosgen — Äthylalkohol — Kohlensäureäthylester — Salzsäure

Toxikologie. Beim Einatmen konz. Chloroformdämpfe kann schon nach wenigen Atemzügen der Tod eintreten. Besonders gefährlich ist durch Oxydation zersetztes phosgenhaltiges Chloroform. Dauernde Chloroformeinatmung kann bei krankhaft veranlagten Personen (Heilpersonal) zu Chloroformsucht, *Chloroformismus*, führen.

Aufbewahrung. *Vorsichtig!* Vor Licht geschützt, in braunen, vollständig gefüllten Flaschen.

Verwendung. *Med. unverdünnt* als Inhalationsnarkoticum, *äußerl.* zu schmerzstillenden Einreibungen (50%), als Zahntropfen unverdünnt, innerliche Verwendung obsolet. *Technisch* als Lösungs- und Extraktionsmittel für fette Öle, Harze, Kautschuk (Traumaticinum, DAB. 6, s. Bd. III). In der mikroskopischen Technik als Lösungsmittel für Balsame, Harze, Kautschuk usw., in der Analyse als Lösungsmittel für Jod, Brom, fette Öle, Alkaloide usw., zur Darstellung anderer organischer Verbindungen.

Chlorophyll und Chlorophyllin.

Das Chlorophyll oder Blattgrün ist in grünen Pflanzen zu 0,7 bis 1% enthalten, erzeugt in diesen die grüne Färbung und ermöglicht die photosynthetische Assimilation (s. Bd. I, S. 91). Chlorophyll[1] besteht aus 2 Diestern, aus 3 T. blaugrünem Chlorophyll a und 1 T. des sehr nahe verwandten gelbgrünen Chlorophyll b. Weitere Farbstoffe sind die orangeroten Carotine und die gelben Xanthophylle. Die genannten Chlorophylle unterscheiden sich in ihrer chemischen Zusammensetzung dadurch, daß Chlorophyll a das Radikal CH_3, Chlorophyll b das Radikal CHO enthält. Beide enthalten jedoch Magnesium und den Rest des hochmolekularen Alkohols Phytol.

---

[1] Nach E. MERCK: Chlorophyllin und seine Anwendung.

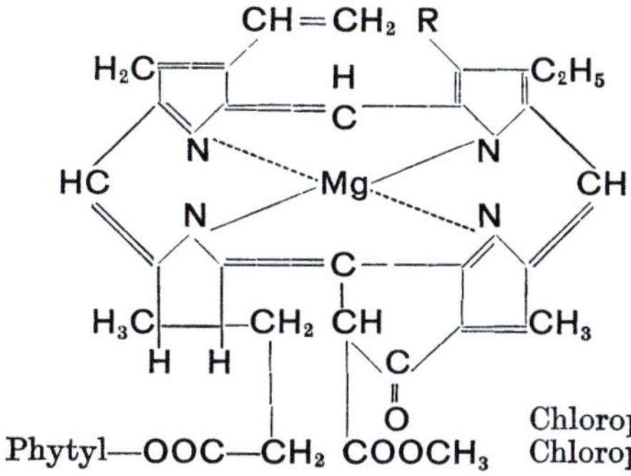

$$CH = CH_2 \quad R$$

$$H_2C \quad H \quad C_2H_5$$

$$C$$

$$HC \quad N \quad N \quad CH$$

$$Mg$$

$$N \quad N$$

$$C$$

$$H_3C \quad CH_2 \quad CH \quad CH_3$$

$$H \quad H$$

$$C$$

$$O$$

$$\text{Phytyl—OOC—CH}_2 \quad \text{COOCH}_3$$

Chlorophyll a: $R — CH_3$
Chlorophyll b: $R = CHO$

Ausführliche Studien über die Zusammensetzung des Chlorophylls wurden etwa seit 1906 von R. WILLSTÄTTER und A. STOLL und dann von dem Nachfolger WILLSTÄTTERs in München, HANS FISCHER, und M. STRELL durchgeführt, während seine medizinische Verwendung durch den Schweizer Pharmakologen E. BÜRGI erprobt wurde, der 1932 und in den folgenden Jahren hierüber berichtete. Es ist wichtig, sich über den ausgeführten Unterschied zwischen Chlorophyll und wasserlöslichem Chlorophyllin klar zu werden, da nur das letzte eine therapeutische und kosmetische Wirkung besitzt.

Darstellung. Man gewinnt das Chlorophyll aus frischen grünen Pflanzen (Brennnesseln, Luzerne, Spinat u. a.) unter Zuhilfenahme von Aceton und anderen Lösungsmitteln. Bei dieser Isolierung des Chlorophylls aus dem Blattorganismus und bei der Abtrennung von seinen natürlichen Begleitstoffen (Farbstoffe, Wachs) erfährt das Chlorophyllmolekül Veränderungen. Besonders das im Chlorophyll komplex gebundene Magnesium wird dabei schon durch Spuren von Säuren sehr leicht entfernt und kann gegen andere Metalle, z. B. Kupfer, ausgetauscht werden. Das natürliche Chlorophyll in den Pflanzen bzw. das aus diesen isolierte Chlorophyll ist wasserunlöslich. Als zweifacher Ester kann Chlorophyll jedoch durch Verseifung in wasserlösliche Alkalisalze von Farbstoffsäuren umgewandelt werden, wobei die Alkohole Phytol, $C_{20}H_{39}OH$, und Methanol entstehen. Die hierbei entstehenden, grüngefärbten und magnesiumhaltigen Farbstoffsäuren bezeichnet man mit dem Sammelnamen „*Chlorophyllin*", ihre Alkalisalze als „*wasserlösliche Chlorophylline*". Um Grünwert und Lichtbeständigkeit der wasserlöslichen Chorophylline zu erhöhen, sind diese meist gekupfert. Bei medizinisch und kosmetisch zur Anwendung kommenden wasserlöslichen Chlorophyllinen darf aus Gründen der physiologischen Verträglichkeit das Kupfer nur komplex gebunden und nicht im ionogenen Zustand vorliegen. Sie haben deshalb auch nicht die Wirkung von Kupfersalzen. Das wasserlösliche, gekupferte Chlorophyllin bezeichnet man auch mit „*Natrium-Kupfer-Chlorophyllin*". Als wasserlösliches, kupferfreies Chlorophyllin ist „*Natrium-Magnesium-Chlorophyllin*" im Handel. E. MERCK stellt folgende Handelsformen her:

Wasserlöslich:

„Chlorophyllin" pulv. (Natrium-Kupfer-Chlorophyllin) wasserlöslich, ca. 75% nach N.N.R.

„Chlorophyllin" pulv. (Natrium-Kupfer-Chlorophyllin) wasserlöslich, ca. 50% nach N.N.R.

„Chlorophyllin" Paste (Natrium-Kupfer-Chlorophyllin) wasserlöslich, ca. 25% nach N.N.R.

„Chlorophyllin" pulv. (Natrium-Magnesium-Chlorophyllin) wasserlöslich, ca. 75% nach N.N.R. (kupferfrei).

Für die medizinische Verwendung: Als Desodorans für innerlichen Gebrauch (Tabletten) und für äußerliche Zwecke (Salben, Puder, Zahnpasten). — Als unschädlicher Farbstoff zum Färben von Lebensmitteln, Genußmitteln, Arzneimitteln, kosmetischen Präparaten und Seifen.

Nicht wasserlöslich:

„Chlorophyllin-Öl" technisch. Zum Färben von vegetabilischen Ölen, Mineralölen, Wachsen, Harzen, Kerzen und Seifen.

Das letzte ist ein gekupfertes Blattgrünprodukt, das aus freien Farbstoffsäuren, Fettsäuren und höheren Pflanzenalkoholen besteht, in Wasser und Alkohol unlöslich, dagegen in vegetabilischen Ölen und den oben genannten Stoffen lösl. ist. Chlorophyllin-Öl ist unschädlich.

Verwendung. *Med.* finden nur die wasserlöslichen Chlorophylline (nicht Chlorophyll) äußerl. und innerl. Anwendung. *Innerl.* als blutbildendes Mittel und als Tonicum mit günstiger Wirkung auf das Nervensystem und die Muskeln und anregender Wirkung auf die Herztätigkeit und das Atemzentrum. Kosmetisch: In Kaugummi (5 bis 15 mg je Stück), in Pillen und Dragees (30 bis 100 mg je Stück). *Äußerl.* als Lanolinsalbe (0,5 bis 0,66%) mit granulationsfördernder Wirkung bei schwerheilenden, schmierig belegten und übelriechenden Wunden oder in wäßriger Lösung (0,2 bis 0,5%), auch bei Brandwunden, Unterschenkelgeschwüren, Aufliegen usw. Bei Ekzemen und anderen Hautkrankheiten wird neben beschleunigter Heilung Jucken und Brennen gemildert. *Kosmetisch* finden die Chlorophylline als desodorisierender Zusatz zu Zahnpulvern und Mundwässern (0,2 bis 0,5%), zu Körperpudern und Zahnpasten (0,3 bis 1,2%), zu Seifen (1 bis 2%), zu Fuß- und Schweißpudern (2 bis 3%) Verwendung. Bei den Zahnpflegemitteln übt Chlorophyllin einen Schutz der Zähne vor dem zerstörenden Einfluß des Lactobazillus acidophilus und vor proteolytisch wirkenden Bakterien und Enzymen aus. Als *Desodorans* wirken die Chlorophylline *innerl.* stark reduzierend auf Schweiß- und Körpergeruch bzw. bringen diese zum Verschwinden. Auch übler Mundgeruch, hervorgerufen durch Magenerkrankungen, Zahn- und Zahnfleischschäden, nach dem Genuß von Speisen oder Getränken mit aufdringlichem Geruch (Zwiebeln, Alkohol), nach dem Rauchen von Tabak und Menstruationsgeruch (Stozzon-Chlorophyll-Dragees) wird durch Chlorophylline beseitigt. *Techn.* finden die farbstarken und lichtechteren Natrium-Kupfer-Chloraphylline in Pulver- oder Pastenform zum Grünfärben von vegetabilischen und Mineralölen, Wachsen, Harzen, Kerzen, Seifen sowie zum Bleichen bzw. Aufhellen gelbstichiger Produkte Verwendung. Beim letzten Zweck beruht die Bleichwirkung auf der Komplementärwirkung des blaugrünen Farbstoffes.

Gehalts- und Wertbestimmung wasserlöslicher Chlorophylline. Der Chlorophyllingehalt wird entweder spektrophotometrisch oder nach der biologischen Methode, die in engem Zusammenhang mit dem Hauptanwendungsgebiet der Chlorophylline steht, als Desodorisierungsmittel bestimmt. Die hierbei gefundenen Zahlen werden in „Desodorisierenden Wirkungswerten" (DWW) ausgedrückt.

Chlorparaffin K 71.

Chlorparafiin K 71 (Imhausen) ist ein unbrennbarer, hochchlorierter Paraffinkohlenwasserstoff. Hochviscose, klebrige Masse von gelblicher Farbe mit leichter Trübung, mit schwachem, nicht unangenehmem Eigengeruch, die bei tiefen Temperaturen in einen glasartigen Zustand übergeht. Chloroparaffin K 71 enthält 70 bis 72% Chlor, D. (20°) 1,55 bis 1,60, weder entflammbar noch brennbar. In aliphatischen, aromatischen und chlorierten Kohlenwasserstoffen, Estern, Ketonen und Alkoholen, mit Ausnahme von Methanol sowie teilweise in Weingeist lösl.

Verwendung. Infolge seiner Unbrennbarkeit und seiner wasserabstoßenden sowie fäulnisverhindernden Eigenschaften zur Herstellung flammfester, wasserfester und fäulnisfester Textilausrüstungen, z. B. Segeltuch, Arbeiterschutzbekleidung, Zeltplanen usw., in der Holz- und Papierindustrie, z. B. als wasserabweisendes Holzimprägnierungsmittel, als Zusatzmittel zu Bohr-, Schmierölen und Ziehfetten, in der Lackindustrie in Verbindung mit Nitrocellulose, Chlorkautschuk und ähnlichen Bindemitteln usw.

Chlorphenole.

Chlorphenole entstehen bei der Einwirkung von Chlor in geschmolzenes Phenol. p-Chlorphenol ist kristallin und wird von flüssigem o-Chlorphenol durch Destillation und Kristallisation getrennt. Die Chlorphenole zeichnen sich durch besonders starke bactericide Wirkung aus und übertreffen meist die der unsubstituierten Phenole. Sie finden daher als Desinfektionsmittel Verwendung.

o-Chlorphenol. o-Monochlorphenol. Phenolum orthochloratum.

$$C_6H_4Cl(OH)\ [1,2].\ \text{Mol.-Gew. }128,5.$$

o-Chlorphenol erhält man beim Durchleiten von Chlor durch heißes Phenol (150° bis 180°) als unangenehm, jodoformähnlich riechende Flüssigkeit, D. (20°) 1,24; Sdp. 176°, die in einer Kältemischung erstarrt und dann bei +7° wieder flüssig wird, wenig lösl. in Wasser, l. lösl. in Weingeist.

p-Chlorphenol. Phenolum parachloratum. Monochlorphenolum (para), Erg.-B. 6.

p-Monochlorphenol. $C_6H_4(OH)Cl\ [1,4].$ Mol.-Gew. 128,5.

Darstellung. p-Chlorphenol erhält man durch Chlorierung von Phenol in der Kälte.

Eigenschaften. Farblose Kristalle mit eigentümlichem *Geruch*, l. löslich in Weingeist, Äther und Alkalien, in Wasser nur sehr wenig löslich. Schmp. 42°; Sdp. 217°. Seine Desinfektionswirkung ist viermal stärker als die von Phenol, es ist aber weniger giftig.

Erg.-B. 6 läßt prüfen auf Salzsäure.
0,2 g p-M. dürfen nach dem Verbrennen keinen wägbaren Rückstand hinterlassen.

Verwendung. Zu Grobdesinfektionsmitteln, in der Zahnheilkunde, zu Desinfektionsmitteln für die Haut (1%). *p-Monochlorphenolkampfer, Monochlorphenolum (para) cum Camphora, Erg.-B. 6,* s. Bd. III.

Chlorsäure. Acidum chloricum.

$$HClO_3.\ \text{Mol.-Gew. }84,5.$$

Darstellung. Die Säure kann man mit Schwefelsäure aus ihren Salzen bis zu einer 52% enthaltenden wässerigen Lösung darstellen. Ihre Salze der Alkalien und Erdalkalien erhält man, indem man deren Laugen mit Chlor übersättigt und dann erwärmt. Dabei bildet sich zunächst das unterchlorigsaure Salz neben Chlorid:

$$Cl_2\ +\ 2\,NaOH\ \rightarrow\ NaOCl\ +\ NaCl\ +\ H_2O$$

Chlor   Natronlauge   Natriumhypochlorit   Natriumchlorid   Wasser

Das Chlor wirkt dann auf das gebildete Hypochlorit ein:

$$Cl_2 \;+\; H_2O \;+\; NaOCl \;\rightarrow\; NaCl \;+\; 2\,HOCl$$

Chlor   Wasser   Natriumhypochlorit   Natriumchlorid   unterchlorige Säure

Die unterchlorige Säure oxydiert dann ihr eigenes Salz zu Chlorat:

$$2\,HOCl \;+\; NaOCl \;\rightarrow\; NaClO_3 \;+\; 2\,HCl$$

unterchlorige Säure   Natriumhypochlorit   Natriumchlorat   Salzsäure

Die freie Salzsäure macht aus dem Hypochlorit wieder unterchlorige Säure frei, die abermals mit Hypochlorit chlorsaures Salz und freie Säure erzeugt. Der geringe Säuregrad, der bei Übersättigen der Lauge mit dem Chlor eintritt, genügt in der Wärme, um alles Hypochlorit in Chlorsäuresalz überzuführen.

Neueste Darstellung. Elektrolytisch aus Chlornatrium oder Chlorkaliumlösung. An der Anode wird Chlor, an der Kathode Alkalimetall frei, das sich mit Wasser zu Ätzkali und Wasserstoff umsetzt. Das freie Chlor und das gebildete Ätzalkali werden durch Rühren in unterchlorigsaure und dann in chlorsaure Salze übergeführt.

Eigenschaften. Farblose oder schwach gelbliche, fast geruchlose Flüssigkeit (40%), damit getränkte Leinwand oder Filterpapier entflammen bald. Starke Säure, die rein und technisch mit dem spez. Gew. 1,112, entsprechend 15,5° Bé, in den Handel kommt. Die Lösung rötet erst blaues Lackmuspapier und entfärbt es dann.

Die Salze der Chlorsäure sind die *Chlorate*. Sie sind leichter darstellbar als die Säure selbst und beständiger.

Vorsicht *mit Chloraten!* Mit brennbaren Stoffen, Schwefel, Phosphor, Kohlenstoff, auch mit Metallpulvern, z. B. Aluminium, geben Chlorate hochexplosive Mischungen, da sie das Bestreben haben, ihren gesamten Sauerstoff an diese Stoffe plötzlich abzugeben. Sie sind daher energische Oxydationsmittel und dienen bei der Herstellung von Zünd- und Sprengstoffen als Sauerstoffträger.

Verwendung. Arsenfrei zur Zerstörung organischer Stoffe an Stelle von Kaliumchlorat zusammen mit Salzsäure in der toxikologischen Analyse. Die Chlorate zur Herstellung von Zünd- und Sprengstoffen, zur Unkrautbekämpfung und als Oxydationsmittel.

Chlorschwefel. Sulfur chloratum. Dischwefeldichlorid.

Schwefelchlorid. S_2Cl_2. Mol.-Gew. 135,03.

Darstellung. Durch Einleiten von trockenem Chlor in geschmolzenen Schwefel und Reinigung durch Destillation.

Eigenschaften. Dunkelgelbes, an der Luft etwas rauchendes Öl mit unangenehmem *Geruch*, das die Augen stark zu Tränen reizt. Sdp. 138,6°; D. 1,68. Chlorschwefel löst bei gewöhnlicher Temperatur bis 67% Schwefel auf. Mit Wasser zersetzt er sich:

$$2\,S_2Cl_2 \;+\; 2\,H_2O \;\rightarrow\; SO_2 \;+\; 3\,S \;+\; 4\,HCl$$

Chlorschwefel   Wasser   Schwefeldioxyd   Schwefel   Chlorwasserstoff

Aufbewahrung. In gut verschlossenen Gefäßen.

Verwendung. Als Reagens, zum Vulkanisieren von Kautschuk, Verarbeitung von Guttapercha, mit Schwefelkohlenstoff oder Olivenöl zu Kitten, in der Schädlingsbekämpfung.

Chlorthymol[1].

6-Chlor-3-oxy-1-methyl-4-isopropylbenzol (Chlormethylisopropylbenzol).
Mol.-Gew. 184,6.

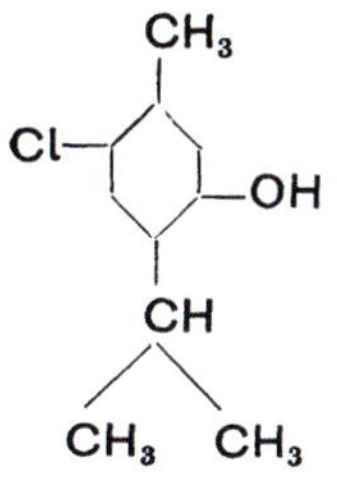

Chlorthymol entsteht beim Einleiten von Chlor in eine Lösung von Thymol in Eisessig.

Darstellung. p-Chlor-m-kresol wird mit konz. Schwefelsäure und Isopropylalkohol in Chlorthymolsulfosäure übergeführt. Durch Abspaltung der Sulfogruppe mit überhitztem Wasserdampf erhält man Chlorthymol.

Eigenschaften. Farblose, trockene, wenig harte, in Wasser untersinkende Kristalle. Geschmolzenes Ch. schwimmt auf Wasser. *Geruch* thymoähnlich, durchdringend, *Geschmack* brennend kühl. Schmp. 58° bis 60°. Angezündet verbrennt es mit leuchtender, stark rußender Flamme und färbt infolge seines Chlorgehaltes am Kupferdraht die nicht leuchtende Bunsenflamme stark grün. In Wasser nur schwer (1:12000), l. lösl. in einwertigen Alkoholen, Glykolen, Glycerin, Essigester, Aceton, Äther, Benzol und seinen Homologen, Chlorkohlenwasserstoffen, Benzinen, Schwefelkohlenstoff sowie in fetten, ätherischen und Mineralölen. Auch in ricinolsauren und ricinolsulfosauren Alkalien und in Fettalkoholsulfonaten ist es zu Phenolaten löslich. Beim Verreiben mit gewissen organischen Verbindungen wie Kampfer, Kumarin, Phenol u. a. bildet es flüssige Gemische. Die keimtötende Wirkung von Ch. ist durch den Eintritt der Chlorgruppe stärker als die des Thymol. Phenolkoeffizient in Wasser 343, es wird aber in der üblichen Verdünnung von Haut und Schleimhäuten reizlos vertragen.

Erkennung (nach BENK). 1. MILLONS Reagens gibt mit wäßriger Ch.-Lösung keine Fällung, dagegen wird die alkoholische Lösung schon in der Kälte dunkelviolett gefärbt (Thymol dagegen gelbrot).

2. Die Lösung von wenig Ch. in 1 ccm Eisessig nimmt auf Zusatz von 6 Tr. Schwefelsäure und 1 Tr. Salpetersäure eine beständige orangerote Färbung an (Thymol wird hierbei blaugrün).

3. Beim Erwärmen von Ch. mit konz. Schwefelsäure und etwas Weinsäure geht das Gemisch über Rotviolett und Schmutzigblau in ein beständiges Dunkelgrün über (bei Chlorkresol und Chlorxylenol entstehen rotviolette Färbungen).

Verwendung. *Äußerl.* Als reizloses, die Schleimhäute nicht ätzendes Desinfektionsmittel zur Herstellung von Mund- und Zahnwässern, Zahnpulvern, Zahnpasten, Zahnseifen (0,1 bis 0,5%), zu antiseptischen Haarwässern (0,05 bis 0,1%), zu Haarölen (0,2%). In Lösungen, Salben oder Pudern gegen übermäßige Schweiße (1%), zu desinfizierenden Seifen (2%), als Mückenschutzmittel mit ätherischen Ölen in alkoholischer Lösung (2%). *Lavasan* ist ein chlorthymolhaltiges Erzeugnis, *Lavasteril* enthält außerdem noch Chlorkresol und findet in 0,5- bis 1,5%iger Lösung zur allgemeinen Desinfektion Verwendung. Zur Behandlung von Insektenstichen, Hautschürfungen und Hautrissen und zur Behandlung anderer kleiner Verletzungen in alkoholischen Kräuterauszügen (0,5 bis 1%), an Stelle von Jodtinktur, ohne deren Nachteile zu besitzen. Als Wurmmittel *innerl.* in Einzelgaben von 0,15 bis 0,25%, dabei ist Alkoholgenuß zu vermeiden. Überdosierungen sind schädlich und können zu Nierenreizungen führen.

---

[1] Nach E. BENK: SÖFW 1952, 8, 173.

20*

Chlorwasser. Aqua chlorata, Erg.-B- 6.

Chlorum solutum. Gehalt 0,4 bis 0,5% wirksames Chlor, Cl. Atomgewicht 35,46.

Darstellung. Durch Einleiten von Chlorwasser in destilliertes Wasser bis zur Sättigung.

Eigenschaften. Klare, gelbgrüne, stark nach Chlor riechende Flüssigkeit, in der Wärme flüchtig, mit erstickendem *Geruch*, die blaues Lackmuspapier, ohne es vorher zu röten, bleicht. C. enthält neben freiem Chlor[1] im Gleichgewicht Salzsäure und unterchlorige Säure:

$$Cl_2 \;+\; H_2O \;\rightleftarrows\; HCl \;+\; HOCl$$

Chlor   Wasser   Salzsäure   unterchlorige Säure

oder wegen der elektrolytischen Dissoziation der Salzsäure:

$$Cl_2 \;+\; H_2O \;\rightleftarrows\; H^+ + Cl^- \;+\; HOCl$$

Im Chlorwasser vollzieht sich also die Hydrolyse des Chlormoleküls, d. h. es wird gespalten, und die Atome binden sich an die Bestandteile des Wassers, nämlich an Wasserstoff und die Hydroxylgruppe. Durch Lichteinfluß zerfällt die unterchlorige Säure in Salzsäure und Sauerstoff, so daß die Reaktion von links nach rechts weiterschreitet, bis die Lösung zuletzt nur noch Salzsäure enthält.

Gehaltsbestimmung des Erg.-B. 6. Beim Eingießen von 25 g C. in 10 ccm Kaliumjodidlösung und Titrieren mit $^1/_{10}$-n-Natriumthiosulfatlösung müssen zur Bindung des ausgeschiedenen Jods 28,2 bis 35,3 ccm $^1/_{10}$-n-Natriumthiosulfatlösung erforderlich sein, entsprechend einem Gehalt von 0,4 bis 0,5% Chlor (1 ccm $^1/_{10}$-n-Natriumthiosulfatlösung = 0,003546 g wirksames Chlor, Stärkelösung als Indikator).

Aufbewahrung. Vor Licht geschützt in vollständig gefüllten, gut verschlossenen Flaschen.

Verwendung. Als Verbandwasser (5%). Als Reagens in der Analyse.

Chlorwasserstoffsäure. Salzsäure. Acidum hydrochloricum.

Mit Salzsäure oder Chlorwasserstoffsäure bezeichnet man wäßrige Lösungen von Chlorwasserstoff, HCl, Mol.-Gew. 36,5. Die Salze des Chlorwasserstoffs sind die *Chloride.* Chlorwasserstoff ist die einzige Verbindung, welche Chlor und Wasserstoff miteinander eingehen. Er kommt in vulkanischen Gasen und Dämpfen vor und verleiht diesen die Fähigkeit, die umgebenden Gesteine zu zersetzen. Im Magensaft findet sich Chlorwasserstoff neben Pepsin und sauren Phosphaten zu etwa 0,3%. Dieser Salzsäuregehalt ermöglicht den ersten Teil des Verdauungsprozesses im Magen, dem im Darm die alkalische Verdauung folgt. Durch die saure Reaktion des Magensaftes werden die meisten Bakterien zusammen mit dem Rhodangehalt des Magensaftes, der aus dem Speichel stammt, zerstört und somit der Organismus vor Krankheitserregern geschützt. An Natrium, Kalium oder Magnesium gebunden, ist der Chlorwasserstoff in Form von Chloriden in der Natur sehr verbreitet.

Darstellung. Chlorwasserstoff kann aus den Elementen Wasserstoff und Chlor beim Vermischen gleicher Raumteile entstehen. Dabei geht die Vereinigung der Elemente zu HCl bei Einwirkung von Tageslicht allmählich, bei Einwirkung von direktem Sonnenlicht unter Explosion vor sich:

$$H_2 \;+\; Cl_2 \;\rightarrow\; 2\,HCl$$

Wasserstoff   Chlor   Salzsäure

---

[1] Nach HOFMANN-RÜDORF: Anorganische Chemie, 14. Aufl. 1951.

Die praktisch wichtige Darstellungsweise beruht auf der Zersetzung von Natriumchlorid mit konz. Schwefelsäure, die in zwei Stufen vor sich geht:

$$NaCl \; + \; H_2SO_4 \; \rightarrow \; HCl \; + \; NaHSO_4$$
Natriumchlorid   Schwefelsäure   Salzsäure   Natriumhydrogensulfat

Das saure Natriumsulfat setzt sich beim Erhitzen mit Natriumchlorid um:

$$NaCl \; + \; NaHSO_4 \; \rightarrow \; HCl \; + \; Na_2SO_4$$
Natriumchlorid   Natriumhydrogensulfat   Salzsäure   Natriumsulfat

Der hierbei entstehende Chlorwasserstoff wird in Türmen aus geteertem Sandstein durch herabtropfendes Wasser gelöst oder in hintereinander geschalteten Steinzeugtöpfen unter Wasser aufgefangen und in großen Steinzeuggefäßen aufbewahrt.

Auch durch Verbrennen von Chlor in einem geringen Überschuß von Wasserstoff kann Chlorwasserstoffsäure hergestellt werden.

Chlorwasserstoff ist ein farbloses, wasseranziehendes Gas.

Eigenschaften. Salzsäure raucht an der Luft, indem sie mit Wasserdampf Salzsäurenebel bildet. *Geruch* und *Geschmack* stechend, sauer. Chlorwasserstoff löst sich in Wasser sehr leicht und reichlich, 1 l Wasser löst bei 10° rund 500 l Chlorwasserstoffgas. Bei $-4°$ kann es unter Druck (25 Atmosphären) oder bei 10° (40 Atmosphären) zu einer Flüssigkeit verdichtet werden. Salzsäure ist eine sehr starke Säure und löst fast alle unedlen Metalle unter Wasserstoffentwicklung zu Chloriden. Verhältnismäßig widerstandsfähig gegen die Säure sind: Quecksilber, Kupfer, Silber, Wismut, Blei, Gold und Platin. Die oxydierende Wirkung der Salzsäure auf unedle Metalle kann durch einen Zusatz kolloider Stoffe ausgeschaltet werden. So wird z. B. Eisen durch Zusatz von etwas Knochenleim gegen Salzsäure passiv.

Mit Chloriden bezeichnet man Verbindungen der Metalle, Nichtmetalle oder organischer Radikale mit Chlor. Metallchloride sind die Salze der Chlorwasserstoffsäure und entstehen beim Auflösen von Metallen, Metalloxyden, Metallhydroxyden oder Carbonaten in Chlorwasserstoffsäure, z. B. → *Zinkchlorid.* Die meisten Metallchloride sind farblose, in Wasser lösl. Kristalle, schw. lösl. ist Blei(II)-chlorid, unlösl. Silberchlorid, HgCl und Quecksilber(I)-chlorid, Hg_2Cl_2. Die Chloride von Eisen, Chrom, Nickel, Kobalt, Kupfer u. a. sind gefärbt. Die bekanntesten Chloride der Nichtmetalle sind Chlorschwefel und Tetrachlorkohlenstoff, Chloroform und Trichloräthylen.

Toxikologie. Auf der Haut wirkt konz. Salzsäure ätzend und verursacht unter brennenden Schmerzen Blasenbildung. Schon das Einatmen von Salzsäuredämpfen kann zu Schädigungen der Atemwege führen. Die stark ätzende Säure hat schon bei Einnahme von einem Schluck (15 bis 20 ccm) der konz. Säure zum Tod geführt. Im Vergiftungsfalle ist die Verdünnung der Säure durch Wasser, noch besser durch Milch oder Schleim, zu erstreben. Als Neutralisationsmittel findet gebrannte Magnesia 20:300 Verwendung. Keine Carbonate oder Bicarbonate(!) wegen der Gefahr des Berstens des Magens infolge des dabei entstehenden Kohlensäuredrucks. Bei der Abgabe von Salzsäure sind die gesetzlichen Bestimmungen genauestens einzuhalten, da versehentliches Trinken aus Bier-, Mineralwasser- und Weinflaschen wiederholt zu tödlichen Vergiftungen geführt haben.

Erkennung. 1. *Silbernitrat* fällt aus wäßrigen Salzsäurelösungen und Lösungen von Chloriden weißes, käsiges Silberchlorid, AgCl, l.lösl. in Ammoniak, Cyankalium und Natriumthiosulfat unter Bildung von Komplexsalzen. Durch Zusatz von Salpetersäure wird die komplexe Verbindung zerstört, und AgCl fällt erneut aus. Der Silberchloridniederschlag färbt sich am Tageslicht allmählich violett, dann schwarz.

2. *Quecksilber(I)-nitratlösung* wird als weißes Quecksilber(I)-chlorid gefällt.

3. *Bleiacetat* fällt in heißem Wasser lösl. weißes Bleichlorid.

4. *Mangandioxyd* entwickelt beim Erwärmen mit Salzsäure oder einem festen Chlorid in Anwesenheit von Wasser und reichlich konz. Schwefelsäure freies Chlor, das mit Jodkaliumstärkepapier nachgewiesen wird.

5. Ein mit *Ammoniakflüssigkeit* benetzter Glasstab bildet mit Salzsäure weiße Nebel:

$$NH_3 \;+\; HCl \;\rightarrow\; NH_4Cl$$

Ammoniak   Salzsäure   Ammoniumchlorid

Aufbewahrung. *Vorsichtig!* In Gefäßen mit gut sitzenden Glasstopfen.

☠ *3*. Rohe Salzsäure. Acidum hydrochloricum crudum, Erg.-B. 6

☠ *1.* arsenhaltig. Gehalt mindestens 30% HCl. Mol.-Gew. 36,5.

Eigenschaften. Klare, an der Luft rauchende, durch Eisen(III)-chlorid gelbliche bis gelbe, auch grüngelbe Flüssigkeit. *Geruch* stechend, *Geschmack* sauer. Außer durch Eisensalze gewöhnlich durch Schwefelsäure, Schwefeldioxyd, Chlor und Arsen (Arsentrichlorid), häufig auch durch selenige Säure verunreinigt. D. (20°) nicht unter 1,150, entsprechend einem Gehalt von 30 bis 32% HCl und 19° bis 20° Bé. Die Säure wird als *rohe Salzsäure* und als *rohe Salzsäure arsenfrei* gehandelt, die letzte ist *Gift 3*. Auch verd. Salzsäure, die in 100 Gewichtsteilen mehr als 15 Gewichtsteile wasserfreie Säure enthält, ist *Gift 3*. Arsenhaltige Salzsäure entwickelt bei der Einwirkung auf Metalle neben Wasserstoff den äußerst giftigen Arsenwasserstoff, der auch schon zu Todesfällen führte. Aus diesem Grunde ist *für rohe Salzsäure stets die arsenfreie Säure abzugeben*, solche auch zu bestellen und die gelieferte Ware auf Arsenfreiheit zu prüfen. Die einfachste Prüfung auf Arsen erfolgt durch Erwärmung der r. S. mit Zinnfolie (Stanniol), dabei wird anwesendes Arsen als braunes Arsen gefällt.

Erg.-B. 6 schreibt die Prüfung auf Arsen wie folgt vor:
1 ccm r. S. werden mit 3 ccm Natriumhypophosphitlösung im siedenden Wasserbad erhitzt. Die Mischung darf nach viertelstündigem Erhitzen keine braune Färbung annehmen.

Verwendung. In bedeutenden Mengen in der Technik, in der chemischen Industrie zur Herstellung von Metallchloriden und Ammoniumchlorid, zum Abwaschen von Rohbauten zur Entfernung von Kalk, zur Reinigung von Glasgefäßen, zur Entfernung von Kesselstein, zur Herstellung von Lötwasser, zur Auflösung störender Oxydschichten, zur Auflösung der Salze bei der Knochenleimdarstellung.

☠ *3*. Reine Salzsäure. Acidum hydrochloricum, DAB. 6.

Acidum muriaticum. Chlorwasserstoffsäure. Gehalt 24,8 bis 25,2% HCl.
Mol.-Gew. 36,5.

Darstellung. Durch Reinigen der rohen Säure durch Verdünnen mit Wasser und Einleiten von Schwefelwasserstoff zur Fällung des Arsengehalts. Dann wird aus Tontürmen destilliert.

Eigenschaften. Klare, farblose, an der Luft mehr oder weniger rauchende Flüssigkeit, die beim Erhitzen vollständig flüchtig ist. *Geruch* stechend, *Geschmack* auch in starker Verdünnung stark sauer. D. (20°) 1,122 bis 1,123 entsprechend einem Gehalt von 24,5 bis 25,2% HCl. Beim Erhitzen entweicht Chlorwasserstoff, bis der Gehalt der Säure an HCl auf etwa 20% gesunken ist. Mit diesem Gehalt siedet und destilliert die Säure bei 110°.

Prüfung des DAB. 6. *Erkennung.* Mit Wasser verdünnte S. gibt mit Silbernitratlösung einen weißen, käsigen, in Ammoniakflüssigkeit lösl. Niederschlag. Beim Erwärmen von S. mit etwas Braunstein entwickelt sich Chlor.

Arsenverbindungen. 1 ccm S. mit 3 ccm Natriumhypophosphitlösung darf nach viertelstündigem Erhitzen im siedenden Wasserbad keine dunklere Färbung annehmen.

Beim Versetzen von je 5 ccm einer Mischung von Wasser und S. (1 + 5) werden angezeigt:

Freies Chlor, durch eine sofort eintretende Bläuung der Flüssigkeit nach Zusatz von Jodzinkstärkelösung;

Schweflige Säure, durch eine weiße Trübung innerhalb 5 Min. nach Zusatz von Jodlösung bis zur schwach gelblichen Färbung und Zusatz von Bariumnitratlösung;

Eisensalze, durch eine sofort eintretende Blaufärbung nach Zusatz von 0,5 ccm Kaliumferrocyanidlösung.

Die mit Ammoniakflüssigkeit neutralisierte wäßrige Lösung (1 + 5) zeigt nach Zusatz von 3 Tr. Essigsäure an:

Schwermetallsalze: Kupfer und *Blei*, durch eine dunkle, *Arsen* durch eine gelbe Färbung nach Zusatz von 3 Tr. Natriumsulfidlösung;

Schwefelsäure, durch eine weiße Trübung innerhalb 5 Min. nach Zusatz von Bariumnitratlösung.

Vorschriftsmäßiger Gehalt an Chlorwasserstoff. 5 g S. werden in einem Kölbchen mit eingeriebenem Glasstopfen, das 25 ccm Wasser enthält, genau gewogen, 2 Tr. Methylorangelösung zugesetzt und mit n-Kalilauge titriert, bis die Rosafärbung verschwindet. Der vorschriftsmäßige Gehalt an Chlorwasserstoff ist vorhanden, wenn bis zu diesem Punkte 34,4 bis 34,5 ccm n-Kalilauge erforderlich sind. 1 ccm n-Kalilaugen = 0,03647 g Chlorwasserstoff, 34,0 bis 34,5 ccm = 1,24 bis 1,26 g Chlorwasserstoff. In 100 g Salzsäure sind daher 24,8 bis 25,2 g Chlorwasserstoff enthalten.

Verwendung. *Innerl.* bei Salzsäuremangel des Magens E. 0,5 g (10 Tr.), zur Herstellung von Pepsinwein, *äußerl.* zu Umschlägen und Waschungen (1%), in der Analyse, zur Herstellung von Chlor, vieler Chloride und anderer Säuren, zur Metallätzung.

Verdünnte Salzsäure. Acidum hydrochloricum dilutum, DAB. 6.

Darstellung. Durch Verdünnen von reiner Salzsäure DAB. 6 mit destilliertem Wasser zu gleichen Teilen. D. (20°) 1,059 bis 1,061 entsprechend 12,4 bis 12,6% HCl.

Verwendung. Bei Salzsäuremangel des Magens, *innerl.* E. 1,0 g (20 Tr.).

☠ 3. Rauchende Salzsäure. Acidum hydrochloricum fumans purum.

Acidum hydrochloricum purum concentratum.

Höchstkonzentrierte Salzsäure mit einem Gehalt von 37% HCl. D. (20°) etwa 1,19 = 23° Bé. Farblose, an der Luft stark rauchende Flüssigkeit.

Aufbewahrung. *Vorsichtig!* In Glasstopfenflaschen mit Glaskappe an kühlem Ort.

Verwendung. In der Analyse, zur Herstellung von → Königswasser.

Spez. Gewicht und Gehalt der Salzsäure bei 15°. (Wasser 4°, luftleerer Raum.)
Nach Lunge und Marchlewski.

Spez. Gew.	% HCl	Spez. Gew.	% HCl	Spez. Gew.	% HCl	Spez. Gew.	% HCl
1,000	0,16	1,060	12,19	1,115	22,86	1,160	31,52
1,005	1,15	1,065	13,19	1,120	23,82	1,163	32,10
1,010	2,14	1,070	14,17	1,125	24,78	1,165	32,49
1,015	3,12	1,075	15,16	1,130	25,75	1,170	33,46
1,020	4,13	1,080	16,15	1,135	26,70	1,171	33,65
1,025	5,15	1,085	17,13	1,140	27,66	1,175	34,42
1,030	6,15	1,090	18,11	1,142	28,14	1,180	35,39
1,035	7,15	1,095	19,06	1,145	28,61	1,185	36,31
1,040	8,16	1,100	20,01	1,150	29,57	1,190	37,23
1,045	9,16	1,105	20,97	1,152	29,95	1,195	38,16
1,050	10,17	1,110	21,92	1,155	30,55	1,200	39,11
1,055	11,18						

Cholesterin. Cholesterinum.

Cholesterol. $C_{27}H_{45}OH$. Mol.-Gew. 386,63.

$CH(CH_3) \cdot [CH_2]_3 \cdot CH(CH_3)_2$

Cholesterin kommt frei und verestert zu 0,2 bis 1% in allen tierischen Fetten, besonders im Wollfett, das neben geringen Mengen von Iso- und Metacholesterin noch etwa 0,1 bis 0,15% Ergosterin (Provitamin D) enthält, vor. Außerdem kommt es besonders reichlich im Gehirn und in der Nervensubstanz, aber auch in fast allen anderen Organen vor. Die in der Galle vorkommenden Gallensäuren sind mit den Sterinen verwandt. Der Hauptbestandteil von Gallensteinen ist Cholesterin.

Darstellung. Durch Extraktion gepulverter Gallensteine mit Alkohol und Äther und Verdunstung des Lösungsmittels.

Eigenschaften. Weiße, sich fettig anfühlende Blättchen, in Wasser unlösl., in Fetten und fetten Ölen, heißem Weingeist, in Äther, Chloroform, Essigäther usw. lösl. D. (20°) 1,067; Schmp. 149°; Sdp. (unter Zersetzung) 360°. C. ist im Organismus am Aufbau der Zellwände und des Stoffwechsel beteiligt und wirkt u. a. als Abdichtung der Zellmembran und als Gegengift gegen hämolytische Gifte, z. B. Saponine.

Verwendung. Zweckmäßig in Verbindung mit Cetylalkohol, 0,5 bis 1% Vaseline zugegeben zur Erhöhung der Wasseraufnahmefähigkeit um 100% und mehr, jedoch ohne biologische Wirkung. In kleinen Mengen zur Verbesserung der Resorbierbarkeit von ätherischen Ölen, Kohlenwasserstoffen und Fetten. Zur Herstellung von Creme- und Salbengrundlagen und zu W/Ö-Emulsionen. Die haarwuchsfördernden Eigenschaften von C. scheitern an seiner Schwerlöslichkeit im Weingeist (Weingeist [85%] löst nur sehr wenig C.) bzw. an dem unangenehmen Geruch etwa dazu verwendeten Isopropylalkohols, in dem C. leichter lösl. ist.

Choleval, Erg.-B. 6.

Kolloides Silberpräparat bestehend aus Natriumcholat und einem Schutzkolloid. Gehalt 10% Silber.

Eigenschaften. Dunkelbraune, fast schwarze, glänzende Lamellen, in Wasser mit schwach alkalischer Reaktion sehr l. lösl.

Prüfung des Erg.-B. 6. *Erkennung.* Beim Erhitzen im Reagensglas verkohlt es unter Entwicklung des Geruchs nach verbrannten Haaren.

Beim Versetzen von 2 ccm der wäßrigen Lösung (1 + 49) mit 10 ccm Schwefelsäure entsteht eine rotbraune, im auffallenden Licht grün fluoreszierende Lösung.

Auf Zusatz einiger Tr. Salzsäure gibt die wäßrige Lösung (1 + 39) einen braunen Niederschlag.

Beim Auflösen des Rückstandes beim Verkohlen von Ch. in Salpetersäure geben einige Tr. Salzsäure einen weißen, käsigen, in überschüssiger Ammoniakflüssigkeit lösl. Niederschlag von Silberchlorid.

1 g Ch. muß sich in 40 ccm Wasser klar und ohne Rückstand lösen; auf Zusatz von Natriumchloridlösung darf keine Veränderung eintreten.

Erg.-B. 6 läßt ferner prüfen auf Silbersalze und den vorgeschriebenen Gehalt.

Verwendung. Zu Einspritzungen in die Harnröhre bei Gonorrhöe (1%), zur Schleimhautpinselung (5%).

Chrom. Chromium. Cr.

Atom-Gew. 52,01. Wertigkeit 2, 3, 5, 6.

Das Schwermetall und Element Chrom (g. chroma, Farbe) führt seinen Namen, weil viele Chromverbindungen auffallend gefärbt sind. Es wurde 1797 von VAUQUELIN entdeckt. Chrom kommt nicht gediegen, sondern hauptsächlich in Kleinasien und Südafrika als *Chromeisenstein, Chromit,* $FeCr_2O_4(FeO \cdot Cr_2O_3)$ vor, der das Ausgangsmaterial für alle Chromverbindungen bildet. Seltener vorkommende Chromerze sind *Chromocker,* Cr_2O_3, und *Rotbleierz,* $PbCrO_4$.

Darstellung. Die Darstellung von Chrom durch Reduktion des Oxyds mit Kohle ist wegen der Bildung von Carbiden nicht möglich. Man gewinnt das Metall deshalb aus Chromoxyd durch Reduktion mit Aluminiumgrieß nach dem Thermitverfahren von GOLDSCHMIDT:

$$Cr_2O_3 \quad + \quad 2\,Al \quad \rightarrow \quad 2\,Cr \quad + \quad Al_2O_3$$
Chromoxyd   Aluminium   Chrom   Aluminiumoxyd

Ferrochrom erhält man durch Reduktion von Chromeisenstein mit Kohle im elektrischen Ofen. Es dient zur Herstellung von Chromstahl.

Eigenschaften. Silberglänzendes, sehr hartes und sprödes Metall, spez. Gew. 6,92; Schmp. 1920°, das Glas ritzt. In heißer Salzsäure und verd. Schwefelsäure löst sich Chrom unter Entwicklung von Wasserstoff zu Chromchlorid bzw. Chromsulfat. Beim längeren Liegen an der Luft oder durch kurzes Eintauchen in Salpetersäure wird Chrom gegen diese Säure passiviert, wahrscheinlich überzieht sich die Oberfläche mit einer dünnen Oxydschicht, auch unter Wasser wird Chrom nicht oxydiert.

Toxikologie. Chromverbindungen, die zu Vergiftungen führen können, sind Chromtrioxyd („Chromsäure"), Kaliumchromat und Kaliumdichromat, Chromalaun und die Chromfarben. Chromsäure wirkt äußerst ätzend. Durch Verätzung von Lippen- und Naseneingang durch Chromsäurelösung-Spritzer sind infolge Resorption der Säure schwere Vergiftungen und wiederholt Todesfälle vorgekommen. Schon 1 bis 2 g Chromsäure und 6 bis 8 g Kaliumdichromat können zu tödlicher Vergiftung führen.

Beim Umgang mit chromsäurehaltigen Lösungen ist deshalb größte Vorsicht nötig und die Anlegung von Schutzbrille, Schutzhandschuhen und Schutzmaske notwendig. Jedes Spritzen und Verschütten ist sorgfältig zu vermeiden.

Erste Hilfe. Schnellmögliche Entfernung des Giftes durch Magenspülung, Milch und Schleimsuppe.

Verwendung. Im hohen Maße zur Verchromung eiserner Gegenstände, besonders von Fahrrad- und Kraftwagenteilen. Zur Herstellung von Chromnickellegierungen mit hoher Hitze- und Korrosionsbeständigkeit, mit Zusatz von Ferrochrom zu Stahl zur Herstellung von Chromstahl. Die Klangstärke von Trompeten und Glockenmetallen wird durch Chromzusatz erhöht.

Chromverbindungen. Chrom tritt in seinen Verbindungen meist 3- und 6wertig auf. Während seine niederen Oxyde Basen sind und mit Säuren Salze bilden, sind die höheren Oxyde Säureanhydride. Die Verbindungen des zweiwertigen Chroms, *Chromosalze,* sind sehr unbeständig und gehen leicht in Chrom(III)-verbindungen über. Dagegen sind die Verbindungen des dreiwertigen Chroms, *Chromisalze* (meist violett oder grün gefärbt), und die des sechswertigen Chroms, die Chromsäure und ihre Salze, *Chromate* (gelb bis rot gefärbt), beständig. In den *Perchromaten* ist das Chrom 6wertig, ihre Farbe blau.

Chromacetat. Chromium aceticum.

Essigsaures Chrom.

Chromacetat kommt *entwässert* (basisch violett, neutral grün) und *technisch flüssig* mit 20° bzw. 40° Bé in den Handel. Das basische violette Salz findet im Zeugdruck und in der Färberei, das neutrale grüne Salz als Beize für Wolle und für Khakifärbungen Verwendung.

Chromalaun. Alumen chromicum.

Kaliumchromalaun. Chromikaliumsulfat. $KCr(SO_4)_2 \cdot 12\,H_2O$. Mol.-Gew. 499,12.

Darstellung. Als Nebenprodukt in der organischen Technik bei der Oxydation mit Kaliumdichromat und Schwefelsäure oder durch Eintrocknen einer gemischten Lösung von 1 Mol Kaliumsulfat und 1 Mol violettem Chrom(III)-sulfat.

Eigenschaften. Große dunkelviolette Oktaeder oder hellviolettes Pulver, leicht löslich in Wasser mit violetter Farbe, die beim Erhitzen in Grün umschlägt.

Verwendung. In der Photographie als Härtemittel für Gelatineschichten (Härtezusatz zum Fixierbad), zum Unlöslichmachen von Leim und Gummi, als Beizmittel in der Färberei, zur Herstellung wasserdichter Stoffe, in der Kattundruckerei und Chromgerberei (Chromleder), zur Darstellung anderer Chromoxydsalze.

Chromchloride.

Von den Chromchloriden kommt das **Chrom(III)-chlorid, Chromichlorid, Chromium chloratum,** $CrCl_3$, wasserfrei durch Erhitzen von Chrom im Chlorstrom erhalten in rotvioletten, leicht zerreiblichen, glänzenden Blättchen in den Handel. Unlöslich in Wasser und Weingeist, l.lösl. auf Zusatz von etwas Chrom(III)-chlorid.

Basisches Chromchlorid, Chromium oxychloratum, erhält man durch Lösen von Chromoxydhydrat in neutraler Chromchloridlösung.

Beide Salze finden Verwendung als Beize in der Färberei für Baumwolle, Chrombeize für Seide und im Zeugdruck.

Chromeisenstein. Chromeisenerz.

Chromit. $FeCr_2O_4$.

Chromeisenstein kommt natürlich als wichtigstes Chromerz braunschwarz bis schwarz, undurchsichtig, mit fetthaltigem Metallglanz und braunem Strich vor.

Verwendung. Zur Herstellung hochfeuerfester Materialien (Ofenauskleidung), zum Färben von Glasuren, Email und Glas.

Chrom(III)-oxyd. Chromium oxydatum anhydricum.

Chromsesquioxyd. Cr_2O_3. Mol.-Gew. 152,02.

Darstellung. Durch Glühen von Alkalidichromaten mit Kohle oder Schwefel:

$$K_2Cr_2O_7 \;+\; 2\,C \;\rightarrow\; Cr_2O_3 \;+\; K_2CO_3 \;+\; CO$$

Kaliumdichromat   Kohle   Chrom(III)-oxyd   Kaliumcarbonat   Kohlenoxyd

Das entstandene Kaliumcarbonat wird in Wasser gelöst.

Eigenschaften. Lebhaft grün, gefärbtes, lichtbeständiges, amorphes Pulver, unlöslich in Wasser, Säuren und Alkalien.

Verwendung. In der Glas- und Porzellanmalerei, zur Herstellung von Künstlerölfarben (Chromneugrün, Chromblaugrün, Grünblauoxyd usw.), im Zeugdruck,

Banknotendruck, als Schleifmittel zum Polieren von Stahl, zum Überziehen von Schleifriemen für Rasiermesser und zum Grünfärben von Glas. Die gewöhnliche Malerfarbe *Chromgrün* ist dagegen eine Mischung von Bleichromat mit Berliner Blau.

☠ 2. Chrom(VI)-oxyd. Chromsäure. Acidum chromicum, DAB. 6.

Chromtrioxyd. CrO_3 · Mol.-Gew. 100,01.

Die als Chromsäure bezeichnete Chemikalie ist keine Säure, sondern das Anhydrid der unbeständigen Chromsäure, H_2CrO_4, deren Salze die *Chromate* sind.

Darstellung. Durch Versetzen einer gesättigten Kaliumdichromatlösung mit konzentrierter Schwefelsäure im Überschuß:

$$K_2Cr_2O_7 \;+\; 2\,H_2SO_4 \;\rightarrow\; 2\,CrO_3 \;+\; 2\,KHSO_4 \;+\; H_2O$$
Kaliumdichromat — Schwefelsäure — Chrom(VI)-oxyd — Kaliumhydrogensulfat — Wasser

Nach dem Erkalten der Lösung kristallisiert Chrom(VI)-oxyd in braunroten Nadeln aus.

Eigenschaften. Braunrote, stahlglänzende, hygroskopische, in Wasser l. lösl. Kristalle, die an feuchter Luft zu einer stark sauren Flüssigkeit zerfließen und sich bei $+250°$ unter Abspaltung von Sauerstoff und grünem Chrom(III)-oxyd zersetzen:

$$2\,CrO_3 \;\rightarrow\; Cr_2O_3 \;+\; 3\,O$$
Chrom(VI)-oxyd — Chrom(III)oxyd — Sauerstoff

Schmp. 198°. Chrom(VI)-oxyd ist ein starkes Oxydationsmittel und greift organische Stoffe an. Seine Lösungen müssen deshalb durch Glaswolle filtriert werden. Beim Erhitzen mit konz. Schwefelsäure erhält man reinen Sauerstoff:

$$2\,CrO_3 \;+\; 3\,H_2SO_4 \;\rightarrow\; Cr_2(SO_4)_3 \;+\; 3\,H_2O \;+\; 3\,O$$
Chrom(VI)-oxyd — Schwefelsäure — Chrom(III)-sulfat — Wasser — Sauerstoff

Die Lösung von Chrom(VI)-oxyd in Schwefelsäure, *Chromschwefelsäure* (Herstellungsvorschrift s. Bd. III), wirkt sehr stark oxydierend, so daß organische Stoffe in Kohlendioxyd und Wasser zerlegt werden. Aus diesem Grund findet Chromschwefelsäure als Reinigungsmittel von mit organischen Stoffen verunreinigten Glasgeräten Verwendung.

Prüfung des DAB. 6. Die wäßrige Lösung (1 + 9) ist gelbrot und entwickelt beim Erwärmen mit Salzsäure Chlor:

$$2\,CrO_3 \;+\; 12\,HCl \;\rightarrow\; 2\,CrCl_3 \;+\; 3\,Cl_2 \;+\; 6\,H_2O$$
Chrom(VI)-oxyd — Salzsäure — Chrom(III)-chlorid — Chlor — Wasser

DAB. 6 läßt ferner prüfen auf: *Schwefelsäure.* Die Lösung von 0,1 g in 10 ccm Wasser darf nach Zusatz von 1 ccm Salzsäure durch Bariumnitrat nicht sofort verändert werden. *Alkalisalze.* Beim Glühen von 1 g Ch. und Ausziehen des entstandenen Chromoxyds mit 10 ccm Wasser darf der nach dem Verdampfen des Filtrats verbleibende Rückstand höchstens 0,01 g betragen.

Aufbewahrung. *Vorsichtig!* In bestverschlossenen Glasstopfengläsern vor Feuchtigkeit geschützt. Korkstopfengefäße sind zu vermeiden, da Chromsäure durch organische Substanz reduziert wird. Die Gefäße sind nach der Entnahme jeweils am Hals und Stopfen sorgfältig mit Filtrierpapier zu reinigen, um das Festkitten der Stopfen zu vermeiden.

Verwendung. *Med. äußerl.* zur Schleimhautpinselung (1%) und Pinselungen bei Fußschweiß (5%), dabei besteht jedoch Vergiftungsgefahr durch Resorption schon bei kleinsten Hautverletzungen, als Ätzmittel (8%). *Vet.* gegen Mauke, Strahlkrebs. *Technisch* zum Konservieren und Härten anatomischer Präparate, in der Photographie, der Färberei und Gerberei, zu elektrischen Batterien, als Ätzmittel für Kupfer, zur Erkennung echter Versilberung, als Oxydationsmittel in der chemischen Technik, zum Unlöslichmachen von Leim und Gelatine, zum Färben und Beizen von Holz und Geweben, zur Herstellung der Dichromate, in der Galvanotechnik zum Verchromen, zur Färbung künstlicher Edelsteine → Chrom: Toxikologie.

Erkennung der Chromverbindungen.

Von den zahlreichen Wertigkeitsstufen, in denen das Chrom auftritt, interessieren zur Erkennung die Verbindungen des 3wertigen und 6wertigen Chroms.

Chrom(III)-salze, Chromisalze, sind dunkelviolett oder grün, ihre Lösungen graublau oder grün.

Chrom(VI)-salze, Chromate und *Dichromate,* auch *Bichromate* oder *Pyrochromate* genannt.

Chromate sind gelb, ihre Lösungen gelb gefärbt.

Dichromate sind gelbrot, ebenso ihre Lösungen.

Reaktionen auf trockenem Wege. 1. *Soda-Salpeterschmelze.* Chromverbindungen liefern eine kennzeichnende gelbe Schmelze von Natriumchromat. Durch die oxydierende Wirkung der Schmelze werden niederwertige Chromverbindungen zur 6wertigen Stufe des Natriumchromats oxydiert:

$$Cr_2O_3 + 2\,Na_2CO_3 + 3\,KNO_3 \rightarrow 2\,Na_2CrO_4 + 3\,KNO_2 + 2\,CO_2$$

Die Reaktion wird bei Gegenwart von Mangan verdeckt. In diesem Falle oder bei schwacher Färbung der Schmelze löst man diese im Reagensglas mit wenig Wasser, säuert mit verd. Essigsäure an und gibt Bleiacetatlösung zu, wobei Bleichromat (Chromgelb) als schwerer gelber Niederschlag ausfällt:

$$Na_2CrO_4 + (CH_3COO)_2Pb \rightarrow 2\,CH_3COONa + PbCrO_4 \downarrow$$

2. *Perlenprobe.* Chromverbindungen färben die oxydierend erzeugte Phosphorsalzperle heiß rötlich, kalt schmutziggrün, schließlich reingrün.

Reaktionen der Chrom(III)-verbindungen auf nassem Wege. — 1. Auf Zusatz von verd. Ammoniak entsteht ein Niederschlag von stark wasserhaltigem, graugrünem Chromihydroxyd:

$$Cr_2(SO_4)_3 + 6\,NH_4OH \rightarrow 3\,(NH_4)_2SO_4 + 2\,Cr(OH)_3 \downarrow$$

2. Alkalilaugen fällen zunächst auch Chrom(III)-hydroxyd, das sich jedoch durch Zusatz von mehr Alkalilauge unter Bildung von Natriumchromit, Na_3CrO_3, mit grüner Farbe löst:

$$Cr(OH)_3 + 3\,Na(OH) \rightarrow Na_3CrO_3 + 3\,H_2O$$

Reaktionen der Chromsäureverbindungen. — 1. Silbernitrat fällt aus Chromatlösungen rotbraunes Silberchromat, lösl. in Ammoniak und Salpetersäure:

$$K_2CrO_4 + 2\,AgNO_3 \rightarrow Ag_2CrO_4 \downarrow + 2\,KNO_3.$$

2. Bleiacetat oder -nitrat fällen gelbes Bleichromat, das in Essigsäure unlösl. in Salpetersäure und Alkalilaugen lösl. ist:

$$K_2CrO_4 + Pb(NO_3)_2 \rightarrow PbCrO_4 \downarrow + 2\,KNO_3$$

3. Lösl. Bariumsalze (Nitrat und Chlorid) geben mit Chromaten und Dichromater gelbes, unlösl. Bariumchromat:

$$K_2CrO_4 + BaCl_2 \rightarrow BaCrO_4 + 2\,KCl$$

4. Chromsäure und chromsaure Salze färben nach dem Versetzen mit verd Schwefelsäure auf Zusatz einiger Tropfen Wasserstoffperoxydlösung und 1 bis 2 ccm Äther beim Ausschütteln den letzten allmählich tiefblau durch Auflösung von Chrom peroxyd, CrO_5, eines in Äther lösl. Spaltstückes der zunächst entstandenen wasserlösl Peroxy-dichromsäure. Da diese sehr unbeständig ist, wird hierbei die wäßrig Schicht durch zurückgebildetes Chrom(III)-salz grün gefärbt.

Chromgelatine. Chromleim.

Chromgelatine ist ein Gelatineleim, dem unmittelbar vor Gebrauch unter Licht-abschluß Kaliumdichromatlösung zugefügt wird. Durch Lichteinwirkung wird die Gelatine gegerbt, dadurch in Wasser unquellbar und unlösl. Der Leim findet zum „Gelatine-Druck", zum Kitten und Kleben von Pergamentpapier u. a. Verwendung und muß jeweils frisch hergestellt werden (s. Bd. III).

Chromgerbung.

Die Chromgerbung hat gegenüber der Gerbung mit den üblichen organischen Gerbstoffen den Vorteil, daß sie viel rascher verläuft (6 Std. bis 2 Tage). Sie findet hauptsächlich Verwendung zum Gerben von Schuhoberleder (Felle von Kälbern, Rindern, Schafen und Ziegen). Als Gerbmittel findet Chromalaun Verwendung, der mit den Eiweißstoffen der Haut eine chemische Verbindung eingeht. Chromleder ist geschmeidig, fest und sehr haltbar, auch gegen kaltes und heißes Wasser beständig. Sein Vorteil beruht auch in günstigen Färbeverhältnissen mit Anilinfarbstoffen.

Chrysarobin. Chrysarobinum, DAB. 6, Stoff B.

In Höhlungen und Spalten der Stämme von **Andira araroba** *Aguiar, Papilio-naceae*, eines in Brasilien heimischen Baumes, finden sich Ausscheidungen, sog. *Goapulver*, das durch Aufkochen mit Benzol behandelt und filtriert wird. Beim Er-kalten scheidet sich Chrysarobin kristallin ab. Es ist ein gelbes, leichtes, kristallines Pulver, bis auf einen geringen Rückstand lösl. in etwa 300 T. siedendem Alkohol und in 45 T. Chloroform von 40°. Ch.-Staub reizt die Augenschleimhäute und ruft Ent-zündungen hervor (Staubmaske). Nach KARRER ist Ch. ein Methyldioxyanthranol, Schmp. 203° bis 204°. *Geruch- und geschmacklos.*

Verwendung. *Innerl.* wirkt es bereits in sehr geringen Dosen *stark giftig; äußerl.* in Salben, Kollodium oder Chloroformlösung bei hartnäckigen Hautkrankheiten. Durch Sauerstoffaufnahme bildet sich Chrysophansäure, die durch den Harn aus-geschieden wird, der sich nach Zusatz von Alkalien rot färbt. Wegen möglicher Nebenwirkungen (Nierenreizung!) darf Ch. nur unter ärztlicher Kontrolle Verwen-dung finden.

Prüfung nach DAB. 6. 0,2 g Ch. müssen sich sowohl in 60 g siedendem Weingeist als auch in etwa 9 g Chloroform von 40° bis auf einen geringen Rückstand lösen. Beim Auf-streuen von Ch. auf Schwefelsäure muß eine rötlichgelbe Färbung auftreten. Beim Er-hitzen von Ch. auf dem Platinblech müssen gelbe Dämpfe entstehen unter gleichzeitiger geringer Verkohlung. Das Filtrat einer Lösung, die beim Kochen von 0,1 g Ch. in 20 ccm Wasser entsteht, darf beim Eintauchen von Lackmuspapier letztes nicht verändern und muß auch nach Zusatz von Eisenchloridlösung seine Farbe unverändert behalten. Beim Schütteln von 0,1 g Ch. mit Ammoniakflüssigkeit muß im Laufe eines Tages eine karmin-rote Färbung eintreten. Beim Bestreuen von 1 Tr. rauchender Salpetersäure mit etwa 0,001 g Ch., Ausbreiten der roten Lösung in einer dünnen Schicht und Betupfen derselben mit Ammoniakflüssigkeit muß eine violette Färbung auftreten.
Beim Verbrennen von 0,1 g Ch. darf höchstens 0,003 g Rückstand verbleiben.

Citral.

$$\text{CH}_3-\overset{\displaystyle \text{H}-\text{C}-\text{CHO}}{\underset{\|}{\text{C}}}-\text{CH}_2-\text{CH}_2-\text{CH}=\text{C(CH}_3)_2.$$

Lemonal, Citronal, Citralon. Ein in vielen ätherischen Ölen, besonders im Citronenöl (4 bis 5%) und Lemongrasöl (70 bis 80%) vorkommender ungesättigter Aldehyd.

Eigenschaften. Dünnes, schwach gelbliches Öl, D. (15°) 0,892 bis 0,896; Sdp. 228° bis 229°. Unverd. mit durchdringendem Citronen*geruch* und scharf brennendem *Geschmack* nach Citrone. Lösl. in 7 T. und mehr Weingeist (60 Vol.-%).

Darstellung. Aus Lemongrasöl durch Schütteln mit Natriumbisulfitlösung. Die dabei entstehende Verbindung wird durch Erhitzen mit Alkalicarbonatlösung zerlegt. Künstlich durch Oxydation von Geraniol.

Aufbewahrung. Vor Licht und Wärme geschützt.

Verwendung. In der Parfümerie zu billigen Kölnisch Wässern, als Ausgangsmaterial zu künstl. Veilchenriechstoffen.

Citronellal.

Citronellaldehyd $CH_2 = C(CH_3) - (CH_2)_3 - CH(CH_3)CH_2CHO$.

Der kennzeichnende Bestandteil des Citronellöls, auch Bestandteil von Citronen- und Eucalyptusöl, von angenehm citronen- und melissenartigem *Geruch*. Farblose Flüssigkeit. D. (15°) 0,855 bis 0,860; optische Drehung $+10°$ bis $+11°$; Sdp. 205° bis 208°.

Verwendung. In der Parfümerie auch für Seifen.

Citronellgras.

Citronellgras. Cymbopogon winterianus *Jowitt.*

Gramineae.

Auf Ceylon, Malakka, Java, in Westindien kultiviertes Gras.

Citronellöl. Zitronellöl. Oleum Citronellae, DAB. 6.

Oleum Melissae indicum.

Das durch Wasserdampfdestillation aus getrockneten Gräsern gewonnene ätherische Öl.

Eigenschaften. Gelblich bis gelbbraun, mitunter durch Spuren von Kupfer grün gefärbt. *Geruch* angenehm, ähnlich Citronen- oder Melissenöl, etwas süßlich, *Geschmack* aromatisch, brennend. D. (20°) 0,880 bis 0,896; $\alpha_D^{20°}$ $-3,5$ bis $+1,7$; $n_D^{20°}$ 1,479 bis 1,494. In 1 bis 2 Vol.-T. Weingeist (80%) lösl.

Inhaltsstoffe. 25 bis 50% Citronellal, 25 bis 45% Geraniol, Citronellol, Citral, Eugenol, Methyleugenol u. a.

Handelssorten. Citronellöl Ceylon
       „   Java
       „   DAB. 6

Verwendung. *Äußerl.* zu Einreibungen gegen Rheumatismus (1%); als Riechstoff zu Seifen, meist in Verbindung mit anderen Ölen, zur Herstellung von Likören.

Verf. Citronenölterpene, Weingeist, fettes Öl, Petroleum.

Prüfung des DAB. 6. Neben der Gehaltsbestimmung, die einen Mindestgehalt von 80% Gesamtgeraniol ergeben muß (s. DAB. 6), ist zu prüfen auf:
Reinheit durch eine klare Lösung beim Mischen von 1 ccm C. mit 2 ccm einer Mischung aus 1 T. absolutem Alkohol und 1 T. Wasser. Das Gemenge darf sich bei weiterem Zusatz des Wasser-Alkohol-Gemisches höchstens opalisierend trüben.
Kupfer. Beim kräftigen Schütteln von 5 ccm C. mit 5 ccm Wasser und 1 Tr. verd. Salzsäure und Versetzen der Flüssigkeit mit 3 Tr. Natriumsulfidlösung darf keine dunkle Färbung eintreten.

Citronellol.

$C_{10}H_{20}O$. Flüssigkeit und sehr wichtiger Bestandteil von Rosen- und Geraniumöl. D (15°) 0,858 bis 0,869. Optische Drehung (20°) zwischen $+4°$ und $-4°$. Sdp. 225° bis 226°. *Geruch* rosenartig, wertvoller Rosenkörper für feine Kompositionen.

Verwendung. Zu Rosenriechstoffen und Rosenseifen.

Citronellylacetat.

Flüssigkeit mit fruchtigem, an Rosenblätter erinnernden Geruch. Zu Rosen-kompositionen mit fruchtig-grüner Note (2 bis 3%). Als Zusatz zu Lavendel, Jasmin, Maiglöckchen.

Citronellylbutyrat und Citronellylformiat sind ebenfalls Flüssigkeiten mit fruchtig-rosigem Geruch, die letzte mehr narkotisch.

Citronen-Arten.

Die im Nordosten Indiens und im südlichen China heimischen Citrusarten, *Rutaceae: Citrus aurantium L.* subspecies *amara Engler, Pomeranze, Orange* liefert: Folia Aurantii, Oleum Aurantii Floris, Fructus Aurantii immaturi, Pericarpium Aurantii (Cortex Aurantii Fructus), Oleum Aurantii corticis;

Citrus aurantium L. subspecies *dulcis* L. liefert: Cortex Aurantii Fructus dulcis, Oleum Aurantii dulcis;

Citrus bergamium Risso liefert: Oleum Bergamottae,

Citrus medica L. subspecies *limonum Risso* liefert:
Fructus Citri, Pericarpium Citri, Cortex Citri Fructus, Oleum Citri, Succus Citri;

Citrus medica L. subspecies *cedra* liefert: Citronat;

Citrus madurensis Loureiro liefert: Oleum Mandarinae.

Citrus hystrix De Candolle liefert: Pampelmuse.

Apfelsinen.

Apfelsine. Citrus aurantium *L.* subspecies **dulcis** *L.* (Sinensis Engl.)

Süße Orange.

Rutaceae.

In den Mittelmeerländern, besonders Italien und Spanien beheimateter Baum, in Nordafrika, Westindien, Florida und anderen subtropischen Ländern kultiviert.

Apfelsinenschalen. Cortex Aurantii Fructus dulcis.

Pericarpium Aurantii.

Elliptisch in Vierteln abgezogene, gelbrote Fruchtschalen der Apfelsine. Die Droge ist im Gegensatz zu Pericarpium Aurantii mehr orangerot und dünner mit häufigen spärlichen Vertiefungen, weniger aromatischem *Geruch* und wesentlich schwächerem *Geschmack*. Ihre Unterscheidung von der offizinellen Pomeranzen-schale ist durch den geringeren Bitterstoffgehalt möglich.

Inhaltsstoffe. Ätherisches Öl, Fruchtsäuren.

Handelssorten. Apfelsinenschalen expulpata ⎫
Apfelsinenschalen cum pulpa ⎭ in Vierteln oder Bändern.

Verwendung. Die frischen Schalen zur Bereitung von Tinctura Aurantii dulcis (Helvet.) und zur Gewinnung des ätherischen Öles, die Droge als Tonicum und Geschmackskorrigens.

Apfelsinenschalenöl. Oleum Aurantii dulcis.

Das aus Fruchtschalen der Apfelsine durch Pressen (Sizilien und Calabrien) oder durch Extraktion mit einem künstlichen Lösungsmittel (Californien), letztes als *Oleoresin* im Handel, gewonnene ätherische Öl.

Eigenschaften. Gelb bis braungelb, nach Apfelsinen riechendes, mild-würzig, nicht bitter, schmeckendes ätherisches Öl. D. (15°) 0,848 bis 0,835; $\alpha_D^{20°} = +95°$ 30′ bis $+98°$; Sdp. bei 175°; in Weingeist 90 Vol.% meist nicht klar lösl.

Inhaltsstoffe. Etwa 90% d-Limonen, n-Decylaldehyd, d-Linalool, n-Nonylalkohol, d-Terpineol, Caprylsäure- und Anthranylsäureester.

Verwendung. Zur Herstellung von Likören; in der Parfümerie.

Bergamottpomeranze. Citrus bergamium *Risso*

Rutaceae.

Die frischen Fruchtschalen des in Calabrien kultivierten Bergamottbaumes liefern Bergamottöl.

Bergamottöl. Oleum Bergamottae, Erg.-B. 6.

Aus den frischen Fruchtschalen durch Auspressen, neuerdings auch durch Destillation gewonnen. Grüngelbes bis grünes, mitunter auch honigfarbenes ätherisches Öl. D. (20°) 0,876 bis 0,881; $n_D^{20°}$ 1,464 bis 1,468; $\alpha_D^{20°} = +5°$ bis $+24°$; *Geruch* angenehm, *Geschmack* bitterlich-würzig.

Inhaltsstoffe. 35 bis 40% (auch mehr) *Linalylacetat* (Mindestestergehalt auf letztes berechnet nach Erg.-B. 6 34%), Linalool, Nerol, Terpineol, Dihydrocuminalkohol, Bergamottin, Bergapten, das geruchlos ist und sich beim Klären des Öles als gelber Bodensatz absetzt.

Handelssorten. Bergamottöl, echt extrafein „Reggio"
                Bergamottöl, rekt. wasserhell
                Bergamottöl, extra, terpenfrei

Verwendung. In der Parfümerie vornehmlich zu Kölnisch Wasser, als Bestandteil von Phantasieparfüm-Kompositionen; zur Likörherstellung. Seine Verwendung zu Hautpflegepräparaten ist nicht ratsam, da allergische Personen durch seine Einwirkung an „Berloque-Dermatitis" (streifenförmige Braunfärbung der Haut) erkranken können.

Aufbewahrung. Vor Licht geschützt.

Prüfung nach Erg.-B. 6. 1 ccm B. muß sich in 1 ccm Alkohol (90%) klar lösen. Die Lösung darf nach weiterem Zusatz von Alkohol höchstens opalisierend getrübt werden. Auf *fettes Öl* wird durch Verdunsten von 2 g des Öles auf dem Wasserbad geprüft, bis ein geruchfreier Rückstand hinterbleibt. Dieser soll mindestens 0,08 und höchstens 0,12 g wiegen.

Gehaltsbestimmung. Mindestens 34% Ester berechnet auf Linalyacetat: 2 g B. werden in einem Kölbchen aus Jenaer Glas genau gewogen und mit 20 ccm weingeistiger $^1/_2$-n-Kalilauge am Rückflußkühler eine Stunde lang unter bisweiligem Umschwencken auf dem Wasserbad erhitzt. Nach dem Erkalten und Zusatz von 1 ccm Phenolphthaleinlösung wird mit 1/2-n-Salzsäure bis zum Verschwinden der Rotfärbung titriert. Hierbei müssen mindestens 6,9 ccm weingeistige $^1/_2$-n-Kalilauge verwendet werden, so daß zum Rücktitrieren höchstens 13,1 ccm $^1/_2$-n-Salzsäure erforderlich sind (1 ccm $^1/_2$-n-Kalilauge = 0,0981 g Linalylacetat).

Cedra-Citrone. Citrus medica subspecies Cedra.

Besonders in der Gegend von Genua angebaut, liefert das *Citronat, Cedrat, Succade, Confectio Citri.* Zur Herstellung werden die noch grünen bis 1,5 kg schweren Früchte halbiert und nach Entfernen des Fruchtfleisches in Kochsalzlösung (3%) weichgekocht. Nach 5- bis 6tägigem Auswässern wird mit Zucker verkocht und dann mehrere Wochen gelagert, bis der Zucker die Schale völlig durchzogen hat. Nach 2 monatigem Lagern ist die Kandierung erfolgt und die Ware verkaufsfähig. Mit dem Messer leicht schneidbare, fast durchscheinende Stücke von angenehmem süßgewürzigem Geschmack.

Verwendung. Als Gewürz zu Backwaren und Süßwaren.

Citrone. Citrus medica subspecies Limonum *Risso.*

In allen wärmeren Ländern Südeuropas (Italien, Spanien, Portugal, Frankreich) und in Südcalifornien angebauter Baum mit ledrigen, geflügelten Blättern, weißen, wohlriechenden Blüten und großen, eirunden, oben zitzenförmig ausgezogenen Früchten, Hauptblütezeit April/Mai. Sommercitronen, die April bis September geerntet werden, finden hauptsächlich zur Herstellung des ätherischen Öls und von Calciumcitrat Verwendung.

Citronen. Fructus Citri.

Die frischen, reifen Früchte, bevorzugt die mit 100-g-Gewicht und darüber. Der Saft der Citrone enthält etwa 7% Citronensäure, wenig Zucker. Citronen lassen sich einige Zeit frisch halten, wenn die Anheftungsstelle des Stieles mit geschmolzenem Paraffin überzogen und die Früchte in einem kühlen Raum derart in Kochsalz eingebettet werden, daß sie sich nicht berühren.

Citronensaft. Succus Citri, Erg.-B. 6.

Der aus Citronen ausgepreßte Saft, klare gelbliche (nicht bräunliche) Flüssigkeit von stark saurem *Geschmack* und schwachem *Citronengeruch*; der im Mittel 7 bis 7,5% Citronensäure, etwas Äpfelsäure, Zucker, Invertzucker, Pektin und Schleimstoff enthält. Nach Erg.-B. 6 müssen 10 g Citronensaft bis zum Farbumschlag (Phenolphthalein als Indikator) 7,8 bis 11 ccm n-Kalilauge verbrauchen.

Verwendung. Zur Herstellung von Sirup. Citri Erg.-B. 6 (s. Bd. III) und von Limonaden. C. kann, auch in verdünnter Form, bei täglicher Anwendung den Zahnschmelz schädigen.

Citronenschale. Pericarpium Citri, DAB. 6.

Cortex Citri Fructus.

Die getrocknete, in Spiralbändern abgeschälte äußere Schicht der Fruchtwand von ausgewachsenen, jedoch nicht völlig reifen Früchten von Citrus medica. Außenseite bräunlich-gelb, durch viele eingesunkene Sekretkbehälter grubig punktiert, Innenseite weißlich mit kräftig eigenartigem *Geruch* und schwach bitterem, würzigem *Geschmack*.

Inhaltsstoffe. Ätherisches Öl mit 90% Terpenen, besonders d-Limonen, Sesquiterpene, Aldehyde mit Hauptgeruchsträger Citral, Citronellal u. a., Hesperidin und andere Bitterstoffe, Schleim.

Verwendung. Als appetitanregendes Mittel (E. 1,0 g) als Geruchs- und Geschmackskorrigens.

Citronenöl. Oleum Citri, DAB. 6.

Aus frischen Schalen der zum Versand ungeigneten Früchte von Citrius medica gepreßtes ätherisches Öl (1000 Citronen ergeben etwa 300 bis 650 g Citronenöl), optisch aktiv, $\alpha \, _D^{20°} = +55°$ bis $+65°$. *Geruch* sehr angenehm, rein nach Citrone, *Geschmack* mild-würzig, nachher etwas bitter. D. (20°) 0,852 bis 0,856.

Inhaltsstoffe. Hauptsächlich d-Limonen, ferner Pinen, Camphen, Phellandren, Methylheptenon, Terpinen, Octyl- und Nonylaldehyd, Citronellal, Terpineol, Citral (der wichtigste Geruchsträger), Linalylacetat, Geranylacetat u. a.

Verwendung. Als Geschmackskorrigens E. 0,1 (5 Tr.); zu Likören, Limonaden; in der Bäckerei als Gewürzöl, in der Parfümerie zu Kölnisch Wasser, Cremes, Parfümen, Haarwässern, Mundwässern usw.; in der Mikroskopie zur Aufhellung.

Aufbewahrung. Da Citronenöl leicht verharzt, vor Licht geschützt in gut verschlossenen vollen Flaschen.

Verw. u. Verf. Terpentinöl, Cedernholzöl, Stearinöl, Mineralöle, Weingeist, fette Öle, Phthalsäurediäthylester, Citronenölterpene, Pomeranzenölterpene.

Prüfung des DAB. 6. *Fettes Öl, Paraffin.* 1 ccm C. muß beim Vermischen mit 12 ccm Alkohol (90%) sich klar oder bis auf wenige Flocken lösen.

Weingeist. 1 ccm C. wird in einem völlig trockenen Reagensglas, das mit einem Wattebausch locker verschlossen ist, der einen kleinen Fuchsin-Kristall umschließt, bei kleiner Flamme zum Sieden erhitzt. Bei Anwesenheit von Weingeist wird die Watte rot gefärbt.

Blei, Kupfer. 5 ccm C. werden mit 5 ccm Wasser und 1 Tr. verd. Salzsäure kräftig geschüttelt und nach dem Absetzen 3 Tr. Natriumsulfidlösung zugegeben. Dunkelfärbung der wäßrigen Lösung darf nicht eintreten.

Mandarine.

Mandarine. Citrus madurensis *Loureiro.*

Liefert die unter dem Namen Mandarinen bekannten Früchte.

Mandarinenöl. Oleum Mandarinae.

Das Öl wird durch Auspressen der Schalen der Mandarinen gewonnen. 100 Früchte liefern etwa 40 g Öl. Goldgelbes Öl von sehr angenehmem *Geruch*. D. (15°) 0,854 bis 0,859.

Inhaltsstoffe. Hauptsächlich d-Limonen, Aldehyde, Methylanthranilsäuremethylester, der den Geruch bedingt.

Verwendung. In der Parfümerie zu Kölnisch Wasser, Portugal-Haarwasser und Phantasie-Kompositionen; in der Likör- und Zuckerwaren-Industrie viel verwendet.

Pomeranzen.

Pomeranze. Orange. Citrus aurantium *L.* subspecies **amara** *Engler. Rutaceae.*

Im Nordosten Indiens und im südlichen Asien, auf den malaiischen Inseln beheimateter, etwa 6 bis 10 m hoher Baum mit weißen, zu kleinen Blütenständen vereinigten Blüten, der heute in zahlreichen Kulturformen in allen wärmeren Ländern, z. B.

Abb. 53. Pomeranze. Citrus aurantium, subspec. amara.

im Mittelmeergebiet, Californien und Südaustralien gezogen wird. Frucht eine Beere (s. Abb. 54, E). Das Fruchtfleisch wird von saftigen Emergenzen gebildet, die von der Innenseite der Fruchtwand in die Fächer hineinwachsen.

Pomeranzenblätter. Orangenblätter. Folia Aurantii, Erg.-B. 6.

Die getrockneten Laubblätter; länglich-eiförmige 10 bis 15 cm lange und bis
7 cm breite Laubblätter, ganzrandig oder schwach und entfernt gekerbt, zähledrig,
mit faserigem Bruch, Blattfläche dicht drüsig punktiert, besonders in der Durchsicht
wahrnehmbar. Oberseite graugrün, die hellgrüne Unterseite zeigt kräftigen Mittelnerv, Seitennerven am Rande bogenartig verbunden. Stiel 4 bis 8 mm breit und
breit geflügelt. *Geruch* aromatisch, *Geschmack* aromatisch-bitter (Abb. 54, A).

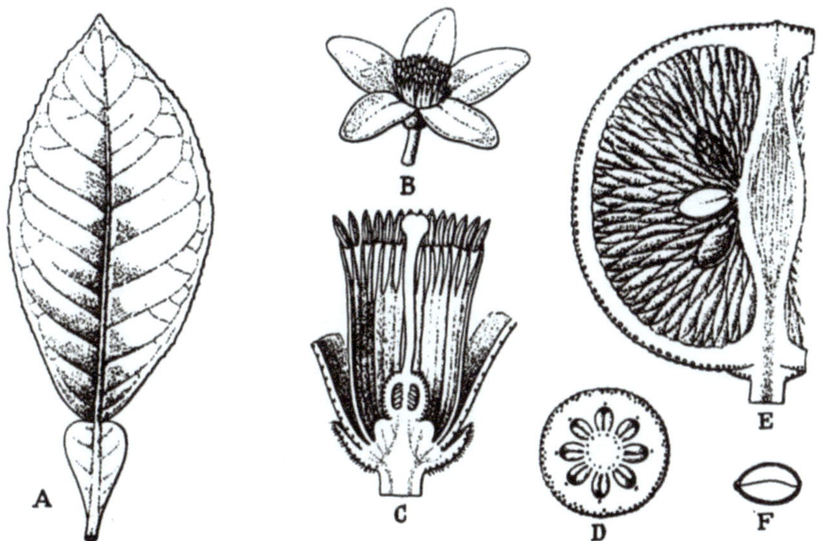

Abb. 54. Pomeranze. Citrus aurantium, subspec amara. A Blatt mit geflügeltem Blattstiel; — B Blüte; —
C dieselbe im Längsschnitt, die Blumenblätter größtenteils abgeschnitten; — D Fruchtknoten im Querschnitt; —
E linke Hälfte einer längs durchschnittenen Frucht; — F Same im Querschnitt.

Inhaltsstoffe. 0,3% *ätherisches Öl*, das sich hauptsächlich aus Linalool, Geraniol
u. a. zusammensetzt, Bitterstoffe.

Verwendung. *Innerl.* 1 Teelöffel auf 1 Tasse Aufguß als magenstärkendes,
appetit- und verdauungsförderndes Mittel, bei Krämpfen von Magen und Darm,
Koliken, als Geschmackskorrigens in Teemischungen und zu Nerventees.

Aufbewahrung. Vor Licht geschützt.

Verw. u. Verf. Blätter der Citrone, Citrus medica, mit sehr schmalen oder fehlenden Blattstielflügeln.

Pomeranzenblüten, Flores Aurantii, Erg.-B. 6.

Flores Naphae. Neroliblüten. Orangenblüten. Bigaradeblüten.

Getrocknete, noch geschlossene Blütenknospen. 1 bis 1,5 cm lang, gestielt, mit
undeutlich 5 zähnigem spärlich behaartem Kelch und 5 bis 1,2 cm langen zusammengeneigten, kahlen und dünnen, durchscheinend drüsig punktierten Blumenblättern,
welche die zu Bündeln verwachsenen zahlreichen Staubblätter und den vierfächrigen
Fruchtknoten umschließen. Fruchtknoten braunschwarz mit dickem Griffel und
keulenförmiger Narbe. *Geruch* angenehm an Honig erinnernd, *Geschmack* schwach
bitter, würzig (Abb. 54, B, C).

Inhaltsstoffe. Etwa 1% *ätherisches Öl* (Erg.-B. 6 verlangt 0,2%).

Verwendung. *Innerl.* 1 g auf eine Tasse Aufguß als magenstärkendes und nervenberuhigendes Mittel, als Geschmackskorrigens in Teemischungen.

Aufbewahrung. Vor Licht geschützt.

Pomeranzenblütenöl. Oleum Aurantii Floris, Erg.-B. 6. Oleum Neroli.

Das durch Wasserdampfdestillation aus frischen Blüten von Citrus aurantium subspecies amara gewonnene ätherische Öl, gelblich bis bräunliche schwach fluoreszierende, optisch aktive ($n_D^{20°}$ 1,465 bis 1,475) Flüssigkeit. D. (20°) 0,865 bis 0,876. *Geruch* angenehm lieblich, *Geschmack* erst süßlich, dann bitter.

Inhaltsstoffe. Geraniol, Geranylacetat, Nerol, Nerolidol, Terpineol, Jasmon (Keton), Anthranilsäuremethylester, Phenyläthylalkohol u. a.

Verwendung. *Innerl.* 0,1 g als nervenberuhigendes Mittel; in der Parfümerie besonders wichtig, zu Kölnisch Wasser, Phantasie- und Blumengerüchen; zur Herstellung von Pomeranzenblütenwasser, Erg.-B. 6; zu Likören. Wegen des hohen Preises wird hierbei häufig künstliches Neroliöl verwendet.

Aufbewahrung. Vor Licht geschützt in möglichst vollen Flaschen.

Prüfung. Verfälschung mit Bergamottöl und Petitgrainöl erhöhen die Dichte. V.Z. 20 bis 69, höhere V.Z. als 70 sind verdächtig.

Pomeranzen, unreife. Fructus Aurantii immaturi, DAB. 6.

Grüne Orangen. Orangetten.

Getrocknete, unreife Früchte mit 0,5 bis 1,5 Durchmesser, fast kugelig, sehr hart, Farbe dunkelgrau-grün bis bräunlich-grau, matt; Oberfläche meist deutlich vertieft punktiert. *Geruch* stark würzig, *Geschmack* würzig und bitter (Abb. 55).

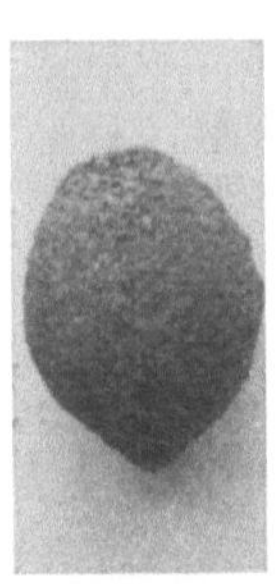

Lupenansicht. Auf dem Querschnitt dicht unter der Oberfläche zahlreiche deutlich erkennbare, annähernd kugelige Sekretbehälter, in der Mitte 8 bis 10, seltener 12 Fruchtknotenfächer um eine Mittelsäule gelagert, die vielfach je mehrere zentralwinkelständige, unreife Samen enthalten. Samen dicht von keulenförmigen Zotten umgeben, die an der äußeren Wand der Fruchtknotenfächer entspringen.

Inhaltsstoffe. Etwa 0,7% *ätherisches Öl*, Bitterstoffe: *Aurantiamarin* (Glykosid), *Hesperidin*, Äpfelsäure, Citronensäure, wenig Gerbstoff.

Verwendung. *Innerl.* 1,0 g als magenstärkendes, appetit- und verdauungförderndes Mittel; zur Herstellung von Tinkturen.

Verf. Unreife Citronen, Citrus medica subspecies Limonum, mehr schlank mit zitzenförmigen Spitzen.

Prüfung des DAB. 6. Neben der mikroskopischen Prüfung darf beim Verbrennen von 1 g unreifer Pomeranzen höchstens 0,065 g Rückstand bleiben. Das Pulver unreifer Pomeranzen ist hellbraun und färbt sich mit Kalilauge lebhaft gelb. Es darf nur sehr geringe Mengen kleinkörniger Stärke enthalten.

Abb. 55. Unreife Pomeranze. Fructus Aurantii immaturi. Ganzdroge, natürliche Größe, mit der kennzeichnenden, feingrubigen Außenfläche. (Nach *Schlemmer-Hörhammer.*)

Petitgrainöl. Oleum Petitgrain.

Aus Blättern und Zweigen von Citrus aurantium subspecies amara durch Wasserdampfdestillation gewonnenes, gelbliches Öl, dem Neroliöl ähnlich, aber mit weniger feinem *Geruch, Geschmack* gewürzig-bitter. D. (15°) 0,885 bis 0,990; α_D +8° bis —4°; $n_D^{20°}$ 1,459 bis 1,466.

Inhaltsstoffe. Linalylacetat, Camphen, Pinen, Dipenten, l-Linàlool, Nerol, Geraniol, Geranylacetat, Terpineol, Sesquiterpene u. a. Löslich in 1 bis 1,5 Vol.-T. und mehr Alkohol (80%).

Aufbewahrung. In möglichst vollen Flaschen, vor Licht geschützt.

Pomeranzenschalen. Pericarpium Aurantii, DAB. 6.

Cortex Aurantii Fructus.

Die getrocknete äußere Schicht der in Längsvierteln abgezogenen Fruchtwand der reifen Früchte von Citrus aurantium subspecies amara. Beiderseits bogig begrenzte, bis etwa 8 cm lange, bis 4 cm breite und etwa 1,5 mm dicke, gewölbte oder unregelmäßig gebogene Stücke. Außenseite grob höckerig, gelblich bis rötlich-braun, Innenseite weißlich, durch durchschimmernde Ölräume stellenweise gefleckt. *Geruch* kräftig aromatisch, *Geschmack* bitter.

Das beim Schälen (Explupieren) der Pomeranzenschalen abfallende schwammige Parenchym kommt getrocknet und geschnitten als *Albedo Fructus Aurantii* in den Handel und dient zur Füllung von Riechkissen und als Grundlage von Räucherpulvern.

Inhaltsstoffe. 1 bis 2,5% ätherisches Öl, Bitterstoffe: *Hesperidin, die* Glykoside *Aurantiamarin* und *Isohesperidin*, Aurantiamarinsäure u. a.

Verwendung. *Innerl.* 1,0 g als magenstärkendes, appetit- und verdauungsförderndes Mittel; Geschmackskorrigens, zu Tinkturen, Elixieren, Fluidextrakt und Sirup, zu Likören.

Verw. u. Verf. Citronenschalen, die durch starke Salzsäure nicht verändert werden, während diese Pomeranzenschalen grün färbt. Apfelsinenschalen von hellerer Farbe und nicht bitterem Geschmack, dünner, grubige Vertiefungen spärlicher.

Prüfung des DAB. 6. Pomeranzenschalenpulver färbt sich beim Befeuchten mit Kalilauge gelb. 1 g P. darf beim Verbrennen höchstens 0,06 g Rückstand hinterlassen. Außerdem ist die mikroskopische Prüfung vorgeschrieben.

Pomeranzenschalenöl (bitteres). Oleum Aurantii Pericarpii, Erg.-B. 6.

Bigaradeöl.

Auf Sizilien und in Calabrien aus den Fruchtschalen der bitteren Orange durch Pressen gewonnenes ätherisches Öl, gelb bis bräunlich. *Geruch* würzig, *Geschmack* bitter. Optisch aktiv $\alpha_D^{20°}$ +88 bis +96°; D. (20°) 0,847 bis 0,852; n_D 1,473 bis 1,475. In 7 bis 8 Vol.-T. Weingeist von 90 Vol.% trübe lösl.

Inhaltsstoffe. Etwa denen von Apfelsinenschalenöl entsprechend.

Verwendung. Als Geschmackskorrigens 0,1%, in der Parfümerie; zu Likören.

Aufbewahrung. In möglichst vollen Flaschen, vor Licht geschützt.

Curaçao-Pomeranzenschalen. Cortex Aurantii Fructus Curaçao.

Echte Curaçao-Schalen sind grünlich-braun, stammen aus Westindien, sind aber nicht im Handel. Die zur Likörherstellung verwendeten Curaçao-Schalen stammen von solchen spanischer Herkunft.

Pomeranzenschalenöl, süßes. Oleum Aurantii dulcis.

Apfelsinenschalenöl. Portugalöl.

Aus den Fruchtschalen von Apfelsinen durch Pressen auf Sizilien und in Calabrien, in Californien durch Extraktion mit Lösungsmitteln unter der Bezeichnung *Oleoresin* gewonnenes ätherisches Öl, gelb bis gelbbraun, *Geruch* nach Apfelsinen, *Geschmack* mild-würzig, nicht bitter. D. (15°) 0,848 bis 0,853. In Weingeist (90 Vol.%) nicht klar lösl. Sdp. bei 175° beginnend, bei 180° destillieren 90% über. α_D + 95° 30′ bis +99°; $n_D^{20°}$ 1,473 bis 1,475.

Inhaltsstoffe. Wenigstens 90% d-Limonen, Benzylaldehyd, Linalool, n-Nonyl-alkohol, d-Terpineol, Ester der n-Caprylsäure, Anthranilsäuremethylester.

Verwendung. In der Parfümerie zu Portugal-Haarwasser, zu Likören.

Aufbewahrung. In möglichst vollen Flaschen, vor Licht geschützt.

Pampelmuse[1].

Citrus hystrix De Condolle. **Citrus aurantium** var. **maxima.**

Breitflügelige Orange. Pumelo. Schaddock. Riesenorange. Adamsapfel.

Rutaceae.

Auf den Philippinen und den Inseln des Malaiischen Archipels wild und kultiviert vorkommender, 5 bis 10 m hoher Baum, mit großen, breit geflügelten Blättern und großen, weißen Blüten. Citronengelbe, dickschalige Früchte, rund, oben etwas abgeflacht, bis kopfgroß und bis 6 kg schwer. Die in Südasien und anderen Tropenländern (Südeuropa, Südstaaten von USA, Westindien) angebaute Hauptkulturform *Citrus hystrix* var. *decumana, Grapefruit*, hat wesentlich kleinere Früchte. *Geschmack* der Früchte durch den Gehalt an Citronensäure säuerlich, von der Innenschale her bitterlich.

Inhaltsstoffe. Blüten und Fruchtschale enthalten reichlich ätherisches Öl, die Frucht etwa 2% des Glykosids *Naringin*, 8,57 bis 19,6% Zucker (Glucose), 6,2 bis 15,15% Rohrzucker, 1,85 bis 5,98% Citronensäure.

Verwendung. Als tonisch anregendes Obst, roh oder mit Zucker und Wein zubereitet. Aus den Fruchtschalen wird ätherisches Öl, *Pampelmusenöl*, gewonnen, das auch als „süßes Pomeranzenöl" in der Likör- und Parfümerieindustrie Verwendung findet.

Citronensäure. Acidum citricum, DAB. 6.

Zitronensäure. β-Oxytricarballylsäure. Oxypropantricarbonsäure.

$$HO \cdot C(CH_2 \cdot CO_2H)_2 \cdot COOH \cdot H_2O. \quad \text{Mol.-Gew. } 210,08.$$

Citronensäure wurde erstmals 1784 von K. W. SCHEELE in kristalliner Form rein dargestellt. Im Pflanzenreich ist sie weit verbreitet, vor allem als sauer schmeckender Bestandteil vieler Beerenfrüchte: Johannisbeeren (2,35%), Preiselbeeren (1,98%), Stachelbeeren (1,9%), Erdbeeren (1,84%), in geringeren Mengen in fast allen Obstarten. In Granatäpfeln, Citronen, Apfelsinen und Feigen ist sie praktisch die einzige Säure. Am reichlichsten im Citronensaft (5,3 bis 8,1%), neben Äpfelsäure in Himbeeren, Heidelbeeren, Brombeeren und Ananas. Als Kalium- bzw. Calciumsalz im Tabak, Schöllkraut, in Kartoffeln, Runkelrüben, Eicheln, der Kastanienrinde, in der Kuhmilch (0,2%), nach neuesten Forschungen auch im Tierreich, im Skelett, den Eierschalen, Organen, Gewebesäften, Sekreten usw. Damit ist bewiesen, daß der Säure große physiologische Bedeutung zukommen muß: Der oxydative Abbau der Kohlenhydrate, Fettsäuren und Aminosäuren in der Zelle geht über die Säure vor sich.

---

[1] Die Bezeichnung Pampelmuse stammt aus dem Indischen.

Darstellung. Aus dem Saft unreifer Citronenfrüchte nach Entfernen von Eiweißstoffen und Zucker wird mit Kalkmilch in der Hitze neutralisiert:

$$2\ \underset{\text{Citronensäure}}{\begin{array}{c}CH_2COOH\\ |\\ HO\!-\!C\!-\!COOH\\ |\\ CH_2COOH\end{array}} +\ \underset{\text{Kalkmilch}}{3\ Ca(OH)_2} \rightarrow \underset{\text{Calciumcitrat}}{\begin{array}{c}CH_2COO\!-\!Ca\!-\quad OOC\!-\!CH_2\\ |\qquad\qquad\qquad\qquad |\\ HO\!-\!C\!-\!COO\diagdown\qquad\diagup OOC\!-\!C\!-\!OH\\ |\qquad\quad CaCa\qquad\quad |\\ CH_2COO\diagup\qquad\diagdown OOC\!-\!CH_2\end{array}} +\ \underset{\text{Wasser}}{6\ H_2O}$$

Das Citrat wird von den leicht lösl. Begleitstoffen getrennt, heiß gewaschen, getrocknet und kam früher in Italien in großen Mengen als *Agrumenkalk* zum Export. Zur Darstellung der Säure wird das Calciumcitrat mit Schwefelsäure zerlegt. Vom entstehenden Calciumsulfat wird durch Filtration getrennt; anorganische und organische Verunreinigungen werden durch Entfärbungskohle, Ferrocyankalium, Bariumsulfid u. a. entfernt, die Rohlauge im Vakuum eingedickt und die Säure durch Kristallisation abgeschieden. Nach dem DRP. von *Benckiser* und *Äckerle* wird die Rohlauge in Butanol extrahiert und dabei in einem Arbeitsgang eine weitgehend reine Citronensäure erhalten.

Während synthetische Methoden zur Darstellung von Citronensäure keine industrielle Auswertung gefunden haben, wird neuerdings von der biologischen Methode Gebrauch gemacht. Verschiedene Pilze der Gattung *Citromyces* sind in der Lage, durch ihren Lebensprozeß Zucker und andere Kohlenhydrate in einer Ausbeute von 45% in Citronensäure überzuführen. Gewisse Schimmelpilze vermögen sogar aus den gleichen Stoffen Ausbeuten bis zu 90% zu liefern. Die Firmen C. H. Boehringer, Nieder-Ingelheim und Joh. A. Benckiser, Ludwigshafen, haben in jüngster Zeit Anlagen zur Herstellung von Gärungscitronensäure errichtet, die in der Lage sind, den ganzen deutschen Bedarf zu decken.

Eigenschaften. Große, farblose, rhombische Prismen von starkem und rein saurem *Geschmack*, die an der Luft oberflächlich verwittern und zu einem schneeweißen Pulver zerfallen. Die wasserhaltige Säure schmilzt je nach der Erhitzungsgeschwindigkeit zwischen 100° und 152°, während die wasserfreie Säure bei 152° unter Zersetzung und Entwicklung stechender Dämpfe (kein karamelartiger Geruch) schmilzt. Löslich in 0,6 T. Wasser, in 1,5 T. Alkohol l.lösl., in Äther nur wenig. Als dreibasige Säure bildet sie drei Reihen von Salzen, *Citrate*, sowie Doppelsalze und Komplexsalze, zu deren Bildung sie besonders neigt. Die Alkalicitrate, von denen Mono-, Di- und Trialkalicitrate möglich und meist als Natriumsalz im Handel sind, sind kristallisierbar und leicht wasserlöslich, das tertiäre Calciumcitrat schw.lösl.

Erkennung. 1. Zum Unterschied von Weinsäurekristallen schwimmen Citronensäurekristalle auf Tetrachlorkohlenstoff.

2. Eine mit Kalkwasser übersättigte Citronensäurelösung (die alkalische Reaktion ist mit Lackmus festzustellen) scheidet beim Kochen flockiges Calciumcitrat aus, das sich beim Erkalten wieder löst (Unterschied von Calciumtartrat, das bei gewöhnlicher Temperatur wieder ausfällt).

3. Bleiacetat fällt aus einer Citronensäurelösung weißes Bleicitrat, das in Salpetersäure lösl. ist.

4. Gibt man auf ein Uhrglas eine kleine Spur Citronensäure, ein Kriställchen Vanillin und 1 Tr. Schwefelsäure und bringt das Uhrglas auf ein Becherglas mit kochendem Wasser, entsteht innerhalb von 10 Min. eine rötlichbraune bis braunviolette Färbung. Auf Zusatz von 3 Tr. Wasser nach dem Erkalten schlägt die Farbe in Grün, auf Zusatz von 7 Tr. Ammoniak in Rostrot um. Wichtig bei dieser Reaktion ist, daß man mit kleinsten Mengen arbeitet.

Prüfung des DAB. 6 auf *Weinsäure* durch eine braune bis schwarze Färbung durch Verkohlung beim Zerreiben von 1 g in einem mit Schwefelsäure gereinigten Mörser mit

10 ccm Schwefelsäure und Erwärmen des Gemisches in einem mit Schwefelsäure ausgespülten Reagensglas während 1 Stunde im Wasserbad auf 80° bis 90°. Es darf höchstens gelbe Färbung eintreten.

Je 5 ccm der Lösung (1 + 9) zeigen an:

Schwefelsäure, durch eine weiße Trübung oder Fällung innerhalb einer halben Stunde beim Versetzen mit Bariumnitratlösung;

Calciumsalz, durch eine weiße Trübung oder Fällung auf Zusatz von Ammoniumoxalatlösung nach vorhergehender annähernder Neutralisation mit Ammoniakflüssigkeit;

Oxalsäure, durch Auftreten einer Trübung oder eines Niederschlages innerhalb 1 Stunde beim Versetzen von 10 g der Lösung (1 + 9) mit 1 ccm Wasser und 5 ccm verd. Calciumchloridlösung.

Schwermetallsalze (unzulässige Mengen von *Blei* und *Kupfer*). 5 g C. werden in 10 ccm Wasser nach Zusatz von 12 ccm Ammoniakflüssigkeit mit 3 Tr. Natriumsulfidlösung versetzt. Als Vergleichslösung werden 0,1 ccm Bleiacetatlösung in 550 ccm Wasser gelöst und zu 10 ccm dieser Mischung 3 Tr. Natriumsulfidlösung gegeben. Die erste Lösung darf nicht dunkler gefärbt sein als die Vergleichslösung.

Anorganische Salze. Bei Verbrennung von 0,2 g im gewogenen Tiegel darf nur weniger als 0,001 g Rückstand bleiben.

Aufbewahrung. Zur Vorbeugung der Verwitterung in gut geschlossenen Gefäßen.

Handelssorten. Citronensäure rein,   bleifrei, krist.,   Grießform
          ,,   ,,   ,,   gepulv.
          ,,   reinst, krist.   Grießform DAB. 6
          ,,   ,,   gepulv. DAB. 6

Verwendung. *Med. innerl.* als durstlöschendes und kühlendes Mittel bei fieberhaften Erkrankungen (E. 0,5 g), 5 ccm einer wäßrigen Lösung (5%) mit etwas Wasser verdünnt und als Zusatz zur Nahrung führt rasch zur Heilung bei Rachitis, *äußerl.* zu Waschungen (1%) gegen Verätzungen durch Ätzkalk; im Haushalt und in der Lebensmittelindustrie als Ersatz für Speiseessig, zur Herstellung von Zuckerwaren, Brauselimonaden, -bonbons und -tabletten, Speiseeis, Likören, Limonaden- und Punschextrakten, Wermutwein, Backpulvern, in der Textilindustrie zum Beizen von Geweben, zum Bleichen und Entfärben von Olivenöl. In Form von *Citretten,* zur Herstellung von Citrettenmilch für Säuglinge und Kleinkinder (1 Citrette auf 100 g Vollmilch), auch in der Erwachsenendiätetik. Dabei wird das Milcheiweiß sehr feinflockig verteilt und dadurch eine bessere Verdauung erzielt, gleichzeitig der Mehrbedarf an Magensäure zum Teil gedeckt, das Wachstum wichtiger Milchsäurebakterien gefördert, während die Entwicklung von Kolibakterien und anderer Mikrokokken gehemmt wird. Außerdem verbessert der erhöhte Säuregehalt der Milch die Calciumresorption im Darm. Citrettenmilch hat sich bei Gastritis, Magengeschwüren und Erkrankungen der Gallenblase bewährt.

D-Citretten, in denen die antirachitische Wirkung der Citronensäure mit der Vitamin-D-Wirkung gekoppelt ist, steuert den Calcium- und Citratstoffwechsel in der für die Bildung der Knochensubstanz erforderlichen Weise. 1 Decitrette enthält 0,6 g Citronensäure, 140 I. E. Vitamin D_3 in Form eines Fischleberkonzentrates.

Calcium citricum.

Calcium citricum („Benckiser"). Tabletten mit Zucker und Kakao, ein vom Organismus leicht resorbierbares Kalkpräparat, das als Vorbeugungsmittel und für alle Zwecke der Kalktherapie Verwendung findet. C. c. „B". ist auch je mit Vitamin C und Vitamin D lieferbar. C. c. wird durch Citronensäurezusatz weitaus besser resorbiert als Calciumphosphat.

Citrophen (E. W.), Erg.-B. 6.

Monophenetidincitrat.

Weißes, kristallines, geruchloses Pulver mit säuerlichem *Geschmack,* lösl. in 40 T. Wasser (20°), in 15 T. siedendem. Schw. lösl. in Weingeist, fast unlösl. in Äther. Die wäßrige Lösung rötet Lackmuspapier. Schmp. 186°.

Verwendung. Als beruhigendes und Fiebermittel. (E. 0,5 g.)

Citrovanille (E. W.). Stoff B.

Hauptbestandteil sekundäres citronensaures Dimethylaminophenazon.

Verwendung. Gegen Grippe, Kopfschmerzen, Neuralgien.

Clauden.

Clauden ist ein physiologisches, aus tierischem Lungengewebe hergestelltes Blutstillungsmittel, das in Ampullen, Tabletten und pulverförmig in den Handel kommt. Baktericide, blutstillende, mit Clauden imprägnierte Verbandstoffe (s. Bd. I, „Verbandstoffe") stellt die Firma Lochmann KG., Fahr/Rhein, her.

Coca-Cola.

Alkoholfreies coffeinhaltiges (36 mg Cöffein in 200 ccm) Getränk, das neben dem Extrakt von Colanüssen Citronensäure, Phosphorsäure, ätherische Öle, Muskatnuß und Zucker enthält. Seine erfrischende Wirkung beruht primär auf der Coffeinwirkung.

Cochenille.

Coccionella, Erg.-B. 6.

Kochenille.

Kurz vor der Eiablage durch Abbürsten von den Pflanzen gesammelte, getrocknete, befruchtete Weibchen von **Dactylopius coccus** *Costa,* der Nopalschildlaus. Die Schildläuse (Abb. 56) werden in Mittelamerika, im westlichen Mittelmeergebiet und auf Java in Kakteenpflanzen auf Opuntia-Arten gezüchtet, durch heißen Wasserdampf getötet und dann an der Sonne oder künstlich getrocknet.

3 bis 5 mm lange, 4 bis 5 mm breite, 2 bis 4 mm hohe Läuse, halbkugelig, mitunter eiförmig, oben gewölbt, querrunzelig, unten flach oder vertieft, schwarzrot oder rötlichgrau, durch Wachsausscheidung mit silberweißem Anflug. Beim Einlegen in Wasser werden auf der Bauchseite die Kauwerkzeuge und 3 Beinpaare erkenntlich. Der dunkelrote Farbstoff löst sich. *Geruchlos, Geschmack* leicht bitter, beim Zerkauen färbt sich der Speichel violettrot.

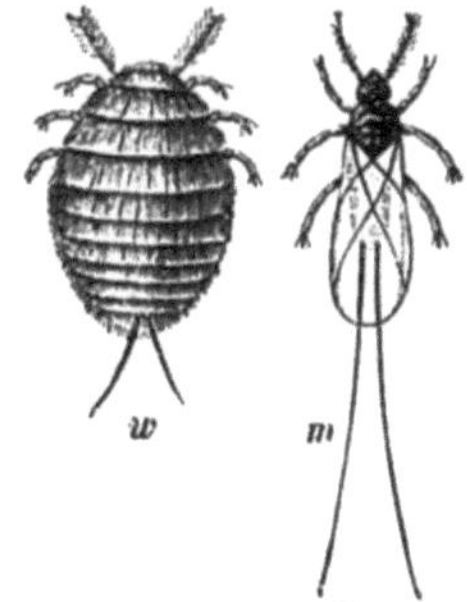

Abb. 56. Cochenille-Schildlaus. Coccionella. 3 fach vergrößert; — *w* Weibchen; — *m* Männchen

Inhaltsstoffe. Etwa 10% roter, wasser- und alkohollöslicher Farbstoff, glykosidische *Carminsäure* oder *Carminrot* (Oxyanthrachinonderivat), Fett, Fettsäuren u. a. → Carmin.

Handelssorten. Beste Sorte Honduras-Cochenille, Grana fine.

Verwendung. Als Färbemittel (1%), zu Pudern und Zahnpulvern, Zahnpasten und Mundwässern, Schminken, zur Herstellung von Cochenilletinktur, die zum

Färben von Nahrungsmitteln, Zuckerwaren und in der mikroskopischen Technik
Anwendung findet.

Aufbewahrung. Vor Licht geschützt.

Verw. u. Verf. Mit schweren mineralischen Stoffen (Talk, Schwerspat u. a.)
bestäubte oder mit kleinen Bleispänen beschwerte Ware.

Prüfung des Erg.-B. 6. *Farbkraft.* 0,2 g feingepulv. C. werden mit 5 ccm Kalilauge
$^1/_4$ Stunde auf dem Wasserbad erhitzt. Nach dem Erkalten füllt man auf 1 Liter auf. Eine
Probe dieser so verdünnten Lösung muß mindestens die gleiche Rotfärbung aufweisen
wie eine gleichgroße Menge einer 1 : 100 verdünnten $^1/_{10}$-n-Kaliumpermanganatlösung.
In Chloroform darf C. nicht untersinken.
Beim Zerreiben mit Wasser entsteht eine schwach rot gefärbte Flüssigkeit, die durch
Alkalien deutlich rotviolett, durch Säuren rötlichgelb gefärbt wird.
Die Asche darf nicht mehr als 5% betragen.

☠ *2.* Codein. Codeinum, Erg.-B. 6. Stoff B.

Methylmorphin. Morphinmethyläther. $C_{17}H_{18}(OCH_3)O_2N \cdot H_2O$. Mol.-Gew. 317,2.

Das Codein ist ein Alkaloid des Opiums, in dem es zu 0,5 bis 0,75% enthalten ist,
und wird aus dieser Droge zunächst bei der Gewinnung mit Morphium zusammen
erhalten. Die Trennung der beiden Basen geschieht durch Lösung der Chlorhydrate
in Wasser und Zersetzen mit Ammoniak im Überschuß. Dadurch fällt das Morphium
aus, während Codein in Lösung bleibt.

Eigenschaften. Farblose oder weiße Kristalle, *geruchlos, Geschmack* schwach
bitter, l.lösl. in Weingeist, Äther, Chloroform, ferner in 17 T. siedendem und 80 T.
Wasser (20°). Die Lösung bläut Lackmuspapier. Schmp. 174° bis 176°.

Erkennung. 0,01 g C. löst sich in 10 ccm Schwefelsäure farblos oder vorübergehend
blaßrötlich; unter Zusatz von 1 Tr. Eisenchloridlösung färbt sich die Lösung beim Erwärmen blau. Die blaue Farbe der erhaltenen Lösung geht nach Zusatz von 2 Tr. Salpetersäure in eine tiefrote über.

Verwendung. Als hustenreizmilderndes Mittel, kombiniert mit fieberwidrigen
Mitteln, als schmerzstillendes Mittel, meist in Form von Codeinphosphat, **Codeinum
phosphoricum. DAB. 6, Stoff B.** ☠ *2.*

Coffeincitrat. Coffeinum citricum, Erg.-B. 6. Stoff B.

Citronensaures Coffein.

Gemisch von je 1 Molekül Coffein und Citronensäure, Gehalt annähernd 50%
Coffein.

Eigenschaften. Weißes, kristallines Pulver, *Geschmack* bitter, lösl. in 4 T. heißem
Wasser. Mit 5 T. heißem Weingeist gibt es eine klare, schwach sauer reagierende
Lösung, aus der es beim Erkalten wieder auskristallisiert.

Erkennung. Beim Eindampfen auf einem Uhrglas eines Gemisches von 0,05 g C. mit
10 Tr. Wasserstoffsuperoxydlösung und 1 Tr. Salzsäure hinterbleibt ein gelbroter Rückstand, der sich beim Befeuchten mit 1 Tr. Ammoniakflüssigkeit purpurrot färbt.
Erg.-B. 6 läßt prüfen auf fremde Alkaloide, Schwefelsäure, Salzsäure, Kalksalze,
Schwermetallsalze und den vorgeschriebenen Gehalt.

Verwendung. *Innerl.* (E. 0,1 g) als anregendes Mittel bei chronischen Herzerkrankungen, als zentralerregendes Mittel, bei Kopfschmerzen (Migräne), als harntreibendes Mittel.

Collacral P.

Collacral P (BASF) ist ein Hilfsmittel für die Klebstoff- und Kunststoff-Industrie.

Wasserlösliches, synthetisch hergestelltes Polymerisat, das als zähflüssige, gelb-braune, ammoniakalische Lösung mit 16% Trockengehalt in den Handel kommt. C. P trocknet aus der Lösung zu einem durchsichtigen, harten und klebfreien Film auf, der in Wasser wieder lösl. ist. Der Film läßt sich mit Formaldehyd härten. C. P ist mit verschiedenen wasserlöslichen Stoffen, wie Kleistern, Dextrin- und Leim-lösungen, mischbar. Auch mit wasserlöslichen Weichmachern, wie Glycerin, Poly-glykol, Diol 14 B u. a., ist es gut verträglich.

Verwendung. Zu Spezialklebstoffen (Kaschier-, Etikettier- und Gummierleimen), wobei die Leime in ihrer Zügigkeit und in ihrer maschinellen Verarbeitbarkeit ver-bessert werden. Bei Etikettier- und Gummierleimen wird das Anziehvermögen durch C. P-Zusatz verbessert. Bei Lösungen tierischer Leime kann durch C.-Zusatz durch Steigerung der Zähflüssigkeit eine wesentliche Verbesserung schlechter Leimsorten bewirkt werden. Auch als Emulgator bei der Herstellung von Emulsionen bzw. als Schutzkolloid zu deren Stabilisierung kann C. P Verwendung finden. Zu Nahrungs- und Genußmitteln kann C. P nicht zugesetzt werden.

Collo-Sauna-Schwamm.

Kunststoffschwamm, der den Alterungserscheinungen der Gummischwämme nicht unterliegt und sich hervorragend zum Massieren und Frottieren der Haut eignet. Der Schwamm ist griffig, selbst bei Verwendung von Seife, und wird nicht glitschig. Für hygienische und kosmetische Zwecke hat sich der Schwamm bewährt.

Corhydrole.

Corhydrole (Givaudan) sind hydrierte pflanzliche Öle mit einer Jodzahl unter 5. Weiße, harte, zerbrechliche Produkte, die nicht ranzig werden und sich mit sämtlichen Fettkörpern der Kosmetik mischen und vertragen.

Verwendung. Hauptsächlich zur Festigkeitsveränderung von nicht emulgierten Präparaten, Fettschminken, Reinigungscremes, Lippenstiften.

Corhydrol 1/35. Weißes, leicht gelbliches, ziemlich hartes und gleichzeitig ge-schmeidiges Produkt. Es ist sehr stabil, hautfreundlich, ohne jede Reizerscheinung, haftet gut auf der Haut, ohne zu kleben, wird nicht ranzig.

Verwendung. Wertvoller Bestandteil von Lippenstiften (5 bis 30%), je nach der Natur der Bestandteile und deren Mengenverhältnis.

Corol.

Corol (Givaudan) ist ein viscoser, gut haltbarer Fettkörper pflanzlichen Ursprungs, praktisch farb- und geruchlos. D. (20°) 0,895 bis 0,905; $n_D^{20°}$ 1,471 bis 1,475. Völlig reizloser, auch von der empfindlichsten Haut vertragener Fettkörper, der sich auch für med. Präparate eignet.

Löslichkeit (20°) ohne Filtrierung:

       1 l Weingeist 70% löst 200   g

       1 l Weingeist 60% löst   60   g

       1 l Weingeist 50% löst   2,5 g

Verwendung zu:

Tagescremes (1 bis 4%).

Fettcremes (Nachtcremes) zur Verminderung der trocknenden Eigenschaften der Mineralöle (bis 5%).

Rasiercremes (bis 1%), gestattet das Überfetten der Seife ohne Gefahr des Ranzigwerdens.

Haar- und Gesichtswässer. Corol ersetzt Glycerin und Rizinusöl, juckt und klebt nicht, macht Haar und Haut geschmeidiger und ist ein vorzügliches Lösungsmittel für Cholesterin und Lecithin, welche dann in niedriggrädigem Weingeist leichter löslich sind.

Coryfin.

Äthylglykolsäurementholester.

Coryfin (,,Bayer") ist eine aus Menthol gewonnene farblose, ölige, fast geruchlose Flüssigkeit, Sdp. 155°, die auf der Haut und auf Schleimhäuten in ihre Bestandteile zerfällt.

Verwendung. Bei Schnupfen und Rachenkatarrh, Kopfschmerz, zur Pinselung des Nasen-Rachenraumes. *Coryfin-Bonbons* sind Gummibonbons, *Coryfinchen* Zuckerbonbons, *Coryfin-Pastillen* Dragees, die bei Husten, Schnupfen, Verschleimung, Katarrhen und Heiserkeit Verwendung finden. Man läßt sie langsam im Munde zergehen.

Cosbiol.

Cosbiol wird aus dem Öl der Leber einer bestimmten Haifischart gewonnen.

Eigenschaften. Ölige, dünnflüssige, farblose Flüssigkeit, *Geruch* leicht aromatisch, *Geschmack* etwas süßlich. C. besteht aus dem durch Hydrierung entstandenen Kohlenwasserstoff *Perhydrosqualen* oder *Squalan*, bleibt bis 0° flüssig und mischt sich in jedem Verhältnis mit der Mehrzahl der lipoidlösl. Substanzen (pflanzliche und tierische Öle, Paraffinöle, ätherische Öle, synthetische Riechstoffe usw.). D. (20°) 0,8095; JZ. 0 bis 10; VZ. 0; Viscosität (Engler 20°) 6,08; Sdp. 350°. *Cosbiol A* mit Vitaminzusatz.

Vorzüge gegenüber sonst verwandten Ölen. C. riecht nicht unangenehm und oxydiert nicht, es wird weder ranzig, noch trocknet es ein, ist völlig beständig gegen Luft, Wärme und Licht, völlig ungiftig, frei von allergischen Eigenschaften, gleichzeitig dünnflüssig und ölig, verteilt sich leicht auf der Haut, wird von ihr sehr gut aufgenommen und verleiht ihr Glätte und Weichheit.

Verwendung. *Med. äußerl.* zu Salben, Cremes, Nasen- und Ohrentropfen, *innerl.* als Laxans. In der Kosmetik zu Brillantinen, denen es Glanz und Geschmeidigkeit verleiht, zu Schönheitsmitteln, Reinigungs- und Coldcremes (5 bis 20%), zur Haarkosmetik, Haarölen, Haarcremes und Augenbrauenstiften. Haare und Augenwimpern werden geschmeidig und glänzend. Die Qualität von Lippenstiften wird verbessert, besonders zur Herstellung von Massageölen ist C. ein idealer Rohstoff, als Puderüberfettungsmittel (1 bis 5%).

Cremolane.

Cremolane (BASF) sind Polyäthylenoxydkondensationsprodukte sowie Polymerisationsprodukte steigender Molekülgröße, die als fettfreie Salbengrundlagen für med. und kosmetische Zwecke Verwendung finden.

Cremolan 12. Mol.-Gew. etwa 500. Viscoses Öl, etwa von der Viscosität des Glycerins.

Cremolan 18. Mol.-Gew. etwa 800. Bei normaler Temperatur halbfest, ähnlich Rindertalg, Schmp. etwa 28°.

Cremolan 60. Mol.-Gew. etwa 2700. Wachsartiger, noch knetbarer Stoff. Schmp. etwa 53°.

Cremolan 100. Mol.-Gew. etwa 4500. Weißer, fester Körper von hartparaffinartiger Beschaffenheit. Schm. 60°.

Cremolan 100 V. Mol.-Gew. etwa 4500. Weißer, halbfester Körper, Konsistenz etwa die von Schweineschmalz.

Die Cremolan-Marken sind unabhängig von der Wasserhärte sehr gut wasserlöslich und gegenüber den verschiedensten Salzen und Säuren beständig. Nur mit Tannin und bestimmten Verbindungen mit phenolischen Hydroxylgruppen können Additionsverbindungen auftreten. In organischen Lösungsmitteln, wie Methanol, Äthanol, Aceton und Essigester, sind sie löslich.

Mischbarkeit. Alle Cremolan-Marken sind unter sich und mit Lutrol in jedem Verhältnis mischbar. Die Mischbarkeit mit Fettsäuren und deren Derivaten, pflanzlichen Ölen, Mineralölen, Fettalkoholen, Wollfett, natürlichen und synthetischen Wachsen ist jedoch gering, läßt sich aber durch Zusatz der jeweils geeigneten Cremophor-Marken als Dispergiermittel steigern.

Lösevermögen. Die Cremolan-Marken sind vorzügliche Lösungsmittel für zahlreiche med. und kosmetische Wirkstoffe, Farbstoffe, Riechstoffe usw. Als Lösemittel für insektizide Stoffe eignen sich besonders die Cremolan-Marken 12 und 100 V.

Verwendung. Zu den verschiedensten *med.* und *kosmetischen* Salben. Durch ihre Verwendung kann infolge des großen Durchdringungsvermögens gegenüber der Haut der Zusatz der Wirkstoffe häufig verringert werden. C.-Marken finden Verwendung zu kosmetischen Salben, Cremes, Pomaden, Hautölen, Haarölen, Gesichtswässern, Haarwässern, Haarfixierungsmitteln, Rasierwässern, fettfreien kosmetischen Stiften, abwaschbaren Hautcremes, Haarpackungen, Haarfärbepasten, Schmink- und Abschminkcremes, Lichtschutzsalben, fettfreien Rasiercremes, flüssigen Hautcremes usw. Die Hautverträglichkeit sämtlicher C.-Marken für die gesunde und kranke Haut ist erwiesen.

Cremophore.

Cremophore (BASF) sind nichtionogene Derivate von Fettkörpern mit Polyäthylenoxydresten. Die Marken 0, EL, A fest, A flüssig, AP fest und AP flüssig sind Emulgatoren zur Herstellung von Ö/W-Emulsionen, die Marken FM und FM neu Emulgatoren zur Herstellung von W/Ö-Emulsionen.

I. Emulgatoren zur Herstellung von Ö/W-Emulsionen: *Cremophor 0,* wachsartiger Körper, besonders zum Emulgieren von höhermolekularen Alkoholen, Fettsäuren, Fettsäureaminen, höhermolekularen Aminen, Wachsen, Wollfett, Walrat usw. geeignet. Besonders zur Herstellung von Cremes bevorzugt.

Cremophor EL, viscoses Öl, das sich wie C. 0 vorzugsweise zum Emulgieren der dort aufgeführten Stoffe eignet. Besonders dort geeignet, wo wäßrige Emulsionen oder kolloidale Verdünnungen erzielt werden sollen. Auch Mischungen der genannten Fettkörper mit vegetabilischen Ölen lassen sich mittels C. EL in Emulsionen überführen. Außerdem eignet sich C. EL besonders zum Emulgieren von Ricinusöl, ätherischen Ölen, organischen Lösungsmitteln, Riechstoffen usw.

Cremophor A fest, wachsartiger Körper, in erster Linie zum Emulgieren von Mineralölen, Vaseline und pflanzlichen Ölen geeignet, besonders zur Herstellung von festen Pasten.

Cremophor A flüssig, vorzugsweise zum Emulgieren von Paraffinöl, Vaseline und pflanzlichen Ölen, besonders dort zu benutzen, wo wäßrige Emulsionen oder kolloidale Verdünnungen erzielt werden sollen.

Cremophor AP fest und *AP flüssig* werden für die gleichen Zwecke als Emulgatoren verwendet, wie sie für C. A fest und C. A flüssig beschrieben sind.

Verwendung. Bewährte Netz-, Dispergier- und Weichmachungsmittel in der Kosmetik, zu Haarwässern, Haarfixiermitteln, Hautölen, Abschmink- bzw. Reinigungscremes, zur Herstellung von Tagescremes, Nachtcremes, Rasiercremes, Salben, geformten kosmetischen Präparaten, sowie zu med. Salben, Emulsionen, Lösungen. Auch als Salben- bzw. Pastengrundlagen zu Haarölen, als Zusatz zu med. Zubereitungen usw. können sie Verwendung finden. Ein Vorteil der C.-Marken ist ihre Fett- und Wasserlöslichkeit und durch die Emulgierung anderer mitverwendeter Fettkörper die Tatsache, daß sie auf Haut oder Haar aufgebracht weniger leicht zum Abfetten auf Textilien, Papier usw. neigen.

II. Emulgatoren zur Herstellung von W/Ö-Emulsionen: Nichtionogene Derivate auf Fettbasis mit hydrophilen Gruppen.

Cremophor FM, viscoses braunes Öl.

Cremophor FM neu, hellgelbe, wachsartige Masse, Schmp. etwa 48°. Beide dienen besonders zum Emulgieren zur Vaseline und dgl. C. FM neu als Emulgator liefert hierbei eine Creme, die fester und reiner weiß als jene mit C. FM ist. C. FM und C. FM neu sind außer mit den genannten Fettkörpern auch mit Hart- und Weichparaffin, Fettalkoholen, Ozokerit und Cremosan S mischbar und mit Cremophor-Marken, nicht jedoch mit Cremolan-Marken.

Verwendung. Beide Marken zur Herstellung von med. Salben und kosmetischen Fett- bzw. Nachtcremes usw.

Hautverträglichkeit und Toxizität. Die Verträglichkeit aller Cremophor-Marken für die gesunde und kranke Haut ist als einwandfrei zu bezeichnen. Für äußerl. Zwecke steht ihrer Anwendung nichts im Wege.

Creolin. Kreolin. Creolinum.

Das Creolin wurde schon im Jahre 1875 von JEYES in London entdeckt und wurde 1887 von PEARSON in Hamburg eingeführt.

Creolin ist ein Nebenprodukt der Phenolherstellung und wird aus dem Schweröl und Anthracenöl nach Entfernung des Phenols durch Zusatz von Harz und Soda gewonnen. Dabei werden die an sich in Wasser unlösl. höheren Homologen des Phenols, besonders die Kresole, durch Natronlauge in Kresolnatrium, ein lösliches Natriumsalz, bzw. durch Natronharzseife in eine emulsionsfähige Form übergeführt.

Eigenschaften. Dunkelbraune, sirupdicke, klare Flüssigkeit mit teerähnlichem *Geruch* und zunächst aromatischem, später brennendem *Geschmack*. Mit Wasser bildet sie eine milchige Emulsion, die alkalisch reagiert. Das Emulsionsoptimum in Wasser liegt bei $2^1/_2\%$. In Weingeist und Äther ist Creolin in jedem Verhältnis löslich.

Hauptbestandteile. o- und m-Kresol, $C_6H_4 \cdot OH \cdot CH_3$, Xylenol, $C_6H_3 \cdot OH \cdot CH_3 \cdot CH_3$, Phlorol, $C_6H_4 \cdot OH \cdot C_2H_5$, Chinolin, C_9H_7N, Naphthalin, $C_{10}H_8$. Phenol ist meist nicht oder nur in Spuren vorhanden.

Verwendung. Als vorzügliches antiseptisches und antiparasitäres Mittel. Durch Creolinlösung (3%) werden Tuberkelbazillen sofort getötet. Durch die gleiche Konzentration werden auch Milzbrand-, Rotz-, Rotlaufbazillen, die Streptokokken des ansteckenden Scheidenkatarrhs des Rindes, Bakterien der Hühnercholera und Eiterbakterien rasch getötet. Milzbrandsporen werden nach zwei Tagen getötet. Schon eine Creolinverdünnung 1:15000 hat eine entwicklungshemmende Wirkung auf Bakterien. Nach FRÖHNER[1]-REINHARDT ist Creolin in der Veterinärmedizin ein vorzügliches und bewährtes Mittel, gleichermaßen als Desinfektions- wie als antiparasitäres Mittel. Besonders als Räudemittel bei Schafen, Pferden, Hunden, Kaninchen und des Geflügels ist es bewährt. Ebenso als sicherwirkendes Ungeziefermittel auf der Tierhaut wie Zecken, Läuse, Lausfliegen, Haarlinge, Federlinge, Flöhe und Fliegen. Auch Bremsen, Mücken und Fliegen werden mit Creolin wirksam bekämpft, im letzten Fall durch wiederholte Waschungen mit 3%iger Lösung. Für die anderen Zwecke kommt zur Wunddesinfektion die halbprozentige Lösung, zur Hautdesinfektion die 2%ige Lösung in Frage. Zur Entseuchung von Stallungen und Geräten wird die Creolinlösung 3%ig angewandt. S. Creoinliniment Bd. III.

Cumarin. Cumarinum, Erg.-B. 6.

Kumarin. Mol.-Gew. 146,1.

$$C_6H_4 \begin{cases} O-CO \\ | | \\ CH=CH \end{cases}$$

Darstellung. 1. Aus zerkleinerten Tonkabohnen durch Kochen während längerer Zeit mit Alkohol (80%) unter Rückflußkühlung. Die vereinigten Auszüge werden filtriert, der Weingeist abdestilliert, dann der Rückstand mit der 3- bis 4fachen Menge heißen Wassers bis fast zum Sieden erhitzt und dann in Dampftrichter durch ein mit Wasser angefeuchtetes Filter filtriert, welches das Fett zurückhält.

2. Synthetisch: Durch Erhitzen von 3 T. Salicylaldehyd mit 5 T. Essigsäurehydrid und 4 T. wasserfreiem Natriumacetat. Das Gemisch wird einige Stunden unter Rückflußkühlung bis zum Sieden erhitzt. Die nach dem Erkalten kristallin erstarrende Masse wird mit Wasser versetzt, dabei scheidet sich ein Öl aus, das Cumarin und Acetyl-Orthocumarsäure enthält. Durch Destillation wird das letzte in Cumarin verwandelt, das aus siedendem Wasser unkristallisiert und durch Destillation in Wasserdampfstrom gereinigt wird.

Eigenschaften. Derbe, farblose, glänzende, sublimierbare Prismen mit glänzendem Bruch oder Pulver. *Geruch* angenehm, eigenartig. *Geschmack* bitter, brennend. In Wasser (20°) schwer, leichter in siedendem Wasser, leicht in Weingeist und Äther lösl. Schmp. (bei reiner Ware) 69° bis 70°, Schmelze wasserhell, erstarrt beim Abkühlen wieder zu einer weißen Kristallmasse.

Prüfung des Erg.-B. 6. C. muß sich in heißer, hochprozentiger Natronlauge leicht und vollständig unter Gelbfärbung lösen.

0,2 g C. dürfen nach dem Verbrennen keinen wägbaren Rückstand hinterlassen.

Acetanilid wird nachgewiesen durch Kochen von 0,2 g C. mehrere Minuten lang mit 2 ccm Salzsäure, Zufügen von 4 ccm Phenollösung und etwas Chlorkalklösung. Ist A. vorhanden, entsteht eine schmutzigviolette Färbung, die auf Zusatz von Ammoniakflüssigkeit im Überschuß in ein beständiges Indigoblau übergeht.

Die auf dem Markt vielfach verfälscht vorkommende Chemikalie kann durch eine Geruchsprobe nicht genügend geprüft werden, da selbst schlechte Erzeugnisse geruchlich durch geschickte Überparfümierung oft direkt ansprechen. Bei ihnen zeigen sich die Mängel erst nach der Verarbeitung deutlich. Es werden deshalb weitere Prüfungen[2] vorgeschlagen:

1. 1 g C. werden feinst zerrieben, in ein absolut sauberes Reagensglas gegeben und mit etwa 5 ccm chem. reiner Schwefelsäure (96%) überschichtet. Bei Zimmertemperatur löst sich das C. allmählich darin. Nach der Lösung muß die Flüssigkeit wasserhell und absolut farblos vorliegen. Geringste Spuren von Verunreinigungen verursachen Verfärbungen nach Gelbrot oder Braun.

---

[1] FRÖHNER hat die ersten wissenschaftlichen Untersuchungen über Creolin als Räudemittel und Antisepticum in Deutschland angestellt und diese im Berl. tierärztl. Archiv 1887 veröffentlicht.

[2] Nach C. F. Boehringer u. Söhne G.m.b.H., Mannheim-Waldhof.

2. 20 g C. werden in einem Glaskolben in chem. reiner Schwefelsäure (96%) gelöst. Nach klarer Lösung gibt man das Gemisch in *dünnem Strahl unter Umschwenken vorsichtig* in 250 ccm reines destilliertes Wasser. Dabei scheidet sich das C. wieder vollständig aus. Es wird nach dem Erkalten der Mischung abgesaugt, so lange mit kaltem Wasser nachgewaschen, bis keine saure Reaktion im Waschwasser mehr nachweisbar ist, und dann an der Luft gut getrocknet. Zeigt das getrocknete Präparat im Vergleich mit der ursprünglichen Ware im Geruch eine auffällige Abweichung, war jene parfümiert.

Verarbeitung. C. ist in Weingeist (95%) bei gewöhnlicher Temperatur zu 10% lösl., in Vaseline zu 1,5%, in Fetten und Ölen zu 2%, in Mineralölen zu 0,2%, in Glycerin zu 1,2%, in Wasser zu 0,2%. Die geringe Wasserlöslichkeit bewirkt, daß C. in Weingeist (50%) bei 15° nur noch zu 6% lösl. ist. Die geringe Löslichkeit in verd. Weingeist kann durch Zusatz von etwas Benzylalkohol auf ein Mehrfaches gebracht werden, ohne daß sich nachträglich C. wieder ausscheidet.

Aufbewahrung. In braunen Flaschen, möglichst im Dunkeln. Weingeistige C.-Lösung wird durch Einwirkung von direktem Sonnenlicht gelb gefärbt unter Veränderung des Cumarins zu geruchlosem *Biscumarin*, das in Alkohol schw.lösl. ist und sich deshalb nach und nach abscheidet. Dabei geht das Aroma verloren. C.-Lösungen sind *kühl* aufzubewahren.

Verwendung. Als Geruchskorrigens für Pulvermischungen (0,1%), für Lösungen (0,01%). In der Parfümerie, Seifen-, Tabak-, Nahrungsmittel- und Zuckerwarenindustrie. In Verbindung mit Vanillin und Heliotropin in der Parfümerie und Kosmetik zu Kompositionen und als Fixierungsmittel. Bei der Toiletteseifen-Herstellung *nur* zur Parfümierung pilierter, völlig neutraler Seifen. Bei der Verarbeitung von C. darf keine merkliche Erwärmung eintreten, da diese darauf schädlich wirkt. Zur Herstellung von Maibowlen und Limonaden (in Verdünnung zu 0,01%), Eispulver, Puddingpulver, Cremes, Pralinen, Sahnekaramellen usw.

Cumarin-Derivate zur Nagetierbekämpfung.

Das wichtigste Ziel der Entwicklung auf dem Gebiet der Ratten- und Mäusebekämpfungsmittel war die Erreichung einer größtmöglichen Sicherheit in bezug auf die Vermeidung von Haustiervergiftungen und die Ausschaltung der Warninstinkte der schädlichen Nager. Beide Forderungen werden durch die neuen Wirkstoffe aus der Gruppe der Cumarin-Derivate auf Grund des spezifischen Vergiftungsablaufes in besonders glücklicher Weise erfüllt. Die Cumarin-Derivate wirken durch Hemmung der Blutgerinnung und Schädigung der Kapillaren, die zusammen den Tod durch Verblutung herbeiführen. Bei einmaliger Aufnahme ist die tödliche Dosis relativ hoch. Sie schwankt bei den verschiedenen Wirkstoffen zwischen 1200 und 100 mg/kg Körpergewicht. Wiederholte Aufnahme innerhalb einiger Tage führt aber schon bei einer sehr viel kleineren Gesamtdosis (6 bis 8 mg/kg) zum Tode. Diese cumulative Wirkung bei chronischer Aufnahme der Cumarin-Derivate ermöglicht es, die Präparate so zu dosieren, daß Haustiervergiftungen bei zufälliger Aufnahme der Präparate nicht mehr eintreten können. Unfälle könne demnach nur noch durch grobe Fahrlässigkeit herbeigeführt werden. Selbstverständlich werden auch die Nager durch einmalige Aufnahme des Präparates nicht sichtbar geschädigt. Es ist aber durch entsprechende Anwendung unschwer möglich, die wiederholte Aufnahme sicherzustellen. Gleichzeitig wird durch den späten Eintritt der Vergiftungssymptome eine Abschreckwirkung — die bei rasch wirkenden Giften sehr oft zu beobachten ist — mit Sicherheit vermieden.

Cumarin-Derivate eignen sich besonders zur Herstellung von Streupulver, das in Schlupflöcher bzw. auf Wechsel der Nager ausgestreut wird. Beim Darüberlaufen verschleppen die Tiere zunächst passiv mit Pelz und Pfoten geringe Mengen des Puders, die sie dann beim Putzen und Belecken des Körpers in sich aufnehmen. Durch die tägliche Benutzung der gleichen Wechsel ist die chronische Einwirkung des Wirkstoffes sichergestellt. Bei Verwendung als Giftköder sind trockene Lockstoffe zu verwenden, die ihre Beschaffenheit zum mindesten innerhalb einiger Wochen nicht ändern, z. B. Getreide oder Getreideschrot (s. auch Schädlinge und Schädlingsbekämpfungsmittel Bd. I).

Cumaronharze. Kumaronharze.

Cumaronharze sind Polymerisationsharze, entstanden durch Polymerisation der bei der Benzolreinigung anfallenden Nebenprodukte Cumaron bzw. Inden. Je nach den bei der Herstellung verwendeten Zusätzen und den angewandten Gewinnungsverfahren erhält man dabei Kunstharze von hellgelber bis fast schwarzer Farbe und dickflüssige unter 30° erweichende bis zu festen erst über 160° schmelzende Harze.

Eigenschaften. C. sind unlösl. in Wasser, lösl. in Chlorkohlenwasserstoffen, Estern, Äthern, Benzol, Toluol, Xylol sowie in Terpentinöl. Die Harze sind laugen- und säurebeständig, neutral, unverseifbar und isolieren gut.

Verwendung. Zur Herstellung wasser-, alkli- und säurebeständiger Öllacke, die als Bindemittel für Bronzetinkturen und zu Aluminiumgrundier- und Rostschutzfarben Verwendung finden, zur Herstellung von Kitten und Klebstoffen, als Weichmacher für Kautschuk, zur Druckfarbenherstellung, zum Leimen von Papier, in der Elektrotechnik als Isoliermittel, zur Herstellung von Schallplatten, zu Schädlingsbekämpfungsmitteln usw.

Cuprex.

Cuprex („Merck") ist ein Gemisch von fettsaurem, naphthensaurem oder salicylsaurem Kupfer in organischen Lösungsmitteln (Aceton, Dekalin, Petroleum) zur Bekämpfung von Ungeziefer bei Menschen, Haustieren und auch Pflanzen. Speziell zur Bekämpfung von Kopfläusen. Die Abtötung von Läusen und Nissen erfolgt in 20 bis 60 Minuten.

Curry-Powder.

Eine in Indien gebräuchliche Gewürzmischung, die sich über England auch in Europa eingeführt hat. Meist ein Gemisch von Gewürznelken, Kardamomen, Ingwer, Kurkuma, Cayennepfeffer, Koriander, Muskatblüten (s. Bd. III).

☠ 1. Cyanwasserstoffsäure. Acidum hydrocyanicum, Stoff B.

Blausäure. HCN. Mol.-Gew. 27.

Cyanwasserstoffsäure wurde 1786 beim Mischen und Destillieren von Blutlauge mit Schwefelsäure von K. W. SCHEELE entdeckt. C. ist das Nitril der Ameisensäure, zu der sie sich auch verseifen läßt:

$$H\text{—}C\equiv N \quad + \quad 2\,H_2O \quad \rightarrow \quad H\text{—}C{\Large\langle}^{O}_{OH} \quad + \quad NH_3$$

Blausäure   Wasser   Ameisensäure   Ammoniak

Vorkommen. Im Pflanzenreich als Stoffwechselprodukt, frei in den Samen des javanischen Baumes *Pangium edule;* als blausäurehaltige Glykoside in den Mandeln, Kirsch-, Pfirsich-, Aprikosen- und Apfelkernen. Das wichtigste Glykosid ist das *Amygdalin* der bitteren Mandeln, das durch die Wirkung des darin vorkommenden *Emulsins* oder durch Behandlung mit Säure in je 1 Mol. Benzaldehyd und Blausäure und 2 Mol. Traubenzucker zerfällt.

Darstellung. Durch Zersetzung von aus Melasseschlempe gewonnenem Trimethylamin bei 800° bis 1000°:

$$N(CH_3)_3 \;\rightarrow\; HCN \;+\; 2\,CH_4$$

Trimethylamin   Blausäure   Methan

2. Aus Natriumcyanamid mit Kohle und Abscheidung der **HCN** aus dem entstehenden Natriumcyanïd

$$Na_2(CN_2) \;+\; C \;\rightarrow\; 2\,NaCN$$

Natriumcyanamid   Kohle   Natriumcyanid

Eigenschaften. Farblose, bittermandelähnlich riechende Flüssigkeit. Sdp. 26°. Erstarrt in der Kälte faserig kristallin. Brennbar, in Wasser und Alkohol in jedem Verhältnis lösl. *Furchtbares Gift,* von dem schon ganz geringe Mengen tödlich wirken. Schwache, einbasige Säure, ihre Salze heißen *Cyanide.* Schon Luftkohlensäure macht aus ihnen die Säure frei. Infolge der geringen Stärke der Blausäure sind die Alkalicyanide weitgehend hydrolytisch gespalten:

$$Na^+ \;+\; CN^- \;+\; HOH \;\rightarrow\; Na^+ \;+\; HCN \;+\; OH^-$$

und reagieren deshalb alkalisch.

Toxikologie. Cyanwasserstoffsäure ist ein Fermentgift, das sich mit dem eisenhaltigen Atmungsferment der lebenden Zelle verbindet und diese ihrer Fähigkeit beraubt, Sauerstoff aufzunehmen. Dadurch wird der Oxydationsprozeß im Organismus schlagartig lahmgelegt, die Übertragung des Sauerstoffes aus dem Hämoglobin auf die organische Substanz verhindert, was zu einer rasch eintretenden allgemeinen Gewebserstickung führt. Dabei werden Atem- und Gefäßnervensystem besonders betroffen, die ihre Tätigkeit sofort einstellen. Die Aufnahme erfolgt durch die Lungen, kann aber auch durch die *unverletzte Haut* hindurch aus Cyansalzlösungen erfolgen. Der Geruch der C. wird von vielen Menschen nicht wahrgenommen, deshalb müssen Entwesungsmittel, z. B. *Zyklon,* das aus C. besteht, mit Reizstoffen versetzt werden. Tödliche Gabe bei Einatmung oder innerlicher Aufnahme für einen erwachsenen Menschen 50 mg, entsprechend 0,15 bis 0,25 g Cyankali oder 50 g bitteren Mandeln. C.-Dämpfe reizen beim Einatmen die Schleimhäute. Es entsteht Kratzen im Hals und in der Nase, Rötung der Augenbindehaut und Brennen auf der Zunge. Bei der akuten Blausäurevergiftung treten ferner Druckgefühl in der Stirngegend, Angstgefühl, Herzklopfen, Atemnot, Bewußtlosigkeit auf. Unter Pupillenerweiterung und Krämpfen tritt Atemstillstand ein. Bei der Vergiftung durch Alkalicyanide kann der Tod unter Aufschreien nach kurzem Erstickungskrampf schon in den ersten Minuten eintreten.

Gegenmittel: Bei C.-Vergiftung: Tierkohle.

Aufbewahrung. *Sehr vorsichtig, im Giftschrank! Vor Licht geschützt.*

Erkennung. 1. Die Säure und ihre Alkalisalze geben mit Silbernitrat einen weißen, käsigen Niederschlag von Silbercyanid, **AgCN**, unlösl. in kalter, verd. Salpetersäure, in Ammoniak schwer, in Kaliumcyanidlösung l. lösl.

$$KCN \;+\; AgNO_3 \;\rightarrow\; AgCN \downarrow \;+\; KNO_3$$
$$AgCN \;+\; KCN \;\rightarrow\; K[Ag(CN)_2]$$

2. In der Lösung von Blausäure oder eines Alkalicyanids entsteht auf Zusatz von etwas Natronlauge nach Zugeben einiger Tropfen Ferrosulfatlösung und Übersättigung mit Salzsäure eine blaue Färbung oder Fällung von *Berliner Blau.*

Verwendung. Zur Bekämpfung von Pflanzenschädlingen und Ungeziefer. Die Durchführung ist wegen der Gefährlichkeit des Verfahrens nur bestimmten Firmen, unter Einhaltung der notwendigen Vorsichtsmaßnahmen, gestattet.

☠ *1.* **Verdünnte Blausäure. Acidum hydrocyanicum dilutum, Erg.-B. 6.**

Verdünnte Cyanwasserstoffsäure.

Gehalt 2% HCN. Klare, farblose, bei erhöhter Temperatur flüchtige Flüssigkeit mit bittermandelähnlichem *Geruch,* die Lackmuspapier rötet.

Erkennung. Auf Zusatz von einigen Tropfen Natronlauge zu o. B., 1 Körnchen Eisen(II)-sulfat mit 1 Tr. Eisen(III)-chloridlösung entsteht nach dem Übersättigen mit Salzsäure eine dunkelblaue Färbung.

Aufbewahrung. Vor Licht geschützt und *sehr vorsichtig, im Giftschrank!*

Cycloform.

p-Aminobenzoesäureisobutylester. $C_6H_4(NH_2)COOC_4H_9[1,4]$ Mol.-Gew. 193.

Weißes, geruch- und geschmackloses kristallines Pulver. Schmp. 64° bis 65°, in Wasser schwer, leicht in Alkohol, Äther und fetten Ölen lösl.

Aufbewahrung. Vor Licht geschützt.

Verwendung. *Äußerl.* Als Oberflächenanästheticum bei schmerzhaften Wunden, Brandwunden, in Salben und Streupulvern (10%), als Lichtschutzmittel in Lotionen und Cremes (1,5%).

Cypresse.

Cupressus sempervirens *L.*

Cupressaceae.

Im Mittelmeergebiet und in den Gebirgen von Nordpersien und im Libanon wild wachsender, kiefernartiger Baum, 20 bis 50 m hoch, in der Jugend mit Nadeln, später mit Schuppenblättchen und kugeligen Zapfen.

Cypressenöl. Oleum Cupressi, Erg.-B. 6.

Zypressenöl.

Das durch Wasserdampfdestillation aus Blättern und jüngeren Zweigen gewonnene gelbliche ätherische Öl. *Geruch* angenehm aromatisch, an Ladanum und Ambra erinnernd, optisch aktiv $\alpha_D^{20°} = +4°$ bis $+31°$. D. (20°) 0,864 bis 0,896; $n_D^{20°}$ 1,469 bis 1,481. 1 ccm C. muß sich in 2 bis 7 ccm Weingeist (90%) klar oder mit nur geringer Trübung lösen.

Inhaltsstoffe. Furfurol, Pinen, Camphen, Cymol, Terpentinöl, Cedrol, Valeriansäureester, Cadinen, Sesquiterpenalkohol.

Verwendung. In weingeistiger Lösung (20%) zur Inhalation gegen Keuchhusten, aufgeträufelt auf Bett- und Leibwäsche; in der Parfümerie zu Parfümen mit Coniferennote.

Aufbewahrung. Vor Licht geschützt.

Damiana.

Im südlichen Californien, Mexiko und auf den Antillen heimische Pflanze.

Damianablätter. Folia Damianae.

Folia Turnerae. Turneratee.

Die während der Blütezeit gesammelten, getrockneten Blätter von **Turnera aphrodisiaca** *Lester F. Ward, Turneraceae,* zerbrochen, 1,5 bis 3 cm lang und 0,5 bis

22*

1 cm breit, mit Ausnahme des Mittelnervs kahl, und **Turnera diffusa** *Willd.*, 1 bis 1,8 cm lang, 0,3 bis 0,5 cm breit, unterseits kurzwollig filzig, oberseits dicht mit zarten, etwas krausen Haaren besetzt. Blätter beider Stammpflanzen kurzgestielt, steif, am Rande gezähnt, Zähne zurückgekrümmt, länglich-oval, keilförmig, am Blattstiel mit pfriemlichen Nebenblättern.

Inhaltsstoffe. Ätherisches Öl, Bitterstoff, Gerbstoff, Harz.

Verwendung. *Innerl.* Als Aphrodisiacum und als harntreibendes Mittel; zur Herstellung von Damiana-Extrakten.

Dammar.

Bäume der Familie *Dipterocarpaceae* des malaiischen Archipels, besonders auf Sumatra, vornehmlich **Shorea Wiesneri** *Schiffner*, liefern ein Harz, dem die Eingeborenen wegen seiner stark lichtbrechenden Eigenschaften die Bezeichnung Dammar (malaiisch = Licht) gegeben haben. Das Harz tritt freiwillig aus den Stämmen aus.

Dammar. Dammara-Harz. Resina Dammar, DAB. 6.

Steinharz. Katzenaugenharz.

Gelblich- oder rötlichweiße, durchsichtige, tropfsteinartige, tränen-, birnen- oder keulenförmige, weißbestäubte, spröde, auf dem Bruch glasklare Stücke verschiedener Größen. D. zerfällt beim Kauen zu einem weißen Pulver, wird in der Handwärme klebrig, gibt beim Zerreiben ein weißes, geruchloses Pulver. *Geruchlos*, beim Reiben von schwach terpentinähnlichem Geruch, *Geschmack* schwach aromatisch, erweicht bei 90°; Schmp. 180°.

Inhaltsstoffe. *Dammar-Resen*, von dem 40% alkohollöslich (α-Resen), 22% alkoholunlöslich (β-Resen) sind; eine kristalline Harzsäure, *Dammarolsäure* 23%, ätherisches Öl, Bitterstoff u. a.

Handelssorten. Singapore- und Batavia-Dammar, letztes von Java. Auch Sumatra liefert größere Mengen. Von Borneo kommendes *Daging-* oder *Rose-Dammar* ist geringwertig, weicher, die Farbe geht ins Grünliche. Nach den Größen der Einzelstücke unterscheidet man Sorte A grobstückig, Sorte B mittelstückig, Sorte C kleinstückig und Sorte D in Körnern.

Verwendung. *Med.* zu Pflastern; *techn.* in der Lackindustrie, besonders zu Email-Lacken, als Einschlußmittel in der Mikroskopie, als Perückenwachs.

Prüfung des DAB. 6. In Chloroform, Schwefelkohlenstoff leicht und vollständig, in Äther und Weingeist teilweise lösl., quillt in Chloralhydratlösung auf, ohne sich zu lösen (Unterschied von allen Coniferen-Harzen).

Kolophonium. Trübung beim Stehenlassen einer Mischung von 1 g feingepulvertem D. mit 10 g Ammoniakflüssigkeit unter Umschütteln ½ Stunde lang, Filtrieren und Übersättigen des klaren oder schwach opalisierenden Filtrats mit Essigsäure.

Dehydol.

Dehydol (DEHYDAG) ist ein nichtionogenes, oberflächenaktives Produkt auf Basis Fettalkoholäthylenoxyd.

Durchsichtige, steife Paste mit 50% aktiver Substanz. Für Spezialzwecke ist unter der Bezeichnung „Dehydol 100" auch ein Produkt mit 100% aktiver Substanz lieferbar. p_H-Wert 7 bis 8. D. ist elektrolytfrei, hartwasserbeständig, in alkalischen und sauren Medien mäßiger Konzentration beständig, mit anionaktiven und kationaktiven oberflächenaktiven Substanzen verträglich, geruchlos und in kaltem Wasser l. lösl. Gutes Emulgiervermögen für Öle und Fette, gutes Dispergiervermögen für festen Schmutz und andere Fremdstoffe. Ausreichendes Netzvermögen und vorzügliches Waschvermögen bei mäßigem Schaum. D. ergibt durch Übergießen mit kaltem oder warmem Wasser eine völlig farb- und geruchlose klare Lösung. Je nach Anwendungsgebiet werden 0,2 bis 2 g l verwendet.

Dekalin.

Decahydronaphthalin. $C_{10}H_{18}$.

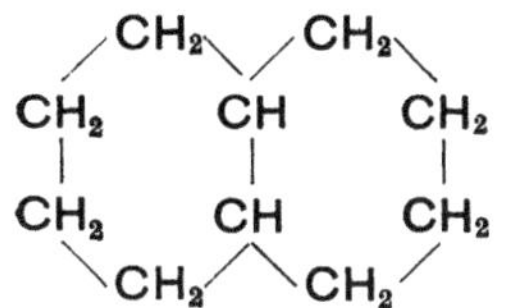

Dekalin (DEHYDAG) ist ein chemisch reiner, cycloaliphatischer gesättigter Kohlenwasserstoff mit schwach kampferartigem *Geruch*, unlösl. in Wasser, dagegen mit den meisten organischen Lösungsmitteln unbeschränkt mischbar. D. (20°) 0,873 bis 0,885; Siedegrenzen 183° bis 196°; Flammpunkt 67° bis 68°. Dekalin verdunstet ohne Rückstand und sehr gleichmäßig, ist nicht oxydabel, chemischen Einflüssen gegenüber sehr beständig und im Vergleich zu anderen Lösungsmitteln als physiologisch harmlos zu bezeichnen.

Sehr gutes Lösungs- und Verdünnungsmittel für Öle und die meisten in der Lackindustrie gebräuchlichen Natur- und Kunstharze sowie deren Abwandlungsprodukte. D. verhindert ein zu rasches Oberflächentrocknen und verringert daher die Neigung zu Häuten und zum Gerinnen bei schnelltrocknenden Lacken, besonders bei Infrarot-Trocknung. Zarte Farbtöne werden durch D. nicht beeinträchtigt.

Verwendung. In der Lack- und Farbenindustrie zur Herstellung von Öllacken, Weißlacken, Überzuglacken, Emailen und Nitrocelluloselacken.

Delegol.

Delegol („Bayer") ist ein Grobdesinfektionsmittel, das als baktericiden Bestandteil das hochwirksame o-Benzylphenol und statt Seife als emulgierende Komponente ein neuzeitliches synth. Produkt von hoher Netz- und Schaumkraft und beträchtlicher Reinigungswirkung enthält. Dieses hat den Vorzug, gegenüber den Härtebildnern des Wassers unempfindlich zu sein. D. ist geruch- und reizlos, reinigend und schäumend und greift Lacke, Farben, Textilien u. dgl. nicht an. Als Tbc-Sputum-Desinfektionsmittel ist D. nicht verwendbar. In der Verdünnung 2 Teelöffel D. auf 1 l Wasser (1%ige Verdünnung) wird D. verwendet zur Raum- und Gegenständedesinfektion, zur Desinfektion von Wäsche, Toiletten, Nachtgeschirren, während es zur Desinfektion von Ausscheidungen Kranker in der Verdünnung 3 bis 4 Eßlöffel auf 1 l Wasser (5%) Verwendung findet.

Denaturieren.

Unter Denaturieren (lat. denaturare, seiner Natur berauben), vergällen oder ungenießbar machen, versteht man die staatlich durchgeführte Maßnahme, unbestimmte Stoffe (Weingeist, Kochsalz), die für menschliche Genußzwecke besteuert, aber für technische Zwecke steuerfrei sind, durch Zusatz übelriechender oder schlecht schmeckender Stoffe für den Menschen ungenießbar zu machen. Die hierzu verwendeten Mittel, die auch gefärbte Stoffe sein können, sind die *Vergällungsmittel.* Für Weingeist z. B. ist das gründlichste Vergällungsmittel eine Mischung von 2,5 l rohem Holzgeist mit 1 l Pyridinbasen auf 100 l Alkohol, wie diese zur Vergällung von Brennspiritus Verwendung findet. Andere Vergällungsmittel für Weingeist sind der bitterschmeckende Phthalsäurediäthylester (1%), Äther, Benzin, Phenol, Schellack, Terpentinöl, Tetrachlorkohlenstoff, Toluol usw. *Viehsalz,* das an Haustiere (Rinder, Schafe, Ziegen) verfüttert wird, wird durch Zumischung von rötlichem Ton- oder Ziegelmehl denaturiert.

Depanol.

Depanol J.

Depanol J. (Gersthofen) ist ein nahezu farbloses, terpenartig riechendes Lösungsmittel, das hauptsächlich aus monocyklischen Terpenkohlenwasserstoffen besteht. D. (15°) 0,885; Sdp. (760 mm) 170° bis 190°; Flammpunkt +50°. D. J. ist neutral und unverseifbar und wie Balsamterpentinöl ungiftig, jedoch können bei empfindlichen Personen nach Einatmung der Dämpfe Kopfschmerzen entstehen. Zweckmäßig wird daher mit Depanol J in gut gelüfteten Räumen oder im Freien gearbeitet. Körperteile, die mit Depanol J in Berührung gekommen sind, müssen durch gründliches Waschen gereinigt werden.

Aufbewahrung. Wegen der Neigung zur Sauerstoffaufnahme in gut verschlossenen Gefäßen.

Verwendung. Zur Herstellung von Anstrichmitteln, als Lösungsmittel für Öl- und Alkydharzlacke, als Lösungsmittel für Kolophonium, Harzester, Cumaronharz und zahlreiche Kunstharze. Für Nitro-Acetylcellulose-, Vinyl- und Acrylharze ist Depanol J kein Lösungsmittel. Für Lacke auf dieser Basis kommt es nur als Verschnittmittel in Frage. Ferner findet D. J zur Herstellung von Schuh- und Bodenpflegemitteln Verwendung.

Depanol N IV.

Depanol N IV (Gersthofen) ist ein nahezu farbloses terpenartig riechendes Lösungsmittel aus Terpenkohlenwasserstoffen und einem beträchtlichen Anteil sauerstoffhaltiger Terpenderivate. Es ist nicht verseifbar. D. (15°) 0,88 bis 0,89; Sdp. (10 mm) 50° bis 110°; Flammpunkt +50°. Mit den in der Lackindustrie gebräuchlichen Lösungs- und Weichmachungsmitteln in jedem Verhältnis mischbar, löst die bei der Herstellung von Öl- bzw. Alkydharzlacken verwendeten Lackrohstoffe (Leinöl, Leinölstandöl, Holzöl, Holzölstandöl, Rizinusöl), ferner Harze wie Kolophonium, Esterharz, K-M Harz und gewisse Kunstharze. Auch Chlorkautschuk wird von D. N IV gut gelöst.

Verwendung. Besonders zur Herstellung von Alkydharzlacken, deren Viscosität es in erheblichen Maße herabsetzt. Auch die Streichfähigkeit wird verbessert, die Neigung zum Häuten herabgesetzt und der Glanz der Lackierung erhöht.

Depol hellst.

Depol hellst (Gersthofen) ist ein nahezu farbloses, angenehm mild nach Terpentin riechendes, verhältnismäßig schwer flüchtiges Lösungsmittel, das zum überwiegenden Teil aus höheren Terpenkohlenwasserstoffen besteht, neutral und unverseifbar ist. D. (20°) 0,93 bis 0,95; Sdp. (760 mm) 210° bis 290°; Flammpunkt +85° bis 95°. Mit den in der Lackindustrie gebräuchlichen Lösungs- und Weichmachungsmitteln sowie trocknenden Ölen ist Depol hellst in jedem Verhältnis mischbar. Nur die niederen Alkohole bilden eine Ausnahme und sind für sich allein mit Depol hellst nur beschränkt verträglich. Sehr gutes Lösungsmittel für die verschiedenen Harze, Kunstharze, ganz besonders für die Alkydharze, nicht für Schellack.

Verwendung. In allen Anstrichmitteln auf Öl- und Alkydharzbasis bzw. in Kombinationslacken, die trocknende Öle oder Alkydharze als wesentlichen Bestandteil enthalten.

Dermolan.

Der synthetische Hautschutzstoff Dermolan („Bayer") ist ein rotbraun gefärbtes Pulver, das die Eigenschaft hat, auf die lebende Haut rasch aufzuziehen und sie dadurch vor Rauhungen und zu starker Entfettung zu schützen. D. ist ungiftig und gibt keine Hautverfärbungen.

Verwendung. Zu 0,25% (bezogen auf das Fertigprodukt) zu Handwaschpasten, Hautreinigungsmitteln, Hautcremes, flüssigen Kopfwaschmitteln usw.

Die Verwendung setzt einen Lizenzvertrag mit dem Institut für Kolloidforschung, Bad Homburg v. d. H., voraus.

Derris.

Die Tubawurzel von **Derris elliptica** Benth, *Papilionaceae*, auf Borneo heimisch, in Südostasien, USA u. a. vielfach angebaut, mit 2 bis 6 mm dicken Wurzeln mit brauner Rinde und zahlreichen dünnen Faserwurzeln.

Derriswurzel. Radix Derridis.

Inhaltsstoffe. 0,5 bis 6% besonders auf Insekten giftig wirkendes Alkaloid *Rotenon* und andere Alkaloide, Gerbsäure, Harze.

Verwendung. *Med. innerl.* gegen Eingeweidewürmer; *vet. äußerl.* gegen Räude, zur Bekämpfung von Läusen; *techn.* als Spritzmittel gegen Obst- und Gartenbauschädlinge wie Erdflöhe, Milben, Pflanzenläuse, Raupen, Dasselfliegen, ferner gegen Motten und andere Vorratsschädlinge, häufig in Verbindung mit Pyrethrum-Extrakten. Neuerdings weitgehend durch synthetische Schädlingsbekämpfungsmittel verdrängt.

Desensibilisierung.

Die Desensibilisierung hat den Zweck, die hohe Empfindlichkeit des Bromsilbers in photographischen Emulsionen (Platten, Filmen) so stark herabzusetzen, daß ihre Entwicklung im Gegensatz zu dem üblichen, sehr gedämpften roten Dunkelkammerlicht bei einem relativ hellroten oder gelben Licht durchgeführt werden kann, ohne daß das Negativmaterial schleiert. Dadurch kann der Entwicklungsvorgang bequem kontrolliert werden. Als Desensibilisatoren finden geeignete organische Farbstoffe Verwendung. Die D. kommt hauptsächlich bei der Bearbeitung von panchromatischem und orthopanchromatischem Material sowie bei Agfacolor- und Infrarotplatten in Frage. Die bekanntesten Desensibilisatoren sind die Agfa-Präparate ,,Pinakryptol-Grün'', ,,Pinakryptol-Gelb'' und ,,Pina-Weiß''. Das letzte ist kein Farbstoff, färbt daher weder Filme noch photographische Schichten. Während ,,Pinakryptol-Grün'' und ,,-Gelb'' als Vorbad oder als Entwicklerzusatz verwendet werden können, kann ,,Pina-Weiß'' jedem Entwickler unmittelbar zugesetzt werden. Ein Vorbad ist hierbei unnötig, da ,,Pina-Weiß'' nur in Verbindung mit dem Entwickler wirksam ist. Im übrigen wird auf die Spezialliteratur verwiesen.

Desinfektionssalz H 50%ig.

Desinfektionssalz H 50%ig (BASF) ist ein Alkylbenzylcyclohexamethylenammoniumchlorid (quartäre Ammoniumverbindung). Klare, braune Flüssigkeit mit mittlerer Zähflüssigkeit, p_H-Wert 6,1.

Verwendung. In wäßriger Lösung (0,1 bis 0,2%) zur Keimfreimachung der Hände und ärztlichen Geräte. In der Lebensmittelindustrie als keimtötendes Mittel zum Spülen von Flaschen, Geräten, Leitungen, Schläuchen und Behältern.

Desontan-Raschig.

Desontan-Raschig besteht aus höher chloriertem Oxybenzylphenol, chloriertem Mono- und Dimethylphenolen, Netz- und Lösungsmittel. Hochbaktericides Feindesinfektionsmittel von angenehmem und erfrischendem *Geruch*. In den vorgeschriebenen Lösungen unschädlich, greift auch bei länger dauernder Anwendung die Haut nicht an und reinigt sie infolge hohen Seifengehalts gut.

Verwendung. *Äußerl.* in Verdünnungen von 0,5% (1 Teelöffel auf 1 l Wasser), 1% (2 Teelöffel) und 2% (4 Teelöffel), $^1/_2$%ig zur intimen Toilette, zu Körperwaschungen und Säuglingspflege, 1%ig zur Händedesinfektion, 2%ig zur Desinfektion von Instrumenten, 1%ig für Raumdesinfektion.

Destillation.

Mit Destillation (lat. destillare, herabträufeln) bezeichnet man den Vorgang, bei dem ein flüssiger Stoff durch Wärmezufuhr zunächst verdampft und anschließend der entstandene Dampf an anderer Stelle abgekühlt und dadurch wieder zur Flüssigkeit verdichtet wird. Zur Durchführung der Destillation werden technisch vollendete Destillierapparate verschiedener Konstruktion benutzt, während im Laboratorium mit dem LIEBIGschen Kühler (Abb. 57) destilliert wird. Die wesentlichen Bestandteile der üblichen Destillierapparate sind ein Gefäß zum Erhitzen der Flüssigkeit, die sog. *Blase* und die *Vorlage*, in welcher der durchströmende Dampf in von außen mittels kaltem Wasser gekühlten Schlangen (Kühlschlangen) zur Flüssigkeit ver-

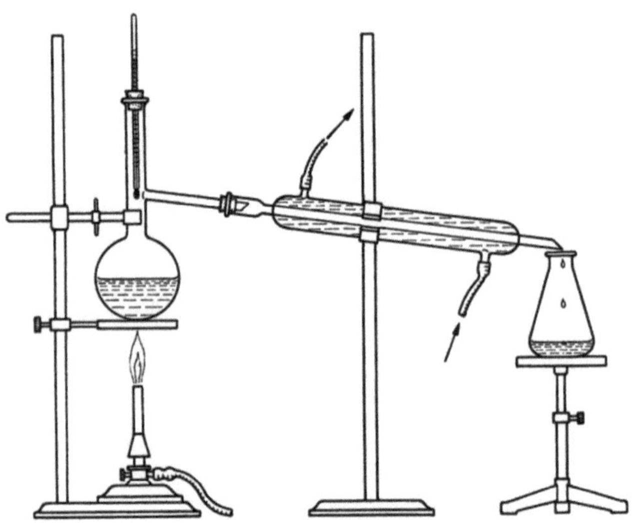

Abb. 57. Destillation mit dem *Liebig*schen Kühler.

dichtet wird. Die Kühlschlangen sind in einem Kühlmantel untergebracht, durch den das Kühlwasser nach dem Gegenstromprinzip (entgegen dem Dampfweg) fließt. Das Ergebnis der Destillation, der wieder verflüssigte Dampf, ist das *Destillat*, ein etwa zurückbleidenber, nicht verdampfter Rest der *Destillationsrückstand*. Die Destillation wird häufig zur Reinigung destillierbarer Stoffe angewandt und dann mit *Rektifikation* bezeichnet, Bei der *fraktionierten Destillation* erfolgt die Destillation zum Zwecke ihrer Zerlegung in mehrere Teile, sog. *Fraktionen* (lat. frangere, unterbrechen), dabei sind die einzelnen Flüssigkeitsbestandteile in diesen angereichert. Die bei bestimmten Temperaturen übergehenden Dämpfe werden getrennt aufgefangen. Eine besondere Art der Destillation ist die *trockene* oder *Zersetzungsdestillation*. → Steinkohle und Bd. III, Destillieren.

Dextrin. Dextrinum.

Dextrin, *Stärkegummi*, entsteht bei der Zerlegung von Stärke unter Einwirkung von Hitze (etwa 200°), Fermenten oder Säuren. Die Umwandlung der Stärke in Dextrin tritt auch beim Backprozeß in der Brotrinde ein. Ihre Umwandlung durch das Ferment Diastase führt bei der Bierbrauerei die Stärke zunächst in Dextrine und dann in Malzzucker über. Dextrine sind Zwischenprodukte, die beim Zerfall von großen Stärkemolekülen in Zuckermoleküle entstehen und sind von wechselnder, nicht genau bekannter Zusammensetzung. Je nach dem Gehalt der einzelnen Umwandlungsprodukte sind die Reaktionen der Dextrine mit Jod verschieden. Höchstmolekulare Dextrine werden mit Jodlösung nach blau gefärbt, andere damit rot oder braun, während die niedermolekularen D. mit Jod keine Färbung mehr geben.

Durch Erhitzen mit verd. Säuren oder durch Einwirkung von Diastase wird das Dextrin weiter zerlegt, zunächst unter Bildung von Maltose, schließlich unter Bildung von Glykose.

Darstellung. Zur Dextrinherstellung benützt man billige Stärkesorten, vor allem Kartoffelstärke. Beim

Röstverfahren wird getrocknete Weizenstärke in Trommeln aus Eisenblech unter fortwährendem Drehen längere Zeit auf etwa 200° erhitzt. Das so gewonnene Dextrin, *Röstgummi, Röstdextrin, Leiocome* ist gelblichbraun. Beim

Säureverfahren wird die Stärke mit wenig Salzsäure und Salpetersäure innig gemischt, die so erhaltene plastische Masse in Tafeln oder Kugeln geformt und nach dem Trocknen bei einer Temperatur von 60° bis 80° noch einige Stunden auf 100° bis 120° erhitzt. Dabei verflüchtigt sich die angewandte Säure in der Hitze. Man erhält auf diese Weise *Säuredextrin* oder *Säuregummi*. Säuredextrin ist heller als Röstdextrin. Das durch Säureeinwirkung gewonnene Dextrin wird mit *Gomeline* bezeichnet.

Dextrin. Dextrinum, DAB. 6.

Das Dextrin des DAB. 6 ist Säuredextrin.

Eigenschaften. Weißes oder gelbliches, trockenes, amorphes, fast geruchloses Pulver von süßlichem *Geschmack*, l. lösl. in heißem Wasser, wenig lösl. in verd. Weingeist, fast unlösl. in absolutem Alkohol und Äther.

Prüfung des DAB. 6.

Erkennung. Die wäßrige Lösung (1 + 19) wird durch Jodlösung weinrot gefärbt.
DAB. 6 läßt ferner prüfen auf:
Säuren, Alkalien. Beim Eintauchen von blauem und rotem Lackmuspapier in die wäßrige Lösung darf keine Veränderung eintreten.
Röstdextrin. Beim Betrachten des Glycerinpräparates bei etwa 200facher Vergrößerung unter dem Mikroskop dürfen sich keine rundlichen oder elliptischen Körner mit einem zentral oder exzentrisch gelegenen Luftbläschen zeigen.
Die wäßrige Lösung (1 + 19) wird geprüft auf:
Oxalsäure, nach dem Ansäuren mit Essigsäure darf Calciumchloridlösung keine stärkere Trübung hervorrufen;
Calciumsalze, die essigsaure, wäßrige Lösung darf durch Ammoniumoxalatlösung höchstens schwach getrübt werden;
Schwermetallsalze, mit je 3 Tr. verd. Essigsäure und Natriumsulfidlösung darf auch nach dem Übersättigen mit Ammoniakflüssigkeit keine Trübung oder Fällung auftreten.
Unzulässiger Wassergehalt. 1 g D. darf beim Trocknen bei 100° höchstens 0,1 g an Gewicht verlieren.
Anorganische Beimengungen. Beim Verbrennen des getrockneten D. darf höchstens 0,005 g Rückstand hinterbleiben.

Verwendung. Als bindender Zusatz zu fettfreien Pasten, Gesichtsmasken, *technisch* zur Herstellung von Klebstoffen, zum Verdicken von Farben im Zeugdruck,

beim Tapetendruck, als Appreturmittel, in der Papier- und Zündholzfabrikation,
zur Herstellung von Pastellfarben, als Bindemittel für Tinten.

Handelssorten.

Dextrin weiß
Dextrin gelb
Dextrin rein, DAB. 6
Dextrin reinst, mit Alkohol gefällt.

Dextroform.

Dextroform ist ein Kondensationsprodukt aus Dextrin und Formaldehyd.

Eigenschaften. Gelbliches, in Glycerin und Wasser lösl. Pulver mit desodorisierender und die Schweißsekretion hemmender Wirkung.

Verwendung. Zu Mitteln gegen übermäßige Schweißbildung, in Lösung oder als Zusatz zu Streupudern.

Diacetyl. Butandion 2,3.

$$CH_3CO \cdot CO \cdot CH_3. \text{ Mol.-Gew. } 86,09.$$

Gelbgrüne, stechend riechende Flüssigkeit, D. (22°) 0,973; Sdp. 88°, schw. lösl. in Wasser, mit Weingeist und Äther in jedem Verhältnis mischbar. In verd. Zustande besitzt D. butterähnlichen *Geruch*.

Verwendung. Zur Herstellung von Butteraromen, zur Aromatisierung von Margarine. Die künstl. Aromatisierung der Butter mit D. ist verboten.

☠ 2. Diatecylmorphinhydrochlorid.
Diacetylmorphinum hydrochloricum, DAB 6. Stoff B.

Heroinhydrochlorid. Heroin. $[C_{17}H_{17}O(OCO \cdot CH_3)_2N] \cdot HCl.$ Mol.-Gew. 405,7.

Darstellung. Durch Erhitzen von Morphin mit Essigsäureanhydrid.

Eigenschaften. Weißes, kristallines, *geruchloses* Pulver von bitterem *Geschmack*, l. lösl. in Wasser, schwerer in Weingeist, unlösl. in Äther. Die wäßrige Lösung rötet Lackmuspapier schwach.

Prüfung des DAB. 6. Beim Erhitzen von 0,5 g D. mit 1 ccm Weingeist und 1 ccm Schwefelsäure entsteht der Geruch nach Essigäther.

Zugabe der erkalteten Mischung zu der Lösung eines Körnchens Kaliumferrocyanid in 10 ccm Wasser, die mit 1 Tr. Eisenchloridlösung versetzt ist. Dabei fällt die braunrote Farbe nach Blau um unter Ausfallen eines braunen Niederschlags.

In 1 ccm der mit Salpetersäure angesäuerten wäßrigen Lösung (1 + 99) ruft 1 Tr. Silbernitratlösung einen weißen, käsigen Niederschlag hervor.

DAB. 6 läßt ferner prüfen auf: Fremde Alkaloide, Morphin, Schwefelsäure, Bariumsalze und anorganische Beimengungen.

Aufbewahrung. *Vorsichtig!*

Verwendung. *Med. innerl.* in kleinen Dosen selten, gefährliches Suchtgift.

Diamant.

Der Diamant ist der wertvollste aller Edelsteine, seine synthetische Herstellung ist bisher nicht gelungen.

Vorkommen. Die bedeutendsten Diamantlager finden sich in Südafrika, Belgisch Kongo, Britisch Guyana, auf Borneo, in Brasilien, Australien, Ostindien und im

Ural. Die als Schmucksteine und wegen ihrer Festigkeit und Härte gesuchtesten Diamanten sind die brasilianischen. Der größte Diamant mit 3024 Karat ist der *Cullinan*, ein weiterer berühmter der *Kohinoor* mit 110 Karat.

Eigenschaften. Der Diamant ist der härsteste unter allen bekannten Stoffen, Härte = 10,150 mal härter als Korund. → Borcarbid, das synthetisch hergestellt wird, ist etwa so hart wie Diamant, während → Carborundum und *Widia* (Wolframcarbid mit Kobalt) den Diamanten in ihrer Härte fast erreichen. Der Name Widia ist aus den Anfangsbuchstaben „*Wie Diamant*" gebildet worden. Spez. Gew. des D. 3,5 bis 3,55. In reinem Zustande ist er durchsichtig, wasserhell und farblos und wird nach dem Schleifen wegen seines „brillanten" Glanzes mit *Brillant* bezeichnet. Gefärbt kommen Diamanten gelb, grün, blau, rot vor. Die dunklen, besonders festen und harten Diamanten nennt man *Carbonados*. Die Färbung beruht vermutlich auf dem Gehalt von im Diamant gelösten Metalloxyden. Der Diamant kristallisiert im regulären System als *Oktaeder*, Würfel, Hexakisoktaeder mit gekrümmten Kristallflächen und abgerundeten Kanten. Das sicherste Erkennungszeichen echter Diamanten sind dreiseitige pyramidale Vertiefungen auf den Flächen. Er besitzt ein großes Lichtbrechungs- und Zerstreuungsvermögen, das besonders bei den geschliffenen Brillanten zum Ausdruck kommt. Bei diesen wird das auffallende Licht vollständig reflektiert und gleichzeitig in die Spektralfarben zerlegt. Auf diesen Tatsachen beruht die hohe Wertschätzung des Diamanten als Edelstein. Das Gewicht von Diamanten wird nach *Karaten* festgestellt (1 Karat[1] = 0,2 g). Im Gegensatz zu Graphit leitet Diamant den elektrischen Strom nicht.

Chemisches Verhalten. Gegen chemische Einwirkungen auch bei hohen Temperaturen ist der Diamant sehr widerstandsfähig, soweit nicht Sauerstoff dabei mitwirkt. Von Säuren, auch Flußsäure und Basen, wird er nicht angegriffen. An der Luft erhitzt, verbrennt er bei etwa 850° sehr langsam, im reinen Sauerstoff bei etwa 700° bis 800° unter hellem Aufleuchten zu Kohlensäure.

Verwendung. Reine Diamanten, nur ein kleiner Prozentsatz der gefundenen, finden als Brillanten als Schmucksteine Verwendung. Ihr Schleifen erfolgt mit Diamantpulver, mit dem auch andere Edelsteine geschliffen werden. Minderwertige, besonders schwarze Diamanten und beim Schleifen abfallende Splitter der farblosen Diamanten finden als Einlage in die Spitzen von Gesteinsbohrern für besonders harte Gesteinsarten und zum Schneiden von Glas Verwendung. Dabei wird das Glas nicht nur geritzt, sondern durch die Keilwirkung der unter Druck einsetzenden Kristallkante gespalten. Durchbohrte Diamanten dienen als Düsen zum Ziehen feinster Metalldrähte.

Diäthylbarbitursäure. Acidum diaethylbarbituricum, DAB 6. Stoff B.

Veronal. Diäthylmalonylharnstoff. Mol.-Gew. 184,11.

Darstellung. Nach verschiedenen, durch DRP. geschützten Verfahren.

Eigenschaften. Farblose, durchscheinende, geruchlose Kristallblättchen mit schwach bitterem *Geschmack*, lösl. in 170 T. Wasser (20°), in 17 T. siedendem Wasser, l. lösl. in Weingeist, Äther und Natronlauge, schw. lösl. in Chloroform. Die wäßrige Lösung rötet Lackmuspapier. Schmp. 190° bis 191°.

---

[1] Unter Karat verstand man usprünglich das Gewicht eines Johannisbrotkernes.

Prüfung des DAB. 6. Beim vorsichtigen Erhitzen einer Mischung von 0,05 g D. mit 0,2 g getrocknetem Natriumcarbonat entwickeln sich eigenartig riechende Dämpfe (Ammoniak), die darüber gehaltenes rotes Lackmuspapier bläuen.

Die Lösung von 0,01 g D. in 2 ccm Wasser gibt mit einigen Tr. eine Lösung von 0,1 g Quecksilberoxyd, in 10 Tr. Salpetersäure einen weißen, in Ammoniakflüssigkeit lösl. Niederschlag von Merkurinitrat.

DAB. 6 läßt ferner prüfen auf Diacetylharnstoff, fremde organische Stoffe, Salzsäure, Schwefelsäure und anorganische Verunreinigungen.

Aufbewahrung. *Vorsichtig!*

Verwendung. *Med. innerl.* als Dauerschlafmittel (E. 0,25 g), jedoch mit unangenehmen narkotischen Nachwirkungen wie Mattigkeit, Müdigkeit, Kopfschmerzen. → Veronalnatrium.

Diäthylenglykolmonoäthyläther. Äthyldiäthylenglykol.

Carbitol. Glycopon S. Solvosol u. a. $OH \cdot CH_2 \cdot CH_2 \cdot O \cdot CH_2 \cdot CH_2 \cdot O \cdot C_2H_5$.

Farblose, leicht hygroskopische Flüssigkeit mit schwachem *Geruch*, mischbar mit Wasser und Weingeist, unlösl. in Kohlenwasserstoffen. Vorzügliches Lösungsmittel für ätherische Öle, Celluloid, Gummi, Harze, Kollodium und Anilinfarben. D. wirkt ähnlich wie Weingeist und Glycerin konservierend und ist gegen chemische Einflüsse unempfindlich, jedoch als Glykolderivat nur für solche Zwecke verwendbar, bei denen physiologisch kein Schaden entstehen kann.

Verwendung. Als Lösungsmittel in der Parfümerie, als Zusatz (höchstens 5%) zu Toilettewässern, Haarwässern, Lotionen, Cremes. (Nicht für Kinder!) Nach JANISTYN eignet sich D. als Ersatz von Weingeist bei der Bestimmung der Verseifungszahlen der Öle und Wachse, die dadurch wesentlich abgekürzt wird.

Dibromol.

Dibromol (Trommsdorff) ist die alkoholische Lösung eines Salzes einer gebromten isocyklischen Sulfosäure.

Verwendung. Als Oberflächen- und Tiefenantisepticum, zur Wundversorgung, mit jodähnlicher Wirkung, ohne schädigende Folgen.

Dibromsalicyl.

Dibromsalicyl (DBS) ist 5,5′-Dibrom-2,2′-dioxybenzyl und stellt ein gelbes, geruch- und geschmackloses, in Wasser schwer, in verschiedenen organischen Lösungsmitteln leichter lösl. Pulver dar. Schmp. 212° bis 213°.

Verwendung. *Äußerl.* als Antisepticum und gut wirkendes Desinficiens in Form von Pudern, Salben oder Lösungen (1- bis 10% in Polyglykoläther).

Dichlorbenzole.

Ja nach der Stellung der beiden Chloratome im Benzolring unterscheidet man o-, m- und p-Dichlorbenzol. Sie werden hergestellt durch direkte Einwirkung von Chlor auf Benzol, wobei Ferrichlorid als Katalysator verwendet wird. Dabei entsteht in der Hauptsache

p-Dichlorbenzol.

$C_6H_4Cl_2$ [1,4]. Mol.-Gew. 147,01.

Eigenschaften. Farblose Kristalle mit starkem ätherischem *Geruch,* die schon bei gewöhnlicher Temperatur flüchtig sind und beim Erwärmen sublimieren. In Wasser kaum, in Äther, Benzol und Schwefelkohlenstoff, ebenso in heißem Weingeist l. lösl. D. 1,458; Schmp. 53°; Sdp. 173,7°. Das dauernde Einatmen von Dämpfen von p-D. in größeren Mengen ist *gesundheitsschädlich* und kann zu Gelbsucht, Gewichtsabnahme und Linsentrübungen führen.

Verwendung. Als Lösungsmittel für Lacke, Harze usw., lt. Chem.-Ztg. 1927, 796, als vorzügliches Reinigungsmittel für Metalle. Als Schädlingsbekämpfungsmittel gegen Motten und andere Insekten. Die üblichen dabei erreichten Konzentrationen sind jedoch meist nicht ausreichend und seine Anwendung in nicht gasdichten Schränken deshalb aussichtslos. „*Globol*" (E. W.) ist ein mit wirkungssteigernden Zusätzen vermischtes p-Dichlorbenzol, das als Mottenmittel im Handel ist.

α-Dichlorhydrin.

Dichlorisopropylalkohol. $CH_2Cl \cdot CHOH \cdot CH_2Cl$.

Darstellung. Durch Veresterung eines mit Chlorwasserstoff gesättigten Gemisches von Glycerin und Eisessig.

Eigenschaften. D. (20°) 1,390; Sdp. 170° bis 176°. D. *reizt* die Schleimhäute und ruft Erbrechen, Bewußtlosigkeit und Narkose bei *Schädigung* von Herz und Kreislauf hervor.

Verwendung. Lösungsmittel für harte Harze in der Lackherstellung, mischbar mit den meisten organischen Lösungsmitteln, mit aliphatischen Kohlenwasserstoffen und Terpentinöl nicht mischbar.

Dichlormethan. Methylenchlorid. Methylenum chloratum.

Methylendichlorid. CH_2Cl_2. Mol.-Gew. 267,87.

Eigenschaften. Klare, farblose, nicht feuergefährliche Flüssigkeit, in Wasser schwer, in Weingeist, Äther und Ölen l. lösl. D. (20°) 1,336; Sdp. 41,6°. D. ist lipoidlöslich, dringt deshalb leicht in Nervenzellen ein und bewirkt dadurch Narkose.

Verwendung. Zu Rauschnarkosen, besonders rein als *Solaesthin* (Hoechst).

2, 4-Dichlorphenoxyessigsäure.

Eigenschaften. 2,4-D. „U 4 6" (BASF), farblose, in Wasser schwer, in Weingeist l. lösl. Kristalle. Wirksamster Wuchsstoff, der die Bildung kernloser Früchte ohne vorangehende Befruchtung schon in geringen Mengen bei Gurken, Tomaten, Apfelsinen und Citronen anregt.

Verwendung. Außer der vorgenannten Anwendungsmöglichkeit als Unkrautbekämpfungsmittel auf Rasenflächen (Golfplätzen), in Getreidefeldern (1 kg je ha in 0,1%iger Lösung) zur physiologischen Unkrautbekämpfung. Die schlimmsten Ackerunkräuter (Ackerwinde, Ackersenf, Ackerhahnenfuß, Hederich, Hirtentäschel, Kornblume, Wicken usw.) werden vernichtet, während Getreidearten ohne Schädigung bleiben. Kartoffeln, Getreide mit Klee als Untersaat, Rüben, Schmetterlingsblütler, Obstbäume und Weinreben werden durch 2,4-D. geschädigt und darf diese hier nicht zur Verwendung kommen.

Dickin Fruchtkernmehl[1].

Weißes, geruch- und geschmackloses Pulver, das quillt, bindet und verdickt.

Verwendung. Als Hilfsmittel in der Bäckerei, Konditorei und Süßwarenherstellung, als Bindemittel für Speiseeis.

Diffusion.

Mit Diffusion bezeichnet man die Selbstvermischung zweier in sich lösl. Flüssigkeiten oder zweier Gase. Diese erfolgt auch nach vorsichtigem Aufeinanderschichten zweier Flüssigkeiten beim längeren, ruhigen Stehen und beruht auf dem osmotischen Druck bzw. der thermischen Bewegung der Moleküle. Die Diffusion von Gasen erfolgt sehr schnell im Vergleich zur Diffusion Flüssigkeit in Flüssigkeit.

Diglykollaurat.

Schwachgefärbte, ölige Flüssigkeit mit leichtem Fettgeruch, lösl. in Weingeist, Kohlenwasserstoffen und Fetten, mit Glycerin, Glykol und Diäthylenglykol mischbar (3:1), mit Wasser gibt es stabile Emulsionen. D. wird von der Haut sehr leicht und fast unsichtbar resorbiert.

Verwendung. Zu Emulsionen, Cremes, Badeessenzen, Haarölen, Schminken, als Lösungsmittel für Farbstoffe.

☠ 3. Dijoddithymol. Aristol. Thymolum bijodatum, Erg.-B. 6. Stoff B.

Dithymoljodid. Mol.-Gew. 550,1.

$C_6H_2\big\langle\begin{matrix}CH_3\ [1]\\ OJ\ \ [3]\\ C_3H_7[4]\end{matrix}$

$C_6H_2\big\langle\begin{matrix}CH_3\ [1]\\ OJ\ \ [3]\\ C_3H_7[4]\end{matrix}$

Darstellung. Durch Eintragen einer Lösung von Jod und Kaliumjodid in eine Lösung von Thymol in Natronlauge.

Eigenschaften. Rotbraunes, *geschmackloses* Pulver mit schwach würzigem *Geruch*, unlösl. in Wasser und Glycerin, in Weingeist, Äther und fetten Ölen bis auf einen geringen Rückstand lösl. Gehalt 45% Jod.

Erkennung. Beim Erhitzen für sich oder mit konzentrierter Schwefelsäure zersetzt es sich unter anfangs reichlicher Entwicklung violetter Joddämpfe.

Erg.-B. 6 läßt prüfen auf Alkalien, freies Jod, Jodwasserstoffsäure, Salzsäure und Phenol.

0,2 g D. dürfen nach dem Verbrennen höchstens 0,006 g Rückstand hinterlassen.

Aufbewahrung. *Vorsichtig*, vor Licht geschützt.

Verwendung. Als geruchloser Ersatz für Jodoform, zu Wundpulvern (50%), zu Wundsalben (10%). In den letzten muß D. in Olivenöl unter 40° nicht übersteigender Erwärmung gelöst werden.

Dijozol.

Dijozol (Trommsdorff) ist ein dijodiertes Salz der Oxybenzolsulfosäure und ionogen gebundenes Jod in alkoholhaltiger Lösung. Färbt nicht ab.

Verwendung. Als reizloses Oberflächen- und Tiefenantisepticum ohne die Gefahr vom Jodismus, mit desodorisierender Wirkung, zur Desinfektion der Haut und von frischen und eitrigen Wunden.

---

[1] Hersteller: Gesellschaft für Sterilisation m.b.H., Berlin-Schlachtensee.

Dill.

Dill. Anẹthum gravẹolens *L.*

Umbelliferae.

Im Orient, dem Kaukasus und in Mittelmeerländern heimisches, durch Kultur weit verbreitetes, bei uns in Gärten und feldmäßig (Bayern, Prov. Sachsen, Hannover) vielfach angebautes, häufig verwildertes Kraut.

Dillfrüchte, Fructus Anẹthi, Erg.-B. 6.

Bergkümmel. Dollensamen. Gartendill.

Die reifen, gewöhnlich in ihre beiden Teilfrüchte zerfallenen Spaltfrüchte, plattgedrückt, oval, rötlichgelb bis gelbbraun mit breiten, flügelartigen Randrippen, 3 bis 5 mm lang, 2 bis 4 mm breit, am oberen Ende mit gewölbtem Griffelpolster. Jedes Teilfrüchtchen mit 5 Rippen, die Fugenseite zeigt helle Mittellinie (Abb. 58). *Geruch* fenchelähnlich würzig, *Geschmack* ebenfalls fenchelähnlich, jedoch brennend würzig.

Inhaltsstoffe. Bis 4% *ätherisches Öl* (Mindestgehalt nach Erg.-B. 6 2,5%), fettes Öl, Protein, Aminbasen u. a.

Verwendung. *Innerl.* Zerquetscht 1 Teelöffel auf 1 Tasse Aufguß, 2 Tassen täglich als Magenmittel, bei Krämpfen und Blähungen, mangelnder Milchabsonderung, gegen Schlaflosigkeit, als harntreibendes Mittel; als Küchengewürz; zur Likörherstellung.

Aufbewahrung. Vor Licht geschützt.

Verw. u. Verf. Andere Umbelliferenfrüchte.

Abb. 58. Dillfrüchte. Fructus Anethi. Teilfrüchte (1. Reihe in Rücken-, 2. Reihe in Fugenseitenansicht) mit den breiten, flügelartigen Randrippen, 2 fach vergrößert; — rechts oben Teilfrüchte in natürlicher Größe. (Nach *Schlemmer-Hörhammer.*)

Dillöl. Ọleum Anẹthi, Erg.-B. 6.

Dillöl wird aus zerkleinerten Dillfrüchten durch Wasserdampfdestillation gewonnen. Die Destillationsrückstände enthalten rund 15% Protein, 16% Fett und finden daher als Viehfutter Verwendung. Farblose, sich bald gelb färbende Flüssigkeit. D. (20°) 0,890 bis 0,912; $\alpha_D^{20°}$ +70° bis +82°; $n_D^{20°}$ 1,483 bis 1,492. Ungarische Dillöle haben eine Dichte bis zu 0,926, die optische Drehung geht bis zu 67° herunter. *Geruch* fenchelähnlich süßlich, *Geschmack* zunächst mild, dann scharf brennend. 1 ccm D. muß sich in 3 ccm Weingeist (90%) lösen.

Inhaltsstoffe. 40 bis 60% Carvon (Erg.-B. 6 verlangt Mindestgehalt von 40 Vol.-%), d-Limonen, Phellandren, Paraffin.

Verwendung. *Innerl.* E. 0,1 g als magenstärkendes, appetit- und verdauungsförderndes und harntreibendes Mittel; *äußerl.* zu Einreibungen. Als Gewürz, zur Aromatisierung von Likören.

Dimethylglyoxim.

Diacetyldioxim. Mol.-Gew. 116,12.

$$CH_3\!-\!C\!=\!NOH$$
$$|$$
$$CH_3\!-\!C\!=\!NOH$$

Weißes, kristallines, in Wasser unlösl., in Weingeist und Äther lösl. Pulver, Schmp. 234°. D. sublimiert bei weiterem Erhitzen unter Braunfärbung. Es gibt mit Kobalt und Nickel Komplexsalze.

Verwendung. In der Analyse zur qualitativen und quantitativen Bestimmung von Nickel.

☠ *2.* Dionin (E. W.). Äthylmorphinhydrochlorid.
Aethylmorphinum hydrochloricum, DAB 6. Stoff B.

$$[C_{17}H_{18}(OC_2H_5)O_2N]HCl \cdot 2\,H_2O. \quad \text{Mol.-Gew. } 385{,}7.$$

Eigenschaften. Weißes, aus feinen Nädelchen bestehendes Kristallpulver ohne *Geruch* mit bitterem *Geschmack*. Lösl. in etwa 12 T. Wasser, in 25 T. Weingeist. Die Lösungen verändern Lackmuspapier nicht. Es sintert bei 119° und ist bei 122° bis 123° völlig geschmolzen.

Erkennung. Beim Auflösen von 0,1 g Ä. in 10 ccm Schwefelsäure entsteht eine klare, farblose oder vorübergehend blaßrötliche Flüssigkeit, die auf Zusatz von 1 Tr. Eisenchloridlösung und Erwärmen erst eine grüne, dann eine tiefblaue Färbung gibt. Auf weiteren Zusatz von 2 Tr. Salpetersäure nach dem Erkalten entsteht eine tiefrote Färbung.

Beim Versetzen der wäßrigen Lösung (1 + 99) mit Silbernitratlösung entsteht ein weißer, käsiger Niederschlag.

Beim Versetzen von 5 ccm der wäßrigen Lösung (1 + 19) mit wenig Kalilauge entsteht ein weißer Niederschlag, der sich beim Umschwenken wieder löst und durch einen größeren Überschuß an Kalilauge wieder rein weiß ausfällt.

DAB. 6 läßt ferner prüfen auf Morphin, fremde Alkaloide, zu hohen Wassergehalt und anorganische Beimengungen.

Aufbewahrung. *Vorsichtig!*

Verwendung. *Med. innerl.* wie Codein (E. 0,03 g), in der Augenheilkunde für Augentropfen (5%) zur Aufhellung von Hornhauttrübung usw.

Dioxan.

Diäthylendioxyd. 1,4-Dioxan. Mol.-Gew. 88,10.

Dioxan ist ein aus 2 Molekülen Glykol zusammengesetzter cyclischer Äther, den man bei der Einwirkung von konz. Schwefelsäure und Erhitzen daraus erhält.

Eigenschaften. Farblose, leicht bewegliche, aromatisch riechende, ölige Flüssigkeit, D. (20°) 1,033; Sdp. 100,8°; mit Wasser, Weingeist, Äther und den meisten organischen Lösungsmitteln mischbar.

Toxikologie. Bei längerer Einwirkung von Dioxandämpfen sind bei Arbeitern *tödliche Vergiftungen* mit schweren Nieren- und Leberschädigungen durch Harnsperre eingetreten.

Verwendung. Als sehr gutes Lösungsmittel für Acetyl- und Nitrocellulose, Öle und Harze.

Diphenylamin. Diphenylaminum, Erg.-B. 6.

Phenylanilin. $(C_6H_5)_2NH$. Mol.-Gew. 169,1.

Darstellung. Durch Erhitzen eines Gemisches molekularer Mengen von Anilin und Anilinhydrochlorid in Autoklaven auf 200° bis 230°.

$$C_6H_5NH_2 \cdot HCl \;+\; C_6H_5NH_2 \;\rightarrow\; C_6H_5NHC_6H_5 \;+\; NH_4Cl$$

Anilinhydrochlorid   Anilin   Diphenylamin   Ammoniumchlorid

Eigenschaften. Farblose, in Wasser und verd. Salzsäure unlösl., in Weingeist, Äther und Benzol l. lösl. glänzende Kristalle. *Geruch* schwach eigenartig, *Geschmack* brennend. Schmp. 53° bis 54°.

Erkennung. 0,2 g D. sollen sich in einem Gemisch aus 20 ccm Schwefelsäure und 2 ccm Wasser farblos lösen. Durch Zusatz geringster Mengen Salpetersäure färbt sich die Lösung stark blau.

Erg.-B. 6 läßt prüfen auf Anilin.

Verwendung. Als empfindliches Reagens auf Salpetersäure und Nitrate, zur Darstellung einiger Farbstoffe.

Diptam.

Dictamnus albus *L.*

Rutaceae.

Mehrjähriges, in Mittel- und Südeuropa heimisches, auf Kalkfelsen und in Bergwäldern vorkommendes, häufig in Gärten als Zierpflanze angebautes, 60 bis 120 cm hohes Kraut mit stark gewürzhaftem, an Citronen und Zimt erinnerndem *Geruch*, unpaarig gefiederten, unten fast sitzenden Blättern, Blättchen eiförmig, am Rande gesägt. Blüten rosa, dunkler geadert, meist mit grünlicher Spitze, fünfzählig in Trauben, obere Kronblätter aufgerichtet, die unteren nach unten gebogen. Frucht, in 5 Teilfrüchte zerfallende Kapsel, enthält reichlich ätherisches Öl.

Diptamwurzel. Radix Dictamni.

Ascherwurz. Spechtwurzel.

Der getrocknete, walzig knotige, stark verästelte, weißliche Wurzelstock mit den Nebenwurzeln.

Inhaltsstoffe. Ätherisches Öl, Bitterstoff, Saponin, das Alkaloid *Dictamnin* mit giftiger Wirkung.

Verwendung. *Innerl.* $^{1}/_{2}$ Teelöffel auf 1 Tasse Abkochung, bis 2 Tassen täglich. Volkstümlich bei Wechselfieber, Magenerkrankungen und Magenkrampf, bei Nieren- und Blasensteinen. *Überdosierung* wegen des Dictamningehaltes zu *vermeiden!*

Aufbewahrung. Vor Licht geschützt; die Droge ist oft zu erneuern, da ihr Saponingehalt beim Lagern schnell abnimmt.

Dispersion.

Dispersion nennt man die Zerlegung des weißen Lichts in verschiedene Farben beim Durchgang durch ein Prisma. Beim Auffallen des Farbbandes auf einen Schirm werden die 7 Hauptfarben Rot, Orange, Gelb, Grün, Blau, Indigo und Violett als *Spektrum* (lat. spectrum, Erscheinung) sichtbar. Prismen aus dem stark bleihaltigen Flintglas ergeben ein doppelt so breites Spektrum wie Prismen aus Kronglas.

Dithiodiglykolsäure.

$$\begin{array}{l} S\text{—}CH_2COOH \\ | \\ S\text{—}CH_2COOH \end{array}$$

In Wasser und Weingeist l.lösl. Säure, Schmp. 108° bis 109°, die zusammen mit Thioglykolsäure zu Enthaarungsmitteln verwendet wird. Mit den Alkylgruppen Myristil, Cetyl und Stearyl bildet D. leicht schmelzende, wachsartige Ester mit perlartigem Glanz, die sich leicht in die Haut einreiben lassen, sie erweichen und ihr eine matte Oberfläche geben. Die Ester finden Verwendung zur Herstellung von Pudern, Lippenstiften, Cremes usw.

Dividivi.

Unter der Bezeichnung Dividivi oder *Libidivi* kommen die Früchte von **Caesalpinia coriaria** Willd., *Caesalpiniaceae*, in den Handel. Der Baum kommt in Mexiko, Guatemala, Honduras, Venezuela sowie auf den westindischen Inseln vor. Die Hülsen sind schnecken- oder S-förmig eingerollt und an beiden Enden stumpfspitzig, bis 3 cm lang und enthalten 2 bis 8 linsenförmige Samen.

Inhaltsstoffe. 30 bis 50% Gerbstoff, hauptsächlich Ellaggerbsäure, Ellagsäure und Gallussäure.

Verwendung. Zum Gerben von Leder, damit gegerbtes Leder wird hart, schwer und hell.

Auch die Hülsen von **Caesalpinia brevifolia** Baillon, die in Chile vorkommt, mit hohem Gerbstoffgehalt (bis 68%) sind unter dem Namen *Algarobillo* oder *Algarobito* im Handel. Diese Hülsen enthalten jedoch rote oder braune Farbstoffe, die sich schwer entfernen lassen, beim Gerben das Leder färben und deshalb nur beschränkte Verwendung finden.

Djambu.

Psidium guajava *Raddi.*

Myrtaceae.

In Ostindien, Westindien, Südamerika heimischer und in den Tropen wegen seiner Früchte überall kultivierter, bis 8 m hoher Baum.

Djambublätter. Folia Djamboe, Erg.-B. 6.

Folia Psidii pyriferi.

Die sorgfältig getrockneten Laubblätter, meist 8 bis 10, mitunter bis 12 cm lang, breit-oval, ganzrandig, mit kurzem Stiel, steif, lederig und brüchig, oben weißlichgrau, unten grünlich bis bräunlich, durch zahlreiche Sekretbehälter durchscheinend punktiert. Hauptnerv und bogenförmig verlaufende Seitennerven leicht eingesenkt. *Geruch* beim Zerreiben würzig, *Geschmack* aromatisch, etwas unangenehm.

Inhaltsstoffe. 8 bis 10% *Gerbstoff*, etwa 0,3% ätherisches Öl mit Eugenol, etwa 8% fettes Öl, Harz, Äpfelsäure u. a.

Verwendung. *Innerl.* 1 Eßlöffel auf 1 Tasse Aufguß, davon stündlich 1 Eßlöffel bei Magen- und Darmkatarrhen, Appetitlosigkeit, als adstringierendes Mittel.

Aufbewahrung. Vor Licht geschützt.

Djambufrüchte, Fructus Djamboe; — Djamburinde, Cortex Djamboe; — Djambuwurzel, Radix Djamboe, werden ebenfalls als Adstringens bei Durchfällen der Kinder angewandt. Die gerbstoffhaltige (25 bis 30%) Rinde wird zum Gerben, die ausgezogene Rinde zur Papierherstellung verwendet.

Dolantin.

Dolantin ist das Chlorhydrat des 1-Methyl-4-phenyl-piperidin-4-carbonsäure-äthylesters. Farbloses Kristallpulver, Schmp. 187° bis 188°.

Verwendung. *Med.* als Analgeticum und Spasmolyticum mit ausgesprochener Suchtgefahr *(Dolantinismus)*, deshalb *untersteht* Dolantin dem *Opiumgesetz.*

Dontalol.

Dontalol (Bayer) ist eine aromatisierte Lösung einer hochmolekularen aliphatischen Diammoniumbase.

Verwendung. *Äußerl.* als Mund- und Rachendesinficiens, zur Vorbeugung und Behandlung entzündlicher Mund- und Rachenerkrankungen, zur Entkeimung und Pflege von Zahnprothesen.

Dost.

Echter, gemeiner oder brauner Dost. Origanum vulgare *L.*

Wohlgemut. Wilder Majoran. Dorant.

Labiatae.

Häufig in Gebüschen und an trockenen, steinigen Orten vorkommende, bis 60 cm hohe, ausdauernde Pflanze mit aufrechten, vierkantigen, ästigen, behaarten, häufig rötlich angelaufenen Stengeln und kreuzgegenständigen Blättern, kurzgestielt, breit eiförmig, ganzrandig oder kurz geschweift, gekerbt, am Rande gewimpert und durchscheinend drüsig punktiert, bis 3 cm lang. Blütezeit Juni bis September. Kleine hell- bis purpurrote, selten weiße, kurzgestielte Blüten, an den verzweigten Stengelenden zu Scheinähren vereinigt, die einen doldenrispigen Blütenstand bilden, in den Achseln von Hochblättern mit violetten Spitzen (Abb. 59).

Dostenkraut. Herba Origani, Erg.-B. 6.

Das während der Blütezeit (Juni bis September) gesammelte, von dicken Stengeln befreite und getrocknete Kraut. *Schnittdroge* erkenntlich an großen, eiförmigen Deckblättern mit violetter Spitze. Das *Lupenbild* zeigt die Kelchblätter am oberen Rande weiß behaart. Blattstückchen hellgrün, drüsig punktiert, unterseits mit deutlicher Nervatur. Stengelstücke vierkantig, weißgrau behaart, oft rötlich angelaufen. *Geruch* angenehm würzig, *Geschmack* würzig, leicht bitter.

Inhaltsstoffe. 0,15 bis 1,1% ätherisches Öl (Mindestgehalt nach Erg.-B. 6 0,3%) mit bis zu 50% Thymol, Carvacrol, Cymol und Dipenten; eisengrünender Gerbstoff, Bitterstoffe.

Verwendung. 1 Teelöffel auf 1 Tasse Aufguß, bis 2 Tassen täglich *innerl.* als Magenmittel, bei Katarrhen der Atmungsorgane, als krampfstillendes Mittel bei Unterleibsbeschwerden der Frau, als harntreibendes Mittel; *äußerl.* zu Bähungen bei Leibschmerzen und Krämpfen, zu Gurgelwässern bei Entzündungen von Zahnfleisch, Mund und Hals, zu stärkenden Kräuterbädern.

Abb. 59. Dost. Origanum vulgare. *1* blühender Zweig; — *2* vergrößerte Blüte.

Dostenöl. Oleum Origani.

Dostenöl findet als krampflösendes Mittel — einige Tropfen mit Zuckerpulver gut vermengt — bei Keuchhusten Verwendung; in der Parfümerie zur Parfümierung von Seifen, zu Kölnisch Wasser.

Aufbewahrung. Vor Licht geschützt.

23 *

Drachenblut.

Drachenblut ist das Harz der Früchte von **Daemonorops-Arten,** *Palmae.* Kletterpflanzen von außerordentlicher Länge, die in sumpfigen Wäldern Hinterindiens, besonders auf Borneo, Java, Sumatra und den Molukken, wild wachsen. Früchte beerenartig, 2 bis 3 cm dick. Das Harz wird durch Erhitzen der Früchte über freiem Feuer zum Ausschwitzen gebracht und dann abgeklopft oder abgesiebt, geschmolzen und in Kuchen, rundlichen Ballen oder Stangen ausgegossen.

Drachenblut, ostindisches. Resina Draconis, Erg.-B. 6.

Sanguis Draconis.

Das Harz von Früchten verschiedener Daemonorops-Arten. Leicht, mit zinnoberrotem Bruch, zerbrechliche, glänzende, außen dunkelrotbraune, viereckige, kantige, brotförmige Kuchen oder rundliche Ballen, seltener flachgedrückte, beiderseits zugespitzte Stangen. Auf Papier gibt es einen blutroten Strich. *Geruchlos, Geschmack* kratzend, etwas süßlich.

Eigenschaften. Das Harz erweicht in heißem Wasser und hinterläßt beim Lösen in Isopropylalkohol, Chloroform, Eisessig, Benzol, Schwefelkohlenstoff bis zu 20% Verunreinigungen. In Äther wenig, in Petroläther und Terpentinöl unlösl. Beim Verbrennen darf der Rückstand höchstens 5% betragen.

Inhaltsstoffe. Benzoesäure und andere Säuren, Dracoresinotannolester, Farbstoffe.

Verwendung. Als Färbemittel zu Zahnpulvern (5%); zum Färben von Beizen, Lacken, Polituren.

Das rote Harz des Drachenblutes, **Dracorubin-Harz,** für sich hergestellt und vollständig gereinigt, dient zur Herstellung von **Dracorubinpapier,** das als Reagenspapier zur Unterscheidung von Petroleumbenzin und Benzol dient. Auch die Vermischung von Benzol mit Petroleumbenzin kann damit nachgewiesen werden. In kaltem Petroleumbenzin ist das Harz unlösl., in Benzol und Weingeist löst es sich mit blutroter Farbe. Reines Petroleumbenzin bleibt farblos oder wird höchstens schwach rosa gefärbt. Je mehr Benzol enthalten ist, desto dunkler färbt sich die Mischung.

Dulgon.

Dulgon (Benckiser) ist eine Kombination polymerer Metaphosphate, eingestellt auf verschiedene p_H-Werte.

Dulgon S	(sauer	$p_H = 3,5$)
Dulgon N	(neutral	$p_H = 7$)
Dulgon B	(basisch	$p_H = 8,5$)

Weißes, etwas hygroskopisches Pulver, in Wasser l.lösl., das die härtebildenden Kalksalze des Wassers komplex, ohne Ausfällungen hervorzurufen, bindet. In saurem Gebiet fällt D. Eiweißstoffe und übt durch Entquellung des Sehnen- und Hautkollagens eine Art Gerbwirkung auf die Haut aus. Es besitzt eine hohe Adsorptionskraft und juckreizstillende Wirkung. Das Emulgierungsvermögen von Dulgon B und N erleichtert das Abwaschen von Verschmutzungen, serösen Ausscheidungen, Ablösen von Borken, Schuppen usw. Beide können auch mit Seife zusammen verwendet werden.

Aufbewahrung. Gut verschlossen und trocken.

Verwendung. Durch Lösen und Herumrühren in *mäßig warmem* Wasch- oder Badewasser. Durch seine leicht adstringierende Wirkung macht D. die Haut widerstandsfähiger gegen Entzündungen und verhindert übermäßige Absonderungen der Schweiß- und Talgdrüsen. Bei *Brandwunden* hat D. die Fähigkeit, toxische Produkte, die beim Eiweißzerfall entstehen, zu binden und verhindert durch Koagulierung der pathogenen Erreger und der Nährsubstanz das Auftreten von Infektionen. Ferner ist D. angezeigt bei Hautschädigungen durch Seifengebrauch, Gewerbeekzemen, Überempfindlichkeit beim Rasieren, zur seifenlosen Reinigung empfindlicher Haut, beim Wundsein der Säuglinge und Wundliegen von Bettlägrigen, zum Enthärten von Säuglingswäsche.

Dulzin. Dulcin. DAB. 6.

p-Phenylcarbamid. Carbaminsäure-p-phenetidid. Mol.-Gew. 180,11.

$C_6H_4\begin{cases}OC_2H_5 \quad [1]\\ NHCONH_2 \, [4]\end{cases}$ Die Bezeichnung Dulzin stammt vom Lateinischen dulcis, süß.

Darstellung. Durch Erhitzen von Harnstoff im Überschuß mit p-Phenetidinhydrochlorid einige Stunden lang im Autoklaven auf 150° bis 160°. Das gebildete Roh-Dulzin wird aus Wasser und Alkohol umkristallisiert.

Eigenschaften. Farbloses, glänzendes, luftbeständiges, kristallines Pulver, das vom Wasser sehr schwer benetzt wird. Lösl. in etwa 800 T. Wasser (20°), etwa 50 T. siedendem Wasser und etwa 25 T. Weingeist. Dulzin ist 250mal süßer als Zucker, sein süßer *Geschmack* ist an das Vorhandensein der Äthylgruppe gebunden. Die Lösung von 0,1 g in 300 ccm Wasser schmeckt noch deutlich süß. Schmp. 172° bis 173°.

Prüfung des DAB. 6. *Erkennung.* Beim Erhitzen im Probierrohr über den Schmp. zersetzt es sich unter Entwicklung von Ammoniak und Bildung eines weißen Sublimats.

Beim Erhitzen von 0,02 g D. mit 4 Tr. verflüssigtem Phenol und 4 Tr. Schwefelsäure bis zum beginnenden Sieden, Abkühlen, Lösen in 10 ccm Wasser und Unterschichten mit Kalilauge entsteht nach einigen Min. eine blaue Zone.

DAB. 6 läßt ferner prüfen auf p-Phenetidin, Schwermetallsalze, Alkalien, Säuren, Di-p-phenetylcarbamid, fremde organische Stoffe und anorganische Beimengungen.

Verwendung. Als Süßstoff (0,004 g entsprechen 1,0 g Zucker) zum Süßen von Diabetikernährmitteln und zum Süßen in der Getränke-, Fischkonserven-, Gemüse- und Obstkonserven-Industrie.

Düngung und Düngemittel.

Der große Chemiker JUSTUS VON LIEBIG hat im Jahre 1840 festgestellt: „Den Menschen und Tieren geben pflanzliche Organismen, also organische Verbindungen, die Mittel zu ihrer Ernährung und Erhaltung. Die Quellen der Nahrung der Pflanzen liefert dagegen ausschließlich die anorganische Natur." Die Feststellung bildete die Grundlage für die heutige Agrikultur-Chemie. In der Folgezeit wurde durch Versuche in sog. *Wasserkulturen* (Nährlösungen anorganischer Salze in dest. Wasser) festgestellt, daß die Pflanze zu ihrer normalen Entwicklung die folgenden 10 Elemente benötigt:

Kohlenstoff	Phosphor
Wasserstoff	Kalium
Sauerstoff	Magnesium
Stickstoff	Calcium
Schwefel	Eisen

Diese 10 Elemente sind für die Pflanze unentbehrlich und können auch durch kein anderes Element ersetzt werden. Die wichtigsten der genannten Elemente sind

Kohlenstoff, Wasserstoff, Sauerstoff und Stickstoff. Aus den ersten drei setzen sich die Kohlenhydrate zusammen, aus ihnen und Stickstoff die Eiweißstoffe. Der Schwefel ist in bestimmten Aminosäuren (Cystin) enthalten, Phosphor in den Phosphatiden des Plasmas und in den Eiweißstoffen der Kernsubstanz, während Magnesium ein Bestandteil des Chlorophylls ist. Kalium und Calcium sind für den Quellungszustand und die Durchlässigkeit innerhalb der Pflanzenzelle von ausschlaggebender Bedeutung. Die genannten Nährstoffelemente müssen in geeigneter Form vorliegen, um von der Pflanze aufgenommen zu werden. So entnimmt sie den Kohlenstoff aus dem Kohlendioxyd der Luft, Wasserstoff und Sauerstoff als Wasser aus dem Boden, elementaren Sauerstoff (O_2) bei der Atmung aus der Luft. Alle anderen Elemente entnimmt die Pflanze mit den Wurzelhaaren ihrer Wurzel aus der Bodenflüssigkeit. Während der Luftstickstoff von der Pflanze nicht aufgenommen werden kann, nimmt sie Stickstoff als NO_3-Ionen, also in Form von Nitraten (Salpeter), aber auch als NH_4-Ionen in Form von Ammoniumsalzen, beide in Wasser gelöst, ebenfalls durch die Wurzeln auf. Schwefel muß als Sulfat, Phosphor als lösl. Phosphat vorliegen, um von der Pflanze aufgenommen werden zu können, während die Metalle in Form ihrer Ionen, das Eisen als zwei- und dreiwertiges Ion aufgenommen wird (s. a. Bd. I, 90).

Bodendüngung.

Die für die Pflanze notwendigen mineralischen Nährstoffe (s. a. Bd. I, 88ff.) sind in jedem Boden, der Pflanzen trägt, bis zu einem gewissen Grade vorhanden. Der Nährstoffgehalt der Böden ist jedoch verschieden. Durch absterbende Pflanzenteile werden die durch das Wachstum der Pflanzen dem Boden entnommenen Nährstoffe diesem wieder zugeführt. Dadurch entsteht in den Wäldern ein dauernder Kreislauf der Nährstoffe. Nährstoffverluste durch Auswaschung mit Niederschlägen werden durch die dauernde Verwitterung von Bodenmineralien ersetzt. Sobald jedoch eine Verarmung des Bodens an Nährstoffen durch die Entnahme von Pflanzen durch die Ernte eintritt, entzieht man diesem eine bestimmte Menge Stickstoff, Phosphor, Kalium und Kalk, die ihm dadurch endgültig verlorengehen. Nach WALTER[1] beträgt der Nährstoffentzug bei einer mittleren Ernte kg/ha durch:

	N	P	K
Winterweizen	70	30	50
Gerste	50	25	55
Raps	110	60	130
Kartoffeln	90	40	160

während der jährliche Kalkentzug folgende Zahlen erreicht:

durch Getreidearten	22 bis 39 kg/ha
„ Kartoffeln	76 kg/ha
„ Zuckerrüben	86 kg/ha
„ Luzerne	242 kg/ha

Wird ein Teil des Ernteertrages in dem landwirtschaftlichen Betrieb z. B. zu Futterzwecken selbst verbraucht, wird ein Teil der Nährstoffe in Form von Stallmist, Jauche, Kompost oder Asche in den Ackerboden zurückgeführt. Dies reicht aber niemals aus zur dauernden Erhaltung der Fruchtbarkeit eines Bodens. Die heutige intensive landwirtschaftliche Bewirtschaftung entzieht dem Boden solche Mengen Nährstoffe, daß die natürliche Tätigkeit der Mikroorganismen zusammen mit Vorgängen durch Verwitterung von Mineralien nicht ausgeglichen werden können. Zu den natürlichen Düngern müssen also *mineralische Dünger* zusätzlich verwendet

---

[1] WALTER, H.: Grundlagen des Pflanzenlebens, 3. Aufl., 1950.

werden. Ihre Bezeichnung als „*Kunstdünger*" ist falsch, weil sie für die Pflanze keinen künstlichen Ersatzstoff bedeuten. Im Gegenteil, gerade die mineralischen Dünger werden der Pflanze in der Form geboten, die für ihre Aufnahme geeignet ist. Naturdünger dagegen kann von der Pflanze erst aufgenommen werden, nachdem er durch die Tätigkeit von Bodenmikroorganismen mineralisiert worden ist. Bei richtiger Anwendung von mineralischem Dünger kann eine Schädigung für die Pflanze nicht eintreten.

Selbstverständlich muß bei ihrer Anwendung die Düngung, genau so wie bei der Düngung mit Naturdünger, so durchgeführt werden, daß die natürliche Bodenreaktion nicht verändert wird.

Die Frage, ob die Anwendung von Handelsdüngern für die Gesundheit abträglich sei, da mit ihnen gedüngte Pflanzen gesundheitsschädlich seien und Krebs, Thrombosen usw. verursachen könnten, wird nicht nur von Anhängern der Reformbewegung, sondern auch von anerkannten Ärzten der Naturheilkunde (BRAUCHLE) bejaht. Nach BEYTHIEN ist durch sorgfältige Versuche führender Agrikulturchemiker festgestellt worden, daß eine harmonische Volldüngung mit Stickstoff, Phosphor und Kalium in Verbindung mit organischen Düngemitteln nicht nur keine Qualitätsverschlechterung, sondern eine wesentliche Verbesserung des Ernteguts zur Folge hat. Indessen bedarf die Meinungsverschiedenheit beider Gruppen noch endgültiger wissenschaftlicher Aufklärung.

Die gewaltige Bedeutung der mineralischen Düngemittel für die Landwirtschaft und gleichzeitig ihre Bedeutung für die Wirtschaft erhellen am besten nachstehende Zahlen. Es wurden in Deutschland verbraucht:

Stickstoffdüngemittel 1924/25	340000 t	
Phosphordüngemittel 1924/25	371000 t	P_2O_5
„ 1937/38	690000 t	P_2O_5
Kalidüngemittel 1937/38	1156000 t	

Zweckmäßige Düngung benötigen nicht nur die Getreidearten, sondern auch Arznei- und Gewürzpflanzen, Beerenobst, Gemüse, Obstbäume, Weinreben, Zierpflanzen usw. Düngervorschriften s. Bd. III.

Düngemittel.

Nach ihrer Herkunft teilt man die Dünger ein in *Wirtschaftsdünger* (Mist, Jauche, Kompost, Asche sowie Knochenmehl, Kadavermehl, Hornmehl und Blutmehl) und *Handelsdünger*, die früher auch als „Kunstdünger" bezeichnet wurden. Bei den Handelsdüngern werden nach ihrer chemischen Zusammensetzung Stickstoffdünger, Phosphordünger und Kalidüngemittel unterschieden. Eine Sonderstellung als Düngemittel nimmt der Kalk ein. Düngergemische, die die Hauptdüngeelemente Kalium, Phosphor und Stickstoff enthalten, bezeichnet man als *Volldünger*. Diese kommen unter verschiedenen Bezeichnungen als Markenartikel in den Handel, z. B. Alberts Blumendünger und Pflanzennährsalze, Crescal, Fertisal, Hakaphos, Mairol, Nitrophoska, Pfitzers Pflanzendünger u. a. Düngemittel, die auf Anbauflächen gestreut werden, die bereits mit Pflanzen bewachsen sind, bezeichnet man mit *Kopfdünger*. Die wegen ihrer Schwerlöslichkeit nur langsam wirkenden und deshalb gewöhnlich schon einige Zeit vor der Aussaat ausgestreuten Düngemittel bezeichnet man als *Grunddünger*. Als *Gründünger* im Zwischenfruchtbau benutzt man Hülsenfrüchtler. Die durch die Wurzelknöllchen hierbei gebundenen Stickstoffmengen betragen beim Anbau von Leguminosen pro Hektar und Jahr 200 bis 400 kg. Die Pflanzen pflügt man unter und bringt den dadurch in ihnen gebundenen Stickstoff in den Boden. Als Gründüngungspflanzen finden hauptsächlich auf leichten Böden Lupinen und Serradella, auf mittleren und schweren Böden Wicken, Erbsen und einige Kleearten, auf sehr schweren Böden Ackerbohnen Verwendung. Auf armen Sandböden werden in der Forstwirtschaft Lupinen und Besenginster angebaut, um durch deren Knöllchenbakterien die Waldböden mit Stickstoff anzureichern.

1. Stickstoffdüngemittel. Der früher als Stickstoffdüngemittel verwendete Chilesalpeter ist durch die synthetisch hergestellten Salpeter und Ammoniumsalze sowie den Kalkstickstoff so gut wie völlig verdrängt worden. Sie werden meist im Frühjahr als Kopfdünger gegeben. Von welch ungeheurer Bedeutung die Verwendung der mineralischen Stickstoffdüngemittel für die Ernährung ist, erhellt die Tatsache, daß die Durchschnittserträge der Kartoffel in den letzten hundert Jahren um rund 100%, diejenigen der Getreidearten um rund 50% gestiegen sind. Dieser Erfolg ist zum großen Teil auf die Verwendung der mineralischen Stickstoffdüngemittel, aber auch auf die Erfolge einer gelenkten Pflanzenzucht zurückzuführen.

Die wichtigsten Stickstoffdüngemittel sind heute:

Ammoniumsulfat (s. dort), $(NH_4)_2SO_4$, das als Nebenprodukt bei der Leuchtgasfabrikation anfällt, hauptsächlich aber nach dem HABER-BOSCH-Verfahren aus Luftstickstoff dargestellt wird und 21% Stickstoff enthält.

Kalksalpeter, $Ca(NO_3)_2$, mit 16% Stickstoffgehalt, hat den Nachteil, sehr hygroskopisch zu sein, deshalb findet er meist in Form von *Kalkammoniumsalpeter*, $Ca(NO_3)_2 \cdot NH_4NO_3 \cdot 10\,H_2O$, mit etwa 20% Stickstoffgehalt Verwendung, der aus Salpetersäure mit Calciumcarbonat und einem Zusatz von Ammoniumnitrat dargestellt wird.

Leuna-Salpeter, Ammonsulfatsalpeter, $(NH_4)SO_4 + 2NH_4NO_3$, enthält 27% Stickstoff. Der reine Ammonsalpeter findet wegen Explosionsgefahr keine Verwendung mehr.

Harnstoff (s. dort), $CO(NH_2)_2$, enthält 40,5% Stickstoff. Seine Wirkung beruht auf der raschen Überführung im Boden zu Ammoniumsalzen, die weiter zu Nitraten oxydiert werden. Harnstoff ist für die landwirtschaftliche Düngung zu kostspielig, findet aber als Blumendünger und für besondere gärtnerische Kulturen Verwendung.

Kalkstickstoff, CaNCN, → *Calciumcyanamid*, enthält je nach Qualität 15 bis 22% Stickstoff und ist ein vielverwendeter hygroskopischer Dünger. Im Boden geht er zunächst mit Wasser in Harnstoff über:

$$CaNCN \quad + \quad 3\,H_2O \quad \rightarrow \quad CO(NH_2)_2 \quad + \quad Ca(OH)_2$$

Kalkstickstoff   Wasser   Harnstoff   Calciumhydroxyd

Der Harnstoff wird dann im Boden allmählich zu Ammoniumsalzen umgewandelt. Da diese Umwandlung einige Zeit erfordert, muß mit Kalkstickstoff meist im Herbst oder rechtzeitig im Frühjahr gedüngt werden.

2. Phosphordüngemittel. Der Bedarf an Phosphordüngemitteln ist außerordentlich groß, weil die meisten Böden der Welt phosphorarm sind. Der Phosphorsäureentzug durch die Ernte wird durch die Verwitterung phosphorhaltiger Mineralien bzw. natürliche Düngung nicht genügend ergänzt. Deshalb sind 70% aller deutschen Böden phosphorbedürftig. Da die Rohphosphatlager der Welt sehr begrenzt sind, ist die Phosphordüngung heute auf der ganzen Welt ein ernstes Problem. Als Phosphordüngemittel finden Verwendung:

Superphosphat, das durch Behandlung von Knochenmehl oder Rohphosphat mit Schwefelsäure dargestellt wird. Es enthält neben Gips, $CaSO_4 \cdot 2\,H_2O$, hauptsächlich wasserlösliches primäres Calciumphosphat, $Ca(H_2PO_4)_2$. Der Gips im Superphosphat trägt zur besseren Verteilung im Boden bei. Der P_2O_5-Gehalt des Superphosphats liegt bei etwa 18%. Tertiäres Calciumphosphat ist als Düngemittel unwirksam, da es von den Wurzeln der Pflanzen nicht aufgenommen wird. Wird an Stelle von

Schwefelsäure zum Aufschließen Phosphorsäure verwendet, erhält man *Doppel-superphosphat*, das keinen Gips enthält.

Rhenania-Phosphat, ein durch Erhitzen in Drehöfen bei 1100° bis 1200° von Rohphosphat mit Phonolith und Leucit hergestelltes Silicophosphat, mit der Zusammensetzung $CaNaPO_4$ (Hauptbestandteil), in isomorpher Kristallisation mit Calciumorthosilicat, Ca_2SiO_4. Gut streubares Pulver mit einem P_2O_5-Gehalt von etwa 25% bis 30%, das wegen seiner Schwerlöslichkeit im Boden einige Wochen vor der Aussaat ausgestreut wird.

Thomasmehl. Die bei der Verhüttung phosphorhaltiger Eisenerze (Minette) beim Bessemer-Prozeß gewonnene und zermahlene Thomasschlacke, die als Hauptbestandteil $5\,CaO\cdot P_2O_5\cdot SiO_2$, neben Tetracalciumphosphat, $4\,CaO\cdot P_2O_5$, enthält. Der P_2O_5-Gehalt liegt zwischen 16 und 18%. Die Phosphorsäure von Thomasmehl ist im Gegensatz zum Superphosphat viel schwerer löslich, daher eine Düngung mit Thomasmehl nur auf längere Sicht (einige Jahre) wirksam. Die Düngung mit Thomasmehl kommt hauptsächlich für leichte und schwere saure Böden in Frage.

Diammoniumhydrogenphosphat, $(NH_4)_2HPO_4$, ist ein wichtiger Bestandteil von Handels-Mischdüngern und liegt vor im

Leunaphos mit Ammoniumsulfat,
Nitraphoska mit Ammoniumsulfat, Ammoniumchlorid und Kaliumnitrat,
Hakaphos mit Harnstoff und Kaliumnitrat.

Guano ist der Mist von Seevögeln, der sich an regenarmen Küsten und Inseln von Peru und Chile im Laufe langer Zeiträume angesammelt hat und als Phosphatdünger Verwendung findet. Die besten Guanosorten enthalten 20 bis 30% Calciumphosphat und bis 7% Stickstoff und 15% P_2O_5, N teilweise als Ammoniumoxalat bzw. als Ammoniumurat.

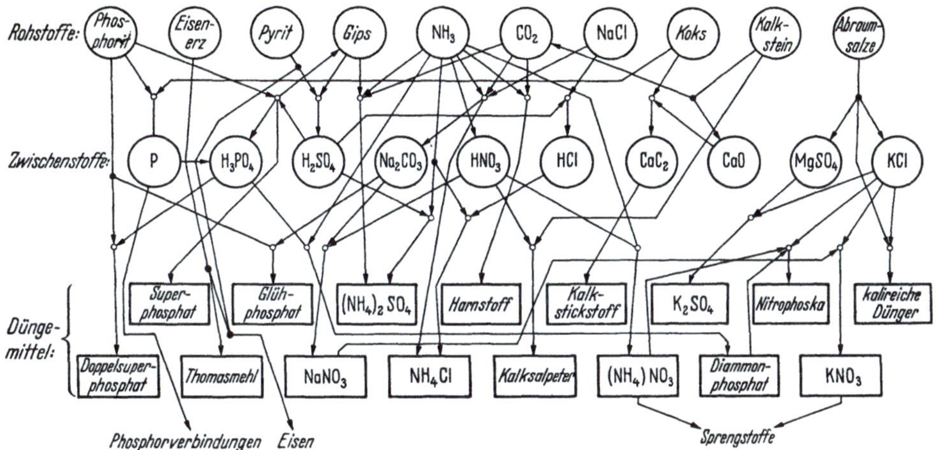

Abb. 60. Die Herstellung der Düngemittel. (Nach *F. A. Henglein*, Grundriß der chemischen Technik, Weinheim-Berlin 1949.)

3. Kalidüngemittel. Die Düngung mit Kalidüngemitteln wird vor allem bei Wiesen, auf Sand- und Moorböden durchgeführt, ferner bei Kartoffeln, Kleearten, Rüben und dem besonders kalibedürftigen Tabak. 30 bis 40% aller Böden sind kalibedürftig. Als Ausgangsmineralien zur Herstellung der Kalidüngemittel dienen die in den Staßfurter Abraumsalzen (s. dort) vorkommenden Salze Carnallit und Kainit. Im Handel befinden sich 20%ige, 30%ige und 40%ige Kalidüngemittel, außerdem Kainit mit 12 bis 15% K_2O-Gehalt, *Hederich-Kainit* mit 12 bis 15% K_2O-Gehalt,

Kaliumsulfat, chlorfrei mit 48 bis 52% K_2O-Gehalt und *Kaliummagnesiumsulfat,* chlorfrei mit 26 bis 30% K_2O-Gehalt.

Die *Schwefeldüngung* wird mit Ammoniumsulfat durchgeführt.

Der **Kalk** nimmt eine Sonderstellung ein; da er in dem Boden meist genügend vorhanden ist, wird er diesem nicht als Nährstoff zugeführt. Seine Verwendung ist aber häufig, um der Versauerung von Böden entgegenzuwirken. Da zur Kalkung bedeutende Mengen benötigt werden, wird möglichst ortseigener Kalk wie *gemahlener Kalkstein* (90 bis 95% $CaCO_3$), *Kalkmergel* (80 bis 90% $CaCO_3$), *Dolomit* oder *Ätzkalk* (Kalk mit 85 bis 90% CaO) verwendet.

Die Herstellung der Düngemittel und die dazu verwendeten Rohstoffe s. Abb. 60.

Zur weiteren Orientierung werden empfohlen:

BECKER-DILLINGER, H.: Düngefibel. München: Bayerischer Landwirtschaftsverlag, 1950.

GREVE: Dünger und Düngung. Hannover 1948.

RHEINWALD, H.: Praktische Düngerlehre für den landwirtschaftlichen Betrieb, 3. Aufl. Paul Parey-Verlag, 1949.

Spurenelemente.

Die im Abschnitt „Düngung" aufgezählten 10 Nährstoffelemente der Pflanze werden von dieser in größeren Mengen benötigt. Neuere Forschungen haben jedoch ergeben, daß der Pflanzenkörper auch Elemente in nur ganz geringen, teilweise schwer feststellbaren Mengen benötigt. Man bezeichnet diese als *Spurenelemente,* deren Fehlen bei vielen Kulturpflanzen zu Mangelkrankheiten führen. Solche Spurenelemente sind: Aluminium, Bor, Brom, Jod, Kobalt, Kupfer, Lithium, Mangan, Nickel, Titan, Zink, Zinn. Bei Zuckerrüben z. B. tritt durch Mangel an dem Spurenelement Bor die Mangelkrankheit „Herzfäule" auf, die schon durch geringe Mengen Bor behoben werden kann, während die „Dörrfleckenkrankheit" des Hafers durch einen Mangel des Spurenelements Mangan bedingt ist. Der Kartoffelertrag kann durch Düngung mit Bor um 60% gesteigert werden. Durch Kupferung der Böden wird der Chlorophyllgehalt der Pflanzen und der Ertrag der Böden sowie Lebensfähigkeit und Frostbeständigkeit wesentlich gesteigert. Hafer auf Moorböden benötigt besonders Kupferdüngung. Die Wirkung der Spurenelemente im Pflanzenkörper ist im einzelnen nicht geklärt. Fest steht, daß sie bei der Tätigkeit der Enzyme im Pflanzenkörper eine wichtige Rolle spielen. Ihr Vorhandensein ist deshalb die Voraussetzung für einen normalen Stoffwechsel.

Die Spurenelemente sind nicht nur für die Düngung von großer Bedeutung, sondern auch für die Ernährung. Die Körpersubstanz setzt sich zu etwa 99,9% aus folgenden Elementen zusammen: Sauerstoff, Kohlenstoff, Wasserstoff, Stickstoff, Calcium, Phosphor, Kalium, Natrium, Chlor, Schwefel, Magnesium und Eisen. Der Rest der Körpersubstanz setzt sich aus Spurenelementen zusammen, bei denen man nach HEUPKE-ROST[1] unentbehrliche, entbehrliche und solche mit giftiger Wirkung unterscheidet:

Mit erwiesener Bedeutung	Von bisher fraglicher Bedeutung	Ohne Bedeutung	Mit giftiger Wirkung
Jod	Aluminium	Bor	Blei
Kobalt	Arsen	Fluor	Selen
Kupfer	Gold	Lithium	Quecksilber
Mangan	Molybdän	Rubidium	
Silicium	Silber	Strontium	
Vanadium	Titan		
Zink	Zinn		

[1] Nach HEUPKE-ROST: Was enthalten unsere Nahrungsmittel? Frankfurt/Main 1950.

Im einzelnen haben die Spurenelemente im Körpergeschehen nach HEUPKE-ROST folgende Funktionen:

Arsen hebt den Ernährungszustand, gibt der Haut ein pralles, glänzendes Aussehen, macht das Haar dichter und fördert die Blutbildung. Fische enthalten verhältnismäßig große Mengen Arsen.

Blei wirkt auf den Körper giftig. Bei der Bleivergiftung entstehen Blutarmut, krampfartige Verstopfung, Lähmungen der Arme sowie Keimschädigung.

Bor ist als lebenswichtiges Element für den Menschen nicht erwiesen.

Fluor ist besonders in den Knochen und Zähnen angereichert. Große Fluormengen bewirken Erkrankungen beider, während sehr kleine Fluormengen für die Entwicklung der Zähne von Vorteil sein sollen.

Jod ist für den Menschen lebenswichtig. Der Tagesbedarf beträgt 0,15 bis 0,3 mg. Es ist für die Funktion der Schilddrüse von großer Bedeutung. Ist der Jodgehalt des Trinkwassers zu gering, treten durch Schilddrüsenstörungen Krankheiten auf, unter Umständen entsteht ein Kropf. In kropfreichen Gebieten wird durch jodhaltiges Vollsalz (Kochsalz mit 0,01% Jodkalium) dem Auftreten des Kropfes entgegengewirkt.

Kobalt ist ein für die Blutbildung unentbehrliches Spurenelement.

Kupfer ist ebenfalls für die Blutbildung lebenswichtig, besonders zur Bildung der roten Blutkörperchen. Bei seinem Fehlen entsteht Blutarmut. *Vet.* findet Kupfer in Lecksteinen gegen Lecksucht Verwendung.

Mangan ist als Bestandteil der Fermente Arginase und Phosphatase lebenswichtig, außerdem soll Mangan die Verwertung des Vitamins B_1 begünstigen. Bei Tieren führt Manganmangel zur Degeneration der männlichen und weiblichen Keimdrüsen und dadurch bedingter Sterilität. Bei wachsenden Tieren bewirkt Manganmangel den Stillstand des Wachstums.

Silicium ist als Bestandteil der Lipoide, in denen es in organischer Bindung enthalten ist, ein lebenswichtiges Spurenelement. Kieselsäurehaltige Abkochungen, über lange Zeit gegeben, finden als unterstützendes Mittel zur Behandlung der Lungentuberkulose Verwendung.

Zink wirkt als Spurenelement beruhigend auf das Nervensystem.

Eberraute.

Artemisia abrotanum *L.*

Compositae.

30 bis 100 cm hoher Halbstrauch, in Gärten, teilweise feldmäßig angebaut, oft verwildert vorkommend.

Eberrautenkraut. Herba Abrotani.

Die zur Blütezeit (Juli bis August) gesammelten und getrockneten Blätter und blühenden Spitzen. Graugrüne, gestielte Blätter, unterseits flaumhaarig, die oberen einfach, die unteren doppelt gefiedert, in der Blütenregion dreiteilig oder ungeteilt fadenförmig. Kleine, kugelig nickende, grauweiß filzige Blütenkörbchen mit gelben Röhrenblüten in Trauben. *Geruch* würzig, citronenähnlich, *Geschmack* würzig bitter.

Inhaltsstoffe. Ätherisches Öl, Bitterstoff, Gerbstoff, ein chininähnlich wirkendes Alkaloid *Abrotanin.* Vitamin C.

Verwendung. 1 bis 2 Teelöffel auf 1 Tasse Aufguß, *innerl.* als wurmtreibendes und magenstärkendes Mittel, *äußerl.* zu Bädern und als Wundheilmittel; als Gewürz, zur Branntweinherstellung.

Eberwurz.

Carlina acaulis *L.*

Compositae.

Auf Kalkboden, trockenen, sonnigen Wiesen, an steinigen Hügeln, Abhängen vorkommende, ausdauernde Pflanze mit großem, auf kurzem Stengel sitzendem, 5 bis 13 cm breitem Blütenkörbchen, innere Hüllblätter mit silberweißem Glanz. Blätter bis 30 cm lang, einfach oder doppelt fiederspaltig, dornig gezähnt. Zahlreiche rosarote bis gelblichweiße zwittrige Röhrenblüten, Blütenboden mit Spreublättchen.

Eberwurzel. Radix Carlinae, Erg.-B. 6. Sammelverbot!

Attichwurzel. Bergdistel. Kraftwurzel. Wetterdistel. Stengellose Eberwurz. Mariendistel. Silberdistel.

Die im Herbst (September/Oktober) gesammelten und getrockneten (Wasserverlust 75%) Wurzeln von Carlina acaulis. Bis 30 cm lange, 1 bis 2,5 cm dicke,

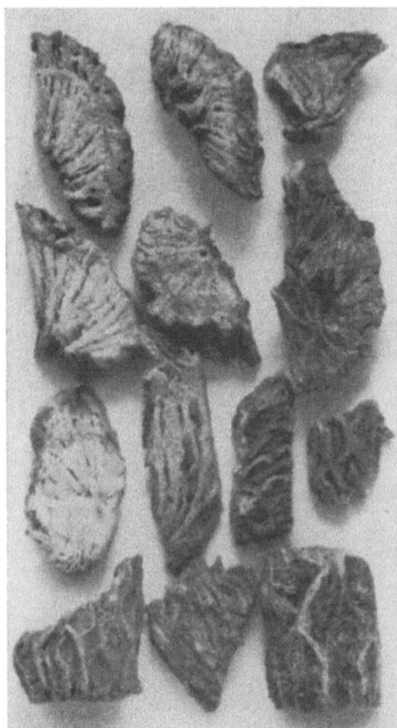

Abb. 61. Eberwurzel. Radix Carlinae. Schnittdroge, 2fach vergrößert. Wurzelstückchen in Querschnittansicht, mit stark zerklüftetem Holzteil (linke und obere Bildhälfte); — in der rechten unteren Bildhälfte die tieflängsrunzelige Furchung in Oberflächenansicht. (Nach *Schlemmer-Hörhammer*.)

hell- bis graubraune, zylindrische Wurzeln. Spröde, mit hornartigem Bruch, grob längsrunzelig, häufig schraubenförmig gedreht. Oben vielfach mehrköpfig, an der Spitze wenig verästelt. *Geruch* angenehm durchdringend, *Geschmack* bittersüß, aromatisch-brennend (Abb. 61).

Lupenansicht. Auf dem Querschnitt ist ʼdie schmale weißliche oder bräunliche, durch Harz glänzende und lückige Rinde erkennbar, Holzkörper dick, hellgelb, auffallend zerklüftet, durch breite, bräunliche Markstrahlen radial gestreift. Zahlreiche braunrote Sekretbehälter in der Rinde und im Holz.

Inhaltsstoffe. 1,5 bis 2% ätherisches Öl (Mindestgehalt Erg.-B. 6 1%) mit narkotischem Geruch, Gerbstoff, Harz, 18 bis 22% Inulin.

Verwendung. *Med.* $^1/_2$ Teelöffel auf 1 Tasse Aufguß, bis 2 Tassen täglich als harn- und schweißtreibendes Mittel und gegen Würmer, *vet.* zu Viehpulvern. Zur Likörherstellung.

Aufbewahrung. Vor Licht geschützt.

Verw. u. Verf. Wurzeln der kleinen Eberwurz, Carlina vulgaris, ohne Geruch.

Edelgamander.

Teucrium chamaedrys *L.*

Bathengelkraut. Erdweihrauchkraut. Labiatae.

Verbreiteter, 15 bis 30 cm hoher Halbstrauch mit Ausläufern, gestielten, in dem Blattstiel keilförmig verschmälerten Blättern, rosafarbenen, selten weißen Blüten in endständigen Scheinähren.

Edelgamanderkraut. Herba Chamaedrios.

Das während der Blütezeit ohne Wurzeln gesammelte und getrocknete Kraut. Kleine eiförmige, am Grunde keilförmig in den kurzen Blattstiel verschmälerte

Blätter, grobkerbig gesägt und gegen die Basis ganzrandig, oberseits glänzend, schwach behaart, dunkelgrün, unterseits hellgrün. Blütenkelche etwa 5 mm lang, 5zählig, carminrot, behaart; Stengelteile vierkantig, zottig behaart, grün- oder blauviolett.

Inhaltsstoffe. Ätherisches Öl, Bitterstoffe, Gerbstoffe.

Verwendung. *Innerl.* 1 Teelöffel auf 1 Tasse Aufguß als aromatisches Bittermittel und Kräftigungsmittel, harntreibendes Blutreinigungsmittel, gegen Gicht, Wassersucht.

Edelgase.

Die Bezeichnung Edelgase wurde diesen Stoffen gegeben, weil sie sich mit keinem anderen Elemente verbinden und deshalb mit den Edelmetallen eine gewisse Ähnlichkeit haben. Sie werden als nullwertig angesehen und sind im Gegensatz zu anderen gasförmigen Elementen (H_2, O_2, N_2, Cl_2, F_2, Br_2, J_2) einatomig.

Die Edelgase Helium, He, Neon, Ne, Argon, Ar, Krypton, Kr, Xenon, X, sind ständige Begleiter des Stickstoffs in der atmosphärischen Luft und wurden von RAYLEIGH und RAMSEY 1893 bei Untersuchungen des spez. Gewichtes von Stickstoff entdeckt. In 1 cbm Luft sind etwa 9300 ccm Argon, 16 ccm Neon, 4,6 ccm Helium, 1,08 ccm Krypton und nur 0,08 ccm Xenon vorhanden. Ihre Isolierung wird durch Tiefkühlung mit flüssiger Luft erreicht, wobei sich Argon, Krypton und Xenon zu einer Flüssigkeit verdichten, in welcher Helium und Neon gelöst enthalten sind. Wird die Kühlung unterbrochen, entweichen Helium und Neon und ein Teil des Argon, während Krypton und Xenon mit dem restlichen Argon flüssig bleiben.

Verwendung. In der Elektrotechnik für Glimmlampen und Beleuchtungszwecke. Das Helium findet wegen seiner Leichtigkeit und Unbrennbarkeit zum Füllen von Luftschiffen, Argon zum Füllen von Metallfadenlampen Verwendung. Neon wird zur Füllung von Neonlampen verwendet, die das bekannte orangerote Licht geben, während neben Neon noch Argon und Quecksilberdampf enthaltende Röhren blau leuchten.

Edeltannennadelöl.

Oleum Abietis albae.

Edeltannennadelöl wird durch Wasserdampfdestillation von Nadeln und Zweigspitzen der **Edeltanne, Abies alba** *Miller, Pinaceae, Weißtanne,* im Schwarzwald und Thüringen, der Schweiz und Österreich (Steiermark, Tirol) gewonnen. Ausbeute 0,2 bis 0,5 %.

Eigenschaften. Farbloses Öl mit voller, schwerer Tannenduftnote, feiner und kräftiger als Fichtennadelöl und andere Tannenöle. D. (15°) 0,867 bis 0,886; optisch aktiv, $\alpha_D^{20°}$ —34° bis —60°; $n_D^{20°}$ 1,473 bis 1,476. Lösl. in 4 bis 7 Vol.-T. Weingeist (90%) und mehr, mitunter mit leichter Trübung.

Inhaltsstoffe. 5 bis 10% l-*Bornylacetat,* l-α-Pinen, l-Limonen, Laurinaldehyd (Träger des Geruchs), Santen, ein Sesquiterpen.

Verwendung. Zu hautreizenden Einreibungen, zur Herstellung von Zerstäuberflüssigkeiten, zur Inhalation bei Erkrankungen der Luftwege, zu Badetabletten, in der Parfümerie und Seifenindustrie.

Aufbewahrung. Vor Licht geschützt.

Edeltannenzapfenöl. Oleum templinum.

Templinöl. Oleum Abietis fructuum (mitunter fälschlich als Oleum Pini silvestris bezeichnet).

Aus den im August und September gesammelten einjährigen, zerschlagenen Fruchtzapfen der **Edeltanne, Abies alba** Miller, *Pinaceae, Weißtanne,* durch Wasserdampfdestillation gewonnen. Haupterzeugungsgebiete: Schwarzwald, Thüringen, Kanton Bern (Schweiz).

Eigenschaften. Farbloses Öl, D. (15°) 0,851 bis 0,870. Optisch aktiv, $\alpha_D^{20°}$ —60° bis —84°, in 5 bis 8 Vol.-T. Weingeist (90%) mitunter mit geringer Trübung lösl. *Geruch* angenehm balsamisch, erinnert an Citronen und Pomeranzen, frischer als der des Nadelöles, jedoch weniger kräftig und ausdrucksvoll.

Inhaltsstoffe. Pinen, Limonen, bis 60% Bornylacetat, ein Sesquiterpen.

Verwendung. Zum Verdampfen auf heißem Wasser zur Inhalation, zu Luftverbesserungspräparaten, zur Parfümierung von Seifen.

Aufbewahrung. Vor Licht geschützt.

Edenol.

Es sind im Handel *Edenol 133* und *Edenol 242K* (DEHYDAG), hochwertige Kombinations-Weichmacher für die Kunststoff-, Kabel- und Lackindustrie, die in jedem Verhältnis mit fast allen bei der Verarbeitung von Kunststoffen üblichen Lösungsmitteln mischbar sind. Nicht mischbar sind sie mit einer Reihe mehrwertiger Alkohole (Äthylenglykol, Propylenglykol, Butylenglykol, Diäthylenglykol, Triäthylenglykol, Glycerin u. a. m.). Die Edenole sind klare, in Wasser unlösl., nahezu farblose Flüssigkeiten von sehr geringer Flüchtigkeit, chemisch indifferent.

Verwendung. Als Plastifizierungsmittel für die Kunststoff-, Kabel- und Lackindustrie, Edenol 133 als Kombinations-Weichmacher für die Nitrocellulose verarbeitende Lackindustrie.

Efeu.

Efeu. Epheu. Hedera helix *L.*

Araliaceae.

In Wäldern und an Mauern mit Haftwurzeln sich anklammernde immergrüne Pflanze mit lederartig glänzend kahlen, dunkelgrünen, häufig hell geaderten, am Grund herzförmigen und 3- bis 5eckig gelappten, in der Blütenregion mit birnbaumähnlichen, lang zugespitzten, mattgrünen Blättern. Blüten grünlichgelb in kleinen, zu Trauben angeordneten Dolden. Frucht im Winter reifende blauschwarze Beere.

Efeublätter. Folia Hederae helicis.

Junge, getrocknete Blätter.

Inhaltsstoffe. Verschiedene Glykoside, darunter *Hederin,* ein Saponin, Inosit, Carotin, Chlorogensäure und andere Säuren, Fett, Pektin.

Verwendung. $1/_2$ Teelöffel auf 1 Tasse Aufguß *innerl.* bei chronischen Katarrhen mit starker Verschleimung, *äußerl.* bei Brandwunden, eiternden Wunden und Geschwüren; E. rufen mitunter bei äußerlicher und innerlicher Anwendung Hautausschläge hervor; *techn.* als Waschmittel.

E-Grandelat.

E-Grandelat (Keimdiät) ist ein nach schonendem Verfahren entsäuertes Weizenkeimöl mit einem Mindestgehalt von 0,15% α- und β-Tocopherol und einer SZ.

unter 4 entsprechend 2% freier Fettsäure. Außer Vitamin E enthält es noch Provitamin A, Provitamin D, Provitamin F, 3 bis 4% Unverseifbares, oestrogene Stoffe vom Typ des Follikelhormons und bestimmte, an Getreide erinnernde Duftstoffe.

Aufbewahrung. Vor Licht und Sauerstoff geschützt, jahrelang unverändert haltbar. Eisengefäße sind ungeeignet, da Vitamin E durch Eisen zerstört wird.

Verwendung. *Med. innerl.* als natürlicher Vitamin-E-Träger zur Behandlung von Sterilität, Menstruationsstörungen, Muskelschwund, Gefäß- und Kreislaufstörungen (Hypo- und Hypertonie), insbesondere Herzerkrankungen. *Vet.* für sich allein oder in Mischung mit Hormonen zur Herstellung von injizierbaren Tierarzneimitteln.

Ehrenpreis.

Ehrenpreis, echter. Veronica officinalis *L.*

Scrophulariaceae.

In trockenen, lichten Wäldern, auf Waldschlägen und im Heideland häufig vorkommendes Kraut mit niederliegenden Stengeln und stark verzweigten, aufsteigenden Ästen. Blätter klein, gegenständig, graugrün, kurz gestielt, in den Blattstiel verschmälert, verkehrt eiförmig bis elliptisch, mit gesägtem Rand. Blüten hellblau, von dunklen Adern durchzogen, in reichblütigen Trauben in den Achseln der Blätter. Fruchtkapsel mit lanzettlichen Kelchblättchen (Abb. 62).

Ehrenpreiskraut.
Herba Veronicae, Erg.-B. 6.

Grundheil-, Männertreu-,
Schlangen-, Wundkraut.

Die während der Blütezeit (Juni bis September) gesammelten und getrockneten oberirdischen Teile. Kennzeichnend für die *Schnittdroge* sind zahlreiche verkehrt herzförmige Fruchtkapseln mit am Grunde noch sichtbaren 4 schmal-lanzettlichen Kelchblättern. Stiel- und Stengelstückchen rund, grün bis blauviolett, feine längsgestreifte, weichbehaarte, beiderseits rauhhaarige Blätter, gekerbt oder gesägt, in den Blattstiel verschmälert. *Geruchlos, Geschmack* schwach bitter.

Abb. 62. Ehrenpreis. Veronica officinalis. *1* Habitus; — *2* Blüte, vergrößert; — *3* Frucht, vergrößert.

Inhaltsstoffe. Ein Glykosid, Bitterstoff, Gerbstoff, ätherisches Öl, Saponin (?).

Verwendung. *Innerl.* 1 bis 2 Teelöffel auf 1 Tasse Aufguß gegen Verschleimung, Bronchial- und Magenkatarrh, Gicht und Rheumatismus.

Aufbewahrung. Vor Licht geschützt.

Verw. u. Verf. Wegen der Ähnlichkeit ihrer Früchte mit Herba Bursae pastoris im Handel häufig verfälscht mit dem Kraut von Stachys alpina.

Eibe.
Eibenbaum. Taxus baccata *L.*
Coniferae-Taxaceae.

Immergrüner, bis 15 m hoher Baum oder Strauch, häufig in Gärten und Anlagen als Zierstrauch. Zweizeilig angeordnete, einfach zugespitzte Nadeln, beerenähnliche, becherförmige Früchte mit rot gefärbtem Samenmantel, die als einziger Teil der Pflanze frei von Toxin sind (Abb. 63).

Abb. 63. Eibe. Taxus baccata. ♂ männlicher, ♀ weiblicher Blütenzweig; — *fr* Fruchtzweig in natürlicher Größe. Das übrige zeigt die Verhältnisse des Blüten- und Fruchtbaus, teilweise stark vergrößert.

Eibenblätter. Folia Taxi baccatae. Gift!

Stark lokal reizendes ätherisches Öl, in den Zweigen und Samenkörnern das stark giftige Alkaloid *Taxin.* Abkochungen der Zweigspitzen finden mißbräuchlich als Abortivum Verwendung, wodurch wiederholt Todesfälle vorgekommen sind. Pferde gehen besonders leicht nach dem Fressen von Taxuszweigen ein.

Eibisch.
Eibisch. Althaea officinalis *L.*
Malvaceae. Sammetpappel. Heilwurz.

Die am Kaspischen, Schwarzen und östlichen Mittelmeer beheimatete und bei uns auf trockenem, salzhaltigem Boden zerstreut vorkommende, in der Gegend von Nürnberg, Schweinfurt und Ulm angebaute ausdauernde Pflanze treibt im ersten Jahr aus dem kurzen Wurzelstock nur eine Blattrosette, aus der sich im folgenden Jahr ein bis $1^1/_2$ m hoher, einfacher oder wenig verzweigter, filzig-zottiger Stengel mit gestielten, spiralig angeordneten, beiderseits samtartig filzigen Blättern entwickelt. Hellrosa Blüten, 5zählig, in den Blattachseln mit filzig behaartem Außenkelch aus 6 bis 11 verwachsenen Hochblättern. Blumenblätter am Grunde zu einem Nagel verschmälert, oben breit, leicht ausgerandet (Abb. 64).

Abb. 64. Eibisch. Althaea officinalis.
1 Zweig mit Blüten; — 2 Frucht, vergrößert; — 3 Wurzelstock; — 4 Wurzelstock, getrocknet; — 5 Querschnitt des Wurzelstocks, vergrößert.

Eibischblätter. Folia Althaeae, DAB. 6.

Die während der Blütezeit (Juli/August) gesammelten und getrockneten Laubblätter, bis 10 cm lang, Stiel kürzer als die Spreite (Unterschied von Folia Malvae), rundlich-elliptisch, 3- bis 5lappig, meist mit herzförmigem, seltener gerade abgeschnittenem oder keilförmigem Grund, gekerbt oder gesägt, beiderseits dicht behaart. *Geruchlos, Geschmack* fade, schleimig. Die Blätter dürfen nicht von Pilzen befallen sein. Aschehöchstgehalt von 1 g 0,16 g.

Inhaltsstoffe. Viel Schleim, Spuren von ätherischem Öl.

Verwendung. *Innerl.* 1 Eßlöffel auf 1 Tasse Wasser als Aufguß oder Abkochung zu Hustentee, *äußerl.* zum Gurgeln bei Entzündungen der Mund- und Rachenschleimhaut.

Verw. u. Verf. Blätter von *Malva silvestris* und *Malva neglecta* (ohne dichte Behaarung) und der Thüringer Strauchpappel, *Lavatera thuringiaca*, mit doppelt so breiten wie langen Blattzähnen.

Eibischblüten. Flores Althaeae.

Die zur Blütezeit gesammelten rosafarbenen, 5zähligen Blüten mit filzig behaartem, hellblaugrünem, 9zipfeligem Außenkelch, langem Innenkelch. Kennzeichnend die sich häufig vorfindenden 10teiligen handkäseförmigen Früchte (Abb. 64, *2*).

Inhaltsstoffe. Schleim, Zucker, Stärke, fettes Öl.

Verwendung. *Innerl.* 1 Eßlöffel auf 1 Tasse Aufguß oder Abkochung als reizmilderndes Schleimmittel bei Katarrhen und Husten, *äußerl.* zu Gurgelwässern.

Verw. u. Verf. Die Blüten der Thüringer Strauchpappel, *Lavatera thuringiaca*.

Eibischwurzel. Radix Althaeae, DAB. 6.

Altheewurzel. Heilwurzel. Sammetpappelwurzel.

Die durch Schälen von der Korkschicht und einem Teil der Rinde befreiten, getrockneten Hauptwurzelzweige mit den Nebenwurzeln von im Herbst gesammelten, kultivierten, zweijährigen Pflanzen von Althaea officinalis (Abb. 64, *3, 4*). Die Wurzeln werden frisch in Würfelform geschnitten und sofort bei niedriger Temperatur getrocknet. Die unzerkleinerte Wurzel ist gelblichweiß, einfach, ziemlich gerade, bis 30 cm lang und bis 2 cm dick, gewöhnlich längsfurchig, häufig etwas gedreht, mit zahlreichen bräunlichen Narben von Wurzelfasern sowie stellenweise von der Oberfläche sich ablösenden Fäserchen. Sie stäubt beim Zerbrechen infolge reichlichen Stärkegehaltes, Bruch des Holzes kurz, körnig, der Rinde zäh, langfaserig. *Geruch* schwach eigenartig, *Geschmack* etwas süß und schleimig.

Lupenansicht. Besonders nach dem Aufweichen in Wasser erscheint die Rinde ringförmig geschichtet, der Holzkörper undeutlich strahlig (Abb. 64, *5*).

Inhaltsstoffe. Bis 35% Schleim, 38% Stärke, etwa 10% Rohrzucker, 11% Pektin, 2% *Asparagin*, fettes Öl, Eiweiß, Betain, reichlich Mineralsalze.

Verwendung. 2 Teelöffel auf 1 Tasse Kaltmazerat (dabei geht die Stärke nicht in Lösung) *innerl.* bei Katarrhen der Luftwege, Husten, Keuchhusten, bei Magen- und Darmentzündungen, als einhüllendes Mittel zu Hustenteemischungen, als Geschmackskorrigens für schlecht schmeckende Arzneien; *äußerl.* zu Schleimhautspülungen, Klistieren, zu Umschlägen auf entzündete Hautstellen; Eibischwurzelpulver zum Bestreuen von Pillen; in der Kosmetik zu Pudern, Zahnpasten und Zahnpulvern; *techn.* einige Prozent Eibischwurzelpulver Gips zugesetzt, lassen diesen nicht so schnell erhärten und machen ihn härter und zäher.

Aufbewahrung. Frisch bezogene Eibischwurzel muß, insbesondere an feuchten Tagen, bei gelinder Wärme getrocknet werden, da sie hygroskopisch ist, feucht dumpfen Geruch annimmt und dann leicht schimmelt.

Verw. u. Verf. Wurzeln von *Althaea rosea*, grobfaserig, zäh, mehr gelblich.

Prüfung des DAB. 6. Neben der mikroskopischen Prüfung schreibt das DAB. 6 folgende Prüfungen vor:
Beim Befeuchten mit Ammoniakflüssigkeit färbt sich die Querschnittfläche gelb.
Beim Mazerieren von E. mit der 10 fachen Menge kaltem Wasser darf der entstehende Schleim nur noch schwach gelblich sein und Lackmuspapier kaum verändern.
Beim Schütteln von 1 g E. mit 5 ccm verd. Essigsäure darf nach dem Filtrieren und Zusatz von Ammoniumoxalatlösung keine stärkere Trübung auftreten (gekalkte Eibischwurzel).
Beim Verbrennen von 1 g E. darf höchstens ein Rückstand von 0,07 g verbleiben.

Eiche.

Die Eichenrinde zu medizinischen und technischen Zwecken und deren ovale, einsamige Nüsse, die Eicheln, gewinnt man von nachstehenden Eichenbäumen, *Fagaceae* (auch *Cupuliferae*, Becherfrüchtler, genannt): **Quercus robur** *L.*, **Quercus pedunculata** *Erhardt, Stiel-* oder *Sommereiche* mit gestielten Früchten (Abb. 65) und fast sitzenden Blättern.

Quercus sessiliflora *Salisbury, Trauben-* oder *Wintereiche* mit sitzenden Früchten und deutlich gestielten Blättern.

Eichenrinde. Cortex Quercus, DAB. 6.

Abb. 65. Eicheln. Früchte von Quercus pedunculata. *e* Cupula; — *f* die Eichel.

Die im Mai geschälte, getrocknete Rinde jüngerer Stämme und Zweige, die in „*Eichenschälwäldern*", besonders im Siegerland, im nordwestlichen Schwarzwald, im südlichen Odenwald und in Oberfranken zum Zwecke der Eichenrindegewinnung angelegt sind. Die beste Sorte ist die borkenfreie *Spiegel-* oder *Glanzrinde*, die von höchstens 10 cm dicken Stämmchen, sog. „Stangen", gewonnen wird. 1 bis 2 mm dicke, meist band- oder rinnenförmige, zusammengerollte Stücke mit bräunlich bis silbergrauer, glatter, glänzender Außenseite und wenigen, etwas quergestreckten, weißlichen Korkwarzen, mitunter mit Flechten besetzt. Innenseite braunrot, matt, mit starken, unregelmäßigen Längsleisten, sog.

Abb. 66. Eichenrinde. Cortex Quercus. Schnittdroge, 2 fach vergrößert. Oben Rindenstückchen in Außenseitenansicht mit glattem, silbrigglänzendem Kork, ovalen Lentizellen (1. und 2. Reihe) und mit Borke (3. Reihe); — unten Rindenstückchen in Innenseiten- und Querbruchansicht mit helleren, punktförmigen Steinzellgruppen und deutlichen Längsleisten. (Nach *Schlemmer-Hörhammer*.)

Schutzleisten. Bruch, besonders am Innenteil, splittrig-faserig. *Geruch*, besonders nach dem Anfeuchten, loheartig, *Geschmack* schwach bitter, stark zusammenziehend (Abb. 66).

Lupenansicht. Außen gleichmäßige, rotbraune Korkschicht. Ein aus Steinzellen und Bastfasern gebildeter Ring grenzt die primäre Rinde nach innen ab. Im Parenchym vereinzelte Gruppen von kleinen Steinzellen. Sekundäre Rinde von Markstrahlen durchzogen, im äußeren Teil große Gruppen von Steinzellen.

Inhaltsstoffe. 8 bis 20% eisenschwärzender Gerbstoff. Rinde mit einem Gerbstoffgehalt unter 10% ist zu verwerfen! Gallussäure, Ellagsäure, Quercit und Quercin, Kohlenhydrate, Harz, Fett, Mineralbestandteile.

Verwendung. 1 Teelöffel auf 1 Tasse Abkochung, *innerl.* als zusammenziehendes Mittel bei chronischem Darmkatarrh, *äußerl.* zu Mund- und Gurgelwässern bei Entzündungen der Mund- und Rachenschleimhaut und Waschungen (10%), als Badezusatz 500 g mit 3 bis 4 Liter Wasser abgekocht auf 1 Vollbad, gegen Frostbeulen, Fußschweiß, zu Vaginalspülungen bei weißem Fluß. Sterilisierte pulverisierte Eichenrinde findet kosmetisch zu Pudern Verwendung. *Techn.* ist die Eichenrinde als *Eichenlohe* eine der wichtigsten Gerberrinden. Auch zu diesem Zweck wird die Spiegelrinde vorgezogen.

Aufbewahrung. Eichenrinde verliert bei längerem Lagern stark an Gerbstoff. Durch Kondensation gehen die wasserlöslichen Gerbstoffe in Gerbstoffrote und *Phlobaphene* über, die sich in Wasser nicht lösen und deshalb therapeutisch unwirksam sind. Die Rinde muß deshalb trocken und vor Luft geschützt aufbewahrt werden. Alte Ware ist wertlos.

Prüfung des DAB. 6. Beim Befeuchten eines Querschnittes der Rinde mit Eisenchloridlösung muß sofort schwarzblaue Färbung eintreten.

1 g E. darf beim Verbrennen nicht mehr als 0,08 g Rückstand hinterlassen.

Eichelkaffee. Semen Quercus tostum, Erg.-B. 6.

Geröstete Eicheln.

Die von der Frucht- und Samenschale befreiten, länglich-eiförmigen Samenkerne, die in die beiden Keimblätter zerfallen sind. Diese werden nach dem Rösten in eisernen Trommeln, bei dem sie braune Farbe annehmen und leicht zerbrechen, nach dem Erkalten grob gepulvert: **Semen Quercus tostum pulveratum**, *Glandes Quercus tostae pulveratae.* Dunkelbraunes Pulver, *Geruch* schwach brenzlig, an gebrannten Kaffee erinnernd, *Geschmack* schwach zusammenziehend. Im Eichelkaffee ist die Stärke der Eicheln durch das Rösten verkleistert und in Dextrin übergeführt, der Gerbstoffgehalt vermindert worden.

Inhaltsstoffe. Etwa 7% Gerbstoff, Stärke, Dextrin, fettes Öl, Quercit, Quercin, Zucker, Eiweiß, Mineralstoffe.

Verwendung. *Innerl.* 3 g auf 1 Tasse Abkochung, besonders bei Durchfall der Kinder, zweckmäßig mit Saccharin gesüßt.

Eichelkakao.

Ein Gemisch aus pulv. Eichelkaffee oder Eichelextrakt mit Kakao, Zucker, dextriniertem Mehl, teilweise mit Nährsalzen. E. findet wie Eichelkaffee Verwendung.

Eichenmoos. Lichen Quercinus.

Eichenmoos ist ein Baummoos verschiedener Herkunft, z. B. von **Evernia brunastri** und **Evernia furfuracea**, *Usneaceae*, der Eichenwälder Osteuropas, aus dem ein alkoholischer Extrakt hergestellt wird, der sich durch angenehm würzigen und sehr anhaltenden *Geruch* mit feiner Waldnote auszeichnet.

Inhaltsstoffe. Ätherisches Öl und aromatische Stoffe.

Verwendung. In der Parfümerie das grün gefärbte Extraktöl (farblos weniger fein im Geruch) als Riechstoff und Fixiermittel zu Chypre, Fougère und anderen Phantasienoten.

Eier.

Nach den deutschen gesetzlichen Bestimmungen dürfen als *Eier* im Handel nur Hühnereier bezeichnet werden, die Eier anderer Vögel müssen nach ihrer Gattung benannt werden und mit „Enteneier", „Gänseeier" usw. bezeichnet werden. Näheres über „Enteneier" siehe unten. Das Gewicht der Eier schwankt je nach der Hühnerrasse zwischen 30 und 70 g, das Mittelgewicht beträgt bei Hühnereiern 50, bei Enteneiern 60 bis 70, bei Gänseeiern 150 bis 200 g, während Kiebitzeier 20 bis 30 g schwer sind. Die Eischale besteht hauptsächlich aus Calciumcarbonat neben wenig Magnesiumcarbonat, Calcium- und Magnesiumphosphat und organischer Substanz, die beim Erhitzen der Eierschalen den brenzligen Geruch erzeugt.

Das *Eiweiß, Weißei, Eiklar* ist nahezu fettfrei, enthält 86,6% Wasser, 11,6% Stickstoffsubstanz, 0,8% Extraktstoffe und 0,8% Mineralstoffe. Der Hauptbestandteil der Stickstoffsubstanz ist koagulierbares Albumin.

Der *Dotter*, das *Eigelb*, enthält 49% Wasser, 16,7% Stickstoffsubstanz, 31,6% Fett, 1,2% stickstofffreie Extraktstoffe und 1,5% Mineralstoffe, die Eiweißarten *Vitellin* und *Livetin* und in dem durch Äther extrahierbaren Eieröl Palmitin, Stearin, Olein, Cholesterin, Lecithin, Kephalin, Glycerinphosphorsäure und den hauptsächlich aus Lutein bestehenden, zum kleineren Teil auch Carotin enthaltenden Farbstoff. An Vitaminen sind im Dotter enthalten: Die Vitamine A, B, D und E, nicht dagegen Vitamin C.

Eierkonservierung. Eier unterliegen beim Lagern an trockener, warmer Luft Veränderungen, die hauptsächlich auf der Verdunstung von Wasser beruhen. Während frische Eier frei von Bakterien und Pilzen sind, dringt bei der Eintrocknung durch die Eierschalen hindurch mit Bakterien und Schimmelpilzen beladene Luft ein. Bakterien und Schimmelpilze lösen auf dem guten Nährboden Eiweiß Fäulniserscheinungen aus, die durch verschiedene Methoden vermieden werden können.

Im großen werden die Eier in *Kühlhäusern* bei einer Luftfeuchtigkeit von etwa 80% bei 0° gelagert. Besser noch ist die Lagerung in Stickstoff- oder Kohlendioxydatmosphäre. Auf diese Weise gelagerte Eier lassen sich noch nach fast einjähriger Lagerung kaum von frischen unterscheiden. Die landläufigen Verfahren, durch gewisse Überzüge Luft- und Mikroorganismen abzuhalten, sind unsicher. So die Verpackung in Häcksel, Papier. Torfmull. Zweckmäßiger ist die Konservierung durch Einlegen in → Wasserglaslösung oder Kalk. Der Nachteil sog. *Kalkeier* ist, daß durch diese Konservierung die Eischale brüchig wird und deshalb beim Kochen platzt. Außerdem läßt sich das Eiweiß vom Dotter nicht trennen und deshalb nicht zu Schnee schlagen. Um bei Wasserglaseiern das Platzen beim Kochen zu vermeiden, werden sie vor dem Kochen am stumpfen Ende mit einer Nadel angestochen. Eine einfache Feststellung, ob Kalk- oder Wasserglaseier vorliegen, führt man wie folgt durch: Man bürstet mit einer Metallbürste und dest. Wasser ab. Bei beiden reagiert das Wasser alkalisch, bei Kalkeiern außerdem das Filtrat auf Zusatz von Ammoniumoxalatlösung infolge Bildung von Calciumoxalat durch eine weiße Trübung.

Eierprüfung. Frische Eier geben beim Schütteln kein Geräusch. Nach längerer Lagerung oder wenn sie verdorben sind, entsteht dabei ein schwappendes Geräusch.

Bei der Durchleuchtungsprobe erscheinen frische Eier hell, klar, während alte Eier trüb oder durch runde, schwarze Flecke, die durch bakterielle Zersetzung entstanden sind, dunkel erscheinen. Für die Durchleuchtung größerer Mengen sind besondere Eierprüfer in zweckmäßigen Ausführungen im Handel.

Die Schwimmprobe in 10%iger Kochsalzlösung, die ein spez. Gew. von 1,077 hat, ist ebenfalls eine einfache Probe. Das Durchschnitts-spezifische Gewicht der Eier ist 1,08. Alte oder bereits verdorbene Eier schweben in dieser Kochsalzlösung oder steigen in dieser in die Höhe. Ist in dem Ei bereits ein Fäulnisprozeß eingetreten, ist das spez. Gew. wesentlich erniedrigt.

Enteneier enthalten häufig Enteritisbakterien, die 4 bis 24 Std. nach dem Essen fieberhafte Brechdurchfälle hervorrufen. Aus diesem Grunde ist von der Medizinalabteilung des Preußischen Innenministeriums 1933 vor dem Genuß roher oder nicht genügend gekochter Enteneier gewarnt worden. Enteneier sollen also nicht zu Speisen verwendet werden, bei denen das Ei nicht genügend lange und nicht genügend hoch erhitzt wird; auch zu Setzeiern sollen Enteneier nicht verwendet werden. Sie müssen vor dem Genuß *mindestens 10 Min. lang gekocht* oder beim Kuchenbacken in der Backofenhitze völlig durchgebacken werden.

Eiereiweiß. Albumen ovi.

Frisches Eiweiß aus Eiern des Haushuhnes, *Gallus domesticus*, besteht aus etwa 12 bis 14% Eiweiß und 86 bis 88% Wasser neben kleinen Mengen von Alkalichloriden und -phosphaten, ist farb- und *geruchlos*, dickflüssig und klebrig.

Getrocknetes Hühnereiweiß. Albumen Ovi siccatum, Erg.-B. 6.

Eieralbumin.

Gelbliche, durchscheinende, hornartige, dem arabischen Gummi ähnliche Massen, die mit Wasser eine trübe, neutrale Lösung geben, in Weingeist und Äther unlösl. sind. *Geruchlos, Geschmack* etwas fade.

Inhaltsstoffe. Zum größten Teil *Eieralbumin* und *Globulin*, ferner ein Mucoid und Glucosamin; bei der Aufspaltung von Eieralbumin sind 20 Aminosäuren gefunden worden.

Verwendung. Zum Klären von Flüssigkeiten, besonders Wein, zur Herstellung photographischer Papiere und von Kitten, in der Zeugdruckerei.

Prüfung des Erg.-B. 6. 5 ccm der wäßrigen Lösung (1 + 999) mit 10 Tr. Salpetersäure versetzt scheiden beim vorsichtigen Erwärmen reichlich Flocken von geronnenem Eiweiß ab.

Ein Gemisch von 10 ccm der Lösung (1 + 99) und 5 ccm Phenollösung, das mit 5 Tr. Salpetersäure versetzt wird, soll nach dem Durchschütteln ein klares Filtrat geben. 5 ccm desselben dürfen auf Zusatz eines Tr. Jodlösung nur rein gelb, nicht aber rotgelb gefärbt werden (Dextrin).

0,2 g getrocknetes H. dürfen nach dem Verbrennen höchstens 0,01 g Rückstand hinterlassen.

Eieröl. Oleum Ovorum.

Das fette Öl des Eigelbs. Zur Herstellung wird frisches Eigelb so lange unter Umrühren auf dem Wasserbad erhitzt, bis eine Probe beim Drücken zwischen den Fingern Öl austreten läßt, dann wird durch Pressen zwischen erwärmten Platten das Öl gewonnen.

Eigenschaften. Rotgelbes, bei gewöhnlicher Temperatur dickflüssiges, fettes Öl, bei 25° dünnflüssig und klar, bei 5° bis 10° erstarrt es zu einer butterartigen Masse; *Geruch* frisch milde, eigenartig, ebenso der *Geschmack*. 1 Eigelb liefert etwa 2 g Öl. Das Öl wird rasch ranzig und riecht dann unangenehm streng.

Inhaltsstoffe. In der Hauptsache Glyceride der Ölsäure, daneben Glycerinester der Palmitin- und Stearinsäure, Farbstoff, Glycerinphosphorsäure, Lecithin, Cholesterin.

Verwendung. In der Volksheilkunde bei katarrhalischen Augenerkrankungen zum Bestreichen der Augen, bei wunden Brustwarzen, zu Hautsalben; in der Kosmetik zur Haarpflege, es soll graues Haar allmählich dunkler färben.

Aufbewahrung. In kleinen, völlig gefüllten, sorgfältig verschlossenen Gefäßen, kühl und im Dunkeln.

Eisen. Ferrum. Fe.

Atom-Gew. 55,85. Wertigkeit 2, 3 (selten 6).

Das Eisen zählt zu den längst bekannten Metallen, war schon im Altertum bekannt und wurde im 13. Jahrhundert aus Spateisenstein im Siegerland in Hochöfen dargestellt. Nächst dem Aluminium ist das Eisen das in der Erdkruste verbreitetste Metall und das volkswirtschaftlich wichtigste Gebrauchsmetall.

Vorkommen.

Gediegen nur in den *Eisenmeteoriten, Sideriten*, die meist in großen einzelnen Stücken aus dem Weltraum auf die Erde niederfallen. Ein solcher in Sibirien 1947 niedergegangener Siderit erreichte das Gewicht von 1000 t. Meist kommt jedoch das Eisen gebunden in den Eisenerzen vor. Die wichtigsten sind: *Magneteisenstein*, Fe_3O_4 (Skandinavien, Rußland), *Roteisenstein, Eisenglanz, Blutstein* oder *Haematit*, Fe_2O_3 (Lahngebiet, Nordspanien, Bilbao, Nordamerika), *Nadeleisenerz* oder *Goethit*, $FeO(OH)$, *Spateisenstein* oder *Siderit*, $FeCO_3$ (Siegerland, Steiermark, Kärnten, Ungarn), *Brauneisenstein*, $Fe_2O_3 \cdot 2Fe(OH)_3$ (Peine-Salzgitter, als sog. *Minette* in Lothringen, Luxemburg), *Eisenkies, Pyrit* oder *Schwefelkies*, FeS_2.

Der letzte dient jedoch weniger der Eisenherstellung, sondern findet vornehmlich in der Schwefelsäurefabrikation Verwendung. Bedeutende Lager an hüttenmännisch hochwertigen, leicht abzubauenden Eisenerzen (50 bis 60% Fe) kommen in USA, der UdSSR, Frankreich, Spanien und Schweden vor, der deutsche Bedarf kann aus eigenen Erzen nur zu einem geringen Prozentsatz gedeckt werden. Der Siegerländer Spateisenstein enthält 35 bis 38% Fe und 7% Mn. In kleinen Mengen findet sich Eisen als Bestandteil vieler Silikate, im Quell- und Flußwasser gelöst als Eisenhydrogencarbonat, vielfach im Ackerboden.

Darstellung von technischem Eisen, Roheisen, Gußeisen.

Die Gewinnung des technischen Eisens aus seinen Erzen beruht auf der Überführung der in den Erzen enthaltenen Eisenverbindungen in Eisenoxyd, das durch Kohlenoxyd reduziert wird:

$$Fe_2O_3 \;+\; 3\,CO \;\rightarrow\; 2\,Fe \;+\; 3\,CO_2$$

Eisenoxyd — Kohlenoxyd — Eisen — Kohlendioxyd

$$Fe_3O_4 \;+\; 4\,CO \;\rightarrow\; 3\,Fe \;+\; 4\,CO_2$$

Eisen(II, III)-oxyd — Kohlenoxyd — Eisen — Kohlendioxyd

Das entstehende Kohlendioxyd wird dabei durch glühenden Koks sofort wieder zu Kohlendioxyd reduziert:

$$CO_2 \;+\; C \;\rightarrow\; 2\,CO$$

Kohlendioxyd — Kohle — Kohlenoxyd

Die Verhüttung der Eisenerze erfolgt im *Hochofen*, einem 15 bis 20 m hohen Schachtofen von besonderer Form (Abb. 67). Die obere Öffnung des Hochofens, die *Gicht*, dient zum Füllen mit Erzen, Koks und sog. Zuschlägen, die in abwechselnden Schichten eingefüllt werden. Die Zuschläge bei silikathaltigen Erzen (Kalk), bei kalkhaltigen Erzen (Sand), haben den Zweck, mit den nicht metallischen Verunreinigungen leicht schmelzbare Gläser, die *Schlacke*, zu bilden. Durch die Gicht entweichen die sog. *Gichtgase*, Kohlenoxyd, Kohlendioxyd und Stickstoff. Sie finden zur Vorwärmung des Gebläsewindes und als Treibstoff für Motoren Verwendung. Der obere Teil des Ofens heißt *Schacht*, dann folgt nach unten der *Kohlenschacht*, die *Rast* und das *Gestell*. Der völlig gefüllte Ofen wird dann von unten angezündet, *angeblasen*, und erhitzte Luft, „*Wind*", „*eingeblasen*". Im Gestell sammelt sich die Schlacke und das geschmolzene Eisen. Erst wird die Schlacke abgeblasen, *abgestochen*, und dann das Eisen. Die im Hochofen sich vollziehenden chemischen Prozesse s. Abb. 67. Dieses wird entweder in Sand ausgegossen oder zu Stahl bzw. Schmiedeeisen weiterverarbeitet. Während früher die Schlacke nicht verwertet werden konnte, wird sie heute zur Zementherstellung oder in Formen gegossen zu Pflastersteinen verwendet. Der Hochofenbetrieb ist ein fortdauernder, die Rohstoffe werden immer wieder von neuem aufgefüllt. Das Produkt des Hochofenprozesses ist das *Roheisen* in Form von *grauem* oder *weißem Gußeisen*. Durch seine Weiterverarbeitung erhält man Stahl und Schmiedeeisen.

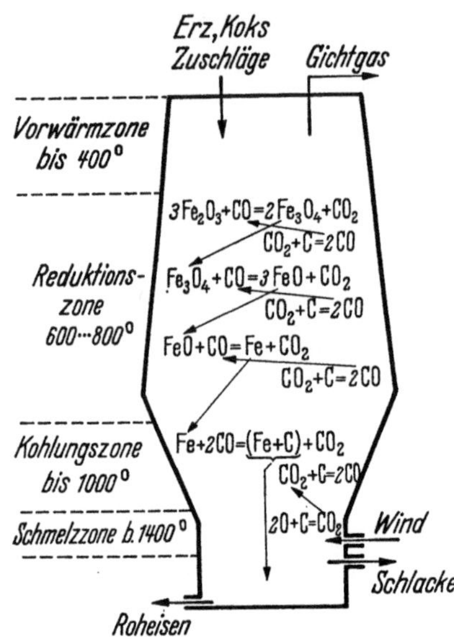

Abb. 67. Schematische Darstellung des Hochofenbetriebes. (Nach *F. A. Henglein.*)

Graues Roheisen wird zu Gußeisen verarbeitet. Nicht schmiedbar, spröde, beim Erhitzen plötzlich schmelzend, Kohlenstoffgehalt mindestens 1,7%. Beim Roheisen, das technisch nicht verwertbar ist, unterscheidet man:

Man unterscheidet:

I. Roheisen, mit hohem Siliciumgehalt, entsteht bei hoher Ofentemperatur, scheidet beim Erkalten Graphit aus, Bruchflächen durch Graphit verfärbt, grau, Schmp. 1200°.

1. Graues Roheisen, Kohlenstoffgehalt 2 bis 5%.

2. Weißes Roheisen mit hohem Mangangehalt entsteht bei niedrig gehaltener Ofentemperatur und hat infolge des Gehaltes an Eisencarbid, Fe_3C, silberweißen, hellen Bruch, ist hart und spröde, Schmp. 1100°. Weißes Roheisen wird zu Stahl, Stahlguß und Temperguß weiterverarbeitet.

II. Schmiedbares Eisen, Stahl. Der Kohlenstoffgehalt von Stahl darf höchstens 1,7% betragen, kann aber bis zu 0,05% herabgesetzt werden. Alle anderen Beimengungen müssen möglichst vollständig entfernt werden. Bei einem Kohlenstoffgehalt zwischen 0,6 bis 1,7% wird der Stahl nach dem Erhitzen zum Glühen und rasche Abkühlung durch Eintauchen in Wasser *härtbar*. Dabei wird er hart und spröde. Um ihn biegsamer und weniger hart zu machen, wird er wieder erhitzt und dann langsam abgekühlt. Diesen Vorgang bezeichnet man mit *Anlassen*. Stahl hat einen Schmp. von 1300° bis 1400°. Um Stähle von besonderer Härte herzustellen, setzt man andere Metalle wie Chrom, Nickel, Molybdän, Wolfram oder Vanadium zu. *Nickelstahl* ist zäh, hart, rostbeständig, *Chromstahl* sehr hart; letzter findet zur Herstellung von Werkzeugen und Lagerkugeln Verwendung. *Wolframstahl* eignet sich zu Werkzeugen, die sich stark erhitzen, weil er auch bei hoher Temperatur noch hart bleibt, *Chromnickelstahl*, zäh, hart fest, rostbeständig findet für Geschütz-rohre und mit gehärteter Oberfläche zu Stahlhelmen und Panzerplatten Verwendung. *Nicht rostender Stahl, Nirosta.* Ein solcher ist *V2A-Stahl* mit 18% Chrom und 8% Nickel und 0,1 bis 0,3% Kohlenstoff. Diese Stahlsorte ist gegen Witterungs-einflüsse, Säuren, kochende Laugen, Waschmittel, Seewasser und viele andere Stoffe widerstandsfähig, nicht dagegen gegen Halogene, und findet deshalb in der che-mischen Industrie zu Rohrleitungen, Lagergefäßen, Kesselwagen usw. weitgehende Verwendung. Die V2A-Stähle sind noch in einigen Sondertypen lieferbar. *V4A-Stahl* enthält außer den vorgenannten Anteilen an Chrom und Nickel noch 2% Molybdän. Dadurch wird er auch gegen Salzsäure und Tinte widerstandsfähig und findet deshalb an Stelle von Gold zu Federn und Füllfederhaltern Verwendung.

Herstellung von Schmiedeeisen, Stahl.

Das im Hochofenprozeß gewonnene Roheisen ist spröde, leicht schmelzbar, weder schmiedbar noch schweißbar. Um es in die höher schmelzende, schmiedbare Form, in Stahl, überzuführen, wird Weißeisen bis zur Bildung von Stahl durch einen besonderen Prozeß, das *Frischen*, entkohlt. Dabei wird der Kohlenstoff durch Oxydation mittels Eisenoxyden oder Luft zu Kohlenoxyd bzw. Kohlendioxyd ent-fernt. Zu diesem Zweck werden 3 Verfahren angewandt:

1. Bessemer-Verfahren. Hierbei werden sehr kohlenstoffreiche, aber nur fast phosphorfreie Eisensorten nach Zusatz von Ferromanganen entkohlt. Der Vorgang wird in der *Bessemer-Birne*, sog. *Konverter*, die innen mit „einem sauren Futter" aus feuerfesten Steinen, Quarz und Ton ausgemauert ist, durchgeführt. Nach der Beschickung mit geschmolzenem Roheisen wird Luft hindurchgepreßt. Dadurch verbrennen Kohlenstoff und Silicium zu Dioxyden unter bedeutender Wärme-entwicklung. Der Vorgang ist in 20 bis 30 Minuten beendet.

2. Thomas-Verfahren. Bei diesem Verfahren werden phosphorhaltige Eisen-sorten verarbeitet, weil ein Phosphorgehalt das Eisen kaltbrüchig macht. Der Vor-gang wird ebenfalls in Konvertern durchgeführt, deren Futter aus Magnesiumoxyd und Kalk besteht. Dadurch wird das entstandene Phosphor(V)-oxyd, P_2O_5, als Calciumphosphat gebunden und geht in die Schlacke über, die feingemahlen als wertvolles Düngemittel, *Thomasmehl*, in den Handel kommt.

3. Siemens-Martin-Verfahren. Dieses Verfahren hat den Vorteil, daß außer Roh-eisen das Mitverarbeiten von großen Mengen Alteisen, *Schrott*, möglich ist. Dabei wird Roheisen und Schrott mit geeigneten Zuschlägen in flachen, offenen Wannen, deren Wände mit Hämatit, Fe_2O_3, gefüttert sind, durch eine gewaltige Generator-gasflamme von oben her auf etwa 1950° erhitzt. Dabei dient als Oxydationsmittel für den im Eisen enthaltenen Kohlenstoff der Sauerstoff des Wannenfutters, der Zuschläge und des vom Schrott stammenden Rostes. Das gebildete Kohlenoxyd entweicht dem geschmolzenen Stahl in großen Blasen.

Eigenschaften.

Metallisches Eisen bildet kristalline Massen, spez. Gew. 7,86; Schmp. 1535°; Sdp. 2730°, die als unedles Metall an feuchter Luft rosten. An trockener Luft und in sauerstoff- und kohlensäurefreiem Wasser verändert sich Eisen nicht, während es sich an feuchter, kohlensäurehaltiger Luft und in sauerstoff- bzw. kohlensäurehaltigem Wasser mit Rost (s. Eisenrost) überzieht. In konz. Schwefelsäure und Salpetersäure ist es unlösl., ebenso in deren Gemisch „Nitriersäure". Diese Chemikalien können also in Eisengefäßen aufbewahrt und befördert werden. In verd. Säuren löst sich Eisen unter Wasserstoffentwicklung, der durch Beimengungen von Kohlenwasserstoffen, Siliciumverbindungen und anderen Gasen einen sehr unangenehmen Geruch besitzt.

Das Eisen bildet zwei Reihen Salze:

Eisen(II)-verbindungen, Ferroverbindungen, *Eisenoxydulverbindungen.* Sie entstehen beim Auflösen von Eisen in verd. Säuren unter Wasserstoffentwicklung, sofern die Säure nicht oxydierend wirkt und Luftsauerstoff ferngehalten wird. Eisen(II)-verbindungen sind meist hellgrün, wasserfrei weiß und nicht sehr beständig. An feuchter Luft werden sie zu Eisen(III)-verbindungen oxydiert, sie sind daher gute Reduktionsmittel.

Aufbewahrung. Möglichst *im* Licht.

Eisen(III)-verbindungen, Ferriverbindungen, *Eisenoxydverbindungen* sind meist gelbbraun gefärbt, werden durch Licht zu Ferroverbindungen reduziert und müssen deshalb *vor Licht geschützt* aufbewahrt werden.

Physiologische und therapeutische Wirkung des Eisens.

Eisen findet sich in allen tierischen Zellen im Atmungsferment, in diesem ist das Eisen der Hauptträger der Wirkung. Durch das Blut wird der Zelle Sauerstoff zugeführt und dadurch das zweiwertige Eisen des Atmungsfermentes in dreiwertiges Eisen umgewandelt. Bei der Reaktion mit organischer Substanz im Organismus wird dieses dreiwertige Eisen zu zweiwertigem zurückgebildet und ist dann befähigt, von neuem Sauerstoff aufzunehmen. Das Eisen wirkt also im Zellgeschehen als Katalysator und ist für die biochemische Funktion des Blutes lebenswichtig. Die Organe, die hauptsächlich als Blutspeicher dienen, sind Leber und Milz. Auch für den pflanzlichen Organismus ist das Eisen als Katalysator zur Chlorophyllbildung unerläßlich, während das Chlorophyll selbst eisenfrei ist.

Die Eisenaufnahme erfolgt regelmäßig mit der Nahrung. Der erwachsene Mensch benötigt täglich die Zufuhr von 6 bis 10 mg Eisen, das besonders in der Leber gespeichert wird. Im Blut ist Eisen an die roten Blutkörperchen gebunden und im Blutserum vorhanden. Der Gesamtgehalt an Eisen im Hämoglobin und Serum des Blutes beträgt etwa 3 g.

In der Nahrung wird das Eisen als dreiwertiges Eisen aufgenommen, kann aber nur als zweiwertiges Eisen vom Körper resorbiert werden. Als reduzierende Substanz wirken dabei das Vitamin C des Magenschleims und reduzierende Stoffe der Dünndarmschleimhaut.

Die therapeutische Wirkung von Eisenpräparaten beruht teilweise in einer Reizwirkung auf das blutbildende Knochenmark. Diese hängt von der Oxydationsstufe und der Bindungsart des Eisens ab, in der das Eisen dem Körper zugeführt wird. Es ist wissenschaftlich festgestellt, daß die früher häufig als blutbildenden Arzneimittel verwendeten Hämoglobinpräparate unwirksam sind, da das Hämoglobin weder durch die Magensalzsäure noch durch Verdauungsfermente genügend aufgeschlossen wird. Weiter ist erwiesen, daß zur Blutbildung das Eisen als ionisiertes Ferroeisen vorliegen muß, da Ferrieisen nicht in der Lage ist, den Eisengehalt des Serums wesentlich zu erhöhen. Aus diesem Grunde sind Eisen(III)-verbindungen zur *innerl.* Eisentherapie nicht geeignet, mit Ausnahme des Eisen(III)-citrats. Zur Blutstillung dagegen eignet sich Eisen(III)-chlorid, das mit dem Blut gerinnt und damit einen Verschluß der blutenden Gefäße bildet. Es darf jedoch nicht in konzentrierter Form angewandt werden, weil sonst die freiwerdende Salzsäure ätzt. Es findet deshalb nur in Notfällen als Eisenchloridwatte oder mit Glycerin verdünnt Verwendung.

Eisen, gepulvertes. Ferrum pulveratum, DAB. 6.

Mindestgehalt 97,6% Eisen.

Eigenschaften. Feines, schweres, mattglänzendes, graues Pulver, das vom Magneten angezogen und durch verd. Schwefelsäure unter Wasserstoffentwicklung gelöst wird. Nach starker Verdünnung mit Wasser gibt die Mischung mit Kalium-ferricyanidlösung einen tiefblauen Niederschlag.

DAB. 6 läßt prüfen auf Kohlenstoff, Kieselsäure, Schwefelwasserstoff, Kupfer, fremde Schwermetalle, Arsenverbindungen und den vorgeschriebenen Gehalt.

Verwendung. *Innerl.* (E. 0,1 g) als blutbildendes Mittel.

Eisen, reduziertes. Ferrum reductum, DAB. 6. Stoff B.

Darstellung. Durch Reduktion von reinem Eisenoxyd, das durch Erhitzen aus Ferrioxyd gewonnen ist, im Wasserstoffstrom.

Eigenschaften. Braunschwarzes, glanzloses, feines, schweres Pulver, das vom Magneten angezogen wird.

Erkennung. Beim Erhitzen an der Luft verglimmt es und geht in schwarzes Eisen-oxyduloxyd über. In verd. Schwefelsäure oder Salzsäure löst es sich unter Entwicklung von Wasserstoff. Die erhaltene Lösung gibt nach dem Verdünnen mit Wasser mit Kaliumferri-cyanidlösung einen tiefblauen Niederschlag.

DAB. 6 läßt prüfen auf Schwefelwasserstoff, fremde Schwermetalle, Alkalicarbonate, wasserlösl. Salze, Arsenverbindungen und den vorgeschriebenen Eisengehalt.

Verwendung. Wie pulverisiertes Eisen.

Eisenlegierungen.

Für zahlreiche Verwendungszwecke (Maschinenteile, Schiffs- und Motoren-wellen, Panzerplatten usw.), besonders aber für Werkzeuge zur Stahlverarbeitung benötigt man Eisenlegierungen mit besonderen Eigenschaften. Sie enthalten außer Kohlenstoff Silicium und Mangan, vielfach noch Chrom, Nickel, Wolfram, Molybdän und Vanadin. Da diese Metalle bei den Temperaturen des *Bessemer-* und *Martin-Prozesses* verbrennen würden, muß der Stahl mit den Metallzuschlägen unter voll-kommenem Luftabschluß umgeschmolzen werden. Dies erfolgt in elektrischen Öfen und ergibt den *Elektrostahl.* Jedes der genannten Metalle gibt dem Stahl eine be-sondere Eigenschaft, so macht Nickel diesen besonders zäh, Chrom — hart, Nickel mit Chrom kombiniert — hart und äußerst zäh, daher findet Nickelchromstahl hauptsächlich zu Panzerplatten und zur Herstellung des sehr harten, platinähnlichen V 2 A-Stahls von Krupp Verwendung (s. a. S. 376/77).

Eisen(III)-acetat, basisches. Basisches Ferriacetat. Basisches Eisenacetat. Lösliches basisches Ferriacetat. Ferrum aceticum solubile.

Die Zusammensetzung ist wechselnd.

Darstellung. Durch Auflösen von Eisenhydroxyd in verd. Essigsäure und Ver-dunstung der Lösung auf Glasplatten bei gewöhnlicher Temperatur und im Dunkeln.

Eigenschaften. Rotbraunes Pulver oder braunrote Lamellen, langsam in kaltem Wasser und Weingeist mit braunroter Farbe lösl.

Aufbewahrung. Vor Licht geschützt.

Verwendung. Als Arzneimittel obsolet, als Reagens.

Eisen(III)-acetatlösung, basische. Basisch-Ferriacetatlösung. Liquor Ferri subacetici, Erg.-B. 6.

Der Liquor findet zur Herstellung von ätherischer Eisenacetattinktur, Tinctura Ferri acetici aetherea, Erg. B. 6, Verwendung und wird in der Eisentherapie (E. 1,0 g) angewandt.

Eisenacetatlösung für technische Zwecke. Liquor Ferri acętici crudi.

Eisenbeize. Schwarzbeize.

Eisenacetatlösung wird durch Auflösen von frisch gefälltem Eisenhydroxyd in verd. Essigsäure gewonnen, enthält kleine Mengen von Eisensulfat und Eisenchlorid und findet in der Färberei zum Schwarz- bzw. Blaufärben Verwendung.

Eisenammoniakalaun. Ferrum sulfuricum oxydatum ammoniatum, Erg.-B. 6.

Ammoniumeisen(III)-alaun. Eisenammoniumalaun. Eisenalaun. Ferriammonium-
sulfat. $NH_4Fe(SO_4)_2 \cdot 12\,H_2O$. Mol.-Gew. 482,2.

Darstellung. Durch Vermengung von Eisen(III)-sulfatlösung mit Ammoniumsulfatlösung in stöchiometrischen Mengen und Trennung nach längerem Stehen der ausgeschiedenen Kristalle.

Eigenschaften. Blaß amethystfarbene, durchsichtige, an der Luft oberflächlich verwitternde oktaedrische Kristalle, lösl. in 2 T. Wasser, unlösl. in Weingeist.

Erkennung. Die wäßrige Lösung rötet Lackmuspapier, gibt mit Kaliumferrocyanidlösung einen tiefblauen Niederschlag, mit Bariumnitratlösung einen weißen Niederschlag von Bariumsulfat, mit Natronlauge einen braunen Niederschlag von Eisenhydroxyd. Beim Erwärmen mit Natronlauge entweicht Ammoniak.

Erg.-. 6 läßt prüfen auf Eisenoxydulverbindungen, Salzsäure, Kupfersalze, Zinksalze, Alkali- und Erdalkalisalze.

Verwendung. Als Indikator in der Maßanalyse, in der Textilfärberei als Beize, zum Färben lebender Pflanzen (Hortensien), zum Lichtpausverfahren.

Eisen(II)-ammoniumcitrat, braunes. Braunes Ferri-Ammoniumcitrat.
Ferrum cįtricum ammoniatum fuscum, Erg.-B. 6. Stoff B.

Braunes Ferriammoniumcitrat. Braunes citronensaures Eisenammonium.
Eisenoxydammoniumcitrat. Citronensaures Eisenoxyd-Ammonium.

Darstellung. Durch Versetzen einer frisch hergestellten Lösung von Ferricitrat mit Citronensäure und Zusatz von Ammoniakflüssigkeit bis zur alkalischen Reaktion und Trocknung bei gelinder Wärme auf Glasplatten.

Eigenschaften. Dünne, durchscheinende Blättchen, Farbe hellrotbraun, *Geschmack* salzig, dann schwach eisenartig. Beim Erhitzen verkohlt es unter Bildung von Ammoniak und hinterläßt nach dem Glühen Eisenoxyd. Leicht löslich in Wasser von 20° mit saurer Reaktion.

Prüfung des Erg.-B. 6. *Erkennung.* Auf Zusatz von überschüssiger Kalilauge zur wäßrigen Lösung und Erhitzen der Mischung entsteht ein brauner Niederschlag von Eisenhydroxyd und entwickelt sich Ammoniak. Wird das Filtrat mit einigen Tr. verd. Schwefelsäure und 1 ccm Quecksilbersulfatlösung zum Sieden erhitzt und einige Tr. Kaliumpermanganatlösung (1 + 49) dazu gegeben, wird die Flüssigkeit entfärbt, und es entsteht ein weißer Niederschlag.

Erg.-B. 6 läßt ferner prüfen auf Salzsäure, Ferroverbindungen und den vorgeschriebenen Gehalt von etwa 14,5% Eisen.

Aufbewahrung. Vor Licht geschützt.

Verwendung. *Innerl.* (E. 0,5 g), *techn.* zum Lichtpausverfahren.

Eisen(III)-ammoniumcitrat, grünes. Grünes Ferri-Ammoniumcitrat.
Ferrum cįtricum ammoniatum viride, Erg.-B. 6. Stoff B.

Darstellung. Aus 100 T. Eisenchloridlösung mit Ammoniakflüssigkeit frisch gefälltes, ausgewaschenes und abgepreßtes Eisenhydroxyd wird mit Citronensäure in Lösung gebracht, die Lösung eingedampft und soviel Ammoniakflüssigkeit zugesetzt, bis sie dunkelgrün gefärbt ist. Nach dem Eindampfen zur Sirupdicke wird auf Glasplatten getrocknet.

Eigenschaften. Dünne, durchscheinende Blättchen von grüner bis olivgrüner Farbe, salzigem, dann schwach eigenartigem *Geschmack*. Beim Erhitzen verkohlt es unter Entwicklung von Ammoniak, in Wasser (20°) leicht mit saurer Reaktion lösl.

Erkennung. Mit überschüssiger Kalilauge erhitzt, gibt die wäßrige Lösung unter Entwicklung von Ammoniak einen braunen Niederschlag von Eisenhydroxyd. Wird das Filtrat mit einigen Tr. verdünnter Schwefelsäure und 1 ccm Quecksilbersulfatlösung zum Sieden erhitzt und einige Tr. Kaliumpermanganatlösung (1 + 49) dazu gegeben, wird die Flüssigkeit entfärbt, und es entsteht ein weißer Niederschlag.

Erg.-B. 6 läßt prüfen auf Salzsäure, Ferroverbindungen und den vorgeschriebenen Gehalt von mindestens 12,85% Eisen.

Aufbewahrung. Vor Licht geschützt.

Verwendung. Wie braunes Ferri-Ammoniumcitrat.

Eisen(III)-ammoniumoxalat. Ferri-Ammonium oxalicum. Ferri-Ammoniumoxalat.

$$(NH_4)_3[Fe(C_2O_4)_3] \cdot 3\,H_2O.$$

Darstellung. Durch Fällung von Eisen(III)-salzlösung mit überschüssigem Ammoniumoxalat.

Eigenschaften. Grüne, luftbeständige, in Wasser l.lösl. Kristalle. Durch Lichteinwirkung wird die Oxalsäure zu Kohlensäure oxydiert, das dreiwertige Eisen geht dabei in zweiwertiges Eisen über.

Aufbewahrung. Vor Licht geschützt, in gut verschlossenen Glasstopfengläsern.

Verwendung. Zu Lichtpausen, in der Photometrie, in der Photographie zum Färben von Positiven.

Eisen(III)-benzoat. Ferribenzoat. Eisenbenzoat. Ferrum benzoicum.

Benzoesaures Eisenoxyd.

Darstellung. Benzoesäurelösung wird mit Ammoniak neutralisiert und der Lösung Ferrichloridlösung zugesetzt.

Eigenschaften. Bräunliches, geschmackloses, in Wasser unlösl. Pulver, das sich in heißer Salzsäure mit gelber Farbe löst. Beim Erkalten der Lösung scheidet sich Benzoesäure kristallin ab. Natronlauge zersetzt das Salz unter Abscheidung von Ferrihydroxyd. Frisch bereitet löst es sich (1%) in fetten Ölen.

Aufbewahrung. Vor Licht geschützt.

Verwendung. Zur Herstellung von Eisenlebertran.

Eisen(II)-carbonat. Ferrocarbonat. Kohlensaures Eisen. Ferrum carbonicum.

$$FeCO_3. \text{ Mol.-Gew. } 115,86.$$

Darstellung. Durch Eingießen einer heißen Lösung von Ferrosulfat in heiße Natriumhydrogencarbonatlösung. Der entstandene grünlichweiße Niederschlag oxydiert sich sehr leicht beim Trocknen an der Luft unter Abspaltung von Kohlendioxyd und Aufnahme von Wasser zu braunem Eisenhydroxyd.

$$2\,Fe_2CO_3 \;+\; 3\,H_2O \;+\; O \;\rightarrow\; 2\,Fe(OH)_3 \;+\; 2\,CO_2$$

Ferrocarbonat   Wasser   Sauerstoff   Eisen(III)-hydroxyd   Kohlendioxyd

Frisch gefälltes Ferrocarbonat, das unter Zuckerzusatz getrocknet wird, ist das DAB. 6-Präparat.

Eisen(II)-carbonat. Zuckerhaltiges Ferrocarbonat, Ferrum carbonicum cum Saccharo, DAB. 6. Stoff B (s. Bd. III).

Zuckerhaltiges Ferrocarbonat findet in der Eisentherapie *innerl.* (E. 1,0 g) Verwendung, ebenso ein flüssiges Präparat, **Flüssiger Eisenzucker, Ferrum oxydatum cum Saccharo liquidum** (s. Bd. III).

Aufbewahrung. In gut verschlossenen Gefäßen.

Eisencarbonyl. Eisenpentacarbonyl.

$$Fe(CO)_5. \quad \text{Mol.-Gew. } 195{,}90.$$

Darstellung. Durch Überleiten von Kohlenoxyd über fein verteiltes, reaktionsfähiges Eisen bei Zimmertemperatur unter Druck.

Eigenschaften. Gelbe Flüssigkeit, die sich unter Verfärbung im Licht zersetzt, unlösl. in Wasser, l. lösl. in Benzin, Benzol und Äther. D. (0°) 1,49; Sdp. 103°; EP. —20°. Bei 140° beginnt die Flüssigkeit sich zu Eisen- und Kohlenoxyd zu zersetzen und verbrennt im Benzinluftgemisch zu Eisenoxyd, das als feinstes Pulver mit den Auspuffgasen entfernt wird. Soweit es mit Schmieröl vermengt wird, übt es eine graphitartige, schmierende Wirkung aus.

Verwendung. Als Antiklopfmittel Zusatz zu Autobenzin (0,2 Raum-%).

Eisen(II)-chlorid. Ferrochlorid. Ferrum chloratum. Eisenchlorür, Erg.-B. 6.

$$FeCl_2 \cdot 4\,H_2O. \quad \text{Mol.-Gew. } 199.$$

Darstellung. Durch Auflösen von Eisenpulver mit verd. Salzsäure und Eindampfen der Lösung unter Luftabschluß:

$$\underset{\text{Eisen}}{Fe} \;+\; \underset{\text{Salzsäure}}{2HCl} \;\rightarrow\; \underset{\text{Ferrochlorid}}{FeCl_2} \;+\; \underset{\text{Wasserstoff}}{H_2}$$

Wasserfrei erhält man das Salz durch Überleiten von trockenem Chlorwasserstoffgas über rotglühende Eisenfeile.

Eigenschaften. Grünliches, kristallines Pulver unter Zusatz von einigen Tr. Salzsäure in 1 T. Wasser mit grünlicher Farbe klar lösl. Mit Kalilauge gibt die wäßrige Lösung eine schmutziggrüne, mit Kaliumferricyanidlösung eine dunkelblaue, mit Silbernitratlösung eine weiße Fällung.

Erg.-B. 6 läßt prüfen auf Eisensulfat, Schwefelsäure, Arsenverbindungen und Kupfersalze.

Aufbewahrung. In gut schließenden Gläsern, im hellen Licht.

Verwendung. *Med.* zur Herstellung von *Eisenchlorürtinktur. Tinctura Ferri chlorati, Erg.-B. 6* (s. Bd. III), die in der Eisentherapie (E. 0,5 g) Verwendung findet. *Techn.* als Beize in der Färberei und im Zeugdruck, in der Galvanoplastik.

Eisen(III)-chlorid, kristallisiertes. Ferrichlorid. Eisenchlorid. Ferrum sesquichloratum crystallisatum, Erg.-B. 6.

$$FeCl_3 \cdot 6\,H_2O. \quad \text{Mol.-Gew. } 270{,}3.$$

Darstellung. Durch Auflösen von Eisen in Salzsäure und Oxydation des entstandenen Ferrochlorids mit Salpetersäure zu Ferrichlorid:

$$\underset{\text{Ferrochlorid}}{2FeCl_2} \;+\; \underset{\text{Salzsäure}}{3HCl} \;+\; \underset{\text{Salpetersäure}}{HNO_3} \;\rightarrow\; \underset{\text{Ferrichlorid}}{3FeCl_3} \;+\; \underset{\text{Wasser}}{2H_2O} \;+\; \underset{\text{Stickoxyd}}{NO}$$

Beim Eindampfen der Ferrichloridlösung erhält man eine gelbe Kristallmasse.

Eigenschaften. Gelbe, hygroskopische, kristalline Stücke, sehr leicht in Wasser, Weingeist und Äther lösl. Schmp. 304°.

Aufbewahrung. Vor Licht geschützt, in gut verschlossenen Gefäßen.

Verwendung. In der Photographie zu Eisen-Blautonungen, in der mikroskopischen Technik als Fixiermittel, als Chlorüberträger in der organischen Chemie, Oxydationsmittel bei der Farbendarstellung, als Beize in der Textilindustrie, zusammen mit Tannin zum Schwarzfärben von Holz, zur Reinigung von Abwässern, zum Brünieren von Gewehrläufen.

Eisenchloridlösung. Liquor Ferri sesquichlorati, DAB. 6.

Darstellung. Durch Auflösung von Eisennägeln in Salzsäure und Salpetersäure unter Erhitzen.

Eigenschaften. Klare, gelbbraune Flüssigkeit mit stark zusammenziehendem *Geschmack* und infolge starker hydrolytischer Dissoziation mit stark saurer Reaktion. D. (20°) 1,275 bis 1,285.

Prüfung des DAB. 6. *Erkennung.* Verd. Eisenchloridlösung $(1 + 9)$ gibt mit Silbernitratlösung einen weißen Niederschlag von Silberchlorid, mit Kaliumferrocyanidlösung einen dunkelblauen Niederschlag.

Freies Chlor. Ein mit Jodzinkstärkelösung getränkter Papierstreifen darf nicht gebläut werden.

Freie Salzsäure. Beim Vermischen von 3 Tr. E. mit 10 ccm $^1/_{10}$-n-Natriumthiosulfatlösung und langsamem Erwärmen auf 50° müssen sich beim Erkalten einige Flöckchen von Eisenhydroxyd abscheiden.

Arsenverbindungen. Eine mit 0,5 g kritallisiertem Zinnchlorür versetzte Mischung von 1 ccm Eisenchloridlösung und 3 ccm Natirumhypophosphitlösung darf nach $^1/_4$-stündigem Erhitzen im siedenden Wasserbad keine bräunliche Färbung zeigen.

Ferrochlorid. Beim Verdünnen von 1 ccm E. mit 10 ccm Wasser, Zusatz von 5 Tr. Salzsäure und 10 Tr. Kaliumferricyanidlösung darf keine blaue Färbung entstehen.

Kupfersalze. Die Mischung von 5 ccm E. und 20 ccm Wasser, mit Ammoniakflüssigkeit im Überschuß versetzt, muß ein farbloses Filtrat geben.

Nach dem Übersättigen von 10 ccm des Filtrats mit Essigsäure wird geprüft auf:

Schwefelsäure, es darf mit Bariumnitrat keine weiße Trübung entstehen;

Kupfersalze, mit Kaliumferrocyanidlösung darf weder eine braunrote Färbung noch Fällung eintreten, *Zinksalze* werden durch eine weiße Fällung angezeigt.

Salpetersäure, salpetrige Säure. 2 ccm des Filtrats mit 2 ccm Schwefelsäure und nach dem Erkalten mit 1 ccm Ferrosulfatlösung überschichtet, dürfen zwischen den beiden Flüssigkeiten keine braune Zone bilden.

Alkalisalze, Erdalkalisalze. Beim Verdampfen von 5 ccm des Filtrats und Glühen **darf** kein wägbarer Rückstand verbleiben.

Gehaltsbestimmung. Etwa 5 g E. werden in einem Meßkölbchen von 100 ccm Inhalt genau gewogen, mit Wasser bis zur Marke verdünnt. 5 ccm $(= 0,25$ g Eisenchloridlösung) werden mit 2 ccm Salzsäure und 1,5 g Kaliumjodid versetzt, 1 Std. lang im verschlossenen Glase stehen gelassen. Zur Bindung des ausgeschiedenen Jods müssen 4,39 bis 4,61 ccm $^1/_{10}$-n-Natriumthiosulfatlösung verbraucht werden, entsprechend einem Gehalt von 9,8 bis 10,3% Eisen (1 ccm $^1/_{10}$-n-Natriumthiosulfatlösung $= 0,005584$ g Eisen, Stärkelösung als Indikator).

Aufbewahrung. Vor Licht geschützt.

Verwendung. Zur Herstellung von **Eisenchloridwatte, Gossypium haemostaticum, Erg.-B. 6** (s. Bd. III), die zur Stillung kleiner Blutungen verwendet wird. Dabei entsteht ein festes Blutgerinnsel, das die Gefäße verschließt. *Techn.* zur Herstellung von Blutlaugensalzen, Eisenalaun, sonst wie kristallisiertes Ferrichlorid zur Herstellung von **Dialysierter Eisenoxychloridlösung, Liquor Ferri oxychlorati dialysati, DAB. 6.**

Eisen(III)-citrat. Ferricitrat. Ferrum citricum oxydatum, Erg.-B. 6.

Citronensaures Eisen. $C_3H_4(OH)(COO)_3Fe \cdot 3\,H_2O$. Gehalt 18 bis 20% Eisen.

Darstellung. Aus frisch gefälltem Eisenhydroxyd mit Citronensäure.

Eigenschaften. Dünne, rotbraune, durchscheinende Blättchen mit schwachem Eisen*geschmack*, die beim Erhitzen unter Entwicklung eines eigenartigen Geruchs und Hinterlassung von Eisenoxyd verkohlen. In Wasser (20°) langsam, aber vollständig lösl., leichter in warmem Wasser.

Prüfung des Erg.-B. 6 *Erkennung*. Die wäßrige Lösung rötet Lackmuspapier, gibt mit Kaliumferrocyanidlösung eine tiefblaue Färbung, auf Zusatz von Salzsäure einen tiefblauen Niederschlag. Beim Erhitzen von 5 ccm der wäßrigen Lösung (1 + 49), Zusatz einiger Tr. verd. Schwefelsäure und Erhitzen zum Sieden mit 1 ccm Quecksilbersulfatlösung tritt auf Zusatz einiger Tr. Kaliumpermanganatlösung (1 + 49) zum Filtrat Entfärbung ein und entsteht ein weißer Niederschlag. Weiter läßt Erg.-B. 6 prüfen auf Salzsäure, Eisenoxydulververbindungen, Weinsäure, Alkali und den vorgeschriebenen Gehalt.

Aufbewahrung. Vor Licht geschützt.

Verwendung. *Med. innerl.* (E. 0,5 g) in der Eisentherapie.

Eisen(III)-glycerophosphat. Ferrum glycerinophosphoricum, Erg.-B. 6.

Ferriglycerophosphat. Glycerinphosphorsaures Eisenoxyd. $[C_3H_5(OH)_2OPO]_3Fe_2$.

Darstellung. Durch Auflösen von frisch gefälltem Eisenhydroxyd in Glycerinphosphorsäure und Eindampfen.

Eigenschaften. Gelblichgrüne Blättchen oder grünlichgelbes Pulver, allmählich in 2 T. Wasser (20°) lösl.

Erkennung. Die wäßrige Lösung (1 + 19) gibt mit Kaliumferrocyanidlösung eine tiefblaue Färbung und scheidet beim Ansäuern mit verd. Salzsäure einen tiefblauen Niederschlag ab. Nach dem Glühen von 0,2 g E. und Lösen des Rückstandes in Salzsäure entsteht nach Zusatz von Ammoniummolybdat-Lösung ein gelber Niederschlag von Ammoniummolybdophosphat.

Erg.-B. 6 läßt prüfen auf Phosphorsäure, Salzsäure, Schwefelsäure und fremde Schwermetalle.

Aufbewahrung. Vor Licht geschützt.

Verwendung. Zu kräftigenden Eisenzubereitungen bei Blutarmut, Bleichsucht und während der Rekonvaleszenz.

Eisen(III)-hydroxyd. Braunes Eisenoxydhydrat. Ferrum oxydatum fuscum, Erg.-B. 6.

Ferrum oxydatum hydricum. Magisterium Vitrioli Martis.

Wesentlicher Bestandteil $Fe(OH)_3$. Mol.-Gew. 106,9.

Darstellung. Durch Ausfällen von Ferrisulfatlösung mit Ammoniakflüssigkeit in der Kälte:

$$Fe_2(SO_4)_3 \;+\; 6\,NH_4OH \;\rightarrow\; 2\,Fe(OH)_3 \;+\; 3\,(NH_4)_2SO_4$$

Ferrisulfat   Ammoniakflüssigkeit   Ferrihydroxyd   Ammoniumsulfat

Eigenschaften. Feines, rotbraunes, geruch- und geschmackloses Pulver, unlösl. in Wasser und Alkalien, lösl. in verd. Säuren. Seine Lösung in verd. Salzsäure gibt die Reaktionen einer Eisenchloridlösung. *Eisenocker* und *Eisenrost* sind ein feinverteiltes Eisenhydroxyd mit wechselndem Wassergehalt.

Erg.-B. 6 läßt prüfen auf wasserärmeres Eisenhydroxyd, Kohlensäure, Eisenoxydulverbindungen, Schwefelsäure, Kupfersalze, fremde Schwermetallsalze, Salzsäure und Ammoniumverbindungen.

Verwendung. *Med. innerl.* in der Eisentherapie (E. 0,2 g), gefälltes Eisenhydroxyd (aus Eisen(III)-sulfatlösung und Magnesia usta bereitet) als Gegengift bei Vergiftungen mit Arsen, das durch Adsorption gebunden wird (s. S. 122), *techn.* in der Gummiindustrie.

Eisen(II)-lactat. Ferrolactat. Ferrum lacticum, DAB. 6. Stoff B.

Milchsaures Eisenoxydul. $[CH_3 \cdot CH(OH) \cdot COO]_2Fe \cdot 3 H_2O$. Mol.-Gew. 287,97.

Darstellung. Durch Umsetzung von Calciumlactatlösung mit frisch bereiteter Eisenchlorürlösung.

Eigenschaften. Grünlichweiße, aus kleinen nadelförmigen Kristallen bestehende Krusten oder kristallines Pulver von eigenartigem *Geruch*. Bei fortgesetztem Schütteln in einer verschlossenen Flasche löst es sich langsam in etwa 40 T. ausgekochtem Wasser (20°) und in 12 T. siedendem Wasser, in Weingeist ist es sehr schwer lösl.

Prüfung des DAB. 6. *Erkennung.* Die grüngelbe, wäßrige Lösung rötet Lackmuspapier und gibt mit Kaliumferricyanid einen dunkelblauen, mit Kaliumferrocyanid einen anfänglich hellblauen Niederschlag, der sich allmählich dunkelblau färbt. Beim Erhitzen verkohlt es unter Entwicklung eines karamelartigen Geruchs und hinterläßt beim Glühen Eisenoxyd.
Die wäßrige Lösung (1 + 49) wird geprüft auf:
Weinsäure, Citronensäure, Äpfelsäure, mit Bleiacetatlösung darf höchstens opalisierende Trübung eintreten;
fremde Schwermetallsalze, mit Salzsäure angesäuert, darf durch 3 Tr. Natriumsulfidlösung keine dunklere Färbung entstehen.
Nach dem Ansäuern mit Salpetersäure wird geprüft auf:
Schwefelsäure, durch Bariumnitratlösung darf keine weiße, undurchsichtige Trübung auftreten;
Salzsäure, mit Silbernitratlösung darf keine weiße undurchsichtige Trübung entstehen.
Zucker. 30 ccm der wäßrigen Lösung (1 + 49) müssen nach Zusatz von 3 ccm verd. Schwefelsäure nach dem Kochen während einiger Min. und Zugabe von 5 ccm Natronlauge ein Filtrat geben, das beim Erhitzen mit 10 ccm alkalischer Kupfertartratlösung keinen roten Niederschlag abscheidet.
Weinsäure, Zucker, Gummi. Beim Zerreiben von 0,5 g E. mit Schwefelsäure und halbstündigem Stehen darf keine Braunfärbung der Mischung auftreten.
Alkalicarbonat. Durchfeuchten von 1 g E. mit Salpetersäure im Porzellantiegel, Verdunsten der Säure bei gelinder Wärme, Glühen des Rückstandes, bis alle Kohle verbrannt ist; es darf kein wägbarer Rückstand verbleiben und mit Wasser angefeuchtetes Lackmuspapier nicht gebläut werden.

Gehaltsbestimmung. 0,2 g feingepulvertes E. werden in einem Kölbchen (100 ccm Inhalt) genau gewogen und in 10 g Wasserstoffsuperoxydlösung unter Umschwenken gelöst. Die Lösung wird mit 5 ccm Wasser versetzt, zum Sieden erhitzt und 2 Min. siedend erhalten. Nach dem Erkalten wird mit etwa 25 ccm Wasser verdünnt, 2 g Kaliumjodid hinzugegeben und die Mischung 1 Std. lang im verschlossenen Glase stehen gelassen. Zur Bindung des ausgeschiedenen Jods müssen für je 0,2 g E. mindestens 6,77 ccm $^1/_{10}$-n-Natriumthiosulfatlösung verbraucht werden, entsprechend einem Mindestgehalt von 18,9% Eisen. (1 ccm $^1/_{10}$-n-Natriumthiosulfatlösung = 0,005584 g Eisen, Stärkelösung als Indikator.)

Aufbewahrung. Vor Licht geschützt.

Verwendung. *Med. innerl.* (E. 0,5 g) als Kräftigungsmittel bei Blutarmut.

Eisen(III)-malat. Ferrum malicum.

Ferrimalat. Äpfelsaures Eisenoxyd.

Eisen(III)-malat erhält man durch Auflösen von Eisen in Äpfelsäurelösung. Braune, hygroskopische, in Wasser langsam lösl. Lamellen mit etwa 25% Eisengehalt.

Verwendung. Als adstringierendes Tonicum in der Eisentherapie (E. 0,5 g), jedoch obsolet. Dagegen findet es noch in Form der DAB. 6-Präparate **Eisenhaltiger**

Apfelextrakt, Extractum Ferri pommati (E. 0,5 g) und in der aus dem Extrakt hergestellten **Apfelsauren Eisentinktur, Tinctura Ferri pommati** DAB. 6 (E. 1,0 g) Verwendung. Die Wirksamkeit dieses Präparates ist jedoch umstritten.

Eisen(III)-nitrat. Ferrinitrat. Ferrum nitricum.

Salpetersaures Eisenoxyd. $Fe(NO_3)_3 \cdot 9 H_2O$. Mol.-Gew. 404,01.

Darstellung. Durch Auflösen von Eisen oder Eisenhydroxyd in Salpetersäure.

Eigenschaften. Farblose, zerfließliche, in Wasser sehr leicht infolge Hydrolyse mit brauner Farbe lösl. Kristalle.

Verwendung. Meist als *Eisenbeize, Liquor Ferri nitrici,* in der Färberei und Kattundruckerei, zum Schwarzfärben und Beschweren von Seide, zum Gerben von Häuten und zur Darstellung von Berliner Blau.

Eisen(II)-oxalat. Ferrooxalat. Ferrum oxalicum oxydulatum.

Oxalsaures Eisenoxydul. $(COO)_2Fe \cdot 2 H_2O$. Mol.-Gew. 180.

Darstellung. Durch Neutralisieren einer Oxalsäurelösung mit Ammoniakflüssigkeit und Versetzen mit Ferrosulfatlösung.

Eigenschaften. Gelbes, kristallines, fast geschmackloses, luftbeständiges, in Wasser und Weingeist fast unlösl. Pulver, das sich beim Erwärmen in Säuren löst. Beim Erhitzen an der Luft verglimmt es zu Eisenoxyduloxyd.

Verwendung. *Med.* obsolet, zur Herstellung photographischer Oxalatentwickler, zur Darstellung von reinem Eisenoxyd, zu Blaupausen.

Eisen(III)-oxyd. Eisenoxyd. Ferrum oxydatum.

Rotes Eisenoxyd. Ferrioxyd. Pariser Rot. Fe_2O_3. Mol.-Gew. 159,70.

Eisen(III)-oxyd kommt in der Natur als *Eisenglanz, Hämatit* oder *Roteisenerz* als wichtiges Mineral vor (Elbingerode und Osterode im Harz), in der Lahn- und Dillmulde, auf Elba, in Schottland und Neu-Seeland. **Blutstein, Lapis Haematitis,** *Roter Glaskopf,* ist ziemlich reines Eisenoxyd, teilweise mit Eisensilikat vermengt, und stellt spießig-faserige, kristalline Gebilde von strahligem Bruch dar, mit stahlgrauer bis bräunlichroter Farbe. Pulverisierter Blutstein ist rot. Fingerlange Blutsteinstücke dienen als Schreibstift auf Stein- und Eisenteilen, besonders schöne Stücke zur Verarbeitung von Schmucksteinen, das Pulver als Schleifmittel.

Verwendung. Eisenoxyd, rot, findet als Pigment zu Anstrichfarben, als roter Farbkörper in der Gummi- und Porzellanherstellung sowie in der Keramik, als Poliermittel in der Spiegelglasherstellung, zum Polieren von Eisen und anderen Metallen Verwendung.

Totenkopf, Caput mortuum, *Englischrot, Colcothar,* ein Eisen(III)-oxyd, das man beim Erhitzen von basischem Eisen(II)-sulfat in besonders gleichmäßiger, feinpulveriger Struktur mit schön roter Farbe erhält. Totenkopf findet zum Polieren von Glas, Metallen und Edelsteinen unter der Bezeichnung *Polierrot, Englischrot* und als Malerfarbe (*Venetianischrot, Pompejanischrot*) Verwendung. Auch beim Abrösten von Pyrit wird Totenkopf gewonnen, wobei man durch geeignete Zusätze und Einhaltung besonderer Temperaturen die Farbe von Hellrot bis Purpurviolett beeinflussen kann.

Eisen(III)-peptonat. Eisenpeptonat. Ferrum peptonatum, Erg.-B. 6.

Ferripeptonat. Peptoneisen.

Darstellung. Durch Eintragen von trockenem Pepton in eine Mischung von Eisenoxychloridlösung und Wasser und Ausfällen des Peptonats durch 1,5%ige Natronlauge bis zur schwach alkalischen Reaktion.

Eigenschaften. Durchscheinende, glänzende, braune Blättchen und Schüppchen, in Wasser (20°) langsam, schneller in warmem Wasser lösl. Die Lösung reagiert schwach sauer und wird weder durch Kochen noch durch Zusatz von Isopropylalkohol getrübt.

Prüfung des Erg.-B. 6. *Erkennung.* Beim langsamen Erhitzen zum Kochen von 10 ccm der wäßrigen Lösung (1 + 19) mit 2 ccm Salzsäure tritt zunächst Trübung, dann eine flockige Ausscheidung ein, bevor Lösung erfolgt.
Der Gehalt von 24 bis 25% Eisen ist zu bestimmen.

Verwendung. In der Eisentherapie *innerl.* (E. 0,3 g).

Eisen(II)-phosphat. Ferrophosphat. Ferrum phosphoricum oxydulatum, Erg.-B. 6.

Phosphorsaures Eisenoxydul. $Fe_3(PO_4)_2$. Mol.-Gew. 358.

Darstellung. Durch Versetzen einer Lösung von kristallisiertem Ferrosulfat mit Dinatriumphosphatlösung:

$$3\,FeSO_4 \quad + \quad 2\,Na_2HPO_4 \quad \rightarrow \quad Fe_3(PO_4)_2 \quad + \quad Na_2SO_4 \quad + \quad 2\,NaHSO_4$$

| Ferrosulfat | Dinatriumphosphat | Ferrophosphat | Natriumsulfat | Natriumhydrogensulfat |

Eigenschaften. Feines, graubläuliches, lockeres, geruch- und geschmackloses Pulver, in Wasser und Weingeist unlösl., erwärmt in verd. Salzsäure mit schwach goldgelber Farbe lösl.

Erg.-B. 6 läßt prüfen auf Schwefelsäure, Schwermetallsalze und Arsenverbindungen.

Verwendung. In der Eisentherapie *innerl.* (E. 0,2 g), als Reagens, *techn.* in der Keramik.

Eisen(III)-phosphat. Ferriphosphat. Ferrum phosphoricum oxydatum, Erg.-B. 6.

Phosphorsaures Eisenoxyd. $FePO_4 \cdot 4\,H_2O$. Mol.-Gew. 222,9.

Darstellung. Durch Vermischen einer Eisenchloridlösung mit Natriumphosphatlösung bei gewöhnlicher Temperatur unter Umrühren.

Eigenschaften. Weißliches oder geblichweißes, fast geschmackloses Pulver oder solche Stücke, unlösl. in Wasser und Weingeist, in verd. Mineralsäuren lösl. Beim Glühen färbt sich das Salz unter Wasserabgabe gelb.

Prüfung des Erg.-B. 6. *Erkennung.* Die mit einigen Tr. Salzsäure unter schwacher Erwärmung hergestellte Lösung (1 + 49) gibt mit Kaliumferrrocyanid einen tiefblauen Niederschlag. Dieselbe Lösung mit Ammoniumchloridlösung umd Ammoniakflüssigkeit im Überschuß versetzt, zum Sieden erhitzt und filtriert, gibt mit Magnesiumsulfatlösung einen weißen kristallinen Niederschlag von Ammonium-Magnesiumphosphat.

Erg.-B. 6 läßt ferner prüfen auf Schwermetallsalze, Salzsäure und Arsenverbindungen.

Aufbewahrung. Vor Licht geschützt.

Verwendung. *Med. innerl.* in der Eisentherapie (E. 0,25 g), *techn.* als Bestandteil von Blumendüngern.

Eisenpyrophosphat. Ferrum pyrophosphoricum, Erg.-B. 6.

Pyrophosphorsaures Eisenoxyd. Ferripyrophosphat.

$Fe_4(P_2O_7)_3 \cdot 9\,H_2O$. Mol.-Gew. 907,7.

Darstellung. Durch Ausfällen aus einer Ferrichloridlösung mit Natriumpyrophosphatlösung.

Eigenschaften. Weißliches, amorphes, geruch- und fast geschmackloses Pulver, in Wasser fast unlösl., langsam lösl. in verd. Salzsäure und Natriumpyrophosphatlösung unter Bildung eines Doppelsalzes, Ferrinatriumpyrophosphat, $Fe_4(P_2O_7)_3 \cdot 2\,Na_4P_2O_7$.

Erkennung. Mit Wasser angeschütteltes E. gibt mit Ferrocyankaliumlösung eine blaue Färbung. Ein Teil der Ausschüttelung gibt nach dem Filtrieren mit Silbernitratlösung eine weißliche Trübung, die nach Salpetersäurezusatz verschwindet.

Erg.-B. 6 läßt prüfen auf Schwefelsäure und Salzsäure.

Aufbewahrung. Vor Licht geschützt.

Verwendung. *Med. innerl.* in der Eisentherapie (E. 0,25 g), zu künstlichen Mineralwässern, *techn.* in der Keramik.

Eisenpyrophosphat mit Ammoniumcitrat. Ferrum pyrophosphoricum cum Ammonio citrico, Erg.-B. 6.

Gehalt etwa 15,6% Eisen.

Darstellung. Der bei der Darstellung von Ferripyrophosphat erhaltene noch feuchte Niederschlag wird in eine Lösung von Citronensäure und Ammoniakflüssigkeit eingetragen, wobei Ammoniak im Überschuß bleiben muß.

Eigenschaften. Grünlichgelbe Blättchen, mit schwachem Eisengeschmack, die sich langsam, aber reichlich in Wasser lösen. Mit Natronlauge erhitzt, gibt die wäßrige Lösung unter Ammoniakentwicklung einen rotbraunen Niederschlag.

Erg.-B. 6 läßt prüfen auf fremde Eisenverbindungen, Salzsäure und den vorgeschriebenen Eisengehalt.

Aufbewahrung. Vor Licht geschützt.

Verwendung. *Med. innerl.* in der Eisentherapie (E. 0,5 g).

Eisenrost. Rost.

Unter „*Rosten*" versteht man die allmähliche bis zur völligen Zerstörung fortschreitende Umwandlung des Eisens in oxydisches Hydroxyd. Der Vorgang beruht auf chemischen und elektrochemischen Einwirkungen, die an gewöhnlichem, ungeschütztem Eisen allmählich auftreten. Dabei spielen Luftsauerstoff, die Kohlensäure der Luft und in der Luft befindliche Verbrennungsgase der Kohle eine wesentliche Rolle. Eisenrost besteht hauptsächlich aus $Fe_2O_3 \cdot H_2O$, enthält aber noch wechselnde Mengen von Eisen(II)-oxyd, FeO, und Wasser. Beim Erhitzen von Rost im Reagensglas entweicht das Wasser, bei einer Temperatur von über 400° erhitzt, bleibt rotbraunes Eisenoxyd zurück.

Rost ist braungelb bis rotbraun, locker und porös und bröckelt leicht ab. Aus diesem Grunde kann der Sauerstoff und die Feuchtigkeit der Luft leicht und immer tiefer eindringen und deshalb ungeschütztes Eisen oder ungeschützten Stahl schließlich völlig zerfressen. Die Einwirkung von Säuren und Säuredämpfen, auch schon saure Früchte und Fruchtsäfte, beschleunigen das Rosten bedeutend.

Rostschutz. Der Rostschutz ist einer der wichtigsten volkswirtschaftlichen Maßnahmen. Er kann auf verschiedene Weise erfolgen: Durch *Metallisierrostschutz* mit

Metallen, die dem Eisen in der Spannungsreihe vorangehen, Zink und Cadmium. Andere Metalle bieten nur dann als Überzug für Eisen einen Rostschutz, wenn sie eine völlig porenfreie und zusammenhängende Schicht bilden. Weiter finden als Rostschutz durch galvanische Metallniederschläge Nickel und Chrom Verwendung sowie die Emaillierung, der Überzug mit Lacken, Schutzanstriche mit Mennige in Leinölanreibung, das Metallspritzverfahren, das Vernickeln, Versilbern, Verzinken, Verzinnen. Schon beim Anlassen des Eisens entsteht ein gewisser Oxydüberzug, der die Anlaßfarbe von Eisen bewirkt. Um diese Schutzschicht zu verstärken, wird das Eisen in Chemikalienbäder oder heiße Schmelzen von Chemikalien getaucht. Dann finden Oxydationsmittel Verwendung, die einen Teil ihres Sauerstoffs abgeben und damit die Eisenoxydschicht verstärken.

Der Phosphatrostschutz, die Phosphatierung, ist das wichtigste moderne Rostschutzverfahren. Die vor Rost zu schützenden Metalle werden nach äußerst sorgfältiger Reinigung mit Lösungen von Phosphorsäure, Eisen-, Mangan- und Zinkphosphaten behandelt. Diese bewirken eine festhaftende, schützende Schicht der betreffenden Metallphosphate auf Eisen, Stahl oder Zink. Die hierbei angewendeten Verfahren sind das *Atramentverfahren,* das *Parker-* und *Bonder-Verfahren.*

Die *Rostentfernung* (s. a. Bd. III) ist ein Beizvorgang mit dem Zweck, möglichst nur den Rost zu entfernen, ohne dabei das Eisen anzugreifen. Mechanisch werden hierzu Schmirgelpapier, Schmirgelscheiben oder der Sandstrahl verwendet, während zur chemischen Rostentfernung Säuren, saure Salze und Alkalien Verwendung finden.

<h3 style="text-align:center">Eisen(II)-sulfat. Ferrosulfat. Ferrum sulfuricum, DAB. 6.</h3>

Schwefelsaures Eisenoxydul. Reiner Eisenvitriol. $FeSO_4 \cdot 7 H_2O$. Mol.-Gew. 278,02.

Darstellung. Durch Lösen von Eisennägeln in verd. Schwefelsäure. Nach Aufhören der Gasentwicklung wird die noch warme Lösung in Weingeist filtriert (s. Bd. III).

Eigenschaften. Kristallines, an trockener Luft verwitterndes, hellgrünes Pulver, lösl. in 1,8 T. Wasser mit bläulichgrüner Farbe.

Prüfung des DAB. 6. *Erkennung.* Auch die sehr verdünnte wäßrige Lösung gibt mit Kaliumferricyanidlösung einen tiefblauen Niederschlag, mit Bariumnitratlösung einen weißen, in verd. Säuren unlösl. Niederschlag.

Basisches Ferrisulfat. Beim Auflösen von 1 g E. in 19 g ausgekochtem und erkaltetem Wasser muß die Lösung klar sein.

Freie Schwefelsäure. Beim Eintauchen von blauem Lackmuspapier in die erhaltene Lösung darf diese nur schwach gerötet werden.

Kupfer. Werden 2 g E. in etwa 20 ccm Wasser gelöst und durch Erhitzen mit 2 ccm Salpetersäure oxydiert, muß nach Zusatz von überschüssiger Ammoniakflüssigkeit ein farbloses Filtrat entstehen.

Kupfer, Mangansalze, Zink. Die Hälfte des vorgenannten Filtrats darf durch 3 Tr. Natriumsulfidlösung keine dunkle (Kupfer, Mangan) oder weiße (Zink) Trübung geben.

Alkali, Erdalkalisalze. Die andere Hälfte des Filtrats darf nach dem Abdampfen und Glühen höchstens 0,001 g Rückstand hinterlassen.

Aufbewahrung. Das völlig trockene Salz in trockenen, nicht zu großen, gut verschlossenen Gefäßen.

Verwendung. *Med. äußerl.* in Lösung ($^1/_2$ bis 2%) gegen Nasenbluten, in der Photographie als Bestandteil des Eisenoxalatentwicklers, zur Herstellung von *getrocknetem Ferrosulfat, Ferrum sulfuricum siccatum, DAB. 6, Stoff B.*

Eisen(II)-sulfat, rohes. Eisenvitriol. Ferrum sulfuricum crudum, DAB. 6.

Rohes Ferrosulfat. Grüner Vitriol. Kupferwasser.

Darstellung. Durch Rösten von Schwefelkies, FeS_2, Auslaugen mit Wasser und Eindampfen der Lösung zur Kristallisation oder durch langsame Oxydation von Schwefeleisen, FeS, durch feuchte Luft. FeS erhält man durch Rösten von Schwefelkies, FeS_2, der dabei in Einfachschwefeleisen, FeS, übergeht:

$$FeS \ + \ 2\,O_2 \ + \ 7\,H_2O \ \rightarrow \ FeSO_4 \cdot 7\,H_2O$$

| Schwefeleisen | Sauerstoff | Wasser | Eisen(II)-sulfat |

Eigenschaften. Grüne Kristalle oder kristalline Bruchstücke, die meist etwas feucht und an der Oberfläche häufig weißlich bestäubt oder braun gefleckt sind (Bildung von basischem Eisen(III)-sulfat). E. gibt mit 2 T. Wasser eine leicht trübe, Lackmuspapier rötende Flüssigkeit, die zusammenziehend schmeckt.

Prüfung des DAB. 6. *Basisches Ferrisulfat.* Die wäßrige Lösung (1 + 4) darf keinen erheblichen ockerartigen Bodensatz hinterlassen und muß nach dem Filtrieren eine blaugrüne Farbe zeigen.

Kupfersalze. Die wäßrige Lösung (1 + 19) darf nach Zusatz von 2 Tr. verd. Salzsäure durch 1 Tr. Natriumsulfidlösung höchstens schwach gebräunt werden.

Aufbewahrung. In Steingut, Holzkästen oder Holzfässern, *kühl* und *trocken.*

Verwendung. *Äußerl.* In Lösung (2%) gegen übermäßige Schweißbildung, zu med. Bädern (25 bis 50 g auf 1 Vollbad), als billiges Desinfektionsmittel, das gleichzeitig infolge seiner sauren Reaktion durch Bindung von Schwefelwasserstoff und Schwefelammonium desodorisiert, für Fäkalien (1 kg auf 5 cbm). Zur Herstellung von Tinten, Stempelfarben, Berliner Blau, zur Unkrautvertilgung allein oder in Mischung mit chlorsaurem Natrium auf Äckern und Wiesen (600 Liter der 25%igen Lösung auf 1 ha), Haltbarmachung von Holz, in der Färberei, Druckerei und Gerberei, als Ätzmittel in der Metallographie, zum Beizen von Eisen, als Katalysator zu Sauerstoffbädern. Eisen(II)-sulfat ist das technisch wichtigste Eisensalz und findet zur Darstellung anderer Eisenverbindungen (Berliner Blau, Blutlaugensalze u. a.) Verwendung. Flüssig (45° bis 48° Bé) findet es als *Schwarzbeize* für Kautabak und *Rostbeize* Verwendung.

Eisen(III)-sulfat. Ferrisulfat. Ferrum sulfuricum (oxydatum).

Schwefelsaures Eisenoxyd. $Fe_2(SO_4)_3$. Mol.-Gew. 399,88.

Darstellung. Durch Auflösen von Ferrioxyd oder Ferrihydroxyd in Schwefelsäure bzw. durch Erhitzen von Ferrosulfat mit Schwefel- und Salpetersäure:

$$6\,FeSO_4 \ + \ 3\,H_2SO_4 \ + \ 2\,HNO_3 \ \rightarrow \ 3\,Fe_2(SO_4)_3 \ + \ 4\,H_2O \ + \ 2\,NO$$

| Ferrosulfat | Schwefelsäure | Salpetersäure | Ferrisulfat | Wasser | Stickoxyd |

Beim Eindampfen der Lösung erhält man das Salz.

Eigenschaften. Weißes bis grauweißes, in Wasser allmählich lösl. Pulver. Die wäßrige Lösung ist infolge starker hydrolytischer Spaltung durch entstandenes kolloid gelöstes Ferrihydroxyd braun gefärbt. Das Salz kommt meist in wäßriger Lösung in den Handel, wobei die braune Färbung durch Zusatz einiger Tr. Schwefelsäure beseitigt werden kann.

Aufbewahrung. Vor Licht geschützt.

Verwendung. Zur Darstellung anderer Ferrisalze, als Beize in der Zeugfärberei.

Eisensulfide.

Eisensulfide finden sich in der Natur als Einfach-Schwefeleisen, FeS, in Eisenmeteoren und Zweifach-Schwefeleisen, FeS_2, *Pyrit*, einem wichtigen Eisen- und Schwefelmineral.

Eisen(II)-sulfid. Schwefeleisen. Ferrum sulfuratum, Erg.-B. 6.

Eisensulfid. Einfachschwefeleisen. FeS. Mol.-Gew. 87,91.

Eisen(II)-sulfid kommt natürlich als *Troilit* im Meteoreisen vor und wird dargestellt durch Zusammenschmelzen von Eisenabfällen mit Schwefel oder Pyrit.

Eigenschaften. Harte, dunkelgraue bis grauschwarze, metallglänzende und metallartige Stücke, Platten oder Stäbchen, meist mit überschüssigem Eisen verunreinigt, D. 4,7, die sich in verd. Salzsäure und verd. Schwefelsäure fast ohne Rückstand lösen müssen.

Erkennung. Mit verd. Schwefelsäure oder Salzsäure entwickelt E. Schwefelwasserstoff:

$$FeS \quad + \quad 2\,HCl \quad \rightarrow \quad FeCl_2 \quad + \quad H_2S$$

Eisen(II)-sulfid   Salzsäure   Eisen(II)-chlorid   Schwefelwasserstoff

Erg.-B. 6 läßt prüfen auf *Arsenverbindungen*. Beim Einleiten des gewaschenen Schwefelwasserstoffes in Schwfelsäure darf nach dem Verdampfen der Flüssigkeit kein Rückstand hinterbleiben, der, mit 3 ccm Natriumhypophosphitlösung eine Viertelstunde lang im siedenden Wasserbad erhitzt, das Gemisch dunkel färbt.

Verwendung. Im Laboratorium zur Entwicklung von Schwefelwasserstoff.

Eisendisulfid.

Zweifachschwefeleisen. FeS_2. Mol.-Gew. 119,97.

Eisendisulfid kommt regulär kristallisiert als glänzender, blaßblauer *Pyrit* oder *Eisenkies* und als rhombischer, zinnweißer *Markasit* oder *Speerkies* in der Natur vor. Da beide Mineralien sich an der Luft schon bei 400° bis 500° entzünden und ohne weitere Wärmezufuhr zu Schwefeldioxyd und Eisenoxyd verbrennen, sind sie wichtige Schwefelmineralien.

Erkennung der Eisenverbindungen.

Eisen(II)-salze sind unbeständig und blaßgrün, ihre Lösungen farblos bis schwachgrün gefärbt (z. B. Ferrosulfat).

Eisen(III)-salze sind gelbbraun, z. B. Ferrichlorid, Eisenalaun violett gefärbt.

Perlenprobe. Eisensalze färben die im oxydierenden Saum der Bunsenflamme hergestellte Phosphorsalzperle heiß gelbrot, kalt gelbgrün, schließlich bräunlich.

Reaktionen der Eisen(II)-verbindungen auf nassem Wege. 1. Auf Zusatz von Ammoniak und Alkalilaugen fällt bei vollständigem Luftabschluß zunächst weißes Ferrohydroxyd aus:

$$FeSO_4 \quad + \quad 2\,NH_4OH \quad \rightarrow \quad (NH_4)_2SO_4 \quad + \quad Fe(OH)_2 \downarrow$$

Durch den Luftsauerstoff oxydiert sich das Ferrohydroxyd rasch. Der Niederschlag färbt sich über Graugrün, Dunkelgrün bis zu rotbraunem Ferrihydroxyd:

$$2\,Fe(OH)_2 \quad + \quad H_2O \quad + \quad O \quad \rightarrow \quad 2\,Fe(OH)_3$$

2. Alkalicarbonate und Ammoniumcarbonat fällen weißes Ferrocarbonat, das sich allmählich zu Ferrihydroxyd oxydiert:

$$2\,FeCO_3 \quad + \quad 3\,H_2O \quad + \quad O \quad \rightarrow \quad 2\,Fe(OH)_3 \downarrow \quad + \quad 2\,CO_2$$

3. Ferrocyankaliumlösung gibt zunächst einen schmutzig-bläulichweißen Niederschlag, der durch Luftoxydation rasch blau wird.

4. Ferricyankaliumlösung (frisch bereitet) gibt einen tiefblauen Niederschlag von Turnbullsblau.

5. Spuren von Eisen(II)-salzen können nach leichtem Ansäuern mit Weinsäure auf Zusatz von alkoholischer Dimethylglyoximlösung (1 Körnchen Weinsäure auf

1 Tr. Eisen(II)-salzlösung und 1 Tr. Reagens) nachgewiesen werden. Es entsteht ein lösl. komplexes Salz mit roter Farbe (Nickel gibt eine rote Fällung).

Reaktionen der Eisen(III)-verbindungen auf nassem Wege. 1. Infolge starker hydrolytischer Spaltung reagieren die Lösungen deutlich sauer.

2. Ammoniak- und Alkalilaugen fällen braunes, gallertiges Eisen(III)-hydroxyd:

$$FeCl_3 \;+\; 3\,NH_4OH \;\rightarrow\; Fe(OH)_3\downarrow \;+\; 3\,NH_4Cl$$

3. Ammoniumsulfid fällt aus neutraler oder alkalischer Lösung schwarzes, in verd. Säuren lösl. Ferrisulfid:

$$2\,FeCl_3 \;+\; 3\,(NH_4)_2S \;\rightarrow\; Fe_2S_3 \;+\; 6\,NH_4Cl$$

4. Ferrocyankalium gibt eine tiefblaue Lösung, aus der ein flockiger, in Säuren unlösl., dunkelblauer Niederschlag von Berliner Blau ausfällt:

$$2\,\overset{III}{Fe_2}(SO_4)_3 \;+\; 3\,K_4[\overset{II}{Fe}(CN)_6] \;\rightarrow\; 6\,K_2SO_4 \;+\; \overset{III}{Fe_4}[\overset{II}{Fe}(CN)_6]_3\downarrow$$

5. Rhodankalium oder Rhodanammonium geben auch schon bei Anwesenheit geringer Spuren von Eisen(III)-salzen eine blutrote Färbung durch Ferrirhodanid:

$$Fe_2SO_4 \;+\; 6\,KCNS \;\rightarrow\; 3\,K_2SO_4 \;+\; 2\,Fe(CNS)_3$$

6. Gerbsäure gibt einen blauschwarzen Niederschlag von gerbsaurem Eisenoxyd (Tintenherstellung).

Eisenhut.

Blauer Eisenhut. Aconitum napellus *L.*

Sturmhut. Helmkraut.

Ranunculaceae.

Ausdauernde, in den Gebirgen und Vorgebirgen Mittel- und Nordeuropas und als Zierpflanze in Gärten vorkommende, bis $1^1/_2$ m hohe Pflanze mit fleischiger, brauner, rübenförmiger Wurzelknolle, die in eine lange Pfahlwurzel ausläuft und jährlich zur Blütezeit (Juli bis September) eine oder mehrere Tochterknollen bildet, welche die Droge, Eisenhutknollen, liefern. Stengel etwa 50 cm hoch, Blätter lang, wechselständig, tief handförmig eingeschnitten, oberseits glänzend dunkelgrün, unterseits glänzend mattgrün, die unteren langgestielt, die oberen kurzgestielt oder sitzend mit nochmals fiederspaltig geteilten Abschnitten. Der Stengel endigt mit einer langen, lockeren Blütentraube, die auch in den Achseln der oberen Blätter entspringen kann. Blüten mit bis 5 dunkelblauen, blumenkronartigen Kelchblättern, das oberste, helmförmige gibt der Blüte das Aussehen eines Sturmhelmes. Von den eigentlichen Blumenblättern sind zwei in langgestielte Nektarien umgewandelt, die übrigen fehlen oder sind höchstens als Schuppen vereinzelt angedeutet. Zahlreiche Staubblätter. Balgfrüchtchen mit vielen glatten, glänzend schwarzen, an den Kanten schmal geflügelten Samen. **Sammelverbot für alle einheimischen Arten!**

☠ *2.* Eisenhutknollen. Tubera Aconiti, Erg.-B. 6. Stoff B.

Akonitknollen. Wolfswurzknollen.

Die rasch getrockneten, zu Ende der Blütezeit gesammelten, von den Wurzeln befreiten Tochterknollen (Abb. 68). Rübenförmig, am unteren Ende mit einer mehr oder weniger schlanken Spitze, daran eine Knospe oder deren Überreste. Die Knollen sind bis über 2 cm dick, 4 bis 8 cm lang, hart, prall oder etwas längsrunzelig, außen dunkelbraun, innen weiß. Oben seitlich ist die Bruchnarbe des Verbindungsstückes mit der Mutterknolle und teilweise helle Narben von abgeschnittenen Wurzeln erkenntlich. Bruch kurz, mehlig. *Geschmack* anfangs süßlich, dann kratzend, anschließend scharf würzig.

Inhaltsstoffe. 0,2 bis 3% Alkaloide. Erg.-B. 6 verlangt mindestens 0,8% Alkaloide berechnet auf Aconitin. Hauptalkaloid *Aconitin*, ein Ester der Essigsäure mit Benzoylaconin, und mehrere Nebenalkaloide, Inosit, Zucker, Harz, Äpfel- und Citronensäure, keine Aconitsäure u. a.

Lupenbild. Dünne, *dunkelbraune*, primäre und dicke, *weiße*, sekundäre Rinde, Kambium sternförmig, Mark groß, weiß.

Toxikologie. Der blaue Eisenhut ist ebenso giftig wie der wildwachsende gelbe Sturmhut, *Aconitum lycoctonum*. Aconitin ist eines der stärksten Gifte und ruft im Munde Kribbeln und Brennen mit anschließender Vertaubung und Lähmung der Zunge hervor. Nach Aufnahme des Giftes entsteht ein kennzeichnendes Gefühl von Kribbeln und Ameisenlaufen in Fingern, Händen und Füßen und infolge eingetretener Untertemperatur das Gefühl, als hätte der Vergiftete „Eiswasser in den Adern". Nach Eintritt von Atemnot und Herzstörungen kann Bewußtlosigkeit und der Tod durch Herz- oder Atemlähmung eintreten.

Erste Hilfe. Magenspülung mit med. Kohle, Wärmezufuhr, Herzmittel, künstliche Atmung.

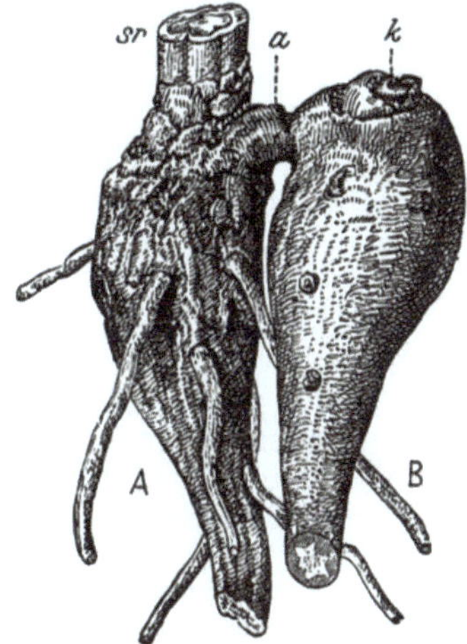

Abb. 68. Eisenhutknollen. Tubera Aconiti, frisch. A Mutterknolle; — B Tochterknolle; — *a* Verbindungsstrang zwischen beiden; — *sr* Stengelrest; — *k* Knospe.

Verwendung. In Form von Tinctura Aconiti, Erg.-B. 6, und Extractum Aconiti Tuberis, Erg.-B. 6, bei Nervenschmerzen, Nervenentzündungen, Rheuma, Gicht usw.

Aufbewahrung. *Vorsichtig*, vor Licht geschützt.

Eisenkraut.

Eisenkraut. Verbena officinalis *L.*

Verbenaceae.

Ausdauerndes, 30 bis 50 cm hohes, an Wegrändern, Dorfstraßen, Mauern, Gräben, Hecken, Schuttplätzen verbreitetes Unkraut. Stengel aufrecht, vierkantig, oben verästelt, mit gegenständigen Blättern. Zierliche, rötliche oder blaßblaue Blüten in lockeren, zu einer Rispe angeordneten Ähren. Blütezeit Juni bis September.

Eisenkraut. Herba Verbenae.

Opferkraut. Taubenkraut.

Die während der Blütezeit gesammelten und getrockneten Blätter und oberen Stengelabschnitte. Für die *Schnittdroge* kennzeichnend sind 4eckige, längsgerillte Stengelteile, grau- bis braungrün, an den Längskanten teilweise mit sehr kleinen Stachelspitzchen. Teile der Blütenrispen mit vielen kleinen rosaroten bis rotvioletten Blüten und braunen Spaltfrüchtchen, die in 4 Nüßchen zerfallen. Runzelige, matt graugrüne Blattstückchen, beiderseits borstig behaart, mit grob gesägtem Rand, unterseits mit deutlicher Netznervatur, kleindrüsig punktiert. *Geruchlos, Geschmack* herb und bitter.

Inhaltsstoffe. Eisengrünender Gerbstoff, Bitterstoff, ein Glykosid *Verbenalin*, Invertin, Schleim.

Verwendung. 1 Teelöffel auf 1 Tasse Aufguß als zusammenziehendes und Bittermittel bei Grieß- und Steinbildung, Erschöpfungszuständen, Augenentzündungen, Keuchhusten, als harn- und schweißtreibendes Mittel.

Elastizität.

Elastizität ist die Eigenschaft fester Körper, nach einer durch äußere Kraft angenommenen Formveränderung nach Aufhören dieser Kraft in die ursprüngliche Form zurückzukehren. Je elastischer ein Körper ist, um so vollkommener nimmt er die ursprüngliche Form wieder an.

Elefantenläuse.

Elefantenläuse sind die Früchte der in Ostindien heimischen und in den Tropengebieten der ganzen Erde kultivierten Bäume **Semecarpus anacardium** *L.* und **Anacardium occidentale** *L.*, *Anacardiaceae*, Acajoubaum. Die erste Pflanze liefert

Ostindische Elefantenläuse. Fructus Anacardii orientalis.

Männliche Elefantenläuse. Herzfrüchte.

Herzförmig plattgedrückte Steinfrüchte ohne Fruchtstiel, etwa 2 bis 2,5 cm lang, braun bis schwarzbraun, schwach längsfurchig, sehr feingrubig punktiert, mit hartem, schwer abtrennbarem Fruchtstiel (Abb. 69, 2).

Die zweite Pflanze liefert

Westindische Elefantenläuse. Fructus Anacardii occidentalis.

Acajunüsse. Kaschunüsse. Tintennüsse.

Nierenförmige Steinfrüchte, bis 3,4 cm lang, in der Mitte der vorderen Seite tief eingezogen, an der Rückseite konvex, ohne Fruchtstiel (Abb. 69, 1).

Inhaltsstoffe. Beide Sorten enthalten in rundlichen Höhlen der Fruchtwand einen dunkelbraunen, scharf schmeckenden und ätzenden Balsam, der bei den ostindischen E. mit *Cardolum pruriens*, bei den westindischen mit *Cardolum vesicans* bezeichnet wird. *Kardol, Cardolum*, ist *Stoff B.* Außerdem ein dem Strychnin ähnliches Alkaloid Harz, Gerbstoff, in den eßbaren Samen bis 50% fettes Öl.

Verwendung. *Äußerl.* als hautreizendes und blasenziehendes Mittel an Stelle von spanischen Fliegen, zu Warzen- und Hühneraugenmitteln; *techn.* als Färbemittel.

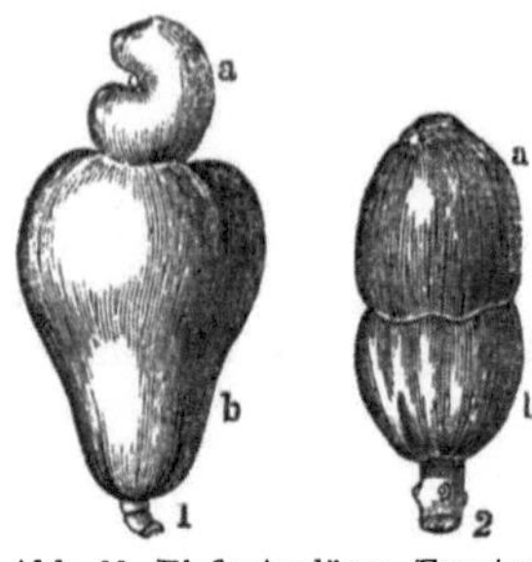

Abb. 69. Elefantenläuse. Fructus Anacardii. 1. Fructus Anacardii occidentalis. 2. Fructus Anacardii orientalis. a Steinfrucht; — b fleischiger Fruchtstiel.

Acajou.

Acajou ist der aus den Steinfrüchten von Anacardium occidentale hergestellte ätzende Balsam, der zum Schwarzfärben von Paraffinkerzen, als Druckfarbe und zum Signieren von Wäsche Verwendung findet.

Elektrolyse.

Mit Elektrolyse (g. lysis, Auflösung) bezeichnet man die Zerlegung eines Leiters zweiter Klasse in gelöstem oder geschmolzenem Zustand (Salzlösungen, Säuren, Basen) durch den elektrischen Strom. Man nennt diese Leiter *Elektrolyte.* Dabei wandern die bereits in der Lösung dissoziierten Ionen teils mit, teils gegen den Strom. Metall- und Wasserstoffionen wandern mit dem Strom und scheiden sich am abführenden, negativen Pol (—-Elektrode) der *Kathode* (g. kata, hinab) ab. Säuren und Basenreste wandern gegen den Strom und scheiden sich am zuführenden, positiven Pol (+-Elektrode) der *Anode* (g. ana, hinauf) ab. Bei der Elektrolyse werden die

Säuren in Wasserstoff und Säurerest,

Salze in Metall und Säurerest,

Basen in Metall und die OH-Gruppe

zerlegt. Das vom elektrischen Strom an der Kathode abgeschiedene Ion bezeichnet man mit *Kation*, das an der Anode abgeschiedene als *Anion*. Die E. findet praktische Anwendung in der Metallurgie bei der Reingewinnung von Metallen, besonders von Kupfer, Zink, Silber, Gold, Nickel, und bei der Gewinnung der Alkalimetalle, durch Schmelzflußelektrolyse, sowie von Magnesium, Aluminium, Beryllium. In der chemischen Industrie findet die E. bei der Herstellung von Chlor, Natrium- und Kaliumhydroxyd, Hypochloritlaugen, Chloraten, Perchloraten, bei den Oxydationsverfahren bei der Herstellung von Wasserstoffsuperoxyd und Perboraten und bei der Schmelzflußelektrolyse von Kochsalz Verwendung. Technische Anwendung findet die E. bei der *Metallplattierung, Galvanostegie*, beim Vergolden, Versilbern, Vernickeln, Verchromen und in der Galvanoplastik.

Elektrolytische Dissoziation.

Reines Wasser leitet den elektrischen Strom praktisch nicht. Löst man jedoch Salze, Säuren oder Basen darin auf, so erhält man leitende Lösungen. Die elektrische Leitfähigkeit beruht auf der Anwesenheit von elektrisch geladenen Teilchen, die durch Spaltung der genannten Stoffe beim Auflösen in Wasser entstehen. Salze, Säuren und Basen haben nämlich die Eigenschaft, gelöst ihre Moleküle nicht geschlossen, sondern in Bruchstücke gespalten zu enthalten. Diese Spaltung der Moleküle in Lösungen bezeichnet man mit *elektrolytischer Dissoziation*, die Moleküle der betreffenden Stoffe sind in zwei Bestandteile gespalten, *dissoziiert*. Diese elektrisch geladenen Teilchen nennt man *Ionen* (g. ion, wandern). Sie sind in allen Lösungen, die den elektrischen Strom leiten, vorhanden, auch wenn kein Strom durch sie geschickt wird. Löst man z. B. Kochsalz, NaCl, in Wasser, so spaltet sich jedes Molekül NaCl in ein positiv geladenes Natriumion Na$^{\cdot}$ und ein negativ geladenes Chlorion Cl':

$$NaCl \;\rightarrow\; Na^{\cdot} \;+\; Cl'$$

Beim Magnesiumsulfat erfolgt die Spaltung in folgender Weise:

$$MgSO_4 \;\rightarrow\; Mg^{\cdot\cdot} \;+\; SO_4''$$

Jede positive Ladung wird also durch einen Punkt oder das Zeichen +, jede negative Ladung durch das Zeichen ' oder das Zeichen $^{-}$ hinter dem chemischen Symbol des betreffenden Ions bezeichnet. Der Stromdurchgang durch eine Lösung kommt zustande durch eine Wanderung der Ionen: Die positiven Ionen wandern zum negativen Pol (Kathode), die negativen wandern zum positiven Pol (Anode). Man bezeichnet daher die positiven Ionen als Kationen, die negativen als Anionen. Wegen der Fähigkeit von Salzen, Säuren und Basen in wäßriger Lösung den elektrischen Strom zu leiten, nennt man diese Stoffe *Elektrolyte*. Die Ionenspaltung oder elektrolytische Dissoziation der Elektrolyte ist eine sehr wichtige Erscheinung, welche die Vorgänge bei der Elektrolyse und viele chemische Reaktionen in wäßriger Lösung erst verstehen gelehrt hat. Die e. D. wird gern mit der Hydrolyse verwechselt, weil bei beiden Vorgängen Wasser mitwirkt. Bei der ersten werden die Wassermoleküle selbst nicht angegriffen, während sie bei der Hydrolyse in H$^{\cdot}$- und OH -Ionen aufgespalten werden (s. a. Bd. I, S. 214ff.).

Elemente, galvanische.

Galvanische Elemente führen ihre Bezeichnung nach dem italienischen Arzt GALVANI, der an Froschschenkeln, die mit Kupferdraht an einem Eisengitter hingen, Zuckungen beobachtete. Diese Erscheinung führte zur Entwicklung der galvanischen Elemente. Man versteht darunter Geräte zur Erzeugung schwacher oder mittelstarker elektrischer Ströme mit einer Spannung von 1 bis 2 Volt, bei denen *chemische* Energie in *elektrische* Energie umgewandelt wird. Die Kraft eines g. E. heißt *elektromotorische Kraft* (EMK), der Spannungsunterschied der beiden Pole *Klemmspannung*. Jedes E. enthält zwei voneinander isolierte Stäbe, Zylinder oder Platten, die aus *Leitern 1. Klasse* (Metall: Zink, Blei, Kupfer oder Kohle), den *Polen* oder *Elektroden*, be-

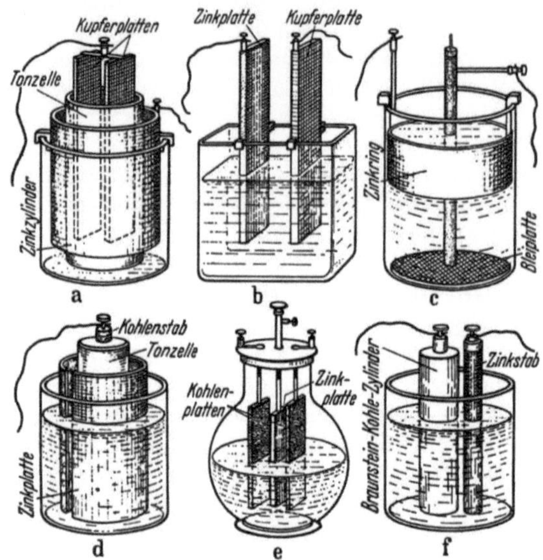

Abb. 70. Galvanische Elemente. a Daniell-Element; — b Volta-Element; — c Krüger-Element; — d Bunsen-Element; — e Chromsäure-Element; — f Leclanché-Element.(Aus „Der neue Brockhaus", Leipzig, F. A. Brockhaus.)

stehen und entweder gemeinsam in eine elektrolytische Flüssigkeit, einen *Leiter 2. Klasse* (Salzlösung oder verd. Säure), oder in zwei verschiedene, durch eine poröse Scheidewand getrennte Flüssigkeiten eintauchen. Beim Eintauchen der Pole in die Flüssigkeit entsteht an diesen eine verschieden hohe elektrische Spannung. Die höhere Spannung entsteht am *positiven* oder *Pluspol* (+), die niedere Spannung am *negativen* oder *Minuspol* (−). Beim Verbinden der Pole außerhalb des Elementes mit einem Draht fließt in diesen ein elektrischer Strom. Dieser geht aber auch durch die Flüssigkeit des Elementes und zersetzt sie. Um dies zu verhindern, muß der am −-Pol, der *Kathode*, entstehende Wasserstoff durch geeignete Chemikalien (starke Oxysäuren oder sauerstoffabgebende Mittel), dem sog. *Depolisator*, chemisch gebunden werden. Man erhält dann ein *konstantes* Element. Konstante Elemente sind:

Bunsen-Element. +-Pol Kohle in Salpetersäure, −-Pol Zink in Schwefelsäure, beide sind durch einen Tonzylinder getrennt. Die Wasserstoffoxydation erfolgt durch die Salpetersäure.

Chromsäure- oder Tauchelement. +-Pol Kohleplatte, −-Pol Zinkplatte, die beide bei Gebrauch in eine Kaliumdichromatlösung mit Schwefelsäure eintauchen. Die Oxydation des Wasserstoffs erfolgt durch die sich bildende Chromsäure, die, zu Cr_2O_3 reduziert, mit Kalium und dem Schwefelsäurerest Chromalaun bildet. Nach dem Gebrauch wird die Zinkplatte aus der Flüssigkeit gehoben und mit einer Stellschraube festgehalten.

Daniell-Element. Durch einen porösen Tonzylinder getrennt, taucht Kupfer in Kupfersulfatlösung, Zink in Zinksulfatlösung. Am −-Pol scheidet sich Kupfer an Stelle von Wasserstoff ab.

Krüger-Element. Zink taucht in Zinksulfatlösung, verkupfertes Blei in Kupfersulfatlösung.

Leclanché-Element oder **Braunsteinelement.** —-Pol amalgamiertes Zink, +-Pol Kohle und Braunstein (MnO₂), zur besseren Leitfähigkeit ist Graphit zugesetzt. Elektrolyt ist Salmiaklösung, → Ammoniumchlorid. Der sich beim Stromdurchgang an der Kohle bildende Wasserstoff wird durch den Braunstein zu Wasser oxydiert. Das Zink bildet mit der Salmiaklösung schwer lösliche Kristalle eines Doppelsalzes. Durch Stärke kann der Elektrolyt in eine steife Gallerte verwandelt werden, so daß das L.-Element auch als Trockenelement Verwendung findet.

Die Verbindung mehrerer Elemente bezeichnet man mit *galvanischer Batterie.* Die Schaltung von galvanischen Elementen kann auf zweierlei Weise erfolgen. Mit *Serienschaltung* bezeichnet man die Verbindung der *ungleichmäßigen* Pole miteinander, wodurch die Elemente hintereinander oder in Reihen geschaltet werden. Dabei wächst die elektromotorische Kraft der Elemente mit ihrer Zahl. Mit *Parallelschaltung* bezeichnet man die Verbindung der jeweils *gleichnamigen* Pole miteinander. Hier ist die elektromotorische Kraft gleich der eines Einzelelementes.

Trockenelemente sind Braunsteinelemente, deren Elektrolyt (Salmiaklösung), in Kork oder Sägemehl usw. aufgesaugt, in einen Zinkzylinder (—-Pol) gefüllt ist. In dem Elektrolytgemisch liegt ein Kohlestab (+-Pol). Um die Verdunstung des Elektrolyts tunlichst zu verzögern, ist die Umhüllung der Trockenelemente paraffiniert.

Volta-Element. Zink und Kupfer tauchen in verd. Schwefelsäure ein. Bei der Stromentnahme wirkt der entstehende Wasserstoff polarisierend; da ein Depolisator fehlt, sinkt die Stromstärke, die Stromlieferung hört allmählich auf. Aus diesem Grunde ist das V.-E. ein *inkonstantes Element.*

Verwendung finden g. E. zu Klingel- und Hausfernsprechanlagen und zu alten Rundfunkgeräten.

Elemi.

Mit Elemi bezeichnet man verschiedene Harze tropischer Pflanzen aus der Familie der *Burseraceae.*

Manila-Elemi. Resina-Elemi, Erg.-B. 6.

Der nach Verletzung der Stämme von **Canarium luzonicum** *Asa Gray, Burseraceae,* ausfließende und gesammelte Balsam. Halbweiche, gelblichweiße bis grüngelbe, trübe und körnige, salbenartige, teilweise kristalline Masse, frisch klebrig, älter fester und sehr zäh. *Geruch* würzig, an Fenchel, Citronen- und Terpentinöl erinnernd, *Geschmack* bitterlich-würzig. E. ist bis auf sehr geringe Reste in Äther, Chloroform und Schwefelkohlenstoff, Benzol und warmem Isopropylalkohol lösl., nur teilweise in Petroleum und kaltem Isopropylalkohol.

Inhaltsstoffe. 20 bis 25% ätherisches Öl, die Sterinalkohole α- und *β-Amyrin,* α-*Elemisäure* und andere Harzsäuren, reichlich Resene, ein Bitterstoff Bryoidin, Brein u. a.

Verwendung. Zu reizenden Salben und Pflastern mit ähnlicher, aber milderer Wirkung als Terpentin; zu Seifenparfümen mit angenehm balsamischer Note, es hebt andere Riechstoffe auffallend hervor und fixiert diese; zur Herstellung von Lacken, zur Appretur von Filzgeweben und bei der Herstellung von lithographischen und Aquarellfarben.

Manila-Elemiöl. Oleum Elemi.

Ein bei der Wasserdampfdestillation von Elemiharz gewonnenes farbloses bis hellgelbes ätherisches Öl mit dem Geruch nach Phellandren. D. (15°) 0,870 bis 0,914; α_D +35° bis 53°; $n_D^{20°}$ 1,479 bis 1,489; SZ. bis 1,5; EZ. 4 bis 8.

Verwendung. In der Parfümerie als Fixateur, zur Erzielung besonderer Effekte in Phantasieparfüms.

Emanation.

Mit Emanation (lat. emanare, herausströmen) bezeichnet man die von radioaktiven Elementen Radium, Aktinium und Thorium entwickelten gasförmigen Stoffe, die selbst radioaktiv sind (s. a. S. 1080).

Empyroform.

Empyroform (Schering) ist ein Kondensationsprodukt aus Formaldehyd und Holzteer, bräunlich-trockenes Pulver, unlösl. in Wasser, lösl. in Weingeist, Aceton, Chloroform und kaustischen Alkalien, *Geruch* schwach teerartig. Keimtötend, juckreizstillend und entzündungswidrig, austrocknend.

Verwendung. Als Streupulver unverdünnt oder mit Amylum oder in Salbenform (5 bis 20%).

Emulgade F

Emulgade F (DEHYDAG) ist ein Gemisch höherer, gesättigter Fettalkohole mit Fettalkoholsulfaten und nichtionogenen Emulgatoren.

Weiße Schuppen mit etwa 80% Gesamtfett, etwa 1% Wasser, etwa 1% anorg. Elektrolyten.

Verwendung. Als Spezialemulgator für flüssige Emulsionen, besonders mit hohem Gehalt an Wasser und flüssigen Wirkstoffen. Weitgehend indifferent gegen emulsionsstörende Einflüsse und Bestandteile. Milchartig flüssige Emulsionen lassen sich schon mit 1 bis 2% Emulgade F herstellen. Höhere Prozentsätze ergeben, zumal in Gegenwart von emulgierten Fetten und Ölen, eine sahneartige Konsistenz. Anwendungsbereich zwischen p_H 3 bis 11. Die Emulgade wird mit den öllöslichen Zusätzen auf etwa 70° erhitzt. Sind alle Bestandteile geschmolzen, wird die notwendige Wassermenge von gleicher Temperatur langsam eingerührt. Die Emulsionsbildung erfolgt beim Kaltrühren und wird durch die Verwendung einer Homogenisiermaschine gefördert (s. a. Bd. III).

Emulgade F spezial.

Gemisch höherer, gesättigter Fettalkohole mit Zusatz von nichtionogenen Emulgatoren.

Weiße Schuppen mit etwa 75% Gesamtfett und etwa 1% Wasser elektrolytfrei (DEHYDAG).

Verwendung. Wie Emulgade F, besonders zur Herstellung von flüssigen und konsistenten Emulsionen, die emulsionsfeindliche Zusätze und schwer emulgierbare Wirkstoffe enthalten. Emulgade F spezial kann auch zusammen mit Emulgade F bzw. Lannete N und E Verwendung. finden.

Emulgator E.

Emulgator E (Edelfettwerke) ist ein spezifischer Emulgator (Monoglycerinester teilabgesättigter Ölsäure) Typ Ö/W. Elfenbeinfarbige Masse, ähnlich Kakaobutter, Schmp. etwa 47°; VZ. etwa 165; JZ. etwa 45; SZ. etwa 1; p_H-Wert 6,8.

Verwendung. Zur Herstellung von leichtfettenden Cremes und Emulsionen, als Fettzusatz zu Rasier- und Haarwässern mit einem Alkoholgehalt von 30 bis 35 Vol.-%, ferner für die Herstellung von Haaremulsionen und als Stabilisator für Lebertranemulsionen.

Emulgator 157.

Emulgator 157 (Goldschmidt) besteht nach JANISTYN im wesentlichen aus Propylenglykolmonostearat, Triäthanolaminstearat, Kaliumstearat und Stearin. Wachsähnlicher, elfenbeinfarbiger Körper, Schmp. bei 35° bis 40°, mit gelblichbrauner, nicht unangenehm riechender Schmelze.

Verwendung. E. 157 findet Verwendung zur Herstellung flüssiger Emulsionen, Haut- und Massageölen, Mandel- und Gesichtsmilch, Tagescremes, schaumlosen Rasiercremes und ergibt Emulsionen vom Typ Ö/W.

Aufbewahrung. Kühl, nicht zu großer Vorrat, weil allmählich Verfärbung eintritt. Verarbeitungsweise und Vorschriften s. Bd. III.

Emulgator 825.

Emulgator 825 (Dr. Richter) für Ö/W-Emulsionen ist ein reiner Cetylalkohol mit ausgezeichneten emulsionsbildenden Eigenschaften und beträchtlicher Wasseraufnahmefähigkeit. Bei Anwesenheit von 90% wäßrigen Anteilen sind die Emulsionen noch sahnig und stabil. Die Öl- und Fettanteile sollten dagegen 45% nicht übersteigen.

Man schmilzt die Öl- und Fettanteile bei etwa 70° und gießt langsam unter Umrühren die auf etwa 75° erwärmten wäßrigen Anteile zu. Die Stabilität der Emulsionen wird erhöht, wenn sie noch warm homogenisiert werden.

Emulgator ZCa.

Emulgator ZCa (Dr. Richter) für W/Ö-Emulsionen ist ein moderner, nichtionogener Emulgator, der frei von Kohlenwasserstoffen ist. Bei richtiger Arbeitsweise vermag die äußere ölige Phase nahezu 80% wäßrige Bestandteile aufzunehmen. Die flüssigen Emulsionen sind stabil, verreiben sich auf der Haut auch bei hohem Wassergehalt geschmeidig und dringen leicht ein.

Man arbeitet bei etwa 75° und gibt die wäßrigen Anteile bei gleicher Temperatur in die Fettschmelze.

Emulgol.

Emulgol (Givaudan) ist ein Extrakt tierischer Organe, das Sterole und Phosphatide im natürlichen Zustand enthält.

Eigenschaften. Geschmeidige Paste mit schwachem Eigengeruch, sehr gut mischbar und verträglich mit allen Fettkörpern der Kosmetik, mit außerordentlich hoher Emulsionskraft.

Verwendung. Als Emulgator in Emulsionen vom Typ W/Ö, die selbst bei hohem Wassergehalt (65 bis 70%) vollkommen stabil bleiben und große Geschmeidigkeit und Homogenität zeigen. Zusatz von 0,5 bis 1% Cetylalkohol erhöht die Feinheit und Stabilität der Emulsionen. Die Stabilität und das Benetzungsvermögen von Gesichtsmilch wird durch E. erhöht. Wertvoller Bestandteil zur Bereitung von Lippenstiften (5 bis 15%), in denen es auch die Farbstoffverteilung begünstigt. Zur Herstellung von Sportcremes (Typ W/Ö) in Mengen bis 2%.

Emulphore.

Emulphore CNA (Hoechst). Gelbbraune, leicht trübe, ölige, schwachsaure Flüssigkeit, in Mineralölen, Wachsen usw. nur wenig lösl. Emulgator für Emulsionen

(Hautcremes und Salben) Typ W/Ö, der mit Wasser dicke, weiße und frostbeständige Emulsionen ergibt. Seifen und andere netzende Stoffe sowie der Zusatz von anderen Emulgatoren und alkalischen Stoffen beeinträchtigen die Emulsionsbildung. Die Fett-Emulphore-Schmelze wird bei etwa 75° mit 15 bis 20% E. CNA emulgiert und bis zur Abkühlung auf etwa 25° gerührt.

Emulphore CTA (Hoechst). Gelbliches Wachs mit alkalischer Reaktion, das als Emulgator für Hautcremes und Salben Typ Ö/W Verwendung findet, lösl. in Weingeist, Benzin, Benzol, Mineralölen, Wachsen, Paraffin u. a. Die 1prozentige Lösung, in Wasser erhitzt, gibt eine Gallerte. Die Emulgierung erfolgt wie bei E. CNA unter Verwendung von 5 bis 10 %E. CTA. Es empfiehlt sich, die Emulsion zu homogenisieren.

Emulsin.

Emulsin ist ein Enzym, das als Begleiter des Glykosids *Amygdalin*, das in den Samenkernen zahlreicher Prunus-Arten, besonders reichlich in bitteren Mandeln, Aprikosen- und Pfirsichkernen, vorkommt. Bei Gegenwart von Wasser zerfällt 1 Mol. Amygdalin. durch Hydrolyse in 1 Mol. *Benzaldehyd*, 1 Mol. Blausäure und 2 Mol. Traubenzucker. Wegen des Gehaltes an Blausäure ist Amygdalin ein starkes Gift. **Bittermandelwasser, Aqua Amygdalarum amararum, DAB. 6, Stoff B,** ☠ *3* ist eine Lösung von Benzaldehydcyanhydrin in stark verd. Weingeist; sein Gehalt an Cyanwasserstoff beträgt etwa 0,1%.

Benzaldehydcyanhydrin, DAB. 6, Mandelsäurenitril, $C_6H_5CHOHCN$, ist eine gelbe ölige Flüssigkeit, die in ihren Eigenschaften, Geruch und Giftigkeit, mit dem natürlichen *ätherischen Bittermandelöl* übereinstimmt. Obgleich der Stoff nicht in der Giftpolizeiverordnung aufgeführt ist, muß er deshalb als **Gift 2** betrachtet werden.

Emulsionen. Emulsiones.

Die in Bd. I, 46 unter „Medizinische Zubereitungen" angeführte Definition für die Emulsionen des DAB. 6 ist veraltet. Die dort aufgeführten Samen- und Ölemulsionen sind nach neuzeitlichen Begriffen Emulsionen vom Typ Ö/W, auch die Arzneibuchzubereitungen Flüchtiges Liniment und Kalkliniment sind Emulsionen, das erste eine Öl-in-Wasser-Emulsion, das letzte eine Wasser-in-Öl-Emulsion. Die heute als medizinische und kosmetische Erzeugnisse vielfach hergestellten wichtigen Emulsionen (Linimente, Cremes, Salben, Pasten) werden in der DAB. 6-Definition übersehen.

Begriff der Emulsion. Nach neuzeitlichen Auffassungen versteht man unter einer Emulsion ein fein und dauerhaft verteiltes System aus zwei ineinander nicht löslichen, flüssigen oder halbfesten Bestandteilen, die man mit *Phasen* bezeichnet. Dabei wird die eine Phase in Form von kleinen Kügelchen ($\varnothing$ 1,0 bis 0,2 μ), die unter dem Mikroskop eben noch sichtbar sind, in der anderen Phase in Schwebe gehalten. Ist der Durchmesser der Kügelchen größer als 1,0 μ, so bezeichnet man die Zubereitung nach ZSIGMONDI mit *Dispersion*. Bei der Emulsionsbildung sind die folgenden zwei Möglichkeiten die häufigsten. Entweder kann das *Öl im Wasser* oder das *Wasser im Öl* verteilt sein. Im ersten Fall bildet das Wasser die äußere, geschlossene Phase und ist *Dispersionsmittel*, während beim zweiten Fall Öl die geschlossene oder äußere Phase bildet und das Wasser die innere, zerteilte oder disperse (lat. dispergere, zerstreuen, zerteilen) bildet. Es müssen also grundsätzlich unterschieden werden:

Öl-in-Wasser-Emulsion, Ö/W-Emulsion	Öl	in	Wasser	Kennzeichnende Eigenschaften
	↓		↓	
	zerteilte, disperse oder innere Phase		geschlossene oder äußere Phase	Abwaschbar, mit Wasser verdünnbar
Wasser-in-Öl-Emulsion, W/Ö-Emulsion	Wasser	in	Öl	
	↓		↓	
	zerteilte, disperse oder innere Phase		geschlossene oder äußere Phase	nicht abwaschbar, mit Wasser nicht verdünnbar.

Eine Emulsion setzt sich also zusammen aus einer äußeren oder geschlossenen aufnehmenden Flüssigkeit (Phase) und der zu verteilenden Flüssigkeit, der inneren dispersen Phase.

Beim Vermischen von Wasser mit Öl bzw. geschmolzenem Fett läßt sich schon rein mechanisch eine weitgehende Verteilung der Phasen erreichen. Diese ist jedoch wegen der abstoßenden Kräfte nur von kurzer Dauer. In den Emulsionen sind deren Bestandteile bestrebt, sich wieder zu trennen. Den Trennungsvorgang bezeichnet man in Anlehnung an den Vorgang bei der Milch beim Abscheiden der Sahne, des Rahms, mit „Aufrahmen". Sie kann jedoch auch im Absetzen eines Teiles der Emulsion bestehen. Ein Aufrahmen tritt ein, wenn die disperse Phase einer Emulsion leichter ist als die geschlossene, ein Absetzen am Boden, wenn die disperse Phase schwerer ist als die geschlossene. In beiden Fällen wird das Zusammenfließen der feinverteilten kleinen Tröpfchen erleichtert. Um die Verteilung der Phasen dauerhaft zu machen, bedient man sich als Vermittler zwischen den beiden zu emulgierenden Stoffen zur Stabilisierung eines Emulgators, der sowohl eine Verwandtschaft zum Wasser als auch zum Fett hat.

Emulgatoren. Die Verwandtschaft zum Wasser und zum Fett ist auch aus dem molekularen Aufbau der Emulgatoren erkenntlich, die einerseits aus langkettigen aliphatischen Kohlenwasserstoffresten bestehen, andererseits eine oder mehrere hydrophile Gruppen enthalten, die sich am anderen Ende des Moleküls befinden. Ihre Wirkung beruht auf der Tatsache, daß diese entgegengesetzten Pole sich verschieden lösen. Der hydrophile Pol ist bestrebt, sich in der wäßrigen Phase, der hydrophobe oder oleophile Pol ist bestrebt, sich in der Ölphase zu lösen. Die Emulgatoren sind also Vermittler zwischen Wasser einerseits und Öl oder Fett andererseits. Besonders wirksame Emulgatoren besitzen eine hohe Angleichung ihrer oleophilen und hydrophilen Eigenschaften.

Als Emulgatoren finden vor allem oberflächenaktive Stoffe Verwendung, welche die Fähigkeit besitzen, sich in der Grenzfläche von Dispersionsmittel und dispersem Anteil anzureichern, die Grenzflächenspannung beträchtlich herabzusetzen oder aufzuheben und dadurch und durch die Vergrößerung der elektrischen Ladung einen entscheidenden Beitrag zur Dispersierung zu leisten. Der Emulgator, der in einer der beiden zu emulgierenden Flüssigkeiten (teilweise auch in beiden) löslich ist, ist die Substanz, welche die gleichmäßige Tröpfchenverteilung und -zerteilung ermöglicht und fördert und mit dem Bindemittel des DAB. 6 identisch ist. Er erhöht die Viscosität, entfaltet oberflächenaktive kolloide Kräfte, erzielt eine bessere Emulgierbarkeit und erhöht die Beständigkeit, Stabilität, der Emulsion wesentlich. Der Anteil, in dem sich der Emulgator besser löst, ist bei der Emulsionsbildung die geschlossene Phase. Je nach der Löslichkeit des Emulgators in Öl bzw. in Wasser entstehen dabei verschiedenartige Emulsionstypen. Ist er öllöslich, entsteht eine W/Ö-Emulsion, ist er wasserlöslich, entsteht eine W/Ö-Emulsion. Diese Tatsache läßt sich jedoch nicht auf alle Stoffe übertragen, da z. B. Lecithin keine W/Ö-, sondern eine Ö/W-Emulsion ergibt. Das Verhalten des Emulgators zu den beiden Phasen ist bei der Bildung von Emulsionen von ausschlaggebender Bedeutung.

Zur Erreichung möglichst stabiler Emulsionen, die weder aufrahmen noch absetzen, werden die fertigen Emulsionen *homogenisiert* (s. Bd. III, „Emulgieren"). Dadurch wird die Aufrahmungsgeschwindigkeit wesentlich verzögert. Die Oberflächenspannung und die elektrische Aufladung im Gleichgewicht zu halten hat den Zweck, daß sich die bei der Emulgierung gebildeten kleinen Tröpfchen auch im Laufe der Zeit nicht wieder zusammenlagern. Die Grenzflächenspannung bewirkt, daß die Oberfläche der einzelnen Tröpfchen und die Gesamtoberfläche aller Tröpfchen der inneren Phase möglichst klein gehalten werden. Dadurch würde ihr Zusammenlaufen begünstigt, wenn nicht die gleichnamige elektrische Aufladung der Teilchen (wodurch sie sich nach dem bekannten physikalischen Gesetz gegenseitig abstoßen) ihre Berührung und ein Zusammenfließen verhindern würde.

Öl-in-Wasser-Emulsionen.

Die Ö/W-Emulsionen bilden in der Therapie und Kosmetik eine wichtige Brücke zwischen feuchten Verbänden und Salben. Zu ihnen sind Emulsionen und Salben zu rechnen, die unter Verwendung von Polysacchariden und Lecithin emulgiert werden, sowie die besonders in der Kosmetik verwendeten, meist mit Ammonium- und Triäthanolaminstearat hergestellten Stearatcremes. Die letzten finden infolge ihres schneeweißen Aussehens, ihrer ausgesprochenen mattierenden Wirkung und ihres leichten Eindringens in die Haut als konservierendes kosmetisches Mittel weitgehende Verwendung. Ihre Nachteile sind die Alkalität und ihre Neigung zum Eintrocknen, außerdem sind sie gegen Säuren und viele andere Chemikalien empfindlich. Stearatcremes des Handels sind z. B. Creme Mouson, Creme Leodor u. a. Von besonderer Bedeutung sind die Lanette-Emulsionen (→ Lanette).

Die wichtigsten Emulgatoren zur Herstellung von Ö/W-Emulsionen[1].

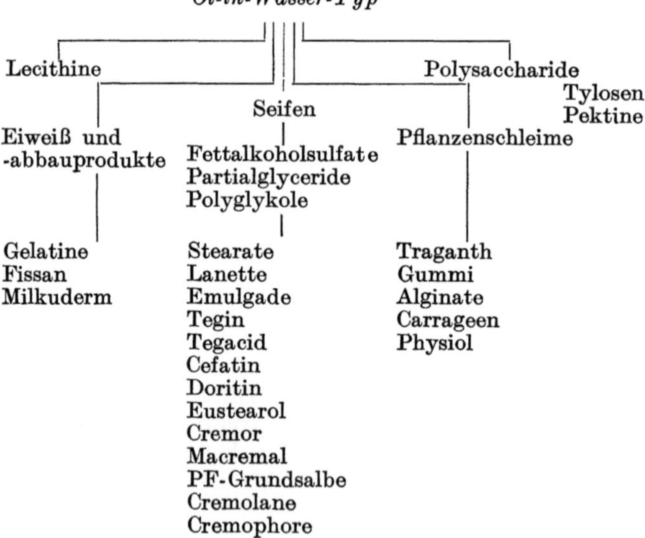

Ö/W-Emulsionen sind häufig wärme- und kältebeständiger als solche vom Typ W/Ö, aber für Bakterien- und Pilzbefall leicht empfänglich. Sie müssen des-

---

[1] SCHMIDT LA BAUME-LIETZ: Die Emulsionen in der Hauttherapie, 2. Aufl., Stuttgart: S. Hirzel 1951.

halb, wenn sie nicht zum sofortigen Gebrauch bestimmt sind, mit Nipa-Ester konserviert werden. Die bekannteste Ö/W-Emulsion ist die Milch der Säugetiere, in der das Fett unter der Einwirkung von Kasein (Eiweiß) als Emulgator in einer wäßrigen Flüssigkeit fein verteilt ist.

Wasser-in-Öl-Emulsionen.

Die W/Ö-Emulsionen finden in der Therapie und Kosmetik weite Verbreitung. Sie besitzen gegenüber den Ö/W-Emulsionen folgende Vorteile: Größere Eindringungstiefe in die Haut, langsames Durchdringen der Haut mit wasserlöslichen Medikamenten in sehr feiner Verteilung, öllösliche Wirkstoffe werden besser abgegeben. Der Kühleffekt von W/Ö-Emulsionen wird weniger empfunden als bei Ö/W-Emulsionen, obgleich bei der Verwendung geeigneter Emulgatoren auch sie das Vielfache ihres Gewichtes Wasser aufnehmen können; dabei ist ihre Stabilität meist sehr groß. Die am häufigsten verwendeten Emulgatoren zur Herstellung von W/Ö-Emulsionen sind Sterine, besonders Cholesterin und dessen Derivate, Oxy-, Meta- und Isocholesterin. Da diese zu einem verhältnismäßig hohen Anteil auch im Hautfett vorkommen, sind sie besonders hautfreundlich.

Die wichtigsten Emulgatoren zur Herstellung von W/Ö-Emulsionen[1].

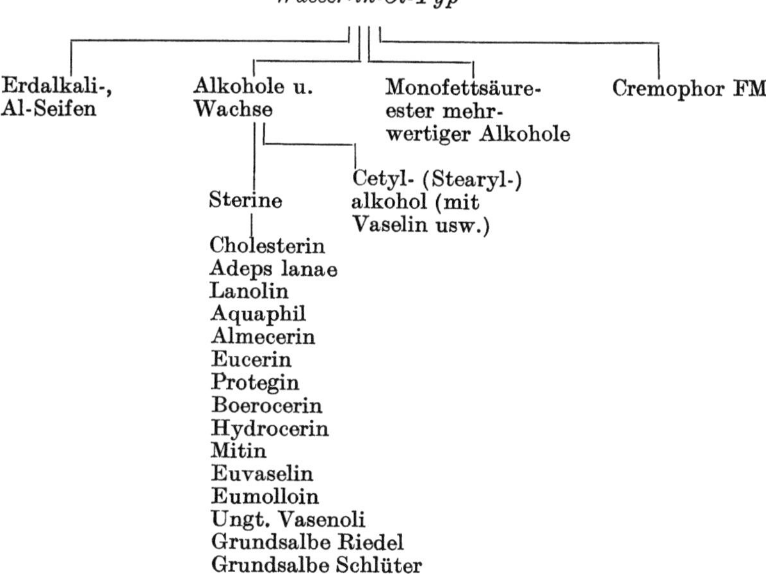

Außer den genannten Emulsionstypen Ö/W und W/Ö sind verschiedene Mischtypen, die Doppelemulsionen und Pseudoemulsionen, zu unterscheiden. Mischemulsionen liegen vor, wenn fettartige Emulsionen verschiedenen Typs miteinander gemischt werden; Pseudoemulsionen enthalten keinen besonderen Emulgatorzusatz und zerfallen schon beim Einreiben auf die Haut.

---

[1] SCHMIDT LA BAUME-LIETZ: Die Emulsionen in der Hauttherapie, 2. Aufl., Stuttgart: S. Hirzel 1951.

Bekannte Emulsionstypen mit Angabe des Prozentgehaltes an zerschnittener Phase[1].

Bezeichnung der Emulsion	Gehalt an zerschnittener Phase	Art der Emulsion
Milch	3% Fett	Öl-in-Wasser
Allgemeine Ölemulsionen des DAB. 6	10% Fett	Öl-in-Wasser
Sahne	10—40% Fett	Öl-in-Wasser
Lebertranemulsion DAB. 6	40% Fett	Öl-in-Wasser
Mayonnaise	65—83% Fett	Öl-in-Wasser
Linimentum ammoniatum DAB. 6	78% Fett	Öl-in-Wasser
Adeps suillus mit Wasser gesättigt	Wasser bis 10%	Wasser-in-Öl
Vaselin mit Wasser gesättigt	Wasser bis 12%	Wasser-in-Öl
Butter und Margarine	Wasser bis 20%	Wasser-in-Öl
Unguentum leniens	Wasser 25%	Wasser-in-Öl
Brandliniment	Wasser 50%	Wasser-in-Öl
Unguentum cetylicum	Wasser 50%	Wasser-in-Öl
Vaselin mit Wollfettalkohol versetzt und mit Wasser gesättigt	Wasser bis 85%	Wasser-in-Öl

Haltbarkeit der Emulsionen.

Elektrolyte und manche ätherischen Öle haben die Eigenschaft, Emulsionen zu zerstören. Auch Emulgatoren des entgegengesetzten Typs beeinflussen Emulsionen häufig ungünstig. In der Beständigkeit gegenüber Temperatureinwirkungen sind Ö/W-Emulsionen weitaus stabiler als W/Ö-Emulsionen. Eine Ausnahme macht Eucerin mit Wasser, das sogar bei einer Temperatur von 100° nicht zerstört wird. Ö/W-Emulsionen sind gegen diese Temperaturen, wenn störende Elektrolyte fehlen, derart unempfindlich, daß sie zu harten, marmorartigen Massen einfrieren und bei Erhöhung der Temperatur ohne Zerstörung wieder auftauen. Die Stabilität einer Emulsion ist um so besser, je weniger die Emulgierkraft des Emulgators ausgenützt ist. Daraus ergibt sich, daß die Temperaturbeständigkeit von Emulsionssalben tatsächlich von ihrem Emulsionstyp abhängig ist. Der W/Ö-Typ ist häufig empfindlicher, jedoch kann die Temperaturempfindlichkeit bei ihm herabgesetzt werden, wenn die Wasseraufnahmefähigkeit nicht voll ausgenutzt und Cetylalkohol zugefügt wird. Im allgemeinen wird praktisch eine Beständigkeit von Emulsionen bei $+40°$ bis herab zur normalen Frosttemperatur, etwa $-10°$, verlangt. Diese Bedingungen genügen zuverlässig nur Ö/W-Emulsionen.

Erkennung der Emulsionstypen.

1. W/Ö-Emulsionen sind im allgemeinen zäher und geschmeidiger und besitzen einen höheren Glanz als vergleichbare Ö/W-Emulsionen.

2. Ö/W-Emulsionen lassen sich meist mit Wasser leicht verdünnen. Ist der Emulgator Schleim und nicht wasserlöslich, sondern nur quellbar, kann diese Methode versagen.

3. Beim Aufbringen eines Tropfens oder einer kleinen Menge einer Emulsion in fettes Öl löst sich eine W/Ö-Emulsion langsam auf, eine Ö/W-Emulsion bleibt unverändert.

4. Beim Aufstreichen einer Emulsion auf den Handrücken läßt sich eine Ö/W-Emulsion leicht abwaschen, während W/Ö-Emulsionen nur mit heißem Wasser, Seife oder Lösungsmitteln entfernt werden können.

5. *Filtrierpapiermethode.* Beim Aufbringen eines Tropfens bzw. einer kleinen Menge einer Emulsion auf Filtrierpapier entsteht bei Ö/W-Emulsionen durch Auf-

---

[1] Nach W. KERN: Angewandte Pharmazie, 3. Aufl. Stuttgart 1951.

saugen der Wasserphase rasch ein breiter, feuchter Hof, während W/Ö-Emulsionen erst nach längerer Zeit einen schmalen, feuchten Streifen zeigen.

6. *Indikatormethode.* Auf die zu untersuchende Emulsion wird je eine Spur eines wasserlöslichen (Methylenblau oder Eosin) und eines fettlöslichen (Sudan III oder Scharlachrot) Farbstoffes gestreut und leicht mittels eines warmen Glasstabes darauf bewegt. Färbt der wasserlösliche Farbstoff, ist die Wasserphase außen, es handelt sich also um eine Emulsion von Ö/W-Typ. Färbt der fettlösliche Farbstoff), liegt die Ölphase außen, es handelt sich also um eine Emulsion des W/Ö-Typs.

7. *Mikroskopische Prüfung.* Die sicherste Prüfung ist die mikroskopische, sie ergibt sichere Resultate, in dem die Ölphase vor der Emulgierung oder unter dem Deckglas mit Sudan III rot, die Wasserphase mit Methylenblau gelb gefärbt wurde.

Verwendung der Emulsionen.

Innerl. Therapeutisch finden Emulsionen Verwendung als Samen-, Lebertran-, Paraffinemulsion, zur Injektion als Lecithin-Emulsionen; *äußerl.* in der Dermatologie in Form von Salben, Pasten, Einreibungen, Desinfektionsmitteln. Therapeutisch besteht zwischen den beiden Emulsionstypen, außer den schon genannten Unterschieden, der folgende: W/Ö-Emulsionen besitzen vor den Fetten und Kohlenwasserstoffen eine größere Eindringungstiefe. Da das Hautfett der unteren Schichten in Form von W/Ö-Emulsionen vorliegt, entspricht dieser Emulsionstyp den physiologischen Bedingungen, die man an ein therapeutisches oder kosmetisches Erzeugnis stellen muß. Kosmetisch finden Emulsionen weitgehende Verwendung zur Herstellung von Salben, Cremes, Hautemulsionen, Sonnenbrandschutzmitteln, Bademilch usw. In der Gewerbehygiene (Hautschutzsalben) sind Emulsionssalben von größter Bedeutung. In der Schädlingsbekämpfung werden vielfach wasserunlösliche Desinfektionsmittel, besonders die zur Grobdesinfektion geeigneten Stoffe, in dem billigen Wasser emulgiert, vielfach unter Zusatz von Netzmitteln. In der Technik finden Emulsionen in der Textilindustrie, bei der Metallbearbeitung (Bohröle), in der Kunststoffchemie (Polymerisation), in der Malerei und Farbwarenkunde zu Kasein- und Temperaemulsionen, zur Herstellung von Emulsionsfarben und Emulsionsspachtel, zur Herstellung von Metallputzmitteln, Schuhcremes, Fußbodenpflegemitteln, Möbelpolituren und Schmiermitteln Verwendung. Im Straßenbau finden Emulsionen aus Bitumen und Wasser unter Zusatz von Emulgatorengemischen (Harzseifen, Huminsäuren, Seifen usw.) Verwendung. Auch Obstbaumkarbolineum ist eine Emulsion, während die wäßrigen Teeremulsionen, die zur Konservierung von Eisenbahnschwellen, Grubenholz, Telegrafenstangen usw. Verwendung finden, desinfizierende Zusätze (Phenole, Zinkchlorid usw.) enthalten.

Emulsogen.

Unter der Bezeichnung Emulsogen (Anorgana) sind verschiedene Emulgatoren im Handel.

Emulsogen A,   Emulgator für Mineral- und Neutralöle.

Emulsogen El,   Emulgator für Fettsäuren, Fette, Wachse, Öle und organische Lösungsmittel.

Emulsogen 0,   Emulgator für Wachse, Olein sowie Gemische aus Fettsäuren und Mineralölen.

Emulsogen P,   Emulgator für Paraffin-Emulsionen.

Emulsogen SG,   Emulgator für halbfeste Kohlenwasserstoffe, wie Vaseline, Ozokerit u. dgl.

Energie.

Energie (g. energeia, Wirksamkeit) ist die Fähigkeit eines Körpers, Arbeit zu leisten. Man unterscheidet in der Mechanik die den bewegten Körpern eigene *Bewegungsenergie, kinetische* (g. kineo, ich bewege) *E.*, welche der Arbeit entspricht, die notwendig ist, um einen Körper aus dem Ruhestand in Bewegung oder in eine bestimmte Beschleunigung zu versetzen, und die *Energie der Lage, potentielle* (lat. potentia, Macht) *E.*, welche der Arbeit entspricht, die nötig ist, um einen Körper in eine erhöhte Lage zu bringen. Die verschiedenen Energieformen können ineinander übergehen. Außer den genannten Energiearten unterscheidet man auch *Wärmeenergie, chemische E., akustische E., elektrische* und *magnetische E., Strahlungsenergie, Atomenergie.*

Engelsüß.

Polypodium vulgare *L.*

Tüpfelfarn. Eichenfarn. Baumfarn. Korallenfarn. Erdfarn. Polypodiaceae.

An Mauern, Felsen und auf alten Baumstämmen, besonders an schattigen Gebirgsabhängen vorkommender bis zu $^1/_2$ m hoher Farn mit winterharten, gestielten und tief fiederspaltigen, immergrünen Wedeln mit lanzettlicher, bis 40 cm langer, einfach fiederspaltiger Spreite, auf deren Unterseite im August kreisrunde oder längliche, gelbe Sporenhäufchen je beiderseits des Hauptnervs erscheinen (Abb. 71).

Engelsüßwurzelstock.
Rhizoma Polypodii, Erg.-B. 6.

Rhizoma Filicis dulcis.

Der im Frühjahr oder Herbst gesammelte, von Wedelresten, Wurzeln und Spreuschuppen befreite und getrocknete Wurzelstock. 5 bis 10, auch 12 cm lange Wurzelstockstücke, 3 bis 8 mm dick, hin- und hergebogen, meist etwas flachgedrückt, schwach kantig, fein längsgerunzelt, außen rot bis schwarzbraun, oberseits napfförmig

Abb. 71. Engelsüß. Polypodium vulgare. *1* Habitus; — *2* Teil eines Fiederblättchens mit Sporangienhäufchen; — *3* Stück des getrockneten Wurzelstocks, etwas vergrößert; — *4* vergrößerter Querschnitt durch den Wurzelstock; — *5* vergrößerter Same.

vertiefte Wedelnarben in 2 Reihen, unterseits höckerige Narben abgeschnittener Wurzeln. Leichtbrechend, nach längerer Lagerung bräunlich. *Geruch* ähnlich wie ranziges Öl, *Geschmack* süßlich, dann kratzend bitterlich (Abb. 71, *1, 3, 4*).

Inhaltsstoffe. Glycyrrhizin, ein bitter schmeckendes Glykosid *Polypodin* mit galletreibender Wirkung, fettes Öl, Harz, Gerbstoff, Schleim, Eiweiß, Stärke, Mannit, Zucker, Calciummalat.

Verwendung. *Innerl.* 1 Teelöffel auf 1 Tasse Aufguß, bis 2 Tassen täglich, als schleimlösendes Mittel bei Katarrhen der Luftwege, als harntreibendes Mittel, bei Leber- und Drüsenleiden, volkstümlich bei verschiedenen Frauenleiden.

Aufbewahrung. Vor Licht geschützt.

Entschäumer E 100.

Entschäumer E 100 (Bayer): Bei der Verarbeitung hochmolekularer Verbindungen (Kohlenhydrate, Stärke, Zucker, Eiweißverbindungen und deren Spaltprodukte) bildet sich infolge steigender Oberflächenspannung *Schaum.* Die Schaumentwicklung kann dabei so lästig werden, daß sie bekämpft werden muß durch Mittel, welche die Oberflächenspannung weitestgehend herabsetzen. Dazu wird der Entschäumer verwendet. E. kommt in zwei Typen: *konzentriert*, als gelbbraune bis dunkelfarbige ölige Flüssigkeit, und *flüssig* in den Handel. Für die Zwecke der Drogerie kann er bei der Herstellung von Sirupen, Obstsäften usw. Verwendung finden.

Entzündungstemperatur.

Entzündungstemperatur ist die Temperatur, auf die ein brennbarer Stoff erwärmt werden muß, um an der Luft oder in reinem Sauerstoff zu brennen. Diese Temperatur ist bei den einzelnen brennbaren Stoffen verschieden.

Enzian.

Zur Gewinnung der Enzianwurzel finden folgende Enzianarten, *Gentianaceae*, dies ämtlich unter **Sammelverbot** stehen, der Gebirge Mittel- und Südeuropas auf Kalkboden Verwendung:

Gelber Enzian. Gentiana lutea *L.* Geschützt! [1]

Wichtigster Lieferant von Enzianwurzel. In den Alpen, im südlichen Schwarzwald und anderen Gebirgen Süd- und Mitteleuropas vorkommende, bis über 1 m hohe, kahle, ausdauernde Pflanze, die jahrelang nur große, langgestielte, elliptische und kreuzgegenständige, blaugrüne, ganzrandige Blätter treibt, die von 5 bis 7 deutlichen Bogennerven durchzogen sind. Grundblätter kurzgestielt, bis 30 cm lang. Erst nach vielen Jahren treibt die Pflanze 2 bis 10 oft über 1 m hohe aufrechte, kahle, runde Blütensprosse mit langgestielten, leuchtend gelben Blüten mit radförmiger Krone, die zu reichblütigen Scheinquirlen in den Achseln der oberen, sitzenden und kahnähnlich vertieften Blätter stehen. Blütezeit Juni bis August. Dem mehrköpfigen Wurzelstock entspringt eine bis armdicke Pfahlwurzel (Abb. 72).

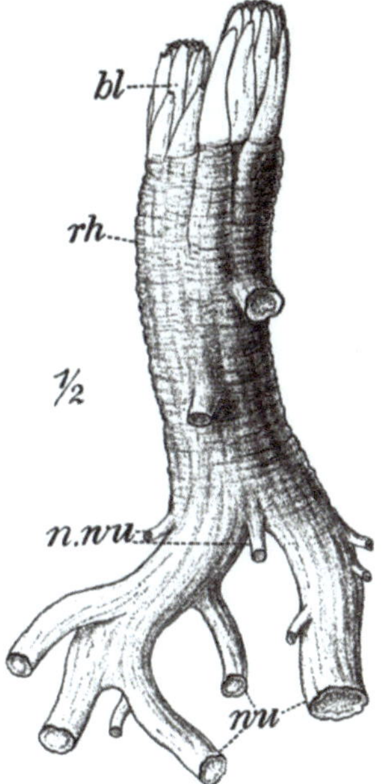

Abb. 72. Enzianwurzel. Radix Gentianae. *bl* Reste des Blattschopfs; — *rh* Rhizomteil; — *wu* Hauptwurzeln; — *n. wu* Nebenwurzeln ($^1/_2$).

Purpurroter Enzian. Gentiana purpurea *L.* Sammelverbot!

Bis 60 cm hoch, Blüten außen purpurrot, innen gelb getüpfelt, Kelch und Krone glockig, mit rosenähnlichem Duft. Hauptsächlich in den westlichen äußeren Alpen. Blütezeit Juli bis September.

---

[1] s. Bd. 1, S. 169.

Getüpfelter Enzian. Gentiana punctata *L.* Sammelverbot!

Bis 50 cm hoch, Blüten hellgelb, dunkelviolett punktiert, glockig, bis 3 cm lang, kommt in den Alpen, im Böhmerwald und in den Sudeten vor. Blütezeit Juli bis September.

Ungarischer Enzian. Gentiana pannonica *Scopoli.* Sammelverbot!

Bis 60 cm hoch (Ostalpen, Böhmerwald, Sudeten), Stengel oben purpurrot angelaufen, Blüten kraus, glockig, violett, am Rande gelbgrün, mit schwarzroten Punkten. Blütezeit August bis September.

Enzianwurzel. Radix Gentianae, DAB. 6.

Bitterwurzel. Fieberwurzel. Bergfieberwurzel. Hochwurzel. Magenwurzel.

Die im August bis Oktober gegrabenen und zur Vermeidung einer Fermentation schnell getrockneten Wurzeln und mehrköpfigen Wurzelstöcke der vorgenannten Stammpflanzen, besonders von Gentiana lutea. Fermentierte Enzianwurzel, die zur Herstellung von Enzianschnaps bevorzugt wird, ist rotbraun und von starkem Geruch. Die DAB. 6-Ware soll gelbbraun und von nur schwachem Geruch sein. Die Wurzeln von Gentiana lutea sind gelbbraun, 20 bis 60 cm lang, oben 2 bis 4 cm dick, diejenigen der anderen Arten heller und dünner. Wurzelstock mitunter durch Blatt- und Stengelreste beschopft und geringelt, Wurzeln wenig verzweigt, längsfurchig, beide bisweilen der Länge nach gespalten. Bruch leicht und glatt, weder faserig noch mehlig. Querbruchfläche fast gleichmäßig gelblich bis hellbraun. Die harten Wurzelstücke quellen in Wasser stark und werden dann zähe und

Abb. 73. Enzianwurzel. Radix Gentianae. Schnittdroge, 2 fach vergrößert. Tief längsrunzelige Wurzelstücke (1. Reihe) und Wurzelstockstückchen mit Querringelung (4. Reihe) in Oberflächenansicht. Die übrigen Stückchen vorwiegend in Querschnittansicht. (Nach *Schlemmer-Hörhammer.*)

biegsam. *Geruch* eigenartig, *Geschmack* anfangs süß, dann stark und anhaltend bitter. Ein sich als dunkle Zone vom hellen Gewebe abhebender Kambiumring ist mit bloßem Auge sichtbar (Abb. 73).

Lupenansicht. Auch im Holzteil kleine Siebröhrenbündel (Abb. 74).

Inhaltsstoffe. Die Bitterstoffglykoside *Gentiopikrin* (fehlt in fermentierter Droge), *Gentiamarin, Gentiin.* Beim Lagern der Arzneibuchdroge verschwindet das kristalline, bittere Gentiopikrin, an seine Stelle tritt amorphes, sehr bitteres Gentiamarin, während das Gentiin bei der Lagerung in Glykole u. a. zerlegt wird; ferner *Gentianose, Gentiobiose,* Pektin, Saccharose, *Gentisin,* das durch Mikrosublimation in Kristallnadeln nachweisbar ist, die sich in Kalilauge mit goldgelber Farbe lösen, Spuren von Nicotinsäure bzw. Nicotinsäureamid.

Verwendung. *Innerl.* 1 Teelöffel auf 2 Tassen Abkochung, bei Verdauungsstörungen, Magenkatarrhen und Gärungserscheinungen, bei denen die Magensekretion eingeschränkt ist. Die früher behauptete Wirkung gegen Fieber ist bei klinischen Untersuchungen nicht bestätigt worden. Zu → Enzianbranntwein und Bitterlikören, zur Anregung des Appetits und zur Förderung der Verdauung.

Verw. u. Verf. Auf Irrtum beruhende Beimischungen von Radix Belladonnae, Rhizoma Veratri und Tubera Aconiti, und durch Wurzeln von Gentiana asclepiadea mit dünner, holziger Wurzel.

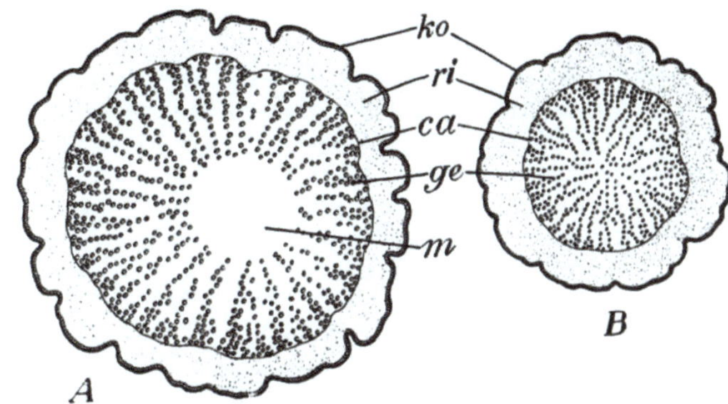

Abb. 74. Enzianwurzel. Radix Gentianae, Lupenbild ($^3/_1$). *A* Querschnitt durch einen Wurzelstock; — *B* durch eine Wurzel; — *ko* Kork; — *ri* Rinde; — *ca* Kambiumring; — *ge* Gefäße des Holzkörpers; — *m* Mark.

Prüfung des DAB. 6. Neben der mikroskopischen Prüfung schreibt DAB. 6 die Mikrosublimation vor, bei der sich das entstehende farblose Sublimat in 1 Tröpfchen Kalilauge nicht mit roter Farbe lösen darf. Tritt eine solche ein, ist die Verfälschung durch Rumexwurzeln bewiesen (Oxymethyl-Anthrachinon-Reaktion).

1 g grob pulv. E. wird mit je 25 ccm verd. Weingeist am Rückflußkühler zweimal 1 Stunde lang gekocht, die Filtrate vereinigt, in einem gewogenen Schälchen abgedampft und der Rückstand bei 100° getrocknet. Dieser soll wenigstens 0,33 g Rückstand hinterlassen. Geringerer Rückstand zeigt fermentierte Wurzeln an.

1 g E. darf beim Verbrennen höchstens 0,05 g Rückstand hinterlassen.

Enzianbranntwein.

Enzianbranntwein wird aus den Wurzelstöcken verschiedener Gentiana-Arten in den Alpenländern (Bayern, Tirol, Schweiz), im Französischen und Schweizer Jura in Kleinbrennereien gewonnen. Nach dem Putzen und Waschen werden die Wurzelstöcke zermahlen, mit Wasser eingemaischt und nach Zusatz von Ammoniumsalz, als Nährsalz für die Hefe, der darin reichlich enthaltene Zucker (hauptsächlich Gentianose) vergoren. Nach der wochenlang dauernden Vergärung wird destilliert und rektifiziert. *„Edelenzian"* darf nur auf diese Weise hergestellt werden, während *„Enzian"* auch aus Abtrieben von alkoholischen Enzianauszügen gewonnen wird. Enzian stellt einen wasserhellen Branntwein mit etwa 50 Vol.-% Alkohol mit kennzeichnendem aromatischem und erdigem Geschmack dar und ist als wertvoller Magenbranntwein geschätzt. *Enzianschnaps* soll bei Ohnmachten und leichtem Kollaps von hervorragend belebender Wirkung sein.

$$C_6H_4COONa$$

Tetrabromfluorescein

Eosin.

Tetrabromfluorescein. Mol.-Gew. 647,93.

Darstellung. Durch Einwirkung von Brom auf in Wasser suspendiertes Fluorescein.

Eigenschaften. Rotes, in Wasser fast unlösl. Pulver. *Eosin bläulich* ist ein Gemisch des Natriumsalzes des

Tetrabromfluoresceins und des Methyleosins. Rotes, in Wasser mit großer Fluorescenz lösl. Pulver. *Eosin gelblich* ist das Kalium- oder Natriumsalz des Tetrabromfluoresceins und stellt ein rotes, kristallines, in Wasser und Weingeist lösl. Pulver dar. *Erythrosin* ist das entsprechende Jodderivat des Natriumsalzes des Tetrabromfluoresceins. Braunes, in Wasser lösl. Pulver, das zum Rotfärben von Zuckerwaren und zur Herstellung von roter Tinte Verwendung findet.

Verwendung von Eosin. Zur Herstellung roter Tinte, in der Mikroskopie zum Färben von Mikroorganismen, *techn.* zum Färben von Seide und Wolle, zur Denaturierung ausländischer Futtergerste, um diese für Brauereien unverwendbar zu machen. Zur Sensibilierung photographischer Emulsionen, um sie für Gelb und Grün empfindlicher zu machen.

Ephedra.

Die Ephedra-Arten, **Ephedra vulgaris** *Richard*, **Ephedra sinica** *Stapf* oder **Ephedra shenungiana** *Tang, Gnetaceae,* in China und auf dem malaiischen Archipel, im Mittelmeergebiet, Nord- und Südamerika vorkommende, niedrige, bis 30 cm hohe, diözische Sträucher.

Ephedrakraut. Herba Ephedrae, Erg.-B. 6. Ma Huang.

Im Herbst gesammelte und getrocknete junge, besenartige Rutenzweige, die von kurzen, holzigen Achsenstückchen entspringen. Fein längsgerillte, grau- bis bräunlichgrüne Zweige, 1 bis 2 mm dick, meist breitgedrückt und knotig gegliedert. An den Knoten zwei sehr kleine, bis zur Mitte zu einer Röhre verwachsene, je in einen dreieckigen Zahn auslaufende Blätter. *Geruchlos, Geschmack* etwas herb.

Inhaltsstoffe. Verschiedene Alkaloide, vor allem etwa 1% l-Ephedrin, in Zusammensetzung und Wirkung dem Adrenalin ähnlich, u. a.

Verwendung. Besonders gegen Asthma, als schweißtreibendes Mittel, gegen Blutdruckstörungen und Keuchhusten *unter ärztlicher Aufsicht;* zur Herstellung von Ephedrin und Tinctura Ephedrae, Erg.-B. 6.

Aufbewahrung. Vor Licht geschützt.

Verw. u. Verf. Mit dem ähnlich aussehenden Herba Equiseti ist Verwechslung möglich, Verfälschungen mit den Ephedra-Arten intermedia, gerardiana, equisetina und distachya, die wesentlich weniger Ephedrin und mehr an weniger wirksamem Pseudoephedrin enthalten.

Ephedrinhydrochlorid. Ephedrin hydrochloricum, Erg.-B. 6. Giftig!

Salzsaures Phenylmethylaminopropanol. $[C_6H_5 \cdot CH(OH) \cdot CH(NHCH_3) \cdot CH_3]HCl.$
Mol.-Gew. 201,6.

Das Alkaloid Ephedrin ist in dem Kraut von Ephedra vulgaris und anderen Ephedra-Arten enthalten und kommt als salzsaures Salz zur Verwendung.

Eigenschaften. Weiße, nadelförmige, in Wasser und Weingeist lösl. Kristalle. Die wäßrige Lösung dreht den polarisierten Lichtstrahl nach links. Für die wäßrige Lösung (0,5 g E. in 10 ccm) ist $[\alpha]_D^{20°} = -34°$. Schmp. 216°.

Aufbewahrung. *Vorsichtig!*

Verwendung. *Med. innerl.* als blutdruckerhöhendes Mittel bei Asthma, Heufieber, Kreislaufschwäche oder als Einspritzung (E. 0,025 g), als Schnupfensalbe (3%), zu Augentropfen (5%).

Ephetonin, Erg.-B. 6.

$[C_6H_5 \cdot CH(OH) \cdot CH(NHCH_3) \cdot CH_3]HCl.$ Mol.-Gew. 201,6.

Synthetisch hergestelltes salzsaures Phenylmethylaminopropanol.

Eigenschaften. Weißes, kristallines, in etwa 2 T. Wasser und etwa 40 T. Weingeist lösl. Pulver. Die wäßrige Lösung verändert Lackmuspapier nicht und ist als razemische Form des Ephedrinhydrochlorids optisch inaktiv. Schmp. 186° bis 188°.

Verwendung. Wie Ephedrinhydrochlorid.

Epicarin.

β-Oxynaphthyl-oxy-m-toluylsäure. $C_{10}H_7O \cdot CH_2 \cdot C_6H_3(OH)COOH.$ Mol.-Gew. 294.

Darstellung. Auflösen von Chlormethylsalicylsäure in Essigsäure und Kondensation mit β-Naphthol.

Eigenschaften. Rötliches, in Wasser schwer, in Weingeist, Äther und Aceton l. lösl. Pulver, in Ölen unlösl., jedoch lassen sich ölige Lösungen und Salben mit Vaseline oder Lanolin bei Verwendung von wenig Äther oder Aceton als Lösungsmittel herstellen.

Verwendung. Bei Seborrhoe, Frostbeulen, Haarausfall, parasitären Hauterkrankungen, in alkoholischer Lösung oder Salben (5 bis 10%).

Epidermin in Öl.

Epidermin in Öl (Richter) enthält neben einem hohen Cholesteringehalt Lecithin und durch Extraktion gewonnene Wirkstoffe aus Geschlechtsdrüsen, Brustdrüsen und der Placenta von Tieren. Epidermin vermittelt bei kosmetischer Anwendung einen Ausgleich im hormonalen Haushalt, ergänzt Fehlendes, kompensiert Überschüssiges und dient somit der Regenerierung geschädigter, überalterter oder mangelhaft versorgter Zellen der Haut.

Verwendung. Auf 1 kg Fertigerzeugnis werden von Epidermin in Öl verwendet bei Tagescreme 1⁰/₀₀, Nachtcreme normal 2⁰/₀₀, Nachtcreme hormonhaltig 1⁰/₀₀, Nährcreme hormonhaltig 2⁰/₀₀, Aufbaucreme 3⁰/₀₀, Massageöl 1⁰/₀₀, Runzel- und Faltenmittel 3⁰/₀₀, Gesichtsmasken zur Hauternährung und -glättung 3⁰/₀₀.

Erdalkalimetalle.

Die zweite Hauptgruppe des periodischen Systems umfaßt die Elemente Beryllium, Magnesium, Calcium, Strontium, Barium und Radium. Man nennt sie Erdalkalimetalle, weil sie in ihrem chemischen Verhalten zwischen den Alkalimetallen und den *Erdmetallen* (Aluminium und Metalle der seltenen Erden) liegen. Mit Ausnahme des Radiums sind alle Erdalkalimetalle Leichtmetalle (spez. Gew. unter 5,0) und zweiwertig. Härte und Schmp. der einzelnen Erdalkalimetalle liegen über demjenigen der Alkalimetalle. Das weichste Erdalkalimetall ist das Barium, das auch in seinen Eigenschaften den Alkalimetallen am ähnlichsten ist. Ihre Oxyde sind weiße, erdige, kaum oder schwer schmelzbare Pulver, die mit Wasser Basen bilden, deren stärkste das Bariumhydroxyd ist. Von den Erdalkalimetallsalzen sind die Chloride, Bromide, Jodide, Nitrate und Bicarbonate in Wasser lösl., während die Fluoride, Sulfate, Carbonate, Phosphate und Oxalate schwer lösl. sind. Ihre Carbonate zerfallen in der Hitze in das Metalloxyd und Kohlendioxyd.

Erdalkalisilikate.

Die Erdalkalisilikate[1] des Calciums und Aluminiums finden als Kautschuk-Verstärkerfüllstoffe für Natur- und Kunstkautschuk Verwendung, denen sie Struktur-festigkeit und guten Abrieb geben. Derartige aktive, helle Kautschuk-Verstärker-füllstoffe sind *Silin Ca* und *Silin Al*, die als Füllstoffe bei der Herstellung von ge-färbtem Gummi aller Arten Verwendung finden. *Silin LL* ist ein basisches Silikat-hydrat und findet als Verstärkerfüllstoff z. B. zur Herstellung von Schuhsohlen Verwendung.

Kolloide Erdalkalisilikate finden zur Herstellung medizinischer Präparate als Arzneimittelträger, als Magenmittel, als adsorbierende Pudergrundlage, in der Kosmetik zur Herstellung von Cremes und Schminken, in der Nahrungsmittel-industrie zum Klären von Weinen, Essig usw., in der chemischen Industrie als Katalysator bzw. als Katalysatorträger Verwendung.

1. Natrium-Aluminiumsilikat. Weiches, weißes, geschmack- und geruchloses Pulver, dessen p_H-Wert so eingestellt ist, daß nur überschüssige, Sodbrennen und andere Störungen verursachende Säuren gebunden werden.

Verwendung. *Med. innerl.* als Mittel gegen Magenübersäuerung, Sodbrennen und andere Magen- und Darmstörungen.

2. Magnesiumtrisilikat findet wie Natrium-Aluminiumsilikat Verwendung.

Erdbeere.

Erdbeere. Fragaria vesca *L.*

Rosaceae.

2 bis 20 cm hohes, wild und angepflanzt vorkommendes Kraut mit wohl-schmeckender, Zucker, Äpfel- und Citronensäure und Aromastoffe enthaltender Schein- und Sammelfrucht. Diese entsteht aus dem während der Fruchtreife fleischig-saftig und kegelförmig gewordenen Blütenboden, auf dem die Früchtchen (Nüßchen) sitzen und teilweise in ihn eingesenkt sind. Manche Menschen leiden an Überempfindlichkeit (Allergie, Idiosynkrasie) gegen Erdbeeren. Blütezeit Mai bis Juni.

Erdbeerblätter. Folia Fragariae, Erg.-B. 6.

Walderdbeerblätter.

Die während der Blütezeit gesammelten und getrockneten Blätter. 3zählig, oberseits hellgrün, unterseits hellgraugrün mit scharf und grob gesägten Blättchen und beiderseits, besonders unten, seidig glänzenden Haaren. Stengel dicht behaart, grün bis blauviolett. Die fast parallel laufenden fiederförmig angeordneten Seiten-nerven endigen in die Blattzähne. *Geruchlos, Geschmack* etwas schleimig, bitterlich. Die im Handel befindlichen *Gartenerdbeerblätter*, die kräftiger und derber gebaut sind und dunkelgrüne Blattoberseiten besitzen, sind für Zwecke der Teebereitung nicht als vollwertig anzusehen.

Für die *Schnittdroge* kennzeichnend Blattstückchen mit parallel laufenden Seitennerven, die unterseits sehr dicht, weich, seidenglänzend behaart sind. Blatt-stiel und Stengelstückchen dicht behaart.

Inhaltsstoffe. Gerbstoff, Vitamin C.

---

[1] Nach der Jubiläumsschrift der Chemischen Fabrik von Baerle & Co., Gernsheim am Rhein.

Verwendung. *Innerl.* 1 Teelöffel auf 1 Tasse Aufguß zu Blutreinigungstees, Haushaltsteemischungen, Bestandteil von Species germanicae, Erg.-B. 6, zu Frühjahrsteemischungen, als Diureticum bei Gicht-, Stein- und Leberleiden, Wassersucht, als Ersatz für chinesischen Tee fermentiert (s. Bd. III).

Aufbewahrung. Vor Licht geschützt.

Erdnuß.

Erdnuß. Arachis hypogaea *L.*

Papilionaceae.

Im tropischen Afrika und Brasilien beheimatet, heute in den Tropen und Subtropen, besonders in Westafrika angebautes, meist kriechendes bis aufrechtes Kraut mit paarig gefiederten Blättern und gelben, in den Blattachseln stehenden Schmetterlingsblüten. Nur die untersten, am Boden verbleibenden Blüten werden fruchtbar. Nach Abfallen der Blütenhülle wächst der Fruchtstiel nach abwärts

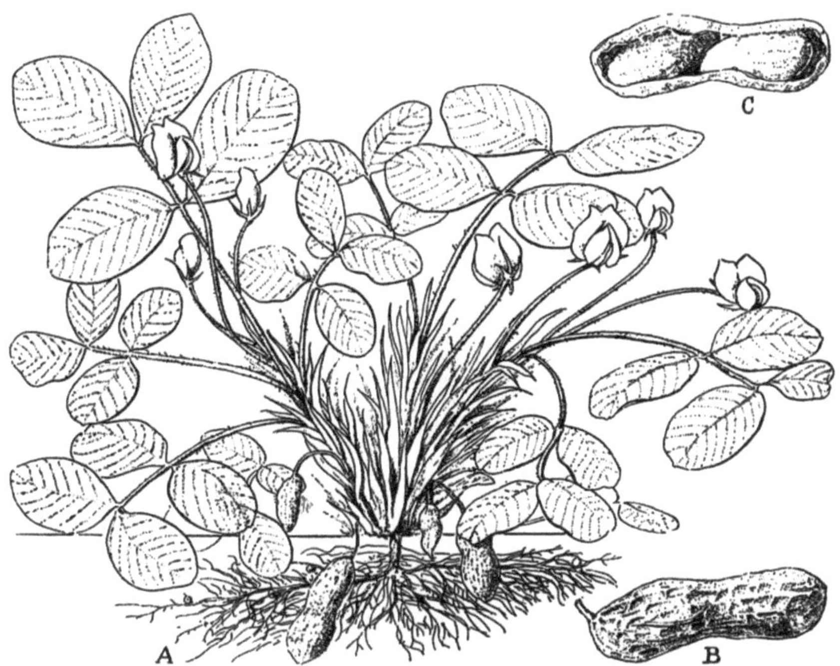

Abb. 75. Erdnuß. Arachis hypogaea. A blühende und fruchtende Pflanze; — B Hülse; — C aufgeschnittene und zwei Samen zeigende Hülse.

mehrere Zentimeter tief in den Boden, so daß die heranwachsende Frucht unter der Erde reift. Hier entwickelt sie sich zu einer länglichen, etwas knotigen, oberflächlich dick-netzartigen, nicht aufspringenden Hülse, die 2 bis 3 braunschalige, eiförmige Samen enthält (Abb. 75). Die verschiedenen entwickelten Sorten sind den klimatischen Verhältnissen jeweils angepaßt; es gibt solche, die für die Regenzeit, und andere, die für die trockene Zeit geeignet sind. *Afrikanische* Nüsse liefern das beste, *ostindische* das am wenigsten wertvolle Öl, während *japanische* Erdnüsse die beste Ölausbeute geben. Ölgehalt 40 bis 50%. Die Früchte werden gereinigt, mit Spezialmaschinen enthülst, angewärmt, die Samenschalen maschinell mit dem Würzelchen und der Keimknospe entfernt, weil sonst das Öl bitter schmeckt und sich dunkel färben würde.

Verwendung. Als Nahrungsmittel, zur Herstellung billiger Schokolade, als Ersatz für Mandeln, geröstet als Kaffee-Ersatz. Die Gewinnung von fettem Öl ist die wichtigste Verwendung. Die dabei anfallenden Preßrückstände, *Erdnußkuchen*, sind eine bedeutende Handelsware als Futtermittel, das wegen seines Gehaltes an Eiweiß, 35 bis 40%, bis 18% Fett, reichlich Phosphorsäure neben etwas Stärke ein begehrtes Kraftfuttermittel ist. Pulverisiert finden die ausgepreßten Rückstände von Erdnüssen Verwendung zur Verfälschung von Kaffee-Pulver und Gewürzen.

Erdnußöl. Oleum Arachidis, DAB. 6.

Aus den geschälten Samen ohne Anwendung von Wärme gepreßtes, *nicht trocknendes* Öl, hellgelb, fast *geruchlos*, von mildem *Geschmack*. D. (20°) 0,912 bis 0,917; JZ. 83 bis 100; SZ. nicht über 8; VZ. 188 bis 197; unverseifbare Anteile höchstens 1,5%.

Inhaltsstoffe. Glyceride höherer Fettsäuren, davon etwa 80% der Ölsäure und Linolsäure, etwa 14% der Palmitin- und Stearinsäure, ferner Arachin- und Lignocerinsäure, Glyceride.

Verwendung. Zu medizinischen und kosmetischen Ölen und Salben, als Speiseöl, wichtiges Ausgangsmaterial für die Margarineherstellung; *techn.* das beste Öl erster Pressung wegen seines geringen Eigengeruchs zur „Enfleurage“, die weniger guten und heiß gepreßten Sorten, die dunkler gefärbt sind und kratzend schmecken, zur Seifenherstellung, für Brenn- und Schmierzwecke.

Prüfung des DAB. 6. Neben der Prüfung der vorgenannten Kennzahlen läßt DAB. 6 prüfen auf:

Sesamöl. 5 g E. werden mit 0,1 ccm weingeistiger Furfurollösung und 10 ccm rauchender Salzsäure mindestens 30 Sekunden lang kräftig geschüttelt. Nach der Trennung von der öligen Schicht darf die wäßrige Schicht keine stark rote Färbung zeigen.

Baumwollsamenöl. 5 g E. werden in einem mit Rückflußkühler versehenen Kölbchen mit 5 ccm Amylalkohol und 5 ccm einer Lösung von 1% Schwefel in Schwefelkohlenstoff 15 Minuten lang auf dem Wasserbad erhitzt. Rotfärbung darf nicht eintreten. Bei Zusatz von weiteren 5 ccm der 1%igen Lösung von Schwefel und Schwefelkohlenstoff und nochmaligem Erhitzen während einer Viertelstunde darf Rotfärbung wiederum nicht eintreten.

Gehärtetes Erdnußöl. Oleum Arachidis hydrogenatum, SAB.

Durch Hydrieren gehärtetes Erdnußöl.

Weißes, fast geruch- und geschmackloses, streichbares Fett, Schmp. etwa 38°, das eine positive Reaktion auf Samenöle gibt und als Salbengrundlage, zu Cremes, Pomaden, Lippenstiften usw. Verwendung findet und auch unter der Bezeichnung *Hartharz* im Handel ist.

Erdöl.

Das Erdöl, auch Steinöl genannt, war schon im Altertum bekannt. Seine vielseitige Verwertbarkeit wurde aber erst in der Mitte des 19. Jahrhunderts nach der Entdeckung der ausgiebigen Erdölquellen in USA (Pennsylvanien) entdeckt, und erst von dieser Zeit an wurden die Erdöllager für Beleuchtungs-, Heiz- und andere Zwecke in großem Umfange ausgebeutet. Durch die Entdeckung des Explosionsmotors, des Dieselmotors und des Automobils, die Verwendung als Heizöl für Schiffsfeuerungen usw. bekam das Erdöl als Treibstoffquelle und zur Herstellung von Schmierölen eine beherrschende Stellung in der Weltwirtschaft.

Entstehung. Während man früher die Auffassung vertrat, daß sich das Erdöl hauptsächlich bei der Zersetzung von Fetten untergegangener Seetierleiber bildet, nimmt die heutige Anschauung die Bildung des Erdöls aus tierischer und pflanzlicher Substanz an, wobei die pflanzliche Substanz stark zu überwiegen scheint.

Diese neuzeitliche Auffassung wird unterstützt durch die Tatsache, daß bei der Zersetzungsdestillation von Fischtran unter Druck bei 300° bis 400° erdölähnliche Stoffe entstehen, außerdem kleine Mengen von Chlorophyll- und Häminderivaten sowie von Hormonen im Erdöl nachgewiesen wurden. Die Chlorophyllderivate weisen auf die pflanzliche, die Häminderivate und Hormone auf tierische Herkunft hin. Ein weiterer Beweis, daß Erdöl aus organischer Substanz stammt, ist seine nachgewiesene optische Aktivität. Als Ausgangsmaterial für Erdölbildung durch biologische Vorgänge dient das Fette, Kohlenhydrate und Eiweißstoffe enthaltende *Plankton*, in dem diese Stoffe unter Mitwirkung von Mikroorganismen durch Spaltungs-, Kondensations-, Isomerisierungs-, Cyclisierungs- und Dehydrierungs-reaktionen in Erdöl-Kohlenwasserstoffe umgewandelt wurden. Dabei bildete sich der sog. *Faulschlamm* oder *Sapropel*, aus dem sich durch Druck- und Hitzeeinwirkung das Erdöl bildete. Mit Plankton (g. planktos, umhergetrieben) bezeichnet man die im Meer- und Süßwasser frei schwebenden kleinsten Lebewesen, Tiere (Zooplankton oder Schwebefauna) und Pflanzen (Phytoplankton oder Schwebeflora).

Vorkommen. Erdöl findet sich im Erdinnern in größeren und kleineren Lagern, wobei die Ölzonen fast immer parallel zu Gebirgszügen verlaufen. Die wichtigsten Erdölgebiete liegen in Nordamerika in USA (Pennsylvanien, Kalifornien, Texas) und in Mexiko sowie in Südamerika (Argentinien und Venezuela). Die russischen Erdölgebiete liegen im Kaukasus (Baku), den Karpaten, in Galizien, ferner finden sich Erdöllager in Rumänien, in den arabischen Ländern, Persien, Iran, Irak, in Britisch- und Niederländisch-Ostindien. In Deutschland finden sich kleinere Erdöl-lager, deren ausgiebigste im Emsland liegen; andere finden sich im Lande Hannover bei Nienhagen, Wietze und Oberg-Berghöpen. Auch in Oberbayern (Tegernsee) und Thüringen (Volkenroda) kommt Erdöl vor.

Zusammensetzung. Die chemische Zusammensetzung der verschiedenen Erdöl-arten schwankt in weiten Grenzen. Dies beruht wahrscheinlich auf der Verschieden-heit der Bildung des Öls und der dabei vorhandenen Temperaturen sowie auf dem verschiedenen Alter. Alle Erdöle führen als Hauptbestandteile Kohlenwasserstoffe (Paraffine, Isoparaffine), in denen die gasförmigen der Paraffinreihe von Methan bis Butan gelöst sind. Ferner enthalten sie Olefine, aromatische Verbindungen und Naphthalinderivate. Während das amerikanische Erdöl fast nur aus Grenzkohlen-wasserstoffen besteht, enthält das russische vornehmlich (etwa 80%) Kohlenwasser-stoffe mit ringförmiger Struktur, *Naphthene* (Polymethylene) wie Cyclopentan und Cyclohexan mit der allgemeinen Formel C_nH_{2n}. Die galizischen und rumänischen Erdölarten liegen nach ihrer Zusammensetzung zwischen den amerikanischen und den russischen Sorten. Das deutsche Erdöl enthält außer Grenzkohlenwasserstoffen und Naphthenen auch geringe Mengen Kohlenwasserstoffe der Benzolreihe. Die Rohöle enthalten kleine Mengen von Sauerstoff-, Schwefel- und Stickstoffverbin-dungen, die bei der Raffination entfernt werden. Nach ZERBE unterscheidet man fünf Klassen von Erdölen:

Methanerdöle	Naphthenerdöle
Methannaphthenerdöle	aromatische Methannaphthenerdöle
aromatische Naphthenerdöle.	

Maßgebend für die Bewertung eines Rohöls sind in erster Linie der Benzingehalt und die Menge und Qualität der Schmieröle. Rohöle mit hohem Schwefel- und Asphaltgehalt stellen eine Wertminderung dar und erschweren die Verarbeitung des Rohöls.

Gewinnung und Verarbeitung. Das Roherdöl entströmt an einigen Orten frei-willig dem Erdboden. Häufiger ist jedoch die Gewinnung durch Bohrung. Die Lagerstätten liegen teils in der Nähe der Erdoberfläche, teils in Tiefen von mehreren

100 bis zu mehreren 1000 Metern. Diese Lagerstätten werden durch Bohrungen, sog. *Sonden*, erschlossen, die nach einem besonderen Verfahren bis in Tiefen von 6000 m in das Erdreich eingebracht werden können. Die Bohrungen erfolgen jeweils nach sorgfältiger geologischer Erforschung. Beim Erreichen der Erdöllager ergießt sich dabei das Erdöl häufig springbrunnenartig, weil es sich unter starkem Druck der darin gelösten Gase befindet. Fehlt der Druck, wird es durch Pumpen gefördert.

Roherdöl ist eine ölige, beinahe schwarze, unangenehm riechende Flüssigkeit, die gasförmige, flüssige und feste Kohlenwasserstoffe gelöst enthält. Durch seine leicht flüchtigen Bestandteile ist Roherdöl für Brennzwecke ungeeignet und feuergefährlich. Es wird deshalb erst einer sehr sorgfältigen fraktionierten Destillation unterworfen, die in technisch hochentwickelten und durchlaufend arbeitenden Apparaturen durchgeführt wird.

An Erdölprodukten unterscheidet man nach ZERBE in Deutschland:

Erdgas,	Schmieröle,
Erdöl, Rohöl,	Heizöl,
Benzin,	Paraffin,
Petroleum, Leuchtöl,	Asphalt, Bitumen,
Gasöl, Solaröl,	Vaseline.

Bei der fraktionierten Destillation des Rohöls erhält man zunächst folgende Hauptfraktionen:

1. *Rohbenzin*, aus dem man durch erneute fraktionierte Destillation Gasolin, Petroläther und die verschiedenen Spezial- und Siedegrenzenbenzine erhält,
2. *Leuchtpetroleum*,
3. *Gasöle*,
4. *Schmieröle*,
5. *schwarze Pechharze* (Vaseline, Petroleumasphalt, Petroleumpech).

Erdrauch.

Erdrauch. Fumaria officinalis *L.*

Papaveraceae.

Auf Äckern, in Gärten und auf Schutt verbreitetes einjähriges oder ausdauerndes Unkraut. Stengel aufrecht, mitunter liegend, dünn, glatt und bläulich bereift, stark verästelt, bis 30 cm hoch; zierliche rosa bis dunkelrote, kurzgestielte Blüten, an der Spitze schwarz-rot gefleckt, oberes Kronblatt mit Sporn, in blattgegenständigen, vielblütigen Trauben.

Erdrauchkraut. Herba Fumariae, Erg.-B. 6.

Ackerrautenkraut. Grindkraut. Taubenkerbel. Brutkraut.
Katzenklauenkraut.

Die Mai bis September während der Blütezeit gesammelten und getrockneten oberirdischen Teile. *Schnittdroge:* Zahlreiche hell- bis braungrüne, hohle, furchigkantige Stengelstücke, wenig Blattstückchen, grau bis bräunlichgrün, zart bereift und fein gerunzelt, mit linealen Zipfeln. Kennzeichnend die kleinen, kurzgestielten, rotvioletten, vierblättrigen Blüten mit dunkelrotem oder braunem Fleck an der Spitze und zweiblättrigem, kurzem Kelch. Die grünen, kugeligen, wenig breiter als hohen Schließfrüchte enthalten einen kleinen braunroten Samen. *Geruchlos, Geschmack* bitter, leicht salzig (Abb. 76).

Inhaltsstoffe. Ein an Fumarsäure gebundenes Alkaloid *Fumarin*, Bitterstoff, Harz, Stärke.

Verwendung. *Innerl.* 1 Teelöffel auf 1 Tasse Aufguß (Überdosierung ruft Leibschmerzen und Durchfall hervor!) als Abführmittel, zur Blutreinigung und Entfettung, bei Katarrhen des Magens und der Luftwege, bei Gallen- und Leberleiden.
Aufbewahrung. Vor Licht geschützt.

Abb. 76. Erdrauch. Fumaria officinalis. *1* Habitus; — *2* vergrößerte Blüte; — *3* vergrößerte Frucht.

Erdung.

Erdung ist die Bezeichnung für die Herstellung einer leitenden Verbindung zwischen den im Betrieb keinen Strom führenden Metallteilen von elektrischen Geräten mit der Erde durch einen Draht, die *Erdleitung*. Dadurch wird das Gerät *geerdet*. Die E. erfolgt zweckmäßig über die Wasser- oder Gasleitung bzw. die Warmwasserheizung. Der Zweck der Erdung ist vor allem der Schutz gegen elektrische Unfälle infolge zu hoher *Berührungsspannung*. Tritt diese auf, bringt die hohe Erdschlußstromstärke die vorgeschaltete Sicherung zum Schmelzen, die Stromzufuhr zum Gerät wird dadurch unterbrochen und somit eine Schädigung durch den elektrischen Strom vermieden (s. Bd. I, S. 38/39).

Erdwachs und Ceresin.

Das Ausgangsmaterial für die Gewinnung von Ceresin ist *rohes Erdwachs, Ozokerit* (g. ozein, riechen; lat. cera, Wachs, wegen seines asphaltähnlichen Geruchs), das sich in Gängen und Spalten der Erde in Polen, Rumänien, der Sowjetunion (Nordrand der Karpaten) sowie in Nordamerika (Texas, Utah) findet und bergmännisch gewonnen wird.

Heute werden in Deutschland, den USA und anderen Ländern die Rohstoffe für die Ozokeritgewinnung direkt aus dem Erdöl gewonnen. Durch Hochvakuum-Destillation, in Verbindung mit selektiver Lösungsmittelbehandlung, werden die spezifisch wirksamen Bestandteile in höchstem Maße angereichert, so daß die Produkte schon in geringen Konzentrationen mit kristallinem Paraffin Pasten mit einem Höchstmaß an Verdunstungshemmung, *Lösungsmittelzurückhaltung* oder *Retention*, ergeben.

Eigenschaften. Wachsartige, dunkelbraune bis schwarze, mitunter auch grünlich-schwarze, seltener hellgrüne oder braungelbe mikrokristalline Massen. Infolge seines Gehaltes an mehr oder weniger viskosen Begleitölen kommt Ozokerit in den Konsistenzstufen von schmierigweich über salbenartig bis zur festen, spröden und außerordentlich harten Konsistenz vor. Gute Sorten haben muscheligen Bruch, der Geruch nach Erdöl ist mehr oder weniger stark. Schmp. geringwertiger Sorten bis zu 48° nach unten, Schmp. normaler Sorten 68° bis 75°. Sog. *Marmorwachs* hat einen Schmp. von 85° bis 100°, hochschmelzende Sorten einen solchen von 115°. D. (20°) 0,9 bis 0,99, bei guten Sorten etwa 0,93.

Ozokerit-Handelssorten der Schlickum-Werke, Hamburg.

Ozokerit	Farbe	Struktur	Schmelz-punkt	Retentions-wirkung
roh 38	dunkel	fest, mikrokristallin	62/64°	sehr gut
roh 300	dunkel	hart, mikrokristallin	84/86°	gut
raff. 4945	hell	fest, mikrokristallin	68/70°	sehr gut
raff. 4843	hellgelb	fest, mikrokristallin	62/64°	sehr gut
raff. 4873	gelb	plast., mikrokristallin	68/70°	sehr gut
raff. 380	gelb	bienenwachsartig	74/76°	sehr gut
raff. 320	gelb	hart, mikrokristallin	84/86°	gut
d. raff. 374	weiß	hart, mikrokristallin	74/76°	gut
d. raff. 377 A	weiß	hart, mikrokristallin	84/86°	gut

Ceresin. Zeresin. Paraffinum solidum, DAB. 6.

Ceresin ist gereinigtes Ozokerit und besteht aus festen, kristallinen Kohlenwasserstoffen der Methanreihe und der Naphthenreihe.

Darstellung. Aus natürlichem Erdwachs, Ozokerit, durch Erhitzen mit konz. Schwefelsäure, Waschen mit Lauge und Wasser und Entfärben mit Tier- oder Aktivkohle.

Eigenschaften. Weiße, feste, mikrokristalline, auch auf frischem Bruch geruchlose Masse. Schmp. 68° bis 72° (s. auch Paraffin, Allgemeines).

Prüfung des DAB. 6. *Fremde organische Stoffe.* Beim Erhitzen von 3 g C. in einem mit warmer Schwefelsäure gereinigten Glase mit 6 g Schwefelsäure unter häufigem Durchschütteln 10 Minuten lang im siedenden Wasserbad darf das C. nicht verändert und die Säure nur wenig gebräunt werden.

Fremde organische Stoffe. Erhitzen von 10 g C. mit 10 Tr. Kaliumpermanganatlösung 5 Minuten lang unter gutem Umrühren in einer Porzellanschale auf dem Wasserbad. Die rote Farbe der Kaliumpermanganatlösung darf hierbei nicht verschwinden.

Kräftiges Schütteln von 5 g geschmolzenem C. mit 25 g Wasser (etwa 80°) 1 Minute lang, Abheben und Filtrieren der wäßrigen Schicht; das Filtrat wird geprüft auf:

Schwefelsäure, mit Bariumnitratlösung,

Salzsäure, mit Silbernitratlösung;

bei beiden Prüfungen darf eine weiße Trübung nicht entstehen.

Alkalien. Beim Erhitzen von 1 g C. mit 3 ccm Weingeist und 2 Tr. Phenolphthaleinlösung muß das Gemisch farblos bleiben.

Säuren. Auf Zusatz von 0,1 ccm $^1/_{10}$-n-Kalilauge muß Rötung eintreten.

Verwendung. Zur Herstellung von Salben, Pasten, Cremes, in der Kosmetik auch zu Schminkstiften, Stangenpomaden, Nagelpoliermitteln u. a.

Ergosterin.

$C_{28}H_{43}OH$. Mol.-Gew. 396,62.

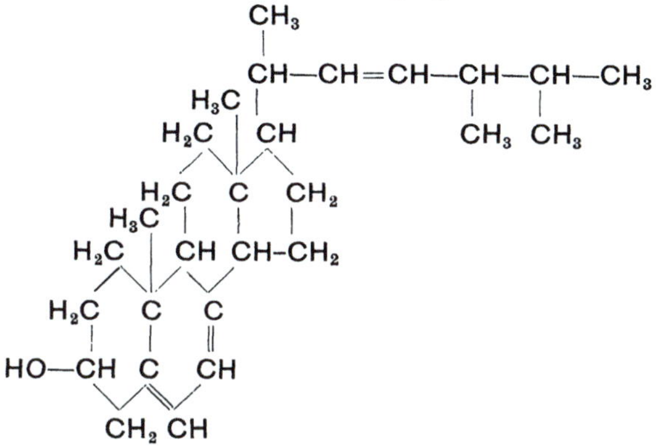

Ergosterin kommt in der Natur in der Hefe, in Pilzen und im Mutterkorn vor und gehört in die Gruppe der pflanzlichen Sterine, Phytosterine. Im tierischen Körper wird aus E. besonders in der Leber das antirachitische Vitamin D gebildet. Es wird aus Hefe gewonnen.

Eigenschaften. Farblose, in Wasser nicht lösl., in Weingeist und Äther lösl. Kristalle. Schmp. 163°. Durch ultraviolette Bestrahlung kann E. in Vitamin D_2 verwandelt werden, das unter der Bezeichnung *Vigantol* in 0,3$^0/_{00}$iger öliger Lösung im Handel ist. E. ist ein lebenswichtiger, schon in kleinsten Mengen wirksamer Stoff. Siehe Vitamine.

Eriodictyon.

Eriodictyon. Eriodictyon glutinosum *Bentham*.

Santakraut.

Hydrophyllaceae.

In Nord- und Mittelamerika, hauptsächlich in Californien vorkommender kleiner, bis 1,5 m hoher Strauch mit violetten Blüten in achsel- und endständigen Wickeln. Stamm und Äste meist mit dicker Harzschicht überzogen.

Eriodictyonblätter. Folia Eriodictyonis, Erg.-B. 6.

Santakraut. Herba Santa.

Die getrockneten Laubblätter, bis 12 cm lang, länglich-lanzettlich, bis 2,5 cm breit, lederartig, kurzgestielt, leicht zerbrechlich, Blattrand leicht umgerollt, unregelmäßig gezähnt oder buchtig, mitunter ganzrandig, Oberseite graugrün glänzend, durch harzige Ausscheidungen klebrig, Unterseite weißfilzig behaart, mit starken, gelbbraunen Haupt- und Seitennerven. *Geruch* beim Reiben angenehm aromatisch, *Geschmack* gewürzhaft süßlich. Beim Betupfen mit Kalilauge entsteht rotgelbe bis rotbraune Färbung.

Inhaltsstoffe. 0,1% ätherisches Öl, reichlich Harze, Eriodictyol, Eriodictyonsäure und andere organische Säuren, Citrin (ein Gemisch von Hesperidin und Eriodictin), Zucker, Gerbstoff, Gummi. Aschengehalt nach Erg.-B. 6 nicht mehr als 7%.

27*

Verwendung. Als schleimlösendes und auswurfbeförderndes Mittel bei Bronchialkatarrh und Asthma, als Geschmackskorrigens für bittere Arzneimittel, wobei die Geschmacksempfindung gegen Bitter bis zu einem gewissen Grade aufgehoben wird.

Aufbewahrung. Vor Licht geschützt.

Erle.

Schwarzerle. Alnus glutinosa *Gaertner*.
Betulaceae.

An Bächen, an Flüssen und in sog. Erlenbrüchen vorkommender, bis 20 m hoher Baum.

Erlenrinde. Cortex Alni.

Die getrocknete Rinde junger Zweige. Eingerollte oder rinnenförmige, etwa 1 mm dicke, graubräunliche, glänzende Rindenstücke mit rotgelber Innenfläche und unebenem, nicht faserigem Bruch.

Inhaltsstoffe. Gerbstoff, roter Farbstoff, Emodin, Alnulin, fettes Öl.

Verwendung. *Med. innerl.* 1 bis 2 Teelöffel auf 1 Tasse Abkochung bei Hals- und Mandelentzündung, Wechselfieber, als zusammenziehendes Mittel zum Einlauf bei Blutungen. Die getrockneten Knospen volkstümlich bei Rheumatismus; *techn.* zum Gerben und als Färbemittel.

Esca-Emulgatoren[1].

Für innere und äußere Anwendung.

Esca 509, Monoglycidester gesättigter Fettsäuren, Typ Ö/W.
Weiße, wachsartige Masse in Platten zu 1 und 2,5 kg, mit neutralem *Geschmack*. Schmp. etwa 37°; VZ. etwa 170; JZ. etwa 3; SZ. unter 1. Esca 509 gibt mit Wasser (1 T. Emulgator: 2,5 bis 3,5 T. Wasser) nichtfettende Cremes vom Typ Ö/W. Weiteres Hinzufügen von Wasser ergibt haltbare Emulsionen, die sich mit anderen Ölen und Fetten ausgezeichnet zu W/Ö-Emulsionen vermischen. Bei längerer Lagerung ist Konservierung mit Nipagin nötig. Auch mit alkoholischen Lösungen (20 bis 30 Vol.-%) ergeben sich gut haltbare Emulsionen. In wäßriger und alkoholischer Emulsion zum Granulieren von Tabletten, zur Verbesserung des Tablettierens. Vorzügliches Lösungs- und Emulgiermittel für Lecithine, zur Herstellung von Lebertranemulsionen.

Esca 560, Monoglycidester überwiegend ungesättigter Fettsäuren, Typ W/Ö.
Gelbe, salbenartige Masse mit nußartigem *Geschmack*, lieferbar in Blechemballagen. Schmp. etwa 37°; VZ. etwa 180; JZ. etwa 80; SZ. unter 1.

E. 560 ergibt als Zusatz zu anderen Fetten und Vaseline (Schmp. möglichst zwischen 25° und 35°) eine reichlich Wasser aufnehmende Salbengrundlage Typ W/Ö. Für feste Salben sind Zusätze von Ceresin oder Paraffin notwendig. Als Zusatz zu flüssigem Paraffin erhält man eine haltbare, wasseraufnehmende, flüssige Paraffinemulsion. Ausgezeichnetes Lösungsmittel für Lecithin.

Für äußerliche Anwendung.

Esca 509 P, Spezial-Monoglycidester gesättigter Fettsäuren. Typ Ö/W. Elfenbeinfarbige, wachsartige Masse in Platten zu 1 und 2,5 kg. VZ. etwa 140; JZ. etwa 2,5; SZ. unter 1.

---

[1] Lieferfirma: Edelfettwerke G.m.b.H., Hamburg-Eidelstedt.

Esca 509 P findet zur Herstellung von Tagescremes mit ausgesprochen weichem und duftigem Charakter Verwendung.

Esca 628, Monoglycidester ungesättigter Fettsäuren.
Rötlichgelbe, ölartige Flüssigkeit, lieferbar in Kannen. Schmp. etwa 26°; VZ. etwa 65; JZ. etwa 80; SZ. unter 1. Mit jedem Alkohol (90 bis 96%, Äthyl-, Isopropylalkohol usw.) in jedem Verhältnis mischbar. Vorzüglich geeignet für Rasierwässer, Haarglanzmittel usw.

Esca 628 P, Spezial-Monoglycidester ungesättigter Fettsäuren.
Rötlichgelbe, ölartige Flüssigkeit, lieferbar in Kannen. VZ. etwa 105; JZ. etwa 55; SZ. unter 1. Lösl. in Alkohol (40 bis 45%, Äthyl- oder Isopropylalkohol), besonders geeignet für Haarwässer.

Esca 660 P, Spezial-Monoglycidester teilgesättigter Fettsäuren.
Gelbe, salbenartige, feste Masse, lieferbar in Blechemballagen. Schmp. etwa 40°; VZ. etwa 135; JZ. etwa 40; SZ. unter 1. Esca 660 P ist besonders geeignet zur Herstellung von halbfetten Cremes mit guter Parfümierung.

Esca 810, Monoglycidäthylglykolester.
Weiße, halbfeste, wachsartige Masse, lieferbar in Blechemballagen. Schmp. etwa 51,5°; VZ. etwa 115; JZ. etwa 204; SZ. unter 1.

Esca 810 ist besonders für hochwertige Tagescremes geeignet und gleichzeitig ein Duftträger für besonders gute Parfümierungen. Es eignet sich auch ausgezeichnet zur Herstellung von Badeemulsionen zur gleichmäßigen Verteilung ätherischer Öle im Badewasser.

Esca E, Monoglycidester teilgesättigter Fettsäuren, Typ Ö/W.
Gelbe, talgartige Masse, lieferbar in Platten zu 1 und 2,5 kg. Schmp. etwa 47°; VZ. etwa 65; JZ. etwa 46; SZ. unter 1.

Esca E gibt mit Wasser haltbare Cremes vom Typ Ö/W und als Zusatz zu anderen Fetten haltbare Salben bzw. Cremes mit hoher Wasseraufnahme (10 bis 50%). Bei längerer Lagerung ist das Wasser mit Nipagin zu konservieren. Als Zusatz zu Vaselin (10 bis 30%) ergibt es gut Wasser aufnehmende Cremes.

Escarinum anhydricum[1].

Escarinum anhydricum G ist ein Monoglycerinester teilabgesättigter Ölsäure, der mit einem Triglycerid gesättigter Fettsäuren verschnitten ist. Typ Ö/W. Elfenbeinfarbige, schmalzartige Masse. Schmp. etwa 39,6°; VZ. etwa 185; JZ. etwa 39; SZ. etwa 1,5; p_H-Wert etwa 6,5.

Haltbare, neutrale und reizlose Salbengrundlage, die nach den physiologisch-biologischen Eigenschaften des Körperfettes aufgebaut ist. E. a. G hat eine große Wasser- und Alkoholaufnahmefähigkeit, ist abwaschbar und dient zur Herstellung von Salben, Kühlsalben, Emulsionen, Schüttelmixturen, Massagecremes und anderen kosmetischen Erzeugnissen. Bei Verarbeitung mit Wasser ist Nipaginzusatz (0,06 bis 0,1%) empfehlenswert. Verträglich mit allen Wirkstoffen, die mit natürlichen, pflanzlichen und tierischen Fetten verarbeitet werden können. Mit anderen Fetten (Vaselin, flüssiges Paraffin und Wollfett) verschneidbar. Die Verarbeitung erfolgt in kaltem Zustand.

Escarinum anhydricum GG, salbenähnliche, speziell für Badeemulsionen geeignete Grundlage, Typ Ö/W. Hellgelbe, vaselinartige Masse, Schmp. etwa 40°; VZ. etwa 145; JZ. 55; SZ. unter 1.

---

[1] Lieferfirma: Edelfettwerke G.m.b.H., Hamburg-Eidelstedt.

Grundlage für Salben, Kühlsalben, Emulsionen, Schüttelmixturen, Massagecremes und andere kosmetische Erzeugnisse. Mit anderen Fetten (auch Vaselin und flüssiges Paraffin) mischbar. Verarbeitung in kaltem Zustand. Zu Badeemulsionen, zur gleichmäßigen Verteilung ätherischer Öle im Badewasser.

Escarinum anhydricum U, Spezial-Monoglycidester. Typ W/Ö. Elfenbeinfarbige, salbenartige Masse. Schmp. etwa 36°; VZ. etwa 178; JZ. etwa 65; SZ. etwa 1.

E. a. U läßt sich leicht mit Vaselin, flüssigem Paraffin und Wollfett verarbeiten. Einarbeitung der Wirkstoffe sowie Wasser oder etwas Alkohol in kaltem Zustand. Es nimmt fast die dreifache Menge seines Eigengewichts an Wasser auf. Wasser oder die in Wasser inkorporierten Stoffe sind langsam zuzusetzen.

Esche.

Esche. Fraxinus excelsior *L.*

Oleaceae.

An Bach- und Flußufern und in Gebirgswäldern verbreiteter, bis annähernd 40 m hoher Baum, auf sandigem und sumpfigem Boden, in Anlagen oft angepflanzt.

Eschenblätter. Folia Fraxini, Erg.-B. 6.

Die im Mai bis Juni gesammelten, getrockneten Laubblätter. Oberseits dunkelgrün, unterseits hellgrün, unpaarig gefiedert, 9- bis 13teilig, Fiederblättchen 5 bis 8 cm lang, 1,5 bis 2,5 cm breit, länglich-lanzettlich, kurzgestielt oder sitzend und am Grunde keilförmig, Rand scharf gesägt, zugespitzt. Hauptnerven der Unterseite etwas filzig behaart. Mittel- und Seitennerven deutlich erkenntlich, letzte zu einem feinen braunen Netz verzweigt. *Geruchlos, Geschmack* bei längerem Kauen bitter, zusammenziehend.

Inhaltsstoffe. Gerbstoff, Vitamin C, ätherisches Öl, Inosit, Mannit, Quercitrin.

Verwendung. 1 bis 2 Teelöffel auf 1 Tasse Aufguß *innerl.* als leicht abführendes und harntreibendes Mittel, bei Rheumatismus und Gicht; *äußerl.* zu Umschlägen und Waschungen bei Unterschenkelgeschwüren.

Aufbewahrung. Vor Licht geschützt.

Verw. u. Verf. Als Verfälschungsmöglichkeiten kommen → Folia Juglandis und → Folia Castaneae in Betracht.

Eschenrinde. Cortex Fraxini.

Die getrockneten, 2 bis 3 mm dicken, zerbrechlichen Rindenstücke jüngerer Zweige. Außenseite fein gerunzelt und oft mit Warzen besetzt, fahlgrau bis graugrün, innen schmutziggelb bis ockerfarben, glatt, Bruch kleinfaserig. *Geschmack* bitter, zusammenziehend.

Inhaltsstoffe. Gerbstoff, Glykosid Fraxin.

Verwendung. *Innerl.* 1 Teelöffel auf 1 Tasse Abkochung als Fiebermittel, gegen Würmer, als Kräftigungsmittel.

Essenzen.

Die Rechtsunsicherheit über den Begriff, die Herstellung, die Kenntlichmachung usw. von Essenzen, *Aromen*, ist durch die „Verordnung über Essenzen“ des Magistrats von Groß-Berlin vom 2. Februar 1949 (VOBL. Berlin-West I 1949, Nr. 5, S. 62), die auch für andere Länder als Richtlinie dienen kann, behoben. Nachstehend sind die drei ersten Paragraphen der Verordnung aufgeführt:

(1) Essenzen (Aromen) im Sinne dieser Verordnung sind mehr oder minder konzentrierte, nicht zum unmittelbaren Genuß bestimmte Zubereitungen von Geruchs- und Geschmacksstoffen natürlichen oder synthetischen Ursprungs. Sie werden dünnflüssig oder dickflüssig oder pasten- oder pulverförmig in den Verkehr gebracht und sind dazu bestimmt, Lebensmitteln einen aromatischen, würzigen oder anderen charakteristischen Geruch oder Geschmack zu verleihen.

§ 1. (2) Es werden folgende Gruppen von Essenzen unterschieden:
1. Nach der Art der Herstellung:
a) natürliche Essenzen (§ 2, Abs. I); — b) künstlich verstärkte Essenzen (§ 2, Abs. 2); — c) künstliche Essenzen (§ 2, Abs. 3).
2. Nach Art des Bestimmungszwecks: Essenzen für die Herstellung von alkoholfreien Getränken, Trinkbranntweinen und sonstigen Spirituosen, Backwaren, Süßwaren, Puddingpulver, Suppenpulver u. dgl.

(3) Zu den Essenzen im Sinne dieser Verordnung gehören auch die als Destillat oder Extrakt (Auszug) in den Verkehr gebrachten Erzeugnisse (§ 2, Abs. 4 und 5), mit Ausnahme von Essigessenzen, Weindestillat, Punschextrakt, Fleischextrakt, Hefeextrakt und Pilzextrakt.

§ 2. (1) *Natürliche Essenzen* sind Zubereitungen, deren geruchlich oder geschmacklich wirksamen Bestandteile ausschließlich natürlichen Ursprungs sind. Sie werden hauptsächlich aus Obst, Obstteilen oder anderen Pflanzenteilen (Kräutern, Drogen) sowie aus daraus gewonnenen ätherischen Ölen (auch terpenfreien) durch Destillation, Extraktion, Auflösung oder Emulgierung hergestellt.

(2) *Künstlich verstärkte Essenzen* sind Zubereitungen, deren Geruchs- und Geschmackswert im wesentlichen auf ihrem Gehalt an natürlichen Stoffen beruht, die aber durch geringe geeignete Zusätze von synthetischen Geruchs- oder Geschmacksstoffen verstärkt sind.

(3) *Künstliche Essenzen* sind Zubereitungen, die hauptsächlich oder ausschließlich aus geeigneten synthetischen Geruchs- oder Geschmacksstoffen hergestellt sind.

(4) Destillate sind durch Destillation von Früchten, Drogen, Säften, Extrakten und/oder ätherischen Ölen mit Alkohol verschiedenen Prozentgehaltes hergestellte Erzeugnisse.

(5) *Extrakte* (Auszüge) sind durch Ausziehen von Obst, Obstteilen, Gewürzen, Kräutern und anderen natürlichen Stoffen mit Lösungsmitteln hergestellte Erzeugnisse; sie können auch bis zur dickflüssigen oder bis zur trockenen Beschaffenheit eingedampft werden.

§ 3. (1) Als Aromaträger für Essenzen dürfen verwendet werden: Äthylalkohol, Wasser, fette Öle, Fette, Zuckerarten, Stärkesirup, Stärkemehle, Gelatine, Pektin, Frucht- und Pflanzensäfte, unschädliche Pflanzenschleime und artverwandte Naturstoffe, Essigsäure und andere zugelassene Lösungsmittel und Emulgatoren. Für Essenzen (Aromen) in pulverförmiger Beschaffenheit dürfen als Aromaträger auch Calciumcarbonat und Magnesiumcarbonat bis zu 20% verwendet werden, sofern der Gebrauchswert der Essenz nicht mehr als 1 Teil auf 1000 Teile des genußfertigen Lebensmittels beträgt.

(2) Das Färben der Essenzen mit unschädlichen Farbstoffen (Lebensmittelfarben) ist nur zu Unterscheidungszwecken zulässig. Der Zusatz von Farbstoffen muß mit dem Worte „gefärbt" kenntlich gemacht werden.

(3) Alle in den Essenzen enthaltenen Stoffe müssen den an die Reinheit und Unschädlichkeit von Lebensmitteln zu stellenden Ansprüchen genügen.

(4) Essenzen, die nach ihrer Bezeichnung für einen besonderen Verwendungszweck bestimmt sind, dürfen keine Stoffe enthalten, die in dem fertigen Lebensmittel, dem sie zugesetzt werden, nicht enthalten sein dürfen.

Der § 4 bestimmt, daß die Erzeugnisse im Sinne des § 1 als Essenz oder Aroma bezeichnet werden müssen, eine zusätzliche Verwendung von Phantasiebezeichnungen oder Wortzeichen ist unzulässig. Künstlich oder künstlich verstärkte Essenzen müssen als solche bezeichnet werden.

In § 5 sind die Bezeichnungen über die Beschaffenheit der Verpackung und Behältnisse, in denen die Essenzen abgegeben werden dürfen, festgelegt.

Im übrigen wird auf O. ENGWICHT: Fachgesetzeskunde für Drogisten, 3. Aufl. 1951, hingewiesen.

Essig. Acetum.

Geschichtliches. Im Altertum und im frühen Mittelalter wurde Essig durch Aufstellen von Wein oder anderen alkoholischen Flüssigkeiten bei wärmerer Temperatur unter Zutritt von Luft im Haushalt selbst gewonnen. Am Ende des 14. Jahrhunderts bestand schon in Frankreich eine Zunft der Essigsieder. Ein Vorgänger des Schnellessigverfahrens kam dann aus Holland nach Deutschland, über das GLAUBER 1654 berichtete (BOERHAAVE-Verfahren). Im 18. Jahrhundert wurde der erste Branntweinessig hergestellt und um 1820 durch JOSEF SEBASTIAN SCHÜZEN-BACH der *Schnellessigbildner* erfunden. Etwa gleichzeitig erfand HAM in England den sog. *Generator*. Eine Weiterentwicklung des letzten bildet der 1940 zum Patent angemeldete Bildner der Firma Heinrich Frings in Bonn, der alle älteren Gärmethoden in weniger als 20 Jahren weitgehend verdrängte. In letzter Zeit eröffnen sich neue Ausblicke durch die Möglichkeit, die Essiggärung im submersen Lüftungsverfahren vonstatten gehen zu lassen (O. HROMATKA und Mitarbeiter, H. FRINGS).

Begriffsbestimmung. In zahlreichen Ländern ist die Bezeichnung „Essig" dem auf biologischem Wege gewonnenen Gärungsessig vorbehalten, während sie in anderen auch für verdünnte chemische Essigsäure angewendet werden darf. In Deutschland ist der Begriff Essig umstritten. Während das Kaiserliche Gesundheitsamt 1912 entschied, daß Essig nur Gärungsessig sei, hat das Reichsgesundheitsamt 1929 den Begriff Essig sowohl für Gärungsessig als auch für verdünnte Essigsäure vorgesehen. In beiden Fällen handelte es sich um Entwürfe, die Rechtskraft nicht erlangt haben. In der Bundesrepublik Deutschland wird von seiten des Gärungsessiggewerbes dagegen Stellung genommen, auch verdünnte Essigsäure mit Essig zu bezeichnen. Da für ganz Deutschland verbindliche Begriffsbestimmungen für Essig zur Zeit fehlen, werden nachstehend die Richtlinien aufgeführt, die bis Anfang 1945 als handelsüblich galten und auch noch jetzt von den Lebensmittelüberwachungsbehörden anerkannt werden:

Essig ist das durch Essiggärung aus weingeisthaltigen Flüssigkeiten oder das durch Verdünnen von Essigsäure mit Wasser gewonnene Erzeugnis oder ein Gemisch beider. Diese Bestimmungen befriedigen im Hinblick auf die mangelnde Unterscheidung zwischen dem auf dem Gärungswege und auf dem synthetischen Wege andererseits gewonnenen Essig nicht. Der Mindestgehalt von wasserfreier Essigsäure in 100 ml Essig ist 5 g, der Höchstgehalt 15,5 g.

Gärungsessig ist das ausschließlich durch Essiggärung gewonnene Produkt und zeichnet sich von den anderen durch eine besondere Blume aus.

Je nach der Rohstoffart, aus der der betreffende Gärungsessig ausschließlich hergestellt sein muß, unterscheidet man

Sprit- oder *Branntweinessig,*

echten *Weinessig* (der wertvollste Essig),

Malzessig, der vor allem in England eine Rolle spielt und für Fischmarinaden besonders geeignet ist,

Kartoffelessig,

Obstessig.

Verschnitte sind nur bei Weinessig zulässig, und zwar gelten als handelsüblich Weinessig 40 bzw. 20 Hundertteile Weinessig. Darunter versteht man Gärungsessige, deren Maische zu 40 bzw. 20% ihres Volumens aus Wein, im übrigen aus Branntwein bestanden hat. Auch durch Verschneiden von echtem Weinessig mit Branntweinessig können diese Essige hergestellt werden, wobei der Anteil von echtem Weinessig 40 bzw. 20% des Gemisches betragen muß. Weinessig 20 Hundertteile Weinessig kann auch durch Verdünnen von Weinessig 40 Hundertteile Weinessig mit Wasser hergestellt werden.

Kräuteressig, Gewürzessig, echter Weinessig mit Estragon u. dgl. sind Erzeugnisse, die durch Ausziehen von frischen oder getrockneten Pflanzenteilen oder Gewürzen mit der Bezeichnung entsprechendem Essig hergestellt sind und den bezeichneten Kräuter- bzw. Gewürzgeschmack, z. B. Estragonessig, Dillessig usw., aufweisen (s. Bd. III).

Bei der Abgabe an den Groß- und Kleinhandel und an den Verbraucher müssen in 100 ml Essig an wasserfreier Essigsäure enthalten sein:

Spritessig, Kräuter- bzw. Gewürzessig, Kartoffelessig, Obstessig 5 oder 10 g

echter Weinessig und Malzessig . . . . 7 oder 10 g

Weinessig 40 Hundertteile Weinessig . . . . 10 g

Weinessig 20 Hundertteile Weinessig . . . . 5 g

Ohne Kenntlichmachung dürfen den Essigen Nährstoffe für Essigbakterien, Zucker sowie Zuckercouleur hinzugesetzt werden; außerdem ätherische Öle natürlicher Herkunft zu Spritessig, Kräuteressig und Gewürzessig, außer Weinbeeröl. Ferner ist auch ein Kochsalzzusatz bis 2% erlaubt.

Nicht erlaubte Zusätze, auch ohne Kenntlichmachung, sind:

Konservierungsmittel jeglicher Art, abgesehen von dem sachgemäßen Schwefeln in der bei der Kellerbehandlung des Weines üblichen Weise; — künstliche Aromastoffe; — andere Färbungsmittel als Zuckercouleur; — Branntwein, alkoholische Destillate, alkoholische Auszüge und Essenzen, außer dem Zusatz von alkoholischen Destillaten und Essenzen der Citrusfrüchte zur Herstellung von Fischwaren; — Schlempe und Trester irgendwelcher Art, Trester auch nicht als Nachpresse; — fremde Säuren, z. B. Milchsäure, Citronensäure, Weinsäure, soweit sie nicht von Natur in den Rohstoffen und in den erlaubten Zusätzen vorhanden sind; — scharf schmeckende Stoffe, die einen höheren Säuregehalt vortäuschen können.

Verdorben und vom Verkehr ausgeschlossen ist Essig, der in erheblichem Maße Essigälchen enthält oder fremdartig riecht bzw. schmeckt. Essig, der von der Herstellung her mehr als die technisch nicht vermeidbare Menge Alkohol (höchstens 0,5 Raumhundertteile) enthält, gilt als *verfälscht.*

Essig, der mehr als technisch nicht vermeidbare Mengen von Blei, Kupfer, Quecksilber, Zinn und Eisencyan-Verbindungen enthält, herzustellen, ist verboten.

Essigälchen, Anguillula aceti, trüben bei massenhaftem Vorkommen den Speiseessig. Essigälchen sind 0,2 bis 0,5 cm lange, schlanke Fadenwürmer von großer Beweglichkeit (Abb. 77).

Herstellung von Gärungsessig. Ausgangstoff für die Essigerzeugung sind alkoholische (äthylalkoholhaltige) Rohstoffe bzw. verd. Äthylalkohol. In Deutschland spielt der *Spritessig* oder

Abb. 77. Essigälchen. Anguillula aceti. 0,2 bis 0,5 cm lange, schlanke Fadenwürmer. 50- bis 60fache lineare Vergrößerung.

Branntweinessig die ausschlaggebende Rolle. In zweiter Linie kommt *Weinessig* in Frage, während *Malzessig* und *Obstessige,* die vor allem in den angelsächsischen Ländern eine große Bedeutung haben, sehr zurücktreten. Andere Rohstoffe, wie Getreide, Kartoffeln, Honig, Melasse, sind zwar brauchbar und geben z. T. auch recht gute Essige, werden aber kaum produziert.

Für die Herstellung kommen, wie schon aus dem geschichtlichen Teil zu ersehen ist, drei Verfahren in Frage:

1. das Oberflächenverfahren,
2. das Fesselgärungsverfahren,
3. das submerse Lüftungsverfahren.

Bei dem *Oberflächenverfahren* bilden die die Gärung bewirkenden Essigbakterien eine zusammenhängende Haut an der Oberfläche. Die als feinste Essige bekannten Orleans-Weinessige werden bis in jüngerer Zeit nach diesem hinsichtlich der Ausbeute und Leistung heute nicht mehr befriedigenden Verfahren gewonnen. Grundlegende Erkenntnisse über den biologischen Charakter der Essiggewinnung wurden durch den französischen Forscher PASTEUR gewonnen und konnten dieses Verfahren wesentlich verbessern. Man erreicht hierbei etwa 0,5 l Umsatz in reinem Alkohol pro qm und Tag.

Bei dem *Fesselgärungsverfahren*, dessen sich die Methoden nach BOERHAAVE, SCHÜZENBACH, HAM und FRINGS bedienen, siedeln die Bakterien auf oberflächenreichem Trägermaterial; als solches haben sich vor allem besonders behobelte Rotbuchenholzspäne bewährt. Bei dem BOERHAAVE-*Verfahren* werden die Späne zeitweise mit dem alkoholhaltigen Rohstoff, der sog. Maische, überschwemmt, während bei den anderen diese Maische mehr oder weniger langsam über die Spanmasse rieselt und von unten sauerstoffhaltige Luft nach oben zieht. Unter günstigen Verhältnissen erreicht man 3 bis 10 l reinen Alkoholumsatz je cbm Spaninhalt und Tag (Abb. 78).

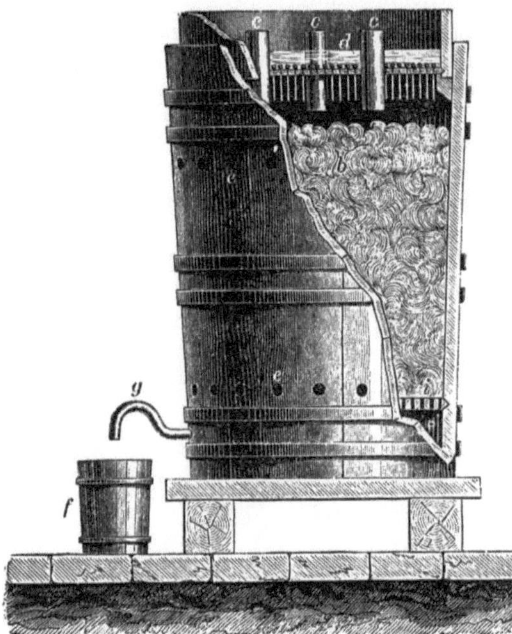
Abb. 78. Gradierfaß oder Essigbildner.

Bei dem *submersen Lüftungsverfahren* kann man auf die Volumen- und Zeiteinheit bezogen ganz erheblich höhere Leistungen erzielen. Die Essigbakterien sind aber gegenüber kurzfristigsten Unterbrechungen der Luftzufuhr außerordentlich empfindlich, so daß deswegen besondere Apparateausgestaltung erforderlich ist. Es kommt dabei auf möglichst feine Verteilung der Luft an. Dieses Verfahren erscheint besonders aussichtsreich für die Gewinnung von Obst-, Wein- und Malzessig, während für die Spritessiggewinnung die Fesselgärungsbildner, vor allem das FRINGSsche Generatorverfahren, noch größere Betriebssicherheit gewähren.

Bei der Erzeugung von Spritessig müssen den Maischen noch besondere Nährstoffe hinzugefügt werden. Als solche dienen anorganische Düngesalze wie Phosphate, Sulfate, Kalium-, Ammoniumverbindungen usw., ferner solche organischer Natur wie Zucker oder besser Malzauszüge, Hefeextrakte u. ä.

Die durch *Essigbakterien*, Bacterium aceti, bewirkte Essiggärung ist eine Oxydation und verläuft nach der Formel:

$$C_2H_5OH \ + \ O_2 \ \rightarrow \ CH_3COOH \ + \ H_2O \tag{1}$$

Äthylalkohol   Sauerstoff   Essigsäure   Wasser

Man kann die Essigsäuregärung aber auch als eine Dehydrierung von Äthylalkohol zu Acetaldehyd und eine Dismutation des Acetaldehyds zu Alkohol und Essigsäure ansehen:

$$C_2H_5OH \quad - \quad H_2 \quad \rightarrow \quad CH_3CHO \qquad (2)$$
Äthylalkohol   Wasserstoff   Acetaldehyd

$$\left.\begin{array}{l} CH_3CHO \\ CH_3CHO \end{array} \quad + \quad H_2O \quad \rightarrow \quad \begin{array}{l} CH_3CH_2OH \text{ (Alkohol)} \\ CH_3COOH \text{ (Essigsäure)} \end{array}\right\} \qquad (3)$$

oder auch

$$CH_3CH(OH)_2 \quad - \quad H_2 \quad \rightarrow \quad CH_3COOH \qquad (4)$$
Acetaldehydhydrat

Das Acetaldehydhydrat entsteht durch Anlagerung von Wasser an Acetaldehyd.

Der technische Essiggärungsprozeß verläuft wahrscheinlich nach den Gln. (2) und (4).

Als Zwischenprodukt entsteht in jedem Falle Acetaldehyd. Bei dem Umsatz von 1 l reinem Alkohol werden etwa 2000 Kalorien frei. Bei dem SCHÜZENBACH-Verfahren sind die Bildner so dimensioniert (in der letzten Ausführung aus Steinzeug mit rund 2 m Höhe und 1 m Durchmesser), daß die gebildete Wärme in erster Linie durch Strahlung abgeführt wird. Vorausgesetzt, daß die Raumtemperatur normale Höhe von etwa 18° bis 24° besitzt. Bei den erheblich größeren FRINGS-Bildnern (bis über 60 cbm Spaninhalt) wird die Wärme durch indirekte Wasserkühlung der Maische, die mittels Kontaktthermometern automatisch eingestellt wird, erreicht. Die Essigbakterien, von denen zahlreiche Arten existieren und deren Systematik noch unbefriedigend ist, zeigen bei Temperaturen von etwa 28° bis 34° optimale Gärleistungen. Bei fehlerhaft geleiteter Gärung kann es vorkommen, daß die Oxydation über den Essig hinaus bis zur Kohlensäure geht, so daß stärkste Ausbeuteeinbußen die Folge sind. In modernen Betrieben werden im übrigen Ausbeuten von 90 bis 95% der Theorie erreicht. In Ausnahmefällen hat man auf dem Gärungswege Säurekonzentrationen bis 15,5% erzielt. Normalerweise arbeitet man heute bei einer Säurekonzentration von 10 bis 13%. Der gewonnene Essig wird, bevor er in den Handel kommt, filtriert und auf Verkaufsstärke mit Wasser verschnitten. Herstellung von auf chemischem Wege hergestelltem Essig s. Essigsäure.

Verwendung. Als Essig genossen ist die Essigsäure ein Kalorienspender und verbrennt zu Wasser und Kohlendioxyd, ohne die Nieren zu belasten. Essig regt die Absonderung der Verdauungssäfte, Speichel, Magensaft usw. an und fördert dadurch die Auflösung der Speisen und die Resorption des Verdauten. Übermäßiger Essiggenuß ist gesundheitsschädlich, weil dadurch das Säuren-Basen-Gleichgewicht im Organismus gestört und die bei der Verdauung sich bildenden Säuren durch die notwendige Alkalireserve nicht mehr neutralisiert werden können. *Med. innerl.* bei Laugenvergiftungen (2,0 g), *äußerl.* 2fach verdünnt zu Hautwaschungen gegen Nachtschweiße, bei Nesselsucht, gegen Aufliegen, in der Kosmetik zu Umschlägen gegen Mitesser, zu bleichenden Cremes, Toilette- und Rasieressigen, zur Herstellung von Sabadillessig.

Essigsäure. Acidum aceticum.

Äthansäure. CH_3COOH. Mol.-Gew. 60,03.

Die Essigsäure war schon im frühesten Altertum als Weinessig bekannt, da sie sich beim freiwilligen Sauerwerden von alkoholischen Flüssigkeiten bildet. Da der Essig die am längsten bekannte organische Säure, die Essigsäure, enthält, stammen die Begriffe „Säure" und „sauer" von ihm. Holzessig erwähnte GLAUBER schon 1648, STAHL stellte die Säure um 1700 in konzentrierter Form her, während LAVOISIER feststellte, daß zur Überführung von Alkohol in Essigsäure Luft nötig ist und dabei verbraucht wird. BERZELIUS stellte 1814 die Zusammensetzung der Säure fest. Technisch und volkswirtschaftlich ist die Essigsäure die wichtigste organische Säure.

Vorkommen. Im Pflanzenreich sehr verbreitet, teils frei in kleinen Mengen in manchen Früchten, häufiger in Form ihrer Ester an verschiedene Alkohole gebunden, z. B. in den Samen bzw. Früchten von Bärenklau und anderen und in ätherischen Ölen. Viele Mikroorganismen, Pilze und Spaltpilze, sind befähigt, organische Substanzen zu Essigsäure abzubauen, z. B. bei der Verwesung. In saurer Milch und in Käse findet sich ebenfalls Essigsäure.

Bildungsweise. Die wichtigste Bildungsweise der Essigsäure ist die Oxydation (bzw. Dehydrierung) von Äthylalkohol mit Hilfe der Essigbakterien — Mycoderma aceti, Bacterium aceti —, dessen Keime sich immer in der Luft befinden. Die Essigsäurebildung tritt bei Zimmerwärme ein in alkoholhaltigen Flüssigkeiten wie Wein, Bier, vergorenen Fruchtsäften usw. In Weingegenden findet diese Methode häufig im Haushalt praktische Anwendung, indem sauer gewordene Weine unter Verwendung der *Essigmutter* (gallertig-klumpig verquollene Essigbakterien) zu Essig verarbeitet werden. Auf einer solchen enzymatischen Oxydation beruht das Sauerwerden aller alkoholhaltigen Flüssigkeiten. Dabei erzeugen die Essigbakterien ein Enzym, *Oxydase*, das bei der Oxydation des Alkohols durch Luftsauerstoff als Katalysator wirkt. Die Oxydation führt über Acetaldehyd, CH_3CHO, zu Essigsäure.

Darstellung. 1. Die bei der Essiggewinnung üblichen Herstellungsverfahren (S. 426) von Essigsäure und Essig.

2. Der bei der Zersetzungsdestillation von Holz anfallende *rohe Holzessig* enthält rund 9% Essigsäure. Bei seinem Durchleiten durch Kalkmilch bildet sich rohes Calciumacetat, *Graukalk:*

$$\underset{\text{Kalkmilch}}{Ca(OH)_2} \quad + \quad \underset{\text{Essigsäure}}{2\,CH_3COOH} \quad \rightarrow \quad \underset{\text{Calciumacetat, Graukalk}}{(CH_3 \cdot COO)_2Ca} \quad + \quad \underset{\text{Wasser}}{2\,H_2O}$$

Der Graukalk wird mit konz. Schwefelsäure erwärmt:

$$\underset{\text{Graukalk}}{(CH_3COO)_2Ca} \quad + \quad \underset{\text{Schwefelsäure}}{H_2SO_4} \quad \rightarrow \quad \underset{\text{Calciumsulfat}}{CaSO_4} \quad + \quad \underset{\text{Essigsäure}}{2\,CH_3COOH}$$

und hiervon ein 70- bis 80%iger Rohessig abdestilliert.

3. *Synthetische Essigsäure* wird aus Acetylen durch katalytisch bewirkte Anlagerung von Wasser und Oxydation des entstandenen Acetaldehyds zur Säure gewonnen:

$$\underset{\text{Acetylen}}{C_2H_2} \quad + \quad \underset{\text{Wasser}}{H_2O} \quad \rightarrow \quad \underset{\text{Acetaldehyd}}{CH_3CHO}$$

Der Acetaldehyd wird abdestilliert und mit Luft bzw. reinem Sauerstoff unter Verwendung eines Katalysators zu Rohessig oxydiert:

$$\underset{\text{Acetaldehyd}}{2\,CH_3CHO} \quad + \quad \underset{\text{Sauerstoff}}{O_2} \quad \rightarrow \quad \underset{\text{Essigsäure}}{2\,CH_3COOH}$$

Eigenschaften. Reine Essigsäure ist eine wasserhelle, stechend riechende und ätzende Flüssigkeit, die bei niederer Temperatur zu eisähnlichen Kristallen erstarrt, daher der Name *Eisessig*, und bei 16° wieder schmilzt. D. (15°) 1,0553; Sdp. 118°. Die Säure ist mit Wasser, Alkohol, Äther, Glycerin, Chloroform und Terpentinöl in jedem Verhältnis mischbar. Der Gehalt von Essigsäuren mit einer Dichte über 1,0563 kann nicht durch die Dichte ermittelt werden, sondern muß maßanalytisch mit n-Kalilauge Phenolphthalein als Indikator (1 ccm n-Kalilauge = 60 mg CH_3COOH) bestimmt werden. Eine Säure von 54 bis 55% Essigsäuregehalt hat dieselbe Dichte wie die offizinelle 96%ige Essigsäure. Bei der Verdünnung der Säure treten Schwankungen der Dichte ein, welche die quantitative Bestimmung der Säure durch Titrieren notwendig machen. Die Salze der Essigsäure sind die *Acetate*, von denen alle neutralen wasserlöslich, die basischen dagegen schwer lösl. sind.

Toxikologie. Schon durch Einatmen der örtlich reizenden Essigsäuredämpfe können Schleimhautentzündungen auftreten. Essigsäure und Essigessenz sind *Ätzgifte*, die erst bei vorschriftsmäßiger Verdünnung harmlos werden. Die Essigessenz ist infolge von Verwechslungen einer der häufigsten Anlässe der Essigsäurevergiftungen. Wegen ihrer hohen Lipoidlöslichkeit hat die Säure ein besonderes Durchdringungsvermögen und bewirkt dadurch beim Trinken starke Reizerscheinungen auf den Schleimhäuten des ganzen Magen-Darmkanals. Hierdurch können Leibschmerzen, Bluterbrechen und Bewußtseinsstörungen auftreten. Nach Überstehen von Essigsäurevergiftungen folgen häufig schwere Nachkrankheiten.

Erste Hilfe. Zur Verdünnung Milch, Hafer- oder Reisschleim, zur Neutralisation Aufschwemmungen von 20 g gebrannter Magnesia (Magnesia usta) in 300 g Wasser. Kein Carbonat!

Erkennung. 1. Beim Erhitzen von Acetaten im Reagensglas mit etwas reinem Weingeist und konz. Schwefelsäure entsteht der aromatische Geruch nach Essigester:

$$CH_3COOH \;+\; C_2H_5OH \;\rightarrow\; H_2O \;+\; CH_3COOC_2H_5$$

2. Aus konz. neutralen Lösungen der Acetate fällt Silbernitrat weißes, beim Erwärmen lösl. Silberacetat. Zum Unterschied von der Ameisensäure findet hierbei eine Reduktion zu metallischem Silber nicht statt.

3. Neutrale Lösungen von Acetaten werden durch Eisen(III)-chlorid unter Bildung einer Komplexverbindung tiefrot gefärbt.

Handelssorten. Die Essigsäure kommt versteuert und unversteuert (nur gegen Ankaufserlaubnisschein) in den Handel.

Essigsäure technisch	D. (20°)	1,06	60%ig
„ „	D. (20°)	1,057	50%ig
„ „	D. (20°)	1,048	40%ig
„ „	D. (20°)	1,038	30%ig
Essigsäure chem. rein			99—100%ig
„ „ „	DAB. 6		96%ig
„ „ „	D. (20°)	1,070	80%ig
„ „ „	D. (20°)	1,058	50%ig
Verdünnt, DAB. 6	D. (20°)	1,038	30%ig

Verwendung. → Essigsäure, DAB. 6.

Essigsäure. Acidum aceticum, DAB. 6.

Eisessig. Acidum aceticum glaciale. CH_3COOH. Mol.-Gew. 60,03.

Darstellung. Siehe oben.

Eigenschaften. Klare, farblose, stechend sauer riechende, flüchtige, auch in starker Verdünnung sauer schmeckende und bei niedriger Temperatur kristallisierende Flüssigkeit. Mindestgehalt 96% CH_3COOH. In jedem Verhältnis, in Wasser, Weingeist oder Äther lösl. D. (20°) höchstens 1,058. Erstarrungspunkt nicht unter 9,5°.

Prüfung des DAB. 6. *Erkennung.* Neutralisieren von 5 ccm der wäßrigen Lösung (1 + 19) mit Natronlauge und Zusatz einiger Tropfen Eisenchloridlösung. Es tritt eine tiefrote Färbung ein. DAB. 6 läßt ferner prüfen auf:

Arsenverbindungen. Die Mischung von 1 ccm E. mit 3 ccm Natriumhypophosphitlösung, $^1/_4$ Stunde lang im siedenden Wasserbad erhitzt, darf sich nicht dunkler färben.

5 ccm der wäßrigen Lösung (1 + 19) werden geprüft auf:

Schwefelsäure, mit Bariumnitratlösung darf keine weiße Trübung oder Fällung entstehen;

Salzsäure, mit Silbernitratlösung darf keine Veränderung eintreten;

Schwermetallsalze, mit 3 Tropfen Natriumsulfidlösung darf weder eine dunkle Färbung (Kupfer, Blei) noch eine weiße Fällung (Zink) entstehen.

Ameisensäure, Acetaldehyd. Beim Erhitzen während einer halben Stunde im siedenden Wasserbad einer Mischung von 1 ccm Essigsäure mit einer Lösung von 2 g Natriumcarbonat in 10 ccm Wasser mit 5 ccm Quecksilberchloridlösung darf weder eine Trübung noch die Abscheidung eines Niederschlages eintreten.

Schweflige Säure, empyreumatische Stoffe, Ameisensäure, die Mischung von 6 ccm E., 14 ccm Wasser und 1 ccm Kaliumpermanganatlösung darf innerhalb einer Stunde die rote Farbe nicht verlieren.

Gehaltsbestimmung. 1 g Essigsäure wird in einem tarierten, mit Glasstopfen versehenen Kölbchen genau gewogen und mit Wasser auf etwa 20 ccm verdünnt. Nach Zusatz einiger Tropfen Phenolphthaleïnlösung wird mit n-Kalilauge titriert, bis die Flüssigkeit dauernd rot erscheint. Hierzu müssen mindestens 16 ccm n-Kalilauge verbraucht werden, entsprechend einem Mindestgehalt von 96% Essigsäure (1 ccm n-Kalilauge = 0,06003 g Essigsäure).

Verwendung. *Med. äußerl.* unverdünnt als Ätzmittel, verdünnt zu Mitteln gegen Hühneraugen und Warzen. *Vet.* gegen Strahlkrebs, in der Kosmetik verdünnt als Zusatz zu Rasier-, Toilettewässern, in denen sie adstringierend, blutstillend und kühlend wirkt und die Haut härtet, zu bleichenden Cremes, Sommersprossenmitteln, Haarwaschmitteln, in der Photographie zum Unterbrechungsbad und als Zusatz zum Uranverstärker. Vorschriftsmäßig verdünnt in bedeutenden Mengen als Speiseessig zum Würzen. In der chemischen Technik zur Herstellung der Acetate (Aluminium, Eisen, Chrom, Kupfer u. a., von Riechstoffen, Farbstoffen, Arzneimitteln, Weichmachungs- und Lösungsmitteln, in der Acetatseideherstellung, zur Herstellung verschiedener Ester, die wichtige Lösungsmittel sind, in der Färberei und Druckerei.

Essigessenz.

Essigessenz ist eine 80%ige technisch reine Essigsäure, die *nur sehr verdünnt zu Genußzwecken* verwendet werden darf. Unverdünnt ist Essigessenz lebensgefährlich! Sie darf nur entsprechend den Vorschriften der Verordnung betreffend den Verkehr mit Essigsäure vom 24. 1. 1940 in den Handel gebracht werden (s. Bd. I, S. 591, 698).

Verdünnte Essigsäure. Acidum aceticum dilutum, DAB. 6.

Gehalt 29,7 bis 30,6% Essigsäure. Erkennung und Reinheitsprüfung erfolgen wie bei der Essigsäure, DAB. 6.

Verwendung. *Med. innerl.* 0,1 g (= 5 ccm Essig, DAB. 6), *äußerl.* unverdünnt zu Pinselungen, zu Waschungen 10%ig.

Spezifisches Gewicht und Gehalt wässeriger Lösungen der Essigsäure
bei + 15° (auf Wasser von 4° bezogen) (OUDEMANS).

Spez. Gew.	%	Spez. Gew.	%	Spez. Gew.	%	Spez. Gew.	%	Spez. Gew.	%	Spez. Gew.	%
0,9992	0	1,0242	17	1,0459	34	1,0623	51	1,0725	68	1,0739	85
1,0007	1	1,0256	18	1,0470	35	1,0631	52	1,0729	69	1,0736	86
1,0022	2	1,0270	19	1,0481	36	1,0638	53	1,0733	70	1,0731	87
1,0037	3	1,0284	20	1,0492	37	1,0646	54	1,0737	71	1,0726	88
1,0052	4	1,0298	21	1,0502	38	1,0653	55	1,0740	72	1,0720	89
1,0067	5	1,0311	22	1,0513	39	1,0660	56	1,0742	73	1,0713	90
1,0083	6	1,0324	23	1,0523	40	1,0666	57	1,0744	74	1,0705	91
1,0098	7	1,0337	24	1,0533	41	1,0673	58	1,0746	75	1,0696	92
1,0113	8	1,0350	25	1,0543	42	1,0679	59	1,0747	76	1,0686	93
1,0127	9	1,0363	26	1,0552	43	1,0684	60	1,0748	77	1,0674	94
1,0142	10	1,0375	27	1,0562	44	1,0691	61	1,0748	78	1,0660	95
1,0157	11	1,0388	28	1,0571	45	1,0697	62	1,0748	79	1,0644	96
1,0171	12	1,0400	29	1,0580	46	1,0702	63	1,0748	80	1,0625	97
1,0185	13	1,0412	30	1,0589	47	1,0707	64	1,0747	81	1,0604	98
1,0200	14	1,0424	31	1,0598	48	1,0712	65	1,0746	82	1,0580	99
1,0214	15	1,0436	32	1,0607	49	1,0717	66	1,0744	83	1,0553	100
1,0228	16	1,0447	33	1,0615	50	1,0721	67	1,0741	84		

Essigsäureanhydrid. Acidum aceticum anhydricum, Erg.-B. 6.

$(CH_3CO)_2O$. Mol.-Gew. 102,1.

Essigsäureanhydrid darf nicht mit wasserfreier Essigsäure verwechselt werden.

Darstellung. Aus Eisessigdampf durch Wasserabspaltung bei hoher Temperatur in Gegenwart von Aluminiumphosphat als Katalysator.

Eigenschaften. Farblose, leicht bewegliche Flüssigkeit mit sehr stechendem *Geruch*, die zu Tränen reizt. D. (20°) 1,074 bis 1,079; Sdp. 137° bis 138°. Mit Wasser zunächst nicht mischbar, sinkt darin unter, löst sich aber allmählich unter Wasseraufnahme beim Kochen rasch zu Essigsäure. In Alkohol und Äther lösl.

Erg.-B. 6 verlangt einen Mindestgehalt von 90% Essigsäureanhydrid und läßt prüfen auf:

Salzsäure. 1 ccm E. in 50 ccm Wasser gelöst darf nach Zusatz von 5 ccm Salpetersäure durch Silbernitratlösung höchstens opalisierend getrübt werden.

Schwefelsäure. Dieselbe Lösung darf durch Bariumnitratlösung nicht verändert werden.

Gehaltsbestimmung. 1 g E. wird in 25 ccm Wasser durch häufiges Umschütteln während einiger Stunden völlig gelöst und dann mit n-Kalilauge bis zum Farbumschlag titriert. Dabei müssen mindestens 19,3 ccm n-Kalilauge verbraucht werden, entsprechend einem Mindestgehalt von 90% E. neben dem Gehalt an Essigsäure (1 ccm n-Kalilauge = 0,05105 g Essigsäureanhydrid = 0,06 g Essigsäure, Phenolphthalein als Indikator).

Aufbewahrung. *Vorsichtig!* In Flaschen mit gut eingeschliffenen Glasstopfen.

Verwendung. Als Lösungsmittel für zahlreiche anorganische und organische Stoffe, in der organischen Chemie z. B. zur Darstellung von Acetylsalicylsäure.

Ester.

Ester sind Verbindungen, die aus Alkoholen und Säuren unter Wasserabspaltung entstehen. Den Vorgang bezeichnet man mit *Veresterung*. Dabei wird der ersetzbare Wasserstoff der Säure ganz oder teilweise durch Alkoholreste (Alkyle) ersetzt. Man kann also die Ester gewissermaßen als Salze von Säuren betrachten, in denen an der Stelle der in Salzen üblichen Metallatome organische Radikale stehen. Deshalb werden die Ester auch mit salzähnlichen Namen bezeichnet, so z. B. analog dem Natriumacetat, Natrium aceticum, CH_3COONa, das Äthylacetat, Aethylium aceticum, $CH_3COOC_2H_5$. Eine andere Art der Nennung ist die: Erst die Säure, dann das Alkyl mit der Endung -ester, z. B. Essigsäureäthylester. Von mehrbasigen Säuren ist die Bildung von normalen, sauren und basischen Estern möglich, je nachdem, ob ein oder mehrere ersetzbare H-Atome der Säure durch Alkoholreste ersetzt sind. Sowohl anorganische wie organische Säuren bilden Ester.

Ester anorganischer Säuren.

Ester der Schwefelsäure. Als zweibasige Säure bildet die Schwefelsäure gleich der Salzbildung normale Säureester, je nachdem ob ein oder zwei H-Atome durch Alkoholradikale ersetzt sind.

$$O=\overset{\textstyle O-OC_2H_5}{\underset{\textstyle O-OH}{S}} \qquad\qquad O=\overset{\textstyle O-OC_2H_5}{\underset{\textstyle O-OC_2H_5}{S}}$$

Saurer Schwefelsäureäthylester, Äthylschwefelsäure   Normaler Schwefelsäureäthylester

Die Äthylschwefelsäure spielt bei der Darstellung von Äther und Essigäther eine Rolle. Sie gibt beim Erhitzen mit Alkohol Äther, Diäthyläther, $C_2H_5OC_2H_5$, beim Erhitzen mit Essigsäure den Essigsäureäthylester, $CH_3COOC_2H_5$.

Ester der Salpetersäure. Zu den Estern der Salpetersäure gehört das sog. → Nitroglycerin, der → versüßte Salpetergeist, DAB. 6 sowie die „Nitrocellulosen", → Cellulosenitrate, die Salpetersäureester der Cellulose.

Ester der Phosphorsäure. Als wichtiger Phosphorsäureester des Glycerins ist die → Glycerinphosphorsäure und sind die giftigen insektiziden Ester der Phosphorsäuren zu nennen.

Ester organischer Säuren.

Während die Ester der niederen Carbonsäuren meist angenehm nach Früchten riechende Flüssigkeiten sind, sind die der höheren Carbonsäuren (Fettsäuren) von öliger, fettiger oder wachsartiger Beschaffenheit. Man teilt sie zweckmäßig in 3 Gruppen ein:

1. Fruchtäther (s. S. 490) sind Ester von niederen und mittleren Carbonsäuren (Essigsäure, Buttersäure, Valeriansäure, Capronsäure und Önanthsäure u. a.) mit ebensolchen Alkoholen.

2. Fette (s. S. 453) sind Ester des Glycerins mit höheren Fettsäuren, hauptsächlich der Palmitin-, Stearin- und Ölsäure.

3. Wachse (s. S. 1342) sind Ester höherer einwertiger Wachsalkohole (Cetylalkohol, Cerylalkohol und Myricylalkohol u. a.) mit höheren Fettsäuren (Palmitinsäure, Stearinsäure, Cerotinsäure u. a.). Sie enthalten meist noch freie Säure, freien Alkohol, häufig auch Kohlenwasserstoffe.

Essigsäureester der Cellulose sind Celluloseacetate oder Acetylcellulose (s. S. 773).

Estragon.

Estragon. Artemisia dracunculus *L.*

Compositae.

In Rußland und der Mongolei heimisches, bei uns vielfach als Gewürz in der Gegend von Altenburg, Erfurt, Nürnberg angebautes, bis 1 m hohes Kraut mit kahlen, ungeteilt linealen Blättern und aufrechten, fast kugeligen Köpfchen mit weißlichen Röhrenblüten.

Estragonkraut. Herba Dracunculi.

Das getrocknete Kraut von angenehm aromatischem, an Anis erinnerndem *Geruch*, besonders beim Zerreiben, und *Geschmack*.

Inhaltsstoffe. Ätherisches Öl, Gerbstoffe, Bitterstoff.

Verwendung. Frisch und getrocknet als Küchengewürz, in der Konserven- und Kräuteressigherstellung, zur Herstellung von Estragonöl.

Estragonöl. Oleum Dracunculi.

Aus frisch blühendem Estragonkraut durch Dampfdestillation gewonnenes ätherisches Öl, farblos bis gelbgrün, lösl. in 6 bis 11 Vol.-T. Weingeist (80%). D. (15°) 0,900 bis 0,945; $\alpha_D^{20°}$ +2° bis +9°; $n_D^{20°}$ 1,504 bis 1,516. *Geruch* fein, eigentümlich, anisähnlich, *Geschmack* kräftig aromatisch.

Inhaltsstoffe. Methylchavicol, Ocimen, Phellandren, p-Methoxyzimtaldehyd.

Verwendung. In der Konserven- und Kräuteressigherstellung (5 g auf 1 hl Essig); in der Parfümerie zu feinen Geruchskompositionen (bis zu 1,5%) Chypre, Fougère usw.

Eucalyptol.

Eucalyptol. Eucalyptolum, DAB. 6.

$$C_{10}H_{18}O.$$

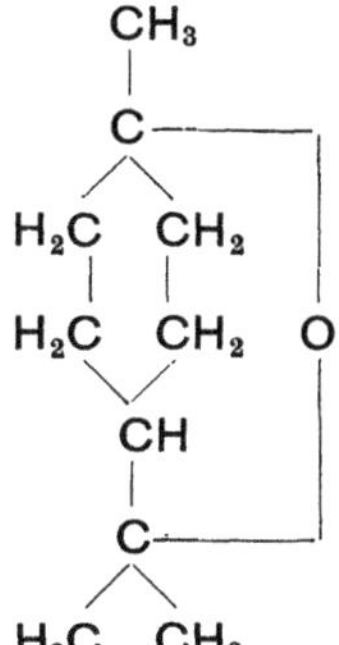

Eucalyptol, auch Cineol — Zineol — genannt, ist Hauptbestandteil des Eukalyptusöles, S. 436 (*Eucalyptus globulus*) und des Zitwerblütenöles (Artemisia cina) und wird durch fraktionierte Destillation und Umkristallisieren in der Kälte aus Eucalyptusöl gewonnen.

Eigenschaften. Farblose, optisch inaktive Flüssigkeit von kampferähnlichem *Geruch* und eigentümlich kühlendem *Geschmack*, das angezündet mit rußender Flamme verbrennt; in Wasser fast unlösl., klar in Äther, Chloroform, Terpentinöl und in 2 Vol.-T. 70%igem Alkohol lösl. D. (20°) 0,924 bis 0,927. Erstarrungspunkt 0 bis +1°; Sdp. 175° bis 177°.

Prüfung des DAB. 6. *Erkennung.* 1 Tr. Brom wird an der Wand eines Reagensglases verteilt, in einem zweiten ebenso 2 Tr. Eucalyptol. Das mit Bromdampf gefüllte Reagensglas wird auf das mit Eucalyptol benetzte gestülpt. Dabei entstehen zahlreiche rotgelbe, stark verzweigte Kristalle.

1 ccm Eucalyptol wird mit 2 ccm Resorcinlösung (1 + 1) geschüttelt. Das Gemisch muß innerhalb 5 Minuten zu einer festen Kristallmasse vollständig erstarren.

Prüfung auf Terpentinöl. 1 ccm E. wird mit 5 ccm Weingeist gemischt und unter Umschütteln tropfenweise mit Bromwasser. Zur Erzielung einer Gelbfärbung, die etwa ¹/₂ Stunde lang anhält, dürfen höchstens 10 Tr. verwendet werden.

Aufbewahrung. Vor Licht geschützt.

Verwendung. *Innerl.* E. 0,2 g (10 Tr.) gegen Erkrankung der Luftwege, zu Einreibungen gegen rheumatische und Nervenschmerzen (20%); zu desinfizierendem Wundverband, zur Inhalation bei Asthma und Bronchitis; in der Parfümerie zur Parfümierung von Seifen, zu Zimmerparfüms und technischen Bedarfsartikeln.

Eucerinum anhydricum.

Eucerinum anhydricum (Beiersdorf) ist eine Schmelze von emulgierenden Wollfettalkoholen und sorgfältig raffinierten aliphatischen Kohlenwasserstoffen. Praktisch unbegrenzt haltbare, neutrale, geruch- und reizlose Salbengrundlage. Physiologisch wichtigster Bestandteil der Wollfettalkohole ist das darin etwa zu 30% enthaltene zelleigene und hautverwandte Cholesterin. E. a. nimmt die doppelte Menge seines Eigengewichts an Wasser bzw. wäßrigen Lösungen auf und gibt stabile Emulsionen des Typs W/Ö. Infolge seiner emulgierenden Eigenschaften sind damit hergestellte Salben sowohl auf der Haut als auch auf feuchten Schleimhäuten haftfest. E. a. ist als Salbengrundlage *nur für Apotheken* lieferbar und steht für kosmetische Verwendung nicht zur Verfügung. → Laceranumanhydricum.

Eucerinum cum aqua ist eine Mischung gleicher Teile von Eucerinum anhydricum mit Wasser, eine Wasser-in-Öl-Emulsionsgrundlage. Leicht gelblich gefärbte, geruchlose und säurefreie Salbengrundlage, die bis 200% Wasser (bestmögliche Wasseraufnahmefähigkeit bei etwa 45°) aufnimmt und als *Nivea-Creme* im Handel ist.

Eucerin (Beiersdorf) ist eine Mischung gleicher Teile von Eucerinum anhydricum mit Wasser. Leicht gelblich gefärbte, geruchlose und säurefreie Salbengrundlage, die bis 200% Wasser (bestmögliche Wasseraufnahmefähigkeit bei etwa 45°) aufnimmt.

Laceranum anhydricum (Beiersdorf), ein dem Eucerinum anhydricum ähnliches Präparat, das für kosmetische Zwecke geliefert wird. Es besteht aus 6 T. „Eucerit" (Wollfettalkohole mit etwa 30 bis 35% Cholesterin) und 94 T. Vaseline oder Paraffinsalbe.

p_H5 **Eucerin** ist ein auf den genannten p_H-Wert eingestelltes Eucerin. Es ist besonders geeignet zur Behandlung von Hautstellen, die durch starke Sekretion, Verhinderung der Verdunstung und alkalische Zersetzung des Schweißes geschädigt und an denen physiologische Lücken des Säuremantels der Haut entstanden sind.

Eucupin (E. W.), Erg.-B. 6.

Isoamylhydrocuprein. $C_{19}H_{22}N_2(OH)O \cdot C_5H_{11}$. Mol.-Gew. 382,3.

Eigenschaften. Weißes, fast geschmackloses, in Wasser unlösl., in Weingeist, Äther, Chloroform und heißen Fetten l.lösl. Pulver, das mit Säuren l.lösl. Salze bildet.

Erkennung. Die wäßrige, mit Hilfe einiger Tr. verd. Schwefelsäure hergestellte Lösung (1 + 199) fluoresziert stark. 5 ccm dieser Lösung, mit 1 ccm verd. Bromwasser (1 + 4) versetzt, färben sich auf Zusatz von Ammoniakflüssigkeit im Überschuß grün.

Erg-B. 6 läßt prüfen auf Schwefelsäure und Salzsäure. 0,2 g E. dürfen durch Trocknen bei 100° keinen wägbaren Gewichtsverlust erleiden und nach dem Verbrennen keinen wägbaren Rückstand hinterlassen.

Verwendung. *Innerl.* bei Grippe usw. (E. 0,5 g), *äußerl.* für desinfizierende und anästhesierende Salben (0,2%), zu Suppositorien bei schmerzenden Hämorrhoiden. Seine Verwendung in Haarwässern und Zahnpasten ist durch ein DRP. geschützt.

Eugallol.

Eigenschaften. Rotbraune Flüssigkeit, die 67% Pyrogallolmonoacetat und 33% Aceton enthält, mit ähnlichen reduzierenden Eigenschaften wie Pyrogallol ohne allgemein resorptive Nebenwirkung.

Verwendung. *Med. äußerl.* unter Aufsicht des Arztes bei chronischen, schuppenden Ekzemen und Pilzerkrankungen, als Pinselung (30%).

Eugenol.

Eugenolum, Erg.-B. 6.

4-Allylbrenzcatechin-2-methyläther. p-Allylguajacol.

Der sauerstoffhaltige Hauptbestandteil des ätherischen Öles von Gewürznelken und Nelkenstielen, auch in ätherischen Ölen von Myrtaceen und Lauraceen (Bayöl, Pimentöl, Zimtblätteröl) enthalten. Eugenol wird aus dem ätherischen Öl von Gewürznelken, in dem es sich zu 80 bis 95% vorfindet, durch Ausschütteln mit 5%iger Kalilauge gewonnen.

Eigenschaften. Schwach gelbliche, an der Luft sich bräunende, optisch inaktive Flüssigkeit mit besserer Löslichkeit als Nelkenöl und desinfizierender und leicht anästhetischer Wirkung. *Geruch* und *Geschmack* scharf würzig, rein nach Sansibarnelke. D. (20°) 1,066 bis 1,069; Sdp. (nach SCHIMMEL) 252°; $n_D^{20°}$ 1,541 bis 1,542.

Verwendung. Zu schmerzstillenden Zahntropfen (50%), in der Zahnheilkunde als desinfizierendes und anästhetisches Mittel; in Salbenform gegen Ausschläge

(20%); in der Mikroskopie zum Aufhellen der Präparate; in der Parfümerie; zur Herstellung von → synth. Vanillin.

Aufbewahrung. Vor Licht geschützt.

Prüfung des Erg.-B. 6. 2 Tr. verd. Eisenchloridlösung (1 + 9) rufen in einer Löung von 5 Tr. E. in 5 ccm Isopropylalkohol eine blaue Färbung hervor, die allmählich über Grün in Gelblich übergeht. Beim Mischen von 1 g E. mit 26 ccm Wasser und 4 ccm Natronlauge muß eine klare Flüssigkeit entstehen, die sich an der Luft leicht trübt.

1 ccm E. muß sich in 2 ccm Alkohol (70%) klar lösen.

Euguform.

Kondensationsprodukt aus Formaldehyd und Guajacol.

Feines, weißes, fast geruchloses, in Wasser unlösl., in Aceton lösl. Pulver.

Verwendung. Als Wundantisepticum, in Salben oder als Streupulver (5 bis 10%).

Eukalyptus.

Eukalyptusbaum. Eucalyptus globulus. *Labillardière.*

Myrtaceae.

In Australien beheimatet, in den Mittelmeerländern, besonders in Sumpfgebieten, angebaut.

Eukalyptusblätter. Folia Eucalypti, Erg.-B. 6.

Die von älteren Bäumen gesammelten und getrockneten Laubblätter, ledrig, kahl, ganzrandig, schmal-lanzettlich und schwach sichelförmig gebogen, bis 25 cm lang und 5 cm breit, graugrün. Am Grunde oft ungleichhälftig, abgerundet oder etwas in den 2 bis 3 cm langen, hell- bis braungrünen, gedrehten und stark gerunzelten Stiel auslaufend, oben in eine lange Spitze ausgezogen, faserig-brüchig, Spreite durch verkorkte Epidermiszellen braun, teilweise im durchfallenden Licht drüsig punktiert. Unterseits mit deutlichem Mittelnerv, Seitennerven zu einem dem Blattrand parallel laufenden Randnerv vereinigt. Blattrand teilweise etwas gewellt, knorpelig verdickt (Abb. 79). *Geruch* stark würzig, kampferähnlich, *Geschmack* leicht bitter, zusammenziehend.

Inhaltsstoffe. 1,5 bis 3% ätherisches Öl (Mindestgehalt nach Erg.-B. 6 1,5%) mit 60 bis 80% Cineol (Eucalyptol), Pinen, Camphen usw.; Gerbstoff, Harz, Bitterstoff, Wachs.

Abb. 79. Eukalyptusblätter. Folia Eucalypti. Ganzdroge, natürliche Größe. Mitte in 2 Teile geschnittenes, ganzes Blatt; — oberer Blatteil in Unteransicht mit deutlich hervortretender Nervatur; — unterer Blatteil Spitzenpartie in Oberansicht, fast ohne Nervatur; — links oben und rechts unten Blatteile in Oberansicht und Blattstiele. (Nach *Schlemmer-Hörhammer.*)

28*

Verwendung. *Innerl.* 1 Teelöffel auf 1 Tasse Aufguß bei Bronchialkatarrh, Asthma, Magen- und Darmkatarrh, zu Hustenteemischungen (Überdosierung bei Kindern zu vermeiden!), teilweise auch zu Räucherungen.

Aufbewahrung. Vor Licht geschützt.

Eukalyptusöl. Oleum Eucalypti, DAB. 6.

Das durch Wasserdampfdestillation der Eucalyptusblätter gewonnene farblose oder gelbliche, mitunter blaßgrünliche ätherische Öl, optisch aktiv $\alpha_D^{20°}$ $+0,1°$ bis $+15°$. *Geruch* kampferähnlich, *Geschmack* etwas scharf, dann kühlend, eigentümlich. D. (20°) 0,905 bis 0,925.

Inhaltsstoffe. 60 bis 80% Cineol (= Eucalyptol, DAB. 6, s. dort), Pinen, Camphen, Fenchen, Pinocarveol, Globulol, ein Sesquiterpen, Aldehyde, Alkohole u. a.

Verwendung. Einige Tropfen zum *Inhalieren* bei Erkrankungen der oberen Luftwege auf heißes Wasser gegossen, *innerl.* bis 10 Tr. bei Husten, Bronchialkatarrh und Entzündungen von Mund und Rachen, Hals und Nase (für innerl. Gebrauch ist *Eucalyptol*, DAB. 6, ohne Nebenwirkungen vorzuziehen); *äußerl.* in Salbenform (20%) gegen rheumatische und neuralgische Schmerzen. Zu Hustenbonbons; als Abwehrmittel gegen Mücken und sonstige Insekten.

Aufbewahrung. Vor Licht geschützt.

Prüfung des DAB. 6. Neben der Prüfung auf die Konstanten: 1 ccm E. wird mit 1 ccm konz. Phosphorsäure kräftig geschüttelt; innerhalb einer halben Stunde muß das Gemisch eine halbfeste oder feste Kristallmasse bilden.

Beim Lösen von 1 ccm E. in 2 ccm Petroläther und Versetzen der Lösung mit 1 ccm kaltgesättigter Natriumnitritlösung, tropfenweisem Zusatz unter häufigem Umschütteln von 1 ccm Essigsäure darf die Petrolätherschicht höchstens getrübt werden (flockige Kristalle oder eine Kristallmasse dürfen nicht entstehen).

1 ccm E. muß sich in 3 ccm Weingeist (70%) klar lösen.

Weingeist. In ein völlig trockenes Reagensglas gibt man 1 ccm E., verschließt das Glas locker mit einem Wattebausch, der einen kleinen Fuchsinkristall umschließt und erhitzt das Öl über kleiner Flamme zum Sieden. Die sich entwickelnden Dämpfe dürfen die Stelle der Watte, an der sich das Fuchsinkristall befindet, nicht rot färben.

☠ 2. Eukodal. Dihydrooxykodeinonhydrochlorid.
Dihydrooxycodeinonum hydrochloricum, DAB. 6. Stoff B.

$(C_{18}H_{21}O_4N)HCl \cdot 3 H_2O$. Mol.-Gew. 405,7.

Eigenschaften. Weißes, kristallines, bitter schmeckendes Pulver, lösl. in 6 T. Wasser, in 60 T. Weingeist. Die Lösungen verändern Lackmuspapier nicht.

Erkennung. Beim Versetzen der Lösung von 0,05 g E. in 2 ccm Schwefelsäure mit 1 Tr. Salpetersäure entsteht eine rotbraune Färbung.

Beim Versetzen von 0,01 g E. mit 1 ccm Formaldehydschwefelsäure (2 Tr. Formaldehydlösung und 3 ccm Schwefelsäure) entsteht eine tiefgelbe Färbung, die nach kurzer Zeit in Violettrot und später in Violettblau übergeht.

Beim Versetzen von 5 ccm der wäßrigen Lösung (1 + 99) mit einigen Tr. Salpetersäure und Silbernitratlösung entsteht ein weißer, käsiger Niederschlag von Silberchlorid.

Aufbewahrung. *Vorsichtig.*

Verwendung. *Med. innerl.* als allgemein beruhigendes und schmerzstillendes Mittel (E. 0,01) und zu subcutanen Einspritzungen.

Eumattan.

Ein Wollfett-Vaseline-Gemisch, das auch Carnaubawachs enthält und bis 400% Wasser aufnimmt.

Verwendung. Als Salbengrundlage.

Eumulgin M 8.

Eumulgin M 8 (DEHYDAG) ist ein nichtionogener Emulgator für Mineralöl-emulsionen auf der Basis von Fettalkoholen.

Eigenschaften. Gelblichbraune Paste, die 20 % Wasser enthält und bei Temperaturen von $-5°$ bis $+40°$ ihre pastöse Form nicht verändert. E. M 8 findet zur Emulgierung von weißen Vaselinen, Vaselinöl und Paraffinöl Verwendung, auch Spindelöle und Weißöle können damit bearbeitet werden. Lieferbar in Weithalskannen von 5; 10, 25 und 50 kg Inhalt.

Verwendung. Zur Herstellung von Haarwaschmitteln in Emulsionsform, von Kaltwell-Emulsionen, Entschalungsölen, Schädlingsbekämpfungsmitteln, Bohrölemulsionen.

Euphorbia.

Euphorbia resinifera *Berg.*

Euphorbiaceae.

Im Innern Marokkos und an den Abhängen des Atlasgebirges (Nordwestafrika) heimische Wolfsmilchart, dem Säulenkaktus ähnlich, liefert Euphorbium (Abb. 80).

♨ *2. Euphorbium.*
Euphorbium, DAB. 6.
Stoff B.

Gummiresina Euphorbium.

Der zur Blütezeit nach Verletzung aus Stamm und Zweigen austretende und an der Luft eingetrocknete Milchsaft. Unregelmäßige, leicht zerbrechliche Stücke, innen hohl, mattgelblich bis gelbbraun. Geruchlos oder von schwachem *Geruch, Geschmack* andauernd brennend scharf. Euphorbium reizt die Haut leicht, die Schleimhäute heftig zu anhaltendem Niesen (Staubmaske!).

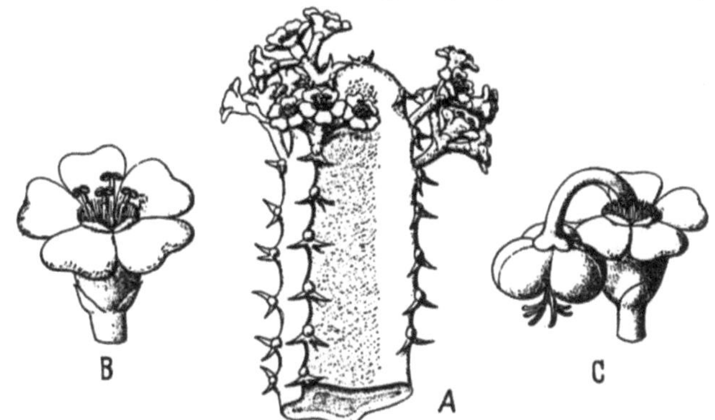

Abb. 80. Euphorbium resinifera. A Spitze eines blühendes Zweiges ($^3/_4$); — B junges männliches Cyathium ($^4/_1$); — C ein anderes älteres, dessen einzige weibliche Blüte sich bereits zur Frucht entwickelt hat ($^3/_1$).

Inhaltsstoffe. 40% brennend schmeckendes Harz, *Euphorbon*, Kautschuk, Apfelsäure und deren Natrium- und Calciumsalze, Stärke u. a.

Verwendung. *Med. äußerl.* zu hautreizenden Salben (5%), *vet.* besonders zu scharfen Einreibungen.

Prüfung des DAB. 6. Der beim vollkommenen Ausziehen von 1 g pulv. E. mit siedendem Weingeist hinterbleibende Rückstand darf nach dem Trocknen bei 100° höchstens 0,5 g wiegen.

Beim Verbrennen von 1 g E. darf höchstens 0,1 g Rückstand verbleiben.

Euresol.

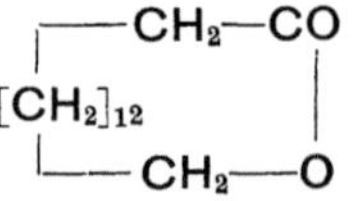

Euresol (Knoll) ist das Monoacetat des Resorcins, ein reizloses, flüssiges Resorcinpräparat, das leicht in die Haut eindringt und größere Tiefenwirkung entfaltet als Resorcin. Die Gefäße werden verengt, die Epidermis gekräftigt.

Verwendung. *Med. äußerl.* bei Frostbeulen, Seborrhöe und seborrhoischen Ekzemen, Schuppenbildung, Kopfjucken, Haarkrankheiten und Haarausfall in Form von Acetonlösungen, als Haarpomade (10%), Brillantine, Haarwasser (2,5%).

Eutanol.

Eutanol (DEHYDAG) ist ein hochraffiniertes Gemisch flüssiger, vorwiegend ungesättigter Fettalkohole (C_{14-18}) tierischer Herkunft. Gesamtfettalkohol 99 bis 100%; D. (20°) 8,5 bis 8,6; Trübungspunkt unter 12°; SZ. unter 1; VZ. unter 2; JZ 80 bis 90; OHZ. 195 bis 220. Auch in niederprozentigem Äthyl- und Isopropylalkohol hinreichend lösl. Die Löslichkeit wird noch beträchtlich erhöht durch Zusatz von Texapon-Extrakt A oder T.

Verwendung. Wie Cetiol zum Auffetten von Cremes und flüssigen Emulsionen mit erhöhtem Lösungsvermögen für fettlösliche Wirkstoffe. Als fettende Komponente zu Haarwässern, Pudern usw., als Dispergiermittel für Lippenstiftfarben. Eutanol kommt in Weißblechkanistern mit 5 und 10 kg Inhalt in den Handel.

Eutanol G.

Eutanol G (DEHYDAG) ist ein flüssiger Wachsalkohol und stellt eine wasserklare, ölige Flüssigkeit dar. E. G ist mit der Haut reizlos verträglich und besitzt ein ausgezeichnetes Eindringungsvermögen. Es ist ein besonders gutes Lösungsmittel für öllösliche Wirkstoffe, Wachse, Fette, Fettsäuren, Fettalkohole, ätherische Öle usw. und mit allen paraffinischen und aromatischen Lösungsmitteln, flüssigen Alkoholen und Estern sowie mit fetten Ölen usw. mischbar. SZ. unter 0,5; VZ. unter 5; Hydroxylzahl ca. 180; Trübungspunkt ca. — 20°; Stockpunkt ca. — 30°; Viscosität ca. 60 cP/20°; D. etwa 0,84. E. G ist in Weißblechkanistern mit 5 und 10 kg Inhalt und Aluminiumfässern mit 200 kg Inhalt lieferbar.

Verwendung. Als Fettkomponente (Gleitschiene) für Emulsionen (Salben, Cremes, Linimente), Ölkörper für Einreibungen, Sonnenschutzöle usw., Dispergiermittel für Lippenstiftfarben, Überfettungsmittel für Haarwässer, Haarwaschmittel usw.

Euvaselin.

Euvaselin (Reiss) ist eine aus Vaseline, Ceresin und Wollfett bestehende, besonders milde und reizlose Salbengrundlage, die hauptsächlich zu Augensalben Verwendung findet.

Exaltolid.

Exaltolid (Firmenich) ist das Lacton der 14-Oxytetradecan-1-carbonsäure und unterscheidet sich von dem Lacton des Moschuskörneröls durch die Abwesenheit einer Doppelbindung. Exaltolid ist ein Katalysator für die Duftentwicklung von Parfümerien und Fruchtessenzen, gleichgültig, zu welchem Zweck ein Parfüm dienen mag und welche Tonart es besitzt. Das Duftvermögen wird durch E. zur Entfaltung gebracht und darüber hinaus dem Parfüm eine einheitliche Note, außerordentliche Haftbarkeit, Breite und Abrundung verliehen. E. eignet sich gleichermaßen für blumige, leichte, als auch für holzige, ambraartige und orientalische Duftnoten. Als Erfahrungsdosierung nennt die Herstellerfirma:

2,0 bis 6,0 Exaltolid 100% auf 10 l Extrait,

2,0 bis 6,0 Exaltolid 100% auf 100 l Lotion,

Kölnischwasser oder Toilettewasser,

2,0 bis 4,0 Exaltolid 100% auf 100 kg Puder oder Creme.

Zu richtigen Auswirkung der Duftsteigerung benötigt die Mischung 2 bis 3 Wochen; sie steigert sich noch mit der Zeit. Die volle Wirkung kommt erst zur Geltung beim Auftragen der Fertigerzeugnisse auf die Haut. Erst dabei kommen die vorzüglichen Eigenschaften des E. voll zur Entfaltung. Das Präparat bietet den Vorteil, daß bei seiner Verwendung der Parfümansatz, z. B. in Cremes, herabgesetzt werden kann, ohne daß die Duftstärke darunter leidet. Alkohol von nicht ganz einwandfreier Beschaffenheit kann durch Beimischung von 2,0 bis 4,0 Exaltolid 100% auf 100 l verbessert werden. Ein mit Phenyläthylalkohol parfümiertes Wasser wird durch Zusatz von 1,0 Exaltolid 1% (in Phenyläthylalkohol-Lösung) auf 1 l Wasser bedeutend verstärkt. Bei der Verwendung von Exaltolid in Fruchtessenzen wird nicht nur der Geruch, sondern auch der Geschmack verstärkt.

Als Lösungsmittel eignet sich besonders **Anozol**, eine farblose, vollkommen geruchfreie Flüssigkeit, die als Lösungsmittel viel verwendet wird; Sdp. 150° bis 151°.

Explosion.

Mit Explosion bezeichnet man eine exotherme chemische Reaktion, die sehr schnell verläuft und die wegen der dabei entstehenden Menge heißer Gase unter großer Druckentwicklung erfolgt (Ätherdampf-Luft-Explosionen, schlagende Wetter).

Explosivstoffe sind chemische Verbindungen oder Stoffgemische, die sich beim Erwärmen, durch mechanische Einwirkung wie Reibung, Schlag, Stoß oder durch Initialzündung plötzlich zersetzen unter Erzeugung beträchtlicher Mengen heißer Gase, welche auf die Umgebung einen starken Druck ausüben. Die Explosion geht häufig in Detonation über, wodurch eine zerschmetternde Wirkung eintritt. Wichtige Explosivstoffe sind Dynamit, Pikrinsäure, Trinotrotoluol, Sprenggelatine und die Ammonsalpeter-, Chlorat- und Perchloratsprengstoffe u. a.

Exsikkator.

Der Exsikkator (lat. exsiccare, austrocknen) ist ein Glasgefäß mit luftdicht aufgeschliffenem Deckel, das mit einer Trockensubstanz beschickt wird und zur Aufbewahrung oder Trocknung von Chemikalien und Drogen dient. Als Trockenmittel finden Verwendung gekörntes Chlorcalcium, gekörnter Natronkalk ($CaO + NaOH$), Ätznatron in Stangen, konz. Schwefelsäure, Phosphorpentoxyd, Magnesiumperchlorat, → Silika-Blaugel.

Fabiana.

Fabiana imbricata Ruiz et Pavon.

Solanaceae.

In den Gebirgen Chiles vorkommender 1 bis 2 m hoher, immergrüner Halbstrauch.

Fabianakraut. Herba Fabianae, Erg.-B. 6.

Fabianaspitzen. Summitates Fabianae. Herba Pichi-Pichi.

Getrocknete, beblätterte, bis 3 cm lange Zweigspitzen mit sich gegenseitig dachziegelartig deckenden Blättchen, durch dünne Harzschicht untereinander und mit den Zweigen verklebt. Kleine Blüten an den Enden der Zweige, weißlich oder lila, mit röhrig-trichterförmiger Blumenkrone, mit schmalem Saum und kurzem, 5zähnigem Kelch. *Geruch* schwach würzig, *Geschmack* würzig, dann leicht bitter.

Für die *Schnittdroge* kennzeichnend sind erikaähnliche Zweigspitzenstückchen.

Inhaltsstoffe. Ätherisches Öl, Harz, glykosidisch gebundenes β-Methyläskuletin, Gerbstoff, Fett, Wachs, Phytosterin.

Verwendung. *Innerl.* 1 bis 2 Teelöffel auf 1 Tasse Abkochung bei Entzündungen der Harnwege, bei Nieren- und Blasenleiden. Die Abkochung der Droge fluoresziert blau.

Aufbewahrung. Vor Licht geschützt.

Fabianaholz. Lignum Fabianae.

Pichi-Pichi-Holz. Lignum Pichi-Pichi.

Von der gleichen Stammpflanze, mit den gleichen Inhaltsstoffen wie Fabianakraut.

Verwendung. *Med. innerl.* 1 bis 2 Teelöffel auf 1 Tasse Abkochung bei Blasen- und Harnleiden, Gelbsucht und Leberleiden; *vet.* gegen Leberegelseuche.

Fango.

Mit Fango, italienischer Schlamm, Linimentum minerale oder *Pelose* bezeichnet man den Moorschlamm der Bäder von Battaglia (Italien), den Schlamm des slowakischen Schwefelbades Pystian, den Eifel-Fango (Bad Neuenahr) und den Jura-Fango (Göppingen). Fango enthält neben etwa 8% organischer Substanz an Mineralstoffen Calcium Magnesium, Eisen und Aluminium teils als Chloride, Sulfate und Phosphate sowie Schwefel. Hauptanwendungsgebiete von Fango sind: Erkrankungen der Muskeln und Gelenke, Frauenkrankheiten. Siehe Bd. I, S. 1047 Fangotherm und Fapack (Hartmann).

Färberginster.

Färberginster. Genista tinctoria *L.*

Papilionaceae.

An Waldrändern, auf trockenen Wiesen, Triften, in Eichen- und Föhrenwäldern wachsender, ausdauernder, 30 bis 60 cm hoher Halbstrauch. Stengel aufrecht, verholzend, mit langen, häufig besenartig verzweigten, dornenlosen Ästen und kahlen, lanzettlichen, oberseits dunkelgrünen Blättern. Blüten in goldgelben, endständigen, reichblütigen Trauben (Abb. 81).

Färberginsterkraut. Herba Genistae tinctoriae.

Gilbkraut.

Schnittdroge mit zahlreichen großen, noch geschlossenen, beim Trocknungsprozeß braun verfärbten, teilweise geöffneten Schmetterlingsblüten. Hell- bis graugrüne Blattstückchen, unterseits mit deutlich sichtbarem Mittelnerv, oberseits Nervatur nicht hervortretend. Blätter ganzrandig, schmal-lanzettlich. Stengelteile grün, grob längsgerillt, mit weißem Mark.

Inhaltsstoffe. Bitterstoff, Gerbstoff, ätherisches Öl, Wachs und Schleim, in den Blüten gelber Farbstoff *Luteolin*, ferner *Genistein*, die sich beide in Alkalien mit gelber Farbe lösen, *Vitamin C.*

Verwendung. *Innerl.* 1 Teelöffel auf 1 Tasse Aufguß, bis 2 Tassen täglich zur Anregung des Stoffwechsels, als Diureticum, bei Stein- und Grießleiden, Wassersucht, Gicht, Rheumatismus, Hämorrhoiden, nässenden Flechten, als Mittel gegen Abmagerung und in der Rekonvaleszenz.

Verw. Besenginster.

Farbfilter.

Als Farbfilter finden gefärbte Gläser, gefärbte Flüssigkeiten oder gefärbte Gelatineschichten Verwendung mit dem Zweck der Aussonderung bestimmter Spektralgebiete beim Durchgang des Lichts. Die besten Farbfilter sind Farbglasfilter mit gut plangeschliffenen Oberflächen, gleichmäßiger Dicke und einwandfreier optischer Homogenität.

Farblacke.

Farblacke entstehen durch Niederschlagen eines wasserlöslichen pflanzlichen,

Abb. 81. Färberginster. Genista tinctoria. *1* blühender Zweig; — *2* Teil des Fruchtstandes; — *3* vergrößerter Same.

tierischen oder synthetischen Farbstoffes (Teerfarbstoff) auf einen mineralischen Grundstoff, dem *Substrat.* Als Substrate finden farblose, in Wasser unlösl. Erden (Kaolin, Ton), Hydroxyde, vor allem Aluminiumhydroxyd oder Metallsalze (Aluminiumphosphat, Bariumphosphat und -sulfat, Magnesiumcarbonat), Zinkoxyd und Titandioxyd u. a. Verwendung. Bei der Herstellung der Farblacke ist die Temperatur, die Konzentration der Lösung, die Durchführung des Fällungsprozesses usw. ausschlaggebend für die Kornfeinheit der erhaltenen Farblacke. Die Farblacke zeichnen sich meist durch lebhaftere und tiefere Färbung aus. Zahlreiche Farblacke sind auch für kosmetische Zwecke geeignet und finden als Puderlacke, soweit sie aus ungiftigen, reinsten Farben hergestellt worden sind, Verwendung. Eine Selbstherstellung von Farblacken ist meist nicht zu empfehlen, man bezieht sie zweckmäßig von den einschlägigen Farbenfabriken.

Farbstoffe.

Mit Farbstoffen bezeichnet man die in Flüssigkeiten lösl. natürlichen oder synthetischen organischen Verbindungen, die in gelöstem Zustand geeignet sind, anderen Stoffen eine andere Farbe zu erteilen, sie zu *färben.* Nicht lösl., pulverförmige Farbmittel und auf geeignete Substrate gefällte Farbstoffe, sog. → Farblacke, sind keine Farbstoffe, man bezeichnet sie als *Pigmente* (s. a. Farbwarenkunde, Bd. I).

Farbstoffe, pflanzliche.

Durch die Entdeckung der künstlichen Farbstoffe sind die Farbstoffe, welche in der Pflanzenwelt teils fertig gebildet, teils nur vorgebildet vorkommen, stark verdrängt worden. In welchem Umfang dies geschah, zeigt die Verdrängung des Naturindigos durch den synthetisch gewonnenen Indigo. Während in Brit.-Indien in der Vegetationsperiode 1895/96 noch 3800 Zentner Naturindigo geerntet wurden, waren dies in der Vegetationsperiode 1914/15 nur noch 504 Zentner. Manche pflanzlichen Farbstoffe haben sich jedoch trotz der Entdeckung der synthetischen Farbstoffe insbesondere in der Nahrungs- und Genußmittelindustrie, teilweise auch im Zeugdruck und der Textilfärberei erhalten. Die Pflanzenorgane, die hauptsächlich Farbstoff liefern, sind Wurzeln, Wurzelstöcke, Rinden, Hölzer, Blätter, Blüten, Früchte und Samen. Manche pflanzlichen Farbstoffe finden in erster Linie als Gerbstoffe Verwendung, wie Katechu, Gambir und Kino. Die wichtigsten pflanzlichen Farbstoffe sind (Näheres siehe die betr. Stichworte): Alkanna, Blauholz, Färber-Wau, echtes Gelbholz, Heidelbeeren, Henna, Indigo, Krapp, Kreuzdornbeeren, Kurkuma, Lackmus, Orleans, Orseille, Quercitron, Rotholz, Saflor, Safran, Stockrosen.

Faserpflanzen.

Die Faserpflanzen liefern die Spinnfasern, Webstoffe, die zu den wichtigsten und meist verwendeten Rohstoffen der Wirtschaft zählen. Man unterscheidet *Pflanzenfasern* und *tierische Faserstoffe,* wie Wolle und Seide. Neuerdings sind die *künstlichen Spinnstoffe* „Kunstseide", „Zellwolle", „Nylon", „Perlon" u. a. von großer Bedeutung. Die Chemie dieser synthetischen Spinnstoffe hat im letzten Jahrzehnt so bedeutende Fortschritte gemacht, daß schon heute Spinnstoffe erzeugt werden, welche die natürlichen nicht nur vollwertig ersetzen können, sondern diese für viele Zwecke in ihrer Qualität übertreffen.

Einheimische Faserpflanzen.

Während in früheren Zeiten die alten deutschen Kulturpflanzen Flachs und Hanf den Bedarf an Pflanzenfasern im Inland decken konnten, wurden die einheimischen Pflanzenspinnstoffe etwa von der Mitte des 19. Jahrhunderts ab durch ausländische, billigere Pflanzenfasern ersetzt. Die deutsche Landwirtschaft kann die einheimischen Pflanzenfasern nicht so billig liefern. Während im Jahre 1872 die Flachsanbaufläche noch 215000 ha betrug, betrug sie 1925 nur noch 33661 ha. Neben *Flachs* oder *Lein,* Linum ussitatissimum, *Hanf,* Cannabis sativa, finden Brennessel, Urtica dioica, Hopfen, Humulus lupulus, Weide (Salixarten), Torf, Waldgras, Carex brizoides, Seegras, Zostera marina, Lindenbast (Tilia-Arten) und Schilfrohr, Phragmites communis, als Spinnfasern und Webstoffe Verwendung.

Die wichtigsten ausländischen Spinn-, Flecht- und Polsterstoffe sind → *Jute,* *Kapok,* der wegen seiner Druckelastizität als Polstermaterial, wegen seiner geringen Dichte (0,3) gepreßt für Schwimmgürtel, Rettungsgeräte usw. Verwendung findet und für Polsterfüllungen in öffentlichen Räumen besonders geeignet ist, weil er in seiner Faserwand einen Giftstoff führt und sich daher im Kapok kein Ungeziefer hält. *Ramie* verwendet man zur Herstellung besonders fester und dauerhafter Bindfäden, Stricke, Seile und Netze. *Kokosfaser* findet zu Pinseln und Bürsten (kurze, steife Fasern), die längeren zu Seilen, Schiffstauen (schwimmen auf dem Wasser, ihre Haltbarkeit nimmt im Wasser noch zu), zu Läufern, Bettvorlagen, Fußabstreifern, mit Wolle und anderen Fasern zusammen verarbeitet zu Matten, Sackgeweben usw. Verwendung.

Faulbaum.

Faulbaum. Rhamnus frangula *L.*

Rhamnaceae.

An Rainen, Bachufern, Teichrändern, in Laubwaldlichtungen und feuchten Gebüschen verbreiteter, bis 6 m hoher baumartiger Strauch. Zweige rutenförmig mit glatter, glänzender, graubrauner Rinde mit zahlreichen grauweißen Korkwarzen (Lentizellen). Blätter wechselständig, gestielt, 4 bis 7 cm lang, elliptisch, ganzrandig oder schwach wellig gerandet. Blüten 4- bis 5zählig, erst grünlich, dann rötlich, unscheinbar, in Trugdolden der Blattachseln. Blütezeit Mai bis Juli und später. Kugelige Steinfrucht mit 2 bis 3 Samen, zunächst grün, dann rot und bei der Reife schwarz.

Faulbaumrinde. Cortex Frangulae, DAB. 6.

Pulverholzrinde. Wegdornrinde. Zapfenholzrinde. Gelbholzrinde.

Die im Mai bis Juli gesammelte, höchstens 1,2 mm dicke, getrocknete Rinde der oberirdischen Achseln, 10 bis 30 cm lange Röhren, die vor dem Gebrauch *mindestens 1 Jahr lang gelagert haben muß* (nicht gelagerte Rinde wirkt brechenerregend). Graubraun, nach dem Abschaben der äußeren Korkschicht rot, mit zahlreichen weißlichen, quergestreckten Korkwarzen (Lentizellen). Die Innenseite, rotgelb bis bräunlich, färbt sich beim Betupfen mit Ammoniakflüssigkeit rot (*frische Rinde gibt diese Färbung nicht!*). Bruch kurzfaserig, gelb bis braungelb, unter der dunkelroten Korkschicht ist die primäre grüne Rinde sichtbar (Abb. 82). Das **Lupenbild** zeigt auf dem Querschnitt im Gegensatz zu Cortex Rhamni purshianae keine Steinzellen. *Geruchlos, Geschmack* schleimig, süßlich, etwas bitter, der Speichel färbt sich beim Kauen der Droge gelb.

Inhaltsstoffe. *In frischer Rinde:* Das brechenerregende Anthranolglykosid

Abb. 82. Faulbaumrinde. Cortex Frangulae. Schnittdroge, 2 fach vergrößert. 1. und 2. Reihe Rindenstückchen mit quergestellten Lentizellen; — 3. Reihe Lentizellen weniger deutlich; — unten links röhrenförmig eingerollte Stückchen; — rechts in Innenseitenansicht. (Nach *Schlemmer-Hörhammer.*)

Frangularosid, das während der Lagerung allmählich durch oxydierende Enzyme in Anthrachinonglykoside übergeht. *In abgelagerter Rinde:* 6 bis 7% des Glykosids *Glukofrangulin* (fehlt in der frischen Rinde) mit stark abführender Wirkung, Frangulin, Frangula-Emodin, Chrysophanol, Bitterstoffe, Gerbstoffe u. a.

Verwendung. *Innerl.* 1 Teelöffel auf 1 Tasse Abkochung, zweckmäßig abends vor dem Schlafengehen zu trinken, als dickdarmerregendes Abführmittel bei allen Formen der chronischen Verstopfung, bei Leber-, Milz- und Hämorrhoidalleiden, zu Blutreinigungs-, Entfettungs-, Frauen- und Rheumatismustees. F. ruft bei richtiger Dosierung weder Schmerzen noch dünnflüssige Stühle hervor, da ihre Reizwirkung auf den Darm nur gering ist. Pulverisiert darf die Droge nur als pulv. sbt. Verwendung finden, sonst entsteht Magenreizung.

Verw. u. Verf. Rinden von Alnus-Arten und Rinde der Traubenkirsche, Prunus padus, letzte mit feinfaserigem Bruch mit braungelben Korkwarzen, die mit Ammoniakflüssigkeit keine Rotfärbung ergeben.

Prüfung des DAB. 6. Außer der mikroskopischen Prüfung: Beim Einlegen eines Stückes F. in Ammoniakflüssigkeit entsteht eine schöne rote Färbung der Innenseite. Bei der Mikrosublimation entsteht ein gelbes, kristallines Sublimat von Frangulaemodin (Trioxymethylanthrachinon), das sich in einem Tröpfchen Kalilauge mit roter Farbe löst.

Faulbaumbeeren. Fructus Frangulae.

Im Sommer oder Herbst gesammelte halb- oder unreife, rote, in der Sonne getrocknete und bei gelinder künstlicher Wärme nachgetrocknete Beerenfrüchte sind nach JARETZKY noch wirksamer als die Rinde. Die reifen, schwarzen Beeren lassen sich weniger leicht sammeln und trocknen und sind kein Ersatz für die Rinde. Stark gerunzelte Steinbeeren mit 2 bis 3 harten, flachen Steinkernen. *Inhaltsstoffe* und *Verwendung* wie bei der Rinde.

Amerikanischer Faulbaum. Rhamnus purshiana *De Candolle.*

Rhamnaceae.

In Nordamerika heimischer und angebauter 6 bis 18 m hoher Baum.

Amerikanische Faulbaumrinde. Cortex Rhamni purshianae, Erg.-B. 6.

Cascara-Sagrada-Rinde.

Die von April bis August gesammelte und getrocknete Rinde dünner Zweige und junger Stämme, die *vor dem Gebrauch mindestens 1 Jahr lang gelagert haben muß.*

Flache, rinnen- oder röhrenförmige, bis 15 cm und mehr lange, 1 bis 6 cm breite, 1 bis 5 mm dicke Stücke mit grauer bis graubrauner, etwas glänzender und ziemlich glatter Außenseite mit vereinzelten quergestellten Korkwarzen, häufig mit Flechten bedeckt; Innenseite gelb- bis schwarzbraun mit feinen Längsstreifen, die sich beim Betupfen mit Ammoniakflüssigkeit rot färbt. Bruch im inneren Teil kurzfaserig. *Geruch* schwach eigenartig, ähnlich Gerberlohe, *Geschmack* bitter, schwach schleimig.

Das **Lupenbild** zeigt gelbliche, in Gruppen angeordnete Steinzellen.

Inhaltsstoffe. Im wesentlichen die gleichen wie in der Faulbaumrinde (s. dort).

Verwendung. *Innerl.* 1 Teelöffel auf 1 Tasse Abkochung als Abführmittel, zur Herstellung von Extrakten und Sagrada-Wein, der Extrakt mit Agar-Agar im *Regulin.*

Aufbewahrung. Vor Licht geschützt.

Verw. u. Verf. Wie bei Cortex Frangulae.

Prüfung nach Erg.-B. 6. Bei der Mikrosublimation gibt A. F. ein zunächst farbloses, dann gelbes, kristallines Sublimat, das sich in einem Tröpfchen Kalilauge mit hellkirschroter Farbe löst. — Schüttelt man 0,1 g pulverisierte A. F. kurze Zeit mit 10 ccm Äther aus und gibt zu der abgetrennten Ätherlösung 10 ccm Ammoniakflüssigkeit, so muß sich diese beim Umschütteln wenigstens hellkirschrot färben. Kocht man den Pulverrückstand nach Ablassen des Äthers mit 10 ccm Natronlauge einmal auf, säuert hierauf mit verd. Salzsäure an und schüttelt 10 ccm der nunmehr gelb gefärbten filtrierten Lösung nach dem Erkalten mit 10 ccm Äther aus, so muß sich nach Zugabe von 10 ccm Ammoniakflüssigkeit diese kräftig orangerot färben.

Die Asche darf nicht mehr als 6% betragen.

Fäulnis.

Fäulnis ist die bakterielle Zersetzung stickstoffhaltiger organischer Körper durch Faulbazillen, sog. Saprophyten. Diese wirken vor allem auf Eiweiß oder die durch Enzyme aus ihnen freigemachten Aminosäuren ein. Die Fäulnis ist wie die Gärung ein biologischer Vorgang. Bei der Fäulnis entstehen Fettsäuren, Ammoniak, Amine und Kohlendioxyd, ferner die der Fäulnis eigentümlichen, übelriechenden und ekelerregenden Verbindungen Schwefelwasserstoff, Indol, Skatol und Thioalkohole, sog. Merkaptane (Alkohole, in denen die Hydroxylgruppe durch die Gruppe —SH ersetzt ist). Die drei letzten sind die hauptsächlichsten Träger des widerlichen Fäulnisgeruches und kommen auch im menschlichen Kot vor. Außer den genannten Verbindungen bilden sich bei der Fäulnis Fäulnisbasen, *Ptomaine* (g. ptom, Leiche) oder *Leichengifte*, und ebenfalls äußerst wichtige Stoffwechselprodukte der bei der Fäulnis mitwirkenden Bakterien, sog. *Toxine*, giftige Eiweißkörper. Die *Verwesung* ist die Fortsetzung der Fäulnis, bei ihr werden die bereits durch einfachere Verbindungen abgebauten Stoffe noch weiter abgebaut zu Nitraten, Sulfaten, Wasser, Asche bzw. in ihre Elementarbestandteile zerlegt.

Feigenbaum.

Feigenbaum. Ficus carica *L.*

Moraceae.

Im Mittelmeergebiet heimischer, in Kleinasien, Südeuropa, Californien, Südamerika, Südafrika und Australien angebauter, bis 9 m hoher Baum oder Strauch mit Milchsaft und birnen- oder krugförmiger Blütenstandachse, die auf der Innenwand dichten Blütenbesatz trägt und fruchtartig zur Feige anschwillt. Die Befruchtung erfolgt durch Gallwespen. Während der Fruchtreife wird die Innenwand des krugförmigen Blütenstandbodens in ein süß schmeckendes Fruchtmus von gelblicher bis rötlicher Farbe umgewandelt, werden die weiblichen Blüten zu den Früchten, kleinen gelben Nüßchen, entwickelt.

Feigen. Caricae, Erg.-B. 6.

Reife, sorgfältig an der Sonne oder in besonderen Apparaten getrocknete Fruchtstände (Scheinfrüchte). Gelblich bis graubraune, weiß bestäubte, etwa 3,5 cm lange, scheibenförmig zusammengepreßte und infolge der Trocknung geschrumpfte, runzelige oder faltige Fruchtstände mit deutlichem Stielansatz und gegenüberliegender Öffnung, durch auskristallisierten Zucker weiß bestäubt. Im Innern zahlreiche, in süßes Mus eingebettete einsamige, gelbliche, 1,5 mm lange Steinfrüchtchen mit harter Schale. *Geschmack* schleimig, angenehm süß (Abb. 83).

Inhaltsstoffe. 50% Invertzucker, etwa 5% Pektine, Fett, Eiweiß, verschiedene Vitamine.

Handelssorten. *Smyrna- oder Tafelfeigen,* Caricae pingues, dünnhäutig, groß, saftig und süß, mit weichem Fleisch, besonders sorgfältig verpackt.

Griechische, Kalamata- oder Kranzfeigen, Caricae in coronis, meist von Griechenland (Morea) kommend, ziemlich groß, scheibenförmig zusammengepreßt, derbhäutig, weniger saftig wie Smyrna-Feigen, kommen auf Bastband, Schilf oder Cyperushalmen zu einem Kranze aufgereiht in den Handel und sind besonders dauerhaft.

Dalmatiner und Istrianer Feigen. Kleiner als Kranzfeigen, kommen in Kisten, Körben, Fässern oder Säcken verpackt in den Handel, sind sehr süß, aber nicht haltbar.

Schwärzliche, ausgetrocknete und durch Insektenfraß beschädigte Feigen sind zu verwerfen.

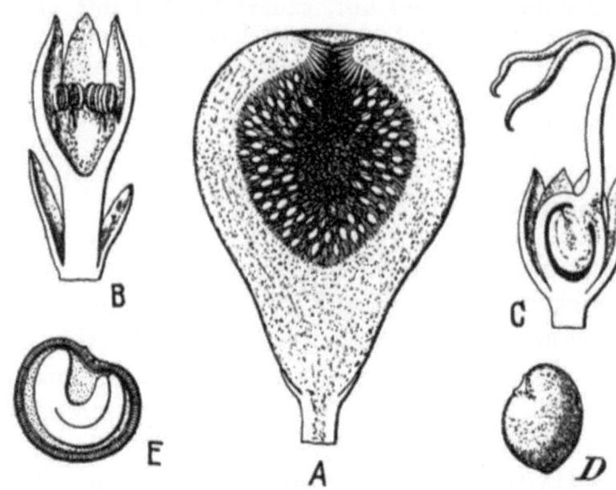

Abb. 83. Feige. Ficus carica. A Fruchtstand im Längsschnitt (¹/₁); — B einzelne männliche Blüte im Längsschnitt (⁸/₁); — C weibliche Blüte im Längsschnitt (¹⁵/₁); — D steriler Samen aus einer sog. Gallenblüte (⁸/₁); — E fertiler Samen, längs durchgeschnitten (¹⁰/₁).

Verwendung. Als Genuß- und Nährmittel, als Geschmackskorrigens zu Teemischungen. Für sich genossen (E. 30 g) wirken Feigen leicht abführend und sind deshalb auch Bestandteil von Industrie-Fertigwaren (Neda-Früchtewürfel, Pasta Palm); zur Herstellung von Feigensirup, Bestandteil des Brusttees mit Früchten. *Feigenkaffee* wird durch Darren und anschließendes Rösten zur Überführung des Zuckers in Caramel und anschließendes Mahlen geringwertiger Feigensorten hergestellt und ist ein Bestandteil von „Karlsbader Kaffeegewürz".

Aufbewahrung. Zweckmäßig vor Licht geschützt in Holzkästen unter sorgfältiger Überwachung auf Milbenbefall, der beim ersten Auftreten durch Einwirken von Ätherdämpfen während einiger Stunden (Vorsicht! Feuersgefahr!) mit Erfolg bekämpft werden kann. Anschließend müssen die getöteten Milben mit einem Borstenpinsel sorgfältig entfernt werden.

Feinchemikalien.

Feinchemikalien sind im Gegensatz zu → Schwerchemikalien besonders reine und in kleineren Mengen als Arzneimittel oder Reagentien verwendete Chemikalien. Die wichtigsten Herstellerfirmen von Feinchemikalien sind: Bayer, Farbwerke „Hoechst", Merck, Riedel-de Haën, Schering, Schuchardt.

Feldrittersporn.

Feldrittersporn. Delphinium consolida *L.*

Ranunculaceae.

Auf Äckern als Unkraut und auf Schuttplätzen sehr häufig vorkommende, bis 50 cm hohe Pflanze mit sperrig-ästigem Stengel, fein zerteilten Blättern mit 1 bis 2 mm breiten Zipfeln und blauvioletten Blüten in Trauben.

Ritterspornblüten. Flores Calcatrippae, Erg.-B. 6.

Im Mai bis September gesammelte und getrocknete, blaue, leicht geschrumpfte Blüten mit blumenblattartigem, unregelmäßig 5blättrigem Kelch, außen violett, innen azurblau, das oberste, sitzende Kelchblatt in einen Sporn ausgezogen, die anderen eiförmig zur Basis hin verschmälert. Verwachsenblättrige, heller violette Kronblätter, zu einem Sporn verlängert, der im Kelchsporne liegt, 3lappig mit ausgerandetem mittleren Lappen. Zahlreiche braunviolette Staubgefäße mit verbreiterten Staubfäden und grünlichgelben Staubbeuteln, 1 Griffel, mitunter grüne und behaarte Blütenstiele und Balgfrüchte. *Geruch* schwach honigartig.

Schnittdroge an den azurblauen bis violetten Stückchen der Kelch- und Kronenblätter und vereinzelten schmallanzettlichen Blattstückchen erkennbar.

Inhaltsstoffe. Gerbstoff, Bitterstoff und ein Alkaloid.

Verwendung. Als Schönungsmittel für Teemischungen.

Aufbewahrung. Vor Licht geschützt.

Fenchel.

Fenchel. Foeniculum vulgare *Miller*.
Umbelliferae.

Im Mittelmeergebiet und westlichen Asien beheimatete, vielfach angebaute (in Deutschland Provinz Sachsen bei Weißenfels a. d. Saale, Lützen, Hohenmölsen

sowie in Thüringen), 1- bis mehrjährige, bis 2 m hohe Pflanze. Stengel stielrund, fein gerillt, kahl, blau bereift, nach oben stark verästelt. Blätter meist 3- bis 4fach fiederschnittig mit schmallinealen und zugespitzten Blattzipfeln letzter Ordnung. Blattstiele der mittleren und oberen Blätter ganz von 3 bis 6 cm langer Blattscheide umschlossen, auf der die Blätter sitzen. Gelbe Blüten ohne Hülle und Hüllchen in zusammengesetzten Dolden (Abb. 84). *Kamm-* oder *Traumelfenchel*, großkörnig, dunkelgrün, wird als erste Ernte durch Auskämmen gewonnen, *Strohfenchel* durch Ausdreschen von abgeernteten Fenchelpflanzen erhalten.

Fenchel.
Fructus Foeniculi, DAB. 6.

Die bald mehr, bald weniger in ihre Teilfrüchte zerfallenden reifen Spaltfrüchte, häufig mit kleinem

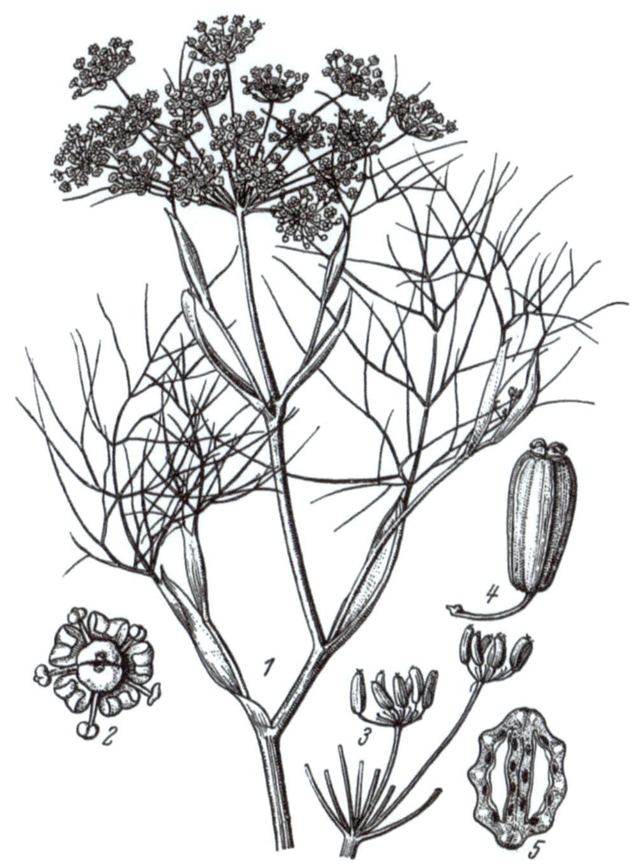

Abb. 84. Fenchel — Foeniculum vulgare. *1* blühende Spitze; — *2* vergrößerte Blüte; — *3* Teil des Fruchtstandes; — *4* vergrößerte Frucht; — *5* Fruchtquerschnitt, vergrößert.

Stiel, meist leicht gekrümmt, kahl, bräunlichgrün oder grünlichgelb, jede Teilfrucht mit 5 kräftigen Rippen, von denen die Randrippen stärker hervortreten. Tälchen durch Sekretgang (auf dem Querschnitt mit der Lupe deutlich erkennbar) dunkler gefärbt, auf der ebenen Fugenfläche zu beiden Seiten einer hellen Mittellinie je ein gleichartiger Sekretgang erkennbar (Abb. 84, *4, 5*). *Geruch* würzig, *Geschmack* süßlich, schwach brennend.

Inhaltsstoffe. 2 bis 6% ätherisches Fenchelöl (Mindestgehalt nach DAB. 6 4,5%), 12 bis 18% fettes Öl, 4 bis 5% Zucker, etwa 20% Eiweiß, 7 bis 9% Aschensubstanz.

Verwendung. *Med. innerl.* 1 Teelöffel auf 1 Tasse Aufguß als blähungtreibendes, beruhigendes, krampfstillendes, schleimlösendes Mittel, als Geschmackskorrigens und zur Anregung des Appetits, als harntreibendes und die Milchabsonderung beförderndes Mittel; zur Herstellung von Fenchelhonig, zu Teemischungen; *äußerl.* zum Gurgeln bei rauhem Hals und Heiserkeit, zu Augenbädern, auch bei Lidentzündungen; als Gewürz und zu Gewürzmischungen.

Verw. u. Verf. *Römischer Fenchel*, Foeniculum dulce, mit braunroten bis 12 mm langen Früchten, *Geschmack* rein süß. *Eselsfenchel*, Foeniculum piperitum, von scharfem *Geschmack*. *Bärenfenchel*, Meum athamanticum, mit ausgesprochen rotbraunen, stark gerippten Früchten, deren *Geruch* an Bockshornklee erinnert. Auf den Querschnitt sind mit der Lupe in jedem Tälchen 2 bis 3 Sekretgänge erkennbar.

Prüfung des DAB. 6. Außer der mikroskopischen Prüfung und dem vorschriftsmäßigen Gehalt von mindestens 0,45 g ätherischem Öl in 10 g Fenchel wird auf minderwertige Qualität durch Verbrennen von 1 g F. geprüft. Der verbleibende Rückstand darf dabei höchstens 0,1 g betragen.

Fenchelwurzel. Radix Foeniculi.

Die im Herbst gegrabenen älteren, getrockneten Wurzeln, spindelförmig, 15 bis 40 cm lang, 0,5 bis 2,5 cm dick, im oberen Teil durch Blattnarben quergeringelt, unten längsrunzelig, mit 2 bis 6 mm dicken Nebenwurzeln, außen gelbgrau, innen blaßgelblich. *Geruch* aromatisch, *Geschmack* süßlich.

Lupenansicht. Der Querschnitt zeigt graubraunen Kork, in der primären Rinde konzentrische Ringe, sekundäre Ringe strahlig, Mark klein, weiß.

Schnittdroge. Wurzelstückchen von grauweißer bis graubrauner Farbe. Die Rinde der Nebenwurzeln nimmt fast $^1/_3$ des Durchmessers ein.

Inhaltsstoffe. Ätherisches Öl, Zucker, Stärke.

Verwendung. *Innerl.* 1 Teelöffel auf 1 Tasse Abkochung als blähungtreibendes Mittel.

Fenchelöl. Oleum Foeniculi, DAB. 6.

Durch Dampfdestillation aus kultivierten, zerquetschten Fenchelfrüchten gewonnenes ätherisches Öl. Farblose oder schwach gelbliche, optisch aktive ($\alpha_D^{20°} =$ +11° bis +24°) Flüssigkeit von stark würzigem Fenchel*geruch* und anfangs süßem, hinterher bitterem, kampferartigem *Geschmack*. D. (20°) 0,960 bis 0,970; EP. nicht unter +5°.

Inhaltsstoffe. 50 bis 60% *Anethol* (1-Methoxy-4-propenylbenzol), bei etwa 23° schmelzende, süß schmeckende Masse mit Anisgeruch, etwa 20% *Fenchon*, wasserhelle, ölige, bitter und kampferartig schmeckende Flüssigkeit, ferner Anisaldehyd, Anissäure, Anisketon, Methylchavicol, Foeniculin u. a.

Verwendung. *Innerl.* Zur Anregung der Magentätigkeit, als blähungtreibendes Mittel (E. 0,1 g = 4 Tr.), Geschmackskorrigens, zur Likörherstellung; zur Parfümierung von Seifen.

Aufbewahrung. Vor Licht geschützt.

Prüfung des DAB. 6. Außer den vorgenannten Konstanten auf
Reinheit durch eine klare Lösung beim Mischen von 1 ccm F. mit 0,5 ccm Weingeist
(90%).

Fermente.

Die Fermente (lat. fermentum, der Sauerteig) oder *Enzyme* (g. zyme, Sauerteig)
ähneln den Katalysatoren und beschleunigen oder ermöglichen schon in kleinsten
Mengen chemische Umsetzungen zwischen Substanzen, ohne selbst dabei verändert
zu werden. Alle Stoffwechselvorgänge werden von ihnen durchgeführt, sie sind bei
der Spaltung und beim Aufbau von Verbindungen wirksam und bestimmen Geschwindigkeit und gegebenenfalls auch Richtung einer Reaktion. Dabei erleiden
sie selbst keine dauernde Veränderung und erscheinen auch in den Endprodukten
nicht. Die Fermente bestehen sehr wahrscheinlich aus zwei Faktoren, einer spezifisch
gebauten aktiven Gruppe und einem kolloiden Träger dieser Gruppe. Der letzte
ist meist für die Fermentwirkung spezifisch. Diese spezifische Wirkung hängt von
einem Temperatur- und einem p_H-Optimum ab.

Zur Benennung der Fermente hängt man an den Namen des Stoffes, der durch
sie gespalten wird, die Endung *-ase* an. In einigen Fällen wird der Name auch durch
die Endung *-in* (z. B. Emulsin) gebildet. Chemisch sind die Fermente Eiweißkörper,
Proteine, und geben auch teilweise Eiweißreaktionen. In wäßriger Lösung sind sie
nur kurze Zeit haltbar und gegen höhere Temperaturen, wenn auch in verschiedenem
Grade, empfindlich. Über 60° nimmt ihre Wirksamkeit rasch ab (→ Senfmehl,
schwarzes, Verwendung), während sie bei 100° schnell vernichtet werden. In
trockenem Zustand sind sie fast unbegrenzt haltbar.

Die *Einteilung* der Fermente erfolgt nach 2 von ihnen möglichen, grundsätzlich
bewirkten und verschiedenen Reaktionen. Man unterscheidet *Hydrolasen* und
Desmolasen.

Hydrolasen.

Die Hydrolasen spalten die Bindungen zwischen Kohlenstoff und Sauerstoff
($\equiv$C—O—) oder Kohlenstoff und Stickstoff (—C—N$\equiv$) unter Aufnahme von
Wasser (Hydrolyse). Man teilt sie ein in Esterasen, Carbohydrasen, Proteasen und
Amidasen.

a) Esterasen spalten Ester. Je nach der Art des Alkohols und der Säure unterscheidet man:

Lipasen, spalten Neutralfette in Glycerin- und Fettsäure (Pankreaslipase,
Cholinesterase); — *Phosphorasen,* spalten anorganische Phosphorsäure aus organischen Phosphorsäureestern ab; — *Sulfatasen,* spalten Schwefelsäureester.

b) Carbohydrasen oder kohlenhydratspaltende Fermente lösen die Bindung
RO—R' + H_2O in ROH und R'OH:

Hexosidasen oder Glykosidasen sind die Fermente der Glykosid- und Disaccharid-
spaltung.

Invertin oder *Invertase* der Hefe spaltet das Disaccharid Rohrzucker in je
1 Molekül Glucose und Fructose; — *Maltase* der Hefen und Schimmelpilze
spalten Maltose in 2 Moleküle Glucose; — *Lactase* spaltet das Disaccharid Milchzucker in je 1 Molekül Glucose und Galactose.
Polyasen spalten Polysaccharide.

Amylase spaltet Stärke zu Glucose; — *Fructanase* spaltet Inulin (Compositen-
stärke) zu Fructose; — *Pektinasen* spalten Pektin.

c) Proteasen, eiweißspaltende Fermente, spalten die Peptidbindung in den Eiweißkörpern und Peptiden auf: $-CO-HN- \rightarrow -COOH + NH_2-$.

Peptidasen spalten Peptide:

Erepsin (im Dünndarm) spaltet höhere und niedere Polypeptide in Aminosäuren.

Proteinasen, die Fermente des Eiweißabbaues, spalten hochmolekulare Eiweißkörper in Polypeptide, teilweise auch in Peptide:

Pepsin spaltet in stark saurer Lösung (p_H-Optimum etwa 3 bis 3,5); — *Trypsin* des Pankreassekrets spaltet in alkalischer Lösung (p_H-Optimum 8).

d) Amidasen spalten Kohlenstoff-Stickstoffbindungen unter Bildung von Ammoniak oder von Amiden.

Urease spaltet Harnstoff in Ammoniak und Kohlendioxyd und bildet Ammoniumcarbonat; — *Asparaginase* spaltet Asparagin in Asparaginsäure und Ammoniak; — *Glutaminase* spaltet Glutamin in Glutaminsäure und Ammoniak; — *Arginase* spaltet Arginin in Ornithin und Harnstoff; — *Hippurase* spaltet Hippursäure in Benzoesäure und Glykokoll.

Desmolasen.

Die Desmolasen sind die Enzyme, welche die primären Kohlenstoffverbindungen lösen, das Molekül also sprengen. Sie sind die Enzyme des Energieumsatzes und auch an Atmungs- und Gärungsvorgängen beteiligt. Im Stoffwechsel besorgen sie unter Mitwirkung der Hydrolasen den oxydativen Endabbau.

Man kann sie nach D'ANS-LAX wie folgt unterteilen:

a) ...C—C...-Bindungen spaltende Fermente:

Carboxylase spaltet z. B. Brenztraubensäure in Acetaldehyd und Kohlendioxyd; — *Aldolase* spaltet Hexosediphosphorsäure in Dioxyacetonphosphorsäure und Glycerinaldehydphosphorsäure.

b) Dehydrasen, wasserstoffübertragende Fermente.

c) Oxydasen, sauerstoffübertragende Fermente, übernehmen den von den Dehydrasen aus den Substraten übernommenen Wasserstoff und reagieren mittelbar oder unmittelbar mit atmosphärischem Sauerstoff. Zu den Oxydasen gehört u. a. das Atmungsferment.

d) Oxydorenkasen oder·*Redoxasen* vermitteln Oxydations- und Reduktionsvorgänge am gleichen Substratmolekül bzw. an 2 verschiedenen Substraten ohne Eintritt von Sauerstoff. Sie wirken z. B. bei der anaeroben Spaltung der Kohlenhydrate in Milchsäure und bei der alkoholischen Gärung mit.

e) Katalasen zerlegen Wasserstoffsuperoxyd in Wasser und Sauerstoff.

f) Peroxydasen übertragen Sauerstoff aus Wasserstoffperoxyd oder seinen Derivaten.

g) Hilfsfermente, die zusammen mit den Desmolasen in Fermentgemeinschaften wirken, sind z. B.:

Hydratasen, die an die Doppelbindung ungesättigter Verbindungen Wasser anlagern; — *Ammoniakasen,* die entsprechend Ammoniak anlagern; — *Phosphorylasen*, die Phosphat direkt auf ein anderes Substrat übertragen, ohne daß anorganisches Phosphat auftritt; — *Isomerasen,* die Aldosen in Ketone und umgekehrt umwandeln usw.

Fernambukholz.

Fernambukholz. Lignum Fernambuci.

Brasilienholz. Rotholz.

Das Holz verschiedener Bäume des tropischen Amerikas, besonders aus Brasilien und Ostasien von **Caesalpinia echinata** Lamarck, *Caesalpiniaceae*, u. a. Als beste Sorte gilt das Fernambuk- oder Brasilienholz aus Fernambuko. Kernholz hart, auf frischer Schnittfläche rot glänzend, in Scheiben oder geraspelt, *geruchlos, Geschmack* anfangs süßlich, dann kratzend-herb, beim Kauen den Speichel rot färbend (Abb. 85).

Inhaltsstoffe. 6% *Gerbstoff*, gelber Farbstoff Brasilin, der sich in Laugen mit roter Farbe löst und durch Oxydation in den roten Farbstoff Brasilein übergeht.

Verwendung. Früher ein wichtiger Farbstoff, heute durch synthetische Farbstoffe weitgehend verdrängt, zur Herstellung von Tinte, zum Färben mikroskopischer Präparate, von Backwaren, Likören und Käse, die Hülsen zum Gerben und Schwarzfärben → Dividivi.

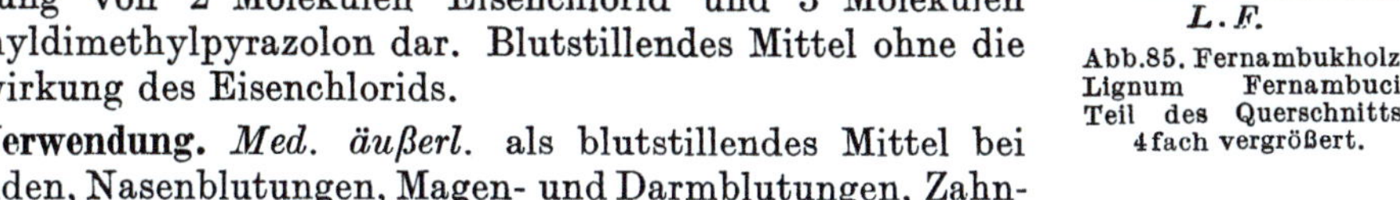

L. F.
Abb. 85. Fernambukholz.
Lignum Fernambuci.
Teil des Querschnitts.
4 fach vergrößert.

Ferropyrin.

Ferropyrin (Knoll) ist ein luftbeständiges, kristallines, orangerotes Pulver und stellt chemisch eine Doppelverbindung von 2 Molekülen Eisenchlorid und 3 Molekülen Phenyldimethylpyrazolon dar. Blutstillendes Mittel ohne die Ätzwirkung des Eisenchlorids.

Verwendung. *Med. äußerl.* als blutstillendes Mittel bei Wunden, Nasenblutungen, Magen- und Darmblutungen, Zahnblutungen; zweckmäßig tamponiert man mit in 20%ige Ferropyrinlösung getauchter reiner Gaze oder streut F. auf ein Wattebäuschchen und drückt dies auf die blutende Stelle an.

Fettabacterin H. H.[1]

Weißes, geruch- und geschmackloses Pulver, das koch- und backfest ist.

Verwendung. Als Konservierungsmittel für fetthaltige Teige, Massen, Füllungen usw., um diese vor dem Ranzigwerden zu schützen.

Fettalkohole.

Fett- oder Wachsalkohole kommen in der Natur nicht frei, aber weitverbreitet als Fettsäureester in den Wachsen vor. Am Anfang des vorigen Jahrhunderts wurde der Hexadecylalkohol erstmals aus Walrat (Palmitinsäurecetylester) dargestellt. Auch Wollfett enthält neben aliphatischen Alkoholen und Cholesterin Fettalkohole. Als Rohstoffquellen zur Herstellung der Fettalkohole dienen Bienenwachs, Carnaubawachs und flüssige Seetierwachse.

Die Tatsache, daß Seifen mit den in Wasser gelösten sauren Carbonaten der Erdalkalien Magnesium und Calcium unlösliche Salze der Fettsäuren bilden, die

---

[1] Hersteller: Gesellschaft für Sterilisation m. b. H., Berlin-Schlachtensee.

29*

sich in Form klebriger Flocken am Waschgefäß und auf dem Waschgut abscheiden, veranlaßte die Fettchemie, Wege zur Überwindung dieses Übelstandes zu suchen. Sie geht dabei von den Fettalkoholen aus.

Höhere Fettsäuren lassen sich bei hohen Wasserstoffdrucken, hoher Temperatur unter Anwendung von Kupfer, Nickel oder Kobalt als Katalysator zu höheren primären Alkoholen reduzieren. Als Fettalkohole bezeichnet man die den Fettsäuren entsprechenden höheren Alkohole der allgemeinen Formel $C_nH_{2n+1}OH$ von C_8 ab bis C_{18}:

n-Octanol, $C_8H_{17}OH$	n-Dodecanol, Laurinalkohol, $C_{12}H_{25}OH$
sec. Octanol, $C_6H_{13} \cdot CHOH \cdot CH_3$	Myristinalkohol, $C_{14}H_{29}OH$
n-Nonylalkohol, $C_9H_{19}OH$	Cetylalkohol oder Palmitylalkohol, $C_{16}H_{33}OH$
n-Decanol, $C_{10}H_{21}OH$	Stearinalkohol, $C_{18}H_{37}OH$
n-Undecanol, $C_{11}H_{23}OH$	Oleinalkohol, $C_{18}H_{35}OH$.

Die Fettalkohole sind ölige Flüssigkeiten oder farblose, weiche Massen, schwer bis unlösl. in Wasser, dagegen in Weingeist und Äther leicht lösl. Technisch werden sie beim FISCHER-TROPSCH-Verfahren gewonnen. Bei ihrer Sulfonierung entstehen Fettalkoholsulfonate.

Fettalkoholsulfate. Fettalkoholsulfonate.

Beim Einwirken von konz. Schwefelsäure auf die oben genannten Fettalkohole entstehen Fettalkohol-Schwefelsäureester, der Vorgang läßt sich schematisch wie folgt formulieren:

$$C_nH_{2n+1}OH \quad + \quad H_2SO_4 \quad \rightarrow \quad C_nH_{2n+1}OSO_3H \quad + \quad H_2O$$

Fettalkohol   Schwefelsäure   Fettalkohol-Schwefelsäureester   Wasser

Durch Umsetzung mit Natronlauge erhält man daraus das Natriumsalz des Fettalkohol-Schwefelsäureesters, das man durch Einwirkung von Natriumsulfit in Fettalkoholsulfonat im engeren Sinne überführen kann:

$$C_nH_{2n+1}OSO_3Na \quad + \quad Na_2SO_3 \quad \rightarrow \quad C_nH_{2n+1}SO_3Na \quad + \quad Na_2SO_4$$

Natriumsalz des   Natriumsulfit   Fettalkoholsulfonat   Natriumsulfat
Fettalkohol-Schwefelsäureesters

Der Unterschied in der Struktur des Fettalkohol-Schwefelsäureesters und dem Fettalkoholsulfonat im engeren Sinne besteht darin, daß beim ersten die Sulfogruppe, $-SO_3H$, an ein Sauerstoffatom (I), beim Fettalkoholsulfonat im engeren Sinne (II) an ein C-Atom gebunden ist.

$$
\begin{array}{cc}
R' & R' \\
| & | \\
R-C-H & R-C-H \\
| & | \\
O-SO_3H & SO_3H \\
I & II
\end{array}
$$

O-Sulfonat oder Sulfat   C-Sulfonat oder Sulfonat
(Schwefelsäureester)   (,,echte" Sulfonsäure)

Beide Verbindungen werden in der Praxis als Fettalkoholsulfonate bezeichnet. Die meisten Fettalkoholsulfonate sind Natriumsalze der Verbindungen I und II, besitzen seifenartige Eigenschaften, bieten aber gegenüber gewöhnlichen Seifen den Vorteil, daß sie mit heißem Wasser keine Niederschläge, ,,Kalkseifen", bilden, da sowohl ihre Clacium- als auch Magnesiumsalze wasserlöslich sind. Als Salze einer starken Säure tritt die selbst bei neutralen Seifen übliche Hydrolyse und damit verbundenes Freiwerden von Alkali bei den Fettalkoholsulfonaten nicht ein. Sie bleiben auch in Lösungen neutral, so daß eine weitgehende Schonung der Haut bzw. von Faser und Farbe gewährleistet ist. Außerdem sind sie gute Netz-, Schaum-, Dispergier-

und Emulgiermittel und besitzen gute Reinigungswirkung. Sie finden weitgehende Verwendung in der Waschmittelindustrie zur Herstellung von Feinwaschmitteln, in der Kosmetik zur Herstellung von Haarwaschmitteln, Rasiercremes, in der Textilindustrie als Appretur- und Entschlichtungsmittel, als Stabilisator beim Bleichen, als Zusatz zu Lacken und feinen Schmierölen. Bei der Herstellung moderner Emulgatoren (→ Cetiol, → Lanette), die zu Salbengrundlagen verarbeitet werden, und für medizinische und kosmetische Zwecke finden sie gleichfalls weitgehende Verwendung.

Fette. Adipes — fette Öle. Olea pinguia.

Mit Fetten, Adipes (lat. adeps, Fett, Schmalz) und fetten Ölen, Olea pinguia (lat. pinguis, fett) bezeichnet man im Tier- und Pflanzenreich weitverbreitete Verbindungen, welche sich durch eine hohe Viscosität auszeichnen und die biologisch, technisch und volkswirtschaftlich von größter Bedeutung sind.

Vorkommen.

Pflanzliche Fette. Der Pflanzenkörper erzeugt bei seinem Stoffwechsel aus Kohlenhydraten Fette, die entweder beim Wachstumsprozeß verbraucht oder als Reservestoff in Form feinster Öltröpfchen im Zellinhalt abgelagert werden. Im Falle des Bedarfs vermögen die in den Pflanzenfetten enthaltenen fettspaltenden Fermente, Lipasen, die gespeicherten Fette wieder abzubauen. Besonders die Samen, „*Ölsaaten*", z. B. Mohn, Lein, Raps u. a., in denen das Öl der Ernährung des Pflanzenkeimlings dient, und Früchte, „*Ölfrüchte*" wärmerer Klimagebiete, z. B. Oliven, Ölpalme, zeichnen sich durch großen Ölreichtum aus.

Tierische Fette. Die tierischen Fette sind im Körper höherer Tiere, besonders unter der Haut als Speck, an den Eingeweiden, in der Umgebung von Nieren und im Knochenmark (über 90%) abgelagert. Sie finden sich außerdem in allen Körperorganen und Körperflüssigkeiten, mit Ausnahme des Harns. Selbst der menschliche Kot enthält Fett. Das Fett ist in den tierischen Zellen im Fettgewebe eingeschlossen.

Einteilung.

Im allgemeinen Sprachgebrauch versteht man unter „Ölen" im weiteren Sinne nicht nur die fetten Öle, sondern eine ganze Anzahl chemisch völlig anders zusammengesetzter Verbindungen, so die Treib-Schmieröle der Paraffinreihe, die Vaselinöle, die Harz- und Teeröle u. a. Die Einteilung der Fette und fetten Öle im engeren Sinne nach physikalischen Gesichtspunkten ist deshalb unzweckmäßig, weil ihre Konsistenz von der Temperatur abhängig ist und bei uns feste Fette (z. B. Palmkernöl, Kokosöl) in tropischen Ländern flüssig sind. Die Einteilung erfolgt deshalb zweckmäßig zunächst in

pflanzliche, vegetabilische Fette und fette Öle und
tierische, animalische Fette und fette Öle.

Flüssige vegetabilische Fette bezeichnet man als *Öle*, flüssige Öle von Seetieren als *Trane*, weiche Fette als *Schmalze* und feste Fette als *Talge*.

Bei den fetten Ölen unterscheidet man *trocknende, halbtrocknende* und *nichttrocknende* Öle. Fette, die überwiegend feste Fettsäuren enthalten (Stearinsäure, Palmitinsäure), sind fest, ist dagegen die flüssige Ölsäure in größerem Umfang oder vorwiegend vorhanden, so ist die Konsistenz des Fettes halbfest (schmalzartig) oder flüssig, das Fett ist ein Öl.

Gewinnung.

Pflanzliche Fette und Öle. Zwei Gewinnungsarten finden praktische Anwendung: 1. die *Pressung*, 2. die *Extraktion*.

1. Bei der Pressung unterscheidet man die *Kaltpressung*, bei der die zerkleinerten Ölsaaten in hydraulischen Pressen bearbeitet werden. Durch sie werden die besten Fettsorten erhalten, die besonders in bezug auf Farbe und Geschmack entsprechen und deshalb zu Speisezwecken Verwendung finden. Durch *Warmpressung* werden größere Ölausbeuten erzielt, die Öle sind aber weniger fein und weniger haltbar und finden deshalb nur technische Verwendung. Warmgepreßte Öle enthalten meist reichlich freie Fettsäuren, die sich durch fermentative Spaltung gebildet haben.

Als Rückstand bleiben die *Ölkuchen*, die stets noch 10 bis 15% Öl enthalten. Sie finden in Ölkuchenbrechern auf Nußgröße zerkleinert als fettreiches und eiweißhaltiges Futtermittel Verwendung oder werden ihrerseits noch der Extraktion mit Fettlösungsmitteln unterworfen.

Zur Herstellung von Speiseölen ist die Reinigung der Ölsaaten von großer Bedeutung. Fremdkörper werden durch Absieben sorgfältig entfernt, ebenso Schmutz und Staub. Manche Ölfrüchte und Ölsaaten (z. B. Baumwollsaat, Erdnüsse, Palmfrüchte usw.) müssen vor dem Pressen geschält werden. Nach dem Zerkleinern in Walzenmühlen erfolgt dann die Pressung in hydraulischen Pressen.

2. Die Extraktion erfolgt mit Fettlösungsmitteln (Benzin, Benzol, Schwefelkohlenstoff, Tetrachlorkohlenstoff, Dichloräthylen u. a.) nach dem Zerkleinern der Samen bzw. Früchte. Das Lösungsmittel wird dann durch Destillation vom fetten Öl getrennt und zur neuen Extraktion verwendet. Die Ölausbeute ist beim Extraktionsverfahren größer als beï der Pressung, jedoch sind extrahierte Öle nur für technische Zwecke und nicht für Speisezwecke verwendbar. Dieses Verfahren findet meist anschließend an die Kalt- bzw. Warmpressung Anwendung, um das Rohmaterial möglichst zu erschöpfen.

Die erhaltenen Öle enthalten meist noch Schleimstoffe, Eiweißstoffe und Farbstoffe und andere Verunreinigungen aus dem Rohmaterial und werden durch Absetzenlassen, Klären, Filtrieren und Bleichen gereinigt.

Tierische Fette. Tierisches Fett wird meist durch sog. *Trockenschmelze*, d. h durch Ausschmelzen über freiem Feuer des zerkleinerten Materials oder mit heißem Wasser bzw. Dampf, *Naßschmelze*, gewonnen. Man erhitzt so lange, bis das in den Zellen eingeschlossene Fett schmilzt, dabei die Zellmembranen sprengt und ausfließt. Auch hier geschieht die Reinigung durch Absetzenlassen, Klären, Filtriern, Bleichen usw. Die Gewinnung der tierischen Öle (Trane) s. Lebertran.

Physikalische Eigenschaften.

Während die reinen Fettsäureester des Glycerins farblos sind, sind die natürlich vorkommenden Fette und fetten Öle meist durch kleine Mengen von Farbstoffen gelb oder grünlich gefärbt. Fette und fette Öle unterscheiden sich von den ätherischen Ölen dadurch, daß sie nicht flüchtig sind und auf Papier einen bleibenden Fettfleck geben. In Wasser sind sie unlösl., jedoch spezifisch leichter als dieses D. (20°) zwischen 0,912 und 0,940, Ricinusöl D. etwa 0,97, sie schwimmen deshalb auf ihm. In zahlreichen organischen Lösungsmitteln (Äther, Benzin, Benzol, Chloroform, Tetralin, Hexalin, Dekalin, Schwefelkohlenstoff, Tetrachlorkohlenstoff, Toluol, Xylol und vielen anderen Lösungsmitteln sind sie lösl., mit ätherischen Ölen in jedem Verhältnis mischbar. Ricinusöl ist in 3 bis 4 T. Weingeist (90%) klar lösl. Der Schmp. der Fette ist um so höher, je mehr Glyceride der höheren Fettsäuren (Stearin-, Palmitinsäure) enthalten sind, während ein höherer Gehalt an ungesättigten Fettsäuren (Ölsäure und Linolsäure) eine ölige oder weichere Beschaffenheit bedingt. Beim kräftigen Schütteln von fettem Öl mit Wasser entsteht eine vorübergehende Emulsion, die sich nach kurzer Zeit wieder trennt. Wird dagegen fettes Öl mit Wasser und einem geeigneten Bindemittel (Emulgator) innig vermengt, wird das Fett in feinste Tröpfchen verteilt, es bildet sich eine → Emulsion. Öle und geschmolzene Fette besitzen hohe Kapillarität (Fettflecke in Kleiderstoffen), hohe Viscosität und Adhäsionskraft, sie werden deshalb leicht von der Haut aufgenommen und dienen als Gleitschiene für Arzneistoffe und kosmetisch wirksame Mittel. Beim Erwärmen erfolgt die Verflüssigung von Fetten erst nach vorangegangenem Erweichen, dann schmelzen alle unter 100° innerhalb bestimmter Temperaturgrenzen zu einer klaren Flüssigkeit.

Chemische Natur der Fette.

Fette und fette Öle sind keine einheitlichen chemischen Verbindungen, sondern Gemische. Sie bestehen aus Estern des dreiwertigen Alkohols Glycerin, sog. *Glyceriden*, mit zahlreichen gesättigten Fettsäuren von C_4 (Buttersäure) ab bis C_{24} (Lignocerinsäure) mit gerader Kohlenstoffzahl und ungesättigten Fettsäuren mit einer oder mehreren Doppelbindungen. Die Glyceride haben die Formel:

$$R_1 \cdot COO \cdot CH_2$$
$$|$$
$$R_2 \cdot COO \cdot CH$$
$$|$$
$$R_3 \cdot COO \cdot CH_2$$

Dabei kann das Fettsäureradikal R entweder von derselben Fettsäure oder von verschiedenen Fettsäuren abgeleitet sein. Im ersten Fall spricht man von gleichsäurigen, im zweiten von gemischtsäurigen Glyceriden. Am häufigsten kommen in ihnen die höheren gesättigten Fettsäuren mit einfachen Bindungen vor: Palmitinsäure, $C_{15}H_{31}COOH$, Stearinsäure, $C_{17}H_{35}COOH$, und die ungesättigte Ölsäure, $C_{17}H_{35}COOH$. Andere in den Glyceriden vorkommende Säuren sind die Arachinsäure, Behensäure, Buttersäure, Caprinsäure, Caprylsäure, Capronsäure, Erucasäure, Laurinsäure, Linolsäure, Myristinsäure, Ricinusölsäure, Tiglinsäure u. a. Dabei können in den Glyceriden z. B. neben einem Ölsäurerest zwei Stearinsäureester enthalten sein. Man bezeichnet in diesem Fall das Glycerid als Oleodistearin. Die natürlichen Fette bestehen vorwiegend aus gemischten Triglyceriden. Entsprechend der Konsistenz der in den Glyceriden vorkommenden Fettsäuren sind auch die Gemische ihrer Glyceride je nachdem fest, halbfest oder flüssig. Herrscht in ihnen Palmitin- oder Stearinsäure vor, so ist das Fett fest (*Talg*), ist wenig Ölsäure mitbeteiligt, ist das Fett halbfest (*Schmalz*), herrscht die Ölsäure vor, ist das Fett flüssig (*Öl*). Die nicht trocknenden fetten Öle bestehen hauptsächlich aus Olein, das Leinöl und andere trocknende Öle enthalten als Hauptbestandteil die flüssigen Glyceride der → Linolsäure, $C_{17}H_{31}COOH$, mit zwei Doppelbindungen bzw. → Linolensäure, $C_{17}H_{29}COOH$, mit drei Doppelbindungen. Die Glyceride dieser ungesättigten Säuren nehmen leicht Sauerstoff aus der Luft auf und erhärten dadurch in dünner Schicht aufgetragen zu einem Film. Dieser Trocknungsvorgang, der auf einer Oxydation beruht, ist von größter Bedeutung für den Anstrich mit Ölfarbe, für die Firnis-, Lack- und Linoleum-Industrie. Analytisch sind die Öle, die Linol- und Linolensäure enthalten, an einer besonders hohen Jodzahl kenntlich.

Die Glyceride niedriger Fettsäuren, wie diejenigen der Butter-, Capron- und Caprylsäure, kommen in einigen Fetten (z. B. der Butter) vor, aber meist nur in geringen Mengen. Sie verleihen dem betreffenden Fett zum Teil sein eigentümliches Aroma.

Chemische Eigenschaften.

Fette und fette Öle besitzen nur begrenzte Haltbarkeit. Bei längerer Aufbewahrung werden sie ranzig, reagieren dann sauer, schmecken und riechen unangenehm nach freien, flüchtigen Fettsäuren. Diese üben einen Hautreiz aus. Nicht wasserfreie Fette werden besonders leicht ranzig.

Alle Fette werden beim Kochen mit Wasser, Alkalien, Bleioxyd und anderen Basen *verseift*. Dabei entstehen die Salze der Fettsäuren, → *Seifen* und Glycerin. Auch überhitzter Wasserdampf zerlegt die Fette in Glycerin und Fettsäuren. Die im Ricinussamen enthaltene Lipase zerlegt bei Gegenwart von Wasser die Fette ebenfalls in Glycerin und Fettsäuren.

Durch salpetrige Säure werden die Glyceride der Ölsäure in Elaidinsäure umgewandelt. Bei dieser Reaktion werden die Fette, z. B. reines Olivenöl, ebenfalls fest. Trocknende Öle, z. B. Leinöl, geben diese Reaktion nicht. Die Elaidinprobe wird zur Untersuchung von Ölen in bezug auf ihre Herkunft und zur Erkennung von Verfälschungen angewandt.

Durch Erhitzen bei gewöhnlichem Druck lassen sich Fette und fette Öle nicht unzersetzt verflüchtigen, es erfolgt hierbei vielmehr bei etwa 300° ein chemischer Zerfall unter Entwicklung von Acroleindämpfen, ihr Sdp. läßt sich daher nicht feststellen. Brom, Jod, Phosphor und Schwefel sind in Fetten lösl., diese Löslichkeit besitzt auch technische Bedeutung.

Bei Fetten und fetten Ölen ist die Jodzahl ein Maßstab für den Gehalt an ungesättigten Fettsäuren. Außerdem erlaubt sie, die Öle nach dem Grad ihres Trocknungsvermögens einzuteilen in:

trocknende Öle	JZ. 130 bis 200
halbtrocknende Öle	JZ. 95 bis 130
nichttrocknende Öle	JZ. 0 bis 95

Mit zunehmendem Alter der Öle steigt das Jodaufnahmevermögen besonders bei trocknenden Ölen. Es ist deshalb wichtig, sich wenigstens annähernde Daten über das Alter des zu untersuchenden Öles zu beschaffen.

I. Trocknende Öle.

Leinöl	JZ. 182	Mohnöl	JZ. 134 bis 143
Holzöl (Tungöl)	JZ. 159 bis 166	Sonnenblumenöl	JZ. 122 bis 135
Hanföl	JZ. 157 bis 166		

II. Halbtrocknende Öle.

Leindotteröl	JZ. 133 bis 135	Sesamöl	JZ. 103 bis 112
Sojabohnenöl	JZ. 132	Baumwollsamenöl	
Maisöl	JZ. 119 bis 123	(Cottonöl)	JZ. 100 bis 110
Kapoköl	JZ. 118 bis 119	Rüböl	JZ. 97 bis 105

III. Nichttrocknende Öle.

Erdnußöl	JZ. 80 bis 98	Palmöl	JZ. 51 bis 58
Olivenöl	JZ. 82	Klauen- und Knochenfette	JZ. 44 bis 75
Ricinusöl	JZ. 82 bis 88	Talge	JZ. 35 bis 45
Schweineschmalz	JZ. 60 bis 85		

(S. a. Bd. I, S. 1054 ff. Tabellen mit Kennzahlen der trocknenden, halbtrocknenden und nichttrocknenden Öle sowie der festen Pflanzenfette und der Öle und Fette von Land- und Seetieren.)

Ranzigkeit der Fette[1].

Das Ranzigwerden von Fetten und fetten Ölen beruht auf der Einwirkung von Luftsauerstoff, begünstigt durch Licht, Wärme und Metalle (Prooxydantien),

---

[1] Nach E. BENK in DDZ. **1950**, 19, 509.

Bakterien und Schimmelpilze. Man unterscheidet nach der Art der entstehenden Spaltprodukte *Aldehyd-Keton-Ranzigkeit* und *Peroxyd-Ranzigkeit*. Die Ranzigkeit von Fetten und fetten Ölen kann durch die Verwendung von Oxydationsschutzmitteln, *Antioxygene*, weitgehend vermieden werden. Als solche kommen für Nahrungsfette naturgemäß nur völlig ungiftige Stoffe in Frage, wie die Fumarsäure und Maleinsäure, die noch in einer Verdünnung von 1 : 30000 Fette vor Luftoxydation schützen. Auch Propylgallat, $C_6H_2 \cdot (OH_3) \cdot COO \cdot C_3H_7$, der Gallussäurepropylester, ist ungiftig, fettlöslich, nicht färbend, geschmacklich neutral und für fetthaltige Lebensmittel sehr wirksam, → Nipagalline. Die Lagerfähigkeit von Fetten in Pappbehältern oder Pergamentumhüllungen kann durch Imprägnierung der Packungen mit Citronensäure, Gallazetonin oder Quajakgummi wesentlich erhöht werden. Siehe auch Aufbewahrung.

Begleitstoffe der Fette und Öle.

Wichtige kennzeichnende und ständige Begleiter der Fette und fetten Öle sind ungesättigte sekundäre polycyclische Alkohole, die *Sterine*. Alle festen und flüssigen Pflanzenfette enthalten 0,1 bis 0,3% *Phytosterine*, alle tierischen Fette kleine Mengen von *Zoosterinen*, besonders das Cholesterin, ein Isomeres des Phytosterins. Diese Tatsache ermöglicht die Feststellung tierischer Fette in Pflanzenfetten. Die Sterine finden sich teils frei, teils an Palmitin- und Stearinsäure gebunden. Besonders das Cholesterin hat die Fähigkeit, große Mengen Wasser aufzunehmen. Andere Begleitstoffe der Fette sind Kohlenwasserstoffe (z. B. *Squalen*), Farbstoffe, Riechstoffe u. a., die sich wie die Sterine nicht verseifen lassen. Man faßt sie deshalb als ,,*Unverseifbares*'' zusammen.

Verdauung der Fette.

Die Verdauung der Fette im Körper erfolgt zunächst durch Fettspaltung und anschließende Resorption. Im Dünndarm werden die Fette durch die Gallensäure emulgiert und die entstehenden Fettsäuren mit dem alkalischen Darminhalt in wasserlösliche Form gebracht. Dadurch wird die Resorption der Fette von der Darmwand ermöglicht.

Bedeutung der Fette für den Körper.

Die Fette sind neben den Kohlenhydraten wichtigste Energieträger. Sie finden sich hauptsächlich im Unterhautzellgewebe, in den Eingeweiden, Nieren und Knochen (im Knochenmark bis zu 96% Fett) und dienen als Isoliermittel gegen Kälte, Schutz gegen mechanische Stöße und der Fixierung der Organe. Eine gewisse Fettmenge ist lebensnotwendig. Ein Tagesbedarf von 65 bis 80 g Fett entspricht dem Bestwert der Fettzufuhr in der Ernährung. Kein anderer Nährstoff befriedigt das Hungergefühl so wie Fette, außerdem sind sie Träger und Resorptionsvermittler von wichtigen Vitaminen. Da sie im kleinsten Volumen das Höchstmaß an Energie enthalten (9,3 Kal. je Gramm), belasten sie den Darm am wenigsten. Fette werden so gut wie vollständig resorbiert, lösen im Gegensatz zu Eiweiß- und Kohlenhydraten höchst selten abnorme Zersetzungsvorgänge im Darm aus und bilden kaum Darmgase. *Erhöhter Fettmangel* führt zu einem erhöhten Zerfall von Protoplasmaeiweiß. Den Körper völlig fettfrei zu ernähren, ohne bedenkliche Gesundheitsstörungen zu verursachen, ist unmöglich. Dies hängt einerseits mit dem Fehlen der in den Nahrungsfetten enthaltenen fettlöslichen Vitamine zusammen. Aber selbst bei Zusatz derselben ruft völliger Fettmangel Wachstumsstillstand oder Gewichtsabnahme bei gleichzeitigen Nieren- und Hautveränderungen und abnorm großem Wasserbedürfnis hervor. Vor allem die ungesättigten Säuren, Linol- und Linolensäure, sind zur Verhütung derartiger Schädigungen geeignet. Aber auch die Begleitstoffe, die Lipoide, die Sterine und Lecithine, sind daneben von größter

Bedeutung. In größerer Menge sind Fette, besonders die Pflanzenöle (Oliven-, Sesamöl) schwer verdaulich, erhöhen die Darmperistaltik, glätten die Darmwände und führen ab. *Übermäßiger Fettverbrauch* führt infolge Bildung von gesundheitsschädlichen Acetonkörpern zur Erkrankung. Für die Haut sind die Fette dasselbe wie die Schleime für die Schleimhäute. Sie bedecken sie, schützen sie gegen Reize und befördern die Hautheilung. Fehlt das Hautfett, bilden sich Risse und Schrunden. Die meisten Fette werden von der Haut leicht resorbiert, machen sie geschmeidig und weich, außerdem erhalten sie diese durch Einschränkung der Wasserverdunstung feucht und beschränken die Schweißsekretion.

Prüfung der Fette und Öle.

Vor der Probeentnahme sind fette Öle in den Fässern durch kräftiges Schütteln zu mischen. In der kalten Jahreszeit müssen die Behältnisse vorher warm gelagert werden, damit ausgeschiedene Bestandteile in Lösung gehen, erst dann hat die Probeentnahme nach *kräftigem Durchschütteln* zu erfolgen. Bei festen Fetten entnimmt man mehrere Proben, die man durch Schmelzen vereinigt.

Physikalische Prüfung. Bei dieser wird die äußere Beschaffenheit, das spezifische Gewicht, das Verhalten im Polarisationsapparat und Refraktometer festgestellt und der Schmelzpunkt, Erstarrungspunkt und die Viscosität bestimmt.

Chemische Prüfung. Hier wird auf die Vorschriften des DAB. 6 bzw. Erg.-B. 6 bei den einzelnen Fetten und fetten Ölen und die „Prüfung der Arzneistoffe", Bd. I, S. 337, 368, verwiesen. Es sind folgende Kennzahlen zu bestimmen: Dichte, optische Drehung, Schmelzpunkt, Erstarrungspunkt, Säuregrad, Säurezahl, Verseifungszahl, Esterzahl, Jodzahl; weiter können bestimmt werden: die Rhodanzahl und die Acetyl- bzw. Hydroxylzahl.

Einige qualitative Reaktionen seien nachstehend aufgeführt:

Prüfung auf Cholesterin und Phytosterin[1]. Cholesterin und Phytosterin geben mit *Digitonin* eine kennzeichnende, schwer lösl. Komplexverbindung, *Digitonid*. 50 g des zu untersuchenden Öles oder Fettes werden heiß mit 20 ccm einer 1%igen alkoholischen (96%) Digitoninlösung 15 Minuten lang im Scheidetrichter kräftig geschüttelt. Nach mehrstündigem Stehen hat sich die zunächst gebildete Emulsion geklärt, wobei sich das Öl unten absetzt. Man läßt das Öl soweit wie möglich ab, das in der oberen alkoholischen Schicht flockig ausgeschiedene Digitonid schüttelt man im Scheidetrichter mit 50 bis 100 ccm Äther durch. Dann wird filtriert und mit Äther ölfrei gewaschen. Das lufttrockene Digitonid wird verrieben und nochmals zur Entfernung der letzten Fettreste mit Äther ausgezogen. Dann wird mit $1^1/_2$ ccm Essigsäureanhydrid $^1/_2$ Stunde in einem engen Reagensglas erhitzt. Beim Erkalten scheiden sich die Acetate aus. Phytostearinacetat ist hierbei rein weiß, Cholesterinacetat braun gefärbt. Die erhaltenen Acetate werden 1- bis 2mal aus Alkohol umkristallisiert und auf ihren Schmelzpunkt geprüft. Cholesterinacetat Schmp. 114,3°, Phytostearinacetat Schmp. mindestens 124,3°.

Prüfung auf Mineralöl oder Harzöl (nach BRAUN). Man schüttelt zur Prüfung auf Mineralöl einen Teil des zu prüfenden Öles oder Fettes mit 4 T. reinem Anilin. Wird die Mischung beim Erwärmen auf 20° klar, so ist Mineralöl nicht vorhanden. Mineralöl ist in Anilin unlösl., Empfindlichkeitsgrenze 2%. Zur Prüfung auf Mineralöl oder Harzöl schüttelt man 10 ccm Öl mit 10 ccm einer Pikrinsäurelösung (1%) in Benzol. Dabei tritt Rotfärbung ein. Schwere, gut raffinierte Mineralöle geben diese Reaktion nicht.

Untersuchung der Öle und Fette s. S. 458 sowie Bd. I, S. 337 (Schmelzpunktbestimmung) und Bd. I, S. 368 (Maßanalytische Verfahren zur Kennzeichnung von Fetten und fettlöslichen Stoffen).

Aufbewahrung.

Die Aufbewahrung von Fetten und Ölen erfolgt in eisernen oder hölzernen Fässern (Barrels) von etwa 180 kg Inhalt, in Bassins oder Tanks, kleinere Mengen in Korbflaschen oder Kannen. Die handelsübliche Leckage darf 1 bis 2% betragen. Fässer sind mit dem Spund nach oben zu lagern, ihre Reinigung erfolgt am besten durch genügend langes Ausdämpfen mit Sattdampf. Durch Einwirkung von Luft und Licht verlieren fette Öle an Güte und werden ranzig (s. S. 456). Sie sind deshalb in dicht geschlossenen, möglichst ganz gefüllten Flaschen *kühl* und *vor Licht geschützt* aufzubewahren. Die Flaschen müssen *völlig trocken* sein und dürfen *keine Spur Wasser*

---

[1] Nach K. BRAUN: Die Fette und Öle. Berlin 1945.

mehr enthalten. Durch Kälte erstarrte Öle müssen vor dem Umfüllen erwärmt und dürfen erst nach dem gleichmäßigen Vermischen umgefüllt werden. *Frisches Öl soll niemals zu Ölresten gegeben werden!* Bei der Aufbewahrung in Metallkannen ist darauf zu achten, daß nur gut *verzinnte* Blechkannen zur Verwendung kommen. Keineswegs dürfen solche aus Zinkblech oder verzinktem Eisenblech Verwendung finden, weil bei diesen die Gefahr besteht, daß sich kleine Mengen von ölsaurem Zink bilden. Weiche oder feste Fette werden in Porzellan- oder Glasgefäßen aufbewahrt, *nicht* in Steingut! Zur Verlangsamung der Autooxydation von Fetten und fetten Ölen sind folgende Vorsichtsmaßregeln zu beachten[1]:

1. Vermeidung jeder unnötigen Berührung mit Schwermetallen, welche die Oxydation begünstigt und den Eintritt der Ranzigkeit beschleunigt.

2. Möglichst luftdichte Verpackung in spundvollen, gut verschließbaren Gefäßen bei Ölen und schmalzartigen Fetten. Bei Butter, Margarine und Hartfetten Pergament- oder Cellophanverpackung.

3. Kühle und trockene Lagerung im Dunkeln zur Abhaltung von Wärme, Feuchtigkeit und Licht.

Therapeutische Verwendung.

Innerl. in Form von Emulsionen als deckendes oder erweichendes Mittel. *Äußerl.* als erweichendes und abdeckendes Mittel mit entzündungswidriger Wirkung (Sonnenbrand), als mechanischer Schutz gegen eindringende Schädlichkeiten, entweder allein oder in Form von Salben, Emulsionen, Linimenten, die gleichzeitig antiseptische, adstringierende oder sonst spezifisch wirkende Stoffe enthalten. Zur Begünstigung der Heilung von Schrunden und Hautfisuren, Erweichung von Krusten (diese Wirkung fehlt den Paraffinen), als Transportmittel für Substanzen, die tiefer in die Haut eindringen sollen. Fette üben eine Puffer- und Schmierwirkung aus, verhindern das Reiben der Wundränder untereinander und mit Verbandstoffen und machen die Haut geschmeidig. Die wichtigsten therapeutisch verwendeten Pflanzenöle sind: Mandelöl, Leinöl, Olivenöl, Sesamöl, Rüböl und Ricinusöl zur Pflege der Haare, Erdnußöl findet auch gehärtet Verwendung und wird dann nicht mehr ranzig.

Sonstige Verwendung der Fette.

75% der Gesamtfettmenge dient der Ernährung, der Rest wird technisch verwertet, von dem $^2/_3$ des Verbrauches auf die Seifenindustrie entfällt. Ihr folgt die Lack- und Anstrichmittelindustrie, die vor allem Leinöl verarbeitet. Bedeutende Fettmengen werden auch von der Textilindustrie in der „Schmelzerei" verwendet, um Wolle und Reißwolle spinnfähig zu machen (8 bis 12 kg Ölsäure für je 100 kg Spinngut). Weitere Fettmengen finden Verwendung zur Herstellung von Kerzen, Lederfetten, zu med. und kosmetischen Salben und Cremes, zu Schmiermitteln, Brennölen, in der Linoleum- und Wachstuchindustrie und zur Veredlung durch chemische Weiterverarbeitung (Härtung und Sulfurierung). Gehärtete Fette finden in der Seifen- und Kerzenindustrie, solche aus genußfähigen Ölen vorwiegend in der Speisefettindustrie Verwendung. Zur Herstellung von Margarine finden hauptsächlich die Hartfette, die aus Waltran, Erdnußöl, Sojaöl, Baumwollsaatöl und Rüböl hergestellt sind, Verwendung.

Über die Verdaulichkeit und Genußfähigkeit gehärteter Fette bestehen heute keinerlei Bedenken mehr, nachdem ihre Herstellungsverfahren verbessert wurden. Für med. und kosmetische Herstellungen kommen *Erdnußhartfett*, Schmp. 64°, JZ. 0 bis 6, und gehärtetes Ricinusöl, Schmp. 80° bis 83°, JZ. 16 bis 22 zur Verwendung.

---

[1] BENK, E., in DDZ. **1950**, 19, 509.

Fetthärtung.

Flüssige Öle, Trane oder weiche Fette kann man „härten". Hiervon macht man vor allem bei minderwertigen Ölen und Fetten Gebrauch. Der deutsche Chemiker W. NORMANN hat 1902 ein Verfahren patentieren lassen, nach dem durch katalytische Hydrierung erwärmte Fette und fette Öle mit sehr fein verteiltem Nickel oder anderen Katalysatoren vermischt und dann bei Temperaturen von 100° bis 180° mit Wasserstoff unter Druck in innige Berührung gebracht werden. Dabei lagert sich der Wasserstoff an die Doppelbindungen, z. B. der Ölsäure, an und verwandelt sie in Stearinsäure und Elaidinsäure, die beide fest sind:

$$\underset{\text{Ölsäure}}{C_{18}H_{34}O_2} \quad + \quad \underset{\text{Wasserstoff}}{H_2} \quad \to \quad \underset{\text{Stearinsäure}}{C_{18}H_{36}O_2}$$

Durch sinnreiche Abänderungen der Katalysatoren, der Temperatur und des Druckes ist es gelungen, die Härtung der Öle so zu beeinflussen, daß nur bestimmte Fettsäuren mit mehreren Doppelbindungen hydriert werden, die Ölsäure aber erhalten bleibt. Dadurch können weichere und härtere Fette von jedem gewünschten Schmelzpunkt und Konsistenzgrad von der des Schmalzes bis zur Hammeltalgkonsistenz erzielt werden. Durch weitere Verbesserung des Verfahrens und geeignete Raffination wird auch der Geschmack verbessert, so daß durch die Fetthärtung neben Kokos-, Palm- und Erdnußöl auch Leinöl, Rüböl und Trane in rein und neutral schmeckendes Fett verwandelt werden können. Die Bedenken, die ursprünglich bei Verwendung der Hartfette geäußert wurden, sind unbegründet, da auch gehärtete Fette gesundheitlich völlig einwandfrei und bei Schmelzpunkten bis zu 37° ebenso verdaulich sind wie die natürlichen Fette. Sie sind den natürlichen Fetten als Nährstoffe gleichwertig und finden deshalb als „*Hartfette*" bei der Herstellung von Margarine und Süßwaren, in der Bäckerei und vielen Zweigen des Lebensmittelgewerbes Verwendung. Auch zur Herstellung von Seifen und Stearin werden gehärtete Fette viel verwendet.

Fettkraut.

Fettkraut. Pinguicula vulgaris *L.*
Lentibulariaceae.

Auf Mooren und Torfwiesen gebirgiger Gegenden vorkommendes, 5 bis 10 cm hohes, insektenfressendes Pflänzchen mit flach am Boden liegender Rosette, blaßgrünen, fleischigen, fettglänzenden, ganzrandigen, lanzettlichen Blättern mit Drüsen an der Oberseite, die einen zähen Schleim absondern, der zum Insektenfang dient. Durch die Berührung der Blattoberfläche durch ein Insekt rollen sich die Blattränder zusammen, der Drüsenschleim hält das Insekt fest und verdaut es durch ein mit dem Schleim abgesondertes eiweißverdauendes Ferment. Blüten blauviolett, gespornt, auf grundständigen, unbeblätterten Stielen, Blumenkrone innen behaart, mit weißem Schlund. Blütezeit Mai/Juni.

Fettkraut. Herba Pinguiculae.

Verwendung. *Innerl.* 1 Teelöffel auf 1 Tasse Aufguß bei Erkältungskrankheiten mit Husten, Keuchhusten. Die Abkochung zu Waschungen des Kopfes soll den Haarwuchs fördern.

Fettstabilisator „Dr. GRANDEL".

Fettstabilisator nach Dr. GRANDEL (Keimdiät) ist ein natürliches Konzentrat, das neben Lecithin und Vitamin E noch eine Reihe andere Wirkstoffe enthält. Der wirksame Bestandteil ist das Redoxsystem Phosphatid: Tocopherol-Komplex. F. wirkt nur als Antioxydans. Auf das Fettverderben durch bakterielle Einflüsse und hydrolytische Erscheinungen hat der Zusatz von F. keinen Einfluß.

Verwendung. Zur Haltbarmachung von allen Fetten (Speiseölen, Speisefetten, Kunstspeisefetten), die wenig oder gar kein Wasser enthalten. Die Höhe des Zusatzes richtet sich nach der Art des Fettes und beträgt 0,05 bis 0,1%. Hochgereinigte und raffinierte Fette benötigen einen höheren Zusatz von F. als naturbelassene Öle. Die richtige Zusatzmenge ist jeweils durch einen Laborversuch zu bestimmen. Zur Einarbeitung des Stabilisators wird das Fett auf 60° bis 80° erwärmt, der Stabilisator zugegeben und $1/_2$ Stunde gerührt. Dann läßt man absetzen oder filtriert klar.

Fibrewachs.

Espartograswachs.

Ein aus dem *Espartogras* gewonnenes hartes Wachs, ähnlich Candelillawachs, Farbe hell- bis dunkelbraun, beim Schmelzen mit dem *Geruch* nach faulem Stroh, Schmp. 61° bis 75°; D. (15°) 0,970 bis 0,990; Mittelwerte: SZ. 26, VZ. 69, EZ. 43, JZ. 14.

Verwendung. Selten in technischen Wachsgemengen.

Fibroin.

Naturseide enthält einen in Wasser unlösl. Eiweißkörper, das Fibroin, den Seidenfaserstoff, der sich vom Seidenleim, dem *Sericin*, durch vorsichtiges Behandeln mit Alkalien oder Seifenlösung in der Hitze trennen läßt. Dabei geht das Sericin in Lösung, das Fibroin bleibt ungelöst. Fibroin wirkt bei örtlicher Anwendung stark antiphlogistisch. Unter der Bezeichnung *Fibroin CW 48* wird das nach besonderem Verfahren hergestellte Seidenfibroin in Form von Pudern, Salben und Tabletten in den Handel gebracht. Auch als Kaugummi hat sich Fibroin bei Erkrankungen der Mundschleimhaut bewährt, ebenso mit oder ohne Schwefel bei Seborrhöe und Akne des Gesichtes und der Kopfhaut.

Fichtenharz.

Fichtenharz. Resina Pini, Erg.-B. 6.

Burgunderharz. Resina (Pix) Burgundica. Weißharz. Weißes Pech. Resina (Pix) alba.

Das an den Stämmen von verschiedenen Abietineen an der Luft erhärtete und gesammelte, durch Schmelzen und Kolieren gereinigte und großenteils von Wasser befreite Harz, besonders der **Seestrand-Kiefer, Pinus pinaster** Solander, der **Fichte, Picea excelsa** *(Lamarck)* Link, neue Nomenklatur **Picea abies** *(Linné)* Karsten.

Galipot heißen in Frankreich die Harzkrusten, die bei der Terpentingewinnung an der Seestrandkiefer entstehen. Mit *Scharrharz* bezeichnet man deutsches Fichtenharz, das an den Rindenwunden, die das Rotwild durch Scharren mit dem Gehörn beim Abwerfen desselben verursacht hat, erhärtet ist. Hellgelbliche bis bräunlichgelbe, durch ausgeschiedene kristalline Harzsäuren undurchsichtige oder durchscheinende, harte Stücke, die noch etwas Terpentinöl und Wasser enthalten. Bruch großmuschelig, glasglänzend, beim Kneten in der Hand erweichend. *Geruch* terpentinartig, *Geschmack* aromatisch-bitterlich. Fast vollständig lösl. in Isopropylalkohol, Äther und Aceton. Schmilzt bei etwa 100° zu einer klaren Flüssigkeit. Aschehöchstgehalt nach Erg.-B. 6 0,5%.

Inhaltsstoffe. Harz, Harzsäuren, Terpentinöl.

Verwendung. *Äußerl.* Zu hautreizenden Salben (10%), zu Pflastern; zu Räuchermitteln, Kitten, Siegellacken und Raupenleim.

Aufbewahrung. Vor Licht geschützt.

Fichtennadelextrakt. Kiefernnadelextrakt. Extractum Pini, Erg.-B. 6.

Extractum Abietineae. Extractum Turionum Pini.

Der Extrakt wird von im Frühjahr gesammelten frischen, jungen Zweigen mit Sprossen und Nadeln von Kiefern und Tannen gewonnen. Nach ihrer Zerkleinerung wird nach Abdestillieren des ätherischen Öles der Extrakt durch Ausziehen unter Erwärmen mit 400 T. Wasser und Einkochen mit dem Destillationswasser gewonnen, dann wieder etwas ätherisches Öl zugefügt.

Brauner bis braunschwarzer, kräftig harzig nach Fichtennadeln riechender, dickflüssiger Extrakt, der sich in 10 T. Wasser mit starkem Bodensatz trübe löst. Mindestgehalt nach Erg.-B. 6 1% ätherisches Öl.

Inhaltsstoffe. Ätherisches Öl, Extraktivstoffe, Harz, Gerbstoff.

Verwendung. Als hautreizender und adstringierender Badezusatz 150 bis 200 g auf ein Vollbad (34° bis 37°), wirkt stärkend und erfrischend bei nervösen Erschöpfungszuständen, in der Rekonvaleszenz, bei Nerven- und Herzleiden, Schlaflosigkeit, Gicht, Rheumatismus.

Aufbewahrung. In gut verschlossenen Gefäßen.

Prüfung nach Erg.-B. 6. 5 g F. werden mit 25 ccm Wasser in einem Schälchen angerieben. Die Lösung wird in ein Kölbchen gegeben, das durch einen an der Seite mit einer Einkerbung versehenen Kork verschlossen wird. An der Unterseite des Korkes ist ein Streifen Kaliumjodatstärkepapier befestigt, der nach folgender Vorschrift hergestellt wird: 1 g jodsaures Kali wird in 100 g Wasser gelöst. Der Lösung setzt man 1 g lösl. Stärke hinzu und erhitzt das Gemisch vorsichtig, bis die Stärke gelöst ist. Nach dem Erkalten wird der Fließpapierstreifen in die Flüssigkeit getaucht; die überschüssige Flüssigkeit läßt man ablaufen und hängt dann den noch feuchten Streifen in das Kölbchen, ohne daß er in die Flüssigkeit eintaucht. Beim Erwärmen des Kölbchens auf dem Wasserbade darf innerhalb 5 Minuten der Papierstreifen nicht blau gefärbt werden (freie schweflige Säure). Hierauf versetzt man die Flüssigkeit mit 5 ccm Phosphorsäure. Beim weiteren Erwärmen auf dem Wasserbade darf innerhalb der folgenden drei Minuten ebenfalls keine Blaufärbung auftreten (schweflige Säure).

Fichtennadelextrakt darf nicht süß schmecken und sich beim Verbrennen nicht aufblähen (Melasse). Die wäßrige Anschüttelung (1 + 9) wird nach dem Absetzen vom Bodensatz vorsichtig abgegossen, 2- bis 3mal mit Wasser dekantiert und durch ein glattes Filter filtriert. Der getrocknete Rückstand darf unter der Lupe kein abgestorbenes Gewebe, Holzteile oder gebräunten Kork zeigen (Rindenextrakt).

1 g F. darf durch Trocknen in einer flachen Porzellanschale höchstens 0,45 g an Gewicht verlieren und nach dem Verbrennen nicht weniger als 0,04 g und nicht mehr als 0,05 g Rückstand hinterlassen.

Zur Bestimmung des Gehaltes an ätherischem Öl werden 50 ccm Fichtennadelextrakt mit 40 ccm Wasser übergossen; das Gemisch wird nach der im DAB. 6 niedergelegten Vorschrift für die Bestimmung des ätherischen Öles in Drogen behandelt mit der Abwandlung, daß das Destillat 4mal mit je 20 ccm Pentan ausgeschüttelt wird, wobei die ersten 20 ccm zum Ausspülen des Kühlers verwendet werden. Die Ölmenge muß mindestens 0,45 g betragen, was einem Mindestgehalt von 1% ätherischem Öl entspricht.

Der im Destillationskolben verbliebene Rückstand soll, mit 100 ccm Äther ausgeschüttelt, diesen grünlich färben.

Fichtennadelöle.

Unter Fichtennadelölen versteht man die ätherischen Öle, die aus den frischen Nadeln, Zweigtrieben und jungen Fruchtzapfen der verschiedenen Tannen-, Fichten-

und Kiefernarten durch Wasserdampfdestillation gewonnen werden. Da die Fichtennadelöle weitgehender Verfälschung mit Terpentinölen unterliegen, muß ihre Prüfung durch Feststellung ihres Drehungsvermögens erfolgen. Siehe auch Edeltannennadelöl.

Fichtennadelöl, sibirisches. Oleum Pini sibiricum, Erg.-B. 6.

Sibirisches Fichtennadelöl stammt von der sibirischen Edeltanne, **Abies sibirica** Ledebour, *Pinaceae,* einem in Nordrußland und Sibirien vorkommenden Baum. Das ätherische Öl wird aus den Nadeln von jungen Zweigspitzen durch Wasserdampfdestillation gewonnen.

Eigenschaften. Farblos bis schwach gelbgrün, optisch aktiv, $\alpha_D^{20°} = -37°$ bis $-45°$; D. (20°) 0,894 bis 0,924; $n_D^{20°}$ 1,468 bis 1,473. *Geruch* angenehm balsamisch. 1 ccm s. F. muß sich in 1 ccm Weingeist (90%) lösen.

Inhaltsstoffe. 29 bis 41% l-Bornylacetat, Santen, l-α-Pinen, β-Pinen, l-Camphen, Phellandren, Dipenten, Bisapolen, Kampfer.

Verwendung. *Med.* zu hautreizenden Einreibungen (50%). Zur Parfümierung von Seifen, zur Herstellung von Luftverbesserungspräparaten, zur Darstellung von → Bornylacetat und synth. Kampfer, zur Parfümierung technischer Präparate (Desinfektionsmittel, Schuhcremes, Lacke usw.).

Aufbewahrung. Vor Licht geschützt.

Kiefernnadelöl. Oleum Pini silvestris, Erg.-B. 6.

Schwedisches Fichtennadelöl. Waldwollöl.

Hauptsächlich in Schweden und England von Nadeln und jungen Zweigen der Kiefer **Pinus silvestris** durch Wasserdampfdestillation als Nebenprodukt bei der Herstellung von Fichtennadelextrakt gewonnen.

Eigenschaften. Dünnflüssige, farblose bis grüngelbliche, optisch aktive Flüssigkeit, $\alpha_D^{20°} = -2$ bis $+13°$; D. (20°) 0,860 bis 0,880; $n_D^{20°}$ 1,474 bis 1,480. *Geruch* angenehm balsamisch. 1 ccm K. muß in 7 bis 10 ccm Weingeist (90%) klar oder nur mit geringer Trübung lösl. sein.

Inhaltsstoffe. α-Pinen, Sylvestren, Dipenten und Cadinen, jedoch nach Gewinnungszeit und Herkunft schwankend.

Verwendung. *Med.* unverdünnt zur Inhalation bei Erkrankung der Luftwege, als hautreizende Einreibung (50%); weitere Verwendung wie Latschenkiefernöl.

Aufbewahrung. Vor Licht geschützt.

Latschenkiefernöl. Oleum Pini pumilionis, Erg.-B. 6.

Krummholzöl.

Das ätherische Öl aus den frischen Nadeln und jüngeren Zweigspitzen von **Pinus montana** Miller und anderen Arten, *Pinaceae,* durch Wasserdampfdestillation gewonnen. Ausbeute 0,4 bis 0,45%. Die Latschenkiefer ist ein niederliegender Strauch oder bis 2 m hoher Baum der bayerischen und österreichischen Alpen und der Karpaten mit verschlungenen Ästen, steif gekrümmten, zu zweien angeordneten Nadeln, paarweise angeordneten weiblichen Kätzchen und dunkelbraunen, kugelig eiförmigen Zapfen.

Eigenschaften. Dünnflüssig, farblos bis hellgelb, optisch aktiv, $\alpha_D^{20°} = -4,5$ bis $-15,5°$; D. (20°) 0,853 bis 0,870; $n_D^{20°}$ 1,474 bis 1,480. *Geruch* angenehm balsamisch, würzig, *Geschmack* bitter, scharf.

Inhaltsstoffe. Sylvestren, Cadinen, Bornylacetat (3 bis 8%), Pumilon, wenig Pinen, Phellandren u. a.

Verwendung. *Med.* unverdünnt als krampflösendes, die Schleimsekretion verminderndes Mittel zu Inhalationen bei Erkrankungen der Luftwege (1 Teelöffel auf 1 Tasse heißes Wasser, *innerl.* tropfenweise auf Zucker), zu hautreizenden Einreibungen (50%), als Badezusatz, in Luftverbesserungspräparaten, in der Kosmetik.

Aufbewahrung. Vor Licht geschützt.

Prüfung des Erg.-B. 6. 1 ccm L. muß sich in 5 bis 8 ccm Weingeist (90%) klar oder höchstens mit geringer Trübung lösen. Bei der fraktionierten Destillation sollen unter 165° nicht mehr als 10% übergehen.

Fichtennadelöl, künstlich.

Die synthetischen Fichtennadelöle können die echten Öle für *technische* Zwecke vollkommen ersetzen.¹ Sie dienen hauptsächlich zur Parfümierung technischer Präparate, z. B. von Bohnermassen, zur Parfümierung in der Seifenindustrie usw. (→ Bornylacetat). Für medizinische und kosmetische Zwecke sind sie den natürlichen Fichtennadelölen nicht ebenbürtig und deshalb nicht verwendbar. Trotzdem finden sie mitunter in der Kosmetik zur Herstellung von Bäderzusätzen Verwendung, denen jedoch die therapeutische Wirkung der echten Fichtennadelöle fehlen.

Fieberthermometer.

Fieberthermometer sind verkürzte Thermometer mit sehr enger Glasröhre und dienen der Messung von Temperaturen zwischen 34° und 42°. In diesem Zwischenraum ist die Skala in Zehntelgrade eingeteilt, so daß ein genaues Ablesen gewährleistet ist. Auf der Skala ist die normale Bluttemperatur (37°) besonders kenntlich gemacht. Das Gefäß, in dem sich das Quecksilber befindet, ist seinem Verwendungszweck entsprechend nicht kugelförmig, sondern langgestreckt zylindrisch. Dadurch entsteht einerseits eine große Oberfläche, so daß sich die Quecksilbersäule der Körperwärme rasch anschließen kann, andererseits ist ein bequemes Einführen des Fieberthermometers in den Schließmuskel des Afters gewährleistet. Kurz hinter dem Quecksilbergefäß hat die Thermometerröhre eine Verengung, durch die das Quecksilber bei der Ausdehnung hindurchgepreßt wird. Tritt Abkühlung ein, bleibt dadurch der Quecksilberfaden am höchst erreichten Stand stehen, weil das sich zusammenziehende Quecksilber an der verengten Stelle der Thermometerröhre abreißt. Dadurch wird stets die Höchsttemperatur (Maximum) festgehalten; man bezeichnet deshalb die Fieberthermometer auch als *Maximalthermometer.* Vor jeder neuen Messung muß der abgerissene Quecksilberfaden wieder mit dem anderen Quecksilber durch eine Schleuderbewegung mit dem ausgestrecktem Arm vereinigt werden, sonst sind Fehlmessungen unvermeidbar. Nach § 14 des Maß- und Gewichtsgesetzes vom 13.12.1935 dürfen nur amtlich geprüfte Fieberthermometer verkauft oder sonst in den Verkehr gebracht werden. Für den Inlandsvertrieb müssen sie außerdem geeicht sein. Außerdem muß jedes Fieberthermometer ein vom zuständigen Prüfamt bestimmtes Herstellerzeichen tragen, das aus einem Buchstaben und einer Zahl besteht und nicht übertragbar ist. Die Prüfung und Eichung hat der Hersteller von Fieberthermometern zu veranlassen (s. a. Bd. I, S. 625, 705).

Filtragol.

Zur Klärung von Süßmosten und Beerensäften ist Filtragol (Bayer) nach den Normativbestimmungen der Hauptvereinigung der Deutschen Gartenbauwirtschaft für Obstsüßmoste, Obstdicksäfte und Obstgetränke vom Jahre 1935 ohne Kenntlichmachung erlaubt. Auch nach einer Verordnung zur Durchführung des Weingesetzes ist seine Anwendung ohne Einschränkung zur Klärung von weißen und roten Traubensüßmosten gestattet. Die Verwendung von F. bezweckt eine Schnellfermentation, was sich besonders bei der Verarbeitung von Beeren, die einen hohen Pektingehalt haben, zu Süßmosten vorteilhaft auswirkt. Hierbei werden z. B. 2 bis 3 g F. auf 1 kg Maische gleich bei der Vermahlung zugesetzt, so daß je nach der Eigentemperatur die Maische schon nach 10 bis 16 Stunden gekeltert werden kann. Nach dem Abpressen kann sofort blankfiltriert werden.

Fingerhut.

Fingerhut, roter. Digitalis purpurea *L.*

Scrophulariaceae.

Der Name Digitalis (lat. digitabulum, der Fingerhut) ist von der Gestalt der Blüten abgeleitet. In Thüringen, im Harz und im Schwarzwald auf Kahlschlägen, Hängen und Böschungen vorkommende zweijährige, bis 2 m hohe Pflanze, teilweise als Heilpflanze angebaut, die im ersten Jahr eine bodenständige Rosette großer Blätter bildet und im zweiten Jahre den meist unverzweigten Stengel treibt. Blätter wechselständig, nach oben kleiner werdend. Blütenstand einseitswendige Traube. Große, schön gefärbte Blüten, Kelch grün, 5zipfelig, Blumenkrone glockig, zweilippig, meist purpurrot, innen mit dunklen, weißumrandeten Flecken, mitunter weiß, 4 Staubgefäße. Frucht zweifächerige Kapsel mit zahlreichen kleinen Samen.

☠ 2. Fingerhutblätter. Folia Digitalis, DAB. 6.
Stoff B.

Die während der Blütezeit (Juli/August) am besten nachmittags gesammelten und getrockneten (Wasserverlust 70 bis 82%) Laubblätter, bis 30 cm lang, 15 cm breit, länglich-eiförmig, am Ende ungleich gekerbt, sitzend oder in den dreikantigen, geflügelten Blattstiel verschmälert, oberseits dunkelgrün, schwach behaart, unterseits blaßgrün, meist filzig behaart, mit reich verzweigter und deutlich sichtbarer Nervatur (Abb. 86), die besonders bei der Durchsicht gegen das Licht als zartes Netz feiner Adern auffällt (Abb. 87). *Geruch* schwach eigenartig, *Geschmack* widerlich bitter.

Inhaltsstoffe. Die Purpurea-Glykoside A, B, C, die bei der Spaltung nachstehende Glykoside liefern: Digitoxin, Digitoxigenin, Gitoxin, Gitoxigenin, Gitalin, Gitaligenin; die Saponine Digitonin, Gitonin u. a.; Schleim, Enzyme, Säuren u. a.

Toxikologie. Die herzwirksamen Glykoside der Fingerhutblätter sind *äußerst giftig*. Schon bei einem Gehalt von 1% wirken 2 bis 3 g tödlich.

Erste Hilfe. Magenspülungen mit Kohle und Natriumsulfat. Größte Ruhe, da schon die geringste Anstrengung Herzlähmung hervorrufen kann.

Abb. 86. Fingerhutblatt von der Unterseite gesehen (1/3).

Verwendung. Wichtiges Herzmittel bei Herzschwäche und Blutumlaufstörungen. Anwendung streng unter ärztlicher Kontrolle!

Aufbewahrung. Vor Licht geschützt.

Prüfung des DAB. 6. Fingerhutblätter müssen den amtlich vorgeschriebenen, pharmakologisch ermittelten Wirkungswert aufweisen, der nach „Froschdosen", F. D., berechnet wird. Die Einstellung erfolgt auf 2000 F.D., was bedeutet, daß 1 g F. 2000 g Frösche zu töten vermag.

Unzulässiger Wassergehalt. Höchstgewichtsverlust beim Trocknen von 1 g F.-Pulver bei 100° 0,03 g.

Minderwertige Qualität. Beim Verbrennen des getrockneten Pulvers (1 g) darf höchstens ein Rückstand von 0,13 g verbleiben.

Fingerhut, gelber. Digitalis lutea *L.*

Scrophulariaceae.

Im Schwarzwald, Saargebiet und der Pfalz vorkommende Digitalisart mit ähnlichem Habitus wie Digitalis purpurea. Bis $1^1/_4$ m hoch, Blätter schmal, die oberen lanzettlich, kahl, spitz und gezähnt. Bedeutend kleinere, hellgelbe Blüten, innen ohne Adernetz. Die Blätter, ☠ 2. **Folia Digitalis luteae, Stoff B,** sind in der Wirkung der DAB. 6-Droge gleichwertig.

Fingerhut, wolliger. Digitalis lanata *Ehrhart.*

Scrophulariaceae.

Ausdauernde, bis über 1 m hohe, neuerdings angebaute Pflanze, Stengel aufrecht, kantig, oben behaart, mit grundständiger Rosette breiter Blätter. Stengelblätter abstehend, ganzrandig, schmal lanzettlich, kahl. Röhrenförmig-glockige, weiße oder blaßgelbliche Blütenkrone mit braunen Adern. Blütezeit Juni/August.

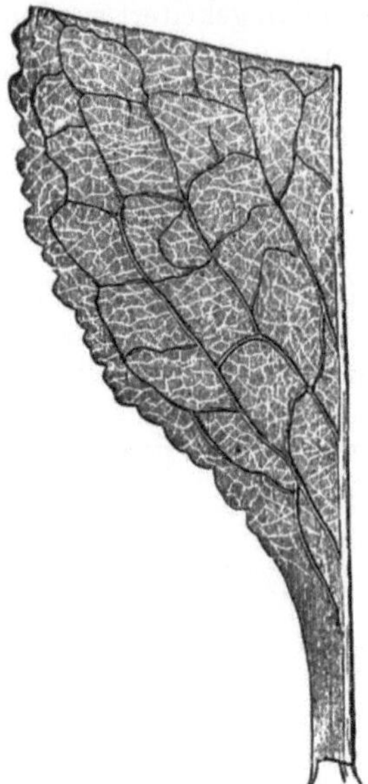

Abb. 87.
Stück eines Fingerhutblattes, gegen das Licht gehalten, um zwischen den größeren Adern das feine Netz zu zeigen.

☠ 2. Fingerhutblätter, wollige. Folia Digitalis lanatae. Stoff B.

Lanatablätter. Digitalis-lanata-Blätter.

Schmale, lanzettliche, 10 bis 20 cm lange, 2 bis 3 cm breite, zugespitzte, kahle und ganzrandige, dunkelgrüne, unterseits hellere Blätter mit stark hervortretendem Hauptnerv, in den Blattstiel verschmälert. Ganzrandig, mitunter am Rande gewellt. *Geruchlos, Geschmack* stark bitter.

Inhaltsstoffe. Die Glykoside *Digilanid A, B* und *C,* das erste entspricht dem Purpureaglykosid A.

Verwendung. Als Herzmittel wie Folia Digitalis, mit 3- bis 6mal stärkerer Wirkung. Die Glykoside sollen im Körper rascher zerstört und schneller ausgeschieden werden, den Lanatablättern deshalb die kumulierende Wirkung fehlen.

Fingerkraut.

Fingerkraut, kriechendes. Potentilla reptans *L.*

Fünffingerkraut.
Rosaceae.

An Wegrändern, Ufern, auf Wiesen weitverbreitetes, ausdauerndes Unkraut mit ausläuferartig am Boden liegenden, kriechenden, 30 bis 60 cm langen, dünnen Stengeln, die an den Knoten Wurzeln schlagen und neue Sprosse aussenden. Goldgelbe, langgestielte Blüten in den Blattwinkeln.

Fünffingerkraut. Herba Pentaphylli.

Das während der Blütezeit (Juni/August) gesammelte und getrocknete Kraut.

Inhaltsstoffe. Gerbstoff.

Verwendung. *Innerl.* 1 bis 2 Teelöffel auf 1 Tasse Aufguß bei Magen- und Darmkatarrhen, *äußerl.* zu Waschungen bei Entzündungen der Schleimhäute von Augen und Mund.

Aufbewahrung. Vor Licht geschützt.

Fischleim.

Der aus eiweißhaltigen Fischabfällen (Köpfen, Schuppen, Haut, Gräten) gewonnene Fischleim ist eine saure, übelriechende, zähe Flüssigkeit, die sich mit Wasser verdünnen läßt. Fischleim findet Verwendung als Klebstoff für Gewebe und Papier, als Bindemittel für flüssige Tusche und Tubenfarben, mit anderen Klebemitteln vermischt mit Gummilösungen, Harzseife, Kleister, Sirup, Terpentin usw. zu Kleistern und Kitten für Glas und Porzellan usw. Echter Fischleim ist → Hausenblase.

Fischmehl.

Fischmehl, das zum Füttern von Fischen in Teichen und als Düngemittel Verwendung findet, fällt bei der Herstellung von Fischölen als Nebenprodukt an und enthält Stickstoff (7 bis 9%) und Phosphor (12 bis 14%).

Fixanal.

Fixanal (Riedel-de Haën) ist eine geschützte Bezeichnung für chemisch reine, durch Wägung *genau dosierte,* in Ampullen oder Flaschen abgefüllte Chemikalien zur schnellen und zuverlässigen Bereitung von Normallösungen für die Maßanalyse. Eine Ampulle (bzw. Flasche) enthält genau die auf ihr in Äquivalenten angegebene Menge der betreffenden Substanz und ergibt durch quantitatives Lösen des Inhalts in der vorgeschriebenen Menge destillierten Wassers die gewünschte Normalität. F.-Präparate geben die Möglichkeit, sich selbst jederzeit schnell und mühelos *einwandfreie frische Normallösungen* herzustellen. Die Dauer der Anfertigung einer Lösung beträgt etwa 5 Minuten. Die Chemikalien befinden sich in zugeschmolzenen Ampullen, so daß ihre Haltbarkeit gewährleistet ist. Die Genauigkeit des Titers ist auf $\pm 0{,}2\%$ garantiert. Die Öffnung der Fixanalampulle erfolgt mittels des „*Fixanal-Ampullenöffners*" (Abb. 88), der aus dem Trichterteil Z und dem eingelegten Glasdorn D besteht und unter Verwendung eines Gummiringes auf den Hals des vorgesehenen Meßkolbens gesetzt wird. Läßt man die Fixanalampulle in den Trichterhals gleiten, wird die dünne Stelle A durchstoßen, der Ampulleninhalt kann in den Meßkolben entleert werden. Mittels eines zweiten Glasdornes wird die Einbeulung B durchstoßen, so daß die Ampulle durch Ausspritzen quantitativ entleert werden kann. Die Fixanalabfassungen sind für $^1/_{100}$ n-Lösung, $^1/_{10}$ n-Lösung, $^1/_2$ n-Lösung und 1 n-Lösung für alle üblichen Normallösungen erhältlich.

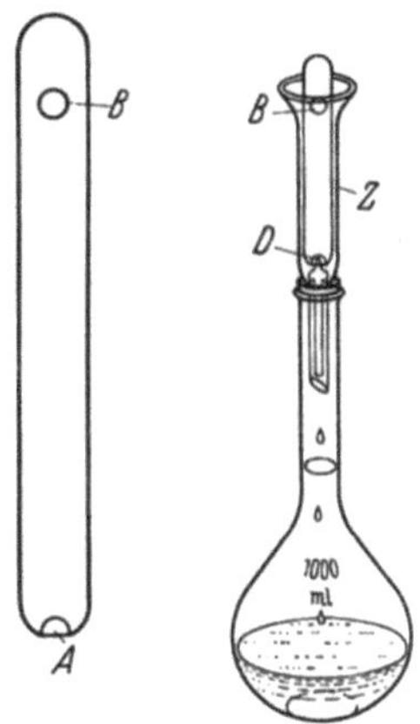

Abb. 88.
Fixanal-Ampullenöffner.

Fixateure.

Fixateure sind schwer flüchtige oder auch geruchlose Stoffe, welche die Fähigkeit haben, die Verflüchtigung einer Riechstoffkomposition zu verlangsamen und dieser in geruchlicher Beziehung eine Abrundung zu verleihen. Fixateure tierischen Ursprungs sind Ambra, Castoreum, Moschus, Zibet, pflanzlichen Ursprungs Patschuli, Vetiver, Sandel, Vanille, Tonka, Eichenmoos, Opopanax, Myrrhe, Benzoe und andere Harze, Peru- und Tolubalsam, die → Resinoide. Synthetische und künstliche Fixateure sind die kristallisierten Riechstoffe, Vanillin, Heliotropin, Cumarin, die künstlichen Moschusarten, Indol und Skatol und zahlreiche Aldehyde und Ester.

Fixative.

Fixative sind Lösungen von Schellack, Sandarak, Kasein, Kollodiumwolle in geeigneten Lösungsmitteln bzw. Formaldehydlösung, welche das Verwischen von Bleistift-, Kohle-, Kreide- und Pastellzeichnungen verhindern sollen. Durch feines Aufsprühen auf die Zeichnungen verbleibt nach dem Verdunsten des Lösungsmittels ein feiner, durchsichtiger Film, der ein Verwischen unmöglich macht, s. Bd. III.

„Fixierhilfe“ (Agfa).

Fixierhilfe (Agfa) ist ein sehr vielseitig verwendbarer Fixierbadprüfer, mit dem es möglich ist, in kurzer Zeit Silbergehalt, Konzentration und Säuregehalt der Bäder einwandfrei zu bestimmen. Der Inhalt der Fixierhilfepackung besteht aus einer schwarzen oder einer weißen Gummikugel, aus einem Spezialreagenspapier zur Bestimmung des *Silbergehalts* und Säureprüfpapier zur Feststellung des Säuregehalts. Zur Bestimmung der Konzentration werden die beiden Gummikugeln verwendet.

Fixierung.

Mit Fixierung bezeichnet man allgemein das Konservieren und auf möglichst lange Zeit Unveränderlich- und Haltbarmachen medizinischer, botanischer, zoologischer oder photographischer Präparate durch geeignete Chemikalien unter möglichster Schonung des feineren Baues der Präparate. In der Botanik und Zoologie finden als Fixiermittel Alkohol, Formalin, Eisessig usw., in der Photographie → Natriumthiosulfat Verwendung.

Flächenmaße.

Unter Fläche versteht man die Ausdehnung nach zwei Richtungen, die Länge und Breite. Die gesetzliche Maßeinheit der Fläche ist das *Quadratmeter* (qm oder m^2), ein Quadrat von 1 m Seitenlänge. Amtliche Bezeichnungen der Flächenmaße s. Bd. I, S. 624.

Flammpunkt. Entflammungspunkt.

Mit Flammpunkt oder Entflammungspunkt bezeichnet man die niedrigste Temperatur, bei der das über einem Lösungsmittel sich bildende Dampf-Luft-Gemisch bei normalem Luftdruck zur Entzündung gebracht werden kann. Ein Fortbrennen des Stoffes selbst findet dabei im allgemeinen nicht statt. Dies erfolgt erst bei höherer Temperatur, die man mit *Brennpunkt* bezeichnet. Der F. ist für viele brennbare Stoffe ein wichtiges Kennzeichen. Diese sind nach ihrem Flammpunkt durch die Polizeiverordnung über den Verkehr mit brennbaren Flüssigkeiten (s. Bd. I, S. 564) bzw. die Bestimmungen der Eisenbahn und Post in bestimmte Gefahrenklassen eingeordnet worden, die in bezug auf die Lagerung und den Versand wichtige Sicherheitsvorschriften enthalten.

Fleckentfernung.

Bei der Entfernung von Flecken aus Stoffen aller Art müssen drei Grundsätze beachtet werden: 1. Der zu reinigende Stoff ist vor der Fleckentfernung soweit irgend möglich durch Klopfen oder Bürsten von Staub und Schmutz gründlich zu befreien. 2. Auf keinen Fall darf durch die Fleckentfernung der Schaden größer gemacht werden. Das letzte ist der Fall, wenn ein Fleckentfernungsmittel Verwendung findet, das seinerseits durch Verfärbung (heller Fleck) oder gar Lösung des Gewebes (Loch) neuen Schaden hervorruft. 3. Jeder Fleck ist *möglichst unverzüglich* zu entfernen, da er sich durch Luft- und Lichteinwirkung in Textilfasern mit der Zeit einfrißt.

Da die Fleckentfernung mit zu den täglichen Sorgen jeder Hausfrau gehört, sind sorgfältige Kenntnisse des Drogisten auf diesem heiklen Gebiet unerläßlich und ein dankbares Feld der Kundenberatung. Die Schwierigkeiten beim Entflecken beruhen entweder auf dem unbekannten Stoff, der den Fleck verursachte, oder aber auf der unbekannten Natur des zu entfleckenden Gegenstandes. Da meistens beides zutrifft, ist *größte Vorsicht* geboten. Bei allen farbigen Gegenständen muß deshalb erst die Wirkung der anzuwendenden Chemikalie auf die Farbe und Natur des zu reinigenden Stoffes an einer weniger sichtbaren Stelle festgestellt werden. Dann ist es wichtig, die Natur der Fleckursache festzustellen.

Ist die Fleckursache Marmelade, Honig, Bier, Wein, Kaffee, Tee, Schokolade oder Likör (zuckerhaltig), so kann er auch schon durch abgekochtes Wasser oder eine wäßrige Lösung entfernt werden. Ist der Fleck durch Fett oder fettes Öl hervorgerufen, kann nur ein fettlösendes Mittel in Frage kommen. Durch die Verschiedenheit der Fleckursachen gibt es ein „Universal-Fleckentfernungsmittel" nicht. Bei der Beratung ist *jede Übernahme der Gewähr auszuschließen*, um sich vor etwaigen Schadenersatzansprüchen zu schützen. Das Entflecken weißer Stoffe ist wegen der fehlenden Gefahr einer Farbveränderung die leichteste Arbeit. Hier genügt in vielen Fällen schon einfaches Bleichen. Von der großen Zahl der Fleckentfernungsmittel[1] sind nachstehend die gebräuchlichsten aufgeführt:

Aliphatische Kohlenwasserstoffe, *feuergefährlich,* unlösl. in Wasser, mischbar mit chlorierten und aromatischen Kohlenwasserstoffen, beschränkt mit Alkoholen, ferner mit Äthern, Ketonen und Estern: Petroleumäther, Benzin.

Alkohole, brennbar, aber nicht feuergefährlich, wasserlöslich, mischbar untereinander sowie mit aliphatischen Kohlenwasserstoffen (beschränkt), mit aromatischen Kohlenwasserstoffen, mit chlorierten Kohlenwasserstoffen (beschränkt), Alkoholen (beschränkt), Äthern, Ketonen und Estern: Weingeist (96%ig, Brennspiritus ist ungeeignet!), Methanol, rein, Isopropylalkohol, rein.

Aromatische Kohlenwasserstoffe, *feuergefährlich,* unlöslich in Wasser, mischbar untereinander und mit aliphatischen und chlorierten Kohlenwasserstoffen, Alkoholen, Äthern, Ketonen, Estern: Benzol, Toluol, Xylol. *Auf die außerordentliche Feuergefährlichkeit des Benzols soll hier besonders hingewiesen werden!*

---

[1] Auch Detachiermittel (f. détacher, von Flecken reinigen) genannt.

Chlorierte Kohlenwasserstoffe, nicht feuergefährlich, unlösl. in Wasser, mischbar untereinander und mit aliphatischen und aromatischen Kohlenwasserstoffen, Alkoholen (beschränkt), Äthern, Ketonen und Estern: Trichloräthylen (*Tri*), Tetrachlorkohlenstoff (*Tetra*).

Ester, *feuergefährlich*, mischbar untereinander und mit Kohlenwasserstoffen, Alkoholen, Äthern, Ketonen (die Zahlen in Klammern bedeuten ihre Löslichkeit in Wasser): Methylacetat (25:100), Äthylacetat (7,8:100), Butylacetat (unlösl.), Amylacetat (unlösl.).

Ketone, wasserlöslich, mischbar mit aliphatischen, chlorierten und aromatischen Kohlenwasserstoffen, Alkoholen, Äthern und Estern.

Außer den aufgeführten Lösungsmitteln ist noch eine große Anzahl anderer zur Verwendung als Fleckentfernungsmittel geeignet, z. B. Chlorbenzol, o-Dichlorbenzol, Dichlorhydrin, Dekalin, Tetralin, Terpentinöl u. a.

Die bekannten Fleckenwässer der Industrie sind: *Fleck-Fips* (im wesentlichen Trichloräthylen und andere Chlorkohlenwasserstoffe), *Spektrol* (eine Mischung von 85% Tetrachlorkohlenstoff, 15% Schwerbenzin, als Geruchskorrigens Amylacetat) u. a.

Zur Entfernung von *Farbflecken* (Beeren, Rotwein, Kopierstift, Farben von Stempelkissen und Farbbändern, Tinten u. a.) finden Industrieerzeugnisse Verwendung, die als wirksame Substanz → Natriumdithionit, $Na_2S_2O_4$, oder ähnliche Stoffe enthalten.

Fleckentfernung aus Geweben oder von der Haut.

Nach BOTTLER, HAGER, KAISER, RÖMPP, Jahrbuch „Bayer" u. a.

Fleckursache	Fleckentfernungsmittel
Albargin	siehe Silbersalze.
Alkali	siehe Laugen.
Anilinfarben	siehe Teerfarben
Asphalt	siehe Harz.
Bier	Heißes Wasser oder Mischung aus gleichen Teilen Wasser und reinem Weingeist (nicht Brennspiritus!).
Bleiessig, Bleiwasser	Wasserstoffsuperoxydlösung (3%), Natriumperborat oder Sauerstoffwaschmittel. Etwa entstehende gelbe Flecke werden mit Alkalilauge oder Essigsäure entfernt.
Blut	Nur mit kaltem (!) Wasser. Ältere Blutflecke: Befeuchten mit Wasserstoffsuperoxydlösung (3%); nach kurzem Einwirken gründlich mit Wasser nachspülen. Bei hartnäckigen Fällen mit warmer Kleesalzlösung (20%) behandeln und mit heißem Wasser sorgfältig nachspülen. Auch warme Boraxlösung, verd. Salmiakgeist oder Seifenspiritus sind bei älteren Blutflecken wirksam.
Bohnerwachs	siehe Harz.
Bonbons	Heißes Wasser.
Brand	Behandeln mit schwacher Boraxlösung (5%), dann betupfen mit Wasserstoffsuperoxydlösung (3%) und erwärmen von der Rückseite aus mit heißem Bügeleisen.
Braunstein	siehe Kaliumpermanganat.
Brillantine	siehe Fett.
Butter	siehe Fett.

Canadabalsam	siehe Harz.
Chlorophyll	Bei frischen Gras- und Laubflecken usw. Gemisch von Alkohol, Äther und Chloroform oder erwärmtes Trichloräthylen, bei älteren Flecken Natriumperboratlösung, ammoniakalische Wasserstoffsuperoxydlösung, verd. weingeistiger Salmiakgeist, anschließend gut mit Wasser nachspülen.
Chromsäure, Chromate	Auftropfen einer schwachen Lösung von schwefliger Säure oder Natriumthiosulfatlösung (30%), der einige Tropfen Schwefelsäure zugesetzt sind. Dann gut mit Wasser nachspülen.
Druckerschwärze . .	Tetrachlorkohlenstoff, Trichloräthylen, Rest mit lauwarmem Seifenwasser waschen und mit Wasser nachspülen.
Eigelb	Nach vollständigem Trocknen gut abbürsten, dann auswaschen mit heißer Boraxlösung (1,5%).
Eiweiß	Lauwarmes Wasser.
Eisensalze	Konzentrierte Lösungen von Citronensäure, Oxalsäure oder Kleesalz, denen 10% Glycerin zugesetzt ist. Bei weißer Wäsche Natriumdithionit, $Na_2S_2O_4$, aufstreuen und mit wenig Wasser befeuchten. Dann mit Wasser gut nachspülen.
Entwickler	Kaliumpermanganatlösung (2%) bis zur Braunfärbung, dann Natriumbisulfitlösung (10%), der 1% Salzsäure beigefügt ist. Anschließend gut mit Wasser nachspülen.
Erdbeeren	Frisch: Mit Boraxlösung. — Alt: Boraxlösung mit Zusatz von Salmiakgeist, dann mit Wasser nachspülen.
Erdöl	siehe Petroleum.
ESBACHs Reagens . .	siehe Pikrinsäure.
Farbband (Schreibmaschine)	siehe Teerfarbstoffe.
Farbstoffe	siehe Teerfarbstoffe.
Fette	Flüssige: Petroläther, Benzin, Tetrachlorkohlenstoff, Trichloräthylen, weingeistiger Salmiakgeist. — Feste Fette: Mit auf- und untergelegtem Lösch- oder Filtrierpapier bügeln, verbleibenden Rest mit Lösungsmitteln wie bei flüssigen Fetten entfernen.
Firnis	Äther, Petroläther, Benzin, Tetrachlorkohlenstoff, Trichloräthylen.
Fliegenschmutz . . .	Auf Glas: Abbürsten mit einem mit Brennspiritus oder Salmiakgeist befeuchteten Bürstchen. — Auf seidenen Lampenschirmen: Bestreichen mit in lauwarmes Essigwasser getauchtem weichem Stoffrest.
Fluidextrakte	30%iger Weingeist, nachbehandeln mit Seifenspiritus.
Fruchtsaft	Warmer 95%iger Alkohol, Citronensaft oder Wasserstoffsuperoxyd mit Zusatz von etwas Salmiakgeist.
Gerbstoff	Frisch: Verdünnte Essigsäure, Wein- oder Oxalsäurelösung. — Alt (gefärbte Flecke): Bleiessig, mit Wasser nachspülen.
Glühwein	Auswaschen mit heißem Wasser, Farbreste mit verd. Wasserstoffsuperoxydlösung behandeln, mit Wasser nachspülen.

Goldchlorid, kolloides
Gold . . . .   Zyankalilösung (20%). *Vorsicht!* Mit reichlich Wasser gründlich nachspülen.

Gras . . . .   siehe Chlorophyll.

Grog . . . .   siehe Glühwein.

Grünspan . . . . .   siehe Kupfersalze.

Haaröl . . . .   siehe Fette.

Harz . . . .   Äther, Petroläther, Aceton, Gemisch von Amyl- und Äthylalkohol, Chloroform, Tetrachlorkohlenstoff, Trichloräthylen.

Heidelbeeren . . . .   Mit schwacher Wasserstoffsuperoxydlösung versetzen und erwärmen.

Himbeeren . . . . .   Verdünnte Natriumhypochloritlösung, mit Wasser reichlich nachspülen.

Höllenstein . . . . .   siehe Silbernitrat.

Honig . . . .   Heißes Wasser.

Ichthyol . . . . . .   Warmes Seifenwasser.

Indikatorenlösungen,
gefärbte . . . . .   siehe Teerfarbstoffe.

Jod . . . .   Befeuchten mit Salmiakgeist (10%) oder Natriumthiosulfatlösung (10%).

Kaffee, Kakao . . . .   Konzentrierte Kochsalzlösung und Nachspülen mit reichlich Wasser oder warmes Wasser mit Glycerinzusatz (10%).

Kaliumpermanganat .   Verd. Salzsäure (5%). Aus empfindlichen Stoffen: Nach Behandlung mit Schwefelammonium (5%) auswaschen und Nachbehandlung mit Zyankalilösung (10%, *Vorsicht!*), bis gebildeter Fleck entfernt ist. Dann mit reichlich Wasser nachspülen.

Kanadabalsam . . . .   siehe Harz.

Karwendol . . . . .   siehe Ichthyol.

Kautschukpflaster . .   Benzin, Äther, Petroläther, Tetrachlorkohlenstoff, Trichloräthylen. Die beiden letzten sind bei der Entfernung von Pflasterresten auf der Haut für große Flächen zu vermeiden wegen möglicher giftiger Wirkung.

Kirschen . . . . . .   siehe Heidelbeeren.

Kollodium. . . . . .   Äther, Ätherweingeist.

Kopaivabalsam . . .   siehe Harz.

Kopierstift . . . . . .   Konzentriertes Glycerin oder Äthylenglykol, auch abwechselndes Betupfen mit Essig und Spiritus und Auswaschen mit Wasser.

Kupfersalze . . . . .   Betupfen mit starker Jodkalilösung (30%) oder mit Essigsäure (10%), dann mit lauwarmer Kochsalzlösung (20%) nachbehandeln.

Lack . . . .   Frisch: Rektifiziertes Terpentinöl, Benzin, Trichloräthylen. — Alt: Erweichen mit Brei aus Kieselgur und Xylol.

Lanolin . . . .   Äther, Benzin, Aceton.

Laub, grünes . . . .   siehe Chlorophyll.

Laugen	Spülen mit viel Wasser, dann mit Essig oder Citronensaft betupfen, anschließend mit reichlich Wasser spülen.
Lebertran, Lebertran- emulsion	Warmes Seifenwasser, Panamarindeabkochung. Lösungs-mittel wie bei Fetten.
Leim	Mit heißem Wasser erweichen, dann heiß auswaschen.
Leinöl	Ausreiben mit warmem Amylalkohol unter Zusatz von weingeistigem Salmiakgeist.
Likör	Zucker erst mit heißem Wasser lösen, zurückbleibende Farbstoffflecke mit Citronen- oder Weinsäurelösung be-handeln, dann mit Wasser nachspülen.
Limonaden (gefärbte) .	siehe Teerfarbstoffe.
Lorbeeröl	siehe Fette. Grüne Restflecke entfernen wie Chlorophyll.
Lugolsche Lösung . .	siehe Jod.
Lysol	Mit Seifenwasser auswaschen, dann mit schwacher Wasser-stoffsuperoxydlösung behandeln, wenn nötig unter Er-wärmen.
Mastisol	Äther, Petroläther, Aceton, Tetrachlorkohlenstoff, Trichlor-äthylen.
Methylenblau	siehe Teerfarbstoffe.
Methylviolett	siehe Teerfarbstoffe.
Metol	Mit warmer Seifenlösung, der etwas Natriumdithionit, $Na_2S_2O_4$, zugesetzt wird, das den Farbstoff reduziert und auswaschbar macht.
Milch	Fett mit Äther-Alkohol-Mischung lösen, Kasein mit verd. Salmiakgeist, dann wiederholt mit Wasser nachwaschen.
Mineralöl	siehe Fett.
Moderflecke, Stock- flecke	Befeuchten mit Salmiakgeist, dann mit Kleesalzlösung (20%) mit Wattebausch abreiben und gut mit Wasser nach-spülen.
Mostrich	siehe Senf.
Nagellack	Aceton, Amylacetat; bei gefärbten Nagellacken Farbrück-stand; siehe Teerfarben.
Nikotinflecke an den Fingern	Mit schwefliger Säure betupfen, dann mit Wasser gründlich spülen; Wasserstoffsuperoxydlösung, der man etwas Sal-miakgeist zufügt oder Weinsäure bzw. Citronensäurelösung.
Obst	Bei weißer Wäsche: Burmol oder Natriumdithionit, $Na_2S_2O_4$, sonst mit süßer lauwarmer Milch auswaschen, wenn dies wirkungslos, behandeln mit schwach mit Salzsäure ange-säuerter Natriumbisulfitlösung, anschließend gründlich mit kaltem und warmem Wasser auswaschen.
Öle	siehe Fette.
Ölfarben	Auf Glas: 12 Stunden mit Schmierseife bedecken, dann mit Rasierklinge entfernen. — Auf der Haut: Mit Lösungs-mitteln wie bei Fett.

Paraffin . . . . Bügeln mit auf- und untergelegtem Filtrier- oder Löschpapier.

Paraffinöl . . . . . . siehe Fett.

Pech . . . . siehe Harz.

Perubalsam . . . . . Mit Amylalkohol, Chloroform oder Essigäther wiederholt stark benetzen (Lösungsmittel stets vor Wiederholung gut ausdrücken!), anschließend nacheinander mit Weingeist, Seifenspiritus und Seifenwasser auswaschen. Alte Flecke sind vor der Behandlung in Benzylbenzoat einzuweichen.

Petroleum . . . . . . Benzin, Petroläther.

Pikrinsäure . . . . . Frisch: Sorgfältiges Einreiben von Brei aus Magnesiumcarbonat und Wasser. Nach längerem Einwirken auswaschen mit starkem Seifenwasser. — Alt: Beträufeln mit Lösung von Schwefelleber (1 + 5), nach 2 Minuten auswaschen mit starker Seifenlösung. Pikrinsäureflecken auf der Haut entfernt man mit Alkohol oder Äther.

Prontosil . . . . . . Aus Wäsche: Spülen mit Wasser, in dem je Liter 2 g Soda und 3 g Natriumdithionit, $Na_2S_2O_4$, gelöst sind, bis zum völligen Verschwinden der Färbung.

Protargol . . . . . . siehe Silbersalze.

Punsch . . . . siehe Glühwein.

Pyoktanin . . . . . Verdünnte Salzsäure oder Natriumhypochloritlösung, anschließend gründliches Nachspülen. Hartnäckige Fälle längere Zeit in 0,1%iger Kaliumpermanganatlösung einweichen, wässern, dann mit schwacher Oxalsäurelösung nachbehandeln und nachwässern.

Pyrogallol . . . . . Frisch: Behandeln mit Ferrosulfatlösung (5 bis 10%) unter Erwärmen, bis Flecke tief schwarzblau geworden. Dann gut mit Wasser spülen und sofort mit Kleesalzlösung (20%) behandeln. Dann erneut mit Wasser spülen. — Alt: Entfernung unmöglich.

Quecksilbersalze. . . . Jodtinktur aufträufeln, dann mit Jodkaliumlösung (30%) behandeln und mit warmer Natriumthiosulfatlösung auswaschen.

Resorzin . . . . . . Citronensäurelösung (10%).

Rhabarber . . . . . Mit 10% Essigsäure enthaltendem Weingeist, einem Gemisch aus Benzol und Weingeist oder warmem Benzol *(Vorsicht! Feuergefährlich!!)* auswaschen.

Rivanol . . . . . . Nach Angabe der Herstellerfirma:
Flecke, die auf der Wäsche durch Rivanol entstehen, werden nach folgendem Verfahren entfernt:
a) *Baumwolle und Leinenwäsche.* In einem Holzbottich oder emailliertem Gefäß stellt man eine Lösung her, die auf je 1 Liter Wasser 1 g übermangansaures Kali und etwa $^1/_8$ Liter 6%igen Essig enthält. In diese kalt bereitete Lösung gibt man so viel Wäsche, wie man unbehindert darin bewegen kann, beläßt sie 3 bis 4 Stunden unter zeitweiligem Umrühren in der Flüssigkeit und spült die Wäsche hierauf gut in Wasser nach. Die durch ausgeschiedenes Mangan-

oxyd gebräunte Faser wird weiß, wenn man sie nunmehr einige Zeit in Natriumbisulfitlösung legt. Diese Bisulfitlösung stellt man entweder durch Auflösen von Natriumbisulfitsalz (40 g auf je 1 Liter Wasser) her oder mittels der im Handel befindlichen Bisulfitlauge (38° Bé), die im Verhältnis 1 : 10 zu verdünnen ist. Nach der Behandlung mit Bisulfit säuert man die Wäsche kurz in einem verd. Säurebad (z. B. halb Essig, halb Wasser) an, um die Bisulfitspuren zu beseitigen; hierauf wird die Wäsche wieder gut nachgespült.

b) Wolle, Kunstwolle, Halbwolle. Hier führt meist folgendes Verfahren zum Ziel: In einen Holzbottich gießt man kochendes Wasser und fügt pro Liter etwa $^1/_8$ Liter 6%igen Essig hinzu, gibt in diese Mischung die Wäsche und beläßt sie unter wiederholtem Umrühren $^1/_2$ Stunde darin. Hierauf spült man die Wäsche sehr gründlich mit reinem Wasser nach. Nötigenfalls ist das Verfahren zu wiederholen.
Sind die Rivanolflecke durch die Einwirkung des Lichtes schon stark gebräunt, so behandelt man sie, falls sie sich mit der vorstehenden Methode nicht vollständig entfernen lassen, nachträglich noch durch Einlegen der Wäsche in warmes Wasser, dem man pro Liter $^1/_8$ Liter 6%igen Essig und 1 Eßlöffel voll Wasserstoffsuperoxyd (3%ig) zugesetzt hat.

Rizinusöl	siehe Fett.
Rost	siehe Eisensalze.
Rotwein	Mit Natriumperborat- oder Wasserstoffsuperoxydlösung behandeln, dann gut mit Wasser nachspülen oder auswaschen mit Wasser, dem 10% Essig- oder Citronensäure zugesetzt ist.
Ruß	Weinsäurelösung (20%).
Sahne	siehe Milch.
Salben	siehe Fett.
Säure	Mit Salmiakgeist (10%), Soda- oder Natriumbicarbonatlösung (je 10%) behandeln und gut mit Wasser nachspülen.
Schimmel	Wasserstoffsuperoxydlösung (3%).
Schmierfette und -öle .	siehe Fette.
Schminke	siehe Fette, Farbreste siehe Teerfarbstoffe.
Schreibmaschinenfarbe	siehe Farbband.
Schokolade	Befeuchten mit Glycerin und auswaschen mit lauwarmem Wasser.
Schuhcreme	Erst mit rektifiziertem Terpentinöl oder anderen Lösungsmitteln behandeln, dann auswaschen mit Persillauge.
Schweiß	Boraxlösung (10%), schwache Gallseifenlauge.
Senf	Zunächst den Fleck vollkommen austrocknen lassen, dann mit Gemisch aus gleichen Raumteilen Chloroform und Äther entfetten. Nach der Verdunstung des Gemisches mit 30%igem lauwarmen Alkohol, dem etwas Salmiakgeist zugesetzt ist, behandeln. Dann mit Seifenwasser nachbehandeln.

	Alte oder mit künstlich gefärbtem Senf verursachte Flecken behandelt man mit einem ammoniakalischen Glycerin-Alkohol-Wasser-Gemisch, wäscht mit Quillajarinden-Auszug nach und dann mit Seifenwasser. Vorsicht bei blauen Stoffen, wegen Gefahr des Auslaufens Probe vornehmen!
Sengflecke	siehe Brand.
Siegellack	Nach vorsichtigem Abbröckeln des gröbsten Teils den Rest mit Lösungsmittel (siehe Harz) herauslösen.
Silbernitrat	siehe Silbersalze.
Silbersalze (Silbernitrat, Albargin, Protargol)	Frisch: Albargin- und Protargolflecke: Auswaschen mit Seifenwasser. Alte, bereits belichtete und Höllensteinflecke: Behandeln mit Jodkalilösung (10%). Nachbehandlung mit Natriumthiosulfatlösung (10%) nötig zur Entfernung etwaiger Jodsilberflecke.
Soßen	Fettgehalt von Soßen siehe Fette, zurückbleibende durch Mehl oder Früchte verursachte Flecke werden mit lauwarmem Wasser ausgewaschen.
Stearin	siehe Paraffin.
Stockflecke	siehe Moderflecke.
Sublimat	siehe Quecksilbersalze.
Suppe	Zur Entfernung des Fettes siehe Fette, dann nachwaschen mit warmem Seifenwasser.
Tabak	siehe Nikotin.
Talg	siehe Fette.
Tannin	siehe Gerbstoff.
Teer und Teerpräparate	Erst mit Lösungsmitteln (siehe Harze) lösl. Bestandteile entfernen, dann nachwaschen mit Seifenwasser und dest. Wasser.
Teerfarbstoffe	In weißen Stoffen: Mit Seifenspiritus ausreiben. Wenn dies unwirksam, kurze Zeit Bleichflüssigkeit einwirken lassen (bei Wolle und Seide nicht anwendbar!), dann mit Wasser sehr gründlich spülen. Auch Behandlung mit kalter Lösung von 2 g Soda und 3 g Natriumdithionit, $Na_2S_2O_4$. Bei Wolle, Seide und Kunstseide wird an Stelle von Soda etwas Salmiakgeist verwendet. Führt dies nicht zum Ziel, wird hintereinander mit Bleichflüssigkeit und Natriumdithionit mit Soda bzw. Burmol behandelt. Sehr hartnäckige Flecken werden mehrere Stunden lang in Kaliumpermanganatlösung (0,1%) eingeweicht und dann mit Wasser bzw. Oxalsäurelösung (10%) nachbehandelt. Die Oxalsäurelösung wird mit verd. Salmiakgeist neutralisiert.
Terpentin	siehe Harze.
Thiol	Lauwarmes Seifenwasser.
Tinkturen	Auswaschen mit Weingeist (70%) und Nachbehandlung mit Seifenspiritus oder Seifenwasser.

Tinte . . . . Eisengallus- und Anilinfarbentinten: Frisch: Aufstreuen von Salz oder Magnesia zum Aufsaugen. Auswaschen mit warmer Seifenlösung oder Einlegen in Milch und mehrmaliges Ausdrücken bzw. Einlegen in starke Citronen- oder Weinsäurelösung (30%) und mehrmaliges Ausdrücken. — Alt: Nach dem Benetzen mit Oxalsäurelösung (30%) während einiger Sekunden gründlich mit Wasser spülen, dann mit verd. Salmiakgeist neutralisieren. — Rote Tinte: Mit kalt gesättigter wässeriger Natriumperboratlösung betupfen, dann gut auswaschen.

Tintenstift . . . . . siehe Kopierstift.

Traumatizin . . . . . Alkohol, Äther, Chloroform.

Trypaflavin . . . . . Nach Angabe der Herstellerfirma:
Reinigen der Wäsche: Sofern es sich um weißes Leinen und Baumwollstoffe handelt, verwende man zur Entfernung von Trypaflavin-Flecken *Aflavol*. Gebrauchsanweisung: Die Wäsche wird in der üblichen Weise eingeweicht, abgeseift, durchgespült und dann in einem Kessel in einer Lösung, die pro Liter 25 g Aflavol enthält, 15 bis 20 Minuten lang gekocht. Hierauf wird die Wäsche in der üblichen Weise weitergewaschen.
Reinigen von wollenen Kleidern: Wesentlich ist, daß Trypaflavin-Flecke möglichst bald aus Wollstoffen entfernt werden, bevor ein Eintrocknen der Lösung erfolgt. Es genügt dann in den meisten Fällen ein Waschen in warmem Wasser mit etwas Seife, worauf gutes Nachspülen erforderlich ist. Sind die Flecke bereits eingetrocknet, so verfährt man am zweckmäßigsten folgendermaßen: Das betreffende Kleidungsstück wird zunächst mit warmem Wasser ausgewaschen. Man erwärmt darauf Wasser auf ungefähr 50° C und setzt demselben pro Liter 2 g Salzsäure (auf 10 Liter Wasser einen großen Eßlöffel voll) zu. Hierauf mischt man durch kräftiges Umrühren und behandelt das Kleidungsstück $^1/_4$ Stunde lang mit dieser Lösung. Dann ist wieder gründlich zu spülen und zu trocknen. Man verwendet sowohl beim Waschen als auch bei der Behandlung mit Salzsäure am besten möglichst weiches Wasser (destilliertes, abgekochtes oder Regenwasser).

Tumenol-Ammonium . Waschen mit Seifenwasser.

Tusche . . . . Nach der Behandlung mit Sodalösung (20%) mit Natriumdithionit, $Na_2S_2O_4$, betupfen, befeuchten und dann gut nachspülen.

Urin . . . . In weißem Gewebe: Nach dem Befeuchten mit verd. Salzsäure mit Wasserstoffsuperoxydlösung (3%) behandeln und mit reichlich Wasser nachspülen.

Vaseline . . . . siehe Fette.

Vioform . . . . Einweichen in Essigsäurelösung (2%) 2 Stunden, dann mit Wasser nachspülen und auswringen. Anschließend einlegen in Natriumthiosulfatlösung (2%). Nach weiteren

2 Stunden sorgfältiges Auswaschen mit Wasser, dann 10 Minuten lang kochen in Seifenwasser und nachspülen in kaltem Wasser.

Wachs . . . .   Bügeln mit auf- und untergelegtem Lösch- oder Filtrierpapier.

Wagenschmiere . . .   Mit Lösungsmitteln (siehe Harz) behandeln.

Wasserglas . . . . .   Nur frisch und sofort mit nassem Tuch zu entfernen. Wasserglasflecke auf Glas können nach dem Eintrocknen nicht mehr entfernt werden.

Wein, Rotwein . . .   Reichlich Kochsalz auf dem frischen Fleck verreiben, dann mit Wasser auswaschen oder benetzen mit Citronensaft und nachwaschen mit warmem Seifenwasser.

Wismut . . . . . .   10%ige Lösung von Citronen- oder Weinsäure.

Wollfett. . . . . . .   siehe Lanolin.

Fleischbrühwürfel.

Mit Fleischbrühwürfeln oder *Bouillonwürfeln* bezeichnet man in Würfelform in den Handel kommende Mischungen von eingedickter Fleischbrühe oder Fleischextrakt mit tierischen oder pflanzlichen Fetten, Gemüse- oder Kräuterauszügen unter Zusatz von Gewürzen und Kochsalz, die beim Auflösen in heißem Wasser eine *Fleischbrühe, Bouillon*, geben. Der Wert von Fleischbrühwürfeln beruht auf ihrem Gehalt an den anregend wirkenden Fleischbasen des Fleischextraktes, den Aminosäuren und den aromatisch schmeckenden Stoffen. Sie müssen einen Mindestgehalt an Gesamtkreatin (0,45%), lösl. Stickstoff (3%) und dürfen nur einen Höchstgehalt an Kochsalz (65%) haben. Bei *Hühnerbrühwürfeln* muß mindestens $^1/_3$ des Extraktes und $^1/_3$ des Fettes vom Huhn stammen.

Fleischextrakt.

Der Fleischextrakt verdankt seine Entstehung einer Anregung von LIEBIG, der im Jahre 1864 zusammen mit PETTENKOFER die wissenschaftliche Überwachung einer Fleischextraktfarbik in Uruguay übernahm, um die bedeutenden südamerikanischen Fleischvorräte besser auszunützen.

Darstellung. Durch Extraktion von zerkleinertem, frischem, magerem Fleisch warmblütiger Schlachttiere (Rind, Kalb, Schaf, Schwein) in Diffusionsbatterien nach dem Gegenstromprinzip mit höchstens 90° warmem Wasser. Nach der Entfernung von Fett, Albumin und Fibrin wird im Vakuum, anschließend in offenen Pfannen bis zur dicklichen Konsistenz eingedampft. 20 bis 30 kg Fleisch ergeben 1 kg Extrakt. Der Rückstand findet nach dem Trocknen und Mahlen als hochwertiges Kraftfutter bzw. zur Herstellung von Eiweißpräparaten Verwendung.

Eigenschaften. Fleischextrakt besteht aus einem Gemisch von Fleischbasen (Kreatin und Kreatinin u. a.) und Purinbasen (Carnin, Guanin, Harnsäure, Xanthin u. a.), stickstofffreien Extraktstoffen wie Glykogen, Inosit, organischen Säuren (Fleischmilchsäure u. a.) und enthält die gesamten lösl. Mineralstoffe des Fleisches. Eigentliche Nährstoffe, abgesehen von den mineralischen, enthält Fleischextrakt nicht und ist deshalb mehr Genußmittel als Nährmittel. Infolge seiner anregenden Wirkung auf die Verdauung und die Nerven besitzt jedoch der Fleischextrakt vor allem auch wegen seiner angenehmen und vielseitigen Verwendbarkeit als Küchenhilfsmittel bedeutenden diätetischen Wert. Hefeextrakt unterscheidet sich vom Fleischextrakt durch das Fehlen des kennzeichnenden Kreatins und Kreatinins.

Flohknöterich.

Flohknöterich. Polygonum persicaria *L.*

Polygonaceae.

Auf Schutt, Äckern, an Wegrändern vorkommende einjährige, 30 bis 50 cm hohe Pflanze mit verästeltem Stengel, eng anliegenden Tuten, bis 10 cm langen und bis 2 cm breiten lanzettlichen oder länglich lanzettlichen, in der Mitte am breitesten Blättern, die unterseits kahl, grün, auf den Nerven behaart, oberseits oft schwarz gefleckt sind. Dichte, walzige Blütenähren mit rosaweißen, am Grunde grünlichen Blüten, Früchte flache Nüßchen.

Flohknöterichkraut. Herba Polygoni persicariae.

Inhaltsstoffe. Ätherisches Öl mit Persicariol (kampferartig), Wachs, Gerbstoff, Gallussäure u. a.

Anwendung. *Innerl.* als volkstümliches adstringierendes Mittel bei Durchfällen, Darmblutungen, Hämorrhoiden, chronischen Ekzemen.

Aufbewahrung. Vor Licht geschützt.

Flohsamenkraut.

Flohsamenkraut. Plantago psyllium *L.*

Plantaginaceae.

Einjährige, drüsig weichhaarige, 15 bis 30 cm hohe, krautige Wegerichart des Mittelmeergebietes, in Südfrankreich häufig angebaut, woher die meisten Samen in den Handel kommen.

Flohsamen. Semen Psyllii, Erg.-B. 6.

Dunkelrotbraune, stark glänzende, 2,5 bis 3 mm lange und 1 bis 1,5 mm breite, sehr leichte Samen. Form schiffchenähnlich, auf der Bauchseite ausgehöhlt, mit einer tiefen Längsfurche, in deren Mitte der weiße Nabelfleck deutlich erkenntlich. Rückseite gewölbt. *Geruchlos, Geschmack* fade schleimig. Die äußerste Schicht der zweischichtigen Samenschale birgt den Schleim. In Wasser gelegt, müssen sich F. nach kurzer Zeit schleimig anfühlen. Sie nehmen das Mehrfache ihres Gewichtes und Volumens an Wasser auf. Aschengehalt nicht über 5%.

Inhaltsstoffe. Schleim.

Verwendung. *Innerl.* (E. 5 g) als gutes, harmloses, mildes Mittel gegen Verstopfung ($3^1/_2$- bis 4fache Volumenvergrößerung des Magen-Darm-Inhaltes und dadurch die Peristaltik erhöhend), als reizmilderndes Mittel bei Entzündungen der Verdauungs- und Harnorgane, gegen Husten; *äußerl.* zu Umschlägen; *techn.* als Appreturmittel für feine Gewebe und zum Steifen von Geweben. Flohsamenschleim zur Erzeugung des Hochglanzes auf farbigen Papieren.

Aufbewahrung. Vor Licht geschützt.

Verw. u. Verf. Samen von Platago media, schwarzbraun, flach ausgehöhlt, 1,5 bis 2 mm lang, von Plantago lanceolata, hellrotbraun, Nabelfleck dunkel, und Samen von Aquilegia vulgaris, schwarz, dreikantig, werden in Wasser nicht schleimig.

Florophyll.

Florophyll (Haarmann & Reimer) ist ein Körper mit ausgesprochenem Blattoder Grüngeruch und verblüffender „Grasnote", der eine überraschend natürlich duftende Wiedergabe vieler Blütendüfte bei sparsamster Verwendung ermöglicht.

Verwendung. Zu Phantasiekompositionen wie Chypre, Fougère und verwandten modernen Aldehydtypen, denen F. eine originellere und frischer ausstrahlende Kopfnote gibt. Durchschnittliche Dosierung: 0,5 bis 3% zum jeweiligen Parfümöl; für Parfümerien und alle Kosmetika geeignet.

☠ 2. Fluate und Fluatierung[1].

Als Fluate werden die *Fluorsilikate* von Magnesium, Aluminium, Zink und Blei bezeichnet. Fluate haben die Fähigkeit, Zementfußböden, Kalk- und Zementputzflächen jeder Art zu härten und zu dichten. Sie bewirken dadurch Staubfreiheit durch verringerte Abnutzung und größere Haltbarkeit. Außerdem verhindern sie das Eindringen von Wasser, Laugen, Säuren, Ölen usw. in Fußböden und Zementflächen und schützen Wände, Fassaden, Denkmäler usw. vor Verwitterung und vor Frostschäden. Auch gegen die Einwirkung von Säuregasen schützen Fluate Verputzflächen (Wände und Decken). Mit Fluaten behandelte frische Kalk- und Zementputze ermöglichen das Aufbringen haltbarer Farbenanstriche. Außerdem beseitigen und verhindern Fluate Auswitterungen und Schimmelbildungen und erhöhen die Lebensdauer von Wasserbauten, Rammpfählen usw. wesentlich.

Aluminiumfluat findet besonders bei stark porösen und zerreiblichen Baustoffen sowie auch zur Bearbeitung ebener Zementflächen Verwendung. Gern wird es als dritter Anstrich angewendet nach vorherigem Anstreichen mit Magnesium- bzw. Zinkfluat. Besonders eignet sich Aluminiumfluat, wenn den Flächen durch Schleifen eine Politur gegeben werden soll.

Bleifluat dient besonders zum Schutze gegen die Einwirkung organischer Säuren und kohlensäurehaltiger Wässer.

Magnesiumfluat findet bevorzugte Anwendung bei Flächen, die mechanisch stark beansprucht werden (Zementfußböden in Bergwerkgebäuden, Fahrstraßen).

Zinkfluat findet auf Flächen Verwendung, die neben der Härtung möglichst wasserdicht sein sollen. Als starkes Keimgift findet das Zinkfluat zur Bekämpfung von Schimmelbildung an den Wandflächen gewerblicher Arbeitsräume und Keller Verwendung. Außerdem hat sich das Zinkfluat zur Bekämpfung des Hausschwammes bewährt. Sowohl vorbeugend als auch als direktes Vernichtungsmittel. Mit Zinkfluat behandelte Holzzäune und Dachziegel lassen Moosbewuchs nicht aufkommen.

Toxikologie s. Fluor.

Herstellung der Fluatlösungen.

Fluate werden fest oder flüssig geliefert. Zur Herstellung einer gebrauchsfertigen Fluatlösung aus besten Salzen löst man 1 Gewichtsteil in der 2,5- bis 3fachen Menge heißen Wassers in einem Holzgefäß unter Umrühren mit einem Holzstab. Nach Abkühlen ist die Stammlösung verwendungsfähig.

In Lösung gelieferte Fluate werden wie folgt verwendet:

---

[1] Nach einem Prospekt der Herstellerfirma Riedel-De Haën A. G., Seelze bei Hannover.

Magnesiumfluatlösung 20/22° Bé wird direkt als Stammlösung benutzt, Zinkfluatlösung 40° Bé wird zur Herstellung der Stammlösung mit der gleichen Menge Wasser verdünnt.

Aluminiumfluatlösung 25° Bé wird direkt als Stammlösung benutzt, Bleifluatlösung 60° Bé wird zur Herstellung der Stammlösung mit der gleichen Menge Wasser verdünnt.

In gut verschlossenen Behältern aus Steingut oder Glas sind diese Lösungen gut haltbar, sie dürfen jedoch auf keinen Fall mit Eisen in Berührung kommen.

Ausführung der Fluatierung.

Alle Flächen sind durch Abfegen sorgfältig von Staub und Schmutz zu reinigen, bis die reine Oberfläche zutage tritt. Erst dann darf die Fluatierung durchgeführt werden. In den Poren dürfen keine verstopfenden Staubteilchen mehr vorhanden sein, damit die Fluatlösung tief eindringen kann. Die zur Anwendung kommenden Pinsel dürfen nicht mit Draht gebunden sein. Nach dem Gebrauch sind Pinsel und Gefäße gut zu reinigen. Fluatreste dürfen nicht mit frischem Fluat vermischt werden. Etwa beim Gebrauch auftretende Trübungen sind durch Absetzenlassen und Abgießen der klaren Lösung in ein zweites Gefäß zu beseitigen. Die zu fluatierenden Flächen müssen außerdem trocken sein. Bei horizontalen Flächen gießt man zweckmäßig die Lösung auf die Fläche auf und verteilt sie gleichmäßig mit Besen oder Pinsel. Bei senkrechten Flächen wird mit dem Pinsel aufgetragen. Etwa nicht innerhalb einer Minute eingedrungene Fluatlösung ist mit einem trockenen Lappen oder Schwamm zu beseitigen. Bei Fassaden beginnt man oben, an Absetzstellen wird dort noch vor dem Eintrocknen mit Wasser abgewaschen und die überschüssige Flüssigkeit abgetrocknet. Besonders farbige Flächen müssen nach jedem Fluatieren gut abgewaschen werden.

Zweckmäßig wird dreimal mit dazwischenliegenden vierundzwanzigstündigen Pausen gestrichen: 1. Anstrich: ein Teil Stammlösung wird mit zwei Teilen Wasser verdünnt; 2. Anstrich: ein Teil Stammlösung wird mit einem Teil Wasser verdünnt; 3. Anstrich erfolgt mit unverdünnter Stammlösung. Keinesfalls dürfen die Fluate mit Mörtelmischung bzw. Zementmischung beim Zubereiten von Mörtel oder Zement vermischt werden.

Fluatlösungen greifen Fensterscheiben, Rahmen, Schilder, Gitter usw. an. Sie sind deshalb sorgfältig zu verhängen, etwaige Spritzer sofort gut abzuwaschen. Die Fluate sind *Gifte 2*. Ihre Aufbewahrung hat deshalb nach den Bestimmungen der PHG. zu erfolgen. Auf offene Wunden und die Augen wirken sie ätzend. Bei ihrer Verwendung muß deshalb mit Schutzbrille gearbeitet werden.

☠ *1*. Fluor. Fluorum. F.

Atom-Gew. 19,00. Wertigkeit 1.

Fluor (lat. fluere, fließen) führt seinen Namen von seinem Hauptmineral, *Flußspat* (Spatum fluoricum), CaF_2, der schon seit langem als Flußmittel bei metallurgischen Prozessen dient. Erst im Jahre 1886 gelang es MOISSAN, Fluor darzustellen.

Vorkommen. Hauptsächlich im *Calciumfluorid*, *Flußspat*, *Fluorcalcium*, CaF_2, im *Eisstein* Grönlands, *Kryolith*, *Natriumaluminiumfluorid*, Na_3AlF_6, im *Apatit*, $Ca_5(Cl,F)(PO_4)_3$, und im *Topas*, $Al_2(F,OH)_2[SiO_4]$. Im Erdboden findet sich Calciumfluorid in kleinen Mengen verbreitet vor und wird von den Pflanzen aufgenommen. Besonders die Getreidearten und Gräser enthalten Fluor, auch in der Asche von Birkenblättern ist etwa 0,1% Fluor nachweisbar. Milch enthält kleine Mengen von Fluorverbindungen. Mit den Pflanzen, die als Nahrung dienen, und der Milch gelangt das Fluor in den Organismus und wird dort als Bestandteil der Knochen und des Zahnschmelzes als Baustoff verwendet.

Darstellung. Durch Elektrolyse von geschmolzenem Kaliumhydrogenfluorid, KHF_2, mit Graphitanoden in Kupfergefäßen bei $-30°$.

Eigenschaften. Schwach grünlichgelbes, aus doppeltatomigen Molekülen (F_2) bestehendes Gas mit unangenehm stechendem, an Chlor erinnerndem Geruch. Fluor ist das reaktionsfähigste aller Elemente und das stärkste Oxydationsmittel. Es verbindet sich mit den meisten Elementen, mit Ausnahme von Sauerstoff, Chlor, Stickstoff und den Edelgasen, unmittelbar, vielfach unter Feuererscheinung. Mit Wasserstoff verbindet es sich schon in der Kälte und im Dunkeln (im Gegensatz zu Chlor, das sich mit Wasserstoff im Sonnenlicht vereinigt) unter heftiger Reaktion zu Fluorwasserstoff.

Verwendung. Neuerdings werden Fluorverbindungen als Prophylacticum gegen Caries der Zähne, in *minimalen* Spuren dem Trinkwasser zugegeben, empfohlen, sie sollen von guter Wirkung sein. Aus diesem Grunde sind zahlreiche Präparate der Industrie zur Mundpflege mit einem Gehalt an Fluorverbindungen in den Handel gekommen. Ferner zur Darstellung organischer Fluorverbindungen, in USA zur Herstellung von Kunststoffen, im Gemisch mit Wasserstoff als Brennstoff für Schweißbrenner mit besonders großer Hitzeentwicklung ($3300°$) zum Schweißen und Schneiden von Kupfer ohne Flußmittel.

Toxikologie. Das Element Fluor und die Flußsäuren sind sehr gefährliche Stoffe, die mit noch viel größerer Heftigkeit als das Chlor die Atemorgane zerstören. Auf der Haut verursachen sie bösartige und schmerzhafte Geschwüre, besonders beim Eindringen von Flußsäure unter die Fingernägel entstehen furchtbare Schmerzen. Beim Arbeiten mit Fluorwasserstoff oder Flußsäure sind daher die Hände sorgfältig mit *Gummihandschuhen* zu schützen. Außer Vergiftungen mit → Flußsäure können Vergiftungen durch das beim Glasätzen entstehende Siliciumfluorid, SiF_4, und die → Kieselfluorwasserstoffsäure, H_2SiF_6 (Montanin), entstehen. Auch → Natriumfluorid und → Kieselfluornatrium, die technische Verwendung finden, haben zu tödlichen Vergiftungen geführt.

Erste Hilfe. Bei Verätzungen muß *sofort lange* (mindestens 15 Minuten) und *reichlich* mit lauwarmem Wasser gewaschen und eine Paste aus gebrannter Magnesia mit Glycerin aufgelegt werden. Flußsäureverätzungen sind stets bedenklich, da sich das volle Krankheitsbild meist erst nach Tagen entwickelt. Bei innerer Vergiftung mit den genannten Salzen Magenspülung mit Kalkwasser oder einer Aufschwemmung von Schlämmkreide. Fluoride bilden damit schwerlösliches Calciumfluorid, CaF_2. Bei Vergiftung durch freie Säure Magnesia.

Fluorwasserstoff.

Fluorwasserstoff unterscheidet sich von den anderen Halogenwasserstoffsäuren dadurch, daß er wasserfrei kein Gas, sondern eine bei $+19{,}5°$ siedende Flüssigkeit darstellt. SCHEELE erkannte schon 1771 beim Glasätzen mit Flußspat und Schwefelsäure in den Dämpfen eine Säure, deren Zusammensetzung erst später von GAY-LUSSAC und THÉNARD festgestellt wurde.

Darstellung. Durch Erhitzen von Flußspat mit konz. Schwefelsäure in Retorten aus Platin oder Blei:

$$CaF_2 \ + \ H_2SO_4 \ \rightarrow \ CaSO_4 \ + \ 2\,HF$$

Calciumfluorid, Flußspat   Schwefelsäure   Calciumsulfat   Fluorwasserstoff

Eigenschaften. Wasserfrei an der Luft rauchende, sehr hygroskopische Flüssigkeit. Mit Wasser ist Fluorwasserstoff in jedem Verhältnis mischbar (→ Flußsäure).

☠ *1.* Flußsäure. Fluorwasserstoffsäure. Acidum hydrofluoricum. HF.

Mol.-Gew. 20,01.

Mit Flußsäure bezeichnet man wäßrige Lösungen des Fluorwasserstoffs.

Eigenschaften. Farblose oder fast farblose, stechend riechende, mit Wasser in jedem Verhältnis mischbare Flüssigkeit mit stark antiseptischer Wirkung (hemmt die Entwicklung von Spaltpilzen und wilden Hefen ohne Schädigung der normalen Hefezellen), welche außer Blei, Gold und Platin die meisten Metalle unter Wasserstoffentwicklung zu Fluoriden löst. Ceresin, Guttapercha und Lupolen werden nicht von Fluorwasserstoffsäure angegriffen und dienen daher zu ihrem Versand. Diese Packung hat auch den Vorteil, daß der Versand in einem leichten, bruchsicheren Ballon erfolgen kann. Flußsäure hat die Eigenschaft, Glas, Quarz und andere Silikate unter Bildung von flüchtigem Siliciumtetrafluorid anzugreifen bzw. aufzulösen:

SiO_2	+	$4\,HF$	→	SiF_4	+	$2\,H_2O$
Siliciumdioxyd		Fluorwasserstoff		Siliciumfluorid		Wasser

Diese Eigenschaft der Flußsäure verwendet man, um Glas zu ätzen, bei dem die Ätzstellen durchsichtig erscheinen. Die Salze der Fluorwasserstoffsäure heißen *Fluoride* und *saure Fluoride* oder *Hydrogenfluoride* (→ Ammoniumhydrogenfluorid).

Aufbewahrung. *Sehr vorsichtig, im Giftschrank.* Weil Flußsäure Glas angreift, nur in bestverschlossenen Gefäßen aus Guttapercha oder Lupolen. Die Firma „Merck", Darmstadt, liefert Flußsäure auch in Großpackungen aus Lupolen, leichte, bruchsichere Ballons mit Schraubdeckel, Spezialdichtung und besonders konstruierter Ausgußform. Ein Spezialdurchlaufkanal verhindert ein Ablaufen oder Abtropfen der Säure nach außen.

Handelssorten: Flußsäure, 40% HF, technisch, arsenfrei
„ 40% HF, arsenfrei
„ 40% HF, chemisch rein.

Die technischen Sorten sind außerdem mit verschiedenen Prozentgehalten zwischen 40 und 80% HF lieferbar. Die Lieferung erfolgt bei kleineren Mengen in Kunststoff-Flaschen, bei größeren in Bleiflaschen bzw. Eisenflaschen oder Eisenfässern.

Verwendung. Stets *Gummihandschuhe* und *Schutzbrille!* Beachte Merkblatt „Arbeiten mit Flußsäure" der Zentralstelle für Unfallverhütung e.V. Bonn. Zum Blankätzen (Polieren) von Kristallgläsern, zum Mattieren von Glas im Gemisch mit Flußspat. Rein ätzt Flußsäure Glas tief, ohne es zu mattieren, deshalb verwendet man zum Beschriften (Mattätzen) *„Glasätztinte"*, s. Bd. III. In geringer Konzentration zur Reinhaltung von Hefekulturen (die nicht von Flußsäure angegriffen werden) durch Unterdrückung wilder Gärung (Milch-, Essig- und Buttersäuregärung), als Desinfektionsmittel in Weingeistbrennereien, Brauereien und Preßhefefabriken, zur Reinigung der Gußstücke von eingebranntem Sand in Eisengießereien, zur Entkieselung von Stroh und Stuhlrohr vor dem Bleichen, in der Analyse zum Aufschließen der Silikate, zur Konservierung anatomischer Präparate, zur Herstellung anderer Fluorverbindungen.

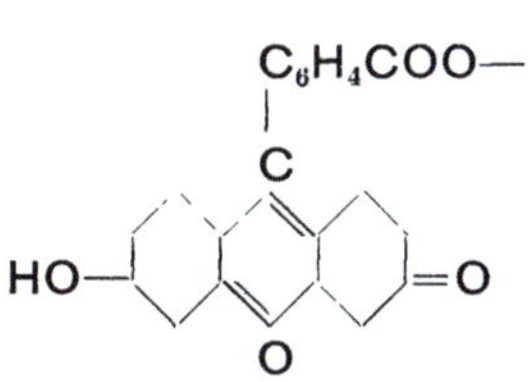

Fluorescein. Fluoresceinum.

Resorcinphthalein. Dioxyfluoran. Mol.-Gew. 332,29.

Darstellung. Durch Zusammenschmelzen von Phthalsäureanhydrid und Resorcin.

Eigenschaften. Dunkelgelbes, in Wasser, Äther und Benzol fast unlösl., in Weingeist und Alkalien noch in sehr verdünnter Lösung mit kräftiger, prachtvoller gelbroter Farbe und grünlicher Fluorescenz lösl. Pulver, das beim Erhitzen sublimiert.

Verwendung. Siehe Fluorosceinnatrium.

Fluorosceinnatrium.

Uranin (EW.).

Fluorosceinnatrium ist das Dinatriumsalz des Fluoresceins.

Eigenschaften. Rotgelbes, in Wasser leicht mit stark gelbgrüner Fluorescenz lösl. Pulver.

Verwendung. Zum Auffinden des Ursprungs von Grundwasser oder des Zusammenhangs von unterirdischen Wasserläufen, ohne Giftwirkung auf Fische. Man verfährt dabei zweckmäßig in der Weise, daß man Fluorescein mit der drei- bis vierfachen Menge Soda zunächst in einem Eimer mit Wasser löst und dann diese Lösung innerhalb einiger Minuten dem zu untersuchenden Wasser zusetzt. Auf diese Weise wurde 1877 bei Immendingen die Donauversickerung aufgeklärt, da nach einigen Tagen in dem Flüßchen Aach deutliche Fluorescenz feststellbar war. *Techn.* ist Fluorescein als Muttersubstanz der Eosine wichtig. F. findet zur Färbung von Seifen, Fichtennadelbadesalzen und Fichtennadelbadesalztabletten Verwendung.

Fluoreszenz.

Fluoreszenz ist die Eigenschaft mancher durchsichtiger Stoffe, während der Dauer der Bestrahlung selbstleuchtend zu werden. Dabei hat das ausgestrahlte Licht eine andere Farbe als das auf den Stoff auffallende. So fluoresziert Petroleum blau, technische Öle grün, gelbliches Uranglas grün. Die im durchfallenden Licht gelb gefärbten Fluoresceinlösungen fluoreszieren im auffallenden Licht malachitgrün. Unsichtbare Röntgenstrahlen können durch mit fluoreszierenden Stoffen bestrichene Schirme bei der Röntgentechnik sichtbar gemacht werden. Bei der F. ist das ausgestrahlte Licht meist längerwellig als das eingestrahlte. Fluoreszierende Stoffe wandeln also kurzwelliges, blaues Licht in längerwelliges, rotes um. Deshalb kann man mit diesen Stoffen ultraviolettes Licht für das Auge sichtbar machen. Diese Wirkung wird bei Tagesleuchtfarben und den modernen Waschmitteln ausgenutzt. Besonders die Salze der seltenen Erden und die Uranylsalze zeigen Fluoreszenz.

Flußmittel.

Flußmittel begünstigen die Verflüssigung schwer schmelzbarer Stoffe beim Schmelzen durch Schlackenbildung. Sie werden bei der Darstellung von Metallen aus Erzen dem Gemisch im Hochofen zugegeben zur Bildung einer leichtflüssigen Schlacke und in der Keramik verwendet.

Als Flußmittel finden Verwendung Borax, Kochsalz, Flußspat, Silikate, Kryolith usw.

Folinsäure.

Folinsäure, ein Vitamin des B-Komplexes, wurde zunächst aus Leber und Hefe, später aus Spinat und anderen grünen Blättern und wird seit 1946 auch synthetisch hergestellt. Bei ihrem Fehlen in der Nahrung entstehen beim Menschen keine Avitaminosen. Therapeutisch ist sie von guter Wirkung bei verschiedenen Anämien, besonders perniciöser Anämie.

Fondin.

Fondin (Sichelwerke) ist ein Celluloseäther (Celluloseglykolsaures Natrium) und kommt in den Typen

Fondin 2520 in Flockenform, hochviskos
Fondin 2518 in Pulverform, hochviskos
Fondin 2715 in Flockenform, niedrigviskos

in den Handel. Fondin ist in kaltem Wasser l.lösl. Die niedrigviskose Sorte wird vorzugsweise zur Herstellung von Zahnpasten verwendet, die Pulverform zur Herstellung von Produkten, die in trockener Form in den Handel kommen, weil sich diese Sorte hierbei am gleichmäßigsten vermischt. Die vielseitigste Verwendung findet die hochviskose Sorte 2520.

Eigenschaften. Fondin ist gegen chemische Angriffe sehr widerstandsfähig und wird deshalb auch im Darm nicht angegriffen, von dem es restlos wieder ausgeschieden wird. Dabei kommt es weder zur Resorption von Fondin noch von irgendwelchen Spaltungsprodukten, vielmehr geht es unverändert in den Kot über, dessen Brennwert erhöht wird. Fondin ist also ein völlig harmloses Quell- und Verdickungsmittel und kann auch zu Lebensmitteln ohne Bedenken Verwendung finden.

Verwendung. Zur Herstellung von *medizinischen Präparaten*, z. B. zur Tablettenherstellung, als Emulgator für Emulsionen, zur Herstellung von Dragées und Salbengrundlagen, als Bindemittel für Gummibonbons und lakritzenähnliche Erzeugnisse, zur Herstellung von Nährböden in der Bakteriologie; in der *Kosmetik* zur Herstellung von Hautcremes, Hautreinigungsmitteln, Haarfixativ, Shampoos, Zahnpasten, Haftpulver für Gebisse; in der *Lebensmittelindustrie* zur Herstellung von Eiaustauschstoffen, Fischkonserven, Salattunken, Milchnährmitteln, zum Eindicken von Marmeladen und Cremes, als Emulgator von Ölemulsionen und Backaromen, zu Geliermitteln, zur Stabilisierung von Eiweißschnee, zur Herstellung von Fruchtpasten, als Bindemittel für Speiseeis, als Verdickungsmittel zur Herstellung von Trennemulsionen für die Brotbäckerei; in der *Schädlingsbekämpfung* zur Herstellung von Entlausungsmitteln u. a.; *techn.* zum Aufquellen von Fußbodenersatzöl, zu Textilhilfsmitteln, als Emulgierungsmittel für Wetterschutz und für Möbelpolituren, in der Watteherstellung.

Herstellung von Fondinschleim. Fondinschleim wird hergestellt durch einfaches Aufstreuen von Fondin auf kaltes Wasser 1 : 25 und Umrühren bis zur vollständigen Lösung. Je nach dem Verwendungszweck wird der erhaltene Schleim noch mit Wasser verdünnt.

Formaldehyd. Methanal. Methylaldehyd.

Ameisensäurealdehyd. Formylhydrat.

HCHO. Mol.-Gew. 30,02.

Die Bezeichnung Formaldehyd ist zusammengezogen aus der lateinischen Bezeichnung der Ameisensäure, Acidum formicicum, und Aldehyd.

Der Formaldehyd, *Oxymethylen*, ist der einfachste Aldehyd.

Darstellung. Durch Leiten von Methanoldämpfen und Luft über glühendes Kupfer (Drahtnetz). Unter der katalytischen Wirkung des Kupfers wird das Methanol zu Formaldehyd oxydiert:

$$2\,CH_3OH \;+\; O_2 \;\rightarrow\; 2\,HCHO \;+\; 2\,H_2O$$

| Methanol | Sauerstoff | Formaldehyd | Wasser |

Eigenschaften. Bei gewöhnlicher Temperatur eigenartig stechend riechendes, farbloses, erstickendes, die Schleimhäute stark angreifendes Gas, l.lösl. in Wasser.

Durch starke Abkühlung kann das Gas zu einer farblosen Flüssigkeit verdichtet werden. Reines, wasserfreies Formaldehyd hat große Neigung, sich zu polymerisieren. Ein Produkt der Polymerisation ist → *Paraformaldehyd.*

Toxikologie. Siehe Formaldehydlösung.

Verwendung. Als wichtiges Desinfektionsmittel für Wohnräume nach Infektionskrankheiten. Von größter technischer Bedeutung ist Formaldehyd für die Herstellung von zahlreichen Kunststoffen, die man durch Kondensation mit Phenolen, Kresolen usw. erhält (s. S. 774 und 487).

Formaldehydlösung. Formaldehyd solutus, DAB. 6.

Formin. Formol. Formalin. HCHO. Mol.-Gew. 30,02.

Gehalt mindestens 35% Formaldehyd.

Darstellung. Durch Auflösen von Formaldehydgas in Wasser.

Eigenschaften. Klare, farblose, stechend riechende, wäßrige Flüssigkeit, die wechselnde Mengen Methanol enthält. Reaktion neutral oder nur schwach sauer, mit Wasser und Weingeist in jedem Verhältnis mischbar, nicht dagegen mit Äther. D. (20°) 1,075 bis 1,086.

Toxikologie. Formalindämpfe reizen die Schleimhäute äußerst stark und verursachen Bindehautentzündungen. Bei ihrem Einatmen entstehen Entzündungen der Atemwege. Als tödliche Menge einer Formalinlösung (35%) gelten innerlich 10 bis 30 g.

Erste Hilfe. Magenspülung unter Zusatz med. Kohle, als reizmindernde Getränke Milch und schleimige Getränke, auch Magenspülung mit verd. Ammoniaklösung und Ammoniumcarbonatlösung (2%) finden bei innerlicher Formaldehydvergiftung Verwendung.

Prüfung des DAB. 6. *Erkennung.* Beim Eindampfen auf dem Wasserbad verbleibt eine weiße, amorphe, in Wasser nicht sofort lösl. Masse (Paraformaldehyd).

Beim starken Übersättigen mit Ammoniakflüssigkeit und Eindampfen auf dem Wasserbad entsteht ein weißer, kristalliner, in Wasser sehr l. lösl. Rückstand von Hexamethylentetramin.

Aus ammoniakalischer Silberlösung scheidet F. allmählich metallisches Silber ab.

Mit alkalischer Kupfertartratlösung gibt F. beim Erhitzen einen roten Niederschlag von Kupferoxydul, Cu_2O.

Die mit 4 T. Wasser verd. Formaldehydlösung läßt DAB. 6 prüfen auf:

Salzsäure mit Silbernitratlösung,

Schwefelsäure mit Bariumnitratlösung,

Schwermetallsalze mit je 3 Tr. verd. Essigsäure und Natriumsulfidlösung;

bei diesen Prüfungen darf keine Veränderung (Trübung oder Fällung) entstehen.

Unzulässige Menge Säure. 1 ccm F. darf nach Zusatz von 2 Tr. Phenolphthaleinlösung zur Neutralisation höchstens 0,05 ccm n-Kalilauge verbrauchen.

Anorganische Beimengungen. Beim Eindampfen von 10 g F. verbleibt eine weiße Masse, die nach dem Verbrennen höchstens 0,001 g Rückstand hinterlassen darf.

Gehaltsbestimmung. Etwa 1 g F. wird in einem Meßkölbchen (100 ccm Inhalt), das 2,5 ccm Wasser und 2,5 ccm n-Kalilauge enthält, genau abgewogen. Nach dem Umschütteln wird mit Wasser bis zur Marke aufgefüllt. 10 ccm dieser Lösung werden mit 50 ccm $^1/_{10}$-n-Jodlösung und 20 ccm n-Kalilauge versetzt, nach 15 Min. 10 ccm verd. Schwefelsäure zugegeben und dann mit $^1/_{10}$-n-Natriumthiosulfatlösung zunächst bis zur Gelbfärbung und nach Zusatz von Stärkelösung bis zum Farbumschlag titriert. Für je 0,1 g F. dürfen nicht mehr als 26,7 $^1/_{10}$-n-Natriumthiosulfat verbraucht werden, so daß zur Oxydation des Formaldehyds wenigstens 23,3 ccm $^1/_{10}$-n-Jodlösung verbraucht werden. 1 ccm $^1/_{10}$-n-Jodlösung 0,001501 g Formaldehyd, 23,3 ccm = 0,0349 g entsprechend 35% Formaldehydgehalt.

Aufbewahrung. Vor Licht geschützt, bei einer Temperatur *nicht unter* $+9°$. Die an Hals und Stopfen der Gefäße sich bildenden weißen Krusten bestehen aus Paraformaldehyd, der durch Wasserverdunstung hinterbleibt.

Verwendung. Als Wundantisepticum ist Formaldehydlösung wegen zu starker Reizwirkung ungeeignet. *Med. äußerl.* zur Vaginalspülung (3%, 33fach verdünnt), Waschungen (3%) in weingeistiger Lösung (1 + 9) gegen übermäßigen Fuß- und Handschweiß. Die Haut wird dadurch leicht gegerbt und die Schweißsekretion vermindert. Zur Verdeckung des stechenden Geruchs von Formaldehydlösung eignen sich Mandel-, Geranium-, Lavendel-, Wacholder- oder Fichtennadelöl und Terpineol, da diese die Wirkung des Formalins nicht beseitigen. In kleinen Mengen in Pastillenform zur Rachen- und Halsdesinfektion (Formaminttabletten, Tonsilla-formtabletten), *vet.* als Ätzmittel gegen Strahlkrebs der Pferde und stark verdünnt gegen Akarusräude der Hunde. Konzentriert zur Beseitigung von Warzen, zum Haltbarmachen anatomischer Präparate, in der mirkoskopischen Technik als Härtungsmittel, in der Photographie verdünnt als Härtungsmittel für Negativ-schichten (120 ccm Formaldehydlösung [40%] mit je 500 ccm Wasser und Wein-geist). Zur Raumdesinfektion (5% Formaldehyd und 30 g Wasser für 1 cbm Raum) findet es wegen seiner stark antiseptischen Eigenschaften weitgehende Verwendung. Milzbrandbazillen werden in einer Verdünnung von 1 : 2000, Milzbrandsporen in einer Verdünnung von 1 : 1000 innerhalb 1 Stunde vernichtet. Auch in Brauereien, Molkereien und Stallungen findet F. zur Raumdesinfektion Verwendung. Das hierbei notwendige Wasser hat den Zweck, eine Polymerisation des Formaldehyds auf den zu desinfizierenden Gegenständen zu verhindern. Nach der Desinfektion wird zur Bindung des Formaldehyds Ammoniak verdampft, wobei sich Hexamethylen-tetramin bildet. Mit Milch und Wasser gemischt, in flachen Gefäßen aufgestellt, als Fliegengift, zum Beizen von Saatgetreide, als Ersatz für Kupfersulfat gegen Getreidebrandsporen, zum Konservieren von Herbarpflanzen. *Zum Konservieren von Nahrungsmitteln ist Formaldehydlösung verboten.* Ferner findet Formaldehyd zur Herstellung von Milcheiweiß (Lanitalwolle, s. dort) zum Gerben von Häuten, zum Wasserdichtmachen von mit Tierleim imprägnierten Kartonagen, zur Her-stellung desinfizierender Seifen (Lysoform) und von Kunstharzen, in der Spiegel-fabrikation Verwendung. *Phenoplaste*, z. B. *Bakelit* (Kondensationsprodukt aus Phenol und Formaldehyd) und *Aminoplaste*, z. B. *Pollopas* (Kondensationsprodukt aus Formaldehyd mit Kasein).

Mit Formaldehydlösung arbeitende Personen müssen nach den Gewerbe-vorschriften die Hände mit formalinbindenden Salben einreiben, da bei längerem Gebrauch Ekzeme, unter Umständen Absterben des Gewebes, eintreten. Auch die Verwendung von Schutzhandschuhen und Schutzbrillen ist bei längerem Arbeiten mit F. nötig.

Formaldehydseifenlösung.
Liquor Formaldehydi saponatus, Erg.-B. 6.

Formaldehydseifenlösung ist eine 23% Formaldehyd enthaltende Seifenlösung. Herstellungsvorschrift s. Bd. III.

Klare, farblose bis gelbliche, in Wasser und Weingeist klar lösl. Flüssigkeit.

Verwendung. *Med. äußerl.* zur Vaginalspülung (1%), zur Händedesinfektion (3%), als Desinfektionsmittel für Exkremente (4%), zur Desinfektion tuberkulös verschmutzter Wäsche (8%).

Fossil.

Mit Fossil (Mehrzahl Fossilien) bezeichnet man Versteinerungen von Tieren oder Pflanzen der Urwelt; mit *fossil* versteinerte, ausgegrabene vorweltliche Stoffe.

Frauenhaar.

Frauenhaar. Adiantum capillus veneris *L.*

Polypodiaceae.

In allen wärmeren Zonen heimisches, weitverbreitetes, zierliches Farngewächs, das meist in Italien gesammelt wird, auch als Zimmerpflanze bekannt.

Venushaar. Herba Capilli Veneris, Erg.-B. 6.

Frauenhaar. Mädchenhaar. Jungfernkraut. Haarkrautfarn. Folia Adianti. Herba Adianti.

Die im Juni gesammelten und getrockneten (Wasserverlust 80%) 20 bis 40 cm langen Wedel mit eiförmigem bis länglichem Umriß, 2- bis 3fach gefiedertem, kahlem, dreikantigem, dünnem, glänzend rotbraun bis schwarzem Stiel. Fiederblättchen kurzgestielt, stark geschrumpft, keilförmig, am Rande gezähnt. Die Sporenhäufchen der Unterseite von den umgebogenen Fiederläppchen bedeckt. *Geruch* schwach würzig, *Geschmack* süßlich, leicht bitter und herb. Beim Übergießen mit heißem Wasser oder beim Zerreiben wird der Geruch deutlicher. Aschenhöchstgehalt 10%. Für die *Schnittdroge* kennzeichnend: Stark geschrumpfte grüne Fiederblättchen, vereinzelte glänzende, dunkelbraune Stengelstücke.

Inhaltsstoffe. Gerbstoff, Bitterstoff, Zucker, Spuren ätherischen Öles.

Verwendung. 1 Teelöffel auf 1 Tasse Aufguß als Volksheilmittel gegen Husten und Lungenleiden, Darmkatarrh und Frauenleiden.

Aufbewahrung. Vor Licht geschützt.

Frauenmantel.

Frauenmantel. Alchemilla vulgaris *L.*

Rosaceae.

In Europa, Asien und Nordamerika verbreitete, bei uns auf feuchten Wiesen, an Waldrändern, in schattigen und trockenen Wäldern häufig vorkommende, 10 bis 50 cm hohe Staude mit derben, gefalteten Blättern mit 7 bis 11 dreieckigen oder fast halbkreisförmigen Lappen, ringsum gesägt. Stengelblätter meist wenig kleiner als die Rosettenblätter, letzte langgestielt. Blüten klein, unscheinbar, 4zählig, grünlichgelb, in rispenartigen Trugdolden (Abb. 89).

Frauenmantelkraut. Herba Alchemillae, Erg.-B. 6.

Die während der Blütezeit (Mai bis September) gesammelten, getrockneten oberirdischen Teile. Kennzeichnend für die *Schnittdroge* ineinandergefaltete, feinbehaarte Blattstückchen, die älteren weniger behaart, hellgrau bis braungrün. Häufig grünlichgelbe Blütenknäuel mit Außen- und Innenkelch ohne Blumenkrone. Blattstielteile und Stengelteile weich, seidig behaart. Ältere Blätter unterseits mit feinmaschigem Nervennetz. *Geschmack* etwas bitter. Beim Verbrennen dürfen höchstens 6% Asche verbleiben.

Inhaltsstoffe. Etwa 8,4% Gerbstoff, Bitterstoff, ätherisches Öl.

Verwendung. *Innerl.* 1 bis 2 Teelöffel auf 1 Tasse Abkochung, 2 Tassen täglich als adstringierendes Mittel bei Magen- und Darmerkrankungen, Durchfall, Blutungen,

als Blutreinigungsmittel, bei Unterleibskrämpfen, als Bestandteil von Frauen-
und Diabetikertees, als Wundmittel zu Umschlägen (10%).

Aufbewahrung. Vor Licht geschützt.

Alpenfrauenmantel. Alchemilla alpina.

Silbermantel.

Mehrjährige, 10 bis 30 cm hohe, an Felsen der höheren Gebirge (Alpen) vorkommende Pflanze. Blütezeit Juni bis August. Untere Blätter bis auf den Grund 5- bis 7teilig, Zipfel keilförmig, unterseits seidenhaarig, silberglänzend.

Alpenfrauenmantelkraut. Herba Alchemillae alpinae.

Silbermantelkraut.

Inhaltsstoffe. Gerbstoff, Bitterstoff, Harz, Lecithin, Öl- und Linolsäure.

Verwendung. Wie Frauenmantel; bei Weidetieren soll die Pflanze die Milchsekretion erhöhen.

Aufbewahrung. Vor Licht geschützt.

Frauenminze.

Frauenminze. Tanacetum balsamita *L.* Chrysanthemum balsamita.

Compositae.

Im Orient heimisch, von dort in den Mittelmeerländern eingebürgert, in Bauerngärten und auf

Abb. 89. Frauenmantel. Alchemilla vulgaris. *1* Habitus; — *2* Blüte, vergrößert.

ländlichen Friedhöfen wegen des angenehmen Duftes angepflanzt. Ausdauernde, 60 bis 120 cm hohe Pflanze mit ausläufertreibender Grundachse. Stengel aufrecht, glatt, flaumig weißlichgrau behaart, oben ästig. Blätter ungeteilt, elliptisch, feinkerbig gesägt, dicklich, glatt. Obere Blätter kurzgestielt oder sitzend, geöhrt, die grundständigen und mittleren langgestielt. Blütenköpfe zahlreich, klein, gelb, in lockeren Doldentrauben. Blütezeit August bis Oktober.

Frauenminzenkraut. Herba Balsamitae.

Balsamkraut. Marienblatt. Frauenblatt. Frauensalve.

Zur Blütezeit gesammelte und getrocknete Blätter, dicklich, gesägtgezähnt, glatt, unterseits weich behaart. *Geruch* stark aromatisch, *Geschmack* pfefferähnlich scharf.

Inhaltsstoffe. Ätherisches Öl mit paraffinartigem Körper, Gerbstoff, Mineralstoffe.

Verwendung. *Innerl.* 1 bis 2 Teelöffel auf 1 Tasse Aufguß bei Gallenleiden (Steinen), gallensekretionsfördernd, krampfstillend, magenstärkend, blähungtreibend.

Aufbewahrung. Vor Licht geschützt.

Frigen 12.

Difluordichlormethan. CF_2Cl_2. Mol.-Gew. 120,92.

Frigen 12 („Hoechst") ist ein farbloses, ungiftiges, nicht brennbares und in keinem Mischungsverhältnis mit Luft explosives Gas mit schwach süßlichem *Geruch*, das als bewährtes Kältemittel für Verdichtungskältemaschinen und als Kältemittel für Groß- und Kleinkälteanlagen in der Industrie, im Gewerbe und im Haushalt Verwendung findet. In der Schädlingsbekämpfung findet Frigen 12 als Lösungsmittel für Pyrethrine und DDT Verwendung. Bestimmte Frigen-Sorten finden auch als Druck- und Zerstäubungsmittel für Aerosol- und Sprühdosen für Insekten- und Schädlingsbekämpfung, Luftreiniger, Geruchsverbesserungsmittel, Cosmetica, Möbel- und Autopolituren, Textilimprägniermittel, Dekorationsschnee sowie zur Erzeugung von Rasier- und Shampooschäumen usw. Verwendung. (Siehe auch S. 1453, Aerosole.)

Fruchtäther, künstliche.

Künstliche Fruchtäther, auch *Fruchtaromen* oder *Fruchtessenzen* genannt, sind meist alkoholische Lösungen von Estergemischen, die für sich allein oder in Mischungen mit ätherischen Ölen den Geruch und Geschmack natürlicher Früchte ergeben. F. sind meist Äthyl- und Amylester der Ameisensäure, Essigsäure, Buttersäure, Baldriansäure, Kapron-, Kapryl- und Kaprinsäure, gemischt mit den Methyl- und Äthylestern der Benzoesäure, Salicylsäure und Sebacinsäure. Je nach der Konzentration der künstlichen F. unterscheidet man einfache, zwei-, drei-, vierfache. Zur Verstärkung bzw. Fixierung des Aromas enthalten die Fruchtäther häufig geringe Mengen von Acetaldehyd, Chloroform, Glycerin, Amylalkohol oder Salpeteräther und, weil bei Anwesenheit freier Säure der Fruchtgeschmack besonders hervortritt, Äpfelsäure, Bernsteinsäure, Citronensäure und Weinsäure. → Essenzen, S. 422.

Darstellung. Durch Mischen bzw. Auflösen der Grundäther in reinstem, starkem Alkohol und Destillation der Mischungen unter Zusatz von gebrannter Magnesia. Die wichtigsten künstlichen Fruchtäther sind: Ananasäther, Apfeläther, Apfelsinenäther, Aprikosenäther, Bananenäther, Birnenäther, Erdbeeräther, Himbeeräther, Johannisbeeräther, Kirschenäther, Limonenäther, Mirabellenäther, Pfirsichäther, Pflaumenäther, Quittenäther, Reinettenäther, Rettichäther.

Eigenschaften. Die meisten Fruchtäther haben einen sehr angenehmen Fruchtgeruch und sind leichtflüssige und leichtflüchtige Flüssigkeiten. Einige Fruchtäther sind Bestandteile ätherischer Öle. Chemisch sind die Fruchtäther keine Äther, sondern Ester von niederen und mittleren Carbonsäuren mit ebensolchen Alkoholen.

Verwendung. Fruchtäther finden Verwendung zum Aromatisieren von Fruchtsäften und Fruchteis, Limonaden, Süßwaren, Puddingpulvern usw. und zur Herstellung von Fruchtessenzen, die alkoholische Lösungen von Fruchtäthern darstellen.

Fruchtsäfte.

Nach § 15 der Verordnung über Obsterzeugnisse vom 15.7.1933 (Obstverordnung) versteht man unter *Fruchtsäften, Obstsäften, Fruchtrohsäften, Fruchtmuttersäften* Säfte, die durch Pressen von frischem oder vergorenem Obst *einer* Obstart mit oder ohne nachfolgende Extraktion hergestellt sind. Obstsäfte aus Citrusfrüchten enthalten meist einen geringen Zusatz von Schalenaroma. Obstsäfte werden mit dem Namen der verwendeten Obstart bezeichnet. Während von Fruchtsäften nur Citronensaft als solcher im Handel abgegeben wird, werden die übrigen Fruchtsäfte meist zu Sirupen, Likören, Limonaden und Zuckerwaren verarbeitet.

Fruchtsäfte, die aus Rückständen oder unter Verwendung von Nachpresse oder Zusätzen irgendwelcher Art (Farbstoffe, Säuren, Mineralstoffe, Zucker usw.) hergestellt oder mit anderen Fruchtsäften gemischt sind, dürfen nicht in den Verkehr gebracht werden.

Man unterscheidet folgende Obstsaftsorten: Apfel-, Birnen-, Citronen-, Erdbeer-, Himbeer-, Johannisbeer-, Kirsch- und Orangensaft. Bei Kirschsaftsorten werden unterschieden:

1. Kirschsaft, dunkler Kirschsaft (Sauerkirschmuttersaft): der Saft aus den dunklen Sauerkirschen, ausgenommen Schattenmorellen;

2. heller Sauerkirschsaft (heller Sauerkirschmuttersaft): der Saft aus hellen Sauerkirschen sowie aus Schattenmorellen;

3. gespriteter Kirschsaft: mehr oder weniger vergorener dunkler Sauerkirschsaft mit einem Gehalt bis zu 18 Raumhundertteilen Alkohol, von denen bis zu 15 Raumhundertteilen in Form von Sprit zugesetzt sind;

4. Süßkirschsaft (Süßkirschmuttersaft): der Saft aus Süßkirschen aller Art.

Herstellung. Die sorgfältig aussortierten, wenn nötig zerkleinerten Früchte, *Maische*, werden gepreßt, um den Saft von den *Trestern* zu trennen. Das Pressen kann unmittelbar nach dem Maischen erfolgen, oder man unterwirft die Maische erst einer schwachen Gärung zur Absetzung er in den Früchten enthaltenen Pektin-, Schleim- und Eiweißstoffe. Ein anderer Weg ist die Überlassung des Saftes zur Selbstklärung, wobei durch das Enzym, *Pektase*, die in dem Fruchtsaft kolloid gelösten Pektinstoffe unlöslich werden und sich als Niederschlag ausscheiden. Bei beiden Verfahren verlieren die Säfte jedoch an Farbe, Geruch und Geschmack, deshalb wird neuerdings eine enzymatische Klärung der Fruchtsäfte durch Filtrationsenzyme wie → *Filtragol* u. a. bevorzugt. Durch ihre Anwendung wird die Trubabscheidung beschleunigt und die oft durch die Pektinstoffe behinderte Filtration leichter durchgeführt (s. a. Bd. III).

Inhaltsstoffe. Organische Säuren, hauptsächlich Äpfelsäure oder Citronensäure 0,5 bis 2,5%, bei Citrusfrüchten 4,7 bis 7,7%, Invertzucker, Saccharose, Geruchs-, Geschmacks-, Farb- und Mineralstoffe, Pektine, Pflanzenschleim, Gummi, Eiweißstoffe, Gerbsäure, einige Säfte, z. B. schwarze Johannisbeeren, auch Vitamin C.

Fruchtsirupe.

Dickflüssige Zubereitungen, welche durch Aufkochen des Rohsaftes einer Fruchtart mit technisch reinem, weißem Verbrauchszucker (60 bis 65 kg auf 40 bis 35 kg Saft) gewonnen werden (s. Bd. III).

Auf kaltem Wege können Fruchtsirupe nach dem „Barrucand- und Granulated-Verfahren" hergestellt werden, bei welchem man den Rohsaft über kristallisierten Zucker laufen läßt, bis er die erforderliche Konzentration erreicht hat. Nach gesetzlicher Vorschrift sind nur geringe Zusätze von Wein- oder Citronensäure erlaubt, auch ist die Mischung verschiedener Säfte mit Ausnahme des „Himbeersirup mit Zusatz von Kirschsaft", der aus 9 T. Himbeersaft und 1 T. Kirschsaft besteht, verboten (s. Bd. III).

Fruchtzucker. Laevulose, Erg.-B. 6.

Fructose. $CH_2OH(CHOH)_3 \cdot COCH_2OH$. Mol.-Gew. 180,1.

Der Fruchtzucker kommt natürlich in Pflanzen, besonders in süßen Früchten vor, außerdem mit Traubenzucker gemischt im Honig. In reifen Tomaten ist er als einzige Zuckerart enthalten. Gebunden ist er im Rohrzucker enthalten und bildet den Grundkörper des Polysaccharids *Inulin*, das bei der Hydrolyse vollständig in Fruchtzucker zerfällt. Im *Invertzucker* ist er zur Hälfte mit Traubenzucker enthalten.

Darstellung. Durch Spaltung von Rohrzucker mit konz. Salzsäure durch Erwärmen in Traubenzucker und Fruchtzucker. Das entstandene Gemisch wird mit Calciumhydroxyd versetzt und das sich bildende unlösliche Calciumfructosat, $C_6H_{12}O_6 \cdot Ca(OH)_2 \cdot H_2O$, von der Traubenzuckerlösung abgepreßt. Beim Einleiten von Kohlendioxyd entsteht unlösl. Calciumcarbonat, die Fruchtzuckerlösung wird abfiltriert und im Vakuum eingedampft.

Eigenschaften. Weißes, kristallines, süß schmeckendes Pulver, sehr l.lösl. in Wasser, l.lösl. in Weingeist und Glycerin. Durch Hefe läßt sich Fruchtzucker leicht vergären. Vom menschlichen Organismus wird er wie Traubenzucker verwertet. Die wäßrige Lösung dreht den polarisierten Lichtstrahl nach links, daher der Name Laevulose (lat. laevus, links).

Prüfung des Erg.-B. 6. *Erkennung.* Für die wäßrige Lösung (5 g F., 1 Tr. Ammoniakflüssigkeit zu 50 ccm Wasser) ist $[\alpha]_D^{20°} = -91°$ bis $-93°$.

Die wäßrige Lösung (1 + 19) mit 5 ccm alkalischer Kupfertartratlösung einmal zum Sieden erhitzt, gibt einen roten Niederschlag.

Erg.-B. 6 läßt ferner prüfen auf Alkalien, freie Säuren, Schwefelsäure, Schwermetallsalze, Calciumsalze, Salzsäure und anorganische Beimengungen.

Verwendung. Infolge seiner großen Süßkraft (süßer als Traubenzucker) als Versüßungsmittel, eiweißsparendes Nährmittel für Zuckerkranke und diätetisches Nährmittel für Kinder, Tuberkulöse und Skrophulöse (2 bis 4 Eßlöffel täglich).

FS 64[1].

FS 64 ist eine Kombination verschiedener Aldehydmodifikationen, teils auf einem Gemisch des Mono- und Distearinsäureesters des Glycerins mit freier Stearinsäure, freiem Glycerin und Kaliumstearat, teils auf anderen Basen beruhend. Zusätze von Sequestiermitteln, die nicht nur die Ca- und Mg-Salze, sondern auch andere Metallsalze, die unerwünschte katalytische Wirkungen hervorrufen können, komplex bindend beeinflussen, schaffen noch im Waschwasser ein Milieu, welches Waschkraft und Schaumfähigkeit der FS 64-Seifen augenscheinlich erhöhen.

Eigenschaften. FS 64 ist ein antimycotischer, hochbakterizider und desodorisierender Wirkstoff, der pathogene Keime innerhalb kürzester Zeit abtötet. Auch stärkere Gerüche sowie Schweißgeruch werden beseitigt. Die Komponente F des Wirkstoffs FS 64 ist ausgesprochen gewebefreundlich und wirkt heilend. Diese Wirkung bleibt auch im Seifenkörper erhalten, so daß eine vorbeugende und heilende Wirkung bei Hautunreinheiten, Mitessern, Pickeln, Entzündungen, entzündlichen Fußflechten, Zwischenzehen-Ekzemen, Zehenpilzen usw. besteht. Auch für zarte und empfindliche Haut ist FS 64 verwendbar.

---

[1] Lieferfirma: Petrosin-Laboratorium, C. P. Ottersbach, Glücksburg-Ostsee.

Die Zusammensetzung von FS 64 ist: Glyceride 80,4%, freie Stearinsäure 8,5%, Kaliumstearat 5,8%, Glycerin 4,9%, Aktivatoren und Katalysatoren 0,4%. p_H-Wert 6,0; SZ. 22,6; EZ. 125,9; VZ. 148,5; Schmp. 50°.

Verwendung. Als Seifenzusatz 3%, u. U. etwas weniger, für besonders milde Seifen (Kinderseifen) 1,5%, zur Erhöhung der Lagerfähigkeit von Seifen und Seifenrohstoffen 0,5%, zu Hautcremes mit vorbeugender und heilender Wirkung gegen Entzündungen, Flechten, Pickel, Ekzeme, je nach Beschaffenheit der Creme 0,2 bis 1%. Als bakterizider Zusatz zu Zahnpasten 1 bis $1^1/_2$%. Die Wirkstoffkomponente F ist ein hervorragendes Mittel gegen paradentöse Erscheinungen. Zu Mundwässern zusammen mit 5% des Spezialpräparates VADUCIN-Extrakt M. Zu flüssigen Seifen findet das Präparat FS 173 (3%) als desodorisierender und keimhemmender Zusatz Verwendung.

Fuchsin.

Rosanilin. Triaminodiphenyltolylcarbinolchlorid. Mol.-Gew. 337,65.

$$C \begin{cases} C_6H_4NH_2 \\ C_6H_4NH_2 \\ C_6H_3(CH_3)=NH_2 \cdot Cl \end{cases}$$

Grünlichgelb, metallisch glänzende Kristalle, die sich in Wasser und Weingeist mit roter Farbe lösen.

Verwendung. In der Kosmetik zu Schminken, Pudern, als Farblack. Zum Färben von Seide, Wolle, Leder, Zuckerwaren und Likören, als Reagens → fuchsinschweflige Säure.

Fuchsinschweflige Säure.

SCHIFFS Reagens ist eine entfärbte Fuchsinlösung, die als Reagens auf Aldehyde dient und mit diesen schöne blaurote bis rotviolette Färbungen gibt. Herstellungsvorschrift s. Bd. III.

Fumarsäure. Acidum fumaricum.

trans-Butendisäure. Paramaleinsäure. Flechtensäure. Mol.-Gew. 116,07.

$$\begin{array}{c} HOOC \cdot C \cdot H_2 \\ \parallel \\ H \cdot C \cdot COOH \end{array}$$

Im isländischen Moos und Pilzen, im Erdrauch (Fumaria officinalis, daher der Name) vorkommende, synthetisch durch Erhitzen von Äpfelsäure auf 140° bis 150°, gewonnene Säure.

Eigenschaften. Weiße, geruchlose Nadeln, *Geschmack* rein sauer, in kaltem Wasser wenig, leicht im Weingeist und Wasser lösl. F. wird von Barytwasser gefällt. Die Säure ist stereoisomer mit der → Maleinsäure. D. (20°) 1,625; Schmp. 287° (im geschlossenen Rohr).

Verwendung. Als Schutzmittel gegen Ranzigkeit von Fetten und fetten Ölen, selbst noch in einer Verdünnung von 1 : 30000 werden diese vor Luftoxydation geschützt.

Maleinsäure.

cis-Butendisäure. Mol.-Gew. 116,07.

$$\begin{array}{c} HC \cdot COOH \\ \parallel \\ HC \cdot COOH \end{array}$$

Farblose, in Wasser und Weingeist l.lösl. Kristalle, *Geschmack* unangenehm sauer. D. (20°) 1,59; Schmp. 130°.

Verwendung. Als Schutzmittel gegen Ranzigkeit von Fetten und fetten Ölen, die selbst noch in einer Verdünnung von 1 : 30000 vor Luftoxydation geschützt werden, kosmetisch zu Kohlensäurebädern, an Stelle von Citronensäure zu sauren Cremes, Haarglanzpulvern usw.

Fungizide.

Mit Fungiziden bezeichnet man im Garten-, Obst- und Weinbau verwendete pilztötende (lat. fungus, Pilz, daher der Name) Spritzmittel, die entweder Lösungen oder Aufschlämmungen hierzu geeigneter Chemikalien darstellen. Zu ihnen gehören z. B. Aufschlämmungen von Schwefel und Kupferkalkbrühe. Siehe Schädlinge und Schädlingsbekämpfung Bd. I.

Furan.

Mol.-Gew. 68,07.

Farblose, chloroformähnlich riechende Flüssigkeit. D. (19°) 0,937; Sdp. 32°, unlösl. in Wasser, l. lösl. in Weingeist und Äther. Furan färbt einen mit Salzsäure befeuchteten Fichtenspan grün.

Verwendung. Zur Herstellung von Klebstoffen.

Furfurol. Furfurolum, Erg.-B. 6

Furfurylaldehyd. Furanaldehyd. Furol. $C_4H_3O \cdot CHO$. Mol.-Gew. 96,0.

Darstellung. Furfurol wird dargestellt durch Erhitzen von Kleie mit verd. Schwefelsäure.

Eigenschaften. Farblose, angenehm würzig, bittermandelartig riechende Flüssigkeit, die sich an der Luft und am Licht leicht braun färbt, sich dabei zersetzt und allmählich in eine teerartige Masse übergeht. D. (20°) 1,157 bis 1,160; Sdp. 158° bis 161°.

Erkennung des Erg.-B. 6. 1 bis 2 Tr. F. in 2 bis 3 ccm Isopropylalkohol gelöst, geben auf Zusatz von 3 bis 4 Tr. farblosen Anilins und 2 bis 3 Tr. Salzsäure eine carminrote Färbung.

Aufbewahrung. In zugeschmolzenen Gefäßen vor Licht geschützt.

Verwendung. Als Reagens zum Nachweis von Sesamöl in anderen Ölen und von Margarine in Butter, zur Herstellung von Phenolkunstharzen, als Lösungsmittel für Mineralöle, Fette, Harze, Nitro- und Acetylcellulose und viele Celluloseäther. Als Geschmacksverbesserungszusatz zu Tabak, als Fliegenmittel, zur Holzkonservierung, zu Wundverbänden an Bäumen, zur Aufhellung von Naturharzen, zur Aromatisierung in der Branntwein- und Riechstoffindustrie, zur Extraktion von Rohölen.

Galactose, Erg.-B. 6.

Lactoglukose. d- Galactose. $C_6H_{12}O_6$. Mol.-Gew. 180,1.

Galactose entsteht neben Glucose bei der Hydrolyse (Kochen mit verd. Schwefelsäure) von Milchzucker und ist die Zuckerkomponente einiger Glykoside.

Eigenschaften. Weißes bis gelbliches, kristallines Pulver, l. lösl. in Wasser, fast unlösl. in Weingeist, *Geschmack* schwach süß. Die wäßrige Lösung ist rechtsdrehend. Bei einer Lösung von 1 g Galactose mit 10 ccm Wasser und Zusatz von 1 Tr. Ammoniakflüssigkeit ist $[\alpha]_D^{20°} = +78°$. Schmp. 163° bis 165°.

Erkennung. Beim gelinden Erwärmen der wäßrigen Lösung mit alkalischer Kupfertartratlösung entsteht ein roter Niederschlag.

Erg.-B. 6 läßt prüfen auf Alkalien, freie Säuren, Schwermetallsalze, Schwefelsäure, Calciumsalze, Salzsäure, Zucker. 0,2 g Galactose dürfen nach dem Verbrennen keinen wägbaren Rückstand hinterlassen.

Verwendung. Als diagnostisches Mittel zur Ermittlung der Lebertätigkeit.

Galalith.

Kunsthorn.

Darstellung. Durch Härten von gereinigtem Kasein im Formalinbad (4 bis 5%) während mehrerer Wochen und Verarbeiten des gefärbten zähen Teiges mittels Schnecken- oder Plattenpressen in die gewünschten Formen. Durch Einlegen der vorgeformten Stücke in wäßrige Formalinlösung geringer Konzentration wird dann gehärtet.

Eigenschaften. Gelblichweiße, lichtbeständige, färbbare und hornartige trübe, elastische Massen, die in Wasser, Weingeist, Äther, Benzin und Säuren unlösl. und schwer brennbar sind. G. läßt sich drehen und schneiden und findet daher als Ersatz für Naturhorn, Bein, Schildpatt, Elfenbein usw. weitgehende Verwendung zur Herstellung von Gebrauchsgegenständen aller Art. Härte 2,5; D. 1,32.

Galbanum.

Galbanum, DAB. 6. Stoff B.

Mutterharz. Gummiresina Galbanum.

Der zum Gummiharz eingetrocknete Milchsaft von in den persischen Steppen vorkommenden Ferula-Arten, besonders **Ferula galbaniflua** *Boissier et Buhse* u. a. *Umbelliferae.* 1 bis 2 m hohe Stauden, die im Stengelmark mit Milchsaft gefüllte Kanäle führen. Der weiße, eigenartig nach Sellerie riechende Milchsaft fließt durch zufällige Verletzungen aus und erhärtet unter Gelbfärbung zu „Tränen", die gesammelt werden.

Eigenschaften. Lose oder zusammenklebende Körner von bräunlicher oder gelber, oft schwach grünlicher Farbe oder eine ziemlich gleichartige braune, leicht erweichende Masse, Bruch auch auf frischer Bruchfläche niemals weiß (Unterschied von Asa foetida und Ammoniacum). *Geruch* und *Geschmack* würzig, aber nicht scharf.

Zur Herstellung von pulverisiertem Galbanum wird es über gebranntem Kalk getrocknet und dann verrieben.

Inhaltsstoffe. Meist über 60% Harz, etwa 30% Gummi, 5 bis 10% ätherisches Öl, dessen Hauptbestandteile Pinen, Cadinen u. a.

Verwendung. Die innerliche Verwendung ist obsolet; zur Herstellung von Pflastern, *techn.* zu Kitten.

Handelssorten. Galbanum in Körnern (Tränen),
Galbanum in Stücken,
Galbanum DAB. 6.

Prüfung des DAB. 6. *Erkennung.* Beim Kochen von 0,5 g zerriebenem G. mit einigen ccm Salzsäure während 2 bis 3 Min., Abfiltrieren der mitunter rot gefärbten Flüssigkeit von dem blau bis violett gefärbten Rückstand durch ein angefeuchtetes Filter und vorsichtigem Übersättigen des klaren Filtrates mit Ammoniakflüssigkeit entsteht durch Umbelliferon blaue Fluoreszenz im auffallenden Licht, besonders deutlich beim Verdünnen mit viel Wasser.

Fremde Beimengungen. Durch einen höheren als 0,5 g betragenden Rückstand beim vollkommenen Ausziehen von 1 g G. mit siedendem Weingeist nach dem Trocknen auf einem gewogenen Filter bei 100°.

Anorganische Beimengungen. Durch einen höheren Rückstand als 0,1 g beim Verbrennen von 1 g. G.

Galenische Präparate.

Galenica.

Im Gegensatz zu chemischen Präparaten vorwiegend durch einfache physikalische oder mechanische Maßnahmen hergestellte Präparate, z. B. Aufgüsse und Abkochungen, Lösungen, Tinkturen, Extrakte, Verreibungen usw.

Galgant.

Galgant. Alpinia officinarum. *Hance.*

Zingiberaceae.

Auf der Insel Hainan (Südchina) und der Halbinsel Leitschou an Hügelabhängen angebaute, 1 bis 1,5 m hohe Staude mit bis 30 cm langen, 2 cm breiten, lineallanzettlichen Blättern und weißen Blüten in bis 10 cm langen Trauben. Wurzelstock verzweigt, nahe an der Erdoberfläche kriechend.

Galgant. Rhizoma Galangae, DAB. 6.

Galgantwurzel. Fieberwurzel.

Der zerschnittene, sich beim Trocknen rotbraun färbende Wurzelstock; 5 bis 6 cm lange, selten längere, 1 bis 2 cm dicke, rotbraune, zuweilen verzweigte Stücke, meist mit Resten der festen, glatten, helleren Stengel und der schwammigen Wurzeln Die Stücke sind stellenweise etwas angeschwollen und mit ringsumlaufenden, gewellten, gelblichweißen Resten der Scheidenblätter gelblichweiß gefranst. Bruch faserig rotbraun (Abb. 90, links). *Geruch* würzig, *Geschmack* brennend-würzig.

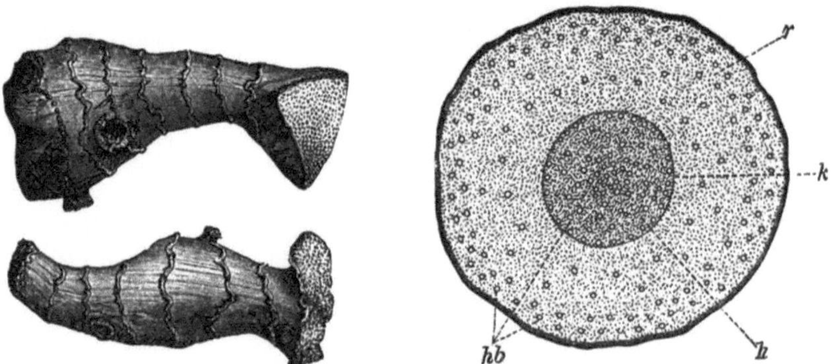

Abb. 90. Galgant. Rhizoma Galangae. Links die Droge, rechts Querschnitt, 3fach vergrößert.
r Rinde; — *k* Endodermis; — *h* Leitbündelzylinder; — *hb* Gefäßbündel.

Lupenbild. Auf dem Querschnitt eine nur von wenigen Leitbündeln durchzogene, dicke Rinde, die den verhältnismäßig kleinen Zentralzylinder mit zahlreichen, dicht gedrängten Leitbündeln umschließt (Abb. 90, rechts). **Schnittdroge:** Außenfläche dunkler, fein längsgestreift, durch gelblichweiße Blattscheidenreste in unregelmäßigen Abständen deutlich geringelt. Querbruchstückchen mit lang heraushängenden Fasern.

Inhaltsstoffe. 0,5 bis 1% *ätherisches Öl* (Mindestgehalt des DAB. 6 0,5%) mit Cineol, Pinen, Eugenol, Sesquiterpenen und Sesquiterpenalkoholen. Ein scharf schmeckender Stoff *Alpinol, Galangin* und dessen Methyläther *Kämpferid,* das

Dioxyflavanol, ferner Harz, Fett, Stärke, Zucker, Gerbstoff, in den Zellwänden „Galgant-Rot".

Verwendung. *Innerl.* E. 0,5 g als appetitanregendes und magenstärkendes Mittel, zu Teemischungen, Magenlikören und -schnäpsen, Gewürzmischungen, Räuchermitteln, zur Herstellung von Tinctura aromatica, DAB. 6, und Tinctura Galangae, Erg.-B. 6, die auch zu aromatischen Mundwässern Verwendung finden.

Verw. u. Verf. Wurzelstöcke von Alpinia galanga, dicker und weniger würzig, außen violettbraun, innen weißgrau-mehlig mit kampferähnlichem Geschmack.

Prüfung des DAB. 6. Außer der mikroskopischen Prüfung:
Einwandfreie Qualität. Beim Verbrennen von 1 g G. darf höchstens 0,06 g Asche hinterbleiben.

10 g G. müssen mindestens 0,05 g ätherisches Öl liefern.

Gallen.

Gallen, **Cecidien**, sind durch Einwirkung von Tieren, *Cecidozoen*, Insekten, Gallwespen und Blattläusen, an allen möglichen Stellen des Pflanzenkörpers entstandene, kugelige, citronen- oder blasenförmige, häufig sehr unregelmäßige, innen stets hohle Wucherungen, die der Nachkommenschaft der Tiere im Jugendstadium als Wohnung und Nahrungsquelle dienen. Das weibliche Tier legt mit seinem Legestachel in die Stichwunde ein Ei bzw. werden das Ei oder die Eier nur oberflächlich ohne Verletzung des Pflanzengewebes aufgebracht. In beiden Fällen wird das Gewebe der Wirtspflanze durch Enzyme der Larve zu Zellwucherungen angeregt, welche die Larve überwallen. Die Galle wächst mit der sich entwickelnden Larve, die nach entsprechender Entwicklung zum geflügelten Tier (Nymphe) durch eine Öffnung die Galle verläßt. Die meisten technisch wichtigen Gallen entstehen auf Eichenarten.

Handelssorten. 1. *Aleppo- (aleppische) Gallen, türkische Gallen, Gallae halepenses, G. levanticae, G. turcicae.* Diese Sorte entspricht in erster Linie den Anforderungen des DAB. 6.

2. *Mossulische Gallen,* heller gefärbt als Aleppogallen oder bestäubt.

3. *Smyrna-Gallen,* blaß glänzend. leichter als Aleppogallen.

4. *Tripolitanische Gallen,* ähnlich den Smyrna-Gallen.

5. *Chinesische* und *japanische Gallen, Gallae chinenses, Gallae japonicae,* entstanden durch eine **Blattlaus, Schlechtendalia chinensis** *Bell.* an den Zweigspitzen, Stielen und Fiederblättchen einer ostasiatischen Sumachart, *Rhus semialata Murray.* 2 bis 8 cm lange und bis 4 cm breite, hohle, unregelmäßig ausgebildete Blasen mit stumpfen Höckern, sog. *Zackengallen.* Chinesische Gallen sind stets größer, bis 12 g schwer und bis 8 cm lang, graubraun, mit spitzen Höckern und schwacher Behaarung, japanische Gallen 4 bis 6 g schwer und höchstens 5 cm lang, mit sehr hohem Tanningehalt (58 bis 78%).

6. *Knoppern* sind Fruchtgallen der *Steineiche,* Quercus robur L., seltener der *Stieleiche,* Quercus sessiliflora *Smith,* die durch die **Gallwespe, Cynips calicis** *Burgdorff,* durch Legen des Eies zwischen Fruchtknoten und Fruchtbecher erzeugt werden. Glatt, glänzend, bräunlich, innen dunkelbraun bis schwärzlich, vielgestaltig. Sie werden im September gesammelt und dienen als wichtiges Gerbmittel. Ihr Gerbstoffgehalt schwankt zwischen 24 und 35%.

7. *Sodomsäpfel, Bassorahgallen,* werden in der Gegend von Smyrna und in Persien gesammelt und durch die **Gallwespe, Cynips insana** *Westw.,* auf verschiedenen Eichenarten erzeugt. Grob zerstoßen kommen sie als „*Rove*" in den Handel. Gerbstoffgehalt etwa 27%. Verwendung zum Gerben und Färben.

Galläpfel. Gallae, DAB. 6.

Gallnüsse, Eichäpfel.

Dies sind die durch den Stich der **Gallwespe, Cynips tinctoria** *Hartig*, auf den jungen Trieben von *Quercus infectoria Olivier, Fagaceae*, einem etwa 2 m hohen Baum oder Strauch, hervorgerufenen Gallen. Meist kugelig, seltener birnenförmig. $\varnothing$ 1,5 bis 2,5 cm, am Grunde meist mit einem kurzen, dicken Stielteil, gegen das obere Ende hin mit unregelmäßigen größeren oder kleineren Höckern besetzt. Farbe grau-

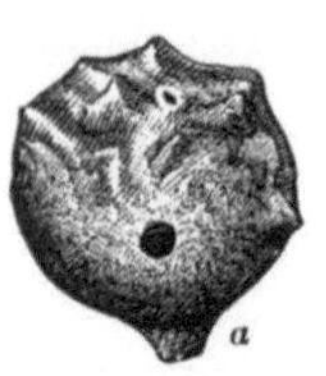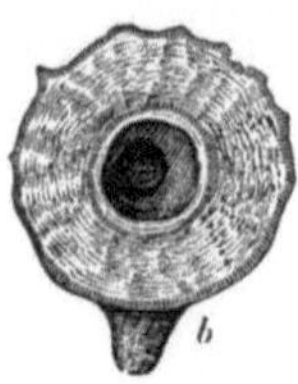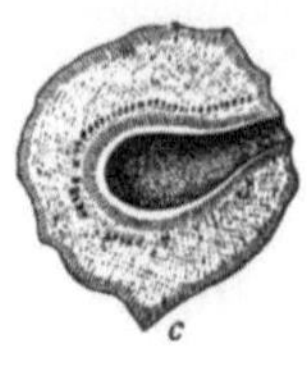

grün oder gelblich, sehr hart und ziemlich schwer. In der Mitte 5 bis 7 mm weiter kugeliger Hohlraum, häufig mit Überresten des Tieres. Fehlen diese, so findet man an einer Stelle der unteren Hälfte ein kreisrundes, etwa 3 mm weites Flugloch. Bruch wachsglänzend, körnig oder strahlig, weißlich bis braun. *Geschmack* stark und anhaltend herb (Abb. 91).

Abb. 91. Gallen. Gallae. *a* von außen mit Flugloch; — *b* Durchschnitt einer Galle ohne Flugloch; — *c* Durchschnitt einer Galle mit Flugloch.

Europäische Gallen stammen von *Quercus sessiliflora* u. a., sind kleiner und haben wegen ihres geringen Gerbstoffgehaltes keine Bedeutung.

Inhaltsstoffe. 50 bis 70% *Tannin*, sog. *Gallotannin*, etwa 3% *Gallussäure*, 2% *Ellagsäure*, 3% Zucker, Stärke u. a.

Verwendung. Als adstringierendes Mittel in Form der Tinktur gegen Frostbeulen und bei Zahnfleischentzündungen. *Techn.* zur Tintenherstellung und in der Gerberei; zur Herstellung von Acidum tannicum, DAB. 6.

Gallussäure. Acidum gallicum, DBA. 6.

Trioxybenzoesäure. $C_6H_2(OH)_3COOH$ 1,2,3,5 · H_2O. Mol.-Gew. 188,06.

Die Gallussäure ist eine der weitverbreiteten Pflanzensäuren. Freie Gallussäure kommt in den Galläpfeln, Sumach, in Dividivi (Schoten des amerikanischen Schlehdorns), in Teeblättern, Eichenrinde und in der Granatwurzel vor, noch häufiger findet sie sich aber in Form von Estern und Glukosiden in den Gerbstoffen von Art des Tannins.

Darstellung. Gallussäure wird aus wäßrigen Auszügen von Galläpfeln durch Versetzen mit verd. Schwefelsäure gewonnen.

Eigenschaften. Farblose oder schwach gelbliche, seidenglänzende Nadeln oder Prismen, wenig lösl. in kaltem, l. lösl. in warmem Wasser, etwa 6 T. Weingeist, 12 T. Glycerin, schwer in Äther lösl. Bei 100° verliert G. ihr Kristallwasser, beginnt bei 220° zu schmelzen, bei weiterem Erhitzen zerfällt sie unter Zersetzung in Kohlendioxyd und Pyrogallol. Eisen(III)-chlorid erzeugt in Lösungen von Gallussäure einen blauschwarzen Niederschlag, den man sich auch bei der Tintenherstellung zunutze macht, *Gallustinte*. Diese stellt eine wäßrige Lösung von Gallussäure oder Tannin dar, die außerdem Eisen(II)-sulfat, wenig Schwefelsäure und Gummi als Schutzkolloid enthält. Der Schwefelsäurezusatz hat den Zweck, die Oxydation des Eisen(II)-sulfats durch den Sauerstoff der Luft und damit die Bildung eines blauschwarzen Niederschlages zu verhindern. Beim Schreiben mit Gallustinte wird die Schwefelsäure durch die im Papier enthaltenen Tonerdeteilchen neutralisiert, der Luftsauerstoff oxydiert das Eisen(II)-sulfat, es bildet sich ein blauschwarzes komplexes Gallussäureferrisalz, wodurch die Schrift tiefschwarz erscheint. Die Salze der Gallussäure heißen *Gallate*.

Prüfung des DAB. 6. Die kaltgesättigte wäßrige Lösung rötet Lackmuspapier, reduziert ammoniakalische Silberlösung und nimmt nach Zusatz von 1 Tr. Eisenchloridlösung eine blauschwarze Farbe an.

Vorschriftsmäßige Beschaffenheit zeigt eine farblose oder höchstens schwach gelbe Lösung beim Auflösen von 0,25 g G. mit 4,75 g siedendem Wasser.

Beim Verdünnen dieser Lösung mit kaltem Wasser auf 21,25 g und Versetzen von je 5 ccm dieser Lösung
mit ammoniakalischer Silberlösung scheidet sich metallisches Silber ab;
mit 1 Tr. Eisenchloridlösung entsteht eine blauschwarze Färbung;
mit einer Lösung von Eiweiß oder weißem Leim darf keine Fällung entstehen. Entsteht eine Fällung, ist *Gerbsäure* vorhanden;
mit einigen Tr. Salzsäure und Bariumnitratlösung darf keine weiße Trübung entstehen *(Schwefelsäure)*.

Zu hoher Wassergehalt, beim Trocknen von 0,2 g G. bei 100° darf höchstens ein Gewichtsverlust von 0,02 g eintreten und nach dem Verbrennen kein wägbarer Rückstand verbleiben *(anorganische Beimengungen)*.

Handelssorten.   Gallussäure reinst, krist. DAB. 6;
                Gallussäure reinst, fein gepulvert;
                Gallussäure *techn.*

Aufbewahrung. Vor Licht geschützt.

Verwendung. *Äußerl.* zur Mundspülung (0,5%), in Salben (10%). In bedeutenden Mengen in der Farbstoffindustrie, zur Tintenherstellung (Gallustinte), in der Photographie als Entwicklersubstanz, in der Farbstofftechnik.

Galmei s. Anhang.

Galvanische Niederschläge.

Der galvanische Strom ist fähig, nicht allzu unedle Metalle aus ihren Salzlösungen freizumachen. Diese Tatsache wird in der *Galvanostegie* und der *Galvanoplastik* angewandt. Bei der ersten soll eine meist nur Bruchteile von Millimetern dicke Metallauflage die Gegenstände verschönern bzw. schützen. Bei der Galvanoplastik werden stärkere Niederschläge erzeugt, die sich von der Unterlage abheben lassen und die meist als Formen für Vervielfältigungszwecke dienen. Bei beiden Vorgängen entstehen an der Anode positiv geladene Metallionen, die in Lösung gehen, während an der Kathode die gleiche Anzahl von positiven Metallionen aus der Lösung durch Elektronenaufnahme in Atome übergeführt und niedergeschlagen werden. Dabei spielen die geeignete Wahl des Bades, die angewandte Temperatur und Stromdichte eine ausschlaggebende Rolle. Durch richtige Lenkung dieser, kann das Metall in Form eines gleichmäßigen, dichten, auf der Kathode fest haftenden Niederschlages erhalten werden. Auf diese Weise werden leitende Gegenstände, die in einem geeigneten Metallsalzbad als Kathode dienen, galvanisch mit einem Metallniederschlag überzogen. Die Kathode kann hierbei aus beliebigem Material bestehen und wird nötigenfalls durch Aufstäuben einer sehr dünnen Graphitschicht oberflächlich leitend gemacht.

Gänseblümchen.

Gänseblümchen. Bellis perennis *L.*

Maßliebchen. Tausendschön. Marienblümchen.

Compositae.

Auf Wiesen, Grasplätzen, an Rainen und Wegrändern, besonders auf lehmigem Boden vorkommende Pflanze. Grundständige Blattrosette mit spateligen, verkehrt eiförmigen, gekerbten Blättern, aus der sich kahle, schaftartige, bis 10 cm hohe Stengel mit einem einzigen Blütenköpfchen entwickeln. Die weiblichen weißen Strahlenblüten unterseits meist rötlich angelaufen.

Gänseblümchen. Flores Bellidis.

Während der Blütezeit gesammelte und getrocknete Blütenköpfchen mit weißen, zungenförmigen Strahlenblüten, gelben, röhrenförmigen Scheibenblüten und grünen, stumpfen Hüllkelchblättern.

Inhaltsstoffe. Saponin, organische Säuren, darunter eisengrünende Gerbsäure, fettes und ätherisches Öl, Schleim, Inulin, gelber Farbstoff, ein nicht glykosidischer Bitterstoff.

Verwendung. *Innerl.* 1 Teelöffel auf 1 Tasse Aufguß, bis 2 Tassen täglich bei Katarrhen der Luftwege, des Magens und Darmes, bei Muskel- und Gelenkrheumatismus, zu Frühjahrskuren als blutreinigendes Mittel.

Gänsefingerkraut.

Gänsefingerkraut. Potentilla anserina *L.*

Rosaceae.

Auf feuchtem, tonigem Boden, Wiesen, Brachland (Gänseangern, daher der Name), Grasplätzen, an Wegen, Wegrändern und Ufern vorkommendes, ausdauerndes Unkraut mit kurzem, mitunter knolligem, ästigem Wurzelstock. Bis 80 cm lange,

Abb. 92. Gänsefingerkraut. Potentilla anserina. *1* Habitus; — *2* getrocknetes Fiederblatt, Oberseite, vergrößert; *3* getrocknetes Fiederblatt, Unterseite, vergrößert.

schwach behaarte, rankenartig kriechende Stengel, an dem Knoten meist bewurzelt. Blätter gestielt, unterbrochen gefiedert, Fiederblättchen sitzend oder kurz gestielt, wechsel- oder gegenständig, am Rande tief und scharf gesägt, oberseits dunkelgrün, kaum behaart, unterseits, mitunter auch beiderseits seidenartig behaart. 5zählige, leuchtend gelbe Blüten auf langen Stielen mit dreispaltigem Außenkelch (Abb. 92).

Gänsefingerkraut. Herba Anserinae, Erg.-B. 6.

Krampfkraut. Silberkraut. Fingerkraut. Gänsekraut. Handblatt.

Kurz vor oder während der Blütezeit (Mai bis August) gesammelte und getrocknete Blätter und Blüten. Grundblätter bis 20 cm lang, gestielt, unterbrochen gefiedert. untere Stengelblätter kürzer gestielt, weniger reichlich gefiedert. Obere Stengelblätter mit nur wenigen Fiederblättern, teilweise nur mit Nebenblättern. Fiederblättchen 1 bis 3 cm lang, mit scharf eingeschnittenem Rand, gesägt bis fiederspaltig, oberseits hell- bis dunkelgrün, kaum behaart, unterseits weiß glänzend, seidenhaarig bis filzig behaart (Abb. 92, *2, 3*). Untere Laubblätter mit großen Nebenblättern mit eiförmigen, zugespitzten, ganzrandigen Öhrchen, braun trockenhäutig. Nebenblätter der oberen Stengelblätter scheidenartig, krautig. Blüten 1,5 bis 2 cm breit, 5zählig, mit dreispaltigen, seitlich behaarten Außenkelchblättern, spitzlichen, meist ungeteilten Kelchblättern und goldgelben, eiförmigen Kronblättern, etwa doppelt so lang wie die Kelchblätter. *Geruch-* und *geschmacklos.* Asche nach Erg.-B. 6 höchstens 10%.

Inhaltsstoffe. 6 bis 10% *Gerbstoff,* Tormentol, *Bitterstoff,* Harz, Schleim.

Verwendung. *Innerl.* 2 Teelöffel auf 1 Tasse Aufguß, bis 3 Tassen täglich bei entzündlichen Erkrankungen von Magen und Darm, wegen seiner krampflösenden Wirkung auch bei Krämpfen, kolikartigen Durchfällen, Ruhr und Verstopfung, bei Krämpfen während der Menstruation, Wadenkrämpfen; *äußerl.* als Gurgelmittel, bei Entzündungen der Mundhöhle, zu Umschlägen bei entzündeten Augen, Gesichtsausschlägen, Wunden und Geschwüren.

Aufbewahrung. Vor Licht geschützt.

Gartenkresse.

Gartenkresse. Lepidium sativum *L.*

Cruciferae.

Aus dem Orient stammende, bei uns kultivierte 30 bis 50 cm hohe Salatpflanze. Untere Blätter doppelt gefiedert, oberste lineallanzettlich. Blüten klein, weiß, mit violetten Staubblättern in Trauben.

Gartenkresse. Herba Lepidii sativi.

Das vor dem Aufblühen gesammelte und getrocknete Kraut.

Inhaltsstoffe. Ein Glykosid *Glykotropaeolin,* das bei der Hydrolyse Benzyl-Senföl bildet.

Verwendung. *Med. innerl.* 1 bis 2 Teelöffel auf 1 Tasse Aufguß als harntreibendes und blutreinigendes Mittel.

Gartenlattich.

Gartenlattich. Lactuca sativa *L.*

Kopfsalat.

Compositae.

Als Gemüsepflanze angebaut, teilweise verwildert.

Inhaltsstoffe. Organische Säuren, ätherisches Öl, Bitterstoff, Vitamin C.

Gase.

Verdichtete und verflüssigte Gase.

Zur Vermeidung folgenschwerer Unglücksfälle muß die Kennzeichnung von Transportbehältern für verdichtete und verflüssigte Gase deutlich erfolgen und mit der in der Gasflasche eingeschlagenen Bezeichnung übereinstimmen. Der Inhalt muß unmißverständlich erkennbar sein. Zur Unterscheidung der einzelnen Gase bzw. Gruppen von Gasen werden folgende Kennfarben verwandt:

gelb — für Acetylen
rot — für alle anderen brennbaren Gase
blau — für Sauerstoff
grün — für Stickstoff
grau — für alle anderen nicht brennbaren Gase.

Außer dieser Farbenkennzeichnung wird empfohlen, die Bezeichnung des Gases in weißer Farbe in großen Buchstaben auf der Gasflasche anzubringen.

Gauchheil.

Ackergauchheil. Anagallis arvensis *L.*

Roter Gauchheil. Hühnermyrthe. Rote Miere. Sperlingskraut. Seifenkraut.

Primulaceae.

Auf Brachäckern, Feldern, in Gärten und Weinbergen mit lehmigem Boden häufig als Unkraut vorkommende, einjährige Pflanze.

Gauchheilkraut. Herba Anagallidis.

Niederliegender oder aufsteigender vierkantiger, ästiger, bis 30 cm langer Stengel mit ungestielten, kleinen, gegenständigen oder eiförmig-länglichen, ganzrandigen, oberseits blaugrünen, unterseits braun bis schwärzlich punktierten Blättern. Blüten klein, ziegelrot, langgestielt, einzeln in den Blattachseln stehend. Frucht: Einfächerige, vielsamige, kugelige Kapsel, mit einem Deckel aufspringend.

Inhaltsstoffe. Saponine, Bitterstoff, Gerbstoff.

Verwendung. *Innerl.* 1 Teelöffel auf 1 Tasse Aufguß (höchstens 3 g täglich!). Diureticum, in der Volksheilkunde bei Wassersucht, Leber- und Gallenleiden.

Gaultheria.

Gaultheria procumbens *L.*

Ericaceae.

In Nordamerika, besonders in Kanada heimische, strauchartige Pflanze.

Gaultheriablätter. Folia Gaultheriae.

Kanadischer Tee. Amerikanisches Wintergrün.

Rundliche, verkehrt eiförmige oder eiförmig-längliche, in den kurzen Blattstiel verschmälerte, bis 5,5 cm lange und bis 2,5 cm breite, kahle, glatte, lederartige Blätter. Farbe dunkelgrün bis bräunlich, Unterseite blasser. Nerven unterseits stark hervortretend, oberseits leicht eingesenkt. *Geruchlos, Geschmack* aromatisch adstringierend.

Inhaltsstoffe. Bis 0,8% ätherisches Öl, Hauptbestandteil *Methylsalicylat;* Gerbstoff, die Glykoside Arbutin, Ericolin, Gaultherin (in getrockneten Blättern bis zu 2,2%), u. a.

Verwendung. In Amerika als Genußmittel anstelle von chinesischem Tee, als Geschmackskorrigens, Tonicum und Carminativum; hauptsächlich zur Gcwinnung des ätherischen Wintergrünöls.

Gaultheriaöl. Oleum Gaultheriae, Erg.-B. 6.

Wintergrünöl.

Das aus den Blättern von Gaultheria procumbens und von Betula lenta L. durch Wasserdampfdestillation gewonnene ätherische Öl. Farblose, gelbliche oder rötliche Flüssigkeit von stark würzigem *Geruch* und süßlichem *Geschmack.* Das Öl von Betula lenta ist optisch inaktiv, dasjenige von Gaultheria procumbens schwach links drehend $\alpha_D^{20°} =$ bis $-2°$; D. (20°) 1,74 bis 1,187; $n_D^{20°}$ 1,535 bis 1,537.

Inhaltsstoffe. 96 bis 99% *Salicylsäuremethylester* (Methylsalicylat), Triacontan, ein ähnlich wie Oenanthaldehyd riechender Körper, ein Alkohol und ein Ester, die den Unterschied im Geruch gegenüber künstlichem Methylsalicylat bedingen.

Verwendung. *Innerl.* (E. 0,5 g), *äußerl.* zu Einreibungen (20%) mit Fetten bei Gelenkrheumatismus; in der Parfümerie; in der Genußmittelindustrie zur Herstellung von Geruchsessenzen.

Prüfung des Erg.-B. 6. Mit G. geschütteltes Wasser gibt mit Eisenchloridlösung eine tiefviolette Färbung.

In 6 bis 8 ccm Alkohol (70%) muß sich 1 ccm G. lösen.

Fremde Öle, Petroleum, Chloroform usw. erkennt man beim Vermischen von 1 ccm G. mit 10 ccm Kalilauge (5%). Nach kräftigem Umschütteln muß sofort eine klare, farblose oder schwach gelbliche Lösung entstehen.

Geißraute.

Geißraute. Galega officinalis *L.*

Papilionaceae.

An feuchten, sumpfigen Wiesen, Ufern, in Auengebüschen vorkommendes, 60 bis 125 cm hohes, ausdauerndes Kraut mit aufrechtem, hohlem und verästeltem Stengel. Blätter unpaarig gefiedert, fast sitzend. Weißgelbe bis violettblaue, bis 1,5 cm lange Schmetterlingsblüten mit 5blättrigem Kelch und schlanken, mehrsamigen Hülsenfrüchten.

Geißrautenkraut. Herba Galegae, Erg.-B. 6.

Die während der Blütezeit (Juli/August) gesammelten und getrockneten oberirdischen Teile. Stengel glatt, aufrecht, grün, meist fein längsgerillt. Blätter abwechselnd unpaarig gefiedert, 15 bis 20 cm lang, mit 13 bis 15 bis etwa 5 cm langen, breiten, hellgrünen Fiederblättchen, kurzgestielt, ganzrandig, länglich-eiförmig, an der Spitze stumpf oder eingekerbt, stachelspitzig, nicht oder nur wenig behaart. Die feinen und gerade verlaufenden Seitennerven entspringen dem kräftigen Mittelnerv unter sehr spitzem Winkel. Für die **Schnittdroge** kennzeichnend hellgrüne Fiederblattstückchen mit der besonders unterseits hervortretenden Nervatur. Fiederblatt-Teilchen mit Stachelspitzchen, Schmetterlingsblüten, längsgerillte, grüne Stengelstückchen. *Geschmack* etwas bitter, herb. Der Speichel wird durch die Droge hellgrün gefärbt. Aschehöchstgehalt 10%.

Inhaltsstoffe. Ein Alkaloid *Galegin* (Isoamylguanidin) mit blutzuckersenkender Wirkung, das Glykosid *Galuteolin*, Gerbstoff, Bitterstoff, Saccharose, Stachyose, Saponin, 3,9% fettes Öl u. a.

Verwendung. *Innerl.* bei nicht schwerer Zuckerkrankheit 4mal täglich 2 Teelöffel als Kaltmazerat als harn- und schweißtreibendes Mittel; *volkstümlich* zur Steigerung der Milchsekretion bei Mensch und Tier, besonders für Kühe (nach FRÖHNER-REINHARDT unwirksam!); *äußerl.* zum Vernarben von Hautgeschwüren.

Aufbewahrung. Vor Licht geschützt.

Gelatine.

Mit Gelatine bezeichnet man einen sehr reinen, vollkommen geruchlosen, farblosen oder annähernd farblosen Leim, der in dünnen, glasartig durchsichtigen Tafeln 8×20 cm in den Handel kommt. Diese haben auf einer Fläche eine vom Trocknen herrührende netzartige Zeichnung.

Das Bindegewebe von Knochen und Knorpeln besteht aus *Kollagen,* einer leimgebenden Substanz. Wird kollagenhaltiges Material (tierische Knochen, Knorpeln, Sehnen, Häute) auf 55° bis 100° erwärmt, verändert sich das Kollagen in lösliches *Glutin,* das aber nur in heißem Wasser lösl. ist und beim Erkalten schon bei einem Gehalt von 1% Glutin zu einer Gallerte erstarrt. Bei der Verwendung von Knochen als Ausgangsmaterial werden diesen durch Behandlung mit Salzsäure erst die Calciumsalze entzogen und ausgewaschen und dann die zurückbleibenden Massen durch Erwärmen verflüssigt. Die besten Gelatinesorten werden aus Kalbsknochen hergestellt, denen man nach der Zerkleinerung mit organischen Lösungsmitteln (Trichloräthylen) das Knochenfett entzieht. Die erhaltene Leimbrühe wird mit Albumin oder Monocalciumphosphat geklärt und zum Gelatinieren in Kästen aus verzinntem Kupfer gebracht. Nach dem Erstarren wird die Masse in dünne Blättchen geschnitten und auf geeigneten Netzen oder Metalldrahtgeflechten getrocknet.

Handelssorten. Gelatine, weiß, Extra, Gold-Etikett,
Gelatine, weiß, Gold Etikett,
Gelatine, weiß, Silber-Etikett,
Gelatine, weiß, Kupfer-Etikett,
Gelatine, rot,   Gold-Etikett
in Paketen zu 0,5 und 1 kg.
Auch pulverförmige Gelatine ist im Handel.

Farbige Gelatinen sind durch Teerfarbstoff gefärbt. Rote, grüne, blaue und gelbe Sorten sind erhältlich.

Gelatine. Weißer Leim. Gelatina alba, DAB. 6.

Farblose oder nahezu farblose, durchsichtige, *geruch-* und *geschmacklose* dünne Tafeln von glasartigem Glanz. G. quillt in kaltem Wasser stark auf, ohne sich zu lösen, in heißem Wasser löst es sich leicht zu einer klebrigen, klaren oder opalisierenden Flüssigkeit, die beim Erkalten noch in der Verdünnung (1 + 99) gallertartig erstarrt. In Weingeist und Äther unlösl. Versetzt man eine Gelatinelösung mit einer Lösung von Kaliumdichromat, so wird der entstandene *Chromleim,* wenn man ihn belichtet, im Wasser unlösl. Beim Eindampfen einer Leimlösung mit Formaldehydlösung oder durch Einwirkung von Formaldehyddampf auf Gelatinelösung oder feste Gelatine wird diese unlösl. in heißem Wasser, während sie in alkalischem Wasser noch lösl. ist. Zur Herstellung von Gelatinelösungen läßt man die Gelatine in kaltem Wasser quellen, entfernt dann das nicht aufgenommene Wasser und erhitzt die gequollenen Massen im Wasserbad. Längeres oder wiederholtes Erhitzen von Gelatinelösung nehmen dieser die Fähigkeit, beim Erkalten zu gelatinieren. Tannin fällt Gelatine aus Lösungen aus.

Inhaltsstoffe. Ein löslicher Gerüst-Eiweißstoff *Glutin*, 11 bis 20% Wasser, bis 2% Aschensubstanz.

Verwendung. *Med.* zur Herstellung von Zinkleim, Stuhlzäpfchen, Vaginalkugeln, sorgfältig sterilisiert (Tetanusgefahr!) zu Einspritzungen bei inneren Blutungen (Gelatina sterilisata „Merck"); in der Bakteriologie zu Nährböden; in der Mikroskopie als Einbettungsmittel, zur Herstellung photographischer Emulsionen, als Bindemittel für Tabletten, zum Klären von Flüssigkeiten; zu kosmetischen Gallerten (2,5%) in Mischung mit Traganth zu *Gelanthfirnissen*, als Zusatz zu Cremes, zu Haarfixierungsmitteln, die mit Nipagin konserviert werden müssen; *techn.* zur Herstellung von Kleb- und Appreturmitteln für Gewebe und Strohhüte.

Nach Mercks Jahresbericht 1951 soll sich G. bei Fingernagelbrüchigkeit bewähren. Man nimmt täglich innerlich über längere Zeit 7 g Gelatine in Wasser oder Fruchtsaft gelöst.

Prüfung des DAB. 6. *Erkennung.* Beim Auflösen von 1 g weißem Leim in 99 g Wasser unter Erwärmen muß die Lösung beim Erkalten gallertig erstarren. Beim Auflösen von 1 g der so erhaltenen Gallerte in 100 g Wasser muß auf Zusatz von Gerbsäurelösung ein weißer, flockiger Niederschlag entstehen.

Unzulässige Menge schwefliger Säure. 20 g weißen Leim läßt man in einem Kolben von etwa 500 ccm Inhalt in 60 ccm Wasser einige Stunden lang quellen und löst dann durch Erwärmen auf dem Wasserbade. Nach dem Verdünnen mit 50 ccm Wasser und Zusatz von 10 ccm Phosphorsäure wird die schweflige Säure im Kohlendioxydstrome durch Erwärmen im siedenden Wasserbad in eine gut gekühlte Vorlage, die 20 ccm $^1/_{10}$-n-Jodlösung enthält, übergetrieben. Man beginnt mit dem Erwärmen, sobald die Luft aus dem Kölbchen durch das Kohlendioxyd verdrängt ist und erwärmt unter andauernder Durchleitnng von Kohlendioxyd mindestens 1 Stunde lang. Nachdem die schweflige Säure vollkommen übergetrieben ist, kocht man die Jodlösung bis zur Entfernung des überschüssigen Jodes und gibt zu der heißen Lösung einige Tropfen Salzsäure und 0,8 ccm Bariumnitratlösung hinzu. Nach dem Erkalten darf im Filtrate durch weiteren Zusatz von Bariumnitratlösung keine Trübung mehr entstehen.

Anorganische Beimengungen. Beim Verbrennen von 1 g weißem Leim darf höchstens ein Rückstand von 0,02 g verbleiben.

Kupfersalze. Beim Auflösen des Asche von 10 g weißem Leim in 3 ccm verdünnter Salpetersäure und Übersättigen der Lösung mit Ammoniakflüssiakeit darf die Lösung nicht blau gefärbt sein.

☠ *3.* Gelatosesilber. Albargin.

Eigenschaften. Grobes, hellbräunliches, glänzendes Pulver, l.lösl. in Wasser mit neutraler Reaktion. Silbergehalt etwa 15%.

Erkennung. Beim Verbrennen verkohlt es und entwickelt den Geruch von verbrennendem Eiweiß.

Die wäßrige Lösung gibt mit Gerbsäurelösung einen flockigen Niederschlag, Salzsäure, eine weiße Trübung.

Aufbewahrung. *Vorsichtig*, vor Licht geschützt.

Verwendung. *Med. äußerl.* zu Injektionen in die Harnröhre, zu Augentropfen.

Gelbbeeren.

Gelbbeeren sind die in halbreifem Zustande gesammelten und getrockneten Beeren verschiedener Kreuzdorn-(Rhamnus-)Arten. Diese enthalten ein Glykosid *Xanthorhamnin*, das beim Behandeln mit verdünnten Säuren die gelben Farbstoffe *Rhamnetin*, *Rhamnazin* und *Quercitrin* abspaltet. Gelbbeerenabkochung mit

Alaunlösung versetzt gibt bei der Fällung mit Kreide den gelben Tonerdelack *Schüttgelb*, *Saftgelb*, der als Malerfarbe Verwendung findet. *Saftgrün* ist der Eindampfungsrückstand des Preßsaftes unreifer Kreuzbeeren mit Zusatz von Alaun und geschönt mit Indigocarmin, der erst 6 bis 8 Tage kühl stehen mußte.

Gelbholz.

Gelbes Brasilholz. Lignum citrinum.

Echter Fustik. Alter Fustik.

Der in Brasilien, Nordargentinien, Mittelamerika und auf den westindischen Inseln weit verbreitete Färbermaulbeerbaum, **Chlorophora tinctoria** *Gaudich*. *Moraceae*. Die Pflanze liefert ein frisch hellgelbes, bei Luft- und Lichtzutritt bis ins Gelbbraune nachdunkelndes Kernholz, das schwer, fest, hart und leicht spaltbar ist. Je nach Herkunft sind diese von verschiedener Qualität. *Kuba-*, *Jamaica-* und *Nicaragua*-Gelbholz sind die besten Sorten, *Brasilien*-Gelbholz gilt als minderwertig.

Inhaltsstoffe. Gelber Farbstoff *Morin* (ein Flavonderivat).

Verwendung. Das geraspelte Holz zur Herstellung von Gelbholz-Extrakten, die zu Kalikogelb, Pasten und Lacken weiterverarbeitet werden. Zum Färben von Wolle, Baumwolle, besonders zur Herstellung von Mischfarben (braunen und grünen „Khakifarben"). Zum Schwarzfärben von Leder, zur Herstellung von Maurinlack und Kubalack, die als Malerfarben Verwendung finden.

Gelbwurzel. Kurkuma.

Die Droge stammt von der in Süd- und Ostasien angebauten, bis 1 m hohen **Curcuma longa** L., *Zingiberaceae*, die besonders in Ostindien und auf Java angebaut wird.

Gelbwurzelstock. Rhizoma Curcumae, Erg.-B. 6.

Kurkumawurzel. Gelbwurzel.

Der im Dezember und Januar gesammelte, abgebrühte und getrocknete Wurzelstock. Man unterscheidet die unverdickten, bis fingerlangen, bis 1,4 cm dicken, walzenförmigen bzw. leicht zusammengedrückten Wurzelstöcke, die gerade oder knieförmig gebogen sind (Rhizoma Curcumae longae), und die verdickten, bis 4 cm langen und bis 3 cm dicken, eiförmigen Tochterknollen (Rhizoma Curcumae rotundae), die schwer, hart, fast hornartig und spröde sind. Außenseite von beiden

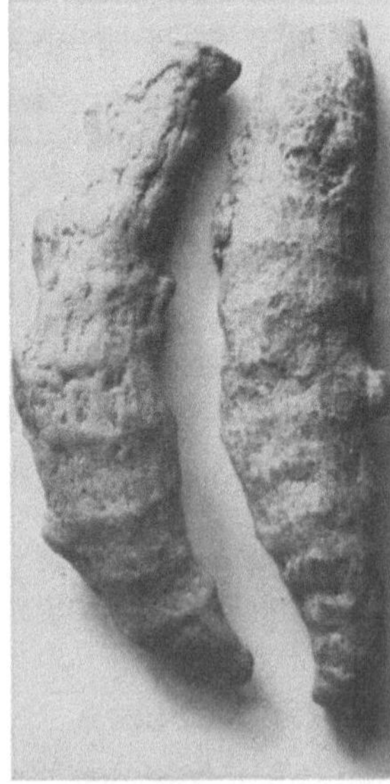

Abb. 93. Gelbwurzel. Rhizoma Curcumae.
Links: Schnittdroge, 2fach vergrößert. Unregelmäßig geformte, grüngelbe bis schmutziggelbe Rhizomstückchen. — Rechts: Ganzdroge, natürliche Größe. Gerunzelte Rhizomstücke mit den Narben der abgebrochenen Seitenknöllchen. (Nach *Schlemmer-Hörhammer*.)

graubraun bis schmutziggelb, höckerig, runzelig, quergeringelt. Querschnitt gleichmäßig orangegelb und hellgelb punktiert. Bruch glatt, hornartig, harzglänzend. *Geruch* schwach, ähnlich Ingwer, *Geschmack* würzig-scharf. Beim Kauen wird der Speichel gelb gefärbt (Abb. 93).

Inhaltsstoffe. 3 bis 5% ätherisches Öl, Mindestgehalt nach Erg.-B. 6 2,5%, reichlich Stärke, die beim Brühen verkleistert, ein Farbstoff *Curcumin*, der in Wasser unlösl., in Weingeist, ätherischen und fetten Ölen lösl. ist, scharf schmeckende Substanzen, Bitterstoff, Fett u. a.

Handelssorten. *Chinesiche* Kurkuma gilt als die beste. Sie ist besonders farbstoffreich, außen gelb, innen rotgelb. *Ostasiatische, javanische* und *westindische* Kurkuma ist außen graugelb, innen heller als die chinesische und weniger geschätzt.

Verwendung. *Med.* (E. 0,1 g) als gutes Cholagogum, als Magenmittel, zu Teemischungen. Als Gewürz. In Indien und England zur Herstellung von Currypowder; *techn.* zum Färben von Baumwolle, Leder und Seide. *Kurkumapapier* als Reagens auf Alkalien und Borsäure. Zum Färben von Nahrungsmitteln, Butter, Käse, Schmalz, Gebäck, zum Schönen von Salben, Fetten und Wachsen, zum Färben von Ölen, Papier und Holz.

Aufbewahrung. Vor Licht geschützt.

Kurkumastärke. Ostindisches Arrowroot.

Kurkumastärke wird aus den Wurzelstöcken verschiedener Kurkumaarten, namentlich Curcuma angustifolia und C. leucorrhiza gewonnen. Mattweißes, nur schwach knirschendes Pulver, das mit heißem Wasser einen rein weißen Kleister gibt. Kurkumastärke kommt von Bombay und Kalkutta über England in den Handel.

Gelsemium.

Gelsemium sempervirens *Aiton*.

Loganiaceae.

Im atlantischen Nordamerika verbreitet vorkommender Schlingstrauch mit gegenständigen, lanzettlichen, gestielten Blättern. Weiße oder gelbe, große, trichterförmige, wohlriechende Blüten in wenigblütigen, achselständigen Blütenständen.

☠ 2. Gelsemiumwurzelstock. Rhizoma Gelsemii, Erg.-B. 6. Stoff B.

Gelbe Jasminwurzel.

Der getrocknete Wurzelstock mit Ausläufern und Nebenwurzeln. Wurzelstock holzig, sehr hart, bis 15 mm, mitunter bis 30 mm dick, oft in 5 bis 15 cm lange, walzenrunde, hin- und hergebogene, an einzelnen Stellen angeschwollene Stücke zerschnitten. Bruch splitterig, bei den bis 8 mm dicken Wurzeln, deren Querschnitt kein Mark zeigt, spröde. Farbe von Wurzelstock und Wurzeln außen bräunlichgelb oder graugelblich, mitunter fast violett, längsrunzelig, oft querrissig, innen schwach gelblich. *Geruch* schwach würzig, *Geschmack* bitter. Oberirdische Stengelreste mit gegenständigen Blattnarben, meist purpurn gefärbt, dürfen nicht verwendet werden.

Schnittdroge. Wurzelstock- und Wurzelstückchen, deren Querschnitt schmale Rinde, feinstrahligen Holzkörper und beim Wurzelstock kleines Mark zeigt.

Inhaltsstoffe. 0,15 bis 0,5% Alkaloide: *Gelsemin, Sempervirin,* beide mit strychninartiger Krampfwirkung, *Gelsemicin,* das giftigste aller Alkaloide, *Methylaeskuletin,* Harz, wenig ätherisches Öl.

Toxikologie. Die giftige Droge erzeugt Schwindel, Sehstörungen, Lähmung der Skelettmuskeln, Trockenheit des Mundes und Unvermögen, zu schlucken und zu sprechen. Bei tödlicher Vergiftung tritt Starrkrampf auf, dem eine Lähmung der Atmung folgt.

Verwendung. E. 0,3 g gegen Nervenschmerzen, besonders im Gesicht, Migräne, bei Hysterie und Asthma; zur Herstellung von Tinctura Gelsemii.

Aufbewahrung. Vor Licht geschützt.

Prüfung des Erg.-B. 6. Beim Übergießen von 1 g pulv. G. mit 50 ccm Kalkwasser färbt sich dieser gelb mit bläulicher Fluoreszenz, die auf Zusatz von verd. Schwefelsäure abgeschwächt oder aufgebohen wird. In dem bräunlichroten Aufguß (1 + 9) ruft Eisenchloridlösung einen grünlichgelben Niederschlag hervor; auf Zusatz von Kaliumdichromatlösung entsteht darin keine Fällung.
Aschengehalt höchstens 3%.

Genotherm.

Kunststoff, der in Folien oder als Band und zur Herstellung von Tüten und Beuteln Verwendung findet und der sich auch zum Verschließen von Töpfen und Gläsern bewährt hat. *Genothermkleber* ist eine gelbliche, haltbare Flüssigkeit zum Verkleben von Genothermfolie oder Genothermband.

Geraniol.

$$(CH_3)_2C{=}CH \cdot CH_2 \cdot CH_2C(CH_3){=}CH \cdot CH_2OH.$$

Geraniol ist ein ungesättigter primärer Alkohol, der frei und verestert in zahlreichen ätherischen Ölen vorkommt. Es ist Hauptbestandteil des Geraniumöls und des Palmarosaöls und bildet im Rosenöl den größeren Teil der flüssigen Anteile.

Eigenschaften. Farblose, optisch inaktive Flüssigkeit mit angenehmem, rosenartigem *Geruch*. D. (15°) 0,881 bis 0,886; Sdp. 229° bis 230°. In Wasser unlösl., sehr leicht lösl. in Weingeist, auch in verdünntem. Geraniol oxydiert sich an der Luft sehr leicht, wobei sich das spez. Gew. erhöht.

Aufbewahrung. Fest verschlossen, in möglichst gefüllten Flaschen, kühl.

Verwendung. Im Gemisch mit Geraniumöl, Citronellol, Phenyläthylalkohol usw. als Ersatz für Rosenöl, als Zusatz zu Blütenkompositionen.

Geraniolester.

Die nachstehenden Geraniolester finden in der Parfümerie Verwendung: *Geranylacetat* mit kräftigem Blumengeruch, ähnlich dem Linalylacetat; *Geranylbutyrat* mit feinem, an Äpfel und Rosen erinnernden Obstgeruch; *Geranylformiat*, das Rosenkompositionen, Orangenblütengerüchen und Blumen-Kölnisch-Wässern überraschende Frische gibt; *Geranylpropionat* mit leicht „grüner" Note zu Lavendel-, Chypre- und Rosengerüchen; *Geranylvalerianat*, das Rosen-, Lavendel- und Phantasienoten eine liebliche, fruchtige Beinote gibt.

Geranium.

Die Blätter und Blüten verschiedener Pelargoniumarten, besonders **Pelargonium odoratissimum** *Willd.*, **P. graveolens** *Ait.* u. a., *Geraniaceae*, liefern bei der Wasserdampfdestillation das ätherische Öl.

Geraniumöl. Oleum Geranii.

Auf der Insel Réunion, in Algerien, Spanien, Südfrankreich, auf Korsika und Sizilien gewonnenes ätherisches Öl. Je nach der Herkunft farbloses, grünliches oder bräunliches Öl von angenehmem Rosengeruch. Die feinste Sorte ist das spanische, die nächstbessere das afrikanische Öl. Réunionöl hat kennzeichnenden krautartigen Beigeruch.

Unmittelbar nach dem Schnitt des Krautes wird im frischen Zustand destilliert (Ausbeute 0,1 bis 0,15%). Zunächst hat das Öl Pelargoniumgeruch, der durch Lufteinwirkung in kräftigen Rosenduft übergeht. D (15°) 0,888 bis 0,907; $\alpha_D^{20°}$ —6° bis —16°. Mit Ausnahme des spanischen Öls in 2 bis 3 Raumteilen Weingeist (70%) klar lösl. Bei weiterem Alkoholzusatz wird Paraffin ausgeschieden.

Inhaltsstoffe. *Geraniol, d-* und *l-Citronellol, Linalool, Phenyläthylalkohol* u. a.

Handelssorten. Geraniumöl spanisch,   Geraniumöl afrikanisch,
Geraniumöl französisch,   Geraniumöl Réunion.

Verwendung. Zur Parfümierung von Feinseifen (Rosenseifen). In alkoholischer Lösung tritt der Geraniumgeruch deutlicher hervor. Zur Verfälschung von Rosenöl.

Prüfung. Einen guten Anhaltspunkt zur Beurteilung der besseren Geraniumöle gibt ihre Löslichkeit. Öle, die sich in 3 Teilen Weingeist (70%) nicht lösen, sind verdächtig.

Geraniumgras.

Geraniumgras. Cymbopogon Martini *Stapf.*

Rusagras.

Gramineae.

In Nordindien heimisches und kultiviertes Gras, von dem man 2 Abarten unterscheidet, „*Sofia*" und „*Motia*". In reifem Zustande heißt das Gras Sofia, aus ihm wird Gingergrasöl gewonnen, während das junge Gras, Motia, Palmarosaöl liefert.

Gingergrasöl. Sofiaöl.

Gelbes bis bräunliches, mitunter ins Grünliche gehendes Öl mit eigenartigem, kräftigem *Geruch.*

Inhaltstoffe. *Geraniol, Dihydrocuminalkohol,* Phellandren, Dipenten *d-*Limonen, ein Aldehyd, Carvon. D. (15°) 0,900 bis 0,953; $\alpha_D^{20°}$ + 54° bis —30°; $n_D^{20°}$ 1,478 bis 1,493; SZ. 6,2; EZ. 8 bis 29. In 2 bis 3 Vol.-T. Weingeist (70%) mitunter mit geringer Trübung lösl.

Verwendung. In der Parfümerie und zur Seifenherstellung.

Aufbewahrung. Vor Licht geschützt.

Verf. Terpentinöl, Mineralöle, Gurjunbalsamöl, erkenntlich an veränderten physikalischen Konstanten.

Palmarosaöl. Oleum Palmarosae.

Ostindisches Geraniumöl. Rusaöl. Oleum Geranii indicum.

Die fälschliche Bezeichnung „türkisches Geraniumöl" kommt daher, daß das Öl früher über Konstantinopel nach Europa kam. Das aus den oberirdischen Teilen von jungem Geraniumgras durch Wasserdampfdestillation hauptsächlich in Indien gewonnene ätherische Öl.

Eigenschaften. Farblose bis hellgelbe, mitunter durch Spuren Kupfer grün gefärbte Flüssigkeit von angenehm rosenähnlichem *Geruch.* D. (15°) 0,887 bis 0,900;

$\alpha_D^{20°}$ +6° bis —3°; $n_D^{20°}$ 1,472 bis 1,476; SZ. 0,5 bis 3,0; EZ 12 bis 48; lösl. in 1,5 bis 3 und mehr Vol.-T. Weingeist (70%).

Inhaltsstoffe. Bis zu 95% *Geraniol*, frei und verestert, Dipenten, Farnesol u. a.

Verwendung. Als Ersatz für Rosenöl, besonders für Seifen, als Verfälschungsmittel von echtem Rosenöl.

Aufbewahrung. Vor Licht geschützt.

Verf. Cedernöl, Petroleum, Terpentinöl, fettes Öl.

Citronengras. Cymbopogon flexuosis *Stapf*.
Malabargras. Cochingras.
Gramineae.

Im Tinnevelly-Distrikt und Travancore in Vorderindien angebaut, liefert das Ostindische Malabar-, Cochin- oder Travancore-Lemongrasöl.

Lemongrasöl, ostindisches. Oleum Andropogonis citrati.
Citronengrasöl.

Rötlichgelbe bis braunrote, leichtbewegliche Flüssigkeit mit kräftig citronenartigem *Geruch*. D. (15°) 0,899 bis 0,905; α_D +1° 25′ bis —5°; $n_D^{20°}$ 1,483 bis 1,488; lösl. in 1,5 bis 3 Vol.-T. Weingeist (70%), zuweilen mit Trübung.

Inhaltsstoffe. 70 bis 85% *Citral*, ein dem Citral isomerer Aldehyd, *n-Decylaldehyd, Geraniol*, Dipenten, Methylheptenon, Citronellal, Linalool, Limonen, die drei letzten fraglich.

Verwendung. In der Parfümerie hauptsächlich zu Seifen.

Gerberei.

Unter „Gerben" versteht man die Überführung tierischer Häute oder Felle in *Leder*. Das Gerben spielte schon im frühen Altertum bei den Ägyptern eine Rolle, jedoch hat die Gerberei ihren heutigen Aufschwung erst am Ende des 20. Jahrhunderts durch die Chemie erfahren. Gerbstoffe wurden chemisch untersucht, Gerbereibetriebe auf chemisch einwandfreie Methoden umgestellt und neue Gerbstoffe geschaffen. Aus diesen durch die Forschungen der Chemie erzielten Fortschritten entstand die heutige Lederindustrie. Die Häute großer Tiere werden in der Gerberei als „Häute", die kleinerer Tiere als „Felle" bezeichnet. Zur Lederherstellung dienen vor allem Rindshäute. Das beste Leder ergeben Häute junger Ochsen. Auch Fischhäute und solche von Eidechsen, Schlangen, Krokodilen, Schweinen und Walen werden gegerbt. Beim Gerben der Säugetierhaut muß erst durch das „*Äschern*", eine Behandlung der Häute mit Kalkmilch und Natriumsulfid, erfolgen, um die besonders zur Fäulnis neigende Oberhaut von der Lederhaut, die nach dem Gerben das Leder ergibt, zu trennen. Nach dem Äschern werden Haare und Oberhaut gleichzeitig entfernt. Die sich hierbei ergebende ungegerbte Lederhaut, die „*Blöße*", wird dann durch das Gerben in Leder verwandelt. Dabei wird die tierische Rohhaut in einen Zustand umgewandelt, der ein Faulen, Eintrocknen oder durch Feuchtigkeit verursachtes Quellen möglichst verhindert, sie mindestens aber widerstandsfähiger gegen diese Erscheinungen macht. Gegenüber der lufttrockenen tierischen Haut hat das Leder den Vorteil, weich und biegsam zu sein, eine Eigenschaft, die durch Aufnahme der Gerbmittel durch die Haut erreicht wird. Vor dem Gerben werden die vom Äschern zurückbleibenden Kalkreste durch Behandlung mit Milchsäure, Essigsäure oder Ameisensäure, auch mit verdünnter Schwefel- oder Salzsäure entfernt, „*Entkalken*".

Nachstehende Übersicht über die 3 wichtigsten Gruppen von Gerbereimethoden und Gerbstoffen soll lediglich einen Überblick geben. Die große Bedeutung der Chemie in der Gerberei und Lederindustrie soll hierbei ausdrücklich betont werden. Die Verarbeitung der tierischen Haut zu Leder ist heute eine besondere Wissenschaft.

1. Die Rot- oder Lohgerberei benutzt pflanzliche, tanninähnliche Stoffe enthaltende Gerbemittel. Dabei finden hauptsächlich Verwendung Extrakte aus

Rinden: Eiche, Fichte, Weide, Birke usw.

Hölzern: Eiche, Quebracho, Kastanie usw.

Blüten, Blättern, Stielen: Katechu, Sumach usw.

Früchten: Myrobalanen, Valonea usw.

Schon die Herstellung von Gerbstoffextrakten umfaßt eine besondere Industrie. Bei der Rot- und Lohgerberei werden hautpsächlich hergestellt *Sohlleder, Oberleder, Riemen-, Zeug-* und *Saffianleder*.

2. Die Mineralgerberei benutzt

a) *in der Weißgerberei* Alaun und Kochsalz als Gerbmittel und ergibt *Glacéleder* (f. glacé, glänzend), *Glanzleder;*

b) *in der Chromgerberei* Chromalaun, Kaliumdichromat und sog. Chromoxydgerbesalz und ergibt die *Chromleder*.

3. Die Sämischgerberei benutzt tierische Fette, hauptsächlich Dorschlebertrane, *Degras*, und ergibt *Sämisch-* oder *Waschleder*.

Gerbsäure. Acidum tannicum.

Tannin. Gallusgerbsäure.

Vorkommen. Gerbsäure kommt in größeren Mengen in den → Gallen (Galläpfeln) vor und findet sich auch in der Eichenrinde, in getrockneten Heidelbeeren, Walnuß- und Salbeiblättern und in der Tormentillewurzel sowie in Hamamelis virginiana, in den Blättern des Gerbersumachs, in → Bablah und → Dividivi, in Myrobalanen und in den gerbstoffhaltigen Extrakten wie → Katechu und → Kino.

Die Gerbsäuren der verschiedenen Pflanzen haben verschiedene Zusammensetzung, man unterscheidet daher Gallusgerbsäure, Eichenrindengerbsäure, Kaffeegerbsäure, Katechugerbsäure usw.

Handelssorten. Gerbsäure, technisch, gepulvert

Gerbsäure, rein, gepulvert, DAB. 6

Gerbsäure, rein, leicht, DAB. 6.

Gerbsäure. Acidum tannicum, DAB. 6.

Tannin. Gallusgerbsäure. Acidum gallotannicum.

Darstellung. Grob zerstoßene Galläpfel werden mit einem Äther-Weingeist-Gemisch im Perkolator ausgezogen, der Auszug filtriert, dann mit $^1/_3$ Wasser gründlich durchgeschüttelt. Die Ätherschicht wird mittels Scheidetrichter getrennt und nochmals wiederholt mit Wasser ausgeschüttelt. Die vereinigten wäßrigen Lösungen werden eingedampft, erneut in Wasser gelöst und dann durch mehrtägiges Stehenlassen mit Tier- oder Aktivkohle entfärbt. Nach der Filtration wird die Lösung eingedampft, die zurückbleibende Masse getrocknet und pulverisiert. Die Darstellung erfolgt heute nur im Großbetrieb.

Eigenschaften. Die aus den Gallen verschiedener Pflanzen gewonnene Gerbsäure ist ein weißes oder schwach gelbliches, leichtes Pulver oder stellt glänzende, braungefärbte, lockere Massen dar. Lösl. in 1 T. Wasser, 2 T. Weingeist, l.lösl. in Glycerin, fast unlösl. in Äther. Die wäßrige Lösung rötet Lackmuspapier, riecht schwach eigenartig, jedoch nicht ätherartig und schmeckt zusammenziehend. Durch Hydrolyse wird Tannin in Glucose und Gallussäure zerlegt. Ihre Salze sind die *Tannate.* Mit Schwermetallsalzen (Kupfer, Blei, Silber, Quecksilber) bildet Tannin unlösl. Niederschläge, auch Alkaloide werden von Tanninlösungen gefällt.

Prüfung des DAB. 6. Aus der wäßrigen Lösung (1 + 4) scheidet sich durch Zusatz von Schwefelsäure oder gesättigter Natriumchloridlösung Gerbsäure aus.

Eisenchloridlösung erzeugt in der wäßrigen Lösung eine blauschwarze Färbung, die auf Zusatz von Schwefelsäure wieder verschwindet unter Abscheidung eines gelbbräunlichen Niederschlags.

Ferner läßt DAB 6 prüfen auf:

Dextrin, Gummi, Zucker, Salze. Beim Vermischen von 2 ccm der wäßrigen Lösung (1 + 4) mit 2 ccm Weingeist muß die Mischung klar bleiben und darf auch auf Zusatz von 1 ccm Äther nicht getrübt werden.

Zu hoher Wassergehalt. 0,2 g G. dürfen beim Trocknen von 100° höchstens 0,024 g an Gewicht verlieren.

Anorganische Stoffe. Beim Verbrennen von 0,2 g getrockneter G. muß der Rückstand weniger als 0,001 g betragen.

Aufbewahrung. Gerbsäure ist gegen Lichteinfluß empfindlich und muß vor Licht geschützt aufbewahrt werden. Die Standgefäße müssen vollständig trocken sein.

Verwendung. *Med. innerl.* obsolet, da die Magen- und Zwölffingerdarmschleimhaut gereizt und dadurch die Verdauung gestört wird. *Med. äußerl.* vor allem zur Schleimhautbehandlung (1%), als Zusatz zu Mund-, Gurgel- und Haarwässern, zu Klistieren bei Erkrankungen des unteren Dickdarms, zur örtlichen Blutstillung, zu Wundsalben bei Frostbeulen und Verbrennungen (2 bis 5%), als Zusatz zu Pudern 10 bis 20%), zu Pinselungen (20%). *Vet.* gegen Durchfall der Tiere. *Techn.* zur Verbesserung und Erhöhung der Haltbarkeit von Getränken (Rotwein u. a.), in der Färberei zum Färben von Baumwolle und Kunstseide, in der Textilindustrie als Fixiermittel für basische Farbstoffe, im Zeugdruck, zur Klärung von Wein, zur Herstellung von Tinten und Holzbeizen, zur Färbung von Papier, als Gerbmittel von Häuten.

Gerbstoffe.

Mit Gerbstoffen bezeichnete man ursprünglich im Pflanzenreich vorkommende amorphe Verbindungen, welche die Eigenschaft haben, tierische Haut in Leder zu verwandeln, Eiweiß- und Leimlösungen noch in großer Verdünnung zu fällen, mit Eisenchlorid dunkelblaue oder grüne Färbungen zu geben und mit Alkaloiden und Bleisalzen unlösl. Niederschläge zu erzeugen. Es gibt aber auch kristallisierbare Gerbstoffe und solche, die weder Leim fällen noch mit Alkaloiden unlösl. Niederschläge bilden. Gemeinsam ist den Gerbstoffen ihr zusammenziehender Geschmack und die schwachsaure Reaktion ihrer wäßrigen Lösungen, sie werden deshalb auch fälschlich als „*Gerbsäuren*" bezeichnet, obgleich sie keine freie Säuregruppe enthalten.

Nach ihrer chemischen Zusammensetzung unterscheidet man 2 Hauptgruppen:

1. Durch Hydrolyse spaltbare Gerbstoffe. Esterartige Verbindungen, die sich meistens von der Gallussäure ableiten. Ihre wichtigsten Vertreter sind das chinesische und türkische Tannin, in welchen 1 Molekül Traubenzucker mit zahlreichen Gallussäuremolekülen verestert ist. Hydrolysierbare Gerbstoffe sind z. B. enthalten in Sumachblättern, chinesischen und Alepogallen , in Dividivi, Myrobalanen und Knoppern, im schwarzen Tee, Edelkastanien, im Holz und Rinden.

2. Kondensierte Gerbstoffe, deren Kerne durch Kohlenstoffverbindungen zusammengehalten werden und die keine Ester sind. Ihre Grundsubstanz sind *Catechine,* kristallisierte, farblose Verbindungen. Catechingerbstoffe sind die Gerbstoffe von Eichenrinde und -holz, Roßkastanie, Catechu, Gambir, Quebracho, Chinarinde.

Gerbstoffdrogen s. Bd. I, S. 421.

Künstliche Gerbstoffe spielen in der modernen Gerberei eine bedeutende Rolle, so die *Neradole*, Kondensationsprodukte von Formaldehyd mit Phenol- und Naphthalinsulfonsäure → Gerberei.

Gerste.

Geschälte Gerste. Fructus Hordei decorticatus.

Gerstengraupen. Perlgraupen.

Von den Spelzen völlig, von der Frucht- und Samenschale mehr oder weniger vollkommen befreite Früchte von **Hordeum sativum** *Jessen. Gramineae.* Bis 5 mm lang, bis 3 mm dick, walzenförmig, an den Enden abgerundet, auf einer Seite gefurcht.

Inhaltsstoffe. 55 bis 60% Stärke, Stickstoffsubstanzen, Zucker, wenig Fett, etwa 3,6% Mineralstoffe.

Verwendung. Zur Herstellung von Schleim bei Katarrhen der Luftwege und Blase, als Nährmittel. *Gerstenmehl, Farina Hordei praeparata* ist ein leicht verdauliches Nährmittel.

Geschirr-Spülmittel.

Das Spülen von Geschirr und dergleichen erfolgte bisher meist mit heißem Wasser, evtl. unter Zusatz von Soda und sonstigen alkalischen Salzen. Der Reinigungseffekt war dabei wenig befriedigend. Das Spülen erforderte eine stärkere mechanische Bearbeitung der einzelnen Gegenstände. Außerdem konnte ein Angriff von Glas, von empfindlichem Porzellan und auch der Hände der Hausfrau nicht immer vermieden werden. Neue Möglichkeiten eröffnet hier die Verwendung von in den letzten Jahrzehnten entwickelten „grenzflächenaktiven Verbindungen", welche die Reinigung sehr erleichtern, ohne die geschilderten Nachteile nachzuweisen.

Pril.

Pril (Böhme Fettchemie) ist ein Spülmittel, das auf einer Kombination von modernen flächenaktiven Stoffen aufgebaut ist. Ein Teelöffel voll auf eine Schüssel heißes Wasser bewirkt eine starke Herabsetzung der Oberflächenspannung. Das Wasser wird „entspannt", dringt leichter unter Fettreste und emulgiert und entfernt sie. Das Spülwasser erhält außerdem den Vorteil, daß es glatt und ohne Tropfenbildung von Tellern, Gläsern usw. abläuft. Der verbleibende hauchdünne Wasserfilm trocknet schnell und ohne sichtbaren Rückstand auf, so daß das Abtrocknen mit einem Tuch überflüssig wird. Ähnlich wirkt Pril beim Reinigen von Fenstern, Spiegeln, lackierten Möbeln, Fliesen, Badewannen. Handelsformen: Pril pulverförmig — Originalpakete in 2 verschiedenen Größen. Pril flüssig — Originalkanister.

Getreidebranntweine.

Getreidebranntweine erhält man hauptsächlich durch Maischen von Roggen (Korn) in Verbindung mit Darrmalz mit Wasser und wenig konzentrierter Schwefelsäure. Zur Verzuckerung der Stärke wird dann die Maische mit Malzschrot bis zum negativen Ausfall der Jodprobe auf 55°—60° erwärmt. Nach der vollständigen Verzuckerung rasch abgekühlt und mit Hefe vergoren. Aus 100 kg Rohstoff erhält man 30 bis 36 l Weingeist. Durch Lagerung in Eichenholzfässern wird Aroma und Geschmack des „Korn" verbessert, der wasserhell oder geblich oder mit Zuckercouleur gefärbt 32- bis 40%ig in den Handel kommt. Wird er als Edelbranntwein oder Doppelkorn bezeichnet, muß er mindestens 38 Vol.-% Alkohol enthalten. Trinkbranntweine, die mit „Korn" bezeichnet werden, dürfen nicht mit Sprit anderer Art versetzte Erzeugnisse sein, sie müssen rein, unverschnitten sein (→ Whisky).

Gewürze.

Unter Gewürzen versteht man nach BEYTHIEN Stoffe, die, ohne der Erzeugung von Kraft und Wärme oder dem Stoffansatz zu dienen, doch insofern für die Ernährung hohe Bedeutung haben, als sie die Nahrung erst wohlschmeckend und genießbar machen, einen wohltätigen Einfluß auf die Verdauung und Nerven ausüben, dadurch eine erhöhte Ausnutzung der Lebensmittel gewährleisten und gleichzeitig durch den Reiz auf das Zentralnervensystem andere physiologische Vorgänge unterstützen. Unter *„Würzen"* faßt man Fleischextrakte, Maggierzeugnisse, Süßstoffe usw. zusammen. *Gewürze im engeren Sinne* sind Pflanzen oder Pflanzenteile, die einen mehr oder weniger kräftigen Geruch und Geschmack besitzen und hauptsächlich ätherische Öle, teilweise auch kennzeichnende scharf und bitter schmeckende Verbindungen enthalten. Die gewürzeliefernden Pflanzen, *Gewürzpflanzen*, finden teils frisch, teils nach dem Trocknen und Pulvern als Drogen Verwendung.

Als Gewürze finden Verwendung:

Wurzeln: → *Meerrettich, Kren,* der infolge seines Gehaltes an Allyl- oder Buthylsenföl (0,05%) scharf schmeckt. *Wurzelstöcke:* → Galgant, → Ingwer, → Kalmus, → Zittwerwurzel.

Zwiebeln: → Knoblauch, Porree, Schalotten.

Blätter und Gewürzkräuter: Schnittlauch, → Lorbeerblätter.

Besonders gewürzreiche Pflanzenfamilien sind:

Compositen: → Beifuß, → Estragon, → Wermut.

Umbelliferen: → Dill, → Kerbel, → Petersilie, → Sellerie.

Labiaten: → Bohnenkraut, → Majoran, → Salbei, → Thymian.

Gewürze aus Rinden sind: → Chinesischer und → Ceylon-Zimt.

Blüten oder Blütenteile sind: → Kapern, → Nelken, → Safran.

Früchte sind: → Anis, → Cardamomen, → Cayenne-Pfeffer, → Fenchel, → Kümmel, → Mutternelken → Paprika (Spanischer Pfeffer), → Piment, schwarzer und weißer → Pfeffer, → Vanille.

Samen sind: → Muskatblüte, → Muskatnuß, → Senf.

Gewürznelken.

Gewürznelken. Jambosa caryophyllus *(Sprengel) Niedenzu.*

Myrtaceae.

Auf den Molukken und den südlichen Philippinen heimischer, in fast allen Tropenländern kultivierter, schlanker, 10 bis 20 m hoher, immergrüner Baum. Blätter gegenständig, eiförmig, kahl, lederig, 5 bis 15 cm lang, ganzrandig. Blüten in endständigen, dreiteiligen Schirmrispen, Kronblätter weiß, mit rotem Achsenbecher und Kelch.

Gewürznelken. Flores Caryophylli, DAB. 6.

Gewürznägelein.

Die kurz vor dem Aufblühen gesammelten und getrockneten Blütenknospen, 12 bis 17 mm lang, Farbe hell- bis tiefbraun. Fruchtknoten unterständig, 3 bis 4 mm dick, stielartig, schwach vierkantig, sehr feinrunzelig, oben wenig verdickt, mit 2 kleinen Fruchtknotenfächern. Vier am oberen Ende des Fruchtknotens stehende, dicke, dreieckige Kelchblätter stehen deutlich ab. Vier kreisrunde, sich dachziegelig deckende, gelbbraune Blumenblätter bilden eine Kugel von 4 bis 5 mm Durchmesser und umschließen zahlreiche eingebogene Staubblätter und den schlanken Griffel. *Geruch* eigenartig, stark aromatisch, *Geschmack* brennend würzig (Abb. 94).

Inhaltsstoffe. 16 bis 25% ätherisches Nelkenöl, Mindestgehalt nach DAB. 6 16%, das zu 75 bis 95% aus *Eugenol* besteht, Aceteugenol, Caryophyllene (Sesquiterpene) Vanillin, verschiedene Ketone, 10% eisenbläuender *Gerbstoff*, Caryophyllin, Schleim, Harz, Fett, Wachs u. a.

Handelssorten. *Ostindische, Molukken-, Amboina-Nelken*, hell, reich an ätherischem Öl (19 bis 26%), stellen die beste Ware dar, in Ballen oder Fässern von 50 bis 75 kg. *Afrikanische* oder *Sansibar*-Nelken, etwas dunkler, mit hellen Köpfchen, den ostindischen fast gleichwertig, kommen in doppelten Mattensäcken von etwa 75 kg in den Handel. Gehalt an ätherischem Öl 16 bis 17%. *Madagaskar*-Nelken haben 18%, *Bourbon*-Nelken 19 bis 20% Ölgehalt. *Amerikanische* oder *Antillen*-Nelken finden sich fast ausschließlich im französischen Handel und gelten als schlechteste Sorte von geringem Ölgehalt.

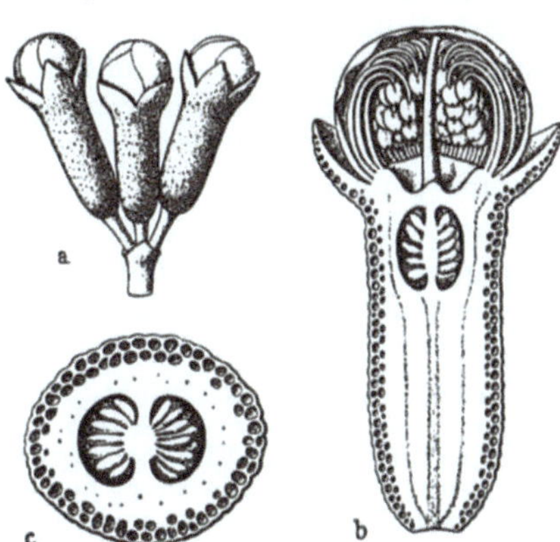

Abb. 94. Gewürznelken. Flores Caryophylli. a Spitze eines Blütenzweiges mit 3 Knospen ($^1/_1$); — b eine Knospe im Längsschnitt ($^4/_1$); — c Fruchtknotenquerschnitt ($^6/_1$).

Verwendung. Als Aromaticum, Bestandteil von Species aromaticae DAB. 6 und anderen Magenmitteln und Tinctura aromatica DAB. 6, zu Bischofessenz, Chinaelixier, zu Zahn- und Mundpflegemitteln, als Gewürz, in der Likörherstellung und Parfümerie, zur Herstellung des ätherischen Nelkenöls Oleum Caryophylli DAB. 6.

Aufbewahrung. In Glasgefäßen mit dicht schließendem Glasstopfen.

Verw. u. Verf. Gewürznelken, denen ein Teil des ätherischen Öls entzogen ist und die durch Abreiben mit fettem Öl geschönt sind.

Prüfung. Gute Ware schwimmt im Wasser senkrecht oder sinkt wegen des spezifisch schweren Nelkenöls unter, minderwertige schwimmt waagerecht oder schief. Mit Öl behandelte Nelken hinterlassen beim Pressen mit Filtrierpapier auf diesem einen bleibenden Fettfleck.

Prüfung des DAB. 6. Neben der mikroskopischen Prüfung schreibt das DAB. 6 folgende Prüfung vor:

Identität. Beim Befeuchten von Gewürznelkenpulver mit verd. Eisenchloridlösung (1 + 9) muß eine blauschwarze Färbung (Gerbstoffreaktion) eintreten.

Güte der Gewürznelken. Beim Drücken des Fruchtknotens mit dem Fingernagel muß reichlich ätherisches Öl austreten.

Anorganische Beimengungen. 1 g G. darf beim Verbrennen höchstens 0,08 g Rückstand hinterlassen.

Einwandfreie Qualität. 5 g G. müssen bei der Gehaltsbestimmung des ätherischen Öls mindestens 0,8 g entsprechend dem Mindestgehalt von 16% enthalten.

Nelkenöl. Oleum Caryophylli, DAB. 6.

Oleum Caryophyllorum.

Das durch Wasserdampfdestillation gewonnene ätherische Öl aus Gewürznelken, häufiger aus Nelkenstielen. Frisch destilliert fast farblose oder gelbliche, an der Luft sich bräunende, stark lichtbrechende, optisch aktive ($\alpha_D^{20°} =$ bis $-1,6°$)

Flüssigkeit, *Geruch* würzig, *Geschmack* brennend. D. (20°) 1,039 bis 1,065; $n_D^{20°}$ 1,529 bis 1,537. Gehalt 80 bis 96 Vol.-% Eugenol einschließlich Aceteugenol, Caryophyllene (Sesquiterpene), Vanillin, wenig Esteralkohole und Ketone.

Verwendung. Wegen seiner desinfizierenden und anästhetischen Wirkung viel in der Zahnheilkunde. Große Dosen wirken infolge seines Eugenolgehaltes auf die glatte Muskulatur lähmend, evtl. mit Todesfolge. Kosmetisch als desinfizierender Zusatz zu Mund- und Zahnwässern, Zahnpasten, zur Herstellung von Kölnisch Wasser und Blumendüften, zur Pafümierung von Seifen, zur Darstellung von Eugenol. Das sesquiterpenfreie Öl ist etwa 1,5 mal ergiebiger, Resinoid Nelke ergiebiger und feiner.

Verf. Als Verfälschungsmittel für Nelkenöl kommen hauptsächlich in Frage Weingeist, Paraffinöl, Rizinusöl, Kampferöl, Sassafras-, Thymian-, Zimt- und Nelkenstielöl. Sie lassen sich an abweichenden physikalischen Konstanten, der Löslichkeit und dem Eugenolgehalt feststellen.

Prüfung des DAB. 6. *Reinheit.* 1 ccm N. muß sich in 2 ccm Weingeist (70%) klar lösen.
Freie Säuren. Beim Schütteln von 0,5 ccm N. mit 10 ccm auf etwa 50° erwärmtem Wasser darf sich beim Eintauchen von blauem Lackmuspapier dieses nicht röten.
Fremde Phenole. Die zuvor hergestellte Probe wird nach dem Abkühlen filtriert und 2 Tr. verd. Eisenchloridlösung (1 + 9) zugesetzt. Die Lösung darf sich dabei höchstens graugrünlich, aber nicht blauviolett färben.
Vorschriftsmäßiger Gehalt. 5 ccm N. versetzt man im Kassiakölbchen mit 70 ccm verd. Natronlauge (1 + 4). Unter häufigem, kräftigem Umschütteln wird eine Viertelstunde lang im siedenden Wasserbad erwärmt, mit kalt gesättigter Natriumchloridlösung das nicht gebundene Öl in den Hals des Kölbchens getrieben und durch leichtes Beklopfen und Drehen des Kölbchens die an der Glaswand anhaftenden Öltröpfechn an die Oberfläche gebracht. Man läßt so lange stehen, bis sich das Öl von der wäßrigen Flüssigkeit vollkommen getrennt hat. Die Menge des nicht gebundenen Öles darf nach dem Erkalten nicht mehr als 1 ccm und nicht weniger als 0,2 ccm betragen entsprechend einem Gehalt von 84 bis 96 Vol.-% Eugenol einschließlich Aceteugenol.

Nelkenstielöl. Oleum Caryophyllorum e stipitibus.

Ein durch Wasserdampfdestillation aus Nelkenstielen, Stipites Caryophyllorum, gewonnenes ätherisches Öl, weniger fein als das echte Nelkenöl.

Verwendung. Hauptsächlich zur Herstellung von Eugenol, zur Parfümierung billiger Seifen und als Schutzmittel gegen stechende Insekten (Bremsen, Stechmücken usw.).

Mutternelken. Anthophylli.

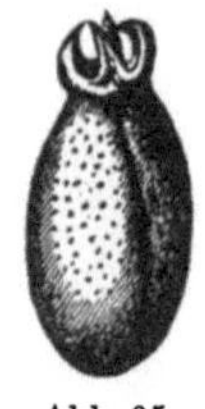

Abb. 95.
Mutter-
nelken.
Anthophylli.

Die mehr oder weniger reifen Beerenfrüchte des Nelkenbaumes, Jambosa caryophyllus, etwa 2,5 cm lang, bis 1 cm dick, mehr oder weniger bauchig, teilweise in der Form einer kleinen Olive, mit derber, vom Kelch gekrönter Fruchtwand, mit einem nahezu zylindrischen, dunkelbraunen Samen. *Geruch* und *Geschmack* wie Gewürznelken, nur schwächer (Abb. 95).

Inhaltsstoffe. 2 bis höchstens 8% *ätherisches Öl* (Gewürznelken 16 bis 25%).

Verwendung. Als Arzneimittel obsolet, als Verfälschung von Gewürznelken, in der Likörherstellung.

Gewürzsumach.

Gewürzsumach. Rhus aromatica *Aiton.*

Anacardiaceae.

1 bis 2 m hoher Strauch des altantischen Nordamerikas mit wechselständigen, 3zähligen, kerbig gesägten, bis 10 cm langen Blättern und kleinen, gelbgrünen Blüten in Scheinähren und behaarter, kugeliger, gelbroter Steinfrucht.

Gewürzsumachwurzelrinde. Cortex Rhois aromaticae Radicis, Erg.-B. 6.

Stinkbuschrinde.

Die getrocknete Wurzelrinde, 2 bis 3 mm dicke, rinnen- oder röhrenförmige, einige Zentimeter lange, eingerollte Stücke, außen graubraun bis dunkelbbraun, innen weißlich oder fleischrot, an Bruchstellen meist mit braunen Sekretmassen bedeckt. Bruch körnig, nicht faserig. *Geruch* angenehm, *Geschmack* bitterlich zusammenziehend, wenig würzig. Zweigrinde, die auch Verwendung findet, hat querverlaufende Korkwarzen.

Inhaltsstoffe. Gerbstoff, Gallussäure, Harz, wenig ätherisches Öl, fettes Öl, Wachs.

Verwendung. *Innerl.* E. 1,0 g bei Ruhr, Zuckerkrankheit und als harntreibendes Mittel, zur Herstellung von Tinktur und Extrakt.

Aufbewahrung. Vor Licht geschützt.

Prüfung des Erg.-B. 6. Der Aschegehalt darf nicht mehr als 6% betragen.

Giftlattich.

Giftlattich. Lactuca virosa *L.*

Compositae.

In Südwesteuropa beheimatete, bei uns auf Schutt, an Wegrändern und steinigen Hängen verwildert vorkommende, widerlich riechende, bis 1 m hohe Giftpflanze, in Thüringen auch kultiviert. Waagerecht abstehende, meist ungeteilte, längliche bis verkehrt eiförmige, bläulichgrüne Blätter. Nerven, insbesondere der Mittelnerv, unterseits stachelborstig. Grundständige Blätter in einen Stiel verschmälert, obere sitzend und stengelumfassend. Blütenköpfchen klein, walzig-kegelförmig, in pyramidenförmigen Rispen, gelben Scheiben- und Zungenblüten, letzte mit Pappus.

☠ 2. Giftlattichkraut. Herba Lactucae virosae.

Giftiger Lattich. Stinksalat.

Das getrocknete Kraut, fast *geruchlos*, *Geschmack* bitter.

Inhaltsstoffe. Die Bitterstoffe *Lactucin* und *Lactucopikrin*, ein Alkaloid, organische Säuren.

Verwendung. Früher bei Katarrhen der Luftwege, Asthma, Krampfhusten, heute absolet.

☠ 2. Lactucarium. Stoff B.

Der beim Anschneiden der Stengel von Giftlattichkraut gewonnene eingetrocknete Milchsaft. Bräunliche, wachsartige, zähe Brocken, *Geruch* narkotisch, *Geschmack* sehr bitter. Wirkt ähnlich wie Opium, jedoch nicht stopfend. Darf auch in Apotheken nur gegen ärztliches Rezept abgegeben werden.

Giftsumach.

Giftsumach. Rhus toxicodendron *L.*

Anacardiaceae.

In Kanada, Karolina, Virginia beheimateter, in Mittel- und Süddeutschland kultivierter, teilweise verwilderter, aufrechter oder klimmender Strauch mit langgestielten, 3zähligen Blättern und kahlen, ganzrandigen oder gekerbt-gezähnten, eiförmigen und gestielten Blättchen. Die krautigen Teile enthalten einen weißen, an der Luft schwarz werdenden Milchsaft.

☠ 2. Giftsumachblätter. Folia Toxicodendri, Erg.-B. 6. Stoff B.

Die nach der Blütezeit (Juli/August) gesammelten und getrockneten (Wasserverlust 71,4%) Blätter. Beim Sammeln ist Vorsicht geboten, da schon die geringste Berührung mit frischen Blättern genügt, um stark juckende Hautrötungen und -ausschläge, sogar Blasenbildung hervorzurufen. Außer den bei der Stammpflanze aufgeführten Eigenschaften der Blätter sind folgende der Droge hervorzuheben: Blättchen dünn, durchscheinend, 8 bis 15 cm lang, 5 bis 10 cm breit, zerbrechlich, bräunlich, das mittlere etwas größer als die anderen und langgestielt, die seitlichen kurzgestielt oder sitzend. Seitennerven im spitzen Winkel zum Hauptnerv, unterseits stärker hervortretend. In der **Schnittdroge** rundliche, glatte Blattstielstückchen. *Geruchlos, Geschmack* herb und scharf.

Inhaltsstoffe. Ein Glykosid, reichlich Gerbstoff, ätherisches Öl. Alle Pflanzenteile enthalten einen Milchsaft mit dem giftigen Harz *Toxicodendrol*, einem nicht flüchtigen Phenolderivat.

Verwendung. Fast ausschließlich in der Homöopathie bei Neuralgien, Rheumatismus usw.

Aufbewahrung. *Vorsichtig!* Vor Licht geschützt.

Ginseng.

Ginseng. Panax ginseng *C. A. Meyer.*

Araliaceae.

In Korea heimische, in der Mandschurei, China und Tibet kultivierte ausdauernde Pflanze. Wurzel kugelig oder rippenförmig, treibt einen 40 bis 60 cm hohen Stengel mit langgestielten, ahornähnlichen Blättern und unscheinbaren Blüten in doldenartigen Blütenständen. Frucht ziegelrote, saftige Beere.

Ginsengwurzel. Radix Ginseng.

Rübenförmige, bis 20 cm lange und 2,5 cm dicke Wurzeln, die oben noch einen Achsenrest zeigen. Man unterscheidet außen gelbliche bis blaßbräunliche, innen mehligweiße Wurzeln, *weißer Ginseng, weißer Sam,* und rötliche, hornartig durchsichtige Wurzeln, *roter Ginseng, roter Sam.*

Inhaltsstoffe. 0,5 bis 1% *Saponin,* wenig ätherisches Öl, Bitterstoffe, Phosphate, Gerbstoffe.

Handelssorten. Außer der echten Ginsengwurzel kommen amerikanischer Ginseng von *Panax quinquefolius L.* und japanischer Ginseng von *Panax repens Maxim* in den Handel, die beide von geringerer Wirksamkeit und deshalb billiger sind.

Verwendung. In China und Korea seit Jahrhunderten geschätztes Universalheilmittel, Aphrodisiacum und Mittel zur Verlängerung des Lebens. Besonders die wildwachsenden koreanischen Pflanzen gelten als wirksam, deshalb werden für diese Sorte phantastische Preise bezahlt. In neuerer Zeit auch ärztlich als stoffwechselförderndes Roborans verwendet.

Glas und Glaswaren.

Mit Glas bezeichnet man erstarrte Schmelzen von Gemengen aus Calciumsilikat und Alkalisilikaten. Die chemische Zusammensetzung der Gläser wechselt. Die besten Gläser haben die ungefähre Zusammensetzung $(Na_2O, H_2O) \cdot CaO \cdot 6\,SiO_2$.

Darstellung. Die zur Glasdarstellung hauptsächlich verwendeten Rohstoffe sind: Quarzsand, Soda oder Pottasche bzw. Glaubersalz, gebrannter Kalk und Kalkstein, Kreide oder Marmor. Sie werden innig gemengt und in großen Tongefäßen oder Wannenöfen aus Schamottesteinen als flüssige Masse zusammengeschmolzen. Die Eigenschaften der erhaltenen Gläser sind abhängig von den zu ihrer Herstellung verwendeten Mengen der einzelnen Rohstoffe. Ebenso sind für die Eigenschaften und die Haltbarkeit der Gläser das gleichmäßige und langsame Abkühlen des Glases nach dem Schmelzen bzw. Erweichen von besonderer Bedeutung. Zu rasch oder unsachgemäß abgekühlte Gläser springen infolge innerer Spannungen teils nach dem Erkalten, teils später. *Gehärtetes Glas*, das gegen Temperatureinflüsse und Stoß besonders widerstandsfähig ist, wird noch heiß in Öl abgeschreckt und darin erkalten gelassen. *Spiegelglas*, *Kronglas* und (böhmisches) *Kristallglas* enthalten überwiegend Kaliumsilikat an Stelle von Natriumsilikat und sind widerstandsfähiger. *Fensterglas* und gewöhnliches *Geräteglas* bestehen aus Calcium-Natriumsilikat. *Flintglas* (Bleikristall) ist ein Kalium-Bleisilikat-Gemisch, meist mit einem Zusatz von Borsäure. Flintglas hat ein hohes spez. Gew. und bricht das Licht stärker als kalkhaltige Gläser. Es findet für optische Zwecke Verwendung. → *Jenaer Sondergläser* kommen unter den Bezeichnungen *Duranglas*, *Supremaxglas*, *Durobaxglas* u. a. (s. S. 623) in den Handel, in denen die Kieselsäure teilweise durch Borsäure ersetzt ist. *Farbige Gläser* entstehen durch Beimengung bestimmter Schwermetalloxyde, die sich infolge des hohen SiO_2-Gehaltes im Glasfluß lösen: Eisen(II)-oxyd färbt grünlich bis blaugrün (Bierflaschen), Eisen(III)-oxyd mit Manganoxyden braungelb, wenig Chromoxyd smaragdgrün, Kobaltoxyd dunkelblau, Kupfer(I)-oxyd rubinrot, Manganoxyd färbt Kaligläser blauviolett, Natrongläser rotviolett, Uranoxyd färbt je nach Alkaligehalt schwarz über grau, gelb bis rot.

Milchglas wird durch Zufügen von Knochenasche (tertiäres Calciumphosphat) hergestellt und die Glasschmelze langsam abgekühlt. Weitere Trübungsmittel sind natürlicher und künstlicher Kryolith und Zinnoxyd.

Uviolglas enthält Bariumphosphat und Chromoxyd und ist für UV-Strahlen bis 2530 Å herab durchlässig.

Email, Emaille ist ein leicht flüssiger, meist borsäure- und flußsäurehaltiger Glasfluß, der zum Zwecke des Korrosionsschutzes auf Gebrauchsgegenstände aus Gußeisen oder Eisenblech aufgetragen wird. Diese werden dadurch gegenüber Einwirkungen von Chemikalien sehr widerstandsfähig. Zur Herstellung von Email werden die bei der Glasherstellung verwendeten glasbildenden Stoffe und als Trübungsmittel Knochenasche, Kryolith und die Oxyde von Zinn, Titan und Zirkon verwendet. Auch Email kann wie andere Glasflüsse durch geeignete Metalloxyde gefärbt werden. Edelmetalle, Glas und keramische Gegenstände werden emailliert und im Kunstgewerbe hergestellt. Ein Nachteil des Emails ist seine Empfindlichkeit gegen Schlag und Stoß, es bedarf daher schonender Behandlung. Verwendung findet Email außer den vorgenannten Zwecken zur Emaillierung von Schildern, Blechgeschirren und anderen Gebrauchsgegenständen aller Art.

Prüfung der Arzneigläser nach DAB. 6. Gewöhnliches Glas mit hohem Alkaligehalt gibt dem darin enthaltenen Wasser eine schwach alkalische Reaktion. Deshalb läßt DAB. 6 Gläser, die für Arzneimittel für *inneren* Gebrauch und für Einspritzungen Verwendung finden, hierauf prüfen: „Die mit destilliertem Wasser gut gereinigten Arzneigläser werden mit einer wäßrigen Lösung von Narkotinhydrochlorid (1 + 999) gefüllt, und zwar Gläser mit einem Inhalt bis 100 ccm bis zur Krümmung des Halsansatzes, größere Gläser bis etwa zur Hälfte. Die Narkotinhydrochloridlösung ist in einem vorher mit destilliertem Wasser ausgekochten Kolben aus Jenaer Glas auf kaltem Wege frisch herzustellen und nötigenfalls nach

24 stündigem Stehen zu filtrieren. Nach Verlauf einer Stunde darf sich in den Arneigläsern höchstens eine kaum wahrnehmbare kristalline Abscheidung, jedoch kein wolkiger Niederschlag oder eine flockenartige Abscheidung von freier Nikotinbase zeigen."

Reinigung und *Bearbeitung* von Glaswaren s. Bd. III.

Glaspapier, Schmirgelpapier sind für Reinigungs- oder Polierzwecke hergestellte viereckige Stücke, bei denen Papier oder Leinwand mit Leim bestrichen und zermahlenes Glas bzw. Schmirgelpulver in verschiedenen Feinheiten aufgestreut sind. Beim Trocknen des Leims verkleben die scheuernden Stoffe fest mit der Unterlage. → Papiere, Schleifpapiere, S. 991.

Verwendung. Zum Putzen und Polieren von Metallen, Schleifen und Glätten von Holz, zum Aufrauhen von Wildleder.

Glasfasern sind haarähnliche Glasfäden, die *technische* Verwendung finden. Ein Handelsartikel der Drogerie ist das „*Engelshaar*" oder „*Feenhaar*", das als Christbaumschmuck Verwendung findet. Als schlechte Wärmeleiter finden Glasfasern auch zur Wärme- und Schallisolierung weitgehende Verwendung. *Glaswolle* findet zum Filtrieren von starken Laugen und Säuren Verwendung, die durch Filtrierpapier nicht filtriert werden können.

Glaskraut.

Glaskraut, aufrechtes. Parietaria officinalis *L.*

Urticaceae.

An Mauern, Zäunen, auf Schutt zerstreut vorkommende, 30 bis 100 cm hohe Pflanze mit aufrechtem, meist einfachem Stengel, großen ·glasartig glänzenden, wechselständigen und langgestielten, an beiden Enden zugespitzten, ganzrandigen, länglich-eiförmigen, bis 10 cm langen Blättern. Blüten grün, in Knäueln der Blattachsen.

Glaskraut. Herba Parietariae.

Kreuzkraut. Mauerglaskraut. Nachtkraut.

Zur Blütezeit gesammelte und getrocknete (Wasserverlust 75%) ganze Pflanze ohne Wurzel.

Inhaltsstoffe. Bitterstoff, Gerbstoff.

Verwendung. 1 Teelöffel auf 1 Tasse Aufguß *innerl.* als harntreibendes Mittel bei Nieren- und Blasenleiden, *äußerl.* zur Wundbehandlung.

Gluconsäure. Acidum gluconicum.

d-Gluconsäure. Glukonsäure. Glykonsäure. $CH_2OH \cdot (CHOH)_4 \cdot COOH$.
Mol.-Gew. 169,1.

Darstellung *biologisch:* aus 15%igen Glykoselösungen durch Schimmelpilze, *chemisch* durch Oxydation von Glykose in Gegenwart von Kobaltnitrat als Katalysator mittels Chloraten oder Bromiden in saurer Lösung:

$$CH_2 \cdot OH \cdot (CH \cdot OH)_4 CHO \quad + \quad O \quad \rightarrow \quad CH_2 \cdot OH \cdot (CH \cdot OH)_4 \cdot COOH$$

Glykose Sauerstoff Gluconsäure

Eigenschaften. In reinstem Zustand weißes, kristallines, süß schmeckendes Pulver, l.lösl. in Wasser, in Äther und Benzol unlösl. Schmp. nach verschiedenen Angaben (offenbar von Reinheitsgrad abhängig) 130° bis 138°. Die 50%ige Lösung ist gelb, sirupartig, D. (20°) 1,24. Die Salze der G. heißen *Gluconate*, z. B. das l.lösliche *Calciumgluconat*.

Verwendung. Als sehr milde Säure zur Bereitung von Brauselimonaden und -Bonbons an Stelle von Wein- und Citronensäure, zur Reinigung von Milchkannen und anderen Metallbehältern, wobei die Schutzlacke nicht angegriffen werden. → Calciumgluconat zur Kalktherapie, nach einem A. P. als Eierlegepulver für Hühner und als Futtermittel. *Ferrogluconat* gegen Blutarmut. Gluconsäureester finden als Weichmacher Verwendung.

Glukoside.

Mit Glukosiden bezeichnet man Glykoside, deren Zuckeranteil Glukose ist. Glukoside sind z. B. das Amygdalin und die Anthocyane (Pflanzenfarbstoffe).

Glutaminsäure. Acidum glutaminicum.

Aminoglutarsäure. l(+)-Glutaminsäure. $HOOC \cdot CH_2 \cdot CH_2 \cdot CH(NH_2) \cdot COOH$.

Die Bezeichnung Glutaminsäure ist darauf zurückzuführen, daß die besonders reichlich (bis zu 37%) im *Gluten*, dem Klebereiweiß, enthalten ist. Sie ist aber auch sonst im Pflanzen- und Tierreich weit verbreitet. Der tierische und menschliche Organismus ist fähig, die Aminosäure synthetisch aufzubauen.

Eigenschaften. Glutaminsäure ist eine weiße, *geruchlose* Substanz mit kennzeichnendem säuerlichen *Geschmack*, lösl. in Wasser (1 : 100), schw.lösl. in Weingeist, Schmp. 225°. Sie wird aus Weizen- und Maiskleber oder aus der Zuckerrübe gewonnen, ist in Suppenwürzen, die durch Abbau von Eiweißstoffen hergestellt werden, enthalten und hat fleischähnlichen Geschmack. Das hochgereinigte Natriumsalz, *Natriumglutamat*, Natrium glutaminicum, schmeckt nur noch leicht salzig-süßlich, bei säuerlich bitterer Nachempfindung, und erzeugt geschmacksverstärkende Wirkung.

Verwendung. *Med. innerl.* als Glutaminsäure-Granulat „Homburg" bei nervösen Erschöpfungszuständen, leichter Ermüdbarkeit, Konzentrationsschwäche, schlechter Leistung in der Schule, Vorbereitung auf Examina, Entwicklungshemmung, Hebung der Libido und Potenz, bei gewissen Formen von Depressionen, bei progressiver Muskeldystrophie, E. tägl. 5 bis 12 g (1 gestrichener Teelöffel, 2 g Granulat) in Wasser, besser in Mineralwasser evtl. unter Fruchtsaftzusatz aufgeschwemmt nach den Mahlzeiten in 2 bis 4 Teildosen, bei Schlafstörungen nicht abends. Natriumglutamat wird zur Geschmacksverbesserung von Speisen diesen zugesetzt (0,1 bis 0,3%).

Glycerin. Glycerinum.

$$\begin{array}{c} CH_2OH \\ | \\ CHOH \\ | \\ CH_2OH \end{array}$$

Das Glycerin wurde 1779 von SCHEELE entdeckt bei der Untersuchung des bei der Bleipflasterherstellung anfallenden Wassers und von ihm mit „Ölsüß" bezeichnet. Auch die Bezeichnung Glycerin stammt vom Griechischen glyceros = süß. Das Glycerin ist der wichtigste dreiwertige Alkohol und enthält zwei primäre und eine sekundäre Hydroxylgruppe. Als Ester der höheren Fettsäuren kommt Glycerin hauptsächlich als Palmitin-, Stearin- und Ölsäureester (Glyceride) in den Fetten und Ölen vor, außerdem als Grundkörper des Lecithins und der Phosphatide als Ester der gleichen Fettsäuren und der Phosphorsäure. Als Nebenprodukt entsteht Glycerin bei der alkoholischen Gärung.

Darstellung. Technisch wird Glycerin bei der Verseifung von Fetten und Ölen gewonnen, die etwa 10% Glycerin enthalten. Dabei entstehen je nach den zur Anwendung kommenden Bedingungen Seifen oder freie Fettsäuren. Nach Abscheidung der Seife bzw. der Fettsäuren wird das Glycerin durch Destillation aus den anfallenden Unterlaugen und Glycerinwässern gewonnen oder nach dem Autoklaven-Verfahren, bei dem die vorgereinigten Fette und Öle mit Wasser nach Zusatz eines Spaltmittels unter Druck erhitzt werden. Die Reinigung erfolgt durch Behandeln mit Tierkohle und erneute Destillation. Neuerdings wird Glycerin in USA (Texas) großtechnisch synthetisch hergestellt. Als Ausgangsprodukt dient das aus Erdölfraktionen gewonnene Propylen, das mit Chlor zu Allylchlorid umgesetzt wird. Aus diesem wird mit Natronlauge Allylalkohol gewonnen und dann über eine Zwischenverbindung in letzter Reaktion Glycerin in hoher Ausbeute und beachtlicher Reinheit erhalten.

Handelsglycerine[1].

A. Rohglycerine. Unterlaugenglycerin aus Seifensiederunterlaugen zur Herstellung von Destillaten. Blanke, gelbe, braune, jedoch nicht schwarze Flüssigkeit. D. (15°) 80%iger Ware 1,3, Geruch nicht unangenehm, Geschmack nicht laugenhaft, Reaktion nur schwach alkalisch.

1. Saponifikatglycerin. Bei der Autoklaven-Verseifung bzw. Fettspaltung nach TWITCHELL oder durch fermentative Spaltung gewonnen, früher zu Hektographenmassen, Walzenmassen und anderen technischen Zwecken verwendet. Ausgangspunkt für Raffinate und Destillate. 28° Bé, D. (15°) 1,24, 88,5% Glycerin wasserfrei. Blanke, gelb- bis dunkelbraune Flüssigkeit mit nicht unangenehmem, nicht brenzligem Geruch, Geschmack rein süß. Reaktion neutral.

2. Destillationsglycerine stammen aus der sauren Verseifung und finden zur Herstellung von Destillationsglycerinen Verwendung. Blanke (dunkler als Saponifikatglycerin) Flüssigkeit 28° Bé, praktisch jedoch glycerinärmer als Saponifikatglycerin. Geruch unangenehm, Geschmack scharf adstringierend.

B. Raffinate. *1. Glycerin I*, raffiniert, farblos. Ohne Destillation auf chemischem oder mechanischem Wege gewonnene blanke, farblose bis gelbe, je nach Qualität neutrale Flüssigkeit, 28 Bé. D. (15°) 1,23. Geschmack rein süß. Meist nicht völlig geruchfrei.

2. Glycerin II, raffiniert gelblich, und *Glycerin III*, raffiniert gelb, 24° Bé, D. (15°) 1,19 bzw. 18° Bé, D. (15°) 1,15 bzw. 16° bis 18° Bé., D. (15°) 1,12. Blanke, meist nicht völlig geruchfreie Flüssigkeit, Geschmack rein süß.

C. Destillate. *1. Dynamitglycerin*, blanke, rein süße, helle, nicht unangenehm riechende, gegen Lackmus neutrale Flüssigkeit. D. (15,5°) mindestens 1,262.

2. Doppelt destilliertes Glycerin, Arzneibuchware, blanke, farblose, neutrale, rein süß schmeckende Flüssigkeit, frei von Nebengerüchen, D. (15°) 1,22 bis 1,23. Es findet für *med.* und kosmetische Zwecke Verwendung.

Die für Drogisten üblichen Glycerinsorten.

Glycerin, doppelt destilliert, rein		D.	1,225 bis 1,335 DAB 6	
,, ,,	reinst	D.	1,25	= 29° Bé
,, ,,	reinst	D.	1,26	= 30° Bé
,, ,,	reinst	D.	1,27	= 31° Bé
Glycerin, einfach destilliert				28° Bé
,, ,, ,,				30° Bé

---

[1] Nach C. ZERBE: Mineralöle und verwandte Produkte, Berlin/Göttingen/Heidelberg: Springer 1952.

Glycerin. Glycerinum, DAB 6.

Ölsüß. Trioxypropan. Propantriol. $CH_2OH \cdot CHOH \cdot CH_2OH$. Mol.-Gew. 92,06.

Reines, doppeldestilliertes Glycerin mit 84 bis 87% Reinglycerin.

Eigenschaften. Klare, farblose, sirupartige, süßschmeckende, hygroskopische Flüssigkeit. In größeren Mengen ist ein schwacher, eigenartiger *Geruch* wahrnehmbar. In jedem Verhältnis in Wasser, Weingeist und Ätherweingeist lösl. nicht jedoch in Äther, Chloroform oder fetten Ölen. D. (20°) 1,221 bis 1,231.

Beim Erhitzen mit Kaliumbisulfat verliert es 2 Moleküle Wasser und geht in den zu Tränen reizenden Aldehyd → *Acrolein,* $CH_2 = CH—CHO$, über.

Erweist sich die Filtration von Glycerin als notwendig, wird sie zweckmäßig unter Anwendung eines Warmwassertrichters 50° bis 60° warm durchgeführt.

Prüfung des DAB. 6. *Unreines Glycerin.* Beim Verreiben von etwa 1 g G. zwischen den Händen darf kein fremdartiger Geruch wahrnehmbar sein.

Arsenverbindungen. Beim Vermischen von 1 ccm G. mit 3 ccm Natriumhypophosphitlösung und Erhitzen im siedenden Wasserbad darf innerhalb $^1/_2$ Std. keine dunkle Färbung entstehen.

Alkalische Stoffe, freie Säuren. Beim Verdünnen von 5 g G. mit 25 g Wasser darf beim Eintauchen von blauem und rotem Lackmuspapier keine Veränderung der Farbe entstehen. Die wäßrige Lösung (1 + 5) wird geprüft auf:

Schwefelsäure, durch Bariumnitratlösung darf nicht sofort eine weiße Trübung eintreten;

Salzsäure, durch Silbernitratlösung darf höchstens opalisierende Trübung entstehen;

Calciumsalze, mit Ammoniumoxalatlösung darf keine weiße Trübung auftreten;

Oxalsäure, mit verd. Calciumchloridlösung darf keine weiße Trübung entstehen;

Schwermetallsalze, mit je 3 Tr. verd. Essigsäure und Natriumsulfidlösung darf keine dunkle Färbung oder Fällung auftreten;

Eisensalze, mit einigen Tr. Salzsäure und 0,5 ccm Kaliumferrocyanidlösung darf nicht sofort eine blaue Färbung entstehen.

Fremde Beimengungen, Zucker. Beim Erhitzen von 5 ccm G. in einer offenen Schale bis zum Sieden muß es beim Anzünden der entstehenden Dämpfe bis auf einen dunklen Anflug verbrennen.

Anorganische Salze. Beim weiteren Erhitzen darf kein wägbarer Rückstand hinterbleiben.

Acrolein. Die Mischung von 1 ccm G. und 1 ccm Ammoniakflüssigkeit, im Wasserbad auf 60° erwärmt, darf sich nicht gelb färben.

Reduzierende Stoffe. Auf sofortigen Zusatz von 3 Tr. Silbernitratlösung nach dem Entfernen der Mischung vom Wasserbad darf innerhalb 5 Min. weder eine Färbung noch eine braunschwarze Ausscheidung eintreten.

Traubenzucker. Beim Erwärmen von 1 ccm G. mit 1 ccm Natronlauge im Wasserbad darf sich die Mischung nicht bräunen.

Ammoniumverbindungen. Dieselbe Mischung darf auch kein Ammoniak entwickeln (Probe mit einem mit Salzsäure befeuchteten Glasstab) und auch keinen leimartigen Geruch entwickeln, der auf ungereinigtes Glycerin hinweisen würde.

Schönungsmittel. Beim Kochen von 5 ccm G. mit 5 ccm verd. Schwefelsäure darf keine gelbe Färbung entstehen.

Zu hoher Gehalt an Fettsäureestern. Erwärmen einer Mischung von 50 ccm G. und 50 ccm Wasser mit 10 ccm $^1/_{10}$-n-Kalilauge $^1/_4$ Std. lang im siedenden Wasserbad, Erkaltenlassen, Zusatz einiger Tr. Phenolphthaleinlösung und Titration mit $^1/_{10}$-n-Salzsäure bis zur Entfärbung. Es müssen hierzu mindestens 4 ccm $^1/_{10}$-n-Salzsäure verwendet werden. Ein geringerer Verbrauch zeigt zu hohen Gehalt an Fettsäureestern an.

Aufbewahrung. In gut verschlossenen Glasstopfenflaschen, die auf einem Porzellanteller ruhen. Nach jedem Gebrauch sind Hals und Stopfen sauber abzuwischen. Zur äußeren Reinigung von Glyceringefäßen verwendet man Weingeist.

Verwendung. *Med. innerl.* zur Ausschwemmung kleiner Harnsäuresteine, gegen noch im Darm befindliche Trichinen, die durch G. zum Schrumpfen gebracht werden und zugrunde gehen. Als Zusatz zu Pepsinwein usw. *Med. äußerl.* zum Klistier unverdünnt (5,0 g), zur Herstellung abführender Stuhlzäpfchen mit Seife oder Gelatine (2,0 g). Die dauernde Verwendung von Glycerinstuhlzäpfchen als Abführmittel ist zu vermeiden, weil durch Glycerin die Empfindlichkeit der Mastdarmschleimhaut herabgesetzt wird. *Äußerl.* zum Geschmeidigmachen von Salben und Cremes, zur Herstellung von **Glycerinsalbe, Unguentum Glycerini, DAB. 6,** und **Zinkleim, Gelatina glycerinata, Erg.-B. 6,** verdünnt zur Pflege rauher Haut, da es von der Haut resorbiert wird und sie geschmeidig macht, in der Kosmetik als Zusatz zu Gesichtswässern, Haarwässern, Cremes und Salben, Gallerten, Zahnpasten, Glycerin- und Rasierseifen. In der Mikroskopie zum Aufhellen und Konservieren der Präparate, *techn.* als Bremsflüssigkeit für Geschütze und hydraulische Pressen, zum Weichhalten von Tubenfarben, Schuhcremes, Stempelkissenfarben, Modelliermassen, zur Herstellung von Dynamit, als Gefrierschutzmittel, für Heizbäder mit hohem Siedepunkt, als Weichmacher bei der Herstellung von Kautschukwaren, in der Nahrungs- und Genußmittelindustrie als süßender Zusatz und zum Weicherhalten von Zuckerwaren, in der Textilindustrie als Schlichte- und Appreturmittel, mit Gelatine zu Hektographenmassen und Buchdruckerwalzenmassen, zu Schmier- und Abdichtungsmitteln, mit Bleiglätte zur Herstellung von rasch erhärtendem Kitt.

Konzentriertes Glycerin. Glycerinum concentratum.

Konzentriertes Glyzerin ist in zahlreichen ausländischen Arzneibüchern aufgeführt und hat nach dem britischen und schweizerischen Arzneibuch einen Mindestgehalt von 98% wasserfreiem Glycerin. D. 1,260 bis 1,266.

Gefrierpunkte von wäßrigen Glycerinlösungen.

Glycerin %	Gefrierpunkt °C	Glycerin %	Gefrierpunkt °C
10	—1,6	60	—34,7
20	—4,8	66,7	—46,5
30	—9,5	70	—38,9
40	—15,4	80	—20,3
50	—23	100	—17

Toiletteglycerin.

Ein mit Rosenwasser verd. Glycerin, **DAB. 6**, s. Bd. III.

Glycerinformiat.

Nach einem DRP. zur Verhütung von Schimmelbildung bei Marmeladen usw.

Glycerinmonostearat.

$CH_2OOC \cdot C_{17}H_{35}$
$|$
$CHOH$
$|$
CH_2OH

Glycerinmonostearat (Givaudan) ist ein weißer, wachsartiger Körper, der mit Vorteil anderen Emulgatoren zur Erhöhung von Konsistenz, Geschmeidigkeit und Stabilität vieler Emulsionen zugesetzt wird. Auch zur Herstellung von Schminken, Lippenstiften geeignet (s. Tegin).

Glycerinphosphorsäure. Acidum glycerinophosphoricum.

CH_2OH
$|$
$CHOH$
$|$
$CH_2OPO_3H_2$
α-Glycerinphosphorsäure

Es sind zwei Glycerinphosphorsäuren bekannt, die α- und die β-Glycerinphosphorsäure. Bei der β-Säure ist der Phosphorsäurerest an der $CHOH$-Gruppe.

Vorkommen. G. kommt im freien Zustand in geringer Menge im normalen Harn, im Blut und Gehirn, in den Nerven, im Eidotter sowie in lecithinhaltigen Pflanzen und in den Phosphatiden vor.

Darstellung. Durch Einwirkung von Monophosphorsäureanhydrid oder Phosphorsäureoxydchlorid auf Glycerin. Die Säure ist wasserfrei nicht bekannt, da sie beim Eindampfen in Glycerin und Phosphorsäure zerfällt.

Glycerinphosphorsäure „Merck".

Eine 25%ige oder 50%ige Lösung von Glycerinphosphorsäure, farblose Flüssigkeit von saurem *Geschmack*, mischbar mit Wasser und Alkohol.

Verwendung. In der Kosmetik zu alkoholischen Gesichtswässern, sauren Cremes u. a. *Med.* wird die Säure in Form der *Glycerophosphate* verwendet, die wasserlösl. sind und sich im Gegensatz zu anderen Salzen in der Kälte besser lösen als in der Wärme. → Calcium- und Natriumglycerophosphat.

Glycerogen.

Technisches, standardisiertes Zucker-Spaltprodukt in hoher Konzentration.

Glycerogen (Hoechst) ist eine farblose bis schwach gelbstichige, ölige Flüssigkeit, *Geruch* sehr schwach, mild, *Geschmack* etwas brennend. Mit Wasser und wasserhaltigem Sprit, Glykoläthern und einigen anderen wasserlöslichen Lösungsmitteln mischbar, nicht lösl. in Aceton, Estern, Ölen, Fetten und Kohlenwasserstoffen. Neben Glycerin enthält Glycerogen auch andere mehrwertige Alkohole sowie zweiwertige Alkohole. Für Nahrungsmittel, die für den menschlichen Gebrauch bestimmt sind, und solche Genußmittel, die in größerer Menge dem Organismus zugeführt werden, darf Glycerogen nicht verwendet werden.

D. (20°)	1,18 bis 1,23	Siedegrenzen . . .	180° bis 300°
Viscosität (20°) . .	4 bis 8 PS	Stockpunkt . . .	ca. −25°
Flammpunkt . . .	ca. 135°	Wassergehalt . . .	5 bis 6%

Verwendung. An Stelle von Glycerin und anderen Polyalkoholen als Lösungsmittel, Weichmacher, Feuchthaltungsmittel und Hilfsmittel für industrielle Fertigungen, z. B. in der Kosmetik als Zusatz zu Zahnpasten, Hautpflegemitteln, Seifen, in der Textilindustrie für Appreturen, Schlichten, Filz, Wirkwaren, im Zeugdruck, in der graphischen Industrie für Druckwalzen, Schablonen, Staubbindemittel, Druckfarben, Druckerschwärze, Vervielfältigungsmassen, zur Herstellung von Stempelfarben, Tinten, Schleifpasten, Autopolierwasser, Lötpasten, Aquarellfarben, Modellierton, in der Tabakindustrie zur Herstellung von Rauch-, Kau- und Schnupftabak, für Druck- und Bremsflüssigkeiten, Heiz- und Kühlflüssigkeiten, frostsichere Apparatefüllungen (Gasuhren), als Weichmachungsmittel für Cellulosehydratfolien, Gelatine, Flaschenkapseln, Leime, Kitte und Klebstoffe, zur Konservierung von Gummi, Häuten, Leder, Pelzwerk.

Glycin.

p-Oxyphenylaminoessigsäure. p-Oxyphenylglycocoll.

$C_6H_4\begin{cases} OH \\ NHCH_2COOH \end{cases}$ Weißes, in Wasser schw. lösl. Pulver, das als Entwicklersubstanz Verwendung findet. Dabei muß es stets in sulfit- oder alkalihaltigem Wasser gelöst werden. Glycin-Entwickler arbeiten in Verbindung mit Soda und Pottasche langsam und klar und ergeben gute Abstufung und Deckung des Negativs, sind aber gegen Temperaturunterschiede und Verunreinigungen selbst mit Spuren von Fixiernatron sehr empfindlich (s. Bd. III).

Glycocoll.

Glykokoll. Acidum aminoaceticum, Erg.-B. 6. α-Aminoessigsäure.

Leimsüß. Leimzucker. $CH_2(NH_2)COOH$. Mol.-Gew. 75,1.

Glykokoll ist die einfachste Aminosäure und führt ihre Beinamen, weil sie früher aus Leim hergestellt wurde und wegen ihres süßen Geschmacks. Der menschliche

Körper bedient sich des Glykokolls zur Entfernung von Säuren, die er nicht abzubauen vermag. So scheidet er z. B. die Benzoesäure als *Hippursäure*, Benzoyl-Glykokoll $C_6H_5CO \cdot NH \cdot CH_2COOH$ aus.

Eigenschaften. Farblose, süß schmeckende Kristalle, in Wasser sehr leicht, in Alkohol kaum, in Äther unlösl. Schmp. 236° bis 240°.

Prüfung nach Erg.-B. 6. *Erkennung.* Die wäßrige Lösung $(1 + 19)$ rötet Lackmuspapier und wird durch Eisenchloridlösung blutrot, durch Kupfersulfatlösung tiefblau gefärbt.

Prüfung: Die wäßrige Lösung $(1 + 19)$ zeigt an:

Salzsäure, bei stärkerer als opalisierender Trübung durch Silbernitratlösung;

Schwermetalle, durch Färbung oder Fällung beim Ansäueren mit verd. Essigsäure und Versetzen mit 3 Tr. Natriumsulfidlösung.

Fremde organische Stoffe beim Lösen von 0,1 g G. in 1 ccm Schwefelsäure darf eine Färbung der Lösung nicht entstehen. 0,2 g müssen ohne wägbaren Rückstand verbrennen.

Verwendung. *Med. innerl.* (E. 5,0 g) bei gewissen Muskelerkrankungen, in der Kosmetik zu Haarwässern, Gesichtswässern und Cremes.

Glykole.

Die Glykole, die in Farbe, Zähflüssigkeit, Wasserlöslichkeit und süßem Geschmack zahlreiche physikalische und chemische Eigenschaften des Glycerins besitzen, haben in der Nachkriegszeit als dessen Ersatz eine große Rolle gespielt. Diese zweiwertigen Alkohole, *Diole*, sind wasserklare viskose Flüssigkeiten, die in der älteren Literatur auch von sachverständiger Seite als pharmakologisch unbedenklich bezeichnet wurden. Aus diesem Grunde sind sie auch in älteren medizinischen und kosmetischen Vorschriften zu finden, obgleich ein Erlaß des RMdI vom 10. 8. 1942 die Verwendung von Glykol und Glykolverbindungen im Lebensmittelverkehr (Limonade, Liköressenzen, Backaromen) als Lösungsmittel wegen der giftigen oder wenigstens gesundheitlich bedenklichen Eigenschaften verboten hat. In der Nachkriegszeit wurde versucht, Glykole als Glycerinersatz zu verwenden. Hierbei kam es zu Vergiftungen und Todesfällen. Die als Glycerinersatz vornehmlich zur Verwendung kommenden Glykole sind in der Reihenfolge ihrer Giftigkeit:

Bezeichnung	Formel	Giftigkeit
1,4-Butylenglykol 1,4-Butandiol	$CH_2\!-\!CH_2\!-\!CH_2\!-\!CH_2$ $\quad\ \mid \qquad\qquad\quad\ \mid$ $\quad OH \qquad\qquad\ OH$	am stärksten
1,3-Propylenglykol 1,3-Propandiol	$CH_2\!-\!CH_2\!-\!CH_2$ $\quad\ \mid \qquad\qquad \mid$ $\quad OH \qquad\ OH$	
2,3-Butylenglykol 2,3-Butandiol	$CH_3\!-\!CH\!-\!CH\!-\!CH_3$ $\qquad\quad \mid \quad\ \mid$ $\qquad\ OH\ \ OH$	
Äthylenglykol Äthandiol	$CH_2\!-\!CH_2$ $\quad\ \mid \qquad \mid$ $\quad OH\ \ \ OH$	
1,3-Butylenglykol 1,3-Butandiol	$CH_2\!-\!CH_2\!-\!CH\!-\!CH_3$ $\quad\ \mid \qquad\qquad \mid$ $\quad OH \qquad\ OH$	
1,2-Propylenglykol 1,2-Propandiol	$CH_2\!-\!CH\!-\!CH_3$ $\quad\ \mid \quad\ \mid$ $\quad OH\ \ OH$	am schwächsten

Von diesen ist das 1,2-Propylenglykol rein, relativ wenig giftig, während Äthylenglykol und 1,4-Butylenglykol, *innerl.* genommen, sehr giftig wirken. Betreffend den

Nachweis und die Identifizierung von Glykolen, Glykoläthern und Glycerin sei auf die ausführliche Arbeit von A. SCHMIDT in Mitarbeit von G. MARZINKE[1] verwiesen. Der Verkauf von Glykolen als Glycerinersatz für innerliche und rektale Zwecke ist daher bedenklich. 1,2-Propylenglykol rein kann für äußerliche und kosmetische Zwecke Verwendung finden.

Neuerdings finden Glykoldämpfe zur Großraumdesinfektion (Schulen, Fabriksäle, Büros, Theater, Krankenhäuser) Verwendung. Die Glykoldämpfe werden von den Wassertröpfchen der Luft absorbiert und töten so die darin enthaltenen Bakterien und Viren. Man bringt eine wäßrige Lösung von Glykol durch Kochen zum Verdampfen bzw. in besonderen Apparaten mit einem Wärmeluftstrom von $110°$ bis $120°$. Propylenglykol wirkt noch keimtötend in einer Verdünnung $1:1\,000\,000$, während → Triäthylenglykol in der Verdünnung $1:4\,000\,000$ noch wirksam ist.

Glykolsäure[2]. Oxyessigsäure.

Mol.-Gew. 76,03. $CH_2(OH)COOH$.

Vorkommen. In geringen Mengen im Saft von Zuckerrohr und Zuckerrübe, in unreifen Weintrauben (dadurch mitunter auch im neuen Wein), in grünen Blättern des wilden Weins, im Waschwasser roher Schafwolle.

Darstellung. Durch Reduktion von Oxalsäure mit Zink und Schwefelsäure bzw. durch elektrolytische Reduktion von Oxalsäure an Bleielektroden.

Eigenschaften. Farblose, nicht flüchtige Nadeln oder Blättchen mit rein saurem *Geschmack*, Schmp. 79°, l. lösl. in Wasser, Methanol und Weingeist, die Salze heißen *Glykolate* und sind meist wasserlösl. (Kupfer- und Calciumglykolat sind schw. lösl.). Die Stärke der Säure liegt zwischen der von Essig- und Ameisensäure und entspricht etwa der Milchsäure. p_H-Wert der $^1/_{10}$-n-Lösung 2,3.

Erkennung. 1. Beim vorsichtigen Erhitzen einiger Milligramme G. oder 1 Tr. der wäßrigen Lösung mit 0,2 ccm Wasser und 2 ccm konz. Schwefelsäure über kleiner Flamme, bis reichlich feine Gasbläschen aufsteigen, und Zufügen nach dem Erkalten von 1 Tr. alkoholischer Codeinlösung (5%) entsteht eine violette Färbung. Wird statt Codeinlösung alkoholische Guajakollösung verwendet, entsteht ein rosenrote bis himbeerrote Farbe.

2. Beim Erhitzen im Wasserbad einer Spur G. oder eines Tr. der Lösung mit 2 ccm einer 2,7-Dioxynaphthalin-Schwefelsäure (0,01%) während 15 Min. treten violettrote bis violette Färbungen auf (Ameisen-, Essig-, Oxal-, Bernstein-, Citronen-, Benzoe- und Salicylsäure geben keine Färbung, Milch- und Äpfelsäure Gelbfärbung und grüne Fluoreszenz, Weinsäure eine olivgrüne bis grünlichbraune Färbung).

Verwendung. Als Ersatz von Fruchtsäuren (Wein- und Citronensäure) in Lebensmitteln verboten, *techn.* im Zeugdruck zur Farbstoffixierung und als Beize in der Färberei, zum Entkalken von Leder, als Zusatz bei der Gerbstoff- und Chromgerberei, zum Zurichten und Färben von Fellen, zu Metallputz- und Rostentfernungsmitteln. Natriumglykolat ist Bestandteil des Eisenoxydulsalzentwicklers.

Glykolsäureäthylester findet als Lösungsmittel für Acetyl- und Nitrocellulose, Harze usw., *Glykolsäurebutylester* (*Polysolvan 0*) als Lacklösungsmittel Verwendung.

Glykoside.

Glykoside sind Verbindungen des Zuckers mit einem zuckerfreien Anteil, dem *Aglukon* oder Aglykon, das durch Hydrolyse oder Fermenteinwirkung abgespalten werden kann. Sie finden sich besonders häufig in Blättern, aber auch in Rinden, Samen und Wurzeln. Häufig enthalten Pflanzen der gleichen Familie ähnliche

---

[1] Pharmazeutische Zentralhalle 1949, 203 und 236.
[2] Nach E. BENK: SÖFW, **5**, 115 (1953).

Glykoside, so z. B. die Kreuzblütler Senfölglykoside, die Rosengewächse Blausäureglykoside. Auch viele Farbstoffe, z. B. Indigo, Krapp und Riechstoffe, z. B. Benzaldehyd, Kumarin, Vanillin sind in den Pflanzen, in denen sie vorkommen, als Glykoside enthalten. Die Glykoside schmecken meist bitter und üben auf den Körper eine eigenartige Wirkung aus. Die wichtigsten Untergruppen der Glykoside sind: Alkaloidglykoside, herzwirksame Glykoside (Digitaloide), glykosidische Gerbstoffe, glykosidische Bitterstoffe, Saponine, Anthraglykoside und Senfölglykoside.

Häufig sind die Glykoside in Pflanzenauszügen die Träger der Wirkung. Wichtige Glykoside sind z. B.:

Name	Vorkommen	Zerfällt bei der Hydrolyse in	Verwendung
Äsculin	Rinde der Roßkastanie	Glucose und Äsculetin	Mittel gegen Sonnenbrand
Amygdalin (Enzym: Emulsion)	Bittere Mandeln, Steinobstkerne, Kirschlorbeer	Glucose, Benzaldehyd, Blausäure	Herstellung von Bittermandelwasser
Arbutin	Bärentraubenblätter	Glucose, Hydrochinon	Bei Blasenerkrankung

Andere Glykoside sind starke Herzgifte, so die *Purpurea*-Glykoside im roten Fingerhut, *Strophantin* in verschiedenen Strophantusarten und *Scillaren* in der Meerzwiebel.

Glyptale.

Glyptale (*Albert*) sind durch Veresterung von Glycerin mit Phthalsäure unter Einwirkung von Fettsäuren gewonnene Alkydharze, zähflüssige Harzbalsame, die, in geeigneten Lösungsmitteln gelöst, zur Herstellung licht- und wetterbeständiger synthetischer Lacke Verwendung finden.

Glysolid.

Mischung von Glycerin DAB. 6 mit einem hochmolekularen Fettalkohol und wenig Reisstärke. Gegen Säuren, Alkalien, Basen, Seifen und Wasser beständige Salbengrundlage, die mit vielen therapeutisch und kosmetisch wirksamen Stoffen verträglich ist.

Gold. Aurum. Au.

Atom-Gew. 197,2. Wertigkeit 1 und 3.

Das Gold war schon im Altertum bekannt und wurde damals zur Herstellung von Schmuckgegenständen, Münzen usw. verwendet.

Vorkommen. Gold kommt in der Natur meist gediegen, eingesprengt im Gestein, *Berggold*, das sich an seiner ursprünglichen Lagerstätte findet, und als *Seifengold* oder *Waschgold*, nach Zertrümmerung goldhaltigen Gesteins in feiner Verteilung im Sand der Flußläufe vor. Auch im Meerwasser findet sich Gold. Hauptfundstätten von Gold sind Südafrika, Australien, Kalifornien, Sibirien, Alaska. Auch in Norwegen, Schweden und Ungarn finden sich kleinere Mengen.

Darstellung. Zur Goldgewinnung finden 3 Verfahren Anwendung:

1. Amalgamierung. Die goldhaltigen Erze werden in Pochwerken mit Wasser und metallischem Quecksilber unter Zusatz von Natriumamalgam innigst vermengt. Das entstandene Goldamalgam wird destilliert, dabei entweicht das Quecksilber, Gold bleibt zurück.

2. Chlorverfahren . Bei diesem werden die goldhaltigen Erze geröstet und mit Chlor behandelt. Dabei werden die Metalle mit Ausnahme von Gold in lösl. Chloride verwandelt. Mit bromhaltigem Chlorwasser wird dann das Gold als Goldchlorid, $AuCl_3$, gelöst und aus der Lösung durch Filtrieren mit Holzkohle, auf der sich das Gold abscheidet, durch Verbrennen der Holzkohle gewonnen. Auch mit Brom, Schwefelwasserstoff oder Ferrosulfat kann das Gold aus der wäßrigen Goldchloridlösung abgeschieden werden:

$$AuCl_3 + 3\,FeSO_4 \rightarrow Au + FeCl_3 + Fe_2(SO_4)_3$$

Goldchlorid — Eisen(II)-sulfat — Gold — Eisen(III)-chlorid — Eisen(III)-sulfat

3. Cyanidlaugerei. Dieses Extraktionsverfahren mit Kalium bzw. Natriumcyanid ist das wichtigste Goldgewinnungsverfahren, weil dabei auch feinst verteiltes Gold, das beim Amalgamverfahren durch das Quecksilber nicht mehr angegriffen wird, gewonnen werden kann. Die Lösung des Goldes geht dabei in Anwesenheit von Luft unter Bildung von Wasserstoffperoxyd vor sich:

$$2\,Au + 4\,NaCN + 2\,H_2O + O_2 \rightarrow 2\,Na[Au(CN)_2] + 2\,NaOH + H_2O_2$$

Gold — Natriumxyanid — Wasser — Sauerstoff — Natriumgoldcyanid — Natronlauge — Wasserstoffperoxyd

$$2\,Au + 4\,NaCN + H_2O_2 \rightarrow 2\,Na[Au(CN)_2] + 2\,NaOH$$

Gold — Natriumcyanid — Wasserstoffperoxyd — Natriumgold(I)-cyanid — Natriumhydroxyd

Das metallische Gold wird durch metallisches Zink oder durch Elektrolyse aus der Komplexsalzlösung abgeschieden.

Eigenschaften. Gelbes, glänzendes, weiches, aber zähes, sehr luftbeständiges und äußerst dehnbares Edelmetall. **Blattgold, Aurum foliatum,** läßt sich bis zu 0,00014 mm Dicke ausschlagen und zu feinstem Golddraht ausziehen. Es ist so dünn, daß es durchscheinend ist. D. (20°) 19,29; Schmp. 1063°. Gold verbindet sich direkt nur mit den Halogenen und dem Cyan zu Salzen. Das Metall wird von Schwefelsäure, Salzsäure und Salpetersäure auch in konz. Lösung nicht angegriffen. Dagegen löst sich Gold, der „König der Metalle", in → Königswasser zu Goldchlorid.

In seinen Verbindungen tritt das Gold einwertig in den unbeständigen Gold(I)-verbindungen (*Auroverbindungen*) und dreiwertig in den Gold(III)-verbindungen (*Auriverbindungen*) auf.

Reines Gold ist wie Silber zur Herstellung von Schmuck und Gebrauchsgegenständen zu weich und wird deshalb meist mit Kupfer oder Silber zur Steigerung der Härte legiert. Dabei wird allerdings sein schön gelber Glanz nach Rot verändert. Der Feingehalt von Goldlegierungen wird entweder in Tausendsteln wie beim Silber angegeben (früher in *Karaten*, 24 Karat entsprechend dem Feingold. Eine 18 karätige Legierung enthält 18 Gewichtsteile Gold in 24 Teilen). Im Schmuckwarenhandel erkennt man den annähernden Feingoldgehalt einer Legierung unter Benützung des *Probiersteins*, eines Kieselschiefersteins. Der an diesem entstehende glänzende Metallstrich wird mit demjenigen einer bekannten Goldlegierung verglichen, wobei man Farbe, Stärke und Verhalten des Goldstriches gegenüber Königswasser vergleicht.

Verwendung. Legiert mit Silber oder Kupfer zu Schmuck und Gebrauchsgegenständen, in der Zahnheilkunde zu Plomben und Brücken, zu Münzmetall, zur Vergoldung von Metallgegenständen. Goldgegenstände müssen den Feingehalt an Gold auf 1000 T. der Legierung eingeprägt haben. Blattgold findet Verwendung zum Vergolden von Pillen, *techn.* zum Vergolden von Bilderrahmen und in der Buchbinderei.

Kolloides Gold. Aurum colloidale.

Kolloides Gold, das in Lösungen med. Verwendung findet, erhält man durch elektrische Zerstäubung von Gold in alkalisch gemachtem Wasser. Man bezeichnet es mit *Elektroaurol*. Kolloide Goldlösungen sind tiefrot bis schwarzblau.

☠ *3*. **Gold(III)-chlorid. Aurum chloratum.**

Aurichlorid. Chlorgold. $AuCl_3$. Mol.-Gew. 303,57.

Darstellung. Durch Erhitzen von Gold im Chlorstrom bei Temperaturen über 200°.

Eigenschaften. Gelbbraune, kristalline, hygroskopische Masse, in Wasser, Weingeist und Äther mit gelbroter Farbe lösl. Auf die Haut gebracht oder auf Faserstoffen gibt G.-Lösung purpurfarbene Flecke von kolloidem Gold.

Aufbewahrung. *Vorsichtig*, in zugeschmolzenen Glasröhren, vor Licht geschützt.

Verwendung. In der Photographie zu Tonungen, zum Vergolden. Goldsalzlösungen für photographische Zwecke sind nicht Gifte im Sinne der Giftpolizeiverordnung.

☠ *3*. **Goldchloridchlorwasserstoffsäure. Aurum chloratum acidum (flavum).**

Goldchlorwasserstoffsäure. Tetrachlorgold(III)-säure. Aurichlorwasserstoff.

$H(AuCl) \cdot 4\,H_2O$. Mol.-Gew. 412,12.

Darstellung. Durch Auflösen von Gold in Königswasser oder Versetzen von Gold(III)-chloridlösung mit Salzsäure.

Eigenschaften. Rotgelbe, hygroskopische, kristalline Massen, l. lös. in Wasser und Weingeist.

Aufbewahrung. *Vorsichtig*, vor Licht geschützt, in zugeschmolzenen Glasröhren.

Verwendung. Wie Gold(III)-chlorid, besonders in Form seines Natriumsalzes → Natriumgoldchlorid.

☠ *1*. **Goldcyankalium. Kaliumaurocyanid.**

$KAu(CN)_2$.

Eigenschaften. Weißes, kristallines, in Wasser sehr leicht, in Weingeist lösliches, in Äther unlösl. Pulver, Goldgehalt etwa 68%.

Aufbewahrung. *Sehr vorsichtig, im Giftschrank.*

Verwendung. Zur galvanischen Vergoldung.

☠ *3*. **Goldkaliumchlorid. Aurum-Kalium chloratum.**

Chlorgoldkalium. Kaliumaurichlorid. $K[AuCl_4] \cdot 2\,H_2O$.

Gelbe, in Wasser lösl. Kristalle, die in der Photographie und der Porzellan- und Glasmalerei Verwendung finden.

Goldlack.

Goldlack. Cheiranthus cheiri *L.*

Cruciferae.

An Felsen, Gemäuer, am Rhein und in Süddeutschland auf Kalkfelsen und Felsenschutt vorkommender, hauptsächlich aber als Zierpflanze angebauter, 20 bis 70 cm hoher, ausdauernder Halbstrauch mit verholzenden, aufrechten oder aufsteigenden Sprossen. Stengel kantig gefurcht, angedrückt behaart, ebenso die dunkelgrünen, lanzettlichen, unten gestielten, oben sitzenden, wechselständigen Laubblätter, im Mai/Juli blühende, wohlriechende, stark bitter schmeckende, goldgelbe bis dunkelgelbe Blüten an kurzen, aufrecht stehenden, behaarten, vielkantigen Stielen in dichten Trauben, Frucht flache Schote mit kleinen, hellbraunen Samen.

Goldlackblüten. Flores Cheiri. Giftig!

Die zur Blütezeit gesammelten und getrockneten Blüten mit stark eigenartigem *Geruch* und bitterem, kresseartigem *Geschmack*, die beim Kauen den Speichel gelb färben.

Inhaltsstoffe. Quercetin und dessen Methyläther, ätherisches Öl mit senfölartigen Verbindungen, das giftige Glykosid *Cheiranthin*, ein Alkaloid *Cheirolin*.

Verwendung. *Unter ärztlicher Aufsicht* 1 Teelöffel auf 1 Tasse Aufguß bei Gelbsucht, Leberleiden, Wassersucht, Harngries, als Abführmittel, krampf- und schmerzstillendes Mittel. Wegen des Herzgiftes Cheiranthin Vorsicht!

Goldlackkraut. Herba Cheiri. Giftig!

Während der stärksten Sonnenbestrahlung (12 bis 15 Uhr) gesammelte und bei 60° getrocknete Blätter.

Inhaltsstoffe. Herzwirksame Glykoside, reichlich Xanthophyll.

Verwendung. Wie Goldlackblüten.

Goldregen.

Goldregen. Cytisus laburnum *L*. Giftig!

Traubiger Goldregen. Geißklee. Bohnenbaum.

Papilionaceae.

Eine wegen seiner giftigen Inhaltsstoffe trotz seiner schönen Blütentrauben gefährliche Pflanze. In den südlichen Alpen heimischer, als Schmuckbaum kultivierter und in Süddeutschland oft verwilderter, bis 7 m hoher, baumartiger Strauch. Äste hellgrau, Zweige glatt dunkelgrün, zuerst aufrecht, später häufig überhängend, mit 3zähligen, langgestielten Blättern, die beim Kauen erst salzig-schleimig, bitterlich, dann scharf schmecken. Fiederblättchen ganzrandig, seidig behaart. Blütezeit Mai/Juni, Blüten goldgelb in langen, reichblütigen Trauben. Frucht eine scharfkantige Hülse, länglich-flach, seidig behaart, mit dunkel-olivbraunen, nierenförmigen, widerlich scharf schmeckenden Samen.

Toxikologie. Goldregen enthält in allen Pflanzenteilen das giftige Alkaloid *Cytisin*, am meisten (1,50 bis 3%) in den reifen Samen, 0,3% in den getrockneten Blättern, 0,2% in den Blüten. Cytisinvergiftungen rufen Speichelfluß, Brennen im Halse, Durst, Übelkeit mit Würgen und Erbrechen, Magen- und Leibschmerzen, Durchfälle, Schweißausbrüche, Kopfschmerzen, Schwindel, Kältegefühl, Cyanose, verlangsamten Puls und Erweiterung der Pupillen hervor. Der Tod tritt durch Atemlähmung ein.

Erste Hilfe. Schnelle Entleerung des Magens durch Aushebern, künstliche Atmung, Coffein.

1909 sind tödliche Vergiftungen durch Kauen des gelben Holzes, das von Kindern für Süßholz gehalten wurde, erfolgt. Die Blätter sollen für Pferde schädlich sein, während sie von Ziegen ohne Schaden vertragen werden. Diese scheiden jedoch das Gift mit der Milch wieder aus, so daß auch auf diese Weise Vergiftungen erfolgen können.

Verwendung. Die frischen Blätter und Blüten zu homöopatischen Zubereitungen.

Goldrute.

Goldrute, echte. Solidago virgaurea *L.*

Compositae.

In trockenen Wäldern, an Waldrändern, auf Heideflächen häufig vorkommende, bis 1 m hohe Staude mit markigem, zylindrischem, nur in der Blütenregion verzweigtem Stengel, der im unteren Teil rotbraun bis violett angelaufen ist. Lanzettliche Blätter, die untersten 8 bis 10 cm lang, bis 3 cm breit, in den geflügelten Blattstiel verschmälert. Obere Blätter zunehmend kleiner und sitzend. Blütenköpfchen goldgelb, bis 10 mm lang und bis 6 mm breit, in aufrechten Trauben oder Rispen. Blütenboden ohne Spreublätter, grubig (Abb. 96).

Goldrutenkraut. Herba Virgaureae, Erg.-B. 6.

Herba Solidaginis virgaureae. Edelwundkraut.

Während der Blütezeit (August bis Oktober) gesammelte und getrocknete oberirdische Teile. Aschegehalt nach Erg.-B. 6 nicht mehr als 6%.

Schnittdroge. Kennzeichnend goldgelbe, strahlige Blütenköpfchen mit schmallanzettlichen, grünlichen, dachziegelartig sich deckenden Hüllkelchblättern. Gelbe Rand- und Scheibenblüten häufig einzeln vorkommend. Blattstückchen grau bis braungrün, unterseits mit dunklem, feinmaschigem Nervennetz. Stengelteile meist violett, rund, markhaltig, längsgestreift, unbehaart oder kurz behaart. *Geruchlos, Geschmack* schwach zusammenziehend.

Abb. 96. Goldrute. Solidago virgaurea. *1* blühende Spitze; — *2* vergrößerte Blüte; — *3* getrocknete Stückchen, etwas vergrößert.

Inhaltsstoffe. Reichlich *Saponine, Gerbstoff, Bitterstoff*, wenig ätherisches Öl, kleine Mengen Nicotinsäure u. a.

Verwendung. *Innerl.* E. 0,5 g oder 1 Eßlöffel auf 1 Tasse Abkochung oder 2 bis 3 Teelöffel auf 1 Glas Kaltmazerat als altbewährtes Diureticum bei Wassersucht, Harngries, Harnverhaltung, Gicht, Rheumatismus, Nieren- und Blasenleiden. Volkstümlich bei Durchfall, Asthma, Husten, chronischen Hautausschlägen, Skrofulose, Blutungen; *äußerl.* die pulv. Droge als Wundheilmittel bei Wunden und Geschwüren.

Aufbewahrung. Vor Licht geschützt.

Gottesgnadenkraut.

Gottesgnadenkraut. Gratiola officinalis *L.*

Scrophulariaceae.

An Teichrändern, Bachufern, Wassergräben, in Torfmooren zerstreut vorkommende, 20 bis 30 cm hohe Pflanze mit hohlem, kahlem, oben vierkantigem Stengel. Blätter lanzettlich, halb stengelumfassend, gegenständig, sitzend, bis 5 cm lang, etwa 1 cm breit. Blüten einzeln in den Blattachseln, gestielt, mit 2 linealen Vorblättern unter dem fünfteiligen Kelch. Blumenkrone trichterförmig undeutlich zweilippig mit hellgelber Röhre und weiß oder rötlich gefärbtem, vierlappigem Saum. Frucht eiförmig zugespitzte, zweifächerige Kapsel mit 4 Samen.

☠ 2. Gottesgnadenkraut. Herba Gratiolae, Erg.-B. 6, Stoff B.

Die zur Blütezeit (Juni/August) gesammelten und getrockneten oberirdischen Teile, hellgrün bis bräunlich, von der Mitte bis zur Spitze am Rande gesägt, feindrüsig punktiert, unterseits hervortretender Hauptnerv und 2 oder 4 fast parallel verlaufende Seitennerven. Blumenkrone stark eingeschrumpft, meist rotbraun verfärbt. Kapselfrüchte gelbgrün bis braun, vierklappig, mit sehr kleinen bräunlichen Samen. *Geruchlos, Geschmack* bitter und brennend.

Verwendung. Früher als drastisches Abführmittel und Wurmmittel, heute wegen häufig beobachteter Vergiftungserscheinungen (starkes Erbrechen, blutige Darmentleerung, Krämpfe, Störungen der Herztätigkeit und der Atmung) med. nicht mehr verwendet.

Granatbaum.

Granatbaum. Punica granatum *L.*

Punicaceae.

In Nordwestindien und Nordafrika heimische, in fast allen subtropischen Gebieten, besonders im Mittelmeergebiet, kultivierte strauch- oder baumartige Pflanze.

Granatrinde. Cortex Granati, DAB. 6, Stoff B.

Die getrocknete Rinde der oberirdischen Achsen und der Wurzelm. Stammrindenstücke bis etwa 10 cm lang, 1 bis 3 mm dick, eingerollt oder ziemlich flach, unregelmäßig verbogen, außen meist graugelblich, innen gelbbräunlich. Bruch glatt, gleichmäßig gelblich, nur in einer dünnen Außenschicht mitunter braun oder grau. Außenseite von Stamm- und Astrinden meist mit runden oder langgestreckten Korkwarzen und oft mit

Abb. 97. Granatrinde. Wurzelrinde von Punica granatum.

schwarzen Flechten bedeckt. Wurzelrinde dicker als die Stammrinde, mit muschelartiger Borke. *Geruchlos, Geschmack* herb, nicht bitter (Abb. 97).

Lupenansicht. Ein dünner Querschnitt zeigt in der sekundären Rinde eine auffallend regelmäßige Felderung, im Außenteil (primäre Rinde) sind Steinzellen oder Oxalartdüsen als vereinzelte schwarze Punkte sichtbar.

Inhaltsstoffe. 0,2 bis 0,5% *Alkaloide,* Hauptalkaloid *Pseudopelletierin,* das kristallisiert, und ein flüssiges, farbloses, wasserlösliches Alkaloid *Pelletierin,* 25% eisenbläuender Gerbstoff u. a.

Verwendung. Als Bandwurmmittel unter ärztlicher Aufsicht. Bei Überdosierung oder nicht richtiger Anwendung können Schwindel, Schwächegefühl und schwere Sehstörungen eintreten.

Verw. u. Verf. Wurzelrinden von Berberis vulgaris, die rein bitter und nicht zusammenziehend schmeckt, Buxus sempervirens mit schwammiger, außen längs-rissiger Rinde, und Morus nigra mit rötlicher Rinde, sämtliche mit andersgeartetem anatomischem Bau.

Prüfung des DAB. 6. Neben der Bestimmung de. Alkaloidgehaltes (Mindestgehalt 0,4% Gesamtalkaloide) ist die mikroskopische Prüfung und nachstehende vorgeschrieben:
Beim Betupfen des gesamten Gewebes von Achsen- und Wurzelrinde mit verd. Eisen-chloridlösung (1 bis 9) und Betrachten des Schnittes unter dem Mikroskop muß dieser durchgehend tief blauschwarz gefärbt sein.
Beim Verbrennen von 1 g G. darf der Rückstand nicht mehr als 0,17 g betragen.

Granatäpfelrinde. Cortex Granati Fructus.

Pericarpium Granati. Granatapfelschalen.

Die getrocknete Fruchtschale der gelbroten, fast kugeligen, bis 8 cm ϕ betragen-den, apfelartigen Scheinfrucht, die als Obst Verwendung findet.

Schnittdroge. Unregelmäßig zerbrochene, gewölbte, brüchige, 1 bis 2,5 mm dicke Stücke, außen derb-lederig, rötlichbraun bis gelbbraun, innen schmutzig-gelb, durch Eindruckstellen der Samen uneben. Bruch braungelb bis rötlich, fast ohne *Geruch,* ganz schwach obstartig, *Geschmack* zusammenziehend.

Inhaltsstoffe. Bis 28% glykosidisch gebundene Gerbstoffe, reichlich Schleim, Harz.

Verwendung. *Innerl.* 1 Teelöffel auf 1 Tasse Abkochung als adstringierendes Mittel bei Durchfall und Ruhr, gegen Würmer; *techn.* zur Herstellung von Saffian-leder.

Granatblüten. Flores Granati.

Die mit den Kelchen gepflückten, sorgfältig getrockneten Blüten der gefüllten, roten Varietät. Scharlachrote Blüten mit becherförmigem, fleischig glänzendem, granatrotem Unterkelch, *geruchlos, Geschmack* herb, sie finden wegen ihres hohen Gerbstoffgehaltes wie die Granatäpfelrinde Verwendung.

Granitwachs.

Granitwachs. (Dr. Strommenger & Co., Hamburg) ist ein hellfarbiges, fast weißes Wachs mit großer Griffhärte und großer Ölbindefähigkeit. Schmp. über 100°.

Verwendung. Als Zuschlag zu anderen Wachsen zur Erhöhung der Härte und des Schmelzpunktes, besonders zur Verbesserung der Eigenschaften von Ozokeriten und Ceresinen, zur Herstellung von Schuhcremes, Bohnermassen usw. als Glanz-träger, zur Verringerung der Zusatzmengen teurer Hart- und Glanzwachse.

Granugenol.

Granugenol (Knoll) ist ein Wundöl, welches das Bindegewebe zu gesteigertem Wachstum anregt.

Eigenschaften. In Weingeist nahezu unlösl., gelbes Öl von neutraler Reaktion und kennzeichnendem *Geruch,* mit biologisch garantiertem Gehalt an wirksamen Bestandteilen.

Verwendung. *Med. äußerl.* zur Behandlung von Wunden und Fisteln, Unterschenkelgeschwüren, Brandwunden, Röntgenverbrennungen, Ekzemen, durch Aufliegen verursachten Wunden usw. als Wundöl unverdünnt, als Wundpaste (50%), als *Granugenpuder* mit 2,5% Granugenol in indifferenter Pudermischung zur Trockenbehandlung bei Wundsein der Kinder, Hautjucken, Hautrötung, Wolf usw.

Graphit. Plumbago.

Wasserblei. Reißblei.

Vorkommen. In Gängen und Lagern kristalliner Urgebirgsmassen, besonders auf Ceylon und Madagaskar, in Korea, Sibirien, Grönland, in USA im Staate New York und in Kalifornien, Mähren (Iglau), Bayern (Passau), Spanien. Künstlicher Graphit, sog. *Hochofengraphit*, scheidet sich beim Erstarren von geschmolzenem Gußeisen ab. Bedeutende Mengen Graphit werden heute auch synthetisch hergestellt. Dabei wird das zuerst am Niagarafall angewandte Verfahren benützt, nach dem Kohlenstoff durch Erhitzen auf etwa 3000° im elektrischen Ofen durch Kristallvergrößerung des feinkristallinen Kohlenstoffs zu gröber kristallinem Graphit umgewandelt wird.

Kolloider Graphit wird als vorzügliches Schmiermittel Autoölen und anderen hochwertigen Schmiermitteln zugesetzt. Durch den im Öl suspendierten kolloiden Graphit entsteht zwischen den gegeneinander bewegten Metallteilen ein nicht abreißender Ölfilm, der eine vorzügliche Schmierung gewährleistet. Hierbei ist eine Reibungsverminderung von 28 bis 36% und eine Kraftersparnis von 8 bis 12% zu verzeichnen. Bei Schnecken- und Kegelradantrieben wurde bei Kolloidgraphitschmierung eine Reibungsverminderung von sogar 60% festgestellt.

Eigenschaften. Im Gegensatz zum Diamant ist Graphit sehr weich, Härte 0,5 bis 1. Undurchsichtige, grauschwarze, kristalline, stark abfärbende Massen, D. 2,1 bis 2,3, im reinsten Zustande 2,26. Graphit kristallisiert hexagonal, ist ein sehr guter Leiter für Wärme und Elektrizität, gegen chemische Einflüsse ziemlich widerstandsfähig und stellt die allein beständige Form des Kohlenstoffs bei hohen Temperaturen dar.

Verwendung. Zur Herstellung von Elektroden, mit Ton geformt und gebrannt zu Schmelztiegeln (Passauer Tiegel), in der Galvanoplastik, feingepulvert zu Schmiermitteln für Maschinenteile und Wagenschmieren, als Glanzmittel für Eisenöfen (Ofenschwärze), um sie vor Rost zu schützen, mit Leinöl vermischt, zu Rostschutzanstrichen für Eisen und Schrauben, die nicht festrosten sollen, in der Eisengießerei zum Pudern der Formen, nach der Reinigung mit Kaliumchlorat und Schwefelsäure zur Herstellung von Minen für Bleistifte, deren Härte durch Tonzusätze bestimmt wird.

Grindeliakraut.

Grindelia robusta Nutall und **Grindelia squarrosa** Dumal. *Compositae.*
Im westlichen Nordamerika beheimatete, in Südeuropa und bei uns kultivierte, ausdauernde, bis über 1 m hohe Pflanze.

Grindeliakraut. Herba Grindeliae, Erg.-B. 6.

Die während der Blütezeit (Mai/Juni) gesammelten und getrockneten blühenden Stengelspitzen und Blätter. Durch Harz miteinander verklebte, steife und brüchige, hellgraue bis gelbgrüne, durchscheinend punktierte (durch die Harzschicht häufig nicht wahrzunehmen), sitzende oder halbstengelumfassende Blätter, gelbliche Blütenköpfchen mit Harz bedeckt von 1,5 cm ⌀ an den Zweigenden. Hüllkelch dachziegelartig, fast halbkugelig, der flache Blütenboden grobwabig. Weibliche

Strahlenblüten 1,5 cm lang, zwittrige Scheibenblüten 6 bis 8 mm lang, beide gelb. Stengel rund, holzig, weißlich bis gelb. *Geruch* würzig, *Geschmack* würzig-bitterlich. Aschegehalt höchstens 8%.

Inhaltsstoffe. 0,28% ätherisches Öl mit Borneol, etwa 20% *harzige Stoffe*, Phytosterin, Saponin (?), Gerbstoff, organische Säuren u. a.

Verwendung. *Innerl.* 1 bis 2 Teelöffel auf 1 Tasse Abkochung als auswurfbeförderndes und wassertreibendes Mittel bei Bronchialkatarrh, Asthma, Blasenleiden, Gicht, als Räucherpulver und in Zigaretten.

Aufbewahrung. Vor Licht geschützt.

Grisiron.

Grisiron (Hoechst) ist ein Mittel für allgemeine Reinigungsarbeiten, besonders zur Reinigung und Entfettung für verschiedene Metalle und die gebräuchlichen Reinigungsapparaturen.

Es sind folgende Grisiron-Typen lieferbar:

Grisiron E für die Entlackung von Eisen- und Stahlteilen. Diese erfolgt häufig durch kalte Behandlung oder im Abkoch- oder Flutverfahren bei 80° bis Siedetemperatur. Grisiron E ist stark alkalisch, deshalb sind bei seiner Verwendung Schutzbrillen und andere Vorsichtsmaßnahmen anzuwenden.

Grisiron G und G 2 zur Reinigung und Entfettung von Eisen- und Stahlteilen in Spritzanlagen. Hochkonzentrierte Reinigungs- und Entfettungsmittel in Pulverform von weißlicher Farbe. Bei hartem Wasser wird Grisiron G 2 bevorzugt.

Grisiron GS und GS 2 zur Reinigung von Eisen- und Stahlteilen in Abkoch- und Flutbädern sowie Scheuer- und Siebtrommeln. Bei hartem Wasser wird Grisiron GS 2 bevorzugt.

Grisiron H kräftiges und besonders mildes Mittel für alle Reinigungsarbeiten, das die Gegenstände, selbst lackierte Flächen, nicht angreift. Es wird handwarm in 0,5 bis 2%iger Lösung (2 bis 4 Eßlöffel auf 10 l Wasser) verwendet.

Grisiron L vorzugsweise für empfindliche Metalle wie Aluminium, Aluminium-Legierungen sowie Zink, in Reinigungsapparaturen nach dem Spritzverfahren. Grisiron L greift alle Gebrauchsmetalle *nicht* an. Auch Zinn und Buntmetalle werden in der gebräuchlichen Konzentration nicht beeinflußt.

Grisiron LS, Reinigungs- und Entfettungsmittel für empfindliche Metalle wie Aluminium, Aluminium-Legierungen sowie Zink in Abkoch- und Flutbädern, Sieb- und Scheuertrommeln. In Spritzmaschinen nicht zu verwenden.

Grisiron N rostschützendes Spezialprodukt für die Metallreinigung. In Wasser l.lösl. Pulver von weißlicher Farbe, das in den gebräuchlichen Lösungen Metalle nicht angreift und darüber hinaus rostverhindernd wirkt. Grisiron N wird für Reinigungs- und Entfettungsarbeiten und vor allem als Zusatz zum Nachspülbad angewandt, um Rostbildung beim Trocknen der Teile zu unterbinden.

Grisiron T, wirkungsvolles Waschalkali für Weiß- und Buntwäsche von hoher Konzentration und großer Wirtschaftlichkeit, das den Schmutz weitgehend in der Vorwäsche löst und somit die Hauptwäsche erleichtert. Die Wäsche erhält einen hohen Weißgrad unter gleichzeitiger Schonung der Faser.

Grisiron U, Waschmittel für Arbeitskleidung und Industrie-Textilien. Auch als Waschalkali für Weiß- und Buntwäsche geeignet.

Grisiron W, nicht schäumendes Reinigungsmittel für grobe Arbeiten. 1 bis 2 Eßl. je nach Verschmutzungsgrad auf 10 l (= 1 Eimer) Wasser.

Grisiron W 2, in hartem Wasser benutzbares Reinigungsmittel für Geschirrspül-
maschinen und im Spritzverfahren. Konzentration wie Grisiron W.

Grisiron WS, Reinigungsmittel für Glas, Porzellan, Metall und Holz. Die handwarm zur Verwendung kommende schäumende Lösung reinigt besonders verfettete
Teile. Konzentration wie Grisiron W.

Grisiron WS 2, besonders bei hartem Wasser vorteilhaftes, Kalkschleierbildung
verhinderndes Reinigungsmittel, Konzentration wie Grisiron W.

☠ 3. Grünspan. Aerugo, Erg.-B. 6.

Grünspan ist im wesentlichen ein Gemenge von basischen Kupferacetaten und
war schon im Altertum bekannt.

Darstellung. Durch Besprengen von Kupferplatten mit heißem Essig.

Eigenschaften. Feines, grünes Pulver oder feste, schwer zerreibliche brot- und
kugelförmige, grüne oder bläulichgrüne Masse. Schw. lösl. in Wasser, fast vollständig und leicht in verd. Schwefelsäure und verd. Essigsäure zu einer grün-
blauen, in Ammoniakflüssigkeit zu einer dunkelblauen Flüssigkeit lösl.

Erkennung. Beim Übergießen mit konz. Schwefelsäure entwickeln sich Essigsäuredämpfe. — Kaliumferroncyanid gibt mit der mit verd. Schwefelsäure hergestellten Lösung
einen braunroten Niederschlag von Kupferferrocyanid.

Aufbewahrung. *Vorsichtig!*

Verwendung. In der Malerei und Färberei, zur Bekämpfung des Mehltaus der
Weinreben, zur Herstellung von Schweinfurter Grün,
im Zeugdruck, zu galvanischen Bädern bei der Verkupferung, zu Metallbeizen. In der Tierheilkunde als
Ätzmittel.

Guajakholz.

Stammpflanzen der Droge sind **Guajacum offici-
nale** *L.* und **Guajacum sanctum** *L. Zygophyllaceae.*
Bis 15 m hohe, immergrüne Bäume des tropischen
Amerikas (Antillen, Bahama-Inseln) und der Küsten-
gebiete von Venezuela, Columbien, Florida, ferner
Jamaica, Cuba, Haiti.

Guajakholz. Lignum Guajaci, DAB. 6.

Franzosenholz. Pockholz. Heiliges Holz.

Sehr festes, hartes, nur unregelmäßig spaltbares,
nicht schneidbares, schweres Holz (D. des Kernholzes
etwa 1,24). Das innere *Kernholz* braun oder grünbraun, häufig grünlich schimmernd, das äußere
Splintholz schmäler, hellgelblich und scharf gegen
das Kernholz abgesetzt. Das Kernholz entwickelt
beim Erwärmen einen würzigen, benzoeartigen *Geruch, Geschmack* etwas kratzend, während das Splintholz *geruch-* und *geschmacklos* ist.

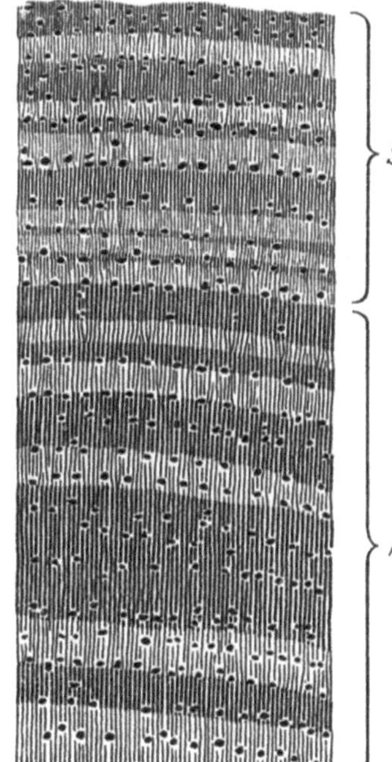

Abb. 97 a. Teil des Querschnittes von
Lignum Guajaci. — *S* Splint; —
K Kernholz.

Lupenansicht. Querschnitt erscheint durch die Gefäße punktiert. Sehr feine,
genäherte Markstrahlen erkennbar, keine Jahresringe (Abb. 97 a).

Schnittdroge. Sehr harte, fast hornartige, unregelmäßige geformte Stückchen des dunkelbraungrünlichen Kernholzes und des auffallend gelben Splintholzes. Kennzeichnend am Längsschnitt schief verlaufende Fasern und Gefäße und heller und dunkler gefärbte, jahresringähnliche Bildungen.

Inhaltsstoffe. Reichlich *Harz*, im Kernholz bis 26%, im Splintholz 2 bis 3%. *Saponine*, besonders im Splintholz, Spuren ätherischen Öls u. a.

Verwendung. *Innerl.* als Bestandteil von Teemischungen gegen Hautkrankheiten und Rheumatismus, als harn- und schweißtreibendes Mittel 1,5 g auf eine Tasse Abkochung zur Erhöhung des Stoffwechsels; *techn.* findet das Holz zur Herstellung von Kegelkugeln und zu Achsenlagern Verwendung.

Prüfung des DAB. 6. Neben der mikroskopischen Prüfung folgende *Erkennungsprüfung:* Die Abkochung von 1 T. Guajakholz und 5 T. Wasser trübt sich beim Erkalten und gibt beim Schütteln einen bleibenden weißen Schaum.

Schüttelt man 0,2 g G. mit 5 ccm Weingeist 10 Sek. lang und versetzt das Filtrat mit 1 T. Kupfersulfatlösung und 2 Tr. $^1/_{10}$-n-Ammoniumrhodanidlösung, so entsteht eine tiefblaue Färbung.

Guajakharz. Resina Guajaci, Erg.-B. 6.

Das durch Ausschmelzen von Kern-Guajakholz gewonnene Harz, dunkelgrüne, glänzende, spröde, glasige Blöcke oder kugelige, hasel- bis walnußgroße, an der Oberfläche grün bestäubte Stücke mit muscheligem, glasglänzendem Bruch und schwachem, beim Erwärmen stärker merklichen *Geruch* nach Benzoe. Größtenteils mit brauner Farbe lösl. in Isopropylalkohol, Äther, Chloroform und Alkalien. Die Lösung in Isopropylalkohol färbt sich auf Zusatz von Eisenchloridlösung blau. Verbrennungsrückstand nicht mehr als 2%.

Inhaltsstoffe. Etwa 70% α- und *β-Guajakonsäure*, *Guajakharzsäure*, wenig ätherisches Öl, Vanillin, Saponin u. a.

Verwendung. Zur Herstellung von *Guajaktinktur, Tinctura Guajaci Resinae, Erg.-B. 6*, die als Reagens zum Nachweis von Oxydasen, Peroxydasen, Blausäure Verwendung findet. Auch rohe und gekochte Milch läßt sich durch Guajakharztinktur unterscheiden. Die erste wird durch die Tinktur blau, gekochte Milch schmutziggelb gefärbt.

Aufbewahrung. Vor Licht geschützt.

Prüfung nach Erg.-B. 6. *Kolophonium:* Ein Petrolätherextrakt darf sich, mit Kupferacetat geschüttelt, nicht blau oder grün färben. Die Löslichkeit in Petroläther darf nicht größer als 10% sein.

Guajakol. Guajacolum liquidum, Erg.-B. 6. Stoff B.

Brenzcatechinmonomethyläther. Mol.-Gew. 124,1.

C_6H_4 <OH [1] / OCH$_3$ [2] Guajakol ist der Hauptbestandteil des Buchenholzteerkreosots, in dem es bis zu 90% vorkommt und aus dem es gewonnen wird. Es befindet sich in Destillationsprodukten von Guajakharz, daher der Name, aus dem es erstmals 1826 hergestellt wurde. Synthetisch erhält man es durch teilweise Methylierung von Brenzcatechin.

Eigenschaften. Klare, farblose oder schwach gelbliche, lichtbrechende, ölige Flüssigkeit oder farblose bis schwach gelbliche Kristallmasse. *Geruch* eigentümlich gewürzhaft rauchartig, *Geschmack* brennend. D. (20°) 1,114 bis 1,137; Sdp. 200° bis 205°. Löslich in etwa 60 T. Wasser, l. lösl in Weingeist, Äther, Chloroform und Schwefelkohlenstoff, Ölen, Glycerin und Essigsäure.

Erkennung. Die wäßrige Lösung wird durch 1 Tr. verd. Eisenchloridlösung (1 + 19) erst blau, dann sofort rotbraun gefärbt, die Lösung in Isopropylalkohol blau bis grünbraun.

Aufbewahrung. Vor Licht geschützt.

Verwendung. *Innerl.* (E. 0,2 g) bei Lungenerkrankungen, *äußerl.* zur Pinselung und Einreibung (10%), in der chemischen Technik zur Herstellung von Vanillin, zum Nachweis von gekochter und ungekochter Milch.

Da reines Guajakol zu Magenreizungen führt, wird es meist in Form seiner Ester, Guajakolbenzoat, Guajakolcarbonat, Guajakolcinnamat, Guajakolphosphat. Guajakolsalicylat, Guajakolvalerianat u. a., sämtliche *Stoff B*, bzw. als Kalium sulfoguajacolicum, (*Stoff B*), *Thiocol*, verordnet.

Guajakolcarbonat. Guajacolum carbonicum, DAB. 6. Stoff B.

Duotal. (*E. W.*). Mol.-Gew. 274,1.

$$CO\begin{cases} O \cdot C_6H_4 \cdot OCH_3\,[1,2] \\ O \cdot C_6H_4 \cdot OCH_3\,[1,2] \end{cases}$$

Eigenschaften. Weißes, kristallines, fast geruchloses Pulver, l. lösl. in Chloroform und heißem Weingeist, schw. lösl. in kaltem Weingeist und Äther, unlösl. in Wasser. Schmp. 86° bis 88°.

Prüfung des DAB. 6. *Erkennung.* Beim Kochen von 0,2 g G. mit 10 ccm einer klaren Lösung von 0,5 g Kaliumhydroxyd in 5 ccm absolutem Alkohol 2 Min. lang entsteht eine weiße, kristalline Abscheidung von Kaliumcarbonat, die nach dem Abfiltrieren und Trocknen beim Übergießen mit verd. Schwefelsäure unter Aufbrausen reichlich Kohlendioxyd entwickelt.

Beim Versetzen des Filtrats mit 5 ccm Wasser, Verdampfen des Weingeistes auf dem Wasserbad, Ausschütteln des Rückstandes nach Übersättigen mit 5 ccm verd. Schwefelsäure mit Äther und Verdunsten des abgehobenen Äthers verbleibt ein nach Guajakol riechender Rückstand, dessen weingeistige Lösung auf Zusatz von 1 Tr. Eisenchloridlösung grün gefärbt wird.

DAB. 6 läßt ferner prüfen auf freie Säure, freies Guajakol, Salzsäure, organische Verunreinigungen und anorganische Beimengungen.

Verwendung. *Med. innerl.* (E. 0,5 g) als Hustenmittel mit guter Verträglichkeit.

Guarana.

Im Norden Südamerikas (Amazonasgebiet, Venezuela) heimischer und angebauter, bis 12 m langer Kletterstrauch, **Paullinia cupana** *Kunth, Sapindaceae*, mit kugeligen, glänzend dunkelbraunen, bis 1 cm großen Samen in zerbrechlicher Schale.

Guarana, Erg.-B. 6. Stoff B.

Guaranapaste. Pasta Guarana.

Die aus dem geschälten, getrockneten, gerösteten und gepulverten Samen durch Zusatz von Wasser bereitete Masse, die in zylindrische Stangen oder Kuchen geformt und getrocknet wird. Sehr harte, dunkelrotbraune, 4 bis 5 cm dicke, 10 bis 20 cm lange, feste, schwere Stangen, außen glänzend, an den Enden abgerundet. Bruch muschelig rotbraun, mit weißlichgrauen Körnern durchsetzt. Fast *geruchlos*, *Geschmack* bitterlich, schwach zusammenziehend, ähnlich Kakao. Bei der Mikrosublimation entstehen nadelige Coffeinkristalle.

Inhaltsstoffe. Bis 8% *Coffein*, durchschnittlich 4 bis 5%, Mindestgehalt nach Erg.-B. 6 3,5%; 8,5% *Gerbstoff*, Catechin, 3% Fett, Harz, Saponin, roter Farbstoff, Stärke, Schleim, Dextrin.

Verwendung. E. 1,0 g als anregendes Mittel (ähnl. Kolanuß) gegen Kopf- und Nervenschmerzen.

Aufbewahrung. Vor Licht geschützt.

Verf. Die Verfälschung mit Kakao ergibt ein fettreicheres Präparat.

Gummiarten.

Gummi entsteht im Pflanzenkörper hauptsächlich durch Umwandlung von Cellulose, aber auch anderer Stoffe. Pflanzenfamilien, die hauptsächlich Gummidrogen liefern, sind die Schmetterlingsblütler (Traganth), Mimosengewächse (Gummi arabicum), die Pflaumenbäume (Kirschgummi). Der Gummi fließt freiwillig oder durch künstliche Einschnitte aus dem Pflanzenkörper aus und erhärtet durch Lufteinfluß an Zweigen und Stämmen. Dabei bildet er wie ein ausfließendes Harz einen Wundverschluß.

Physikalische Eigenschaften. Mit Wasser geben die Gummidrogen viscose, stark klebende, im Gegensatz zu Pflanzenschleimen fadenziehende, kolloide Lösungen oder Gele (gallertige, kolloide Lösungen), aus denen der Gummi durch Weingeist (mindestens 60%) als dichter, weißer Niederschlag wieder ausgefällt wird. Die Gummiarten sind *geruchlos*, ihr *Geschmack* schleimig. Außer Traganth sind sie im Gegensatz zu Pflanzenschleimen spröde und leicht zu pulverisieren.

Chemische Eigenschaften. Die Gummiarten gehören chemisch zu den Kohlenhydraten. Gummi ist ein Polysaccharid und zerfällt bei der Hydrolyse in Pentosen, Hexosen und sog. Gummisäuren. Weitere Inhaltsstoffe der Gummidrogen sind Cellulose, Dextrin, Gerbstoffe, Enzyme, Wasser u. a. Die wasserlösl. Gummiarten enthalten das Kohlenhydrat *Arabin* oder *Arabinsäure*, die an Kalium, Calcium und Magnesium gebunden sind, während die in Wasser nur quellenden Gummiarten das Kohlenhydrat *Bassorin* enthalten. Kirschgummi enthält als Hauptbestandteil *Cerasin*, das in Wasser quillt, aber kaum lösl. ist. Die Reaktion wäßriger Gummilösungen ist schwach sauer.

Gummigutt.

Auf Ceylon, in Siam und Cambodscha (Französ. Indochina) vorkommende Garciniaarten, besonders **Garcinia hamburyi** *Hooker* fil. *Guttiferae*, ein hoher, stattlicher Baum mit lorbeerähnlichen Blättern, liefern das Gummiharz. Man unterscheidet *Röhrengutti* und *Kuchen-* oder *Schollengutti*. Das Gummiharz befindet sich in schizogenen Sekretbehältern der inneren und mittleren Rinde. Die Bäume werden durch spiralige Einschnitte der Rinde verletzt und der ausfließende Milchsaft in Bambusröhren aufgefangen (Röhrengutti). Schollengutti bildet unförmige, $^1/_2$ bis 2 kg schwere Massen, die keine Eindrücke von Bambusrohr zeigen.

☠ 2. Gummigutt. Gutti, DAB. 6. Giftfarbe!

Cambogia. Siam-Gutti.

Das aus dem verwundeten Stamm ausfließende, in Bambusröhren aufgefangene und getrocknete Gummiharz. 3 bis 7 cm dicke, walzenförmige Stücke, seltener zusammengeflossene, unregelmäßige Klumpen von rotgelber Farbe, leicht in dunkelzitronengelbe, flachmuschelige, undurchsichtige Splitter zerbrechend. *Geruchlos* und zunächst *geschmacklos*, dann süßlich-brennend schmeckend.

Inhaltsstoffe. 20 bis 25% *Gummi*, 70 bis 75% *Harz*, Garcinolsäuren, die sich mit Alkohol ausziehen lassen und sich in Ammoniak mit roter Farbe lösen, die später nach braun umschlägt.

Verwendung. Als stark wirkendes Abführmittel nur noch in der Tiermedizin; *techn.* als gelbe Aquarellfarbe, zur Färbung spirituöser Lacke.

Prüfung des DAB. 6. Beim Verreiben von 1 g G. mit 2 ccm Wasser entsteht eine gelbe Emulsion, die brennend schmeckt. Nach dem Verdünnen der Emulsion mit 15 ccm Wasser und Zusatz von 1 g Ammoniakflüssigkeit klärt sich die Flüssigkeit und nimmt zuerst feurig-rote, dann braune Farbe an. Beim Übersättigen der Flüssigkeit mit Salzsäure scheiden sich unter Entfärbung derselben gelbe Flocken ab.

1 Tr. der G.-Emulsion darf bei der mikroskopischen Betrachtung nach Zusatz von 1 Tr. Jodlösung nur vereinzelte Stärkekörnchen erkennen lassen.

1 g G. darf nach dem Verbrennen höchstens 0,01 g Rückstand hinterlassen.

Gummiharze.

In den Sekretbehältern von Rinden gewisser Pflanzen befindet sich ein weißlicher Milchsaft. Wird dieser durch Einschnitte zum Ausfließen gebracht, trocknet er an der Luft zu einem *Gummiharz* ein. Gummiharze stellen ein Gemisch von Harz, Gummi, teilweise auch mit ätherischem Öl, dar. Mit Wasser angerieben, geben sie eine milchige Emulsion. Beim Auflösen in Weingeist geht nur der Harzbestandteil und das ätherische Öl in Lösung, der Gummi bleibt ungelöst. Pflanzenfamilien, die besonders Gummiharze liefern, sind die Doldengewächse, die Balsambaumgewächse und die Wolfsmilchgewächse.

Gummiwaren.

Gummiwaren bestehen aus Stoffgemischen, die neben → Kautschuk bestimmte Zusatzstoffe enthalten. Zur Vulkanisierung wird ihnen Schwefel zugesetzt, als Vulkanisationsbeschleuniger Bleiglätte und Magnesia. Erst durch die Vulkanisierung, die bei allen Gummiwaren des Handels durchgeführt wird, erlangen diese ihre wertvollen Eigenschaften. Als Farbstoffe dienen Zinkweiß, Schwerspat, Lithopone für Weiß, Eisenverbindungen für Rot, Goldschwefel für Orange, Chromfarben für Grün und Gelb, Ultramarinblau für Blau und Ruß für Schwarz. Als Füllstoffe dienen vornehmlich Kaolin, Kreide, Schwerspat, Gips, Lithopone, Glaspulver usw., als Weichmacher Fette, Wachse, Harze, Paraffin, Ceresin u. a.

Man unterscheidet Weichgummiwaren und Hartgummiwaren.

Weichgummiwaren. Diese werden meist aus dem besten Kautschuk, *Para-Kautschuk*, dem je nach Qualität der beabsichtigten Ware auch regenerierter Altgummi zugemischt wird, zu einem Block gepreßt und dann in ein Band von der Breite der Länge des Blockes geschnitten oder durch Walzen zu dünnen Kautschukplatten gewalzt. Aus diesen werden die nötigen Stücke geschnitten, mit Gummilösung zusammengeklebt und kalt vulkanisiert.

Nahtlose Weichgummiwaren (Fingerlinge, Handschuhe, Sauger usw.) werden durch Eintauchen von Glas- oder Porzellanformen in Kautschuklösung und Eintrocknenlassen der anhaftenden Kautschuklösung hergestellt. Diese werden, wenn sie die gewünschte Dicke erreicht haben, auf der Form kalt vulkanisiert und dann abgezogen.

Gummierte Stoffe können durch Aufpressen dünner Gummiblätter auf das Gewebe oder durch Bestreichen von Kautschuklösung auf dieses und nachträgliches Vulkanisieren hergestellt werden.

Gummischläuche in den Farben Grau, Rot oder Schwarz in verschiedenen Weiten und Wandstärken werden durch Wickeln von Gummiplatten um mit Talcum bestäubte Stäbe hergestellt. Je nach dem Verwendungszweck erhalten sie für besondere technische Zwecke widerstandsfähige Stoffeinlagen, so bei Autoreifen und Druckschläuchen. Vacuumschläuche sind besonders dickwandige Gummischläuche ohne Einlage.

Gummischwämme erhalten ihre Porosität durch Zusatz eines Triebmittels, das durch die bei der Vulkanisierung entstehende Wärme Poren in der Kautschukmasse erzeugt.

Hartgummiwaren. Hartgummi oder *Ebonit* entsteht bei höherem Schwefelzusatz (18 bis 40%). Seine Vulkanisation erfordert höhere Temperaturen und längere Dauer. Hartgummi ist härter und fester, besitzt höhere Widerstandskraft gegen chemische Einwirkungen und isoliert den elektrischen Strom besser als Weichgummi. Außerdem bietet er wesentliche Vorteile zur Verarbeitung, da man ihn drehen, fräsen, hobeln, stanzen und polieren kann. Deshalb werden aus Hartgummi zahlreiche Artikel für chirurgischen und sanitären Bedarf, für die Elektrotechnik und den täglichen Bedarf wie Kämme, Knöpfe usw. hergestellt. Auch zur Auskleidung von Behältern, Röhren, Kesseln und Kesselwagen wird Hartgummi wegen seiner bedeutenden Widerstandskraft gegen gewisse Chemikalien in der Industrie vielfach verwendet.

Aufbewahrung von Gummiwaren. Gummiwaren sind sehr lichtempfindlich und müssen deshalb vor allem vor direktem Sonnenlicht geschützt werden. Zweckmäßig werden deshalb im Schaufenster an ihrer Stelle Holzattrappen verwendet. Der Lagerraum von Gummiwaren soll möglichst gleichmäßig temperiert, weder zu trocken noch zu feucht, weder sehr warm noch sehr kalt sein, die günstigste Temperatur ist 15°. Größere Temperaturschwankungen, etwa auf einem kalten oder gar zugigen Lager, verderben Gummiwaren unbedingt. Ein gewisser Feuchtigkeitsgehalt der Luft ist wichtig. Man bewahrt deshalb Gummiwaren zweckmäßig in einem gut schließenden Schrank auf, auf dessen Boden sich ein offener Wasserbehälter befindet. Falsch gelagerte Gummiwaren werden hart, spröde und brüchig. Gummischläuche müssen so aufgehängt werden, daß Knickbildungen und Druckstellen vermieden werden. Man hängt sie deshalb in *dünner Lage* zweckmäßig über Rundhölzer mit genügend großem Radius oder bewahrt sie ringförmig gerollt auf. Gummistopfen lagert man zweckmäßig in Wasser mit 5% Glycerinzusatz. Zur Verhinderung des Sprödewerdens können Gummiwaren von Zeit zu Zeit mit Glycerinwasser abgerieben werden. Hartgewordene Gegenstände werden in warmem Wasser (40°), dem 5% Ammoniak zugesetzt wird, gewaschen und geknetet, nach 15 Minuten in 5%igem Glycerinwasser von 40° kurz weitergeknetet und dann gut getrocknet. Fette und Öle wirken auf Gummiwaren zerstörend, weil sie den Kautschuk aufquellen und erweichen und dieser dadurch seine Widerstandsfähigkeit verliert.

Abb. 98.
Gundelrebe. Glechoma hederacea.

Gundelrebe.

Gundelrebe. Glechoma hederacea *L.*

Labiatae.

Auf Wiesen, Brachäckern und Wegrändern, an Gebüschen und Hecken häufig vorkommendes, bis 30 cm hohes, ausdauerndes Pflänzchen, Sprosse lang, vierkantig, dem Boden angeschmiegt. Blätter gegenständig nieren- bis herzförmig, grobrunzelig. Blütezeit April bis Juni. 1 bis 3 hellviolette, mitunter fleischrote, in den Achseln der gegenständigen Blätter stehende Blüten mit zweispaltiger Oberlippe und dreispaltiger, mit dunkleren Flecken besetzter Unterlippe (Abb. 98).

Gundelrebenkraut. Herba Hederae terrestris, Erg.-B. 6.

Herba Glechomae. Gundermannkraut. Erdefeukraut.

Die während der Blütezeit gesammelten und getrockneten oberirdischen Teile. Dünner, vierkantiger, oft blauviolett überlaufener Stengel mit abwechselnd gegenständigen, langgestielten, schwach behaarten, ei- bis rundlich-nierenförmigen, grobgekerbten Blättern, oberseits dunkelgrün, unterseits hellgrün, drüsig punktiert, mit hervortretenden Haupt- und Seitennerven. Fast *geruchlos, Geschmack* bitterlich. Die Asche darf nicht mehr als 10% betragen.

Inhaltsstoffe. *Ätherisches Öl, Gerbstoff, Bitterstoff*, Harz, Wachs, organische Säuren, Salze.

Verwendung. *Innerl.* 1 Teelöffel auf 1 Tasse Aufguß als adstringierendes Mittel bei Katarrhen von Magen und Darm sowie der Atmungsorgane, Darm- und Leberleiden, als stoffwechselanregendes, entzündungswidriges, schleimlösendes, hustenreizmilderndes und harntreibendes Mittel, zu Teemischungen; *äußerl.* zur Behandlung schlecht heilender Wunden.

Aufbewahrung. Vor Licht geschützt.

Gurjunbalsam.

Von Dipterocarpusarten, hauptsächlich **Dipterocarpus alatus** *Roxburgh*, **D. turbinatus** *Gärtner* fil. u. a. *Diptocarpaceae.* In Hinterindien, auf den Andamanen-Inseln und den Nicobaren heimische, mächtige Bäume, deren Stämme oft über 2 cm weite Kanäle besitzen, die als Sekretbehälter den Balsam führen, der auf verschiedene Weise gewonnen wird.

Gurjunbalsam. Balsamum Gurjunae.

Balsamum gurjunicum. Ostindischer Copaivabalsam.

Dickflüssige, hellgelbe bis schwarzbraune Flüssigkeit, die in *Geruch* und *Geschmack* an Copaivabalsam erinnert. Im auffallenden Licht grünlich, im durchfallenden Licht bräunlich. Mit Chloroform, Schwefelkohlenstoff, Petroläther mischbar, in absolutem Alkohol, Äther, Essigäther und Aceton teilweise lösl. Mit der 5fachen Menge Wasser allmählich versetzt und dabei geschüttelt, bildet sich eine steife Emulsion. D. (15°) 0,95 bis 0,97; SZ. 5 bis 10; VZ. 10 bis 20.

Inhaltsstoffe. Bis 82% *ätherisches Öl*, Harz, hauptsächlich *Gurjunresen.*

Verwendung. Zu Holzanstrichen, in Ostindien besonders für Boote, zur Lackherstellung.

Erkennung. Beim Schütteln einer Lösung von 1 Tr. G. in 1 bis 2 ccm Schwefelkohlenstoff mit 1 Tr. einer kalten Mischung aus gleichen Teilen Schwefelsäure und Salpetersäure entsteht ein violettes Gemisch.

Beim Versetzen einer Lösung von 1 Tr. G. in 3 ccm Eisessig mit 2 Tr. Natriumnitritlösung (1 + 9) und vorsichtigem Schichten der Mischung auf 2 ccm Schwefelsäure färbt sich die Essigsäureschicht violett.

Gurjunbalsamöl. Oleum Balsami gurjunae.

Durch Wasserdampfdestillation aus Gurjunbalsam gewonnenes ätherisches Öl, gelbe oder gelbbraune, dickliche Flüssigkeit, *Geruch* schwach. D. (15°) 0,900 bis 0,930; $a\,^{20°}_{D}$ —35° bis —130°; $n\,^{20°}_{D}$ 1,501 bis 1,505; SZ. bis 1,0; EZ. bis 8,0. Lösl. in 7 bis 10 Vol.-T. Weingeist (95%), nicht vollständig in Weingeist (90%).

Inhaltsstoffe. Gemisch von *Sesquiterpenen* (a- und β-Gurjunen).

Verwendung. Vielfach zur Verfälschung ätherischer Öle. Erkennbar durch die starke Linksdrehung. (Vgl. auch Prüfung von Kopaivabalsam auf Gurjunbalsam!)

Gurke.

Gurke. Cucumis sativus *L.*

Cucurbitaceae.

Vermutlich in Ostindien heimische, heute überall kultivierte Pflanze mit Ranken, spitz gelappten Blättern, goldgelber Blumenkrone und länglicher Beerenfrucht, die zu Salaten und eingelegt Verwendung findet.

Gurkensaft.

Kosmetisch finden Gurkenscheiben in manchen Gegenden vielfache Anwendung zum Einreiben der Gesichtshaut. Der durch Auspressen von frischen, reifen Gurken gewonnene Gurkensaft übt eine ausgesprochen belebende und verjüngende Wirkung auf die Haut aus, beseitigt Pickel und andere verunschönernde Ausschläge. Die Wirkung ist so augenscheinlich, wie sie durch andere kosmetische Erzeugnisse nicht erreicht wird. Wird diese Methode durchgeführt, ist es notwendig, daß anschließend durch gründliche Waschung abgelagerte Eiweißstoffe und Celluloseteilchen entfernt werden, weil diese sonst zu Zersetzungserscheinungen führen können, durch die die entgegengesetzte Wirkung erzielt würde. Bis heute ist es nicht gelungen, Gurkensaft für kosmetische Zwecke auf die Dauer haltbar zu machen. Dies scheitert offenbar daran, daß es bisher unmöglich ist, die im Gurkensaft enthaltenen antibakteriellen Stoffe sowie Vitamine und Phytohormone so zu konservieren, daß ihre Wirkung voll erhalten bleibt. Die Wirkung des Gurkensaftes beruht wie diejenige von anderen Fruchtsäften (Apfel-, Birnensaft) auf den osmotischen Eigenschaften von darin enthaltenen Salzen, Zuckerverbindungen, Fruchtsäuren, der antibiotischen Wirkung der Inhaltsstoffe und auf der Wirkung von Vitaminen und Hormonen. Durch Erhitzen oder Lagerung von Gurkensaft gehen die vorgenannten Wirkungen zum großen Teil verloren.

Inhaltsstoffe. Zuckerverbindungen, Salze, Fruchtsäuren. Spuren von Fett, Schwefel und ätherischen Ölen, Vitamine, Phytohormone. Der eigenartige Geruch soll von *Nonadienal* und *Nonadienol* herrühren.

Verwendung. Frisch gepreßt als ausgezeichnetes, die Haut verschönerndes und verjüngendes Mittel, das Pickel usw. beseitigt. Konserviert (mit geringerer Wirkung) zur Herstellung von *Gurkenmilch* und *Gurkenpomade*.

Gurkentinktur. Gurkenessenz.

Auszüge aus Gurken mit Alkohol bzw. Pentan, die als Zusatz zu Cremes, Pomaden, Gesichtswässern usw. (s. Bd. III) Verwendung finden.

Guttagen.

Schwach-transparente, farblose bis gelbliche, geschmeidige Kunststoff-Folie, ähnlich Ölpapier und Guttapercha. G. dient an Stelle von Gummi und Guttapercha zu Unterlagen, Verbänden usw. für medizinisch-hygienische Zwecke, zur Verpackung von med. und kosmetischen Präparaten, zum Schutz von Pelzen und Stoffen gegen Motten usw.

Guttapercha.

In Hinterindien, auf den Sundainseln und Neu-Guinea beheimatete Arten der Gattung Palaquium, vor allem **Palaquium gutta** *Burck*, **P. oblongifolium** *Burck* und andere *Palaquium*- und *Payenna*-Arten, *Sapotaceae*, bis 30 m hohe Bäume, liefern in ihrer Rinde einen Milchsaft, aus dem auf verschiedene Weise Guttapercha gewonnen wird. Teilweise werden die Bäume gefällt, ihre Rinde wird angezapft und der ausgetretene, erhärtete Milchsaft abgekratzt. Auf diese Weise gewonnene Guttapercha ist durch Rindenfarbstoffe oft mehr oder weniger rot gefärbt. Nach einem anderen Verfahren werden die Blätter oder jungen Stengelteile zermahlen und mit Toluol oder anderen Lösungsmitteln extrahiert und das Lösungsmittel zurückgewonnen. Man erhält hierbei durch in Lösung gegangenes Chlorophyll „Grüne Guttapercha". Eine andere Methode ist die Zerkleinerung geernteter Blätter durch Hackmaschinen, das Quetschen durch Walzwerke und anschließendes völliges Zermahlen in Kollergängen. Dann wird mit warmem Wasser zu einem Brei verrührt, auf 70° erwärmt und kräftig durchgearbeitet. Die Guttapercha wird dabei plastisch und klebt zu Flöckchen zusammen. Anschließend wird die ganze Masse in Bottiche mit kaltem Wasser gegeben und durchgerührt. Die auf dem Wasser schwimmenden Guttaperchaflocken werden abgeschöpft, gereinigt, mit warmem Wasser plastisch gemacht und zu Platten ausgewalzt, die in 4-kg-Blöcke gepreßt werden.

Rohguttapercha.

Eine gelbbraune bis braune, lederartige, biegsame, zähe, leicht schneidbare Masse, die bei 45° teigartig, bei etwa 60° bis 65° weich und plastisch wird und dann in Formen gegossen oder zu Fäden, Platten, Röhren usw. ausgezogen werden kann. Der Anteil an Reinguttapercha (= der enthaltene Kohlenwasserstoff) schwankt zwischen 14,3 und 75%, der Harzgehalt von 11 bis 73%, der Wassergehalt von 5 bis 15%.

Verwendung. Als schlechter Leiter für Wärme und Elektrizität zum Isolieren und Abdichten von elektrischen Leitungen, in der Kabelindustrie, auch zu Transozeankabeln, da G. von Meerwasser nicht verändert wird, zu Treibriemen, Röhren, zur Abformung von Plastiken, zu Kitten und Klebstoffen.

Guttapercha. Guttapercha, DAB. 6.

Der koagulierte und getrocknete Milchsaft von Palaquiumarten. Meist gelbbraune, in heißem Wasser erweichende und dann knetbare, beim Erkalten wieder erhärtende Stücke, die in siedendem Chloroform bis auf einen geringen Rückstand löslich sind.

Inhaltsstoffe. 50 bis 80% *Gutta*, Polyterpenkohlenwasserstoffe, die wie Kautschuk aus verketteten Isoprenmolekülen aufgebaut sind, 10 bis 48% Harze, wechselnde Mengen von Wasser, Salzen und Stickstoffverbindungen.

Verwendung. In Chloroform gelöst als *Traumaticinum*, DAB. 6 (s. Bd. III), zu schützenden Überzügen der Haut, sehr dünn ausgewalzt, in gelbbraunen, durchscheinenden Blättern als *Guttaperchapapier* (s. Bd. I, S. 1047), das als wasserdichter Verbandstoff Verwendung findet, als Zusatz zu Pflastern, zur Herstellung von Gefäßen zur Aufbewahrung von Flußsäure usw., zur Herstellung von Negativen in der Galvanoplastik, zu Kitten und Klebstoffen, als Isoliermittel für Kabel.

Guttapercha, gereinigte. Guttapercha depurata. Guttapercha alba.

Zahnkitt.

Weiße, vor Licht geschützt und kühl unter Wasser mit 10% Glycerin aufzubewahrende Masse.

Guttaperchastäbchen. Guttapercha in bacillis.

Guttaperchastäbchen finden vor allem als Zahnkitt Verwendung und sind ebenfalls vor Licht geschützt unter Wasser, dem 10% Glycerin oder Weingeist zugesetzt sind, aufzubewahren.

Haarstrang.

Haarstrang, echter. Peucedanum officinale *L.*
Umbelliferae.

Auf Wiesen und an Waldrändern vorkommende, bis 2 m hohe Pflanze mit fleischiger Wurzel, die weißgelben Milchsaft führt, stielrundem Stengel, linealen Fiederblättchen und vielblättrigen Hüllchen.

Echte Haarstrangwurzel. Radix Peucedani officinalis.
Roßfenchelwurzel.

10 bis 15 cm lange, bis $2^1/_2$ cm dicke, leichte Stücke, außen schwarzbraun, quergerunzelt. *Geruch* widerlich, *Geschmack* salzigbitter.

Inhaltsstoffe. Etwa 2% ätherisches Öl, ein Bitterstoff *Peucedanin*, Oxypeucedanin, Stärke, Gummi.

Verwendung. Als Volksheilmittel bei Katarrhen, Wechselfieber, Menstruationsstörungen.

Sumpfhaarstrang. Peucedanum palustre *Moench.*
Ölsenich.
Umbelliferae.

Auf sumpfigen Wiesen, in Gebüschen, an Teichrändern wachsende, bis 1 m hohe, zweijährige Pflanze mit spindelförmiger Wurzel, röhrigem und gefurchtem Stengel mit Milchsaft, lanzettlichen Blättern, Blättchen fiederspaltig (mit weißer Stachelspitze).

Sumpfhaarstrangwurzel. Radix Peucedani palustris.

Brennend scharfer *Geschmack.*

Verwendung. Als Volksheilmittel bei Keuchhusten und Krämpfen.

Bergpetersilie. Peucedanum oreoselinum *Moench.*
Bergsellerie. Bergsilge.
Umbelliferae.

Ausdauernde, bis 90 cm hohe Pflanze mit rundem Stengel, Grundblätter dreifach gefiedert, Blättchen glänzend, eiförmig fiederspaltig, mit kurzen Zipfeln. Verästelungen des Blattstiels gerade abstehend oder zurückgeschlagen. Blüten in Dolden, Früchte glatt, geflügelt.

Bergpetersilienkraut. Herba Oreoselini.

Das während der Blüte gesammelte und getrocknete Kraut.

Inhaltsstoffe. *Ätherisches Öl*, Bitterstoff *Peucedanin.*

Verwendung. *Volkstüml.* als wassertreibendes Mittel bei Wassersucht und Katarrhen der Atmungsorgane.

Habichtskraut.

Habichtskraut. Hieracium pilosella *L.*

Compositae.

Auf Heiden, Sandböden und Grasflächen vorkommende, häufig Ausläufer treibende Pflanze mit grundständiger Blattrosette, blattlosem, 10 bis 30 cm hohem Stengel mit nur einem endständigen, schwefelgelben Blütenköpfchen und unterseits rötlich gestreiften Randblüten. Grundblätter unterseits weißfilzig, oberseits hellgrün mit zerstreuten Borstenhaaren.

Habichtskraut. Herba Auriculae muris. Herba Pilosellae.

Mäuseöhrchen.

Inhaltsstoffe. Gerbstoffe, Bitterstoff, Zucker, Eiweiß, Harz, Schleim. In der Asche häufig Mangan.

Verwendung. *Innerl.* 1 Teelöffel auf 1 Tasse Aufguß, bis 3 Tassen tägl. bei chronischem Darmkatarrh, Ruhr, als gut diuretisches Mittel, bei Herzwassersucht, Nieren- und Blasensteinen, bei Grippe; *äußerl.* zur Wundbehandlung und bei Augenentzündungen.

Hafer.

Rispenhafer.

Die einjährige Getreideart, **Avena sativa** L. *Gramineae*, besitzt am Grunde büschelartig verzweigten Halm, rauhe Blätter und ausgebreitete, allseits wendige Rispe mit abstehenden Ästen. Als gegen rauhes Klima widerstandsfähige Pflanze noch in der subarktischen und arktischen Zone angebaut. Frucht 6 bis 7 mm lang, von Spelzen umschlossen, aber nicht verwachsen, schlank zugespitzt, fast stielrund, Rücken stark gekrümmt, Innenseite flach (Abb. 99).

Hafergrütze. Fructus Avenae excorticatus.

Die entspelzten Früchte haben auf der Innenseite eine nach oben erweiterte Längsfurche mit weißlichen, stark glänzenden Haaren, die am stumpfen Scheitel etwas zottig sind. Grobgeschrotet: *Hafergrütze* (Quakeroats).

Inhaltsstoffe. 54% *Stärke*, 5% Fett, 3% Zucker, 1,8% Dextrin und Gummi, Lecithin, Phytin, Mineralstoffe, vor allem Kalium und Kieselsäure.

Verwendung. Als Nahrungs- und diätetisches Nährmittel, als Trank, Suppe, Schleim usw. besonders für Kinder und Rekonvaleszenten. Bewährtes Mittel bei Darmerkrankungen, akuten und chronischen Magen- und Darmkatarrhen, Nieren- und Blasenleiden, Schlaflosigkeit. Als Gurgelwasser bei Kehlkopf- und Rachenkatarrhen, als Zusatz zu Klistieren.

Abb. 99. Hafer. Avena sativa.

Hafermehl.

Findet wie *Haferflocken* (gequetschte Hafergrütze) wegen des höheren Eiweiß- und Fettgehaltes als Nahrungs- und diätetisches Nährmittel Verwendung. Besonders

35 *

zur Kinderernährung wird Hafermehl anderen Getreidearten vorgezogen. Es findet bei den gleichen Indikationen wie *Hafergrütze* Verwendung. In der Kosmetik dient Hafermehl infolge des Fettgehaltes zur Herstellung von Gesichtspackungen, -masken und dergleichen. Hexanauszüge aus Hafermehl wie *Avenex* und *Avenol* finden als Antioxydationsmittel für Fette Verwendung.

Haferstroh. Stramentum Avenae.

Haferstroh wird wegen seines hohen Kieselsäuregehaltes wie Schachtelhalm verwendet, bei gichtisch-rheumatischen Erkrankungen mit Neigung zu Gries- und Steinbildung, bei Schlaflosigkeit, Husten, Kehlkopf- und Rachenkatarrhen. Haferstrohbäder (1 bis $1^1/_2$ kg geschnittenes Haferstroh mit 4 bis 6 l Wasser kalt ansetzen, $^1/_2$ Std. kochen, durchseihen, auf ein Vollbad; zum Sitzbad $^1/_4$ kg Haferstroh auf 30 l Wasser), bei Gicht, Rheumatismus, Blasen- und Nierenleiden, gegen Fußschweiß, Hautausschläge, bei Flechten und Wunden.

Milupa Diät-Schleim[1].

Milupa Diät-Schleim ist ein aus Weizen, Hafer und Reis unter Beachtung des Vollkorn-Prinzips in einem neuartigen Aufbereitungsverfahren hergestelltes diätetisches Nährmittel, das die Gefahr einer Mangelernährung ausschließt, da es die von Natur aus für die Verarbeitung der Kohlenhydrate im Körper erforderlichen Vitamine und sonstigen Wirkstoffe enthält. 100 g Diät-Schleim enthalten:

Kohlenhydrate . . .	75,7 g	Eisen	3,3 mg
Eiweiß	10,5 g	Kalium	300 mg (auf K_2O berechnet)
Fett	2,1 g	Phosphorsäure .	420 mg (auf P_2O_3 berechnet)
Mineralstoffe	1,8 g	Rohfaser . . .	0,6 g
Vitamin B_1	414 γ	Kalorien	414.

Diät-Schleim bildet einen Ausgleich bei einseitiger Ernährung mit Weißbrot oder Feinmehlerzeugnissen wie Kuchen, Nudeln usw. durch die Erhaltung spezifischer Wirkstoffe der Randschichten und des Keimlings. Der Diät-Schleim ist deshalb den reinen Kohlenhydraterzeugnissen an biologischem Wert überlegen.

Zubereitung. Durch einfaches Einschütten des Milupa Diät-Schleims in die Flüssigkeit und kurzes Aufkochen.

Verwendung. Zur Durchführung der Schleim-Diät bei Erkrankungen des Magens und Darmes, der Leber und Gallenblase. Als Übergangsdiät nach Erbrechen, Durchfall und Fastentagen, bei fieberhaften Krankheiten, bei Krankheiten, die Bettruhe erfordern, zur reizlosen Verabfolgung und Verdünnung von flüssiger Rohkost (Frischsäften von Obst und Gemüsen), bei Zahnschäden und Kauunfähigkeit, für Personen mit anfälligen Verdauungsorganen, in der Schwangerschaft und im Wochenbett sowie während der Stillzeit, zur Erhöhung des Sättigungsgefühles bei Abmagerungs- und Schlankheitskuren.

Milupa Hafer-Trocken-Schleim[1]

ist ein diabetisches Nährmittel, das den Vorteil des Trockenschleims mit denen eines Vollkornschrots verbindet. Dieser Haferschnee, Cremor avenaceus, enthält sämtliche Bestandteile des vollen Korns:

Kohlenhydrate	71,8%	Rohfaser . . .	0,9%
Eiweiß	13,6%	Wasser . . .	4,8%
Fett	6,9%	Kalium . . .	390 mg (berechnet auf K_2O)
Mineralstoffe	2,0%	Kalorien . . 414.

---

[1] Hersteller: Milupa-Pauly GmbH, Friedrichsdorf i. T.

Der Eiweißgehalt ist reich an wertvollen Aminosäuren (Cystin und Leucin). An Spurenelementen enthält Milupa Hafer-Trocken-Schleim Mangan, Strontium, Kupfer, Jod und Fluor. Auch der Eisengehalt ist mit 4,5 mg gegenüber den handelsüblichen Weizenmehlen beträchtlich und ist organisch in kolloidchemischem Medium gebunden. Der Vitamin B_1-Gehalt beträgt 456 γ auf 100 g Trockensubstanz. Außerdem sind die Vitamine A, D und E nachgewiesen. Alles in allem enthält Milupa Hafer-Trocken-Schleim wichtige Bestandteile für den Körperaufbau des Säuglings. Besondere Vorteile des Schleimes sind der Verbleib aller Nährstoffe durch nur kurzes Aufkochen, die Steigerung der Appetitfreudigkeit, z. B. auch während des „Zahnens", die vorzügliche Verträglichkeit auch bei Zusatz von Obstsäften. Außerdem ist der Schleim ein wirksames Mittel gegen Säuglings- und Kleinkindererbrechen und gibt eine tadellose Stuhlbeschaffenheit.

Zubereitung. Die Herstellung des Schleims ist denkbar einfach. Einrühren in Wasser oder kalte Milch und kurzes Aufkochen genügen. Der fertige Schleim hat eine leicht graubräunliche Färbung.

Verwendung. Für den Säugling besonders zur Milchverdünnung und in allen Fällen, in denen Haferschleim als Heildiät eingeführt ist. Für Kinder und Erwachsene hauptsächlich in den Schonkostformen bei Magen-, Darm-, Leber- und Gallenerkrankungen, zur Diät bei allergischen Krankheiten und für Diabetiker.

Hagebutten.

Hundsrose, Rosa canina *L.*

Hagerose. Heckenrose.

Rosaceae.

An Waldrändern, Rainen, in Gebüschen und Hecken in fast ganz Europa verbreiteter, 1 bis mehrere Meter hoher, aufrechter Strauch mit überhängenden Ästen, derben, sichelförmigen, am Grunde verbreiterten, zusammengedrückten Stacheln, kahlen, unpaarig 5- bis 7zähligen, gefiederten, am Grunde geflügelten Blättern mit

elliptischen und eiförmigen, scharf gesägten Blättchen, Blüten weiß oder hellrosa, aus der krugförmigen Blütenachse entwickeln sich im Herbst rote, fleischige Scheinfrüchte, *Hagebutten,* welche die Schließfrüchte einschließen (Abb. 100).

Hagebutten. Fructus Cynosbati cum Semine, Erg.-B. 6.

Hainbutten.

Die im Oktober/November gesammelten, reifen und bei niedriger Temperatur getrockneten (Wasserverlust 60%) Scheinfrüchte, eiförmige,

Abb. 100. Hundsrose. Heckenrose. Rosa canina. *1* Zweig mit Blüten; — *2* Zweig mit Früchten; — *3* Hagebutte, Längsschnitt.

fleischig-weiche, etwa 2 cm lange, 1,5 cm breite Blütenachse, außen dunkel- bis hell-rotbraun glänzend, stark eingefallen und gerunzelt, innen krugförmig vertieft, mit langen, seidenglänzenden Haaren und sehr harten, zahlreichen, einsamigen Nüßchen (Abb. 100, *2*, *3*). *Geruchlos, Geschmack* süßlich-säuerlich. Aschegehalt höchstens 5%. Bei zu hoher Temperatur getrocknete Früchte verlieren den Vitamin-C-Gehalt.

Inhaltsstoffe. *Zucker,* 10 bis 13,7% Invertzucker, bis 2,5% Saccharose, die Vitamine A, B_1, B_2, Antipellagra-Vitamin und 0,5 bis 1% Vitamin C, Gerbstoff, etwa 3% Äpfel- und Citronensäure, Pektinsäure, wenig fettes und ätherisches Öl.

Verwendung. *Innerl.* 1 bis 2 Teelöffel auf 1 Tasse Abkochung, bis 3 Tassen tägl. bei Darmkatarrhen, als Diureticum bei Wassersucht, bei Nieren-, Blasen- und Gallensteinen, Keuchhusten, zu Teemischungen als Vitamin-C-Träger, zu Hage-buttenwein und Likören, frisch nach der Entkernung zu Hagebuttenmarmelade.

Aufbewahrung. Vor Licht geschützt.

Verw. u. Verf. *Rosa pomifera,* Früchte der Apfelrose, größer, dunkelrot, außen borstig behaart.

Hagebutten, entkernte. Fructus Cynosbati sine Semine, Erg.-B. 6.

Die nach der Halbierung im Längsschnitt von den Nüßchen befreiten und ge-trockneten Scheinfrüchte mit nach innen eingerollten Hälften. Innenseite mit seidenglänzenden Borstenhaaren bedeckt. *Geruchlos, Geschmack* süßlich-säuerlich.

Inhaltsstoffe. Wie bei Hagebutten, jedoch mit reichlicherem Vitamin-C-Gehalt.

Verwendung. → Hagebutten.

Aufbewahrung. Vor Licht geschützt.

Hagebuttensamen. Semen Cynosbati, Erg.-B. 6.
Hagebuttenkerne. Kernles-Tee.

Fälschlich als „Samen" bezeichnete Früchtchen (Nüßchen), hart, hellgelb, etwa eiförmig, an den seitlichen Berührungsstellen abgeplattet, 3 bis 4 mm lang, etwa 2 mm breit.

Die Droge wird nach KAISER sehr häufig von einem Schädling aus der Familie der Erdwespen, *Megastigmus collaris Boh.* befallen. Dies sind 3 bis 5 mm lange Insekten, deren Weibchen mit einer langen Legeröhre ausgestattet sind. Kaiser fand in fast allen von ihm untersuchten Drogenproben den Schädling bzw. seine Larven, wenn auch meist in totem Zustande. Er empfiehlt, die Droge sofort nach der Ernte bzw. nach dem Einkauf kurze Zeit auf 70° zu erhitzen, um Eier und Larven ab-zutöten. (Pharm. Ztg. 1937, 261.)

Inhaltsstoffe. 0,2 bis 0,3% *ätherisches Öl,* etwa 8% *fettes Öl,* Spuren Lecithin und Vanillin, Zucker, die Vitamine C (wenig) und E.

Verwendung. *Innerl.* $^1/_2$ bis 1 Teelöffel auf 1 Tasse Abkochung (lange bei kleinster Flamme kochen!), bis 3 Tassen tägl. als harntreibendes Mittel, bei Nieren- und Blasensteinen, Gallenleiden, als angenehm vanilleartig schmeckendes Ersatzgetränk für schwarzen Tee.

Aufbewahrung. Vor Licht geschützt.

Hamamelis.
Hamamelis virginia *L.*
Hamamelidaceae.

Im atlantischen Nordamerika vorkommender bis 7 m hoher Strauch mit ab-wechselnden, haselnußähnlichen Blättern und 1- bis 5blütigen, blattachselständigen

Blütenköpfchen. Die Pflanze blüht erst im Herbst, so daß die eiförmige Frucht erst im Sommer des folgenden Jahres reift.

Hamamelisblätter. Folia Hamamelidis, Erg.-B. 6, Stoff B.

Hopfenhainblätter. Zauberstrauchblätter.

Die im Herbst gesammelten und möglichst schnell getrockneten Blätter, kurz gestielt, meist 8 bis 12 cm lang, etwa 7 cm breit, dünn, lederig, weich, eirund bis rhombisch, mit ungleichen Hälften, am Grunde fast herzförmig, am oberen Ende stumpf oder spitz, Blattrand gekerbt oder stumpf gezähnt, oberseits blaugrün, unterseits heller und an den Nerven behaart. Hauptrippe und Seitennerven oberseits vertieft, unterseits stark hervortretend, ohne *Geruch, Geschmack* stark zusammenziehend, etwas bitter.

Lupenbild. Unterseits zahlreiche punktförmige Erhebungen.

Inhaltsstoffe. *Gerbstoffe, Hamamelitannin,* Cholin, ein wasserlösliches Glykosid, ein saures Saponin, wenig ätherisches Öl.

Verwendung. *Innerl.* 1 Teelöffel auf 1 Tasse Abkochung gegen Durchfall und als blutstillendes Mittel, *äußerl.* gegen Hämorrhoiden.

Aufbewahrung. Vor Licht geschützt.

Hamamelisrinde. Cortex Hamamelidis, Erg.-B. 6. Stoff B.

Die getrocknete Rinde von Stämmen und Zweigen, 15 bis 20 cm lange, bis 3 cm breite, 1 bis 2 mm dicke, rinnenförmig gebogene, mitunter röhrig eingerollte oder bandförmige Stücke, Außenseite zimtbraun oder rötlichbraun, oft mit dünnem, weißlichem oder graubraunem Kork, mit quergestellten Korkwarzen bedeckt. Innenseits längsgestreift, heller, gelblich bis rötlichbraun, mitunter mit weißlichgelben Holzresten. Bruch splitterig, bandartig und langfaserig. *Geruchlos, Geschmack* stark zusammenziehend und bitter.

Lupenbild. Der Querschnitt läßt zwischen primärer und sekundärer Rinde eine helle Linie erkennen.

Inhaltsstoffe. *Gerbstoff, Hamamelitannin* u. a.

Verwendung. Wie Hamamelisblätter, zur Herstellung von Aqua Hamamelidis Corticis, Erg.-B. 6, Extractum Hamamelidis Corticis fluidum, Erg.-B. 6 s. je Bd. III.

Aufbewahrung. Vor Licht geschützt.

Hamameliswasser. Aqua Hamamelidis.

Ein aus Hamamelisblättern gewonnenes wasserklares Destillat, das bis zu 23% eines gerbstoffähnlichen Stoffes, *Hamamelin,* enthält, das von med. und kosmetischer Bedeutung ist. Das Destillat wirkt adstringierend und leicht blutstillend und findet deshalb kosmetisch zu Gesichtswässern und Rasierwässern weitgehende Verwendung.

Verschiedene Extrakte.

Hamamelisextrakt. *Extractum Hamamelidis, Erg.-B. 6,* wird ebenso wie **Hamamelisfluidextrakt,** *Extractum Hamamelidis fluidum, Erg.-B. 6,* aus Hamamelisblättern, **Hamamelisrindenfluidextrakt,** *Extractum Hamamelidis Coriticis fluidum, Erg.-B. 6,* aus Hamamelisrinde hergestellt. In diesen Extrakten sind alle in Extraktionsmitteln lösl. Anteile enthalten. Die Extrakte finden hauptsächlich zur Herstellung von Salben und Cremes Verwendung; s. Herstellungvorschrift Bd. III.

Hämatoxylin. Haematoxylinum, Erg.-B. 6.

Oxybrasilin. $C_{16}H_{14}O_6 \cdot 3\,H_2O$. Mol.-Gew. 356,2.

Hämatoxylin wird aus Blauholz, in dem es wahrscheinlich als Glykosid enthalten ist und bei der hydrolytischen Spaltung entsteht, gewonnen.

Eigenschaften. Farblose oder blaßgelbe, in kaltem Wasser wenig, leichter in Boraxlösung und heißem Wasser lösl., in Weingeist sehr l.lösl. Kristalle. Schmp. 100° bis 120° unter Wasserverlust. H. färbt sich am Licht und an der Luft rötlich und löst sich dann mit gelber Farbe, während es sich in Ammoniakflüssigkeit mit Purpurfarbe löst.

Aufbewahrung. Vor Licht geschützt.

Verwendung. Als Arzneimittel obsolet, in der Kosmetik zu Haarfarben, als Indiktaor in der Maßanalyse, zum Färben histologischer und anatomischer Präparate, zur Kernfärbung in der Mikroskopie, in der Färberei und Tintenfabrikation, zu Holzbeizen.

Hammeltalg.

Hammeltalg. Sebum ovile, DAB. 6.

Unschlitt. Schöpstalg. Inselt.

Hammeltalg ist das durch Ausschmelzen des fetthaltigen Zellgewebes gesunder Schafe (Schaf — *Ovis Aries L.*, Huftiere) gewonnene Fett. Weiße, feste, schwach eigenartig riechende Masse, die weder ranzig noch widerlich oder brenzlig *riechen* darf. Schmp. 45° bis 50°; JZ. 33 bis 42; Säuregrad nicht über 5.

Inhaltsstoffe. Vornehmlich gemischte Fettsäureglyceride der Öl- (36 bis 40%), Stearin- (25 bis 30%), Palmitin- (24 bis 27%), Linol- (3 bis 4%), Myristinsäure (2 bis 4%) u. a.

Verwendung. Zur Herstellung von Salicyltalg und Benzoetalg, als Zusatz zu Salben und Pflastern.

Verw. u. Verf. Rindstalg, gelblich-weiß, Hirschtalg, nicht ganz so weiß wie Hammeltalg.

Prüfung. Auch nach dem Fleischbeschaugesetz von 29. 10. 1940.

Hämoglobin. Haemoglobinum.

Hämoglobin ist der rote Blutfarbstoff, der drei wichtige Aufgaben zu erfüllen hat: 1. den Transport des Sauerstoffs, 2. den Transport der Kohlensäure, 3. die Regulation der Blutreaktion. Abgekürzt wird er mit Hb. bezeichnet. Hb. ist ein *Chromoproteid*, eine Verbindung von Farbstoff und Eiweiß, und besteht aus dem Farbstoff *Protohäm* und dem Eiweißstoff *Globin*. Hb. ist in den roten Blutkörperchen enthalten, in 100 ccm menschlichen Blutes sind etwa 16 g Hb. enthalten. Protohäm enthält zweiwertiges Eisen in komplexer Bindung. Beim Atmen nimmt das Hb. in der Lunge Luftsauerstoff auf und bildet damit *Oxyhämoglobin*. Diese Verbindung ist eine äußerst lockere, beim Blutkreislauf gibt sie den Sauerstoff an den Organismus ab und bildet sich in Hämoglobin zurück. Der Sauerstoff bewirkt im Organismus Oxydationsvorgänge. Hierbei entsteht Kohlensäure, die, im venösen Blut gelöst, zur Lunge befördert und dort ausgeatmet wird. Durch gewisse Gifte wird der Blutfarbstoff Hb. verändert. So wird er durch Kohlenoxyd, Blausäure, Benzol auffällig rot gefärbt, während er infolge Bildung von *Hämiglobin* (Methämoglobin) durch Chlorate,

Nitrite, Nitrobenzol, Anilin und Phenylhydrazin braun gefärbt wird. Auch Arsenwasserstoff, Säuren und Laugen, Schwefelwasserstoff und Anilinderivate verändern den Blutfarbstoff.

Hämoglobin. Haemoglobinum, Erg.-B. 6.

Bräunlichschwarze, glänzende, geruchlose Blättchen oder rotbraunes Pulver, in Wasser bis auf einen geringen Bodensatz langsam lösl. Die wäßrige Lösung ist blutrot, darf nicht unangenehm riechen und Lackmuspapier nicht verändern. Beim Kochen unter Zusatz von Salzsäure oder Salpetersäure gerinnt sie unter Entfärbung. Hb. verbrennt unter Verbreitung des für Eiweißstoffe kennzeichnenden Geruchs.

Erg.-B. 6 verlangt einen Mindestgehalt von 0,34% Eisen.

Verwendung. *Innerl.* als blutbildendes Tonicum, Bestandteil zahlreicher Industriefertigwaren.

Hanf.

Hanf. Cannabis sativa *L.* und Varietäten.

Cannabinaceae.

Wahrscheinlich in Persien und Indien heimische, einjährige, in Feldkultur angebaute, mitunter an Zäunen und Schuttplätzen verwildert vorkommende 1½ bis 2 m hohe, krautige Pflanze mit kantigem, angedrückt borstig behaartem, meist ästigem Sproß. Blätter gegen-, oben wechselbeständig, mit handförmiger Spreite, die aus 5, 7 oder 9 lanzettlichen, am Rande grob gesägten Teilblättchen besteht. Zweihäusig (Abb. 101). Die *weibliche* Pflanze, *Hanfhenne*, *Winterhanf*, ist kräftiger, die *männliche* Pflanze, *Hanfhahn*, *Sommerhanf*, *Staubhanf*, reift schneller und wird 2 bis 5 Wochen vor der weiblichen Pflanze gelb. Hanf ist eine der wichtigsten Gespinstpflanzen.

Abb. 101. Hanf. Cannabis sativa.
A Blütenstand der männlichen Pflanze (¹/₁); — B männliche Blüte (⁴/₁); — C blühender Zweig der weiblichen Pflanze (¹/₂); — D weibliche Einzelblüte, ganz; — E dieselbe längs durchschnitten (⁸/₁); — F Frucht (³/₁); — G Längsschnitt; — H Querschnitt derselben.

Hanffrüchte. Fructus Cannabis, Erg.-B. 6.

Fälschlich auch mit *Hanfsamen* bezeichnet. Einsamige, einfächerige Schließfrüchte (Nüßchen), 3 bis 5 mm lang, bis 2 mm breit, eiförmig, etwas zusammengedrückt, an den Rändern gekielt, glatt, glänzend, graugrün, grünlichbraun oder
graubraun, fein und netzartig marmoriert (Abb. 101, F, G, H). *Geruchlos, Geschmack*
ölig, etwas süß, schleimig. Aschengehalt nach Erg.-B. 6 nicht mehr als 6%.

Inhaltsstoffe. 30 bis 35% fettes Öl → Hanföl, Trigonellin, Cholin, Harz u. a.

Verwendung. *Innerl.* $^{1}/_{2}$ Teelöffel voll auf 1 Tasse Kaltmazerat oder mit Milch
gekocht als reizmilderndes Mittel bei entzündlichen Erkrankungen der Harnwege,
zu Teemischungen, zur Gewinnung von Hanföl, als Vogelfutter.

Aufbewahrung. Vor Licht geschützt.

Verf. Alte, ranzige oder hohle Früchte sind als Verfälschung zu verwerfen.

Hanf, indischer. Cannabis sativa *L.* var. indica *Lamarck.*

Cannabinaceae. In Ostasien, Persien, auf dem Balkan, in Ägypten, Südafrika und
Nordamerika kultivierte, 5 bis 6 m hohe, einjährige, buschige Pflanze mit aufrechtem,
kantigem, rauhharigem Stengel, unten langgestielten, gegenständigen Blättern,
handförmig, mit Nebenblättern, obere abwechselnd. Männliche Blüten gelblich,
weibliche grün, kätzchenartig.

☠ 2. Hanf, indischer. Herba Cannabis indicae, Erg.-B. 6. Stoff B.

Haschischkraut. Indisches Hanfkraut.

Die blühend (Juli) oder junge Früchte tragend gesammelten und getrockneten
6 bis 10 cm langen Zweigspitzen der weiblichen Pflanze oder abgestreifte Blätter und
Früchte. Stengel braun, zottig behaart, 3-, 5- bis 7zählige oder ungeteilte Blätter,
sitzend. Lanzettliche, am Rand eingerollte, gesägte, rauhhaarige Teilblättchen, oberseits dunkelgrün, drüsig punktiert, unterseits leicht behaart, mit deutlichen Haupt-
und Seitennerven. Schließfrüchte, die nur in geringer Menge vorhanden sein sollen,
bis 5 mm lang, bis 2 mm breit, einfächerig, einsamig. *Geruch* eigenartig durchdringend, *Geschmack* aromatisch bitter, etwas scharf.

Physiologische Wirkung. Indischer Hanf wirkt auf das Großhirn und erzeugt
einen Rausch und dient daher vor allem im Orient als Rauschgift. Die Schmerz-
empfindung wird herabgesetzt und aufgehoben, die Tastempfindung abgestumpft.
Anfänglicher Fröhlichkeit und Heiterkeit folgt tiefe Bewußtlosigkeit. Die gehirn-
schädigende Wirkung bei übermäßigem Genuß ist erwiesen.

Inhaltsstoffe. *Cannabinol, Cannabidiol* (wirksamer Bestandteil des Harzes, stick-
stofffreier aromatischer Alkohol) 0,3% *ätherisches Öl*, bis 20% *Harz*, Cholin, Trigonellin u. a.

Verwendung. Als Schlafmittel und schmerzstillendes Mittel, bei Neuralgien,
Migräne, Ischias, als hustenstillendes Mittel zu Keuchhustentee und als Räuchermittel.

☠ 2. Extractum Cannabis indicae, als schmerzlindernder Zusatz zu nicht freiver-
käuflichem Hühneraugenkollodium. In orientalischen Ländern zur Bereitung des
Rauschgiftes *Haschisch*. In Deutschland (wie auch Tinct. Cannabis indicae) wegen
seiner Schädlichkeit bei übermäßigem Genuß (Gehirnschädigung, Delirien, Tob-
sucht, Verblödung, körperlicher Verfall) durch das Opiumgesetz vom 9. Januar 1934
verboten.

Hanföl. Oleum Cannabis.

Auf kaltem oder warmem Wege gepreßtes oder mit den üblichen Lösungsmitteln extrahiertes Öl. Kalt gepreßt infolge Chlorophyllgehalts grünlichgelb, warm gepreßt hellgrün bis olivgrün, mit der Zeit jedoch sich bräunlich verfärbend. Hanföl wird bei —20° dick, bei —27° fest. D. (15°) 0,925 bis 0,931; VZ. 193; JZ. 143 bis 158; $n_D^{18°}$ 1,47843.

Inhaltsstoffe. *Triglyceride der Stearinsäure, Palmitinsäure* und *Linolsäure.*

Verwendung. Selten als Speiseöl, in Rußland als *Fastenöl*, zur Herstellung grüner Schmierseifen, billiger Firnisse, als Brennöl. *Hanfkuchen* (Preßrückstände) sind nur als Schweinefutter verwertbar. Wegen zu großem Rohfasergehalt treten bei anderen Tieren Schädigungen auf. Dagegen sind die Preßkuchen als gehaltvoller Dünger wertvoll.

Hanfwurzel.

Hanfwurzel, kanadische. Radix Apocyni.

Amerikanische Hanfwurzel.

Stammt von **Apocynum canabinum** L., *Apocynaceae*, einer in Nordamerika vorkommenden, aufrechten, etwa 1 m hohen Staude mit bis 10 cm langen, schmaleiförmigen, kreuzgegenständigen Blättern und kleinen, weißen oder rötlichweißen Blüten in end- bzw. seitenständigen Rispen. Im Herbst gesammelte, zylindrisch-walzenförmige Wurzelstücke, gelb- oder graubraun, 3 bis 15 mm dick, oft verbogen, mit querverlaufenden, tiefen Einschnitten. *Geruchlos, Geschmack* anhaltend bitter und scharf.

Inhaltsstoffe. Die Glykoside *Cymarin* und *Androsin*, Androsterol, Homoandrosterol, Spuren Saponin.

Verwendung. Bei Herzleiden und Wassersucht mit digitalisähnlicher Wirkung.

Harnstoff. Carbamid. Carbamidum, Erg.-B. 6.

Carbonyldiamid. Urea pura. Mol.-Gew. 60,1

$CO\begin{cases} NH_2 \\ NH_2 \end{cases}$ Harnstoff ist das Endprodukt bei der Verbrennung von Eiweiß im Organismus und kommt daher zu 3 bis 4% im Harn fast aller Tiere vor. Ein erwachsener Mensch sondert im Harn täglich etwa 30 g Harnstoff ab, Harn ist deshalb ein vorzügliches Stickstoffdüngemittel.

Geschichtlich wichtig ist die Darstellung der ersten organischen Verbindung aus anorganischen Stoffen durch WÖHLER 1828, der Harnstoff durch Erhitzen und Eindampfen einer wäßrigen Lösung von cyansaurem Ammonium gewann:

$$H_4N\!-\!O\!-\!C\!\equiv\!N \quad \rightarrow \quad O\!=\!C\begin{cases} NH_2 \\ NH_2 \end{cases}$$

Cyansaures Ammonium   Harnstoff

Darstellung. Durch Vereinigung von Kohlendioxyd und Ammoniak im Autoklaven bei 100 at und 130° bis 140°:

$$CO_2 \;+\; 2\,NH_3 \;\rightarrow\; NH_2COONH_4$$

Kohlendioxyd   Ammoniak   Ammoniumcarbamat, carbaminsaures Ammonium

Dieses geht unter Wasserabspaltung in Harnstoff über:

$$NH_2COONH_4 \;\rightarrow\; NH_2CONH_2 \;+\; H_2O$$

Ammoniumcarbamat   Harnstoff   Wasser

Eigenschaften. Farb- und geruchlose, luftbeständige Kristalle mit kühlendem, salpeterartigem Geschmack, die Lackmuspapier nicht verändern, lösl. in 1 T. Wasser (20°), in 5 T. Weingeist, in 1 T. siedendem Weingeist. Schmp. 132° bis 132,5°. Im Vacuum ist Harnstoff sublimierbar, zersetzt sich aber beim Erhitzen auf 150° bis 160° unter Entwicklung von Ammoniakdämpfen und Hinterlassung einer undurchsichtigen festen Schmelze. Beim Auflösen der Schmelze nach dem Erkalten in Wasser, Zusatz von etwas Natronlauge und einigen Tr. Kupfersulfatlösung entsteht eine rotviolette Lösung. Konz. wäßrige H.-Lösung gibt beim Versetzen mit etwa dem doppelten Raumteil Salpetersäure einen kristallinen Niederschlag von Carbamidnitrat.

Erg.-B. 6 läßt prüfen auf Schwermetallsalze und anorganische Beimengungen.

Verwendung. *Med. innerl.* als kräftiges Diureticum (E. 2,0 in 20%iger Lösung), wegen seiner eiweißlösenden und antiseptischen Wirkung med. *äußerl.* als Wundpulver und zu wundheilenden Salben, in der Kosmetik zu Mundpflegemitteln, Haarfarben, zur Herstellung von Harnstoff-Wasserstoffperoxyd (→ Carbamid-Peroxyd).

Reoxyl-Wundsalbe enthält 4,5% Carbamid, 0,5% Ammoniumrhodanid in reizloser Salbengrundlage und findet als desinfizierende Wundsalbe Verwendung. *Techn.* zur Herstellung von Kunstdüngern (→ Hakaphos u. a.), zur Herstellung von Aminoplasten, als Stabilisator zum Haltbarmachen von Celluloid und Sprengstoffen. Kondensationsprodukte des Harnstoffs finden als Pudergrundstoffe Verwendung. → Methylenharnstoff.

Harnstoffnitrat. Carbamidnitrat. Carbamidum nitricum.

Salpetersaurer Harnstoff. Urea nitrica. $CO(NH_2)_2 \cdot HNO_3$. Mol.-Gew. 123.

Darstellung. Durch Versetzen von reiner Salpetersäure mit Carbamid gelöst in Wasser. Die ausgeschiedenen Kristalle werden mit Wasser gewaschen und an der Luft getrocknet.

Eigenschaften. Weiße, perlmutterglänzende Kristalle, lösl. in 8 T. Wasser, in 10 T. Weingeist. Die Lösungen röten Lackmuspapier.

Verwendung. *Med.* wie reiner Harnstoff.

Harnstoffnitrat kommt als „*Horolith M*" (Henkel) und „*Trosilin* sauer" (Bayer) in den Handel. Weißes, kristallines, in Wasser lösl. Pulver infolge Hydrolyse mit stark saurer Reaktion, p_H der 10%igen Lösung bei 1%, Schmp. 157°. H. ist beim Erhitzen vollkommen flüchtig und entwickelt dabei weiße Nebel, die Lackmuspapier zunächst röten, dann bläuen.

Verwendung. Zur Reinigung von Milchpasteurisierungsgeräten, als Lösungsmittel für Milchsteine in 1- bis 2%iger wäßriger Lösung, ohne Entstehung von gesundheitsschädlichen Gasen, vielmehr entwickelt sich dabei Stickstoff und Kohlensäure; der hauptsächlich aus Calciumphosphat bestehende Milchstein wird durch H. in leicht wasserlösl. Calciumnitrat umgewandelt. Bei Zusatz von Korrosionsschutzmitteln kann H. auch für andere Metalle verwendet werden. „*Horolith B*" ist so zusammengesetzt, daß es Aluminium nicht angreift. Es dient zur Lösung von Bierstein in Bierleitungen.

Harnstoffphosphat. Siehe Anhang.

Härteskala.

Die Härte der Körper beruht auf der zwischen den Molekülen wirkenden Anziehungskraft, → Kohäsion. Feste Körper haben eine starke Kohäsion. Ihre Härte, das ist der Widerstand, den ein fester Körper dem Eindringen in seine Oberfläche durch Ritzen entgegensetzt, hat MOHS in einer vergleichenden Härteskala festgelegt. In dieser führt er Talk aus den weichsten und Diamant als den härtesten Körper auf. Jeder vorhergehende Stoff der Skala wird durch den nachfolgenden geritzt:

Talk	= 1	Flußspat	= 4	Topas	= 8
Gips oder		Apatit	= 5	Korund	= 9
Steinkalk	= 2	Feldspat	= 6	Diamant	= 10
Kalkspat	= 3	Quarz	= 7	Carborundum	= fast 10.

Hartlote.

Hartlote oder Schlaglote besitzen gegenüber den leichtschmelzenden Weichloten, welche Blei-Zinn-Legierungen darstellen, einen wesentlich höheren Schmelzpunkt. Ihr Hauptbestandteil ist Aluminium, dessen Schmelzpunkt durch andere Metalle (Silicium, Cadmium, Nickel, Zink und Zinn) erniedrigt ist. Hartlote für Messing und ähnliche Legierungen sind Kupferlegierungen mit Zink. Zum Hartlöten bedarf es besonderer Lötbrenner.

Hartstoffe.

Hartstoffe sind synthetische Stoffe mit einer Ritzhärte über 8, chemisch sind sie Metalloxyde oder Metallcarbide, z. B. Aluminiumoxyd in Form von Korund und Elektrokorund und die Carbide von Bor, Silicium, Titan und Wolfram.

Hartwachse[1].

Hartwachs H. Weißer, fester Körper, der außerordentlich emulgierfreundlich ist. Schmp. 76°; SZ. 2 bis 5; VZ 182; JZ. 20 bis 24. Lösl. in Benzin, Benzol, Toluol, Xylol, Terpentinöl, Alkohol, Äthylenchlorid, Trichloräthylen, Aceton. Gut verträglich mit halbfesten und festen Kohlenwasserstoffen (Paraffin, Ceresin, Vaseline sowie mit flüssigen Paraffinen).

Verwendung. Zur Herstellung von medizinischen und kosmetischen Cremes und Emulsionen mit vorzüglicher Hautverträglichkeit. Besonders Lanogen C ist hierzu geeignet. Technisch zur Herstellung von Emulsionen (Polituren, Lederfetten, Schleifpasten, Metallputzmitteln), in der Kerzenfabrikation für Tauchzwecke, in der Textil- und Lederindustrie.

Hartwachs W. Schmp. 58°; SZ. 0; VZ. 23; JZ. 8. Die übrigen Eigenschaften und die Verwendungszwecke decken sich mit denen von Hartwachs H.

Hartwachs W II/152. Weißlich-hellbrauner Körper mit schwachem *Geruch.* SZ. 1; Erweichungspunkt 105. Die Lösung in Testbenzin (1:7) ist nach dem Stehen über Nacht salbig fest. Mit Paraffin u. dgl. bis zum Verhältnis 1 T.:6 T. mischbar.

Verwendung. Wie Hartwachs HWS 100, wo aus betrieblichen Gründen ein niedrigerer Erweichungspunkt erwünscht ist.

Hartwachs HWS 100. Weißlich-hellbraune Schuppen mit sehr schwachem *Geruch*, SZ. 5 bis 10; Erweichungspunkt 125° bis 130°. Die Lösung 1:9 in Testbenzin ist nach dem Stehen über Nacht salbig fest. Mit Paraffin u. dgl. 1 T. HWS 100:6 T. Paraffin mischbar.

Verwendung. Zur Herstellung von Schuhcremes und Bohnerwachsen (auch flüssigen) mit vorzüglichem Spiegel und hohem Glanzeffekt. Ferner zu Wachskitten (Dichtungskitten) für Holz, Stein, Linoleum, Metall, Drechslerwachs; zu Möbelwachs, Schuhmacherwachs, Bürstenpech, Baumwachs, Kabelwachs, Abdeckmassen für

---

[1] Lieferfirma: Anorgana.

Kondensatoren und Batterien, Ofenpolierpasten, Herdputzkegeln, Metallputzmitteln (ohne saure Bestandteile), Lederwachs, Dachpappenanstrichmassen, Verdickungsmitteln für Mineralöl und Stauffer-Fette, Treibriemenwachs, Skiwachs, Glättwachs, Nähwachs, Formwachs, Schallplattenwachs.

Hartglanzwachse (Schlickum).

Die Hartglanzwachse besitzen infolge entsprechender Bearbeitung eine Steigerung der Härte und der glanzgebenden Eigenschaften gegenüber Montan- und Carnaubawachsen. Es sind folgende Typen von Hartglanzwachsen im Handel:

Type 2380 hell	80/82°	zum Härten für Ölcremes, erstklassiger Glanzgeber, sehr hohe Ölaufnahmefähigkeit, hochglänzender Oberflächenspiegel
Type 4951 hell	86/88°	gleiche Eigenschaften wie Type 2380, dabei aber durch salbigere Konsistenz der Pasten gekennzeichnet
Type 4952 hell	80/82°	wie Type 4951
Type 905 hell	74/76°	wie Type 4951
Type 4906 weiß	92/94°	für die Kerzenhärtung genügen hiervon geringe Zusätze, die bereits eine starke Schmelzpunkterhöhung bewirken. In Ölcremes erzielt diese Type hohe Glanzwirkung und salbige Konsistenz
Type 4907 weiß	90/92°	wie Type 4906

Harze. Resinae.

Harze sind mit Ausnahme des → Schellacks im Pflanzenreich als Sekret ausgeschiedene, kompliziert zusammengesetzte Stoffgemische, die teilweise bereits in der Pflanze vorgebildet (physiologische Harze) oder erst nach bestimmten Verletzungen der Stammpflanze gebildet werden, z. B. Benzoe (pathologische Harze). Das Harz kann unmittelbar nach der Verletzung der Pflanze austreten (primärer Harzfluß) oder aber erst nach Verletzung durch Einschneiden, Schwelen und dadurch bedingten Wundreiz abgesondert werden (sekundärer Harzfluß). Häufig treten beide Arten vereint auf, so daß zuerst der primäre und dann erst in verstärktem Maße der sekundäre Harzfluß folgt. Die meisten Harze gewinnt man aus dem *Balsam*, der nach dem Verdunsten des ätherischen Öls oder der flüssigen Ester, in denen sie gelöst sind, das Harz hinterläßt. Die Harzbildung in der Pflanze vollzieht sich in endogenen, seltener in exogenen Drüsenorganen. Die endogenen Drüsen geben das Harz oft zusammen mit anderen Sekreten in kommunizierende, schizogene Sekretbehälter ab, so in den Harzkanälen der Coniferen, in denen das Harz im Balsam gelöst ist. Mit Schleim oder Gummi, teilweise auch mit ätherischen Ölen in wäßriger Lösung emulgiert, findet sich Harz im *Milchsaft* mancher Pflanzen, z. B. einiger Umbelliferen. Harze, die beträchtliche Mengen in organischen Lösungsmitteln unlösl. Stoffe wie Gummi und Schleime enthalten, bezeichnet man als **Gummiharze.**

Eigenschaften der Harze. Amorphe, oft durchsichtige oder durchscheinende, spröde Massen von muscheligem Bruch. Ihre Oberfläche ist meist bestäubt, ihre Farbe verschieden, meist zwischen gelb und braun, bei Drachenblut rot, bei einigen Mastixarten grünlich. Harze lassen sich leicht zerschlagen oder zerbrechen und zeigen an Bruchflächen meist glasartigen Glanz. Beim Erwärmen erweichen sie zu einer klebenden Masse, beim Schmelzen zu einer klebenden Flüssigkeit. Beim Eingießen in Wasser gibt eine weingeistige Harzlösung eine milchig getrübte Flüssigkeit infolge Ausscheidnes des Harzes in feinster Verteilung. In Wasser sind sie unlösl., in Alkohol zum Teil lösl. sämtliche fast völlig in Äther, Terpentinöl und anderen ätherischen und fetten Ölen, ferner in Aceton, Benzol, Schwefelkohlenstoff, Tetrachlorkohlenstoff und vielen anderen organischen Lösungsmitteln. Aus solchen Lösungen können sie zu durchsichtigen Lacken eintrocknen. D. 0,9 bis 1,3; Härte zwischen der von Gips und Steinsalz; Schmp. zwischen 40° (Asa foetida) und 360° (Bernstein). Beim Reiben werden sie negativ elektrisch, beim Anzünden brennen sie infolge ihres Kohlenstoffgehalts mit leuchtender, stark rußender Flamme. In Alkalien lösen sie sich unter teilweiser Bildung von *Harzseifen, Resinaten,* die in Wasser lösl. sind und auf Säurezusatz das Harz wieder ausscheiden.

Inhaltsstoffe. Harze enthalten Kohlenstoff, Wasserstoff und wenig Sauerstoff und stehen chemisch z. T. zu den Terpenen und Phytosterinen in Beziehung. Neben den eigentlichen Harzkörpern, dem *Reinharz,* enthalten sie noch sog. *Beisubstanzen.* In den Reinharzen sind enthalten:

1. Resinolsäuren (Harzsäuren); — 2. Resinole (Harzalkohole); — 3. Resinotannole (phenolische Verbindungen mit Gerbstoffreaktion); — 4. Resine (Ester von Harzsäuren mit Harzalkoholen); — 5. Resene (indifferente Stoffe mit geringer Reaktionsfähigkeit).

Beisubstanzen sind Öle, Ester und Abbauprodukte von Harzestern, Farbstoffe, Bitterstoffe, Alkohole, Aldehyde, Phenole, Gummi, Schleime.

Verwendung. *Med.* auf Grund ihrer physikalischen Eigenschaften zum Fixieren von Wundverbänden, zur Pflasterherstellung, zur Wundbehandlung, bei der sie durch eine milde Reizwirkung durch die in ihnen enthaltenen ätherischen Öle die Heilung begünstigen. Viele finden *techn.* Verwendung zur Herstellung von Druckfarben, Linoleum, Ölharzlacken, Harzseifen, Wagenschmieren, Schuh- und Lederpflegemitteln, zum Dichten von Bierfässern usw. Ihr Verbrauch ist durch die synthetischen Harze in neuerer Zeit stark zurückgegangen.

Harzsäuren.

Harzsäuren sind Verbindungen sauren Charakters, die einen wesentlichen Bestandteil der Harze von Nadelhölzern bilden und besonders im Kolophonium vorkommen. Die wichtigsten Harzsäuren sind: *Pimarsäure* und *Abietinsäure. Harzsäureester, Lackester* sind den natürlichen Fetten nachgebildete Verbindungen von Harzsäuren mit Glycerin. Die Salze der Harzsäuren, harzsaure Metalle oder Harzseifen bezeichnet man mit *Resinaten.* Sie finden als Sikkative (s. Bd. I, S. 484) Verwendung.

Verwendung. Harzsäuren finden zum Imprägnieren von Geweben Verwendung. Natriumsalze der Harzsäuren werden billigen Schmier- und Kernseifen zugesetzt und zum Leimen von Papier verwendet. Harzsäureester sind natürlichen Lackharzen durch ihre chemische Inaktivität und Neutralität und durch besonders leichte Mischarbeit mit Farben und ihre Wasserbeständigkeit überlegen.

Haselnuß.

Haselnuß. Corylus avellana. *L.*

Haselnußstrauch. Gemeine Hasel. Wald-Haselstrauch.
Betulaceae.

Über ganz Europa verbreitete, 1 bis 4, selten bis 7 m hohe strauch-, mitunter baumförmige Pflanze an Hecken, Gebüschen, Bächen, in Brüchen und als Unterholz in Laubwäldern, deren Holz zu Klärspänen in der Bierbrauerei und Essigfabrikation und zu Drechslerwaren Verwendung findet.

Haselnußblätter. Folia Coryli avellanae.

Kurzhaarige, wechselständige, rundlich-verkehrt-herzförmig zugespitzte Blätter mit etwa 1 cm langem Blattstiel. Schwach eckig gelappt, doppelt gesägt, unterseits blaßgrün und kurzhaarig.

Inhaltsstoffe. Ätherisches Öl, Saccharose, 6,6% Mineralstoffe (CaO, SiO_2, Fe_2O_3).

Verwendung. Als Ersatz für Hamamelisblätter mit ähnlicher, jedoch milderer Wirkung.

Haselnüsse. Fructus Coryli avellanae.

Wohlschmeckende Nüsse mit nicht trockendem Öl (Abb. 102).

Abb. 102. Nuß des Haselstrauches, Corylus avellana.

Inhaltsstoffe. 50 bis 60% *fettes Öl*, 15 bis 20% stickstoffhaltige Stoffe, die Vitamine A, B_1 und B_2 u. a. 100 g = 640 Kalorien.

Verwendung. Nach KROEBER besitzen H. blutdrucksteigernde Wirkung und sind auch bei Blutarmut und Bleichsucht angezeigt.

Haselnußrinde. Cortex Coryli avellanae.

Dient als Abkochung in der Volksheilkunde als Mittel bei Wechselfieber.

Haselnußöl. Oleum Coryli avellanae.

Das aus den Kernen gepreßte fette, nicht trocknende, goldgelbe Öl mit dem *Geruch* der Frucht. D. (15°) 0,917 bis 0,924; E.P. —10° bis —20°; JZ. 83 bis 90; VZ. 192.

Inhaltsstoffe. Glyceride der Ölsäure (etwa 85%), der Palmitinsäure (9%), der Stearin- und Linolsäure, etwa 0,5% Phytosterin.

Verwendung. Als wohlschmeckendes Speiseöl, das jedoch leicht ranzig wird, als Brenn- und Maschinenöl, in der Ölmalerei.

Haselwurz.

Haselwurz. Asarum europaeum *L.*

Aristolochiaceae.

In humusreichen Laubwäldern, unter Hecken, Gebüschen, an Zäunen, Waldrändern, Bachufern und in schattigen Schluchten, nicht in der nordwestdeutschen Tiefebene vorkommende, ausdauernde Pflanze. Oberirdischer Stengel kurz, zottig behaart, mit 2 nierenförmigen, langgestielten, ganzrandigen, oberseits glänzenden, etwas ledrigen Blättern, die den Winter überdauern. Kurz gestielte, nickende Blüten (April/Mai) mit glockiger, außen schmutziggrüner, innen dunkelrotbrauner Blütenhülle.

Haselwurzwurzel. Radix Asari, Erg.-B. 6.

Rhizoma Asari. Radix Nardi rusticae. Radix Asari cum herba.

Der im August gesammelte, getrocknete Wurzelstock mit Wurzeln, hin- und hergebogen, grau- oder rotbraun, bis 3 mm dick, bis 10 cm lang, entfernt gegliedert mit Blattnarben an den Knoten. Internodien stumpf vierkantig, ungleich lang, mit zarten Längsstreifen, unterseits vielfach abgebrochene, dünne, fadenförmige Wurzeln bzw. Wurzelnarben. *Geruch* pfeffer-kampferartig, würzig. *Geschmack* brennend scharf, pfefferartig, die Zunge anästhesierend. Pulverisiert reizt die Droge zum Niesen. Die Asche darf nicht mehr als 12% betragen.

Inhaltsstoffe. Etwa 1% ätherisches Öl (Mindestgehalt nach Erg.-B. 6 0,7%) mit 30 bis 35% *Asaron*, Asarylaldehyd, 15 bis 20% *Methyleugenol*, 12 bis 15% *l-Bornyl-acetat* u. a., 10 bis 12% verharzte Substanzen, eisengrünender Gerbstoff, Schleim, Harz, ein Glykosid.

Verwendung. *Innerl.* 1 Teelöffel auf 1 Tasse Aufguß als harntreibendes Mittel bei Wassersucht, Asthma, Bronchial-, Leber- und Milzleiden, als Brechmittel; in Pulverform zu Niespulvern (*Schneeberger*) zur Anregung der Nasensekretion (20%).

Aufbewahrung. Vor Licht geschützt.

Verw. u. Verf. Arnica montana, Fragaria vesca, Geum urbanum, Valeriana officinalis, Asclepias vincetoxicum, Viola odorata, sämtlich ohne gestreckte Wurzelstockglieder. Geruch und Geschmack anders oder ohne solchen.

Hauhechel.

Hauhechel. Ononis spinosa *L.*

Papilionaceae.

Auf trockenen Wiesen, Triften, an Wegrändern und Bahndämmen verbreiteter, bis 60 cm hoher Halbstrauch mit oft über 1 m langer, wenig verzweigter, holziger, mehrköpfiger Pfahlwurzel, Stengel zottig behaart, aufrecht, rötlich, dessen kurze Seitentriebe in Dornen endigen, die oft zu zweit stehen. Wechselständige Blätter, die unteren 3zählig, die oberen einfach, eiförmig, länglich, fast kahl, ungezähnt. Blütezeit Juni/September. Kurz gestielte, weiße oder rosarote Schmetterlingsblüten einzeln oder paarweise in den Achseln der Kurztriebblätter, mit 5blättrigem Kelch. Hülsenfrüchte 1- bis 3samig (Abb. 103).

Hauhechelwurzel. Radix Ononidis, DAB. 6.

Harnkrautwurzel. Hechelkrautwurzel. Haudornwurzel. Ochsenbrechwurzel. Hachelkrautwurzel.

Die im Herbst gegrabenen und getrockneten (Wasserverlust 65,5 bis 66,7%) und meist aus der Tschechoslowakei und den Balkanländern eingeführten Wurzelstöcke und Wurzeln. Bis 30 cm lange, höchstens 2 cm dicke, wenig verzweigte Pfahlwurzel, die nach oben in den kurzen, gewöhnlich mehrköpfigen Wurzelstock mit kurzen Stengelnarben übergeht. Sehr hart und zäh, gedreht und verbogen, mitunter platt, graubraun, holzig, oft der Länge nach zerklüftet, mit geraden oder gekrümmten Längsleisten versehen (Abb. 103, *3, 4*). Die etwa 1 mm dicke Rinde haftet fest an. Beim Befeuchten mit Ammoniakflüssigkeit färbt sich das Holz stark gelb. Bruch faserig, *Geruch* schwach süßholzähnlich, *Geschmack* kratzend, etwas herb und süßlich.

Lupenansicht. Der gelbliche Holzkörper läßt die Jahresringe deutlich erkennen und ist durch weiße, sehr verschieden breite Markstrahlen zierlich, fächerigstrahlig gezeichnet (Abb. 103, *5*).

Inhaltsstoffe. 0,2% *ätherisches Öl*, das den Hauptwirkstoff bildet, die Glykoside *Onon, Ononin, Ononid*, Pseudoononin, ein sekundärer Alkohol *Onokol*, Gerbstoffe, Saccharose, etwas fettes Öl, 5 bis 6% Mineralstoffe.

Verwendung. *Innerl.* 2 Teelöffel auf 1 Tasse Aufguß (keine Abkochung wegen Verlustes des ätherischen Öles!) oder erst Kaltmazerat mit anschließendem Aufguß. Früh nüchtern 1 bis 2 Tassen warm trinken. Als wirksames Diureticum und bei Gicht, Rheumatismus, chronischen Hautleiden. Zu harntreibenden, blutreinigenden und Gallenteemischungen.

Prüfung. Bei der Mikrosublimation läßt sich das farblose Onokol sublimieren, das sich in feinen Nadeln niederschlägt und sich in Schwefelsäure nach Zusatz eines Tr. Vanillinlösung mit blauvioletter Farbe löst. **Nach DAB. 6** lösen sich die Onokolkriställchen in einem Tröpfchen Weingeist auf, scheiden sich beim Verdunsten des Lösungsmittels in prismatischen Kristallen wieder aus und lösen sich in einem Tröpfchen Schwefelsäure mit roter Farbe.

Abb. 103. Hauhechel. Ononis spinosa. *1* Habitus; — *2* Längsschnitt durch die Blüte; — *3* Wurzelstock; — *4* vergrößerte, getrocknete Wurzelstückchen; — *5* Wurzelquerschnitt, Lupenbild.

Hauhechelkraut. Herba Ononidis spinosae.

Die Inhaltsstoffe von Hauhechelkraut sind annähernd die gleichen wie die von Hauhechelwurzel und besitzen nach WEISS beträchtliche diuretische Wirkung. Die Droge findet daher für die gleichen Indikationen wie Hauhechelwurzel und *äußerl.* bei schlecht heilenden Wunden Verwendung.

Hausenblase.

Verschiedene in den europäisch-asiatischen Gewässern, besonders im Kaspischen und Schwarzen Meer vorkommende *Störarten*, hauptsächlich **Acipenser huso** *L.*, zu den Schmelzschuppern gehörig, liefern die Hausenblase. Je nach dem Trockenverfahren und der Form, in der die Droge in den Handel kommt, unterscheidet man *Blätterhausenblase, Ichthyocolla in foliis,* einfach auf Bretter genagelt und getrocknet; *Bücherhausenblase*, durch Über- oder Ineinanderschlagen größerer Stücke, die man in der Mitte durchloch; *Rollenhausenblase*, zusammengerollte Stücke; *Fadenhausenblase, Ichthyocolla in filis*, in feine Fäden zerschnittene Blätterhausen- blase; *Klammer-, Kranz-, Ringel-* und *Leierhausenblase*, zwischen 2 Nägeln hufeisen- förmig, herzförmig oder lyraförmig gebogene Sorte.

Die beste Sorte ist die *Russische* oder *Astrachanische Hausenblase*, besonders das sog. *Patriarchgut*, das von den Strömen Wolga, Don und Dnjepr stammt und für med. Zwecke Verwendung findet. Die gleichen Fische liefern dort den *Russischen Kaviar. Ungarische, Brasilianische* und *Samooy-Hausenblasen* sind weniger gute Sorten.

Hausenblase. Colla piscium, Erg.-B. 6.

Ichthyocolla. Fischleim. Blätterhausenblase.

Die getrocknete, präparierte innere Haut der Schwimmblasen. Die frischen Schwimmblasen werden aufgeschnitten, abgewaschen und auf Bretter zum Vor- trocknen gespannt. Die halbtrockenen Scheiben reibt man zur Entfernung der äußeren, nicht leimgebenden Silberhaut und spannt dann nochmals zum Trocknen aus. Hornartige, weißlich durchscheinende, in den Regenbogenfarben schillernde blattartige Häute, zähe, biegsam, *geruch-* und *geschmacklos.* H. quillt in kaltem Wasser und löst sich beim Kochen in Wasser und verdünntem Weingeist zu einer kolloidalen, klebrigen, neutralen oder schwach alkalischen Flüssigkeit auf, die beim Erkalten zu einer Gallerte erstarrt. Hauptbestandteil *Kollagen* bzw. *Glutin.* Verbrennungsrück- stand nach Erg.-B. 6 höchstens 1%.

Verwendung. *Innerl.* als 10%ige Gallerte oder 1%iges Getränk gegen Blutungen. Früher zur Seidenpflasterherstellung (*englisches Pflaster*). Zum Klären von Wein und anderen Flüssigkeiten.(10 g Hausenblase in 1 l siedendem Wasser lösen, die lauwarme Lösung der zu klärenden Flüssigkeit gleichmäßig beimengen); *techn.* zu Kitten, als Appreturmittel.

Aufbewahrung. Vor Licht geschützt.

Verf. Mißfarbige Droge und solche, die von Blasen anderer Fischarten oder von Fischdärmen stammen.

Hebel.

Hebel nennt man eine um einen Unterstützungspunkt oder Drehpunkt drehbare starre Stange zum *Heben einer Last.* Auf ihr eines Ende wird die Last gelegt, am anderen Ende greift eine Kraft an. Bei den *Hebelarmen* unterscheidet man den *Last- arm* (Entfernung der Last vom Drehpunkt) und den *Kraftarm* (Entfernung der Kraft vom Drehpunkt). Je länger der Kraftarm ist, um so kleiner ist die zum Heben nötige Kraft. Man unterscheidet *einseitige* H., bei denen Kraft und Last auf der- selben Seite vom Stützpunkt angreifen (Brotschneidemaschine, Schubkarre, Pumpenschwengel), und *zweiseitige* H., bei denen der Stützpunkt zwischen Kraft und Last liegt (Beißzange, Brechstange, Säulenwaage, Wippe). Je nach der Entfernung der Angriffspunkte von Kraft und Last vom Drehpunkt unterscheidet man *gleich- armige* (Säulenwaage) und *ungleicharmige* H. (Beißzange). Das Produkt aus Kraft und Kraftarm bezeichnet man mit dem *Drehmoment der Last.* Sind beide gleich groß, hält die Kraft die Last im Gleichgewicht. *Winkelhebel* sind H., deren Last- und Kraft- arm im Drehpunkt einen Winkel bilden.

Heber.

Heber sind Geräte zum Heben von Flüssigkeiten über ihren Spiegel durch Luft- druck. Sie finden Verwendung zur Flüssigkeitsentnahme aus Korbflaschen, hahnlosen Fässern, Tanks usw. *Stechheber* sind zylindrische oder bauchige, beiderseits offene

36*

Gefäße, die in eine unten verengte Spitze auslaufen und oben bequem nach der Füllung mit einem Finger verschlossen werden können. Durch den nur von unten wirkenden Luftdruck fließt die Flüssigkeit erst aus, wenn der Finger am oberen Ende des Hebers entfernt wird. Stechheber werden durch Eintauchen in Flüssigkeiten gefüllt. Die in der Maßanalyse verwendeten *Pipetten* sind Stechheber, die durch Ansaugen gefüllt werden. *Saugheber* sind Schenkelheber, die mit dem kürzeren Schenkel in Flüssigkeiten getaucht werden. Am längeren Schenkel wird gesaugt, bis die Flüssigkeit die Biegung des Hebers überschreitet. Von diesem Augenblick ab fließt die Flüssigkeit dann selbsttätig und ununterbrochen durch den längeren Schenkel ab. Dabei muß die Mündung des äußeren Schenkels tiefer liegen als der Flüssigkeitsspiegel. Dies ist besonders bei der Verwendung eines Abfüllschlauches als Heber zu berücksichtigen.

Hederich.

Hederich. Raphanus raphanistrum *L.*

Ackerrettich.

Cruciferae.

Lästiges Ackerunkraut. Untere Blätter fiederspaltig, Blätter hellgelb oder weiß, dunkelrot geadert. Kelch aufrecht. Frucht perlschnurartig gegliederte Schote, bei der Reife in einsamige Glieder zerfallend. Samen mit 25% fettem Öl.

Hefe.

Die Hefe hat sich der Mensch wegen ihrer Gärwirkung schon seit Urzeiten zunutze gemacht. Hefepilze spielen als Gärungserreger in der Bier-, Wein- und Spiritusherstellung sowie in der Bäckerei, aber auch als Nährmittel zur Eiweißzufuhr und als Vitaminspender eine bedeutende Rolle. Die Hefen sind kleine Sproßpilze der Unterklasse Ascomycetes und bilden die Familie *Saccharomicetaceae*, einzellige mycellose, meist durch Sprossung, seltener durch Teilung sich vermehrende Lebewesen (s. Bd. I, S. 118, 119). Durch das Ferment *Zymase* spalten sie Trauben- und Fruchtzucker in Alkohol und Kohlensäure. Bestimmte Hefearten vermögen auch Rohrzucker und Malzzucker zu vergären, während Milchzucker durch den Saccharomyces kefir vergoren wird. Die Wirksamkeit der Hefezellen ist abhängig von der Temperatur und der Konzentration von Zucker und Alkohol in der gärenden Flüssigkeit. Zuckerlösungen mit einem Zuckergehalt von etwa 8% gären am leichtesten, 30%ige sehr unvollkommen, während bei einem Zuckergehalt von 60% die Hefe überhaupt nicht mehr gedeiht. Dies ist der Zuckerprozentgehalt, den z. B. Fruchtsirupe enthalten müssen, um haltbar zu sein. Der Alkoholgehalt gärender Flüssigkeiten hemmt die Gärung schon bei 4 bis 6%. Bei 10% Alkoholgehalt hört das Hefewachstum auf, bei 14 bis 18% Alkoholgehalt wird die Gärung vollständig unterbunden. Hefezellen benötigen zu ihrem Wachstum und ihrer Vermehrung Stickstoffverbindungen als Nährstoffe, die in Form von Ammoniumsalzen als *Gärsalze* zugegeben werden. Gewisse anorganische Säuren wie die schweflige Säure und organische Säuren wie die Ameisensäure, Salicylsäure, Benzoesäure bzw. deren Salze, Mikrobin und gewisse Ester der p-Oxybenzoesäure, finden als gärungshemmende Mittel Verwendung, während zur Reinigung von Gärbehältern und Leitungen zwecks Vernichtung unerwünschter Heferassen flußsaure Salze Verwendung finden. Neben der alkoholischen Gärung gehen andere Gärungen einher, welche durch andere Fermente Bernsteinsäure, Glycerin und Fuselöle erzeugen.

Gewinnung. Die verschiedenen Heferassen unterscheiden sich wesentlich in ihrer Qualität. Bei ihrer Gewinnung spielen die Art der Nährlösung, deren p_H, die

Gärtemperatur und die Belüftung bei der Gärung eine große Rolle. Durch diese Faktoren können die Eigenschaften der zu züchtenden Hefen im gewissen Umfange verändert werden. Die Hefeausbeute und das Verhältnis derselben zu dem bei der Gärung gebildeten Alkohol ist von dem Grad der Verdünnung der Nährlösung und ihrer Belüftung abhängig, während die Art und Menge der Stickstoffzufuhr die erhaltene Hefe in bezug auf mehr oder weniger großen Eiweißgehalt beeinflußt.

Man unterscheidet Bierhefe, Bäckerhefe und die aus Holzzucker gewonnenen Hefen. Eine untergärige, entbitterte Bierhefe ist die → med. Hefe DAB. 6.

Vitamingehalt der Hefen. Nach neuesten Analysen sind in 100 g Hefe an Vitaminen enthalten:

1. Aneurin (Tiamin)	1,78 mg	6. Folsäure	2,36 mg
2. Lactoflavin (Riboflavin) . . .	4,96 „	7. Biotin	0,18 „
3. Nikotinsäure (amid).	45,80 „	8. Ergosterin (Provitamin D_2)	400,00 „
4. Pyridoxin	3,22 „	9. p-Aminobenzoesäure, Cholin,	
5. Pantothensäure	3,83 „	Inositol . . . . . reichlich vorhanden	

Bierhefe. Saccharomyces cerevisiae.

Bierhefe ist ein Nebenprodukt der Bierbrauerei. Man erhält sie, indem man die aus einer Reinzucht stammende *Ansatzhefe* der *Würze* (hergestellt aus geschrotetem Malz und Hopfen) zusetzt und bei Temperaturen von 5° bis 10° der Gärung überläßt. Dabei vermehrt sich die Hefe um das Vier- bis Fünffache, sofern die Würzen 11- bis 13%ig sind (Abb. 104, s. Bd. I, S. 119). Nach Beendigung des Gärprozesses befindet sich die Hefe am Boden des Gärbottichs. Im sog. „*Kernstück*" befindet sich die brauchbare Bierhefe. Die Gärung der Bierwürze dauert normal 8 Tage. Das entstehende Jungbier wird dann von der Hefe getrennt und der Nachgärung (3 bis 6 Wochen) überlassen. Bierhefe stellt rundliche oder eiförmige, stark lichtbrechende Zellen dar, $\varnothing$ 8 bis 10 μ. Sie treten meist einzeln auf, sind selten zusammenhängend und nur in der kultivierten Form bekannt. Bei Bierhefen unterscheidet man *untergärige Bierhefen*, die bei 4° bis 10° am besten arbeiten und sich am Boden der Gärgefäße absetzen, und *obergärige Bierhefen*, deren Wachstumsoptimum bei 15° bis 25° liegt,

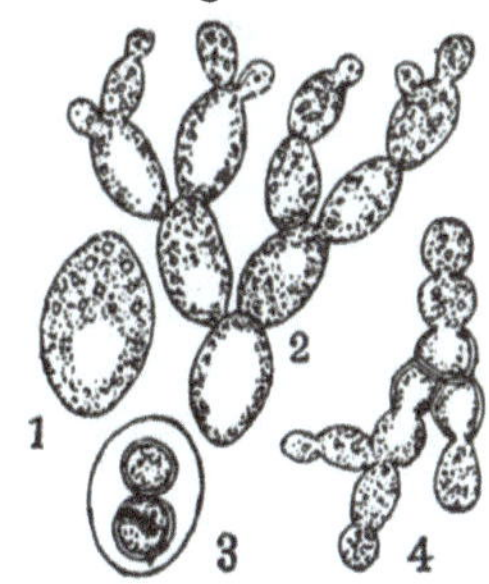

Abb. 104. Hefe. Saccharomyces cerevisiae. 1 ein einzelnes Individuum; — 2 eine durch Sprossung entstandene Kolonie; — 3 ein Individuum mit 2 Sporen; — 4 drei auskeimende Sporen (stark vergr.).

die rascher und stürmischer arbeiten und Gärung schon in 2 bis 3 Tagen bewirken. Dabei sammeln sie sich größtenteils an der Oberfläche der Flüssigkeit (Oberhefen).

Bäckerhefe.

Preßhefe. Bärme. Gest.

Bäckerhefe wird heute sowohl als Nebenerzeugnis der Brennerei aus zuckerhaltiger Flüssigkeit, als obergärige Branntweinhefe als auch in einer besonderen Hefe-Großindustrie gewonnen. Die erste Backhefefabrik entstand im Jahre 1889. Als Ausgangsstoff wurde Getreide oder Mais verwendet, deren Stärke durch Malzdiastase verzuckert wurde. Das jetzt übliche „Lufthefeverfahren"[1] verläuft wie folgt: Mit Malz verzuckerte Getreide- oder Kartoffelmaische bzw. eine vorher abgelassene Würze wird mit Branntweinhefe versetzt und durch das Gemisch ein kräftiger Luftstrom durchgeleitet. Dadurch wird das Wachstum der Hefezellen stark begünstigt, die Bildung von Alkohol dagegen gehemmt. Ein anderer Ausgangspunkt

---

[1] A. BEYTHIEN: Einführung in die Lebensmittelchemie, 3. Aufl. 1950.

ist die Melasse, der man Diammoniumphosphat zusetzt, auf ein bestimmtes p_H einstellt und ebenfalls Preßluft zuführt.

Von der Stärke der Belüftung hängt es ab, ob die Hefe besonders zur Bildung von Alkohol oder zum Aufbau ihrer eigenen Zellsubstanz, also zur Vermehrung angeregt werden soll. Die Gärtemperatur liegt hier zwischen 28° und 30°. Nach Beendigung des Gärvorgangs wird die Hefe, eine leicht gelbe, krümelige, angenehm obstartig riechende Masse, durch Zentrifugieren getrennt, in Filterpressen abgepreßt, in Würfel von 500 g geschnitten und so als Back-, Luft-, Pfund-, Preß- oder Stückhefe in Pergamentpapier verpackt in den Handel gebracht. Sie enthält 50 bis 75% Wasser, 13 bis 25% Stickstoffsubstanz, 10% Kohlenhydrate, darunter Trehalose, und 2% Mineralstoffe. Schon bei der Züchtung der Hefe wird auf die Erreichung einer guten Triebkraft abgestellt. Naßhefe ist nur begrenzt haltbar, 100 kg Melasse ergeben etwa 40% Ausbeute an Naßhefe und etwa 20% Alkohol. Gute Preßhefe muß rein und frisch riechen, ihre Oberfläche glatt sein und die Stücke lose in der Papierumhüllung liegen. Sie dürfen nicht klebrig sein und zum Austrocknen neigen. Beim Zerbrechen muß Preßhefe muschelige Bruchflächen zeigen. Beim Lagern bei 25° bis 30° einige Tage lang darf sie nicht weich oder schmierig werden. Die Farbe der Preßhefe ist je nach den verwendeten Rohstoffen heller oder dunkler. Bei der Aufbewahrung darf sie sich aber nicht dunkler färben.

Trockenbackhefe.

Trockenbackhefe (Dauerhefe) erhält man durch vorsichtiges Trocknen bei mäßiger Wärme, bei dem die Lebensfähigkeit der Hefezellen nicht beeinträchtigt werden darf. Sie enthält höchstens 14% Wasser und in 2 Eßlöffeln den Tagesbedarf eines Erwachsenen an Vitamin B_1, während andere B-Komponenten etwa zu 25 bis 50% darin enthalten sind. *Speisehefe* enthält mindestens 6 Aminosäuren und Eiweiß zu etwa 50%.

Verwendung. Hauptsächlich in der Weißbrotbäckerei zur Teiglockerung, die durch Vergärung der im Mehl enthaltenen Zuckerarten zu Alkohol und Kohlendioxyd bewirkt wird. Dabei machen die proteolytischen Enzyme der Hefe die Eiweißstoffe des Mehls leichter verdaulich.

Aus Holzzucker gewonnene Hefen.

Als billige Zuckerquellen zur Hefegewinnung finden neben der Melasse Holzzuckerlösungen und Sulfitablaugen Verwendung. Die Sulfitablaugen der Zellstoff-Fabriken, die bisher nur zur Spirituserzeugung Verwendung fanden, werden heute auf Hefe vergoren. Durch die Verwendung verwandter Heferassen wie *Torula utilis* wird auch eine Erhöhung des Aneurins erzielt. Die sich ergebenden Erzeugnisse kommen als *Trockenhefe, Hefeflocken* oder *Nährhefe* in den Handel und finden heute weitgehende Verwendung.

Reinzuchthefen.

Bei der Herstellung von Reinzuchthefe geht man von einer einzelnen Hefezelle der gewünschten Heferasse aus, isoliert diese und züchtet so lange Nachkommen von ihr, bis man die gewünschte, bzw. benötigte Hefemenge erzielt hat. Die Gewinnung von Reinzuchthefen erfordert sorgfältige mikroskopische und sauberste Arbeit sowie absolutes Vertrautsein mit den im bakteriologischen Sinne sterilen Arbeitsmethoden.

Näheres über die Weinbereitung aus Reinzuchthefen s. Bd. III.

Hefepräparate.

Trockenhefen und Hefeextrakte stellen, abgesehen von ihrem hohen Nährwert durch ihren beträchtlichen Gehalt an wertvollem Eiweiß und den sehr hohen Gehalt an Vitaminen des B-Komplexes, auch durch ihren vorzüglichen Würzwert ein ausgezeichnetes Hilfsmittel zur Herstellung schmackhafter Speisen dar. Geschmacklich überlegen ist der Hefeextrakt. Infolge seiner appetitanregenden Wirkung durch Steigerung der Magensaftsekretion findet er weitgehende Verwendung zur Geschmacksverbesserung von Fleischbrühwürfeln, Suppenwürzen usw. Hersteller z. B. Cenovis Werk GmbH., München 8.

Levurinose (Blaes) ist ein Vitamin-B-Trockenhefepräparat, das in Pulver- und Tablettenform in den Handel kommt und bei Verdauungsstörungen, Hautkrankheiten usw. Verwendung findet.

Futterhefen sind aus Sulfitablaugen gewonnene eiweißreiche Hefen, die als Zusatzfutter für Haustiere Verwendung finden.

Hefe, medizinische. Faex medicinalis, DAB. 6.

Medizinische Hefe gewinnt man aus der bei der Bierbrauerei als Nebenprodukt anfallenden „Kernhefe", Saccharomyces cerevisiae, durch genügendes Auswaschen mit 1- bis 2%iger Sodalösung mit dem Zweck, dadurch die ihr vom Hopfen anhaftenden Bitterstoffe zu entziehen. Nach genügender Einwirkung wird die Sodalösung durch Auswaschen mit Wasser wieder restlos entfernt. Dann wird bei 40° getrocknet.

Eigenschaften. Hellbraunes Pulver, *Geruch* und *Geschmack* eigenartig, nicht widerlich oder faulig.

Inhaltsstoffe. 50% Eiweiß, 25% Kohlenhydrate, 3% Fett, 1% Sterine mit Ergosterin, blutzuckersenkende Glukokinine, Enzyme, deren Gesamtheit man mit Zymase bezeichnet, die Vitamine B_1 und die des übrigen B-Komplexes, Spuren von Vitamin A und C.

Verwendung. *Innerl.* (E. 2,5 g) gegen Hautausschläge (Akne, Furunkulose usw.), als Nährmittel und Austauschsstoff für Fleischextrakt.

Heidekraut.

Heidekraut. Calluna vulgaris *L. Hull.*

Besenheide. Brandheidekraut.

Ericaceae.

20 bis 80 cm hoher, niedriger Zwergstrauch, meist in großen Beständen in lichten, trockenen Wäldern, Hochmooren, auf Heiden und im Dünensand, besonders auf kalkarmem Boden. Verästelte, dünne, niederliegende, bis 1 m lange Stengel mit nach oben strebenden Zweigen. Kleine, der Verminderung von Wasserverdunstung dienende, anliegende Blättchen. Hellrote, selten weiße Blüten in fast einseitswendigen, dichten Trauben.

Heidekraut. Herba Callunae, Erg.-B. 6.

Herba Ericae.

Das während der Blütezeit (Juli/September) gesammelte und getrocknete Kraut. Graubraune, dünne Stämmchen mit vielen hellbraunen, verlängerten Zweigen mit Blüten und verkürzten Zweigen mit kleinen, 1 bis 3,5 mm langen, dicklichen, immergrünen, nadelförmigen und dreikantigen, kreuzgegenständigen Blättern, die sich dachziegelig decken. Blüten mit 2 bis 3 mm langer, vierlappiger, glockenförmiger, seidig glänzender, hellroter oder weißer Blumenkrone, vierblättrigem, violettrosafarbenem, etwa 4 mm langem Kelch, am Grunde von 4 am Rande häutigen Hochblättern umgeben, welche die Blumenkrone überdecken. *Geruchlos, Geschmack* herb, bitterlich. Aschengehalt nach Erg.-B. 6 höchstens 10%.

Inhaltsstoffe. Bis 7,6% *Gerbstoff*, die Glykoside *Arbutin* und *Ericolin* Ericodinin Harz.

Verwendung. *Innerl.* 1 bis 2 Teelöffel auf 1 Tasse Aufguß als harn- und schweißtreibendes, schleimlösendes und eiterwidriges Mittel bei Gicht, Rheumatismus, Blasenleiden, Nierensteinen und Schlaflosigkeit, zu Teemischungen.

Aufbewahrung. Vor Licht geschützt.

Heidekrautblüten. Flores Callunae.

Flores Ericae.

Die im Herbst abgeschnittenen blühenden Sprosse oder abgerebelten Blüten, im Schatten getrocknet. *Geruch* schwach honigartig, *Geschmack* herb, etwas bitter.

Inhaltsstoffe. Die Glykoside *Arbutin* und *Ericolin*, *Fumarsäure* und andere Säuren, Gerbstoff.

Verwendung. *Innerl.* 1 Teelöffel auf 1 Tasse Aufguß bei Erkältungskrankheiten, Durchfall, Schlaflosigkeit, Nervosität, soll auch blutreinigend wirken.

Abb. 105. Heidelbeere. Vaccinium myrtillus. *1* junger Zweig mit Blüte, vergrößert; — *2* Zweig mit Früchten; — *3* Staubblätter, vergrößert; — *4* Beere, vergrößert, von oben; — *5* getrocknetes Blatt.

Heidelbeere.

Heidelbeere. Vaccinium myrtillus *L.*

Ericaceae.

In lichten Wäldern, auf Waldwiesen, Mooren und Heiden gesellig auftretender, hauptsächlich in Kiefernwäldern sehr verbreiteter, bis 50 cm hoher Halbstrauch mit kriechender Grundachse und buschartig aufstrebenden, scharfkantigen grünen Zweigen. Wechselständige, feingesägte Blätter. Blütezeit Mai/Juni. Blüten einzeln in den Blattachseln hängend, grünlich, mit kugelig-krugförmiger Krone, rötlich überlaufen (Abb. 105).

Heidelbeerblätter. Folia Myrtilli, Erg.-B. 6.

Die im August/September gesammelten und getrockneten Blätter, kurz gestielt oder fast sitzend, 2 bis 3 cm lang, 1 bis 2 cm breit, eiförmig, mit stumpfer Spitze und schwach herzförmigem oder abgerundetem Grund. Oberseits wenig, unterseits stark hervortretende Nervatur, beiderseits hell- bis saftiggrün, die älteren dunkelgrün, derb und steif (Abb. 105, *5*).

Geruchlos, Geschmack schwach zusammenziehend. Nach Erg.-B. 6 darf die Asche nicht mehr als 6% betragen.

Lupenbild. An den Randzähnen gestielte Drüsen erkennbar.

Inhaltsstoffe. Bis 11% eisengrünender *Gerbstoff*, 0,43 bis 1,12% *Arbutin*, freies Hydrochin, Cerylalkohol, Harzsäuren, Arbutase.

Verwendung. 1 Eßlöffel auf 1 Tasse Aufguß oder Abkochung, bis 2 Tassen tägl. schluckweise, *innerl.* bei Magen- und Darmkatarrh als adstringierendes Mittel. Die Droge kommt als Ersatz für Bärentraubenblätter und als Mittel gegen Zuckerkrankheit infolge des relativ hohen Hydrochinongehaltes und dadurch bedingter Vergiftungsgefahr bei längerer Anwendung nicht in Betracht. *Äußerl.* als Gurgelmittel bei Schleimhauterkrankungen von Mund und Rachen, zu Waschungen und Umschlägen bei Augenentzündungen, zu schmerzlindernden Bädern bei Flechten, Ekzemen, bösartigen Geschwüren.

Aufbewahrung. Vor Licht geschützt.

Verw. u. Verf. Die bei → Bärentraubenblätter aufgeführten Drogen.

Heidelbeeren. Fructus Myrtilli, Erg.-B. 6.

Baccae Myrtilli. Blaubeeren. Bickbeeren. Schwarzbeeren. Taubeeren.

Die im Juli/August gesammelten und bei gelinder künstlicher Wärme auf Horden sorgfältig getrockneten (Wasserverlust 84,6 bis 85,7%) reifen Beeren (Abb. 105, *4*). Frisch kugelige, pralle, bläulich bereifte, weiche, ungefähr erbsengroße, sehr saftige, schwarz-pupurfarbene Früchte mit schwarzrotem Saft. Getrocknete Beeren erbsengroß, stark zusammengeschrumpft, grob, runzelig, fast schwarz und blau bereift, häufig noch mit den kurzen Stielen. Scheitel mit schmalem Kelchrand und kleiner vertiefter Scheibe. Fruchtfleisch violett, mit zahlreichen glänzenden, braunroten Samen von etwa 1 mm ϕ in 4 bis 5 Fächern. *Geruchlos, Geschmack* schwach zusammenziehend, säuerlich-süß. Nach Erg.-B. 6 Asche höchstens 3%.

Inhaltsstoffe. Bis 7% eisengrünender *Gerbstoff*, 5% Zucker, Pektine, reichlich freie Äpfel- und Citronensäure und andere organische Säuren, *Myrtillin* (Fruchtfarbstoff), Inosit, Vitamin C.

Verwendung. *Innerl.* 1 bis 2 Teelöffel voll gekaut oder zu Mus gekocht gegen Durchfall; als Heidelbeerwein, zu stopfenden Teemischungen; *äußerl.* dick eingekocht zu Umschlägen bei Flechten und nässenden Ekzemen. Der stark färbende Saft dient zum Färben von Essig und Likören, in ausländischen Rotweingebieten viel zum Färben von Wein (in Deutschland verboten!). Die frische Frucht wird zu Saft, Mus, Kompott, Sirup oder Heidelbeerwein verarbeitet.

Aufbewahrung. Vor Licht geschützt in gut verschlossenen Gefäßen, da die Droge stark dem Insektenfraß ausgesetzt ist.

Verw. u. Verf. Beim Trocknen hart gewordene sowie von Insekten zerfressene und schimmelige H. sind zu verwerfen. Die helleren und fade schmeckenden Rauschbeeren, Vaccinium uliginosum L., und die scharlachroten, herb und bitter schmeckenden Preißelbeeren, Vaccinium vitis idaea L.

Heilerde.

Die Bezeichnung „Heilerde" wurde vor etwa 25 Jahren von ADOLF JUST für einen bei Derenburg im nördlichen Harzvorland vorkommenden Löß eingeführt. Die dort gefundene Erde wird in Blankenburg hygienisch einwandfrei getrocknet und aufbereitet und kommt unter der Bezeichnung *Roterra* und *Luvos-Heilerde* in den Handel. Ursprünglich verstand man unter Heilerde ausschließlich den Derenburger

Löß, heute ist das Wort Heilerde zu einem Sammelbegriff auch für andere in der Therapie angewandte Erden geworden. Zu Heilzwecken Verwendung findende Heilerde muß aus hygienischen Gründen vollkommen reine Erde sein und muß deshalb aus möglichst großer Tiefe stammen. Im anderen Fall ist keine Gewähr dafür gegeben, daß sie nicht pathogene Bakterien enthält.

Natürliche Heilerden sind feinkörnig, erdig und bestehen aus Löß, Ton, Lehm u. a., sie finden vor allem therapeutische Anwendung. Unter Umständen können auch künstliche Gesteinsmehle, wenn sie gewisse Voraussetzungen erfüllen, therapeutisch zu verwenden sein. Um einer Täuschung des Käufers vorzubeugen, müßten sie auf ihren Packungen jedoch als „künstliche Gesteinsmehle" deklariert werden. In manchen Handelspräparaten findet Heilerde als Verdünnungsmittel Verwendung, weil das zugesetzte Arzneimittel unverdünnt zu kräftig wirken würde. Teilweise adsorbiert die Heilerde das betreffende Arzneimittel und gibt es dann bei der Anwendung langsam wieder ab (Depotwirkung).

Wirkungsweise der Heilerden.

Bei *innerlicher Anwendung* schon im Mund und Rachen übt Heilerde eine adsorbierende Wirkung auf pathogene Bakterien und deren Gifte aus. Die Magensalzsäure löst Teile der Erde, vor allem Basen und die Spurenelemente Mangan, Kupfer, Nickel u. a. Ist die Heilerde genügend kalkhaltig, wird überschüssige Magensäure neutralisiert.

Durch die Magensalzsäure wird die Heilerde aktiviert, so daß ihre Wirkung im Darm erfolgen kann. Im Dünndarm adsorbiert die Heilerde die giftigen Abbauprodukte des Eiweißes und der Aminosäuren. Die gute Wirkung der Heilerde hierbei ist auch durch Laboratoriumsversuche erwiesen worden. Darüber hinaus besitzt Heilerde ein hohes Bindungsvermögen auch gegenüber den Darmgiften Indol, Putrescin, Cadaverin und gegenüber Alkaloiden (Coffein, Nicotin, Atropin und Strychnin). VOGEL hat nachgewiesen[1], daß Heilerde selbst durch Beimengungen der normalen Nahrung ihr Adsorptionsvermögen nicht verliert. Nach Heilerdegenuß sind die Stuhlentleerungen vollkommen geruchlos. Dies ist der Beweis dafür, daß das unangenehm riechende Skatol weitgehend beseitigt ist. Bei krankhaften Zuständen des Darmes siedeln sich dort darmfremde Bakterien an, aber auch körpereigene Bakterien, die entartet sind, können durch ihre Stoffwechselprodukte Darminfektionen verursachen. Durch Heilerde können derartige Störungen günstig beeinflußt, meist sogar völlig beseitigt werden. Heilerde adsorbiert aber auch stark die normalen Darmbakterien. Daß diese und andere lebenswichtige Stoffe nicht verlorengehen, soll Heilerde nur zu bestimmten Zeiten und in bestimmten Mengen, nicht über längere Zeit, verabreicht werden.

Bei *äußerlicher Anwendung* wirkt die Heilerde bei allen Formen von Halsentzündungen, einschließlich der Diphtherie, sowie bei Erkrankungen der Mundschleimhaut als vorzügliches und billiges Gurgelmittel (1 Teelöffel auf 1 Glas warmes Wasser). Bei äußerl. Anwendung als dicker Brei wirkt sie schon durch ihr Gewicht. Das Gewebe wird komprimiert und dadurch der Querschnitt der Hautnerven verringert. Zur Erzeugung thermischer Reize findet die Heilerde häufige Anwendung. Dadurch entsteht eine stärkere Durchblutung und Rötung der Haut mit ausgesprochener Tiefenwirkung. Die Schweißabsonderung in der erwärmten Haut wird vermehrt. Die mit dem Schweiß ausgeschwemmten Giftstoffe werden dabei durch die Heilerdepackung aufgesaugt. Es ist wahrscheinlich, daß hierauf die entzündungs-

---

[1] M. VOGEL: Über die Bindung von Darmgiften durch Alkaloiden durch Heilerde, „Der Balneologe" 1938, S. 108; — M. VOGEL: Was sind „Heilerden"? „Hyppokrates" 1943, S. 24 bis 27.

hemmende Wirkung der Heilerde beruht. Damit ist auch die Verwendung von Heil-erden in der Kosmetik begründet, in der Heilerde zu Gesichtspackungen (Masken) u. a., bei unreiner Haut, großen Hautporen und frühzeitiger Faltenbildung V.erwendung findet. Bei äußerlicher Anwendung kann man schon durch Aufstreuen von Heilerde lästige Gerüche, Ausdünstungen und Sekrete der Haut beseitigen. Durch die Feuchtigkeitsentziehung wirkt das Pulver kühlend auf die Haut. Besser jedoch wirken feuchte Packungen, weil bei diesen die kolloiden, aktiven Tonteilchen auch in feinste Hautfalten eindringen können und dadurch die Wirkung erhöht wird. Wichtig dabei ist, daß bei dieser Anwendung der Verband lange feucht bleibt, er muß also mit wasserundurchlässigem Stoff bedeckt werden. Wird Heilerde häufiger äußerlich angewandt, so muß der dadurch entstehende Fettentzug der Haut durch Einfetten mit einer fetthaltigen Hautcreme ersetzt werden.

Lagerung von Heilerden.

Die sachgemäße Lagerung von Heilerden ist für ihre Wirksamkeit von größter Bedeutung. Da sie Gase und Dämpfe leicht adsorbiert, kann ihr Wirkungswert bei Aufnahme derselben mehr oder weniger herabgesetzt werden. Heilerden dürfen deshalb keinesfalls in Lagerräumen aufbewahrt werden, deren Luft durch Gerüche, Wasser-, Säure- und Ammoniakdämpfe u. dgl. auch nur vorübergehend verunreinigt ist. Außerdem müssen Heilerden *trocken* aufbewahrt werden.

Verwendung. Die Hauptwirkung der *Luvos-Heilerde* beruht auf der Adsorption von Bakteriengiften, Stoffwechselgiften und Fäulnisgiften im Körper. Diese Wirkung wird erzielt sowohl beim Einnehmen von *Luvos-Heilerde* als auch bei der Anwendung als feuchter Umschlag. Nach VOGEL hat sich *Luvos-Heilerde innerl.* bei Übelsein, Erbrechen, Vergiftungen, Verdauungsstörungen, Sodbrennen, Blähsucht, chronischer Verstopfung, Hautkrankheiten, rheumatischen Beschwerden und allgemeinen Stoffwechselstörungen bewährt. *Äußerl.* als breiiger Umschlag auf Schwellungen, Verbrennungen, Wunden oder Geschwüre aufgetragen, wird die Entzündung gedämpft, der Schmerz gelindert, das Aufsaugen von Ergüssen begünstigt. Bei ihrer Anwendung zeigen sich keinerlei unerwünschte Nebenwirkungen. *Luvos-Heilerde* kommt in nachstehenden Packungen in den Handel: *Luvos 1* zum Einnehmen wirkt ausgleichend auf die Verdauung und verhindert die gefährliche Selbstvergiftung vom Darm aus. *Luvos-Ultra* ebenfalls zum Einnehmen in höchster Feinheit aufbereitet, besonders geeignet für Kinder und Personen mit erhöhter Empfindlichkeit der Verdauungsorgane. *Luvos 2* ist ausschließlich für den äußeren Gebrauch bestimmt und wird außer zu den obengenannten Zwecken auch bei Magen- und Darmerkrankungen, Leber-, Gallen- und Nierenleiden, Rheuma, Gicht, Ischias und Neuralgien angewandt. *Luvos-Wund- und Körperpuder* wird zur Trockenbehandlung, bei Wundsein, Wundlaufen, Hautleiden, Verbrennungen, unreinem Teint sowie zur Säuglingspflege verwendet.

Heilkleie, sterilisierte.

Stabilisierte Heilkleie (Keimdiät) ist beste Weizenschalenkleie, die nach einem besonderen Verfahren haltbar gemacht wird, entbittert ist und einen Säuregrad unter 8 SCHULROTH-Einheiten hat. Neben 17 bis 18% Eiweiß, 3 bis 5% Fett, 23 bis 25% Kohlenhydraten enthält sie Vitamin B_1, Nikotinsäure, Adermin, Pantothensäure, Vitamin E und Vitamin K.

Verwendung. Zur Herstellung von Kleiebädern, Kleieextrakten, Gesichtsmasken, Kataplasmen, rein oder in Kombination mit anderen Stoffen, als Arznei- und Diätmittel für Diabetiker-Gebäcke und sonstige Speisen, als stopfendes Mittel.

Heizöle.

Als Heizöle finden nach ZERBE flüssige Rückstandsprodukte der Verarbeitung von Erdölen, ferner Braunkohle-, Steinkohle-, Ölschiefer- und Generatorteere Verwendung. Für besondere Zwecke, die niedrigviscose Heizöle erfordern, werden auch Destillate aus der Verarbeitung von Erdölen oder Teeren verwendet, sofern deren Flammpunkt den Anforderungen genügt. Besonders werden Rückstandsöle als Heizöle eingesetzt, die sich nicht zur unmittelbaren Weiterverarbeitung auf Schmieröle eignen, also asphalthaltige Typen oder paraffinhaltige Rückstandsöle.

Helmkraut.

Helmkraut. Scutellaria galericulata *L.*

Kappen-Helmkraut.

Labiatae.

An feuchten Stellen häufig vorkommende, 15 bis 50 cm hohe Pflanze mit entfernt gekerbten, gegenständigen, länglich-lanzettlichen Blättern, blauvioletter, selten weißer Blumenkrone, deren Röhre bogenförmig gekrümmt ist. Kelch kahl oder drüsenlos kurzhaarig, zweilippig, ungeteilt. *Geruch* knoblauchähnlich, *Geschmack* bitter, salzig.

Inhaltsstoffe. Ein Glykosid *Scutellarin.*

Verwendung. *Innerl.* 1 Teelöffel auf 1 Tasse Aufguß bei entzündlichen Halserkrankungen, bei Malaria.

Heliotropin. Heliotropinum, Erg.-B. 6.

Piperonal. Methylenprotocatechualdehyd. Piperonylaldehyd. Mol.-Gew. 150,1.

In den Blütenölen von Spiraea ulmaria und Robinia pseudacacia vorkommender Riechstoff.

Darstellung. Durch Oxydation von Isosafrol mit Chrom- und Schwefelsäure.

Eigenschaften. Farblose, glänzende Kristalle von angenehm würzigem *Geruch*, in Wasser wenig, leicht in Weingeist und Äther lösl. Schmp. 35° bis 36°. H. zersetzt sich unter Luft-, Licht- und Wärmeeinfluß (schon bei 30°) allmählich und färbt sich dabei gelb bis braun. Beim Erhitzen auf dem Wasserbad verflüchtigt es sich allmählich.

Prüfung des Erg.-B. 6. 0,1 g H. soll sich in 2 ccm Schwefelsäure mit höchstens citronengelber, nicht mit brauner Farbe lösen.
Fremde organische Stoffe. 5 ccm der weingeistigen Lösung (1 + 24) sollen durch 1 Tr. Eisenchloridlösung rein gelb gefärbt werden.
Acetanilid. Beim Erwärmen von 0,1 g H. mit 5 ccm Kalilauge, Zugabe einiger Tr. Chloroform und erneutem Erwärmen darf kein Isonitrilgeruch auftreten.
0,2 g H. dürfen nach dem Verbrennen keinen wägbaren Rückstand hinterlassen.

Aufbewahrung. *Unbedingt kühl,* in gut verschlossenen Gefäßen, vor Licht geschützt.

Verwendung. In der Parfümerie, zu Lichtschutzmitteln und Herstellung von Seifen mit Heliotropgerüchen und Phantasieparfümen mit haltbarem, blumigem Charakter.

Helmitol (E.W.), Erg.-B. 6. Stoff B.

Anhydromethylencitronensaures Hexamethylentetramin. $C_7H_8O_7 \cdot (CH_2)_6N_4$.
Mol.-Gew. 344,2.

Eigenschaften. Weißes, geruchloses, kristallines Pulver mit angenehm säuerlichem *Geschmack*, lösl. in 10 T. Wasser (20°), in Weingeist und Äther fast unlösl. Die wäßrige Lösung rötet Lackmuspapier. Beim Erhitzen verkohlt es zunächst unter starkem Aufblähen und verbrennt dann. Schmp. etwa 170° unter Zersetzung.

Erkennung. Beim Erhitzen von 0,3 g H. mit 3 ccm verd. Schwefelsäure einige Minuten lang zum Sieden, tritt der Geruch nach Formaldehyd auf. Nach Zusatz von Natronlauge im Überschuß und weiterem Erhitzen entweicht Ammoniak.
Erg.-B. 6 läßt prüfen auf Schwefelsäure, Salzsäure, fremde organische Stoffe und anorganische Beimengungen.

Verwendung. *Med. innerl.* als desinfizierendes Mittel der Harnwege, bei Blasenkatarrh (E. 0,5 g).

Henko.

Henko ist ein Einweich- und Enthärtungsmittel mit Faserschutz auf der Grundlage von Bleichsoda (Henkel). Netzvermögen und Schmutzlockerung werden durch einen geringen Gehalt an waschaktiver Substanz (WAS) begünstigt. Enthärtende Wirkung durch geeignete Zusätze im Vergleich zur Soda stark beschleunigt.

Henna.

Lawsonia alba *Lam.* und **Lawsonia inermis** L. *Lythraceae.* In Nordafrika, im Orient und Ostindien heimischer Strauch, dessen Blätter bzw. Blätter mit den schwach verholzten dornigen Trieben als kosmetisches Färbemittel Verwendung finden.

Henna. Folia Hennae.

3 bis 4 cm lang, bis 2,5 cm breit, glatt, eirund, eilanzettlich oder fast spatelförmig, zugespitzt, sich allmählich stielartig verschmälernd, mit glattem Blattrand. Kräftiger Hauptnerv mit 4 bis 5 Seitennerven, die sich am Blattrand bogenförmig vereinen. Als kosmetisches Färbemittel finden die pulv. Blätter oder Blätter und Stengel, denen Kalk beigemengt ist, Verwendung. Je nach dem Mischungsverhältnis kann der Farbton bestimmt werden. Blätter allein färben bräunlich, Stengel allein fast carminrot. Mit Indigoblättern (Isatis tinctoria) und Kalk gemischt werden auch braune bis tiefschwarze Farbtöne erzielt.

Inhaltsstoffe. Der wirksame Farbstoff 2-Oxy-naphthochinon-(1,4).

Verwendung. Beliebtes Haarfärbemittel für bräunliche und besonders rote Töne, zusammen mit Indigo auch für braune und schwarze Haare, auch zum Färben von Augenbrauen und Wimpern. Bei unsachgemäßem Färben der Wimpern mit dem kalkhaltigen Hennapulver können Augenentzündungen entstehen. Mit Henna hervorgerufene Flecke beseitigt man mit Bleichflüssigkeit, Nachwaschen mit Natriumthiosulfatlösung und anschließendem gründlichem Spülen.

Herbstzeitlose.

Herbstzeitlose. Colchicum autumnale *L.*

Liliaceae.

Auf feuchten Bergwiesen der süddeutschen Gebirge vorkommendes, 12 bis 15 cm hohes Knollengewächs, aus dessen Sproß sich im Herbst schöne, bläulich-rosafarbene, langröhrige, krokusähnliche, sechsblättrige Blüten und im darauffolgenden Frühjahr breite, lanzettliche, saftige, dunkelgrüne, spitz zulaufende Blätter entwickeln, die eine dreifächrige, braune Kapsel mit zahlreichen schwarzbraunen, beinahe kugeligen Samen umschließen (Abb. 106).

Abb. 106. Herbstzeitlose.
Colchicum autumnale.

☠ *2.* Zeitlosensamen. Semen Colchici, DAB. 6, Stoff B.

Herbstzeitlosensamen. Lichtblumensamen.

Die im Juni/Juli gesammelten reifen Samen, 2 bis 3 mm dick, fast kugelig, oft etwas kantig, matt rotbraun und sehr hart, durch den Nabelstrangrest etwas zugespitzt.

Lupenbild. Oberfläche feingrubig punktiert oder feinrunzelig. Die dünne Samenschale umschließt hornartiges, grauweißliches Nährgewebe, in dem, nahe der Samenschale schräg gegenüber dem Nabelstrangrest, der sehr kleine Keimling liegt. *Geruchlos, Geschmack* sehr bitter und kratzend.

Inhaltsstoffe. 0,2 bis 0,6% des sehr giftigen Alkaloids *Colchicin*, **Stoff B**, ☠ *1*, 17% fettes Öl, 5% Zucker, Gerbstoff u. a.

Verwendung. Unter ärztlicher Aufsicht bei Gicht.

Toxikologie. Von Kindern gegessene Samen und Blüten haben zu Vergiftungen geführt. Ziegenmilch soll durch die Pflanze vergiftet werden. Die Colchicinvergiftung erzeugt choleraähnlichen Brechdurchfall. Die Wirkung setzt erst nach mehreren Stunden ein, verursacht in toxischen Dosen zunächst Krämpfe, dann Lähmung des Zentralnervensystems, der Tod tritt durch Atemstillstand ein.

Erste Hilfe. Infolge der langen Inkubationszeit der Vergiftung meist zu spät, Magenspülung mit med. Kohle, Gerbsäure in Form von Tannalbin, Wärmezufuhr.

Prüfung des DAB. 6. Neben der mikroskopischen Prüfung und der Gehaltsbestimmung (Mindestgehalt 0,4 % Colchicin) darf der Aschengehalt höchstens 0,045 betragen.

☠ *2.* Zeitlosenknollen. Tubera Colchici.

Herbstzeitlosenknollen. Zeitlosenwurzel. Wilde Safranwurzel.

Beim Erscheinen der Blüten im Herbst gegrabene, von Blatt und Stengelresten, den braunen Hüllen und Wurzeln befreite Knollen, die in Scheiben geschnitten bei mäßiger künstlicher Wärme rasch getrocknet werden (Wasserverlust 75%). Bis 4 cm lange und 3 cm dicke, auf einer Seite mit einer Rinne versehene, auf der anderen Seite gewölbte, bräunliche Knollen mit weißgrauer, feingekörnter Oberfläche und mehligem, weißgrauem Bruch. *Geruch* frisch unangenehm, verschwindet beim Trocknen, *Geschmack* süßlich, bitterlich und scharf kratzend.

Inhaltsstoffe. Das Alkaloid *Colchicin*, fettes Öl, 20 bis 30% Stärke, Zucker, Harz, Inulin.

Verwendung. Wie Zeitlosensamen, obsolet.

Toxikologie. Wie Zeitlosensamen.

Herzblatt.

Herzblatt. Parnassia palustris *L.*

Saxifragaceae.

An feuchten Gräben, in Mooren, auf sumpfigen Wiesen vorkommendes, 15 bis 25 cm hohes, ausdauerndes Pflänzchen. Grundständige Rosette, kantiger, aufrechter Stengel mit im unteren Drittel stengelumfassendem Vorblatt. Grundständige Blätter langgestielt, herz-eiförmig, dunkel punktiert. Große, weiße Blüte am Stengelende mit 5 ovalen, durchscheinend parallelnervigen Blumenblättern. Im Wechsel mit 5 Staubblättern innerhalb der Krone fünf grüngelbe Blättchen (umgewandelte Staubblätter).

Herzblattkraut. Herba Parnassiae palustris.

Inhaltsstoffe. Gerbstoffe der Katechugruppe.

Verwendung. *Innerl.* 1 Teelöffel auf 1 Tasse Aufguß bei Durchfall, Blutungen, nervösen Erregungszuständen, nervösem Herzklopfen.

Herzgespann.

Leonurus cardiaca *L.* var. villosus (*Desfontaines*) *Bentham.*
Labiatae.

An Wegrändern, Dorfstraßen, Hecken, Zäunen, auf Schutthalden und trockenen Weiden häufig vorkommende, bis 1 m hohe, ausdauernde Pflanze mit kleinen, blaßroten Lippenblüten in halbkugeligen Scheinquirlen in den Achseln der oberen Blätter.

Herzgespannkraut. Herba Leonuri cardiacae, Erg.-B. 6.

Löwenschwanz.

Die während der Blütezeit (Juli/September) gesammelten und getrockneten (Wasserverlust 77%) oberirdischen Teile. Stengel vierkantig, längsgerillt, bis 1 cm dick, seitlich eingebuchtet, häufig rotviolett angelaufen, hohl, mehr oder weniger behaart. Blätter stark geschrumpft, nach der Oberseite eingerollt, oberseits schwarzbraungrün, schwach behaart, unterseits hellgraugrün, dicht behaart. Stark hervortretende, handförmige und netzadrige Nervatur. Untere Blätter langgestielt, 5- bis 7lappig, handförmig, am Grunde herzförmig, obere kürzer gestielt, 3lappig, am Grunde keilförmig. Sitzende Lippenblüten mit röhrig-trichterförmigem Kelch, fleischrosafarbiger, zottig behaarter Blumenkrone, die nur wenig über den Kelch hervortritt. *Geruchlos, Geschmack* schwach bitter, Aschehöchstgehalt nach Erg.-B. 6 14%.

Inhaltsstoffe. 5 bis 8% *Gerbstoffe, Bitterstoff*, ein Glykosid, ein Saponin u. a.

Verwendung. *Innerl.* 2 Teelöffel auf 1 Tasse Aufguß oder Kaltmazerat, pulv. E. 1,5 g bei Angstgefühl mit Herzklopfen, nervösen Herzstörungen, bei Katarrhen mit Verschleimung und Magendrücken, besonders in Mischungen mit Melisse, Baldrian und Mistel zu Teemischungen.

Aufbewahrung. Vor Licht geschützt.

Verw. u. Verf. Filzkrautblätter, *Filago arvensis L.*, spitzlanzettlich, graufilzig behaart.

Heublumen.

Mit Heublumen bezeichnet man nicht die Blüten einer bestimmten Grasart, sondern die bei der Lagerung von Heu zurückbleibenden Abfälle, die durch Absieben von Staub und zu groben Bestandteilen befreit werden. Die Heublumentherapie ist durch SEBASTIAN KNEIPP eingeführt worden.

Heublumen. Flores Graminis.

Heuabfälle verschiedener Wiesenkräuter. Vorwiegend aus gelben, grünen oder rötlichen Blüten, Spelzen, Samen, Blättern und Blütenteilen von zweikeimblättrigen Wiesenkräutern.

Inhaltsstoffe. *Kieselsäure, Kumarin.*

Verwendung. *Äußerl.* Zu Umschlägen, Bädern, Packungen. Heublumen wirken gefäßerweiternd und krampflösend bei Rheumatismus, Flüssigkeitsansammlungen in den Gelenken und der Bauch- und Brusthöhle, Gicht, Nieren- und Gallensteinbildung, bei Ausschlägen, Geschwüren und Furunkulose, bei Unterschenkelgeschwüren und anderen Wunden mit verzögerter Heilung. FLAMM empfiehlt zum Hausgebrauch einen *Heublumensack*, einen Leinensack von der Größe der zu bedeckenden Körperstelle, den man mit Heublumen flach füllt. Dieser wird auf eine kleine Holzleiste, die in einen Kartoffeldämpfer, der zu $1/_4$ mit Wasser gefüllt ist, in halber Höhe eingepreßt wird, gelegt und der mit wenig heißem Wasser angefeuchtete Heublumensack unter mehrmaligem Umwenden etwa $1/_2$ Stunde lang gedämpft. Nach der Prüfung auf Erträglichkeit (Handrückenprobe) ist der Heublumensack ohne Auspressen gebrauchsfertig. Zum Vollbad werden 1 bis $1^1/_2$ kg Heublumen mit 4 bis 6 l Wasser kalt angesetzt, nach dem Sieden 20 Min. lang weitergekocht, durchgeseiht und die Flüssigkeit dem Bade zugesetzt.

Hexachlorophen.

Dioxyhexachlordiphenylmethan.

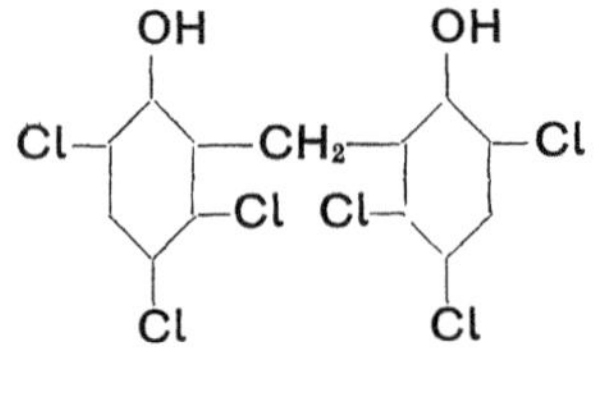

Auch mit B 32, G 11 bzw. AT 17 bezeichnet.

Eigenschaften. Weißes, in Wasser unlösl., in Alkohol, Aceton und verdünntem Alkali lösl., kristallines Pulver. Schmp. 164° bis 165°. Reizlos, für die Haut völlig unschädlich, *fast geruchlos*, tötet Staphylokokken und Streptokokken. Phenol-Koeffizient bezogen auf Staphylococcus aureus 125. Hautbakterien werden schon nach 3 Min. langem Waschen abgetötet. Zur Wundbehandlung sind H-Seifen nicht geeignet, da Blutserum die desinfizierende Wirkung aufhebt.

Verwendung. Zu baktericiden, antiseptischen und desodorisierenden Seifen (2 bis 3%), z. B. Bac-Seife (Olivin), 8 × 4 Seife (Beiersdorf), Rexona-Seife (Sunlicht), im „Bac-Stift" und zur allgemeinen Hygiene.

Hexal, Erg.-B. 6.

Saures sulfosalicylsaures Hexamethylentetramin.

$$C_6H_3\,(OH)\,(COOH)\,(SO_3H)\,[(CH_2)_6N_4] \cdot H_2O. \quad \text{Mol.-Gew. } 376{,}3.$$

Darstellung. Durch Zusammenbringen berechneter Mengen von Sulfosalicylsäure und Hexamethylentetramin in einem geeigneten Lösungsmittel.

Eigenschaften. Weißes bis schwach rötliches, kristallines Pulver, *Geschmack* sauer, lösl. in etwa 8 T. Wasser (20°), leichter in siedendem Wasser, schw. lösl. in Weingeist. Die Lösungen röten Lackmuspapier.

Erkennung. Beim Erhitzen im Reagensglas verkohlt es unter starkem Aufblähen und unter Verbreitung unangenehm riechender Dämpfe, beim Erhitzen der wäßrigen Lösung tritt der Geruch nach Formaldehyd, nach Zusatz von Natronlauge und weiterem Erhitzen der von Ammoniak auf.

Mit Eisenchloridlösung gibt die wäßrige Lösung auch in starker Verdünnung eine rotviolette Färbung, die auch nach Zusatz einiger Tr. Salzsäure nicht verschwindet.

Erg.-B. 6. läßt prüfen auf Schwermetallsalze, Schwefelsäure und Salzsäure. 0,2 g H. dürfen beim Verbrennen keinen wägbaren Rückstand hinterlassen.

Verwendung. Wie Hexamethylentetramin, als leichtes Antisepticum durch Abspaltung von Formaldehyd, besonders *med. innerl.* als desinfizierendes Mittel der Harnwege, bei Blasenkatarrh (E. 0,5 g).

Hexalin. Cyclohexanol.

$$C_6H_{11}OH.$$

Hexalin (DEHYDAG) ist ein cycloaliphatischer Alkohol mit kampferähnlichem *Geruch*, in Wasser nur zu etwa 2% lösl., mit anderen Lösungsmitteln in jedem Verhältnis mischbar. D. (20°) 0,940 bis 0,950; Siedegrenzen 155° bis 170°; Flammpunkt etwa 68°; Hydroxylzahl etwa 520 bis 560.

Verwendung. Als gutes Lösungsmittel für Kohlenwasserstoffe aller Art (Fette, Öle, Harze, Wachse, Bitumen u. dgl.). In der Lackfabrikation zur Herstellung von Kombinationslacken aus Kollodiumwolle und Alkydharzen und von Öl- und Holzöllacken. H. besitzt hohes Lösungsvermögen auch für Kunstharze, Naturharze und ungeschmolzene Kopale. Metallresinate und -linoleate sind in H. l. lösl., es findet deshalb zur Herstellung flüssiger Sikkative vorteilhafte Verwendung. In der Lack- und Farbenindustrie findet H. besonders Verwendung zur Herstellung von Öllacken, Speziallacken, Einbrennlacken und Nitrocelluloselacken. Firnisse, die einen Zusatz von Hexalin enthalten, zeigen beim Auftrocknen eine höhere Glanzwirkung. Schon geringe Zusätze von H. zum Leinöl verhindern bei der Firnisherstellung die Bildung von Blasen und Wolken. Die Oberfläche der Firnislacke bleibt elastisch, und beim vollständigen Auftrocknen wird die Bildung von Sprüngen und Rissen wirksam verhindert.

Hexamethylentetramin.
Hexamethylentetraminum, DAB. 6. Stoff B.

Urotropin (E.W.). *Formin. Aminoform. Hexamin.* $(CH_2)_6N_4$.
Mol.-Gew. 140,13.

Darstellung. Durch Versetzen einer Formaldehydlösung mit überschüssiger Ammoniakflüssigkeit und Eindampfen der Mischung. Dabei verbindet sich das Sauerstoffatom des Formaldehyds mit den Wasserstoffatomen des Ammoniaks unter Bildung von Wasser:

$$6\,HCHO \;+\; 4\,NH_3 \;\rightarrow\; (CH_2)_6N_4 \;+\; 6\,H_2O$$

Formaldehyd   Ammoniak   Hexamethylentetramin   Wasser

Eigenschaften. Farbloses, kristallines Pulver von erst süßem, dann bitterlichem *Geschmack*, das sich beim Erhitzen verflüchtigt, ohne zu schmelzen, lösl. in etwa 1,5 T. Wasser, in 10 T. Weingeist. Die wäßrige Lösung bläut Lackmuspapier sehr schwach, rötet aber Phenolphthaleinlösung nicht.

Prüfung des DAB. 6. *Erkennung.* Je 5 ccm der wäßrigen Lösung (1 + 19) werden geprüft: Mit verd. Schwefelsäure erhitzt, entsteht der Geruch nach Formaldehyd; beim Übersättigen der Mischung mit Natronlauge und erneutem Erwärmen entweicht Ammoniak:

$$(CH_2)_6N_4 \quad + \quad 10\,H_2O \quad \rightarrow \quad 6\,HCHO \quad + \quad 4\,NH_3 \quad + \quad 4\,H_2O;$$

Hexamethylentetramin   Wasser   Formaldehyd   Ammoniak   Wasser

mit 5 Tr. Silbernitratlösung entsteht ein weißer Niederschlag (Doppelsalz mit Silbernitrat), der sich im Überschuß von H.-Lösung wieder löst.

Ferner läßt DAB. 6 die wäßrige Lösung prüfen auf:

Schwermetallsalze, mit 3 Tr. Natriumsulfidlösung darf weder Trübung noch Fällung eintreten;

Schwefelsäure, mit Bariumnitratlösung darf keine weiße Trübung entstehen;

Salzsäure, beim Versetzen mit 2 ccm Salpetersäure und einigen Tr. Silbernitratlösung darf höchstens opalisierende Trübung auftreten;

Ammoniumsalze, Paraformaldehyd, mit 5 Tr. NESSLERS Reagens einmal aufgekocht, darf weder gelbe Färbung noch eine Trübung auftreten.

Fremde organische Stoffe. Beim Auflösen von 0,1 g H. in 2 ccm Schwefelsäure muß eine farblose Lösung entstehen.

Fremde Beimengungen. Beim Verbrennen von 0,2 g H. muß der Rückstand weniger als 0,001 g betragen.

Verwendung. *Med. innerl.* als Mittel zur Desinfektion der Harnwege bei Blasenkatarrh, da saurer Harn Formaldehyd in größerer Konzentration in Freiheit setzt (E. 0,5 g). H. löst Uratsteine auf. *Äußerl.* als sehr wirksamer Zusatz zu Salben und Streupudern gegen übermäßige Schweißbildung, als Konservierungsmittel zu kosmetischen Präparaten, *techn.* zur Herstellung des Trockenbrennstoffs → *Esbit.*

Hexylresorcin[1].

1-Hexyl-2,4-dioxybenzol. Mol.-Gew. 194,14.

Eigenschaften. Kristalliner, schwach rosa gefärbter, licht- und luftempfindlicher Körper mit schwach fettartigem *Geruch* und scharf zusammenziehendem *Geschmack,* der die Zunge unempfindlich macht. Im Wasser nur schwer (1 : 10000), leicht dagegen in Weingeist, Glycerin, Äther, Chloroform, Benzol und fetten Ölen lösl. (Phenolkoeffizient 50). H. fällt Eiweiß, wirkt stark antiseptisch, ist jedoch wesentlich weniger giftig als Phenol, praktisch ungiftig.

Erkennung. Beim Kochen von 2 ccm H.-Lösung mit 0,25 ccm Kalilauge (40%) und 0,25 ccm Chloroform 1 Min. lang entsteht eine blaßrote Färbung.

Aufbewahrung. In luftdicht verschlossenen Glasstopfengefäßen, vor Licht geschützt.

Verwendung. *Innerl.* als sicher wirkendes Mittel gegen Maden- und Spulwürmer (E. 0,5 g), *äußerl.* als Allgemeindesinficiens und bei Hautpilzerkrankungen in wäßriger Glycerinlösung (1%), als Zusatz zu Zahnpasten, Haarwässern (0,5%), zu Melkfetten (0,5 bis 1%), zur Konservierung von Stärke (0,1 bis 0,3%) und schleimhaltigen kosmetischen Erzeugnissen, Glycerinhautgelees und Haarfixiermitteln.

Himbeere.

Himbeere. Rubus idaeus *L.*

Rosaceae.

In lichten Wäldern, auf freien Waldflächen, an Hecken vorkommende, bis 3 m hohe Staude, in zahlreichen Varietäten feldmäßig und in Gärten kultiviert. Im 1. Jahr entwickeln sich meist nur blatttragende, einfache, im 2. Jahr verzweigte, blühende

---

[1] Nach E. BENK: SÖWF. 1949, 528.

und fruchttragende Schößlinge. Schößlinge und Blattstengel tragen Stacheln, Blätter 3-, 5- oder 7zählig gefiedert, unterseits meist weißfilzig; rote, selten gelbe Sammelfrucht, die sich bei der Reife leicht vom kegelförmigen Fruchtboden löst und aus 20 bis 50 behaarten, einsamigen Steinfrüchtchen besteht (Abb. 107, 108).

Himbeerblätter. Folia Rubi Idaei, Erg.-B. 6.

Die im Frühjahr und Sommer gesammelten und sorgfältig getrockneten Blätter ohne holzige Stengelteile. Aus 3 bis 7 eiförmig zugespitzten Teilblättchen bestehende Blätter mit grün oder rötlich angelaufenem Stiel, an der Unterseite der Hauptrippe mit vereinzelten, sehr kleinen Stacheln. Blätter oberseits dunkel- bis braungrün, schwach behaart, unterseits mit fiedriger Nervatur und dichtem, silbergrauem Haarfilz. Blattrand ungleich scharf gesägt, Seitennerven fiederförmig vom Hauptnerv bis zu den Randzähnen abgehend. *Geruchlos, Geschmack* etwas herb und bitter. Aschehöchstgehalt 8%. Die **Schnittdroge** haftet infolge der dichten Behaarung klumpig zusammen, Blatt

Abb. 107. Himbeere. Rubus idaeus.

stückchen oberseits unbehaart, unterseits mit fiedriger Netznervatur.

Inhaltsstoffe. *Gerbstoff, Vitamin C,* organische Säuren.

Verwendung. *Innerl.* 1 bis 2 Teelöffel auf 1 Tasse Aufguß als adstringierendes Mittel, zu Hausteemischungen als Ersatz für chinesischen Tee.

Aufbewahrung. Vor Licht geschützt.

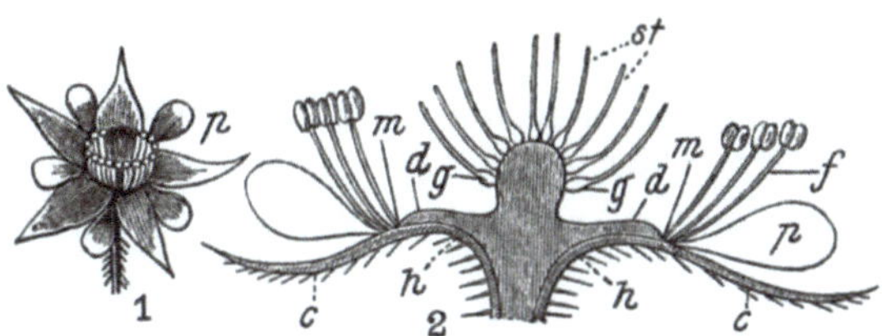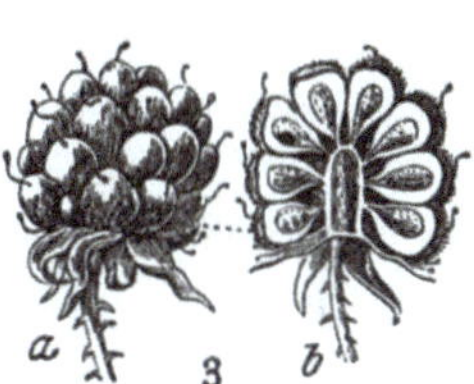

Abb. 108. 1 Blüte von Rubus idaeus; — 2 dieselbe längs durchgeschnitten und vergrößert: *h* der Blütenboden; *d* Diskus; — *c* Kelchblätter; — *p* Blumenblätter; — *f* Staubgefäße; — *m* Einfügungsstelle derselben; — *g* die zahlreichen, freien Fruchtblätter; — *st* die Griffel; — *3a* Sammelfrucht der Himbeere; — *b* dieselbe durchschnitten.

Himbeeren. Fructus Rubi Idaei.

Die im Juli/August reifenden, frisch zu verarbeitenden Sammelfrüchte, etwa 1 cm ⌀, etwa 1,5 cm hoch, mit kleinen, hellgelblich-weißen Samen. *Geruch* fein aromatisch, *Geschmack* süßlich.

Inhaltsstoffe. Frische Früchte 84% Wasser, 4,5% *Invertzucker,* 0,22% *Saccharose,* etwa 1,5% *Pektin, freie Säuren,* besonders *Citronensäure,* wenig Äpfelsäure, Spuren Essigsäure, *Gerbstoff,* Aromastoff (wahrscheinlich Fettsäureester), roter Farbstoff (Anthocyan).

Verwendung. Frisch zur Herstellung von Säften, Sirupen, Marmeladen, zur Darstellung von Sirupus Idaei, DAB. 6 (s. Band. III), der als Geschmackskorrigens zur Herstellung von Krankengetränken und zu Limonaden Verwendung findet. Aus den Preßrückständen wird Himbeerwasser (Aqua Rubi Idaei) durch Destillation gewonnen. Himbeeren dienen auch zur Herstellung von Himbeerwein und → Himbeergeist.

37 *

Himbeeren, getrocknete. Fructus Rubi Idaei siccati.

Stark geschrumpfte Früchte von graurotem Aussehen, äußerlich oft unansehnlich, stark dem Wurmfraß ausgesetzt.

Himbeergeist.

Himbeergeist ist ein wasserhelles Erzeugnis mit feinem Himbeergeschmack und 40 bis 50 Vol.-% Alkohol. H. findet Verwendung als feiner Beerengeist, als Zusatz zu Likören (Bergamotte, Cherrybrandy, Curaçao, Kräuterlikören, Prunellelikör, Vanillelikör u. a. (1 bis 2%), besonders aber als Zusatz zu Fruchtlikören. *Himbeerbranntwein* wird im Gegensatz zu Himbeergeist, der aus gespriteter Maische erhalten wird, aus vergorener Himbeermaische erhalten und ist wesentlich teurer.

Hirschbrunst.

In Mittel- und Osteuropa in Kiefern-, Fichten-, Eichen- und Buchenwäldern stellenweise gesellig vorkommender Pilz, **Elaphomyces cervinus** *Schröter, Elaphomycetaceae,* dessen getrockneter Fruchtkörper Verwendung findet.

Hirschbrunst. Fungus cervinus.

Boletus cervinus. Hirschtrüffel.

Der getrocknete Fruchtkörper, walnußgroße, meist kugelige, mitunter auch anders geformte Gebilde mit einfacher, harter, bis 2 mm dicker, außen brauner und mit Warzen bedeckter Schale, welche die nahezu schwarze, von vereinzelten feinen weißen Fäden durchzogene Sporenmasse umschließt. Fast *geruchlos, Geschmack* schwach bitter, fade.

Inhaltsstoffe. Der eigentliche Wirkstoff ist noch unbekannt, indifferente Stoffe: Mannit, Kohlenhydrate, Pektine, Farbstoffe.

Verwendung. In der *volkstüml.* Tierheilkunde als Brunstmittel in Gaben bis zu 50 g.

Hirschhorn.

Hirschhorn kommt als Abfall von verarbeitetem Hirschhorn oder aus den größeren Stücken des Abfalls geraspelt in den Handel.

Hirschhorn, geraspeltes. Cornu Cervi raspatum.

Beim Drehen von Hirschhorn anfallende Späne, die Leim, Calciumphosphat, Calciumcarbonat und andere Salze enthalten.

Verwendung. Als Düngemittel für Zimmerpflanzen. **Hirschhorn, gebranntes,** *Cornu Cervi ustum,* ist obsolet und heute durch Calcium phosphoricum ersetzt.

Hirschzunge.

Hirschzunge. Scolopendrium vulgare *Smith.*

Polypodiaceae.

Sammelverbot!

Zerstreut, im Rheinland häufiger, an feuchten Felsen, Mauern, Brunnen, in steinigen Wäldern vorkommender Tüpfelfarn mit am Grunde etwas herzförmigen Blättern.

Hirschzungenkraut. Herba Scolopendrii.

15 bis 50 cm lange, zungenförmige, ganzrandige, am Rande oft wellige Wedel, kahl, lederig. Sporenhäufchen an der Unterseite entlang den Nerven und schräg zum Mittelnerv in parallelen Reihen angeordnet.

Verwendung. *Innerl.* 1 Teelöffel auf 1 Tasse Aufguß, bis 3 Tassen tägl. als harn- und schweißtreibendes Mittel, bei Hals- und Lungenleiden, Darmkatarrhen, Leber- und Milzleiden.

Hirse.

Mit Hirse bezeichnet man Getreidegräser, *Panicum-* und *Setaria-Arten,Gramineae,* mit glänzenden, fest bespelzten Körnern, die jedoch viel kleiner sind als etwa beim Weizen. Hirseformen sind die ältesten Getreidearten.

Echte Hirse. Panicum miliaceum *L.*

Rispenhirse.

Gramineae.

Früher in Mitteleuropa viel angebaut und zu Hirsebrei verwendet. In Rumänien wird daraus *Braga,* ein säuerliches Bier, hergestellt. Das Korn dient als Vogelfutter. Das am meisten verbreitete hirseartige Getreide ist die bis 4,5 m hohe, schnell wachsende Bartgrasart **Sorghum, Sorgho,** das in Afrika, Indien und China in Form von Brei die Hauptnahrung bildet und außerdem das bierähnliche *Reisbier* liefert. Das Stroh dient zur Herstellung von Besen, Matten und Papier.

Hirtentäschel.

Hirtentäschel. Capsella bursa-pastoris (*Linné*) *Moench.*

Cruciferae.

An Schutthaufen, Ödplätzen, Wegrändern, Rainen und Mauern, besonders an trockenen Plätzen, salzhaltigen Orten überall vorkommendes, ein- bis zweijähriges Kraut, 20 bis 40 cm hoch, mit einfachem, aufrechtem oder verzweigtem, unten zerstreut behaartem Stengel, grundständige Rosette aus gestielten, länglich-lanzettlichen, meist fiederspaltigen, mitunter ungeteilten Blättern, obere Blätter stengelumfassend. Kleine weiße, gestielte Blüten am Ende der Stengel und Zweige, Schötchen eiförmig oder elliptisch (Abb. 109).

Abb. 109. Hirtentäschel. Capsella bursa-pastoris.
1 Habitus; — *2* geöffnete Frucht, vergrößert.

Hirtentäschelkraut. Herba Bursae pastoris, Erg.-B. 6.

Gänsekresse. Täschelkraut. Säckelkraut. Beutelschneiderkraut.

Die im Hochsommer an trockenen Orten gesammelten und schnell getrockneten (Wasserverlust 74%) oberirdischen Teile. Stengel hellgrün, rund oder kantig, fein längsgerillt. Blätter heller oder dunkler grün, unbehaart oder behaart. Stengelblätter vereinzelt, kleiner, sitzend, stark runzelig eingerollt. Schötchenfrucht (Abb. 109, *2*) flachgedrückt, dreieckig, grün bis hellgelb, verkehrt herzförmig, langgestielt, mit vielen kleinen, rotbraunen Samen. *Geruch* schwach unangenehm, *Geschmack* etwas scharf, bitter. Kennzeichnend für die **Schnittdroge** Schötchen oder Schötchenteile (abgesprungene Fruchtklappen, falsche Scheidewände, rotbraune Samen), kleine Knäuel eingeschrumpfter Blütenstände, fein längsgerillte Stengelstückchen. Aschenhöchstgehalt 10%.

Inhaltsstoffe. Wenig *Tyramin* und *Cholin*, Spuren von Acetylcholin, ein Glykosid (Alkaloide ähnlich denen von Secale cornutum nicht vorhanden!).

Verwendung. *Volkstüml. innerl.* 1 bis 2 Teelöffel auf 1 Tasse Abkochung als blutstillendes Mittel auch bei schmerzhaften Monatsblutungen, bei Durchfällen, Harnbeschwerden; *äußerl.* zu Auflagen auf blutende Wunden.

Aufbewahrung. Vor Licht geschützt.

Hobbock.

Mit Hobbock bezeichnet man zum Versand von Fetten, Farben und ähnlichen Stoffen verwendete große zylindrische Gefäße aus Eisenblech mit Deckel (s. Bd. I, S. 11, Abb. 13, *d*).

Hohlzahn.

Galeopsis ochroleuca *Lamarck,*
neue Nomenklatur **Galeopsis segetum**
Mecker.

Labiatae.

Auf sandigen Äckern, Wiesen, Brachland vorkommendes, aufrechtes, stark verästeltes, einjähriges, bis 50 cm hohes Kraut.

Hohlzahnkraut. Herba Galeopsidis, Erg.-B. 6.

Spanischer Tee. Blankenheimer Tee. Liebersches Kraut. Schwindsuchtstee.

Die während der Blütezeit (Juli/ August) gesammelten und getrockneten (Wasserverlust 72%) oberirdischen Teile, bis 50 cm lange Stengel mit Blättern und Blüten, Stengel grün, vierkantig, weichhaarig, oft rot angelaufen, mit gestielten, bis 5 cm langen, weichhaarigen, in den Blattstiel verschmälerten, kreuzgegenständigen Blättern, länglich-eiförmig bis lanzettlich, grob gesägt, am Grunde ganzrandig, Haupt- und Seitennerven

Abb. 110. Hohlzahn. Galeopsis segetum (Galeopsis ochroleuca). *1* blühende Spitze; — *2* vergrößerte Blüte; — *3* Fruchtknoten mit Kelch, vergrößert; — *4* getrocknete Stückchen aus Herba Galeopsidis, vergrößert.

unterseits hervortretend. Lippenblüten gelblichweiß, in achselständigen Scheinquirlen, Blumenkrone 3- bis 4mal länger als der Kelch, zweilippig, zottig behaart, mit 3spaltiger, weißer Unterlippe, am Grunde mit einem schwefelgelben Fleck. An beiden Seiten der Unterlippe je 1 *hohles*, spitzes *Zähnchen* (daher der Name). *Geruch* schwach, *Geschmack* salzig-bitterlich (Abb. 110).

Lupenbild. Der kurze, stachelspitzige Kelch zeigt kennzeichnende Drüsenköpfchen.

Inhaltsstoffe. *Kieselsäure* (davon auch in der Abkochung nur ein geringer Teil wasserlösl.), etwa 6% *Gerbstoff*, *Saponine*, Fett, Wachs, Harz u. a.

Verwendung. 1 Teelöffel bis 1 Eßlöffel auf 1 Tasse Abkochung, *innerl.* bis 2 Tassen tägl. als schleimlösendes und das Lungengewebe konservierendes Mittel bei beginnender Tuberkulose, Lungen- und Bronchialleiden, Asthma (häufig in Mischung mit Schachtelhalm und Vogelknöterich zu längerer Kur); *äußerl.* gegen schlecht heilende Wunden.

Aufbewahrung. Vor Licht geschützt.

Verf. Sehr häufig verfälscht ist die Schnittdroge mit Beschreikraut, *Sideritis hirsuta* (Stachys rectus), grobborstig behaart, mit bauchig-gedrungenem Kelch; Bunter Hohlzahn, *Galeopsis speciosa* (Galeopsis versicolor), mit borstenhaarigem Stengel, rauhhaarigen Blattstücken, hellgelben Kelchen mit kräftigen Stacheln, gelblichweißer Blumenkrone mit rotviolettem Mittellappen; Gemeinem Hohlzahn, *Galeopsis tetrahit*, mit knotigem Stengel, dichten, abwärtsstehenden Haaren, rosaroten Blüten und strohgelb glänzenden Kelchen.

Holesan.

Holesan ist ein Klebstoff in verschiedenen Marken zum Verkleben aller Materialien, z. B. Papier, Pappe, Stoff, Metalle, Kunststoffe aller Art, zum Verlegen von Fußbodenbelag, Fasernplatten, Linoleum, Korkplatten, Gummiplatten, Mipolan usw.

Holunder.

Holunder. Sambucus nigra *L.*

Caprifoliaceae.

Abb. 111.
Holunder, Sambucus nigra.

In Europa und Vorderasien verbreiteter, in Deutschland in Gebüschen, Hecken, Gärten, Auen und im Unterholz der Wälder vorkommender, 3 bis 8 m hoher, ästiger Strauch oder Baum mit bogenförmig nach abwärts gekrümmten, markhaltigen Ästen und in der Jugend grüner, warziger, unangenehm riechender, im Alter aschgrauer und rissiger Rinde, Blätter gegenständig, unpaarig gefiedert, dunkelgrün, bis 30 cm lang. Zahlreiche kleine, gelblichweiße, stark duftende Blüten in reichblütigen, flachen Trugdolden mit 5 Hauptästen. Die im August/September reifenden kleinen, glänzenden, schwarzvioletten Steinfrüchte führen blutroten Saft (Abb. 111).

Holunderblüten. Flores Sambuci, DAB. 6.

Holderblüten. Hollerblüten. Kaikenblumen. Hütschelblumen. Aalhornblüten. Fälschlich auch *Fliederblüten. Fliedertee.*

Die zu Beginn der Blütezeit (Mai/Juli) gesammelten und rasch getrockneten (Wasserverlust 75 bis 83%) Blüten. Bei trockenem Wetter werden die Trugdolden abgeschnitten oder gepflückt und nach dem Trocknen als solche oder gerebelt in den Handel gebracht. Das *Rebeln* erfolgt mit Drahtsieben, wobei die Blüten schon bei gelindem Reiben abfallen und nachgetrocknet werden. Die gelblichen, mehr oder weniger vergilbten Einzelblüten mit zartem, dünnem Stiel, radförmiger Blumen- krone und sehr kleinem, fünfzipf- ligem Kelch, unterständigem, drei- narbigem Fruchtknoten mit kur- zem Griffel. 5 Staubgefäße mit gelben Staubbeuteln stehen auf der kurzen Blumenröhre abwech- selnd mit den 5 Kronenlappen (Abb. 112). *Geruch* kräftig, *Ge- schmack* schleimig-süßlich, später etwas kratzend.

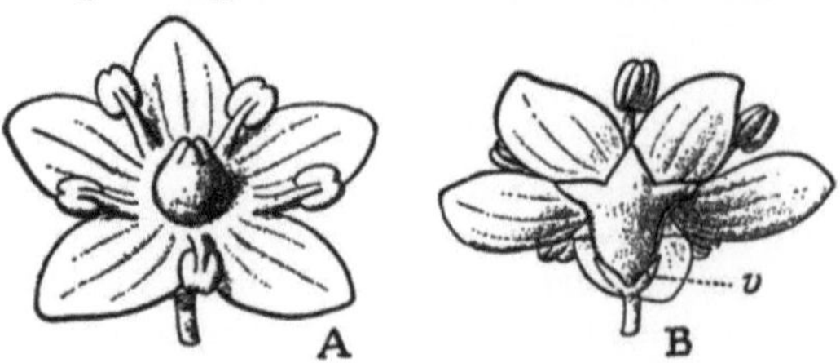

Abb. 112. Holunder. Blüte von Sambucus nigra. A von oben, B von unten gesehen ($^5/_1$); — *v* Vorblätter unter dem Kelch.

Inhaltsstoffe. Blausäureglykosid *Sambunigrin*, Flavonglykosid *Rutin*, 0,025% eines *ätherischen Öls* von Butterkonsistenz, Gerbstoffe, Harze, Zucker, Schleim, Cholin, Äpfel-, Valerian-, Weinsäure u. a.

Verwendung. *Innerl.* $^1/_2$ bis 1 Eßlöffel auf 1 Tasse Aufguß als schweißtreibendes Mittel (gut warm zu trinken!) bei Erkältungskrankheiten aller Art, zu Teemischungen (Abführ-, Blutreinigungs-, Hämorrhoidaltees); *äußerl.* zum Inhalieren und zu Um- schlägen, als Gurgelwasser bei Mund- und Halskrankheiten.

Aufbewahrung. Vor Feuchtigkeit, zweckmäßig durch Blau-Gel, geschützt zur Erhaltung der gelben Farbe.

Verw. u. Verf. Zwergholunder, *Sambucus ebulus*, mit roten Staubblättern und am Grunde dreiteiliger Trugdolde; Roter Holunder, *Sambucus racemosa*, mit traubenförmigem Blütenstand.

Holunderbeeren. Fructus Sambuci.

Holunderfrüchte. Holder- oder *Hollerbeeren. Aalhornbeeren.* Fälschlich *Fliederbeeren.*

Die reifen, im Oktober gesammelten Früchte, die entweder frisch verarbeitet (zu Holundermus, Succus Sambuci inspissatus — Extractum Sambuci, s. Bd. III, Marmelade, Saft —, aus gegorenem Saft wird Sirupus Sambuci bereitet — Holunder- beerwein, Vinum Sambuci, s. Bd. III) oder auf Darren getrocknet werden (Wasser- verlust 79 bis 80%). Rundliche oder eiförmige, bis 6 mm lange, schwarzviolette, runzelige Früchte, mit purpurrotem Fruchtfleisch und 3 mit sehr hartem Endocarp umhüllten Samen. *Geruch* eigenartig, *Geschmack* süßsäuerlich.

Inhaltsstoffe. Äpfelsäure, Baldriansäure, Essigsäure, Gerbsäure, bis 20% Zucker, Farbstoff, wenig ätherisches Öl, Bitterstoff, die Vitamine A, B, C.

Verwendung. *Innerl.* (E. 10 g) als schweißtreibendes, harntreibendes und mildes Abführmittel, bei Erkältungskrankheiten, Rheumatismus und Gicht.

Holunderblätter. Folia Sambuci.

Holder- oder *Hollerblätter. Aalhornblätter.* Fälschlich *Fliederblätter.*

Die im Frühsommer gepflückten und im Schatten getrockneten (Wasserverlust 70%) Blätter, langgestielt, unpaarig gefiedert, bis 40 cm lang, Fiederblätter bis 15 cm lang, schmal bis breit-eiförmig. Fast *geruchlos, Geschmack* zusammenziehend, etwas bitter.

Inhaltsstoffe. Blausäureglykosid *Sambunigrin*, Spuren des Alkaloids *Sambucin*, Gerbstoff, Harz, Emulsin, Zucker.

Verwendung. *Innerl.* 1 Eßlöffel voll auf 1 Tasse Aufguß oder Kaltmazerat, anschließend aufkochen, als harn- und schweißtreibendes Mittel, zur Erhöhung der Nierentätigkeit und Wasserausscheidung. *Volkstüml.* bei Wassersucht.

Aufbewahrung. Vor Licht geschützt.

Holunderrinde. Cortex Sambuci.

Holder- oder *Hollerrinde. Aalhornrinde.* Fälschlich *Fliederrinde.*

Die im Frühjahr von Zweigen abgeschälte und vom Kork befreite, getrocknete (Wasserverlust 85,7%) junge Rinde. Bandartige, zähe, faserige Rindenstreifen, Farbe hellbraun, mitunter grün gefleckt. *Geruchlos, Geschmack* bitter.

Inhaltsstoffe. Gerbstoff, Harz, Baldriansäure, ein gelbes Öl, ein Alkaloid Sambucin.

Verwendung. *Innerl.* 1 Teelöffel auf 1 Tasse Aufguß als schweiß- und harntreibendes Mittel und zur Blutreinigung.

Aufbewahrung. Vor Licht geschützt.

Holunderwurzel. Radix Sambuci.

Fälschlich *Fliederwurzel.*

Die beim Umpflanzen oder Herausnehmen jüngerer Pflanzen geerntete und getrocknete Wurzel, 20 bis 30 cm lange, außen hellgelbe bis braungraue, längsrunzelige Stücke, Querschnitt mit dünner, grauer Rinde und zitronengelbem, porösem Holzkörper. *Geruchlos, Geschmack* zusammenziehend.

Inhaltsstoffe. Harze.

Verwendung. *Volkstüml. innerl.* als harntreibendes und Abführmittel.

Aufbewahrung. Vor Licht geschützt.

Holunderschwamm. Fungus Sambuci.

Ohrmuschelförmiger Pilz, **Exidia auricula judae,** *Auriculariaceae.* Der getrocknete Fruchtkörper, oberseits schwärzlich, unten grau, hornartig, der in Wasser gallertig aufweicht.

Inhaltsstoffe. Fett, *Bassorin,* Mykose, eine Zuckerart.

Verwendung. *Volkstüml. äußerl.* aufgeweicht zum Auflegen auf die Augen an Stelle von Augenwasser.

Holundermark. Medulla Sambuci.

Weißlichgelbe, poröse Masse von geringem spez. Gewicht aus dünnwandigen, großen, mit Luft gefüllten Parenchymzellen einjähriger Sprosse, das getrocknet in der mikroskopischen Schneidetechnik und wegen seiner Leichtigkeit auch zu physikalischen Experimenten Verwendung findet.

Holz.

Das Holz, der wichtigste Rohstoff, den der Wald liefert, dient zwei großen Gebieten der Volkswirtschaft:

1. dem Baugewerbe und verwandten Berufen,
2. der chemischen Industrie:

   a) zur Zellstoffgewinnung und daraus hergestelltem Papier und Textilfasern sowie zur Herstellung von Kunststoffen; — b) zur Zersetzungsdestillation, bei der man wichtige Rohstoffe zur Herstellung von Kunststoffen erhält wie Essigsäure und Methylalkohol, ferner Holzkohle; — c) zur Zucker-, Alkohol- und Hefegewinnung.

Damit ist das Holz zu einem der wertvollsten Rohstoffe unseres Jahrhunderts geworden. Das Gebot „Schütze den deutschen Wald" hat seinen tiefen Sinn.

Holz besteht hauptsächlich aus Cellulose, Hemicellulose und Lignin. Die Cellulose beträgt $^2/_3$ der trockenen Holzsubstanz, *Lignin* ist bis 30%, der Holzgummi *Xylan* (1 bis 2%) im Holz angispermer Bäume, *Mannan* im Holz gymnospermer Bäume enthalten.

Außerdem enthält das Holz Harze, celluloseähnliche Polysaccharide. Der prozentuale Anteil der einzelnen Bestandteile unterliegt bei den verschiedenen Holzsorten erheblichen Unterschieden. So enthält z. B. *Fichtenholz* 2,3% Harz und Fett, 11,3% Hemicellulosen, 28,29% Lignin, 57,84% Cellulose, während *Birkenholz* 1,8% Harz und Fett, 27,07% Hemicellulosen, 19,56% Lignin und 45,3% Cellulose enthält.

Über den Bau des Holzes gibt der Abschnitt „Botanik" im Bd. I Aufschluß. Sehr harte Hölzer sind: Guajakholz, Ebenholz, Steineiche und Weißdorn; harte Hölzer sind: Ahorn, Akazie, Apfelbaum, Birnbaum, Eiche, Esche, Nußbaum; mittelhart: Edelkastanie, Platane, Teakholz, Ulme; weiche Hölzer sind: Birke, Erle, Fichte, Föhre, Haselnuß, Lärche, Roßkastanie; sehr weiche Hölzer sind: Espe, Linde, Pappel, Weide.

Holz ist besonders durch den Einfluß von Feuchtigkeit und Wärme nicht sehr wetterbeständig. Unter günstigen Bedingungen erfolgt durch die Mitwirkung von Schimmelpilzen und Bakterien verhältnismäßig rasche Vermoderung. Aus diesem Grunde ist sorgfältiger Holzschutz vor allem bei Hölzern nötig, die Atmosphärilien ausgesetzt sind (s. Schädlingsbekämpfung). Ein großer Teil des Holzes wird als Bauholz und zu Brennzwecken verwendet. Die chemisch-technische Verwertung des Holzes veranschaulicht folgende Darstellung[1]:

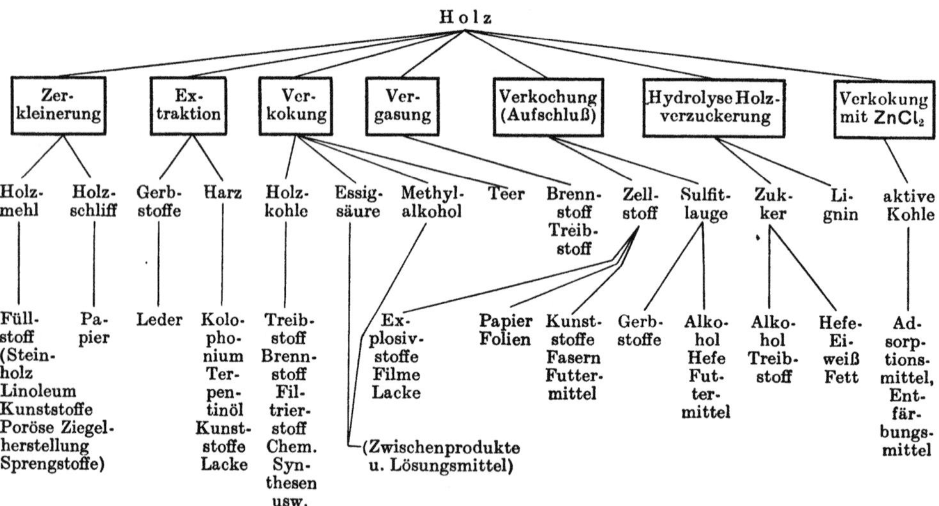

Zur Gewinnung der einzelnen Produkte werden an das zur Verwendung kommende Holz sehr verschiedene Qualitätsansprüche gestellt; während zur Gewinnung von Zellstoff, Kunstseide und Zellwolle an die Holzqualität die größten Ansprüche gestellt werden, wird zur Verkokung und Verzuckerung Abfallholz verwendet.

---

[1] Nach F. A. HENGLEIN: Grundriß der chemischen Technik, 4. und 5. Aufl. 1949.

Zersetzungsdestillation des Holzes.

Die Zersetzungsdestillation des Holzes oder *Holzverkokung* bezeichnet man häufig auch als *Holzverkohlung*. Sie wird seit altersher in *Meilern* durchgeführt, wobei jedoch nur die Holzkohle gewonnen wird, während die Nebenprodukte verlorengehen. Um die bei der Zersetzungsdestillation des Holzes sich bildenden Stoffe möglichst restlos zu erhalten, wird heute die Holzverkokung in besonderen Ofenanlagen mit geschlossenen Retorten durchgeführt. Als Rohstoff findet Holz von Buchen, Eichen, Birken, Tannen, Fichten, Kiefern, Lärchen u. a. Verwendung.

Bei der Erhitzung von Holz bis etwa 170° entweicht das darin enthaltene Wasser. Bei höherer Temperatur erhält man

1. Holzgas, ein Gemisch aus Methan, Äthylen, Acetylen, Kohlenoxyd und Kohlendioxyd;

2. Holzessig, ein wäßriges Destillat, das neben Essigsäure Methanol, Aceton und brenzliche Stoffe enthält;

3. Holzteer (besonders von Buchenholz), der Kreosot und Guajakol, aber im Gegensatz zum Steinkohlenteer keine Basen enthält;

4. Holzkohle, die teils als Bügelkohle, teils zur Herstellung von aktiver Kohle Verwendung findet.

Abb. 113 zeigt eine Apparatur zur Zersetzungsdestillation von Holz für Lehrzwecke. In dem Rundkolben aus schwerschmelzendem Glas werden Sägespäne allmählich stark erhitzt, wobei die Destillation nach etwa 10 Min. beginnt. Dabei

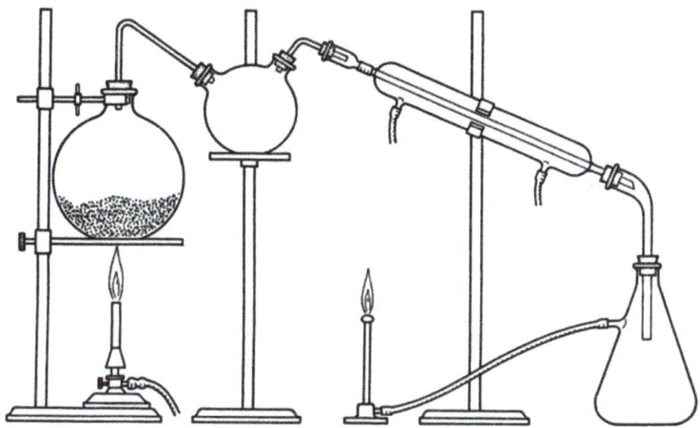

Abb. 113. Trockene (Zersetzungs-)Destillation von Holz.

scheidet sich der entstehende Teer im vorgelegten Rundkolben ab, während sich das wäßrige Kondensat in der Vorlage verdichtet. Die Gase entweichen durch den Brenner. Vor ihrem Anzünden ist die *Knallgasprobe* zu machen. In dem Rundkolben bleibt Holzkohle zurück.

Holzessig, roher. Acetum pyrolignosum crudum, DAB. 6.

Mol.-Gew. 60,03.

Roher Holzessig ist das bei der Zersetzungsdestillation des Holzes erhaltene wäßrige Destillat. Er muß mindestens 8,4 v. H. CH_3COOH enthalten und stellt eine braune, nach Teer und Essigsäure riechende sauer und leicht bitter schmeckende Flüssigkeit dar, aus der sich beim Aufbewahren teerartige Stoffe abscheiden.

Prüfung des DAB. 6. 10 ccm werden, mit 10 ccm Wasser verd., filtriert.

Je 5 ccm des Filtrats zeigen an:

Schwefelsäure (zu hoher Gehalt), durch eine sofort eintretende weiße Trübung beim Versetzen mit Bariumnitratlösung;

Salzsäure, durch eine weiße mehr als opalisierende Trübung beim Versetzen mit Silbernitratlösung;

Schwermetallsalze, Kupfer und *Blei,* durch eine dunkle Färbung oder Fällung, *Zink,* durch eine weiße beim Versetzen mit 3 Tr. Natriumsulfidlösung;

Eisen (zu hoher Gehalt), durch eine dunkelblaue Fällung beim Versetzen mit Kaliumferrocyanidlösung.

Mindestgehalt von 8,4% Essigsäure. 10 g werden mit 14 ccm n-Kalilauge vermischt, rotes Lackmuspapier darf beim Eintauchen in die Mischung nicht gebläut werden. Zu geringen Essigsäuregehalt erkennt man durch Bläuung des Lackmuspapiers.

Verwendung. *Med. äußerl.* zu Scheidenspülungen (1 bis 2 Eßlöffel voll auf 1 Liter körperwarmes Wasser) und Waschungen (5%). In der Tierheilkunde *äußerlich* mit Wasser verd. (1:5 bis 10) als Antisepticum bei Wunden und Geschwüren, Fisteln an Hufen und Klauen, in Salbenform gegen Räude usw. Roher Holzessig ist therapeutisch wirksamer als gereinigter. *Technisch* dient er zum Räuchern von Fleisch.

Gereinigter Holzessig. Acetum pyrolignosum rectificatum, DAB. 6.

Darstellung. Der gereinigte Holzessig wird aus dem rohen durch Destillation gewonnen, bis 80% übergegangen sind.

Eigenschaften. Gelbliche, wie roher Holzessig schmeckende und riechende Flüssigkeit mit mindestens 5,4% CH_3COOH, die erheblich weniger Teerbestandteile und weniger höhere Homologe der Essigsäure enthält als der rohe.

Prüfung des DAB.: *Gewöhnlicher Essig.* Beim Mischen von 1 ccm mit 9 ccm Wasser, 30 ccm verd. Schwefelsäure und 20 ccm Kaliumpermanganatlösung muß die rote Farbe innerhalb 5 Min. vollständig verschwinden.

Schwermetallsalze (Blei, Kupfer), durch eine dunkle, *Zink,* durch eine weiße Fällung beim Versetzen von 5 ccm mit 3 Tr. Natriumsulfidlösung.

Vermischen von 5 ccm mit 5 ccm Wasser zeigen an:

a) *Schwefelsäure,* durch eine sofortige weiße Trübung beim Versetzen mit Bariumnitratlösung. — b) *Salzsäure* (zu hoher Gehalt), durch eine weiße, undurchsichtige Trübung beim Versetzen mit Silbernitratlösung.

Vorschriftsmäßiger Gehalt an Essigsäure. Beim Verdünnen von 10 g mit 50 ccm Wasser, Zusatz einiger Tr. Phenolphthaleinlösung und Titration mit n-Kalilauge bis zur dauernden Rötung dürfen nicht weniger als 9 ccm n-Kalilauge verbraucht werden. (1 ccm n-Kalilauge = 0,06003 g Essigsäure, 9 ccm = 0,5403 g, entsprechend einem Mindestgehalt von 5,4% Essigsäure.)

Aufbewahrung. Gereinigter Holzessig dunkelt durch Luft- und Lichteinfluß nach und muß deshalb gut verschlossen und in *braunen* Flaschen aufbewahrt werden.

Verwendung. *Äußerl.* wie roher Holzessig zu Umschlägen, Verbandwässern und Vaginalspülungen 10fach verdünnt (10%).

Holzkohle.

Während früher die Holzverkohlung zur Gewinnung der übrigen dabei entstehenden Produkte (Essigsäure, Methylalkohol usw.) durchgeführt wurde, werden diese heute fast durchweg vollsynthetisch gewonnen. Die Holzverkohlung dient also heute in erster Linie der Gewinnung von Holzkohle.

Holzkohle, gepulverte. Carbo Ligni pulveratus, DAB. 6.

Carbo vegetabilis.

Aus Holz und Holzabfällen, besonders von Fichten und Buchen, in Meilern oder Retorten gewonnene Kohle, die für medizinische Zwecke nochmals geglüht und dann gepulvert wird.

Eigenschaften. Rein schwarzes Pulver, das beim Erhitzen sich leicht entzündet, ohne Flamme verbrennt und dabei eine grauweiße, alkalisch reagierende Asche hinterläßt.

Inhaltsstoffe. *Kohlenstoff*, Spuren von Kalium, Calcium, Phosphor u. a.

Verwendung. Als Adsorptionsmittel, früher *innerl.* bei Durchfall und Vergiftungen, *äußerl.* bei eiternden, übelriechenden Wunden und Geschwüren. Heute durch die Anwendung von → *Carbo medicinalis* mit weit größerem Adsorptionsvermögen und die modernen Wundstreupulver obsolet; *techn.* als Filtrier-, Entfärbungs- und Reinigungsmittel, ganze Holzkohle als Heizstoff (Bügelkohle). Faulbaum-, Pappel- und Erlenholzkohle zur Gewinnung von Schwarzpulver, zur Herstellung von → Schwefelkohlenstoff und → Aktivkohle, zu Zeichenkohle.

Prüfung nach DAB. 6. Beim Kochen von 1 g H. mit 10 ccm Weingeist muß der klar filtrierte Auszug farblos sein und darf nach dem Verdampfen keinen wägbaren Rückstand hinterlassen. Beim Verbrennen von 1 g pulv. H. darf höchstens 0,1 g Rückstand verbleiben.

Holzkonservierung.

Die Holzkonservierung hat den Zweck, Holz, das chemischen und physikalischen Einflüssen gegenüber verhältnismäßig widerstandsfähig ist, aber durch pflanzliche und tierische Schädlinge stark angegriffen wird, soweit als möglich vor diesen zu schützen. Neuerdings verbindet man häufig gleichzeitig mit der Holzkonservierung einen Schutz gegen Feuer, so daß Holzkonservierung und Flammschutz vielfach vereinigt werden. Als Holzkonservierungsmittel finden meist Flüssigkeiten Verwendung, die durch Anstreichen oder Bespritzen, Eintauchen des Holzes über längere Zeit und andere Verfahren auf das Holz gebracht werden. Eine einfache Maßnahme zur Holzkonservierung besteht im Bestreichen mit → Carbolineum. Soll Holz jedoch längere Zeit konserviert werden (Eisenbahnschwellen, Grubenhölzer, Telegraphenmasten u. a.), wird die Konservierung durch Evakuierung (Entzug von Luft und Wasser) und unter Druckanwendung durchgeführt. Als Holzkonservierungsmittel finden wasserlösliche, ölartige und solche in Emulsionsform Verwendung. Wasserlösliche Konservierungsmittel sind Salze oder Salzgemische, z. B. Quecksilberchlorid, Kupfervitriol, Zinkchlorid, Natriumfluorid, Silicofluoride u. a. Vielfach kommen diese Mittel unter geschütztem Namen der Herstellerfirmen in den Handel. Ölige Holzkonservierungsmittel sind Carbolineum, Braunkohlen-, Steinkohlen- und Holzteeröle und → Xylamon.

Holzöl.

Chinesisches Holzöl.

Tungöl. Wood-oil.

Das von den Samen etwa 8 m hoher Bäume, **Aleurites fordii** *Hemsl.*, und **Aleurites montana** *Willd., Euphorbiaceae*, in China und Japan durch Pressen gewonnene Öl. Die Samen enthalten bis über 50% Fett und werden durch Rösten oder Dämpfen von den harten Samenschalen befreit, dann zerkleinert und kalt oder warm gepreßt (35 bis 40% Ausbeute). Bei der kalten Pressung erhält man hellgelbes, „weißes Tungöl", bei der warmen ein bräunliches Öl, „schwarzes Tungöl". *Geruch* unangenehm nach ranzigem Schweinefett. D. 0,936 bis 0,940; VZ. 190 bis 195. Hauptbestandteil der Glycerinester der ungesättigten Eläostearinsäure. Unter dem Einfluß von Licht wird H. bei Luftabschluß allmählich fest, schmilzt aber bei 32° wieder und wird, auf 280° bis 310° erhitzt, gallertartig. Es besitzt unter Sauerstoffaufnahme eine gute Trocknungsfähigkeit, ergibt dabei aber einen matten, undurchsichtigen, eisblumenähnlichen Film. Durch Erhitzen mit Leinöl, Harzzusatz, Gelatinieren mit Oxydationsmitteln und Wiederverflüssigung durch Erwärmen kann dieser Nachteil beseitigt und seine Trocknungsfähigkeit erhöht werden.

Verwendung. In China und Japan zum Holzanstrich (daher der Name), zum Wasserdichtmachen von Geweben, zur Herstellung schnell trocknender, wasserfester, sehr widerstandsfähiger und auch gegen Soda beständiger Lacke in Verbindung mit verestertem Kolophonium, zu Harttrockenölen (schnelltrocknenden Fußbodenölen), zu holzölhaltigen Emulsionen und als Bindemittel für Wasserfarben. Die Preßkuchen finden zur Bereitung von Tusche und als Düngemittel Verwendung.

Handelssorten. Beste Sorte: Hankow-Holzöl, geringere Sorte: Hongkong-Holzöl.

Verf. Häufig mit Sesam-, Erdnuß- und Rüböl verfälscht.

Holzteer.

Mit Holzteer bezeichnet man den bei der Zersetzungsdestillation des Holzes bei 350° bis 400° sich ergebenden Teer, der im Gegensatz zum Steinkohlenteer keine Basen enthält. 100 kg lufttrockenes Holz ergeben etwa 17,7 kg Holzteer.

Holzteer. Pix liquida, DAB. 6.

Der durch Zersetzungsdestillation des Holzes verschiedener Bäume, vornehmlich **Pinus silvestris** *L.* und **Larix sibirica** *Ledebour*, gewonnene Nadelholzteer.

Eigenschaften. Dickflüssig, braunschwarz, durchscheinend, etwas körnig (durch Ausscheidung von Brenzcatechin), *Geruch* eigentümlich. Lösl. in absol. Alkohol, in Wasser untersinkend.

Inhaltsstoffe. Benzol, Toluol, Xylol, Styrol, Naphthalin, Brenzcatechin, Phenol, Kresole, Essigsäure und andere organische Säuren u. a.

Verwendung. *Innerl.* obsolet; *äußerl.* bei Hautkrankheiten unverd. zur Pinselung, zu Einreibungen (10%), zu Salben (20%) (unangenehme Nebenwirkungen und Vergiftungserscheinungen sind vorgekommen). Zur Herstellung von Teerseife.

Verw. u. Verf. Steinkohlenteer, Pix lithanthracis, dessen Teerwasser Lackmus blau färbt.

Erkennungsprüfungen des DAB. 6. Beim Schütteln von 2 g H. mit 20 g Wasser 5 Min. lang entsteht eine gelbliche Lösung (Teerwasser), die nach Teer riecht und schmeckt und Lackmuspapier rötet.

Beim Vermischen von 10 ccm Teerwasser mit 20 ccm Wasser in 2 Tr. Eisenchloridlösung färbt sich die Mischung grünbraun.

Beim Vermischen von 10 ccm Teerwasser mit 10 ccm Kalkwasser entsteht eine dunkelbraune Färbung.

☠ *1.* Homatropinhydrobromid.
Homatropinum hydrobromicum, DAB. 6. Stoff B.

Eigenschaften. Weißes, geruchloses, kristallines, leicht in Wasser, schwerer in Weingeist lösl. Pulver, Schmp. 214°.

Aufbewahrung. Sehr *vorsichtig, im Giftschrank.*

Verwendung. Wie Atropin, jedoch mit etwas milderer Wirkung. Die Wirkung hält nicht so lange an. *Med. äußerl.* zu Augentropfen (0,5%).

Honig.

Die Honigbiene, **Apis mellifica** *L.*, *Hymenoptera* (Hautflügler), erzeugt den Honig, ein wegen seines hohen Zuckergehaltes wertvolles Nährmittel, wegen seines feinen Aromas sehr geschätztes Genußmittel. Aus den mit ihrem Rüssel aufgesaugten, vorwiegend aus Rohrzucker bestehenden Rohstoffen, welche die Biene den Nektarien der Blüten oder dem Honigtau von Blättern von Laub- und Nadelbäumen entnimmt, wird im sog. „Honigmagen", einer kropfartigen Erweiterung der Speiseröhre, durch Einwirkung von Säuren und Speichelinvertase der Rohrzucker in Trauben- und Fruchtzucker umgewandelt. Dieser Invertzucker ist der Hauptbestandteil des Saftes, der in den Honigwaben aufgespeichert und dort durch Wasserverdunstung eingedickt wird (reift). Die hierzu notwendige Luftströmung wird durch den Flügelschlag der Bienen im Stock erzeugt. Ist die Reifung mit einem Wassergehalt von etwa 20% vollendet, erfolgt durch die Bienen die Deckelung der Waben. Die Entleerung der Waben erfolgt in der Regel im Frühjahr und Herbst durch den Imker durch das Schleudern, Ausfließenlassen an der Sonne oder einem mäßig warmen Ort — „*Jungfernhonig*" —, durch Zentrifugieren der Waben — „*Schleuderhonig*" — oder durch Pressung — „*Preßhonig*".

Blütenhonig.

Blütenhonig wechselt je nach Herkunft und Gewinnung des Honigs in der Farbe zwischen Hell- bis Dunkelgelb, Grünlichgelb oder Braun. *Geruch* und *Geschmack* eigenartig süß aromatisch. Nach der pflanzlichen Herkunft unterscheidet man beim Blütenhonig **Akazien-, Esparsette-, Heide-, Klee-, Linden-, Rapshonig** usw.

Coniferen-, Tannen-, Fichten- oder **Waldhonig** sind von dunklerer Farbe, *Geruch* und *Geschmack* gewürzhaft-harzig, und erstarren wegen ihres höheren Dextringehaltes weniger leicht als Blütenhonig.

Die deutsche Erzeugung in Honig deckt den Bedarf nicht, deshalb wird viel Honig aus Chile, Kalifornien, Kanada, Cuba und Guatemala importiert. Diese ausländischen Honigsorten sind jedoch wegen ihrer Abstammung von duftlosen tropischen Blüten und mangelhafter Behandlung ärmer an Aroma als deutscher Honig.

Honig, Mel, DAB. 6.

Bienenhonig.

Frisch dickflüssige, durchscheinende Masse mit kennzeichnendem *Geruch* und süßem *Geschmack*, die allmählich durch auskristallisierten Traubenzucker mehr oder weniger fest und kristallin wird. Farbe weißgelb bis braungelb.

Inhaltsstoffe. 65 bis 80% Invertzucker, bis 20% Wasser, bis 5%, höchstens 10% Saccharose, geringe Mengen Dextrin, Eiweiß, Enzyme, Farbstoffe, Riechstoffe, freie Säuren, Äpfelsäure, Spuren von Ameisensäure u. a., Pollenkörner, Wachs, Vitamin B_2, Carotin als Provitamin A, geringe Mengen Vitamin C, viele Spurenelemente und antibakteriell wirksame Stoffe.

Verwendung. Als leichtverdauliches Nahrungs- und Genußmittel, *innerl.* als schleimlösendes Hustenmittel, als Geschmackskorrigens, *äußerl.* rein oder zu schnell reinigenden und kräftig granulierenden Wundsalben bei täglichem Verbandwechsel. Auch bei Rheuma, Nervenleiden, Muskelschwund und tuberkulösen Drüsen ist die äußerliche Anwendung von Honig empfohlen worden. Verjauchte Wunden werden durch reinen Bienenhonig in kürzester Zeit gereinigt und geheilt.

Kosmet. zu Hautcremes, Gesichtswässern, Gesichtspackungen, Handpflegemitteln.

Aufbewahrung. Kühl, zweckmäßig in bedeckten Holz- oder Steingutgefäßen.

Verf. Kunsthonig, Stärkesirup, Getreidemehle, Saccharose.

Prüfung. Die Lösung von Honig in Wasser rötet Lackmuspapier (p_H 3,3 bis 4,9) und ist optisch aktiv. Normale Blütenhonige drehen den polarisierten Lichtstrahl nach links, unreife Honigtau- und Zuckerfütterungshonige und solche, die mit Saccharose versetzt sind, jedoch nach rechts. Die Rechtsdrehung der Honigtauhonige beruht auf ihrem höheren Gehalt an Dextrinen. Werden diese ausgefällt, sind sie optisch inaktiv oder linksdrehend, dagegen bleibt die Rechtsdrehung bei mit Saccharose verfälschten Honigen erhalten.

Prüfung des DAB. 6. Beim Auflösen von 40 bis 50 g H. in 80 bis 100 g Wasser entsteht eine nicht völlig klare, optisch aktive Flüssigkeit, eine starke Trübung zeigt *fremde Beimengungen* an. Diese Lösung wird wie folgt geprüft auf:

Zu großen Säuregehalt, beim Eintauchen von Lackmuspapier darf nur eine schwache Rötung erfolgen;

zu großen Wassergehalt, durch niedrigere Dichte als 1,11.

Identität. Beim Versetzen von 5 ccm der Lösung mit einigen Tr. Gerbsäurelösung muß eine sofortige deutliche Trübung eintreten (Kunsthonig gibt keine Trübung).

Etwa 35 ccm des Filtrats der wäßrigen Lösung (1 + 2) hinterlassen auf dem Filter im Rückstand Pollenkörner, die mikroskopisch erkennbar sind.

Je 5 ccm der filtrierten Lösung zeigen an:

Salzsäure, durch eine weiße, undurchsichtige Trübung beim Zusatz von Silbernitratlösung (Melassesirup), es darf nur eine schwache Trübung entstehen;

Schwefelsäure, auf Zusatz von Bariumnitratlösung durch eine weiße, undurchsichtige Trübung, die von Stärkesirup herrührt, es darf nur eine schwache Trübung entstehen;

fremde Farbstoffe, durch eine sofort eintretende dunkle Färbung beim Vermischen mit dem gleichen Raumteil Ammoniakflüssigkeit;

Azofarbstoffe, durch eine sofort eintretende Rosa- oder Rotfärbung beim Zusatz einiger Tr. rauchender Salpetersäure.

Stärkesirup, Dextrin. 15 ccm der Honiglösung (1 + 2) werden auf dem Wasserbad erwärmt, mit 0,5 ccm Gerbsäurelösung versetzt, nach der Klärung filtriert; 1 ccm des erkalteten klaren Filtrats darf nach Zusatz von 2 Tr. rauchender Salzsäure durch 10 ccm absol. Alkohol nicht milchig getrübt werden.

Verdorbenen, sauren Honig. Zum Neutralisieren von 100 g H. dürfen nach dem Verdünnen mit der 5fachen Menge Wasser höchstens 0,5 ccm n-Kalilauge verbraucht werden, Phenolphthalein als Indikator.

Kunsthonig, Invertzucker. Beim Verreiben von 5 g H. mit etwa 10 g Äther in einer Reibschale, Filtrieren der Ätherschicht in ein Porzellanschälchen und Verdunstenlassen des Äthers bei gewöhnlicher Temperatur darf sich beim Befeuchten des *trockenen* Rückstandes mit einigen Tr. Resorzin-Salzsäure dieser nicht kirschrot färben.

Melsanin (Mack-Illertissen) ist ein auf besondere Weise hergestellter, durch Fütterung mit gezuckerten wäßrigen Auszügen von Eibisch und Thymian erhaltener Honig mit therapeutischer Wirkung.

Honig, gereinigter. Mel depuratum, DAB. 6.

Klare, gelbe bis braune, dickliche Flüssigkeit, *Geruch* und *Geschmack* nach Honig. (Herstellung s. Bd. III.)

Verwendung. Zur Herstellung von **Fenchelhonig,** *Mel Foeniculi (foeniculatum),* Hustenmittel auch für Kinder, E. 10,0 g; **Rosenhonig,** *Mel rosatum,* zur Mundspülung 10%ig, **Rosenhonig mit Borax,** *Mel rosatum cum Borace,* unverdünnt zur Pinselung als spez. Mittel gegen Soor. (Herstellung s. je Bd. III.)

Kunsthonig.

Aus 75% künstlich hergestelltem Invertzucker und 25% Wasser bestehendes Nahrungsmittel, dem kleine Mengen Honigaroma zur Geschmacksverbesserung, Zuckercouleur zur Färbung und geringe Mengen Stärkesirup zugesetzt werden. 100 g Kunsthonig enthalten rund 300 Kalorien. Die möglichst vollständige Inversion des Rohrzuckers erfolgt durch längeres Kochen konzentrierter Rohrzuckerlösung mit verd. Säuren. Dabei geht der Rohrzucker in Trauben- und Fruchtzucker = Invertzucker über (Herstellung s. Bd. III). Die Reaktion wird durch 5-Oxy-Methylfurfurol hervorgerufen. Da von der Industrie teilweise versucht wurde, die Inversion durch Enzyme oder Kohlensäure zu bewirken, muß nach einer Verordnung vom 21. 3. 1930 Kunsthonig *Oxymethylfurfurol* enthalten. Für die wichtigsten Bestandteile von Kunsthonig gelten folgende Höchstgrenzen: 22% Wasser, 30% Saccharose, SG. 4, Asche 0,4%, Stärkesirup 20%. Honigähnliche Erzeugnisse, die diesen Vorschriften nicht entsprechen, insbesondere kein Oxymethylfurfurol enthalten, dürfen nicht in den Verkehr gebracht werden.

Erkennung von Kunsthonig s. Prüfung von Honig des DAB. 6.

Hopfen.

Hopfen. Humulus lupulus *L.*

Cannabinaceae.

Schon seit dem 8. Jahrhundert kultivierte, in feuchten Gebüschen, an Flußufern, in Hecken oft verwildert vorkommende, ausdauernde, rechtswindende, zweihäusige Schlingpflanze mit starker, reichverzweigter Wurzel und zahlreichen, bis 5 m langen, rauhen, fast 6kantigen Stengeln. Blätter gegenständig, gesägt, untere 5lappig, obere 3lappig, oberseits glatt, unterseits rauh behaart. Nebenblätter oft paarweise verwachsen, männliche Blüten gelbgrün, in lockeren Rispen, die weiblichen in gelbgrünen, zapfenähnlichen Scheinähren, deren Vorblätter mit Drüsenschuppen besetzt sind (Abb. 114). Hauptanbaugebiete in Deutschland sind die bayerische Holletau (Hallertau), Südwürttemberg, in der Tschechoslowakei die Gegenden um Saaz, Pilsen u. a. Die Hopfenzapfen werden bei der Reife grünlichgelb bis gelbbräunlich, locker, zapfenförmig und werden Mitte August bis Anfang September geerntet. Sie bilden den wertvollsten Teil der Hopfenpflanze und tragen die Hopfendrüsen, Lupulindrüsen, welche die Träger des Hopfenbitterstoffes sind. Die Hauptverwendung der Hopfenzapfen ist die Aromatisierung und Haltbarmachung des Bieres.

Abb. 114. Hopfen. Humulus lupulus. *1* Zweig mit weiblichen Blüten, etwas vergrößert; — *2* Zweig mit männlichen Blüten; — *3* Zweig mit weiblichen Blütenständen; — *4* weiblicher Teilblütenstand mit Deckblatt, vergrößert; — *5* männliche Blüte, vergrößert.

Hopfendrüsen. Glandulae Lupuli, Erg.-B. 6.

Lupulin. Lupulinum. Hopfenmehl.

Die Drüsen des Hopfenfruchtstandes, durch Absieben und kräftiges Schütteln der getrockneten Fruchtstände gewonnen. Die Reinigung vom Sand geschieht durch Anrühren der Hopfendrüsen mit Wasser, nachheriges Abschlämmen und Trocknung bei künstlicher Wärme.

Grünlichgelbes bis gold- oder orangefarbenes, grobes und klebriges Pulver. Bei längerem Lagern und unsachgemäßer Aufbewahrung verfärbt sich die Droge braun und nimmt unangenehmen, widerlichen, baldrian- und käseartigen Geruch an und ist dann wertlos. *Geruch* kennzeichnend stark würzig, *Geschmack* würzig-bitter. Unter dem Mikroskop sind die Drüsenhaare 150 bis 250 μ groß.

Inhaltsstoffe. Etwa 50% *Harzsubstanzen* mit zwei kristallinen, sehr bitter schmekkenden Substanzen, Phytoncide (antimikrobielle Stoffe aus höheren Pflanzen), *Humulon* und *Lupulon* (Hopfenbittersäuren), die sich leicht unter Bildung von Valeriansäure zersetzen, ein Alkaloid *Hopein* mit ausgesprochen narkotischer Wirkung, 1 bis 3% sedativ wirkendes *ätherisches Öl*, hellgelb bis rotbraun, mit *Myrcen, Humulen, Luparenol, Luparon, Luparol* u. a., freien und veresterten Säuren, Fett, Wachs, Pentosane, Eiweiß, Mineralsalze. Das ätherische Öl ist die Ursache für die beim Hopfenpflücken vorkommenden Vergiftungen mit starken Entzündungen der Haut (Hopfendermatitis) und Augen, Erbrechen, Fieber, Atemnot, Schweißausbrüchen.

Verwendung. *Innerl.* (E. 0,3 g) als mildes Beruhigungsmittel gegen Übererregbarkeit, besonders sexuelle.

Aufbewahrung. Vor Licht geschützt, *spätestens jährlich* zu erneuern.

Hopfenzapfen. Strobuli Lupuli, Erg.-B. 6.

Flores Humuli lupuli.

Die vor der Samenreife (August/September) gesammelten und getrockneten weiblichen Blütenstände. Die Trocknung erfolgt auf Trockenböden oder Horden im Halbschatten an der Luft oder bei 40° bis 50° in Darren. Nach dem Trocknungsvorgang muß der Hopfen erst wieder einige Zeit lagern, um den zum Verpacken nötigen Feuchtigkeitsgehalt (12 bis 13%) zu erhalten.

2 bis 5 cm lange, grünlichgelbe, gestielte Zapfen, deren Spindel dachziegelartig von sitzenden, eiförmigen, trockenhäutigen, dünnen, zugespitzten Deckblättern (Nebenblättern) besetzt ist. Die Deckblätter sind deutlich parallelnervig und tragen in der Achsel meist 2 weibliche Blüten bzw. unreife Nüßchen, die von häutigen Vorblättern umhüllt sind. Achsel und Vorblätter mit grünlichbraunen, derben Schuppen besetzt. Blüten, Neben- und Vorblätter tragen am Grunde goldgelb glänzende → Hopfendrüsen (Glandulae Lupuli) von Sandkorngröße. *Geruch* kennzeichnend kräftig würzig, *Geschmack* kratzend und infolge des Harzgehaltes beim Kauen klebrig.

Inhaltsstoffe. Etwa 15% *Harz*, etwa 0,15% *ätherisches Öl*, sonst wie Hopfendrüsen.

Verwendung. *Innerl.* 1 bis 2 Eßlöffel auf 1 Tasse Aufguß als beruhigendes Mittel, als Bittermittel bei Verdauungsstörungen mit appetitanregender, magenstärkender und harntreibender Wirkung, bei Magenstörungen, Blasen- und Harnbeschwerden, zu Teemischungen, zur Herstellung von Extractum Lupuli, Erg.-B. 6.

Aufbewahrung. Vor Licht geschützt.

Prüfung des Erg.-B. 6. Hopfenzapfen sollen keine reifen Früchte enthalten. Der Aschegehalt darf nicht mehr als 8% betragen.

Hormonapin [1].

Hormonapin kommt flüssig und in Salbenform in den Handel und enthält das übliche Follikelhormon, das Hypophysenvorderlappenhormon und andere Wirkstoffe aus dem Bienenkörper, die gegenüber den einzelnen genannten Stoffen in bezug auf die Anwendung des Zellstoffwechsels und der Gewebedurchblutung eine potenzierte Wirkung besitzen.

Verwendung. *Hormonapin-Heilsalbe* gegen rheumatische Erkrankungen und innere Entzündungen mit starker perkutaner Hormon- und Vitaminwirkung. *Bienenzell-Einreibung* flüssig als Körperfunktionsmittel mit besonderer Tiefenwirkung wirkt allgemein erfrischend und leistungssteigernd. *Bienenzell-Hormoncreme* mattierend und fett als Cosmetica zur Erzielung jugendlich frischer und straffer Haut.

Hormone.

Hormone (g. hormao, anregen) oder *Inkrete* sind die Sekrete (lat. secretum, das Abgesonderte) der Drüsen mit innerer Sekretion oder Produkte gewisser Organe, die direkt oder indirekt in die Blutbahn abgegeben werden und in unvorstellbar kleinen Mengen noch wirksam sind. Man bezeichnet sie zusammen mit den Fermenten und Vitaminen als *Biokatalysatoren*. Das Blut ist also der Träger der Hormone, durch das ihre Verbreitung im Körper erfolgt. Dadurch wird die Tätigkeit der einzelnen Organe reguliert und der normale Stoffwechsel aufrecht erhalten. Die Hormone wirken teils hemmend, teils fördernd auf die Tätigkeit der verschiedenen Organe, teilweise heben sie sogar ihre Wirkung gegenseitig auf. Sie werden von bestimmten Organen dauernd oder vorübergehend gebildet. Eine zu starke oder zu geringe Absonderung von Hormonen führt zu Erkrankungen. Die Hormone stehen oft in enger Wechselwirkung zueinander; wird eine der Drüsen mit innerer Sekretion in ihrer Tätigkeit beeinträchtigt, folgen automatisch Störungen der anderen Hormonorgane. Nach neuen Gesichtspunkten ist eine vollkommene Trennung der biologischen Wirkstoffe Vitamine, Fermente und Hormone nicht vollkommen durchzuführen, da zwischen ihnen Übergänge ohne klare Abgrenzungsmöglichkeiten bestehen.

Wichtige Hormone sind: Das *Insulin* der Bauchspeicheldrüse, dessen Ausfall die Zuckerkrankheit hervorruft, das *Schilddrüsenhormon* (*Thyroxin*), das bei Überfunktion der Schilddrüse zur BASEDOWschen Krankheit führt, während bei Schilddrüsenunterfunktion Kropf und Kretinismus auftreten, das *Adrenalin*, das Hormon des Nebennierenmarks, das als Antagonist des Insulins Zucker aus dem Leberglykogen für den Nährstoffbedarf bereitstellt, die Durchblutung der arbeitenden Organe regelt usw., das Hormon der *Nebenschilddrüsen* (Epithelkörperchen) *Parathormon*, das den Kalkstoffwechsel reguliert. Die bisher festgestellten männlichen Keimdrüsenhormone sind *Testosteron* und *Androsteron*, während die weiblichen Keimdrüsenhormone in der *Oestrongruppe* zusammengefaßt und mit *Follikelhormonen* bezeichnet werden. Nach der Polizeiverordnung vom 1. April 1941 sind Mittel, die Keimdrüsenhormone enthalten, *ohne Rücksicht auf den Hormongehalt* rezeptpflichtig. Außerdem unterliegen Arzneimittel und diesen gleichstehende Mittel, z. B. Mittel zur Verbesserung der Körperform, der Polizeiverordnung vom 29. September 1941 über Werbung auf dem Gebiete des Heilwesens. Sie dürfen deshalb nur in Fachzeitschriften propagiert werden, die sich an die Berufsstände der Ärzte, Zahnärzte, Tierärzte und Apotheker richten. Schwache Oestrogene, z. B. Peroestron, sollen sich bei der Behandlung insbesondere des jungen, ungenügend entwickelten Brustgewebes bewährt haben. Nach Deutsch. Med. Wschr. **76** (1951) S. 1347 soll wegen der umstrittenen Verwendung

---

[1] Hersteller: Bienenzell-Gesellschaft, Arhestorf (über Wennigsen/Deister).

von Keimdrüsen-Hormonen nach Einholung eines pharmakologischen Gutachtens das Problem erneut behandelt werden (s. Bd. I, S. 529).

Hostapale.

Hostapale (Hoechst), früher Igepale, sind Kondensationsprodukte von Alkylphenolen mit Äthylenoxyden.

Neutrale, elektrolytisch nicht dissoziierte, gegen Salze, Laugen und Metallsalze beständige, l. lösl. Wasch-, Netz- und Emulgiermittel.

Hostapone.

Hostapone (Hoechst), früher Igepone, sind Fettsäurekondensationsprodukte. *Hostapon A* ist das Kondensationsprodukt von Fettsäurechlorid mit oxyäthylsulfosaurem Natrium, $HO \cdot CH_2 \cdot CH_2 \cdot SO_3Na$, *Hostapon T* ist das Umsetzungsprodukt von Fettsäurechlorid mit Methyltaurin. Die Hostapone sind in ihrer Wirkung milder als die Fettalkoholsulfate oder Alkylbenzolsulfate, weisen aber die gleichen Vorteile auf wie diese. Im Vergleich zu Seife ist ihre Kalkempfindlichkeit verschwindend gering. Die in ihnen enthaltene SO_3Na-Gruppe bildet l. lösl., schäumende Kalksalze. Sie sind also gegen die Härte des Wassers unempfindlich. Ein Zusatz von Hostaponen zu Fettalkoholsulfaten ist sehr günstig, auch die Beigabe zu echten Seifen (5 bis 10%) verhindert bei diesen Kalkseifenbildungen.

Verwendung. Als Zusatz zu Seifen, Haarwaschpulvern und anderen Haarreinigungsmitteln, Mundpflegemitteln und Zahnpasten.

Huflattich.

Huflattich. Tussilago farfara *L.*

Compositae.

Besonders auf Ton- und Kalkböden, feuchten Äckern, an Grabenrändern, Bach- und Flußufern, auf Dämmen und Schutt vorkommende Pflanze, die im Februar oder März aus ihrem kriechenden Wurzelstock mit schuppenförmigen, braunen Niederblättern besetzte Stengel treibt. Erst nach dem Verblühen erscheinen die langgestielten, oft sehr großen Blätter in einer grundständigen Rosette (Abb. 115).

Huflattichblätter. Folia Farfarae, DAB. 6.

Brand-, Brust-, Feldlattichblätter. Eselshufblätter. St. Quirinskrautblätter. Lehmblätter. Sandkrautblätter.

Die im Mai/Juli gesammelten und an der Sonne oder im warmen Luftstrom rasch getrockneten (Wasserverlust 75 bis 80%) Blätter (Abb. 115, 2). Bei zu langsamer Trocknung oder bei deren Durchführung bei feuchter Witterung besteht die Gefahr braun- oder schwarzfleckiger Verfärbung. Blattstiel bis 10 cm lang, oberflächlich rinnig vertieft, meist violett angelaufen. Blattspreite dick, 15 bis 19 cm lang, handnervig, rundlich-herzförmig, Rand grobbuchtig gezähnt, in den Buchten kleine, rotbraune, knorpelige Zähne. Oberseits dunkelgrün, kahl und nur im jugendlichen Zustand mit einem meist zerrissenen, spinnwebartigen Haargewebe bedeckt, unterseits dicht weißfilzig. Mittelnerv stark hervortretend, die Seitennerven enden in den kleineren Zähnen. Fast *geruch-* und *geschmacklos.* Für die *Schnittdroge* kennzeichnend ist die grüne Oberseite und weißfilzige Unterseite der Blattstückchen, die durch schwach eingesenkte Nervatur lederartig genarbt erscheinen.

Inhaltsstoffe. Viel *Schleim, Bitterstoff, eisengrünender Gerbstoff,* Gallussäure, ein Paraffin, Phytosterine, Spuren flüchtiger Substanzen, etwa 17% Mineralbestandteile, darunter reichlich Kaliumnitrat.

Verwendung. *Innerl.* 2 Teelöffel auf 1 Tasse Aufguß, 2 Tassen tägl. warm, zweckmäßig mit Honig gesüßt, als schleimlösendes, reiz- und schmerzlinderndes, entzündungswidriges Mittel, besonders bei Reizhusten und Bronchialleiden, zu Teemischungen, z. B. zu Species pectorales, DAB. 6, Species pectorales cum Fructibus, Erg.-B. 6, u. a.; *äußerl.* als Abkochung 1 Eßlöffel auf 2 Tassen Wasser zu Umschlägen, zum Gurgeln, zu Klistieren. Nach KROEBER sind H. in Notzeiten der beste Ersatz für Rauchtabak.

Verw. u. Verf. *Großblättriger Huflattich,* Rote Pestwurz, Petasites officinalis. Blätter buchtig gezähnt, oberseits rötlichgrün, unterseits grauwollig.

Filzige Pestwurz, Petasites tomentosus. Blätter größer, fast dreieckig herzförmig, Spreitenbasis nierenförmig, unterseits weißfilzig. *Lappa-Arten,* Blätter oval-herzförmig, zugespitzt, klein gesägt, unterseits stark hervortretende Nerven.

Eupatorium-Arten, 3- bis 5teilige Blätter mit lanzettlichen, gesägten Abschnitten, nicht filzig behaart.

Prüfung des DAB. 6. Mikroskopische Prüfung, bei der u. a. die einreihigen Gliederhaare mit sehr langer, peitschenförmiger, unregelmäßiger gebogener und gewundener Endzelle kennzeichnend sind.

Abb. 115. Huflattich. Tussilago farfara.
1 Habitus, blühende Pflanze; — *2* Habitus, Pflanze mit Blättern.

Huflattichblüten. Flores Farfarae, Erg.-B. 6.

Die im März/April gesammelten, rasch und sorgfältig getrockneten (Wasserverlust 80%) goldgelben Blütenköpfchen, bis 1,5 cm breit, etwa 2 cm lang, Blütenboden nackt, hohl. In der Mitte mit etwa 30 bis 40 glockigen, männlichen (scheinzwittrigen) Röhrenblüten, am Rand mit etwa 300 gelben, weiblichen Zungenblüten. Röhrenblüten und Zungenblüten mit Pappus, die Zungenblüten mit kurzem bräunlichen Fruchtknoten. Der glockige Hüllkelch besteht aus lineallanzettlichen, grünen oder violett angehauchten, wollig behaarten Hüllblättern (Abb. 115, *1*). *Geruch* wenig honigartig, *Geschmack* schleimig, etwas bitter. Aschegehalt nach Erg.-B. 6 höchstens 8%.

Inhaltsstoffe und **Verwendung** wie Huflattichblätter. Reichlich gelber Farbstoff *Xanthophyll.*

Aufbewahrung. Vor Licht geschützt.

Hundspetersilie.

Hundspetersilie. Aethusa cynapium *L.* Giftig!

Umbelliferae.

Gartenschierling. Gleiße.

Auf Äckern, Schutt, an Zäunen, Bächen, in Gebüschen und Wäldern als Unkraut vorkommende 1- oder 2jährige, bis 1,5 m hohe Pflanze mit kahlem, stielrundem, flachrinnigem, mitunter etwas kantigem, hohlem Stengel, dessen obere Äste gabelig abstehen. Die Pflanze ist teilweise schmutzigviolett überlaufen oder bläulich bereift. Blätter dunkelgrün, unterseits hellgrün glänzend, bis 22 cm lang und 15 cm breit, untere Blätter gestielt, obere sitzend. Der Blattstiel bildet eine offene Scheide. Die im Umriß dreieckigen Blätter sind 2- bis 3fach fiederschnittig und riechen beim Zerreiben *unangenehm knoblauchähnlich*. Blüten weiß in reichblütigen, langgestielten, zusammengesetzten Dolden. Frucht strohgelb, breit eiförmig, 3 bis 4 mm lang, mit rotbraunen Striemen.

Inhaltsstoffe. *Coniin* in wechselnden Mengen, *ätherisches Öl*, Säuren.

Toxikologie. Vergiftungen mit Hundspetersilie ähneln der Vergiftung mit geflecktem Schierling. Bangigkeit, Erbrechen, Kopf-, Magen- und Leibschmerzen, Anschwellen des ganzen Leibes, aufsteigende Lähmung der Glieder und andere schwere Symptome sind die Kennzeichen. Vergiftungen bei Menschen und Tieren sind öfters vorgekommen.

Erste Hilfe. Raschmögliche Entleerung des Magens. Tierkohle.

Hundszunge.

Hundszunge. Cynoglossum officinale *Broterus*.

Boraginaceae.

An trockenen, sonnigen, steinigen und sandigen Orten, an Weg- und Ackerrändern, in Hecken, auf Schutt vorkommende 2jährige, 30 bis 100 cm hohe, aufrechte Pflanze. Stengel kantig, zottig behaart, dicht beblättert, oben verzweigt. Blätter wechselständig, dünn graufilzig, Wurzelblätter elliptisch, in den Stiel verschmälert, die oberen lanzettlich, sitzend oder halbstengelumfassend. Blüten (Mai/Juni) trichterförmig, zunächst dunkelviolett, dann braunrot, selten weiß, in dichten Wickeln. Nüßchenfrucht mit verdicktem Rand. *Geruch* der frischen Pflanze unangenehm, widerlich nach Mäusen, die sie vertreiben soll.

Hundszungenkraut. Herba Cynoglossi.

Das getrocknete, blühende Kraut.

Inhaltsstoffe. Die Alkaloide *Cynoglossin, Consolidin, Consolicin* u. a., ein kamillenähnlich riechendes, dunkelbraunes ätherisches Öl, viel Schleimstoffe.

Verwendung. *Innerl.* 1 Teelöffel auf 1 Tasse Aufguß, bis 3 Tassen tägl. bei Katarrhen der oberen Luftwege, Darmblutungen, Hämorrhoiden, bei Durchfall mit Schmerzen, als inneres Blutstillungsmittel; *äußerl.* als Abkochung zum Baden schlecht heilender Wunden und Geschwüre. Die Verwendung der Droge für innerliche Zwecke ist wegen der teils stark wirkenden Alkaloide *nicht unbedenklich*.

Hydrastis.

Hydrastis. Hydrastis canadensis *L.*

Berberidaceae.

Kanadische Gelbwurzel.

In Kanada und im nördlichen Teil der Vereinigten Staaten Nordamerikas beheimatete, heute hauptsächlich in Indiana, Kentucky, Ohio, Virginia und in Europa kultivierte, kleine, ausdauernde Pflanze mit bis 30 cm hohem Stengel und meist 2 handförmig gelappten und gesägten Blättern. Blüten weiß oder rosa, Frucht eine rote Beere mit schwarzen Samen.

Hydrastisrhizom. Rhizoma Hydrastis, DAB. 6. Stoff B.

Kanadische Gelbwurzel. Goldsiegelwurzel.

Der im Herbst gegrabene und getrocknete, mit Wurzeln besetzte Wurzelstock. Die Trockentemperatur darf 35° nicht übersteigen, da sich sonst der wirksame Bestandteil Hydrastin zersetzt. Wurzelstock dunkelgraubraun, innen grünlichgelb oder graugelb, 5 bis 8 cm dick, bis 6 cm lang, hin- und hergebogen, bisweilen verzweigt, stellenweise fast knollig verdickt, dicht quergeringelt, längsrunzelig, hart, mit hornartigem Bruch. Der Wurzelstock trägt mehrere Stengelnarben. An der Spitze mitunter Überreste des Stengels und meist ringsherum zahlreiche 4 bis 5 cm lange, etwa 1 mm dicke, brüchige, längsrunzelige, innen gelbe Wurzeln mit fast glattem Bruch. *Geruch* schwach eigenartig, *Geschmack* bitter, färbt beim Kauen den Speichel gelb.

Lupenbild. Nach KARSTEN-WEBER 8 bis 20 in radialer Richtung stark gestreckte Leitbündel, die durch sehr breite Markstrahlen getrennt werden, großes Mark, deutliches Cambium, das Ganze von graugelbem Kork umschlossen. Die Regelmäßigkeit der Zeichnung wird oft gestört durch Leitbündel, die in die Wurzeln und in die oberirdischen Sprosse austreten (Abb. 116).

Inhaltsstoffe. Die Alkaloide *Hydrastin* (1,5 bis 4%) und *Berberin* (0,5 bis 6%), das sich im Speichel mit gelber Farbe löst, Kanadin, Meconin, Fett, Harz, Stärke u. a.

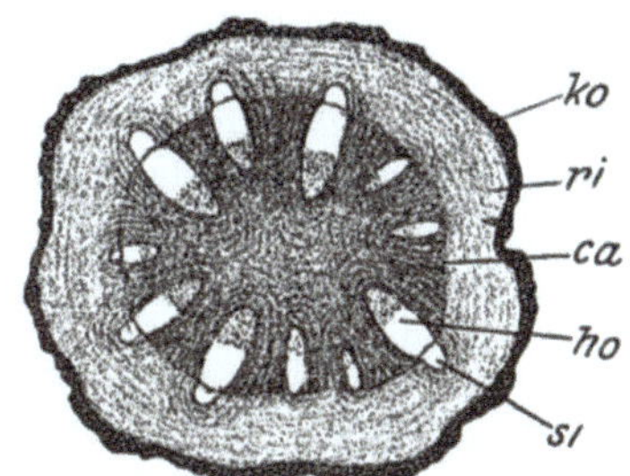

Abb. 116. Hydrastisrhizom. Rhizoma Hydrastis. Querschnitt durch das Rhizom, Lupenbild; — *ko* Kork; — *ri* Rinde; — *ca* Kambiumring; — *ho* Holzteil; — *si* Siebteil der Gefäßbündel ($^{10}/_1$).

Verwendung. *Innerl.* Als Blutstillungsmittel bei Uterusblutungen mit gefäßverengender Wirkung, meist in Form des Fluid-Extraktes, selten als Bittermittel bei Magen- und Darmkrankheiten, zu Teemischungen gegen Blutungen und Hämorrhoiden.

Verw. u. Verf. Jeffersonia diphylla, Leontice thalictroides, Stylophorum diphyllum, Aristolochia serpentaria, Polygala senega und Athyrium filix-femina u. a., die unzerkleinert leicht zu erkennen sind.

Prüfung des DAB. 6. Neben der mikroskopischen Prüfung und der Bestimmung des Alkaloidgehaltes (mindestens 2,5 %Hydrastin) läßt DAB. 6 prüfen auf:

Einwandfreie Qualität. 1 g H. darf beim Verbrennen höchstens 0,06 g Asche hinterlassen.

Die bei der Gehaltsbestimmung erhaltene titrierte Flüssigkeit muß sich beim Versetzen mit 1 ccm verdünnter Schwefelsäure und dann mit 5 ccm Kaliumpermanganatlösung beim Schütteln entfärben. Beim Verdünnen mit Wasser auf etwa 50 ccm entsteht eine blaue Fluoreszenz.

Hydrocerin.

Hydrocerin „Ingelheim" ist ein wirtschaftlicher und zuverlässiger Emulgator für W/Ö-Emulsionen.

Eigenschaften. Gelbbraune, ziemlich harte, in der Wärme plastische Masse von wachsartigem Charakter, bestehend aus Cholesterin, Isocholesterin, Oxy- und Metacholesterin und anderen hochmolekularen Alkoholen. Ranzigwerden ist nicht zu befürchten. Mit H. hergestellte Salben aus Mineralfetten können unbedenklich mit alkalischen und sauren Medien zusammengebracht werden. H.-Cremes vermögen 200% ihres Gewichtes und mehr an Wasser aufzunehmen. Verarbeitung und Vorschriften s. Bd. III.

Hydrochinon. Hydrochinonum, Erg.-B. 6.

p-Dioxybenzol. $C_6H_4(OH)_2[1,4]$. Mol.-Gew. 110,1.

Hydrochinon findet sich in kleinen Mengen in der Chinarinde, als Glykosid, *Arbutin,* in den Bärentraubenblättern und wurde aus Chinarinde erstmals durch Destillation erhalten. Synthetisch wurde es zuerst von Wöhler aus Chinon gewonnen.

Darstellung. Durch Oxydation von Anilin zu Chinon und Reduktion desselben.

Eigenschaften. Farblose, höchstens leicht graustichige Nadeln von süßlichem *Geschmack,* lösl. in 18 T. Wasser (20°), leicht in heißem Wasser, Weingeist und Äther. H. sublimiert bei höherer Temperatur unzersetzt. Schmp. 174° bis 176°. Die wäßrige Lösung färbt sich an der Luft bald braun und reduziert Silbernitratlösung schon in der Kälte allmählich, rascher beim Erwärmen, während sie alkalische Kupfertartratlösung grün färbt und beim Erwärmen dieser Lösung einen roten Niederschlag abscheidet. Durch Eisenchloridlösung wird die wäßrige H.-Lösung erst blau, dann gelbrot gefärbt.

Erg.-B. 6 läßt prüfen auf Phenole, die wäßrige Lösung (1 + 19) darf beim Erhitzen bis zum Beginn des Siedens keinen Phenolgeruch zeigen.

0,2 g H. dürfen beim Verbrennen keinen wägbaren Rückstand hinterlassen.

Verwendung. In der Photographie als Entwicklersubstanz, zur Herstellung von Holzbeizen für olivenfarbige Töne.

Hydrochinonmonomethyläther.

Schmp. 53° bis 55°. Lösl. in Wasser und Ölen, findet als Antioxydationsmittel für Öle, Fette, Emulsionen, Cremes usw. Verwendung.

Hydrochinondimethyläther.
Dimethylhydrochinon. Tonkain.

Gute Basis für moderne Parfüme (Klee-, Heu-, Nelken-, Fougère-Gerüche), auch als Ersatz für Cumarin und Ambra, als Fixateur in Badesalzen.

Hydronaphthaline.

Hydronaphthaline entstehen durch Anlagerung von Wasserstoff bei der Einwirkung von Wasserstoff unter Druck bei Gegenwart von Nickelkatalysatoren auf Naphthalin. Zunächst lagern sich 4 Wasserstoffe an, es entsteht Tetrahydronaphthalin, Tetralin. Dabei sind die Doppelbindungen in einem Benzolkern in einfache Bindungen übergegangen. Bei weiterer Hydrierung entsteht das vollständig hydrierte Naphthalin, Decahydronaphthalin oder Dekalin, in dem alle Doppelbindungen der Benzolkerne in einfache übergegangen sind.

Näheres und Verwendung s. Tetralin, Hexalin und Dekalin.

☠ 2. Hydroxylaminhydrochlorid.
Hydroxylaminum hydrochloricum, Erg.-B. 6.

Hydroxylaminchlorid. Salzsaures Hydroxylamin. $(NH_2OH)HCl$. Mol.-Gew. 69,5.

Hydroxylaminhydrochlorid entsteht aus Hydroxylamin und Salzsäure.

Eigenschaften. Farblose, sehr leicht in Wasser, in 15 T. Weingeist und Glycerin lösl. Kristalle. Die wäßrige Lösung rötet Lackmuspapier, reduziert Silber- und

Quecksilbersalze zu den Metallen und scheidet aus alkalischer Kupfertartratlösung einen roten Niederschlag von Kupferoxydul ab. Kaliumpermanganatlösung wird durch H. in saurer und neutraler Lösung entfärbt.

Erg.-B. 6 läßt prüfen auf Schwermetallsalze, Schwefelsäure und Arsenverbindungen. 0,2 g H. dürfen nach dem Verbrennen keinen wägbaren Rückstand hinterlassen.
H. gehört wie die Nitrite zu den Hämiglobin- (Methämoglobin-) Bildnern.

Aufbewahrung. Vorsichtig!

Verwendung. *Äußerl.* zu Pinselungen (0,1%), als Reagens, als Reduktionsmittel, in der Photographie als Entwickler.

Ichthoform.

Ichthoform ist das Kondensationsprodukt des Formaldehyds mit Ichthyol-sulfosäure. Schwarzes, fast geruchloses, in Wasser unlösl. Pulver, das *med. innerl.* als Darmantisepticum (E 0,3 g), *äußerl.* unverd. als Wundpulver und als anti-septischer Zusatz zu Pudern gegen Fußschweiß Verwendung findet.

Ichthyol.

Im Karwendelgebirge bei Seefeld in Tirol kommt ein bituminöses Gestein vor, das die Reste vorweltlicher Fische und Seetiere enthält und bei der trockenen Destillation ein stark schwefelhaltiges Öl, *Ichthyolrohöl*, ergibt. Dieses Rohöl ist eine gelbbraune, klare, etwas fluoreszierende Flüssigkeit, *Geruch* stark, unangenehm. Sein Schwefelgehalt beträgt etwa 10 bis 11% und rührt von Homologen des Thio-phens her.

Ichthyol. Ammonium sulfoichthyolicum, Erg.-B. 6.

Ichthyolammonium.

Unter diesen Bezeichnungen, die sämtlich der Ichthyol-Gesellschaft Cordes, Hermanni & Co., Hamburg-Lockstedt, als Warenzeichen geschützt sind, kommt ein aus dem Ichthyolrohöl gewonnenes Produkt in den Handel.

Darstellung. Das I.-Rohöl wird mit einem Überschuß von konz. Schwefelsäure vermischt, dabei erwärmt es sich bis auf 100°. Unter Entweichung von Schwefel-dioxyd entsteht Ichthyolsulfonsäure. Zur Entfernung von vorhandenem Schwefel-dioxyd und freier Schwefelsäure wird wiederholt mit gesättigter Kochsalzlösung erwärmt. Die in Wasser l.lösl. *Ichthyolsulfonsäure,* die in gesättigter Kochsalzlösung unlösl. ist, scheidet sich hierbei auf dieser als teerartige Masse aus. Nach dem Waschen wird mit starker Ammoniakflüssigkeit neutralisiert und das erhaltene Produkt zur Sirupkonsistenz eingedickt.

Eigenschaften. Rotbraune, sirupdicke, ölige Flüssigkeit, *Geruch* und *Geschmack* brenzlig. In Wasser und Glycerin in jedem Verhältnis klar lösl. Mit Schweine-schmalz und Vaseline und anderen Salbengrundlagen mischbar. Beim Erhitzen bläht es sich unter Entwicklung von brennbaren Dämpfen auf und verbreitet brenz-ligen Geruch. — Mit Kalilauge erwärmt, entwickelt I. Ammoniak. Diese Mischung hinterläßt nach dem Eindampfen und Glühen eine Kohle, die beim Übergießen mit Salzsäure Schwefelwasserstoff entwickelt.

Prüfung des Erg.-B. 6. Die wäßrige Lösung (1 + 9) gibt unter Zusatz von Salpeter-säure eine dunkle, harzartige Fällung, deren Filtrat durch Silbernitratlösung höchstens opalisierend getrübt werden darf (Salzsäure).
4 g I. in einer Porzellanschale im Wasserbade bis zur Trockne verrieben und weiter bei 100° im Trockenschrank getrocknet, soll nicht weniger als 2 g und nicht mehr als 2,2 g Rückstand ergeben. — Beim Verbrennen von 0,2 g I. darf ein wägbarer Rückstand nicht verbleiben.

Verwendung. Antiseptisch, schmerz- und juckreizlindernd, keratoplastisch bei guter lokaler Verträglichkeit zu Salben und Pinselungen (10%), bei Furunkeln, Ekzemen und anderen Hauterkrankungen, in der Frauenheilkunde, zu Zäpfchen und Kugeln, kosmetisch (0,5 bis 2%) zu Salben, Cremes, Firnissen, Pudern.

Igelit.

Igelit, Vinidur, Decelit H., Markenbezeichnung für einen festen Körper, chemisch ein → Polyvinylchlorid, der auch von Säuren nicht angegriffen wird und zur Herstellung von Röhren, Stäben, Tafeln, Platten, Folien usw. sowie zahlreichen Gebrauchsgegenständen Verwendung findet. *Weichigelit* vom gummiartigem, elastischem Charakter wird mit Weichmachern hergestellt, trägt die Bezeichnung *Mypolam* oder *Decelit W.* und dient hauptsächlich zur Herstellung von Umhängen, Regenmänteln, Handtaschen usw. Als Weichmacher dient Trikresylphosphat, das 3 Isomere enthält, von denen das o-Trikresylphosphat stark giftig ist. Aus diesem Grunde kamen früher Vergiftungen durch Weichigelit vor. Bei neuen Weichigelit-Produkten soll der Gehalt an o-Trikresylphosphat herabgesetzt sein, so daß gesundheitliche Gefahren nicht mehr bestehen.

Ignatiusbohnen.

Die Samen von **Strychnos ignatii** *Berg, Loganiaceae,* eines klimmenden, auf den Philippinen heimischen Strauches.

Semen Ignatii. Fabae Ignatii. Stoff B. Giftig!

Unregelmäßig eiförmige, 25 mm lange und 15 mm dicke Samen mit grauschwärzlicher, spärlich behaarter Samenschale, die sich leicht abreibt und deshalb in der Handelsware meist vollständig fehlt.

Inhaltsstoffe. 46 bis 62% *Strychnin, Brucin,* Glykoside, fettes Öl u. a.

Verwendung. Zur Darstellung von Strychnin und Brucin.

Imi.

Imi (Henkel) ist ein Universalreinigungsmittel zum Geschirrabwaschen und Spülen sowie zur Reinigung von Haus- und Küchengeräten und zum Waschen stark verschmutzter Berufswäsche. Auf Phosphaten und Silikaten aufgebautes Präparat. Sein Gehalt an Netzmitteln verleiht ihm im Zusammenwirken mit den Alkalibestandteilen ein gutes Schmutzlösevermögen.

Immergrün.

Immergrün. Vinca minor *L.*

Apocynaceae.

Sinngrün. Wintergrün.

Bis 20 cm hohes, ausdauerndes, halbstrauchartiges Pflänzchen, Wurzelstock waagerecht kriechend. Blüten verhältnismäßig groß, hellblau, mit trichterförmiger Krone und kahlem, 5zipfeligem Kelch.

Immergrünkraut. Herba Vincae pervincae.

Sinngrün.

Schnittdroge. Lederartige, dunkel- bis hellgrüne, stark glänzende Blattstückchen, oberseits netznervig, unterseits mit deutlichem Mittelnerv, am Rand grob gekerbt, gezähnt. Blattrand leicht eingerollt. Zahlreiche hellgrüne Stengelteile mit feinen Längsrinnen, mitunter schwarzbraune Sproßstückchen, blaue Blütenteile und längliche Balgfrüchte.

Inhaltsstoffe. *Gerbstoff*, ein Bitterstoff *Vincin*, Pektin, Carotin.

Verwendung. *Innerl.* 1 Teelöffel auf 1 Tasse Aufguß, bis 2 Tassen tägl. als blutreinigendes und harntreibendes Mittel, bei Katarrhen, als Bittermittel, bei Weißfluß.

Aufbewahrung. Vor Licht geschützt.

Imprägnieren.

Unter Imprägnieren versteht man das Tränken poröser, fester Körper (Textilien, Pappe, Holz) mit Flüssigkeiten (Lösungen, Emulsionen, ölartigen Stoffen), um diese wasserdicht oder wasserabstoßend zu machen, ihre Brennbarkeit herabzusetzen, sie korrosionsbeständiger zu machen bzw. gegen tierische oder pflanzliche Schädlinge zu schützen. Um das Eindringen der Imprägnierungsflüssigkeit zu erleichtern, wird bei der Holzkonservierung unter Verwendung des Vakuums imprägniert. Durch Zugabe von Netzmitteln, welche die Oberflächenspannung herabsetzen, wird das Eindringen der Imprägnierungsmittel ebenfalls begünstigt.

Indalon.

n-Butyl-6,6-dimethyl-5,6-dihydro-4-pyron-2-carboxylat.

Gelbliche bis rötliche Flüssigkeit, D. 1,056, mit angenehmem *Geruch*, unlösl. in Wasser und Glycerin, lösl. in Weingeist, Propylenglykol, fetten Ölen, Mineralölen, Estern.

Verwendung. Als Insektenabwehrmittel und Lichtschutzmittel ohne Hautreizungen in 5%iger Lösung, zu Hauteinreibungen, Hautölen, Sonnenbrandcremes. 25%ig mit Dimethylphthalat schützt es gegen lästige Insekten etwa 8 Std.

Indanthren.

Sammelname für besonders echte und beständige Farbstoffe aller Farbstoffklassen. Die Bezeichnung ist aus den Worten *Indigo* und *Anthracen*, welche zur Synthese der Indanthrenfarben Verwendung finden, zusammengezogen. I.-Farbstoffe werden heute in allen Farbtönen hergestellt.

Verwendung. Zum Färben von Kleiderstoffen, Vorhängen, Decken usw. mit besonders großer Licht- und Waschechtheit.

Indigo.

Indigo, natürlicher.

Natürlicher Indigo ist der älteste und wichtigste pflanzliche Farbstoff und kommt in den in Ostasien heimischen Indigoferaarten, *Indigofera tinctoria, I. leptostachya* u. a., ferner im Färberwaid, *Isatis tinctoria*, der früher in Deutschland und Frankreich kultiviert wurde, im Färberknöterich, *Polygonum tinctorium*, in Form des Glucosides *Indican*, $C_{14}H_{17}O_6N + 3\,H_2O$, vor. Bei der Hydrolyse mit Säuren oder Fermenten zerfällt das Indican in *Indoxyl*, C_8H_7NO. Durch Luftsauerstoff wird das Indoxyl sofort zu *Indigotin, Indigoblau* oder *Indigo* oxydiert. Aus den genannten Indigoferaarten und Färberwaid wurde früher der natürliche Indigo gewonnen. Heute wird überwiegend künstlicher Indigo verwendet.

Indigo, künstlicher. Indigotin. Indigoblau.

$$C_{16}H_{10}N_2O_2.$$

Die Herstellung des künstlichen Indigos war erst nach der Aufklärung seiner Konstitution durch ADOLF VON BAEYER (1873) möglich. Die praktisch wichtigen Herstellungsmethoden gehen auf HEUMANN (1890) zurück, dessen Indigosynthese sich am besten bewährte. Noch heute wird nach seinem verbesserten Verfahren gearbeitet. 1897 erschien der erste synthetische Indigo auf dem Markt. Entgegen dem natürlichen Indigo, von dem Bengal-Indigo nur 35 bis 55% und Java-Indigo bis zu 80% reinen Farbstoff enthält, ist künstlicher Indigo (reines Indigotin) ein 100%iger Farbstoff, der infolge Licht-, Wasch-, Alkali- und Säureechtheit der wichtigste aller blauen, organischen Farbstoffe ist.

Darstellung. Die technische Darstellung des künstlichen Indigos erfolgt aus Anthranilsäure und Monochloressigsäure, Schmelzen der entstandenen Phenyl-glycin-o-carbonsäure mit Ätzkali und Oxydation durch Einblasen von Luft.

Eigenschaften. Künstlicher Indigo ist ein dunkelblaues Pulver, Schmp. 390° bis 392°, das mit purpurroter Farbe verdampft. Unlösl. in Wasser, Alkohol und Äther, mehr oder weniger lösl. in Chloroform, Nitrobenzol, Anilin usw. Die Lösungs-farbe erscheint in der Regel blau, in Paraffin gelöst dagegen rot.

Indigofärbung. Küpenfärberei.

Die Unlöslichkeit des Indigos in Wasser und Alkohol macht eine besondere Färbemethode notwendig, durch welche der Farbstoff auf der Faser fixiert wird. Auch andere Farbstoffe mit ähnlichen physikalisch-chemischen Eigenschaften werden in der Küpenfärberei verwendet. Bei dieser werden die wasserunlöslichen Farbstoffe mit Natriumhydrosulfit zu alkalilöslichen Verbindungen reduziert und dadurch heller gefärbt oder gar farblos (sog. Leukokörper). Mit dieser alkalischen Lösung bzw. Auf-schlämmung des Reduktionsproduktes der sog. „Küpe" werden dann die Textilien getränkt. Durch Luftsauerstoff wird die in der Küpe gelöste Zwischenstufe auf der Faser wieder zum Farbstoff oxydiert. Durch feinste Verteilung auf der Faser, in der der Farbstoff erst wieder entsteht, wird dieser, vermutlich durch Adsorptionskräfte, an der Baumwolle festgehalten. Bei der Verküpung nimmt Indigo zunächst 2 Wasser-stoffatome auf und geht in *Indigoweiß* über, das dann durch Luftsauerstoff wieder vollkommen in Indigo zurückgebildet wird.

Außer bei der Baumwollfärberei und im Kattundruck findet Indigo auch zur Färbung von Wolle Verwendung. Bedeutende Indigomengen werden auf Indigo-derivate, Indigoide, verarbeitet.

Indikatoren.

Indikatoren (lat. indicare, anzeigen) sind Stoffe, die durch einen Farbumschlag oder durch eine andere sinnfällige Veränderung anzeigen, daß eine chemische Reaktion ein bestimmtes Stadium erreicht hat. Als Indikatoren finden organische

Farbstofflösungen Verwendung, die in der Maßanalyse das Ende einer Titration anzeigen. Dabei erleiden sie bei einer bestimmten Wasserstoffionenkonzentration eine innere Umlagerung, mit der ihre Farbänderung verbunden ist. Als Indikatoren finden Flüssigkeiten oder besonders präparierte Indikatorpapiere Verwendung. Die Indikatorpapiere dienen der raschen Bestimmung der Wasserstoffionenkonzentration. Für den praktischen Gebrauch geeignete Indikatorpapiere sind:

Indikatorpapiere.

Azolitminpapier, ein mit Azolitmin imprägniertes Filtrierpapier mit rotvioletter Farbe, das sich durch Säuren rot, durch Alkalien blau färbt;

Kongopapier DAB. 6, ein mit Kongorotlösung ($1^0/_{00}$) getränktes und dann getrocknetes bestes Filtrierpapier, das schon durch geringe Säuremengen blau gefärbt wird und als Indikator im Gebiet p_H 3 bis 5 Verwendung findet; auch Kongopapier, hochempfindlich, ist im Handel;

Kurkumapapier ist ein mit einer Lösung von Kurkumatinktur hergestelltes und vor Licht geschützt, ohne Anwendung von Wärme, getrocknetes Indikatorpapier. Es muß durch einen Tr. einer Mischung aus 1 ccm $^1/_{10}$ -n-Kalilauge und 25 ccm Wasser sofort gebräunt werden; Alkalien und alkalisch reagierende Salze bräunen Kurkumapapier, Borsäure färbt es nach dem Trocknen braunrot;

Lackmuspapier blau und rot (Herstellungsvorschrift s. Bd. III) finden als Indikatoren auf Säuren und Basen Verwendung. Säuren färben blaues Lackmuspapier rot, Alkalien rotes Lackmuspapier blau;

Methylorangepapier ist ein mit wäßriger Methylorangelösung getränktes und getrocknetes Filtrierpapier und findet als Indikator für Säuren und Alkalien Verwendung;

Phenolphthaleinpapier ist ein mit alkoholischer Phenolphthaleinlösung getränktes und getrocknetes Filtrierpapier und findet als Indikator in der Alkalimetrie Verwendung.

Polreagenspapier ist ein mit Phenolphthalein- und Kochsalzlösung getränktes Filtrierpapier. Bei Einwirkung von elektrischem Strom bildet sich am — -Pol Natriumhydroxyd, und dadurch entsteht Rotfärbung.

Universal-Indikatorpapier „Merck", mit dem der gesamte p_H-Bereich von p_H 1 bis 10 erfaßt werden kann. Eine Vergleichsfarbskala ermöglicht die Ablesung ganzer p_H-Zahlen (Abb. 117). Mit ihm können auch viscose und gefärbte

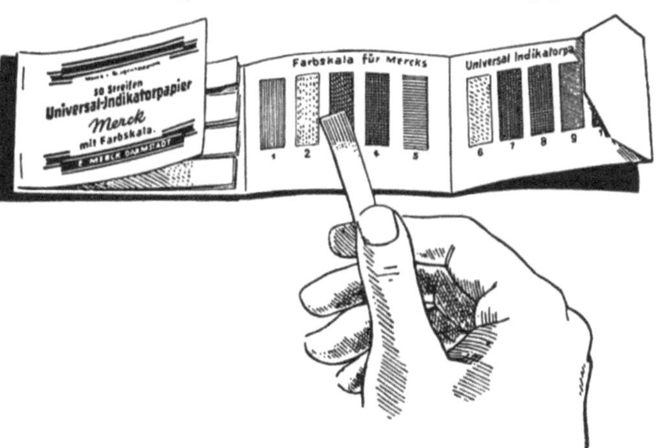

Abb. 117. p_H-Bestimmung mit Universalindikator „Merck".

Flüssigkeiten bestimmt werden. Das Universal-Indikatorpapier „Merck" kommt in Heftchen zu je 100 Streifen in den Handel. Auch Riedel-de Haën A. G., Hannover, bringt Universal-Indikatorpapier in ähnlicher Aufmachung in den Handel.

Spezial-Indikatorpapiere „Merck" finden für genauere pH-Bestimmung Anwendung. Sie sind gewissermaßen die Ergänzungen zum Universal-Indikatorpapier. Mit ihnen können die pH-Werte in den wichtigsten Bereichen der pH-Skala bis auf 0,2 pH genau ermittelt werden. Sie sind in nachstehenden Bereichen erhältlich:

pH 3,8 bis 5,4   pH 6,6 bis 8,0

pH 5,4 bis 7,0   pH 8,2 bis 10,0

pH 9,5 bis 13,0.

Die Spezial-Indikatorpapiere „Merck" sind ebenfalls in Heftchen zu je 100 Streifen lieferbar. Zu den verschiedenen pH-Bereichen gehört jeweils eine besondere Farbskala, die mit dem Heftchen geliefert wird. Ersatzheftchen sind ohne Farbskala erhältlich.

Reaktionsfolien nach WULFF (Lautenschläger, München) Meßbereich pH 4,5 bis 8,5.

Indikatorfolien nach WULFF (Lautenschläger, München) Meßbereich pH 1,4 bis 12,5.

Indikatorpapier-Folien nach HÖLL (Freye, Braunschweig) Meßbereich pH 1 bis 14.

Lyphan-Papiere sind weitere handelsübliche Indikatorpapiere.

Universal-Indikator, flüssig „Merck" (Abb. 118) und Indikator, flüssig „Merck" pH 0 bis 5,0 (der letzte ist ein Ergänzungs-Indikator zum Universal-Indikator, flüssig „Merck") und Universal-Indikator „Riedel de Haën" sind als flüssige Indikatoren im Handel.

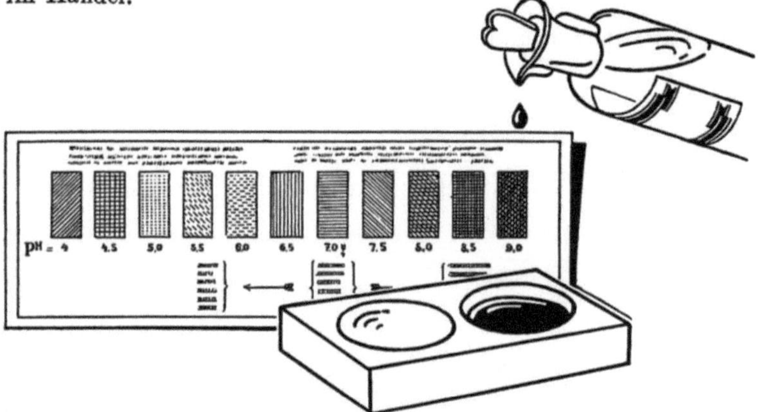

Abb. 118. pH-Bestimmung mit Universalindikator „Merck" mit Palette.

Indol.

Vorkommen. In Spuren im Steinkohlenteer, im Jasmin- und Orangenblütenöl, als Fäulnisprodukt von Eiweiß im menschlichen Kot neben Skatol und Merkaptanen.

Darstellung. Aus der bei 240° bis 260° siedenden Fraktion des Steinkohlenteers.

Eigenschaften. Farblose Blätter, F. 52,5°; Sdp. 253° bis 254°; Schmp. 52°, unrein von widerlichem, fäkalem, reinst und stark verd. vom blumigen, an Jasmin erinnernden, sehr stark und lange haftenden *Geruch.*

Verwendung. In der Parfümerie in geringer Menge künstlichen Riechstoffen zugesetzt, zur Frische und Verlängerung des Duftes.

Inertol.

Inertol (Lechler) ist ein aus Bitumen oder Teerpech hergestelltes wasserabweisendes Anstrichmittel zu Innen- und Außenanstrichen auf Mauerwerk, Eisen und Beton.

Infrarot-Trocknung.

Die langwelligen, unsichtbaren Wärme-(Infrarot-)strahlen haben die Fähigkeit, in tiefere Schichten der von ihnen bestrahlten Stoffe einzudringen und sie dabei zu trocknen. Diese Tatsache findet bei zahlreichen technischen Trocknungsprozessen Verwendung, wobei durch die rasche Trocknungsweise das Arbeitstempo erstaunlich beschleunigt wird. In USA konnte die Trocknungszeit lackierter Autokarosserien durch Infrarot-Trocknung auf 14 Min. gesenkt werden.

Ingwer.

Ingwer. Zingiber officinale *Roscoe.*

Zingiberaceae.

In Südostasien heimisches, in fast allen Tropenländern, besonders auf Jamaica kultiviertes, bis 1,5 m hohes Gewächs mit schilfartigen Blättern.

Ingwer. Rhizoma Zingiberis, DAB. 6.

Ingwerwurzelstock.

Der ganz vom Kork befreite, getrocknete Wurzelstock der in Westindien, besonders auf Jamaica kultivierten Pflanze. In einer Ebene verzweigt, deutlich zusammengedrückt, bis 10 cm lang, bis 2 cm breit, gelblichgrau, fein längsstreifig, die Enden der Zweige mit vertieften Stengelnarben. Bruch gelblich, körnig und kurz, doch ragen aus der Bruchfläche überall die Leitbündel als kurze, steife Spitzchen hervor (Abb. 119). *Geruch* kräftig-würzig, *Geschmack* würzig, brennend scharf.

Lupenbild. Auf dem Querschnitt umgibt die Rinde als schmaler Ring den großen ovalen Zentralzylinder.

Inhaltsstoffe. 0,5 bis 3% aromatisch riechendes *ätherisches Öl* mit den Hauptbestandteilen *Zingiberen, Zingiberol,* Cineol, Borneol, Citral, Phellandren, Camphen, eine ölartige Flüssigkeit *Gingerol,*

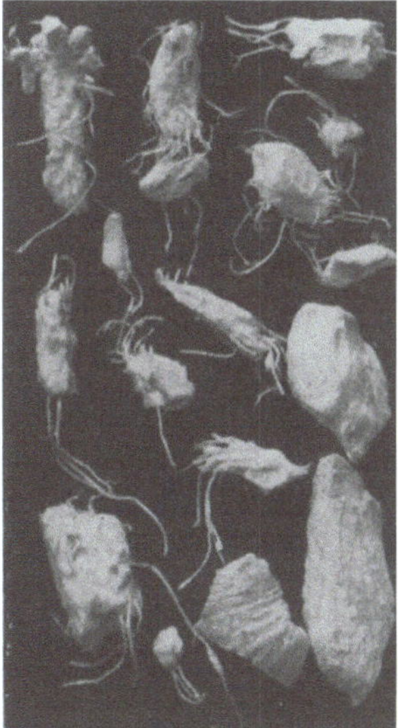
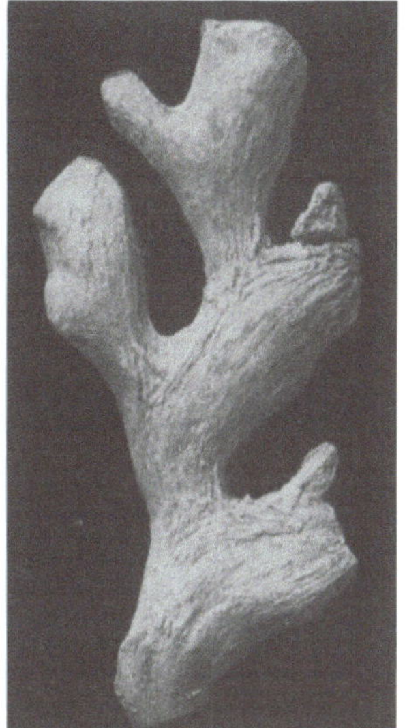

Abb. 119. Ingwerwurzel. Rhizoma Zingiberis.
Links: Schnittdroge, 2fach vergrößert. Langfaserige, unregelmäßig geformte Rhizomstückchen. — Rechts: Ganzdroge, natürliche Größe. Geschältes, gelblichgraues Rhizom mit längsgerunzelten Triebknollen. (Nach *Schlemmer-Hörhammer.*)

von der der scharfe Geschmack herrührt, ein scharf schmeckendes Keton, Shogaol, Harz, Stärke, organische Säuren u. a.

Handelssorten. *Cochiningwer*, in Form und Größe wie Jamaicaingwer, jedoch auf Ober- und Unterseite mit runzeligem, rötlichgrauem Kork, der leicht abblättert und darunter eine dunklere Oberfläche zeigt. *Geschmack* weniger angenehm aromatisch.

Afrikanischer Ingwer von der Sierra Leone und aus Moçambique, dunkler als Cochiningwer, mit braunem Kork und schärfer als Jamaicaingwer, jedoch ohne das feine Aroma.

Japaningwer, von Zingiber mioga, stellt eine minderwertige Sorte dar, meist gekalkt. *Geruch* bergamotteähnlich, *Geschmack* weniger scharf.

Chinesischer Ingwer, der in China besonders zur Herstellung kandierter Ware, *Confectio Zingiberis*, *Conditum Zingiberis*, verwendet wird, stammt von Alpinia galanga.

Verwendung. *Innerl.* (E. 0,5 g). Ingwer ruft durch Erregung der Wärmenerven im Magen Brennen und Hitzegefühl hervor und findet daher als appetitanregendes Magenmittel und anregendes, blähungstreibendes Mittel Verwendung sowie als Geruchs- und Geschmackskorrigens. In den Tropen mit Zucker eingekocht als Genußmittel und zur Herstellung von *Ingwerbier*. Zur Herstellung von Tinctura Zingiberis, DAB. 6, als Bestandteil von Tinctura aromatica, DAB. 6 (s. je Bd. III), Sirupus Zingiberis, Erg.-B. 6 u. a., zu Teemischungen.

Prüfung des DAB. 6. Mindestgehalt an ätherischem Öl 1,5%, zu bestimmen mit 10 g I. Neben der mikroskopischen Prüfung wird geprüft auf:
Einwandfreie Qualität. Beim Verbrennen von 1 g I. darf der Aschegehalt 0,07 g nicht übersteigen.

Ingweröl. Oleum Zingiberis.

Durch Wasserdampfdestillation von trockenem Ingwer gewonnenes (Ausbeute 2 bis 3%), dickliches, grünlichgelbes Öl von würzigem *Geruch*, ohne den scharfen *Geschmack* der Droge. D. (15°) 0,877 bis 0,886; $a_D^{20°}$ —28° bis —50°; SZ. bis 2,0; EZ. 0 bis 15,0; in bis 7 Vol.-T. Weingeist (95%) nicht immer klar lösl.

Inhaltsstoffe. d-Camphen, Phellandren, Cineol, Citral, Borneol, ein Sesquiterpen Zingiberen u. a. Öl aus Jamaicaingwer auch Decylaldehyd.

Verwendung. In der Parfümerie zur Erzielung orientalischer Noten und anderer Phantasiekompositionen in kleinen Mengen (terpenfreies Öl 8- bis 10mal ergiebiger), in der Likör-, Zuckerwaren- und Gewürzindustrie.

Aufbewahrung. Vor Licht geschützt.

Insektenpulver.

In Dalmatien heimische, in Japan, Afrika, Amerika, teilweise auch in Deutschland angebaute, bis 1 m hohe Staude, **Chrysanthemum cinerariifolium** *Visiani*, *Compositae*. Die kaukasische und persische Handelsware stammt von der in Kaukasien beheimateten Staude **Pyrethrum roseum** *v. Bieberstein* und **Pyrethrum carneum** *v. Bieberstein, Compositae*.

Insektenblüten. Flores Chrysanthemi cinerariifolii, Erg.-B. 6.

Flores Pyrethri.

Die geschlossenen oder halb geöffneten, getrockneten (Wasserverlust 70 bis 78%) Blüten von Chrysanthemum cinerariifolium. Gelblichweiße, bis 1 cm große Blütenköpfchen mit halbkugeligem Hüllkelch, der aus zahlreichen 4 bis 6 mm langen, hellbräunlichen, am Rande und an der Spitze weißlich-trockenhäutigen, lanzettlich-spatelförmigen Blättchen besteht. Blütenboden nackt, flach, am Rande mit 15 bis 20 weißen, bis 18 mm langen und bis 4 mm breiten, an der Spitze dreizähnigen Zungenblüten, in der Mitte mit zahlreichen gelben, zwittrigen Röhrenblüten, bis 6 mm lang. Fruchtknoten etwa 3 mm lang, mit 5 vorspringenden Rippen und unregelmäßig gezähntem Kelchsaum, der länger als die Röhre der Blumenkrone ist (Abb. 120).

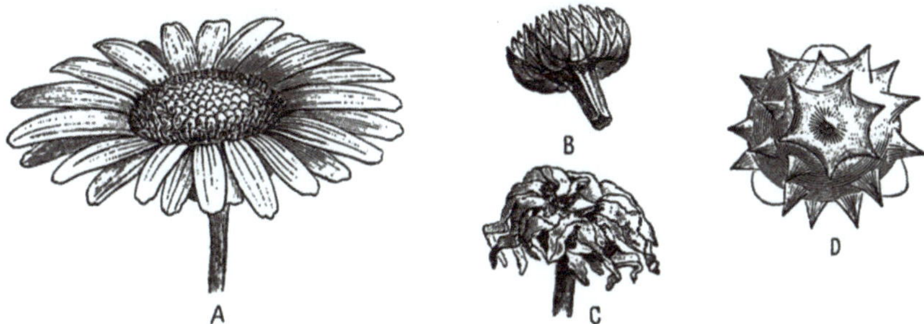

Abb. 120. Insektenpulver. Flores Pyrethri. A geöffnetes Blütenkörbchen; — B Hüllkelch von unten gesehen; — C geöffnetes Blütenkörbchen, getrocknet; — D Pollenkorn, stark vergrößert.

Geruch eigenartig würzig, reizt zum Niesen. *Geschmack* leicht bitter, etwas kratzend und würzig. Pulverisiert stellt die Droge ein graugelbes (nicht gelbes) Pulver dar, dessen Güte durch mikroskopische Prüfung und durch die Bestimmung der Pyrethrine erfolgt. Aschehöchstgehalt 8%.

Inhaltsstoffe: 4 gegen Insekten stark giftige, für Warmblüter unschädliche Stoffe *Pyrethrin I* und *Pyrethrin II, Cinerin I* und *Cinerin II*, 0,3% ätherisches Öl, Harz, ein Glykosid u. a.

Gütebeurteilung. Nach einem Jahresbericht von Caesar & Loretz wird die Beurteilung der Güte durch die Bestimmung des Ätherextraktes durchgeführt:

„5 g lufttrockenes Pulver werden in einer 150-ccm-Arzneiflasche mit 50 g Äther übergossen und bei zweistündiger Mazeration öfters kräftig durchgeschüttelt. Alsdann wird der Ätherauszug durch ein bedecktes, glattes Filter von 9 cm ⌀ rasch in einem zuvor genau gewogenen 150-ccm-Erlenmeyerkolben filtriert, das Filtrat gewogen (je 10,1 g entsprechen 1 g lufttrockenem Pulver), der Äther abdestilliert, der Rückstand bis zur Gewichtsgleichheit im Exsikkator getrocknet. Der Extrakt soll goldgelbe Farbe haben und einen eigenartigen, kräftigen, wachsartigen, nicht kamilleähnlichen Geruch besitzen.

Er soll mindestens 6% betragen."

Verwendung. Bis zum Aufkommen der modernen Kontaktinsekticide wichtiges und für Warmblüter unschädliches Insektenvertilgungsmittel, das durch die Pyrethrine als Muskelgift wirkte. Neuerdings werden Pyrethrumpräparate auch gegen Würmer angewandt.

Aufbewahrung. Vor Licht geschützt. Die Droge verliert beim Lagern stark an Wirksamkeit und muß deshalb jährlich erneuert werden.

Insulin.

Insulin ist ein Hormon der Bauchspeicheldrüse (s. Bd. I, S. 668), ein hochmolekularer, schwefelhaltiger Eiweißkörper, der den Kohlenhydratstoffwechsel regelt. Seine genaue chemische Konstitution ist nicht bekannt, daher erfolgt seine Dosierung nicht nach Gewicht, sondern nach pharmakologischen Einheiten. Die Bildung des Insulins in der Bauchspeicheldrüse erfolgt unter dem Einfluß der Hypophyse.

Die Ausschüttung wird in erster Linie durch den Blutzucker reguliert. Wird nicht genügend Insulin durch die LANGERHANSschen Inseln der Bauchspeicheldrüse abgeschieden, so entsteht die Zuckerkrankheit (Diabetes mellitus). Bei der medizinischen Anwendung von Insulin wird der Blutzucker gesenkt. Mit dieser Senkung verschwindet auch langsam der Harnzucker des Diabetikers.

Das im Handel befindliche Insulin wird aus der Pankreasdrüse der Schweine und anderer Schlachttiere und von Fischen gewonnen. Das in den Handel kommende Insulin wird durch das *Deutsche Insulin-Komitee* klinisch geprüft. Den täglichen Bedarf bei einem gesunden Menschen schätzt man auf etwa 12 Einheiten, der aus dem Insulinvorrat der Bauchspeicheldrüse (300 bis 400 E.) abgegeben wird

Eine Insulineinheit ist $^1/_3$ der Dosis, die bei einem Kaninchen von 2 kg nach 24stündigem Hungern innerhalb von 1 bis 2 Stunden den Blutzucker von 0,1 auf 0,045% senkt und entspricht $^1/_{22}$ mg des kristallisierten Standardinsulins *Dale*. *Depotinsuline* sind Insuline, bei denen der Wirkstoff in schw.lösl. oder schwer resobierbare Form gebracht ist. An Stelle der stoßartigen, rasch abklingenden Wirkung tritt somit eine weniger heftige, gleichmäßige ein.

Inulin.

$(C_6H_{10}O_5)_x$.

Inulin ist ein als Reservestoff besonders in Kompositen (Dahlien- und Topinamburknollen, Zichorienwurzelstöcken, Artischocken) vorkommendes Kohlenhydrat, aus dem es auch hergestellt wird.

Verwendung. Zur Herstellung von Fruchtzucker enthaltenden Nahrungs- (Brot, Kunsthonig) und Genußmitteln (Sekt) für Diabetiker.

Invertase.

Invertase (Bayer) ist ein aus Hefe bereitetes Produkt, das nach einem besonderen Verfahren von den Ballaststoffen der Hefe weitestgehend befreit ist und stets mit dem gleichen Wirkungswert in den Handel kommt.

Verwendung. Zur Frischhaltung von Fondants, Marzipan, Pralinen usw., zur Vermeidung des Hart- und Bröckligwerdens nach verhältnismäßig kurzer Lagerzeit. Bei der Likörherstellung zur Vermeidung des Auskristallisierens des Zuckers.

Invertin „Merck“.

Invertin „Merck“ ist ein Ferment, durch das Rohrzucker in Invertzucker übergeführt wird. Bekanntlich entsteht bei der fermentativen Spaltung von Rohrzucker unter Bildung 1 Molekül Wasser je 1 Molekül Traubenzucker und Fruchtzucker. Das entstandene Produkt bezeichnet man als *Invertzucker*, der die Eigenschaften hat, nur schwer zu kristallisieren und das Wasser nur langsam an trockene Luft abzugeben. Dadurch werden Süßwaren lange geschmeidig gehalten. I. ist das gegebene Weichhaltungsmittel für Schokoladen- und Zuckerwaren, Pralinen, Marzipan usw. Verarbeitung und Vorschriften s. Bd. III.

Invertseifen.

Bekanntlich bestehen gewöhnlich Seifen, die Alkaliseifen höherer Fettsäuren, aus einem wasserfreundlichen, positiv geladenen Alkali-Ion und einem fettfreundlichen, negativ geladenen Fettsäure-Ion, das der Träger der Seifeneigenschaft ist. Bei den

Invertseifen, die keine Fettsäuren enthalten, sondern aus quartären Ammoniumbasen bestehen, jedoch den natürlichen Fettsäuren entsprechende Alkyle mit 8, 10,
12, 14, 16 und 18 C-Atomen aufweisen, liegen die Verhältnisse genau umgekehrt,
daher der Name Invertseifen (lat. inversio, Umkehrung). Bei ihnen ist ein positiv
geladenes organisches Ammonium-Ion, das fettfreundlich ist, Träger der Seifeneigenschaft und besitzt gesteigerte Desinfektionskraft. Diese erklärt man sich mit
einer Koppelung ihrer positiv geladenen Ionen mit dem negativ geladenen Eiweiß
der Bakterien. Im Gegensatz zu den echten Seifen werden Invertseifen von den
Calcium- und Magnesiumseifen des Wassers nicht ausgefällt und behalten ihre
Waschwirkung bei. Sie bewirken eine starke Verminderung der Oberflächenspannung von Wasser, die Schaumfähigkeit ihrer Lösungen ist der von echten
Seifen überlegen.

$$\left[\begin{array}{c} CH_3 \\ C_6H_5-N-R \\ CH_3 \end{array}\right]^+ Cl^-$$

Alkyl-dimethyl-benzyl-ammonium-chlorid

Quartäre oder *quaternäre Ammoniumbasen* sind Tetraalkylammoniumsalze, also
vollkommen alkylierte Ammoniumverbindungen. Obgleich es sich bei gewöhnlichen
Seifen und Invertseifen um Verbindungen mit gleichartigem Wirkungsmechanismus
handelt, sind ihre chemischen Unterschiede so bedeutend, daß die Wirkung von
Invertseifen schon durch Spuren gewöhnlicher Seifen beträchtlich gehemmt wird.
Manche Invertseifen sind sowohl in hydrophoben Lösungsmitteln (Benzin, Äther) als
auch in Wasser lösl. und sind deshalb ausgezeichnete Emulgatoren.

Verwendung. Als ausgesprochen hautschonendes und mild wirkendes Desinfektionsmittel auch bei längerem Gebrauch, zur intimen Hygiene der Frau, zur
Desinfektion der Haut, von Wunden, Händen, Instrumenten, als keimtötendes
Desodorans und zur Raumdesinfektion. *Gleichzeitige Verwendung echter Seife hebt die
desinfizierende Wirkung von Invertseifen auf, Eiweiß schränkt sie stark ein.* Bekannte Vertreter der Invertseifen, die als Desinfektionsmittel Verwendung finden,
sind → *Quartamon* (Schülke & Mayr), → *Zephirol* „Bayer", → *Dontalol* „Bayer"
findet zur Mund- und Gebißpflege Verwendung.

Invertzucker.

Mit *Inversion* (lat. inversio, Umkehrung) bezeichnet man die Umwandlung des
Rohrzuckers in ein Gemisch aus Traubenzucker und Fruchtzucker, weil dadurch
eine Umkehrung des polarisierten Lichtstrahls erfolgt. Während nämlich Rohrzucker diesen nach rechts dreht, dreht das durch Inversion entstandene Produkt, der
Invertzucker, infolge des in ihm enthaltenen stark links drehenden Fruchtzuckers das
polarisierte Licht nach links. Die Inversion des Zuckers kann erfolgen durch Fermente (die Invertase der Hefe), durch Kochen mit verd. Säuren, z. B. bei der Herstellung von Kunsthonig (künstlicher Invertzucker), der aus Rohrzucker durch
Kochen mit Citronensäure entsteht. Natürlicher Invertzucker ist Bestandteil des
Bienenhonigs.

Irium.

Irium ist das eingetragene Warenzeichen für gereinigtes Natriumlaurylsulfat und
ist der reinigende Bestandteil in der Zahnpaste Pepsodent. Irium ist geschmacklos
und völlig neutral, schäumt in wäßriger Lösung, senkt die Oberflächenspannung des
Wassers, emulgiert die Fremdkörper und schwemmt sie weg. Organische Stoffe, die
auf der Oberfläche und zwischen den Zähnen lagern, werden gelöst.

39*

Irländisches Moos.

An allen nördlichen Küsten des Atlantischen Ozeans, besonders südlich von Boston, an der Küste von Massachusetts, der Bretagne und den Küsten Nord- und Nordwestirlands sind kleine, bis 20 cm hohe Rotalgen mit Haftscheibe und gegabeltem Laubteil verbreitet, **Chondrus crispus** (*Linné*) *Stackhouse* (Abb. 121), und **Gigartina mamillosa** *J. Agardh, Rhodophyceae* (Abb. 122). Die Algen in geringer

Abb. 121. Chondrus crispus. Carrageen, *Irländ. Moos.*   Abb. 122. Gigartina mamillosa.

Tiefe werden mit eisernen Rechen losgerissen und gesammelt oder die von Stürmen angeschwemmten verarbeitet. Durch wiederholtes Waschen mit Süßwasser und Trocknen an der Sonne wird die dunkelviolette bis grünrote Farbe ausgebleicht. Die Algen nehmen hierbei einen hellgelben Ton an. Mitunter erfolgt auch Bleichung mittels schwefliger Säure, die jedoch im wäßrigen Auszug durch Lackmuspapier nachweisbar ist.

Irländisches Moos. Carrageen, DAB. 6.

Felsenmoos. Perlmoos. Knorpeltang. Knopftang. Hornklee. Krausmoos. Seemoos.

Die im Herbst bei Ebbe mit Haken oder der Hand von ihrer Haftscheibe abgerissenen Rotalgen, deren Thallus an der Sonne gebleicht und getrocknet wird. Der Bleichprozeß dauert etwa 14 Tage. Der Thallus beider Arten ist höchstens handgroß, gelblich (bräunliche Teile zeigen geringere Sorte an), knorpelig, durchscheinend, wiederholt gabelig verzweigt. Die Hüllfrüchte (Zystokarpien) erheben sich bei Chondrus crispus etwas gestreckt, flach walzenförmig, bei Gigartina mamillosa zitzenförmig auf den Thalluszweigen (Abb. 123). *Geruch* tangartig, *Geschmack* fade, schleimig, schwach salzig.

Schnittdroge. Gelblichweiße, knorpelige, wellige, wiederholt gabelig verzweigte, flache oder rinnenförmige Stücke, an den Endabschnitten häufig bandartig (Abbildung 123, oben). Die Pulverdroge ist gelblichgrau.

Inhaltsstoffe. Etwa 80% *Schleim*, etwa 7% *Protein* (hauptsächlich Calcium- und Magnesiumsalze von methylierten und acetylierten Polyuronsäuren), wenig Brom und Jod.

Verwendung. *Med. innerl.* (E. 0,5 g) als schleimige Abkochung (1%) bei Husten, Durchfall, zu Teemischungen; als sehr gutes Emulgierungsmittel zu Gallerten (5%); in der *Kosmetik* zu Haarfixiermitteln, Zahnpasten, Cremes, Gallerten, Pasten und Schminken, als Zusatz zu Rasierseifen; *techn.* zur Klärung trüber Flüssigkeiten, zu Appreturen von Papier und Textilien, zu Klebemitteln, als Bindemittel für Wasserfarben.

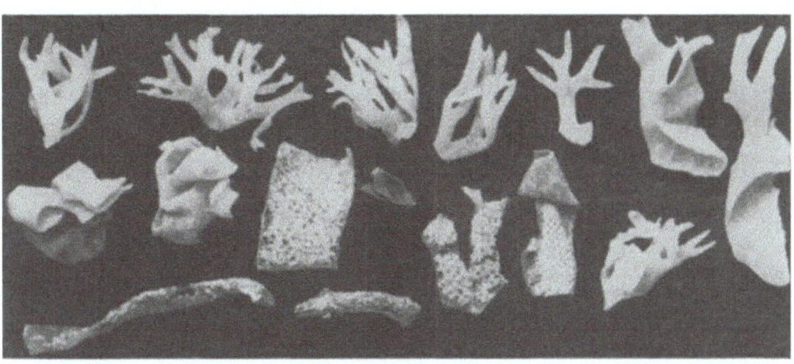

Abb. 123. Irländisches Moos. Carrageen.
Oben: Schnittdroge, 2fach vergrößert, geweihähnlich verzweigte knorpelige bandartige Thallusstückchen; — *unten:* Ganzdroge, natürliche Größe. (Nach *Schlemmer-Hörhammer*.)

Verf. mit anderen Rotalgen sind leicht an deren abweichender Form erkenntlich.

Prüfung des DAB. 6. Beim Übergießen von 1 g I. M. mit 30 g Wasser wird es schlüpfrig, weich und gibt beim Kochen nach dem Erkalten einen ziemlich dicken Schleim.

Freie Säure. Beim Durchfeuchten von 1 g I. M. mit 5 ccm Wasser darf die abfiltrierte Flüssigkeit Lackmuspapier nicht röten.

Schweflige Säure. Läßt man 5 g I. M. in einem weithalsigen Kölbchen von etwa 150 ccm mit 30 ccm Wasser erst bei Zimmertemperatur, dann bei gelinder Wärme auf dem Wasserbade quellen, fügt 5 g Phosphorsäure hinzu, verschließt das Kölbchen lose mit einem Kork, an dessen Unterseite ein am unteren Ende angefeuchteter Streifen Kaliumjodatstärkepapier befestigt ist, und erwärmt weiter unter wiederholtem vorsichtigem Umschwenken auf dem Wasserbade, so darf innerhalb einer Viertelstunde weder eine bleibende noch eine vorübergehende Blaufärbung des Papierstreifens auftreten.

Beim Veraschen von 1 g I. M. darf höchstens 0,16 g Rückstand verbleiben.

Außerdem ist die mikroskopische Prüfung vorgeschrieben.

Isländisches Moos.

Isländisches Moos. Cetraria islandica (*Linné*) *Acharius.*

Parmeliaceae.

Das Moos ist nicht, wie man dem Namen nach schließen sollte, auf Island beschränkt, sondern kommt auch in der gesamten gemäßigten und kalten Zone vor, bei uns auf Heiden, in Nadelwäldern, besonders im Harz, Thüringer Wald, Fichtelgebirge und den Alpen, in der Tschechoslowakei, Rußland und Polen; letztes war vor dem Kriege Haupteinfuhrland. Die Flechte findet sich meist auf der Erde zwischen Gras, Heidekraut oder Moos, seltener auf Rinden oder altem Holz. Botanisch ist die Droge eine Flechte, die Symbiose einer Alge mit einem Schlauchpilz.

Isländisches Moos. Lichen islandicus, DAB. 6.

Heideflechte. Renntierflechte. Bitteres Moos. Kramperltee.

Der fast laubartige, im Mai bis September gesammelte und getrocknete Thallus ist bis 15 cm lang, höchstens 0,5 mm dick, unregelmäßig gabelig verzweigt, mit bald breiteren, bald schmäleren, rinnenförmigen oder fast flachen, zuweilen krausen Zipfeln versehen, am Grunde rinnig, auf der einen Seite *grünlichbraun* oder *braun,* auf der anderen Seite *grauweißlich* oder *hellbräunlich,* mit zerstreuten, weißen, vertieften Flecken (Atemhöhlen) besetzt, auf beiden Seiten kahl, am Rande durch fast kugelige Höhlungen, sog. Spermogonien, gefranst. Selten kommen ferner flach scheibenförmige, anfangs grünliche, später braune Fortpflanzungsorgane, sog. Apothezien, vor. Trocken brüchig, nach dem Anfeuchten leicht lederartig. *Geruch* schwach eigenartig, *Geschmack* bitter, schleimig (Abb. 124).

Inhaltsstoffe. 20 bis 40% *Lichenin,* das in heißem Wasser lösl. ist, beim Erkalten gallertig erstarrt und keine Jodfärbung gibt; *Isolichenin,* in Wasser schon kalt lösl., färbt Jod blau. Beide Stoffe sind Kohlenhydrate. 2 bis 3% *Cetrarsäure,* die den bitteren Geschmack verursacht, *Protolichesterinsäure, Fumarsäure,* Cetrarinin, Fett, Vitamin A, verhältnismäßig viel Jod u. a.

Abb. 124. Isländisches Moos. Cetraria islandica.

Verwendung. *Innerl.* 1 Teelöffel auf 1 Tasse Kaltmazerat oder 1 Tasse Abkochung, bis 3 Tassen tägl. als reiz- und hustenmilderndes, appetitanregendes und kräftigendes Mittel; bei der Behandlung Tuberkulöser ohne spezifische Wirkung, jedoch durch die Anregung des Appetits und der Tätigkeit der Verdauungsdrüsen durch die tonisierende Cetrarsäure und die resorptionsfördernde Wirkung der Lichesterinsäure durchaus begründet. Die nährende Wirkung der Droge beruht auf der Verdaulichkeit der in ihr enthaltenen schleimbildenden Stoffe. Die Milchabsonderung Stillender soll gefördert, Schwangerschaftserbrechen behoben werden. Infolge des Gehaltes an Bitterstoffen als appetitanregendes Bittermittel. Bei chronischen Bronchialkatarrhen, Heiserkeit, Keuchhusten, bei Reizzuständen des Magen- und Darmkanals.

Verw. u. Verf. Cetraria nivalis, kleiner, gelb oder bläulichgrün, Gladonia rangiferina, deren Thallusäste und Enden fadenförmig sind.

Prüfung des DAB. 6. Außer der mikroskopischen Prüfung des Querschnitts entsteht beim Kochen von I. M. in 20 T. Wasser ein bitter schmeckender Schleim, der beim Erkalten zu einer Gallerte erstarrt.

Das bei der Mikrosublimation bei etwa 200° entstehende Sublimat besteht aus Fumar-säure (nicht Lichesterinsäure), das sich leicht und farblos in Ammoniakflüssigkeit lößt. Aus dieser Lösung scheiden sich alsbald nadelförmige, oft zu zweigartigen Gebilden zusammen-tretende Kristalle von fumarsaurem Ammonium aus.

Entbittertes Isländisches Moos. Lichen islandicus examaratus (praeparatus).

Da der Gehalt an Cetrarsäure dem Isländischen Moos seinen bitteren Geschmack erteilt, kann dieser durch Behandlung mit Kaliumcarbonatlösung behoben werden. Die Droge schmeckt dann nicht mehr bitter. Dazu werden 5 T. grob zerschnittenes I. M. mit einer Mischung aus 30 T. lauwarmem Wasser und 1 T. Kaliumcarbonat-lösung ($33^1/_3\%$) übergossen, 3 Stunden stehen gelassen, die Flüssigkeit dann ab-gegossen und dann mit kaltem Wassser nachgewaschen, bis dieses nicht mehr alkalisch reagiert, dann wird getrocknet.

Iso.

Iso wird zur Unterscheidung von Stoffen gleicher chemischer Zusammensetzung, aber verschiedener physikalischer Eigenschaften und chemischer Struktur, der Normalbezeichnung vorgesetzt, z. B. Propylalkohol, $CH_3 \cdot CH_2 \cdot CH_2OH$, und Isopropylalkohol, $CH_3 \cdot CH(OH) \cdot CH_3$.

Isoamylacetat.

Essigsäureisoamylester. $CH_3COO \cdot C_5H_{11}$.

Eigenschaften. Farblose, leicht bewegliche Flüssigkeit von kennzeichnendem, birnenartigem *Geruch* und *Geschmack.* Leicht lösl. in Weingeist und Äther, fast unlösl. in Wasser. D. (20°) 0,869; Sdp. 138°.

Verwendung. Als Bestandteil künstlicher Riechstoffe (Ananas-, Birnen- und Himbeeräther).

Isoamylbutyrat.

Buttersäureamylester. $C_3H_7COO \cdot C_5H_{11}$.

Eigenschaften. Farblose, neutrale, fruchtartig riechende Flüssigkeit, D (20°) 0,864; Flammpunkt 59°.

Verwendung. Zur Herstellung künstlicher Fruchtäther (Ananas-, Bananen-, Erdbeer- und Himbeeräther). Lösungsmittel für Celluloid, Chlorkautschuk und Nitrocellulose.

Isobutylbutyrat.

Buttersäureisobutylester. $C_3H_7COO \cdot C_4H_9$.

Eigenschaften. Farblose, neutrale Flüssigkeit mit schwachem Ananasgeruch, D (20°) 0,860 bis 0,861; Flammpunkt 146°.

Verwendung. Lösungsmittel für Celluloid, Chlorkautschuk, Nitrocellulose.

Isobutylphenylacetat.

Phenylessigsäureisobutylester. Eglantin. $C_6H_5CH_2COO \cdot CH_2CH(CH_3)_2$.

Farblose Flüssigkeit mit süßlich moschusartigem *Geruch,* die in der Parfümerie zu billigen Ölen Verwendung findet.

Isobutylpropionat.

Propionsäureisobutylester. $C_2H_5COO \cdot C_4H_9$.

Eigenschaften. Farblose, neutrale Flüssigkeit von angenehmem (ähnlich Amyl-acetat) *Geruch*, D. (20°) 0,864 und 0,865; Flammpunkt 33°.

Verwendung. Lösungsmittel für Celluloid, Nitrocellulose, Chlorkautschuk, als Zusatzlösungsmittel für Nitrocelluloselacke, zur Herstellung von Öl-Nitrocellulose-Kombinationslacken.

Isobutylsalicylat.

Salicylsäureisobutylester. $C_6H_4(OH)COO \cdot CH_2CH(CH_3)_2$.

Stark aromatisch nach Klee und Orchideen riechende Flüssigkeit, ausgiebig und lange haftend.

Verwendung. In der Parfümerie zur Herstellung von Blumendüften.

Isocerin.

Isocerin (Schliemann) ist ein reines Kohlenwasserstoffwachs von mikrokristalliner Struktur. Zäh, plastisch, nur schwach klebend, haftfest, dauerhaft, wasserundurch-lässig, innerhalb eines weiten Temperaturbereichs beständig. Im geschmolzenen Zu-stand leicht mit Ölen, Fetten, Paraffinen und Wachsen (Carnaubawachs, Japan-, Bienen-, Montanwachs usw.), auch mit Stearin, Asphalt und Harz mischbar. Geschmolzen leicht mischbar mit Ölen, Benzol, Benzin, mit denen es erst nach dem Abkühlen Produkte salbenartiger Konsistenz gibt. I. hat von allen Wachsen die größte Affinität zu Öl und bindet dieses am besten. Raffiniert ist es gegen saure und alkalische Agentien weitgehend resistent. I. ist roh und auch gelb und weiß raffiniert lieferbar. Sorte 1600, D. 0,785 bis 0,795; Sorte 1135, D. 0,800 bis 0,815. Schmp. (nach ASTM) der Sorte 1600: 80° bis 82°, der Sorte 1135: 74° bis 76°. I. übertrifft in bezug auf Plastizität und Zähigkeit diejenige von Bienenwachs und handelsüblichem Ceresin weit.

Verwendung. Zur Herstellung von Salben, Paraffinpackungen, Zahnwachs, Migränestiften, in der Kosmetik zur Herstellung von Hautcremes, Lippenstiften, Abschminken, Pomaden, zur Herstellung von transparenten Vaselinen durch Ver-schmelzen mit Weißöl, zur Herstellung von Schuhcremes, Bohnermassen, Näh- und Plättwachsen, Autopflegemitteln, Metallputzmitteln, Saalstreuwachsen, Mopölen, Wachsbeizen, Holzpolituren usw.

Isolinolsäureester (Keimdiät).

Isolinolsäureester ist ein natürliches Vitamin-F-Konzentrat, das die hoch-wirksamen ungesättigten Linolsäuren in cis-Form in höchster Konzentration ent-hält. Es wird aus bestimmten Fraktionen von Weizenkeimöl gewonnen, ist eine leichtbewegliche, in Weingeist und allen Fettlösungsmitteln lösl. Flüssigkeit mit einer Vitamin-F-Wirkung von mindestens 80000 Shep.-Linn-Einh. im Gramm. Die hochungesättigten essentiellen Fettsäuren sind im Isolinolsäureester mit Methyl-alkohol verestert, werden reizlos vertragen, dringen leicht und schnell in die Haut ein und werden rasch resorbiert. D. 0,88° bis 0,89. Der Ester läßt sich mit Alkali verseifen, ohne seine Vitamin-F-Wirksamkeit zu verlieren, und kann dadurch auch wasserlösl. gemacht werden. SZ. unter 4, es sind also nicht mehr als 2% Fettsäuren enthalten, so daß der Ester auch innerlich Verwendung finden kann.

Aufbewahrung. Kühl und dunkel aufbewahrt, ohne Wirkungsverlust jahrelang haltbar.

Verwendung. *Med. innerl.* als vorzügliches Leber-Gallemittel, *äußerl.* zur Wundbehandlung, zur Behandlung von Hauterkrankungen; in der Kosmetik zu nachstehenden Zubereitungen, denen auf 100 g Erzeugnis zugesetzt werden soll:

Reinigungscreme	0,3%	Nährcreme	0,15%
Tagescreme	0,15%	Akne-Ekzem-Creme	3,0%
Haarwasser	0,6%	Med. Haarwässer	3,0%
Nagelpasten	0,6—3,0%	Lippenstifte	0,06%
Sonnenschutzöl	0,6%	Rasiercreme	0,15%
Toiletteseife	0,12%	Med. Seife	0,6%

Isopropylalkohol

(Geruchskorrigentien für)

Seit langem wird versucht, den stechend acetonartigen Eigengeruch von → Isopropylalkohol durch sog. Deckkompositionen zu verbessern. Diese weisen meist den Mangel auf, daß sie den Charakter der jeweiligen Parfümierung in unerwünschter Weise verändern. Die Fa. Haarmann & Reimer, Holzminden, hat hierfür geeignete Korrigentien geschaffen, die für die verschiedenen Grundtypen von Duftstoffen allgemein geeignet sind:

Corrigal 10117 für Wässer mit frischer Note, Duftart Kölnisch Wasser und Portugal.
Dosierung 4 bis 5 g auf 10 kg reinen Isopropylalkohol.
Corrigal 10117H für Wässer mit Aldehydparfümen.
Dosierung 10 bis 15 g auf 10 kg reinen Isopropylalkohol.
Mandaryl 10167 für Portugal- und Birkenhaarwässer.
Dosierung 5 bis 10 g auf 10 kg reinen Isopropylalkohol.
Muscozon 10136 für moderne, schwere oder süße Phantasienoten.
Dosierung 4 bis 5 g auf 10 kg reinen Isopropylalkohol.

Voraussetzung für die wirksame Verwendung ist, daß reiner, von Nebengerüchen freier Isopropylalkohol zur Verwendung kommt. Am zweckmäßigsten werden die Korrigentien den Parfümölen vor der Verarbeitung im entsprechenden Verhältnis zugesetzt. Ihre volle Wirkung erhalten sie erst im Fertigpräparat.

Isopropylmyristinat.

Niedrig viscose Flüssigkeit mit fettig-nußartigem *Geruch* und hauterweichender, aber nicht fettender Wirkung. Der Ester wird von der Haut gut aufgenommen, ist nur schwach flüchtig und mit pflanzlichen und mineralischen Ölen verträglich.

Verwendung. Zur Herstellung von Lippenstiften, Rouge, Cremes, Lotions, Brillantinen, Nagelpflegemitteln, als Überfettungsmittel für Puder.

Isopropylpalmitat.

Deltyl. Emcol IP. Isopal.

Mischester, der hauptsächlich aus Isopropylpalmitat neben Isopropylmyristinat mit wenig Isopropylstearat besteht.

Eigenschaften. Praktisch geruchlose, farblose, wenig viscose, ölige Flüssigkeit, unbeschränkt haltbar und gegen Licht unempfindlich, in Wasser unlösl., lösl.

in Weingeist (90%). D. etwa 0,85. Der Ester wird von der Haut schnell resorbiert, fettet sie, ohne sie glänzend zu machen. Selbst von beschädigter Haut wird er absolut reizlos vertragen. Sehr gutes Lösungsmittel für Cholesterin, Lecithin, Lanolin und andere Wachse, Cetylalkohol, Fette, fette und ätherische Öle, Mineralöle, fettlösl. Hormone und Vitamine, Farbstoffe und Riechstoffe usw.

Verwendung. Als Zusatz zu Cremes, Haarölen und Haarcremes, Brillantinen (5 bis 10%), milchartigen Emulsionen und Hautölen, Massageölen (10 bis 30%), Lippenstiften, Schminken, Nagelölen und -cremes, Sonnenschutzmitteln usw.

Isothymol[1].

1-Methyl-5-isopropyl-3-oxybenzol.

Isothymol (Schering) ist eine farblose bis hellbräunliche, weiche Kristallmasse, *Geruch* thymolartig, *Geschmack* brennend kühlend, stark keimtötend, Schmp. 27° bis 29° (daher in der warmen Jahreszeit bei höheren Temperaturen flüssig), Sdp. 236° bis 237°; $n_D^{40°}$ 1,516. In Wasser schwer, in den meisten organischen Lösungsmitteln, fetten, ätherischen und Mineralölen l.lösl., auch in Ätzalkalien, Ammoniakflüssigkeit und heißen Alkalicarbonatlösungen. Beim Zusammenreiben mit Kampfer, Menthol, Kumarin, Salol, Phenol und Trichloressigsäure mit I. entstehen flüssige Gemische.

Erkennung. 1. Eine stecknadelkopfgroße Menge I. wird in 1 ccm Eisessig gelöst, 6 Tr. konz. Schwefelsäure und 1 Tr. Salpetersäure (25%) zugegeben. Es entsteht eine olivgrüne Färbung, die bald in braun übergeht (Thymol gibt blaugrüne Färbung).

2. In Kalilauge gelöstes I. gibt auf Zusatz von Jod-Jodkaliumlösung einen braunen Niederschlag (Thymol gibt Rotfärbung und einen roten Niederschlag).

Verwendung. Zu desinfizierenden Seifen und Mitteln gegen übermäßige Schweißbildung (1 bis 1,5%), zu Haarwässern (0,1%), Haarölen (bis 0,2%). In weingeistiger Lösung als Mittel gegen Insektenstiche, zur Herstellung von keimtötendem Melkfett (1%) ohne Gefahr einer Geruchsübertragung auf die Milch. Als Oxydationsschutzmittel gegen Ranzigkeit für Fette und Öle (0,1%, nicht für Speisezwecke!), besonders zur Haltbarmachung fetthaltiger kosmetischer Erzeugnisse (Hautöle, Hautcremes) und zur Konservierung von Pflanzengummi, Pflanzenschleimen bzw. Emulsionen, Cremes und Gallerten, die solche enthalten, als Konservierungsmittel gegen Schimmelpilze.

Isotonische Lösungen.

Mit isotonischen Lösungen bezeichnet man solche, die denselben osmotischen Druck haben, wie dieser in tierischen und pflanzlichen Zellen vorliegt, mit denen sie in Berührung gebracht werden.

Jaborandi.

Im tropischen Amerika vorkommende Pilocarpus-Arten, hohe, baumartige Sträucher mit end- und achselständigen, langen Blütenähren, *Rutaceae.*

Jaborandiblätter. Folia Jaborandi, Erg.-B. 6. Stoff B.

Die getrockneten Fiederblättchen des unpaarig gefiederten Laubblattes von **Pilocarpus mikrophyllus** *Stapf*, glänzend, ganzrandig, lederig bis papierdünn, bräun-

---

[1] Nach E. Benk: SÖFW. 1951, Kosmetik 12, 292.

lichgrün, oval, 3 bis 5 cm lang, 1 bis 3 cm breit, die Spitze tief dreilappig ausgerandet, oberseits mit kräftigem Mittelnerv, unterseits mit etwas hervorragendem Nervennetz. Im durchfallenden Licht dichte, drüsige Punktierung sichtbar. Blattstiel geflügelt durch die ihre Spreite verjüngenden, gleichhälftigen Endblättchen. Seitenblättchen ungleichhälftig und ungestielt (Abb. 125). *Geruch* würzig, *Geschmack* beim Kauen scharf, den Speichelfluß befördernd.

Inhaltsstoffe. Etwa 0,5% ätherisches Öl, 0,4 bis 1% Alkaloide, Hauptalkaloid *Pilocarpin* (farblose, rechtsdrehende Flüssigkeit), und je nach der Herkunft verschiedene Nebenalkaloide.

Verwendung. Zu schweißtreibenden Tees, zu Entfettungstees, zur Herstellung von ☠ *2.* **Pilocarpinum hydrochloricum, DAB. 6, Stoff B,** das *innerl.* als schweißtreibendes Mittel, hauptsächlich aber *äußerl.* in der Augenheilkunde (1%) Verwendung findet.

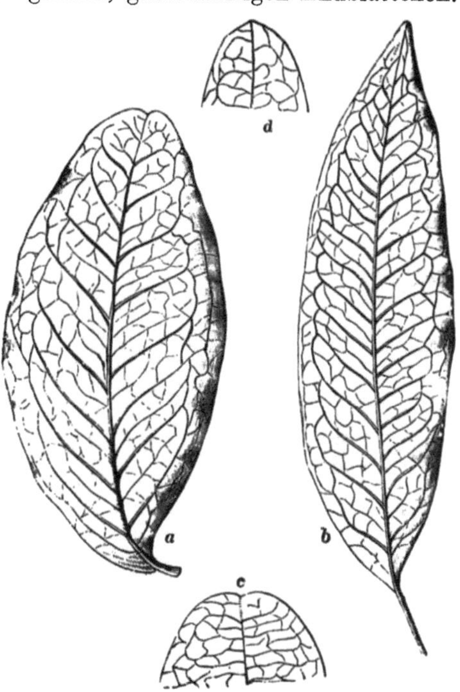

Abb. 125. Jaborandiblätter. Folia Jaborandi. Verschieden geformte Fiederblättchen desselben Blattes; — *a* und *c* ausgerandet; — *b* und *d* stumpf.

Jakobskreuzkraut.

Jakobskreuzkraut. Senecio jacobaea *L.*

Compositae.

An Wegrändern, sonnigen Hügeln häufig vorkommende, bis 1 m hohe Pflanze mit aufrechtem, spinnwebig-wolligem Stengel. Untere Blätter leierförmig fiederteilig, die oberen fiederteilig mit fast senkrecht abstehenden Zipfeln. Die goldgelben Köpfchen in ziemlich flachen, ausgebreiteten Doldentrauben.

Jakobskraut. Herba Senecionis jacobaeae.

Jakobskreuzkraut. Spinnenkraut.

Das zur Blütezeit gesammelte, getrocknete Kraut. In der **Schnittdroge** kennzeichnend zahlreiche gelbe, große, 15 bis 20 mm breite, weißwollige Blütenköpfchen mit goldgelben Scheiben- und Zungenblüten und wollig-filzigem Pappus. Die stark geschrumpften, hellgrünen Blattstückchen meist durch spinnwebige Behaarung zusammenhängend, mit abstehenden, 2- bis 3 zähnigen Randzipfeln.

Inhaltsstoffe. Verschiedene Alkaloide, ätherisches Öl, Mineralsalze u. a.

Verwendung. *Innerl.* 1 Teelöffel auf 1 Tasse heißen Aufguß, bis 2 Tassen tägl. als blut- und krampfstillendes Mittel.

Aufbewahrung. Vor Licht geschützt.

Jalapa.

Jalapa. Exogonium purga (*Wenderoth*) *Bentham.*

Convolvulaceae.

In den Cordilleren Ostmexikos heimische, in Ostindien, auf Ceylon, Jamaica und in Südamerika kultivierte, 3 bis 4 m hohe, windende, ausdauernde Pflanze mit kahlen, ganzrandigen Blättern und großen, purpurroten Blüten und knollig verdickten Nebenwurzeln, Wurzelknollen. Diese werden, besonders nach der Regenzeit im Mai, ausgegraben, der lange Wurzelschwanz entfernt, gereinigt und an der Sonne in heißer Asche oder über freiem Feuer getrocknet. Besonders große Knollen werden zur Beschleunigung der Trocknung halbiert. Die in Mexiko wild wachsenden Jalapenknollen werden als „Mexiko-Jalape" oder „Veracruz-Jalape" gehandelt.

☠ 2. Jalapenwurzel. Tubera Jalapae, DAB. 6. Stoff B.

Jalapenknollen. Purgierwurzel. Schwarzer Rhabarber.

Die knollig verdickten, bei starker Wärme getrockneten Nebenwurzeln, sehr hart und schwer, von mehr oder weniger kugeliger, birnenförmiger, eiförmiger oder länglich-spindelförmiger Gestalt, oft bis über hühnereigroß, zuweilen eingeschnitten, selten in Stücke geschnitten. Außen dunkelbraun, tief längsfurchig und mehr oder

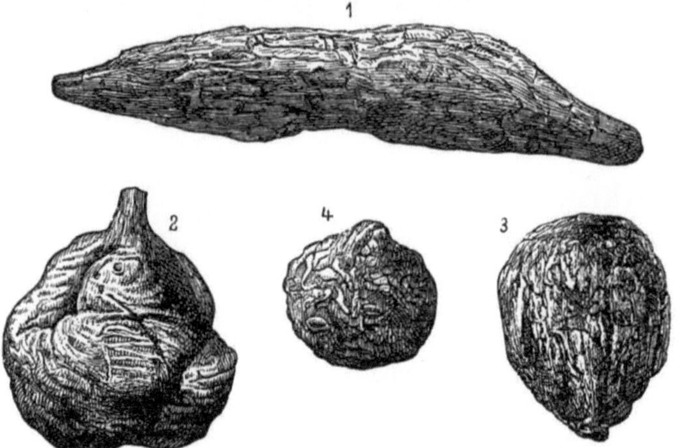

Abb. 126. Jalapenknollen. Tubera Jalapae verschiedener Gestalt.

weniger stark netzförmig gerunzelt, durch kurze, hellere, quergestreckte Korkwarzen gezeichnet, in den Vertiefungen harzglänzend, am oberen Ende befinden sich Narben von abgeschnittenen Stengelteilen, am unteren solche von Wurzelzweigen und der schlanken Wurzelspitze (Abb. 126).

Lupenbild. Am Rande eine oder mehrere unregelmäßig konzentrische Zonen, weiter im Innern verschiedenartig gestaltete, durch sekundäres Bildungsgewebe (Kambien) gebildete, dunkler gefärbte Zonen oder Inseln. Rand meist dunkler, horniger, glänzender, die Mitte der Stücke heller, weicher, matter, nur selten gleichmäßig dunkelbraun. Bruch glatt, fast muschelig, weder faserig noch holzig. *Geruch* eigenartig, schwach, rauchig, *Geschmack* fade und kratzend.

Inhaltsstoffe. 4 bis 20% Harz (Mindestgehalt nach DAB. 6 10%), das der wirksame Bestandteil der Droge ist und zu rund 90% aus *Convolvulin* besteht, das aus der alkoholischen Lösung durch Fällen mit Äther, in dem es unlösl. ist, als farbloses, amorphes Pulver abgeschieden werden kann. Die Abführwirkung der Droge beruht auf einer auf die Schleimhaut des alkalischen Darmsaftes ausgelösten Wirkung. Der Hauptbestandteil des Convolvulins ist zu 74% *Rhamnoconvolvulinsäure*, eine mit einbasigen Säuren veresterte Glykosidsäure. Ferner andere Säuren, Mannit, Zucker, Stärke, Gummi, wenig ätherisches Öl.

Verwendung. Sicher wirkendes Abführmittel, das in größeren Dosen starke Entzündungen der Darmschleimhäute hervorruft, meist in Verbindung mit anderen Anthrachinondrogen in Pillenform.

Verw. u. Verf. Neben bereits extrahierten, harzfreien Knollen kommen die Wurzeln von Ipomoea-Arten als Verfälschungen vor:

Ipomoea orizabensis, von hellerer Farbe, groß, bis 60 cm lang, spindelförmig,

Ipomoea simulans, „Tampikoknollen", an der Oberfläche korkig, Bruch holzig,

Ipomoea operculata, mit innen gelb- oder grünlichgelbgestreiften Knollen,

Ipomoea turpethum, mit längsrunzeliger, leichter und holziger Wurzel,

Convolvulus scammonia, mit deutlich gedrehten, außen hellbräunlichgrauen, innen marmorierten Wurzeln.

Prüfung des DAB. 6. Neben der mikroskopischen Prüfung sind folgende vorgeschrieben:
Orizabawurzel. Werden 2,5 g feinpulv. J. mit 15 ccm Äther übergossen und 6 Stunden lang unter wiederholtem Umschütteln stehen gelassen, dann abfiltriert und das Pulver 3mal mit je 5 ccm Äther nachgewaschen, so darf das Gewicht des nach dem Verdunsten des Äthers und nach dem Trocknen bei 100° hinterbleibenden Rückstandes höchstens 0,03 g betragen.

Vorgeschriebener Harzgehalt, mindestens 10%. 3 g feinpulv. J. werden in einem Arzneiglas mit 30 g Weingeist übergossen, das Glas verschlossen und 24 Stunden lang unter häufigem Umschütteln stehen gelassen. Dann wird filtriert. 20 g des Filtrats (= 2 g Jalapenwurzel) werden in einer gewogenen Porzellanschale von etwa 10 ccm ϕ auf dem Wasserbade verdampft; der Rückstand wird so lange mit Wasser von etwa 50° gewaschen, bis dieser sich nicht mehr gelblich färbt. Hierzu sind 3- bis 4mal je etwa 20 ccm Wasser erforderlich. Die Waschwässer werden durch ein kleines, glattes Filter gegossen, um etwa mitgerissene Harzteilchen zurückzuhalten. Nach dem Auswaschen mit Wasser werden die auf dem Filter befindlichen Harzteilchen in heißem Weingeist gelöst und die Lösungen in die Porzellanschale zurückgegeben. Nach dem Verdampfen des Weingeistes auf dem Wasserbad und etwa 2stündigem Trocknen bei 100° muß das Gewicht des Harzes mindestens 0,2 g betragen entsprechend einem Mindesgehalt von 10% Harz.

Fremde Beimengungen. Beim Verbrennen von 1 g J. darf höchstens 0,065 g Rückstand verbleiben.

☠ 2. Jalapenharz. Resina Jalapae, DAB. 6. Stoff B.

Das aus pulv. Jalapenwurzel durch Ausziehen mit Weingeist (90%) und durch Eindampfen der filtrierten Auszüge gewonnene und getrocknete Harz. Braun, an den glänzenden Bruchrändern durchscheinend, leicht zerreiblich, in Weingeist l.lösl., in Schwefelkohlenstoff unlösl.; *Geruch* eigenartig, *Geschmack* fade, später kratzend; SZ. höchstens 28.

Verwendung. Wie Tubera Jalapae.

Jambul.

Jambul. Syzygium jambolana *De Candolle.*

Myrtaceae.

Bis 15 m hoher, in Ostindien und auf dem Malaiischen Archipel vorkommender Baum mit eiförmigen, gegenständigen Blättern und olivengroßen, eiförmigen, dunkelrotbraunen Früchten mit einem zimtbraunen bis schwärzlichen, sehr harten Samen.

Jambulfrüchte. Fructus Syzygii jambolani.

Die getrockneten, dunkelrotbraunen, eiförmigen, außen netzgrubigen Früchte, bis 2,5 mm lang, bis 12 mm breit, mit ovalen, hornartigen, braunen oder schwärzlichen, in der Mitte schwach eingeschnürten Samen.

Inhaltsstoffe. *Gerbstoff*, ein Phytosteringlykosid, das Alkaloid *Jambosin* und das Glykosid Antimellin, Spuren ätherischen Öls.

Verwendung. *Innerl.* zu Teemischungen als adstringierendes Mittel und bei Zuckerkrankheit, 1 Eßlöffel auf 1 Tasse Aufguß.

Syzygiumrinde. Cortex Syzygii jambolani, Erg.-B. 6.

Jambulrinde.

Die getrocknete Rinde. Sehr leichte, fast schwammige, flache oder rinnenförmige, bis 5 cm breite, bis 1,5 cm dicke Stücke. Außenseite mit weißem oder hellgrauem Kork oder mit Borke bedeckt, innen rotbraun mit groben Längsstreifen. Bruch außen glatt, innen weichfaserig. *Geschmack* schwach zusammenziehend. Aschehöchstgehalt 3%.

Lupenbild. Der Querschnittbruch zeigt weißliche, bis 0,8 mm große Steinzellen, die als helle Punkte erscheinen.

Inhaltsstoffe. Gerbstoff, Gallussäure, Harz u. a.

Verwendung. *Innerl.* zu Teemischungen als adstringierendes Mittel, bei Zuckerkrankheit klinisch nicht bewährt; *techn.* zum Gerben.

Aufbewahrung. Vor Licht geschützt.

Japanlack.

Japanlack ist als Qualitätsbezeichnung für alle möglichen Lacke, Emailfarben usw. handelsüblich. Der echte Japanlack ist der aus den schizogenen Sekretbehältern der Rinde von **Rhus vernicifera** *De Candolle, Anacardiaceae*, gewonnene Milchsaft, der aus Einschnitten in die Rinde des Baumes ausfließt. Die grauweiße Emulsion wird durch Filtrieren mittels Tüchern gereinigt und findet in Japan, China und Indien als der besonders hochglänzende Lack Verwendung. Dieser ist sehr widerstandsfähig gegen äußere Einflüsse wie Säuren, Alkalien, Meerwasser, aber von besonderer Schönheit. Japanlack ist *giftig* und reizt die Haut. Der echte Japanlack wird bei uns kaum verwendet.

Japanwachs.

Das fälschlich als Wachs bezeichnete Produkt stammt von verschiedenen in China und Japan vorkommenden Sumacharten, **Rhus succedanea** L. und **Rhus vernicifera** *De Candolle, Anacardiaceae.*

Japanwachs. Cera Japonica.

Japantalg. Vegetabilisches Wachs. Sumachwachs.

Ein Fett, das durch Auspressen, Auskochen oder Extraktion aus den Steinfrüchten gewonnen wird und nach der Reinigung durch Filtration an der Sonne gebleicht und in kleine Scheiben oder viereckige Tafeln gegossen wird. Blaßgelbe, fast weiße, harte, unter 8° bis 10° spröde Masse. Bruch muschelig, etwas glänzend. D. (15°) 0,99 bis 1,00; Schmp. 50° bis 55°; VZ. 220. Beim Erhitzen entsteht Akrolein, das die Fettnatur beweist. Bei längerer Aufbewahrung färbt sich J. gelb und überzieht sich an der Oberfläche mit einem weißen Anflug. *Geruch* talgartig, schwach ranzig.

Verwendung. An Stelle von Bienenwachs. Für kosmetische Zwecke ungeeignet, da es, mit anderen Fetten zusammengeschmolzen, deren Ranzigwerden begünstigt; zu Bohnerwachs, Wachszündhölzern, als Fälschungsmittel von Bienenwachs.

Jasminöl.

Das aus den Blüten des in Südfrankreich, Algerien und der Türkei kultivierten Strauches **Jasmin, Jasminum grandiflorum,** *Oleaceae,* das durch Enfleurageverfahren oder Extraktion mit Petroläther oder anderen Lösungsmitteln gewonnene ätherische Öl. Ausbeute 0,18%.

Jasminöl. Oleum Jasmini.

Jasminblütenöl.

Angenehm nach Jasminblüten riechendes Öl. D. (15°) 0,920 bis 1,015; $a \, _{D}^{20°}$ —1° bis $+4°\,15'$; EZ 155 bis 270. Das Öl hat nach Herkunft bzw. Herstellungsverfahren (verwendetes Lösungsmittel bei der Extraktion) verschiedene Geruchsnoten und kommt meist nicht rein, sondern mit fetten und wachsartigen Körpern vermischt als Jasminpomade oder als „konkretes Jasminöl" in den Handel.

Inhaltsstoffe. Benzylacetat, Linalylacetat, Benzylalkohol, Linalool, Indol, Anthranilsäuremethylester, Jasmon u. a.

Verwendung. In der Parfümerie zu Blumennoten.

Jenaer Sondergläser.

Die Jenaer Sondergläser nehmen durch ihre besonderen chemischen und physikalischen Eigenschaften eine Sonderstellung ein. Das Jenaer Glaswerk Schott & Gen., Landshut/Bayern, stellt folgende Sondergläser her:

Jenaer Geräteglas 20, gegen Temperaturwechsel gut widerstandsfähiges, hochwertiges Laborglas mit höchster Wasser- und Säurebeständigkeit, weitgehend beständig gegen den Angriff von Laugen, mit guter mechanischer Härte gegen Zerkratzen.

Duranglas 50, ein Borosilikatglas mit niedrigster Wärmeausdehnung, großer mechanischer Festigkeit und höchster Temperaturwechselbeständigkeit. In hohem Maße wasserbeständig, gegen Säuren und Laugen jedoch etwas weniger widerstandsfähig als Geräteglas 20.

Jenaer Supremaxglas, besonders geeignet zu Verbrennungsrohren, Glühröhrchen, Thermometern, da arsenfrei auch für Arsenbestimmungen verwendbar. Widerstandsfähigkeit gegen Wasser und Laugen gut, weniger gegen saure Lösungen.

Jenaer Durobaxglas, beständig gegen Wasser bei hohen Temperaturen und Drücken. Es findet zur Anwendung starkwandiger Geräte und zur Herstellung von Wasserstandsröhren Verwendung.

Jenaer Normalglas 16 III, Thermometerglas in Röhren- und Kapillarenform.

Geräte und Apparate für den Laboratoriumsgebrauch werden vorwiegend aus Geräteglas 20 hergestellt. Nur solche, die infolge ihrer Verwendung besonders beansprucht werden, stellt man aus Supremaxglas oder Durobaxglas her.

Jocodon.

Jocodon ist ein butyliertes Kresol, das zur Bekämpfung von Hautpilzerkrankungen verwendet wird. Es findet in wäßriger Lösung 1 : 2000 bis 3000 Verwendung. Bei akuten Hautpilzerkrankungen werden mit dieser Lösung 2mal täglich 10 Min. lang Bäder genommen und anschließend 1- bis 2%iges Jocodon-Zinköl auf die befallenen Stellen aufgetragen.

☫ *3.* Jod. Jodum. J.

Atom-Gew. 126,92, Wertigkeit 1, 3, 5, 7.

Das Jod wurde im Jahre 1811 von dem Franzosen B. COURTOIS in der aus Seetangasche hergestellten Lauge bei der Darstellung von Soda gefunden und 1813 von GAY-LUSSAC untersucht. Dieser erkannte die Ähnlichkeit des Jods mit Chlor und bezeichnete es nach der veilchenblauen Farbe seines Dampfes mit Jod. (g. ioeides, veilchenfarbig.)

Vorkommen. Nicht frei, stets gebunden, vor allem an Natrium, Kalium, Calcium und Magnesium, im Chilesalpeter bis zu 0,1% als Natriumjodat, $NaJO_3$. In Spuren (etwa 0,0002%) im Meerwasser, in einigen Mineralwässern (Aachen, Kissingen, Kreuznach, Tölz, Sooden, Elster). Das im Meerwasser vorkommende Jod wird von Seetieren (Dorsch, Kabeljau, aus deren Leber man den Lebertran gewinnt) und Seepflanzen (Algen, Tangen), aber auch von Schwämmen aufgenommen, in denen es in Form organischer Jodverbindungen enthalten ist und als Jodeiweißverbindungen in den Schwämmen als *Jodospongin* gespeichert wird. Diese finden wegen ihres Jodgehalts als wirksame Heilmittel Verwendung. In organischer Eiweißbindung findet sich das Jod in der Schilddrüse, dem jodreichsten Organ des Körpers, für dessen Stoffwechsel es von größter Bedeutung ist. Aus dieser wurde das *Thyroxin* als kristalline organische Jodverbindung gewonnen.

Darstellung. *1.* Aus der *Asche von Seetangen* („*Kelp*" in England, „Varec" in Frankreich), die bis 0,4% Jod enthält. Die Asche wird mit Wasser ausgelaugt, zur Abscheidung von Natriumchlorid und anderer Salze eingedampft und dann durch Einleiten von Chlorgas in die Lösung das Jod frei gemacht:

$$2\,NaJ \;+\; Cl_2 \;\rightarrow\; 2\,NaCl \;+\; J_2$$

Natriumjodid Chlor   Natriumchlorid   Jod

In Japan wird Jod auf dieselbe Weise aus Sumpfpflanzen hergestellt.

2. Aus Chilesalpeter. Die beim Auskristallisieren des Chilesalpeters verbleibenden Mutterlaugen enthalten reichlich Jod, sie werden mit Natriumbisulfit erhitzt und das beim Eindampfen der Lösung sublimierende Jod aufgefangen. Ein anderer Weg ist die Umsetzung des Natriumjodats mit schwefliger Säure und Kupfersulfatlösung, bei der sich Kupfer (I)-jodid, CuJ, bildet. Dieses wird mit Braunstein und Schwefelsäure behandelt und dabei das Jod freigemacht. Zur Reinigung des Rohjods wird dies mit Kaliumjodid sublimiert, wobei das enthaltene Chlor zurückgehalten wird:

$$JCl \;+\; KJ \;\rightarrow\; KCl \;+\; J_2$$

Chlorjod   Kaliumjodid Kaliumchlorid   Jod

Das Produkt ist reines Jod, *Jodum resublimatum.*

Eigenschaften. Grauschwarze, graphitähnliche, trockene, weiche, rhombische Tafeln oder Blättchen von eigenartigem, die Schleimhäute reizenden *Geruch.* Jod verflüchtigt sich schon bei gewöhnlicher Temperatur und entwickelt beim Erhitzen bei 184° schwere violette Dämpfe. Schmp. bei 113°. Jod löst sich in etwa 4000 T. Wasser, in etwa 9 T. Weingeist, in etwa 200 T. Glycerin und anderen sauerstoffhaltigen organischen Lösungsmitteln mit gelber bis brauner Farbe, in Chloroform und Schwefelkohlenstoff und anderen sauerstofffreien organischen Lösungsmitteln mit violetter Farbe. In Äther und wäßriger Kaliumjodidlösung ist es reichlich mit rotbrauner Farbe lösl., *Lugolsche Lösung*, Jod und Jodlösungen wirken keimtötend. Kennzeichnend ist seine Anlagerungsfähigkeit an kolloide, besonders verkleisterte Stärke, die von geringsten Spuren blau gefärbt wird. Chemisch ähnelt das Jod dem Chlor und Brom, ist jedoch gegenüber Wasserstoff und den Metallen weniger reaktionsfähig. Durch Chlor und Brom wird Jod aus seinen Salzen freigemacht. Mit Wasserstoff bildet Jod die **Jodwasserstoffsäure, Acidum hydrojodicum, HJ,** deren Salze die **Jodide** sind. Die Jodwasserstoffsäure ist die stärkste Halogenwasserstoffsäure. Die Jodide der Alkali- und Erdalkalimetalle sind farblos und in Wasser l. lösl., Bleijodid, **PbJ,** ist gelb und schw. lösl., Quecksilber(I)-jodid, **HgJ,** grüngelb und unlösl., Quecksilber(II)-jodid, **HgJ$_2$,** rot und schw. lösl., Silberjodid, **AgJ,** gelb und unlösl. In wäßriger Lösung sind die Jodide vollständig dissoziiert.

Toxikologie. Die Dämpfe von Jod reizen die Haut und die Schleimhäute. Viele Menschen sind gegen Jod überempfindlich. Es entsteht bei ihnen auf der Haut *Jodakne*, während die Schleimhäute mit Jodschnupfen oder Jodasthma reagieren. Bei chronischer Vergiftung durch jodhaltige Arzneimittel entsteht *Jodismus*, die chronische Jodvergiftung. Diese kann selbst durch kleinste Jodmengen bei allergischen Personen bei längerer Einwirkung auftreten, z. B. beim täglichen Gebrauch von jodiertem „Vollsalz". Das Auftreten von Jodschädigungen bei Gebrauch von Jod-Kaliklora und Stark-Jod-Kaliklora ist lt. zahlreichen klinischen Untersuchungen selbst bei dauerndem Gebrauch ausgeschlossen.

Erste Hilfe. Bei akuter Vergiftung durch Jodlösungen oder Jodtinktur ist Magenspülung mit 1%iger Natriumthiosulfatlösung das therapeutische Mittel.

Prüfung des DAB. 6. *Erkennung.* Beim Schütteln von Jod und Wasser, Filtrieren und Versetzen des Filtrats mit Stärkelösung muß eine blaue, beim Erwärmen verschwindende, beim Erkalten wieder auftretende Färbung eintreten.

Fremde Beimengungen. Beim Erhitzen muß sich Jod vollkommen verflüchtigen.

0,5 g zerriebenes Jod werden mit 20 ccm Wasser geschüttelt, filtriert und je die Hälfte des Filtrats geprüft auf:

Jodcyan, Versetzen mit schwefliger Säure bis zur Entfärbung, Zusatz von 1 Körnchen Ferrosulfat, 1 Tr. Eisenchloridlösung und 3 ccm Natronlauge. Die Mischung wird gelinde erwärmt, es darf nach dem schwachen Ansäuern mit verd. Salzsäure keine blaue Färbung entstehen;

Clorjod, mit 1 ccm Ammoniakflüssigkeit und 5 Tr. Silbernitratlösung darf das Filtrat nach dem Übersättigen mit Salpetersäure höchstens opalisierend getrübt werden, aber kein Niederschlag entstehen.

Gehaltsbestimmung. Etwa 0,2 g J. (genau gewogen) und 0,5 g Kaliumjodid werden in 1 ccm Wasser gelöst, dann mit Wasser auf 20 ccm verdünnt. Zur Entfärbung dieser Lösung müssen für je 0,2 g Jod mindestens 15,6 ccm $^1/_{10}$-n-Natriumthiosulfatlösung verbraucht werden, entsprechend einem Mindestgehalt von 99% Jod. (1 ccm $^1/_{10}$-n-Natriumthiosulfatlösung = 0,012692 g Jod, Stärkelösung als Indikator.)

Aufbewahrung. Jod zerstört Korkstopfen und muß deshalb in Gefäßen mit gut eingeschliffenen Glasstopfen *kühl* aufbewahrt werden.

Verwendung. *Med. innerl.* (E. 0,005 g) nur nach ärztlicher Verordnung, *äußerl.* als Salbe (2%), als Pinselung (7%) und zur Desinfektion kleinerer Wunden, des Operationsfeldes als *Jodbenzin*, in der mikroskopischen Untersuchungstechnik. Zur Herstellung von Jodtinktur (s. Bd. III), die als Desinfektionsmittel mit 50% Weingeist verdünnt abgegeben wird, in der chemischen Analyse (Jodometrie), in der Farbenchemie zur Darstellung von Anilinfarbstoffen, zur Darstellung von Jodsalzen, organischen Verbindungen usw.

Wahlloser Gebrauch jodhaltiger Arzneimittel und mit Jod angereicherter Lebensmittel können bei jodempfindlichen Personen zu ernsten und bedrohlichen Störungen der Schilddrüse und damit des Stoffwechsels und der Herztätigkeit führen.

Erkennung von Jod und Jodiden.

1. Jod löst sich in Chloroform, Schwefelkohlenstoff und Tetrachlorkohlenstoff mit violetter Farbe.

2. Mit Stärkekleister bilden schon geringste Spuren von Jod in der Kälte infolge lockerer Addition tiefblaue *Jodstärke*, die sich beim Erwärmen über 40° unter Verschwinden der Farbe löst, beim Erkalten aber wieder erscheint.

3. Natriumthiosulfat reduziert Jod bei gleichzeitiger Entfärbung zum Jod-Ion (s. Bd. I, Jodometrie).

4. Jodide geben mit Silbernitratlösung gelbes, käsiges Silberjodid, unlösl. in konz. Ammoniak:

$$NaJ + AgNO_3 \;\rightarrow\; NaNO_3 + AgJ \downarrow$$

5. Wenig Chlorwasser oder Chloraminlösung machen aus Jodiden Jod frei, das sich beim Ausschütteln mit den unter 1. genannten Lösungsmitteln in diesen mit violetter Farbe löst:

$$2\,KJ + Cl_2 \;\rightarrow\; 2\,KCl + J_2.$$

Jodaustauschstoffe.

Jodana-Tinktur (Schering) enthält neben einer komplexen Bromeisenrhodanidverbindung methylierte Halogenphenole in der Gesamtmenge von 8%, gelöst in absolutem Alkohol. Vollwertiger Ersatz für Jodtinktur, völlig unschädlich, läßt sich aus Wäschestücken leicht auswaschen.

Verwendung. Als völlig reizloses Wunddesinfektionsmittel und Hautantisepticum.

Jodofix-Tinktur (Raschig) ist eine alkoholische Lösung von chloriertem Dimethylphenol, Oxydiphenyl und Chloroxydiphenylmethylen, die an Stelle von Jodtinktur als Oberflächen-Antisepticum Verwendung findet. Die Tinktur ist unverdünnt nach gründlicher Reinigung auf die Haut aufzutragen.

Jodo-Muc, jodfrei (Merz & Co.), ist eine Lösung aus Dioxyphenylhexan, Benzoesäureestern und Trikranolin, die als desinfizierendes Mittel für kleine Wunden an Stelle von Jodtinktur Verwendung findet. → Industrieerzeugnisse mit Rhodan S. 1093.

Jodeosin.

Tetrajodfluorescein. $C_{20}H_8O_5J_4$.

Darstellung. Durc_ Versetzen einer Fluoresceinlösung in verd. Natronlauge mit einer Lösung von Jod in Natronlauge. Die Mischung wird mit Salzsäure versetzt.

Eigenschaften. Scharlachrotes, in Wasser unlösl., in alkalihaltigem Wasser mit roter Farbe lösl., kristallines Pulver, in Weingeist und Äther lösl.

Erkennung. Beim Erhitzen im Reagensglas entwickelt es violette Joddämpfe.

Verwendung. Als Indikator in der Maßanalyse.

⚕ *3.* Jodipin „Merck".

Ein jodiertes, pflanzliches Öl, das nach einem DRP. hergestellt wird.

Eigenschaften. Farbloses bis hellgelbes, dickflüssiges Öl, das am Kupferdraht die Flamme blaugrün färbt, mit 20% Jodgehalt. D. (15°) 1,030 bis 1,032.

Aufbewahrung. Im hellen Licht, um Braunfärbung zu vermeiden, die durch Jodausscheidung verursacht wird. Schwach gebräunt, kann es unbedenklich verwendet werden.

Verwendung. *Med. innerl.* wie Jodalkalien (E. 0,25 g), *äußerl.* zu entfettenden Einreibungen.

Jodkaliumstärkepapier.

Jodkaliumstärkepapier findet als Reagenspapier zum Nachweis freier Halogene und von Oxydationsmitteln Verwendung. Herstellungsvorschrift s. Bd. III. Freies Chlor z. B. reagiert mit dem Papier:

$$2\,Cl_2 \;+\; 2\,KJ \;\rightarrow\; 2\,KCl \;+\; J_2$$

Chlor Kaliumjodid Kaliumchlorid Jod

Das freiwerdende Jod färbt die Stärke unter Bildung von Jodstärke blau.

☠ 3. Jodoform. Jodoformium, DAB. 6. Stoff B.

Trijodmethan. Formyltrijodid. CHJ_3. Mol.-Gew. 393,77.

Darstellung. Elektrolytisch aus wäßrig-alkoholischer Lösung von Kaliumjodid unter gleichzeitigem Einleiten von Kohlendioxyd. Dabei bilden sich unterjodige Säure und Jodwasserstoff:

$$2\,KJ \;+\; 2\,H_2O \;\rightarrow\; J_2 \;+\; 2\,KOH \;+\; H_2$$

Kaliumjodid Wasser Jod Kaliumhydroxyd Wasserstoff

$$J_2 \;+\; 2\,H' \;\rightleftarrows\; HJO \;+\; J'$$

$$C_2H_5OH \;+\; 3\,J_2 \;+\; 2\,HJO \;\rightarrow\; CHJ_3 \;+\; CO_2 \;+\; H_2O \;+\; 5\,HJ$$

Äthylalkohol Jod unterjodige Säure Jodoform Kohlendioxyd Wasser Jodwasserstoff

Eigenschaften. Kleine, glänzende, citronengelbe, sich fettig anfühlende Blättchen, Tafeln oder kristallines Pulver von durchdringendem, safranartigem *Geruch*. In Wasser unlösl., mit Wasserdämpfen flüchtig, in 70 T. Weingeist (20°), in 10 T. siedendem Weingeist, in 10 T. Äther lösl. Außerdem ist es lösl. in Chloroform, Kollodium, schwer dagegen in fetten Ölen, kaum in Glycerin. Schmp. annähernd 120°.

Prüfung des DAB. 6. Außer dem vorgeschriebenen Schmp. und seinem Verhalten gegen Lösungsmittel läßt DAB. 6 prüfen:

Erkennung. Beim Erhitzen von J. entwickeln sich violette Joddämpfe.

Pikrinsäure. Beim Schütteln von 1 g J. mit 10 ccm Wasser, 1 Min. lang, muß ein farbloses Filtrat entstehen.

Das Filtrat wird geprüft auf:

Jodwasserstoffsäure, Salzsäure, mit Silbernitratlösung darf sofort nur opalisierende Trübung eintreten;

Schwefelsäure, mit Bariumnitratlösung darf keine Veränderung eintreten.

Zu hoher Wassergehalt. 1 g J. darf durch 24stündiges Trocknen über Schwefelsäure im Exsiccator höchstens 0,01 g an Gewicht verlieren.

Anorganische Beimengungen. 0,2 g J. dürfen nach dem Verbrennen keinen wägbaren Rückstand hinterlassen.

Aufbewahrung. *Vorsichtig,* vor Licht geschützt.

Verwendung. *Med. äußerl.* als Desinfektionsmittel, als Wundpulver unverd., zu Einreibungen (3%), zu Wundsalben und Pinselungen (je 10%), zu Wundstäbchen (10%), als Glycerineinreibung (10%), zur Behandlung von Fistelgängen, zur Herstellung von desinfizierenden Verbandstoffen. Die desinfizierende Wirkung beruht auf einer sog. Depotwirkung, die durch ständige Abscheidung kleiner Jodmengen erfolgt, ohne merkliche Reizung des Wundgewebes. Wegen der unangenehmen Nebenwirkungen bei Überdosierung und seines intensiven Geruches wird heute Jod vielfach durch andere Präparate ersetzt.

40*

Jodoformosol.

Jodoformosol (Dr. August Wolff) ist eine gelblichrote, fast geruchlose, kolloidale, klare Lösung von Jodoform mit hoher Oberflächenaktivität. Die Lösung kann mit Wasser verd. werden, ohne ihren Kolloidcharakter zu verlieren.

Verwendung. In der Zahnheilkunde zur Behandlung von Zahnwurzeln und Fisteln, zur Wundbehandlung, gegen Hautkrankheiten. Rein oder in Verdünnung von 1:5 bis 1:20.

☠ 3. Jodol. Jodolum (Bayer). Stoff B.

Tetrajodopyrrol. C_4J_4NH. Mol.-Gew. 570,70.

Jodol wird gewonnen durch Einwirkung von Jod und Jodsäure auf Pyrrol, C_6H_4NH.

Eigenschaften. Hellgelbes, sehr feines, *geruch-* und *geschmackloses* Pulver. Sehr schwer in Wasser, in etwa 9 T. Weingeist (95%), 1,5 T. Äther, 105 T. Chloroform, 15 T. fettem Öl lösl.

Erkennung. Konzentrierte Schwefeläure löst J. mit grüner, allmählich ins Braune übergehender Färbung, beim Erhitzen der Lösung werden violette Joddämpfe entwickelt. Eine Mischung von J. mit Natronlauge und Zinkfeilen entwickelt beim Erwärmen Pyrroldämpfe, durch die ein mit Salzsäure befeuchteter Fichtenspan hellrot bis carminrot gefärbt wird.

Aufbewahrung. *Vorsichtig*, vor Licht geschützt.

Verwendung. Unverd. an Stelle von Jodoform als wenig giftiges und geruchloses, antiseptisches Wundpulver, in Streupulvern und Salben (5 bis 10%).

☠ 3. Jodsäure. Acidum jodicum.

HJO_3. Mol.-Gew. 175,93.

Darstellung. Durch Kochen von feingepulvertem Jod mit rauchender Salpetersäure oder durch Erwärmen von Natriumjodat mit Schwefelsäure:

$$3\,J \;+\; 5\,HNO_3 \;\rightarrow\; 3\,HJO_3 \;+\; 5\,NO \;+\; H_2O$$

Jod — Salpetersäure — Jodsäure — Stickoxyd — Wasser

Eigenschaften. Farblose, durchsichtige, rhombische, glasglänzende Kristalle oder weißes, kristallines Pulver mit stark saurem, herbem *G schmack*, die an feuchter Luft zerfließen, sehr leicht in Wasser, weniger leicht in Alkohol lösl. Beim Erhitzen auf 110° schmelzen sie teilweise und zerfallen bei 180° bis 200° in Wasser und Dijodpentoxyd, weiße Kristallschuppen, Jodsäureanhydrid J_2O_5. Jodsäure ist ein starkes Oxydationsmittel, das sich mit Jodwasserstoff zu freiem Jod und Wasser umsetzt:

$$HJO_3 \;+\; 5\,HJ \;\rightarrow\; 3\,J_2 \;+\; 3\,H_2O$$

Jodsäure — Jodwasserstoffsäure — Jod — Wasser

Die Salze der Jodsäure heißen *Jodate*.

Erkennung. Die wäßrige Lösung rötet blaues Lackmuspapier und bleicht es dann. Reduktionsmittel (Schwefelwasserstoff, Zinnchlorür, Morphin) scheiden aus der wäßrigen Lösung Jod ab. Beim Glühen muß Jodsäure völlig flüchtig sein.

Aufbewahrung. *Vorsichtig*, in bestverschlossenen Glasstopfenflaschen.

Verwendung. Als Reagens, besonders zum Morphin-Nachweis.

Jodschwefel. Sulfur jodatum, Erg.-B. 6. Stoff B.

Jodschwefel ist keine einheitliche chemische Verbindung, sondern wahrscheinlich hauptsächlich eine feste Lösung von Jod und Schwefel ineinander. Vielleicht enthält es auch Schwefelmonojodid, S_2J_2. Herstellung s. Bd. III.

Eigenschaften. Schwarzgraue, blätterig-kristalline, unregelmäßige Stücke, unlösl. in Wasser, l.lösl. in Schwefelkohlenstoff und Glycerin. In Weingeist und Äther löst sich Jod zum Teil.

Aufbewahrung. *Vorsichtig*, in kleinen, gutschließenden Glasstopfengläsern.

Verwendung. *Med. innerl.* bei Akne und Furunkulose (E. 0,0001 g).

☠ 3. Jodtrichlorid. Jodum trichloratum, Erg.-B. 6.

JCl_3. Mol.-Gew. 233,3.

Darstellung. Durch Einwirken von überschüssigem Chlor auf Jod.

Eigenschaften. Gelbe oder braunrote, stechend riechende, zerfließliche Kristallnadeln, die beim Erhitzen im Reagensglas braune Dämpfe entwickeln, lösl. in 5 T. Wasser, Weingeist und Äther. Schon bei 25° zerfällt es in flüssiges Jodmonochlorid, JCl, und Chlor.

Erkennung. Die wäßrige Lösung (1 + 9) gibt bei reichlichem Schwefelsäurezusatz einen weißen, später gelbwerdenden Niederschlag; mit Schwefelkohlenstoff geschüttelt, färbt sie diesen schwachrosa. Beim Erhitzen von J. mit etwas Zucker im Reagensglas treten violette Joddämpfe auf.

Aufbewahrung. *Vorsichtig*, in gut verschlossenen Glasstopfengefäßen, vor Licht geschützt.

Verwendung. Als kräftig (ähnlich Sublimat) wirkendes Antisepticum und Desinfiziens, zur Desinfektion von Händen und Instrumenten.

☠ 3. Jodwasssserstoffsäure. Acidum hydrojodicum.

Jodwasserstoff. HJ. Mol.-Gew. 127,93

Jodwasserstoffsäure ist ein farbloses, an der Luft stark rauchendes Gas, das zur Darstellung vieler ihrer Salze, der *Jodide* und als Reduktionsmittel in der organischen synthetischen Chemie in Lösungen (58 bis 60%) verwendet wird.

Für medizinische Zwecke: *Jodwasserstoffsäure (10%). Acidum hydrojodicum dilutum.*

Aufbewahrung. *Vorsichtig*, in kleinen Glasstopfengefäßen, vor Licht geschützt.

Jodzinkstärkelösung.

Farblose, nur wenig opalisierende Flüssigkeit, die lösl. Stärke und Zinkjodid enthält, die als empfindliches Reagens auf Stoffe dient, die Jod aus Jodiden freimachen können, z. B. Chlor, Brom, Nitrit, Jodsäure, Ferriion, Peroxyde. Herstellungsvorschrift s. Bd. III.

Johannisbeere.

In Nord- und Mitteleuropa, in Asien und im nördlichen Amerika teilweise noch wild wachsend vorkommende, meist in Gärten und auch feldmäßig angebaute

Sträucher mit handnervigen, doppelt gesägten, drüsig punktierten Blättern, zwittrigen Blüten in vielblütigen, hängenden Trauben mit eiförmigen Deckblättchen und kahlem Kelch. Frucht rote, weiße oder schwarze, vom vertrockneten Kelch gekrönte, saftige Beere. Blütezeit April/Mai.

Johannisbeere, rote. Ribes rubrum *L.*
Saxifragaceae.

Johannisbeeren, rote. Fructus Ribis rubri.

Nach der Reife im Sommer gesammelte und verarbeitete, kugelige, einfächerige Beerenfrüchte, glatt, glänzend, rot, 4 bis 8 mm dick, mit durchscheinenden Gefäßbündeln und braunen, harten, 1 bis 4 mm langen, 1 bis 3 mm breiten Samen, die von einer gallertigen Hülle umgeben sind. Fruchtfleisch saftig, *Geruch* aromatisch, *Geschmack* säuerlich.

Inhaltsstoffe. Viel *Äpfelsäure*, 2,35% *Citronensäure*, etwa 6,5% *Zucker* u. a.

Verwendung. Frisch zur Herstellung von Fruchtsirup, Marmeladen, Säften für den Hausgebrauch und in der Marmeladenindustrie, zur Herstellung von Sirupus Ribis, Erg.-B. 6, und Conserva Ribium.

Johannisbeere, schwarze. Ribes nigrum *L.*
Saxifragaceae.

Bis 2 m hoher Strauch mit eigenartigem, wanzenähnlichem *Geruch* und großen, wechselständigen Blättern, unterseits behaart und mit gelblichen Harzdrüsen besetzt. Blüten grünlich, innen rötlich, in hängenden Trauben. Beerenfrüchte schwarz, kugelig, drüsig punktiert, mit dem eigenartigen Geruch der Blätter.

Johannisbeerblätter, schwarze. Folia Ribis nigri, Erg.-B. 6.
Ahlbeerblätter. Gichtbeerblätter.

Die während oder kurz nach der Blüte (April/Mai) gesammelten und sorgfältig getrockneten Blätter. Stiel oberseits rinnig, gelblichgrün, lang. Blätter groß, 3- bis 5lappig, am Rande grob doppelt gesägt, am Grunde herzförmig, meist gefaltet oder gerollt, oberseits dunkelgrün, mit durch die Nerven entstandenen Vertiefungen. Das *Lupenbild* zeigt durch die Drüsen der Unterseite entstandene Erhöhungen; unterseits hell graugrün mit schwach behaarten Haupt- und Seitennerven und grobmaschigem Adernetz; gelblich glänzende Drüsenköpfchen sind als dichte Punktierung erkennbar. *Geruch-* und *geschmacklos.* Aschehöchstgehalt 10%.

Inhaltsstoffe. Vitamin C, Gerbstoff.

Verwendung. *Innerl.* 1 bis 2 Teelöffel auf 1 Tasse Aufguß als harn- und schweißtreibendes, blutreinigendes Mittel bei Wassersucht, Rheumatismus, Gicht, Keuchhusten bei Kindern, zu Hausteemischungen; *äußerl.* findet die Abkochung volkstümliche Verwendung zu Umschlägen bei der Wundbehandlung und bei Geschwüren.

Aufbewahrung. Vor Licht geschützt.

Johannisbeeren, schwarze. Fructus Ribis nigri.
Ahlbeeren. Gichtbeeren.

Die reifen, im Juli geernteten und verarbeiteten, matt schwarzvioletten, kugeligen, einfächerigen Beerenfrüchte, 8 bis 12 mm dick, oben mit den verwelkten Blütenresten. *Geruch* eigenartig, *Geschmack* süßlich-säuerlich.

Inhaltsstoffe. Fruchtsäuren, Zucker, reichlich Vitamin C (zählt zu den vitaminreichsten Früchten, nach M. LÖHNER bis 224 mg-%).

Verwendung. Die frischen Beeren oder der Saft mehrmals tägl. eßlöffelweise bei Erkältungskrankheiten und Magenschmerzen, getrocknet als harntreibendes Mittel zu Teemischungen. Zur Herstellung von Saft, Sirup, Marmelade.

Johannisbrot.

Johannisbrot. Ceratonia siliqua *L.*

Caesalpiniaceae.

In Arabien und Syrien heimischer, in allen Mittelmeerländern, vor allem auf Cypern, Sizilien und in Süditalien angebauter, immergrüner, bis 10 m hoher, walnußähnlicher Baum. Die Samen enthalten bis 45% Schleim, der mit heißem Wasser (70 bis 82%) ausgezogen wird und als klebriger Schleim, *Tragasol*, als Appreturmittel und in der Arzneimittel-Industrie Verwendung findet.

Johannisbrot. Fructus Ceratoniae, Erg.-B. 6.

Siliqua dulcis. Karoben. Sodbrot. Sodschote.

Die reifen Hülsen, bis 30 cm lang, bis 4 cm breit, glänzend, dunkelbraun, trocken fleischig, in einen kurzen Stiel verschmälert, nicht aufspringend, flachgedrückt, gerade oder leicht gebogen, an den Rändern wulstig, auf 8 bis 12 mm verdickt, auf den beiden Schmalseiten von einer Furche durchzogen, 4 bis 6 mm dick. Fruchthaut zäh, lederartig, das Fruchtfleisch umschließend, das braunrot, großzellig, markig und zuckerhaltig ist. Die Hülse ist durch dünne, pergamentartige Häute quer-

gefächert und enthält 14 harte, etwas flachgedrückte, eiförmige, glänzende, rotbraune Samen, bis 10 mm lang und bis 7 mm breit, mit einem kurzen Stielchen am spitzen Ende (Abb. 127). *Geruch* schwach, in der Wärme widerlich. *Geschmack* schleimig-süß. Aschehöchstgehalt 3%.

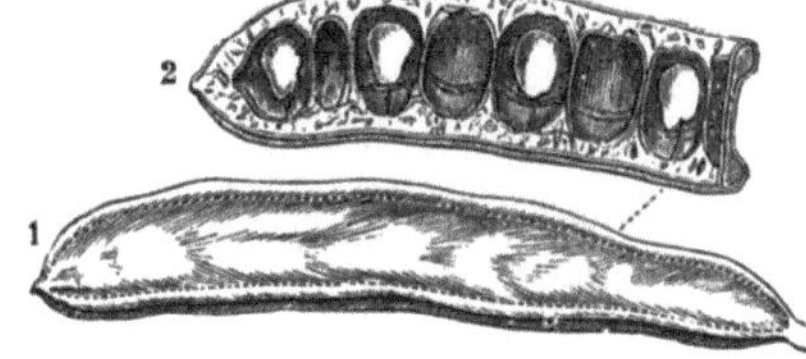

Abb. 127. Johannisbrot. Fructus Ceratoniae. 1 verkleinert; — 2 Längsschnitt.

Inhaltsstoffe. Reichlich *Rohrzucker, Glukose, Gerbstoffe, Schleim*, die den Geruch bedingenden *Fettsäuren* Isobuttersäure und Capronsäure u. a.

Verwendung. Als Zusatz zu Hustentees (Species pectorales cum fructibus u. a.), als Naschwerk für Kinder, zu Tabakbeizen, als Kaffeersatzmittel, zur Herstellung eines honigähnlichen Saftes, „Kaftanhonig". In den Erzeugungsländern als Nahrungsmittel, die geringeren Sorten als Viehfutter, teilweise zur Alkoholgewinnung.

Aufbewahrung. Die Droge ist leicht dem Insektenfraß ausgesetzt und daher in gut geschlossenen Gefäßen und vor Licht geschützt aufzubewahren.

Verf. Zu stark ausgetrocknete, spröde oder durch Insektenfraß beschädigte Hülsen sind zu verwerfen.

Aus dem Samen von Johannisbrot wird ein stark und schnell quellfähiges Mehl hergestellt, das mit einem Zusatz von Calciumlactat als *Nestargel* zum Eindicken von Milchnahrung im Handel ist. Auf Zusatz von 0,75 bis 1,0% entsteht mit Milch ein dünnes Gelee. Das Präparat hat den Zweck, aufgeregte Säuglinge zum langsamen Trinken ihrer Milch zu zwingen und dadurch das abnorme, zum Erbrechen reizende Luftschlucken zu vermeiden.

Johanniskraut.

Johanniskraut. Hyperjcum perforatum *L.*

Guttiferae.

Auf trockenen, sonnigen Hügeln, Äckern und Wiesen, an Rainen, Weg- und Waldrändern vorkommende, ausdauernde Pflanze. Stengel 30 bis 60 cm hoch, rund, mit 2 einander gegenüberstehenden Längsleisten, in der Jugend rötlich, oben stark verästelt. Blätter gegenständig, eiförmig, länglich, ganzrandig. Beim Zerreiben der Blüten tritt ein roter, harzartiger Saft, sog. *Johannisblut*, aus.

Johanniskraut. Herba Hyperici, Erg.-B. 6.

Hartheu. Tüpfel-Hartheu. Christi Wundkraut. Blutkraut. Johannisblut. Waldhopfenkraut.

Die kurz vor oder während der Blütezeit im Juli/August gesammelten und getrockneten (Wasserverlust 67 bis 76%) oberirdischen Teile. Stengel grüngelb, zweikantig, markig, kahl, mit gegenständigen Blättern, die faltig geschrumpft, kahl, sitzend, eiförmig oder länglich, bis 3,5 cm lang sind und in der Durchsicht durch Öldrüsen durchlöchert (lat. perforatum) erscheinen. Goldgelbe, sehr zahlreiche, ziemlich große Blüten in zusammengesetzten Trugdolden (Abb. 128).

Johanniskraut wirkt stark auf Tiere. Besonders hellfarbige Weidetiere erkranken nach seinem Genuß schwer, dunkelfarbige dagegen leichter oder gar nicht. Diese Erscheinung beruht auf dem im Johanniskraut enthaltenen *Hypericin*, durch das im Tierversuch Ratten schon bei Verabreichung von 1 mg getötet werden, wenn gleichzeitig Belichtung stattfindet. Das Hypericin, das in größeren Dosen schädlich wirkt, begünstigt in Lösungen von $1^0/_{00}$ und schwächer die Lebensvorgänge in der Zelle im Sinne einer erhöhten Zellatmung. Kennzeichnend für die **Schnittdroge** sind zahlreiche gelblichgrüne oder rötlichbraune, verholzte, runde, hohle Stengelteile mit 2 Längsleisten. Blattstückchen durchscheinend punktiert und faltig geschrumpft. Blüten gelbbraun verfärbt, 5 schief-eiförmige Blumenblätter, Kelchblätter dünn, grün, durchscheinend punktiert. Staubblätter in 3 Bündel verwachsen, der Fruchtknoten mit 3 Griffeln.

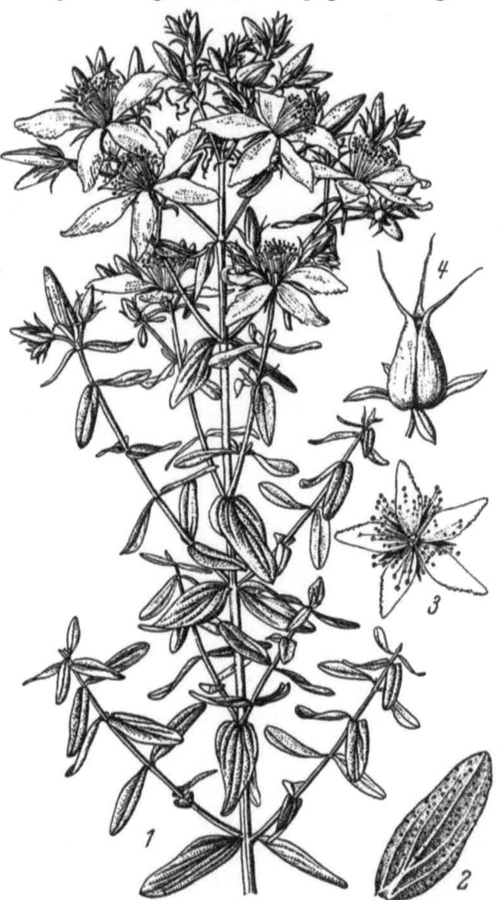

Abb. 128. Johanniskraut. Hypericum perforatum. *1* blühender Zweig; — *2* Rückseite eines vergrößerten Blattes mit Öldrüsen; — *3* Blüte von oben; — *4* Frucht, vergrößert.

Blumenblätter am Rande schwarzrot, drüsig punktiert, auf der Fläche mit schwarzroten Streifen. Aschehöchstgehalt 8%.

Inhaltsstoffe. 6 bis 10% *Gerbstoff*, 0,05 bis 0,1% *ätherisches Öl* mit Pinen und viel
Sesquiterpenen, ein Glykosid *Hyperin*, das Hypericumrot *Hypericin*, Nicotinsäure
bzw. Nicotinsäureamid, wenig Cholin, freie Säuren u. a.

Verwendung. Johanniskraut ist eine sehr beachtliche Heildroge und vielseitig
verwendbar. *Innerl.* 1 Teelöffel auf 1 Tasse Aufguß, bis 3 Tassen tägl. als reizmilderndes und entzündungshemmendes, schmerzlinderndes und sekretionsanregendes
Mittel bei Ruhr, Hämorrhoiden, Katarrhen von Magen und Darm, bei Gallen-,
Nieren- und Blasenleiden, Wassersucht, Erkrankungen der Luftwege, Bettnässen
der Kinder. Auch bei Depressionszuständen aller Art, Schlaflosigkeit, Nervenleiden,
Störungen in der Entwicklung, bei Beschwerden während der Menstruation und in
den Wechseljahren, in der Rekonvalescenz, bei Zuckerkrankheit und Blutarmut
ohne Schädigung von Kreislauf, Herz, Leber und Niere von bester Wirkung. In
Teemischungen zur Blutreinigung und allgemeiner Anregung des Stoffwechsels;
äußerl. in Form von **Tinctura Hyperici** und **Oleum Hyperici** als Wundmittel bei stark
verschmutzten und schlecht heilenden Wunden. Die Ausheilung erfolgt dabei
narbenlos, außerdem soll die Tinktur ein hervorragendes Mittel zur Vorbeugung
gegen Starrkrampf sein.

Aufbewahrung. Vor Licht geschützt.

Verf. Andere Hypericum-Arten mit drüsig bewimperten Kelchblättern und vierkantigem Stengel.

Johanniskrautblüten, frische. Flores Hyperici recentes, Erg.-B. 6.

Christi Wundkrautblüten.

Die im Juli/August gesammelten, frischen und von den Blütenachsen getrennten
Blütenknospen und Blüten mit ähnlichen Inhaltsstoffen wie Johanniskraut und der-
selben Verwendung, dienen zur Herstellung von **Johannisöl, Oleum Hyperici, Erg.-
B. 6** (s. Bd. III), das *äußerl.* unverd. als Wundöl bei Brandwunden, bösartigen
Geschwüren, aber auch bei Quetschungen, Rheumatismus, Gicht, Ischias und
Lähmungen Verwendung findet.

Johanniskrautöl.

Johanniskrautöl „Dr. Grandel" (Keimdiät) ist ein auf Basis von „Vitaminöl"
und Weizenkeimöl aus frisch gepflückten Blüten von Hypericum perforatum, durch
Einwirkung von Sonnenlicht während mehrerer Wochen hergestelltes hochwirksames Wundöl, das Vitamin E und die Provitamine A, D und F enthält. Bei der Herstellung gehen der photodynamische Wirkstoff Hypericin und die ätherischen Öle
in das Keimöl über und färben es leuchtend rot.

Verwendung. *Äußerl.* als hochwirksames Haut- und Wundöl mit granulierender
Wirkung, auch bei hartnäckigen Hautausschlägen. Als Zusatz zu Hautfunktions-
ölen, Sonnenschutzölen, Haarölen, Cremes, Heilsalben, Nagelpasten, Lippenstiften,
verseift zu Haarwässern je nach dem Verwendungszweck in Mengen von 1 bis
30%, meist reichen schon 3 bis 5% aus.

☠ 3. Jothion.

1-Jod-2,3-dioxypropan. Dijodhydroxypropan. $CH_2J \cdot CH(OH) \cdot CH_2J$.

Darstellung. Durch Einwirkung von Jodwasserstoffsäure auf Glycerin.

Eigenschaften. Gelbliche, ölige Flüssigkeit mit eigenartig aromatischem *Geruch* und neutraler Reaktion. D. 2,6 bis 2,7, in Wasser (1 + 79), in Glycerin (1 + 19), in Olivenöl (1 + 2) lösl. Mit Weingeist, Äther, Chloroform, Benzol in jedem Verhältnis mischbar. Jodgehalt etwa 80%.

Aufbewahrung. *Vorsichtig!* Vor Licht geschützt.

Verwendung. *Med. äußerl.* an Stelle von Jodtinktur zu Jodsalben und -einreibungen (10%) mit großer Tiefenwirkung unter erhöhter Resorbierbarkeit bei Hautkrankheiten, Frostbeulen usw., ohne Reizung und Verfärbung der Haut und Schleimhaut. In der Zahnheilkunde als **Jothion-Lösung,** 10% Jothion in Glycerinalkohol.

Judenkirsche.

Judenkirsche. Physalis alkekengi *L.*

Solanaceae.

In Weinbergen, Gebüschen, Hecken, Wäldern und Gärten, auf Äckern als bis $^1/_2$ m hohes Unkraut vorkommende, ausdauernde Pflanze.

Judenkirschen. Fructus Alkekengi.

Blasenkirschen. Erdkirschen. Judaskirschen. Steinkirschen. Teufelskirschen.

Die zur Reifezeit gesammelten, vom dünnen Kelch sorgfältig befreiten und getrockneten roten Beeren. Frisch kugelig, in der Größe einer kleinen Kirsche, glänzend scharlachrot, sehr saftig, *Geschmack* säuerlich-süß, an der verdickten Mitte der Fruchtwand zahlreiche kleine, weißliche, in das Fruchtfleisch eingebettete Samen. Trocken zusammengeschrumpft, glänzend braunrot, *Geschmack* süßlich-bitter.

Inhaltsstoffe. *Citronensäure,* Zucker, fettes Öl, roter Farbstoff *Physalien,* die Vitamine A und besonders reichlich C (mehr als in der Citrone), ein bitteres Glykosid *Physalin.*

Verwendung. *Innerl.* 1 Teelöffel auf 1 Tasse Abkochung, bis 3 Tassen tägl. als harntreibendes Mittel bei Nieren- und Blasenleiden, zur erhöhten Ausscheidung harnsaurer Salze bei Gicht, Rheumatismus, Gelbsucht, Leber- und Steinleiden.

Aufbewahrung. Vor Licht geschützt.

Jute.

Die Jute ist neben der Baumwolle die meistgebrauchte vegetabilische Faser. Auch in Deutschland ist der Verbrauch an Jute als Spinn- und Webstoff bedeutend. Stammpflanzen sind verschiedene Corchorus-Arten feuchter Gebiete der Tropen und Subtropen, besonders **Corchorus capsularis** L., *Tiliaceae.* Mehrjährige, 1 bis 4 m hohe Pflanze, die in ihrem Aussehen an unsere Brennessel erinnert. Die beste Jutesorte, „*Uttariya*", stammt von C. capsularis. Technische Jutefaser hat gewöhnlich Längen von 1,5 bis 2,5 m, kann aber auch bis 4,5 m lang werden. Die Breite wechselt sehr zwischen 30 und 150 mm. Die besten Sorten sind gelblich oder silbergrau, die wenig wertvolleren deutlich gelblich bis bräunlich oder rostbraun gefärbt. Von Flachs und Hanf unterscheiden sich die Juten durch spiegelnd seidigen Glanz, der auch ein Gradmesser für die Qualität ist (s. Bd. I, S. 169, Abb. 22, J.).

Verwendung. Ungebleicht schon in den Erzeugungsländern zur Herstellung von Pack- und Sackzeug für Baumwolle, Getreide, Kaffee, Hopfen, Wolle usw. Gebleicht und ungebleicht zur Herstellung von Spinnfäden, Stricken, Seilen, ungebleicht als Einlage zu Dachpappen, gefärbt für sich und mit anderen Faserstoffen wie Baumwolle, Flachs, Wolle zu farbigen Stoffen.

Kaffee.

In Abessinien und im Sudan heimischer, heute in fast allen tropischen Ländern, besonders in Brasilien und Zentralamerika kultivierter, bis 6 m hoher, immergrüner, kleiner Baum, der zur zweckmäßigeren Ernte auch 2,5 bis 3 m hoch strauchartig gezogen wird. Blätter eiförmig-länglich, gestielt, bis 20 cm lang, schneeweiße, jasminartig duftende Blüten in vielblütigen Scheinquirlen. Früchte erst grüne, dann rote, bei der Reife violette Steinfrüchte, „*Kaffeekirschen*", länglich-eiförmig, etwa 1,5 cm lang (Abb. 129). Da die Pflanze gegen Wind empfindlich ist, werden zwischen den

Abb. 129. Kaffee. Coffea arabica. A blühender und fruchtender Zweig; — B Frucht; — C Fruchtquerschnitt; — D Fruchtlängsschnitt; — E Samen, noch teilweise in der sog. Pergamenthülle eingeschlossen.

Kulturen Schattenpflanzen gesetzt. Ursprünglich stammte der gesamte Handelskaffee von **Coffea arabica** L., *Rubiaceae*. Die Pflanze ist aber gegen einen gefährlichen Pilz, *Hemileia vastatrix*, und gegen Wurzelälchen empfindlich, deshalb wird in Afrika, Asien und Surinam **Coffea liberica** *Hiern* mit größeren Früchten kultiviert. Die Früchte dieser Abart sitzen zu 25 bis 30 in einem Scheinquirl, fallen bei der Reife nicht ab und sind fast kugelig. Arabicabohnen werden aber Libericabohnen vorgezogen. **Coffea robusta** *Linden* ist eine sehr widerstandsfähige und ertragreiche Art. Die Kaffeequalität ist jedoch viel geringer als die des Arabicakaffees (Abb. 130).

Gewinnung des Rohkaffees. Da die Kaffeepflanze mehrmals im Jahre blüht, sind oft Blüten und Früchte in allen Entwicklungsstufen nebeneinander zu finden. Es wird daher gewöhnlich dreimal im Jahre geerntet. Während die guten Sorten mit der Hand gepflückt werden, werden die Früchte geringerer Sorten durch Abstreifen oder Abschütteln geerntet, dann folgt die Aufarbeitung nach dem trockenen (gewöhnliches) oder nassen (westindisches) Verfahren. Beim trockenen Verfahren werden die Kaffeekirschen auf Tennen an der Sonne getrocknet, bis die Kerne in den

Fruchtschalen rascheln. Dann werden das eingetrocknete Fruchtfleisch, die Hornschale und das Silberhäutchen (der dünnen Samenschale) durch Stampfen in Mörsern oder in besonderen Schälmaschinen entfernt. Beim nassen Verfahren wird das Fruchtfleisch der gewaschenen Kaffeekirschen in Entfleischungsmaschinen, sog.

 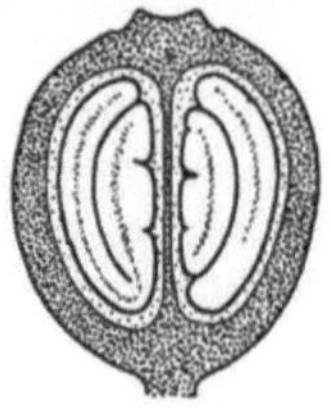 

„*Pulpern*", bestmöglich entfernt, und dann werden in Gärbottichen die Reste des Fruchtfleisches durch Fermentation erweicht. Nach dem Abfallen der Fruchtfleischreste von der Hornschale wird die Fermentation unterbrochen, sorgfältig gewaschen und an der Sonne oder bei künstlicher Wärme bei 50° bis 60° getrocknet. Die einsamigen Steinfrüchte sind rund und

Abb. 130. Kaffeefrüchte. Links ganze Frucht; — Mitte Längsschnitt; — rechts Querschnitt. Obere Reihe Coffea liberica; — untere Reihe Coffea arabica; — natürliche Größe. (Nach *Gaßner*.)

geben den „*Perlkaffee*" des Handels. Unter der Bezeichnung „*Pergamino*" kommt der Hornschalenkaffee in den Handel. Er wird in den Ausfuhrhäfen in Schälmaschinen (Descadadoren) von der Hornschale befreit und dann poliert, wobei das Silberhäutchen entfernt wird. Nach Form, Größe und Farbe sortiert kommt er in Säcken oder Ballen verpackt in den Handel.

Handelssorten. *1. Südamerikanische Kaffeesorten:*

Brasilien erzeugt $^2/_3$ der Welternte (billige bis mittelgute Sorten):

Santos	Bahia	Campinas
Rio	Minas	

Venezuela ⎫
Columbien ⎬ (besonders hochwertige Sorten)

2. Mittelamerikanische (geschätzte, teure) Kaffeesorten:

Guatemala	San Salvador	Nicaragua
Costarica	Mexico	Salvador

3. Westindische (gute) Kaffeesorten:

Cuba	Haiti	Portorico
Jamaica	Domingo	Martinique

4. Ostindische (sehr gute) Kaffeesorten:

Java	Celebes (Menado)	Neilgherry
Sumatra (Padang)	Indien	Mysore, Madras

5. Arabische Kaffeesorte (besonders aromatisch, die bei uns als „Mokka" gehandelte Sorte ist meist ausgesuchter, kleinbohniger Java-Kaffee):

Mokka, kleinbohnig (Ausfuhrhafen Mokka)

6. Afrikanische (geringere) Kaffeesorten:

Ostafrikanischer (Usambara)	Kongo
Westafrikanischer (Sierra Leone)	Abessinien.

Mit *Maragogypen-Kaffee* wird ausgelesener, großbohniger Kaffee der Ursprungsländer Brasilien, Guatemala und Mexico bezeichnet.

Haupthandelsplätze für Kaffee sind Santos, Hamburg, Le Havre, London, Rotterdam, Amsterdam, New York.

Kaffee. Semen Coffeae.

Kaffeebohnen.

Die bei der Reife violette bis blauschwarze Steinfrucht besteht aus einem häutigen Exocarp, einem fleischigen Mesocarp und dem als derbe Schale, sog. „*Hornschale*", ausgebildeten Endocarp, welches gewöhnlich 2, seltener 3 bis 4 oder aber nur einen Samen umschließt. Die Samen sind von einer dünnen Samenschale, dem „*Silberhäutchen*", eingeschlossen (s. Abb. 129, 130).

Kaffeebohnen sind von der Samenschale (Silberhaut) befreite, flach konvexe, je nach Art der Stammpflanze 7 bis 15 mm lange, ungeröstete Samen, auf der abgeflachten Seite mit einer Furche, die einer Faltungsstelle des eingerollten inneren Nährgewebes (Endosperm) entspricht. In dieser Falte ist das Silberhäutchen stets noch enthalten (Abb. 131). Kaffeebohnen sind hart, hornartig, ihre Farbe je nach Sorte gelblich, braungelb, gelb, grün oder bläulich. Die blaugrünen Bohnen sind besonders geschätzt. *Geruch*- und *geschmacklos.*

Abb. 131. Kaffeebohnen (Handelsware). Links Coffea arabica; — Mitte Coffea liberica; — rechts Coffea robusta. Obere Reihe Bauchansicht; — untere Reihe Rückenansicht; — natürliche Größe. (Nach *Gaßner*.)

Inhaltsstoffe des Rohkaffees. 0,7 bis 2% der Purinbase *Coffein* (Trimethylxanthin), frei oder an Chlorogensäure gebunden, 10 bis 13% fettes Öl, 7 bis 9% Gerbstoff, 7 bis 9% Zucker, 32 bis 33% andere N-freie Extraktstoffe, 23 bis 24% Holzfaser, 3 bis 4% Mineralstoffe.

Kaffee, gerösteter.

Das Rösten des Kaffees erfolgt bei einer Temperatur von 200° bis 250° unter fortwährender Bewegung des Röstgutes und ist in 20 bis 30 Minuten beendet. Dabei entstehen z. T. mit Wasserdämpfen flüchtige Stoffe, vor allem 0,06 bis 0,1% ätherisches *Kaffeeöl*, das sich größtenteils beim Rösten bildet („Röstöl"), die dem Kaffee den angenehmen *Geruch* und *Geschmack* geben und die anregende Wirkung des Coffeins unterstützen. Der Gewichtsverlust beim Rösten beträgt etwa 20 bis 25% und rührt von verdampftem Wasser und dem Entweichen flüchtiger Stoffe her. Erst der geröstete Kaffee ist als Genußmittel geeignet.

Kaffee, kandierter und glasierter.

Diese Sorten sollen einerseits für das Auge wirken, andererseits eine Schutzschicht gegen Aromaverlust abgeben. Zum Kandieren ist nur reiner Rohr- und Stärkesirup, höchstens 8 kg auf 100 kg Rohkaffee zugelassen, zum Glasieren Schellack oder andere unschädliche Harze (Akaroidharz), deren Zusatz nicht mehr als 0,5% des Rohkaffees ausmachen darf.

Kaffee-Wirkung. Kleine Dosen Coffein, wie sie beim Genuß von 1 bis 2 Tassen Kaffee aufgenommen werden, wirken der Müdigkeit entgegen, steigern die geistigen Fähigkeiten, regen die Gedanken an. Äußere Eindrücke werden rascher und besser aufgefaßt und verarbeitet. Die Arbeitsleistung wird angeregt und ein Wohlbehagen ausgelöst. Die Herzmuskelleistung wird erhöht, die Arterien der Niere werden erweitert, dadurch eine Steigerung der Harnmenge erzielt, die Herzkranzgefäße werden besser durchblutet, ebenso die Arterien des Gehirns, wodurch die Kaffeewirkung bei Kopfschmerzen bedingt ist. Im Übermaß genossen ist Kaffee gesundheitsschädlich, dagegen haben zahlreiche klinische Erfahrungen ergeben, daß Kaffee in den üblichen Mengen keine gesundheitlichen Nachteile hat. Nur bei Empfindlichen und Kranken kommen durch normalen Kaffeegenuß gewisse Schädigungen vor.

Verwendung. *Innerl.* 5 g auf 1 Tasse Aufguß bei Kollaps und Schock, akuter Herzschwäche, als anregendes Mittel bei gewissen chronischen Herzkrankheiten, als Gegenmittel bei Vergiftungen, welche Atmung und Kreislauf beeinträchtigen wie Alkohol, Narcotica und Schlafmittel, bei Kopfschmerzen, die auf eine Blutleere im Gehirn zurückzuführen sind, in gewissen Fällen von Asthma. Als Genußmittel, auch zu Likören und in der Süßwarenindustrie, zur Herstellung von Coffein.

Kaffee, coffeinfreier.

Coffeinfreier Kaffee darf höchstens noch 0,08% Coffein, coffeinarmer Kaffee höchstens noch 0,2% Coffein enthalten. Die Kaffeebohnen werden zunächst mit Wasserdampf aufgeschlossen und dann durch organische Lösungsmittel der größte Teil des Coffeins entzogen. Anschließend wird das Lösungsmittel durch Dämpfen vertrieben.

Untersuchung von coffeinfreiem Kaffee (nach C. GRIEBEL). 5 ccm eines normalen wäßrigen Aufgusses werden 5 Min. lang mit 20 ccm Chloroform ausgeschüttelt, nach dem Absetzen des Chloroforms filtriert und 15 ccm zur Trockne eingedampft. Der mit 1,5 ccm Wasser aufgenommene Rückstand darf mit 2 Tr. 50%iger Kieselwolframsäure bei coffeinfreiem Kaffee keine Trübung geben. Enthält der Kaffee Milch, muß das Fett vor der Prüfung mit Petroläther ausgeschüttelt werden.

Aufbewahrung. Gerösteter Kaffee wird zweckmäßig kühl, trocken und gut verschlossen in Blechbehältern oder Porzellangefäßen aufbewahrt; da er bei längerer Lagerung an Aroma verliert, empfiehlt sich die Aufbewahrung nicht zu großer Mengen. Rohkaffee dagegen verträgt lange Lagerzeiten.

Verf. Rohkaffee und gerösteter Kaffee, noch mehr gemahlener, gerösteter Kaffee, werden auf die verschiedensten Arten verfälscht: Durch künstliches Aufquellen mit Wasser oder Wasserdampf, durch Polieren mit Sägespänen, durch künstliche Färbung mit Farbstoffen, durch Beimischung von Kaffeeabfall, bestehend aus wertlosen oder minderwertigen Bohnen bzw. aus Kaffeebohnenstücken. Beim ganzen, gerösteten Kaffee sind aus Getreidemehl oder Leguminosenmehl hergestellte Bohnen, gebrannte Maiskörner, geröstete und gespaltene Erdnüsse, Lupinensamen und die Samen der Saatplatterbse, Lathyrus sativus L., die bei längerem Genuß eine chronische Vergiftung (Lathyrismus) hervorrufen können, als Verfälschungen festgestellt worden. Beim gemahlenen gerösteten Kaffee sind ausgelaugter Kaffee (Kaffeesatz) und Kaffee-Ersatzstoffe sowie die Beschwerung mit Erde, Sand, Ocker usw. vorgekommen.

Beurteilung des Kaffees.

Nach der Verordnung über Kaffee vom 10. 5. 1930 ist nach § 2 zum Schutze der Gesundheit *verboten: Färben* von Kaffee, Kaffee-Extrakt oder -Essenz mit *gesund-*

heitsschädlichen Farben, das *Überziehen* des Kaffees mit arsenhaltigem Schellack oder schädlichen Glasurmitteln anderer Art und das Behandeln des Kaffees mit Borsäure.

Nach § 3 gilt als *verdorben:*
Kaffee, der infolge der Ernte, durch Havarie oder Lagerung wegen seines Geruchs oder Geschmacks zum Genuß ungeeignet ist; Kaffee, der stark verschimmelt oder verunreinigt ist; ganz oder zu einem erheblichen Teil verkohlter Röstkaffee; Röstkaffee aus verdorbenem Rohkaffee. Auch unter Deklaration ist solcher verdorbener Kaffee nicht zum Verkehr zugelassen.

Nach § 4 sind nachgemachte, künstliche Kaffeebohnen auch unter Deklaration nicht zugelassen.

Kaffee-Ersatzstoffe.

Zur Herstellung und Beurteilung von Kaffee-Ersatzstoffen (Kaffeesurrogaten) ist die Verordnung vom 10. 5. 1930 maßgebend. Kaffee-Ersatzstoffe haben den Zweck, durch Ausziehen mit heißem Wasser ein kaffeeähnliches Getränk zu liefern oder als **Kaffeezusatz, Kaffeegewürz** zu diesem zu dienen. Sie werden hergestellt durch Rösten stärke- und zuckerhaltiger Pflanzenteile unter Zusatz auch anderer Stoffe. Als Ausgangsmaterial zu diesen Röstprodukten finden nach BEYTHIEN Gerste, Roggen oder andere stärkereiche Früchte, Gerstenmalz oder andere gemälzte Getreide, Cichorie, Zuckerrüben oder andere Wurzelgewächse, Feigen, Johannisbrot oder andere zuckerreiche Früchte, Erdnüsse, Sojabohnen und andere öl- und fettreiche Samen, Eicheln und andere gerbstoffreiche Pflanzenteile Verwendung. Als Zusatz oder Überzugsstoffe bei oder nach dem Rösten dienen zucker-, gerbsäure- und coffeinhaltige Pflanzenauszüge, Colanüsse, Speisefette und -öle, Kochsalz, Alkalicarbonate, Rüben- und Rohrzucker, Zuckersirup, Invert- und Stärkezucker, Stärkesirup, gesundheitsunschädliche Harze und Wachse.

Verboten ist die Verwendung verunreinigter oder wertloser Rohstoffe (ausgelaugte Rübenschnitzel, Obstrester, Steinnußabfälle, Nußschalen, Steinobstkerne) und von Kaffeesatz sowie Farben, Mineralöl, Glycerin und Melasse mit weniger als 45% Zucker.

Kaffee-Ersatzstoffe rufen wie der Kaffee eine starke Absonderung von Magensaft hervor und besitzen hohen Sättigungswert. Ihr Verbrauch erreicht in Deutschland etwa das Doppelte des Kaffeeverbrauchs.

Karlsbader Kaffeegewürz ist ein Feigenkaffee unter Zusatz von Natriumbicarbonat.

Neskaffee.

Nescafé.

Unter dieser Bezeichnung kommt ein pulv. Kaffee-Extrakt in den Handel, der durch Extraktion gebrochener Kaffeebohnen mit Wasserdampf hergestellt wird. Das Produkt unterscheidet sich von dem handelsüblichen Bohnenkaffee dadurch, daß die wasserunlösl. Teile der Kaffeebohnen, die bei der üblichen Zubereitung des Getränks als Kaffeegrund, Kaffeesatz zurückbleiben, schon bei der industriellen Herstellung entfernt werden. Neskaffee enthält also nur die wasserlösl. Stoffe. Diesen werden verschiedene Kohlenhydrate zugesetzt und dann das entstandene Zwischenprodukt durch Sprühtrocknung ähnlich der Trockenmilchgewinnung gewonnen. Die Kaffeebohnen enthalten nicht genügend Kohlenhydrate, um das Kaffeearoma auf längere Zeit festzuhalten. Aus diesem Grunde wird beim Neskaffee dem Kaffee-Extrakt eine gleiche Menge Kohlenhydrate zum ausschließlichen Zweck der Konservierung zugefügt. Diese bewirken, daß die Aromastoffe des Neskaffees erst beim Auflösen im Wasser wieder frei werden. Auf dieser Eigenschaft beruht die wertvolle und erstaunliche Wirkung des Neskaffees. Da die wasserunlösl. Teile im Neskaffee entfernt sind, ist der Neskaffee-Extrakt gegenüber pulv. Bohnenkaffee stärker. Einem gehäuften Teelöffel von gemahlenem Kaffee entspricht etwa ein gestrichener Teelöffel von Neskaffee.

Kaffeekohle. Carbo Coffeae, Erg.-B. 6.

Kaffeekohle wird durch Rösten der grünen, trockenen Kaffeebohnen bis zur Schwarzbräunung und Verkohlung (Gewichtsverlust etwa 30 bis 35%) der äußeren Samenpartien und anschließende Vermahlung gewonnen. Kaffeekohle ist keine Kohle im Sinne des Wortes, sondern nur teilweise verkohlter und mehr oder weniger überrösteter Kaffee. Schwarzbraunes bis braunschwarzes mittelfeines Pulver, das beim Zerreiben zwischen den Fingern knirscht. *Geruch* und *Geschmack* nach gebranntem Kaffee.

Inhaltsstoffe. Kohlenstoff, Phenole, Gerbstoff, Coffein (angeblich noch 75% des ursprünglichen Gehalts, Vitamin B_1 und D).

Verwendung. *Innerl.* 3,0 g (gestrichener Kinderlöffel) bei Magen- und Darmerkrankungen als Adsorptionsmittel zur Entgiftung. Die Wirkung soll diejenige von Carbo medicinalis übertreffen und dürfte durch den Inhalt an Phenolen und Gerbstoff begründet sein. Außerdem ruft das Coffein eine örtliche Hyperämie hervor. *Äußerl.* unverd. als Streupulver, besonders zur Rachenbehandlung.

Aufbewahrung. In gut verschlossenen Gefäßen.

Kakao.

Der im nördlichen Südamerika heimische, jetzt in fast allen Tropenländern mit feucht-heißem Klima kultivierte, immergrüne Baum **Theobroma cacao L.**, *Sterculiaceae*, liefert die Kakaobohnen, Kakaobutter, die weitere Verarbeitung finden. 5 bis 10 m hoher Baum mit zimtbraunem, gebogenem, knorrigem, bis 25 cm dickem Stamm. Blätter dunkelgrün, oben glänzend, unten matt, leicht behaart, 30 bis 50 cm lang, 10 bis 18 cm breit. Blüten klein, rot oder weiß, aus denen jedoch nur 30 bis 50 Früchte an einem Baum reifen. Zuerst in Spanien als Lebensmittel verwendet und von LINNÉ mit „Theobroma", Götterspeise, bezeichnet (Abb. 132).

Die Kakaoernte erfolgt während des ganzen Jahres. Die geernteten Früchte läßt man 3 bis 4 Tage zum Nachreifen liegen, öffnet sie, entfernt die Samen (1 bis 3 kg je Baum) und reibt das umhüllende Fruchtmus mit den Händen ab. Auf Bananenblättern oder auf Darren ausgebreitet, werden die Samen an der Sonne getrocknet: „*Ungerotteter*" oder „*Sonnenkakao*" mit stark bitterem *Geschmack*. Das andere, heute fast ausnahmslos durchgeführte Verfahren ist das sog. „*Rotten*", das der Beseitigung des strengen Geschmacks in zementierten Gruben, Holzfässern oder -kästen durch Fermentation dient. Unter Mitwirkung von Bakterien, Hefen und Enzymen tritt Selbsterhitzung bis auf 45° und mehr ein, wodurch die Keimfähigkeit vernichtet, der *Geschmack* und das *Aroma* verbessert werden und durch Umwandlung der Gerbstoffe und des Kakaorots die ursprünglich hellere Farbe der frischen Bohnen (*Nibes*) in ein mehr oder weniger dunkleres Braun übergeht. Nach dem Waschen der Bohnen mit Wasser werden sie an der Sonne oder über freiem Feuer, heute meist in geheizten Räumen, getrocknet. Die *Rohbohnen* werden mit Maschinen sorgfältig gereinigt und verlesen, dann folgt in besonderen Apparaten, die durch Heißluft geheizt werden, das *Rösten*. Die Temperatur darf hierbei 130° bis 140° nicht übersteigen und muß bei den feineren Bohnen bei 70° bis 80° und höchstens 15 Minuten langer Dauer durchgeführt werden. Das Rösten dient dem Zweck, die Entfernung der dabei spröd werdenden Schale und das Zerreiben der Kerne zu erleichtern und gleichzeitig das Aroma zu verbessern. In besonderen Brech- und Reinigungsmaschinen werden die holzigen *Kakaoschalen* und die Würzelchen entfernt. Dabei ergibt sich eine Ausbeute von etwa 80% *Kakaokernen*, „*Kakaobruch*", neben 12 bis 15% Schalen und wenig Kakaoabfall. Kakaokerne dürfen nicht über 2% Samenschale, Samenhäute und Keime enthalten.

Kakaobohnen. Semen Cacao.

Die vom Fruchtfleisch der gurkenförmigen Beeren (Abb. 132, F) befreiten, getrockneten, mandelförmigen Samen (Abb. 132, G), „Kakaobohnen", oval, meist etwas abgeplattet, 20 bis 25 mm lang, 10 bis 15 mm breit, 5 bis 10 mm dick, mit

Abb. 132. Kakaobaum. Theobroma cacao. A blühender Ast; — B Blüte im Längsschnitt; — C Staubblatt; — D Diagramm der Blüte; — E fruchttragendes Stammstück; — F Frucht im Längsschnitt, die Samen zeigend; — G Samen; — H Samen im Längsschnitt, die Zerknitterung der Keimblätter zeigend.

je nach Sorte hellerer oder dunklerer rotbrauner, ziemlich glatter, längsstreifiger Oberfläche. Die Kakaobohnen sind in der Beere zu 30 bis 40 Stück in 5 Längsreihen in einem zuckerhaltigen Fruchtmus eingebettet.

Inhaltsstoffe. 0,9 bis 3% *Theobromin* (3,7-Dimethylxanthin, der dem Kakao eigentümliche Purinkörper), 0,05 bis 0,30% *Coffein*, 45 bis 53% *Kakaobutter*, die gerbstoffartigen Farbstoffe *Kakaorot* und *Kakaobraun*, etwa 15% Eiweiß, etwa 8% Stärke, etwa 2,5% Zucker und Spuren ätherischen Öles mit etwa 50% Linalool neben Amylacetat, -butyrat und -propionat u. a.

Handelssorten. Nach der geographischen Herkunft führt die Kakaoverordnung folgende Sorten an:

Mittelamerika: Mexiko, Nicaragua, Costarica;

Südamerika: Ecuador (Guayaquil, Caraquéz, Arriba, Machala), Brasilien (Bahia, Pará), Venezuela (Maracaibo, Puerto Cabello, Caracás, Carupano);

Westindien: Trinidad, San Domingo;

Westafrika: Goldküste (Accra, Lagos, Fernando Po), Togo, Kamerun, San Thomé;

(Westafrika liefert $^3/_4$ der 500000 t betragenden Welternte.)

Ostafrika: Madagaskar;

Asien: Ceylon, Java;

Australien: Samoa.

Kakaobutter. Oleum Cacao, DAB. 6.

Butyrum Cacao. Kakaoöl.

Das aus den gerösteten und enthülsten Samen abgepreßte Fett. Blaßgelblich, fest, bei Zimmertemperatur spröde, wird nur schwer ranzig. *Geruch* kakaoähnlich, *Geschmack* milde. Schmp. 30° bis 35°; JZ. 34 bis 38; VZ. 192 bis 200; SZ. nicht über 8.

Inhaltsstoffe. Glyceride der Palmitinsäure und Stearinsäure (zus. 55 bis 57%), der Ölsäure (38%), der Linolsäure (2%), Phosphatide u. a.

Prüfung des DAB. 6. Außer auf die Kennzahlen läßt DAB. 6 prüfen auf *fremde Fette, Wachs, Carnaubawachs, Talg, Stearin* durch Auflösen von 5 g K. in 6 g Äther und Stehenlassen bei 0°. Die Lösung darf sich nicht vor Ablauf von 10 Min. trüben.

Verwendung. Zu Stuhlzäpfchen, Vaginalkugeln, zu Salben, Pomaden, Cremes, zu den besonders milden Kakaobutterseifen. Kakaobutterzusatz zu Wollfett nimmt diesem die Zähigkeit, mit Kakaobutter bereitete Hautcremes lassen sich unsichtbar in die Haut einmassieren. Als Zusatz zu Schmelzschokoladen und Kuvertüren zum Überziehen von Pralinen, Bonbons, Backwerk usw.

Kakaoschalen. Testae Cacao.

Kakaoschalen sind die beim Reinigen der gerösteten Kakaobohnen anfallenden Samenschalen. Nach außen gewölbte, dünne und brüchige, papierähnlich sich anfühlende Stückchen der Samenschale mit rauher, matter, je nach Sorte hell- oder zimtbrauner bis dunkel- oder schwarzbrauner Außenseite und glatter, glänzender, rotbrauner Innenseite. *Geruch* schwach nach Kakao, *Geschmack* etwas schleimig.

Inhaltsstoffe. 0,19 bis 2,98% Theobromin, 4 bis 8% Kakaobutter, wenig Coffein, verhältnismäßig reichlich Vitamin D.

Verwendung. *Innerl.* als harntreibendes Mittel, als Zusatz zu Teemischungen, als tägliches, schwach nach Kakao schmeckendes Getränk an Stelle anderer Teesorten, als Viehfutter. Vielfach wird Kakao mit Kakaoschalen verfälscht. Diese sind schon bei der Betrachtung mit der Lupe als kleine gelbe oder braune Bruchstücke sichtbar.

Kakaoerzeugnisse. Kakaopulver.

Während früher die Kerne direkt auf Schokolade verarbeitet wurden, wird heute zunächst *Kakaomasse* hergestellt, die dann als Ausgangsmaterial zur Herstellung von Kakaopulver, Kakaobutter und Schokolade dient. Dazu werden die reifen Kerne in besonders konstruierten Walzenmühlen, die übereinander angeordnet sind, immer feiner zermahlen. Die dabei entstandene Kakaomasse ist bei höherer Temperatur ein flüssiger Brei, der beim Abkühlen auf Zimmertemperatur erstarrt. Während Kakaomasse zur Schokoladenherstellung ohne weiteres verwendet werden kann, muß sie zur Gewinnung von Kakaopulver mit Wasserdampf oder geeigneten

Chemikalien aufgeschlossen werden. Das Verfahren ist im Jahre 1828 von dem Holländer VAN HOUTEN entwickelt worden: Kakaomasse oder die gerösteten Kerne werden mit 2 bis $2^1/_2\%$ Kaliumcarbonat, Ammoniumsalzen, Soda oder Magnesiumcarbonat vermischt, etwaiger Alkaliüberschuß mit Weinsäure abgestumpft und das Lösungswasser durch Erwärmen vertrieben. Diese Maßnahme hat den Zweck, die Zellwände durch Aufquellen der Cellulose zu lockern. Dabei entsteht kein „löslicher" Kakao, aber seine Suspensionsfähigkeit wird erhöht, so daß sich das Kakaopulver in der Flüssigkeit länger schwebend ohne Bodensatzbildung erhält und die Farbe des Aufgusses vertieft wird. Zur Überführung in das übliche *Kakaopulver* muß der Kakaomasse das Fett teilweise entzogen werden. Dies erfolgt bei 300 bis 400 atm. in hydraulischen Pressen. Nach Vorbrechen des entstandenen sehr harten Preßkuchens wird dann zu staubfeinem Kakaopulver vermahlen. Je nach dem Fettgehalt unterscheidet man „schwach entölt" (mindestens 20% Kakaobutter) und „stark entölt" (weniger als 20% Kakaobutter). Weniger als 10% Gehalt an Kakaobutter ist bei Kakaopulvern verboten. Der Wassergehalt darf 9%, der Aschegehalt 7%, bei aufgeschlossenem Kakao $7,5\%$ nicht übersteigen. Der Zusatz von Vanillin, natürlichen Gewürzen und unter Deklaration von Aromastoffen ist gestattet, dagegen sind Zusätze wie Mehl, Zucker, Eigelb, Farbe, Kakaoschalen usw. verboten. Der Genuß von Kakao stellt keine Näscherei, sondern die Anwendung eines diätetisch hochwertigen Nahrungsmittels dar, dessen Verbrauch in den letzten Jahrzehnten dauernd gestiegen ist. Nach der Kakaoverordnung sind als Ausnahmen zugelassen **Haferkakao,** Hafermehl mit mindestens 50% Kakao, **Haferkakao gezuckert** aus mindestens 2 T. Haferkakao und höchstens 1 T. Zucker, **Malzkakao** aus mindestens 50% Kakao und Gerstenmalzmehl oder mindestens 5% Malzextrakt, **Hafermalzkakao** mit mindestens 50% Kakao, Hafermehl und Malzmehl bzw. Malzextrakt, **Eichelkakao** mit mindestens 60% Kakao, 15% Eichelkaffee bzw. einer entsprechenden Menge Extrakt, teilweise mit Zusatz von Zucker und geröstetem Weizenmehl.

Kakaomasse. Pasta Cacao, Erg.-B. 6.

Kakaomasse ist eine durch Mahlen der gerösteten und entschälten Samen in der Wärme hergestellte Masse (näheres s. Kakaoerzeugnisse), meist zu braunen, harten Tafeln geformt. *Geschmack* angenehm milde, ölig und bitterlich. In der Wärme des Wasserbades erweicht die Masse zu einem gleichmäßigen, beim Reiben zwischen den Fingern unfühlbaren und halbflüssigen Teig.

Inhaltsstoffe. 45 bis 53% *Kakaobutter,* 1 bis 3% Theobromin, bis $0,4\%$ Coffein, 7% Gerbstoffe mit Kakaorot und Kakaobraun, etwa 8% Stärke, Spuren ätherischen Öles, davon 50% Linalool.

Prüfung des Erg.-B. 6. *Talg und andere fremde Fette:* Beim Erschöpfen von 100 T. Kakaomasse mit Äther muß der klare Auszug nach dem Verjagen des Äthers 48 bis 54 T. Fett hinterlassen, das fein, milde, nicht ranzig riecht und schmeckt und bei $30°$ bis $35°$ schmilzt. Die Lösung dieses Fettes in 2 T. Äther muß klar sein und darf beim Stehenlassen bei $0°$ erst nach 10 Min. eine Trübung zeigen. Die sich hierbei bildende kristalline Masse muß sich bei Zimmertemperatur wieder lösen.

100 T. K. dürfen nicht mehr als 5 T. Asche hinterlassen, die sich in Essigsäure bis auf einen geringen Rückstand lösen muß.

Schokolade.

Früher wurde Schokolade durch unmittelbares Verreiben der Kakaokerne, den Keimblättern des Kakaosamens ohne Schale und Würzelchen, mit Staubzucker hergestellt, heute wird von der Kakaomasse, die jedoch nicht mit Alkalien behandelt wurde, ausgegangen. Die Schokoladeherstellung stellt hohe Anforderungen an die Fähigkeit der maßgeblichen Organe, feinste Geschmacksunterschiede zu erkennen, um die Herstellung richtig zu lenken und die zweckmäßigsten Mischungen der Kakaosorten durchzuführen. In sog. *Melangeuren* und anderen Knet- und Mischmaschinen werden sämtliche Schokoladezutaten in granitenen Kollergängen oder Flügelwerken unter Wärmezufuhr gründlich gemengt und dann in mehrmaliger Durchgabe durch Walzwerke, die bis zu 5 übereinander angeordnet sind, die Masse so lange durchgegeben, bis sie völlig homogen und das Fett gleichmäßig verteilt ist. Dann läßt man im Wärmeraum längere Zeit ausreifen. Anschließend wird in Längsreibemaschinen, sog. „*Conchen*", durch eine Granitwalze die Masse dauernd mit Luft in Berührung gebracht, um eine Verfeinerung des Geschmacks und Aromas zu erreichen. Dieser Arbeitsvorgang wird mehrere Tage durchgeführt. Dann folgt die Überführung der Masse in die üblichen Handelsformen.

In der Verordnung über Kakao vom 15. 6. 1933 sind folgende Schokoladearten verzeichnet: Schokolade, Schmelzschokolade, Sahne-, Milch-, Magermilchschokolade, gefüllte Schokolade (Krem-, Marzipan-, Nugat-, Krokant-, Trüffelschokolade, Pralinen), Frucht-, Nuß-, Mandelschokolade, Überzugsmasse (Kuvertüren). Unter allen Umständen, auch unter Deklaration, verboten sind Zusätze von fremden Fetten wie Kokosfett, ferner Mineralöle, Ölkuchen, Dextrin, Gelatine, Traganth, andere Zuckerarten als reiner weißer Verbrauchszucker (Saccharose) und Mehle. Der Zuckerhöchstgehalt in der Schokolade beträgt 65%. *Bittere* Schokolade setzt sich aus 60 T. Kakao und 40 T. Zucker, *süße* Schokolade aus 40 T. Kakao und 60 T. Zucker zusammen, während *Milchschokolade* eingedickte Voll- oder Magermilch, Sahne oder Milchpulver enthält. Weitere Zusätze sind Gewürze, Nüsse, Mandeln, Früchte u. a. *Block-* oder *Kochschokolade* besitzt etwas gröbere Konsistenz und schmeckt sandig. *Arzneischokoladen* finden unter Zusatz der verschiedensten Arzneimittel Verwendung, außerdem findet Schokolade als Geschmackskorrigens und Nährmittel in vielen Nähr- und Kräftigungsmitteln Verwendung.

Inhaltsstoffe. 50 bis 60% Zucker, 21 bis 35% und mehr Kakaobutter, wodurch der hohe Nährwert gewährleistet ist.

Kalabarsamen.

Der im tropischen Westafrika vorkommende Kletterstrauch **Physostigma venenosum** *Balfour, Papilionaceae.*

☠ *2.* **Kalabarsamen. Semen Calabar, Erg.-B. 6. Stoff B.**

Semen Physostigmatis. Kalabarbohnen. Fabae Calabaricae. Gottesurteilbohnen.

Die reifen, länglichen, ei- oder fast nierenförmigen, etwas flachgedrückten Samen, bis 3 cm lang, bis 1,5 cm dick, bis 2 cm breit, außen mattglänzend, dunkelrot- bis schwarzbraun, nach dem Rande hin etwas heller, feinkörnig gerunzelt; Samenschale hart, nicht über $^1/_2$ mm dick, spröde. Die gewölbte Seite von einer etwa 2 mm breiten Furche durchzogen, die emporgewölbte Wülste begrenzen, in der Furchenmitte verläuft die Samennaht. *Geschmack* süßlich-mehlig. Aschehöchstgehalt 5% (Abb. 133).

Inhaltsstoffe. Etwa 0,5% Alkaloide, besonders 0,15% *Physostigmin* oder *Eserin*, 0,1% *Geneserin*. Nebenalkaloide: Eseredin, Eseramin, Isophysostigmin, Physovenin, fettes Öl, Harz, Zucker, Stärke u. a.

Verwendung. Zur Gewinnung des Alkaloids Physostigmin, eines wichtigen Arzneimittels für die Augen- und Tierheilkunde (Kolik der Pferde).

Aufbewahrung. *Vorsichtig!* Vor Licht geschützt.

Abb. 133.
Kalabarsamen.
Semen
Physostigmatis.
Natürl. Größe.

☠ *3*. Kalilauge. Liquor Kali caustici.

Mit Kalilauge bezeichnet man wäßrige Lösungen von Kaliumhydroxyd, die über 5%ig Gift der Abt. 3 sind. Weingeistige Kalilauge, **Liquor Kali caustici spirituosus,** wird durch Auflösen von 1 T. Kaliumhydroxyd in 9 T. Weingeist bei Bedarf hergestellt und findet z. B. zum Nachweis von Kohlenwasserstoffen im Walrat Verwendung.

Handelssorten.

Kalilauge technisch 1,34 = 37° Bé (etwa 35%)
Kalilauge technisch 1,515 = 50° Bé (etwa 40%)
Kalilauge rein 1,138 bis 1,140 (etwa 15% DAB. 6)
Kalilauge rein 1,2 (etwa 23%) für alkalische Batterien
Kalilauge rein 1,34 = 37° Bé (etwa 35%)

Darstellung. Wie Ätzkali, jedoch durch Eindampfen der wäßrigen Lösung bis zum gewünschten Prozentgehalt.

Eigenschaften. Klare, farblose, die Haut schlüpfrig machende und stark angreifende Flüssigkeit, die auch in starker Verdünnung Lackmuspapier bläut. Kalilauge darf nötigenfalls nicht durch Filtrierpapier, das es zersetzt, sondern muß durch Glaswolle filtriert werden.

☠ *3*. Kalilauge. Liquor Kali caustici, DAB. 6.

Gehalt 14,8% bis 15% KOH, Mol.-Gew. 56,11.

Eigenschaften. Klare, farblose, Lackmuspapier stark bläuende Flüssigkeit, D. (20°) 1,135 bis 1,137.

Toxikologie. → Kaliumhydroxyd, DAB. 6, S. 661.

Prüfung des DAB. 6. *Erkennung.* Mit gleichen Teilen Wasser gemischt, gibt K. nach dem Übersättigen mit Weinsäurelösung einen weißen, kristallinen Niederschlag von Kaliumhydrogentartrat.

DAB. 6 läßt ferner prüfen auf:

Unzulässige Menge Kohlensäure. Beim Kochen von 5 g K. mit 20 T. Kalkwasser, Filtrieren und Eingießen des Filtrats in überschüssige Salpetersäure dürfen sich keine Gasblasen entwickeln.

Schwermetallsalze. Mit 5 T. Wasser verd. K. darf nach dem Übersättigen mit verd. Essigsäure nach Zusatz von 3 Tr. Natriumsulfidlösung nicht verändert werden.

Schwefelsäure. Dieselbe Lösung darf nach dem Übersättigen mit Salpetersäure durch Bariumnitratlösung nicht sofort verändert werden, auch durch Silbernitratlösung darf sie höchstens opalisierend getrübt werden (*Salzsäure*).

Salpetersäure. Beim Überschichten einer Mischung von 2 ccm mit verd. Schwefelsäure übersättigter Kalilauge und Vermischen mit 2 ccm Schwefelsäure darf nach dem Erkalten und Überschichten mit 1 ccm Ferrosulfatlösung zwischen den beiden Flüssigkeiten keine gefärbte Zone auftreten.

Tonerde, Kieselsäure. Mit Salzsäure übersättigte K. darf nach Zusatz von überschüssiger Ammoniakflüssigkeit (10 ccm) innerhalb 2 Std. höchstens opalisierend getrübt werden.

Gehaltsbestimmung. Beim Vermischen von 5 T. K. mit 20 ccm Wasser, Zusatz einiger Tr. Methylorangelösung und Titration mit n-Salzsäure bis zur deutlichen Rotfärbung müssen 13,2 bis 13,4 ccm n-Salzsäure verbraucht werden (1 ccm n-Salzsäure = 0,05611 g Kaliumhydroxyd).

Aufbewahrung. *Vorsichtig,* in gut verschlossenen Gläsern mit Gummistopfen. Glasstopfen verkitten, während Kork zerstört wird und die Lauge bräunt.

Verwendung. *Med.* als Ätzmittel, zur Herstellung von *Kaliseife,* DAB. 6, und *Seifenspiritus,* DAB. 6. Die *technischen* Sorten zur Herstellung von Kaliseifen und den beim Kaliumhydroxyd angegebenen Zwecken. Keineswegs in Aluminiumgefäßen abzugeben, weil AL in KOH unter Wasserstoffentwicklung löslich ist (Explosionsgefahr!)

Spezifisches Gewicht der Kalilauge bei verschiedenem Gehalt an KOH.
Temperatur 15° (nach PICKERING).

Proz. KOH	Spez. Gew.	Proz. KOH	Spez. Gew.	Proz. KOH	Spez. Gew.	Proz. KOH	Spez. Gew.
1	1,00834	14	1,12991	27	1,25918	40	1,39906
2	1,01752	15	1,13995	28	1,26954	41	1,41025
3	1,02671	16	1,14925	29	1,27997	42	1,42150
4	1,03593	17	1,15898	30	1,29046	43	1,43289
5	1,04517	18	1,16875	31	1,30102	44	1,44429
6	1,05443	19	1,17855	32	1,31166	45	1,45577
7	1,06371	20	1,18839	33	1,32236	46	1,46733
8	1,07302	21	1,19837	34	1,33313	47	1,47896
9	1,08240	22	1,20834	35	1,34396	48	1,49067
10	1,09183	23	1,21838	36	1,35485	49	1,50245
11	1,10127	24	1,22849	37	1,36586	50	1,51430
12	1,11076	25	1,23866	38	1,37686	51	1,52622
13	1,12031	26	1,24888	39	1,38793	52	1,53822

☠ *3.* Kalium. K.

Atom-Gew. 39,09. Wertigkeit 1.

Vorkommen. Durch Verdunstung vorzeitlicher Meeresteile haben sich Salzlager gebildet, in denen ursprünglich das Natriumchlorid bedeutend überwog. In den hierbei noch zuletzt flüssig gebliebenen Mutterlaugen sammelten sich wegen ihrer leichteren Löslichkeit gegenüber dem Natriumchlorid die Kaliumsalze und bildeten so beim völligen Eintrocknen dieser Lager ihre oberste Schicht. Solche *Kalisalzlager* kommen in mächtiger Ausdehnung in der mitteldeutschen Tiefebene bei Staßfurt, Leopoldshall, Braunschweig, Hannover, teilweise auch in Thüringen vor, in denen sich die Kalisalze in den sog. *Abraumsalzen* finden. Diesen Namen erhielten sie früher, weil sie damals als wertlos abgeräumt wurden. In den meisten Salzlagern der Erde fehlt die l.lösl., kaliumführende Salzschicht, die wahrscheinlich durch Auflösung und Auswaschen durch Niederschläge im Laufe der Jahre entfernt worden ist. In den mitteldeutschen Salzlagern sind sie durch darübergelagerte wasserdichte Tonschichten dem Wassereinfluß durch Niederschläge entzogen und dadurch noch erhalten. Auch bei Mülhausen im Elsaß, in Galizien, bei Solikansk am Ural, in USA und Neu-Mexiko kommen Kalisalzlager vor. Die Kalisalze spielen in der Industrie und als wertvolle Düngesalze der Landwirtschaft eine große Rolle.

Die wichtigsten deutschen Kalimineralien sind:

Sylvin . . . . KCl
Carnallit . . . . KCl · $MgCl_2$ · 6 H_2O
Kainit . . . . KCl · $MgSO_4$ · 3 H_2O
Schönit . . . . K_2SO_4 · $MgSO_4$ · 6 H_2O
Syngenit . . . . K_2SO_4 · $CaSO_4$ · H_2O
Polyhalit . . . . K_2SO_4 · $MgSO_4$ · 2 $CaSO_4$ · 2 H_2O.

Die gewaltige Bedeutung der Kalisalze als Düngemittel für die Landwirtschaft erhellen folgende Zahlen: Im Jahre 1880 wurden als Düngemittel von der Landwirtschaft 43%, im Jahre 1905 84% der Gesamtkaliförderung verbraucht. Bis 1914 hatte die deutsche Produktion das Weltmonopol und ist auch heute noch von größter Bedeutung.

Wegen seines großen Vereinigungsbestrebens mit Sauerstoff kommt Kalium nie gediegen vor. Es findet sich im Kalifeldspat, $KAlSi_3O_8$, einem Mineral, das im Laufe langer Zeiträume verwittert und dann wieder von den Pflanzen durch Osmose aufgenommen wird. Besonders reich an Kaliumsalzen sind Kartoffeln und Zuckerrüben. Beim vollständigen Veraschen von Pflanzen bleibt hauptsächlich Pottasche, Kaliumcarbonat, K_2CO_3, zurück.

Kalium wurde 1807 erstmals von DAVY als Metall dargestellt.

Darstellung. Früher durch Glühen und Reduktion von Kaliumcarbonat mit Kohle in eisernen Retorten, heute durch Schmelzelektrolyse von Kaliumhydroxyd bzw. Kaliumchlorid. Dabei wird Kalium an der Kathode abgeschieden, während an der Anode die OH-Gruppen Wasser und Sauerstoff bilden bzw. sich Chlor abscheidet.

Eigenschaften. Weiches, auf frischer Schnittfläche silberglänzendes Metall, D. (20°) 0,87; Schmp. 63,6°; Sdp. 757,5° (unter 760 mm). K. ist härter als Natrium und kommt in Kugeln von etwa 1 cm ϕ mit Wachskonsistenz in den Handel. An der Luft überzieht es sich sofort mit einer trüben Schicht von Kaliumhydroxyd; unter Petroleum aufbewahrt, überzieht es sich mit einer dunklen Schicht, während es unter reinem, flüssigem Paraffin aufbewahrt ziemlich blank bleibt. Auf Wasser gebracht, schwimmt es zuerst und zersetzt dieses unter Wasserstoffentwicklung:

$$2\,K \;+\; 2\,H_2O \;\rightarrow\; 2\,KOH \;+\; H_2 \;+\; 90\ kcal$$
Kalium   Wasser   Kaliumhydroxyd   Wasserstoff

Dieser Vorgang geht so heftig vor sich, daß sich der entstehende Wasserstoff durch die Reaktionswärme entzündet und mit der dem Kalium und seinen Verbindungen eigenen violetten Flamme verbrennt.

Kalium darf *nie mit der bloßen Hand angefaßt* werden, weil schon durch die Hautfeuchtigkeit eine starke Reaktion eintritt und dadurch gefährliche Brandwunden entstehen (Abb. 134).

Erkennung von Kalium und Kaliumverbindungen. Eine Spur von Kalium oder einer Kaliumverbindung am vorher ausgeglühten und mit verd. Salzsäure befeuchteten Magnesiastäbchen in die nicht

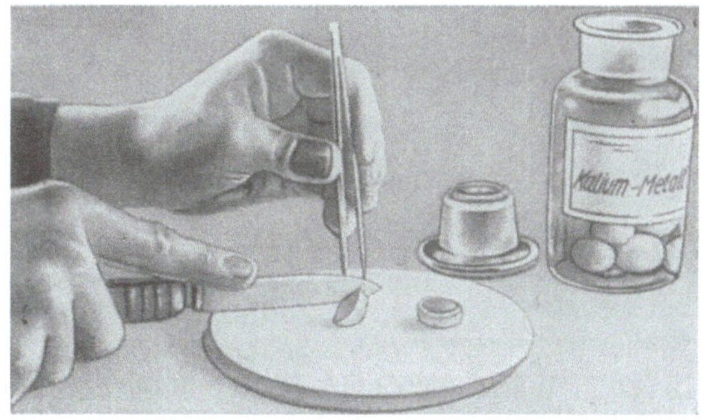

Abb. 134. Das Schneiden von Kalium. (Nach *Kruhme*.)

leuchtende Flamme gebracht, färbt diese violett. Liegt eine Verunreinigung durch Natrium vor, wird die violette Kaliumflamme durch die gelbe Natriumflamme völlig verdeckt. Beim Betrachten der Flamme mittels eines Kobaltglases werden die gelben Strahlen der Natriumflamme absorbiert, während die violetten Strahlen der Kaliumflamme sichtbar werden. Steht ein Kobaltglas nicht zur Verfügung, kann behelfsmäßig eine wäßrige Lösung von Methylviolett im Reagensglas Verwendung finden, die so weit verdünnt ist, daß die gelbe Natriumflamme eben unsichtbar wird. S. auch S. 675.

Aufbewahrung. *Vorsichtig!* Unter Verschluß, wasser- und feuersicher, in einem sauerstofffreien Körper (Petroleum, Paraffinöl).

Verwendung. Als Reagens, zu chemischen Versuchen, *techn.* durch das billigere Natrium verdrängt.

Kaliumacetat. Kalium aceticum, Erg.-B. 6.

Essigsaures Kalium. CH_3COOK. Mol.-Gew. 98,1.

Darstellung. Durch Neutralisieren einer Pottaschelösung mit reiner Essigsäure und Eindampfen der Lösung zur Kristallisation.

Eigenschaften. Weiße lockere, etwas glänzende Salzmasse oder weißes, kristallines Pulver, die leicht aus der Luft Feuchtigkeit anziehen und zerfließen; lösl. sehr leicht in Wasser und in etwa 4 T. Weingeist; die wäßrige Lösung reagiert schwach alkalisch.

Erkennung. 5 ccm der Lösung (1 + 19) geben bei Zusatz von Weinsäurelösung einen weißen, kristallinen Niederschlag von Weinstein bzw. mit Eisenchloridlösung eine tiefrote Färbung.

Prüfung auf:

Teerbestandteile. Der Geruch darf nicht brenzlig sein.

Die wäßrige Lösung (1 + 19) wird geprüft auf:

Salzsäure, nach dem Ansäuern mit 1 ccm Salpetersäure darf durch Silbernitratlösung höchstens opalisierende Trübung eintreten;

Schwermetalle, auf Zusatz von 3 Tr. Natriumsulfidlösung darf weder Trübung noch Fällung entstehen;

Schwefelsäure, nach dem Ansäuern mit Salpetersäure darf Bariumnitratlösung keine weiße Trübung hervorrufen.

Aufbewahrung. In kleinen, mit Korkstopfen verschlossenen und mit Paraffin gedichteten Gefäßen, zweckmäßig über Kalk oder Blau-Gel. Das zerflossene Salz kann man mit Essigsäure ansäuern und durch Eindampfen wieder trocknen.

Verwendung. *Med. innerl.* als Diureticum (E. 1,0 g), *techn.* zur Darstellung anderer Acetate, in der Photographie und Galvanoplastik als Feuchtigkeit entziehendes Mittel, in der Tabakindustrie zum Feuchthalten des Tabaks.

☠ 2. Kaliumantimonyltartrat. Brechweinstein. Tartarus stibiatus, DAB. 6. Stoff B.

$$C_4H_4O_7SbK \cdot {}^1/_2\, H_2O. \quad \text{Mol.-Gew. 333,9. Gehalt mindest. 99,5\%.}$$

Konstitutionsformel nach *Reihlen*.

Darstellung. Durch Kochen einer Weinsteinlösung mit Antimontrioxyd und Wasser bis zur Bildung einer klaren Lösung, aus der sich beim Erkalten der Brechweinstein in rhombischen Pyramiden auskristallisiert.

Eigenschaften. Weiße, allmählich verwitternde Kristalle oder weißes kristallines Pulver mit widerlich süßlichem *Geschmack*. Beim Erhitzen verkohlt B., löst sich in 17 T. Wasser (20°), in etwa 3 T. siedendem Wasser, unlösl. in Weingeist.

Toxikologie. Brechweinstein ist ein starkes Gift mit arsenähnlicher Wirkung, wobei Übelkeit, Erbrechen, Leberschwellung eintreten.

Erste Hilfe. Magenspülung mit med. Kohle, gebrannte Magnesia.

Prüfung des DAB. 6. *Erkennung.* Die wäßrige Lösung rötet Lackmuspapier schwach, gibt mit Kalkwasser einen weißen, in Essigsäure l. lösl. Niederschlag und nach dem Versetzen mit Salzsäure mit Natriumsulfidlösung einen orangeroten Niederschlag von Antimontrisulfid.

Arsenverbindungen. Die Lösung von 1 g B. in 2 ccm Salzsäure mit 4 ccm Natriumhypophosphitlösung 15 Min. lang im siedenden Wasserbad erhitzt, darf keine dunklere Färbung annehmen.

Gehaltsbestimmung. Auflösen von 0,5 g B. (genau gewogen) und 0,5 g Weinsäure in 100 ccm Wasser. Zusatz von 5 g Natriumbicarbonat und 5 ccm Stärkelösung und Titration mit ${}^1/_{10}$-n-Jodlösung bis zum Eintritt der Blaufärbung. Es müssen wenigstens 29,8 ccm ${}^1/_{10}$-n-Jodlösung verbraucht werden, entsprechend einem Mindestgehalt von 99,5% B. (1 ccm ${}^1/_{10}$-n-Jodlösung = 0,016695 g B.).

Aufbewahrung. *Vorsichtig!*

Verwendung. *Med. innerl.* in geringen Dosen als *Expectorans* und Brechmittel, *äußerl.* zu Reizsalben, *techn.* als Beize in der Färberei, zur Herstellung von Farblacken, als Fliegengift. **Natron-Brechweinstein** findet wie Brechweinstein Verwendung.

☠ *1.* Kaliumarsenat. Kalium arsenicicum.

Arsensaures Kalium. Monokaliumarsenat. Einbasisches arsensaures Kalium. Primäres Kaliumarsenat. KH_2AsO_4. Mol.-Gew. 180.

Kaliumarsenat ist das Kaliumsalz der Arsensäure (Orthoarsensäure), H_3AsO_4.

Darstellung. Durch Erhitzen gleicher Gewichtsmengen von feingepulvertem Arsentrioxyd mit Kaliumnitrat im Hessischen Tiegel, bis keine Dämpfe mehr entweichen. Nach Auflösen der erkalteten Schmelze im siedenden Wasser wird filtriert und zur Kristallisation eingedampft.

Eigenschaften. Farblose, an der Luft beständige, prismatische Kristalle, l. lösl. in Wasser.

Aufbewahrung. *Sehr vorsichtig,* im *Giftschrank!*

Verwendung. Als Reagens, zur Herstellung von Fliegenpapier, zur Konservierung von Rothäuten, als Beize in der Stoff-Färberei und -Druckerei.

☠ *1.* Kaliummetarsenit. Kalium arsenicosum.

Metarsenigsaures Kalium. $KAsO_2$.

Kaliummetarsenit ist das Kaliumsalz der metaarsenigen Säure, $HAsO_2$, entsteht durch Erhitzen von Arsenigsäureanhydrid mit Kaliumhydrogencarbonat:

$$As_2O_3 \quad + \quad 2\,KHCO_3 \quad \rightarrow \quad 2\,KAsO_2 \quad + \quad 2\,CO_2 \quad + \quad H_2O$$

Arsenigsäureanhydrid   Kaliumhydrogencarbonat   Kaliummetarsenit   Kohlendioxyd   Wasser

Weißes, hygroskopisches, kristallines, in Wasser lösl. Pulver. Das Salz ist der wirksame Bestandteil von *Fowlerscher Lösung. Liquor Kalii arsenicosi, DAB. 6.*

Aufbewahrung. *Sehr vorsichtig,* im *Giftschrank!*

Verwendung. In der mikroskopischen Technik, als Reagens, *techn.* zur Konservierung von Vogelbälgen und Tierfellen, zur Reduktion von Silberlösungen, zur Herstellung von Silberspiegeln.

Kaliumbicarbonat. Kalium bicarbonicum, DAB. 6.

Kaliumhydrogencarbonat. Doppeltkohlensaures Kalium. $KHCO_3$. Mol.-Gew. 100,11.

Darstellung. Durch Einleiten von reichlich Kohlendioxyd in konz. Kaliumcarbonatlösung. Dabei fällt das Kaliumhydrogencarbonat, weil schwerer lösl. als Kaliumcarbonat, kristallin aus:

$$K_2CO_3 \quad + \quad H_2O \quad + \quad CO_2 \quad \rightarrow \quad 3\,KHCO_3$$

Kaliumcarbonat   Wasser   Kohlendioxyd   Kaliumhydrogencarbonat

Die ausgeschiedenen Kristalle werden mit eiskaltem Wasser oder Kaliumhydrogencarbonatlösung gewaschen und bei 20° bis 25° getrocknet.

Eigenschaften. Farblose, durchscheinende, trockene, sich langsam in etwa 4 T. Wasser lösl. Kristalle, unlösl. in absolutem Alkohol.

Prüfung des DAB. 6. *Erkennung.* Die wäßrige Lösung (1 + 9) bläut Lackmuspapier, braust beim Übersättigen mit Weinsäure auf und scheidet allmählich einen weißen, kristallinen Niederschlag von Kaliumhydrogentartrat ab.

Die mit verd. Essigsäure bis zur schwachsauren Reaktion gegen Lackmuspapier versetzte wäßrige Lösung (1 + 19) wird geprüft auf:

Schwefelsäure, Bariumnitratlösung darf keine weiße Trübung geben;

Schwermetallsalze, (Kupfer, Blei), 3 Tr. Natriumsulfidlösung dürfen weder eine dunkle Färbung noch Fällung ergeben, eine weiße Fällung würde *Zink* nachweisen;

Salzsäure, nach dem Ansäuern mit Salpetersäure und Versetzen mit Silbernitratlösung darf höchstens opalisierende Trübung eintreten;

Eisensalze, die mit Salzsäure übersättigte Lösung darf mit 0,5 ccm Kaliumferrocyanid-lösung nicht sofort gebläut werden.

Arsenverbindungen. Beim Erhitzen im siedenden Wasserbad darf ein Gemisch von 0,5 g K. und 5 ccm Natriumhypophosphitlösung keine dunklere Färbung annehmen.

Organische Stoffe (Kaliumhydrogentartrat). 1 g über Schwefelsäure getrocknetes K. darf sich beim Glühen, auch nicht vorübergehend, schwärzen.

Kaliumcarbonat würde durch einen größeren Glührückstand als 0,69 g nachgewiesen.

Gehaltsbestimmung. Zum Neutralisieren einer Lösung von 2 g über Schwefelsäure getrocknetes K. in 50 ccm Wasser müssen 20 ccm n-Salzsäure verbraucht werden, was einem reinen Kaliumhydrogencarbonat entspricht (1 ccm n-Salzsäure = 0,10011 g Kalium-hydrogencarbonat, Methylorange als Indikator).

Verwendung. Zur Herstellung gewisser künstlicher Mineralwässer, in der Maß-analyse· zur Einstellung von Normalsäuren, zur Darstellung anderer Kalium-präparate.

☠ *2.* Kaliumbifluorid. Kalium bifluoratum.

Kaliumhydrogenfluorid. KHF_2. Mol.-Gew. 78,11.

Darstellung. Durch Neutralisieren von Kaliumcarbonatlösung mit überschüssiger Flußsäure.

Eigenschaften. Farblose, in Wasser l. lösl. Kristalle.

Aufbewahrung. *Vorsichtig!*

Verwendung. *Techn.* zur Entfernung von Rostflecken aus weißer Wäsche, zum Mattieren von Glas, als Beize für Gerste und Hafer, als Holzkonservierungsmittel gegen Hausschwamm, als Konservierungsmittel in der Gärungstechnik.

Kaliumbisulfat. Kalium bisulfuricum.

Kaliumhydrogensulfat. Saures schwefelsaures Kalium. Kalium sulfuricum acidum.
$KHSO_4$. Mol.-Gew. 136,17.

Darstellung. Durch Auflösen von Kaliumsulfat in überschüssiger verd. Schwefel-säure:

$$K_2SO_4 \quad + \quad H_2SO_4 \quad \rightarrow \quad 2\,KHSO_4$$

Kaliumsulfat　　　Schwefelsäure　　　Kaliumhydrogensulfat

Eigenschaften. Weiße, kristalline Masse oder weißes, farbloses Pulver, lösl. in 2 T. Wasser, mit stark saurem *Geschmack*, rötet Lackmuspapier stark. Schmp. 200°, bei stärkerem Erhitzen spaltet sich Wasser ab und bildet sich Kaliumpyrosulfat, $K_2S_2O_7$.

Verwendung. Als Reagens zur Prüfung von Himbeer- und Kirschsaft auf Teer-farbstoffe, in der chemischen Analyse zum Aufschließen von Mineralien, zum Reinigen von Platintiegeln, zusammen mit Acetaten zu Riechsalzen, die Essig-säure entwickeln, zu Badesalzen, in Mischung mit Natriumbicarbonat zu Brause-wässern und Backpulvern.

Kaliumbisulfit. Kalium bisulfurosum.

Kaliumhydrogensulfit. Saures schwefligsaures Kalium. $KHSO_3$.

Eigenschaften. Farblose, grobe, in Wasser l. lösl. Kristalle, die mit Säuren Schwefeldioxyd entwickeln und zum Ansäuern der Fixierbäder in der Photographie Verwendung finden. Dies hat den Zweck, die in das Fixierbad mit-geschleppten alkalischen Entwicklerreste zu neutralisieren, außerdem bleibt durch K. angesäuertes Fixierbad klarer, die Negativschichten werden schwach gehärtet und dadurch widerstandsfähiger.

Aufbewahrung. In gut schließenden Glasstopfengefäßen.

Kaliumbitartrat. Kalium bitartaricum. Tartarus depuratus, DAB. 6.

Weinstein. Kaliumhydrogentartrat. Saures weinsaures Kalium. Doppeltweinsaures Kalium. Mol.-Gew. 188.

CH(OH)·COOK

CH(OH)·COOH

Der gereinigte Weinstein führt auch den Namen *Cremor Tartari* (lat. cremor, Rahm).

Darstellung. Der bei der Weinbereitung anfallende *Rohweinstein* wird in heißem Wasser gelöst, filtriert, mit Tierkohle entfärbt und dann zum Kristallisieren unter Umrühren eingedampft. Dabei kristallisiert Weinstein als feines Kristallmehl aus.

Eigenschaften. Weißes, kristallines, zwischen den Zähnen knirschendes, säuerlich schmeckendes Pulver, lösl. in etwa 200 T. Wasser (20°), in 20 T. siedendem Wasser, nicht dagegen in Weingeist, l. lösl. in Natronlauge.

Prüfung des DAB. 6. *Erkennung.* In Natriumcarbonatlösung löst sich eine Probe unter Aufbrausen.

Beim Erhitzen verkohlt W. unter Entwicklung von Karamelgeruch und Hinterlassung einer braunschwarzen Masse, die beim Betupfen mit angefeuchtetem rotem Lackmuspapier dieses bläut und am Magnesiastäbchen die nicht leuchtende Flamme violett färbt.

Je 5 ccm einer Lösung von 0,5 g W. in 10 ccm Wasser und 1 ccm Salpetersäure werden geprüft auf:

Schwefelsäure, mit Bariumnitratlösung, es darf keine weiße Trübung eintreten;

Salzsäure, mit Silbernitratlösung, es darf höchstens schwach opalisierende Trübung eintreten.

Schwermetallsalze. 1 g W. wird in 3 ccm Ammoniakflüssigkeit und 15 ccm Wasser gelöst, 3 Tr. Natriumsulfidlösung zugesetzt und dann mit verd. Essigsäure schwach übersättigt. Es darf keine Färbung oder Fällung eintreten.

Calciumsalze. 0,4 g W. werden mit 2 ccm verd. Essigsäure und 10 ccm Wasser erwärmt und nach dem Erkalten und Absetzenlassen der klar abgegossenen Flüssigkeit 4 Tr. Ammoniumoxalatlösung zugegeben. Innerhalb 1 Min. darf keine weiße Trübung eintreten.

Ammoniumverbindungen. Beim Erwärmen von 1 g W. mit 5 ccm Natronlauge darf sich kein Ammoniak entwickeln.

Arsenverbindungen. 1 g W. wird in 2 ccm Salzsäure nach Zusatz von 2 Tr. Bromwasser unter Erwärmung gelöst und dann mit 3 ccm Natriumhypophosphitlösung versetzt. Die Mischung darf nach viertelstündigem Erhitzen im siedenden Wasserdampf keine dunklere Färbung annehmen.

Vorschriftsmäßiger Gehalt. Die heiße Lösung von 2 g W. in 100 ccm Wasser muß nach Zugabe von Phenolphthaleinlösung als Indikator zur Neutralisation mindestens 10,5 ccm n-Kalilauge verbrauchen, entsprechend einem Mindestgehalt von 99% Weinstein (1 ccm n-Kalilauge = 0,18814 g Weinstein).

Verwendung. *Med. innerl.* als Abführmittel (E. 0,5 g), als säureaustreibendes Mittel zu Backpulvern, zur Darstellung von Tartraten, *techn.* zum Weißsieden gelbgewordener Silberwaren, zum Verzinnen von Metallen, als Beize in der Färberei.

Kaliumbromat. Kalium bromicum, Erg.-B. 6.

Bromsaures Kalium. Gehalt mindestens 99,6%. $KBrO_3$. Mol.-Gew. 167.

Darstellung. Durch Auflösen von Brom in konz. heißer Kalilauge und Trennung des schw. lösl. Kaliumbromats durch Kristallisation von dem gleichzeitig entstehenden l. lösl. Kaliumbromid.

Eigenschaften. Farblose Kristalle oder kristallines Pulver, lösl. in etwa 15 T. Wasser (20°), in 2 T. heißem Wasser. Beim Reiben oder Erhitzen mit leicht brennbaren oder leicht oxydierbaren Stoffen (Zucker, Schwefel, Phosphor) kann es wie chlorsaures Kalium *heftige Explosionen* geben.

Erkennung. Die wäßrige Lösung (1 + 19) gibt nach Zusatz von Weinsäurelösung allmählich einen weißen kristallinen Niederschlag von Kaliumbitartrat. Nach Zusatz von Kaliumbromid wird die wäßrige Lösung durch verd. Schwefelsäure durch Abscheidung von freiem Brom gelb gefärbt.

Erg.-B. 6 läßt prüfen auf Bromwasserstoffsäure und den vorgeschriebenen Gehalt.

Verwendung. In der Maßanalyse (Oxydimetrie).

Kaliumbromid. Kalium bromatum, DAB. 6

Bromkalium. KBr. Mol.-Gew. 119,2.

Die Darstellung erfolgt ähnlich derjenigen von → Kaliumjodid unter Verwendung von Brom statt Jod aus technischem Bromeisen durch Umsetzen mit Kaliumcarbonatlösung.

Eigenschaften. Farblose, würfelförmige, glänzende, luftbeständige Kristalle oder weißes kristallines Pulver, lösl. in etwa 1,5 T. Wasser und etwa 200 T. Weingeist. Gehalt des bei 100° getrockneten Salzes mindestens 98,5% KBr, entsprechend 66,1% Brom.

Erkennung. Beim Versetzen der wäßrigen Lösung (1 + 19) mit 2 ccm verd. Salzsäure und 5 Tr. Chloraminlösung und Durchschütteln mit Chloroform, färbt sich dieses durch ausgeschiedenes Brom rotbraun. Nach Zusatz von Weinsäurelösung gibt die wäßrige Lösung allmählich einen weißen kristallinen Niederschlag von Kaliumbitartrat.

Prüfung des DAB. 6. *Natriumsalze.* Beim Erhitzen am Magnesiastäbchen muß K. die Flamme violett färben, Gelbfärbung darf höchstens vorübergehend eintreten.

Alkalicarbonate. Zerriebenes und mit Wasser angefeuchtetes K. darf Lackmuspapier nicht sofort bläuen.

Je 5 ccm der Lösung (1 + 19) werden geprüft auf:

Schwefelsäure, durch Bariumnitratlösung, eine weiße Trübung darf nicht eintreten;

Schwermetallsalze, nach Zusatz von 3 Tr. verd. Essigsäure und 3 Tr. Natriumsulfidlösung darf weder eine Färbung noch eine Fällung eintreten;

Eisensalze, nach dem Ansäuern mit einigen Tr. Salzsäure darf durch 0,5 ccm Kaliumferrocyanidlösung nicht sofort Bläuung eintreten.

Jodwasserstoffsäure. 10 ccm der Lösung dürfen beim Versetzen mit 3 Tr. Eisenchloridlösung und etwas Stärkelösung innerhalb 10 Min. keine blaue Färbung geben.

Bromsäure. Die wäßrige Lösung (1 + 9) darf nach Zusatz von verd. Schwefelsäure nicht gelb gefärbt werden, auch Chloroform, das mit dieser Mischung geschüttelt wird, darf sich nicht gelb färben.

Arsenverbindungen. 1 g K. darf nach ¼stündigem Erhitzen im siedenden Wasserbad mit 3 ccm Natriumhypophosphitlösung keine dunklere Färbung annehmen.

Gehaltsbestimmung. Auflösen von 0,4 g bei 100° getrocknetem K. in 20 ccm Wasser, Versetzen mit einigen Tr. Kaliumchromatlösung und Titration mit $^1/_{10}$-n-Silbernitratlösung bis zur bleibenden Rotfärbung der Flüssigkeit. Für je 0,4 g KBr dürfen höchstens 33,9 ccm $^1/_{10}$-n-Silbernitratlösung bis zum Farbumschlag verbraucht werden, entsprechend einem Höchstgehalt von 1,5% Kaliumchlorid. (1 ccm $^1/_{10}$-n-Silbernitratlösung = 0,011902 g Kaliumbromid = 0,007456 g Kaliumchlorid, Kaliumchromat als Indikator; je 0,2 ccm $^1/_{10}$-n-Silbernitratlösung, die über den für reines Kaliumbromid zu berechnenden Wert von 33,6 ccm hinausgehen, entsprechen 1% Kaliumchlorid, wenn sonstige Verunreinigungen fehlen).

Verwendung. *Innerl.* als nervenberuhigendes Mittel (E. 0,3 bis 1 g mehrmals tägl.). Bei längerem oder übermäßigem Gebrauch besteht die Gefahr einer Bromvergiftung, sog. *Bromismus. Techn.* in der Photographie zur Herstellung der Bromsilberemulsionen für Platten, Filme und Papiere, als die Entwicklung verzögernder und der Schleierbildung entgegenwirkender Zusatz zu photographischen Entwicklern, Bleichbädern, Tonbädern und zum Quecksilberverstärker, zur Darstellung anderer Bromverbindungen.

Kaliumcarbonat. Kalium carbonicum.

$$K_2CO_3.$$

Das Kaliumcarbonat entsteht im Erdreich durch Verwittern der Kaliumsilikate. In Wasser gelöst kommt es von dort in die Pflanzenkörper, wo wir es als Kaliumsalze der Oxalsäure, Weinsäure und anderer organischen Säuren wieder finden.

Handelssorten.

Kaliumcarbonat (80 bis 84%) für technische Zwecke
Kaliumcarbonat doppelt gereinigt für Backzwecke
Kaliumcarbonat DAB. 6 krist.
Kaliumcarbonat DAB. 6 pulv.

Kaliumcarbonat, rohes. Pottasche. Kalium carbonicum crudum, DAB. 6.

Der Name Pottasche stammt von der früheren Herstellung durch Auslaugen von Holzasche mit Wasser und Eindampfen der Aschenauszüge in „Pötten".

Darstellung. Heute noch teilweise aus Holzasche, Schlempekohle, dem Glührückstand vergorener Rübenmelasse oder aus der Asche vom Wollschweiß der Schafe, hauptsächlich aber aus Sylvin, KCl, nach dem Staßfurter Verfahren, bei dem dieses mit Magnesiumcarbonat und Kohlensäure umgesetzt wird. Dabei bildet sich ein schw.lösl. Doppelsalz $KHMg (CO_3)_2 \cdot 4 H_2O$, das in Gegenwart von Wasser bei 120° in Kohlendioxyd, Kaliumcarbonat und Magnesiumcarbonat gespalten wird. Das letzte bleibt beim Auslaugen mit Wasser zurück.

Eigenschaften. Weißes, körniges, trockenes, an der Luft wasseranziehendes Pulver (im Gegensatz zu Soda, die an der Luft verwittert), fast klar lösl. in 1 T. Wasser. Gehalt nach DAB. 6 mindestens 89,8% K_2CO_3. Mit Säuren übergossen, braust es auf, die wäßrige Lösung bläut Lackmuspapier. Beim Übersättigen mit Weinsäurelösung scheidet sich allmählich ein weißer, kristalliner Niederschlag von Kaliumhydrogentartrat aus.

DAB. 6 läßt prüfen auf Arsenverbindungen und den vorgeschriebenen Gehalt.

Aufbewahrung. Vor Feuchtigkeit geschützt in gut verschlossenen Gefäßen, deren Glasstopfen und Hals wegen der Gefahr des Einkittens stets rein zu halten sind.

Verwendung. *Med. äußerl.* zu Waschungen (1%), als Zusatz zu Salben (5%), zu Einreibungen (10%), als Badezusatz (0,1%), als Trockenmittel im Laboratorium, im Haushalt wie Soda als Reinigungsmittel, zur Herstellung von Glas, keramischen Erzeugnissen, Seifen, in der Färberei, Bleicherei, zur Herstellung von Cyankali, gelbem Blutlaugensalz und anderen Kalisalzen, Kaliwasserglas, im Straßenbau zu Kaltasphalten.

Kaliumcarbonat, gereinigtes. Gereinigte Pottasche. Kalium carbonicum depuratum.

Eine Pottasche, die reiner ist als rohe Pottasche, aber in der Reinheit dem Kaliumcarbonat DAB. 6 nicht entspricht. Sie kommt für Backzwecke granuliert in den Handel und muß frei von Arsenverbindungen sein, ist also auf solche zu prüfen.

Kaliumcarbonat. Kalium carbonicum, DAB. 6.

Kohlensaures Kalium. K_2CO_3. Mol.-Gew. 138,20.

Darstellung. Durch Erhitzen von Kaliumhydrogencarbonat in blanken eisernen Schalen:

$$2\ KHCO_3 \quad \rightarrow \quad H_2O \quad + \quad CO_2 \quad + \quad K_2CO_3$$

Kaliumhydrogencarbonat   Wasser   Kohlendioxyd   Kaliumcarbonat

Eigenschaften. Weißes, körniges, trockenes, an der Luft feucht werdendes, zerfließliches und in Wasser (etwa 1 T.) sehr l.lösl. Pulver. Unlösl. in absolutem Alkohol. Der Gehalt muß annähernd 95% K_2CO_3 betragen.

Prüfung des DAB. 6. *Erkennung.* Beim Übergießen mit Säuren braust es auf. Die wäßrige Lösung (1 + 9) bläut Lackmuspapier. Beim Übersättigen mit Weinsäurelösung scheidet sich allmählich ein weißer, kristalliner Niederschlag von Kaliumhydrogentartrat aus.

Natriumsalze. Beim Erhitzen einer Spur K. am mit Salzsäure befeuchteten Magnesiastäbchen darf höchstens vorübergehende Gelbfärbung eintreten.

Je 5 ccm der Lösung (1 + 19) werden nach Zusatz von verd. Essigsäure bis zur schwach sauren Reaktion geprüft auf:

Schwefelsäure, mit Bariumnitratlösung; es darf keine weiße Trübung eintreten;

Schwermetallsalze, durch Zusatz von 3 Tr. Natriumsulfidlösung; es darf keine dunkle (*Kupfer, Blei*) bzw. weiße Fällung (*Zink*) eintreten.

Weiter wird die wäßrige Lösung geprüft auf:

Salzsäure, mit überschüssiger Salpetersäure und Silbernitratlösung; es darf höchstens opalisierende Trübung eintreten;

Eisensalze, mit überschüssiger Salzsäure und 0,5 ccm Kaliumferrocyanidlösung; es darf keine sofortige Bläuung entstehen;

Cyanwasserstoffsäure, mit einem Körnchen Ferrosulfat und 1 Tr. Eisenchloridlösung darf nach gelindem Erwärmen und Übersättigen mit Salzsäure keine blaue Färbung entstehen.

Vorschriftsmäßige Beschaffenheit. Beim Eingießen von 1 ccm der wäßrigen Lösung in $^1/_{10}$-n-Silbernitratlösung und gelindem Erwärmen darf eine dunkle Färbung nicht eintreten; graue oder schwarze Färbung des Niederschlags beim Erwärmen weist *Ameisensäure* nach.

Salpetersäure. 2 ccm der mit verd. Schwefelsäure hergestellten Lösung (1 + 19) mit 2 ccm Schwefelsäure gemischt und nach dem Erkalten mit 1 ccm Ferrosulfat überschichtet, dürfen an den Berührungsflächen der beiden Flüssigkeiten keine gefärbte Zone zeigen.

Chlorsäure. Beim Aufstreuen von 0,1 g K. auf 1 ccm Schwefelsäure darf keine gelbe Färbung eintreten.

Arsenverbindungen. Beim Erhitzen von 0,5 g K. mit 5 ccm Natriumhypophosphitlösung 15 Min. lang im siedenden Wasserbad darf sich das Gemisch nicht dunkel färben.

Gehaltsbestimmung. Zur Neutralisation einer Lösung von 1 g K. in 50 ccm Wasser müssen mindestens 13,7 ccm n-Salzsäure verbraucht werden entsprechend einem Mindestgehalt von 94,7% K_2CO_3 (1 ccm n-Salzsäure = 0,0691 g Kaliumcarbonat, Methylorange als Indikator).

Aufbewahrung. In bestverschlossenen Glasstopfengläsern, deren Stopfen und Hals stets wegen der Gefahr des Verkittens sorgfältig reinzuhalten sind. Gefäße mit Korkstopfen sind sorgfältig mit Paraffin zu dichten.

Verwendung. *Innerl.* als neutralisierendes Mittel in 1%iger Lösung (E. 0,5 g), *äußerl.* zum Waschen der Kopfhaut bei Alopecie (1%).

☠ *3.* Kaliumchlorat. Kalium chloricum, DAB. 6.

Chlorsaures Kalium. $KClO_3$. Mol.-Gew. 122,56.

Kaliumchlorat ist das Kaliumsalz der Chlorsäure und keinesfalls mit dem ungiftigen Kaliumchlorid, dem Kaliumsalz der Chlorwasserstoffsäure, zu verwechseln.

Darstellung. Heute hauptsächlich elektrolytisch aus Kaliumchloridlösung, dabei wird an der Anode Chlor, an der Kathode Kalium abgeschieden. Das Kalium setzt sich mit dem Wasser zu Kalilauge um. Durch Umrühren und gleichzeitige Erwärmung wirkt dann das Chlor auf die Kalilauge ein, es bildet sich Kaliumchlorat:

$$6\ KOH\ +\ 3\ Cl_2\ \rightarrow\ KClO_3\ +\ 5\ KCl\ +\ 3\ H_2O$$

Kalilauge — Chlor — Kaliumchlorat — Kaliumchlorid — Wasser

Eigenschaften. Farblose, glänzende, blätterige oder tafelförmige, luftbeständige Kristalle oder Kristallmehl, lösl. in etwa 15 T. Wasser (20°), in 2 T. siedendem Wasser, in 130 T. Weingeist. Chemisch ist K. ein höchst reaktionsfähiger Körper, der in der Hitze oder aber schon durch Stoß, Schlag, Reiben oder die Einwirkung von konz. Schwefelsäure Sauerstoff abgibt und so eines der stärksten Oxydationsmittel ist. Beim Erhitzen schmilzt es und geht in Kaliumchlorid und Kaliumperchlorat über:

$$4\ KClO_3\ \rightarrow\ KCl\ +\ 3\ KClO_4$$

Kaliumchlorat — Kaliumchlorid — Kaliumperchlorat

Toxikologie. Kaliumchlorat ist ein Blutgift und oxydiert den Blutfarbstoff zu Hämiglobin. Dadurch tritt unter bräunlicher Verfärbung des Harns Cyanose, Atemnot und Erstickung ein. Bei empfindlichen Menschen können schon 5 g, bei Kindern wesentlich geringere Dosen zum Tode führen.

Erste Hilfe. Ausgiebige Magenspülung, zur Darmreinigung reichlich Natriumsulfatlösung.

Prüfung des DAB. 6. *Erkennung.* Die wäßrige Lösung (1 + 19) färbt sich mit Salzsäure grüngelb und entwickelt reichlich Chlor. Mit Weinsäurelösung gibt sie allmählich einen weißen kristallinen Niederschlag von Kaliumhydrogentartrat.

Je 5 ccm der wäßrigen Lösung (1 + 19) werden geprüft auf:

Schwermetallsalze (Kupfer, Blei), bei Zusatz von je 3 Tr. Essigsäure in Natriumsulfidlösung darf keine dunkle Färbung oder Fällung eintreten;

Calciumsalze, mit Ammoniumoxalatlösung darf keine weiße Trübung eintreten;

Schwefelsäure, Bariumnitratlösung darf keine weiße Fällung geben;

Salzsäure, Silbernitratlösung darf keine weiße Trübung geben;

Eisensalze, nach Zusatz von 1 Tr. Salzsäure und 0,5 ccm Kaliumferrocyanidlösung darf keine sofortige blaue Färbung eintreten.

Salpetersäure. 1 g K. mit 5 ccm Natronlauge, 0,5 g Zinkfeile und 0,5 g Eisenpulver erwärmt, dürfen kein Ammoniak entwickeln. Dabei wird durch Zersetzung eines Teils des Kaliumperchlorats in Kaliumchlorid reichlich Sauerstoff frei:

$$KClO_4 \rightarrow KCl + 2\,O_2$$

Kaliumperchlorat   Kaliumchlorid   Sauerstoff

Durch Beimischen von $^1/_{10}$ des Gewichts Braunsteinpulver (Mangandioxyd, MnO_2) als Katalysator geht der Zerfall des Kaliumchlorats und die Sauerstoffentwicklung schon bei 150° vor sich, während die Zersetzung und die Sauerstoffentwicklung mit reinem Kaliumchlorat erst bei Temperaturen über 400° lebhaft wird.

Wichtig. K. ist *ein sehr gefährlicher Körper.* In Berührung mit leicht oxydierbaren (brennbaren) Körpern zersetzt er sich durch die oben angeführten Ursachen und *explodiert heftig.* Aus diesem Grunde darf K. niemals mit brennbaren Stoffen in der Reibschale zusammen gerieben oder gestoßen werden. Zu Mischungen mit K. darf auch niemals ungewaschener Schwefel Verwendung finden, da dieser schwefelsäurehaltig ist. Ist eine Mischung mit Kaliumchlorat anzufertigen, wird es im Mörser, zweckmäßig mit einigen Tr. Wasser (keineswegs Weingeist, Explosionsgefahr!) benetzt, für sich allein zerrieben und dann auf einem Bogen Papier mit den anderen Stoffen mit den Händen oder einer Federfahne unter *Vermeidung jeglichen Drucks* gemischt.

Aufbewahrung. *Vorsichtig!*

Abgabe. Nach einer Reichsgerichtsentscheidung sind Gewerbebetriebe verpflichtet, Gefährdungen und Verletzungen der Gesundheit und des Lebens anderer Menschen möglichst zu vermeiden und dazu die ihnen möglichen und zumutbaren Vorsichtsmaßregeln anzuwenden. An Jugendliche darf deshalb Kaliumchlorat nicht abgegeben werden, an Personen über 18 Jahre nur dann, wenn seine mißbräuchliche Verwendung ausgeschlossen ist.

Verwendung. *Med. äußerl.* als Gurgelwasser (1 bis 3%) mit der nötigen Vorsicht, keinesfalls für Kinder, da tödliche Vergiftungsfälle vorgekommen sind! (nicht schlucken, da giftig!), *techn.* in der Feuerwerkerei zu Sprengkörpern und Zündsätzen, mit Antimon(III)-sulfid oder Schwefel gemengt zu den Köpfen der Sicherheitszündhölzer, als starkes Oxydationsmittel und zur Darstellung von Sauerstoff, in der Textildruckerei.

Kaliumchlorid. Kalium chloratum, Erg.-B. 6.

Chlorkalium. KCl. Mol.-Gew. 74,6.

Vorkommen. Kaliumchlorid kommt in den Staßfurter Abraumsalzen als Sylvin, KCl, und Carnallit, $KCl \cdot MgCl_2 \cdot 6\,H_2O$, vor.

Darstellung. Aus Carnallit, bei dessen Auflösen in heißem Wasser das schw. lösl. Kaliumchlorid auskristallisiert, während das l. lösl. Magnesiumchlorid in Lösung bleibt.

Eigenschaften. Weiße, würfelförmige Kristalle oder weißes, kristallines Pulver mit bitter-salzigem *Geschmack*, lösl. in 3 T. Wasser (20°), leichter in siedendem Wasser, unlösl. in absolutem Alkohol.

Erkennung. Die wäßrige Lösung gibt mit Silbernitratlösung einen weißen, in Ammoniakflüssigkeit l. lösl., in Salpetersäure unlösl. Niederschlag von Silberchlorid. Auf Zusatz von Weinsäurelösung scheidet sich allmählich ein weißer, kristalliner Niederschlag von Kaliumhydrogentartrat ab.

Erg.-B. 6 läßt prüfen auf Natriumsalze (Flammenprobe), Alkalien und freie Säuren (Lackmuspapier), Schwermetallsalze, Bariumsalze, Calciumsalze, Magnesiumsalze und Eisensalze.

Verwendung. Zur Herstellung von künstlichen Mineralsalzen und anderen Kaliumverbindungen, zu Kältemischungen und Salzhärtebädern zum Härten von Stahl.

Kaliumchlorid, rohes. Kalium chloratum crudum.

Rohes Kaliumchlorid enthält Natriumchlorid und Magnesiumsulfat und findet in bedeutenden Mengen als Düngemittel, insbesondere für Getreide und Tabak, Verwendung.

☠ 3. Kaliumchromat. Kalium chromicum flavum, Erg.-B. 6.

$$K_2CrO_4.\ \text{Mol.-Gew. } 194,2.$$

Darstellung. Durch Erhitzen von Chromeisenstein mit Kaliumcarbonat unter Luftzutritt.

Eigenschaften. Citronengelbe, luftbeständige, rhombische Kristalle mit bitterem, metallisch-herbem *Geschmack*, die beim Erhitzen unzersetzt schmelzen, lösl. in 2 T. Wasser (20°), leicht in siedendem Wasser, unlösl. in Weingeist.

❙ Erste Hilfe bei Vergiftungen. Sofortige Magenspülung, Milch, Schleimstoffe.

Erkennung. Die wäßrige Lösung färbt sich auf Zusatz von Schwefelsäure unter Bildung von Kaliumdichromat rot und gibt mit Bleiacetatlösung einen gelben Niederschlag von Bleichromat. Mit Weinsäurelösung gibt sie nach längerem Stehen einen weißen kristallinen Niederschlag von Kaliumhydrogentartrat.

Erg.-B. 6 läßt prüfen auf Schwefelsäure, Salzsäure und Calciumsalze.

Verwendung. In der Maßanalyse als Indikator, in der Färberei und Zeugdruckerei als Beize, zum Bleichen von Straußenfedern, in der Glasindustrie zur Herstellung von grünem Opalglas, zur Herstellung von Tinten. Mit Kaliumchromat versetzte, reduzierend wirkende Substanzen wie Eiweiß, Gelatine, Gummi werden an vom Licht getroffenen Stellen wasserunlösl. Diese Eigenschaft wird beim Lichtdruckverfahren mit Chromgelatineplatten und Chromleimen ausgewertet.

Kaliumcitrat. Kalium citricum, Erg.-B. 6.

Citronensaures Kalium. $C_3H_4(OH) \cdot (COOK)_3 \cdot H_2O$. Mol.-Gew. 324,4.

Darstellung. Durch Neutralisierung einer konzentrierten Lösung von 21 T. Citronensäure mit einer Lösung von 30 T. Kaliumhydrogencarbonat. Die Flüssigkeit dampft man zur Trockne ein und kristallisiert den Rückstand aus verd. Alkohol (60%) um.

Eigenschaften. Farblose Kristalle oder körniges, hygroskopisches Pulver, leicht in 0,5 T. Wasser lösl., unlösl. in Weingeist. Verkohlt beim Erhitzen. Der Rückstand bläut Lackmuspapier und färbt, mit Salzsäure befeuchtet, die Flamme violett.

Erkennung. Die wäßrige Lösung (1 + 19) gibt mit Weinsäurelösung allmählich einen weißen, kristallinen Niederschlag von Kaliumhydrogentartrat. Mit Calciumchloridlösung gibt sie erst beim Erhitzen eine weiße Trübung von Calciumcitrat.

Erg.-B. 6 läßt prüfen auf Schwermetallsalze, Schwefelsäure, Salzsäure und Weinsäure.

Aufbewahrung in gut verschlossenen Gefäßen.

Verwendung. *Innerl.* als schweißtreibendes und temperaturherabsetzendes Mittel (E. 1,0 g).

Kaliumcyanat. Kalium cyanicum.

Cyansaures Kalium. KOCN. Mol.-Gew. 81,12.

Das Salz ist im Gegensatz zu Kaliumcyanid nicht giftig.

Darstellung. Aus Kaliumcyanid durch Oxydation mit Kaliumdichromat.

Eigenschaften. Farblose, in Wasser sehr l.lösl. Kristalle, deren wäßrige Lösung sich bei längerem Stehen oder Erwärmen zersetzt. Auch beim Einbringen in das Erdreich zersetzt sich das Salz und wirkt gleichzeitig als Düngemittel.

Verwendung. In USA vielfach verwendetes Mittel gegen Unkräuter (0,5 bis 1% in wäßriger Lösung, bei größeren Unkräutern bis 2%), je Hektar 800 bis 1000 l versprüht oder gegossen. K. ist wirksam gegen Quecken, Vogelmiere, Gänsefingerkraut, Hahnenfuß, Portulak, Vogelknöterich, kombiniert mit 2,4-Dichlorphenoxyessigsäure auch bei Löwenzahn und Großem Wegerich, zur Unkrautvernichtung auf Zwiebelfeldern (die Wachstumshöhe darf 10 cm nicht überschreiten), zur Unkrautbekämpfung auf Rasenflächen, nicht bei frisch gesäten!

☠ *1.* Kaliumcyanid. Kalium cyanatum, Erg.-B. 6.

Cyankalium. KCN. Mol.-Gew. 65,1.

Darstellung. 1. Durch Einwirkung von Kohlenoxyd und Ammoniak auf Kaliumcarbonat bei etwa 600°, Eisen als Katalysator:

$$K_2CO_3 \;+\; 2\,NH_3 \;+\; 3\,CO \;\rightarrow\; 2\,KCN \;+\; 2\,H_2O \;+\; H_2 \;+\; 2\,CO_2$$

Kaliumcarbonat Ammoniak Kohlenoxyd Kaliumcyanid Wasser Wasserstoff Kohlendioxyd

2. Durch Glühen eines Gemenges von Kaliumcarbonat mit stickstoffhaltiger Kohle.

3. Als Nebenprodukt bei der Leuchtgasfabrikation aus der Gasreinigungsmasse.

Eigenschaften. Weißes, grobkörniges, kristallines Pulver oder weiße Stäbchen, fast geruchlos, riecht an der Luft durch Kohlensäureeinwirkung nach Cyanwasserstoff, zerfließt und bläut Lackmuspapier. Sehr leicht in Wasser, in Weingeist sehr schw. lösl., in heißem, verd. Weingeist l. lösl., kristallisiert aber beim Erkalten größtenteils wieder aus.

Toxikologie → Cyanwasserstoffsäure.

Erkennung. Mit überschüssiger Weinsäurelösung (*Vorsicht! Entwicklung von Blausäure!*) entsteht allmählich ein weißer kristalliner Niederschlag von Kaliumhydrogentartrat. Die wäßrige Lösung gibt nach Zusatz von einigen Körnchen Ferrosulfat und einigen Tropfen Eisenchloridlösung nach dem Ansäuern mit Salzsäure (*Vorsicht!*) eine tiefblaue Fällung von Berliner Blau.

Erg.-B. 6 läßt prüfen auf Natriumsalze, Kohlensäure, Schwefelwasserstoff, Rhodanwasserstoffsäure, Ferrocyanwasserstoffsäure und Schwefelsäure.

Handelssorten. Kaliumcyanid chem. rein Erg.-B. 6,
           Kaliumcyanid für technische Zwecke, Grießform 96—98%,
           Kalium-Natriumcyanid, Pulver 98 bis 100%.

Aufbewahrung. *Sehr vorsichtig* im *Giftschrank* in gut verschlossenen Gefäßen, mit Kork verschlossen, müssen diese paraffiniert sein;

Verwendung. In der Veterinärmedizin zur Tötung von Hunden, Katzen usw. Zum Töten von Insekten wird Cyankalium in Stangen (1 T.) mit Gips (2 T.) in Breiform in einem verschließbaren, geeigneten Gefäß übergossen. Zur galvanischen Vergoldung, Versilberung und Vernickelung, bei der Herstellung der Metallsalzbäder in der Metallurgie zum Abscheiden des Goldes aus den Erzen, zur Entfernung von Silberflecken aus weißer Wäsche (*Vorsicht!*). Kaliumcyanid ist durch das billigere Natriumcyanid teilweise verdrängt worden.

☠ *3.* Kaliumdichromat. Kalium dichromicum, DAB. 6.

Kaliumdichromat. Rotes Kaliumchromat. Rotes chromsaures Kalium.
Pyrochromsaures Kalium. $K_2Cr_2O_7$. Mol.-Gew. 294,22.

Fälschlich „Kaliumbichromat", in dem Salz ist kein Wasserstoffatom der Dichromsäure mehr ersetzbar.

Darstellung. 1. Durch Versetzen von Kaliumchromatlösung mit Schwefelsäure:

$$2\ K_2CrO_4 \ + \ H_2SO_4 \ \rightarrow \ K_2SO_4 \ + \ K_2Cr_2O_7 \ + \ H_2O$$

Kaliumchromat   Schwefelsäure   Kaliumsulfat   Kaliumdichromat   Wasser

2. Durch Einwirkung von Kaliumchlorid auf Natriumdichromatlösung.

Eigenschaften. Gut ausgebildete, dunkel gelbrote, schwere Kristalle, lösl. in etwa 8 T. Wasser mit saurer Reaktion, unlösl. in Weingeist. *Geschmack* metallisch bitterherb. Beim vorsichtigen Erhitzen schmilzt das Salz zu einer braunroten Flüssigkeit, die beim Erkalten wieder kristallin erstarrt. K. ist besonders beim Erhitzen mit konz. Schwefelsäure ein starkes Oxydationsmittel.

Toxikologie s. Chromverbindungen, S. 313.

Prüfung des DAB. 6. *Erkennung.* Eintauchen von blauem Lackmuspapier in die wäßrige Lösung (1 + 19), das Lackmuspapier wird gerötet.

5 ccm der wäßrigen Lösung (1 + 19) werden mit 5 ccm Salzsäure unter allmählichem Zusatz von 1 ccm Weingeist erhitzt. Die Farbe schlägt unter Bildung von Chromalaun in Grün um.

Schwefelsäure. 10 ccm der wäßrigen Lösung (1 + 99) dürfen nach Zusatz von 1 ccm Salpetersäure durch Bariumnitratlösung innerhalb 3 Min. nicht verändert werden.

Salzsäure. Erwärmen von 5 ccm der Lösung (1 + 99) mit 5 ccm Salpetersäure und Zusatz von Silbernitratlösung, es darf keine Veränderung eintreten.

Calciumsalze. Beim Versetzen der wäßrigen Lösung mit Ammoniakflüssigkeit darf nach Zusatz von Ammoniumoxalatlösung keine Trübung entstehen.

Aufbewahrung. *Vorsichtig!*

Verwendung. *Äußerl.* zu Pinselungen bei Fußschweiß (5%, Resorptionsgefahr bei verletzter Haut! s. Toxikologie Chromverbindungen), in der Jodometrie zur Einstellung der Natriumthiosulfatlösung, als Reagens auf Barium-, Bleisalze und Wasserstoffsuperoxyd, mit dem es zusammen mit Schwefelsäure eine tiefblaue Färbung von Chromperoxyd, CrO_5 (am sechswertigen Cr sind ein Atom Sauerstoff und zwei O_2-Gruppen gebunden) gibt, als Hautreizmittel und Ätzmittel in der Tierheilkunde, zum Härten und Haltbarmachen anatomischer Präparate, zum Beizen im Zeugdruck, als Vorbeize für Holz, zur Füllung von galvanischen Elementen und Tauchbatterien, in der Photographie und Galvanoplastik, in der Chromgerberei, zur Herstellung von Malerfarbe wie Chromgelb, Chromrot, Chromgrün usw., als Oxydationsmittel in der organischen Chemie, zur Herstellung von Sprengstoffen. K. ist teilweise durch das billigere Natriumdichromat verdrängt.

Kaliumferricyanid. Kalium ferricyanatum, Erg.-B. 6.
Kaliumhexacyanoferrat (III).

Rotes Blutlaugensalz. Rotkali. Ferricyankalium. Kaliumeisen(III)-cyanid
$K_3[Fe(CN)_6]$. Mol.-Gew. 329,2.

Darstellung. Durch Einleiten von Chlor als Oxydationsmittel in eine Lösung von Kaliumferrocyanid bis zur vollständigen Umwandlung in Ferrisalz.

Eigenschaften. Große, gut ausgebildete, dunkelrote, monokline, ungiftige prismatische Kristalle oder goldgelbes Pulver, in 2,5 T. Wasser (20°) mit braungelber Farbe lösl., unlösl. in Weingeist. Die wäßrige Lösung scheidet durch Luft- und Lichteinfluß einen blauen Niederschlag ab.

Erkennung. Die wäßrige Lösung gibt mit überschüssiger Weinsäurelösung allmählich einen weißen, kristallinen Niederschlag von Kaliumhydrogentartrat, mit Ferrosulfatlösung eine dunkelblaue Fällung von *Turnbullsblau*.
Erg.-B. 6 läßt prüfen auf Ferrocyankalium, Salzsäure und Bromwasserstoffsäure.

Aufbewahrung. Weil es durch Licht zu Kaliumferrocyanid reduziert wird, vor Licht geschützt.

Verwendung. In der Photographie zu Uranverstärker (s. Bd. III) und *Fermerschem Abschwächer* (s. Bd. III), zu Bleich- und Tönungslösungen (Blau- und Schwefeltonung), als Reagens auf Eisen(II)-salze, in der Wollfärberei und Kattundruckerei, zu braunen Holzbeizen, zum Härten von Stahl, zur Herstellung lichtempfindlicher Papiere (Blaupausen).

Kaliumferrocyanid. Kalium ferrocyanatum, Erg.-B. 6.
Kaliumhexacyanoferrat (II).

Gelbes Blutlaugensalz. Gelbkali. Ferrocyankalium. Kaliumeisen(II)-cyanid
$K_4[Fe(CN)_6] \cdot 3 H_2O$. Mol.-Gew. 422,3.

Eisen(II)- und Eisen(III)-cyanid existieren nicht, statt ihnen entstehen stets komplexe Verbindungen, die sich von der *Hexacyanoeisen*(II)-säure, Eisen(II)-cyanwasserstoffsäure, $H_4[Fe(CN)_6]$ oder von der *Hexacyanoeisen*(III)-säure, Eisen(III)-cyanwasserstoffsäure, $H_3[Fe(CN)_6]$, ableiten.

Darstellung. Aus der *Gasreinigungsmasse* (bestehend aus Eisenhydroxyd und Kalk) der Kokereien und Leuchtgasfabriken, die Eisencyanverbindungen enthält. Diese werden mit Kalkmilch in Calciumferrocyanid umgesetzt und mit Kaliumcarbonat (Pottasche) versetzt, wobei sich Kaliumferrocyanid neben unlösl. Calciumcarbonat bildet.

Eigenschaften. Große, hellgelbe, schön ausgebildete luftbeständige und ungiftige monokline Kristalle oder kristallines Pulver von salzigem *Geschmack*, die sich in Wasser mit blaßgelber Farbe lösen. Die wäßrige Lösung wird unter Lichteinfluß allmählich unter Abscheidung von Ferrihydroxyd zersetzt, das unlösl. in Alkohol und Äther ist. Beim vorsichtigen Erhitzen auf etwa 100° verliert das Salz sein Kristallwasser und zerfällt zu einem weißen Pulver.

Erkennung. Die mit einigen Tr. Salzsäure angesäuerte wäßrige Lösung gibt mit Eisenchloridlösung eine tiefblaue Fällung vom **Berliner Blau,** mit Kupfersulfatlösung eine rotbraune Fällung von Kupferferrocyanid. Mit Weinsäure im Überschuß entsteht allmählich ein kristalliner Niederschlag von Kaliumhydrogentartrat.
Erg.-B. 6 läßt prüfen auf Kohlensäure, Schwefelsäure, Salzsäure und Bromwasserstoffsäure.

Verwendung. Als Reagens auf Eisen(III)-salze und Kupfer, *techn.* rein zur Herstellung von blauer Tinte und Härtepulvern für Metalle, zu Flußmitteln, zur Herstellung von Berliner Blau, zum Schönen von Wein.

42 *

☠ *2.* Kaliumfluorid. Kalium fluoratum.

Fluorkalium. KF. Mol.-Gew. 58,10.

Darstellung. Durch Neutralisieren von Flußsäure mit Kaliumhydroxyd oder Kaliumcarbonat.

Eigenschaften. Weißes, alkalisch reagierendes, hygroskopisches, kristallines Pulver. *Geschmack* scharf salzig.

Toxikologie s. Fluorverbindungen.

Aufbewahrung. *Vorsichtig*, in gut verschlossenen Hartgummi-Gefäßen.

Verwendung. Zum Glasätzen, gegen Pilzschädlinge (Hausschwamm), bei der Holzkonservierung, als desinfizierendes Mittel in der Gärungsindustrie.

Kaliumformiat. Kalium formicicum.

Ameisensaures Kalium. HCOOK.

Weiße, zerfließliche, kristalline, in Wasser l. lösl. Masse.

Verwendung. Zum Feuchthalten von Tabak und zum Schutz gegen Schimmel, als Reduktionsmittel.

☠ *3.* Kaliumhydroxyd. Kalium hydroxydatum hydricum.

Ätzkali. Kaustisches Kali. Kalihydrat. Kaliumoxydhydrat. KOH.

Kaliumhydroxyd kommt in folgenden Sorten in den Handel:

Rohes Ätzkali   — Kalium hydroxydatum (causticum) crudum
Gereinigtes Ätzkali   — Kalium hydroxydatum (causticum) depuratum
Reines Ätzkali   — Kalium hydroxydatum (causticum) purum
Reines Kaliumhydroxyd   — Kalium hydroxydatum (causticum) purissimum
                           (pro analysi).

Die gereinigten und reinen Sorten sind auch in Stangen, Tafeln, Plätzchenform und Tabletten im Handel.

Darstellung. Durch Elektrolyse von wäßriger Kaliumchloridlösung, wobei sich Chlor am positiven, Kalium am negativen Pol abscheidet. Das Kalium setzt sich mit Wasser um:

$$\underset{\text{Kalium}}{2\,K} \;+\; \underset{\text{Wasser}}{2\,H_2O} \;\rightarrow\; \underset{\text{Kaliumhydroxyd}}{2\,KOH} \;+\; \underset{\text{Wasserstoff}}{H_2}$$

Die wäßrige Lösung wird eingedampft, dabei kristallisiert wasserhaltiges Kaliumhydroxyd aus, das durch weiteres Erhitzen entwässert wird. Es kommt in Stücke geschlagen oder in Stangenform gegossen in den Handel.

☠ *3.* Kaliumhydroxyd, rohes. Kalium hydroxydatum crudum. Kalium causticum crudum.

Rohes Ätzkali. Gehalt etwa 80 bis 90% KOH.

Darstellung. Durch Kochen einer Lösung von rohem Kaliumcarbonat mit Calciumhydroxyd bzw. durch Elektrolyse einer Lösung von Kaliumchlorid. Die Lösungen werden in eisernen Kesseln eingedampft, das abgeschiedene Ätzkali geschmolzen und in eiserne Fässer gegossen.

Eigenschaften. Harte, weiße bis grauweiße kristalline Masse oder Stücke, die an der Luft zerfließen, die Haut stark ätzen und im Wasser unter starker Wärmeentwicklung lösl. sind. R. K. ist durch Kaliumcarbonat, Kaliumchlorid, Kaliumsulfat u. a. mehr oder weniger verunreinigt.

Toxikologie s. Kaliumhydroxyd, DAB. 6.

Aufbewahrung. *Vorsichtig,* in gut schließenden Gefäßen, s. Kaliumhydroxyd, DAB. 6.

Verwendung. Zur Herstellung von Kaliseifen, als Reinigungsmittel im Haushalt und Gewerbe und für andere technische Zwecke.

☠ 3. Kaliumhydroxyd. Kali causticum fusum, DAB. 6.

Kalium hydroxydatum purum. Ätzkali. KOH. Mol.-Gew. 56,11. Gehalt mindestens 85% KOH.

Eigenschaften. Weiße, trockene, harte Stücke oder Stäbchen von kristallinem Bruch, die aus der Luft begierig Kohlendioxyd und Wasser aufnehmen und zerfließen. In Wasser, Weingeist, besonders in Methylalkohol in bedeutenden Mengen, unter starker Wärmeentwicklung l. lösl.

Prüfung des DAB. 6. *Erkennung.* Rotes Lackmuspapier wird beim Eintauchen in die wäßrige Lösung gebläut, beim Übersättigen mit Weinsäurelösung entsteht allmählich ein weißer kristalliner Niederschlag von Kaliumhydrogentartrat. Ferner läßt DAB. 6 prüfen auf:

Fremde Salze, Kieselsäure, Tonerde, beim Auflösen von 1 g K. in 2 ccm Wasser und Vermischen mit 10 ccm Weingeist darf innerhalb 1 Std. sich nur ein sehr geringer Bodensatz bilden.

Kaliumcarbonat, Kohlensäure. Beim Kochen einer Lösung von 1 g K. in 10 ccm Wasser mit 15 ccm Kalkwasser darf das Filtrat beim Eingießen in überschüssige Salpetersäure keine Gasblasen entwickeln.

Salpetersäure. Beim Vermischen von 2 ccm einer K.-Lösung in verd. Schwefelsäure (1 + 19) mit 2 ccm Schwefelsäure, Erkaltenlassen und Überschichten mit 1 ccm Ferrosulfatlösung, darf zwischen den beiden Flüssigkeiten keine gefärbte Zone entstehen.

Die mit Salpetersäure übersättigte wäßrige Lösung (1 + 49) wird geprüft auf:

1. *Schwefelsäure,* mit Bariumnitratlösung darf keine weiße Trübung entstehen;

2. *Salzsäure,* mit Silbernitratlösung darf höchstens opalisierende Trübung eintreten.

Salpetrige Säure. Übersättigen von 3 ccm der wäßrigen Lösung (1 + 49) mit verd. Schwefelsäure, Zusatz von 3 Tr. Kaliumjodidlösung und einiger Tr. Stärkelösung; es darf keine sofortige Blaufärbung auftreten.

Gehaltsbestimmung. Etwa 5 g K. werden in geschlossenem Wägegläschen genau gewogen und im Meßkolben mit Wasser zu 100 ccm gelöst. Nach Zusatz einiger Tr. Methylorangelösung müssen zum Neutralisieren von 20 ccm dieser Lösung mindestens 15,15 ccm n-Salzsäure verbraucht werden, entsprechend einem Mindestgehalt von 85% KOH (1 ccm n-Salzsäure = 0,05611 g Kaliumhydroxyd).

Toxikologie. Wenige Gramm Ätzkali in Substanz können zur Verätzung von Speiseröhre und Magen und tödlichen Perforation des letzten führen. Kalilauge (15%) gilt schon in Mengen von 10 bis 20 ccm als tödliche Dosis. Beim Trinken von Kalilauge wird die Mundschleimhaut stark verätzt, die Lippen schwellen an, unter heftigen Schmerzen kommt es zum Erbrechen rötlich-braun gefärbter Massen.

Erste Hilfe. Schwachsaure Flüssigkeit wie verd. Essig, Citronensaft, saure Milch, schleimige Stoffe mit Anaesthesin, bei Augenverletzungen Waschung mit Borsäurelösung.

Aufbewahrung. *Vorsichtig,* in gut mit Kork- oder Gummistopfen verschlossenen Gefäßen, Glasstopfen sind wegen der Gefahr des Festkittens ungeeignet. Bei Korkverschluß muß dieser jeweils nach Entnahme paraffiniert werden.

Verwendung. *Med. äußerl.* unverd. als Ätzmittel, zur Herstellung von weichen (Kali-) und flüssigen Seifen, Rasierseifen, Seifencremes, Stearatcremes, Nagelhautentfernern, als Trockenmittel und zur Absorption von Kohlendioxyd, zur Herstellung von Kalilauge und alkoholischer Kalilauge.

☠ *3.* **Ätzkali, gereinigtes. Kalium hydroxydatum depuratum. Kalium causticum depuratum.**

Weiße bis grauweiße kristalline Masse oder walnußgroße Stücke mit den Eigenschaften von rohem Ätzkali.

Aufbewahrung und **Toxikologie** s. Kaliumhydroxyd, DAB. 6.

Verwendung wie rohes Ätzkali.

Kaliumhypochlorit. Kalium hypochlorosum.

KOCl.

Kaliumhypochlorit entsteht beim Einleiten von Chlor neben Kaliumchlorid in kalte Kalilauge, durch Umsetzen von Chlorkalk mit Pottasche oder durch Elektrolyse kalter Kaliumchloridlösung und ist nur in Lösung bekannt.

Kaliumhypochloritlösung. Liquor Kalii hypochlorosi.

Javellesche Bleichlauge. Eau de Javelle

Kaliumhypochloritlösung ist eine Lösung von unterchlorigsaurem Kalium. (Javelle, Stadt bei Paris.)

Darstellung s. Bd. III. Gehalt an wirksamem Chlor etwa 0,5%.

Eigenschaften s. Natriumhypochloritlösung.

Aufbewahrung. Vor Licht und Luft geschützt in nicht zu großen Gefäßen. Bei Nichtbefolgung dieser Vorschrift tritt unter Sauerstoffabgabe Reduktion zu Kochsalzlösung ein.

Verwendung. Als Bleichflüssigkeit s. Natriumhypochloritlösung, durch die es wegen des niedrigeren Preises weitgehend verdrängt ist.

Kaliumhypophosphit. Kalium hypophosphorosum, Erg.-B. 6.

Unterphosphorigsaures Kalium. KH_2PO_2. Mol.-Gew. 104,2.

Darstellung. Durch Versetzen einer Calciumhypophosphitlösung mit reinem Kaliumcarbonat. Nach Abfiltrieren des entstehenden Calciumcarbonats wird unter vermindertem Druck zur Kristallisation gebracht.

Eigenschaften. Farblose, zerfließliche Kristalle oder kristalline Masse, *Geschmack* salzig, lösl. in etwa 0,5 T. Wasser und 7 T. Weingeist.

Erkennung. Die wäßrige Lösung (1 + 9) verändert Lackmuspapier nicht, gibt beim Erwärmen mit Silbernitratlösung eine schwarze Ausscheidung von metallischem Silber, mit Weinsäure im Überschuß allmählich einen kristallinen Niederschlag von Kaliumhydrogentartrat.

Erg.-B. 6 läßt prüfen auf Bariumsalze, Schwefelsäure, Phosphorsäure, phosphorige Säure, Schwermetallsalze, Eisensalze, Arsenbervindungen.

Aufbewahrung. In gut verschlossenen Glasstopfengläsern.

Verwendung. *Innerl.* als Tonicum (E. 1,0 g).

☠ *3.* Kaliumjodat. Kalium jodicum, Erg.-B. 6.

Jodsaures Kalium. KJO_3. Mol.-Gew. 214,0. Mindestgehalt 99,5%.

Darstellung. Durch Eintragen von Kaliumhydrogencarbonat in Jodsäurelösung und Erhitzen bis zur vollständigen Lösung. Nach dem Abkühlen wird filtriert.

Eigenschaften. Kleine, harte, weiße Kristalle oder kristallines Pulver, schwer in Wasser, in siedendem Wasser etwa in 5 T. lösl.

Erkennung. Die wäßrige Lösung (1 + 19) gibt mit Weinsäurelösung allmählich einen weißen kristallinen Niederschlag von Kaliumhydrogentartrat und färbt sich auf Zusatz von verd. Schwefelsäure, wenig Kaliumjodid und einigen Tr. Stärkelösung blau. Am Magnesiastäbchen wird die nicht leuchtende Flamme violett gefärbt.

Erg.-B. 6 läßt prüfen auf Jodwasserstoffsäure und den vorgeschriebenen Gehalt.

Verwendung. Als Arzneimittel obsolet, als Reagens auf SO_2.

Kaliumjodatstärkepapier.

Kaliumjodatstärkepapier ist bestes Filtrierpapier, das mit einer Lösung von 0,1 T. Kaliumjodat und 1 T. lösliche Stärke in 100 T getränkt und dann getrocknet worden ist und als Reagenspapier zum Nachweis von gasförmigem Schwefeldioxyd Verwendung findet. Dabei wird das Kaliumjodat zu freiem Jod reduziert, das die Stärke blau färbt.

♨ 3. Kaliumjodid. Kalium jodatum, DAB. 6. Stoff. B.

Jodkalium. KJ. Mol.-Gew. 166,02.

Darstellung. Durch Eintragen von Jod in Kalilauge und Glühen des Jodid-Jodat-Gemisches unter Zusatz von Kohle zur Reduktion des Jodats:

$$6\ KOH\ +\ 3\ J_2\ \rightarrow\ 5\ KJ\ +\ KJO_3\ +\ 3\ H_2O$$
Kalilauge　　　Jod　　　Kaliumjodid　　Kaliumjodat　　　Wasser

Die Reduktion des Kaliumjodats:

$$2\ KJO_3\ +\ 3\ C\ \rightarrow\ 2\ KJ\ +\ 3\ CO_2$$
Kaliumjodat　　　Kohle　　Kaliumjodid　　Kohlendioxyd

Die entstehende Schmelze wird in Wasser gelöst und nach dem Filtrieren zur Kristallisation eingedampft.

Eigenschaften. Farblose, würfelförmige, an der Luft nicht feucht werdende Kristalle, *Geschmack* scharf salzig, schwach bitter. Lösl. in 0,75 T. Wasser unter starker Abkühlung, in 12 T. Weingeist.

Prüfung des DAB. 6. *Erkennung.* Die wäßrige Lösung (1 + 19) färbt nach Zusatz von einigen Tr. Salzsäure und Chloraminlösung beim Schütteln mit Chloroform dieses violett.

Weinsäurelösung scheidet aus der wäßrigen Lösung allmählich einen weißen kristallinen Niederschlag von Kaliumhydrogentartrat aus.

Beim Erhitzen am Magnesiastäbchen färbt K. die nicht leuchtende Flamme violett.

Natriumsalze zeigen eine dauernde Gelbfärbung der Flamme an.

Alkalicarbonate. Mit Wasser zerriebenes K. darf mit Wasser angefeuchtetes Lackmuspapier nicht sofort bläuen.

Je 5 ccm der Lösung (1 + 19) zeigen an:

Jodsäure, beim Versetzen mit je einigen Tr. Stärkelösung und verd. Schwefelsäure darf nicht sofort eine blaue Färbung eintreten;

Schwefelsäure, Bariumnitratlösung darf keine weiße Trübung geben;

Schwermetallsalze, nach Zusatz von je 3 Tr. verd. Essigsäure und Natriumsulfidlösung darf keine dunkle Färbung eintreten;

Cyanwasserstoffsäure, mit einem Körnchen Ferrosulfat, 1 Tr. Eisenchloridlösung, Zusazt von Natronlauge gelinde erwärmt, darf beim Übersättigen mit Salzsäure keine blaue Färbung eintreten;

Eisensalze, nach dem Ansäuern mit einigen Tr. Salzsäure darf nach Zusatz von 0,5 ccm Kaliumferrocyanidlösung keine sofortige Bläuung entstehen.

Salpetersäure. 1 g K. mit 5 ccm Natronlauge und je 0,5 g Zinkfeile und Eisenpulver erwärmt, darf kein Ammoniak entwickeln.

Kaliumthiosulfat. Beim Auflösen von 0,2 g K. in 8 ccm Ammoniakflüssigkeit, Vermischen unter Umschütteln mit 13 ccm $^1/_{10}$-n-Silbernitratlösung, kräftigem Schütteln während 1 Min., Filtrieren und Übersättigen des Filtrats mit Salpetersäure, darf sich dieses weder dunkel färben noch innerhalb 5 Min. eine stärkere Trübung zeigen, als eine Mischung von 0,6 ccm $^1/_{100}$-n-Salzsäure, 8 ccm Wasser und 1 ccm Salpetersäure nach Zusatz von 1 ccm $^1/_{10}$-n-Silbernitratlösung innerhalb der gleichen Zeit zeigt. Eine stärkere Trübung als die, welche in der Vergleichslösung eintritt, zeigt zu hohen Gehalt von *Bromwasserstoffsäure* bzw. *Salzsäure* an.

Verwendung. Wichtiges Arzneimittel für *innerl.* und *äußerl.* Zwecke. *Innerl.* (E. 0,5 g), als vorbeugendes Mittel gegen Kropf in jodarmen Gebirgsgegenden in minimalen Spuren (0,00005 g). *Äußerl.* in Salben (10%) gegen Frostbeulen usw., als Zusatz zu Badesalzen, zur Darstellung anderer Jodverbindungen, in der Photographie zur Herstellung von Quecksilberjodidverstärker.

Kalium-Metaphosphat.

Kalium-Metaphosphat (Albert), in höherer Polymerisationsstufe $(KPO_3)_x$, *M.-K.-Phosphat*, wird gewonnen durch Schmelzen von kristallisiertem, wasserhaltigem Monokaliumorthophosphat:

$$KH_2PO_4 \quad \rightarrow \quad KPO_3 \quad + \quad H_2O$$

Monokaliumorthophosphat   Kaliummetaphosphat   Wasser

Eigenschaften. Farbloses, in Wasser unlösl., nicht hygroskopisches, sehr fein gemahlenes Salz, das niedrigviscos, mittelviscos und hochviscos in den Handel kommt, außerdem noch in verschiedenen Typen. MK-Phosphate bilden mit Schwermetallen lösl. Verbindungen, die Härtebildner des Wassers sowie Eisen- und Mangansalze werden in Lösung gehalten und vorhandene unlösl. Verbindungen dieser Art aufgelöst. Außerdem besitzen sie infolge ihres Kolloidcharakters ein eigenes Reinigungs-, Wasch- und Schmutztragevermögen, sind ausgesprochen hautschonend, verhindern das Auslaugen der Kapillarfette aus der Haut und steigern das Schaumvermögen durch ihren Einfluß auf die Härtebildner beträchtlich.

Verwendung. Zur Lösung der Härtebildner und Schwermetallsalze im Wasser, zu Wasch- und Reinigungsmitteln, Haarwaschmitteln, für feste, flüssige und Schmierseifen, in der Textilindustrie, in der Lebensmittelindustrie zur Herstellung von sahnigem Speiseeis.

Kalium-Natriumtartrat. Tartarus natronatus, DAB. 6.

Weinsaures Kalium-Natrium. Kalium-Natrium tartaricum. Natronweinstein.

Seignettesalz (nach dem Entdecker des Salzes). *Rochellesalz* Mol.-Gew. 282,2.

CH(OH)·COOK
|
CH(OH)·COONa   · 4 H_2O.

Kalium-Natriumtartrat ist das Kalium-Natrium-Doppelsalz der Weinsäure.

Darstellung. Durch Versetzen einer Weinsteinlösung mit Natriumcarbonat unter Erhitzen und Eindampfen nach dem Filtrieren zur Kristallisation.

Eigenschaften. Große, farblose, durchsichtige Säulen oder weißes, kristallines Pulver, geruchlos, *Geschmack* mild salzig, kühlend. Lösl. in etwa 1,4 T. Wasser mit neutraler Reaktion.

Prüfung des DAB. 6. *Erkennung.* Beim Erhitzen im Wasserbad schmilzt K. zu einer farblosen Flüssigkeit. Bei stärkerem Erhitzen entsteht unter Verbreitung von Karamelgeruch eine braunschwarze Masse, die mit Wasser angefeuchtetes Lackmuspapier bläut und am Magnesiastäbchen die nicht leuchtende Flamme gelb färbt.

Calciumsalze. 1 g K. in 10 ccm Wasser gelöst scheidet beim Schütteln mit 5 ccm verd. Essigsäure einen weißen, kristallinen Niederschlag von Kaliumhydrogentartrat aus. Beim Abgießen der Flüssigkeit vom Niederschlag, Verdünnen mit 1 T. Wasser und Zusatz von 4 Tr. Ammoniumoxalatlösung darf innerhalb 1 Min. keine weiße Trübung eintreten.

Je 5 ccm der Lösung (1 + 19) werden geprüft auf:

Alkalicarbonate, durch 1 Tr. Phenolphthaleinlösung darf keine Rötung eintreten;

Schwermetallsalze, nach Zusatz von je 3 Tr. verd. Essigsäure und Natriumsulfidlösung darf weder Färbung noch Fällung eintreten.

Nach dem Ansäuern mit 1 ccm Salpetersäure wird geprüft auf:

Schwefelsäure, mit Bariumnitratlösung darf keine weiße Trübung entstehen;

Salzsäure, mit Silbernitratlösung darf höchstens opalisierende Trübung eintreten;
Eisensalze, nach dem Ansäuern mit einigen Tr. Salzsäure darf durch Kalium-
ferrocyanidlösung keine sofortige Blaufärbung auftreten.
Ammoniumsalze. Beim Erwärmen von 1 g K. mit 5 ccm Natronlauge darf sich kein
Ammoniak entwickeln.
Arsenverbindungen. Beim Lösen von 1 g K. in 2 ccm Salzsäure nach Zusatz von 2 Tr.
Bromwasser unter Erwärmen, Zufügen von 3 ccm Natriumhypophosphitlösung und $^1/_4$stün-
digem Erhitzen im siedenden Wasserbad darf keine dunklere Färbung eintreten.

Verwendung. *Med. innerl.* als Abführmittel (E. 0,5 g), zur Herstellung der
FEHLINGschen Lösung und NYLANDERs Reagens, die beide zur Harnuntersuchung
auf Traubenzucker verwendet werden (s. Bd. III), in der Technik zu Bädern in
der Galvanoplastik, zur Spiegelfabrikation.

Kaliumnitrat. Kalium nitricum.

Salpetersaures Kalium. Kalisalpeter. KNO_3.

Kaliumnitrat entsteht bei der Verwesung stickstoffhaltiger organischer Substanzen, bei Gegenwart von Kaliumverbindungen, Luft und salpeterbildenden Bakterien und kommt deshalb überall im Erdboden vor. Besonders reichlich findet sich
das Salz in Ägypten, Ost-Indien und Tibet nach der Regenzeit als Auswitterung in
trockenen Gegenden. Früher wurde Kalium auch in eigens hierzu künstlich an-
gelegten Salpeterplantagen hergestellt.

Darstellung. Aus Chile-Salpeter, Natriumnitrat, durch Umsetzen mit Kaliumchlorid:

$$NaNO_3 \;+\; KCl \;\rightarrow\; KNO_3 \;+\; NaCl$$

Natriumnitrat   Kaliumchlorid   Kaliumnitrat   Natriumchlorid

Dabei kristallisiert erst das Natriumchlorid und beim Abkühlen der Lösung Kaliumnitrat aus. Der auf diese Weise gewonnene Salpeter wird mit *Konversionssalpeter*
bezeichnet.

Kaliumnitrat. Kalium nitricum, DAB. 6.

Kalisalpeter. KNO_3. Mol.-Gew. 101,11.

Eigenschaften. Farblose, durchsichtige, luftbeständige, prismatische Kristalle
oder kristallines Pulver, mit kühlend salzigem und etwas bitterem *Geschmack*, lösl.
in etwa 3 T. Wasser (20°), in etwa 0,4 T. siedendem Wasser, in Weingeist fast unlösl.
Schmp. 339°. An leicht oxydierbare Körper gibt Kaliumnitrat in der Hitze leicht
seinen Sauerstoff ab. Schon beim Erhitzen zerfällt es:

$$2\,KNO_3 \;\rightarrow\; 2\,KNO_2 \;+\; O_2$$

Kaliumnitrat   Kaliumnitrit   Sauerstoff

Diese Eigenschaft kann man zur Erkennung der Nitrate verwenden, dabei glüht man
die Nitratkristalle auf Holzkohle vor dem Lötrohr, unter Funkensprühen geben sie
ihren Sauerstoff an die Kohle ab.

Gemische von Kalisalpeter mit Schwefel, Kohle und anderen brennbaren Stoffen
sind explosiv und bilden das *Schießpulver*, bei dessen Entzündung als Verbrennungs-
produkte Kaliumsulfat, Kaliumcarbonat und Kaliumsulfid entstehen, die den
Pulverrauch bilden. Als Verbrennungsgase werden dabei Kohlenoxyd, Kohlendioxyd und Stickstoff entwickelt, die einen Druck von etwa 3000 Atm. erzeugen.

Prüfung des DAB. 6. *Erkennung.* Die wäßrige Lösung (1 + 9) scheidet auf Zusatz
von Weinsäurelösung allmählich einen weißen kristallinen Niederschlag von Kaliumhydrogentartrat aus.

Beim Mischen von 1 ccm der wäßrigen Lösung (1 + 19) mit 1 ccm Schwefelsäure und
Überschichten der Mischung nach dem Erkalten mit Ferrosulfatlösung entsteht zwischen
den beiden Flüssigkeiten eine braunschwarz gefärbte Zone.

Beim Erhitzen von K. am Magnesiastäbchen muß die Flamme violett gefärbt werden.

DAB. 6 läßt ferner prüfen auf:

Natriumsalze. Am Magnesiastäbchen erhitzt darf Gelbfärbung nur vorübergehend eintreten.

Kaliumcarbonat, Kalihydrat, freie Säure. Blaues und rotes Lackmuspapier dürfen beim Eintauchen in die wäßrige Lösung (1 + 19) weder gerötet noch gebläut werden.

Je 5 ccm der wäßrigen Lösung (1 + 19) werden geprüft auf:

Schwermetallsalze, mit je 3 Tr. verd. Essigsäure und Natriumsulfidlösung, es darf keine dunkle Färbung oder Fällung eintreten;

Schwefelsäure, durch Bariumnitratlösung darf keine weiße Trübung eintreten;

Salzsäure, mit Silbernitratlösung darf keine weiße Trübung entstehen;

Calciumsalze, Magnesiumsalze, nach Zusatz von Ammoniakflüssigkeit darf nach Zusatz von Natriumphosphatlösung keine weiße Trübung eintreten;

Eisensalze, nach dem Ansäuern mit einigen Tr. Salzsäure darf 0,5 ccm Kaliumferrocyanidlösung keine sofortige blaue Färbung geben.

Chlorsäure, Perchlorsäure. Beim Glühen von 0,2 g K., Auflösen des Rückstands mit 5 ccm Wasser, Ansäuern mit Salpetersäure und Versetzen mit Silbernitratlösung darf keine weiße Trübung eintreten.

Verwendung. Als leicht harntreibendes Mittel, *innerl.* (E. 0,5 g), zur Herstellung von **Salpeterpapier, Charta nitrata** DAB. 6, das angezündet bei Asthma zum Einatmen Verwendung findet und zum Entzünden von Blitzlichtpulvern dient. Zusammen mit Natriumchlorid zum Pöckeln von Fleisch (s. Bd. III), das dadurch bei der Frischhaltung statt der unansehnlichen grauen eine rote Farbe erhält, zu Kältemischungen und Tabakbeizen (s. Bd. III), in der Keramik, Färberei und Druckerei, zur Darstellung von Kaliumnitrit, zur Herstellung von *schwarzem Schießpulver* und anderen Feuerwerkskörpern. Schwarzes Schießpulver besteht aus 75% reinem Kaliumnitrat, 10% Schwefel, 15% Holzkohle. Die Herstellung salpeterhaltiger Gewürze ist verboten! *Roher Kalisalpeter* findet als Düngemittel Verwendung.

Kaliumnitrit. Kalium nitrosum, Erg.-B. 6.

Salpetrigsaures Kalium. KNO_2. Mol.-Gew. 85,1. Mindestgehalt 90%.

Darstellung. Durch Schmelzen von Kaliumnitrat unter Zusatz eines leicht oxydierbaren Metalls (Blei oder Zink):

$$2\,KNO_3 \;\rightarrow\; 2\,KNO_2 \;+\; O_2$$

Kaliumnitrat   Kaliumnitrit   Sauerstoff

Die Schmelze wird mit Alkohol ausgezogen, in dem sich K. löst. Das Blei wird hierbei unter Bildung von Bleioxyd und Mennige verbraucht.

Eigenschaften. Weiße oder schwach gelbliche, zerfließliche Stäbchen oder Salzmasse, in Wasser mit alkalischer Reaktion sehr l. lösl.

Erkennung. Beim Erhitzen der wäßrigen Lösung (1 + 19) mit Weinsäurelösung entwickeln sich rotbraune Dämpfe von Salpetrigsäureanhydrid, N_2O_3, allmählich bildet sich ein weißer, kristalliner Niederschlag von Kaliumhydrogentartrat.

Erg.-B. 6 läßt prüfen auf Salzsäure, Schwefelsäure, Arsen- und Antimonverbindungen, Schwermetallsalze und den vorgeschriebenen Gehalt.

Aufbewahrung. In gut verschlossenen Gefäßen.

Verwendung. *Med.* als gefäßerweiterndes und blutdrucksenkendes Mittel (E. 0,1 g), als Oxydationsmittel zum Diazotieren von Farbstoffen, zur Herstellung von Kobaltgelb.

Kaliumoleat. Kalium oleinicum.

Ölsaures Kalium. $C_{17}H_{33}COOK$.

Aus Kalilauge und Ölsäure im stöchiometrischen Verhältnis gewonnene gelbliche, weiche, seifenartige Masse, die äußerlich zur Hautreinigung dient und in der chemischen Technik zur Herstellung von Metalloleaten verwendet wird.

Kaliumoxalate.

Die zweibasige Oxalsäure bildet zwei Reihen Salze, das neutrale oder sekundäre Kaliumoxalat, $K_2C_2O_4$, und das saure oder primäre Kaliumoxalat, KHC_2O_4. Außerdem sind auch *übersaure Salze* bekannt, so das Kaliumtetraoxalat, KHC_2O_4 $H_2C_2O_4 \cdot 2\,H_2O$.

☞ *3.* Kaliumoxalat. Kalium oxalicum, Erg.-B. 6.

Neutrales Kaliumoxalat. Kalium oxalicum neutrale. $(COOK)_2 \cdot H_2O$.
Mol.-Gew. 184,2.

Darstellung. Durch Neutralisation einer Oxalsäurelösung mit Kaliumhydrogencarbonat und Eindampfen der Lösung zur Kristallisation.

Eigenschaften. Weiße, rhombische, in 3 T. Wasser mit neutraler Reaktion lösl. Kristalle.

Erkennung. Die wäßrige Lösung (1 + 9) gibt mit Weinsäurelösung allmählich einen weißen kristallinen Niederschlag von Kaliumhydrogentartrat, auf Zusatz von Calciumchloridlösung einen weißen, in Salzsäure lösl., in Essigsäure unlösl. Niederschlag.

Prüfung des Erg.-B. 6. 10 g K. in 100 ccm Wasser gelöst, dürfen durch Phenolphthaleinlösung nicht verändert werden. Nach Zusatz von 0,1 ccm $^1/_{10}$-n-Kalilauge muß Rotfärbung eintreten. Außerdem ist zu prüfen auf Schwefelsäure, Salzsäure und Schwermetallsalze.

Aufbewahrung. *Vorsichtig!*

Verwendung. In der Photographie zur Herstellung von Eisenoxalatentwicklern, in der Galvanoplastik, in der Anlayse als Reagens auf Calciumsalze.

☞ *3.* Kaliumbioxalat. Kalium bioxalicum.

Kaliumhydrogenoxalat. Saures Kaliumoxalat. Monokaliumoxalat.
$KHC_2O_4 \cdot H_2O$. Mol.-Gew. 146.

Darstellung. Durch Erhitzen von Oxalsäurelösung im Überschuß mit Kaliumhydrogencarbonatlösung zum Sieden und Erkaltenlassen, wobei das Salz auskristallisiert.

Eigenschaften. Farblose, luftbeständige, kleine Kristalle, lösl. in 38 T. Wasser, mit stark saurer Reaktion. Mit Weinsäure gibt K.-Lösung einen weißen Niederschlag von Kaliumhydrogentartrat, mit Calciumchloridlösung einen weißen, in Salzsäure lösl., in Essigsäure unlösl. Niederschlag von Calciumoxalat.

Aufbewahrung. *Vorsichtig!*

Verwendung. Wie Kleesalz.

☞ *3.* Kleesalz. Oxalium, Erg.-B. 6.

COOH COOK
| + | · 2 H_2O
COOH COOH
Struktur des Kaliumtetraoxalats.

Kleesalz stellt reines *Kaliumtetraoxalat* oder ein Gemisch desselben mit Kaliumhydrogenoxalat dar und ist das *Sauerkleesalz* des Handels.

Erste Hilfe bei Vergiftung. Kalkwasser oder mit Wasser aufgeschlämmte Kreide, die mit der Oxalsäure unlösl. Calciumoxalat bilden.

Aufbewahrung. *Vorsichtig!*

Verwendung. Zum Entfernen von Rost, der unter Bildung eines Doppelsalzes aufgelöst wird, zur Entfernung von Tintenflecken, zur Herstellung von Fleckstiften, die nach den Vorschriften der PHG. bezeichnet sein müssen, zum Reinigen von Holz, Metall und Strohhüten.

Kaliumpercarbonat. Kaliumperoxydicarbonat. Kalium percarbonicum.

Überkohlensaures Kalium. $K_2C_2O_6$. Mol.-Gew. 198.21.

H—O
$\diagdown$ C—O—O—C $\diagup$ O—H
O $\diagup$ $\diagdown$ O
Strukturformel der Perkohlensäure.

Darstellung. Durch Elektrolyse einer gesättigten wäßrigen Kaliumhydrogencarbonatlösung in der Kälte ($-10°$), wobei sich das Salz an der Anode bildet.

Eigenschaften. Farblose Kristalle, die sich beim Feuchtwerden blau färben, lösl. in Wasser. Die Lösung zersetzt sich allmählich beim Erhitzen unter Abgabe von Sauerstoff:

$$K_2C_2O_6 \quad + \quad H_2O \quad \rightarrow \quad 2\,KHCO_3 \quad + \quad O$$

Kaliumpercarbonat   Wasser   Kaliumbicarbonat   Sauerstoff

Säuren zerlegen K. unter Bildung von Wasserstoffsuperoxyd und Entweichen von Kohlendioxyd. K. ist ein *Persalz* (Salz des Wasserstoffperoxyds).

Erkennung. Die mit verd. Schwefelsäure angesäuerte Lösung gibt die Reaktionen vom Wasserstoffsuperoxyd.

Aufbewahrung. *Trocken,* vor Wärmeeinfluß geschützt.

Verwendung. Als Bleichmittel für Textilien (z. B. im *Persil*), Haare, Federn, in der Photographie als Fixiersalzzerstörer, als Zusatz zu Waschmitteln.

Kaliumperchlorat. Kalium perchloricum.

Überchlorsaures Kalium. $KClO_4$. Mol.-Gew. 138,56.

Darstellung. Durch Erhitzen von Kaliumchlorat auf $480°$ bis $500°$:

$$4\,KClO_3 \quad \rightarrow \quad 3\,KClO_4 \quad + \quad KCl$$

Kaliumchlorat   Kaliumperchlorat   Kaliumchlorid

oder durch Elektrolyse von Kaliumchlorat.

Eigenschaften. Farblose, rhombische, in Wasser lösl. Kristalle (in je 100 T. Wasser lösen sich bei $0°$ 0,71, bei $25°$ 1,96, bei $50°$ 5,34 und bei $100°$ 18,7 T.), die mit oxydierbaren Stoffen erhitzt, verpuffen. Auch beim Verreiben solcher Stoffe besteht die gleiche *Explosionsgefahr* wie beim $\rightarrow$ Kaliumchlorat. Die geringe Löslichkeit des Kaliumchlorats verwendet man zur Erkennung von Kalium in Salzgemischen durch Zugabe von 20%iger Überchlorsäurelösung.

Aufbewahrung. *Vorsichtig,* vor Wärme und Feuchtigkeit geschützt.

Verwendung. Zur Herstellung von Explosivstoffen, in Mischung mit Magnesiumpulver zur Herstellung von Blitzlicht, zu Sprengstoffen.

Kaliumpermanganat. Kalium permanganicum, DAB. 6.

Übermangansaures Kalium. $KMnO_4$. Mol.-Gew. 158,03.

Darstellung. Durch elektrolytische Oxydation von Kaliummanganatlösung, wobei das Kaliummanganat durch den entstehenden Sauerstoff zu Permanganat oxydiert wird, das nach der Filtration durch Glaswolle aus der erkalteten Lösung auskristallisiert.

Eigenschaften. Dunkelviolette, fast schwarze, bronzefarben oder stahlblau glänzende, trockene Kristalle, lösl. in etwa 16 T. Wasser ($20°$), in etwa 3 T. siedendem Wasser mit blauroter Farbe. Auch in verd. Lösung sehr starkes Oxydationsmittel, das in Berührung mit organischer Substanz leicht Sauerstoff abgibt und daher zerstörend auf Fäulniserreger und desodorisierend wirkt. Mit konz. Kalilauge entwickelt K. freien Sauerstoff unter Bildung von grünem Kaliummanganat. Beim Vermischen von 2 T. gepulvertem K. mit 1 T. wasserfreiem Glycerin tritt Entzündung ein. Auch beim Erhitzen mit anderen leicht oxydierbaren Stoffen durch Druck oder Schlag gibt es Sauerstoff ab, mitunter unter Feuererscheinung und Verpuffung. K.-Lösungen müssen durch Glaswolle filtriert werden, weil sie infolge Oxydation organischer Substanz Braunstein abscheiden. Kaliumpermanganatflecke → *Fleckentfernung*.

Prüfung des DAB. 6. *Erkennung.* 0,5 g K. werden in 25 ccm Wasser gelöst, 2 ccm Weingeist zugefügt, zum Sieden erhitzt und filtriert. Das Filtrat muß farblos sein und ein brauner Niederschlag von Braunstein entstehen.

Das farblose Filtrat wird nach dem Ansäuern mit Salpetersäure geprüft auf:

Salzsäure, mit Silbernitratlösung darf höchstens opalisierende Trübung entstehen;

Schwefelsäure, mit Bariumnitratlösung darf keine sofortige weiße Trübung eintreten;

Salpetersäure, Vermischen von 2 ccm des Filtrats mit 2 ccm Schwefelsäure und Überschichten nach dem Erkalten mit 1 ccm Ferrosulfatlösung. Zwischen den beiden Flüssigkeiten darf sich keine gefärbte Zone bilden.

Aufbewahrung. *Vor Licht geschützt* in Glasstopfengläsern, keine Korkstopfen, da K. durch organische Substanz zu Kaliummanganat reduziert wird.

Verwendung. *Med. äußerl.* bei Schlangenbissen zur Einspritzung in der Umgebung des Bisses (1%), zu Magenspülungen bei Cyankali-, Blausäure-, Opium-, Morphium- und Phosphorvergiftungen (0,1%), zur Mundspülung bei schlechtem Mundgeruch (0,05%), als Badezusatz (3,0 g auf ein Vollbad), zur Behandlung von Bienenstichen nach Entfernung des Stachels, in der Maßanalyse (Oxydimetrie), zum Bleichen von Schwämmen, zum Bleichen und Entfärben von Wachsen und Fetten, zum Reinigen des Kohlendioxyds in der Mineralwasserfabrikation, zum Beizen von Holz, zur Braunfärbung der Haut, zu Haarfarben, zur Desinfektion von seuchenverdächtigem Trinkwasser, zur Herstellung von Blitzlichtpulvern.

Kaliumpersulfat. Kalium persulfuricum.

Überschwefelsaures Kalium. $K_2S_2O_8$. Mol.-Gew. 270,32.

$$\begin{array}{l} O\!-\!SO_2 \cdot OK \\ | \\ O\!-\!SO_2 \cdot OK \end{array}$$

Kaliumpersulfat kommt technisch rein und fast chemisch rein in den Handel.

Darstellung. Durch Elektrolyse von Kaliumhydrogensulfatlösung oder durch Umsetzung von Ammoniumpersulfat mit Kaliumcarbonat.

Eigenschaften. Farblose, säulenförmige, in etwa 50 T. Wasser lösl. Kristalle oder Pulver; schon bei 65° beginnt die Zersetzung des Salzes.

Gehaltsbestimmung. (Nach „Merck".) 1,0 g gepulvertes Kaliumpersulfat löst man in einem Meßkölbchen von 100 ccm Inhalt in einer Lösung von 5 g Kaliumjodid in 50 ccm Wasser, fügt 10 ccm verd. Schwefelsäure (1,110 bis 1,114) hinzu und läßt die Mischung mindestens 3 Std. lang unter wiederholtem Umschütteln an einem vor Licht geschützten Orte stehen. Sodann füllt man mit Wasser bis zur Marke auf, mischt und titriert 50 ccm mit $^1/_{10}$-n-Natriumthiosulfatlösung, Stärkelösung als Indikator. 1 ccm $^1/_{10}$-n-Natriumthiosulfatlösung = 0,0135165 g Kaliumpersulfat.

Aufbewahrung. *Völlig trocken,* vor Hitzeeinwirkung geschützt.

Verwendung. In der Photographie als Abschwächer als „Anthion" zur Zerstörung von Natriumthiosulfat, das dabei zu Natriumsulfat oxydiert wird, in wäßriger Lösung (5%) als antiseptisches Wundmittel, als Oxydationsmittel und Spezialbleichmittel, zum Bleichen von Schmier- und Kernseifen, zur Herstellung med. und kosmetischer Präparate, von Desinfektions- und Schädlingsbekämpfungsmitteln, zur Oberflächenbehandlung von Metallen, als Polymerisationsbeschleuniger, zur Mehlverbesserung.

Kaliumphosphate.

Von den Phosphorsalzen des Kaliums sind drei bekannt:
primäres Kaliumphosphat oder Monokaliumphosphat, KH_2PO_4,
sekundäres Kaliumphosphat oder Dikaliumphosphat, K_2HPO_4,
tertiäres Kaliumphosphat oder Trikaliumphosphat, K_3PO_4.

Die Phosphorsalze werden auch nach der Reaktion ihrer wäßrigen Lösung gegen Lackmuspapier als saures, neutrales und basisches Phosphat unterschieden (→ Phosphorsäuren).

Darstellung. Die ersten beiden Salze erhält man durch Zusammenbringen von Phosphorsäure mit der berechneten Menge Kaliumcarbonat in wäßriger Lösung, während Trikaliumphosphat beim Schmelzen von Dikaliumphosphat mit der berechneten Menge Kaliumcarbonat erhalten wird.

Kaliumphosphat, primäres. Kalium phosphoricum acidum.

Saures Kaliumphosphat. Monokaliumphosphat. KH_2PO_4. Mol.-Gew. 136,10.

Darstellung. Durch teilweise Neutralisation von Phosphorsäure mit Kaliumcarbonat:

$$2\,H_3PO_4 \quad + \quad K_2CO_3 \quad \rightarrow \quad 2\,KH_2PO_4 \quad + \quad CO_2 \quad + \quad H_2O$$

Phosphorsäure   Pottasche   Monokaliumphosphat   Kohlendioxyd   Wasser

Eigenschaften und Verwendung. Farblose, große, quadratische Kristalle, l. lösl. in Wasser, unlösl. in Weingeist, sie finden roh als Bestandteil von Pflanzendüngern und zu Nährsalzlösungen Verwendung.

Kaliumphosphat, sekundäres. Kalium phosphoricum.

Phosphorsaures Kalium, führt Erg.-B. 6 auf unter:

Kaliumphosphat, getrocknetes. Kalium phosphoricum siccatum, Erg.-B. 6.

Kaliummonophosphat. Dikaliumorthophosphat. Kalium phosphoricum bibasicum.
K_2HPO_4. Mol.-Gew. 174,3.

Darstellung. Durch Neutralisation von Phosphorsäure mit Kaliumcarbonat:

$$H_3PO_4 \quad + \quad K_2CO_3 \quad \rightarrow \quad K_2HPO_4 \quad + \quad CO_2 \quad + \quad H_2O$$

Phosphorsäure   Pottasche   Dikaliumphosphat   Kohlendioxyd   Wasser

Eigenschaften. Weißes, hygroskopisches, in Wasser mit alkalischer Reaktion sehr l. lösl. Pulver, Lackmuspapier bläut die Lösung, Phenolphthaleinlösung rötet sie. p_H-Wert der 1%igen Lösung 8,36.

Erkennung. Die wäßrige Lösung (1 + 19) gibt mit Weinsäurelösung allmählich einen weißen, kristallinen Niederschlag von Kaliumhydrogentartrat, mit Silbernitratlösung einen gelben Niederschlag von Silberphosphat, der sich in Salpetersäure und Ammoniakflüssigkeit löst.

Erg.-B. 6 läßt prüfen auf Natriumsalze, phosphorige Säure, Arsenverbindungen, Schwermetallsalze, Kohlensäure, Salzsäure, Schwefelsäure. 1 g g. K. darf beim Trocknen bei 100° höchstens 0,02 g an Gewicht verlieren.

Aufbewahrung. In gut verschlossenen Gefäßen.

Verwendung. *Med.* bei Rheumatismus, Skrofulose usw.

Kaliumphosphat, tertiäres. Kalium phosphoricum neutrale.

Dreibasisches Kaliumphosphat. Kalium phosphoricum tribasicum. K_3PO_4.
Mol.-Gew. 212,27.

Eigenschaften. Weißes, zerfließliches, körniges, in Wasser sehr l. lösl. Pulver, die wäßrige Lösung reagiert alkalisch.

Kaliumpolysulfide.

Bei der Einwirkung von Schwefelwasserstoff auf Kalilauge erhält man bei niedriger Temperatur eine stark alkalische Lösung mit dem Hydrat $K_2S \cdot 5\,H_2O$. Durch Sättigen mit Schwefelwasserstoff bildet sich *Kaliumhydrogensulfid*, KHS. Durch Auflösen von Schwefel erhält man je nach den Konzentrationen und der Temperatur *Polysulfide*, K_2S_3, K_2S_4, K_2S_5, von denen das Tetrasulfid, K_2S_4, verhältnismäßig beständig ist.

Schwefelleber. Kalium sulfuratum, DAB. 6.

Hepar Sulfuris.

Schwefelleber ist ein Gemisch von Dikaliumtrisulfid, K_2S_3 (Hauptbestandteil), Kaliumpentasulfid, K_2S_5, mit Kaliumthiosulfat, $K_2S_2O_3$.

Darstellung. Durch Vermischen von 1 T. Schwefel mit 2 T. Pottasche und Erhitzen über schwachem Feuer, bis die Masse aufhört zu schäumen und eine Probe sich in Wasser ohne Schwefelausscheidung fast klar löst:

$$8\,S \quad + \quad 3\,K_2CO_3 \quad \rightarrow \quad 2\,K_2S_3 \quad + \quad K_2S_2O_3 \quad + \quad 3\,CO_2$$

Schwefel   Kaliumcarbonat   Kaliumtrisulfid   Kaliumthiosulfat   Kohlendioxyd

Bei einer Temperatur von 200° zersetzt sich das Kaliumthiosulfat:

$$4\,K_2S_2O_3 \quad \rightarrow \quad 3\,K_2SO_4 \quad + \quad K_2S_5$$

Kaliumthiosulfat   Kaliumsulfat   Kaliumpentasulfid

Dann wird die Masse auf Stein- oder Eisenplatten ausgegossen und, schon erstarrt, aber noch heiß, mit einem Hammer in Stücke geschlagen und sofort in völlig trockene und bestens verschließbare Vorratsgefäße gefüllt.

Eigenschaften. Lederbraune, später gelbgrüne Stücke, die durch die Einwirkung der Kohlensäure der Luft nach Schwefelwasserstoff riechen. In 2 T. Wasser zu einer fast klaren, gelbgrünen, alkalisch reagierenden, und nach Schwefelwasserstoff riechenden Flüssigkeit lösl. Beim Versetzen der Schwefelleberlösung mit verd. Säuren tritt lebhafte Schwefelwasserstoffbildung ein unter Abscheidung feinst verteilten Schwefels, *Schwefelmilch, Lac Sulfuris.*

Prüfung des DAB. 6. *Zersetzung, fremde Beimengungen.* 5 g Sch. müssen sich bis auf einen geringen Rückstand in 10 g Wasser lösen.

Güte des Präparats. Die wäßrige Lösung (1 + 19) muß beim Erhitzen mit überschüssiger Essigsäure (Abzug!) unter Abscheidung von Schwefel reichlich Schwefelwasserstoff entwickeln.

Erkennung. Die von dem Schwefel abfiltrierte Lösung muß nach dem Erkalten und Zusatz von Weinsäurelösung allmählich einen weißen kristallinen Niederschlag von Kaliumhydrogentartrat abscheiden.

Aufbewahrung. In gut verschlossenen, nicht zu großen Gefäßen.

Verwendung. *Äußerl.* bei Hauterkrankungen zur Waschung (10%), zur Herstellung von künstlichen Schwefelbädern bei chronischen Metallvergiftungen, um die Metalle als Sulfide zu binden und ihre Ausscheidung zu beschleunigen (100 g auf ein Vollbad mit etwas Essig), zur Milderung des Hautreizes setzt man dem Bad 150 bis 200 g Gelatinelösung zu. *Techn.* mit Bleiacetat zum Haarfärben in der Pelzfärberei, zum Dunkelbeizen von Edelmetallen, zur Schädlingsbekämpfung, in der Tierheilkunde gegen Hautparasiten, in der Photographie zu Tonungszwecken und Zurückgewinnung von Silber aus verbrauchten Fixierbädern. Die Abgabe hat jeweils in gut **verschlossenen Flaschen** zu erfolgen, keinesfalls in Papierbeuteln!

Kaliumpyroantimoniat, saures. Kalium pyrostibicum acidum.

Saures pyroantimonsaures Kalium. $K_2H_2Sb_2O_7$, Mol.-Gew. 507,6.

Darstellung. Metaantimonsaures Kalium oder Metaantimonsäure werden mit Kaliumhydroxyd zusammengeschmolzen, mit Wasser gekocht, dann teilweise eingedampft und auskristallisiert. Durch das Kochen wird das ursprünglich entstandene neutrale Kaliumpyroantimoniat, $K_4Sb_2O_7$, in saures Kaliumpyroantimoniat und Kaliumhydroxyd zerlegt:

$$K_4Sb_2O_7 \quad + \quad 2\,H_2O \quad \rightarrow \quad K_2H_2Sb_2O_7 \quad + \quad 2\,KOH$$

Kaliumpyroantimoniat   Wasser   Saures Kaliumpyroantimoniat   Kaliumhydroxyd

Eigenschaften. Schweres, körnig kristallines, in Wasser lösl. Pulver.

Verwendung. Als Reagens auf Natriumverbindungen: konz. neutrale oder schwach alkalische Na-Lösungen geben mit K. einen weißen, kristallinen schweren Niederschlag von saurem Natriumpyroantimoniat, $Na_2H_2Sb_2O_7$.

Kaliumpyrosulfit. Kaliummetabisulfit. Kalium metabisulfurosum, Erg.-B. 6.

Kalium pyrosulfurosum. $K_2S_2O_5$. Mol.-Gew. 222,3.

K—O—S=O   Kaliumpyrosulfit ist das technisch wichtigste Kaliumsalz der pyroschwefligen Säure, $H_2S_2O_5$.

Darstellung. Durch Glühen von Kaliumhydrogensulfit:

$$2\,KHSO_3 \quad \rightarrow \quad K_2S_2O_5 \quad + \quad H_2O$$

Kaliumhydrogensulfit   Kaliumpyrosulfit   Wasser

Eigenschaften. Farblose, scharfkantige, glänzende, durchsichtige Kristalle oder weißes, kristallines Pulver, lösl. in etwa $2^1/_2$ T. Wasser klar oder fast klar, unlösl. in Weingeist. Besonders beim Schütteln riecht es nach Schwefeldioxyd.

Erkennung. Die wäßrige Lösung rötet Lackmuspapier, entwickelt nach Zusatz von Weinsäurelösung Schwefeldioxyd und scheidet allmählich einen weißen kristallinen Niederschlag von Kaliumhydrogentartrat ab.

Prüfung des Erg.-B. 6. *Thioschwefelsäure.* Beim Auflösen von 2 g K. in 30 ccm verd. Salzsäure uud Erwärmen auf dem Wasserbad darf sich die Lösung nicht sofort trüben.

Schwermetallsalze. Nach dem Erhitzen auf dem Wasserbad bis zur Trockne dieser Lösung und Auflösen des Rückstandes in 10 ccm Wasser darf die Hälfte der Lösung nach Zusatz von 3 Tr. verd. Essigsäure durch 3 Tr. Natriumsulfidlösung nicht gefärbt werden und die andere Hälfte nach Zusatz von Ammoniakflüssigkeit und Schwefelammoniumlösung keinen Niederschlag geben.

Erg.-B. 6 verlangt ein Mindestgehalt von 90% $K_2S_2O_5$.

Aufbewahrung. In gut verschlossenen Gefäßen, da es sich durch Einwirkung von Sauerstoff und Feuchtigkeit zersetzt und unbrauchbar wird.

Verwendung. In der Photographie als Konservierungsmittel zu Entwicklern und zum Ansäuern von Fixierbädern. Bedeutende Mengen finden im Weinbau zur Entwicklungshemmung schädlicher Pilze und falscher Hefen auf Trauben und zur Weinkonservierung in Tabletten zu 10 g und in Blöcken zu 100 g Verwendung. Zur Schwefelung von Most und Wein, zur Vermeidung von Kahmigwerden, Essig- und Milchsäurestich, Schleimgärung, gegen das Böcksern und Braunwerden der Rotweine und zur Vermeidung des Zähewerdens der Weine, zum Schwefeln von Essig, als Reinigungsmittel von Gebinden (Fässer, Flaschen usw.), auch in der Bierbrauerei, s. Bd. III Weinbehandlung.

Kaliumrhodanid. Kalium rhodanatum, Erg.-B. 6.

Rhodankalium. Kaliumsulfocyanid. Kaliumthiocyanat. Kalium sulfocyanatum. Schwefelcyankalium. KSCN. Mol.-Gew. 97,2.

Darstellung. Durch Einwirken von Schwefel auf Kaliumcyanid:

$$KCN \quad + \quad S \quad \rightarrow \quad KSCN$$

Kaliumcyanid   Schwefel   Kaliumrhodanid

Im großen wird es durch Zusammenschmelzen von gelbem Blutlaugensalz mit Kaliumcarbonat und Schwefel gewonnen.

Eigenschaften. Farblose, hygroskopische Säulen, die salpeterähnlich schmecken und in der gleichen Menge Wasser unter starker Abkühlung (Lösungskälte) lösl. sind, auch in Alkohol l.lösl., Schmp. 161°.

Erkennung. 1. Mit wenig Eisenchloridlösung gibt die wäßrige Lösung eine blutrote Färbung von Ferrirhodanid, die auf Zusatz von Salzsäure nicht verschwindet. Beim Durchschütteln mit Äther geht das Ferrirhodanid teilweise in diesen über.

2. Bei Zusatz von Weinsäure im Überschuß zur wäßrigen Lösung bildet sich ein kristalliner Niederschlag von Kaliumhydrogentartrat.

Erg.-B. 6 läßt prüfen auf Eisensalze, Schwermetallsalze, Schwefelsäure, Ammoniumsalze und in Alkohol unlösl. Verbindungen.

Aufbewahrung. In dicht schließenden braunen Gläsern.

Verwendung. Als Reagens zum Nachweis von Eisen, in der Photographie für Tonbäder, zur Herstellung von Kältemischungen.

Kaliumsulfat. Kalium sulfuricum, DAB. 6.

Schwefelsaures Kalium. K_2SO_4. Mol.-Gew. 174,27.

Vorkommen. Hauptsächlich in den Staßfurter Abraumsalzen im → Schönit, im Meerwasser, in der Pflanzenasche, in natürlichen Mineralwässern (Karlsbad, Mergentheim u. a.).

Darstellung. Durch Umsetzen von Schönit mit Kaliumchlorid oder Magnesiumsulfat (Kieserit) mit Kaliumchlorid (Sylvin):

$$MgSO_4 \quad + \quad 2\,KCl \quad \rightarrow \quad K_2SO_4 \quad + \quad MgCl_2$$

Magnesiumsulfat   Kaliumchlorid   Kaliumsulfat   Magnesiumchlorid

Eigenschaften. Harte, weiße, luftbeständige Kristalle oder Kristallkrusten, lösl. in etwa 10 T. Wasser (20°), in etwa 5 T. siedendem Wasser, unlösl. in Weingeist.

Prüfung des DAB. 6. *Erkennung.* Die wäßrige Lösung (1 + 19) gibt mit Weinsäurelösung allmählich einen weißen, kristallinen Niederschlag von Kaliumbitartrat, mit Bariumnitratlösung einen weißen, in verd. Säuren unlösl. Niederschlag von Bariumsulfat.

Am Magnesiastäbchen färbt K. die nicht leuchtende Flamme violett, eine anhaltend gelbe Färbung zeigt *Natriumsalze* an.

Saures Kaliumsulfat, Kaliumcarbonat. Blaues und rotes Lackmuspapier dürfen beim Eintauchen in wäßrige K.-Lösung nicht verändert werden.

Je 5 ccm der Lösung (1 + 19) zeigen an:

Schwermetallsalze, beim Versetzen mit je 3 Tr. verd. Essigsäure und Natriumsulfidlösung darf weder eine Färbung noch Fällung eintreten;

Salzsäure, auf Zusatz von Silbernitratlösung darf höchstens eine opalisierende Trübung entstehen;

Calciumsalze, Magnesiumsalze, mit Ammoniakflüssigkeit und Natriumphosphatlösung darf keine Veränderung auftreten;

Eisensalze, mit einigen Tr. Salzsäure und 0,5 ccm Kaliumferrocyanidlösung darf keine sofortige blaue Färbung auftreten.

Arsenverbindungen. 1 g zerriebenes K., mit 3 ccm Natriumhypophosphitlösung 15 Min. lang im siedenden Wasserbad erhitzt, dürfen sich nicht dunkler färben.

Verwendung. *Innerl.* (E. 2,0 g) als Abführmittel, zu künstlichem Karlsbader Salz, *techn.* zur Glas- und Alaunherstellung, *rohes Kaliumsulfat* als Düngemittel.

Kaliumsulfocarbonat. Kalium sulfocarbonicum.

Sulfocarbonsaures Kalium. Trithiokohlensaures Kalium. K_2CS_3. Mol.-Gew. 186,39.

Darstellung. Durch Umsetzen von wäßriger Kaliumsulfidlösung mit Schwefelkohlenstoff:

$$CS_2 \quad + \quad K_2S \quad = \quad K_2CS_3$$

Schwefelkohlenstoff   Kaliumsulfid   Kaliumsulfocarbonat

Eigenschaften. Zerfließliche, gelbe in Wasser sehr l.lösl. Kristalle. Durch Säuren wird Thiokohlensäure als schwere, ölige, dunkelgelbe Flüssigkeit abgeschieden und zerfällt bald in Schwefelkohlenstoff und Schwefelwasserstoff.

Verwendung. In der Schädlingsbekämpfung (Reblaus u. a.).

Kaliumtartrat. Kalium tartaricum, DAB. 6.

Neutrales Kaliumtartrat. Weinsaures Kalium. $COOK \cdot CHOH \cdot CHOH \cdot COOK \cdot {}^1/_2 H_2O$.
$$Mol.\text{-}Gew.\ 235{,}24.$$

Darstellung. Durch Neutralisieren von Weinsäure oder Weinstein mit reinem Kaliumcarbonat.

Eigenschaften. Farblose, durchscheinende, luftbeständige Kristalle oder weißes kristallines Pulver, lösl. in etwa 0,7 T. Wasser, in Weingeist nur wenig lösl. Beim Erhitzen verkohlt es unter Entwicklung von Karamelgeruch und Bildung von Kaliumcarbonat.

Erkennung. Der Rückstand bläut feuchtes Lackmuspapier, braust mit Säuren auf und färbt die Flamme violett. Die wäßrige Lösung (1 + 9) gibt nach Zusatz von etwa 5 ccm verd. Essigsäure einen weißen kristallinen Niederschlag von Kaliumhydrogentartrat.

DAB. 6 läßt prüfen auf Calciumsalze, freies Alkali, Schwermetallsalze, Eisensalze, Schwefelsäure, Salzsäure, Ammoniumsalze und Arsenverbindungen.

Verwendung. Als mildes Abführmittel (E. 2,0 g), zusammen mit Weinsäure als Zusatz zu Species laxantes DAB. 6, zum Entsäuern von Wein.

Kaliumxanthogenat. Kalium xanthogenicum.

Xanthogensaures Kalium. Äthyloxythiokohlensaures Kalium. Mol.-Gew. 160.

$$S=C\begin{cases} SK \\ O \cdot C_2H_5 \end{cases}$$

Die Bezeichnung Xanthogenat stammt vom Griechischen xanthos, gelb, weil beim Vermischen einer Xanthogenatlösung mit Kupfersulfat ein gelber Niederschlag entsteht.

Darstellung. Aus alkoholischer Kalilauge und Schwefelkohlenstoff:

$$CS_2 + KOH + C_2H_5OH \rightarrow C_2H_5OCSSK + H_2O$$

Schwefelkohlenstoff — Kalilauge — Äthylalkohol — Kaliumxanthogenat — Wasser

Eigenschaften. Farblose bis gelbliche, seidenglänzende, nadelförmige Kristalle von eigenartigem *Geruch* und *Geschmack*, l.lösl. in Wasser.

Aufbewahrung. Vor Luft und Feuchtigkeit geschützt.

Verwendung. Als Reagens, in der Schädlingsbekämpfung (Reblaus, Pilzkrankheiten u. a.).

Kaliwasserglas.

Unter *Wasserglas* versteht man glasig erstarrte Schmelzen von Alkalisilikaten wechselnder Zusammensetzung sowie deren wäßrige, sirupdicke Lösungen. Sie unterscheiden sich von den echten Gläsern durch ihre Löslichkeit im Wasser. Technische Verwendung finden mehr die Natronwassergläser, weil sie billiger sind als Kaliwasserglas. Die technischen Wasserglassorten sind meist Salze von Polykieselsäuren. Die Wasserglassorten werden in Stücken, als Pulver und in Lösung geliefert. → Alkalisilikate.

Kaliwasserglaslösung. Liquor Kalii silicici, Erg.-B. 6.

Darstellung. Durch Zusammenschmelzen von feingepulvertem Quarzsand, Pottasche und Kohle und Auflösen des entstandenen Gemisches in Druckkesseln mit überhitztem Wasser.

Eigenschaften. Farblose oder schwach gelblich gefärbte, klare, dicke Flüssigkeit, die Lackmuspapier bläut und mit Säuren einen gallertigen Niederschlag von Kieselsäure gibt. D. (20°) 1,246 bis 1,296.

Erkennung. Mit Salzsäure übersättigte K. hinterläßt beim Eindampfen zur Trockne einen Rückstand, der am Magnesiastäbchen die nicht leuchtende Flamme vorübergehend gelb, dann deutlich violett färbt.

Erg.-B. 6 läßt prüfen auf Kohlensäure, Schwermetallsalze, Schwefelwasserstoff, Mono- und Di-Silikat und unzulässige Mengen von Kaliumhydroxyd.

<h3 align="center">Handelssorten → Alkalisilikate.</h3>

Aufbewahrung. *Nicht* in Glasstopfenflaschen, weil Glasstopfen festkitten, mit Kork- oder Gummistopfen gut verschlossen.

Abgabe. Wasserglaslösung darf keineswegs in Trinkgefäßen abgegeben werden, da schon geringe Spuren der stark alkalischen Lösung infolge Alkalivergiftung tödliche Verätzungen des Magens herbeiführen können.

Verwendung. *Med. äußerl.* zu Wasserglasverbänden unverd., *techn.* zur Herstellung von Silikatfarben, wozu Natronwasserglas unbrauchbar ist, da damit hergestellte Silikatfarben „ausblühen", (→ Natronwasserglaslösung), zu Flammschutzanstrichen. Entfernung von Wasserglasflecken auf Glas → Natronwasserglaslösung.

Erkennung der Kaliumverbindungen.

Kaliumsalze sind weiß, ihre Lösungen farblos.

Flammenfärbung. Am vorher ausgeglühten Magnesiastäbchen, dessen Ende in verd. Salzsäure getaucht wird, geben Kaliumsalze, in der nicht leuchtenden Bunsenflamme erhitzt, eine violette Färbung, die ziemlich rasch verschwindet. Zur Ausschaltung der störenden gelben Natriumflamme bedient man sich eines Kobaltglases, das die gelbe Natriumflamme verdeckt, die Kaliumflamme aber purpurviolett erscheinen läßt.

Reaktionen auf nassem Wege. 1. Nicht zu stark verd. Lösungen der Kaliumsalze geben mit überschüssiger Weinsäure (zweckmäßig mit etwas Natriumacetatlösung versetzt) einen weißen, kristallinen Niederschlag von Kaliumhydrogentartrat. Die Niederschlagsbildung kann durch Alkoholzusatz oder durch Reiben der inneren Reagensglaswand mit einem Glasstab beschleunigt werden:

$$COOH(CHOH)_2COOH + KCl \rightarrow COOK(CHOH)_2COOH \downarrow + HCl$$

2. Perchlorsäurelösung (20%) gibt mit nicht zu verdünnten Kaliumsalzlösungen einen weißen, kristallinen Niederschlag von Kaliumperchlorat (Mikroskop):

$$KCl + HClO_4 \rightarrow HCl + KClO_4 \downarrow$$

3. *Natrium-hexanitritokobaltat-(III)*, $Na_3[Co(NO_2)_6]$, gibt in neutralen oder mit verd. Essigsäure schwach angesäuerten Lösungen gelbes, kristallines Kaliumhexanitritokobaltat-(III), $K_3Co[(NO_2)_6]$. Sehr empfindliches Reagens.

4. Platinchlorwasserstoffsäure, $H_2(PtCl_6)$, fällt in neutralen oder sauren Lösungen gelbes, kristallines, in heißem Wasser lösl. Kaliumplatinchlorid, $K_2[PtCl_6]$.

5. *Pikrinsäurelösung* gibt gelbes Kaliumpikrat.

6. Sehr empfindlich ist die Reaktion mit *Dipicrylamin-Natrium*. Auf den noch nassen Fleck der zu untersuchenden Lösung auf Filtrierpapier tupft man zunächst die Reagenslösung und dann mit sehr verd. Salzsäure (etwa 7%) nach. Es entsteht ein roter Fleck oder Ring; im Reagensglas entsteht hierbei ein gelbroter, kristalliner Niederschlag.

43 *

Kalmus.

Kalmus. Acorus calamus *L.*

Araceae.

In Kleinasien beheimatete, von dort durch einen Leibarzt des Kaisers Ferdinand I. im 16. Jahrhundert in Deutschland angebaute, jetzt an schlammigen Teichen und Ufern, in Sümpfen und an Gräben vorkommende, ausdauernde, schilfartige Pflanze mit waagerecht kriechendem Wurzelstock und bis über 1 m langen, schwertförmigen, ungestielten Blättern, die den dreikantigen Stengel umschließen. Endständiger, etwa 10 cm langer, schiefstehender Kolben mit 500 bis 700 gelblich-grünen Blüten. Der Blütenschaft wird von einem scheidenartigen Blatt (Spatha) seitlich abgedrängt (Abbildung 135). Blütezeit Juni/Juli.

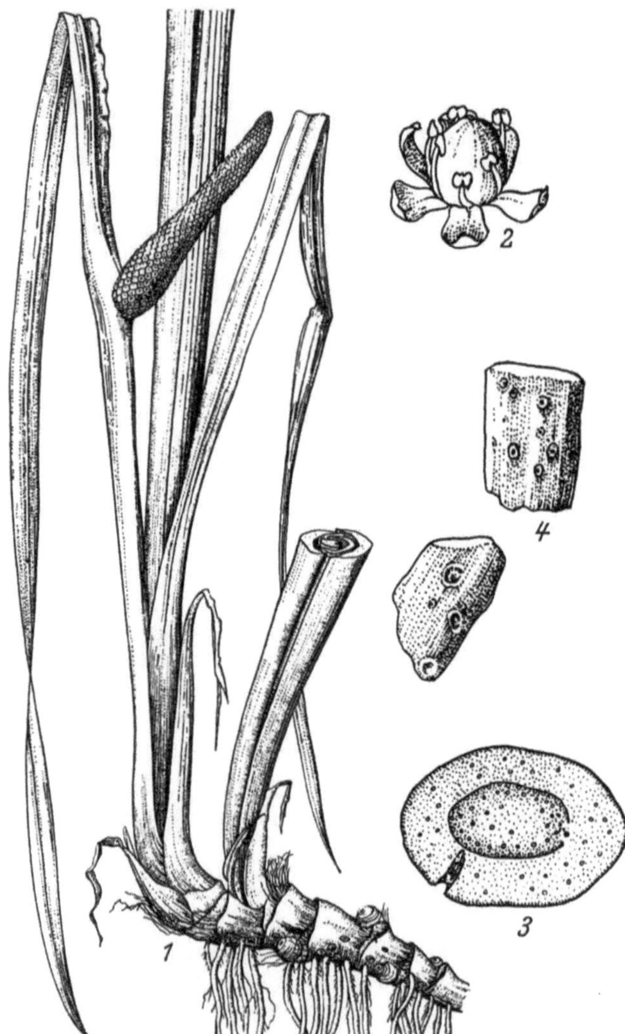

Abb. 135. Kalmus. Acorus calamus. *1* Habitus; — *2* Blüte, vergrößert; — *3* Querschnitt durch den Wurzelstock mit Wurzel; — *4* getrocknete Wurzelstockstücke.

Kalmus.
Rhizoma Calami, DAB. 6.

Kalmuswurzel. Deutscher Ingwer. Deutscher Zitwer. Magenwurzel. Zehrwurz.

Der im September/Oktober gesammelte, geschälte, meist der Länge nach gespaltene und getrocknete (Wasserverlust 75 bis 78%) Wurzelstock, bis 20 cm lang, bis 1,5 cm dick, leicht, mit gleichmäßiger, gelblich-weißer Farbe mit schwach rötlichem Schein. Oberseits mit spitz-dreieckigen Blattnarben, unterseits deutlich umschriebene, kreisrunde, hellbraune Wurzelnarben in etwas unregelmäßigen Zickzacklinien angeordnet. Bruch kurz, körnig, im **Lupenbild** fein, porös (Abb. 135, *3*). *Geruch* stark würzig, *Geschmack* würzig und zugleich bitter.

Inhaltsstoffe. 1,5 bis 3,5 *ätherisches Öl*, 0,2% *Acorin* (Bitterstoff), das harzartige Acoretin, *Gerbstoff*, der sich erst beim Trocknen bildet, Cholin, Methylamin, viel *Stärke*, Dextrin, Schleim u. a.

Handelssorten. Kalmuswurzelstock, roh,
ganz, geschnitten, grob und fein pulv.
Kalmuswurzelstock, geschält,
ganz, geschnitten, grob pulv. zur Tinktur,
fein pulv., je DAB. 6.

Verwendung. *Innerl.* bewährtes aromatisches Bittermittel (E. 1,0 g) oder 1 Teelöffel auf 1 Tasse Kaltansatz (2 Std.) mit anschließendem kurzen Aufkochen bei Verdauungsstörungen, Appetitlosigkeit, Aufstoßen, Sodbrennen, Magenkatarrhen, bei Störungen der Gallensekretion; *äußerl.* zu Bädern (kann die ungeschälte Droge Verwendung finden) bei Rachitis und Skrofulose, zu Umschlägen mit hautreizender Wirkung, 250 g als Aufguß für ein Vollbad. Zur Herstellung von Tinctura und Extractum Calami, DAB. 6, und Spiritus Calami, Erg.-B. 6, zu Zahnpulvern (5%), zu Mund- und Zahnwässern, bei Zahnfleischentzündungen, als Zusatz zu Likören (Abtei-, Alpenkräuterlikör, Benediktiner und Bitterschnäpsen z. B. Boonekamp); zu Teemischungen; *vet.* als wertvolles Magenmittel für die Pflanzenfresser (für Pferde 10 bis 25 g in Pulverform, für Rinder 25 bis 50 g als Schüttelmixtur).

Kalmus, kandierter. Confectio Calami.

Kandierter Kalmus wird zum Kauen verwendet (s. Bd. III).

Kalmusöl. Oleum Calami, DAB. 6.

Das aus Kalmuswurzelstock durch Dampfdestillation gewonnene ätherische Öl (Ausbeute aus getrockneten Rhizomen 1,5 bis 3,5%).

Eigenschaften. Dickliche, gelbe bis braungelbe Flüssigkeit, D. (20°) 0,954 bis 0,965; optisch aktiv $a_D^{20°} +9°$ bis $+31°$; $n_D^{20°}$ 1,5028 bis 1,5078. *Geruch* würzig, *Geschmack* bitterlich brennend, gewürzhaft. 1 ccm K. muß sich in 0,5 ccm Weingeist (90%) klar lösen.

Inhaltsstoffe. Pinen, Camphen, das Sesquiterpen Calamen, der Sesquiterpenalkohol Calamenol, 7 bis 8% Asaron u. a.

Verwendung. *Innerl.* 2 Tr. als Carminativum und Stomachicum; *äußerl.* als Hautreizmittel bei Gicht und Rheumatismus in Form von Kalmusspiritus, Spiritus Calami, Erg.-B. 6 (s. Bd. III), der unverdünnt als Einreibung oder als Badezusatz (100 g auf ein Vollbad) verwendet wird, zur Herstellung von Kalmusplätzchen (s. Bd. III).

Kalorie.

Als Kalorie (lat. calor, Wärme) oder Wärmeeinheit bezeichnet man diejenige Wärmemenge, die erforderlich ist, um 1 kg Wasser um 1° C zu erwärmen. Man nennt diese Wärmeeinheit *Kilogramm-Kalorie* (abgekürzt: kcal). Dies ist auch die Einheit, in der die Kalorienwerte von Nahrungsmitteln angegeben werden.

Nach den Richtlinien der Hygiene-Kommission des seinerzeitigen Völkerbundes sind nachfolgende Zahlen als Norm festgelegt. Nach HEUPKE-ROST[1] sind für den gesunden, erwachsenen Menschen ohne besondere berufliche Belastung 2400 Kalorien am Tag anzusetzen.

---

[1] HEUPKE, W., u. G. ROST: Was enthalten unsere Nahrungsmittel? Frankfurt/Main: Umschau-Verlag 1950.

Zu dieser Grundernährung müssen bei körperlicher Arbeit hinzugerechnet werden:

für leichte Arbeit . . . . . 75 Kalorien je Stunde,
für mittlere Arbeit . . . . . 75 bis 150 Kalorien je Stunde,
für schwere Arbeit . . . . . 150 bis 300 Kalorien je Stunde,
für sehr schwere Arbeit . . . 300 Kalorien je Stunde.

Für Kinder gelten folgende Werte:

1—2 Jahre . . 840 Kalorien pro Tag 5—7 Jahre . . 1440 Kalorien pro Tag
2—3 Jahre . . 1000 „ „ „ 7—9 Jahre . . 1680 „ „ „
3—5 Jahre . . 1200 „ „ „ 9—11 Jahre . . 1920 „ „ „
von 12 Jahren aufwärts . . 2400 Kalorien pro Tag

Für stillende Mütter wird eine Grundernährung von 3000 Kalorien am Tag gefordert.

Pflanzliche Lebensmittel[1].

1 kg enth.	Kalorien rd.	1 kg enth.	Kalorien rd.	1 kg enth.	Kalorien rd.
Hafermehl	3890	Spinat	350	Weintrauben	720
Weizenmehl, feines	3610	Pilze	370	Zucker	4090
Reis	3550	Kürbis	320	Marmelade	2390
Roggenbrot	2440	Tomate	220	Honig und Kunsthonig	3310
Nudeln (Makkaroni)	3600	Kernobst(Äpfel,Birnen)	550	Walnüsse, frische	5020
Kartoffeln	950	Steinobst (Kirschen,		Haselnüsse, trocken	6830
Schnittbohnen	390	Pflaumen)	770	Kastanien, echte	
Blumenkohl	320	Beerenobst	360	(Maronen)	3580

Die Kalorientabellen haben nur begrenzten Wert, weil mit ihrer Hilfe zusammengestellte Kostformen, wenn sie nicht bestimmte lebenswichtige Stoffe (Vitamine, Fermente, Mineral- und Aromastoffe) enthalten, zu Krankheit, u. U. sogar zum Tod führen können.

Kaltmazerat. Infusum frigide paratum.

Das Kaltmazerat, der kalte Auszug, ist eine der besten Zubereitungsformen. Er wird mit Wasser zubereitet zum Ausziehen von aromatischen und Bitterstoffen aus Drogen. Dabei wird ein Teil zerkleinerter Droge mit 10 oder mehr Teilen Wasser kalt angesetzt, 10 bis 12 Stunden unter wiederholtem Umrühren bedeckt stehengelassen und dann koliert. Kommen harzhaltige Drogen hierbei zur Verwendung, ist zwecks Lösung des Harzes ein Weingeistzusatz erforderlich. Länger als die vorgeschriebene Zeit stehenzulassen, ist wegen der Gefahr eines leichten Verderbens des Auszuges nicht ratsam.

Schleimhaltige Drogen (Eibischwurzel, Flohsamen, Leinsamen, Quittensamen) läßt man beim Kaltmazerat $1/_2$ bis 1 Stunde lang ziehen.

Kamala.

Der kleine, diözische Baum im tropischen Asien und nördlichen Australien, **Mallotus philipinensis** *Mueller Argoviensis, Euphorbiaceae*, hat wechselständige, gestielte, unterseits filzig behaarte, oben kahle Blätter. Die filzig behaarten Früchte sind mit großen Drüsen besetzt.

Kamala. Kamala, DAB. 6. Stoff B.

Die Büschel- und Drüsenhaare der Früchte (Abb. 136). Leichtes, weiches, nicht klebriges, braunrotes, mit wenigen graugelben Teilchen durchsetztes Pulver, das an

---

Weingeist, Äther, Chloroform, Kali- oder Natronlauge einen rotgelben Farbstoff abgibt. *Geruch-* und *geschmacklos.* Aschehöchstgehalt beim Verbrennen von 1 g K. 0,06 g.

Inhaltsstoffe. 70 bis 80% *Harz,* dessen wirksamer Inhaltsstoff das Phloroglucin-
derivat *Rottlerin* ist, Gerbstoffe, Zucker, Gummi, Eiweiß, Wachs u. a.

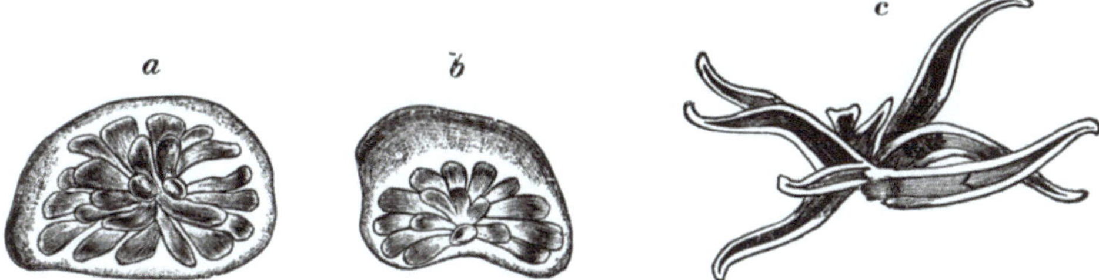

Abb. 136. Kamala, 200fach vergrößert. Drüsenhaare — *a* von oben, — *b* von der Seite gesehen; —
c Büschelhaar.

Verwendung. *Med.* als sicheres und gleichzeitig abführend wirkendes, mildes
Mittel gegen Band- und Spulwürmer; *vet.* als Wurmmittel für Hunde (E. je nach
Größe 2 bis 15 g), bei Leberegelseuche der Schafe.

Verw. u. Verf. Die dunkleren Drüsen von *Crotolaria erythrocarpa,* die sich im
Gegensatz zu Kamala beim Erhitzen auf 100° schwärzen.

Kamille.

Kamille. Matricaria chamomilla *L.*

Compositae.

In Mittel-, Ost-, Südost- und Südeuropa, besonders in den ungarischen Salz-
steppen und anderen Balkanländern massenhaft, bei uns auf Äckern, an Wegen, auf
Brachland, besonders in Marschgegenden
wild wachsend vorkommende, häufig auch
angebaute, einjährige, 15 bis 50 cm hohe
Pflanze mit kleiner, kurzer Wurzel. Blätter
2- bis 3fach fiederteilig, wechselständig,
hellgrün, die Einzelabschnitte schmal
lineal. Die langgestielten Blütenkörbchen
(⌀ nach Hegi 18 bis 24 mm, Scheiben-⌀
6 bis 8 mm) an den Enden der verzweigten Sproßspitzen (Abb. 137). Als Droge
finden Verwendung die Blüten, das Kraut
und das ätherische Öl.

Kamillen. Flores Chamomillae, DAB. 6.

Kamillenblüten. Flores Chamomillae vul-
garis. Feldkamillen. Gemeine Kamillen.

Abb. 137. Kamille, echte. Matricaria chamomilla.
1 Zweig mit Blüten; — *2* Blütenkorb, Längsschnitt,
vergrößert; — *3* weibliche Strahlenblüte, vergrößert; — *4* Zwitterblüte, vergrößert.

Die Mai bis August bei trockenem Wetter mit der Hand oder besonderen Appara-
ten kurzstielig gepflückten und in dünner Schicht schnell auf luftigen Böden ausgebreiteten und getrockneten (Wasserverlust 75 bis 85,7%) Blütenköpfchen.
Schnelle Trocknung ist die Voraussetzung zu einer einwandfreien Droge (gegebenen-

falls bei gelinder künstlicher Wärme), weil sich sonst die Körbchen verfärben oder zerfallen. Ungenügend getrocknete oder unzweckmäßig verpackte Ware kann durch Selbsterhitzung verderben.

Kamillen haben einen aus grünen, am Rande trockenhäutigen und weißen, in etwa 3 Reihen angeordneten Hochblättern bestehenden *Hüllkelch. Blütenboden* hohl, nackt, bei jüngeren Blütenköpfchen halbkugelig, bei älteren kegelförmig. Am Rande 12 bis 18 weiße, dreihzähnige, viernervige Zungenblüten, die Scheibe mit zahlreichen gelben, fünfnervigen Röhrenblüten besetzt (Abb. 137, *2, 3, 4*). *Geruch* kräftigwürzig, *Geschmack* etwas bitter.

Inhaltsstoffe. 0,6 bis 1% ätherisches Öl mit *Azulen, Chamazulen* (→ Kamillenöl), Mindestgehalt nach DAB. 6 0,4%, schweißtreibende Glykoside, Umbelliferonmethyläther, Salicylsäure, Dioxykumarin, Phytosterin, verschiedene Fettsäuren u. a.

Verwendung. *Innerl.* 2 Teelöffel auf 1 Tasse Aufguß, bis 2 Tassen tägl. bei entzündlichen Zuständen von Magen und Darm mit beruhigender, schmerzlindernder, krampfstillender und blähungstreibender Wirkung. Die entzündungswidrige Wirkung der Kamille beruht auf ihrem Gehalt an ätherischem Öl, das die Fähigkeit hat, die durch Entzündungsprozesse verursachten Kapillarerweiterungen rückgängig zu machen. Dabei werden Krämpfe gelöst und das Bewegungsvermögen des Darmes gehemmt. Zu Teemischungen. *Äußerl.* 2 Teelöffel auf 1 Tasse als Aufguß zu Mund-, Rachen- und Wundspülungen, auch bei Zahnextraktionswunden, mit ausgesprochen entzündungshemmender, desinfizierender, schmerzlindernder und erweichender Wirkung bei Entzündungen der Haut und der Schleimhäute, der Augen, Nase, von Mund und Rachen, bei Wunden, Ekzemen, Furunkeln, Verbrennungen, auch in Form von Kataplasmen, Bädern, Kamillendämpfen, Spülungen und Klistieren bei Dickdarmentzündungen, als Bäderzusatz 50 g zu 10 l Wasser als Aufguß; zur Herstellung von Tinctura und Extractum Chamomillae fluidum, Sirupus Chamomillae, Oleum Chamomillae infusum (s. Bd. III), das unverdünnt zu kosmetischen Einreibungen Verwendung findet, Aqua Chamomillae, je Erg.-B. 6.

Aufbewahrung. Vor Licht geschützt.

Verw. u. Verf. Die Blüten von Anthemis arvensis, Anthemis cotula, Anthemis tinctoria, → Matricaria discoidea und Matricaria inodora. Anthemis tinctoria, Färberhundskamille, hat gelbe Strahlen und Scheibenblüten und lanzettliche Spreublättchen mit starrer Spitze. Die übrigen Arten bestimmt man zweckmäßig nach den wichtigsten Unterscheidungsmerkmalen nach EICHINGER (in „Arzneipflanzenumschau" von E. F. HEEGER, „Die Pharmazie" 1946, 1, 210):

I. Blütenköpfe zwischen den Blüten *ohne* kleine, schuppenförmige häutige *Spreublätter.*

Köpfchenboden:

1. Kegelförmig, lang, hohl, mit dem bekannten, angenehmen Kamillengeruch:
Echte Kamille. Matricaria chamomilla *L.*

2. Nur vorgewölbt oder kurz kegelförmig, *nicht* hohl, *Geruch* nicht nach der echten Kamille, aber nicht unangenehm:
Geruchlose, Falsche Kamille. Matricaria inodora *L.* — **Chrysanthemum inodorum** *Smith.*

II. Blütenköpfe zwischen den Blüten *mit* ganz kleinen, lanzettlichen oder linealen, häutigen *Spreublättern.*

Spreublätter:

1. Lineallanzettlich, *Geruch* der Pflanze widerlich:
Stinkende Hundskamille. Anthemis cotula *L.*

2. Lanzettlich, mit kleiner, starrer Stachelspitze, Pflanze ohne widerlichen *Geruch*:

Ackerhundskamille. Anthemis arvensis *L.*

Handelssorten. Kamillen, fränkische, DAB. 6,
Kamillen, sächsische, DAB. 6,
Kamillen, ungarische, I,
Kamillen, ungarische, II,
Badekamillen.

Kamillenkraut. Herba Chamomillae.

Das während der Blütezeit ohne Wurzeln, aber mit Blüten geerntete und rasch im Schatten getrocknete Kraut.

Verwendung. Für *äußerl.* Zwecke wie die Blütendroge, selten.

Kamillenöl. Oleum Chamomillae, Erg.-B. 6. Stoff B.

Das durch Wasserdampfdestillation von Flores Chamomillae, DAB. 6, gewonnene ätherische Öl. Ausbeute 0,2 bis 0,38%. Dickflüssig, bei niedriger Temperatur fast butterartig. Farbe durch Chamazulen tief dunkelblau, verfärbt sich aber bei Zutritt von Licht und Luft erst grün, dann braun. D. (20°) 0,912 bis 0,955; SZ. 9 bis 50; EZ. 3 bis 33; in Weingeist (95%) unter Paraffinabscheidung lösl.

Inhaltsstoffe. Sesquiterpene und Sesquiterpenalkohole, 1,5 bis 15% *Chamazulen*, das Dimethylisopropyl-Derivat des Azulens, mit besonders entzündungswidriger Wirkung, Caprinsäure, Propionsäure, schweißtreibende Glykoside, Umbelliferonmethyläther u. a.

Verwendung. Wie die Droge E. 0,1 g (5 Tr.). In der Parfümerie zu Phantasienoten wie Chypre usw., Seifen, in der Kosmetik zu Haarwässern, Mundwässern, in der Likörbereitung zu feinen Kräuterlikören.

Aufbewahrung. Vor Licht geschützt.

Kamille, strahlenlose. Matricaria discoidea *De Candolle*.

Matricaria suaveolens Pursh.

Compositae.

An Weg- und Straßenrändern vorkommende, eingeschleppte und sich massenhaft vermehrende, einjährige, 10 bis 30 cm hohe Pflanze, Stengel aufrecht, verästelt, Blätter doppelt bis einfach fiederteilig, Blütenköpfchen grüngelblich, ohne Zungenblüten, Scheibenblüten vierzähnig. Blütezeit Juni/August.

Kamillenkraut, strahlenloses, Herba Matricariae discoideae.

Das während der Blütezeit gesammelte und getrocknete ganze Kraut.

Inhaltsstoffe. Ätherisches Öl ohne Azulen.

Verwendung. *Innerl.* 1 bis 2 Teelöffel auf 1 Tasse Aufguß als krampflösendes Mittel, gegen Würmer. Die entzündungswidrige Eigenschaft der echten Kamille fehlt der Droge.

Kamille, römische. Anthemis nobilis *L.*

Compositae.

In Süd- und Westeuropa heimische, besonders in Belgien und Frankreich, aber auch in Deutschland (Sachsen, Thüringen) angebaute, bis 30 cm hohe, ausdauernde

Pflanze mit doppelt fiederspaltigen Blättern mit schmalen Zipfeln. Die Blüten-körbchen der angebauten Droge sind gefüllt, alle oder die meisten Röhrenblüten sind durch Zungenblüten ersetzt. Blütezeit Juli/Oktober.

Römische Kamillen. Flores Chamomillae Romanae, Erg.-B. 6.

Große Kamillen. Doppelte Kamillen.

Die bei trockenem Wetter gesammelten und rasch und vorsichtig getrockneten (Wasserverlust 67 bis 85%) Blütenköpfchen. ⌀ 2 bis 3 cm, Hüllkelch aus ovalen, dachziegelartig angeordneten, am Rand gesägten, trockenhäutigen Blättchen, Blütenboden gewölbt, markig, nicht hohl, mit Spreublättchen. Rand-blüten viernervige, an der Spitze dreizähnige, etwa 7 mm lange, weiße bis blaßgelbliche Zungen-blüten, in der Mitte des Blütenbodens wenig gelbe Röhrenblüten (Abb. 138). *Geruch* würzig-balsamisch, *Geschmack* bitter-lichwürzig. Aschehöchst-gehalt nach Erg.-B. 6 6%.

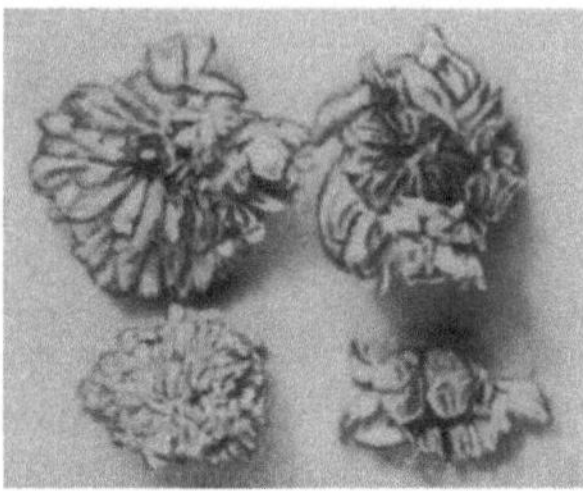

Abb. 138. Römische Kamille. Flores Chamomillae Romanae.
Links: Schnittdroge, 2fach vergrößert. Ganzes gefülltes Blütenköpfchen und einzelne weibliche Zungenblüten. — *Rechts:* Ganzdroge, natürliche Größe. Die gelben Röhrenblüten treten kaum hervor. Rechts oben ein Blütenköpfchen in Unteransicht mit Hüllblättern, darunter ein Blüten-köpfchen von Chrysanthemum parthenium als Verfälschung.
(Nach *Schlemmer-Hörhammer.*)

Inhaltsstoffe. 0,6 bis 1% *ätherisches Öl* (gefüllte Köpfchen bis 1,75%), Apigenin, Apigeninglykosid, Bitterstoffe, Inosit, Zucker u. a.

Verwendung. *Innerl.* wie echte Kamillen, als schweißtreibendes und krampf-stillendes Mittel, bei Verdauungsstörungen, Blähungen; *äußerl.* zu Mund- und Wund-spülungen, in der Kosmetik zu Haarwaschmitteln und Haarwässern für blondes Haar, das durch die ätherische Ölwirkung aufgehellt wird; in der Likörherstellung zur Aromatisierung von Likören.

Aufbewahrung. Vor Licht geschützt.

Verw. u. Verf. *Chrysanthemum parthenium* mit kleineren Blüten, nacktem und flachem Blütenboden und ohne den kennzeichnenden Geruch, *Achillea ptarmica* mit geruchlosen Blüten.

Römisch Kamillenöl. Oleum Chamomillae Romanae.

Das durch Wasserdampfdestillation gewonnene, durch Azulen hellblaue, äthe-rische Öl, das durch Luft und Licht erst grün, dann braungelb gefärbt wird. D. (15°) 0,905 bis 0,918; $a_D^{20°}$ —2° 30′ bis +3°; $n_D^{20°}$ 1,442 bis 1,457; SZ. 1,5 bis 4; EZ. 214 bis 317; lösl. in 6 bis 10 Vol.-T. Weingeist (70%) mitunter mit Trübung, 1 bis 2 Vol-T. (80%), 1 Vol.-T. (90%).

Inhaltsstoffe. *Azulen*, Ester des Isoamylakohols, des n-Butylalkohols u. a., ein Terpenalkohol *Anthemol* mit Isobutter-, Methyläthylpropion-, besonders Angelica-säure.

Verwendung. In der Parfümerie zu Chypre u. a.

Kammfett. Pferdekammfett.

Unter der Bezeichnung Kammfett kommt das aus dem Oberhals des Pferdes gewonnene gelblich bis weiße Fett von der Konstistenz des Schweineschmalzes in den Handel. *Geruch* unangenehm, wird schwer ranzig. Das Kammfett wird infolge seines reichlichen Cholesteringehalts als haarwuchsfördernd angesehen.

Verwendung. Zur Haarpomaden bei Haarausfall, zu Salben in der Veterinärpraxis, als Schmiermittel, als Zusatz bei der Herstellung von Seifen und zu anderen technischen Zwecken.

Kampfer.

Mit Kampfer bezeichnet man ganz allgemein in vielen ätherischen Ölen vorkommende aromatische Stoffe, die beim Verdunsten ihrer flüchtigeren Lösungsmittel ausgeschieden werden, z. B. Pfefferminzkampfer, *Menthol*, Thymiankampfer, *Thymol*, Borneokampfer, *Borneol*. Als Droge versteht man unter Kampfer den festen Anteil des ätherischen Öls des in Ostasien, besonders auf Formosa, heimischen und auch in anderen tropischen und subtropischen Gebieten angebauten Kampferbaumes **Cinnamomum camphora** (*Linné*) *Nees et Ebermayer, Lauraceae*. Bis 40 m hoher, bis 5 m dicker, knorrig verzweigter, mächtiger Baum mit länglich elliptischen, bis 13 cm langen Blättern. Auf Formosa befinden sich $^3/_4$ aller auf der Erde vorkommenden Kampferbäume, die erst im Alter von über 60 Jahren zur Kampfergewinnung gefällt werden.

Kampfer. Camphora, DAB. 6.

Japankampfer. Laurineenkampfer. Naturkampfer. $C_{10}H_{16}O$. Mol.-Gew. 152,1.

Gewinnung. Zerkleinertes Stammholz zum größten Teil wild wachsender Bäume wird in meist noch äußerst primitiven Destillationsapparaten der Wasserdampfdestillation unterworfen. Das mit den Wasserdämpfen hierbei übergehende *Kampferöl* wird in Holzkästen, die durch fließendes Wasser gekühlt werden, aufgefangen. Dabei scheidet sich der kristalline Kampfer aus, während das ätherische Kampferöl flüssig bleibt. Durch weiteres Abkühlen und anschließendes Abpressen trennt man den *Rohkampfer* vom flüssigen Kampferöl. Dieser wird teils schon in den Erzeugungsländern oder aber erst im Abnehmerland, in Deutschland in Hamburg, durch Sublimation aus eisernen Retorten gereinigt, *raffiniert*. Das in großen Kammern als flockig-kristallines Pulver niederfallende Produkt, *Kampferblüten*, wird in hydraulischen Pressen in Würfel, Platten oder Tafeln gepreßt und kommt so in den Handel.

Eigenschaften. Durchscheinende bis weiße, kristalline, brüchige Stücke oder ein weißes, kristallines Pulver. In Wasser nur sehr wenig (1 : 600), in Äther, Chloroform, Weingeist oder Ölen reichlich lösl., die Wasserlöslichkeit kann jedoch durch Zusatz moderner Lösungsvermittler wie Gallensäure, Diäthylacetamid und anderer, erhöht werden. Schmp. 175° bis 179°, dreht den polarisierten Lichtstrahl nach rechts, *d-Kampfer.* 2 g Kampfer in 10 ccm absolutem Alkohol gelöst haben $[\alpha]_D^{20°}$ +44,22°. *Geruch* kräftig eigenartig, durchdringend, *Geschmack* brennend scharf, leicht bitter, dann kühlend. Schon bei gewöhnlicher Temperatur verdampft Kampfer allmählich, beim Erwärmen vollständig. Angezündet verbrennt er mit stark rußender Flamme und schwimmt auf Wasser

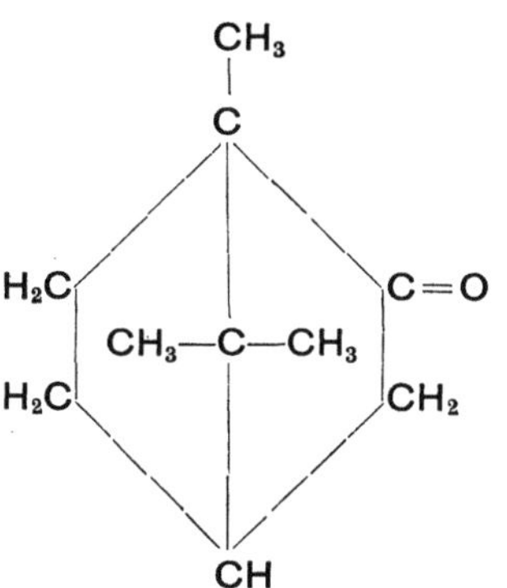

unter ständig kreisenden Bewegungen. Naturkampfer ist ein rechtsdrehendes, cyklisches Keton. Zur Herstellung von Kampferpulver, *Camphora trita*, wird er mit wenig Äther oder Weingeist besprengt und dann in der Reibschale zerrieben. Beim Zerreiben von Kampfer mit Thymol, Naphthol, Resorcin und anderen Phenolen, Menthol, Chloralhydrat und Salicylsäure entsteht ein flüssiges Gemisch.

Aufbewahrung. Wegen seiner Flüchtigkeit kühl und best verschlossen.

Prüfung des DAB. 6. Verbrennt man 0,1 g Kampfer auf einem Kupferblech von 4 qcm, das in eine Porzellanschale gelegt ist, und läßt die rußenden Dämpfe in ein vorher mehrmals mit Wasser ausgespültes Gefäß von 1 l Inhalt eintreten, so darf die durch Ausspülen des Gefäßes mit 10 ccm Wasser erhaltene und filtrierte Flüssigkeit nach Zusatz von einigen Tr. Salpetersäure und 0,5 ccm $^1/_{10}$-n-Silbernitratlösung innerhalb 5 Min. nicht verändert werden. Tritt eine weiße Trübung innerhalb dieser Zeit ein, zeigt dies synth. Kampfer an.

Toxikologie und **Verwendung.** → Kampfer, synthetischer.

Kampfer, synthetischer. Camphora synthetica, DAB. 6.
$C_{10}H_{16}O$. Mol.-Gew. 152,1.

Durch Sublimation oder Kristallisation gereinigte, auf synthetischem Wege aus dem Pinen des Terpentinöls gewonnene, razemische Form des Kampfers. Die Eigenschaften des synth. Kampfers entsprechen denen des Naturkampfers. Er kann deshalb an dessen Stelle auch medinzische Verwendung finden. Lediglich im Schmp. unterscheidet er sich vom Naturkampfer, dessen Schmp. 175° bis 179°, der des synth. Kampfers nach DAB. 6 nicht unter 170° sein soll, außerdem ist er im Gegensatz zum Naturkampfer optisch inaktiv bzw. schwach rechtsdrehend. $[\alpha]_D^{20°}$ $-2°$ bis $+5°$.

Toxikologie. Durch Einatmen von Kampferdämpfen können in Fabrikbetrieben, die Kampfer in größeren Mengen verarbeiten, oder bei seiner Verwendung als Mottenmittel (obsolet) in größerem Umfang Vergiftungen vorkommen. Auch durch Trinken von Kampfergeist und -liniment sind Vergiftungen vorgekommen.

Verwendung. *Innerl.* (E. 0,1 g) als Anregungsmittel bei Schwächeanfällen sowie für das Herz und die Atmung, als auswurfförderndes, blähungs- und gallentreibendes Mittel; *äußerl.* in Form von Kampfergeist, Kampfersalbe oder -puder (10%) als hautreizendes, verteilendes und schmerzlinderndes Mittel mit antiseptischer Wirkung (bei längerer Anwendung kann Hautentzündung eintreten) bei Rheumatismus, Gicht, Neuralgien, zur Herstellung von Kampferzahnpulver und KUMMERFELDschem Waschwasser, Erg.-B. 6; *techn.* äußerst wichtiger Stoff, 80% als Gelatiniermittel für Celluloid und viele plastische Massen, zu rauchlosem Pulver, in der Zündmittelindustrie, zur Herstellung von Filmen, Kunstleder, Desinfektionsmitteln, in der Lackindustrie zur Herstellung von Celluloselacken (Autolack, Zaponlack), in der Glühstrumpfindustrie zu Tauchfluid, um Glühstrümpfe transportfest zu machen, als Schädlingsbekämpfungsmittel gegen Motten obsolet, da wirkungslos.

Kampferöl. Oleum Camphorae.

Das technisch vielfach verwendete Öl darf nicht mit Oleum camphoratum, DAB. 6, verwechselt werden, es ist das Nebenprodukt, welches bei der Destillation von Kampfer aus dem Holz des Kampferbaumes nach Entfernung des auskristallisierten Kampfers zurückbleibt. Durch fraktionierte Destillation dieses *Kampfer-Rohöls*, einer hellgelben bis braungelben Flüssigkeit, erhält man

Weißes Kampferöl oder Kampferweißöl, D. 0,87 bis 0,91.
Inhaltsstoffe. Terpene, vor allem Pinen, Phellandren, Dipenten, wenig Cineol, 3,7 bis 8% Kampfer.

Rotes oder schwarzes Kampferöl, Kampferrotöl, D. 1,0 bis 1,035.
Inhaltsstoffe. Safrol, Phenole, Sesquiterpene, sehr wenig Kampfer.

Aus diesen Ölen werden durch fraktionierte Destillation die Einzelbestandteile, vor allem Safrol, gewonnen. Nebenprodukte sind:

Leichtes Kampferöl, Sdp. 170° bis 180°, findet als Terpentinölersatz in der Lackfabrikation, als Reinigungsmittel von Typen, Platten und Walzen im Buchdruck Verwendung, da es weniger feuergefährlich ist als Terpentinöl;

Schweres Kampferöl, Sdp. 240° bis 300°, findet in der Lackherstellung, zum Parfümieren von Schuhwichse, Bohnerwachs und billigen Seifen, von Mineralölen und Wagenfetten Verwendung, ebenso das höchstsiedende Kampferöl;

Blaues Kampferöl, blau, dickflüssig, das als Binde- und Lösungsmittel Verwendung findet.

Kampferöl, Oleum camphoratum, DAB. 6, ist die Auflösung von 1 T. Kampfer in 9 T. Olivenöl.

Kanadabalsam.

Der Balsam stammt von den in Kanada und den Vereinigten Staaten vorkommenden Nadelhölzern **Abies balsamea** (*Linné*) *Miller*, **Abies fraseri** *Pursh* und **Tsuga canadensis** *Carrière*, *Pinaceae*, und wird durch Anstechen der Harzbeulen der äußersten Rinde im Sommer gewonnen.

Kanadabalsam. Balsamum canadense, Erg.-B. 6.

Terebinthina canadensis.

Klare, frisch fast farblose bis blaßgelbe oder grünlichgelbe, durchsichtige, schwach fluoreszierende Flüssigkeit etwa von der Konsistenz dünnen Honigs, stark klebend, die sich an der Luft durch Verdunsten des ätherischen Öles allmählich verdickt und schließlich zu einer harzartigen Masse erstarrt, aber auch hierbei klar bleibt. Leicht und vollständig in Benzol, Chloroform, Toluol, Xylol und Schwefelkohlenstoff, fast völlig in Äther und Terpentinöl lösl., dagegen nur unvollständig in absolutem Alkohol und Weingeist. Beim Vermischen von 6 T. K. mit 1 T. gebrannter Magnesia verdickt er sich und wird fest. D. (20°) 0,994. *Geruch* angenehm balsamisch, nicht terpentinartig. *Geschmack* würzig, etwas bitter.

Inhaltsstoffe. Reichlich Harz, *Kanadoresen,* 23% *ätherisches Öl* (mit Bornylacetat), Bitterstoff.

Verwendung. Wegen der Eigenschaft, beim Erstarren vollkommen durchsichtig, homogen und klar zu bleiben, zum Kitten von Glaslinsen in der Optik, als Einbettungsmittel für mikroskopische Präparate (meist mit Aceton oder Xylol verd.), in der Porzellanmalerei als Bindemittel für Farben.

Aufbewahrung. Vor Licht geschützt.

Caedax („Bayer") ist ein künstlicher Ersatz für Kanadabalsam mit ähnlichen Eigenschaften wie dieser, der ebenfalls in der mikroskopischen Technik verwendet wird.

Kanadisches Berufskraut.

Kanadisches Berufskraut. Erigeron canadensis *L.*

Kanadische Dürrwurz.

Compositae.

In Nordamerika heimische, in Deutschland an kiesigen Ufern, unbebauten Orten und als lästiges Unkraut verbreitete, einjährige Pflanze mit steif aufrechtem, nach oben stark rispig verzweigtem, bis über 50 cm hohem, reichbeblättertem

Stengel. Blätter lineallanzettlich, mit borstigen Wimpern, die oberen ganzrandig, die unteren entfernt gesägt. Köpfchen sehr zahlreich, langgestielt, 4 bis 5 mm lang, Zungenblüten meist schmutzigweiß, die Hüllblätter kaum überragend.

Kanadisches Berufskraut. Herba Erigerontis canadensis.

Inhaltsstoffe. 0,3 bis 0,7 *ätherisches Öl* (mit Limonen, Terpineol, Dipenten), Gerbstoff, Gallussäure.

Verwendung. *Innerl.* 1 Teelöffel auf 1 Tasse Aufguß als Wurmmittel, gegen Ruhr, bei Wassersucht.

Kanariensamen.

Die Bezeichnung „Samen" ist falsch. Die Droge besteht nicht aus den Samen, sondern aus den Früchten des Kanariengrases **Phalaris canariensis** L., *Gramineae*. Die Pflanze ist auf den Kanarischen Inseln und in Südeuropa beheimatet, in Deutschland (Thüringen) angebaut und verwildert.

Kanariensamen. Fructus Canariensis.

Kleine, glänzende, strohgelbe, längliche, beiderseits zugespitzte Früchte.

Inhaltsstoffe. Fettes Öl, Stärke, Zucker, Eiweiß, Säuren.

Verwendung. Hauptsächlich als Vogelfutter, zum Appretieren von Baumwollgeweben.

Kapern.

In den Mittelmeerländern heimischer, in Südfrankreich, Spanien, Algerien angebauter, dorniger, rankender Strauch, **Kapernstrauch, Capparis spinosa** L., *Capparitaceae*.

Kapern, Flores Capparidis.

Kapern. Kappern.

Die jungen, Ende Mai / Anfang September gesammelten, möglichst kleinen Blütenknospen läßt man nach dem Pflücken im Schatten welken und legt sie in Essig mit Salzzusatz oder nur in Salz oder Öl ein. *Geschmack* säuerlich-salzig, etwas scharf. Gute Qualitäten sind geschlossen, klein, rund und hart, oliven- bis blaugrün, saftgrüne Färbung weist auf künstliche Färbung mit Kupferverbindung hin (Nachweis: beim Einhängen eines blanken Kupfernagels überzieht sich dieser mit einem Kupferbelag). Weiche Ware ist geschmacklos und zu verwerfen. Die besten Kapernsorten sind die französischen. Es folgen algerische, spanische und italienische Sorten. Der Versand erfolgt in Flaschen oder kleinen Tonnen.

Verwendung. Beliebtes Gewürz zu Marinaden, kaltem Fleisch, Soßen usw.

Verf. Blütenknospen der Sumpfdotterblume, *Caltha palustris*, der Kapuzinerkresse, *Tropaeolum majus*.

Kapillarität. Haarröhrchenwirkung.

In haardünnen Röhren, *Kapillaren* (lat. capillus, Haar), steigen benetzende Flüssigkeiten entgegen der Schwerkraft durch überwiegende Adhäsionskräfte empor, während nicht benetzende Flüssigkeiten, z. B. Quecksilber, durch überwiegende Kohäsionskräfte in einer engen Röhre (Kapillare) niedriger stehen als in einem weiten Rohr. Die Kapillarität ist also eine Folge der Kräfte zwischen den Molekülen der Flüssigkeit und den Molekülen der Kapillarwand. Auf ihr beruhen wichtige Lebensvorgänge im menschlichen Körper (Durchblutung, Ernährung), im täglichen Leben beruhen die Benützung des Schwamms, Handtuchs, Löschpapiers, das Aufsteigen von Kaffee in einem Zuckerstück usw. auf der Kapillarität.

Karamel.

Karamel erhält man durch trockenes Erhitzen von Rohr-, Rüben- oder Traubenzucker mit etwas Soda- oder Ammoniumcarbonat-Zusatz auf 200°.

Braune, nicht kristallisierende Masse mit eigenartigem *Geruch* und *Geschmack*, die in Wasser gelöst als dunkelbrauner Sirup in den Handel kommt und als giftfreie Farbe zum Färben von Essig, Likören, Bier, Rum, Bonbons usw. verwendet wird. Mit *Karamellen* bezeichnet man Bonbons mit viel Karamelgehalt, die z. B. mit Malzzucker als Malzbonbons gegen Husten Verwendung finden. (S. Zucker, Eigenschaften, und Band III Tinctura Sacchari tosti.)

Karaya.

Unter Karaya versteht man einen aus **Cochlospermum gossypium** gewonnenen Pflanzengummi, der etwa 11,5% Arabin als löslichen Bestandteil und bis zu 80% Bassorin enthält. Der letzte Bestandteil bedingt seine Quellfähigkeit bei Zugabe von Wasser. Bei weiterem Wasserzusatz bildet K. einen dicken, durchsichtigen Schleim. Bei der Quellung in Wasser erhält der Schleim durch Abspaltung von Essigsäure saure Reaktion und sauren Geruch.

Verwendung. Ähnlich wie Agar-Agar als mechanisches Laxans, wobei es dieses an Wirksamkeit noch übertrifft. 1 Teelöffel K. entspricht zwei Eßlöffeln geschnittenen Agars. K. kann Traganth gut ersetzen und gibt zähe, nicht klebrige Schleime, die als Stabilisatoren dienen. Auch als Ersatz für Quittenschleim findet K. Verwendung. So zur Herstellung von Haarwellwässern, wobei die Haare nach dem Trocknen keinen grauen Belag zeigen.

Kardamomen.

Im südwestlichen Vorderindien, besonders an der Malabarküste beheimatete, auf Java, Ceylon und in anderen Tropengebieten angebaute Pflanze **Elletaria cardamomum** *Maton, Zingiberaceae*. Bis 4 m hoch, krautig, mit 60 cm langem Blütenstand. Frucht dreifächerige Kapsel, die bis zu 18 Samen enthält.

Handelssorten. Hauptumschlagplatz für Kardamomen ist Kalkutta, von wo sie nach London verschifft werden. Von dort kommen in den europäischen Handel

Malabar- oder *Ceylon-Malabar-Kardamomen* aus den Kulturen Ceylons,

Mysore- oder *Ceylon-Mysore-Kardamomen* von der auf Ceylon angebauten Varietät Mysore,

Mangalore-Kardamomen von der Malabarküste aus der Gegend von Mangalore,

Aleppi- oder *Alleppy-Kardamomen*, die ihren Namen nach der gleichnamigen Stadt im südindischen Staat Travancore führen.

Außer den Früchten kommen auch die Samen, *Fructus Cardamomi excorticati*, und Cardamomenpulver, *Fructus Cardamomi pulv.*, in den Handel.

Malabar-Kardamomen. Fructus Cardamomi, DAB. 6.

Echter Malabar-Kardamom. Kleiner Kardamom.

Die kurz vor der Reife gesammelten und getrockneten Früchte, etwa 10 bis 15 mm, seltener bis 20 mm lang, 8 bis 10 mm dick, hellgelb bis graugelblich, längsgestreift, im Querschnitt rundlich-dreikantig, dreifächerig, mit dünner, strohig-zäher, geschmackloser Wandung, zuweilen am oberen Ende mit einem kurzen, röhrenförmigen Schnabel, dem Perigon-Rest, versehen. An der zentralwinkel-ständigen Samenleiste (Placenta) sitzen in jedem Fache in 2 unregelmäßigen Reihen etwa 4 bis 8 Samen, die zu Ballen verklebt sind, durch Druck aber leicht ausein-anderfallen. Samen sehr hart, von einem häutigen, sehr zarten, fast farblosen

Abb. 139. Kardamomenfrüchte. Frutus Cardamomi.
Links: Schnittdroge, 2fach vergrößert. Eine ganze, dreikantige Frucht, Frucht-wandstückchen in Außen- und Innen-seitenansicht und zwei Samen. — *Rechts:* Ganzdroge, natürlicher Größe. Oben die dreikantige, strohgelbe Kapselfrucht; unten als Verfälschung eine graue, stark gerippte Frucht von Elletaria major. (Nach *Schlemmer-Hörhammer.*)

Samenmantel umhüllt, ungleichmäßig kantig, grob querrunzelig, braun, 2 bis 3 mm lang, an der Bauch-seite mit einer Furche, auf dem Querschnitt nieren-förmig (Abb. 139). *Geruch* stark würzig, *Geschmack* würzig, brennend. Aschehöchstgehalt 10%. Das Pulver ist rötlich- bis bräunlichgrau. Zu seiner Her-stellung dürfen nur die Samen Verwendung finden.

Inhaltsstoffe. 2 bis 8% *ätherisches Öl* mit Ter-pinylacetat, d-Terpineol, Cineol, Borneol und Bor-neonyl, 20 bis 40% *Stärke,* fettes Öl.

Verwendung. Als aromatisches Mittel und Ge-schmackskorrigens zu appetitanregenden und magenstärkenden Zubereitungen, zur Herstellung von Tinctura Cardamomi, Erg.-B. 6 (s. Bd. III), Tinctura aromatica, DAB. 6 (s. Bd. III) u. a., als feines Küchengewürz, zu Gewürzmischungen und in der Feinbäckerei, in der Likörherstellung.

Kardamomenöl. Oleum Cardamomi.

Das durch Wasserdampfdestillation von Malabar-Kardamomen (Ausbeute 3,5 bis 7%) gewonnene ätherische Öl, hellgelb, von angenehmem *Geruch.* D. (15°) 0,923 bis 0,941; α_D +24° bis +41°; $n_D^{20°}$ 1,462 bis 1,467; SZ. bis 4,0; EZ. 94 bis 150. Löslich in 2 bis 5 Vol.-T. Weingeist (70%). Inhaltsstoffe s. Malabar-Karda-momen.

Verwendung. In der Parfümerie zu Phantasienoten (Chypre u. a.), besonders in der Likörfabrikation, Konditorei und Genußmittelindustrie.

Aufbewahrung. Vor Licht geschützt.

Kardobenedikte.

Kardobenedikte. Cnicus benedictus *L.*

Compositae.

Im Mittelmeergebiet heimische, in Deutschland in Franken (Schweinfurt) und Thüringen (Kölleda) angebaute, einjährige, distelartige Staude. Die großen, gelben Blüten sind in einem Hochblatt-Trichter versteckt und von spinnwebartigen, be-haarten Hüllkelchblättern umgeben (Abb. 140).

Kardobenediktenkraut. Herba Cardui benedicti, DAB. 6.

Benediktendistel. Heil-, Bitter-, Magendistel. Benediktenkarde. Distelkraut.

Die während der Blütezeit gesammelten und getrockneten (Wasserverlust 75 bis 84%) Blätter und krautigen Zweigspitzen. Blätter bis 30 cm lang, grundständig, lineal- oder länglich-lanzettlich, spitz, in einen dreikantigen, geflügelten Blattstiel übergehend, schrotsägezähnig oder fiederspaltig, obere Blätter kleiner als die unteren, sitzend, am Stengel herablaufend. Die grundständigen Rosettenblätter bis 30 cm lang, alle Blätter an der Spitze und den Lappen mit einem Stachel versehen, zottig behaart. Blütenköpfe (Abb. 140, *2*) 3 cm lang, 1,5 cm dick, einzelständig, mit gelben Blüten und einem Hüllkelch, dessen äußere, eiförmige Blätter in einen einfachen, am Rande spinnwebig behaarten Stachel ausgehen, während die inneren, schmaleren einen gefiederten Stachel haben. Der Blütenboden dicht mit seidig glänzenden Spreuhaaren bedeckt. Frucht braune, mit Pappus gekrönte Achäne (Abb. 140, *4*). *Geruchlos, Geschmack* stark und anhaltend bitter. Aschehöchstgehalt

Abb. 140. Kardobenediktenkraut. Cnicus benedictus. *1* blühender Zweig; — *2* einzelner Blütenkopf; — *3* inneres Hüllkelchblatt; — *4* Frucht mit Pappus.

20%. **Schnittdroge:** Hellgrüne Blattstückchen von Laub- und Deckblättern mit stachelspitzigem Blattrand, oberseits mit zottigen Haaren, unterseits mit hellgelber, grober Netznervatur. Einzelteile durch die spinnwebeartige, klebrige Behaarung meist klumpig zusammengeballt. Auffällig sind die großen gelbbraunen Achänen, kahl, mit vielen Rippen, oben mit doppeltem Pappus, dessen äußere Borsten lang, die inneren kürzer sind.

Inhaltsstoffe. Bitterstoff *Cnicin*, viel Schleim, wenig ätherisches Öl, *Gerbstoffe*, Harze, Nicotinsäure bzw. Nicotinsäureamid, Phytosterin, Cerylalkohol, Glucose, Fructose..

Verwendung. *Innerl.* 1 Teelöffel auf 1 Tasse Aufguß, zweckmäßig $^1/_2$ Stunde vor dem Essen, als bitteres Magen- und schweißtreibendes Mittel, bei Gallen- und Leberleiden, Gicht, Harnbeschwerden. Bei Appetitlosigkeit, Aufstoßen, Sodbrennen als verdauungsförderndes Mittel, zu Teemischungen; zur Herstellung von Bitterlikören und -schnäpsen. *Größere Mengen* wirken *brechenerregend; äußerl.* findet die Abkochung bei Frostbeulen und schlecht heilenden Brandwunden und Geschwüren Verwendung.

Verw. u. Verf. Blätter von Mariendistel, *Silybum marianum*, kahl, glänzend, weiß gefleckt;

Kohl-Kratzdistel, *Cirsium oleraceum*, schwach stachelig gewimpert, glatt, nicht bitter;

Eselsdistel, *Onopordum acanthium*, spinnenwebig-filzig.

Kartoffel.

Kartoffel. Solanum tuberosum. *L.*

Solanaceae.

In Südamerika heimische, in der Mitte des 16. Jahrhunderts von den Spaniern aus Peru und Chile nach Europa gebrachte, 30 bis 80 cm hohe Pflanze mit kantigen, verästelten, zunächst aufrechten, später niederliegenden Stengeln und meist knolligen Ausläufern. Blätter unpaarig gefiedert, Fiederblättchen eiförmig oder schief herzförmig, ganzrandig, spitz, oberseits grün, unterseits grau, kurz behaart. Blüten mit gegliederten Stielen in Wickeln. 5 beinahe 5eckige, lila, rosa oder weiße Blumenblätter, doppelt so lang wie der Kelch. Frucht grüne, kugelige, **giftige** Beere mit vielen Samen. Blütezeit Juni/August.

Die unterirdischen Sproßknollen der Kartoffel, **Kartoffeln**, *Erdäpfel, Grundbirnen, Erdbirnen*, bilden das Rückgrat der deutschen Volksernährung.

Inhaltsstoffe. Etwa 75% Wasser, 2% Stickstoffsubstanzen, 0,2% Fett, 18 bis 20% Kohlenhydrate, hauptsächlich Stärke, geringe Mengen Zucker, Dextrine, Gummi; stickstofffreie Extraktstoffe, Pentosane, Rohfaser, Vitamin C, etwa 1% Asche, davon 50% Kalium und viel Phosphate.

Verwendung. Als Hauptnahrungsmittel, zur Herstellung von Kartoffelwalzmehl, Kartoffelflocken, Kartoffelschnitzel, Kartoffelsago, Kartoffelstärke, Dextrin, Kapillärsirup, Traubenzucker. Wichtiger Rohstoff zum Brennen von Weingeist und Schnaps.

Kartoffeln, erfrorene.

Die Lagerung von Kartoffeln erfolgt zweckmäßig bei Temperaturen von $+2°$ bis $+6°$. Bei ihrer Lagerung gehen dauernd chemische Veränderungen unter der Wirkung von Enzymen, die in ihren Zellen vorhanden sind, vor sich. Dabei wird ständig aus Stärke Zucker gebildet, der veratmet wird. Die Stärkeverluste können bei warmer und feuchter Aufbewahrung sehr beachtliche sein. Werden Kartoffeln längere Zeit bei $0°$ gelagert, so findet eine Anreicherung von Zucker statt, weil dieser nicht schnell genug veratmet wird. Süß gewordene Kartoffeln können von ihrem süßen Geschmack wieder befreit werden, wenn man sie einige Zeit bei $20°$ bis $30°$ aufbewahrt. Dadurch wird, zu Lasten des normalen Stärkegehalts, der Zucker veratmet und der Geschmack wieder normal. Werden Kartoffeln rasch auf etwa $-3°$ und darunter abgekühlt, so erfrieren sie, ohne süßen Geschmack anzunehmen, weil bei diesen Temperaturen die enzymatischen Umsetzungen nicht mehr stattfinden. Erfrorene Kartoffeln müssen nach dem Auftauen schnell dem Verbrauch zugeführt werden, da sie sonst sofort zu faulen beginnen.

Kartoffeln, stark ausgekeimte.

Die Keime stark ausgekeimter Kartoffeln enthalten das giftige *Solanin*. Ihr Genuß ohne sorgfältige Entfernung der Keime ist nicht zu empfehlen, da durch solche Kartoffeln schon schwere Durchfallserkrankungen mit vergiftungsähnlichen Symptomen aufgetreten sind.

Kartoffelstärke. Amylum Solani, Erg.-B. 6.

Kartoffelmehl.

Die aus den zerkleinerten Rhizomknollen von **Solanum tuberosum** (*L.*) *Solanaceae* durch Ausschlämmen mit Wasser gewonnene Stärke.

Eigenschaften. Weißes, schwach glänzendes, beim Zerreiben zwischen den Fingern fühlbares, bei Anwendung von Druck knirschendes, *geruch-* und *geschmackloses* Pulver.

Mikrobild. Zum weitaus größten Teil einfache, länglich eiförmige oder dreieckige Körner, die kleinsten nur etwa 5 μ, die größten etwa 100 μ groß, Durchschnittsgröße 45 bis 75 μ Bei fast allen ist deutliche Schichtung erkennbar, bei den kleinsten konzentrische oder fast konzentrische, bei den mittleren stark exzentrische Schichtung. Die kleinsten Körner sind fast kugelig, die größten länglich eiförmig, meist mit unregelmäßig geschweiftem Rand. Bei Übergängen zu fast dreieckigen Formen liegt der Kern an der Spitze des Dreiecks. Im Kern lassen sich kleine Spalten beobachten, die jedoch nicht häufig und nicht auffallend sind. Ganz und halb zusammengesetzte Stärkekörner mit zwei oder mehr Schichtungszentren kommen vereinzelt vor (Abb. 141).

Prüfung des Erg.-B. 6. Beim Kochen von 1 T. K. mit 50 T. Wasser entsteht nach dem Erkalten ein etwas trüber Schleim, der Lackmuspapier nicht verändert und durch 1 Tr. Jodlösung blaugefärbt wird.

Abb. 141.
Kartoffelstärke, mikroskopisches Bild.

Wird 1 g K. mit 10 ccm eines Gemisches aus 2 T. Salzsäure und 1 T. Wasser 10 Min. lang geschüttelt, entsteht eine dicke Gallerte, die nach frischen, unreifen Bohnen riecht.

Der Wassergehalt nach dem Trocknen bei 100° darf 16% nicht übersteigen. Der Verbrennungsrückstand darf nicht mehr als 0,5% betragen.

Aufbewahrung. In gut verschlossenen Gefäßen.

Verwendung. *Innerl.* als Schleim (0,5%) wie Marantastärke, zu Klistieren (2%), zu Pasten (25%), unverdünnt als Pudergrundlage; als Nahrungsmittel, Verdickungsmittel, zu Saucen, Tunken, Wurstwaren, zur Herstellung von Kartoffelsago. *Techn.* zur Herstellung von Kleister, Appreturmitteln, Verdickungsmitteln von Farben, zum Zeugdruck, in der Papierherstellung, zum Füllen und Leimen von Papier; bedeutende Mengen finden zur Herstellung von Dextrin und Stärkezucker Verwendung.

Gewinnung der Kartoffelstärke.

1. Die **Reinigung** der zur Verwendung kommenden Kartoffeln ist von größter Bedeutung für die Qualität des Endproduktes, weil eine Reinigung der gewonnenen Stärke nur schwer durchführbar ist. Sie wird in kontinuierlich arbeitenden Waschtrögen durchgeführt.

44 *

2. Die **Zerkleinerung** geschieht in *Reiben* und hat den Zweck, die in den Zellen eingeschlossene Stärke weitgehend freizulegen. Je feiner die Kartoffel zerrieben wird, desto größer ist die Ausbeute. Der entstandene Kartoffelbrei wird mit Wasser verdünnt und auf Siebe gepumpt.

3. Das **Auswaschen** der Stärke erfolgt mit Sieben besonderer Konstruktion. Ist der größte Teil der Stärke herausgewaschen, werden die zurückbleibenden Kartoffelfasern nochmals in einer Mühle zerkleinert und wieder über ein Sieb geführt. Durch Seidensiebe wird die entstandene *Stärkemilch* von den Pülpeteilchen befreit, in ein Sammelbecken geleitet und zum Zwecke schnelleren Absetzens und zur Vernichtung fäulniserregender Bakterien eine wäßrige Schwefeldioxydlösung zugesetzt.

4. Die **Gewinnung und Reinigung der Rohstärke** erfolgt in großen Absatzbehältern, in denen die Stärke angereichert wird, und danach in Waschbütten durch mehrmaliges Absetzen und erneutes Aufrühren mit frischem Wasser. Das jeweils nach dem Absetzen überstehende Wasser wird abgelassen und die oberste Stärkeschicht, die infolge ihres geringen spez. Gewichts zum größten Teil aus kleinen Stärkekörnern besteht, außerdem noch kleine Pülpeteilchen enthält, entfernt. Die auf diese Weise mehrmals gereinigte Stärke wird dann als Stärkemilch zum Trocknen gepumpt.

Das Trocknen der Stärke.

Die Stärkemilch (etwa 22° Bé) wird durch Zentrifugen auf einen Wassergehalt von 36 bis 40% gebracht. Dabei wird der auf der Oberfläche des Schleuderguts abgesetzte Schmutz nochmals befreit. Die Trocknung der Stärke erfolgt auf verschiedene Weise, jedoch nicht über 56°, weil sonst die Stärkekörner verkleistern. Sie ist für die Stärkequalität von größter Bedeutung und wird durchgeführt, bis die Stärke den vorgesehenen Wassergehalt (15 bis 20%) hat.

Die bei der Reinigung in den Waschbütten anfallende *Schlammstärke* wird nach weiterer Aufbereitung zu Stärkezucker bzw. Stärkesirup verarbeitet. Je nach dem Reinheitsgrad der Stärke unterscheidet man die Qualitäten „Hochfein", „Superior", „Prima", „Sekunda", „Tertia". Je nach der Qualität darf der Wassergehalt des Kartoffelmehls 15° bis 20° nicht übersteigen.

Karwendol.

Ammonium sulfocarvendolicum.

Karwendol (Vasenolwerke) ist eine aus dem bituminösen Schiefer des Karwendelgebirges gewonnene, dunkelbraune, sirupöse Flüssigkeit, lösl. in Wasser und Glycerin, mischbar mit Fetten und fetthaltigen Stoffen, mit eigenartigem, teerähnlichem *Geruch*, die Schwefel in besonders gebundener Form enthält.

Karwendolöl hell ist ein auf gleiche Weise wie Karwendol, jedoch ohne Sulfonierung gewonnenes, helles Produkt.

Verwendung. Beide Karwendolerzeugnisse *med. innerl.* und *äußerl.* als antiseptisches und entzündungswidriges Mittel, wie Ichthyol.

Kasein.

Casein. Käsestoff.

Kasein ist in der Kuhmilch zu etwa 3% kolloid gelöst und milchig opaleszierend enthalten. Chemisch ist K. ein verwickelt zusammengesetzter Eiweißstoff, Phosphorproteid. Die sehr großen Moleküle enthalten neben 16 Aminosäuren auch Phosphorsäure, die mit dem Kasein verestert sind. Beim Kochen wird das Kasein nicht ausgeflockt, dagegen nach Zusatz von Säure oder dem aus Kälbermagen gewonnenen Labferment abgeschieden. Beim Stehen von Kuhmilch während einiger Tage scheiden sich die Fetttröpfchen als Rahm ab, unter dem sich das geronnene Kasein als weiche Masse befindet. Hier geht die Abscheidung durch die Einwirkung der Milchsäure vor sich, die aus dem Milchzuckergehalt der Milch durch Einwirkung von Milchsäurebakterien entsteht.

Man unterscheidet nach der Gewinnung *Säurekasein* und *Labkasein*. Zur Gewinnung der reinsten Sorte kann noch feuchtes Säurekasein in 0,1% NaOH enthaltener Lösung gelöst werden. Dabei darf die Lösung nicht alkalisch reagieren. Man filtriert durch ein mehrfaches Filter und fällt das Kasein bei 35° bis 40° mit stark verd. Essigsäure aus der Lösung wieder aus, preßt ab und trocknet bei 30° bis 40° möglichst rasch.

Kasein. Caseinum, Erg.-B. 6.

Weißes oder schwach gelbliches, in Wasser, Alkohol und Äther unlösl., in Wasser jedoch quellbares Pulver, das sich in verd. Alkalilauge fast vollständig löst. Die alkalische Lösung setzt beim Kochen an der Oberfläche eine Haut ab, gerinnt aber nicht. *Geruch* und *Geschmack* nicht käseartig. Trockenes, sich nicht zu Klumpen zusammenballendes Pulver. Mit Ammoniak, Triäthanolamin und organischen Basen bildet Kasein *Caseinate*, die Alkalisalze sind in Wasser klar löslich.

Verwendung. Zu Nährpräparaten (Biocitin, Nutrose, Sanatogen u. a.), zur Herstellung von Kaseinsalben, Massagecremes, Sonnenbrandmitteln und Schwimmseifen, als Neutralisierungs- und Übersättigungsmittel in Toiletteseifen.

Techn. Kasein zur Herstellung von Kunststoffen (Galalith, Lanital), als Bindemittel für Anstrichfarben, zur Herstellung von Klebstoffen, Kitten, Appreturmitteln, zum Wasserdichtmachen von Textilien, in der Linoleumherstellung, zum Leimen von Papier.

Kaskarille.

Auf den westindischen Inseln Andros, Eleuthera und Long wachsender Strauch oder kleiner Baum **Croton eluteria** *Bennet, Euphorbiaceae.*

Kaskarille. Cortex Cascarillae, Erg.-B. 6.

Kaskarillrinde. Ruhrrinde. Falsche oder *graue Fieberrinde.*

Harte, gewöhnlich 2 bis 5, mitunter bis 10 cm lange, 0,5 bis 2 mm dicke, rinnen- oder röhrenförmige Stücke mit einem Durchmesser von kaum 1 cm. Außen mit leicht abblätterndem, hellgrauem bis weißlichem Kork bedeckt, der häufig durch Flechten schwarz punktiert, längsrissig und mit querverlaufenden Korkwarzen (Lentizellen) besetzt ist. Inennfläche feinkörnig, graubraun. Bruch hornartig, harzglänzend, eben. *Geruch* würzig, beim Erwärmen oder Verbrennen weihrauchähnlich, *Geschmack* sehr bitter. **Lupenbild.** Auf dem Querschnitt sehr feine Markstrahlen. Aschehöchstgehalt 10%.

Inhaltsstoffe. 1,5 bis 3% ätherisches Öl, Mindestgehalt nach Erg.-B. 6 1,5% (mit Terpenen, Sesquiterpenen, Cymol, wenig Eugenol), Bitterstoff *Cascarillin*, bis 25% Harz, Gerbstoff, Betain.

Verwendung. *Innerl.* 1 bis 2 Teelöffel auf 1 Tasse Abkochung als aromatisches Bittermittel bei Verdauungsstörungen, zur Herstellung von Kaskarilletinktur und -extrakt, zum Aromatisieren von Likören, Räucherpulvern, Tabakbeizen.

Aufbewahrung. Vor Licht geschützt.

Verw. u. Verf. Rinde von *Croton niveus* (viel stärker, mit 2 cm ⌀, 4 mm dick, grobsplittrigem Bruch und starkem *Geruch* und *Geschmack* nach Anis) und anderen giftigen Crotonrinden ohne den kennzeichnenden Geruch und Geschmack der Kaskarille.

Kastanie.

Castanea sativa *Miller*. (Castanea vesca *Gaertner*.)

Fagaceae.

Im Mittelmeergebiet, in Wäldern und Gärten angepflanzter, bis 30 m hoher Baum mit abstehenden Ästen, borkiger Rinde und wechselständigen Blättern. Blüten (Juni) in achselständigen Kätzchen, nach den Blättern erscheinend.

Maronen sind die Samen der Edelkastanie, die als Nahrungsmittel wertvoll sind.

Kastanienblätter. Folia Castaneae, Erg.-B. 6.

Edelkastanienblätter. Echte Kastanienblätter. Maronenbaumblätter.

Die im September/Oktober gesammelten und getrockneten (Wasserverlust 72%) Blätter, 15 bis 20 cm lang, bis 7 cm breit, lederig, länglich-lanzettlich zugespitzt, am Grunde sich in den 1 bis 2 cm langen Blattstiel verschmälernd. Die jungen Blätter schwach behaart. Blattrand grob und scharf sägeartig gezähnt, mit spitzen Blattzähnen, oberseits glänzend dunkelgrün, unterseits heller, mit kräftig hervortretendem Mittelnerv und 10 bis 15 ebensolchen geraden und parallel in je einen Blattzahn verlaufenden Seitennerven. Die übrigen Nerven bilden ein fein verästeltes, reichmaschiges Adernetz. *Geruchlos, Geschmack* schwach zusammenziehend. Aschehöchstgehalt 6%.

Inhaltsstoffe. Etwa 9% *Gerbstoff*, Fett, Harz, Zucker, Pektinstoffe.

Verwendung. *Innerl.* 2 Teelöffel auf 1 Tasse Aufguß als Mittel gegen Keuchhusten, zur Herstellung des Fluid-Extraktes.

Aufbewahrung. Vor Licht geschützt.

Katadyn.

Mit Katadyn-Silber bezeichnet man ein 99,99%iges Feinsilber, das auf einem feinen, keramischen Pulver von etwa 1,5 μ Teilchengröße niedergeschlagen ist.

Das *Katadynverfahren* findet zur Sterilisation von Trinkwasser und anderen Flüssigkeiten Verwendung. Entsprechende Verfahren sind von der Katadyn-GmbH, Berlin W 30, entwickelt worden.

Katechu.

Unter dem Sammelbegriff Katechu versteht man gerbstoffhaltige Pflanzenextrakte verschiedenen Ursprungs, die in der Ledergerberei eine große Rolle spielen. In der Färberei ist Katechu durch die Teerfarben fast vollständig verdrängt worden.

Handelssorten. K. kommt in großen Blöcken oder Kuchen, die mit Blättern durchsetzt sind (35 bis 40 kg) in den Handel, die sich in Form und Farbe je nach Herkunft unterscheiden.

Pegu-Katechu entspricht den Anforderungen des DAB. 6,
Malakka-Katechu stammt aus Hinterindien,
Bengal- und *Bombay-Katechu* aus Ostindien.

Katechu. Catechu, DAB. 6.

Mimosenkatechu. Akazienkatechu. Pegu-Katechu.

Katechu ist der aus dem Kernholz gefällter Bäume von **Acacia catechu** (*Linné fil.*) *Willdenow* und **Acacia suma** *Kurz, Mimosaceae,* durch Auskochen und Eindicken bereitete Extrakt. Großmuschelig brechende und auf der ganzen Bruchfläche gleichmäßig dunkelbraune und bisweilen löcherige Stücke. Die Blöcke oft in die großen Blätter von Dipterocarpus tuberculatus eingewickelt. *Geruchlos, Geschmack* zusammenziehend, bitter, zuletzt süßlich.

Inhaltsstoffe. 2 bis 12% *Katechine,* 25 bis 40% *Katechingerbstoffe,* 20 bis 30% Schleimsubstanzen, wenig Quercetin und Quercitrin u. a.

Verwendung. *Innerl.* (E. 0,5 g) auch in Form der Tinktur als adstringierendes Mittel bei Durchfall; *äußerl.* als Zusatz zu Mundwässern bei Blutungen und Geschwüren des Zahnfleisches, bei Skorbut, zu Pinselungen der Mundhöhle; *techn.* um Gewebe für Zeltbahnen, Kofferüberzüge u. a. gegen Nässe widerstandsfähig zu machen, zur Vermeidung des Kesselsteins in Dampfkesseln, als Gerbmaterial für schwere Ledersorten gibt K. ein ausgezeichnetes und sehr schön rotbraun gefärbtes Leder.

Verw. u. Verf. *Kino,* das sich in einer Lösung von Dimethylaminobenzaldehyd in konz. Schwefelsäure mit rosa Farbe löst, Katechu dagegen mit roter Farbe. Mineralstoffe wie Kreide, Tonerde, roter Bolus, Sand, Aloe, Stärke u. a.

Prüfung des DAB. 6. *Erkennung.* Beim Anreiben von 0,02 g K. mit 10 ccm Weingeist entsteht nach Zusatz von verd. Eisenchloridlösung (1 + 9) eine grünschwarze Färbung.

Übergießt man 1 g K. mit 10 ccm siedendem Wasser, so entsteht eine braunrote, trübe Flüssigkeit, die blaues Lackmuspapier rötet. Aus der von dem Rückstand abgegossenen Flüssigkeit scheidet sich beim Erkalten ein weißlicher, brauner Niederschlag aus.

Vorschriftsmäßige Beschaffenheit. Nach völligem Auswaschen mit heißem Wasser und Trocknen bei 100° darf der in Wasser unlösl. Rückstand nicht mehr als 0,15 g betragen.

Beim vollkommenen Ausziehen von 1 g K. mit siedendem Weingeist, Filtrieren und Trocknen bei 100° des Filters samt Inhalt darf der Filterinhalt nicht mehr als 0,3 g betragen. Ein Teil des Filterrückstandes darf mit Phlorogluzin-Salzsäure unter dem Mikroskop nur rotgefärbte Teilchen aufweisen.

Fremde Beimengungen. Beim Verbrennen von 1 g K. darf höchstens ein Rückstand von 0,06 g (6%) verbleiben.

Gambir. Gambir-Katechu. Catechu pallidum.

Fälschlich *Terra japonica.*

Der aus den jungen Trieben mit Blättern von **Uncaria gambir** *Roxburgh, Rubiaceae,* durch Kochen mit Wasser bereitete Trockenextrakt, der je nach der Form als Würfelgambir, Tafelgambir, Fingergambir oder Blockgambir in den Handel kommt. Würfelgambir ist die bekannteste Form. Die einzelnen Würfel (10 bis 14 g) sind außen bräunlich bis dunkelrotbraun, innen ockergelb oder zimtbraun, glanzlos, erdig und leicht zerreiblich. *Geruch* schwach, *Geschmack* stark zusammenziehend, anfangs bitterlich, dann süßlich. In Wasser zu einer trüben, bräunlichen Flüssigkeit lösl., eisengrünend.

Inhaltsstoffe. Bis 75% *Katechin,* 8 bis 47% *Katechingerbstoffe, Katechinrote, Quercetin,* Gambirfluorescin, Schleim, Fett, Wachs. Gute Ware darf höchstens 25% wasserunlösl. Substanzen haben.

Verwendung. An Katechingerbstoffen reiche Sorten zur Gerberei, an Katechin reiche zur Färberei.

Katzenkraut.

Katzenkraut. Nepeta cataria *L.*

Labiatae.

An Wegrändern, auf Schutthalden wild vorkommende und angebaute, bis 80 cm hohe Pflanze mit filzig-behaartem Stengel. Blüten in reichblütigen Scheinquirlen an den Zweigenden.

Katzenkraut. Herba Nepetae catariae.

Katzenminze. Katzenmelisse. Steinmelisse.

Für die **Schnittdroge** kennzeichnend die filzige, graugrüne Behaarung, die runzelig eingerollten Blattstückchen, oberseits dunkelgrün, mit lockerer, unterseits hellgraugrün, mit stärkerer Behaarung und fiederiger Netznervatur. Einzelne oder zu mehreren beisammenstehende, röhrige, etwas bauchig aufgetriebene Blütenkelche, hellgrün, oben teilweise violett. Glatte, braune, etwa $1^1/_2$ mm lange Nüßchen, am unteren Ende mit auffallender weißer Stelle. Stengelteile dünn, derb, vierkantig, dicht behaart, grün- bis blauviolett.

Inhaltsstoffe. Etwa 0,4% ätherisches Öl.

Verwendung. *Innerl. volkstüml.* 1 bis 2 Teelöffel auf 1 Tasse Aufguß bei Erkältungen, Blähungen, Krämpfen, Bleichsucht, als menstruationsförderndes Mittel.

Katzenpfötchen.

Katzenpfötchen, gemeines. Antennaria dioeca *Gaertner.*

Compositae.

Auf sonnigen Heiden, Hügeln weitverbreitete, ausdauernde, 10 bis 20 cm hohe Pflanze mit einfachem, filzig behaartem Stengel, grundständige Blattrosette mit spatelförmigen, die Stengelblätter mit lanzettlichen, spitz zulaufenden Blättern, alle Blätter unterseits weiß-filzig behaart. Blütenköpfchen meist zu 12 in endständigen Doldentrauben. Blütezeit Mai/Juni.

Katzenpfötchen, weiße oder rote. Flores Gnaphalii.

Flores Pedis cati. Flores Pilosellae albae (rubrae). Weiße oder rote Immortellen. Himmelfahrtsblümchen.

Die nicht ganz aufgeblüht gesammelten und getrockneten Köpfchen. Hüllblätter der Blütenköpfchen dachziegelig angeordnet, die oberen häutig, die unteren wollig behaart. Röhrenförmige, 5zähnige, weiße oder purpurrote Blüten mit weißem Pappus auf nacktem Blütenboden. *Geruchlos, Geschmack* leicht bitter.

Inhaltsstoffe. Gerbstoff, Bitterstoff, Harz, Phytosterin, ein Kohlenwasserstoff, Spuren ätherischen Öls.

Verwendung. *Innerl.* 1 bis 2 Teelöffel auf 1 Tasse Abkochung bei chronischen Gallenleiden, zur Steigerung der Gallensekretion; *volkstüml.* als Zusatz zu Hustentees, bei Blasenleiden, Gelbsucht, Gicht und Rheumatismus, Wassersucht.

Verw. *Die Droge ist nicht zu verwechseln mit → Ruhrkrautblüten, gelben Katzenpfötchen, Flores Stoechados.*

Kaurit.

Unter der Bezeichnung Kaurit (BASF) sind im Handel:

Kaurit W und *Spezial*, flüssige oder pulverförmige Harnstoff-Formaldehyd-Harze mit Kalt-, Warm- und Heißhärtern für Holzverleimungen, ohne Härter für Pappekachierungen;

Kaurit WHK, pulverförmiger, gefüllter Kaurit W für Flugzeugbau und Holz-konstruktionen;

Kaurit F, gestreckter Kaurit W für Furnierverleimungen.

Kautschuk.

Kautschuk findet sich im Milchsaft sehr vieler Pflanzenarten, meist ist jedoch der Kautschukgehalt zu gering, als daß sich daraus die Gewinnung von Kautschuk lohnte. Aus diesem Grunde werden nur solche Pflanzen zur Kautschukgewinnung herangezogen, deren Milchsaft einen hohen Kautschukgehalt aufweist. Die wichtigsten Kautschuklieferanten sind:

Aus der Familie der **Moraceae**: die Gattungen *Castilloa* und *Ficus*, beides stattliche Bäume. Der Gummibaum, *Ficus elastica*, ist bei uns als kümmerliches Exemplar als Zimmerpflanze beliebt.

Aus der Familie der **Euphorbiaceae** die Gattungen *Hevea* und *Manihot*.

Aus der Familie der **Sapotaceae** die Gattungen *Mimusops*, die hauptsächlich *Balata* liefert, und *Palaquium*, die *Guttapercha* liefert.

Aus der Familie der **Apocynaceae** die Gattungen *Clitandra*, *Kickxia* und *Landolphia*, mächtige, verholzende Schlingpflanzen (Lianen).

Aus der Familie der **Asclepiadaceae** die Gattung *Calotropis*.

Aus der Familie der **Compositae** die Gattung *Parthenium argentatum*.

In den für die Kautschukgewinnung wichtigen Pflanzen findet sich der Milchsaft in Milchröhren, die man auch als ungegliederte Milchsaftschläuche bezeichnet, oder in Milchgefäßen, die auch gegliederte Milchsaftschläuche genannt werden. Beide haben ihren Sitz in der Rinde.

Gewinnung. Die wichtigste Kautschukpflanze, welche etwa 90% der gesamten Pflanzenkautschukproduktion liefert, ist **Hevea brasiliensis** *Mueller Argoviensis, Euphorbiaceae*. Bis 30 m hoher, im Amazonasgebiet heimischer, schlanker Urwald-baum, Stammumfang bis 2,5 m, mit langgestielten, aus 3 Teilblättchen zusammen-gesetzten Blättern. Die größte Menge Hevea-Kautschuk wird aber heute von kultivierten Bäumen des indisch-malaiischen Gebietes gewonnen. Die in der Rinde liegenden Milchsaftschläuche werden durch einfaches Einschneiden der Rinde an-gezapft und damit der Milchsaft zum Ausfließen gebracht. Die ausfließende weiße „Kautschukmilch", *Latex*, enthält 55 bis 60% Wasser und 35 bis 40% Kautschuk in Form kleiner Kügelchen, die durch eine an ihrer Oberfläche adsorbierte Eiweiß-schicht stabilisiert sind. Zur Entfernung von Verunreinigungen wird der Latex durch Siebe filtriert und dann durch Zusatz von Essig- oder Ameisensäure zur Koagulation gebracht. Die Kautschukteilchen steigen dabei an die Oberfläche und schließen sich zu elastischen Kuchen zusammen. Durch Behandlung mit Wasser und zwischen Walzen wird der *Rohkautschuk* gewonnen, der in verschiedenen Formen, Platten, Blättern, Blöcken in den Handel gebracht wird. Auch durch Ammoniak gegen Gärung konservierter oder etwas eingedickter Latex kommt zum Versand und wird in den Empfängerländern verarbeitet. Durch Verarbeitung, Zerkleinerung, wiederholtes Waschen mit Wasser, Durchkneten mit Metallwalzen und Auspressen erhält man den *gereinigten Rohkautschuk*, der an der Luft oder über offenem Feuer getrocknet wird.

Eigenschaften des Rohkautschuks. Rohkautschuk ist bei gewöhnlicher Temperatur weich und elastisch, verliert aber mit der Zeit die ursprüngliche Elastizität und wird hart und spröde. Auch bei Temperaturen unter 0° wird er hart und spröde, beim Erwärmen (50°) weich, plastisch und klebrig, bei 180° zerfließt er und verbrennt angezündet mit leuchtender, stark rußender Flamme unter Verbreitung eines unangenehmen Geruchs. D. 0,91 bis 0,97. Er ist in Wasser und Weingeist unlösl., gegen verd. Säuren und Laugen widerstandsfähig, quillt aber in Benzin, Benzol, Äther, Chloroform, Terpentinöl, Schwefelkohlenstoff und anderen Lösungsmitteln, um sich dann darin zu einer klebrigen, gallertigen oder trüben, dicklichen Flüssigkeit aufzulösen. Das beste Lösungsmittel für Kautschuk ist ein Gemisch von 100 T. Schwefelkohlenstoff und 6 bis 8 T. absolut. Alkohol. Rohkautschuk ist für die meisten Verwendungszwecke nicht geeignet und wird erst durch Vulkanisation in den brauchbaren Zustand mit den wertvollen Elastizitätseigenschaften übergeführt.

Chemische Zusammensetzung. Kautschuk ist chemisch kein einheitlicher Stoff, sondern eine Mischung verwandter Kohlenwasserstoffe mit hohen Molekulargewichten, Polymerisationsprodukten, die vom Isopren (Methylbutadien mit zwei Doppelbindungen) ausgehend erst über viele Zwischenstufen zu ihm führen.

Vulkanisierter Kautschuk oder Gummi. Das Kautschukmolekül enthält Hunderte von *Isoprenresten* (Methylbutadien mit zwei Doppelbindungen) und ist deshalb in der Lage, Chlor, Schwefel und Sauerstoff zu binden.

Chlorkautschuk (s. a. S. 300) findet zur Herstellung von soda- und säurebeständigen Lacken Verwendung, während die Verbindung von Schwefel mit Kautschuk zur Herstellung des vulkanisierten Kautschuks Anwendung findet. Erst als es Mitte des 19. Jahrhunderts gelang, den Kautschuk zu vulkanisieren und ihm dadurch ganz neue Eigenschaften zu geben, hat der Kautschuk seine Verwendung zur Herstellung der verschiedensten Gummisorten gefunden. Durch Vulkanisieren wird der Kautschuk gegen die Einwirkungen von Witterung und Chemikalien widerstandsfähiger und gewinnt an Elastizität. Beim Vulkanisieren bilden sich zunächst vermutlich nur feste Lösungen von Schwefel. Der Schwefel wird aber vom Kautschukmolekül allmählich chemisch gebunden. Man unterscheidet zwei Vulkanisationsverfahren:

Kaltvulkanisation. Bei dieser wird die Kautschukmasse kurze Zeit in eine Lösung von Schwefelchlorür, S_2Cl_2, Chlorschwefel in Schwefelkohlenstoff getaucht oder diese Lösungen mit einem Pinsel auf den Kautschuk aufgestrichen und dadurch die Vulkanisation erreicht. Kaltvulkanisation eignet sich nur für dünne Schichten.

Heißvulkanisation. Bei dieser wird Kautschuk mit feinst vermahlenem Schwefel meist zusammen mit Farbstoffen, Füllstoffen und den Vorgang beschleunigenden Stoffen sorgfältig vermengt und das Gemisch bei 135° bis 140° in mit Dampf geheizten Pressen erhitzt.

Je nach der verwendeten Schwefelmenge entsteht mit wenig Schwefel **Weichgummi**, bei größerem Schwefelzusatz fester, lederartiger Gummi und bei sehr viel Schwefelzusatz (20 bis 35%) der hornartige **Hartgummi** oder *Ebonit*.

Kautschuk. Cautschuc, DAB. 6.

Resina elastica. Gummi elasticum. Gereinigter Parakautschuk. Federharz.

Der mittels Ameisen- oder Essigsäure zum Gerinnen gebrachte und durch Kneten mit Wasser und Auspressen gereinigte Milchsaft von **Hevea brasiliensis** aus südostasiatischen Kulturen (malaiische Halbinsel, Inseln des malaiischen Archipels).

Dünne, braune, durchscheinende, elastische Platten, die in heißem Wasser weder stark erweichen noch knetbar werden.

Inhaltsstoffe. 90 bis 95% *Kautschukgutta* (verschiedene Polyterpene — Kohlenwasserstoffe), das bei der Zersetzungsdestillation *Isopren* (Methylbutadien) liefert, Harze, Eiweiß, anorganische Salze.

Verwendung. Zur Herstellung von Kautschukpflastern.

Künstlicher (synthetischer) Kautschuk.

Bei der Zersetzungsdestillation von Naturkautschuk entsteht u. a. Isopren (Methylbutadien). Umgekehrt kann man durch Hitzepolymerisation von Isopren zu kautschukähnlichen Massen gelangen. Die heutige Erzeugung von künstlichem Kautschuk, **Buna,** gründet sich auf die Polymerisation von Butadien, das aus Acetylen gewonnen wird. Der Weg zum Butadien geht über folgende Stufen:

1. Das Gas wird mit Wasserdampf über Quecksilbersalze als Katalysator geleitet, dabei bildet sich Acetaldehyd, indem die dreifache Bindung zwischen den beiden C-Atomen in einfache übergeht und ein Molekül Wasser angelagert wird:

$$H\!-\!C\!\equiv\!C\!-\!H \;+\; H_2O \;=\; \text{Acetaldehyd}$$

Acetylen   Wasser   Acetaldehyd

2. Acetaldehyd wird durch Einwirkung von verd. Säuren oder Laugen verändert. Dabei geht die Doppelbindung zwischen C und O in einfache über, zwei Wertigkeiten werden frei. Das veränderte Molekül Acetaldehyd verbindet sich mit einem zweiten Molekül:

Acetaldehyd   Acetaldehyd   Aldol

Das entstandene Aldol stellt eine wasserklare Flüssigkeit dar.

3. In Anwesenheit eines Katalysators wird Wasserstoffgas in Aldol geleitet. Aldol wird hydriert, es entsteht **Butylenglykol,** ein zweiwertiger Alkohol:

Butylenglykol

4. Nunmehr werden aus dem Molekül Butylenglykol zwei Moleküle Wasser abgespalten. Dadurch wird an jedem C-Atom eine Bindung frei. Es entstehen Doppelbindungen zwischen den C-Atomen, das **Butadien** (*buta* bedeutet vier C-Atome in der Hauptkette und *dien* zweimal zweifache Bindung zwischen C-Atomen):

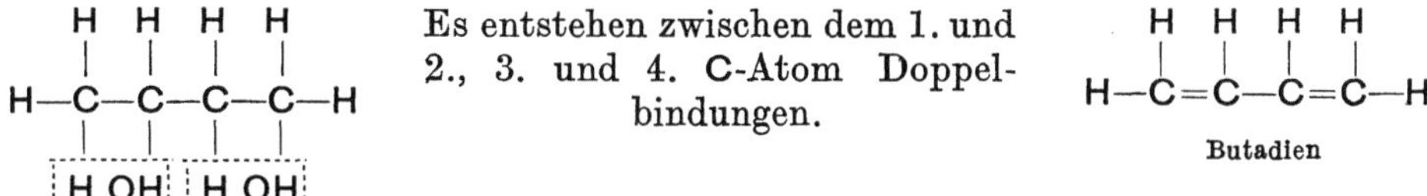

Es entstehen zwischen dem 1. und 2., 3. und 4. C-Atom Doppelbindungen.

Butadien

5. Mit Hilfe von Natriummetall wird das Butadien zu *Buna* polymerisiert. Dabei werden die Doppelbindungen im Butadien gelöst, und es entstehen freie (···) Wertigkeiten:

$$\cdots \overset{\displaystyle H \quad H \quad H \quad H}{\underset{\displaystyle H \qquad\quad H}{C-C-C-C}} \cdots$$

Die beiden inneren C-Atome geben eine neue Doppelbindung

$$\cdots \overset{\displaystyle H \quad H \quad H \quad H}{\underset{\displaystyle H \qquad\quad H}{C-C=C-C}} \cdots$$

Die Polymerisation der Moleküle erfolgt durch Verkettung der freien Wertigkeiten, man erhält Buna

$$\cdots \overset{\displaystyle H \quad H \quad H \quad H}{\underset{\displaystyle H \qquad\quad H}{C-C=C-C}} \cdots \qquad\qquad\qquad \cdots \overset{\displaystyle H \quad H \quad H \quad H}{\underset{\displaystyle H \qquad\quad H}{C-C=C-C}} \cdots\cdots \text{usw.}$$

Buna ist dem Naturkautschuk in technisch wichtigen Eigenschaften überlegen, ist also keineswegs ein Ersatzstoff, sondern ein neuartiges, hochwertiges Erzeugnis der deutschen chemischen Technik. Die wesentlichen Vorteile der Buna-Sorten gegenüber Naturkautschuk sind folgende: Ihre Vulkanisate altern bedeutend langsamer als diejenigen des Naturkautschuks. Gewisse Buna-Sorten besitzen größere Abreibfestigkeit, gegenüber chemischen Agentien ist Buna dem Naturkautschuk überlegen. *Perbunan* entsteht durch Polymerisation von Butadien mit Acrylsäurenitril und ist besser hitzebeständig als Naturweichgummi. Perbunan-Vulkanisate werden durch Mineralöle, Benzin und pflanzliche Öle kaum verändert.

Kava-Kava.

Die Droge Kava-Kava-Wurzelstock stammt von **Piper methysticum** *Forster, Piperaceae*, einem 2 bis 5 m hohen Strauch der Inseln Mikronesiens und Polynesiens mit besonders mächtiger, 2 bis 10 kg schwerer Wurzel.

Kava-Kava-Wurzelstock. Rhizoma Kava-Kava, Erg.-B. 6.

Kawawurzel. Pfefferwurzel. Rauschpfefferwurzel. Awapfefferwurzel.

Der geschälte, zerschnittene und getrocknete, meist von den Wurzeln befreite Wurzelstock, 1,25 bis 5 cm dicke und dickere Längs- und Querstücke verschiedener Form, außen weißlich oder hellgraubraun, von Kork bedeckt, innen gelblichweiß, mit hell- und dunkelbraunen Stellen. Wurzeln und Würzelchen, soweit vorhanden, in Form einer Flechte zusammengebunden. Querschnitt mit hellem Kern, von gefächertem Holzkörper umgeben, mit dünner Rinde. Der Holzkörper wird durch 90%ige Schwefelsäure rot gefärbt. *Geschmack* etwas brennend, beim Kauen Speichelfluß und deutlich anhaltende Unempfindlichkeit der Zunge hervorrufend. Aschegehalt höchstens 4%.

Inhaltsstoffe. *Marindinin* mit anästhesierender Wirkung, *Harz*, narkotische und berauschende Glykoside, Spuren eines Alkaloids u. a.

Verwendung. *Innerl.* (E. 0,5 g) als antiseptisches und schmerzstillendes Mittel bei Erkrankungen der ableitenden Hanrwege, zur Herstellung von Extractum Kava-Kavafluidum, Erg.-B. 6.

Aufbewahrung. Vor Licht geschützt.

Kefir.

Mit Kefir bezeichnet man ein schäumendes, alkoholhaltiges Getränk, das ursprünglich von den nomadisierenden Bewohnern im Kaukasus und in Turkestan hergestellt wurde. Bei uns wird Kefir aus Kuhmilch unter Zusatz von *Kefirkörnern* hergestellt. Diese enthalten neben *Milchsäurebakterien*, welche den Milchzucker in Milchsäure verwandeln, und anderen *Bakterien Hefen, Saccharomyces-* und *Torula-Arten*, welche den Milchzucker in Alkohol verwandeln. Der Milchsäuregehalt beträgt 0,5 bis 1%, der Alkoholgehalt 0,2 bis 1%. Kefirmilch ist neben ihrem hohen Nährwert sehr bekömmlich und wird selbst von Darm- und Magenkranken und Kindern gut vertragen. Ähnlich wie Yoghurt vernichtet Kefir schädliche Mikroorganismen im Darm.

Kefir. Kefir, Erg.-B. 6.

Kefirkörner.

Braune oder gelbliche, meist traubige oder blumenkohlartige, erbsen- bis bohnengroße Körner. *Geruch* hefeähnlich, nicht muffig oder käseartig.

Herstellung von Kefir nach Erg.-B. 6. Die lufttrockenen Kefirkörner werden mit Wasser von 30° übergossen und 4 bis 5 Stunden lang stehengelassen. Man gießt das Wasser ab, wäscht die Körner mehrmals mit frischem Wasser, übergießt sie mit der zehnfachen Menge ihres ursprünglichen Gewichtes Milch und schüttelt die Mischung stündlich um.

Täglich zweimal gießt man die Milch ab, wäscht die aufgequollenen Kefirkörner mehrmals mit Wasser, übergießt sie mit einer neuen Menge Milch und fährt in dieser Weise fort, bis nach etwa 5 bis 7 Tagen die Milch einen rein sauermilchartigen Geruch angenommen hat, die Kefirkörner vollkommen aufgequollen sind und sich an der Oberfläche der Flüssigkeit ansammeln.

Die in dieser Weise vorbereiteten Kefirkörner übergießt man nun wiederum mit der zehnfachen Menge ihres ursprünglichen Gewichtes Milch, läßt unter öfterem Umschütteln 6 bis 12 Stunden stehen und seiht durch Gaze (Ansatz).

75 ccm des Ansatzes gießt man in eine wohlgereinigte, starkwandige, annähernd $^3/_4$ Liter fassende Flasche mit Patentverschluß, füllt dieselbe mit Milch nahezu an und verschließt. Unter bisweiligem Umschütteln läßt man die Mischung bei etwa 20° stehen, wobei das Getränk nach 1 bis 3 Tagen zum Genuß trinkfertig wird.

Die zu diesen Arbeiten erforderliche Milch muß vorher abgekocht und dann auf 20° wieder erkaltet sein.

Die beim Durchseihen der Milch zurückgebliebenen Kefirkörner werden zur wiederholten Herstellung von Kefir benützt.

Verwendung. Zur Bereitung der Kefirmilch, die nach 1tägiger Gärung abführend, nach 2tägiger neutral, nach 3tägiger Gärung stopfend wirkt.

Aufbewahrung. Vor Licht und sorgfältig vor Insektenbefall geschützt.

Kehrmittel.

Kehrmittel dienen der Verhinderung von Staubentwicklung und gleichzeitig der Auftragung einer dünnen Schicht Öl oder flüssiger Bohnermasse u. a. Das primitivste Kehrmittel besteht aus einer Mischung von Sägemehl und Magnesiumchloridlösung.

Bei der Verwendung von Sägespänen ist auf die Gefahr der Selbstenzündung zu achten, diese werden deshalb zunächst mit einer Ammoniumsulfatlösung getränkt und dann wieder getrocknet. Vorschriften s. Bd. III.

Keimdiät-W-Flocken.

Keimdiät-W-Flocken (Keimdiät) werden aus Weizenkeimen durch 50%ige Ausmahlung und anschließende Verflockung gewonnen. Sie enthalten neben 4 bis 5% Fett, 25 bis 28% Eiweiß und 40% Stärke und den gesamten Vitamin-B-Komplex außerdem Vitamin A, Vitamin E, Provitamin F und Carotin. Auch die Lactationsfaktoren L_1 und L_2, Provitamin D und die Enzyme Diastase, Katalase, Phytase u. a. sind nachgewiesen worden.

Verwendung. Zur Herstellung von Diabetiker-Gebäcken und Spezialbroten, als Rohstoff für die Süßwarenindustrie, für Füllmassen usw., zur Herstellung von Kräftigungsmitteln, Lactationsmitteln usw., als hochwertiger Rohstoff für die Nährmittelindustrie, zur Herstellung von Flockenerzeugnissen und Kindernährmitteln.

Keimfähigkeit von Samen.

Die volle Keimfähigkeit von Saatgut und Sämereien ist von größter Bedeutung. Am besten keimen die Samen nach ihrer natürlichen, durch die Jahreszeiten bedingten Ruheperiode. Zur Feststellung von Keimfähigkeit von Samen verfährt man wie folgt: In ein flaches Kästchen wird eine 1 cm starke Schicht sandiger Lauberde gestreut. Auf die gleichmäßig angefeuchtete Erde streut man 100 Körner, bedeckt den Kasten mit einer Glasplatte und stellt ihn in ein warmes Zimmer. Für kleine Samen benützt man eine mit angefeuchteter Erde bedeckte Schale, legt darüber ein Stück angefeuchtetes Filtrierpapier, auf das man die Samen bringt, und deckt ein zweites Stück Filtrierpapier darüber. Die Schale wird in die Nähe eines Ofens gestellt und von Zeit zu Zeit gleichmäßig befeuchtet. Als vollwertig können Samen angesprochen werden, wenn nach 3,5 bzw. 7 Tagen 80 bis 90% der Körner aufgehen. Bei 50% ist der Samen noch brauchbar. Unter 50% ist er unbrauchbar und kann nur als Geflügelfutter Verwendung finden. In der nachstehenden Tabelle bedeutet die erste Zahl unter „Keimung in Tagen" den Tag, an dem die ersten Samen aufgehen, die zweite Zahl denjenigen, an dem die Keimprobe beendet werden kann. Die Erhaltung der Keimfähigkeit von Samen wird durch *kühle*, aber *trockene* Lagerung begünstigt.

Die Keimfähigkeit der wichtigsten Gemüsesamen.

Samensorte	Keimung in Tagen	Keimfähigkeit der guten Samen in %
Bohnen	3 bis 8	90
Erbsen	4 bis 10	80
Gurken	3 bis 8	85
Kohl	6 bis 12	75
Kohlrabe	6 bis 12	75
Kresse.	2 bis 5	90
Lauch (Porree) . . .	12 bis 15	75
Melonen	3 bis 8	80
Mohrrüben	5 bis 12	80
Petersilie.	9 bis 15	60
Salat	3 bis 10	85
Tomaten.	7 bis 12	80
Zwiebeln.	4 bis 12	80

In folgender Zusammenstellung sind die gebräuchlichsten Gemüsesämereien und ihre *Keimfähigkeitsdauer* angeführt:

Basilikum . . .	3 bis 4 Jahre		Möhren	3 bis 4 Jahre
Blätterkohl . .	4 bis 5 ,,		Petersilie . . .	2 bis 3 ,,
Blumenkohl . .	4 bis 5 ,,		Porree	2 bis 3 ,,
Bohnen	3 bis 4 ,,		Puffbohnen . .	5 bis 6 ,,
Bohnenkraut .	2 ,,		Radies	4 bis 5 ,,
Brunnenkresse .	2 bis 3 ,,		Rapunzeln . .	3 bis 4 ,,
Dill	3 ,,		Rharbarber . .	3 bis 4 ,,
Endivien . . .	4 bis 6 ,,		Rapontika . .	2 ,,
Erbsen	4 bis 5 ,,		Rettich	4 bis 5 ,,
Erdbeeren . .	2 ,,		Rosenkohl . .	4 bis 5 ,,
Gurken	7 bis 8 ,,		Rote Rüben . .	6 ,,
Karotten . . .	3 bis 4 ,,		Rotkraut . . .	4 bis 5 ,,
Kohlrüben . .	4 bis 5 ,,		Runkelrüben .	4 bis 5 ,,
Kopfsalat . . .	4 bis 5 ,,		Schnittlauch .	2 bis 3 ,,
Kümmel . . .	2 bis 3 ,,		Schwarzwurzel.	2 ,,
Linsen	3 bis 4 ,,		Sellerie	3 bis 4 ,,
Majoran . . .	2 bis 3 ,,		Senf	4 bis 5 ,,
Mangold . . .	3 bis 7 ,,		Spinat	4 ,,
Melonen . . .	6 bis 7 ,,			

Nach dieser Zeit ist damit zu rechnen, daß die Keimfähigkeit gelitten hat.

Keimmehl, stabilisiertes.

Stabilisiertes, hochmüllerisch vermahlenes Keimmehl (45 bis 50%) (Keimdiät) wird aus Getreidekeimen durch müllerische Vermahlung gewonnen. Rohfaserarmes, helles Mehl mit 3 bis 4% Fett, 25 bis 29% Eiweiß, 45 bis 50% stickstofffreien Extraktstoffen, das den gesamten Vitamin-B-Komplex, ferner Vitamin A, Vitamin E, Provitamin F, Auxin, Bios und die Lactationsfaktoren L_1 und L_2, Provitamin D und eine Reihe von Enzymen, darunter Diastase, Katalase und Phytase sowie fettlösliches Wachstumvitamin enthält.

Aufbewahrung. Bei trockener und kühler Lagerung wenigstens 6 Monate haltbar.

Verwendung. Zur Herstellung von Gesichtsmasken und Gesichtspackungen, Seifen, Zahnpasten und anderen kosmetischen Erzeugnissen; zur Herstellung von Heil- und Wundpudern an Stelle von Reisstärke, als Trägermasse für Arzneimittel, zur Herstellung von Nähr- und Diätmitteln, zur Erzeugung von Spezialgebäcken und Spezialbroten, zur Herstellung von besonders hochwertigen Futtermitteln, zur Herstellung von Senf und als Trägermasse für Kunstgewürze.

Keimöl, roh gepreßt, testiertes.

Rohes Keimöl (Keimdiät) enthält neben Weizenkeimöl noch Roggen- und Maiskeimöl. Es unterscheidet sich vom Weizenkeimöl durch den Tokopherolgehalt mindestens 1,2%, SZ. 20 bis 50. Inhaltsstoffe s. Weizenkeimöl.

Verwendung. Zur Herstellung von vitamin-E-reichen Emulsionen für die Tierhaltung und als Tierarznei, zu Wundölen und Wundsalben, halbfetten Tagescremes, als Zusatz zu med. Seifen.

Keramik.

Mit Keramik (g. keramos, Ton) bezeichnet man die Herstellung von Tonwaren in der Töpferei, der Ton- und Ziegelindustrie, aber auch die Tonwaren als Sammelbegriff. Man unterscheidet in der Keramik *Kaoline*, die meist noch auf ihrer ursprünglichen Lagerstätte liegen, und *Tone* im engeren Sinn, die durch Wasser fortgeschlämmt auf sekundären Lagerstätten liegen. Die letzten sind feiner, kolloider und plastischer und enthalten *Tonmineralien*, die dem Ton bestimmte Eigenschaften verleihen. Ein besonders wichtiges Tonmineral ist der *Kaolinit*, $Al(OH)_4[Si_2O_3]$, der in keramischen Kaolinen und Tonen vorherrscht. Der *Bentonit*, dessen Hauptbestandteil der *Montmorillonit*, $Al(OH)_2[Si_4O_{10}] \cdot n\ H_2O$, ausmacht, ist ein wesentlicher Bestandteil von *Bleicherden* und *Fullererden*, die zum Bleichen von Ölen Verwendung finden.

I. Irdengut-Tongut.

Durchlässig, porös, Scherben nicht durchscheinend.

Hierher gehören:

unglasiert: Blumentöpfe, Dach- und Mauerziegel, Schamotteziegel und andere feuerfeste Erzeugnisse;

glasiert, für Flüssigkeiten undurchlässig: Töpfergeschirr, Steingut, Fayence und Majolika.

Töpfergeschirr, *Terracotta* und *Ziegelsteine* werden aus unreinem Ton pörös gebrannt, ihre Farbe ist infolge des Gehaltes an Eisenoxyd meist rot, kalkhaltig gelb. *Steingut* besteht aus einer Mischung von Ton und Kaolin mit Quarzsand und Feldspat sowie Marmor. Die Mischung wird zunächst bei 1100° bis 1300° rohgebrannt, bei 1000° bis 1100° glattgebrannt. Steingut besitzt erdigen Bruch und weißen, teilweise elfenbeinfarbigen, saugenden Scherben. Die Blei-Borglasur ist durchsichtig. *Fayence* und *Majolika* aus mehr oder weniger gefärbten Tonen besitzen undurchsichtige, weiße Zinn-Blei-Glasur. Beide werden auf der Glasur oft kunstvoll bemalt.

II. Sinterzeug-Tonzeug.

1. Scherben nicht durchscheinend, Steinzeug.

Steinzeug. Infolge des unreinen Materials meist grau, gelb oder braun gefärbt, wird bei etwa 1300° gebrannt und auf ähnliche Weise wie Porzellan hergestellt. Zum Glasieren wird beim Steinzeug Kochsalz in die Feuerung eingestreut und verdampft, dieses schmilzt mit den Silikaten und bildet so eine sehr harte und beständige Glasur. Steinzeug ist klingend hart, widerstandsfähig gegen Chemikalien und findet daher zu Säuregefäßen, Entwicklungstanks, Rohrleitungen und Apparateteilen in der chemischen Industrie Verwendung. Infolge der Verwendung von Kochsalz zu Glasur von Salbenkruken enthalten diese häufig noch Kochsalzreste, zu deren Lösung sie deshalb vor ihrer Reinigung in Wasser gelegt werden müssen.

2. Scherben durchscheinend, Porzellan.

Porzellan, das edelste Erzeugnis der Tonwarenindustrie, war den Chinesen schon im 6. Jahrhundert nach Christi bekannt und wurde 1708 von J. Fr. BÖTTGER in Meißen erfunden. Zu seiner Darstellung werden, z. B. beim Berliner Porzellan, 55 T. Kaolin, 22,5 T. reiner Quarz, 22,5 T. Feldspat innig gemengt und dann im *Rohbrand* bei etwa 900° porös gebrannt. Dabei schmilzt der Feldspat, die Kaolinteilchen werden zu einer festen Masse zusammengekittet, während der Quarz das Rissigwerden verhindert. Dann werden die gebrannten Gegenstände in eine wäßrige Aufschlämmung eines Gemisches von Feldspat, Kaolin, Quarz, Magnesit und Kalk (Marmor) getaucht. Das Wasser der Mischung wird in die Masse eingesogen und dabei auf ihr das Glasurgemisch gleichmäßig verteilt. Hierauf wird getrocknet, erneut im *Garbrand* bei 1450° gut gebrannt. Dabei schmilzt das Glasurgemisch zur durchsichtigen Glasur, das Porzellan sintert zu einer dichten, nicht durchlässigen, aber durchscheinenden Masse zusammen.

Als Unterglasurfarben dienen für:

blau	Kobaltoxyd	*rot*	Kupfer im Reduktionsfeuer
grün	Chromoxyd	*tiefschwarz*	Iridium
braunschwarz	Uran (IV, VI)-Oxyd	*gelb*	Titanoxyd
amethyst	Titanoxyd im Reduktionsfeuer.		

Keratin. Keratinum.

Hornstoff.

Mit Keratin bezeichnet man den Hauptbestandteil des Horngewebes, der Epidermis, der Haare, Nägel, Hufe, Klauen, Hörner, Schuppen, Federn und Wolle. Keratin ist ein komplizierter, hochmolekularer Eiweißkörper mit relativ hohem Cystingehalt und gibt den Organen erhöhte mechanische und chemische Widerstandsfähigkeit. Reines Keratin wird aus Federkielen, Hornspänen usw. gewonnen und stellt ein bräunlichgelbes Pulver oder durchscheinende Lamellen ohne *Geruch* und *Geschmack* dar. Keratin ist in Weingeist, Äther und kaltem Wasser unlösl., löst sich aber beim Erhitzen mit Wasser auf 150° bis 200°, in verd. Säuren ist es unlösl., lösl. dagegen in alkalihaltigem Wasser und in Ammoniakflüssigkeit, ferner in Eisessig. Mit MILLONS Reagens gibt Keratin die Xanthoproteinreaktion. Keratin enthält 2 bis 5% Schwefel, der nur locker gebunden ist und schon beim Kochen mit Wasser austritt. Bei der Hydrolyse von Keratin entstehen zahlreiche Aminosäuren, besonders Cystin. Beim Erhitzen hinterläßt Keratin unter Verbreitung eines kennzeichnenden, schwefelartigen Geruches eine schwer verbrennende Kohle.

Verwendung. Zum Keratinieren von Pillen, die erst im Darm aufgelöst werden sollen, in der Kosmetik, innerlich (Humagsolan) und äußerlich (Silvikrin-Haarwasser) als Haarstärkungsmittel.

Kerbel.

Kerbel. Anthriscus cerefolium *Hoffmann.*

Umbelliferae.

In Südeuropa heimisches, bei uns in Gärten angebautes und verwildert vorkommendes Kraut mit besonders beim Zerreiben starkem, gewürzhaftem *Geruch.*

Kerbelkraut. Herba Cerefolii.

Gartenkerbel. Körbelkraut.

Die während der Blütezeit gesammelten und getrockneten (Wasserverlust 82%) oberirdischen Teile. Stengel dünn, ästig, unten kantig gefurcht, oben fein gestreift, kahl, an den Gelenken weichhaarig. Blätter dünn, zart, wechselständig, 3fach gefiedert, bis 15 cm lang, an der Basis mit einer Scheide, oberseits hellgrün, kahl, unterseits blasser, zerstreut kurzhaarig. Weiße Blüten in endständigen, kurzgestielten oder sitzenden Doppeldolden. Hüllchen 1- bis 4blättrig, gewimpert. Glatte, dunkelbraune bis schwarze, bis 8 mm lange Frucht, auf einer Seite mit starker Furche. *Geruch* frisch eigentümlich, angenehm aromatisch, verschwindet beim Trocknen. *Geschmack* ebenso, geht beim Trocknen teilweise auch verloren.

Inhaltsstoffe. *Ätherisches Öl* (Hauptanteil Methylchavicol), Bitterstoff, ein Glykosid Apiin.

Verwendung. *Innerl.* frisch mit 5% Wasser befeuchtet als Preßsaft zu Frühjahrskuren, bei Blutandrang zum Kopf, Hämorrhoiden, mangelhafter Drüsentätigkeit, Magenschwäche, Wassersucht, Gicht, chronischen Hautausschlägen; als Gewürz; *äußerl.* zerstoßen und gekocht als Kataplasma auf die Blasengegend bei Harnverhaltung, bei schmerzhaften Hämorrhoidal- und Milchknoten. Als Küchengewürz, zu Kerbelsuppen.

Kerzen.

Im Mittelalter war die Kerze die gebräuchlichste Beleuchtungsart, heute ist sie durch das elektrische Licht zur allgemeinen Beleuchtung so gut wie verdrängt, findet aber als Notbeleuchtung und bei feierlichen Anlässen ernster und heiterer Natur vielfach Verwendung.

Als Rohstoffe zur Herstellung von Kerzen werden verwendet:

Paraffin mit einem Schmp. nicht unter 50°, Stearin, Bienenwachs, Talg, Walrat, Pflanzenwachse und andere feste tierische und pflanzliche Fette wie Rindertalg, Hammeltalg, Knochenfett, Abfallfett und Palmöl.

Herstellung. Die Herstellung von Paraffin-, Stearin- und Kompositionskerzen erfolgt in besonders gebauten Kerzengießmaschinen. Paraffinkerzen können auch, Wachskerzen müssen durch *Pressen* oder *Ziehen* hergestellt werden. Von besonderer Bedeutung bei der Kerzenherstellung ist der *Docht.* Dieser hat den Zweck, den verflüssigten Brennstoff mittels seiner Kapillarität gleichmäßig der Flamme zuzuführen. Er besteht aus gesponnenen Baumwollgarnen, die aus 3 Schnüren dicht geflochten sind. Dochte werden mit wäßrigen Lösungen von Borsäure (0,06%) und einer Mischung von Ammoniumphosphat und Ammoniumsulfatlösung (0,65%) imprägniert. Beim Verlöschen überzieht sich dadurch der Docht mit einer Schicht geschmolzener Salze, so daß er, von der Luft abgeschlossen, nicht nachglimmt und sein Abfallen in den Kerzenkörper verhindert wird. Die Dicke des Dochtes muß im richtigen Verhältnis zur Kerzendicke stehen. Ist er zu dick, wird die Flamme zu groß und raucht, ist er zu dünn, befördert er nicht genügend geschmolzenen Brennstoff zur Flamme, so daß dieser seitlich abrinnt.

Farbige Kerzen erhält man durch Färbung mit Teerfarbstoffen entweder durch Färben des gesamten Kerzenrohstoffs oder durch Tauchen der fertigen Kerze in eine gefärbte Rohstoffschmelze. Es finden Verwendung zu

rot Rhodamin, Fuchsin, Eosin,
grün Viktoria- und Säuregrün,
blau Viktoriablau, Methylviolett.

Man unterscheidet folgende Kerzen:

Paraffinkerzen, undurchsichtig, aus Paraffin der Braunkohlenschwelung, Schmp. 53°. Brenndauer länger als die von Stearinkerzen.

Stearinkerzen, undurchsichtig, aus technischem Stearin, Schmp. 50° bis 55° (meist etwa 52°).

Kompositionskerzen, undurchsichtige Mischkerzen aus $33^1/_3\%$ technischem Stearin und $66^2/_3\%$ Paraffin, wärmefest, biegebeständig, Schmp. 58° bis 60°.

Wachskerzen enthalten härtende Zusätze und werden gezogen, sie sind neben den Ceresinkerzen die besten, aber auch teuersten Kerzen.

Durch Verwendung geeigneter *Trübungs-* bzw. *Härtemittel* außer Carnaubawachs, vor allem *Härtolan* (Benzoyl-2-naphthol) und *Lintrin*[1] (Benzo-2-naphthol) und *Kunstwachs S* werden neuerdings rein weiße, harte, undurchsichtige K. aus 95% Paraffin, 4% Wachs und 1% Härtolan hergestellt. Auch mit Chromsäure gereinigtes Montanwachs (etwa 12%) dient als härtender Zusatz für Paraffinkerzen.

---

[1] Hersteller R. Kahn, Hamburg.

Handelsübliche Bezeichnungen und Packungen der Kerzen.

Haushaltskerzen, Paraffin-, Stearin- und Kompositionskerzen. In $^1/_2$-kg-Packungen zu 6, 8 und 12 Stück. Kisten zu 25 und 50 Packungen.

Wagenkerzen, weiß, zu 6 bis 8 Stück auf $^1/_2$ kg.

Adventskerzen, gelb, rot und orange gefärbt, zu 6, 8, 10, 12, 15, 24, 28 und 36 Stück in $^1/_2$-kg-Packungen.

Baumkerzen, glatt oder gerippt, weiß und bunt, zu 10, 12, 16, 20, 24, 30, 40 Stück in $^1/_4$-kg-Packungen. (50 Packungen in einer Kiste.)

Rauchtischkerzen, gelb, rot oder orange, zu 6, 8, 10, 12 Stück in $^1/_2$-kg-Packungen.

Altarkerzen, weiß oder gelblich, mit Gewichten von 65 bis 1500 g pro K.

Tafelkerzen, weiß und farbig, Pyramiden- oder Peitschenform, 6, 8 und 12 Stück auf 350 g.

Puppenkerzen, weiß und farbig, 75, 100, 125, 150, 175 und 200 Stück auf $^1/_4$ kg.

Luxus-, Christbaumkerzen und solche für *rituelle* Zwecke werden vielfach bunt lackiert oder mit Abziehbildern reliefartig verziert.

Bei den einzelnen Herstellungen können die Größen abweichen. Bei der Packung ist teilweise das Bruttogewicht angegeben.

Der Handel mit Kerzen ist durch die Anordnung vom 4. Dezember 1901 gesetzlich geregelt:

§ 1. Packungen mit Zeresin-, Stearin- und Paraffinkerzen sowie mit Kerzen, die überwiegend aus diesen Stoffen hergestellt sind (Kompositionskerzen), dürfen im Einzelverkehr nur in bestimmten Einheiten des Gewichts und unter Angabe der Gewichtsmenge gewerbsmäßig verkauft oder feilgehalten werden.

§ 2. Als Einheit für das Rohgewicht der Packungen werden 500 g, 330 g, für die Packungen, bei welchen die einzelnen Kerze 25 g oder weniger wiegt, auch 250 g zugelassen.

§ 3. Das Reingewicht der in den Packungen enthaltenen Kerzen muß bei einem Rohgewicht von 500 g mindestens 470 g, von 330 g mindestens 305 g und 250 g mindestens 225 g betragen.

§ 4. Auf der Außenseite der Packungen ist sowohl das Rohgewicht als auch das Reingewicht in leicht erkennbarer Weise anzugeben. Die Angabe ist in Gramm oder in Bruchteilen von Kilogramm auszudrücken.

§ 5. Weder das Rohgewicht noch das Reingewicht darf um mehr als 10 g hinter dem angegebenen Betrage zurückbleiben.

Beurteilung der Kerzen. Für die Beurteilung einer Kerze ist ihr *Lichtwert* maßgebend, der sich aus Leuchtkraft und Brenndauer zusammensetzt. Gute Kerzen sollen weiß und durchscheinend sein, die Flamme soll ruhig brennen, der Docht muß beim Verlöschen sofort schwarz werden und nicht weiterglimmen.

Kiefer. Föhre.

Kiefer. Pịnus silvẹstris *L.*

Coniferae.

Ein bis 30 m hoher, besonders auf Sandboden verbreiteter Waldbaum mit blaugrünen Nadeln und ziemlich langgestielten Zapfen.

Kiefernsprosse. Turiọnes Pịni, Erg.-B. 6.

Die bei Frühjahrsbeginn gesammelten und rasch getrockneten Sprosse. Oben kegelförmig zugespitzt, bis 5 cm lang, hellbraun-walzenförmig, etwa 4 mm dick, meist durch ausgetretenes Harz klebrig, mit zahlreichen lanzettförmigen, getrennt

45 *

stehenden, hellbraunen und stark glänzenden Deckschuppen besetzt, die an der Spitze meist zurückgebogen sind. Jede Deckschuppe trägt in einer trockenhäutigen Scheide ein unentwickeltes Nadelpaar (Abb. 142). *Geruch* aromatisch harzartig, *Geschmack* harzigbitterlich.

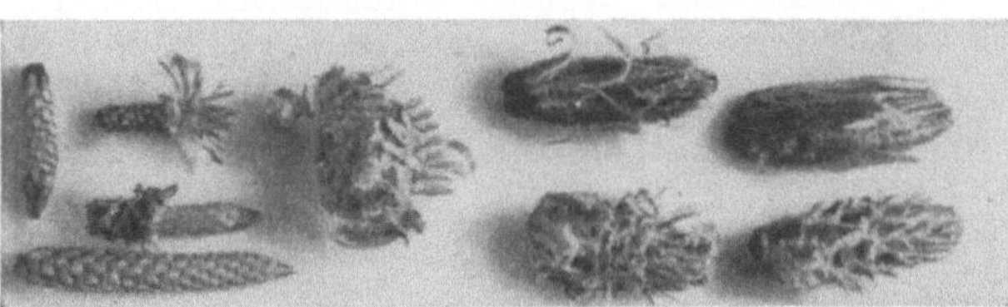

Abb. 142. Kiefernsprosse. Turiones Pini. Ganzdroge, natürliche Größe. (Nach *Schlemmer-Hörhammer*.)

Inhaltsstoffe. 0,28% *ätherisches Öl* mit α-Pinen, Sylvestren, Dipenten und Cadinen.

Verwendung. *Innerl.* als Volksheilmittel zum Aufguß 10 : 200 bei Luftröhrenkatarrh, Bronchialkatarrh, Asthma, Gicht, Rheumatismus und als Diureticum, zu Teemischungen; *äußerl.* zu Bädern als hautreizendes Mittel (2 kg Sprosse mit Wasser abgekocht auf ein Vollbad) an Stelle von Fichtennadelextrakt, zur Herstellung von Kräuterkissen.

Aufbewahrung. Vor Licht geschützt.

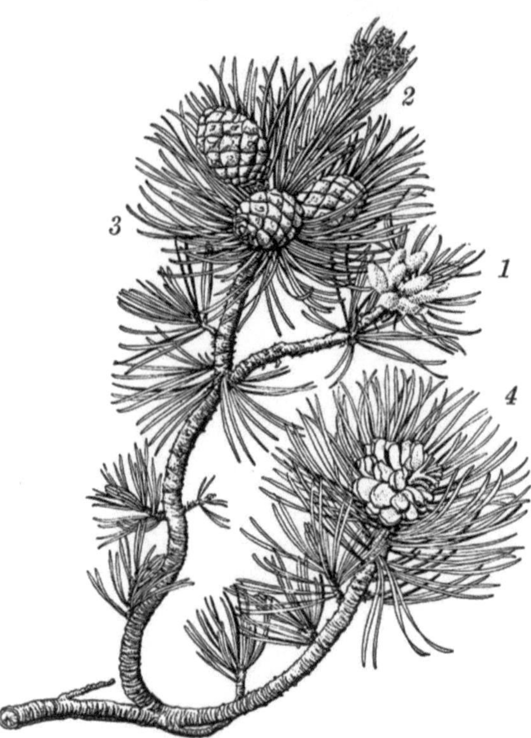

Abb. 143. Latschenkiefer. Pinus mugo (Pinus montana). *1* Zweig mit Staubblüten, männlich; — *2* Jungtrieb mit weiblichen Blüten; — *3* Zweig mit vorjährigem Zapfen; — *4* Zweig mit vorvorjährigem Zapfen.

Latschenkiefer. Pinus montana *Miller* **var. pumilio** *Willkomm.*

Berg-Kiefer. Legeföhre.

In mehreren Hochgebirgen vorkommende Sträucher mit zwei Nadeln im Kurztrieb (Abb. 143). Aus den frischen Nadeln und jüngeren Zweigspitzen wird durch Wasserdampfdestillation das → Latschenkiefernöl gewonnen.

Kieselerde, gereinigte. Terra silicea purificata, Erg.-B. 6.

Infusorienerde. Diatomeenerde. Kieselgur.

Kieselerde besteht rein aus Siliciumdioxyd und stellt eine Anhäufung von Skeletten mikroskopisch kleiner Kieselalgen dar. Kieselerde findet sich in großen Lagern in der Lüneburger Heide und der Mark Brandenburg und stellt ein lockeres, leichtes, gelbliches Pulver dar. Mit verd. Salzsäure ausgekocht, mit Wasser geschlämmt und geglüht, ist K. ein feines, weißes, lockeres Pulver. Infolge der porösen Beschaffenheit besitzt K. ein großes Adsorptionsvermögen und kann deshalb kleinste, in Flüssigkeiten befindliche Suspensionen auffangen und festhalten.

Aufbewahrung. In gut verschlossenen Gefäßen.

Verwendung. In Mischung mit 1,25 T. geglühter Kieselgur und 1 T. Magnesiumpulver als Blitzlicht. Als Filtrierhilfsmittel durch einfaches, gleichmäßiges Verrühren mit der zu filtrierenden Flüssigkeit. Man benötigt auf 100 l naturtrüben, frischgekelterten Apfel- und Traubenmost $^1/_2$ kg, für Beerensäfte 1 kg K. Weitere Verwendung: Als Putz- und Schleifmittel für Metalle, zur Herstellung von Kitten, als Packmaterial für Gefäße mit leicht entzündlichen und ätzenden Stoffen (Phosphor, Kalium, Natrium usw.), als Wärmeisolierungsmittel für Rohrleitungen. Zu Zahnpulvern und Zahnpasten ist K. wegen möglicher Schädigung des Zahnschmelzes ungeeignet. Beim Aufsaugen von Salpetersäureglycerinester in K. erhält man eine teigige Masse, das *Dynamit*, einem früher viel verwendeten Sprengstoff.

☠ 2. Kieselfluornatrium. Natrium silico-fluoratum.

Natriumfluorsilikat. Natriumsilicofluorid. $Na_2[SiF_6]$. Mol.-Gew. 188,05.

Darstellung. Aus dem bei der Superphosphatgewinnung anfallenden flüchtigen Fluorsilicium mit Wasser

$$3\,SiF_4 \quad + \quad 4\,H_2O \quad \rightarrow \quad 2\,H_2[SiF_6] \quad + \quad H_4SiO_4$$

Fluorsilicium   Wasser   Kieselfluorwasserstoffsäure   Orthokieselsäure

Auf Zusatz von Kochsalzlösung fällt schw.lösl. Kieselfluornatrium aus.

Eigenschaften. Weißes, körniges, in Wasser wenig lösl. Pulver oder farblose schw.lösl. Kristalle. **Toxikologie** → Fluor.

Aufbewahrung. *Vorsichtig.*

Verwendung. Mit Berliner Blau gefärbt als Schädlingsbekämpfungsmittel gegen Nager, Holzschutzmittel, als Trübungsmittel in der Milchglas- und Emailherstellung.

☠ 2. Kieselfluorwasserstoffsäure.
Acidum hydro-silicofluoricum.

Kieselflußsäure. Fluorkieselsäure. Hexafluorkieselsäure. Fluorsiliciumwasserstoff.
$H_2[SiF_6]$.

Darstellung. Aus Siliciumdioxyd und Flußsäure:

$$SiO_2 \quad + \quad 6\,HF \quad \rightarrow \quad H_2[SiF_6] \quad + \quad 2\,H_2O$$

Siliciumdioxyd   Flußsäure   Kieselfluorwasserstoffsäure   Wasser

Eigenschaften. Die Säure ist in wasserfreiem Zustand nicht bekannt. Ihre wäßrige Lösung enthält keine merklichen Mengen freier Flußsäure. Beim Eindampfen der Lösung zerfällt sie in gasförmiges Siliciumfluorid, SiF_4, und Fluorwasserstoff. Ihre sehr giftigen Salze sind die *Fluorsilikate* oder *Silicofluoride* → Kieselfluornatrium, die wasserlöslichen bezeichnet man als *Fluate* (Abkürzung von Fluorsilikate). Kieselfluorwasserstoffsäure wirkt schon in geringen Mengen Kleinlebewesen abtötend, gärungshemmend und stark desinfizierend.

Toxikologie → Fluor S. 482.

Aufbewahrung. *Vorsichtig*, verdünnt in Glasflaschen mit Gummistopfen (Glasstopfen werden eingekittet), sonst wie Flußsäure.

Verwendung. Als Reagens auf Kalium und Barium, mit denen sie schw.lösl. Salze bildet. Als Holzimprägnierungsmittel zum Schutz gegen Hausschwamm und andere zerstörende Pilze, als Desinfektionsmittel, zum Streichen von Kellerwänden, zum Spülen von Rohrleitungen, in der Galvanotechnik, als Konservierungsmittel von Gerberbrühen, in der Bierbrauerei zur Desinfektion und Reinigung von Kupfer-

A 45

und Messingkesseln; als Schädlingsbekämpfungsmittel findet → Natrium-Silico-fluorid Verwendung.

Montanin ist eine 30%ige wäßrige Lösung von Kieselfluorwasserstoffsäure. *Äußerst giftiges,* hervorragend keimtötendes Mittel zur Verhinderung der Schimmelbildung bei Lagerfässern. Je nach Feuchtigkeitsgrad und Zustand der Fässer verwendet man die Montanin-Lösung 4- bis 12%ig. In feuchten Kellern genügt monatlich einmaliges, kräftiges Abbürsten mit 10%iger M.-Lösung, das vollkommen schimmelfreie Fässer ergibt.

Kieselgel.

Kieselgel, *Silicagel, Silikagel* ist amorphes, hydratisches Siliciumoxyd, das durch Trocknen auf 5 bis 15% Wassergehalt in den Handel kommt, ein hochporöser Stoff mit ausgedehnter „innerer" Oberfläche, die bei engporigem K. bis zu 450 qm pro Gramm beträgt. K. besitzt die Fähigkeit, Wasser und Gase in besonders starkem Maße an seiner Oberfläche anzureichern und zu adsorbieren. Diese Adsorption läßt sich durch Erhöhung der Temperatur unter Austreibung und gegebenenfalls Wiedergewinnung des von K. adsorbierten Stoffes leicht wieder rückgängig machen. Es erfolgt eine Regenerierung, die praktisch unbegrenzt wiederholt werden kann, so daß das K. wieder verwendungsfähig wird.

Handelssorten. *Engporiges Kieselgel* (Sorte Ee), Adsorptionsmittel für leicht kondensierbare Gase;

mittelporiges Kieselgel (Sorte Em) zur Adsorption von Dämpfen hoher Konzentration;

grobporiges Kieselgel (Sorte A, DRP), Hilfsmittel für die Raffination von Ölen, Füllkörper von Öl- und Wasserabscheidern, Träger von Katalysatoren;

Kieselgel feinst gepulvert (windgesichtet), Zusatzmittel zu kosmetischen und sanitären Pudern;

Kieselgallerte (gelatinös), Grundlage oder Zusatz zu Pasten und Salben → Aerosil.

Verwendung. K. findet Verwendung zur Raum- und Materialtrocknung, zur Adsorption von Gasen und Dämpfen, zur Entwässerung von Drogen und technischen Lösungsmitteln, zur Reinigung und Trocknung von Gasen, bei der Kontaktkatalyse u. a.

Blau-Gel.

Blau-Gel dient als Feuchtigkeitsindikator und ist ein engporiges Kieselgel, das mit geringen Kobaltsalzmengen als Indikator imprägniert ist. Im trockenen Zustand ist der Stoff blau gefärbt, ändert aber seine Farbe bei der Beladung mit Wasser nach Hellrot. Durch diese Veränderung ist mit Blau-Gel eine augenfällige Kontrolle der fortschreitenden Wassersättigung des Gels bei allen Trocknungsvorgängen möglich. Blau-Gel kann bis zur Sättigung 32,5% seines Gewichts an Wasser aufnehmen. Durch einfaches Erhitzen (nicht über 200°) wird das wassergesättigte Blau-Gel regeneriert und wieder gebrauchsfähig. Es ist also praktisch unbegrenzt haltbar.

Kieselsäuren.

Kieselsäure kommt im Pflanzenreich häufig in Zellwände eingelagert vor, so in den Gräsern, im Schachtelhalm, Bambusrohr, den Kieselalgen oder Diatomeen.

Orthokieselsäure.

$$Si(OH)_4 \quad oder \quad H_4SiO_4.$$

Die Orthokieselsäure entsteht bei der Zersetzung von Siliciumtetrachlorid mit Wasser:

$$SiCl_4 \quad + \quad 4\,H_2O \quad \rightarrow \quad Si(OH)_4 \quad + \quad 4\,HCl$$

Siliciumtetrachlorid — Wasser — Orthokieselsäure — Chlorwasserstoff

Auch beim Versetzen von Wasserglas mit Salzsäure oder Schwefelsäure bildet sich wahrscheinlich Orthokieselsäure, die sich gallertig abscheidet, aber schon beim Stehen unter Wasserabscheidung in Orthodikieselsäure übergeht:

$$2\,Si(OH)_4 \quad \rightarrow \quad H_6Si_2O_7 \quad + \quad H_2O$$

Orthokieselsäure — Orthodikieselsäure — Wasser

Die Orthodikieselsäure ist rein unbekannt und nur in Lösung beim p_H-Wert 3,2 einige Zeit existenzfähig und polymerisiert zu *Polykieselsäuregel*. Ihre Strukturformel ist:

Durch weitere Wasserabspaltung entstehen schließlich Säuren mit höherer Verknüpfung der SiO_4-Gruppen, die längere Ketten bilden, in denen immer 2 Si-Atome durch eine Sauerstoffbrücke miteinander verbunden sind. Es bilden sich so nur in den Silikaten bekannte Säuren des Typs $(H_2SiO_3)_\infty$, die Ketten nachstehender Struktur bilden:

Die Kieselsäure ist in Lösung eine sehr schwache und wenig dissoziierte Säure. Ihre Salze heißen *Silikate* und leiten sich teils von der Metakieselsäure, die natürlichen Silikate meist von *Polykieselsäuren* ab, die man sich durch Austritt von einem oder mehreren Molekülen Wasser aus mehreren Molekülen *Metakieselsäure* $(H_2SiO_3)_n$ denken kann. Die Alkalisalze reagieren stark alkalisch. Aus Wasserglaslösung wird schon durch die Kohlensäure der Luft allmählich Kieselsäure ausgeschieden:

$$Na_2SiO_3 \quad + \quad H_2CO_3 \quad \rightarrow \quad H_2SiO_3 \quad + \quad Na_2CO_3$$

Natriumsilikat — Kohlensäure — Kieselsäure — Natriumcarbonat

Die Löslichkeit der Kieselsäuren nimmt mit steigender Molekülgröße, die mit fortschreitender Wasserabspaltung einhergeht, ständig ab bis zu dem wasserstofffreien, unlöslichen Siliciumdioxyd. Die Orthokieselsäure ist in Wasser leicht löslich.

Kieselsol.

Kieselsol (BASF) findet zusammen mit Gelatine als Schönungsmittel für Weine Verwendung und hat sich nach Berichten von einschlägigen Forschungsinstituten des Wein- und Obstbaues sehr gut bewährt.

Kieselwolframsäure. Acidum silico-wolframicum.

Wolframatokieselsäure. $SiO_2 \cdot 12\,WO_3 \cdot x\,H_2O$.

Weiße bis gelblichweiße, kleine Kristalle, sehr l.lösl. in Wasser und Weingeist.

Verwendung. Als Reagens auf Alkaloide, als Beiz- und Beschwerungsmittel in der Textilindustrie.

Kilowatt. Kilowattstunde.

Beim Gebrauch elektrischer Lampen und Geräte wird elektrische Energie verbraucht, die in elektrischen Zählern in Kilowattstunden gemessen wird. Die in der Zeiteinheit (Sekunde) erfüllte Leistung des elektrischen Stromes ist das Produkt aus der Spannung (Volt) und Stromstärke (Ampere). Die *Leistungseinheit* ist das *Watt* (W), das der Leistung eines elektrischen Stromes mit 1 A Stromstärke bei 1 V Spannung entspricht. Auf allen elektrischen Geräten (Lampen, Bügeleisen, Kochplatten, Dunkelkammergeräten usw.) ist neben der Watt-Angabe die Spannung in Volt vermerkt. 736 Watt = 1 PS, 1000 Watt = 1 Kilowatt (kW). Wieviel Strom man einer elektrischen Leitung entnehmen kann, läßt sich leicht durch Multiplikation der Volt- und Amperezahl errechnen. So kann man z. B. einer Stromleitung von 220 V, die mit 6 A gesichert ist, auf einmal höchstens $6 \cdot 220 = 1320$ W $= 1{,}32$ kW Strom entnehmen. Wird mehr entnommen, schmilzt die Sicherung durch. Die elektrische Arbeitseinheit, die *Kilowattstunde* (kWh), entspricht der Arbeit einer Maschine von 1 kW Leistung in der Zeiteinheit (Stunde = lat. hora, abgekürzt h).

Kino.

Mit Kino bezeichnet man gerbstoffhaltige Produkte aus den Rinden verschiedener tropischer Bäume. Durch Einschnitte in die Rinde fließt der in Gerbstoffschläuchen enthaltene Saft aus und trocknet am Baum ein.

Handelssorten. Nach der geographischen Herkunft:

Malabar- oder *Amboino*-Kino von Pterocarpus morsupium,
Kino von Kilossa von Pterocarpus erinaceus,
Australisches Kino von Eucalyptusarten.

Sie kommen über Kalkutta, Mangalore, Kundapur und Karwar in den Handel.

Kino. Kino, Erg.-B. 6.

Malabarkino.

Der im Februar oder März aus Einschnitten in die Stammrinde von **Pterocarpus marsupium** *Roxburgh, Papilionaceae,* eines an der Südwestküste Vorderindiens, in Zentral- und Südindien und auf Ceylon vorkommenden, bis 25 m hohen Baumes ausgeflossene Saft. An der Sonne erhärtet er zu einer spröden Masse, die in kleine Stücke zerschlagen wird.

Kleine, leicht zerbrechliche, unregelmäßig kantige, glänzende Stücke, schwärzlich oder dunkelrotbraun, am Rande rot durchscheinend, die beim Zerreiben ein rotbraunes Pulver geben. Bruch kleinmuschelig, frisch fast glasglänzend. *Geruchlos, Geschmack* stark zusammenziehend.

Kino quillt in kaltem Wasser auf und färbt es rötlichbraun, in heißem Wasser und Isopropylalkohol löst es sich fast vollkommen mit dunkelrotbrauner Farbe. Die wäßrige Lösung wird durch Alkalien rotviolett gefärbt, durch Eisenchloridlösung entsteht ein grüner Niederschlag. Beim Erkalten der wäßrigen Lösung fällt ein rotbrauner Niederschlag aus. Aschehöchstgehalt 4%.

Inhaltsstoffe. 25 bis 80% *Kinogerbstoff, Kinorot,* Brenzcatechin, Mineralstoffe, Extraktstoffe.

Verwendung. *Innerl.* (E. 0,5 g) als mildes Adstringens bei Durchfällen in Form der Tinktur, *äußerl.* als schön rot färbendes Mittel zu Mundwässern bei Zahnfleischentzündungen.

Aufbewahrung. Vor Licht geschützt.

Kirsche.

Sauerkirsche. Prunus cerasus *L.*

Rosaceae.

In Kleinasien und Transkaukasien heimischer, in ganz Europa angebauter, bis 6 m hoher Baum in den Varietäten *Glaskirsche, P. α acida Erhart* mit farblosem Saft, und *schwarze Sauerkirsche, P. β austera Erhart* mit schwarzrotem Saft. Wechselständige, 8 bis 10 cm lange, oval zugespitzte und doppelt gesägte, sattgrüne Blätter, kahl und glänzend, unterseits hellgraugrün mit weißlichen Haupt- und Nebennerven. Blüten langgestielt, in wenigblütigen Dolden, mit 5 rundlichen, weißen Kronenblättern. Frucht hell- bis dunkelrote Steinfrucht, bis 2,5 cm ϕ, mit saftigem Fruchtfleisch und einsamigem, rundlich-eiförmigem Kern mit 25 bis 35% fettem Öl, Amygdalin und Emulsin.

Inhaltsstoffe des Fruchtfleisches. 8,4% *Invertzucker,* Rohrzucker, *freie Säuren,* vor allem Äpfel-, Bernstein-, Citronensäure u. a., Spuren von Inosit, Salicylsäuremethylester und Gerbstoff, ein glykosidischer Anthocyanfarbstoff Ceracyanin.

Verwendung. Die frischen Früchte finden zur Herstellung von Kirschsaft und Kirschsirup (s. je Bd. III) Verwendung, die vergorenen, zerstampften Früchte zur Herstellung von „Kirsch" (Schnaps) → Kirschwasser. Die Herstellung von Likören mit viel Kirschkernen kann zu Blausäurevergiftungen führen!

Sauerkirschenblätter. Folia Cerasorum.

Kirschenblätter. Weichselkirschenblätter.

Die im Juni/Juli gesammelten und getrockneten Blätter. Morphologie s. oben.

Inhaltsstoffe. Citronensäure, Quercetin, Gerbstoff.

Verwendung. Hauptsächlich in Teemischungen bei Bleichsucht, Blutarmut, Gicht und Rheumatismus. In Notzeiten als Tabakersatz.

Aufbewahrung. Vor Licht geschützt.

Sauerkirschenstiele. Pedunculi Cerasorum.

Stipites Cerasorum. Kirschenstiele. Weichselkirschenstiele.

Die bei der Fruchternte gesammelten und getrockneten (Wasserverlust 66%) Stiele, 4 bis 5 cm lang, dünn, rotbraun, leicht längsrinnig, in sich gedreht, mit derber Ansatzstelle an den Zweig. *Geruchlos, Geschmack* säuerlich-würzig.

Inhaltsstoffe. Eisen braungrün färbender Gerbstoff.

Verwendung. *Innerl.* 1 bis 2 Teelöffel der Schnittdroge auf 1 Tasse Abkochung als harntreibendes Mittel bei Erkrankungen der Harnwege, gegen Durchfall, zu Teemischungen, zur Entfettung, gegen Katarrhe und Husten, als Gewürz für saure Gurken.

Süßkirsche. Prunus avium *L.*

Rosaceae.

In zahlreichen Kulturformen angebauter, bis 18 m hoher Baum mit länglich-lanzettlichen, gesägten Blättern, die nach den langgestielten, weißen, in Dolden angeordneten Blüten erscheinen. Steinfrüchte kugelig oder spitzkugelig, glatt, glänzend, gelblich, mit roten Flecken, oder dunkel- bis schwarzrot. Blütezeit Anfang Mai.

Verwendung. Frisch als Obst, zum Eindünsten und zur Herstellung von Marmeladen, vergoren zur Herstellung von Kirschbranntwein. Die Blätter in Notzeiten als Tabakersatz.

Kirschgummi. Gummi Cerasorum.

Resina Cerasorum.

Das nach Verwundung von Stämmen und Ästen von Prunus avium und Prunus cerasus in Tropfen oder Kugeln austretende und eingetrocknete Harz.

Verwendung. *Volkstüml.* abgekocht gegen Husten, als Appreturmittel, zur Herstellung von Kunstgummi, zur Verfälschung von Gummi arabicum.

Kirschlorbeer. Prunus laurocerasus *L.*

Rosaceae.

In Mittelmeerländern angebauter, bei uns in Gärten als Zierpflanze vorkommender, bis 6 m hoher, immergrüner Baum oder Strauch. Äste schwarzgrau, kahl, abstehend, rund, Blätter lederartig. Kleine, weiße Blüten in aufrechten, vielblütigen Trauben. Früchte schwarzrot, mit flachem, eiförmigem Steinkern, $\varnothing$ etwa 1 cm. Blütezeit Mai.

Kirschlorbeerblätter. Folia Laurocerasi.

Frisch (Juli/August) gesammelte und vorsichtig getrocknete Blätter, kahl, glänzend, dick und lederartig, 10 bis 15 cm lang, 3 bis 5 cm breit, kurzgestielt, mit leicht umgebogenem Rand und gezähnter Spitze. Oberseits dunkelgrün, unterseits heller. Fast *geruchlos*, beim Zerreiben nach bitteren Mandeln riechend. *Geschmack* bitter, zusammenziehend.

Inhaltsstoffe. 1,4% Glykosid *Prulaurasin*, das durch das ebenfalls enthaltene Emulsin bei der hydrolytischen Spaltung in Cyanwasserstoff, Benzaldehyd und Glukose zerfällt, Phyllinsäure, Gerbstoffe, Wachs, Zucker u. a.

Verwendung. Als schmerzstillendes Mittel, früher frisch zur Herstellung von ☠ *3. Kirschlorbeerwasser, Aqua Laurocerasi, Stoff B*, das heute durch Aqua Amygdalarum amararum, DAB. 6, ersetzt ist, zu ☠ *2. Kirschlorbeeröl, Oleum Laurocerasi äthereum.*

Kirschwasser.

Kirschwasser gilt als der beste deutsche Edelbranntwein und stellt den wichtigsten Obstbranntwein dar. Er wird hauptsächlich in Süddeutschland (Schwarzwald), aber auch in anderen süddeutschen Gegenden, in Tirol und Elsaß-Lothringen gebrannt. Als Ausgangsmaterial dienen Süßkirschen und Wildkirschen mit hohem Zuckergehalt. Kirschenbestände der südlichen Granit- und Gneishänge sollen die besten Erzeugnisse geben, ebenso sollen Kirschen alter Bäume bessere Erzeugnisse liefern als die junger Bäume. Als besonders gute Kirschwassersorten gelten die aus dem Renchtal. Als „Schwarzwälder Kirschwasser" dürfen nur Kirschwässer bezeichnet werden, die entweder im Schwarzwald gebrannt sind, mindestens aber von Schwarzwälder Kirschen stammen.

Herstellung. Die Kirschen werden ohne Stiel geerntet, „gestreift", und in großen Fässern ohne Vermahlung eingeschlagen. Nur ein kleiner Prozentsatz der Steine wird zerkleinert. Durch Reinzuchthefe werden die Kirschen einer raschen Gärung unterworfen, bei der unter dem Einfluß des Ferments Emulsin aus dem Amygdalin der Kirschenkerne neben Traubenzucker Bittermandelöl und Blausäure entstehen, die man in allen Kirschwässern nachweisen kann. Das Brennen erfolgt in einfachen Apparaten.

Kirschwassersorten. K. soll möglichst wasserhell sein. Die Lagerung hat deshalb in Gefäßen zu erfolgen, die möglichst wenig färbende Bestandteile abgeben. Sie erfolgt daher in Erlenholzfässern, Steinzeuggefäßen oder Korbflaschen. Die guten Sorten haben schon gleich nach dem Brennen einen blumigen, deutlichen Kirschengeruch und -geschmack und schmecken nur wenig nach Bittermandeln; sie dürfen keinen fuselartigen Nachgeschmack haben. Nach WÜSTENFELDT-HAESELER erfolgt die Unterscheidung von K. von Pflaumenbranntwein durch folgende Probe:

„Läßt man einige Tropfen in einem lose bedeckten Glase über Nacht stehen, so bleibt nur ein reines Kirscharoma zurück, während Pflaumenbranntweine unter gleichen Versuchsbedingungen einen ausgesprochen an Pflaumen erinnernden Geruch hinterlassen."

Zur genauen Prüfung und Wertbeurteilung müssen die einzelnen Anteile bei der fraktionierten Destillation geschmacklich geprüft werden. Neben anderen kennzeichnenden Bestandteilen und Aromaträgern echter Kirchwässer ist in diesen z. T. veresterter Benzylalkohol enthalten.

Verwendung. Als bekannter Edelbranntwein, als aromatisierender Zusatz zu Likören, wie Curaçao, Kakao-, Eier- und Schokoladenlikör u. a. (1 bis 5%). Als wertvoller Zusatz zu anderen Getränken, Speisen, Eingemachtem und Backwerk, als wesentlicher Bestandteil des Cherrybrandy (8 bis 15%).

Kitte.

Die Kitte unterscheiden sich von den Klebstoffen in bezug auf ihre Zusammensetzung dadurch, daß sie neben organischen Stoffen auch anorganische Stoffe enthalten und fest, teigig oder dickflüssig sind. Im Gegensatz zu den Klebstoffen, die zum Verkleben von Flächen Verwendung finden, dienen die K. zum Ausfüllen von Spalten und Löchern und ergeben beim Eintrocknen eine feste, unbiegsame und unelastische Verbindung. Diese beruht hauptsächlich auf Adhäsion. Nach ihrer verschiedenen Wirkungsweise können die K. in folgende Gruppen eingeteilt werden: 1. Schmelzkitte, 2. Abdunstkitte, 3. Reaktionskitte. Zu ihrer Herstellung dienen außer den unter Klebstoffen angeführten Rohstoffen Wachse, Guttapercha, Kautschuk, Teer, Kalk, Gips, Wasserglas, Metalloxyde u. a., nach ihrem Verwendungszweck unterscheidet man Glas-, Marmor-, Metall-, Porzellan-, Stein-, Leder- und Linoleumkitte usw. Herstellungsvorschriften s. Bd. III.

Klauenöl. Oleum Pedum Tauri.

Rinderklauenfett. Ochsenpfotenöl.

Aus frischen Ochsenklauen, die zerschnitten in kochendes Wasser eingetragen werden, nach dem Erkalten an der Oberfläche des Wasser abgeschiedenes Fett, das nach weiterem Erhitzen im Wasserbad koliert wird.

Weißes bis goldgelbes, etwas nach Talg riechendes, dickflüssiges Öl, das in der Kälte nur wenig feste Bestandteile abscheidet. Durch Ausfrieren werden kältebeständige, besonders wertvolle Klauenöle erhalten. D. 0,914 bis 0,916; JZ. 38 bis 76 je nach Pressung; VZ. 196; Unverseifbares 0,3; Brechnungsindex bei 40° 1,4610.

Inhaltsstoffe. Der hohe Gehalt ungesättigter Fettsäuren macht Klauenöl zu einem überaus wertvollen biologischen Öl. Die Zusammensetzung der Fettsäuren ist nach *SÖFW*. in Gewichts-%

Myristinsäure	0,7	Hexadecensäure	9,4
Palmitinsäure	16,9	Oleinsäure	64,4
Stearinsäure	2,7	Octadecensäure C 18	2,3 (2 Dopp. B)
Arachinsäure	0,1	Octadecensäure C 18	0,7 (3 Dopp. B)
Tetradecensäure	1,2	unges. Fettsäuren	1,6

Verwendung. K. wird schwer ranzig, ist völlig reizlos und wird von der Haut gut resorbiert. Besonders geeignet zu Hautpflegemitteln bei Reizzuständen der Haut, verarbeitet als Emulsion oder Creme, für Haarpomaden und andere kosmetische Erzeugnisse, zusammen mit gelbem Wachs, Kakaobutter, Paraffin u. a. Infolge seiner geringen Verharzung in der Wärme und seiner Dünnflüssigkeit technisch als hochwertiges Schmiermittel in der Feinmechanik und für Waffen sowie für die Zwecke der Lederfettung. Minderwertige K. von Schafen, Schweinen, Pferden sind als Verfälschung anzusehen und finden zu Schmier- und Ledereinfettungsmitteln Verwendung. Sie sind ebenso wie synthetisches „Klauenöl" an ihren Konstanten erkenntlich. „*Knochenöl für Uhren*" ist der ölige Anteil des Klauenfetts.

Klebstoffe.

Klebstoffe sind mehr oder weniger flüssige, technische Zubereitungen, meist aus organischen Stoffen oder Stoffgemischen, die dünnflüssig und in dünner Schicht auf die zu klebenden Gegenstände aufgestrichen werden und beim Trocknen zu einem elastischen Film erhärten. Dieser hält durch Adhäsion die zu klebenden Stoffe zusammen.

Zur Herstellung von Klebstoffen finden Verwendung:

Tierische Stoffe, z. B. Gelatine, Leim, Kasein, Blutalbumin, Hausenblase; pflanzliche Stoffe, z. B. Stärkearten, Dextrin, Harze, Trockenöle; Pflanzengummi, z. B. Gummi arabicum, Agar-Agar, Traganth, Alginate; mineralische Stoffe, z. B. Wasserglas, Mörtel, Zement; künstliche Stoffe, z. B. Celluloseester, Nitrocellulose, Celluloid, wasserlösliche Celluloseäther, die Polyvinylderivate u. a. Kunstharze (Acronal, Mowilith, Plexigum, Vinipas u. a.).

Einteilung und Herstellungsvorschriften von Klebstoffen s. Bd. III.

Kleie.

Unter Kleie versteht man die Hüllen von Roggen- und Weizenkörnern. Je nach dem Grad des Ausmahlens sind sie noch mehr oder weniger im Mehl enthalten. Obgleich die K. gerade die wertvollsten Teile des Getreidekorns, Eiweiß, Mineralsalze, Vitamine, Sterine usw., enthält, nahm man ursprünglich an, sie sei unverdaulich. Diese Annahme ist falsch, Kleie wird sogar vom Darm gut verdaut und ausgenützt. Im → *Vollkornbrot* ist sie mit ihren wertvollen Bestandteilen noch enthalten.

Feingemahlene Kleie von Hafer, Mandeln, Reis, Weizen werden zur Herstellung von Hautpflegemitteln, Gesichts- und Haarpackungen und zu Pudern verwendet.

Aok Seesand-Mandelkleie[1] ist ein bewährtes Präparat zur Pflege von Gesicht, Hals und Händen.

Weizenkleie findet therapeutisch zum *Kleiebad* Verwendung, das hautreizmildernd wirkt und die Haut weich macht. Es wird bei Neigung zu Entzündungen und Akne empfohlen. 1 bis 2 kg werden mit 4 bis 6 l Wasser zum Kochen erhitzt, 20 Min. gekocht und dann dem Badewasser zugegeben. Temperatur des Bades 30°, Badedauer 20 Min.

Klette.

Als Lieferant der Droge Klettenwurzel kommen in Frage:

Große Klette, Arctium lappa *L.,* **Kleine Klette, Arctium minus** *Bernhard* (Abb.144), und **Filzige (Spinnen-) Klette, Arctium tomentosum** *Miller, Compositae.*

An Wegrändern, Zäunen, auf Schutt, an Ufern verbreitete zweijährige, 1 bis 2 m hohe Pflanzen mit kräftigem, verästeltem, gefurchtem und violett schimmerndem, wollhaarigem Stengel. Blätter groß, oberseits grün, dünn behaart, unterseits graufilzig, leicht wellig, gezahnt. Kugelige Blütenköpfchen in Doldentrauben mit violetten Kronblättern und grünen Hüllblättern mit Widerhaken.

Abb. 144. Kleine Klette. Arctium minus.

Klettenwurzel. Radix Bardanae, Erg.-B.6.

Radix Lappae majoris. Klettendistelwurzel.

Die im Herbst des ersten oder im Frühjahr des zweiten Jahres gesammelten, gewaschenen, z. T. gespaltenen und sorgfältig getrockneten (Wasserverlust 80%) Wurzeln. Einfache, wenig verästelte, bis 30 cm lange, spindelförmige oder zylindrische, längsrunzelige, häufig etwas gedrehte Wurzeln mit dunkelbrauner Außenseite, innen blaß-bräunlich, hornähnlich, am oberen Ende oft mit weißfilzigem Stengelrest. Bruch hornartig glatt (Abb. 145). *Geruch* schwach, *Geschmack* schleimig, süßlich, dann bitter.

Lupenbild. Weiße Rinde, bei jüngeren Wurzeln im äußeren Teil ein Kranz brauner Sekretbehälter. Kambiumzone dunkler, Holzkörper gelblich oder bräunlich, im Innern mit einem schwammigen, lückig zerrissenem Mark. Aschehöchstgehalt 6%.

Inhaltsstoffe. 40 bis 50% *Inulin*, Schleim, Zucker, wenig Fett, Gerbstoff, Harz, Mineralstoffe u. a.

Verwendung. *Innerl.* 1 Teelöffel mit 1 Tasse kaltem Wasser ansetzen, nach mehreren Stunden abkochen, bis 2 Tassen täglich als harn- und schweißtreibendes, die Gallensekretion förderndes, blutreinigendes und ab-

Abb- 145. Klettenwurzel. Radix Bardanae. Schnittdroge, 2fach vergrößert. Wurzelstückchen in Oberflächen- und Querschnittansicht. (Nach *Schlemmer-Hörhammer.*)

---

[1] Hersteller: Aok Exterikultur GmbH., Bad Münster/Stein.

führendes Mittel bei Gicht, Rheumatismus, Ekzemen, schlecht heilenden Wunden, Beingeschwüren, Furunkulose, Gallen- und Steinleiden. Als „Klettenwurzelöl" sind mit ätherischen Ölen parfümierte Fette oder mineralische Öle im Handel, die keine Klettenwurzelbestandteile enthalten. *Volkstüml.* werden Klettenwurzelauszüge mit fettem Öl oder Weingeist als Haarwuchsmittel gebraucht.

Aufbewahrung. Vor Licht geschützt.

Verw. u. Verf. Wurzeln von *Atropa belladonna* mit Quernarben, Holz ohne Strahlen, Querschnitt wird mit Jodlösung blau gefärbt, von *Symphytum officinale*, außen schwarz, innen hornartig.

Knabenkraut.

Die Orchidaceenarten **Salep-Knabenkraut, Orchis morio** *L.*, **Geflecktes Knabenkraut, Orchis maculata** *L.*, **Manns-Knabenkraut, Orchis mascula** *L.*, **Breitblättriges Knabenkraut, Orchis latifolia** *L.*, **Helm-Knabenkraut, Orchis militaris** *L.*, ferner Spitzorchis, **Anacamptis pyramidalis** *Richard*, und die **Zweiblättrige Kuckucksblume, Platanthera bifolia** *Richard*, für die sämtlich *Sammelverbot* besteht, liefern die Droge Salepknollen.

Ausdauernde, kahle Pflanzen mit einfachem, krautigem Stengel, ungeteilten, saftgrünen Blättern und in aufrechten Ähren stehenden Blüten. Die blühenden Pflanzen besitzen stets eine stengeltragende, schlaffe und eingeschrumpfte Knolle, „Mutterknolle", und eine durch Reservestoffe pralle „Tochterknolle", die dem Blütensproß der kommenden Generation dient. Blütezeit Mai/Juni.

Salep. Tubera Salep, DAB. 6.

Salepknollen.

Die während der Blütezeit gesammelten, in siedendem Wasser gebrühten und getrockneten Tochterknollen der vorgenannten Orchidaceenarten. Kugelige, ei- oder birnenförmige, glatte oder rauhe, harte, schwere, 2 bis 4 cm lange, 0,5 bis 3 cm dicke, gelbliche oder graubräunliche, schwach durchscheinende Knollen. An der Spitze mit zusammengeschrumpftem Knöspchen oder von diesem herrührender Narbe. Bruch von der gleichen Farbe wie die Oberfläche, hornartig. *Geruchlos, Geschmack* fade, schleimig. Saleppulver ist weißlich oder gelblichweiß. Die bei uns (Odenwald, Rhön, Taunus) gesammelten Salepknollen decken den deutschen Bedarf bei weitem nicht. Haupterzeugungsländer: Jugoslawien, Persien, Griechenland, Ägypten.

Inhaltsstoffe. Etwa 50% wasserlöslicher Schleim, der bei der Hydrolyse *Mannose* liefert, etwa 25% Stärke, 5% Eiweiß, Cellulose, Zucker, wenig Fett u. a.

Verwendung. *Innerl.* als Schleim, *Mucilago Salep* (1 T. Salep, 1 T. Weingeist, 98 T. heißes Wasser), bei Darmkatarrhen und Ruhr, besonders der Kinder, zu reizmildernden Einläufen, Nährgelatinen, als einhüllender Zusatz zu reizenden Arzneimitteln; *volkstüml.* als Nähr- und Kräftigungsmittel für schwächliche Kranke; *techn.* als Appreturmittel.

Verw. u. Verf. Knollen von *Colchicum autumnale*, braun, runzelig, innen weiß und mehlig, *Arum maculatum*, nußgroß, weiß, dicht behaart.

Prüfung nach DAB. 6. Neben der mikroskopischen Prüfung:

Erkennung. Beim Kochen von 1 g S.-Pulver mit 50 g Wasser entsteht ein nur leicht gefärbter, nach dem Erkalten ziemlich steifer Schleim, der sich mit Jodlösung blau färbt.

Fremde Beimengungen. Beim Verbrennen von 1 g S.-Pulver darf höchstens ein Rückstand von 0,03 g verbleiben.

Knoblauch.

Knoblauch. Allium sativum *L.*

Liliaceae.

In Südeuropa und Afrika heimische, seit Jahrhunderten vielfach angebaute Pflanze mit flachen, ganzrandigen, ungefähr 1 cm breiten, zugespitzten Blättern, rundem, beblättertem, bis 1 m hohem Blütenschaft mit langgestielten, rötlichweißen Blüten in einer Dolde. Blütenhülle aus 6 glockig zusammenneigenden Perigonblättern. Blütenstand von einem abfallenden Hochblatt umgeben (Abb. 146).

Knoblauchzwiebel. Bulbus Allii sativi, Erg.-B. 6.

Knoblauch.

Die im Sommer nach dem Dürrwerden der Blättern geernteten Zwiebeln. Fast kugelige, zusammengesetzte Zwiebeln, durchschnittlicher Durchmesser 4 cm. Am harten, flachen, unterseits mit Wurzelfasern besetzten Zwiebelkuchen sitzt die länglich-eiförmige Hauptzwiebel und um diese herum die gekrümmten, teilweise kantigen Nebenzwiebeln, „Knoblauchzehen" (Abb. 146, *2, 3*). Beide umhüllen gemeinsam weißlich-rötliche, trockenhäutige, papierartige Hüllen, die Nebenzwiebeln sind noch von gleichartigen, besonderen Hüllen umgeben. Die Zehen bestehen nach Entfernung der Hüllen aus einem fleischigen Niederblatt des Wurzelstocks, das die Triebknospe wie eine Röhre umgibt. *Geruch* eigenartig durchdringend, *Geschmack* stark brennend.

Inhaltsstoffe. 0,1 bis 0,25% *ätherisches Öl* (Mindestgehalt nach Erg.-B. 6 0,2%, Hauptbestandteile 60% Diallyl-Disulfid, 20% Diallyl-Trisulfid, Diallyl-Tetrasulfid; diese Polysulfide sind auch noch in glykosidischer Bindung enthalten, aus der sie durch Enzyme freigemacht werden. Aus dem Ölglykosid *Alliin* entsteht das schwefelhaltige Knoblauchöl. Ferner 6% Propylallyl-Disulfid u. a.), die Fermente *Allisin* und *Tyrosinase*, die Vitamine A, B_1, C, der Pellagrafaktor, *Rhodanwasserstoffsäure, Jod,* etwa 20% *inulinartige Polyosen* (diese geben infolge Abbaues durch eigene Fermente zu Fruchtzucker Knoblauchsäften den süßen Geschmack).

Verwendung. *Innerl.* $^1/_2$ bis 2 Zehen fein gehackt aufs Brot mit Petersilie oder in Milch gekocht, oder als Preßsaft, Bonbons, Knoblauchöl in Kapseln; *äußerl.* gegen Eingeweidewürmer (Maden- und Spulwürmer) 1 bis 2 Zehen fein gehackt in einem halben Liter Wasser 10 Minuten lang kochen, nach dem Abkühlen auf Körper-

Abb. 146. Knoblauch. Allium sativum.
1 Habitus, geteilt; — *2* Querschnitt durch die Zwiebel; — *3* einzelne Nebenzwiebel („Zehe").

temperatur zum Bleibeklistier, alle 8 Tage 1 Klistier; bei Hauterkrankungen und zur Behandlung eiternder Wunden 10%ige Knoblauchsaftlösung mit Zusatz von 1 bis 2% Alkohol.

Die Wirkung des Knoblauchs ist äußerst vielseitig: Allgemein anregend auf den Organismus, sekretionssteigernd auf Magen, Galle und Darm und dadurch appetitanregend und verdauungsfördernd, beruhigend und krampflösend, die Darmflora allgemein umstimmend, wobei die Fäulnis- und andere pathogene Bakterien unter Schonung der nicht pathogenen Kolibakterien vernichtet werden. Dadurch erfolgt eine Umstimmung der Darmflora im lebensverlängernden Sinne, die Widerstandskraft des Organismus gegen Bakterientoxine wird gesteigert. Auch krebshemmend wirkt Knoblauch, während Darm- und Lungentuberkulose, Typhus und Paratyphus erfolgreich mit K. behandelt werden. Bei Gärungsdyspepsie mit Druck-, Völlegefühl und Schmerzen, bei Durchfall mit Leibschmerzen, Ruhr, chronischer Verstopfung, eitrigen Bronchialkatarrhen mit übelriechendem Auswurf tritt die krampf- und schleimlösende, auswurffördernde Wirkung besonders in Erscheinung. Zu hoher Blutdruck bei Arteriosklerose wird unter Behebung von Beklemmungszuständen, Kopfdruck und Schwindel behoben; als Vorbeugungsmittel gegen Grippe. *Volkstümlich* gegen Rheumatismus, Gicht, Harnsteine, Wassersucht. Als Gewürz für Fleischgerichte, Wurst und Soßen findet K. weitgehende Verwendung.

Die Ausscheidung des Knoblauchöls erfolgt rasch durch die Lungen und die Haut, deshalb verbreiten Personen, die K. eingenommen haben, den durchdringenden Geruch in ihrer Umgebung. Zur Entfernung des Geruches aus der Atemluft spült man den Mund mit Chloraminlösung 1 : 100 gut aus. Auch durch gleichzeitigen Genuß von Petersilie, roh geriebenen Äpfeln oder einen Teelöffel voll Tierkohle kann der Geruch fast ganz zum Verschwinden gebracht werden. Die Tierkohle adsorbiert das Knoblauchöl, die Adsorption wird erst im Darm wieder aufgehoben. Der unangenehme Geschmack von Knoblauchöl läßt sich am besten durch einige Tr. Angelikawurzelöl verdecken.

Knoblauchpräparate (z. B. Sanhelios, das keinerlei Geruchsempfindung auslöst) haben infolge ihrer Wirkung als Mittel gegen Arterienverkalkung und sonstige Altersbeschwerden vielfache Verwendung gefunden. Ihre blutdrucksenkende und blutgefäßerweiternde Wirkung ist als gesichert anzusehen, ebenso die Herabsetzung von Autointoxikationen von seiten des Darms. Darmgärungen und dadurch bedingte Blähungen werden durch Knoblauchöl günstig beeinflußt, ein Überwuchern der Koliflora im Darm durch Knoblauchpräparate vermieden.

Knochenkohle. Ebur ustum nigrum.

Beinschwarz.

Knochenkohle erhält man bei der Gewinnung gekörnter K. aus den Abfällen, die fein gepulvert werden. Sie ist reich an Calciumphosphat, jedoch als Adsorptionskohle ungeeignet.

Verwendung. Hauptsächlich als schwarzer Farbstoff für Schuh-, Leder- und Hufwichse, zu Schablonenfarben.

Kobalt. Cobaltum. Co.

Atom-Gew. 58,94. Wertigkeit 2, 3, 4.

Das Kobalt wurde im Jahre 1735 von BRANDT entdeckt, jedoch zunächst nur das unreine Metall, der *Kobaltkönig*, dargestellt. K. ist in der Natur ein regelmäßiger

Begleiter des Nickels und findet sich neben diesem, jedoch in wesentlich geringerer Menge, in Meteoreisen, in Nickelerzgängen als *Speiskobalt*, $(Co, Ni, Fe)As_2$, und *Glanzkobalt*, $CoAsS$, *Kobaltarsenkies*, $(Fe, Co)AsS$, *Kobaltnickelkies*, $(Ni, Co, Fe)_3S_4$, und anderen.

Darstellung. Zur technischen Darstellung werden Kobalterze durch Rösten arsen- und schwefelfrei gemacht, in Kobaltoxyd übergeführt und durch Erhitzen mit Kohle oder im Wasserstoffstrom reduziert, der geröstete Rückstand in Salzsäure gelöst und mit Salpetersäure oxydiert. Eisen wird durch Zusatz von Soda oder Calciumcarbonat gefällt und abfiltriert und das Filtrat nach dem Ansäuern mit Schwefelwasserstoff versetzt, um Kupfer und Wismut auszufällen. Nach Vertreiben des Schwefelwasserstoffs aus dem Filtrat durch Erhitzen wird es durch Chlorkalk als Kobaltoxyd gefällt und dieses dann auf die beschriebene Weise reduziert.

Eigenschaften. Stahlgraues, hartes und glänzendes, zähes Metall, D. 8,9, Schmp. 1490°, Sdp. 3185°. Das Metall wird vom Magneten angezogen, ist luftbeständig, überzieht sich aber beim Erhitzen mit einer Oxydschicht und verbrennt bei Weißglut zu Kobalto-Kobaltioxyd, $Co_3O_4 \cdot (Co + Co_2O_3)$. Verd. Mineralsäuren lösen K. langsam, Salpetersäure schneller zu Kobalt(II)-salzen.

K. bildet zwei Reihen Salze, die beständigen *Kobalt(II)-salze*, *Kobaltosalze*, die kristallwasserhaltig rot, kristallwasserfrei blau gefärbt sind, und die sehr unbeständigen *Kobalt(III)-salze*, *Kobaltisalze*. Die letzten geben mit Ammoniak, Cyaniden und Nitriten sehr beständige Komplexverbindungen.

Verwendung. K. findet Verwendung zur Herstellung von Magnetstählen (Dauermagneten), Schnelldrehstahl, *Widia*, und zu Legierungen von besonders hoher chemischer Beständigkeit, z. B. *Stellit* (50% Kobalt, 35% Chrom, 15% Wolfram), zum Verkobalten von Metallen (z. B. Eisen als Rostschutzüberzug), mit Aluminium und Kupfer legiert, als *Sonnenbronze* und *Metallin*, die in der Schmuckwarenindustrie Verwendung finden, mit K. und Mangan legiert zur Herstellung von Obstmessern, die durch Fruchtsäuren nicht angegriffen werden. K. ist ferner Bestandteil wertvoller Mineralfarben, so des Kobaltsilikats *Smalte*, das durch seine prachtvolle blaue Farbe zur Färbung von Glas und Porzellan Verwendung findet, als *Thenards Blau*, $CoO \cdot Al_2O_3$, ein Kobaltaluminat, in *Rinmanns Grün*, *Kobaltzinkat*, CoO_2Zn.

Kobalt(II)-acetat. Kobaltacetat. Cobaltum aceticum.

Kobaltoxydulacetat. Essigsaures Kobalt. $(CH_3 \cdot COO)_2Co \cdot 4H_2O$.

Kobaltacetat erhält man durch Auflösen von Kobaltcarbonat in Essigsäure.

Eigenschaften. Rote, nach Essigsäure riechende Kristalle, l.lösl. in Wasser und Säuren. Bei 140° verliert das Salz sein Kristallwasser und färbt sich rötlichblau.

Verwendung. Als Bleich- und Trockenmittel für Lacke und Firnisse.

Kobaltblau.

Cölestinblau. Leydener Blau. $CoO \cdot Al_2O_3$. Mol.-Gew. 176,88.

Blaues, amorphes Pulver, das in der Kunstmalerei mit Öl angerührt Verwendung findet. Die Farbe ist gegen Licht, Luft, Temperatureinflüsse, Alkalien und die meisten Säuren beständig. *Thenards Blau*, das durch Glühen von Aluminiumsulfat mit Kobaltnitrat entsteht, ist ebenfalls ein Kobaltaluminat, das heute als Kobaltblau Verwendung findet. Es entsteht auch beim Erhitzen von Aluminiumverbindungen mit Kobalt(II)-salzen auf Kohle und wird deshalb zum Nachweis von Aluminiumverbindungen in der Analyse verwendet.

Kobaltcarbonat, basisches. Cobaltum carbonicum oxydulatum, basicum.

Kobaltcarbonat enthält wenigstens 40% Kobalt.

Rosarotes, in verd. Säuren unter Kohlensäureentwicklung lösl. Pulver, das zur Herstellung von Kobaltoxyden und Kobaltfarben Verwendung findet.

Kobalt(II)-chlorid. Kobaltochlorid. Cobaltum chloratum.

Kobaltchlorür. Chlorkobalt. $CoCl_2 \cdot 6H_2O$. Mol.-Gew. 237,95.

Eigenschaften. Himbeerrote, monokline Säulen, in Wasser sehr leicht mit roter Farbe, in Weingeist leicht mit blauer Farbe lösl. Das Salz nimmt schon beim Erwärmen auf 30° bis 35° (die warme Hand genügt) eine tiefblaue Farbe an.

Verwendung. Als Reagens, zur Darstellung anderer Kobaltverbindungen, als verd. Lösung zur Herstellung sympathetischer Tinte, die beim Schreiben so eintrocknet, daß die Schriftzüge unsichtbar bleiben. Erwärmt man das mit der Lösung beschriebene Blatt, so erscheint die Schrift in deutlicher tiefblauer Farbe. Durch Kristallwasserverlust entstehen dabei die niederen blauen Hydrate. Zur Herstellung von *Wetterbildern* und *Wetterblumen*. Diese nehmen bei trockener Luft infolge Kristallwasserverlustes einen blauen, bei feuchter, regendrohender Luft dagegen einen rötlichen Farbton an. In der Galvanotechnik zu Kobaltbädern, als Trockenstoff in der Firnis- und Lackherstellung, in der Glas- und Porzellanmalerei und Keramik.

Kobaltlinoleat und Kobaltresinat.

Beide Stoffe finden als öllösliche Trockenstoffe für Farben, Firnisse und Lacke und zur Herstellung schnelltrocknender Druckfarben Verwendung, das Resinat auch in der Porzellan- und Glasmalerei, **Kobaltstearat** als öllöslicher Trockenstoff zur Wachstuchherstellung.

Kobalt(II)-nitrat. Kobaltnitrat. Kobaltonitrat. Cobaltum nitricum.

Salpetersaures Kobalt. $Co(NO_3)_2 \cdot 6H_2O$. Mol.-Gew. 291,05.

Darstellung. Durch Auflösen von Kobalt, Kobaltoxyd, Kobalthydroxyd oder Kobaltcarbonat in verd. Salpetersäure und Impfen der kalten Lösung mit einem Kobaltnitratkristall.

Eigenschaften. Rote Säulen oder monokline Prismen, die an feuchter Luft zerfließen, in Wasser mit gleicher Farbe l.lösl., Schmp. 56°. Beim Erhitzen auf höhere Temperatur zersetzt sich das Salz unter Wasserabgabe, Entwicklung von Stickoxyden und Hinterlassung von Kobalt(III)-oxyd, Co_2O_3.

Verwendung. Als Lötrohrreagens auf Aluminiumverbindungen, zur Herstellung von Kobaltfarben und Geheimtinten, Holzbeizen, in der Kosmetik in Kombination mit Nickelsalzen zum Färben der Haare (blond, kastanienbraun, braunschwarz).

Kobalt(II)-oxalat. Kobaltoxalat. Cobaltum oxalicum oxydulatum.

Normales Kobaltoxalat. $(COO)_2Co \cdot 2H_2O$.

Rosenrotes, in Wasser unlösl., in Ammoniaklösung und einer Lösung von Ammoniumcarbonat oder Alkalioxalaten lösl. Pulver, das in der Druckerei und Reproduktionstechnik Verwendung findet.

Kobaltoxyde.

Kobalt(II)-oxyd. Cobaltum oxydulatum.

Kobaltoxydul. Kobaltooxyd. CoO. Mol.-Gew. 74,94.

Darstellung. Kobalt(II)-oxyd erhält man durch Erhitzen von Kobalt(II)-hydroxyd oder Kobalt(II)-carbonat unter Luftabschluß.

Eigenschaften. Olivgrünes, in Wasser unlösl., in Säuren lösl. Pulver, das beim Glühen an der Luft in schwarzes *Trikobalttetroxyd*, Co_3O_4 (Kobalt(II,III)-oxyd), übergeht.

Verwendung. Als Katalysator für Sauerstoffbäder, zum Färben von Glas und Porzellan, zur Herstellung von *Kobaltglas*, das in der Analyse zum Nachweis von Kalium und als Zierglas Verwendung findet.

Kobalt(III)-oxyd. Cobaltum oxydatum.

Kobaltoxyd. Kobaltioxyd. Co_2O_3. Mol.-Gew. 165,88.

Darstellung. Kobalt(III)-oxyd erhält man durch gelindes Glühen von Kobaltnitrat als braunes bis schwarzes Pulver, das sich in Säuren zu Kobalt(II)-salzen löst.

Verwendung. Zur Herstellung von Email und Smalte in der Porzellanmalerei.

Kobalt(II)-sulfat. Kobaltosulfat. Cobaltum sulfuricum oxydulatum.

Kobaltsulfat. Schwefelsaures Kobalt. Kobaltvitriol. $CoSO_4 \cdot 7 H_2O$. Mol.-Gew. 281,11.

Darstellung. Durch Auflösen von Kobaltoxydul oder Kobaltcarbonat in verd. Schwefelsäure.

Eigenschaften. Karmoisinrote, luftbeständige, monokline Kristalle, Schmp. 96,8°, l.lösl. in Wasser, unlösl. in Weingeist. Beim Erwärmen nimmt das Salz unter Wasserverlust eine hellere, rosenrote Färbung an.

Verwendung. Zur Herstellung von Trockenstoffen für die Firnis- und Lackbereitung, in der Galvanotechnik zu Kobaltüberzügen auf Eisen, zur Herstellung von Holzbeizen, Ausgangsmaterial für andere Kobaltfarben und -verbindungen.

Erkennung der Kobaltverbindungen.

Die kristallwasserhaltigen Kobalt(II)-salze sind rot, die Farbe ihrer Lösungen rot.

Phosphorsalzperle. In der entleuchteten Bunsenflamme ausgeglühte Kobaltsalze geben in der Phosphorsalzperle eine kennzeichnende tiefblaue Farbe, die auch nach dem Abkühlen bestehen bleibt. (Empfindliche, kennzeichnende Reaktion.)

Reaktionen auf nassem Wege. 1. Einige Tropfen Ammoniumsulfidlösung geben mit Kobaltsalzlösungen einen schwarzen, glänzenden Niederschlag von Kobalt(II)-sulfid:

$$Co(NO_3)_2 + (NH_4)_2S \rightarrow 2\,NH_4NO_3 + CoS \downarrow$$

2. Ammonium- oder Kaliumrhodanid, fest oder in konz. Lösung, färben eine Probe Kobaltsalzlösung blaurot durch entstandenes Ammoniumkobaltrhodanid, $(NH_4)_2[Co(CNS)_4]$. Überschichtet man mit Äther oder Amylalkohol, so färbt sich die Schicht der organischen Flüssigkeit tiefblau.

3. Kaliumnitrit (konz. Lösung) gibt mit Kobaltsalzlösung, die mit verd. Essigsäure angesäuert ist, bei konz. Kobaltlösung sofort, bei verd. nach einiger Zeit, besonders beim Erwärmen, einen feinkristallinen, kanariengelben Niederschlag von Kalium-Kobalt(III)-hexanitrit:

$$CoCl_2 + 7\,KNO_2 + 2\,CH_3COOH \rightarrow K_3Co(NO_2)_6 \downarrow + 2\,KCl + 2\,CH_3COOK + H_2O + NO$$

Kochsalzersatzmittel.

Das Vorhandensein von Kochsalz im Organismus ist für die ordnungsmäßige Abwicklung verschiedener physiologischer Vorgänge erforderlich, so zur Aufrechterhaltung der osmotischen Regulation des Blutes, des Säurebasengleichgewichts und des Wasserhaushalts. Eine weitere wichtige Funktion des Kochsalzes ist die Bildung von Salzsäure, ohne die eine geregelte Eiweißverdauung nicht denkbar ist, auch benötigt der Körper Kochsalz für die biologischen Katalysatoren, Fermente und Hormone. Zur geregelten Durchführung dieser wichtigen physiologischen Vorgänge müssen im Körper die Kochsalzbestände auf einer bestimmten Höhe gehalten werden. Erkrankt der Organismus, ist er hierzu nicht immer fähig, es entstehen Salzüberschüsse oder Mangelzustände. Bei Kochsalzüberschüssen wird sein Entzug notwendig. Man gibt statt Kochsalz Kochsalzersatzmittel. Diese finden hauptsächlich Verwendung bei wassersüchtigen Schwellungen und Ergüssen in den Körperhöhlen, die entwässert werden müssen, bei Blutdruckerhöhung verschiedener Ursache, bei allen Erkrankungen, bei denen eine Hemmung der Entzündungsbereitschaft erreicht werden soll.

Die wichtigsten Kochsalzersatzmittel sind:

Citrofinal, ein kochbeständiges, natriumchloridfreies, schwach sauer reagierendes Diätsalz, das außer 31,7% Natrium, Kalium, Calcium, Magnesium enthält. Tagesbedarf 3 bis 5 g. Entsprechend einer Natriumzufuhr von 1 bis $1^1/_2$ g.

Curtasal, Gemisch von Natrium-, Calcium- und Magnesiumsalzen aliphatischer Carbon- und Oxycarbonsäuren. Natriumgehalt 33,5%, kochbeständig, l.lösl. in Wasser mit intensivem Salzgeschmack.

Diätsalz Henselwerk, hauptsächlich aus Citraten von Natrium, Kalium, Calcium und Magnesium zusammengesetztes Diätsalz zur kochsalzfreien Diät bei Herz- und Kreislaufleiden sowie bei Nierenerkrankungen. Das Salz enthält außerdem noch Spurenelemente.

Erri-Salz ist ein weißes, feinkörniges Pulver von kräftig-würzigem Geschmack und schwach alkalischer Reaktion. Es enthält die für das physiologische Gleichgewicht im menschlichen Mineralstoffhaushalt wichtigen Kationen K, Ca, Mg in einem zum Würzen der Speisen bestimmten Salzgemisch, das den heutigen ernährungsphysiologischen Erkenntnissen entspricht. Erri-Salz vermeidet Kochsalzschäden, ist absolut kochfest, sehr würzkräftig und auch als Diätsalz zu verwenden.

Hosal, chloridfreies, natriumarmes Diätsalz auf Glutaminsäurebasis, nicht kochbeständig, Tagesbedarf 2 bis 3 g. Geschmack maggiähnlich.

Renal enthält 21,4% Natrium gebunden an hochmolekulare organische Säuren mit sehr angenehmem Geschmack. Tagesbedarf 3 bis 4 g.

Titro-Salz, chloridfreies, biologisch ausgeglichenes Diätsalz mit organischen (Formiat, Tartrat) und anorganischen (Phosphat) Salzen von Natrium, Kalium, Magnesium und Calcium.

Titro-Salz Spezial, chloridfreie Sonderzubereitung des Titro-Salzes zum Würzen an Stelle von Kochsalz bei Ödem-Krankheiten.

Titro-Sina-Salz, natriumfreier Kochsalzersatz mit organischen und anorganischen Kalium-, Ammonium-, Magnesium-, Calcium-Salzen, Cholin und den Spurenelementen des Blutes. Es findet Verwendung zur Vermeidung der Wasserretention an Stelle von Kochsalz bei Leber-, Herz- und Nierenkrankheiten, Bluthochdruck und Fettsucht.

Kodan-Tinktur.

Kodan-Tinktur (Schülke & Mayr). Quartäre Ammoniumverbindung, Gemisch chlorierter Alkyl- und Aralkylphenole in alkoholischer Lösung. Hochbaktericides, reizloses, gewebsfreundliches und tiefwirkendes Hautdesinficiens, das eiterungs- widrig, granulationsanregend und heilungsfördernd wirkt. *Geruch* angenehm. Die keimtötende Kraft entspricht derjenigen von Jodtinktur ohne ihre Nachteile, da jodfrei.

Verwendung. *Äußerl.* Als materialschonendes, Instrumente und Wäsche nicht an- greifendes Hautdesinficiens unverdünnt, bei empfindlichen Hautstellen verdünnt mit Alkohol (30%) im Verhältnis 1 : 1.

Kohäsion.

Kohäsion (lat. cohaerere, zusammenhängen) ist die Anziehungskraft zwischen- molekularer Kräfte fester oder flüssiger Körper, die ihren *Aggregatzustand,* ob sie fest, flüssig oder gasförmig sind, bestimmt. Die Kohäsionskraft fester Körper ist sehr groß, sie nehmen einen bestimmten Raum ein. Flüssige Körper nehmen die Gestalt des Gefäßes, in welchem sie sich befinden, an, füllen dies aber nur bis zu einer bestimmten Höhe aus, nehmen also auch einen bestimmten Raum ein. Bei Gasen sind infolge der Entfernung der Moleküle voneinander zwischenmolekulare Kräfte nicht mehr wirksam, sie verteilen sich daher über den ganzen ihnen zur Verfügung stehenden Raum.

Kohlekompretten MBK[1].

Tabletten aus Aktivkohle zu je 0,1 g bzw. 0,25 g.

Verwendung. Bewährtes Mittel bei infektiösen Magen- und Darmstörungen, Durchfällen und Vergiftungen. Die Kompretten wirken lediglich adsorbierend auf Gase, Bakterien und Gifte. *Innerl.* mehrmals tägl. 2 bis 3 Stück zu 0,1 g oder 1 bis 2 Stück zu 0,25 g. Demselben Zweck dient das **Kohlegranulat „Merck"**, von dem 2- bis 3mal tägl. $^1/_2$ bis 1 Kaffeelöffel voll, in schweren Fällen 1 Eßlöffel voll, zu nehmen ist.

Kohlen, fossile.

Fossile Kohlen sind aus Pflanzen vergangener Jahrtausende entstanden. Als Ursubstanz haben hierbei Holz, Zellstoff, Harz u. a. mitgewirkt. Diese Stoffe sind zunächst unter teilweisem Luftabschluß vermodert. Die Vermoderung ging unter Mitwirkung von Kleinlebewesen vor sich, die hauptsächlich Kohlensäure und Wasser abgespalten haben. Durch den Druck, der durch Auflagerung gewaltiger Erdmassen bedingt war, und erhöhte Temperatur entstand bei vollständigem Luft- abschluß Kohlensäure, Methan und Wasserstoff, ein Vorgang, den man mit *Bitumi- nierung* bezeichnet. Den ganzen Vorgang der Umwandlung der pflanzlichen Stoffe aus ihrer Ursubstanz in Kohle mit ständiger Anreicherung an Kohlenstoff bezeichnet man mit *Inkohlung.* Nach dem Alter ihrer Entstehung lassen sich die fossilen Kohlen- arten, angefangen mit dem jüngsten Glied, wie folgt anordnen: → Torf, → Braun- kohle, → Steinkohle, → Anthrazit.

---

[1] Hersteller: Merck, Boehringer, Knoll.

Kohlendioxyd.

Kohlensäureanhydrid. CO_2. Mol.-Gew. 44,01.

Kohlendioxyd wird fälschlicherweise häufig mit Kohlensäure (Acidum carbonicum) bezeichnet. Die Kohlensäure ist nur in Form ihres Anhydrids bekannt, das, in Wasser gelöst, Kohlensäure ergibt. Die Säure ist jedoch nicht beständig, sondern zerfällt sofort:

$$H_2CO_3 \rightarrow H_2O + CO_2$$
Kohlensäure — Wasser — Kohlendioxyd

Vorkommen. Zu 0,03% in der Luft als Produkt von Verbrennungs- und Fäulnis-, Verwesungs- und Gärungsvorgängen kohlenstoffhaltiger Stoffe sowie der Atmung von Menschen, Tieren und Pflanzen. Ausgeatmete Luft enthält etwa 4 bis 5% Kohlendioxyd; in vulkanischen Gegenden, in Kohlensäurequellen, sog. *Säuerlingen*, in ziemlicher Menge gelöst, aus denen es bei aufgehobenem Druck unter Aufbrausen entweicht; in geringen Mengen gelöst im Quellwasser, dessen erfrischenden Geschmack es bedingt.

Die Kohlensäure kommt in ihren Salzen, *Carbonaten*, gebunden im Kalkstein, Marmor, in der Kreide, im Kalkspat und Dolomit vor.

Darstellung. 1. Da alle Metallcarbonate, mit Ausnahme der Alkalicarbonate, beim Erhitzen in Oxyde und Kohlendioxyd zerfallen, stellt man das Gas durch Erhitzen von solchen, insbesondere von Calciumcarbonat, technisch in der Kalkbrennerei her:

$$CaCO_3 \rightarrow CaO + CO_2$$
Calciumcarbonat — Calciumoxyd — Kohlendioxyd

2. Im Laboratorium durch Zersetzung von Marmor mittels einer stärkeren Säure im KIPPschen Apparat:

$$CaCO_3 + 2\,HCl \rightarrow CaCl_2 \dotplus H_2CO_3$$
Calciumcarbonat — Salzsäure — Calciumchlorid — Kohlensäure

$$H_2O \qquad CO_2$$
Wasser — Kohlendioxyd

3. Ganz reines Kohlendioxyd erhält man durch Erhitzen von 1 T. Natriumcarbonat mit 3 T. Kaliumdichromat.

Eigenschaften. K. ist ein farbloses, säuerlich riechendes und schmeckendes, nicht brennbares Gas, etwa $1^1/_2$mal schwerer als Luft, sinkt also darin unter. In Wasser ist es l.lösl., 1 Raum-T. Wasser löst bei gewöhnlichem Druck und 0° 1,797 Raum-T., 1 Raum-T. Weingeist bei 0° 4,330 Raum-T. CO_2 und reagiert dann schwach sauer. Unter Druck läßt es sich bei Temperaturen bis $+31°$ verflüssigen und kommt in Stahlzylindern (Farbe grau) in den Handel. Flüssiges K. verdampft sehr rasch und erstarrt dabei z. T. zu einer festen Masse, sog. *Kohlensäureschnee*, der gepreßt als *Trockeneis* in den Handel kommt. Beim Arbeiten mit Trockeneis (Temperatur $-78,8°$) ist Vorsicht geboten. **Nicht mit der Hand berühren (Brandwunden!),** beim Zerkleinern *Schutzbrille!* K. unterhält weder die Verbrennung noch die Atmung.

K. ist eine sehr beständige Verbindung und verbindet sich mit den Oxyden gewisser Metalle zu Carbonaten:

$$CaO + CO_2 \rightarrow CaCO_3$$
Calciumoxyd — Kohlendioxyd — Calciumcarbonat

Die *Carbonate* sind die Salze der zweibasigen Kohlensäure, die saure und normale Salze bildet:

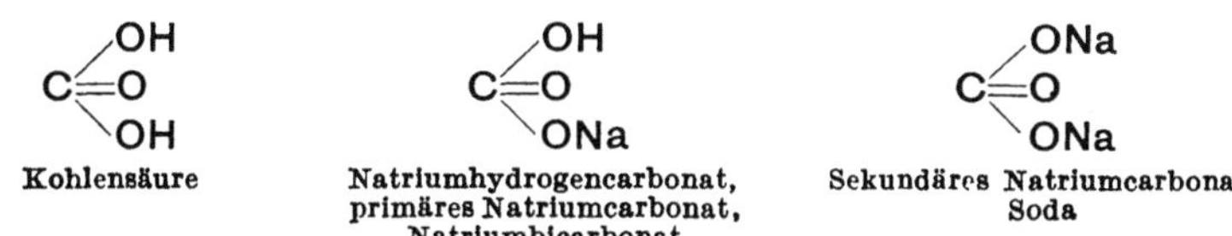

Alle Carbonate und Hydrogencarbonate brausen beim Übergießen mit Säuren infolge CO_2-Entwicklung auf.

Toxikologie. In K. und stark kohlendioxydhaltiger Luft erlischt das Feuer, Menschen und Tiere ersticken sehr bald. Das Betreten von Räumen, in denen sich Kohlensäure angesammelt hat (Gärräume, Brunnen, Gruben) ist deshalb nur mit Vorsicht durchzuführen. Die Prüfung erfolgt durch ein brennendes Licht, das nicht erlöschen darf. In Räumen mit höherem Kohlendioxydgehalt der Luft kann Erstickung auf zwei verschiedene Arten eintreten: 1. durch Sauerstoffmangel, 2. durch Kohlendioxydüberschuß, trotzdem gleichzeitig noch viel Sauerstoff vorhanden ist. Dies beruht darauf, daß das Blut seine Kohlensäure durch die Atmung nur abgeben kann, wenn der Kohlensäuredruck in der Lunge kleiner ist als im Blut. Ein Kohlensäuregehalt von nur 1% in der eingeatmeten Luft ruft schon leichte Bangigkeit hervor, bei 4 bis 6% zeigen sich Kopfschmerzen, Ohrensausen, Herzklopfen, Blutdruckanstieg, Schwindel und Benommenheit, besonders bei überraschender Einwirkung. Bei langsamer Zunahme des Gases in einem Raume ist jedoch Anpassung und Gewöhnung an diese Konzentration möglich. 8 bis 10% verursachen schnell Atemnot, Atem- und Pulsbeschleunigung, Taumel, häufig Krämpfe, Bewußtlosigkeit, dann Atemstillstand unter Cyanose. Konzentrationen von 20% wirken sofort tödlich.

Erkennung. Beim Einleiten des Gases in Kalkwasser oder Barytwasser trübt sich dieses durch das betreffende ausfallende Carbonat:

$$Ca(OH)_2 \;+\; CO_2 \;\rightarrow\; CaCO_3 \;+\; H_2O$$

Calciumhydroxyd — Kohlendioxyd — Calciumcarbonat — Wasser

Dabei wird etwa vorhandenes Phenolphthalein in dem Maße entfärbt, als der Kalk gebunden wird. Beim Einblasen ausgeatmeter Luft tritt dieselbe Reaktion ein. Wird weiter kräftig K. eingeleitet, geht das ausgefällte Calciumcarbonat wieder in Lösung infolge Bildung von leichter lösl. Hydrogencarbonat:

$$CaCO_3 \;+\; CO_2 \;+\; H_2O \;\rightarrow\; Ca(HCO_3)_2$$

Calciumcarbonat — Kohlendioxyd — Wasser — Calciumhydrogencarbonat

Verwendung. *Med. innerl.* wegen seiner anregenden Wirkung auf die Magendrüsen und die Resorption anderer Stoffe findet das Gas in Form von natürlichen oder künstlichen Mineralwässern (Sauerbrunnen) bzw. Brausepulver Verwendung. Bier und Schaumwein enthalten K. Seine wohltätige Wirkung durch Erweiterung der Hautkapillaren auf die Hautnerven findet in Kohlensäurebädern ihre *äußerl.* Anwendung. Festes K., *Kohlensäureschnee*, findet als Ätzmittel in der Dermatologie, auch der kosmetischen, Verwendung. Gelöst in Sprudeln, Limonaden, Mineralwässern, verflüssigt in Stahlflaschen für Bierdruckapparate, Kältemaschinen; in Feuerlöschgeräten (Minimax, Total), in den Polar-Total-Apparaten, die Kohlensäureschnee ausstäuben zum Löschen brennender Öle und zur feuersicheren Tanklagerung; festes K. als sog. *Trockeneis*, zur Kühlung leicht verderblicher Lebensmittel in Eisschränken, Eisenbahnwagen.

Kreislauf des Kohlenstoffs in der Natur.

Alle grünen Pflanzen spalten unter Mitwirkung der Sonnenenergie und mit Hilfe ihres grünen Blattfarbstoffs, des Chlorophylls, das Kohlendioxyd der Luft in Sauerstoff und Kohlenstoff. Den Sauerstoff scheiden sie aus, den Kohlenstoff verarbeiten sie unter Mithilfe von Wasser zu Kohlenhydraten, Zucker, Stärke, Cellulose und weiter zu anderen organischen Verbindungen. Diese Tätigkeit der grünen Pflanzen bezeichnet man mit *Assimilation.* Durch diese werden der Atmosphäre große Mengen Kohlensäure entzogen. Trotzdem bleibt der Kohlendioxydgehalt der Luft praktisch unverändert, weil eine Reihe von Prozessen in der Natur abläuft, die den Bestand immer wieder auffüllen. Hierher gehört in erster Linie die Atmung der tierischen Lebewesen. Bei der Atmung wird Sauerstoff aufgenommen und durch das Blut den Geweben zugeführt. Hier werden die als Nahrungsstoffe aufgenommenen organischen Kohlenstoffverbindungen oxydiert, wobei die freiwerdende Energie dieser Oxydation die Lebensfunktionen ermöglicht, die erhöhte Körpertemperatur aufrechterhält und die Leistung von Muskelarbeit bedingt. Der Kohlenstoff wird zu Kohlendioxyd verbrannt, das in die Luft ausgeatmet wird. Da die Pflanzen keine erhöhte Körpertemperatur besitzen und Arbeit nur sehr wenig leisten, spielt bei ihnen die Atmung nur eine geringe Rolle. Sie wird nur im Dunkeln nachweisbar. Außer durch die Atmung tierischer Organismen wird der Kohlendioxydbestand der Atmosphäre auch noch ergänzt durch die Verwesung abgestorbenen pflanzlichen und tierischen Materials, hervorgerufen durch Bakterien und Hefepilze, durch Verbrennung von Kohle und kohlenstoffhaltigen Brennstoffen und durch Ausströmung von Kohlendioxyd aus dem Erdinnern.

Indem sich Kohlensäureverbrauch durch die Assimilation und die Kohlensäureerzeugung durch Atmung, Verwesung, Gärung und Verbrennungsvorgänge die Waage halten, ist der Kohlensäuregehalt der Atmosphäre praktisch stets gleich (s. auch Bd. I, 92).

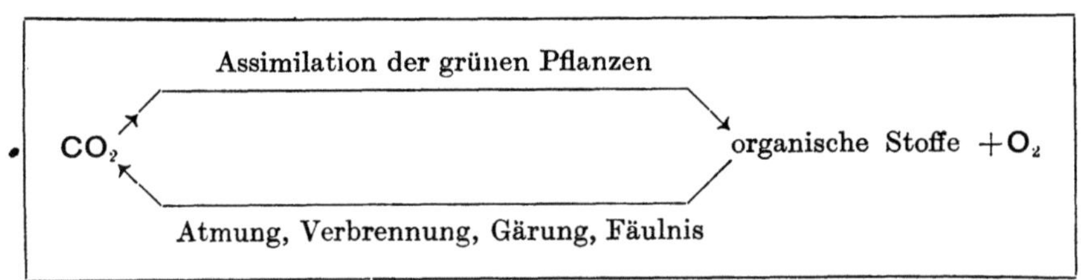

Abb. 147. Kreislauf des Kohlenstoffes, schematisch.

Kohlenoxyd. Kohlenstoffmonoxyd. Giftig!

CO. Mol.-Gew. 28,01.

Kohlenoxyd entsteht bei allen Verbrennungen mit ungenügendem Luftzutritt, so auch beim Glimmen oder Schwelen pflanzlicher Stoffe, neben Kohlendioxyd. Tabakrauch enthält stets mehrere Prozente des giftigen Gases, das besonders beim gewohnheitsmäßigen Lungenrauchen zu schweren Gesundheitsschäden führen kann. Die an der Oberfläche des Kohlenfeuers beim Öffnen einer Ofentür sichtbaren blauen Flämmchen stellen durch Luftzutritt zu Kohlendioxyd verbrennendes K. dar. Im Ofen entsteht das K. beim Durchstreichen von Kohlendioxyd durch glühende Kohlen, das hierbei zu K. reduziert wird:

$$CO_2 \; + \; C \; \rightarrow \; CO$$

Kohlendioxyd   Kohle   Kohlenoxyd

Ist im Ofen der genügende Abzug des giftigen Gases nicht gesichert, etwa durch vorzeitiges Schließen der Ofenklappe, gelangt das Gas in den betreffenden Raum, und es besteht für Mensch und Tier die Gefahr von u. U. tödlicher Kohlenoxydvergiftung.

Darstellung. Im Laboratorium durch Erhitzen von Ameisensäure mit konz.
Schwefelsäure, wobei die Schwefelsäure wasserentziehend wirkt:

$$HCOOH \quad \rightarrow \quad CO \quad + \quad H_2O$$

Ameisensäure $\qquad$ Kohlenmonoxyd $\qquad$ Wasser

oder durch Erhitzen von Oxalsäure in konz. Schwefelsäure:

$$(COOH)_2 \quad \rightarrow \quad CO \quad + \quad CO_2 \quad + \quad H_2O$$

Oxalsäure $\qquad$ Kohlenmonoxyd $\quad$ Kohlendioxyd $\qquad$ Wasser

Das Kohlendioxyd wird beim Durchleiten von Kalilauge absorbiert und so das
K. rein erhalten.

Technische Darstellung. Diese spielt zur Gewinnung eines zur Gasfeuerung geeigneten Heizgases eine bedeutende Rolle. Zur Herstellung wird im *Generator* durch
eine 1 bis 3 m hohe Schicht von glühendem Koks Luft durchgeblasen, dabei entsteht Kohlenoxyd:

$$2\,C \quad + \quad O_2 \quad \rightarrow \quad 2\,CO$$

Kohle $\qquad$ Sauerstoff $\qquad$ Kohlenoxyd

Dabei verbrennt zunächst die Kohle zu Kohlendioxyd und wird nach der oben-
stehenden Gleichung durch die glühende Kohle zu K. reduziert. Das erhaltene
Generatorgas enthält etwa 24% Kohlenmonoxyd, 12% Kohlendioxyd und 64%
Stickstoff. Generatorgas findet als billigstes Heizgas in der Großindustrie, als Treib-
stoff für Gasmotore und in der organischen Technik zur Herstellung von Methanol,
Ameisensäure, Kohlenwasserstoffe usw. weitgehende Verwendung. **Wassergas,** eine
Mischung von Wasserstoff mit Kohlenmonoxyd, erhält man beim Überleiten von
Wasserdampf über glühende Kohlen:

$$C \quad + \quad H_2O \quad \rightarrow \quad CO \quad + \quad H_2$$

Kohle $\qquad$ Wasser $\qquad$ Kohlenoxyd $\quad$ Wasserstoff

Da sich hierbei stets noch CO_2 bildet, enthält das technische Wassergas 39 bis 44%
Kohlenoxyd, 4 bis 5% Kohlendioxyd, 4 bis 6% Stickstoff, 48 bis 50% Wasserstoff.
1 cbm hat einen Heizwert von 2600 kcal. Wassergas findet ebenfalls für Heizzwecke,
zur Beleuchtung und zur Gewinnung von Wasserstoff Verwendung.

Eigenschaften. Farbloses, fast geruch- und geschmackloses, *sehr giftiges Gas,*
etwas leichter als Luft, in Wasser nur etwa zu 3 Raumprozent lösl. Angezündet verbrennt es mit schwach leuchtender blauer Flamme. Beim Durchleiten durch eine
wäßrige Lösung von Kupfer(I)-chlorid in Ammoniak oder Salzsäure wird es absorbiert. Mit Chlor bildet es im Sonnenlicht $\rightarrow$ Phosgen. Das Gas läßt sich erst
unterhalb $-140°$ verflüssigen. Als ungesättigte Verbindung hat Kohlenoxyd
das Bestreben, in das gesättigte CO_2 überzugehen, es ist deshalb ein gutes Reduktionsmittel und spielt bei der Reduktion oxydischer Erze beim Hochofenprozeß
eine große Rolle. Dabei wird es selbst zu Kohlendioxyd oxydiert.

Toxikologie. K. ist ein äußerst giftiges Gas und wegen seiner Geruchlosigkeit
besonders gefährlich. Schon ein Kohlenoxydgehalt von 0,1 Raumprozent (etwa 1 mg
in 1 l Luft) ist innerhalb 2 Stunden befähigt, 50% des Oxyhämoglobins des Blutes
in hellrotes *Kohlenoxydhämoglobin* umzuwandeln. Dieses ist nicht mehr fähig, den
lebensnotwendigen Sauerstoff zu übertragen. Das Verbindungsbestreben des Kohlen-
oxyds zu Hämoglobin ist etwa 200mal größer als das des Sauerstoffs. Daher verdrängt es den Sauerstoff bei gleichzeitiger Anwesenheit von K. und Sauerstoff, es
tritt Erstickung ein. Schon ein Gehalt von 0,05% K. in der Luft ruft bei stunden-
langem Einatmen tödliche Vergiftung hervor. Die individuelle Empfindlichkeit des
Menschen gegenüber Kohlenoxydvergiftung ist sehr verschieden. Jugendliche,
schmächtige Menschen sind mehr bedroht und erliegen leichter der tödlichen Vergiftung. Besonders gefährdet sind Blutarme, bei denen sich schon bei geringem

Kohlenoxydgehalt des Blutes Vergiftungen zeigen können. Vergiftungen durch Leuchtgas sind hauptsächlich auf das darin enthaltene K. zurückzuführen.

Vergiftungen in geschlossenen Garagen bei leerlaufendem Motor, oft mit tödlichem Ausgang, beruhen ebenfalls auf dem Gehalt der Auspuffgase an Kohlenoxyd, der 11% (!!) beträgt.

Erkennung. Palladium(II)-chloridlösung wird durch CO infolge Abscheidens von metallischem Palladium geschwärzt. Der Nachweis von Kohlenoxyd im Blut erfolgt spektroskopisch.

Verwendung. K. ist ein wichtiger Ausgangsstoff zur technischen Darstellung zahlreicher technisch wichtiger Verbindungen. Es dient zur Darstellung von Ruß, Eisen- und Nickelcarbonyl, Natriumformiat, Ameisensäure, Oxalsäure, Acrylsäure und Acrylsäureestern, Blausäure, Methan, Methanol, Isobutylalkohol und anderen Alkoholen, Phosgen, Propionsäure, Paraffinen usw.

Kohlenstoff. Carboneum. C.

Atom-Gew. 12,01. Wertigkeit 4, ausnahmsweise 2.

Der Kohlenstoff, Carboneum (lat. carbo, Kohle) war schon im Altertum bekannt, wurde jedoch erst 1788 von LAVOISIER als Element erkannt und von ihm bewiesen, daß der Diamant aus reinem K. besteht.

Vorkommen. In der Natur kommt der K. nur selten rein in zwei allotropen Formen als *Diamant* und *Graphit* vor. Sehr verbreitet und als wesentlicher Bestandteil im Pflanzen- und Tierreich, in den „organischen" Verbindungen. Fossile Kohlenstoffverbindungen sind die Steinkohle und die Braunkohle. In Verbindung mit Wasserstoff kommt K. im Grubengas, Erdgas oder Sumpfgas, im Erdöl, Erdwachs und Asphalt vor. Als Kohlendioxyd findet er sich in geringer Menge (0,03%) in der atmosphärischen Luft als Produkt der Verwesung tierischer und pflanzlicher Körper und ist in dieser Form von größter biologischer Bedeutung. In bedeutenden Mengen findet er sich in den ganze Gebirge bildenden Carbonaten, so im *Kalkstein* und *Marmor*, $CaCO_3$, im *Dolomit*, $CaCO_3 \cdot MgCO_3$, und im *Magnesit*, $MgCO_3$.

Eigenschaften. K. ist in allen seinen Formen in den üblichen Lösungsmitteln völlig unlösl., in geschmolzenem Eisen löst er sich wenig, scheidet sich aber beim Erkalten als Graphit wieder aus. Er schmilzt und verflüchtigt sich erst in der großen Hitze des elektrischen Lichtbogens bei etwa 3500°. Graphit und amorpher K. leiten den elektrischen Strom, während der Diamant ein Nichtleiter ist. Bei gewöhnlicher Temperatur verbindet sich K. mit keinem anderen Element, während er bei höherer Temperatur ausgesprochene Neigung zum Sauerstoff zeigt, mit dem er sich zu Kohlendioxyd vereinigt. Mit Schwefel bildet er Schwefelkohlenstoff, mit Bor, Silicium und vielen Metallen → Carbide. Auf Grund seines hohen Verbindungsbestrebens mit Sauerstoff wird er mit steigender Temperatur zu einem kräftigen Reduktionsmittel und vermag allen Oxyden den Sauerstoff zu entziehen. Diese Eigenschaft findet bei der Darstellung vieler Metalle aus ihren Erzen Verwendung, so bei Eisen, Kupfer, Zink. K. ist das wichtigste und billigste Reduktionsmittel und findet daher in der anorganisch-chemischen Technik weitestgehende Verwendung. Mit Chlor verbindet er sich unter geeigneten Bedingungen, während er mit den oben genannten Metallen in der Hitze des elektrischen Ofens Verbindungen eingeht. Mit Wasserstoff verbindet sich K. nur schwer, während sich die Kohlenwasserstoffe aus Kohlenstoffverbindungen leicht herstellen lassen. Auch in der Natur kommen Kohlenwasserstoffe vor. Da von den Kohlenwasserstoffen und ihren Abkömmlingen heute schon Hunderttausende bekannt sind, werden diese in der organischen Chemie zusammengefaßt.

Erkennung. In festen organischen Verbindungen durch Erhitzen auf Porzellan in der nicht leuchtenden Bunsenflamme, es tritt Verkohlung ein.

Modifikationen des Kohlenstoffs.
(Siehe unter dem betreffenden Stichwort.)

	Farbe	Kristallsystem	Härte	Dichte	Elektrische Leitfähigkeit
Diamant	farblos	regulär tetraedrisch	10	3,51	nicht leitend
Graphit	schwarz, glänzend	hexagonal	0,5 bis 1	2,22	sehr gut leitend
„Amorphe Kohle"	schwarz	—	—	1,86 bis 2,0	leitend

Kohlenstoffoxysulfid. Kohlenoxysulfid.

COS. Strukturformel: $O=C=S$.

Darstellung. Durch Umsetzung von Kaliumrhodanid mit Schwefelsäure:

$$2\,KCNS \;+\; H_2SO_4 \;\rightarrow\; K_2SO_4 \;+\; 2\,HCNS$$

Kaliumrhodanid   Schwefelsäure   Kaliumsulfat   Rhodanwasserstoff

Der Rhodanwasserstoff zerfällt sofort in:

$$HCNS \;+\; H_2O \;\rightarrow\; COS \;+\; NH_3$$

Rhodanwasserstoff   Wasser   Kohlenstoffoxysulfid   Ammoniak

Eigenschaften. Farbloses, übelriechendes (rein geruchloses), sehr leicht entzündliches, in Wasser l. lösl. Gas.

Verwendung. Zur Schädlingsbekämpfung (Ratten, Mäuse und andere kleine Nagetiere).

Koka.

Koka. Erythroxylon coca *Lamarck.*

Erythroxylaceae.

In Peru und Bolivien heimischer und kultivierter, auch in Niederländisch-Indien vorkommender immergrüner, 1 bis 2 m hoher Strauch.

Cocablätter. Kokablätter. Folia Cocae. Stoff B.

Auch die ärztliche Verschreibung und Abgabe in Apotheken ist unzulässig. Sorgfältig getrocknete, ovale, grünbraune, 5 bis 6 cm lange und 2 bis 3 cm breite, oberseits dunkle, ganzrandige, kahle, kurzgestielte, unten hellgrüne Blätter mit besonders deutlich hervortretendem Mittelnerv, der am Blattende in eine kurze Stachelspitze ausläuft. Kennzeichnend ist ein beiderseits vom Mittelnerv vom Grunde bis zur Spitze bogig verlaufender Streifen, unterseits besonders deutlich. *Geruch* teeartig, *Geschmack* angenehm bitter, aromatisch, macht Zunge und Mundschleimhäute gefühllos.

Inhaltsstoffe. Alkaloide, Hauptalkaloid *Cocain* 0,2 bis 0,6%, zahlreiche weitere Alkaloide, ätherisches Öl, Glykoside, Harzsäuren u. a.

Verwendung. Zur Gewinnung des *Cocains*, das wegen Suchtgefahr strengen gesetzlichen Bestimmungen untersteht.

Coca-Cola ist ein alkoholfreies Erfrischungsgetränk, dessen Coffeingehalt (in 200 ccm 36 mg) von der verwendeten Cola stammt. Seine Wirkung beruht also hauptsächlich auf derjenigen des Coffeins.

Kokkelskörner.

Kokkelskörner sind die Früchte einer in Bergwäldern des indisch-malaiischen Gebietes verbreiteten Schlingpflanze, **Anamirta cocculus** *Wight et Arnott, Menispermaceae*, mit purpurroten Früchten.

☠ 2. Kokkelskörner. Fructus Cocculi indici.

Fischkörner. Läusekörner. Semen Cocculi indici.

Die reifen, getrockneten Früchte. Kugelige, in der Größe zwischen Erbsen und Lorbeeren wechselnde, grau- bis schwarzbraune, runzelige Früchte mit schmutziggelben, halbmondförmigen, hornartig durchscheinenden, *sehr giftigen* Samen. *Geruchlos, Geschmack* stark bitter.

Inhaltsstoffe. Das stickstofffreie Krampfgift *Picrotoxin* und andere Alkaloide, Bitterstoffe, Fett u. a.

Verwendung. Im Ausland als Fischfangdroge zur Betäubung von Fischen, in Deutschland zu diesem Zwecke verboten und strafbar. Als Zusatz zu Ungeziefermitteln, zur Herstellung von Picrotoxin, Erg.-B. 6, das in kleinsten Dosen als Erregungsmittel bei Schlafmittelvergiftungen dient.

Kokos.

Kokos. Cocos nucifera *L.*

Palmae.

Über die Tropen der ganzen Erde verbreitete und vielfach, hauptsächlich in Ceylon, Westindien, auf den Inseln des Indischen und Stillen Ozeans, Neu-Guinea, Südamerika, Senegal, Ostafrika, Madagaskar usw., angebaute Palmenart liefert das Kokosfett (Abb. 148).

Zur Herstellung der geraspelten Kokosnüsse, sog. *Kokosflocken*, wird das Nährgewebe reifer Nüsse in frischem Zustand mit Maschinen geschnitzelt, dann in Trockenapparaten getrocknet. In der Feinbäckerei und Konditorei finden sie als Ersatz von Mandeln und Nüssen weitgehende Verwendung.

Die *Kokosnuß-Preßkuchen* werden für sich, besser in Gemengen mit anderen Ölpreßkuchen (von Leinöl, Palmkern-, Erdnußöl) als geschätztes Futtermittel verwendet. Andauerndes Verfüttern von Kokospreßkuchen ist nicht zu empfehlen, da sie einen Giftstoff enthalten, der sich dabei auf die Gesundheit der Tiere nachteilig auswirkt.

Kokosfett. Oleum Cocos, Erg.-B. 6.

Kokosbutter. Kokosöl.

Das Fett der Samenkerne von den Steinfrüchten der Kokospalme, sog. Kokosnüssen (Abb. 148, C).

Gewinnung. Nach Entfernung der Haut und der zähen, 4 bis 6 cm dicken Faserhülle, die man zu Kokosfasern verarbeitet, wird die harte Steinschale entfernt, wobei die „*Kokosmilch*" abläuft. Das verbleibende Nährgewebe (Endosperm) wird getrocknet und unter dem Namen *Kopra* zur Weiterverarbeitung ausgeführt. Mit hydraulischen Pressen unter Anwendung von Wärme wird das Fett abgepreßt, das erhaltene Rohfett sorgfältig raffiniert, von freien Fettsäuren, Geruch- und Farbstoffen befreit und kommt dann als *gereinigtes Kokosfett*, eine rein weiße Masse von angenehmem, nicht ranzigem *Geruch* und *Geschmack*, das sich in harte Platten gießen läßt, unter verschiedenen Namen wie Pflanzenbutter, Palmin, Palmona usw. in den Handel. Die beste Sorte ist das *Cochin-Kokosöl*, weißes, angenehm nußartig riechendes Fett, das infolge seiner eigenartigen Zusammensetzung gegenüber anderen Fetten einen Schmp. von 20° bis 28° hat. Es kann also schon bei Sonnenbestrahlung, etwa im Schaufenster, zerfließen. JZ. 8 bis 10; VZ. 253,5 bis 268,5. In 2 T. absolutem Alkohol bei 32° lösl.

Inhaltsstoffe. Glyceride der Laurin- (40%), Myristin- (24%), Palmitin- (10%), Stearin- und Ölsäure (5%) u. a.

Verwendung. Zum Kochen, Braten, Backen, zur Herstellung von Speisefetten und Margarine, Kunstspeisefetten und Süßwaren; *kosmet.* als Zusatz zu Massageölen, Cremes; *techn.* in der Kerzenindustrie, in der Seifenindustrie zu kalt gerührten, stark und großblasig schäumenden und billigen Kokosseifen. Zur Verfälschung von Butter und Schweineschmalz.

Kokosölfettsäure dient zur Herstellung von Laurinalkohol, der sulfoniert in modernen Netz- und Waschmitteln verwendet wird.

Aufbewahrung. Reines Kokosfett wird leicht ranzig und muß deshalb kühl und vor Licht geschützt aufbewahrt werden.

Prüfung nach Erg.-B. 6. *Freie Säure.* Beim Schütteln von 1 g K. mit 5 ccm erwärmtem Isopropylalkohol darf dieser nach dem Verdünnen mit 25 ccm Wasser Lackmuspapier nicht röten.

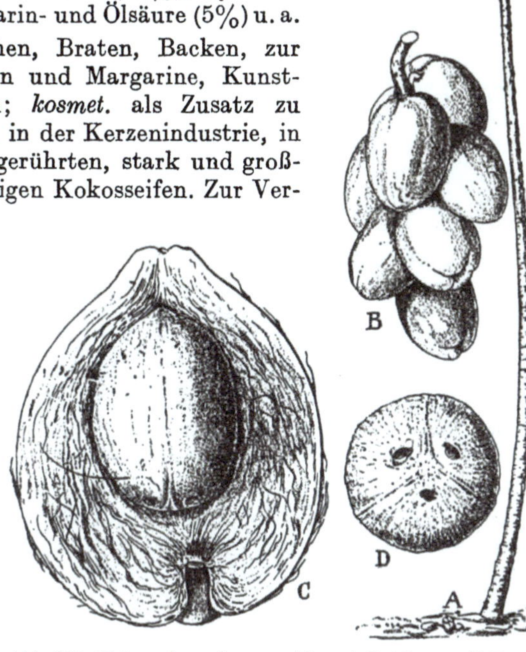

Abb. 148. Kokospalme. Cocos nucifera. A Habitus; — B Fruchtbündel; — C Frucht im Längsschnitt; — D der freigelegte Steinkern, von unten gesehen, mit den 3 Keimlöchern (alles stark verkleinert).

0,2 g K. dürfen nach dem Verbrennen nicht mehr als 0,01 g Rückstand hinterlassen.

Koks.

Koks ist amorpher Kohlenstoff, der durch die mineralischen Bestandteile der Steinkohle verunreinigt ist. Man erhält ihn hauptsächlich in den Kokereien als *Zechenkoks, Hüttenkoks* und bei der Leuchtgasherstellung als *Gaskoks* durch Erhitzen von Kohle unter Luftabschluß (sog. *Verkokung*) in eisernen Retorten bis zum vollständigen Entweichen der flüchtigen Stoffe. Er unterscheidet sich von der Steinkohle durch sein mattes Aussehen, meist grobporöses Gefüge, und die dadurch bedingte wesentlich geringere Dichte und größere Druckfestigkeit und Härte (bis Härte 8). Als Brennstoff rußt und raucht er nicht. 1 kg Hüttenkoks hat den Heizwert von rund 8000 kcal. Im Gegensatz zu Steinkohle bedarf K. größerer Hitzemengen zum Anbrennen und zum Weiterbrennen größeren Luftzuges, entwickelt aber gegenüber Steinkohle höhere Hitzegrade.

Verwendung. Beide Sorten, Gas- und Hüttenkoks, als Brennstoff, Hüttenkoks in der Metallurgie, besonders zur Eisengewinnung im Hochofen. *Gaskohle, Retortenkohle* erhält man bei der Gasfabrikation als harten Belag an den Retortenwandungen. Sie ist wie Graphit ein sehr guter Leiter des elektrischen Stroms und findet deshalb Verwendung zur Herstellung von Elektroden, von Kohlenstäben für Bogenlampen usw.

Kokzidiose.

Die Kokzidiose wird durch *Kokzidien*, kleinen, nur mikroskopisch erkennbaren, einzelligen, tierischen Lebewesen (Protozoen) hervorgerufen, sie gehören zu der Untergruppe Sporozoen. K. tritt bei Küken als *rote Kükenruhr*, bei Kaninchen als *Trommelsucht* auf. Die Tiere nehmen die reife Oozyste mit der Nahrung auf, die dann erst im Darm eine komplizierte Fortentwicklung durchmacht. Vor allem erkranken die Küken im Alter von 2 bis 8 Wochen. Je älter die Tiere zur Zeit des Seuchenausbruchs sind, um so mehr überstehen die Seuche. 1 bis 7 Tage alte Küken erkranken selten, da sich die Erreger erst im Verlauf von 4 bis 7 Tagen im Darm genügend vermehrt haben müssen, bis sie die Krankheitserscheinungen hervorrufen können. Die Krankheit zeigt bei Küken 4 bis 7 Tage nach der Ansteckung zunächst gelbgefärbten Durchfall, der sich dann durch Blutbeimengung rötlich bis schokoladenbraun färbt. Die kranken Tiere sind traurig, lassen die Flügelchen hängen, ziehen den Kopf ein, zittern und fressen nicht mehr, höchstens trinken sie noch. Der Tod tritt 2 bis 4 Tage nach den ersten Krankheitssymptomen ein, die Sterblichkeit beträgt 70 bis 100%. Bei 6 bis 8 Wochen alten Küken ist die Sterblichkeit wesentlich geringer, sie bleiben jedoch im Wachstum zurück, gehen nach 7 bis 14 Tagen ein oder erholen sich langsam. Die K. ist auf den Menschen nicht übertragbar. Auch bei 6 bis 8 Wochen alten Gänsen kommt eine K. vor.

Bekämpfung. Als gutes Mittel im Mischfutter werden 5% Schwefelblüte empfohlen. Die Desinfektion von Stall und Auslauf ist zwecklos, da die Oozysten selbst nach Anwendung von starken Desinfektionsmitteln die Innenversporung fortsetzen und ansteckungsfähig bleiben. Als Mittel gegen die K. hat sich *Coccidin* (RENTSCHLER) bewährt.

Vorbeugung. Küken bis zum Alter von 9 Wochen von alten Tieren getrennt halten und auf einem Boden aufziehen, der lange Zeit von Hühnern nicht benutzt wurde. Drahtfußboden im Stall, damit der meiste Kot hindurchfällt bzw. rasch austrocknet. Stall und Drahtgeflecht (zweckmäßig zwei im Wechsel) häufig mit kochend heißem Wasser ausbrühen und gut trocknen.

Kola.

Kolasamen sind die getrockneten Samenkerne der Kolanüsse, die von verschiedenen Kolaarten, **Cola vera** *K. Schumann*, **Cola acuminata** *Rob. Brown* u.a., *Sterculiaceae*, stammen. Die beste und gesuchteste Sorte stammt von Cola vera, einem bis 25 m hohen, im tropischen Westafrika heimischen, in Westindien, Südamerika, auf Java und Ceylon kultivierten Baum mit dem Habitus der Roßkastanie.

Kolasamen. Semen Colae, Erg.-B. 6.

Kolanuß. Gurunuß.

Der von der Samenschale befreite und getrocknete Samenkern der Nüsse von Cola vera. Rundliche oder eiförmige, mitunter kantige, 20 bis 45 mm lange und 15 bis 30 mm dicke Samenkerne, am Grunde rechtwinklig zur Trennungsfläche der Keimblätter mit einem Keimspalt. Kerne runzelig, braun bis rotbraun, innen zimtbraun, meist in die Keimblätter zerfallen, mit gewölbter Außenseite und leicht konkaver oder fast ebener Innenfläche. Bruch körnig, Schnitt glatt. *Geruchlos, Geschmack* schwach zusammenziehend, bitterlich (Abb. 149).

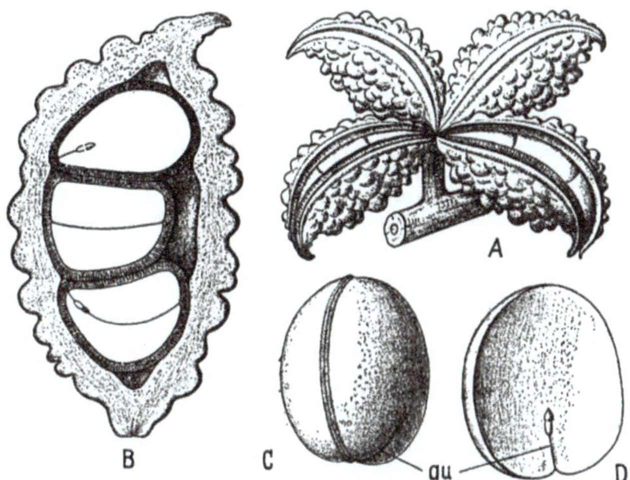

Abb. 149. Kolasamen. Cola vera. A ganze Frucht ($^1/_4$); — B eine Teilfrucht, längs durchschnitten ($^2/_3$), 3 Samen enthaltend; — C Keimling nach Ablösung der Samenschale, die Trennungslinie der Keimblätter zeigend ($^3/_4$); — D ein Keimblatt von innen gesehen, mit der Plumula und dem Würzelchen; — qu Querriß der Keimblätter ($^3/_4$).

Inhaltsstoffe. 0,6 bis 2,5% *Coffein,* wenig *Theobromin* (Mindestgehalt von beiden zusammen nach Erg.-B. 6 1,5%), 4% *Catechingerbstoff* „Kolarot", 20% Stärke, wenig Fett, Betain, Enzyme u. a.

Verwendung. *Innerl.* Als nervenanregendes Mittel bei Ermüdungszuständen, zur vorübergehenden Steigerung der Arbeitsleistung und zum besseren Ertragen von Durst, Hunger und Strapazen in Form von Bonbons, Tabletten, zur Herstellung von Cola-Tinktur, -Extrakt, -Wein.

Aufbewahrung. Vor Licht geschützt.

Kollidon.

Kollidon (BASF) ist der geschützte Name für Polyvinylpyrrolidon. Weißes, schwach eigenartig riechendes Pulver, das sich im Wasser löst. Die Lösungen sind bei gleicher Stärke weniger zähflüssig als die von Polyvinylalkohol oder Luviskol. K. ist auch in unverd. Alkoholen sowie in Aceton, Chloroform und Methylenchlorid lösl. und gegenüber den meisten organischen Säuren beständig. Dagegen wirken Gerbsäure und gerbstoffhaltige Pflanzenauszüge in wäßriger und alkoholischer Lösung fällend auf K. In alkalischer Umgebung (Enthaarungsmittel, Hühneraugenmittel mit Kalilauge und Seifen) kann es nicht verwendet werden.

Verwendung. *Äußerl.* Vielseitig in der Kosmetik wie Polyvinylalkohol und zusammen mit wasserunlösl. Desinfektionsmitteln, z. B. Chlorthymol bzw. Chlorxylenol, zur Herstellung von „flüssigen Pflastern" zum Wundverschluß bei kleinen Verletzungen. Diese haben den Vorteil, mit Wasser wieder entfernt werden zu können. Zur Herstellung von flüssigen Hühneraugen- und Hornhautmitteln, deren Film besser haftet als der Kollodiumfilm.

Kollodium.

Kollodium. Collodium, DAB. 6.

Kollodium ist eine Lösung von Kollodiumwolle in 3 T. Weingeist und 21 T. Äther. Herstellungsvorschrift s. Bd. III. Unter Einhaltung der vom DAB. 6 vorgeschriebenen Bedingungen besteht Kollodiumwolle hauptsächlich aus Cellulosedinitrat neben wenig Cellulosetrinitrat, Estern der Salpetersäure mit Cellulose.

Eigenschaften. Farblose oder nur schwach gelblich gefärbte, neutrale Flüssigkeit von Sirupdicke, welche in dünnen Schichten nach der Verdunstung des Ätherweingeistes ein farbloses, fest zusammenhängendes Häutchen hinterläßt.

Prüfung des DAB. 6. *Vorschriftsmäßige Zusammensetzung.* Erwärmen von 10 g K. auf dem Wasserbad, tropfenweiser Zusatz von 10 ccm Wasser unter beständigem Umrühren, wobei sich gallertartige Flocken abscheiden, Eindampfen der Mischung auf dem Wasserbad und Trocknen des Rückstandes bei 100°. Der Rückstand muß 0,4 bis 0,42 g betragen.

Handelssorten.

Kollodium, elastisch, DAB. 6			Kollodium, für photographische Zwecke	2%
„	medizinisch, DAB. 6	4%	„ für photographische Zwecke	4%
„	medizinisch	6%	„ für technische Zwecke	4%

Aufbewahrung. In gut verschlossenen Glasflaschen, zweckmäßig mit Korkstopfenverschlüssen.

Verwendung. *Med. äußerl.* zum Verschließen kleiner Wunden (ringförmige Umpinselung eines Fingers ist zu vermeiden) und Bedecken von Frostbeulen, zur Herstellung von Hühneraugen-Kollodium, *techn.* zum Überziehen von Geweben, Holz, Papier, zum Fixieren von Zeichnungen, zur Herstellung photographischer Filme.

Elastisches Kollodium. Collodium elasticum, DAB. 6.

Collodium flexile.

Elastisches Kollodium erhält man durch Vermischen von 3 T. Rizinusöl mit 97 T. Kollodium, DAB. 6.

Eigenschaften. Farblose oder schwach gelblich gefärbte Flüssigkeit, die in dünner Schicht mittels eines Pinsels auf die Haut aufgetragen ein zusammenhängendes Häutchen bildet, das selbst bei mäßiger Bewegung damit bedeckter Körperteile nicht brechen oder reißen darf.

Aufbewahrung. In mit Korkstopfen gut verschlossenen, mit Pergamentpapier überbundenen Flaschen, kühl.

Verwendung. Wie Kollodium.

Kolombo.

In Brasilien und im tropischen Afrika, auf Madagaskar und Mauritius, im ehemaligen Deutsch-Ostafrika und anderen ostafrikanischen Küstenländern kultivierter Schlingstrauch (Liane) **Jatrorrhiza palmata** (*Lamarck*) *Miers, Menispermaceae.*

Kolombowurzel. Radix Colombo, DAB. 6. Stoff B.

Mondwurzel. Ruhrwurzel. Kalumbawurzel.

Die im frischen Zustand in Querscheiben zerschnittenen, getrockneten, verdickten Teile der Wurzeln. Spröde, rundliche oder ovale Scheiben, 3 bis 8 cm breit, 0,5 bis 2 cm dick, am Rande graubräunlich oder gelbbraun, runzelig, auf der Schnittfläche graugelb, in der Nähe des Randes citronengelb. Der mittlere Teil der Scheibe ist auf beiden Seiten eingesunken, der Rundwulst durch die dunkle Kambiumlinie in zwei Abschnitte geteilt. Nur in der Nähe des Kambiums sind die Scheiben strahlig. Bruch kurz, mehlig. *Geruch* schwach, *Geschmack* bitter, etwas schleimig (Abb. 150, 151).

Inhaltsstoffe. Die Alkaloide *Palmatin, Jatrorrhizin, Columbamin* mit wechselndem Prozentgehalt, die *Bitterstoffe* Columbin, Chasmanthin, Palmarin u. a., reichlich *Schleim*, Stärke, ätherisches Öl (Hauptbestandteil Thymol) u. a.

Verwendung. *Innerl.* als schleimhaltiges Bittermittel mit narkotischer Wirkung bei Darmkatarrhen mit chronischen Durchfällen, zur Herstellung von Tinktur, Fluid-Extrakt und Wein, je Erg.-B. 6.

Verw. u. Verf. *Sweertia carolinẹnsis,* fahlgelb, ohne Kambiumzone, frei von Stärke. Diese *amerikanische* oder *falsche Kolombowurzel* gibt mit Jodwasser keine blaue Färbung; *Bryonia alba,* weiß oder hellbräunlich, mit konzentrischen Schichten und radialen Spalten.

Abb. 150. Kolombowurzel. Radix Colombo.
Links: Schnittdroge, 2 fach vergrößert. Wurzelstückchen mit braunem, runzeligem Kork, dunkler Streifung auf der Innenseite des Periderms und citronengelbe Stückchen aus der Rinde. — *Rechts:* Ganzdroge, natürliche Größe. Zwei Wurzelstücke in der kennzeichnenden Scheibenform. (Nach *Schlemmer-Hörhammer*.)

Prüfung des DAB. 6. Neben der mikroskopischen Prüfung:

Bei der Mikrosublimation entstehen dunkelbraune Massen und ganz schwach gelblich gefärbte Sublimationströpfchen, aus denen sich nach einiger Zeit sehr zahlreiche, kleine, fast farblose Kristalle abscheiden.

Beim Verbrennen von 1 g K. darf höchstens 0,09 g Rückstand (9%) verbleiben.

Kolophonium.

Der aus verwundeten Stämmen verschiedener Pinusarten gewonnene Balsam, Terpentin, hinterläßt nach der Entfernung des Terpentinöls durch Erhitzen in ge-

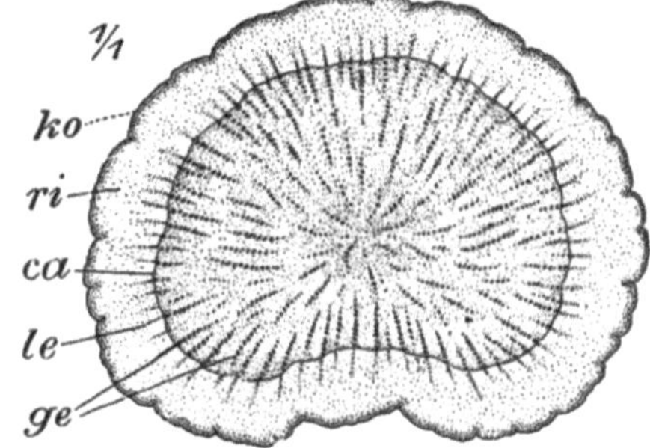

Abb. 151. Kolombowurzel. Radix Colombo.
Lupenbild eines Querschnitts durch die Wurzel (¹/₁); — *ko* Kork; — *ri* Rinde; — *ca* Kambium; — *le* Siebröhrenpartien; — *ge* Gefäße.

schlossenen Kesseln auf über 100° eine Harzschmelze, die bei der Abkühlung zu einer glasartigen Masse, Kolophonium, erstarrt. Je nach der Reinheit des Terpentins, der angewandten Hitze usw. entstehen hellgelbe bis dunkelbraun-schwarze Sorten, die als Colophonium citrinum, DAB. 6, Colophonium rubrum und Colophonium fuscum in den Handel kommen.

Kolophonium. Colophonium, DAB. 6.

Geigenharz. Resina Colophonium.

Glasartige, durchsichtige, oberflächlich bestäubte, großmuschelig brechende, in scharfkantige Stücke zerspringende, gelbliche oder hellbräunliche Stücke, die im Wasserbade zu einer zähen, klaren Flüssigkeit schmelzen und beim stärkeren Erhitzen schwere, weiße, aromatisch riechende Dämpfe ausstoßen. D. (20°) je nach der Helligkeit der Sorte 1,068 bis 1,10; SZ. 151,5 bis 179,6; VZ. 145 bis 195, in der gleichen Menge Weingeist oder Essigsäure langsam, in Äther oder Chloroform völlig, in Schwefelkohlenstoff oder Benzol völlig oder fast völlig, in Petroleumbenzin nur zum Teil lösl. Die weingeistige Lösung rötet mit Wasser angefeuchtetes Lackmuspapier.

Inhaltsstoffe. Ein Gemisch verschiedener Harzsäuren (in amerikanischem K. hauptsächlich *Abietinsäure*, in französischem K. auch *Pimarsäure*), Colophensäuren, helle Sorten weniger, dunkle Sorten mehr, 4 bis 10% unverseifbares *Resen*, Reste von ätherischem Öl.

Verwendung. *Äußerl.* zu Hautreizsalben und reizenden Pflastern (10%), zu Harzlösungen zum Fixieren von Wundverbänden, zu Salben für schlecht heilende Wunden und Geschwüre, zu Haarfixiermitteln; *techn.* zum Löten, gehärtet zur Lackherstellung, in der Papier-, Linoleum- und Seifenherstellung (Harzseifen), in der Munitions- und Kabelindustrie, zur Herstellung von Baumwachs, Kitten, Siegellack, Fliegen- und Raupenleim, zum Auspichen von Fässern, als Haftmittel für Geigenbögen und Treibriemen, in der Metzgerei zum Entfernen der Borsten geschlachteter Schweine. *Albertole* sind Kombinationsharze aus Kolophonium und Kunstharzen.

Koloquinthen.

Die in den Wüstengebieten Afrikas, Arabiens und Vorderasiens heimische, in Südspanien und auf Cypern kultivierte Pflanze **Citrullus colocynthis** (*Linné*) *Schrader*, *Cucurbitaceae*. Niederliegendes Kraut mit hin- und hergebogenen, behaarten Stengeln und Ranken, langgestielten, handförmig geteilten Blättern und apfelsinengroßen, kugeligen, saftlosen Beerenfrüchten.

☠ 3. Koloquinthen. Fructus Colocynthidis, DAB. 6.

Purgieräpfel. Paradiesäpfel. Teufelsäpfel. Purgiergurken.

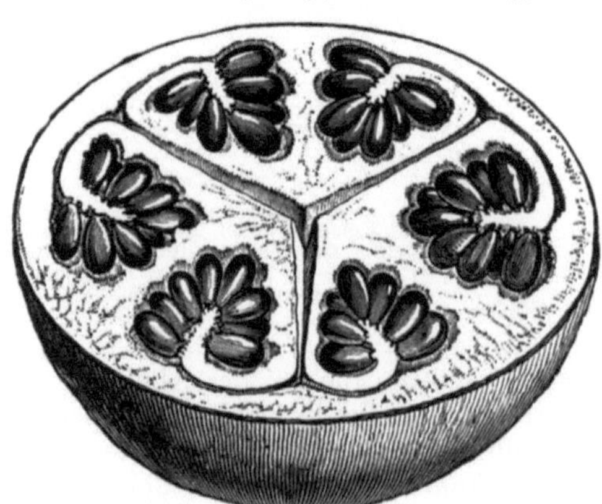

Abb. 152. Ungeschälte Koloquinthe im Querschnitt.

Die von der äußeren, harten Schicht der Fruchtwand befreiten reifen Früchte. Kugelig, im Durchmesser 6 bis 8 cm groß, rein weiß bis gelblichweiß und sehr leicht. Koloquinthen bestehen aus dem weichen, schwammigen Gewebe der inneren Fruchtwand und der Placenten mit den zahlreichen, flach eiförmigen, graugelben bis gelbbraunen Samen. Die Samen sind vor der Verwendung der Früchte zu entfernen. *Geruchlos, Geschmack* sehr bitter (Abb. 152).

Inhaltsstoffe. Das sehr bittere Glykosid *Colocynthin, Colocynthidin,*

Citrullol, Fettsäuren, Salze organischer Säuren. Die Samen enthalten 15 bis 17%
Fett und müssen, weil sie unwirksam sind, vor der Verwendung entfernt werden.

Verwendung. Als drastisch wirkendes Abführmittel mit Dünndarmwirkung.
In größeren Dosen entsteht Darmreizung, -entzündung und Darmblutung. Zur Herstellung von Koloquinthen-Extrakt und -Tinktur, je ☠ *3*. Seine Verwendung zu
Abkochungen, die als Zusatz zu Tapentenkleister gegen Wanzen tödlich bzw. abschreckend wirken sollen, ist ohne jegliche Wirkung und daher zwecklos. Beim
Pulverisieren der Droge ist wegen Vergiftungsgefahr Vorsicht geboten.

Koma.

Mit Koma bezeichnet man Bildfehler von Linsen oder Linsensystemen, bei denen
ein seitlich der optischen Achse gelegener Punkt nicht als solcher, sondern strichartig verzerrt (kometenschweifähnlich) erscheint (→ Aberration, sphärische).

Kommunizierende Röhren.

Kommunizierende Röhren oder Gefäße sind Röhren bzw. Gefäße, die durch ein
Querrohr miteinander verbunden sind, so daß eine Flüssigkeit frei aus dem einen
in das andere Gefäß übertreten kann. In zwei kommunizierenden Röhren oder Gefäßen ist der Flüssigkeitsspiegel stets gleich hoch, weil eine Flüssigkeit stets das
Bestreben hat, sich infolge der leichten Verschiebbarkeit ihrer Moleküle ins Gleichgewicht zu setzen. K. R. finden praktische Anwendung bei Wasserbädern, Wasserstandsgläsern, Dampfapparaten und Dampfkesseln, Petroleumbehältern, Wasserleitungen, Gießkannen, Springbrunnen, ferner bei Abflußbecken als Geruchsverschluß, der aus einer kurzen, mit Flüssigkeit gefüllten U-förmig gebogenen Röhre
besteht.

Kondensation.

Mit Kondensation (lat. condensere, verdichten) versteht man den Übergang
eines Stoffes aus der Dampf-(Gas-)phase in die flüssige bzw. bei sublimierenden
Stoffen in die feste (Sublimation) Phase. Das entstandene Produkt bezeichnet man
als *Kondensat*.

Kondensation, chemische.

Unter chemischer Kondensation versteht man die Vereinigung zweier oder
mehrerer Moleküle zu einem größeren Molekül, wobei ein einfacher chemischer
Stoff (Wasser, Ammoniak, Alkohol, Chlorwasserstoff u. a.) austritt. In der chemischen
Technik spielt die chemische K. eine große Rolle bei der Herstellung zahlreicher
moderner Kunststoffe, so von Nylon, Bakaliten, Aminoplasten, Glyptalen usw.

Kondurango.

Kondurango. Marsdęnia cundurạngo. *Reichenbach* fil.

Asclepiadạceae.

In Südamerika an den Westabhängen der Kordilleren von Equador, Peru und
Columbien heimischer Kletterstrauch (Liane).

Kondurangorinde. Cortex Condurạngo, DAB. 6, Stoff B.

Die getrocknete Rinde oberirdischer Achsen. 2 bis 5 mm dicke, röhren- oder
rinnenförmige und meist etwas verbogene Stücke, Außenseite braungrau, durch

47*

große Korkwarzen (Lentizellen) höckerig. Innenseite hellgraubraun oder grob längsstreifig. Querbruch hellgelblichgrau und im allgemeinen körnig; nur aus dem äußeren Teil der Querbruchfläche jüngerer Rinden treten lange Fasern hervor. *Geruch* schwach würzig, *Geschmack* etwas bitter und schwach kratzend. *Lupenbild:* Auf dem Querschnitt auffallende, große Steinzellennester, die an der Grenze der sekundären Rinde liegen, weit in sie hineinreichen und von den Markstrahlen oft in scharfem Bogen umgangen werden (Abb. 153).

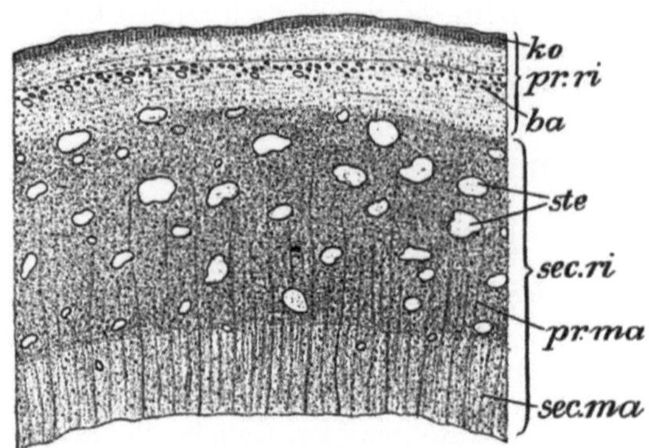

Abb. 153. Kondurangorinde. Cortex Condurango.
Querschnitt, Lupenbild; — *pr. ri* primäre Rinde; — *sec. ri* sekundäre Rinde; — *ko* Kork; — *ba* Bastfaserring; — *ste* Steinzellnester; — *pr. ma* primäre Markstrahlen; — *sec. ma* sekundäre Markstrahlen.

Inhaltsstoffe. 2 bitter schmekkende Glykoside: *Condurangin*, das sich in kaltem Wasser löst, beim Schütteln ähnlich Saponin schäumt und beim Erwärmen ausfällt, und ein *Harzglykosid*, Phytosterin, ätherisches Öl, Harz, Stärke u. a.

Verwendung. *Innerl.* als bitteres Magenmittel, zu Teemischungen, zur Herstellung von Extractum Condurango fluidum, DAB. 6, Vinum Condurango, DAB. 6, Extractum Condurango und Extractum Condurango aquosum, Erg.-B. 6, und Tinctura Condurango. Erg.-B. 6.

Prüfung des DAB. 6. *Erkennung.* Beim Ausziehen von 5 g K. mit 25 T. kaltem Wasser, Filtrieren und Erhitzen des klaren Filtrats trübt sich letztes stark und klärt sich nach dem Erkalten wieder.

1 g K. darf nach dem Verbrennen höchstens 0,12 g (12%) Rückstand hinterlassen.

Kongorot.

Kongorot ist ein Benzidinfarbstoff. Bräunlichrotes Pulver, wenig in kaltem, leicht in heißem Wasser mit blutroter Farbe lösl. Die Lösung wird auf Salzsäurezusatz blau, während mit Natronlauge ein braunroter Niederschlag entsteht.

Verwendung als Indikator, besonders auch zu diagnostischen Feststellungen, zur Herstellung von Kongopapier DAB. 6, das im Gebiete p_H 3 bis 5 Verwendung findet.

☠ 3. Königswasser. Aqua regia. Acidum chloro-nitrosum.

$$HNO_3 + 3\,HCl.$$

Königswasser ist *stets frisch* zu bereiten. Es führt seinen Namen deshalb, weil es Gold, den „König der Metalle", und Platin zu Chloriden aufzulösen vermag.

Darstellung. Durch Mischen von 1 T. roher Salpetersäure mit 3 T. konzentrierter Salzsäure (D. 1,19 = 23° Bé.).

Eigenschaften. Gelbrote höchst ätzende Flüssigkeit, bei deren Abgabe größte Vorsicht geboten ist (Glasstopfengläser mit bestsitzendem Stopfen!). Seine Wirkung beruht darauf, daß die Salpetersäure zu Chlor in statu nascendi und Nitrosylchlorid oxydiert wird:

$$HNO_3 + 3\,HCl \rightarrow Cl_2 + NOCl + 2\,H_2O$$

Königswasser   Chlor   Nitrosylchlorid   Wasser

Das Nitrosylchlorid hat die Struktur $O=N-Cl$ und ist ein gelbes Gas. Obwohl Königswasser nicht in der Giftpolizeiverordnung aufgeführt ist, muß es infolge seiner Bestandteile als Gift der Abteilung 3 behandelt werden.

Verwendung. Technisch zum Auflösen von Gold und Platin, in der Analyse.

Konservierung.

Unter Konservierung (lat. conservare, aufbewahren, erhalten) versteht man physikalische oder chemische Maßnahmen, die dazu dienen, verderbliche Stoffe oder Zubereitungen, die ohne K. sich mehr oder weniger zersetzen, vor Gärung, Fäulnis, Verwesung, Verschimmeln und anderen Veränderungen, durch die sie nachteilig beeinflußt werden, zu schützen.

Die ersten äußeren Kennzeichen des Verderbens von Lebensmitteln sind:

1. Verfärbung, helle Nahrungsmittel dunkeln nach, gefärbte verlieren ihre ursprüngliche Farbe;

2. Geschmacksverschlechterung, der normale Geschmack verändert sich und wird bitter, sauer oder scharf;

3. Geruchsverschlechterung, es treten neue, dem Lebensmittel nicht eigentümlichen Gerüche auf.

Mit diesen Erscheinungen oder an sie anschließend treten die folgenden Zersetzungserscheinungen auf:

1. Schimmelbildung, hervorgerufen durch verschiedene Schimmelpilze erst auf kleineren Stellen, dann über größere Flächen verbreitet. Schimmelbildung tritt hauptsächlich bei Lebensmitteln auf, die lösl. Stickstoffverbindungen, Zucker und Wasser reichlich enthalten. Sie wird durch feuchte, eingeschlossene Luft begünstigt. Schimmelpilze und ihre Sporen werden schon beim Erhitzen auf 90° während 5 Min. abgetötet.

2. Gärung entsteht durch Fermente und macht sich durch Kohlendioxydentwicklung (Schaumbildung) und Alkoholbildung, wahrnehmbar durch den Geschmack, bemerkbar.

3. Kahmbildung. Darunter versteht man an Schimmel erinnernde Überzüge bzw. die Bildung schmieriger Massen an der Oberfläche von Lebensmitteln. Die Erreger sind Kahmhefen.

Die Konservierung spielt vor allem bei der Haltbarkeit von Lebens- und Genußmitteln, Arzneimitteln und Futtermitteln, aber auch bei der Haltbarkeit von kosmetischen und technischen Präparaten aller Art eine bedeutende Rolle. Auch anatomische, botanische und zoologische Präparate, Hölzer, Häute und Felle müssen haltbar gemacht werden. Der Lebensmittelkonservierung kommt eine außerordentliche wirtschaftliche Bedeutung zu. Die Verluste, die 1935 in Deutschland durch richtige Konservierungsverfahren von Lebensmitteln hätten vermieden werden können, schätzt man auf 1200 bis 1500 Millionen Reichsmark.

Die Ursache des Verderbens der genannten Stoffe beruht auf der Einwirkung von Luft, Licht, Wärme, durch Umsetzungen, die durch Enzyme verursacht werden, vor allem aber sind es Mikroorganismen, welche die Zersetzungserscheinungen hervorrufen. Besonders bei den Lebensmitteln ist die Haltbarmachung von größter Bedeutung, da sie — sobald sie aus dem organischen Verbande herausgelöst sind — durch die vorgenannten Einwirkungen ständigen Veränderungen unterliegen. Durch diese wird ihre Farbe, ihr Geruch und ihr Geschmack zunächst verändert, bei fortschreitender Zersetzung *verderben sie* und werden völlig unbrauchbar. Da bestimmte Lebensmittel, z.B. Gemüse, Obst, Fische und Eier, zu periodisch wiederkehrenden

A 47 II

Zeiten in übergroßen Mengen anfallen, ist es bei diesen besonders wichtig, sie für die Jahreszeiten haltbar zu machen, in denen sie nicht von der Natur geliefert werden. Der Zweck der K. ist, die Haltbarkeit der betreffenden Stoffe oder Zubereitungen zu erreichen durch Abtötung oder Schwächung der in ihnen vorhandenen Fermente (Bakterien, niedere Pilze) und eine möglichste Fernhaltung neu hinzutretender Zersetzungsursachen.

Die wichtigsten Methoden der Konservierung von Lebensmitteln sind:

1. Herabsetzung des Wassergehaltes.

Die Herabsetzung des Wassergehaltes ist von jeher zur Haltbarmachung von Lebensmitteln herangezogen worden; besonders in warmen Ländern mit reiner, staubfreier Luft und starker Sonnenbestrahlung werden Lebensmittel durch Trocknen haltbar gemacht (Korinthen, Rosinen, bosnische Pflaumen, kalifornische Ringäpfel). In Norwegen und Island werden auch Fische (Stockfisch, Klippfisch) auf diese Weise haltbar gemacht. Fleisch kann durch Trocknung dauernd haltbar gemacht werden, so bei den in Württemberg und Thüringen luftgetrockneten „Landjägern" oder „Peitschenstecken" und dem in Jugoslawien üblichen, auch luftgetrockneten, weltberühmten Dalmatiner Schinken. Bei der Haltbarmachung von Heilkräutern spielt bekanntlich das Trocknen eine bedeutende Rolle.

Nach modernen Verfahren wird der Wassergehalt durch Behandlung im Vakuum herabgesetzt, so bei Trockengemüsen und der Herabsetzung des Wassergehalts bei flüssigen oder breiartigen Stoffen (kondensierte Milch, Pflaumenmus, Obstdicksäfte). Das neueste Verfahren in dieser Richtung ist das Trocknen durch Versprühen von Flüssigkeiten in einem erwärmten Raum, wodurch sie in Pulverform übergeführt werden.

2. Räuchern.

Das Räuchern findet hauptsächlich zur Haltbarmachung von Fleisch und Fischdauerwaren Anwendung, wobei neben der wasserbindenden Kraft größerer Kochsalzmengen und der Austrocknung durch den Rauch die im Rauch enthaltenen keimschädigenden Stoffe wirksam sind.

Beim Räuchern von Fleisch, bei dem das Fleisch dem Rauche von Laubholz (Nadelholz ist ungeeignet) ausgesetzt wird, unterscheidet man das *Kalträuchern* bei einer Temperatur von 17° bis 22° und das *Heißräuchern*, das für Brühwürste Anwendung findet und bei 70° bis 100° durchgeführt wird. Je nach der Einwirkungsdauer nimmt beim R. der Wassergehalt um 10 bis 40% ab. Die beim R. entstehenden chemischen Verbindungen Essigsäure, Ameisensäure, Aceton, Holzgeist, Formaldehyd, Guajakol, Phenol und Kresol machen das Fleisch dauernd haltbar und verleihen ihm den bekannten Räuchergeschmack.

Unter *Schnellräucherei* versteht man ein Rauchverfahren, bei welchem das Fleisch mit rohem Holzessig bestrichen und dann getrocknet wird. Die dabei erhaltenen Räucherwaren sind in bezug auf Wohlgeschmack und Haltbarkeit den anderen Räucherverfahren nicht ebenbürtig.

3. Salzen und Pökeln.

Das Salzen und Pökeln dient dem Zweck, große Fleischstücke haltbar zu machen. Dazu werden sie mit Kochsalz, dem 1 bis 2% Salpeter zur Erhaltung der Fleischfarbe und Zucker zugesetzt sind, gründlich eingerieben und in Fässern geschichtet. Durch dazwischengeschichtete Salzlagen entsteht aus dem Fleischsaft und der Salzmischung die *Lake*. Schweinefleisch wird meist direkt in 15- bis 25%ige Kochsalzlösung, der ebenfalls Salpeter und Zucker zugegeben sind, eingelegt. Zwischen

Fleisch und Lake findet ein Stoffaustausch statt, Kochsalz und Salpeter dringen in das Fleisch ein, lösl. Eiweißstoffe und Mineralstoffe gehen in die Lake über. Die Vitamine werden dabei zerstört. Durch die Einwirkung des Salpeters, der teilweise zu Nitrit reduziert wird, das mit dem Blutfarbstoff Stickoxydhämoglobin bildet, behält Pökelfleisch auch beim Kochen seine rote Farbe. Nach dem Nitritgesetz vom 19. 6. 1934 darf zum Pökeln von Fleisch an Stelle von Kochsalz und Salpeter auch sog. *Nitritsalz*, ein Gemisch von Kochsalz mit 0,5 bis höchstens 0,6% → Natriumnitrit benützt werden. Höherer Nitritzusatz ist lebensgefährlich (→ Marinieren, S. 860).

4. Milchsäuregärung.

Bei der Milchsäuregärung wird unter bestimmten Bedingungen die Überführung der Kohlenhydrate in Milchsäure erreicht und damit schädliche Mikroorganismen, die neutralen oder schwach alkalischen Nährboden bevorzugen, unterdrückt. Die M. findet hauptsächlich bei Sauerkraut, Salzgurken, Silofutter u. a. Verwendung. Die Herstellung von Sauermilch und Yoghurt beruht auch auf einer Milchsäuregärung (s. auch Bd. I, S. 98).

5. Alkoholische Gärung.

Die alkoholische Gärung bewirkt die Überführung des in Lebensmitteln, besonders in Obstarten, enthaltenen Zuckers in Äthylalkohol. Dieser verhindert in einer bestimmten Konzentration in Wein oder Obstwein das Wachstum anderer unerwünschten Kleinlebewesen und macht dadurch das Gärprodukt haltbar (s. auch Bd. I, S. 97, 249).

6. Erhitzung.

Werden Lebensmittel genügend lange auf höhere Temperatur erhitzt, so werden die darin befindlichen Mikroorganismen abgetötet. Die Lebensmittel werden, wenn der Zutritt neuer Keime durch keimsichere Verpackung verhindert wird, dadurch dauernd gebrauchsfertig erhalten. Aus diesem Grunde werden Lebensmittel in geschlossenen Gefäßen aus Glas mit Gummidichtung (Weck, Rex u. a.) oder Blech (Konservendosen) auf Siedetemperatur im Wasserbad erhitzt. Höhere Temperaturen (bis 121°) werden in Autoklaven mit Dampfheizung erreicht. Bei der Erhitzung von Lebensmitteln auf 100° werden die Dauerformen der Bakterien, die *Sporen*, nicht sicher abgetötet. Aus diesem Grunde wird die Erhitzung nach einigen Tagen zweckmäßig wiederholt und dadurch völlige Keimfreiheit erzielt. Man bezeichnet dieses fraktionierte Verfahren der Keimfreimachung mit *Tyndallisieren*. Dieses Verfahren ist auch beim „Einwecken" im Haushalt zu empfehlen. Es ist festgestellt worden, daß auf diese Weise hergestellte Vollkonserven noch nach 10jähriger Aufbewahrung weder Zersetzungserscheinungen noch Veränderungen im Aussehen und Geschmack gezeigt haben.

Empfindliche Lebensmittel, z. B. Milch, die Enzyme enthalten, die bei der Erhitzung geschädigt werden, werden durch *Pasteurisieren* vor dem Verderben geschützt. Dabei wird die Milch in besonderen Apparaten 1 Min. lang auf 80° bis 85° bzw. 71° bis 74° erwärmt, pasteurisiert oder $^1/_2$ Stunde lang auf 63° erhitzt. Durch dieses Verfahren, bei dem die keimfreie Milch anschließend über Kühler geschickt und sofort abgefüllt wird, ist die Schädigung der in der Milch enthaltenen Vitamine und Enzyme auf ein Mindestmaß herabgedrückt und muß zur Verhütung größerer Nachteile in Kauf genommen werden. Auch Obstsäfte und Süßmoste werden pasteurisiert, zweckmäßig nach vorheriger Entfernung der Mikroorganismen mit besonderen Bakterienfiltern (EK-Filter, s. Bd. III).

7. Anwendung von Kälte.

Die Verpackung von Lebensmitteln in Eis und ihre Aufbewahrung in Eis- oder Kühlschränken wird seit langem geübt. Seit der Erfindung von Kältemaschinen, bei denen verflüssigte Gase, wie Ammoniak, Kohlendioxyd, Schwefeldioxyd, Methylchlorid u. a. zur Anwendung kommen, wird Kälte auch bei der Aufbewahrung von Lebensmitteln im Großbetrieb (Gaststätten, Schlächtereien usw.) durchgeführt. Dabei unterscheidet man, je nach der angewandten Temperatur, die *Kaltlagerung* (0° bis +5°) und das *Gefrierverfahren* (−12° bis −30°). Bei der Kaltlagerung wird hauptsächlich feste Kohlensäure, *Trockeneis*, verwendet. Das *Gefrierverfahren* ist durch das moderne *Schnellgefrierverfahren* zu einer wichtigen Methode der Lebensmittelkonservierung geworden, das in verschiedenen Verfahren durchgeführt wird. → Frigen.

8. Chemische Konservierung.

Nach dem Entwurf einer „Verordnung über Konservierungsmittel" sind Konservierungsmittel „chemische Stoffe, die dazu bestimmt sind, die Lebensmittel länger genußtauglich zu erhalten und das Verderben der Lebensmittel zu verzögern oder zu verhindern". Die Konservierung mit Speisesalz, Essig, Weingeist (auch in Form von Trinkbranntwein), Zuckerarten, Glycerin, Kohlensäure, Essigsäure, Milchsäure, Weinsäure, Citronensäure sowie die Herstellung von Fleisch- und Fleischräucherwaren mit frisch entwickeltem Rauch, auch die Anwendung von chemischen Stoffen bei der Lagerung von rohen, ungeschälten Kartoffeln und von Eiern oder zur Bekämpfung der tierischen Schädlinge der Lebensmittel oder zur Behandlung von Trinkwasser, fällt nicht unter diese Verordnung. Auch die Behandlung von Tafelwässern mit oligodynamisch wirksamen kleinen Silbermengen nach amtlich zugelassenen Verfahren fällt nicht unter die Verordnung. Ebenso findet die Verordnung keine Anwendung auf Tabak, tabakhaltige und tabakähnliche Erzeugnisse.

Nach dem Entwurf sind Konservierungsmittel solche Chemikalien, welche schon in sehr kleinen Mengen die Fähigkeit haben, Mikroorganismen abzutöten oder aber ihre Entwicklung so weit zu hemmen, daß sie keinen Schaden mehr anrichten und dabei das Aussehen, den Geruch und Geschmack des betreffenden Lebensmittels nicht beeinflussen. Nach § 4 des genannten Entwurfs dürfen „zur Konservierung von Lebensmitteln nur bestimmte, im nachstehenden Verzeichnis zugelassene Stoffe verwendet werden, und zwar jeweils nur für die aufgeführten Lebensmittel bis zu der angegebenen Höchstmenge". Weiter verlangt § 4 (2): „Konservierungsmittel müssen rein, insbesondere frei von gesundheitsschädlichen oder fremdartig riechenden oder schmeckenden Stoffen sein und, soweit sie im Deutschen Arzneibuch aufgeführt sind, dessen Anforderungen entsprechen."

Bei Fleisch und Milch besteht ein grundsätzliches Verbot für alle Konservierungsmittel. Ebenso ist die Anwendung von Salicylsäure, Fluorwasserstoffsäure und Formaldehyd zur Lebensmittelkonservierung verboten. Als besonders wichtig sind hier noch die §§ 7, 8 und 9 des genannten Entwurfes der Verordnung über Konservierungsmittel zitiert.

§ 7. (1) Lebensmittel, denen Konservierungsmittel zugesetzt sind, dürfen vorbehaltlich der Vorschriften des Abs. 4 nur unter ausreichender Kenntlichmachung angeboten, zum Verkauf vorrätig gehalten, feilgehalten, verkauft oder sonst in den Verkehr gebracht werden.

(2) Die Kenntlichmachung muß an einer in die Augen fallenden Stelle in deutlich lesbarer Schrift angebracht werden, und zwar

1. bei Lebensmitteln, die in Packungen oder Behältnissen abgegeben werden, auf deren Packung oder Behältnissen,

2. bei Lebensmitteln, die lose abgegeben werden, an den Aufbewahrungsgefäßen oder auf einem bei der Ware angebrachten Schild.

(3) Zur Kenntlichmachung ist die Angabe „chemisch konserviert" erforderlich. Ein Zusatz von Borsäure muß jedoch durch die Angabe „mit Borsäure konserviert" kenntlich gemacht werden.

(4) Die Kenntlichmachung darf unterbleiben:

1. Bei Lebensmitteln, die in Haushalten, Gaststätten, Kantinen, Gemeinschaftsküchen oder ähnlichen Einrichtungen zum Verbrauch an Ort und Stelle abgegeben werden;
2. bei den in Nr. 3, 4, 5, 6a, 6c, 6d, 7, 11 des anliegenden Verzeichnisses aufgeführten Lebensmitteln;
3. bei Lebensmitteln, die unter Verwendung von zulässigerweise konservierten Lebensmitteln hergestellt sind, sofern das Konservierungsmittel bei der Herstellung des Lebensmittels entfernt ist oder sofern der Anteil an konservierten Lebensmitteln nicht mehr als $^1/_3$ der Gesamtmenge beträgt und weitere Konservierungsmittel nicht zugesetzt sind.

(5) Die in Abs. 1 bis 3 vorgeschriebene Kenntlichmachung der konservierten Lebensmittel hat der Hersteller anzubringen. Falls ein anderer das konservierte Lebensmittel unter seinem Namen oder seiner Firma in den Verkehr bringen will, hat dieser andere die Kenntlichmachung anzubringen.

§ 8. Lebensmittel, die entgegen den Vorschriften des § 4 mit Konservierungsmitteln behandelt worden sind, gelten, soweit sie nicht als gesundheitsschädlich anzusehen sind, als verfälscht und sind auch bei Kenntlichmachung vom Verkehr ausgeschlossen.

§ 9. Eine irreführende Bezeichnung, Angabe oder Aufmachung liegt vor, wenn Lebensmittel, die mit einem Konservierungsmittel behandelt oder unter Verwendung eines konservierten Lebensmittels hergestellt worden sind, als rein oder naturrein bezeichnet oder mit einer gleichsinnigen Bezeichnung versehen werden.

Auf die anschließende Anlage zu § 4 der Verordnung über Konservierungsmittel und das folgende Verzeichnis der zugelassenen Konservierungsmittel wird besonders hingewiesen.

Anlage

zu § 4 der Verordnung über Konservierungsmittel.

Verzeichnis der zugelassenen Konservierungsmittel.

Vorbemerkung.

(1) In dem nachfolgenden Verzeichnis sind unter der Bezeichnung „Ester" Para-Oxybenzoesäureäthylester und Para-Oxybenzoesäurepropylester, auch in Form der Natrium- und Kalziumverbindungen und in Mischungen untereinander, zu verstehen (100 T. Ester entsprechen 112 T. der Natrium- oder Kalziumverbindungen).

(2) Soweit Benzoesäure als Konservierungsmittel zugelassen ist, darf an deren Stelle auch benzoesaures Natrium in entsprechender Menge (100 T. Benzoesäure entsprechen 118 T. benzoesaurem Natrium) oder eine Mischung von Benzoesäure und benzoesaurem Natrium verwendet werden, sofern die höchstzulässige Menge (berechnet als Benzoesäure) nicht überschritten wird. Statt Parachlorbenzoesäure darf auch parachlor-benzoesaures Natrium oder eine Mischung von beiden verwendet werden (100 T. Para-Chlorbenzoesäure entsprechen 114 T. parachlorbenzoesaurem Natrium).

(3) Soweit Benzoesäure als Konservierungsmittel zugelassen ist, darf ein Teil der Benzoesäure als Ester ersetzt werden.

(4) Soweit Ameisensäure als Konservierungsmittel zugelassen ist, dürfen an deren Stelle auch ameisensaures Natrium oder ameisensaures Kalzium in entsprechenden Mengen (100 T. Ameisensäure entsprechen 148 T. ameisensaurem Natrium oder 141 T. ameisensaurem Kalzium) verwendet werden, sofern die höchstzulässige Menge (berechnet als Ameisensäure) nicht überschritten wird.

(5) Die als Konservierungsmittel zugelassenen Mengen von schwefliger Säure oder deren Salze sind als SO_2 berechnet. An Stelle der schwefligen Säure darf auch Kaliumpyrosulfit (Kaliummetabisulfit) verwendet werden (100 T. SO_2 entsprechen 173,5 T. Kaliumpyrosulfit — $K_2S_2O_5$ —), sofern die höchstzulässige Menge (berechnet als SO_2) nicht überschritten wird.

Lebensmittel	Konservierungsmittel	Höchstzulässige Gewichtsmenge d. Konservierungsmittelzusatzes zu 100 g des Lebensmittels
1. Zubereitung von Fischen und Krustentieren:		
a) Kaltmarinaden	Ester	50 mg
	und/oder	
	Hexamethylentetramin	25 mg
b) Bratmarinaden	Ester	50 mg
c) Kochmarinaden (Gelleewaren)	30%ige Lösung von Wasserstoffsuperoxyd	200 mg zum Gelee
	oder	
	Ester	50 mg
d) Lachs und Lachsersatz in Dosen	Mischungen aus Benzoe (25 mg) und Parachlorbenzoesäure (25 mg)	50 mg
	oder	
	Ester	50 mg
e) Anchovis, Appetitsild, Gabelbissen	Borsäure	500 mg
	oder	
	Benzoesäure	500 mg
f) Krebsschwänze, Krebsscheren	Hexamethylentetramin	50 mg
	oder	
	Benzoesäure	500 mg
g) Krabben, Krabbenkonserven	Borsäure	750 mg
h) Kaviar (Rogen von Stör, Sterlet oder Hausen)	Hexamthylentetramin	100 mg
	oder	
	Borsäure	500 mg
i) Rogen anderer Fische und Fischpasten	Hexamethylentetramin	
	oder	
	Mischung aus Benzoesäure und Hexamethylentetramin oder aus Ester und Hexamethylentetramin	100 mg
2. Eidauerwaren:		
a) Flüssiges Eigelb	Benzoesäure	1000 mg
	oder	
	Ester	800 mg
b) Flüssiges Eigelb und Vollei zur Herstellung von Dauerbackwaren und Teigwaren, ausgenommen diätetische Erzeugnisse	Benzoesäure	1000 mg
	oder	
	Borsäure	1500 mg
3. Margarine	Benzoesäure	200 mg
	oder	
	Ester	100 mg
4. Brotteig während der warmen Jahreszeit	Calciumacetat	400 mg (für 1000 g Mehl)
	oder	
	Calciumpropionat	
5. Gemüsedauerwaren:		
a) Aufguß für Gurken, rote Rüben, grüne Tomaten	Benzoesäure	200 mg
	oder	
	Ester	90 mg
	oder	
	Mischung aus Benzoesäure oder Estern (50 mg) und Ameisensäure (150 mg)	200 mg
b) geriebener Meerrettich	Benzoesäure	125 mg
	oder	
	Ester	75 mg

Lebensmittel	Konservierungsmittel	Höchstzulässige Gewichtsmenge d. Konservierungsmittelzusatzes zu 100 g des Lebensmittels
6. *Obsterzeugnisse:*		
a) Obstsüßmoste	schweflige Säure (Reste aus der Kellerbehandlung)	8 mg
b) Obstsäfte, Obstpülpe, Obstmark, flüssiges Obstpektin, Obstgeliersäfte, Obstrückstände, soweit sie zur Weiterverarbeitung bestimmt sind	schweflige Säure oder	125 mg
	Benzoesäure oder	150 mg
	Ester oder	90 mg
	Mischung aus Benzoesäure (40 mg) und Parachlorbenzoesäure (40 mg) oder	80 mg
	25%ige Lösung von Ameisensäure	100 mg
c) Obstkonfitüren, Marmeladen, Pflaumenmus (Oberflächenkonservierung)	Benzoesäure oder	
	Ester oder	
	Ameisensäure in Lösungen zum Benetzen der Deckel, der Aufbewahrungsgefäße oder von Papier, das zum Bedecken der Oberfläche dient sowie zum Bestreichen der Oberfläche, Salicyl-Pergament-Papier zum Bedecken der Oberfläche	125 mg
d) Trockenobst	schwefelige Säure	125 mg
7. *Walnüsse*	schweflige Säure, jedoch Zusatz nur bis zum Ende des Erntejahres zulässig	15 mg (höchstzulässiger Gehalt in den Nußkernen)
8. *Essenzen (Aromen)*, die weniger als 12 Hundertteile Alkohol enthalten, Grundstoffe und Ansätze für Limonaden, Heißgetränke und kalte Erfrischungsgetränke	Benzoesäure oder	180 mg
	Ester oder	90 mg
	25%ige Lösung von Ameisensäure	1000 mg
9. *Marzipan, Persipan*, Nuß- und Füllmassen, Kremfüllungen, Fruchtfüllungen, fetthaltige Füllungen, fettfreie Glasuren, flüssige Fondantmassen, Makronenmasse	Benzoesäure oder	150 mg
	Ester oder	120 mg
	Mischung aus Benzoesäure (60 mg) und Parachlorbenzoesäure (60 mg)	120 mg
10. *Eihaltige Speiseeiskonserven*	Benzoesäure oder	100 mg
	Ester	50 mg
11. *Speisegelatine*	schweflige Säure	125 mg
12. *Gelatinehaltige Überzugsmasse* für Fleischdauerwaren (Schinken, Rauchfleisch, Dauerwurst usw.)	Benzoesäure oder	200 mg
	Parachlorbenzoesäure oder	100 mg
	Ester	100 mg

Lebensmittel	Konservierungsmittel	Höchstzulässige Gewichts-menge d. Konservierungs-mittelzusatzes zu 100 g des Lebensmittels
13. Speisesenf	Benzoesäure	150 mg
	oder	
	Ester	100 mg
14. Gewürzsoßen, Salatsoßen, Speisewürzen, Pilzextrakte	Benzoesäure	200 mg
	oder	
	Ester	90 mg
	oder	
	Mischung aus Benzoesäure (50 mg) und Parachlorbenzoe-säure (50 mg)	100 mg
15. Mayonnaise und Tunken	Benzoesäure	250 mg
	oder	
	Ester	150 mg
	oder	
	Mischung aus Benzoesäure (75 mg) und Parachlorbenzoe-säure (75 mg)	150 mg
16. Gemüsesalat und Fleisch-salat	Benzoesäure	200 mg
	oder	
	Ester	100 mg
17. Flüssige und halbflüssige Kaffee-Extrakte, Kaffee-Ersatz-Extrakte	Ester	100 mg

Kontaktgifte bei der Schädlingsbekämpfuung.

In den letzten Jahren haben die Ungeziefer- und Schädlingsbekämpfungsmittel auf Kontaktgiftbasis überragende Bedeutung erlangt. Kontaktgifte wirken durch bloße Berührung über das Nervensystem der Insekten und führen über charakteristische Erregungs- und Krampfzustände je nach Widerstandkraft des Insekts in kürzerer oder längerer Zeit zum Tode. Altbekannt sind gewisse Pflanzenstoffe, die eine starke Kontaktgiftwirkung besitzen und unter denen die Wirkstoffe der Pyrethrum-Blüten und der Derris-Wurzel an erster Stelle stehen. Jedoch haben diese Naturstoffe den Nachteil der schwierigen Beschaffung und einer geringen Beständigkeit gegenüber den Einwirkungen von Licht, Wärme und Sauerstoff.

Es war daher ein entscheidender Fortschritt, als P. MÜLLER im Jahre 1940 die starke insektizide Kontaktwirkung des schon seit 1872 in der chemischen Literatur bekannten Dichlordiphenyltrichloräthan erkannte und damit eine neue Ära in dem jahrtausendealten Kampf des Menschen gegen das Insekt einleitete, eine Tat, die durch die Verleihung des Nobel-Preises für Medizin 1948 gewürdigt wurde. Wenig später als das Dichlordiphenyltrichloräthan (abgekürzte Bezeichnung: DDT) wurde gleichzeitig in England und Frankreich die kontaktinsektizide Wirkung des Hexachlorcyclohexan (abgekürzte Bezeichnung: Gammexan, Hexa, HCC) entdeckt. Auch dieser Stoff besitzt wie DDT eine große Wirkungsbreite gegen Arthropoden der verschiedensten Arten, wobei das vorzugsweise in Frage kommende Gamma-Isomere des Hexachlorcyclohexan gleichzeitig eine Atemgiftwirkung entfaltet. Seitdem ist in rascher Folge eine größere Zahl von weiteren synthetischen insektiziden Wirkstoffen hergestellt und als Schädlingsbekämpfungsmittel für die verschiedensten Verwendungszwecke in den Handel gekommen. Für die Zwecke der hygienischen Schädlingsbekämpfung und die Entwesung in geschlossenen Räumen haben sich indessen das Dichlordiphenyltrichloräthan und das Gamma-Hexachlorcyclohexan voll behauptet, so daß die Mehrzahl der heute in Verwendung stehenden Erzeugnisse auf dieser Wirkungsbasis aufgebaut ist. (S. auch Bd. I, Abschn. Schädlinge und Schädlingsbekämpfungsmittel.)

Paral.

Als deutsche Lizenzträgerin für die Verwendung von DDT in der hygienischen Schädlingsbekämpfung bringt die Böhme Fettchemie GmbH, Düsseldorf, seit 1944 die heute unter dem Markennamen „Paral" bekannten Erzeugnisse auf den Markt. Die Paral-Produkte umfassen Sprühmittel, Puder, Emulsionen und neuerdings Aerosol-Automaten und sind im folgenden kurz näher gekennzeichnet:

Paral-Sprüh. Lösung von DDT und Gamma-Hexachlorcyclohexan in speziellen aliphatischen und aromatischen Kohlenwasserstoffen, vornehmlich zur Raumentwesung und Insektenbekämpfung im Sprüh- und Vernebelungsverfahren.

Paral-Sprüh wird mit den üblichen Handspritzen oder maschinellen Einrichtungen fein und gleichmäßig im Raum und nach Bedarf auf Wände, Böden und Einrichtungsgegenstände versprüht. Es dient vornehmlich zur Bekämpfung von Fliegen, Mücken, Mottenfaltern, Flöhen und Wanzen und ist, wie alle DDT-Produkte, besonders gekennzeichnet durch die lang andauernde Kontaktgiftwirkung der auf den besprühten Flächen eingetrockneten Wirkstoff-Rückstände.

Handelsform: Originalkanister verschiedener Größen.

Paral-Puder. Feindisperser Puder auf Basis von DDT und Gamma-Hexachlorcyclohexan, dient besonders zur Bekämpfung von Körperungeziefer bei Mensch und Tier, in erster Linie gegen Läuse und Flöhe sowie zur Bekämpfung von Fliegen und anderen Insekten, besonders aber Schaben, im Streu- und Puderblasverfahren.

Handelsform: Spezialstäubedosen.

Paral-Emulsion. Konzentrierte Öl-in-Wasser-Emulsion einer Lösung von DDT und Gamma-Hexachlorcyclohexan in organischen Solventien zur Bekämpfung von Ungeziefer, besonders Läusen, durch Imprägnierung von Faserstoffen aller Art und zur allgemeinen Raumentwesung im Sprühverfahren.

Zur Anwendung wird Paral-Emulsion im allgemeinen auf das zehnfache Volumen mit Wasser verdünnt und in dieser Form versprüht.

Handelsform: Originalflaschen verschiedener Größen.

Paral-Mottenfluid. Spezialsprühmittel auf Basis DDT zur Bekämpfung von Motten und Mottenlarven sowie zum vorbeugenden Schutz gegen Mottenfraß.

Handelsform: Originalkanister.

Paral-Automat. Druckdose zur Erzeugung von Aerosol-Nebel auf Basis von DDT und anderen insektiziden Wirkstoffen zur direkten Ungezieferbekämpfung, vornehmlich in geschlossenen Räumen, besonders gekennzeichnet durch schnelle Sofortwirkung.

Handelsform: Originaldruckdosen. S. auch Bd. I, Abschn. Schädlinge und Schädlingsbekämpfungsmittel.

Kopaiva.

In Südamerika, Brasilien, Columbien, Venezuela vorkommende, 10 bis 20 m hohe Bäume: **Copaifera jacquinii** *Desfontaines*, **Copaifera langsdorffii** *Desfontaines*, **Copaifera guayanensis** *Desfontaines* und **Copaifera coriacea** *Martius, Caesalpiniaceae*, liefern die Droge Kopaivabalsam. Durch Anbohren oder Anhauen fließt der im Holz reichlich enthaltene Balsam aus. Ein Baum liefert im Durchschnitt 18 bis 23 Liter Balsam, mitunter bis 50 Liter. Man unterscheidet eine hellgelbe, dünnflüssige Sorte, *Parabalsam*, und eine dickflüssige, dunklere, *Marakoibobalsam*.

Kopaivabalsam. Balsamum Copaivae, DAB. 6.

Der aus den Stämmen durch Anbohren oder Einschnitte gewonnene Balsam. Klare, gelbliche bis gelbbraune, nicht oder nur schwach fluoreszierende, je nach der Herkunft ziemlich bewegliche oder dickliche Flüssigkeit. *Geruch* würzig, *Geschmack* scharf bitter.

Inhaltsstoffe. 40 bis 60% und mehr ätherisches Öl (Hauptbestandteile Sesquiterpene, ein Sesquiterpenalkohol), 23 bis 60% im wesentlichen aus verschiedenen Harzsäuren bestehendes Harz u. a.

Verwendung. Da seine Inhaltsstoffe teilweise durch den Harn ausgeschieden werden und diesen steril machen, *innerl.* als unterstützendes Mittel bei Gonorrhöe im abklingenden Stadium. In größeren Dosen werden Nieren- und Harnwege stark gereizt; *techn.* zur Herstellung von Lacken und Firnissen für Ölgemälde, zu Pauspapieren, in der mikroskopischen Technik.

Verw. und Verf. Fette Öle, flüssige Paraffine, Terpentinöl, Kolophonium, Gurjunbalsam (im auffallenden Licht grünlich, im durchfallenden Licht bräunlich), ein dem Sassafras-Öl ähnlicher Balsam von Dipterocarpus alatus und anderen D.-arten.

Prüfung des DAB. 6. *Reinheit.* In Chloroform, Essigsäure oder absolutem Alkohol muß sich K. klar oder höchstens mit opalisierender Trübung lösen und dürfen höchstens Spuren unlösl. Substanzen verbleiben.

1 ccm K. gibt mit 1 ccm Petroleumbenzin eine klare Lösung, die sich bei Zusatz von weiterem Petroleumbenzin opalisierend bis flockig trübt.

Gurjunbalsam. Beim Auflösen von 3 Tr. K. in einer Mischung von 15 ccm Essigsäure und 1 Tr. Schwefelsäure darf sich die Mischung innerhalb einer halben Stunde nicht rot oder violett färben.

Terpentinöl. Beim Erwärmen von 1 g K. auf 105° ist Terpentinöl durch den entstehenden Geruch erkennbar.

Fette Öle, Paraffin. Wird 1 g K. in einer flachen Porzellanschale auf dem Waserbade 4 Std. erwärmt, muß der Rückstand nach dem Abkühlen auf Zimmertemperatur ein klares, sprödes, leicht zerreibliches Harz darstellen.

Kopale.

Die Bezeichnung „Kopal" ist ein Sammelbegriff für alle bernsteinähnlichen, harten und verhältnismäßig hoch schmelzenden Harze verschiedener Herkunft. Die meisten stammen von Bäumen der Familie *Caesalpiniaceae*, die entweder direkt vom Baum gewonnen oder aber von der Erde aufgelesen bzw. unter der Erde gegraben werden. Man unterscheidet daher 2 Gruppen:

1. harte, *fossile*, echte Kopale, *geruchlos*, die erst nach einem Schmelzprozeß zu Lacken verarbeitet werden können;

2. weiche, *halbfossile*, *rezente*, unechte Kopale, die entweder von lebenden Pflanzen stammen oder nur kurze Zeit in der Erde gelagert haben, von angenehm balsamischen *Geruch* und in Terpentinöl und heißem Alkohol ohne weiteres löslich.

K. werden in der Regel nach dem Herkunftsland bezeichnet.

Ostafrikanische Kopale. Beste Sorte *Sansibar-Kopal*, Körner oder größere, flache, bis 20 cm lange Stücke, im Innern blaßgelb bis rötlich-braun, klar und durchsichtig. Die äußere Schicht durch Verwitterung trüb und dicht mit gänsehautähnlichen Wärzchen bedeckt. Diese werden durch Abkratzen entfernt. Sansibarkopal ist der härteste K., jedoch weicher als Bernstein. Nach längerem Reiben zwischen den Händen riecht er schwach balsamisch. Beim Kauen entsteht ein an den Zähnen haftendes Pulver.

Inhaltsstoffe. 80% Harzsäure, 6% Resene, Bitterstoff, etwas Öl. Mocambique-Kopal, Lindi- und Madagaskar-Kopal ähneln dem Sansibar-Kopal, sind aber etwas weicher und haben muscheligen, glänzenden Bruch.

Westafrikanische Kopale finden sich massenhaft in den obersten Erdschichten der Flüsse der Küstengebiete an der Westküste Afrikas von Benguela bis Sierra Leone. In der Qualität ähnlich sind *Sierra Leone-Kopal, Gabon-Kopal, Loango-Kopal.*

Kongo-Kopale sind *Angola-Kopal, Benguela-Kopal* und *Kamerun-Kopal,* letzter bildet runde, knollenförmige, häufig warzige Stücke, grünlich bis topasfarben, oberflächlich matt, mit papierdünner, weißlicher Verwitterungskruste. Bruch muschelig, glasglänzend. Das beim Kauen entstehende Pulver ist *geschmacklos* und haftet nicht an den Zähnen. Beim Reiben entsteht ein terpentinähnlicher *Geruch.*

Manila-Kopale (von den Philippinen und den Sunda-Inseln). Weichste Sorte, gelb, bräunlich oder grau-grün, mit dillähnlichem *Geruch.*

Kauri-Kopale stammen von der Kauri-Fichte. Der wertvollste ist der *fossile Kauri-Kopal* mit fingerdicker Verwitterungskruste, im Innern hellgelb bis braun, oft gestreift oder wolkig-fleckig. Bruch muschelig, fettglänzend. Das beim Kauen entstehende Pulver haftet an den Zähnen.

Inhaltsstoffe. Harzsäure, 12% ätherisches Öl.

Südamerikanische Kopale, vor allem *Brasil-Kopal,* spielen bei uns keine Rolle.

Verwendung. Viel gebrauchte Rohstoffe der Lackindustrie, härtere Sorten zur Herstellung von Kopal-Lacken und Öl-Lacken, die weicheren zu Sprit-Lacken. Zur Herstellung von Harz-Kitten, plastischen Massen für die Zahntechnik, in der Linoleumherstellung, als Ersatz für Bernstein.

Koriander.

Koriander. Coriandrum sativum *L.*

Umbelliferae.

Im östlichen Mittelmeer, Nordafrika, Orient heimisches, in Europa, in Deutschland, Rußland, Holland, Frankreich, Italien vielfach angebautes, bis 0,5 m hohes, kahles Kraut mit rundem, nach oben ästigem Stengel. Grundständige Blätter lang gestielt, ungeteilt, bis einfach fiederschnittig, Stengelblätter 1- bis 2fach fiederschnittig, die oberen sitzend. Blüten mit weißen oder rötlichen Kronblättern in langgestielten, 3- bis 5strahligen Doppeldolden (Abb. 154).

Korianderfrüchte. Fructus Coriandri, Erg.-B. 6.

Koriander. Schwindelkörner. Wanzendillsamen.

Das Kraut wird vor der Reife geschnitten, gebündelt und zum Trocknen aufgehängt, die reifenden Körner werden mit Hilfe eines Kammes gesammelt, beste Ware (die restlichen, die als Gewürz Verwendung finden, werden durch Ausdreschen gewonnen).

Reife, getrocknete Spaltfrüchte, die nicht in ihre Teilfrüchte zerfallende Frucht, kugelig bis elliptisch, kahl, glatt, hellgelbbraun bis gelbrötlich mit zähen, flachen, welligen Hauptrippen und 8 geraden, stärker hervortretenden Nebenrippen, oben mit dem Griffelrest gekrönt, unten häufig mit dem kleinen Stiel. Teilfrüchtchen an der Fugenseite ausgehöhlt, mit flachem Fruchtträger (Abb. 154, *3, 4*). Die Fugenseite der Teilfrüchte mit je 2 Sekretgängen durch helle Mittellinie unterbrochen. Durchmesser europäischer Sorten etwa 4 mm, russischer etwa 1,5 bis 2,5 mm, indischer etwa 5 bis 7 mm. *Geruch* würzig, angenehm, *Geschmack* süßlich, dann scharf würzig. Aschehöchstgehalt 7%.

Inhaltsstoffe. 0,5 bis 1% *ätherisches Öl* (Mindestgehalt nach Erg.-B. 6 0,5%), Hauptbestandteil 60 bis 70% d-Linalool, neben Borneol, Geraniol, Cymol, Pinen, Phellandren, Dipenten, Terpinen, ferner 13% fettes Öl, Gerbstoff, Zucker u. a.

Abb. 154. Koriander. Coriandrum sativum. *1* blühender und fruchtender Zweig; — *2* vergrößerte Blüte, stark zygomorph; — *3* vergrößerte Frucht; — *4* Fruchtquerschnitt, vergrößert.

Verwendung. *Innerl.* 1 Teelöffel zerquetschter Koriander auf 1 Tasse Aufguß schluckweise vor den Mahlzeiten als blähungstreibendes Mittel, bei Magen- und Darmkatarrh, Durchfällen, Verdauungsbeschwerden, zu Teemischungen, als Geschmackskorrigens. Als Küchen- und Wurstgewürz, zu Gewürzmischungen, in der Likör- und Süßwarenherstellung, zur Herstellung von ätherischem Korianderöl.

Aufbewahrung. Vor Licht geschützt.

Korianderöl. Oleum Coriandri.

Das durch Wasserdampfdestillation gewonnene ätherische Öl, Ausbeute 0,8 bis 1% (Rückstände durch Gehalt von etwa 15% Eiweiß und 20% Fett wertvolles Viehfutter). Farbloses bis schwach gelbliches Öl von frischem, blumig-aromatischem *Geruch, Geschmack* aromatisch-mild. Inhaltsstoffe siehe oben. D. (15°) 0,870 bis 0,885; $\alpha_D + 8°$ bis $+13°$; $n_D^{20°}$ 1,463 bis 1,471; SZ bis 5; EZ. 3 bis 21. Bei 20° klar in 2 bis 3 Vol.-T. Weingeist (70%) lösl.

Verwendung. Zur Herstellung von *Aqua Coriandri* und *Spiritus Coriandri*, in der Parfümerie in Spuren zu Kölnisch Wasser, Blumen- und Phantasieparfüms. Terpenfreies Öl von besonderer Geruchsfeinheit 3- bis 4mal ergiebiger.

Korinthen.

Am Stamm oder nach der Ernte künstlich getrocknete Beeren sehr zuckerreicher Früchte von **Vitis vinifera** *L., Vitaceae.*

Korinthen. Fructus Vitis viniferae.

Passulae minores. Rosinen. Zibeben. Passulae majores.

Haupterzeugungsland der Korinthen ist Griechenland, dessen Hauptexportartikel sie bilden. Klein, fast schwarzbeerig, kernlos, von *Vitis corinthiaca.* Besonders gute griechische Ware ist die *Patras-, Golf-* und *Vosticca*-Gartenfrucht. *Rosinen* stammen vor allem aus Kleinasien, Spanien, Südfrankreich und Kalifornien. Ungarn und Tirol liefern kleine, aber sehr wohlschmeckende Beeren. Die feinsten Sorten kommen als *Trauben-, Tafelrosinen* mit den Stielen in den Handel. *Sultana-* oder *Sultaninrosinen, Sultaninen, Damascener-Rosinen* sind kleiner, kernlos, stielfrei, von sehr feinem Geschmack. Die beste Ware, *Elemé* (Auslese), kommt in Schachteln von 10 bis 15 kg verpackt, gewöhnliche Rosinen kommen in Fässern von 100 bis 150 kg in den Handel. Bei uns werden meistens die kleinen Smyrna-Rosinen und die spanischen von Malaga und Alicante gehandelt. Rosinen sollen trocken, durchscheinend, fleischig, süß, nicht modrig oder mehlig und nicht von säuerlichem Geruch sein.

Inhaltsstoffe. 62% Zucker, davon etwa 28% Dextrose, 34% Lävulose, 1,5% Weinsäure, etwa 22% Wasser.

Aufbewahrung. Kühl und trocken.

Kork.

In südwestlichen Mittelmeerländern beheimatete und heute in (Reihenfolge der Erzeugungsmenge) Portugal, Spanien, Algerien, Italien, Südfrankreich, Tunesien, Marokko vielfach angepflanzte Korkeichen, **Quercus suber** *L.* und **Quercus occidentalis** *Gay, Fagaceae.* Stattliche, bis 30 m hohe Bäume mit kurzem, gedrungenem, 2 bis 5 m Umfang erreichendem Stamm. Die Blattform ähnelt den Blättern unserer Eichen. Der zunächst von dem Baum gebildete „männliche Kork" ist hart, brüchig, wenig elastisch und rissig, daher wertlos, und wird, wenn die Bäume 20 bis 25 Jahre alt sind, entfernt. Dabei wird die grüne Rindenschicht, die „Mutterrinde", sorgfältig, ohne sie zu verletzen, bloßgelegt. Es bildet sich ein neues, sekundäres Korkkambium, das gleichmäßige, glatte Korkschichten bildet, der weiche „weibliche Kork". Erst nach weiteren 8 bis 10 Jahren kann die erste Korkernte erfolgen. Der Baum wird in Abständen von etwa 50 cm vorsichtig geringelt und die Ringelungen durch lotrechte Einschnitte verbunden. Durch vorsichtiges Klopfen wird dann der Kork gelockert und kann dann in halbzylindrischen Platten abgehoben werden. Durch Beschweren werden die konkaven Korkplatten gestreckt und kommen in Ballen verschnürt in den Handel. Bessere Sorten werden erst durch Behandlung mit heißem Wasser weich und elastisch gemacht und die äußerste, härtere, mit Moosen und Flechten besetzte Schicht entfernt. Gleichzeitig gehen durch die Behandlung mit heißem Wasser Gerbsäure und Gerbsäurederivate in Lösung. Die besten Korkqualitäten liefern 50- bis 150jährige Korkeichen. Je nach 9 bis 12 Jahren kann eine neue Schälung vorgenommen werden. Über 200 Jahre alte Korkeichen liefern keinen brauchbaren Kork mehr.

Korkeichenrinde. Cortex Suberis.

Suber. Suber quercinum. Lignum suberinum. Flaschenkork.

2 bis 4 cm und mehr starke, leichte, D. 0,24 bis 0,25, mit möglichst wenigen kleinen Löchern versehene Platten mit starker Dehnbarkeit (bis zu 25%) und Elasti-

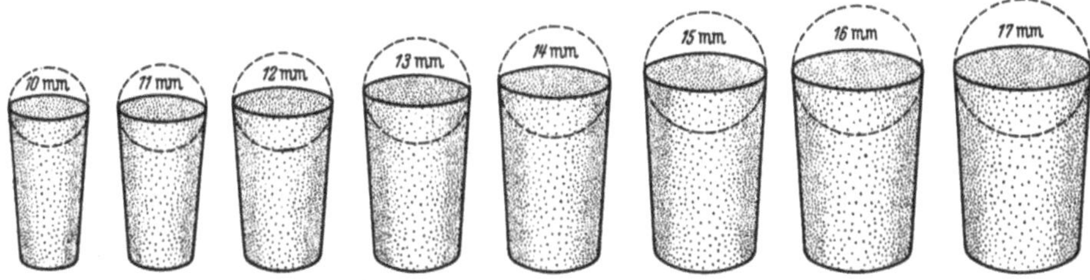

Abb. 155. Die Größen von Medizinkorken.

zität. Schlechter Leiter für Wärme, Elektrizität und Schall, bedingt durch die suberinhaltigen, lufterfüllten Korkzellen. Undurchlässig für Wasser und bis zu einem gewissen Grade auch für Luft und Gase.

Verwendung. Zu Korkstopfen für Arznei-, Wein-, Sekt- und andere Flaschen, wozu sie in besonderen Maschinen besonders geformt und geschnitten werden. Als Medizinkorke (Abb. 155) finden besonders hellfarbige und gute Sorten Verwendung. Man unterscheidet konische (Abb. 156) und zylindrische (Abb. 157) Sorten in den verschiedenen Größen, Spunde (Abb. 158) für Glasballons und Fässer, Thermosflaschenkorke (Abb. 159) usw. (Gebrauchte Korken dürfen zu Arzneimitteln, Nahrungs- und Genußmitteln nicht wieder verwendet werden.) Zur Herstellung von Gebrauchsartikeln wie Schwimmgürteln, Rettungsringen, Korksohlen, Griffen, Schwimmern für Angeln, Netze und Bojen, zur Umkleidung von Dampfrohren als Wärmeisolator, in Kühlschränken und Kühlhäusern, als Schalldämpfer in Telephonsprechzellen werden „*Korksteine*" verwendet, die aus minderwertigen Korkqualitäten mit Bindemitteln wie Erdpech zu Platten geformt werden. Zur Linoleumherstellung werden Korkabfälle und Korkmehl gemischt mit Leinöl, Harzen und Farbstoffen verwendet. „Spanisch Schwarz" ist aus Kork hergestellte, feine Kohle, die als Druckerschwärze Verwendung findet. *Preßkorke* sind aus vermahlenen Korkabfällen oder Altkork mit Bindemitteln hergestellte Ersatzkorke. Wegen ihrer schweren Sterilisierbarkeit sind diese für zersetzliche Flüssigkeiten (Sirupe usw.) nicht geeignet.

Abb. 156. Spitzkorke (konische).

Abb. 157. Gerade (zylindrische) Korke.

Abb. 158. Korkspunde.

Abb. 159. Thermosflaschenkorke.

Kornblumen.

Kornblume. Centaurea cyanus *L.*

Compositae.

In Getreidefeldern, auf Brachland verbreitete, einjährige, 30 bis 70 cm hohe Pflanze mit aufrechtem, behaartem und verästeltem Stengel. Blätter lineal-lanzettlich, graugrün behaart, die untersten gezähnt oder dreispaltig. Blütenköpfchen einzeln am Ende der Stengel. Blütezeit Juni/September.

Kornblumenblüten. Flores Cyani, Erg.-B. 6.

Kornblumen. Flockenblumen. Kaiserblumen.

Die zu Beginn der Blütezeit ausgezupften und im Schatten in dünner Schicht getrockneten (Wasserverlust 77 bis 80%) „kornblumenblauen", stark geschrumpften, randständigen Strahlenblüten. Blumenkrone nach oben trichterförmig erweiterte Röhre mit 6- bis 8spaltigem Saum. *Geruchlos, Geschmack* süßlich, etwas salzig. Aschehöchstgehalt 6%.

Inhaltsstoffe. *Gerbstoff,* Schleim, ein blauer Farbstoff *Cyanin* u. a.

Verwendung. Zur Schönung in Teemischungen, als Bestandteil von Räucherpulvern, *volkstüml.* als harntreibendes Mittel.

Aufbewahrung. Wegen Neigung zum Ausbleichen sorgfältig vor Licht geschützt.

Kornbranntwein.

Nach den Begriffsbestimmungen für Branntwein und Spirituosen gelten nach Spirituosen-Jahrbuch 1950 von W. BROGSITTER nachstehende Bestimmungen:
Kornbranntwein wird hergestellt aus vermaischten Getreidearten.

a) Unter der Bezeichnung Kornbranntwein darf nur Branntwein in den Verkehr gebracht werden, der ausschließlich aus Roggen, Weizen, Buchweizen, Hafer oder Gerste hergestellt und nicht im Würzeverfahren gewonnen ist und die kennzeichnenden Eigenschaften eines aus Korn gewonnenen Branntweines aufweist; Mischung von Kornbranntwein mit weingeisthaltigen Erzeugnissen anderer Art dürfen *nicht* unter der Bezeichnung Korn-Verschnitt oder unter einer ähnlichen Bezeichnung, die auf die Herstellung aus Korn (Roggen, Weizen, Buchweizen, Hafer oder Gerste) schließen läßt, in den Verkehr gebracht werden. (BrMG. § 101.) Mindestweingeistgehalt 32 Raumhundertteile.

Dagegen ist nach einer Entscheidung der Reichsmonopolverwaltung für Branntwein vom 6. Mai 1939 (Gesch.-Nr. V 7161/B-1012/III) zulässig eine auf die Verwendung von Korn hinweisende Bezeichnung für Mischungen von Kornbranntwein mit weingeistfreien, den Geschmack beeinflussenden Erzeugnissen zu verwenden, sofern diese der tatsächlichen Beschaffenheit des Erzeugnisses entspricht. Hiernach ist die Bezeichnung eines mit einem Zusatz von Kümmel- oder Wacholderöl versehenen Kornbranntweins als „*Getreidekümmel*", Kornkümmel, Korn-Genever und dgl. gestattet.

b) Ein als *Doppelkorn* bezeichneter Kornbranntwein muß einen Mindestweingeistgehalt von 38 Raumhundertteilen haben. Das gleiche gilt, wenn Kornbranntwein als Edelbranntwein bezeichnet wird.

c) Unter der Bezeichnung „*Warmer Korn*" wird ein Heißgetränk verstanden, das nach Art des Grogs aus Kornbranntwein, Zucker und Gewürzen (Zimt, Nelken, Cardamom) bereitet wird. Sofern Trinkbranntweinhersteller den bereits fertigen mit Zucker und Gewürz versehenen Kornbranntwein-Punsch zur Bereitung dieses Heißgetränks in den Verkehr bringen, können sie ihn als „*Kornbranntwein-Punsch*" bezeichnen.

Korrosion.

Unter Korrosion (lat. corrodere, zernagen) versteht man nach der Definition des Reichsausschusses für Metallschutz „die Zerstörung eines festen Körpers, die durch unbeabsichtigte chemische oder elektro-chemische Angriffe von der Oberfläche von Metallen ausgeht", das Metall *korrodiert.* Durch den Einfluß von Luft, Wasser,

48*

Kohlendioxyd, Schwefeldioxyd usw. gehen alle unedlen Metalle, die nicht besonders davor geschützt werden, mehr oder weniger schnell von der Oberfläche her in ihre natürlichen und beständigeren Verbindungen Oxyde, Hydroxyde, Carbonate usw. über. Während die Edelmetalle nur sehr langsam und nur oberflächlich in ganz dünner Schicht korrodieren, korrodieren die unedlen Metalle wesentlich rascher und tiefgehender, besonders das Eisen beim Rosten. Zum Korrosionsschutz finden verschiedene Verfahren, vor allem das Vernickeln, Verchromen, Emaillieren, Plattieren, Metallspritzverfahren und Überzüge mit Lacken, Anlaßfarben, Chlorkautschuk u. a. Verwendung. (→ Rostschutz, S. 388.)

Koso.

Koso. Hagenia abyssinica *Gmelin*.

Rosaceae.

In den Gebirgen Abessiniens, am Kilimandscharo und im Usambaragebirge vorkommender, bis 20 m hoher, 2häusiger Baum.

Kosoblüten. Flores Koso, DAB. 6, Stoff B.

Die nach dem Verblühen gesammelten und getrockneten, rötlichen, weiblichen Blüten, gestielt, am Grunde von 2 rundlichen, häutigen, netzadrigen Vorblättern umgeben. Behaarter, fast kreiselförmiger, krugförmig vertiefter, oben durch einen Ring verengter Blütenbecher, dessen Rand zahlreiche verkümmerte Staubbecher,

Abb. 160. Kosoblüten. Flores Koso. A Blütenzweig mit dem hängenden Blütenstand; — B männliche, fünfzählige Blüte mit den großen Kelchblättern, die den Nebenkelch verdecken (darf als Droge nicht Verwendung finden); — C weibliche vierzählige Blüte mit vergrößertem Nebenkelch und dem auf diesem aufliegenden normalen Kelch. Die kleinen linealischen Blumenblätter sind weggelassen bzw. schon abgefallen; — D weibliche Blüte im Längsschnitt ($^4/_1$).

2 abwechselnde, 4- bis 5gliedrige Wirtel von häutigen, netzadrigen Kelchblättern und einem gleichzähligen Wirtel von sehr kleinen, lanzettlichen, weiblichen Kronenblättern trägt, die jedoch an der Droge meist abgefallen sind. Die fast 1 cm langen äußeren, länglich-ovalen Kelchblätter sind flach ausgebreitet, die kaum 3 mm langen inneren, ovalen sind nach außen zu umgeschlagen und oben zusammengeneigt. Im Grunde des Blütenbechers 2 Stempel, einer oft zu einer Nüßchenanlage entwickelt. *Geruch* schwach eigenartig, *Geschmack* etwas bitter, kratzend, zusammenziehend (Abb. 160).

Inhaltsstoffe. Etwa 24% eisengründende Gerbstoffe, *Phloroglucinderivate*, Buttersäure, Wachs, Gummi, Harz.

Verwendung. *Innerl.* wirksames Bandwurmmittel (E. 5,0 g), nur frische, rote Ware ist wirksam, braun verfärbte zu verwerfen. Nach zwei Stunden abführen!

Verw. u. Verf. Männliche Blüten mit zahlreichen ausgebildeten (nicht verkümmerten) Staubblättern und großen, die Außenkelchblätter überragenden Innenkelchblättern.

Prüfung des DAB. 6. *Anorganische Beimengungen.* Beim Verbrennen von 1 g Kosoblüten darf höchstens ein Rückstand von 0,14 g hinterbleiben.

Kotarninchlorid.

Kotarninchlorid. Cotarninum chloratum. Cotarninum hydrochloricum, DAB. 6.

Styptizin (E. W.).

$C_{12}H_{14}O_3NCl \cdot 2\,H_2O$. Mol.-Gew. 291,6.

Eigenschaften. Blaßgelbes, mikrokristallines Pulver, lösl. in 1 T. Wasser und in 4 T. absolutem Alkohol. Aus der alkoholischen Lösung wird es durch Äther kristallin gefällt. Beim raschen Erhitzen verbrennt es bei etwa 180° und zersetzt sich bei etwa 190°, ohne zu schmelzen.

Beim Versetzen der wäßrigen mit Salpetersäure angesäuerten Lösung (1 + 19) mit Silbernitratlösung entsteht ein weißer Niederschlag.

Verwendung. *Med. innerl.* (E. 0,05 g) bei krankhaften Gebärmutterblutungen, *äußerl.* zu Tamponaden (5%ige wäßrige Lösung).

Koto.

Der in Brasilien vorkommende 15 bis 20 m hohe Baum **Nectandra coto** *Rusby*, *Lauraceae*, liefert die

Kotorinde. Cortex Coto, Erg.-B. 6.

Kotorinde ist die getrocknete Rinde des Stammes und dicker Äste.

Flache oder schwach gewölbte, bis 30 cm lange, 4 bis 7 cm breite und 2 cm dicke Stücke mit spärlichen Resten von weißlichem Kork. Außen hell- bis zimtbraun, grob gekörnt, innen rotbraun, mit groben Längsstreifen. Bruch spröde, außen grobkörnig, innen durch Faserbündel faserig-splitterig. *Geruch* kampferartig, *Geschmack* scharf, brennend, kampferartig. Aschehöchstgehalt 3%.

Lupenbild. Der Querschnitt zeigt unter der äußeren Schicht einen hellen Ring, darunter viele helle, dicht beieinanderliegende Punkte auf rotbraunem Grund, die nach innen zu völlig aufhören.

Inhaltsstoffe. 1,5% *Cotoin* mit beruhigender Wirkung auf Darm und Gebärmutter, *Hydrocotoin*, Methylhydrocotoin u. a., die Alkaloide Parostemin und Parosteminin, Gerbstoff, ätherisches Öl, Harz.

Verwendung. *Med. innerl.* (E. 0,5 g) als Pulver gegen Ruhr und Durchfall als stopfendes Mittel, zur Herstellung von Tinctura und Extractum Coto fluidum, Erg.-B. 6.

Aufbewahrung. Vor Licht geschützt.

Krapp.

In Südeuropa und Westasien heimische Färberwurzel, **Krapp, Rubia tinctorum** *L., Rubiaceae.*

Ausdauernde, krautartige Pflanze mit niederliegenden oder kletternden vierkantigen Stengeln und bis 1 m langem, gelbem Wurzelstock. Blätter lanzettisch, Blüten gelbgrün. Ältestes, schon bei den Ägyptern, Persern und Indern verwendetes Färbemittel.

Krappwurzel. Radix Rubiae tinctorum.

Grappwurzel. Färberröte.

Ziemlich gleichmäßige, einige Zentimeter lange, 2 bis höchstens 10 mm dicke, hin- und hergebogene, oberflächlich grobrunzelige Wurzeln mit leicht abblätterndem, schokoladefarbenem oder graubraunem Kork oder Borke. **Schnittdroge** mit Wurzelstückchen mit deutlich ziegelrot gefärbtem Holzkörper und schmaler, dunkelbrauner Rinde.

Inhaltsstoffe. Die Glykoside *Ruberythrinsäure* und *Rubiadin, Alizarin.*

Verwendung. *Innerl.* 1 Eßlöffel auf 1 Tasse Abkochung, bis 3 Tassen tägl. als harntreibendes Mittel, bei Nieren- und Blasensteinen, Gicht, Gelbsucht, Rachitis, zu Teemischungen.

Aufbewahrung. Vor Licht geschützt.

Krauseminze.

Mentha spicata *Hudson* **var. crispata** *Briquet, Labiatae.* (Andere Autoren bezeichnen als *Mentha crispa* krausblättrige Varietäten von M. silvestris, M. viridis, M. aquatica und M. arvensis, Labiatae.)

Ausdauernde, bis 75 cm hohe Pflanze mit aufrechtem, meist verästeltem, behaartem oder kahlem Stengel, der oft rötlich angelaufen ist. Violette, in Quirlen angeordnete Blüten. Blütezeit Juli/August (Abb. 161).

Krauseminzeblätter. Folia Menthae crispae, Erg.-B. 6.

Die während der Blütezeit gesammelten und getrockneten (Wasserverlust 63 bis 87%) Blätter, sehr kurzgestielt oder sitzend, 2 bis 7 cm lang, bis 3 cm breit, zugespitzt, am Grunde meist herzförmig, runzelig gekraust, nach der Oberseite eingerollt, kahl oder behaart, oberseits dunkelgrün, Blättfläche zwischen den Nerven blasig gewölbt, unterseits hellgraugrün, mit stark hervortretender Nervatur. Blattrand in scharf zugespitzte, wellenförmig verbogene Randzähne ausgezogen. Blätter im durchfallenden Licht unterseits drüsig punktiert. *Geruch* kräftig-würzig, *Geschmack* würzig, im Gegensatz zu Pfefferminzblättern nicht kühlend. Aschehöchstgehalt 12%.

Inhaltsstoffe. 1 bis 2,5% *ätherisches Öl* (Mindestgehalt nach Erg.-B. 6 1%), mit nach Herkunft verschiedenen Bestandteilen, bei allen jedoch Hauptbestandteil etwa 50% l-Carvon, ferner Cineol, Dipenten, Dihydrocuminalkohol u. a.

Verwendung. Als krampflösendes, blähungs- und galletreibendes, appetitanregendes und schmerzlinderndes Mittel vor allem bei Magen- und Gallenleiden und leichten Durchfällen. Als Geschmackskorrigens in Teemischungen, in der Likörindustrie, zur Herstellung von Krauseminzewasser, zu Tinctura Menthae crispae und Sirupus Menthae crispae, je Erg.-B. 6, zur Gewinnung von Krauseminzeöl.

Aufbewahrung. Vor Licht geschützt.

Verw. u. Verf. Blätter von *Mentha silvestris* und *Mentha viridis*, die beide flach, nicht runzelig, gekraust sind.

Krauseminzöl.
Oleum Menthae crispae, Erg.-B. 6.

Oleum Menthae viridis. Speerminzöl.

Das durch Wasserdampfdestillation von Blättern und blühenden Zweigspitzen verschiedener krausblättriger Menthaarten gewonnene (Ausbeute 0,13 bis 0,3%) farblose, gelbliche bis grüngelbliche ätherische Öl mit kennzeichnendem *Geruch* nach Krauseminze und durchdringendem *Geschmack*. D. (20°) 0,915 bis 0,935; $\alpha_{D}^{20°}$ —34° bis 56°; $n_{D}^{20°}$ 1,482 bis 1,493. 1 ccm Krauseminzöl muß sich in 1 bis 1,5 ccm einer Mischung von 4 T. absolutem Alkohol und 1 T. Wasser lösen. Nach weiterem Zusatz dieser Mischung kann bei Ölen verschiedener Herkunft Trübung eintreten. Die Hauptmengen stammen aus den Vereinigten Staaten.

Abb. 161. Krauseminze. Mentha spicata var. crispata (Mentha crispa). *1* blühende Spitze; — *2* vergrößerte Blüte.

Inhaltsstoffe. Hauptbestandteil 42 bis 66% *l-Carvon*, ferner Limonen, Phellandren, Dihydrocuminalkohol, Dihydrocarveolester u. a.

Verwendung. Wie Pfefferminzöl *innerl.* E. 0,1 g (4 Tr.), *äußerl.* unverdünnt zu Einreibungen, als Geschmackskorrigens 0,1%, als vorzüglicher Zusatz zu allen Pfefferminzkompositionen, deren Geschmack es abrundet, in der Zahnpasten-, Kaugummi-, Zuckerwarenindustrie, zur Likörherstellung, zur Herstellung von *Krauseminzwasser, Aqua Menthae crispae, Erg.-B. 6*, das unverdünnt als Geschmackskorrigens Verwendung findet.

Aufbewahrung. Vor Licht geschützt.

Krebssteine.

Der **Flußkrebs, Astacus fluviatilis** *L.*, zu den *Krustentieren* gehörend, wechselt jährlich seinen Panzer. Um dem neuen Chitinpanzer die zur Versteifung notwendige Kalkmenge zuzuführen, hat der Krebs an den Seitenwänden des Magens 2 linsenförmige, weißliche bis gelbliche Gebilde, **Krebssteine**, *Krebsaugen*, **Lapides Cancrorum**, die im Magen aufgelöst und über das Blut zum Aufbau des neuen Panzers Verwendung finden.

Inhaltsstoffe. 63% Calciumcarbonat, 17% Calciumphosphat, wenig Magnesiumphosphat, 11% Eiweiß, leimgebende organische Stoffe.

Verwendung. *Volkstüml.* zur Entfernung kleiner Fremdkörper aus den Augen.

☠ *3.* Kreosot. Kreosotum, DAB. 6. Stoff B.

Kreosot ist kein einheitlicher Stoff, sondern ein Gemisch verschiedener Phenole. Diese sind im K. in wechselnden Mengen enthalten. Zu 50 bis 80% besteht K. aus Guajakol und Kreosol, einem Homologen des Guajakols, als unerwünschte Beimengungen enthält es Kresole, Xylenole, evtl. Phenole.

Darstellung. K. erhält man durch fraktionierte Destillation aus Buchenholzteer durch Ausschütteln mit Natronlauge und Wiederabscheiden der dabei in Lösung gehenden Phenole durch Säuren. Organische Säuren und gewöhnliches Phenol werden durch Waschen mit sehr dünner Natronlauge entfernt und anschließend fraktioniert destilliert. Die bei 200° bis 220° übergehenden Anteile ergeben das Kreosot.

Eigenschaften. Klare, schwach gelbliche, stark lichtbrechende, ölartige Flüssigkeit, die sich im Sonnenlicht nicht bräunt, mit durchdringend rauchartigem *Geruch* und brennend scharfem *Geschmack.* D. (20°) mindestens 1,075; Sdp. zwischen 200° und 220°, erstarrt selbst bei —20° noch nicht. Löslich in Äther, Weingeist und Schwefelkohlenstoff, 1 g löst sich in 120 ccm Wasser klar, die Lösung trübt sich aber beim Abkühlen und wird allmählich unter Abscheidung von ölartigen Tröpfchen wieder klar.

Erkennung. Bormwasser gibt in der von den ölartigen Tröpfchen befreiten Lösung einen rotbraunen Niederschlag.

Beim Versetzen von 10 ccm dieser Lösung mit 1 Tr. Eisenchloridlösung entsteht eine Trübung und eine graugrüne oder schnell vorübergehende, blaue Färbung, die schließlich in schmutziges Braun unter Abscheidung von ebenso gefärbten Flocken übergeht.

Die weingeistige Lösung färbt sich mit einigen Tr. verd. Eisenchloridlösung (1 + 9) tiefblau, auf Zusatz von mehr Eisenchloridlösung dunkelgrün.

DAB. 6 läßt ferner prüfen auf:

Organische und anorganische Säuren. 1 Tr. K. darf mit Wasser angefeuchtetes Lackmuspapier höchstens schwach röten.

Teeröle. Beim Schütteln von 1 ccm K. mit 2,5 ccm Natronlauge muß eine klare, hellgelbe Lösung entstehen.

Naphthalin. Beim Verdünnen mit 50 ccm Wasser darf sich die Mischung nicht röten.

Steinkohlenkreosot. Beim Schütteln von 5 ccm K. mit 15 ccm eines Gemisches aus 1 T. Wasser und 3 T. Glycerin im graduierten Reagensglas muß das Kreosot den nahezu gleichen Raumteil einnehmen. Ist Steinkohlenkreosot anwesend, vermindert sich der Raumteil des Kreosots wesentlich.

Coerulignon (stark giftig!), *hochsiedende Holzteerbestandteile.* Beim Schütteln von 1 ccm K. mit 2 ccm Petroleumbenzin und 2 ccm Barytwasser darf weder die Benzinschicht blau oder schmutzig noch die wäßrige Flüssigkeit rot gefärbt werden.

Wertbestimmung. Die Mischung von 1 ccm K. mit 10 ccm einer Lösung von Kaliumhydroxyd in absolutem Alkohol (1 + 4) muß nach einiger Zeit zu einer festen, kristallinen Masse erstarren.

Aufbewahrung. *Vorsichtig!*

Verwendung. *Med. innerl.* in sehr kleinen Dosen (E. 0,1 g) als Mittel gegen Tuberkulose mit günstiger Wirkung auf Appetit und Ernährungszustand, jedoch ohne spezifische Wirkung auf die Lunge. *Äußerl.* als zahnschmerzlinderndes Mittel bei hohlen Zähnen (zu gleichen Teilen mit Weingeist verdünnt, Vorsicht, wegen Zahnfleischverätzung!), zur antiseptischen Mundspülung (0,5%), als Zusatz zu Hautsalben (3%), *techn.* zur Konservierung von Tinten und Holz.

Kreosotcarbonat. Creosotum carbonicum, DAB. 6.

Kreosotal.

Kreosotcarbonat erhält man durch Einwirkung von Chlorkohlenoxyd, $COCl_2$, auf Kreosotnatrium.

Eigenschaften. Zähe, farblose bis gelbliche, in Wasser unlösliche, in Weingeist, Äther und fetten Ölen lösl. dicke Flüssigkeit mit schwachem *Geruch* nach Kreosot. In der Kälte scheiden sich bei längerem Stehen Kristalle von Guajakolcarbonat aus.

Verwendung. Als geschmackloser und reizloser Ersatz des Kreosots, der erst im Darm wirksam wird, *med. innerl.* E. 0,5 g.

Kresol.

☠ 3. Rohes Kresol. Cresolum crudum, DAB. 6.

Rohes Kresol ist kein einheitlicher Körper, sondern ein Gemisch von 3 verschiedenen Isomeren, hauptsächlich von p- und m-Kresol. Gehalt mindestens 50% m-Kresol, $C_6H_4(CH_3)OH[1,3]$. Mol.-Gew. 108,06. Früher wurde rohes K. auch als „*Rohe Carbolsäure*", *Acidum carbolicum crudum*, bezeichnet, obwohl es hauptsächlich aus Kresolen besteht. Die Kresole, Methylphenole oder Oxytoluole, sind in wechselnden Mengen Bestandteil des Mittelöls des Steinkohlenteers. Sie sind wegen ihrer nahe beieinanderliegenden Siedepunkte unmöglich zu trennen.

Eigenschaften. Ölige, klare, gelbliche oder gelblichbraune, brenzlich riechende Flüssigkeit, die bei der Aufbewahrung nachdunkelt. Sie ist bis auf wenige Flocken in viel Wasser, Weingeist und Äther völlig löslich. Durch alkalische Seifen wird die Löslichkeit begünstigt.

Prüfung des DAB. 6. *Vorschriftsmäßige Beschaffenheit (m-Kresol).* Bei der Destillation von 50 g r. K. müssen mindestens 46 g zwischen 199° und 204° übergehen.

Naphthalin. Beim Schütteln von 10 ccm r. K. mit 50 ccm Natronlauge, 50 ccm Wasser in einem 200 ccm fassenden Meßzylinder mit Stopfen und halbstündigem Stehenlassen dürfen nur wenige Flocken ungelöst bleiben.

Vorschriftsmäßige Beschaffenheit. Versetzt man die erhaltene Flüssigkeit mit 30 ccm Salzsäure und 10 g Natriumchlorid, schüttelt durch und läßt anschließend ruhig stehen, muß die sich oben ansammelnde ölartige Kresolschicht mindestens 9 ccm betragen.

Erkennung. Ein Gemisch von 0,5 ccm des abgeschiedenen Kresols mit 30 ccm Wasser und 1 Tr. Eisenchloridlösung muß sich blauviolett färben.

Gehaltsbestimmung. 10 g r. K. und 30 g Schwefelsäure erhitzt man in einem weithalsigen Kolben von etwa 1 l Inhalt 1 Std. lang im Wasserbad. Dabei bildet sich Kresolschwefelsäure. Nach Abkühlen des Gemisches auf Zimmertemperatur werden 90 ccm rohe Salpetersäure zugefügt und durch kräftiges Umschwenken eine gleichmäßige Mischung erzielt. Nach etwa 1 Min. entwickeln sich rote erstickende Dämpfe (Abzug!), nach $^1/_4$ Std. gießt man den Inhalt in eine Porzellanschale, die 40 ccm Wasser enthält, und spült den Kolben mit ebensoviel Wasser nach. Nach 2 Std. werden die entstandenen Kristalle mit einem Pistill zerkleinert und auf ein bei 100° getrocknetes, gewogenes Saugfilter gebracht, in kleinen Anteilen mit 100 ccm Wasser, die man vorher zum Ausspülen des Kolbens und der Schale benützt hat, gewaschen. Die Kristalle werden mit dem Filter zunächst bei 50° anschließend 2 Std. lang bei 100° (nicht höher!) getrocknet und nach dem Erkalten gewogen. Das so erhaltene Trinitro-m-kresol muß mindestens 8,7 g betragen, sein Schmp. darf nicht unter 105° liegen.

Aufbewahrung. *Vorsichtig!*

Verwendung. Zur Herstellung von Kresolseifenlösung, s. Bd. III.

Kreuzblume.

Kreuzblume, bittere, Polygala amara *L.*, subspec. amarella *Crantz.*

Polygalaceae

An trockenen Gebirgshängen, trockenen Wiesen, lichten Bergwäldern, auf Kalkboden und sumpfigem, moorigem Boden vorkommendes, 5 bis 20 cm hohes Kraut mit dünner, holziger, gelblicher Wurzel und mehreren unverzweigten oder wenig verzweigten kahlen Stengeln.

Bitteres Kreuzblumenkraut. Herba Polygalae amarae cum Radicibus, Erg.-B. 6.

Milchkraut. Kreuzkraut. Himmelfahrtskraut.

Das während der Blütezeit (Mai/Juni) von trockenen, gebirgigen Standorten mit der Wurzel gesammelte und sorgfältig getrocknete Kraut. Wurzel dünn, etwa 1 mm dick, gelblich, holzig, mit dünner, leicht ablösbarer Rinde. Stengel dünn, bis 20 cm lang, kahl, fein längsgerillt, beblättert, mit endständiger Blütentraube. Blätter ganzrandig, ziemlich dick, fein gerunzelt, wenig geschrumpft, die unteren in Rosetten angeordnet, spatelförmig oder verkehrt-eiförmig, bis 3 cm lang, die kleineren lanzettlichen Stengelblätter sitzend, zerstreut. Blüten blau, rötlich, selten weiß, kurzgestielt, mit 5blättrigem Kelch, dessen 2 innere Blätter groß, blumenblattartig, die 3 äußeren schmal und kahnförmig sind. 3- oder 5blättrige Blumenkrone mit helmartigem, einen Kiel bildendem Vorderblatt. 8 mit ihren

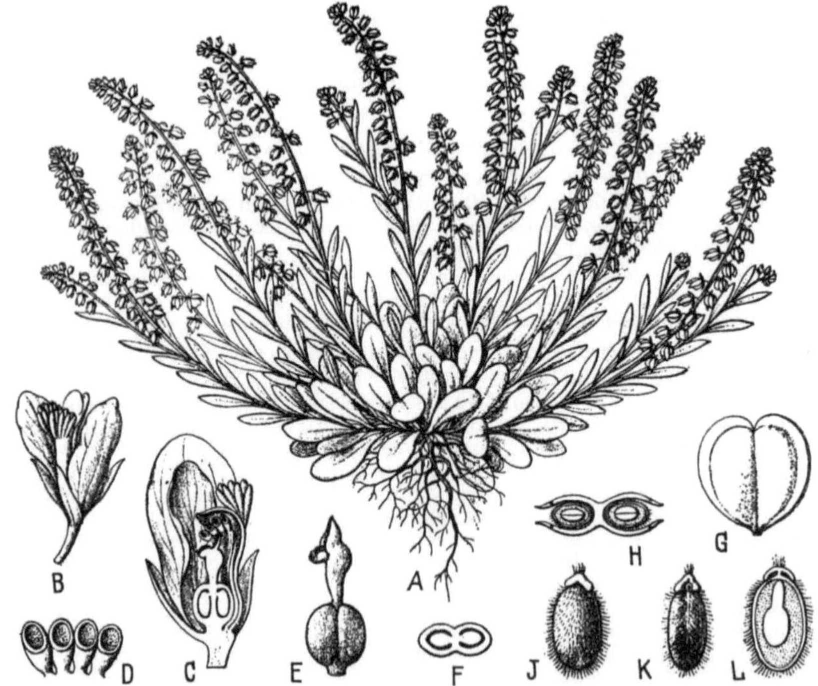

Abb. 162. Kreuzblume, bittere. Polygala amara. A Habitus ($^1/_2$); — B ganze Blüte ($^6/_1$); — C diese im Längsschnitt ($^8/_1$); — D Staubbeutel von innen gesehen ($^{24}/_1$); — E Fruchtknoten mit Griffel und Narbe ($^{12}/_1$); — F Querschnitt durch den Fruchtknoten ($^{18}/_1$); — G Frucht ohne die Blütenhülle ($^4/_1$); — H diese quer durchschnitten ($^5/_1$); — J und K Samen von der Seite und von vorn gesehen ($^7/_1$); — L derselbe im Längsschnitt ($^8/_1$).

Stielen versehene Staubblätter, 2fächeriger, sitzender Fruchtknoten. Flache, verkehrt-eiförmige Fruchtkapseln mit kleinen, braungelben Samen mit 3lappigen Anhängseln. Fast *geruchlos, Geschmack* anhaltend und sehr bitter (Abb. 162).

Inhaltsstoffe. 1 bis 2% *Saponin*, Bitterstoff *Polygamarin, Gerbstoff*, ein Alkaloid *Polygalit*, ätherisches Öl mit Salicylsäuremethylester, wenig fettes Öl.

Verwendung. *Innerl.* $^1/_2$ bis 1 Teelöffel auf 1 Tasse Abkochung, 1 bis 2 Tassen tägl. vor dem Essen oder morgens nüchtern, als auswurfbeförderndes Mittel an Stelle von Radix Senegae, als blutreinigendes, harn-, schweißtreibendes und abführendes Mittel, zur Anregung des Stoffwechsels und der Milchsekretion bei stillenden Frauen, zu Teemischungen; *volkstüml.* auch bei Gicht, Rheumatismus, Nierenleiden, Wassersucht, als Bittermittel, bei mangelndem Appetit und schlechter Verdauung, bei schleimigen Durchfällen.

Aufbewahrung. Vor Licht geschützt.

Verf. Von sumpfigen Standorten gesammelte Drogen sind ohne oder von nur schwach bitterem Geschmack.

Kreuzblumenwurzel. Radix Polygalae.

Kennzeichnend für die **Schnittdroge** fadenförmige, holzige, etwa 1 mm dicke, rötlichgelbe oder gelbbraune Wurzelstückchen mit leicht ablösbarer Rinde. Wurzelstockstückchen klein, vielköpfig.

Inhaltsstoffe. Saponine, Bitterstoffe.

Verwendung. Als auswurfbeförderndes Mittel, zu Teemischungen.

Kreuzdorn.

Kreuzdorn, echter. Rhamnus cathartica *L.*

Hirschdorn. Hexendorn. Purgierdorn. Wegdorn.

Rhamnaceae.

An trockenen, sonnigen und steinigen Plätzen, an Zäunen, Waldrändern und Gräben, in Mooren und Auwäldern vorkommender, bis 3 m hoher Strauch mit abstehenden, vielfach in einen geraden Dorn auslaufenden Zweigen, Blätter im Mittel 5 bis 6 cm lang, glänzend, gestielt, gegenständig, eiförmig und am Rande fein gesägt. Zu achselständigen Trugdolden angeordnete, unscheinbare, vierzählige, gelbgrüne Blüten, Blütezeit Mai bis Juni; anfangs grüne, bei der Reife beinahe schwarze Beerenfrüchte.

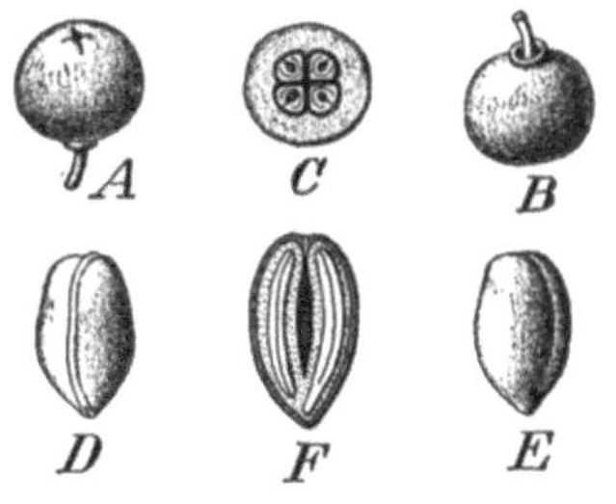

Kreuzdornbeeren.
Fructus Rhamni catharticae, Erg.-B. 6.

Baccae domesticae. Baccae Spinae cervinae.
Kreuzbeeren. Gelbbeeren. Amselbeeren. Rainbeeren.
Stechbeeren. Purgierbeeren. Wegdornbeeren.

Abb. 163. Kreuzdornbeeren. Fructus Rhamni catharticae. *A* frische Frucht von oben; — *B* von unten gesehen; — *C* dieselbe im Querschnitt ($^1/_1$); — *D* Samen von der Außen-(Raphe-)seite; — *E* von der Innenseite ($^2/_1$); — *F* Samen in tangentialem Längsschnitt ($^2/_1$).

Die während der Reifezeit (September/Oktober) gesammelten reifen und bei künstlicher Wärme sorgfältig getrockneten Früchte, fast schwarze, glänzende, stark geschrumpfte, runzelig eingefallene, kugelige Früchte, 5 bis 8 mm ϕ, mitunter mit kurzem Stiel und kleiner, runder Kelchscheibe am Grunde. Die 4 Fruchtfächer enthalten je einen harten, verkehrt eiförmig gekielten, auf der breiten Rückseite tief gefurchten Samen. *Geschmack* erst süßlich, dann widerlich bitter, der Speichel wird grünlich-gelb gefärbt. Die Asche darf nicht mehr als 3% betragen (Abb. 163).

Inhaltsstoffe. Frei und glykosidisch gebundene Anthrachinone und Anthranole, Rhamno-Emodin, Rhamno-Cathartin, Flavon-Glykoside, Vitamin C.

Verwendung. *Innerl.* E. 2 bis 3 g oder 1 bis 2 Teelöffel auf 1 Tasse Abkochung als abführendes und harntreibendes Mittel, in Teemischungen zur Blutreinigung; die frischen Früchte zur Herstellung von → Kreuzdornbeerensirup.

Kreuzdornbeerensirup. Sirupus Rhamni catharticae.

Der Sirup findet als Abführmittel für Kinder Verwendung. Zu hohe Dosierung von Kreuzdornbeeren soll Erbrechen und Darmentzündung hervorgerufen haben. Die unreifen Früchte finden *techn.* als Färbemittel, *Saftgrün, Blasengrün* (*Succus viridis*) in der Baumwolldruckerei und Lederfärbung Verwendung, ferner zum Färben von Gebäck in der Konditorei.

Kreuzdornrinde. Cortex Rhamni catharticae.

Hirschdornrinde. Wegdornrinde. Purgierdornrinde.

Im Frühsommer geschälte und getrocknete Rinde junger Zweige, die im Gegen-satz zu Cortex Frangulae nicht in Röhren, sondern in kürzeren, einzelnen Stücken in den Handel kommt. Junge Rinde silbergrau, ältere schwärzlich mit spärlichen Korkwarzen. Bruch lang, gelbfaserig.

Inhaltsstoffe. Anthrachinonglykoside.

Verwendung. *Innerl.* 1 bis 2 Teelöffel auf 1 Tasse Abkochung mit schwächerer Wirkung als die Faulbaumdrogen. Für dauernden Gebrauch bei chronischer Ver-stopfung wegen ihrer Reizlosigkeit und geringen Gewöhnungsgefahr besonders ge-eignet.

Kreuzkraut.

Kreuzkraut. gemeines. Senęcio vulgaris *L.*

Compositae.

Auf Schutt, Äckern, in Gärten, an Rainen, Wegen, Dämmen weit verbreitetes Unkraut, 8 bis 40 cm hoch, mit aufrechtem, meist ästigem, kahlem oder spinn-webig-wolligem Stengel. Blätter lebhaft grün, verkehrt-lanzettlich oder lineal, buchtig-fiederspaltig. Kleine, hellgelbe Köpfchen in gedrängten Ebensträußen.

Kreuzkraut, gemeines. Herba Senecionis vulgaris.

Greiskraut. Grindkraut.

Inhaltsstoffe. Die Alkaloide *Senecionin* und *Senecin, Inulin.*

Verwendung. *Innerl.* 1 Teelöffel auf 1 Tasse heißen Aufguß, bis 3 Tassen tägl. Schmerzlindernd bei Kolik, Magen-, Nieren- und Leberleiden, bei mangelhafter oder unregelmäßiger Menstruation.

Kreuzkümmel.

Kreuzkümmel. Cuminum cyminum *L.*

Umbelliferae.

In Turkestan heimisches, in den Mittelmeerländern und Südeuropa, Malta, Marokko, Griechenland, Ägypten, Syrien, Iran, auch in Indien, in Südamerika in Argentinien angebautes, einjähriges, zartes, bis 50 cm hohes Kraut, Blätter fein zerteilt. Dolden 3- bis 5strahlig, mit Hülle und Hüllchen, welche die Doldenstrahlen und Blütenstiele an Länge übertreffen. Kelchzähne lang, Kornblätter weiß oder rosa.

Kreuzkümmel. Fructus Cumini.

Mutterkümmel. Kuminkümmel. Römischer Kümmel. Haferkümmel.

Die meist nicht in ihre Teilfrüchte zerfallenen Doppelachänen, 5 bis 6 mm lang, bis 1,5 mm breit, gelbbräunlich, etwas zusammengedrückt, nach beiden Enden verschmälert, oben vom Kelchrest und den Griffeln gekrönt. Auf dem Rücken jeder Spaltfrucht mit 5 starken, hellgelben Hauptrippen und 4 breiten, dunkleren Nebenrippen, die mit feinen, zarten Borsten besetzt sind. Unter jeder Nebenrippe eine große Ölstrieme, auf der Fugenseite zwei. *Geruch* eigenartig unangenehm würzig, *Geschmack* etwas bitter (Abb. 164).

Inhaltsstoffe. 2,5 bis 5% *ätherisches Öl*, Hauptbestandteil Cuminaldehyd (p-Isopropylbenzylaldehyd), Pinen, a-Terpineol, Cymol, im Endosperm 9,9% fettes Öl.

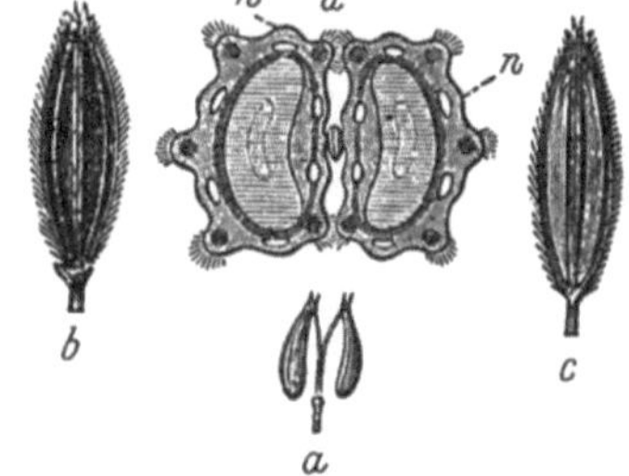

Abb. 164. Kreuzkümmel. Fructus Cumini. *a* natürliche Größe; — *b* vom Rücken gesehen; — *c* von der Bauchseite gesehen; — *d* Querschnitt (*b—d* sämtlich vergrößert); — *n* Nebenrippen.

Verwendung. *Volkstüml. innerl.* (E. 1,0 g) als beruhigendes, krampflösendes und blähungstreibendes Mittel, zur Förderung der Milchabsonderung; *vet.* bei Appetitmangel, schlechter Verdauung, Blähungen, Magenkrämpfen, Kolik; in Holland als Käsegewürz, zur Bereitung von Kuminlikör.

Kristalle.

Mit Kristallen (g. krystallos, Eis) bezeichnet man einen festen Körper, dessen Atome oder Ionen raumgittermäßig angeordnet sind und die nach bestimmten Gesetzen durch ebene Flächen begrenzt sind. Kristalle entstehen, wenn Körper aus dem flüssigen oder gasförmigen Zustand in den festen übergehen und dabei eine bestimmte Gestalt annehmen, *kristallisieren.* Die Kristallbildung kann erfolgen durch

1. Ausscheidung aus wäßriger Lösung durch Temperaturerniedrigung oder Eindampfen der Lösung,

2. Erstarren aus einer geschmolzenen Masse,

3. Niederschlagen aus dem gasförmigen Zustand nach einer Sublimation.

Die Ausbildung der K. ist weitgehend abhängig von den Vorgängen bei der Kristallisation. Je langsamer und ungestörter die Kristallisation vor sich geht, um so schöner und größer ist die Ausbilduug der entstehenden Kristalle. Unter *gestörter Kristallisation* versteht man die bewußte Verhinderung ruhiger Kristallbildung durch Bewegung übersättigter Salzlösungen bzw. durch schnelles Verflüchtigen des Lösungsmittels. Als Produkt entsteht hierbei ein *kristallines Pulver*, wie z. B. bei

Kubische Formen

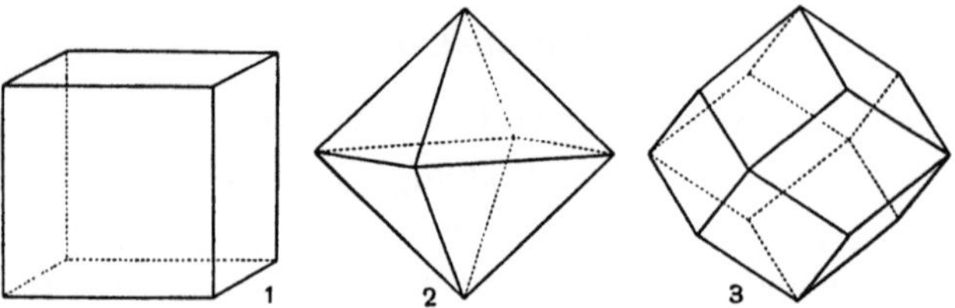

Hexagonale Formen

Tetragonale Formen

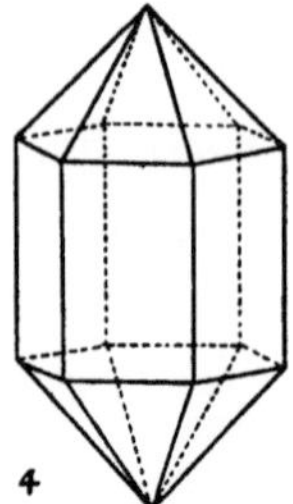
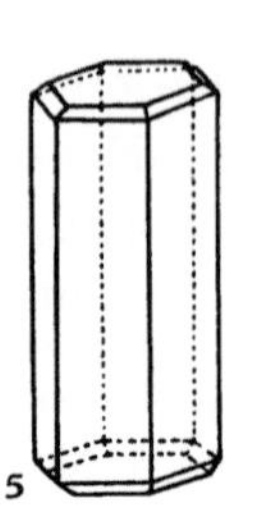
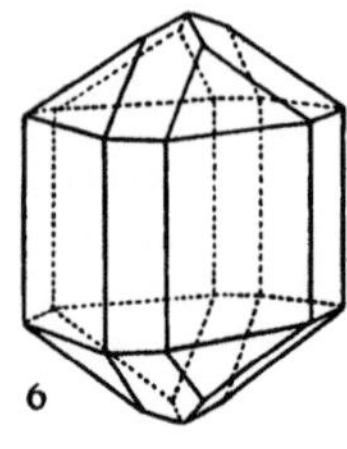

Rhombische Formen

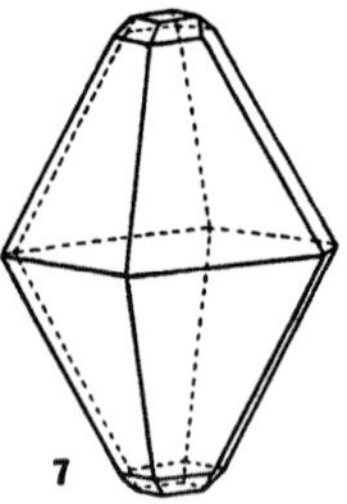
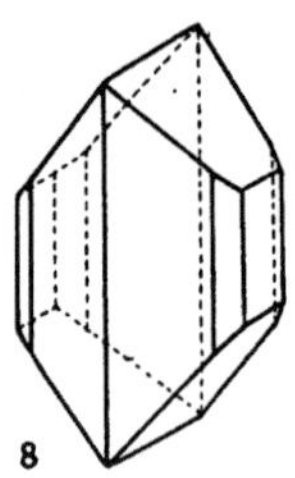
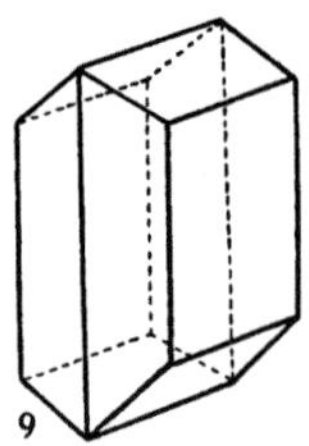

Monosymme-
trische Formen

Asymmetrische
Formen

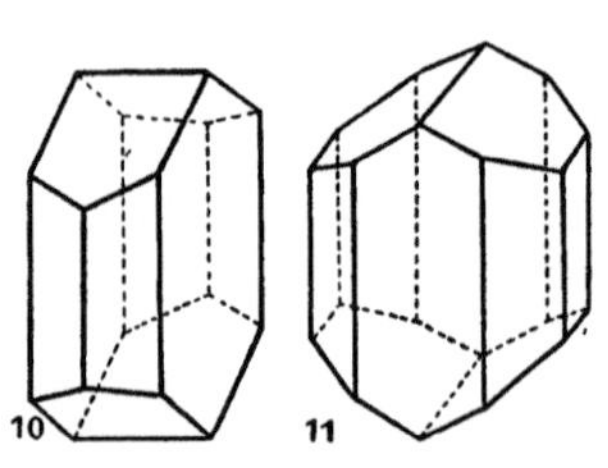
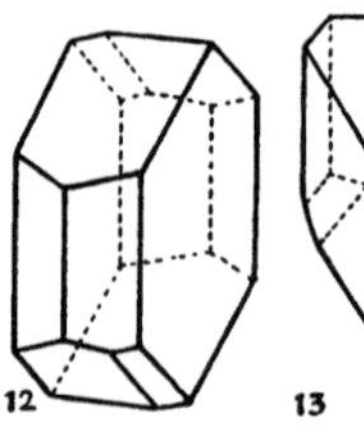
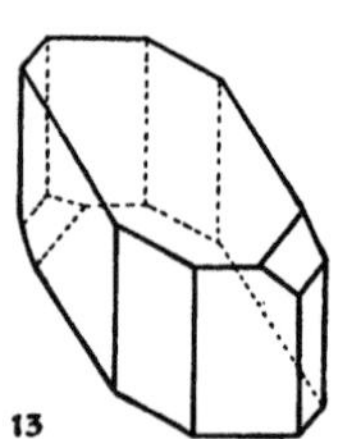

Abb. 165. Kristallformen[1].

1 Würfel (Bleiglanz, Eisenkies). — 2 Oktaeder (Diamant). — 3 Rhombendodekaeder (Zinkblende). — 4 Prisma mit Doppelpyramide (Quarz). — 5 Prisma, Doppelpyramide, Basis (Apatit). — 6 zwei Prismen und zwei Doppelpyramiden verschiedener Stellung (Zinnstein). — 7 zwei Doppelpyramiden, Längsprisma, Basis (Schwefel). — 8 und 9 Vertikalprisma, Längsprisma, seitliches Endflächenpaar (8 Olivin, 9 Schwerspat). — 10 Vertikalprisma, Längsprisma, Basis, seitliches Endflächenpaar (Orthoklas). — 11 Vertikalprisma, Längsprisma, vorderes und seitliches Endflächenpaar (Augit). — 12 Vertikalprisma, Querprisma, Basis, seitliches Endflächenpaar (Plagioklas). — 13 zwei Vertikalprismen, vorderes und seitliches Endflächenpaar, Basis (Kupfervitriol).

1 Nach SCHEID-FLÖRKE: Lehrbuch der Chemie, I. Teil, 2. Aufl. 1940.

Ammoniumchlorid, Natriumnitrat und Natriumsulfat. Erhält man beim ersten Auskristallisieren nicht genügend reine K., bringt man sie durch erneutes Auflösen nötigenfalls nochmals zum Auskristallisieren; diesen Vorgang bezeichnet man mit *Umkristallisieren.*

Wird bei der Kristallbildung Wasser in fester Form im K. eingeschlossen, spricht man von *Kristallwasser,* das in weitem Maße die Form des K., häufig auch seine Farbe, bedingt. Kristallwasserhaltige Salze sind viele Sulfate, ihr Schmelzpunkt ist meist niedriger als der von wasserfrei kristallisierenden Salzen (z. B. Ammoniumchlorid, Kaliumchlorat, Natriumchlorid, Natriumnitrat, Silbernitrat). Bei der Auflösung kristallwasserhaltiger Salze tritt Temperaturerniedrigung ein, während Salze, denen das Kristallwasser entzogen ist, sich in Wasser unter Wärmeentwicklung lösen.

Werden wasserhaltige K. erhitzt, entweicht das Wasser unter Zerstörung der Kristallform. Zahlreiche Salze verlieren ihr Kristallwasser schon beim Liegen an trockener Luft, sie *verwittern* und verlieren dabei außer ihrer Kristallform auch die Farbe, z. B. Kupfersulfat, Eisen(II)-sulfat. Die Menge des Kristallwassergehaltes ist bei verschiedenen Salzen nicht dieselbe; während die einen mit 1 Molekül Kristallwasser kristallisieren, gibt es solche mit 3, 5, 7, 12 usw. Molekülen Kristallwasser.

Stoffe, welche die Eigenschaft haben, aus der Luft Wasser aufzunehmen, bezeichnet man als wasseranziehend, *hygroskopisch.* Sie werden dabei feucht und zerfließen, z. B. Kaliumcarbonat, Natriumhydroxyd. Die beim Auskristallisieren eines Salzes verbleibende gesättigte Lösung bezeichnet man mit *Mutterlauge.*

Kristallformen.

Jeder kristallisierte Stoff besitzt eine bestimmte Kristallform und ist mehr oder weniger regelmäßig gebaut. Er wird durch ebene Flächen, die sich in geraden Kanten und in Ecken schneiden, begrenzt. Durch weitgehende Verschiebung der Flächen treten hierbei bei verschiedenen Exemplaren der gleichen Verbindung, die zur gleichen Kristallklasse gehören, verschiedene Formen auf. Daher sind in die Tausende gehende Kristallformen beobachtet worden. Trotzdem lassen sich diese auf wenige Klassen, sog. *Kristallsysteme,* zurückführen, wenn man sie auf die verschiedenen Achsenkreuze bezieht. Die Achsen werden so gelegt, daß eine Achse senkrecht steht (Vertikalachse), eine zweite von rechts nach links verläuft (Querachse) und eine dritte von vorn nach hinten liegt (Längsachse). Je nach der Zahl der Achsen, ihrer Länge und Richtung unterscheidet man 6 Kristallsysteme.

Zur Kennzeichnung der 6 Kristallsysteme wird heute nur noch die Symmetrie (g. syn, gemeinsam; g. metron, Maß) verwendet. Dabei unterscheidet man die *Symmetrieebene,* die den Kristall in 2 spiegelbildlich gleiche Hälften teilt, die *Symmetrieachse,* um die man den Kristall so um einen ganzzahligen Bruchteil von 360° drehen kann, daß er sich mit der früheren Lage wieder deckt und das *Symmetriezentrum,* ein Punkt im Innern des Kristalls, durch den sämtliche innerhalb des Kristalls gezogenen Geraden halbiert werden.

Nach der Lage der Fläche unterscheidet man drei Grundformen der Kristalle:

1. Pyramiden . . . . 3 Achsen geschnitten
2. Prismen (Säulen) . . . . 2 Achsen geschnitten
3. Pinakoide (Endflächen) (g. pinax, Brett) . 1 Achse geschnitten.

Nach der Anzahl der Symmetrieebenen, die man durch die verschiedenen Kristalle legen kann, hat man die nachstehenden sechs *Kristallsysteme* (Abb. 165) aufgestellt:

	Symmetrie-ebenen	Achsen	Hauptformen
1. Reguläres (kubisches) System	9	drei gleichlange, senkrecht aufeinander	Achtflächner (Oktaeder), Rautenzwölfflächner (Rhombendodekaeder), Würfel (Hexaeder), Pyramidenwürfel
2. Hexagonales System	7	vier, drei gleich lang, vierte länger oder kürzer, senkrecht auf diesen	Pyramide, Prisma, Prisma mit Pyramide
3. Tetragonales oder quadratisches System	5	drei, zwei gleich lange, senkrecht aufeinanderstehende, die dritte länger oder kürzer, senkrecht auf beiden	Pyramide, Prisma und Pyramide
4. Rhombisches System	3	drei verschieden lange, senkrecht aufeinanderstehende	Pyramide, Prisma
5. Monoklines oder monosymmetrisches System	1	drei verschieden lang, zwei schneiden sich schiefwinklig, die dritte steht senkrecht auf beiden	Pyramide, Prisma
6. Triklines oder asymmetrisches System	0	drei verschieden lange, schiefwinklig aufeinanderstehend	Pyramide

Beispiele zu:

1. Alaun, Bleiglanz, Boracit, Flußspat, Kaliumbromid, Kaliumjodid, Kochsalz, Magneteisen und Pyrit.

2. Antimon, Arsen, Kalkspat, Quarz, Wismut.

3. Gelbes Blutlaugensalz, Kupferkies, Quecksilberjodid, Zinnstein.

4. Cölestin, Kaliumnitrat, Magnesiumsulfat, Schwefel, Schwerspat, Topas, Zinksulfat.

5. Eisensulfat, Fedspat, Gips, Glaubersalz, Natriumcarbonat, Oxalsäure, Rohrzucker, Schwefel (geschmolzen), Weinsäure.

6. Kaliumdichromat, Kupfersulfat.

Kroton.

Kroton. Croton tiglium *L.*

Euphorbiaceae.

Im tropischen Asien (Ostindien) beheimateter, auf den Sundainseln, Ceylon und in Westafrika häufig angebauter Baum oder Strauch mit Früchten, die 3 in Form und Größe den Ricinussamen ähnliche Samen tragen, welche 30 bis 50% fettes Öl enthalten.

☠ 2. Krotonöl. Oleum Crotonis, DAB. 6, Stoff B.

Das aus den geschälten Samen kalt gepreßte, fette Öl, dickflüssig, braungelb, *Geruch* unangenehm, *Geschmack* mild, nachher brennend scharf. D. (20°) 0,936 bis 0,956. Mit Wasser angefeuchtetes Lackmuspapier wird durch Krotonöl gerötet.

Inhaltsstoffe. *Glyceride* höherer Fettsäuren, davon 37% Öl-, 19% Linol-, 7,5% Myristin-, 1,5% Arachinsäureglyceride u. a., geringe Mengen der Stearin-, Palmitin- und anderer Fettsäuren, das **sehr giftige** *Crotin* mit ähnlicher Wirkung wie das Ricin der Ricinussamen u. a.

Verwendung. *Innerl.* stärkstes Abführmittel, das nur bei Versagen aller anderen zur Anwendung kommt. Die Gefährlichkeit des Öls erhellt die Tatsache, daß *schon 1 g den Tod herbeigeführt hat*; *äußerl.* in Salbenmischungen als Hautreizmittel. „*Malefizöl*" nach Pfarrer KNEIPP findet mitunter zum Zwecke der „ableitenden Entzündung auf die Haut" Verwendung.

Prüfung des DAB. 6. *Fremde Öle.* Beim Erwärmen von 1 ccm K. mit 2 ccm absolut. Alkohol muß die Lösung klar bleiben.

Olivenöl, Sesamöl, Ricinusöl. Beim kräftigen Schütteln von 2 ccm K. mit 10 ccm Salpetersäure, Zugabe von 1 g Natriumnitrit in kleinen Anteilen und Stehenlassen der Mischung 2 Tage lang an einem kühlen Ort darf das Öl weder teilweise noch ganz erstarren (etwaige Erstarrung tritt ein durch Bildung der festen, isomeren Elaidinsäure).

Krutzschmeter[1].

Unter der Bezeichnung Krutzschmeter ist ein Apparat geschaffen worden, der zur Messung der Dichte (spez. Gew.) von Flüssigkeiten dient und gegenüber den bisherigen Methoden folgende Vorteile bietet:

a) einfache Handhabung,
b) direkte Ablesbarkeit,
c) kurze Meßdauer (ca. 1 Min.),
d) geringe Flüssigkeitsmenge (ab 0,3 ccm),
e) geringer Temperatureinfluß,
f) große Meßgenauigkeit (ca. 1⁰/₀₀),
g) einfache Reinigung,
h) keine Grenze des Meßbereichs,
i) auch für sehr zähe Flüssigkeiten zu verwenden.

Kubeben.

Der im malaiischen Archipel heimische, auf den Sundainseln, besonders Java, Sumatra, in Westindien, Westafrika (Sierra Leone) angebaute, bis 6 m hoch steigende Kletterstrauch **Piper cubeba** *L.* fil., *Piperaceae.*

Kubeben. Fructus Cubebae, DAB. 6, Stoff B.

Cubebae. Schwindelkörner. Stielpfeffer.
Schwanzpfeffer.

Die getrockneten, meist noch nicht völlig reifen Früchte, kugelig, 4 bis 5 mm ⌀, graubraun, graubläulich bis grauschwarz, meist stark gerunzelt, am Scheitel mit 3 bis 5 mehr oder weniger deutlichen Narbenlappen, am Grunde in einen 5 bis 10, meist 6 bis 8 mm langen, kaum 1 mm dicken, stielartigen Fortsatz ausgezogen. *Geruch* würzig, *Geschmack* würzig, etwas scharf und bitter (Abb. 166).

Lupenbild. Am Längsschnitt 0,4 bis 0,5 mm dicke Fruchtwand erkenntlich, in der Fruchthöhle ein am Grunde mit der Fruchtwand verwachsener Same. Dieser besteht zum größten Teil aus Perisperm (äußeres Nährgewebe), in das an der Spitze

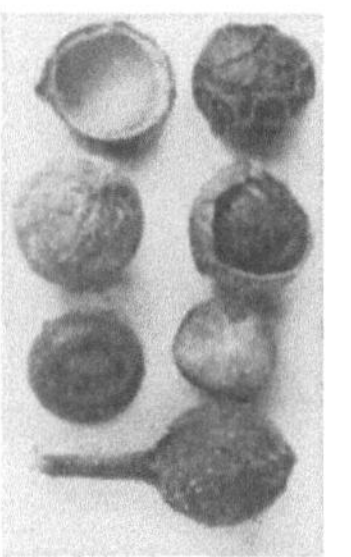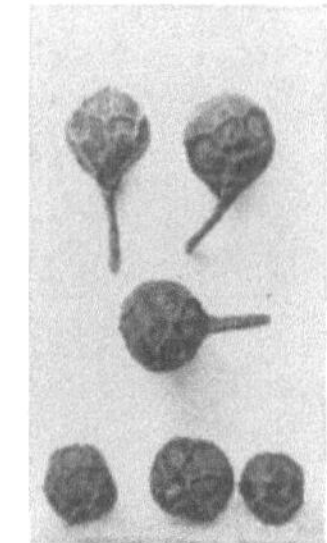

Abb. 166.
Kubeben-Früchte. Fructus Cubebae.
Links: Schnittdroge, 2fach vergrößert. Fruchtschalenteile, Samen und ganze, gerunzelte Früchte. — *Rechts:* Ganzdroge, natürliche Größe. 3 ganze, grobnetzig gerunzelte Früchte mit stielartigem Fortsatz; — unten 3 ungestielte Früchte von Piper nigrum.
(Nach *Schlemmer-Hörhammer.*)

---

[1] Hersteller Dr.-Ing. Johs. Krutzsch, München-Solln, Buchauerstr. 14.

das kleine Endosperm (inneres Nährgewebe) mit dem sehr kleinen Keimling eingelagert ist. Endosperm und Keimling bei unreifen Früchten meist bis zur Unkenntlichkeit geschrumpft.

Inhaltsstoffe. 7 bis 20% *ätherisches Öl*, enthaltend Sesquiterpene, Sabinen, Karen, Dipenten, Cineol, Terpineol, Terpen u. a., 3% Harz, 2,5% Cubebin, das die kennzeichnende Rotfärbung mit Schwefelsäure bedingt (s. Prüfung), Cubebinsäure (saures Harz), 1% fettes Öl, Mineralstoffe.

Verwendung. Als harntreibendes, die Harnwege desinfizierendes Mittel, obsolet.

Verw. u. Verf. *Piper caninum*, Frucht kleiner, mit kürzerem Stiel als die Frucht; *Myrtus pimenta*, kugelige, 4 bis 5 mm dicke Frucht mit ringförmiger Kelchnarbe, rötlichbraun, 1- bis 2samig, *Rhamnus carthartica*, stark runzelig eingefallen.

Prüfung des DAB. 6. Neben der mikroskopischen Prüfung:
Erkennung. Einbringen eines Stückchens der Fruchtwand in Schwefelsäure (80%), die Säure wird stark gerötet. Bräunliche oder grünliche Färbungen zeigen fremde Pfefferarten an, die auch bei der Geschmacksprobe durch brennenden Geschmack erkennbar sind.
Mangelhafte Beschaffenheit. Beim Verbrennen von 1 g K. darf höchstens ein Rückstand 0,08 g verbleiben.

Kubebenöl. Oleum Cubebae.

Das durch Wasserdampfdestillation zerkleinerter Kubeben (Ausbeute 10 bis 18%) gewonnene ätherische Öl, dickflüssig, hellgelbe bis gelbgrüne, mitunter auch farblose Flüssigkeit, *Geruch* balsamisch, kampfer-, pfefferartig, *Geschmack* kampferähnlich, zuletzt kratzend. D. (15°) 0,915 bis 0,930; α_D —25° bis 43°; $n_D^{20°}$ 1,494 bis 1,496; lösl. in einem oder mehreren Vol.-T. Alkohol (90%).

Inhaltsstoffe. Pinen, Camphen, Dipenten, Sesquiterpene, Kubebenkampfer.

Verwendung. In der Parfümerie zu Nelkennoten, zu Seifen.

Küchenschelle.

Anemone pulsatilla *L., echte Kuhschelle,* und **Anemone pratensis** *L., nickende Kuhschelle, Wiesenkuhschelle, Ranunculaceae.* **Giftig! Sammelverbot!**

Abb. 167. Küchenschelle. Anemone pulsatilla. *i* Außenhülle (Involucrum); — *p* Blüte.

Zottig behaarte, an sonnigen Abhängen, trockenen Stellen, auf Heiden, in lichten Wäldern vorkommende, ausdauernde Kräuter mit einblütigen Stengeln und bei A. pulsatilla (Abb. 167) hellvioletten, aufrechten, bei A. pratensis dunkelvioletten, glockig hängenden Blüten. Blütezeit von A. pulsatilla März/April, von A. pratensis April/Mai. Das frische Kraut enthält das *giftige Anemonol*, das hautreizend und blasenziehend wirkt. Der Stoff zersetzt sich jedoch beim Trocknen. Die *Droge* ist also *ungiftig*.

Küchenschellenkraut. Herba Pulsatillae, Erg.-B. 6.

Windblumenkraut. Kuhschellenkraut. Osterblumenkraut.

Die gegen Ende der Blütezeit gesammelten und getrockneten (Wasserverlust 72%) oberirdischen Teile. Kraut und Stengel zottig-seidig behaart, Stengel blauviolett überlaufen, Blätter mit parallel laufenden Hauptnerven, die grundständigen scheidenartig gestielt, ganzrandig, 3fach fiederteilig, bis 15 cm lang, am oberen Stengelteil eine aus 3 sitzenden und verwachsenen, handförmig geteilten Blättern bestehende Hülle (Hochblätter). *Kelch* bei *A. pulsatilla* (Abb. 167) blumenkronartig, aus 6 länglichen, spitzen, seidig behaarten, am Grunde glockig zusammengeneigten, nicht zurückgerollten Blättern, die doppelt so lang sind wie die zahlreichen gelben Staubblätter. *Kelch* von *A. pratensis* mit etwa 2 cm langen, an der Spitze nach außen zurückgerollten, etwas längeren Blättern als die Staubblätter. *Geruchlos, Geschmack* herb, etwas bitter. Aschehöchstgehalt 12%.

Inhaltsstoffe. *Ätherisches Öl*, Bitterstoffe, Gerbstoffe u. a.

Verwendung. Die frische Pflanze von *A. pratensis* hauptsächlich in der Homöopathie bei Kreislaufstörungen, Nierenleiden und Erkrankungen der Harnwege, die Droge volkstümlich als harn- und schweißtreibendes Mittel mit zweifelhafter Wirkung, da die Wirkstoffe beim Trocknen verlorengehen.

Aufbewahrung. Vor Licht geschützt.

Kugelblume.

Kugelblume. Globularia alypum *L.*

Globulariaceae.

In Südeuropa heimischer Strauch, dessen Blätter in den Mittelmeerländern als Laxans ähnlich wie Sennesblätter Verwendung finden.

Kugelblumenstrauchblätter. Folia Alypi. Giftig!

Die getrockneten Blätter, die als solche als abführende Droge nicht verwendbar sind. Erst nach längerem Kochen mit verdünnter Salz- oder Schwefelsäure spaltet sich das Globularin in einen harzartigen Stoff, *Globularetin*, das ein wirksames Abführmittel ohne giftige Nebenwirkungen ist.

Inhaltsstoffe. Ein giftig wirkendes Glykosid *Globularin*, das Senkung der Harnmenge und Pulsfrequenz, Angstgefühl und Schwindel auslöst.

Verwendung. Vor Verwendung der Droge als Ersatz für Folia Sennae muß gewarnt werden!

Kühlschrankchemikalien.

Kühlschrankchemikalien sind → Frigen, Ammoniak (NH_3), Methylchlorid (CH_3Cl), Schwefeldioxyd (SO_2), Äthylchlorid (C_2H_5Cl) und Isobutan ($(CH_3)_3CH$), also Chemikalien, die sich besonders dazu eignen, verflüssigt und wieder verdampft zu werden.

Kümmel.

Kümmel. Carum carvi *L.*

Umbelliferae.

Im östlichen Mittelmeergebiet heimische, dort, in den Balkanländern, Spanien, Italien, Holland, Rußland (Ukraine, Dongebiet), in Norwegen, in Indien, Marokko, in Deutschland in den Provinzen Sachsen und Hannover, Thüringen, Brandenburg, Ostfriesland angebaute, 2- bis 3jährige Pflanze, 30 bis 100 cm hoch, mit spindelförmiger Pfahlwurzel, aufrechtem, kantig gefurchtem und verästeltem Stengel und kreuzständigen, doppelt fiederteiligen Blättern mit fiederspaltigen Blättchen mit linealen, spitzen Zipfeln. Kleine, weiße oder rötliche Blüten in endständigen Dolden mit 8 bis 10 Hauptstrahlen. Dolden und Döldchen meist ohne Hülle (Abb. 168).

Kümmel. Fructus Carvi, DAB. 6.

Echter Kümmel. Feldkümmel.

Das vor der Vollreife (Juni/Anfang Juli) geschnittene ganze Kraut wird in Garben zum Nachreifen aufgestellt und dann die reifen Spaltfrüchte auf Tüchern ausgedroschen. Gewöhnlich in ihre Teilfrüchte zerfallene Spaltfrüchte, Teilfrüchte

Abb. 168. Kümmel. Carum carvi. *1* Wurzelstock mit Blättern; — *2* Zweig mit Blüten und Fruchtdolde; — *3* vergrößerte Blüte; — *4* vergrößerte Früchte; — *5* vergrößerter Querschnitt durch die Teilfrucht.

bogen- oder sichelförmig gekrümmt, an beiden Enden verjüngt, etwa 5 mm lang, in der Mitte 1 mm dick, glatt, kahl, graubraun, mit 5 schmalen, scharf hervortretenden, hellen Rippen auf jeder Teilfrucht. In den 4 Tälchen der Teilfrucht erkennt man je einen dunkelbraunen Sekretgang, während auf der ebenen Kugelfläche in der Mitte ein hellerer Streifen sichtbar ist, zu dessen Seiten sich je 1 Sekretgang befindet (Abb. 168, *4, 5*). *Geruch* und *Geschmack* stark würzig.

Inhaltsstoffe. 3 bis 7% ätherisches Öl (Mindestgehalt nach DAB. 6 4%), 10 bis 20% fettes Öl, etwa 20% Eiweiß, 10 bis 15% Rohfaser, Pentosane, Zucker.

Verwendung. *Med. innerl.* 2 Teelöffel zerquetschter Kümmel auf 1 Tasse Aufguß, bis 2 Tassen tägl. als ausgezeichnetes, für Magen und Darm beruhigendes, krampflösendes, blähungstreibendes und der Gasbildung entgegenwirkendes, sektretionssteigerndes, harntreibendes Mittel bei Blähungen, Magen- und Darmbeschwerden, Koliken, mangelhaftem Appetit, schlechter Verdauung, Unterleibskrämpfen, zur Förderung der Milchsekretion, als Zusatz zu Hustenmitteln, in Teemischungen, in der Likör und Branntweinherstellung, als Gewürz für Käse, Brot usw.

Aufbewahrung. Vor Licht geschützt.

Prüfung des DAB. 6. Neben der mikroskopischen Prüfung:
Einwandfreie Qualität durch Bestimmung des ätherischen Öls in 10 g Kümmel mit mindestens 0,4 g ätherischem Öl entsprechend einem Mindestgehalt von 4%.
Minderwertige Qualität. Beim Verbrennen von 1 g K. darf höchstens ein Rückstand von 0,08 g verbleiben entsprechend einem Aschehöchstgehalt von 10%.

Kümmelöl. Oleum Carvi, DAB. 6.

Das durch Wasserdampfdestillation zerquetschter, reifer Kümmelfrüchte (Ausbeute 4 bis 6%) gewonnene ätherische Öl. Farblose, mit der Zeit gelb werdende

Flüssigkeit.; D.(20°) 0,903 bis 0,915; $\alpha \, {}^{20°}_{D} + 70°$ bis $+ 81°$; $n \, {}^{20°}_{D}$ 1,484 bis 1,488. 1 ccm K. muß sich in 1 ccm Weingeist (90%) lösen. *Geruch* und *Geschmack* mild, stark würzig.

Inhaltsstoffe. 50 bis 70% d-*Carvon* (Mindestgehalt nach DAB. 6 50%), 30% d-*Limonen*, ferner Dihydrocarvon, Dihydrocarveol, Carveol u. a.

Verwendung. *Innerl.* E. 0,1 g = 4 Tr. bei Appetitlosigkeit, als blähungstreibendes Mittel, bei Magenkrämpfen; *äußerl.* in Mischung mit fetten Ölen (10%) zu Einreibungen bei Erkältungskrankheiten; *vet.* 3 bis 5 g bei Windkolik der Fohlen, mit Mandelöl (10%) gegen Ohrräude der Kaninchen. In der Likör- und Branntweinherstellung.

Kunstseide.

Unter *Kunstseide* versteht man in feine, verspinnbare Fäden umgewandelte Cellulose, Eiweißkunstfasern, z. B. → *Lanital* bzw. Kunstharzfasern, z. B. → Pe-Ce-Faser, → *Orlon, Nylon,* → *Perlon.* Zur Herstellung von Celluloseseiden werden Cellulose oder Cellulosederivate in kolloide Lösungen übergeführt und diese dann durch feine Öffnungen, Spinndüsen, ausgepreßt. Der austretende Faden wird durch Auffangen in einem Fällungsmittel zur raschen Gerinnung gebracht; dadurch entsteht ein verspinnbarer Kunstseidenfaden.

Nach der Art der Auflösung der Cellulose unterscheidet man im Handel 4 verschiedene *Cellulose-Kunstseiden.*

1. Chardonnetseide. Kollodium wird durch Düsen gepreßt. Dabei bildet sich ein Nitrocellulosefaden, der wegen seiner leichten Entflammbarkeit für Kunstseide nicht verwendbar ist. Durch Behandlung mit Natriumhydrogensulfid, $NaSH$, oder Ammoniumhydrogensulfid, NH_4SH, werden die Nitrogruppen reduziert und abgespalten. Der Salpetersäureester wird zerlegt, der Chardonnetfaden besteht daher aus einer regenerierten, umgefällten Cellulose.

2. Kupferseide oder Glanzstoff. Kupferseide wird dargestellt durch Auflösung von Cellulose in Kupferoxydammoniak $[Cu(NH_3)_4](OH)_2$. Die Lösung wird durch eine Spinndüse gepreßt und der entstehende Faden in ein Bad, das verdünnte Säure oder saure Salze enthält, gebracht. Dabei wird das Kupferoxydammoniak neutralisiert und unlösl. Cellulose ausgeschieden.

3. Viscoseseide. Bei der Einwirkung von Alkalilaugen und Schwefelkohlenstoff auf Cellulose bildet sich eine in Wasser lösl. Verbindung. Beim längeren Stehen der Lösung nimmt ihre Viscosität zu, es entsteht die sog. *Viscose.* Beim Einleiten der Viscose durch Spinndüsen in Bäder mit verdünnten Säuren oder in saure Salzlösungen wird die Cellulose zurückgebildet und kann versponnen werden. Man erhält so Viscoseseide.

4. Acetatseide. Zur Gewinnung von Acetatseide wird eine Lösung von Acetylcellulose in Aceton, Essigäther oder Chloroform durch eine Spinndüse in ein Fällungsbad geleitet. Im Gegensatz zu den vorgenannten Kunstseiden, die aus regenerierter Cellulose bestehen, ist Acetatseide ein Celluloseester. Sie ist auch die widerstandsfähigste Kunstseide.

Gegenüber Naturseide, einer stickstoffhaltigen, eiweißähnlichen Verbindung, haben die Kunstseiden den Nachteil geringerer Festigkeit und Dauerhaftigkeit, sie sind auch gegen feuchte Luft und Wasser empfindlicher, ihr Preis ist aber gegenüber Naturseide wesentlich geringer. Zahlreiche Eigenschaften der Naturseide haben auch die Kunstseiden: Glanz, Geschmeidigkeit, Griff sowie die Feinheit der Fäden.

Kunststoffe.

Bei den Kunststoffen unterscheidet man nach SAECHTLING-ZEBROWSKI[1] zwei große Gruppen von Kunstharzen, die sich in der Verarbeitung und Anwendung unterscheiden.

1. *Härtbare Kunstharze.* Diese erfahren während oder nach der plastischen Verarbeitung eine derartige chemische Veränderung, daß sie dann nicht mehr plastisch verformbar und meist auch praktisch unlöslich sind.

2. *Thermoplastische Kunstharze*, die bei entsprechender Erwärmung jederzeit wieder plastisch fließbar werden.

Preßstoffe sind Kunststoffzubereitungen, die als Rohstoffe für die Herstellung von Formteilen durch plastische Verformung unter Hitze und Druck in allseitig geschlossenen Formen, auch in Strangpressen, geeignet sind.

Die kennzeichnenden Eigenschaften von Kunststoffen sind geringes Gewicht und im Verhältnis dazu gute bis sehr gute mechanische Eigenschaften, vielfach vorzügliches dielektrisches Verhalten, hohe Gebrauchsbeständigkeit und Oberflächengüte, große Farbauswahl (auch glasklar).

Die Anwendungsgebiete von K. sind dort gegeben, wo die besonderen physikalischen Eigenschaften und Formgebungsmöglichkeiten für Gegenstände des technischen oder allgemeinen Bedarfs ausgenutzt werden können, besonders bei der Massenanfertigung kleinerer Teile. Als Konstruktions- und Bauwerkstoffe im üblichen Sinne sind Kunststoffe meist mechanisch nicht ganz ausreichend oder im Vergleich zu den Massenbauwerkstoffen (Stahl, Beton, Holz usw.) zu teuer.

Die Herstellung der *Kunstharze* erfolgt

1. Vollsynthetisch durch Aufbau aus kleinen, kohlenstoffhaltigen Molekülen, die ihrerseits durch Zersetzung fossiler Kohlenstoffträger hergestellt werden. Als Aus-

Kondensationsprodukte, härtbare (duroplastische Kunststoffe)
(Nach SAECHTLING ZEBROWSKI.)

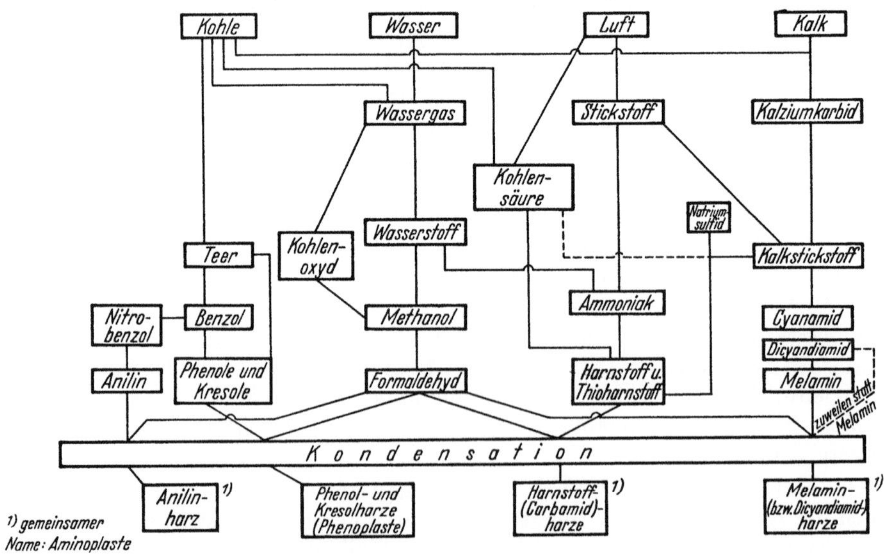

[1] SAECHTLING-ZEBROWSKI, Kunststoff-Taschenbuch, 10. Ausgabe 1954. München: Carl Hanser Verlag.

Polymerisationsprodukte — nicht härtbare (thermoplastische) Kunststoffe. (Nach SAECHTLING ZEBROWSKI.)

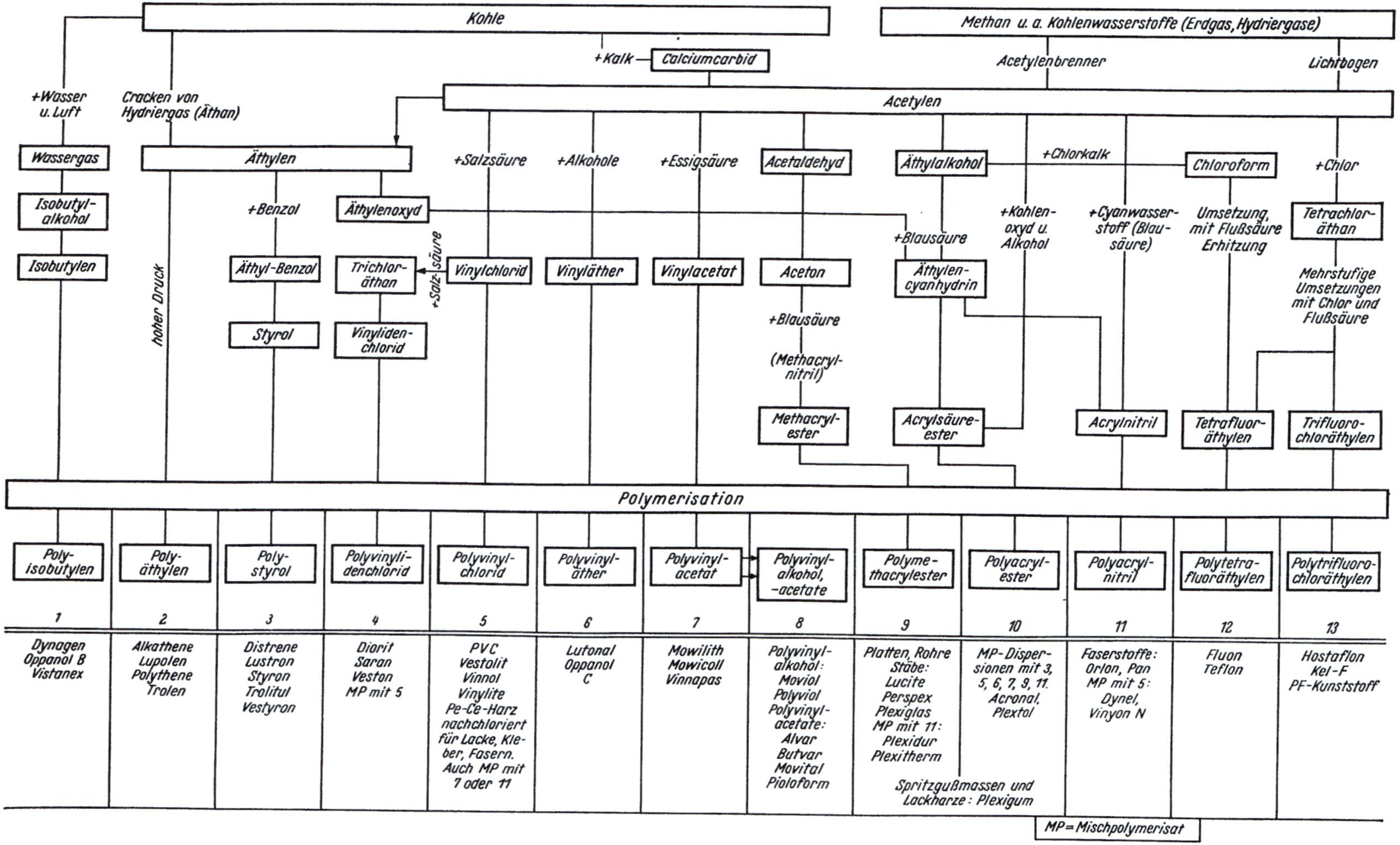

Kohle

Methan u. a. Kohlenwasserstoffe (Erdgas, Hydriergase)

+Kalk — Calciumcarbid

Acetylenbrenner

Lichtbogen

+Wasser u. Luft

Cracken von Hydriergas (Äthan)

Acetylen

Wassergas

Äthylen

+Salzsäure

+Alkohole

+Essigsäure

Acetaldehyd

Äthylalkohol

+Chlorkalk

Chloroform

+Chlor

Isobutyl-alkohol

+Benzol

Äthylenoxyd

+Kohlen-oxyd u. Alkohol

+Cyanwasser-stoff (Blau-säure)

Umsetzung, mit Flußsäure Erhitzung

Tetrachlor-äthan

Isobutylen

hoher Druck

Äthyl-Benzol

Trichlor-äthan

+Salz-säure

Vinylchlorid

Vinyläther

Vinylacetat

Aceton

+Blausäure

Äthylen-cyanhydrin

Mehrstufige Umsetzungen mit Chlor und Flußsäure

Styrol

Vinyliden-chlorid

+Blausäure

(Methacryl-nitril)

Methacryl-ester

Acrylsäure-ester

Acrylnitril

Tetrafluor-äthylen

Trifluoro-chloräthylen

Polymerisation

1	2	3	4	5	6	7	8	9	10	11	12	13
Poly-isobutylen	Poly-äthylen	Poly-styrol	Polyvinyli-denchlorid	Polyvinyl-chlorid	Polyvinyl-äther	Polyvinyl-acetat	Polyvinyl-alkohol, -acetate	Polyme-thacrylester	Polyacryl-ester	Polyacryl-nitril	Polytetra-fluoräthylen	Polytrifluoro-chloräthylen
Dynagen Oppanol B Vistanex	Alkathene Lupolen Polythene Trolen	Distrene Lustron Styron Trolitul Vestyron	Diorit Saran Veston MP mit 5	PVC Vestolit Vinnol Vinylite Pe-Ce-Harz nachchloriert für Lacke, Kleber, Fasern. Auch MP mit 7 oder 11	Lutonal Oppanol C	Mowilith Mowicoll Vinnapas	Polyvinyl-alkohol: Moviol Polyviol Polyvinyl-acetate: Alvar Butvar Movital Pioloform	Platten, Rohre Stäbe: Lucite Perspex Plexiglas MP mit 11: Plexidur Plexitherm — Spritzgußmassen und Lackharze: Plexigum	MP-Dispersionen mit 3, 5, 6, 7, 9, 11. Acronal, Plextol	Faserstoffe: Orlon, Pan MP mit 5: Dynel, Vinyon N	Fluon Teflon	Hostaflon Kel-F PF-Kunststoff

MP = Mischpolymerisat

Beispiele neuerer, in verschiedenen Reaktionsweisen aufgebauter Kunstharze. (Nach SAECHTLING ZEBROWSKI.)

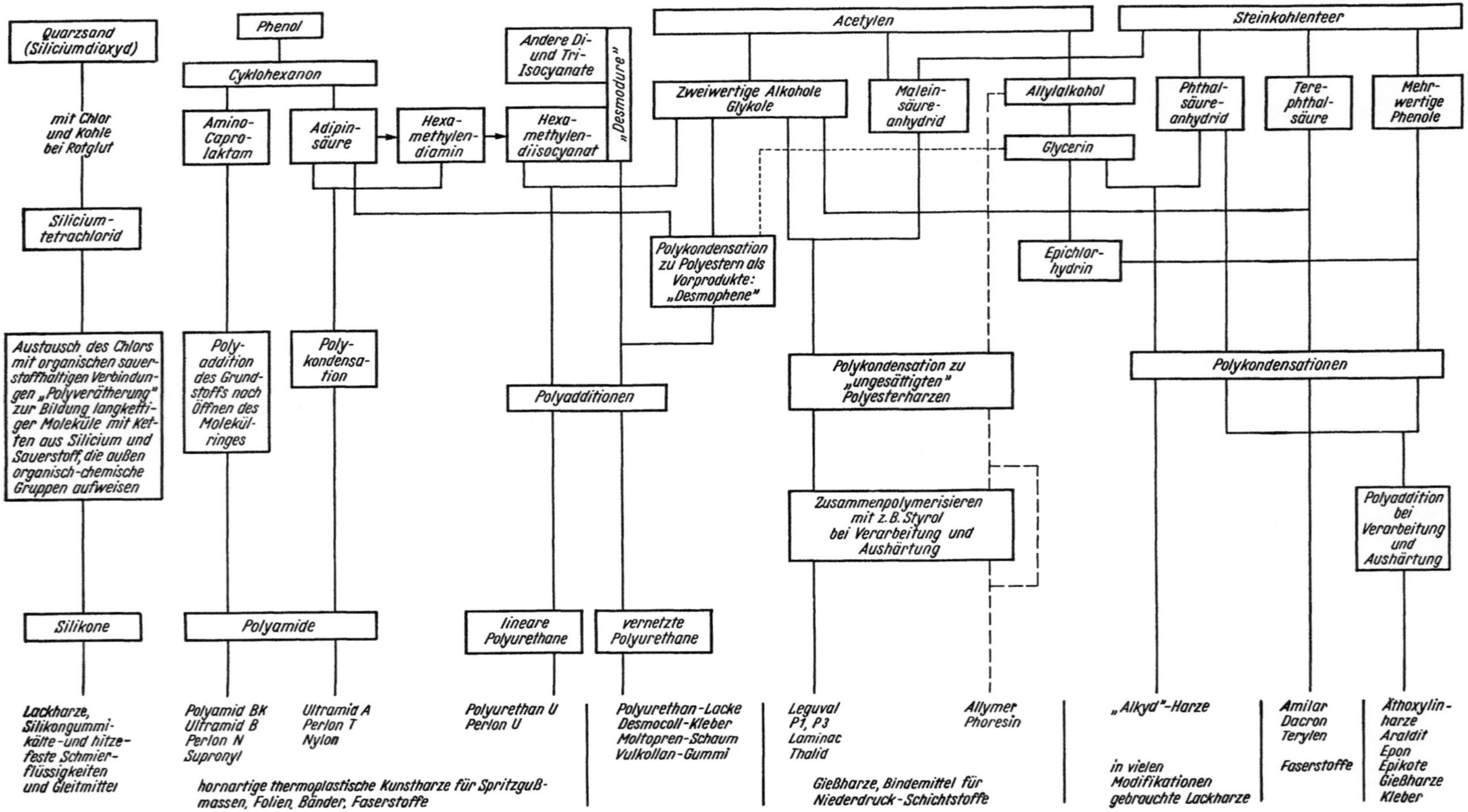

Kunststoffe aus Naturstoffen. (Nach SAECHTLING ZEBROWSKI.)

Milch	Holz	Baumwoll-Linters

Kasein	Zellstoff											
Härtung mit Formaldehyd	Quellung von Bahnen in Chlorzinklauge o. Schwefelsäure	Verschweißung in d. Hitze, Auswaschung	Lösung in versch. Mitteln, vorw.	Schwefelkohlenstoff und Natronlauge zu Viskose, Ausfällung durch Düsen ins Spinnbad	Veresterung mit Salpetersäure-	Schwefelsäure-Gemisch zu Cellulosenitrat (Nitrocellulose)	tlw. Verseifung zur Verbesserung der Löslichkeit („Sekundäres Celluloseacetat")	Veresterung mit Essigsäure und Essigsäureanhydrid zu Cellulose-Triacetat	Veresterung mit Essigsäure und Buttersäureanhydrid zu Cellulose-Acetobutyrat	Verätherung (Verb. mit versch. Alkoholen)	z. B. Methyl-[1], Äthyl-[2], Benzyl-[2] Alkohol, Glykolsäure[1]: [1] wasserlösliche Celluloseäther [2] wasserunlösliche Celluloseäther
Kunsthorn Galalith Faserstoffe: Lanital Thiolan	Vulkanfiber Vegetabilisches Pergament		Zellglas Cellophan Faserstoff: Reyon	Celluloid Fotofilme Collodimuwolle	Spritzgußmasse: Cellidor A, Ecaron, Trolit W, Tenite I, Acetylcelloid Cellit-Folie Faserstoff: Estron (Acetatseide)			Triafol	Triafol B Spritzgußmasse: Cellidor B, Tenite II		Ethocel, Trolit AE (USA-Äthylc.) Zellkleister als Kleber u. Textilhilfsmittel: Glutolin Tylose (Methylcellulose)

gangsstoffe dienen in Europa hauptsächlich Stein- und Braunkohle, in USA in erheblichem Umfange Erdöl, während Erdgase eine untergeordnete Rolle spielen.

2. Durch chemische Abwandlung von Naturstoffen pflanzlichen und tierischen Ursprungs.

Es ginge über den Rahmen des vorliegenden Werkes hinaus, eingehender auf die Kunststoffe einzugehen, siehe die angeführten Tabellen nach SAECHTLING-ZEBROWSKI

„Kondensationsprodukte — härtbare (duroplastische) Kunststoffe",

„Polymerisationsprodukte — nicht härtbare (thermoplastische) Kunststoffe",

„Beispiele neuerer, in verschiedenen Reaktionsweisen aufgebauter Kunstharze",

„Kunststoffe aus Naturstoffen" und die dabei verwendeten Ausgangsstoffe geben eine erschöpfende Übersicht über die Ausgangsstoffe und die Herstellung der Kunststoffe.

Über die Bestimmung der Kunststoffarten sei auf die praktische Tabelle 723 in SAECHTLING-ZEBROWSKI hingewiesen.

Kupfer. Cuprum. Cu.

Atom-Gew. 63,57. Wertigkeit 1 und 2 (3).

Die Bezeichnung Kupfer stammt von der lateinischen Bezeichnung der Insel Cypern, Cyprium, auf der im Altertum Kupfer gewonnen wurde.

Vorkommen. Gediegen findet sich K. in regulär kristallisierten Stücken in England (Cornwall), Ungarn (Schmöllnitz), Rußland (Ural), Schweden (Fahlun), Südafrika, in besonders bedeutenden Mengen am Oberen See in Neu-Mexiko in Nordamerika. Häufiger kommt K. in den Kupfererzen vor, deren Hauptfundorte in USA, Chile, Peru, Bolivien und Kanada, in Afrika, in Rhodesien und Belgisch-Kongo liegen. In Deutschland ist das Kupfervorkommen im *Kupferschiefer* bei

Mansfeld von Wichtigkeit, der 2 bis 2,5% Kupfer enthält. Die wichtigsten Kupfererze sind:

Sulfidische Kupfererze:
Buntkupfererz, Cu_2FeS_3.

Oxydische Kupfererze:
Rotkupfererz, Cuprit, Cu_2O,
Schwarzkupfererz, CuO.

Basische Kupfercarbonate:
Malachit, $CuCO_3 \cdot Cu(OH)_2$,
Kupferlasur, $2\ CuCO_3 \cdot Cu(OH)_2$.

Basisches Kupferchlorid:
Atacamit, $CuCl_2 \cdot 3\ CuO \cdot 4\ H_2O$.

Kupferkies, Chalkopyrit, $CuFeS_2$, Struktur: $Cu\ \diamondsuit\ Fe$ (mit S oben und S unten)

Kupferglanz, Kupfer(I)-sulfid, Cu_2S.

Diese beiden sind meist von anderen sulfidischen Erzen (Eisen, Zink, Blei, Antimon und Arsen) begleitet und häufig auch silber- und goldhaltig.

Durch sein Vorkommen in kleinen Mengen im Urgestein findet sich Kupfer auch in den meisten Pflanzen und im tierischen Organismus. Brot enthält etwa 0,004 g, Kartoffeln etwa 0,002 g Cu in 1 kg. Im Kakao ist etwas mehr Kupfer enthalten. Im menschlichen Körper findet sich das Metall im Blutserum, im roten Knochenmark und in der Haut.

Darstellung. K. wird auf verschiedene Weise gewonnen:

1. Verhüttung. Dabei werden sulfidische Kupfererze, die über 2% K. enthalten, auf trockenem Wege zu Rohkupfer verarbeitet. Die Erze werden unvollständig abgeröstet, so daß noch genügend Schwefel vorhanden ist, um bei dem anschließenden Reduktionsprozeß im Schacht oder Flammofen alles K. zu Cu_2S und einen Teil des Eisens als FeS im „*Rohstein*" zu binden. Dieser enthält 40 bis 45% K. und wird fast ausschließlich im *Bessemer*-Konverter weiterverarbeitet, während die Hauptmenge des Eisens als Eisensilikatschlacke abgezogen wird. FeS wird durch eingeblasene Luft zu FeO oxydiert, das mit den sauren Zuschlägen eine Eisensilikatschlacke gibt. Die Vorgänge im Konverter sind nach HOFMANN-RÜDORFF die folgenden:

$$2\ Cu_2S \ +\ 3\ O_2 \ \rightarrow\ 2\ Cu_2O \ +\ 2\ SO_2$$
Kupfer(I)-sulfid — Sauerstoff — Kupfer(I)-oxyd — Schwefeldioxyd

$$2\ Cu_2O \ +\ Cu_2S \ \rightarrow\ 6\ Cu \ +\ SO_2$$
Kupfer(I)-oxyd — Kupfer(I)-sulfid — Kupfer — Schwefeldioxyd

Das erhaltene *Rohkupfer* oder *Schwarzkupfer* ist durch Eisen, Zink, Blei, Arsen und Antimon verunreinigt und enthält 94 bis 97% K. Zur Reinigung wird es noch einmal mit schlackenbildenden Zuschlägen oxydierend und anschließend reduzierend geschmolzen und ergibt dann *Garkupfer* oder *Anodenkupfer* mit 99,5% Cu-Gehalt. Dieses K. wird dann meist noch elektrolytisch raffiniert, wobei das Rohkupfer in Plattenform als Anode gebraucht wird, während als Kathode Platten aus reinem K. Verwendung finden. Diese Elektroden tauchen abwechselnd nebeneinander in eine Kupfersulfatlösung, die mit Schwefelsäure angesäuert ist. Dabei löst sich das Anodenkupfer auf und scheidet sich als *Elektrolytkupfer* an der Kathode ab.

2. Nasses Verfahren. Bei diesem werden die Erze bzw. Kiesabbrände mit Wasser oder verd. Schwefelsäure unter Luftzutritt ausgelaugt. Dabei entstehen zunächst Eisen(III)-sulfatlösungen, welche das Kupfer als Kupfersulfat lösen. Aus den erhaltenen Laugen wird dann metallisches K., *Zementkupfer*, durch Eisenabfälle abgeschieden.

Eigenschaften. Kupfer ist ein glänzendes, sehr dehnbares, zähes Metall, das auf frischem Bruch rosa bis gelbrot gefärbt erscheint. Eine ins Purpurrote übergehende Farbe stammt vom im Metall gelösten Kupfer(I)-oxyd. Es läßt sich zu sehr dünnen Blättern auswalzen und zu feinem Draht ausziehen (Zugfestigkeit 40 kg für 1 qmm Querschnitt). An trockener Luft ist K. beständig und bleibt metallglänzend, in feuchter Luft überzieht es sich mit einer grünen Schicht von basischem Kupfer(II)-carbonat, sog. Patina, $CuCO_3 + Cu(OH)_2$. In nicht oxydierenden Säuren löst sich K. unter Luftabschluß nicht, dagegen löst es sich in verd. Säuren bei Luftzutritt allmählich zu Kupfer(II)-salzen.

In verd. Salpetersäure löst es sich unter Entwicklung von Stickoxyd:

$$3\,Cu \;+\; 8\,HNO_3 \;\rightarrow\; 3\,Cu(NO_3)_2 \;+\; 4\,H_2O \;+\; 2\,NO$$

Kupfer   Salpetersäure   Kupfer(II)-nitrat   Wasser   Stickoxyd

Auch in verd. Ammoniak löst sich K. zu Kupfer(II)-tetraminhydroxyd $[Cu(NH_3)_4](OH)_2$ unter gleichzeitiger teilweiser Oxydation des Ammoniaks zu Nitrit.

Durch schwache Säuren, z. B. Essigsäure, wird K. bei Luftzutritt allmählich unter Bildung von *Grünspan* angegriffen. Aus diesem Grunde dürfen Obst und Flüssigkeiten in blanken Kupferkesseln nur gekocht werden, aber nicht darin erkalten. Durch das Kochen wird die Luft aus der sauren Flüssigkeit ausgetrieben, so daß eine Lösung von K. ausgeschlossen ist. In heißer, konz. Schwefelsäure löst sich K. unter Entwicklung von Schwefeldioxyd:

$$Cu \;+\; 2\,H_2SO_4 \;\rightarrow\; CuSO_4 \;+\; 2\,H_2O \;+\; SO_2$$

Kupfer   Schwefelsäure   Kupfer(II)-sulfat   Wasser   Schwefeldioxyd

Beim Erhitzen an der Luft oxydiert sich K. bei gedrosselter Luftzufuhr zu rotem Kupfer(I)-oxyd, Cu_2O, Kupferhammerschlag, bei reichlicher Luftzufuhr zu schwarzem Kupfer(II)-oxyd, CuO.

Kupfer ist ein ausgezeichneter Leiter für Wärme und Elektrizität. D. (reines Elektrolytkupfer) 8,69; Schmp. 1083°; Sdp. 2560°.

Physiologische Wirkungen. K. ist ebenso wie Eisen für den menschlichen Organismus ein lebensnotwendiges Spuren-Element, das anregend auf den Körper wirkt. Es ist in bestimmten Zellfermenten wirksam, auch am Aufbau des Hämoglobins beteiligt und besitzt eine oligodynamische Wirkung. Wasser, das durch Kupferröhren destilliert wurde oder in Kupferwannen stand, erhält antiseptische Wirkungseigenschaften und ist in der Lage, pathogene Keime (Koli-, Typhus-Bazillen, Streptokokken, Staphylokokken) nach einiger Zeit abzutöten. Die Verwendung von K. zu Münzen, Türklinken usw. hat also einen hygienischen Sinn. Niedere Pflanzen, z. B. die Alge, Spirobyra, wird durch Kupfer noch in einer Konzentration von 1 : 1 Milliarde abgetötet. Diese oligodynamische Kupferwirkung wird jedoch schon durch Spuren von organischen Stoffen aufgehoben.

Kupferverbindungen. Durch sein Auftreten als ein- und zweiwertiges Element bildet das K. Kupfer(I)-verbindungen (alte Bezeichnung Cuproverbindungen) und Kupfer(II)-verbindungen (Cupriverbindungen). Kupfer(I)-salze sind meist ungefärbt und in Wasser unlösl., Kupfer(II)-salze sind wasserhaltig blau oder grün gefärbt und wasserlöslich, wasserfrei weiß. Die Kupfer(II)-verbindungen mit Sauerstoffsäuren sind die beständigeren.

Toxikologie. Metallisches Kupfer ist praktisch ungiftig. Kupfer- oder Bronzestaub färbt Haut, Haare, Zahnhals und Zähne allmählich grün. Akute Kupfervergiftungen kommen hauptsächlich durch Kupfersulfat, selten durch Grünspan vor. Die Symptome der akuten Kupfervergiftung sind häufiges Erbrechen blaugrüner Massen, wäßrigblutige Durchfälle, der Tod kann unter allmählicher Gefäßlähmung durch Herzschwäche eintreten.

Erste Hilfe. Milch, Schleimsuppen, med. Kohle, 1%ige Lösung von Ferrocyankalium eßlöffelweise zur Bindung des Kupfers als schw.lösl. Ferrocyankupfer.

Verwendung. Infolge seiner Zähfestigkeit zu Dichtungen unter hohem Druck (Autoklavenverschlüsse, Führungsringe an Geschossen), wegen seines vorzüglichen Wärmeleitungsvermögens zu kupfernen Rohren zur Wärmeübertragung auf das Kesselwasser, zu Kühlschlangen, Waschkesseln, Braupfannen, zur Dachbedeckung. Infolge seiner ausgezeichneten elektrischen Leitfähigkeit, besonders zu elektrischen Leitungen, Antennen, Umwicklungen von Dynamomaschinen, Elektromotoren, Transformatoren usw. In bedeutendem Umfang zur Herstellung von Kupferlegierungen.

Kupferacetat. Cuprum acęticum, Erg.-B. 6.

Essigsaures Kupfer. Neutrales Kupferacetat. Kristallisierter Grünspan.
$(CH_3 \cdot COO)_2Cu \cdot H_2O$. Mol.-Gew. 199,6.

Darstellung. Aus basischem Kupferacetat und verd. Essigsäure.

Eigenschaften. Blaugrüne, an der Luft verwitternde Kristalle, *Geschmack* metallisch, lösl. in 14 T. Wasser (20°), in 5 T. siedendem, in Weingeist nach Zusatz von wenig Essigsäure lösl.

Erkennung. Mit konz. Schwefelsäure übergossen, entwickelt es Essigsäuredämpfe. Die wäßrige Lösung wird durch überschüssige Ammoniakflüssigkeit tiefblau gefärbt.

Erg.-B. 6 läßt prüfen auf Eisen- und Zinksalze.

Aufbewahrung. In bestverschlossenen Glasgefäßen.

Verwendung. *Äußerl.* zu Augenwasser (0,2%) und Augensalbe (1%). *Techn.* in der Färberei, beim Zeugdruck, als Schädlingsbekämpfungsmittel gegen Mehltau, zum galvanischen Verkupfern.

Kupferalaun. Cuprum aluminątum, DAB. 6. Stoff B.

Herstellungsvorschrift s. Bd. III.

Eigenschaften. Grünblaue, nach Kampfer riechende Stücke oder Stückchen, in 16 T. Wasser bis auf einen geringen Rückstand von Kampfer lösl. Kupferalaun darf keine ungleichartigen Teile erkennen lassen. Lösungen von K. müssen filtriert werden.

Aufbewahrung. *Vorsichtig!*

Verwendung. *Med. äußerl.* als Ätzmittel, als Augenwasser (0,2%).

Kupferammoniumsulfat. Cuprum sulfųricum ammoniątum, Erg.-B. 6.

Kupferammoniaksulfat. Schwefelsaures Kupferoxyd-Ammoniak.
$[Cu(NH_3)_4]SO_4 \cdot H_2O$. Mol-Gew. 245,8.

Darstellung. Durch Schütteln von Kupfersulfatlösung mit Ammoniakflüssigkeit und Vermischen mit Weingeist.

Eigenschaften. Dunkelblaues, an der Luft verwitterndes, kristallines Pulver, *Geruch* schwach nach Ammoniak. Lösl. in 2 T. Wasser, bläut dann Lackmuspapier, unlösl. in Weingeist.

Erkennung. Die konz. Lösung (1 + 2) trübt sich auf Zusatz von viel Wasser unter Abscheidung von basischen Kupfersalzen, mit Bariumnitratlösung gibt sie einen weißen Niederschlag von Bariumsulfat.

Erg.-B. 6 läßt prüfen auf Eisen-, Alkali- und Erdakalisalze.

Aufbewahrung. In gut verschlossenen Gefäßen.

Verwendung. Als Arzneimittel selten, in der Kattundruckerei, als Schädlingsbekämpfungsmittel gegen Peronospora.

Kupferarsenbrühe.

Arsenkupferkalkbrühe.

Herstellung s. Bd. III.

Kupferarsenbrühe wird im Weinbau gegen Heu- und Sauerwurm und bei Blattfallkrankheit angewandt (s. Schädlingsbekämpfung).

☠ 1. Kupfer(II)-arsenit. Kupferarsenit. Cuprum arsenicosum.

Cupriarsenit. Arsenigsaures Kupfer. Scheeles Grün. Mineralgrün. Schwedisch Grün.

Die Verbindung hat wechselnde Zusammensetzung und wird dargestellt durch Fällung von Kupfersulfatlösung mit Alkaliarsenit.

Eigenschaften. Gelbgrünes, in Wasser und Weingeist unlösliches, in verd. Säuren lösl. Pulver, das sich in Alkalilaugen mit blauer Farbe (Komplexbildung) löst und beim Erwärmen unter Oxydation des Arsenits zu Arsenat rotes Kupfer(I)-oxyd, Cu_2O, ausfällt.

Aufbewahrung. *Sehr vorsichtig, im Giftschrank!*

Verwendung. Zu Schiffsbodenanstrichen. Eine Verbindung des Salzes mit Kupferacetat → Schweinfurter Grün.

Kupfer(II)-bromid. Cuprum bromatum.

Kupferbromid. Cupribromid. Bromwasserstoffsaures Kupfer. $CuBr_2$. Mol.-Gew. 223,40.

Darstellung. Durch Auflösen von Kupferoxyd in Bromwasserstoffsäure und Auskristallisieren der Lösung.

Eigenschaften. Fast schwarze, jodähnliche, hygroskopische Kristalle, l.lösl. in Wasser und Weingeist. Je nach ihrer Konzentration sind die wäßrigen Lösungen braun, grün, blau oder gelb gefärbt. Wasserfrei glänzende, fast schwarze Kristalle. Schmp. 498°.

Erkennung. Die wäßrige Lösung färbt beim Versetzen mit einigen Tr. Chloraminlödung und etwas Salzsäure beim Ausschütteln mit Chloroform dieses durch ausgeschiedenes Brom rotgelb. Ammoniakflüssigkeit gibt einen hellblauen Niederschlag, der sich im Überschuß des Fällungsmittels mit tiefblauer Farbe löst.

Aufbewahrung. *Vorsichtig.*

Verwendung. In der Photographie als Bildverstärker.

Kupfer(II)-carbonat (basisches). Cuprum carbonicum (subcarbonicum).

Basisch-kohlensaures Kupfer. $CuCO_3 \cdot Cu(OH)_2$. Mol.-Gew. 344,75.

Das basische Kupfercarbonat kommt in der Natur als *Malachit* vor, der wegen seiner prächtig grünen Farbe als Halbedelstein geschätzt ist. Normales Kupfercarbonat ist nicht bekannt.

Darstellung. Durch Vermischung einer Sodalösung mit Kupfersulfatlösung.

Eigenschaften. Leichtes, grünlichblaues, in Wasser unlösliches, in verd. Mineralsäuren und in Ammoniakflüssigkeit lösliches Pulver.

Aufbewahrung. *Vorsichtig!*

Verwendung. Zur Herstellung von Kupfersalzen, zu roten Porzellanglasuren und in der Keramik, zum Schwarzbeizen von Messing, in der Feuerwerkerei, zu Blaufeuer, als Färbemittel in der Papierherstellung, in der Galvanotechnik zu Kupferbädern, als Farbe in der Malerei, zu Schiffsbodenanstrichen, in der Stoffdruckerei.

Kupferchloride.

Kupfer(I)-chlorid. Cuprum chloratum album. Cuprum monochloratum.

Kupferchlorür. Cuprochlorid. $CuCl$. Mol.-Gew. 99,02.

Darstellung. Durch Auflösen von Kupferspänen in heißer konz. Salzsäure unter Zusatz von Kaliumchlorat. Die Lösung ist zunächst schwarz, wird allmählich farblos, beim Verdünnen mit Wasser fällt Kupfer(I)-chlorid als weißes Pulver aus.

Eigenschaften. Weißes, kristallines Pulver, das sich an der Luft unter Grünfärbung leicht oxydiert. Schmp. bei 422°. Unlöslich in Wasser und Weingeist, l. lösl. in Salzsäure und Ammoniakflüssigkeit unter Bildung komplexer Verbindungen.

Aufbewahrung. *Vorsichtig,* vor Licht geschützt, in kleinen, gutgeschlossenen Gefäßen.

Verwendung. Als Reagens in der Gasanalyse in ammoniakalischer oder salzsaurer Lösung, zur Bindung von Kohlenoxyd, zum Nachweis von Arsen- und Antimonwasserstoff, zur Reinigung von Acetylen, in der Sprengstofftechnik.

Kupfer(II)-chlorid. Cuprum chloratum (bichloratum).

Kupferchlorid. Cuprichlorid. $CuCl_2 \cdot 2\,H_2O$. Mol.-Gew. 170,52.

Darstellung. Durch Auflösen von Kupferoxyd in Salzsäure und Eindampfen der Lösung:

$$CuO \quad + \quad 2\,HCl \quad \rightarrow \quad CuCl_2 \quad + \quad H_2O$$

Kupfer(II)-oxyd   Salzsäure   Kupfer(II)-chlorid   Wasser

Eigenschaften. Hellgrüne, rhombische, hygroskopische Prismen, leicht in Wasser, Weingeist und Äther lösl. Die wäßrige Lösung zeigt ein eigenartiges Verhalten: Sehr verdünnt ist sie hellblau gefärbt, konzentriert, besonders in salzsaurer Lösung, grünbraun. Beim Erhitzen über 100° entsteht zunächst das entwässerte **Kupferchlorid, Cuprum bichloratum siccum,** eine dunkelbraune zerfließliche Masse, die bei weiterem Erhitzen in Kupfer(II)-oxyd und Chlor zerfällt.

Aufbewahrung. *Vorsichtig.*

Verwendung. Zur Herstellung sympathetischer Tinte, als Beize in der Färberei, zum Färben von Pelzen, zur Holzimprägnierung, zur Herstellung unverlöschlicher Stempelfarbe, in der Baumwolldruckerei, zu Schädlingsbekämpfungsmitteln, zum elektrolytischen Verkupfern von Aluminium, in der Farbenherstellung und Färberei, zu Holzbeizen, als Reagens, zur Spiegelherstellung.

☠ 1. Kupfer(I)-cyanid. Cuprum cyanatum.

Kupfercyanür. Cuprocyanid. Cuprizin. $CuCN$. Mol.-Gew. 89,59.

Eigenschaften. Weißes oder fast weißes, kristallines Pulver, unlösl. in Wasser und verd. Säuren, l. lösl. in konzentrierten Säuren, Ammoniakflüssigkeit, Ammoniumsalzlösungen und Alkalicyanidlösungen. Schmp. 475°.

Aufbewahrung. *Sehr vorsichtig, im Giftschrank!*

Verwendung. In der Galvanostegie zum Verkupfern.

Kupfer(II)-hexacyanoferrat(II).

Kupferferrocyanid. Ferrocyankupfer. $[Cu_2Fe(CN)_6]$.

Die Verbindung fällt beim Zusammenbringen von Kaliumhexacyanoferrat(II)-lösung und Kupfer(II)-salzen als rotbrauner Niederschlag aus und findet deshalb zum Kupfernachweis Verwendung (Uranylsalze und Molybdate geben denselben

Niederschlag). Unter der Bezeichnung *Florentiner Braun* und *van Dyck-Rot, Neubraun* u. a. verwendet man die Verbindung als Malerfarbe, die je nach ihrem Alkaligehalt zwischen Rotbraun und Braunviolett schwankt. Die Farbe ist jedoch teuer und gegen Alkalien, Schwefelwasserstoff und Hitze empfindlich.

Kupfer(II)-hydroxyd. Cuprum hydroxydatum.

Cuprihydroxyd. $Cu(OH)_2$. Mol.-Gew. 97,59.

Kupfer(II)-hydroxyd fällt aus Kupfer(II)-salzlösungen beim Versetzen mit Alkalilauge als hellblauer, gallertiger, sehr wasserhaltiger Niederschlag aus. Beim Erwärmen spaltet es Wasser ab und geht dabei selbst in der wäßrigen Lösung in dunkelbraunes, fast wasserfreies Kupfer(II)-oxyd, CuO, über. Kupfer(II)-hydroxyd löst sich leicht in Säuren und in Ammoniakflüssigkeit, im letzten mit tief dunkelblauer Farbe:

$$Cu(OH)_2 \quad + \quad 4\,NH_3 \quad \rightarrow \quad [Cu(NH_3)_4](OH)_2$$

Kupfer(II)-hydroxyd   Ammoniak   Kupfer(II)-tetraminhydroxyd

Diese Lösung, *Schweizers Reagens*, löst Cellulose, findet in der Mikroskopie als Reagens Verwendung und wird auch bei der Herstellung von Kupferseide ausgewertet, bei der die entstehende viscose Masse durch feine Düsen in verd. Säuren oder Laugen gepreßt wird.

Auf besondere Weise hergestelltes Kupfer(II)-hydroxyd findet unter der Bezeichnung *Bergblau* oder *Bremer Blau* als Malerfarbe Verwendung.

Tartrationen verhindern die Ausfällung von Kupfer(II)-hydroxyd durch Laugen. Es entstehen Kupfertartratkomplexionen, die man erhält, wenn Lösungen von Kupfersalz, Kaliumnatriumtartrat und Natriumhydroxyd zusammengebracht werden. Ein derartiges Gemisch dient unter der Bezeichnung *Fehlingsche Lösung* zum Nachweis von Traubenzucker, auch im Harn Zuckerkranker. Die Lösung wird durch Traubenzucker beim Erwärmen rasch zu rotem Kupfer(I)-oxyd, Cu_2O, reduziert.

Die in der Schädlingsbekämpfung verwendete Bordelaiser Brühe enthält Kupferhydroxyd, das mit Kalkmilch aus Kupfersulfatlösung gefällt wurde.

☠ 3. Kupfer(I)-jodid. Cuprum jodatum.

Cuprojodid. Kupferjodür. CuJ. Mol.-Gew. 190,49.

Darstellung. Aus Kaliumjodidlösung mit Kupfer(II)-salzlösung und Bindung des dreiwertigen Jods mit schwefliger Säure bzw. durch Erhitzen von Kupfer mit Jod.

Eigenschaften. Weißes, in Wasser und Weingeist unlösl., in Ammoniakflüssigkeit, Säuren und Cyankalilösung lösl. Pulver. Schmp. 605°.

Aufbewahrung. *Vorsichtig!*

Verwendung. Als Thermoskop in Verbindung mit Quecksilberjodid.

Kupferkalkbrühe. Bordeauxbrühe. Bordelaiser Brühe.

Aufschwämmung basischer komplexer Kupferverbindungen, die unter Verwendung besonderer Spritzen in der → Schädlingsbekämpfung Verwendung finden. Herstellungsvorschrift s. Bd. III.

Kupferlegierungen.

In Legierung mit Arsen, Antimon und Silicium wird die Festigkeit von Kupfer erhöht, seine elektrische Leitfähigkeit jedoch vermindert. Die wichtigsten Kupferlegierungen sind Bronze und Messing.

Bronzen sind ursprünglich Legierungen von Kupfer, namentlich mit Zinn, mit gelb bis braungelber Farbe. Dabei wird das Metall härter und fester. *Glockenbronze* enthält bis 25% Zinn, während *Kunstbronzen*, die auch gießbar und leicht bearbeitbar sein sollen, neben 4 bis 8% Zinn noch etwa 10% Zink und 3% Blei enthalten. *Phosphorbronzen* bestehen aus etwa 91% Kupfer, 9% Zinn, Spuren Phosphor, der die Bildung von Kupfer(I)-oxyd und Zinnoxyd im Guß verhindert und daher die Dichte und Festigkeit der Legierung erhöht. Sie finden zu besonderen zähfesten Maschinenteilen Verwendung. *Aluminiumbronze* enthält 90% Kupfer und 10% Aluminium. *Siliciumbronze* (enthält 0,5 bis 0,8% Silicium) läßt sich zu besonders festen Drähten (Telefon-, Zuleitungsdrähten und für die Schlußkontakte der Straßenbahn), ferner wegen seiner Festigkeit und Elastizität zu Uhrfedern, Waagebalken usw. verarbeiten.

Messing, Rotguß, Rotmessing oder *Tombak*, 80 und mehr % Kupfer und höchstens 18% Zink, rötlich, goldähnlich, sehr dehnbar und widerstandsfähig. *Gelbguß* oder *Messing*, 30 bis 35% Zink, besonders für Maschinenteile, *Weißguß* 50 bis 80% Zink, blaßgelb, spröde, gießbar, *Muntzmetall* ist schmiedbares Messing mit etwa 60% Kupfer und 40% Zink. *Neusilber* enthält 40 bis 60% Kupfer, 19 bis 44% Zink, 6 bis 22% Nickel, versilbert bezeichnet man es mit *Alpakka*. *Duranmetall* ist eine Legierung aus Kupfer, Zinn, Aluminium, Eisen, Antimon und Cadmium, die sehr widerstandsfähig gegen Rostbildung ist.

Kupferlinoleat, Kupferoleat und Kupferresinat.

Kupferlinoleat findet als Zusatz zu Schiffsbodenfarben, zur Herstellung wasserdichter Stoffe, Kupferoleat und -resinat zu demselben Zweck Verwendung. Die Verwendung anderer fettsaurer Kupferverbindungen → Cuprex „Merck".

Kupfernatriumcitrat. Cupro-natrium citricum, Erg.-B. 6.

Gehalt mindestens 10% Kupfer.

Eigenschaften. Blaugrüne, luftbeständige Kügelchen, l.lösl. in Wasser und Weingeist (45%). Die wäßrige Lösung rötet Lackmuspapier schwach.

Erkennung. Beim Erhitzen am Magnesiastäbchen färbt es die Flamme zunächst gelb, dann grün. — Erhitzt man 5 ccm K.-Lösung (1 + 19) mit 1 ccm Quecksilbersulfatlösung zum Sieden und gibt einige Tr. Kaliumpermanganatlösung (2%) hinzu, so tritt Entfärbung ein, und es entsteht ein weißer Niederschlag.

Erg.-B. läßt prüfen auf Eisen- und Zinksalze, Calicum- und Magnesiumsalze, Salzsäure und Schwefelsäure und den vorgeschriebenen Gehalt.

Verwendung. Als Augenwasser (2%).

Kupfer(II)-nitrat. Cuprum nitricum.

Cuprinitrat. Salpetersaures Kupfer. $Cu(NO_3)_2 \cdot 6\,H_2O$.

Das Salz kristallisiert auch noch mit 3 bzw. 9 H_2O.

Darstellung. Durch Auflösen von Kupfer(II)-oxyd in Salpetersäure und vorsichtiges Eindampfen der Lösung.

Eigenschaften. Blaue, säulenförmige, hygroskopische Prismen, mit stark saurer Reaktion, leicht in Wasser und Weingeist lösl. Schon bei 26° schmelzen die Kristalle in ihrem Kristallwasser. Kupfer(II)-nitrat ist ein starkes Oxydationsmittel.

Aufbewahrung. In gut verschlossenen Gefäßen.

Verwendung. *Med.* obsolet, zur Herstellung von Weißblechtinte (s. Bd. III), zum Brünieren von Eisen, zum Schwarzfärben von Kupfer, in der Färberei und Kattundruckerei, als Beize für Blauholz, zur Emaillierung von Eisen und zur Spiegelherstellung, zur Darstellung von Kupferoxyd.

Kupfer(I)-oxyd. Cuprum oxydulątum.

Kupferoxydul. Cuprooxyd. Cu_2O. Mol.-Gew. 134,14.

Kupfer(I)-oxyd findet sich in der Natur als Rotkupfererz und entsteht beim Erhitzen von Kupfer unter mäßigem Luftzutritt. Auch beim Nachweis von Traubenzucker mit FEHLINGscher Lösung entsteht K.

Eigenschaften. Rotes, kristallines, in Wasser unlösl., in verd. Säuren und Ammoniakflüssigkeit unter Komplexsalzbildung l.lösl. Pulver.

Verwendung. Zum Rotfärben von Glasflüssen und Email, zu Unterwasseranstrichen zur Vermeidung von Algenansatz.

Kupfer(II)oxyd. Cuprum oxydątum. Kupferoxyd, Erg.-B. 6.

Cuprioxyd. Schwarzes Kupferoxyd. CuO. Mol.-Gew. 79,6.

Darstellung. Durch Erhitzen von Kupfer an der Luft oder durch Glühen von Cuprinitrat. Für med. Zwecke durch Glühen von basischem Kupfercarbonat.

Eigenschaften. Schwarzes, amorphes Pulver, in verd. Salpetersäure ohne Entwicklung von Kohlensäure völlig lösl. In Ammoniakflüssigkeit langsam unter Bildung von Kupferoxydammoniak mit blauer Farbe lösl.

Erg.-B. 6 läßt prüfen auf Schwefelsäure, Eisensalze, Alkalisalze, Erdalkalisalze und Salpetersäure.

Verwendung. Als Arzneimittel absolet, in der Technik zur Herstellung blauer und grüner Gläser, von Kupferrubinglas, Schmelzfarben in der Keramik, zur Emaillierung von Eisen, zur Entschwefelung von Mineralölen, zu Elektroden galvanischer Elemente, zur Verkupferung von Aluminium und Bekämpfung von Kartoffelkrankheiten.

Kupfer(II)-sulfat. Cuprum sulfuricum, DAB. 6.

Kupfersulfat. Schwefelsaures Kupferoxyd. Kupfervitriol. Blauer Vitriol. Blaustein. Schwefelsaures Kupfer. $CuSO_4 \cdot 5\,H_2O$. Mol.-Gew. 249,71.

Vorkommen. In der Natur durch Verwitterung schwefelhaltiger Kupfererze gelöst in den Grubenwässern, *Zementwässern,* aus denen teilweise die rohe Handelssorte durch Eindampfen gewonnen wird.

Darstellung. Durch Auflösen von metallischem Kupfer in heißer konz. Schwefelsäure oder von Kupferoxyd in verd. Schwefelsäure bei Luftzutritt:

$$Cu + 2\,H_2SO_4 \rightarrow CuSO_4 + SO_2 + 2\,H_2O$$

Kupfer   Schwefelsäure   Kupfer(II)-sulfat   Schwefeldioxyd   Wasser

$$Cu_2O + H_2SO_4 \rightarrow CuSO_4 + Cu + H_2O$$

Kupfer(I)-oxyd   Schwefelsäure   Kupfer(II)-sulfat   Kupfer   Wasser

Die heiße wäßrige Lösung wird durch Abkühlen zur Kristallisation gebracht.

Eigenschaften. Blaue, durchscheinende, wenig verwitternde, trikline Kristalle, lösl. in etwa 3 T. Wasser (20°), in etwa 0,8 T. siedendem Wasser. In Weingeist fast unlösl. Beim Erwärmen verliert das Salz Kristallwasser und geht in blaßblaue Hydrate mit 3 bzw. 1 H_2O über. Bei etwa 200° entsteht weißes, entwässertes **Kupfersulfat,** $CuSO_4$, *Cuprum sulfuricum siccum,* das sehr hygroskopisch ist und schon an feuchter Luft durch Wasseraufnahme wieder blau wird. Es muß daher in gut verschlossenen Glasstopfengläsern aufbewahrt werden und findet Verwendung zum Entwässern von absolutem Alkohol und zum qualitativen Nachweis von Wasser in diesem. Bei starkem Erhitzen zerfällt Kupfer(II)-sulfat:

$$2\,CuSO_4 \;\rightarrow\; 2\,CuO \;+\; 2\,SO_2 \;+\; O_2$$
K upfer(II)-sulfat   K upfer(II)-oxyd   Schwefeldioxyd   Sauerstoff

Prüfung des DAB. 6. *Erkennung.* Die wäßrige Lösung rötet Lackmuspapier, gibt mit Bariumnitratlösung einen weißen, in verd. Säuren unlösl. Niederschlag, mit Ammoniakflüssigkeit im Überschuß eine klare, tiefblaue Färbung.

Eisensalze, Zinksalze. Auflösen von 0,2 g K. in 10 ccm Wasser, Ansäuern mit 10 ccm verd. Schwefelsäure, Zusatz von 2 ccm Natriumsulfidlösung zur Fällung des Kupfers, kräftiges Schütteln, Abfiltrieren des Niederschlags und Versetzen des farblosen Filtrats mit überschüssiger Ammoniakflüssigkeit. Dabei darf höchstens eine grünliche Färbung eintreten. Eisensalze werden durch einen schwarzen Niederschlag von Eisen(II)-sulfid, Zinksalze durch eine weiße Trübung von Zinksulfid angezeigt.

Calciumsalze, Magnesiumsalze. Nach weiterem Zusatz zum Filtrat von Natriumphosphatlösung darf höchstens eine schwache Trübung auftreten.

Verwendung. *Med. innerl.* (E. 0,5 g) in 5%iger Lösung als Brechmittel, in Spuren zur Unterstützung der Eisentherapie. *Äußerl.* zu Ätzstiften, als adstringierendes Verbandswasser (1%) bei Wunden und Geschwüren, als Augenwasser und Augensalbe (0,2%), in der Kosmetik zu Haarfarben, in der Analyse zu FEHLINGscher Lösung, in der Konservenindustrie zum Grünfärben von Spinat, Grünkohl usw., in der Galvanotechnik zu Kupferbädern, als Saatgutbeizmittel, als Gegenmittel bei Phosphorvergiftungen (→ Phosphor).

Kupfersulfat, rohes. Cuprum sulfuricum crudum, DAB. 6.

Darstellung. Rohes Kupfersulfat erhält man durch Rösten der natürlich vorkommenden Kupfersulfide (Kupferkies) an der Luft, Auslaugen des Röstgutes mit Wasser und Eindampfen der Lösung bis zur Kristallisation.

Eigenschaften. Blaue, durchscheinende, wenig verwitternde Kristalle oder kristalline Krusten. Die Kristalle sind meist wesentlich größer als die des reinen Salzes. Rohes K. ist oft durch wechselnde Mengen der Sulfate von Eisen, Zink, Mangan, Magnesium und Aluminium verunreinigt.

DAB. 6 läßt deshalb auf Eisen, Magnesia und Tonerde prüfen:
Beim Versetzen der wäßrigen Lösung mit überschüssiger Ammoniakflüssigkeit darf keine Trübung der tiefblauen Flüssigkeit eintreten.

Verwendung. Als Desinfektionsmittel für Aborte usw. Zur Herstellung von Bordelaiser Brühe (→ Schädlingsbekämpfung), zur Holzimprägnierung gegen Fäulnis, in der Stoffärberei, zur Herstellung von Mineralfarben, in der Anilinschwarzfärberei, als Beize für Blauholz und Katechu, in der Spiegel- und Holzbeizenfabrikation, zur Algenbekämpfung in Freibädern (1,5 bis 2 mg auf 1 l Wasser), zu galvanischen Elementen (DANIELL, MEIDINGER), zur Metallfärbung und Kupferstichätzung, in der Druckerei.

Kupfer(I)-sulfid. Cuprum sulfuratum.

Cuprosulfid. Kupfersulfür. Cu_2S. Mol.-Gew. 159,20.

Vorkommen. Kupfer(I)-sulfid findet sich als wichtiges Kupfererz, *Kupferglanz*, in Kupfererzgängen und im Mansfelder Kupferschiefer.

Darstellung. Durch Erhitzen von Kupfer(II)-sulfid, CuS, im Wasserstoffstrom auf 400° bis 500°.

Eigenschaften. Grauschwarzes, glänzendes, in Wasser, verd. Säuren und Laugen unlösl. kristallines Pulver.

Verwendung. Zur Herstellung von Leuchtkörpern und Elektroden für Thermoelemente.

Erkennung der Kupferverbindungen.

Die Kupfersalze sind blau oder blaugrün, die Farbe ihrer Lösungen blau.

Flammenfärbung. Flüchtige Kupferhalogenverbindungen färben die nicht leuchtende Bunsenflamme grün.

Perlenprobe. Kupfersalze färben die Phosphorsalzperle heiß grün, kalt blaugrün bis hellblau.

Reaktionen auf nassem Wege. 1. Aus Kupfersalzlösungen wird auf blankem Eisen (Nagel) oder Zink eine rotbraune Schicht von Kupfer abgeschieden (Spannungsreihe).

2. Schwefelwasserstoff erzeugt in Kupfersalzlösungen einen schwarzen Niederschlag von Kupfersulfid, CuS, lösl. in konz. Salpetersäure:

$$CuSO_4 + H_2S \rightarrow H_2SO_4 + CuS \downarrow$$

3. Ammoniakflüssigkeit gibt bei tropfenweiser Zugabe zunächst eine blauweiße, wasserhaltige Fällung von basischem Kupfersalz. Bei Zusatz von mehr Ammoniak entsteht eine tiefblau gefärbte Lösung der komplexen Verbindung $[Cu(NH_3)_4]$. Empfindliche Nachweisreaktion von Cu.

4. Kaliumferrocyanid gibt einen rotbraunen, in verd. Säuren unlösl. Niederschlag von Kupfer-(II)-hexacyanoferrat-(II), Kupferferrocyanid, $Cu_2[Fe(CN)_6]$. Sicherster Cu-Nachweis.

Kurare.

Mit Kurare bezeichnet man ein aus den Rinden südamerikanischer Strychnos-Arten hergestellten Extrakt, der von den Indianerstämmen in den Stromgebieten des Orinoko und Amazonas und deren Nebenflüssen als Pfeilgift Verwendung findet.

☠ *1.* Kurare. Curare, Erg.-B. 6. Stoff B.

Inhaltsstoffe. Quartäre Ammoniumbasen, vor allem *Curarin*.

Toxikologie. Vom Magen aus bei Menschen und größeren Säugetieren praktisch ungiftig, da es ebenso rasch durch die Nieren zur Ausscheidung gelangt, wie es resorbiert wird. Als Pfeilgift oder parenteral zugeführt, kommt es zur Lähmung der motorischen Nervenenden in der Skelett- und Atmungsmuskulatur. Der Tod tritt durch Erstickung ein.

Verwendung. Als Mittel gegen Wundstarrkrampf.

Kürbis.

In Amerika heimische, in Deutschland in Gärten und feldmäßig als Gemüsepflanze und Viehfutter häufig angebaute Kürbisarten, **Cucurbita pepo** *L.*, **Cucurbita maxima** *Duchesne* und **Cucurbita moschata** *Duchesne, Cucurbitaceae.*

Einjährige, selten ausdauernde, rankende oder kletternde Pflanzen.

C. pepo Blätter steif, spitzlappig, Blumenkrone goldgelb, Kelchröhre glockig, Früchte grünlich oder orangefarben, 15 bis 40 cm ϕ, Fleisch faserig,

C. maxima Blätter rundlich, Früchte bis 80 kg schwer, Fleisch nicht faserig,

C. moschata Blätter weich, gefleckt, spitzlappig. Blüten hellgelb, Früchte länglich, schwarzbraun oder rötlich. *Geruch* und *Geschmack* des Fleisches nach Moschus.

50 a *

Kürbissamen. Semen Cucurbitae, Erg.-B. 6.

Kürbiskerne.

Die reifen, bei der Fruchtfleischverwertung (Kompott und Marmeladen) gesammelten und an der Sonne rasch getrockneten reifen Samen. Ganze oder von der dünnen, derblederigen Schale befreite Samenkerne, *Semen Cucurbitae praeparatum (excorticatum)*.

Von *C. pepo* eiförmig, etwa doppelt so lang wie breit, mit deutlich abgegrenztem, verstärktem Randwulst. Am zugespitzten Ende dicht neben dem Nabel der Eimund (Mikropyle), das entgegengesetzte Ende abgerundet. Außenseite mit dünnem, farblosem Häutchen oder dessen Resten besetzt. Farbe schmutzigweiß.

Von *C. maxima* eiförmig, 20 bis 29 mm lang mit flachem Rand. Farbe weiß bis gelblichbraun, Rand abstechend weiß.

Von *C. moschata* Randwulst kräftig, meist dunkler gefärbt. Farbe schmutzigweiß.

Bei neueren Kulturformen fehlt häufig die zähe Samenschale, die Kerne sind von einem graugrünen Häutchen überzogen. *Geschmack* ölig-süßlich.

Inhaltsstoffe. 34 bis 38% *fettes Öl* (bei besonderen Kulturformen bis 54%), 25% *Eiweiß*, Lecithin, Phytosterin, Zucker, Harz, Salicylsäure. Das Vorhandensein eines gegen Würmer wirksamen Alkaloids wird bestritten. Als Träger der wurmtreibenden Wirkung wird eine unbekannte Substanz vermutet, welche die Haftfähigkeit des Bandwurmkopfes an der Darmwand vermindert.

Verwendung. Als Bandwurmmittel, für Kinder 200 bis 400 g, für Erwachsene 400 bis 700 g der ungeschälten Samen, die nach der Schälung mit Fruchtmus vermischt und auf einmal genossen werden.

2 Stunden später wird 10,0 g Bittersalz in warmem Wasser gelöst als Abführmittel gegeben. Da die Samen wenig giftig sind, kann notfalls die Kur sofort wiederholt werden.